SCHÄFFER
POESCHEL

Dirk Holtbrügge / Martin K. Welge

Internationales Management

Theorien, Funktionen, Fallstudien

6., vollständig überarbeitete Auflage

2015
Schäffer-Poeschel Verlag Stuttgart

Autoren:
Univ.-Prof. Dr. Dirk Holtbrügge, Inhaber des Lehrstuhls für Internationales Management, Friedrich-Alexander-Universität Erlangen-Nürnberg. Das Handelsblatt zählt ihn regelmäßig zu den forschungsstärksten Betriebswirten im deutschsprachigen Raum.
em. Univ.-Prof. Dr. Martin K. Welge, war Inhaber des Lehrstuhls für Unternehmensführung, Technische Universität Dortmund

FSC www.fsc.org
MIX
Papier aus verantwortungsvollen Quellen
FSC® C089473

Gedruckt auf chlorfrei gebleichtem, säurefreiem und alterungsbeständigem Papier

Bibliografische Information der Deutschen Nationalbibliothek
Die Deutsche Nationalbibliothek verzeichnet diese Publikation in der Deutschen Nationalbibliografie; detaillierte bibliografische Daten sind im Internet über <http://dnb.d-nb.de> abrufbar.

Print ISBN 978-3-7910-3407-2 Bestell-Nr. 20861-0001
ePDF ISBN 978-3-7992-6947-6 Bestell-Nr. 20861-0150

www.schaeffer-poeschel.de
info@schaeffer-poeschel.de

Einbandgestaltung: Melanie Frasch
Layout: Ingrid Gnoth | GD 90, 79256 Buchenbach
Satz: Claudia Wild, Konstanz
Druck und Bindung: BELTZ Bad Langensalza, 99947 Bad Langensalza

Printed in Germany
April 2015

Schäffer-Poeschel Verlag Stuttgart
Ein Tochterunternehmen der Haufe Gruppe

Abkürzungsverzeichnis

ABM	Asian Business & Management
AJM	Australian Journal of Management
AME	Academy of Management Executive
AMJ	Academy of Management Journal
AMLE	Academy of Management Learning and Education
AMR	Academy of Management Review
APJM	Asia Pacific Journal of Management
ASQ	Administrative Science Quarterly
BFuP	Betriebswirtschaftliche Forschung und Praxis
BMF	Bundesministerium für Finanzen
BMWi	Bundesministerium für Wirtschaft
BSE	Business Strategy and the Environment
CCM	Cross Cultural Management
CJWB	Columbia Journal of World Business
CMR	California Management Review
CRR	Corporate Reputation Review
DBW	Die Betriebswirtschaft
DGfP	Deutsche Gesellschaft für Personalführung
DIHK	Deutsche Industrie- und Handelskammer
EJIM	European Journal of International Management
EMJ	European Management Journal
GSJ	Global Strategy Journal
HBR	Harvard Business Review
HM	Harvard Manager
HR	Human Relations
HRDI	Human Resource Development International
HRDR	Human Resource Development Review
HRM	Human Resource Management
HRP	Human Resource Planning
HWB	Handwörterbuch der Betriebswirtschaft
HWFü	Handwörterbuch der Führung
HWInt	Handwörterbuch Export und Internationale Unternehmung
HWM	Handwörterbuch des Marketing
HWO	Handwörterbuch Unternehmensführung und Organisation
HWP	Handwörterbuch des Personalwesens
HWPlan	Handwörterbuch der Planung
IBR	International Business Review
IJA	International Journal of Accounting
IJCCM	International Journal of Cross Cultural Management
IJEM	International Journal of Emerging Markets
IJHRM	International Journal of Human Resource Management
IJIR	International Journal of Intercultural Relations

ILO	International Labour Organization
ILR	International Labour Review
IO	International Organization
IMF	International Monetary Fund
IMR	International Marketing Review
ISMO	International Studies of Management & Organization
JAB	Journal of African Business
JB	Journal of Business
JBE	Journal of Business Ethics
JEEMS	Journal for East European Management Studies
JfB	Journal für Betriebswirtschaft
JGM	Journal of Global Marketing
JIBS	Journal of International Business Studies
JIM	Journal of International Management
JIMark	Journal of International Marketing
JLOS	Journal of Leadership and Organizational Studies
JMS	Journal of Management Studies
JOM	Journal of Management
JPIM	Journal of Product Innovation Management
JWB	Journal of World Business
LRP	Long Range Planning
MBR	Multinational Business Review
MIR	Management International Review
MSc	Management Science
OD	Organizational Dynamics
OECD	Organisation for Economic Co-operation and Development
OS	Organization Studies
OSc	Organization Science
PER	Pacific Economic Review
RP	Research Policy
SMJ	Strategic Management Journal
SMR	Sloan Management Review
TC	Transnational Corporations
TIBR	Thunderbird International Business Review
UNCTAD	United Nations Conference on Trade and Development
UNDP	United Nations Development Programme
WiSt	Wirtschaftswissenschaftliches Studium
wisu	Das Wirtschaftsstudium
WTO	World Trade Organization
ZfB	Zeitschrift für Betriebswirtschaft
ZfbF	Zeitschrift für betriebswirtschaftliche Forschung
ZfM	Zeitschrift für Management
ZfO	Zeitschrift für Organisation
ZfP	Zeitschrift für Personalforschung

1 Internationalisierung der Wirtschaft als Aktionsrahmen und Problemfeld

1.1 Entwicklungstendenzen in der Weltwirtschaft

1.1.1 Historische Entwicklung länderübergreifender Wirtschaftsaktivitäten

Altertum

Länderübergreifende Wirtschaftsaktivitäten gibt es bereits seit dem *Altertum*. Schon um 4.000 v. Chr. errichteten die sumerischen und babylonischen Stadtkulturen des Alten Orients an verschiedenen Orten Stützpunkte, mit denen sie einen regen Fernhandel betrieben. Um 500 v. Chr. reichte der Handel des hellenischen, phönizischen und etruskischen Reiches von Indus, Südarabien und Ostafrika bis zur Ukraine, dem Donautal und Rheingebiet sowie zur südwesteuropäischen und nordwestafrikanischen Atlantikküste (vgl. Moore/Lewis 1999, S. 27 ff.; 2000, S. 11 ff.).

Seidenstraße

Auch über die *Seidenstraße*, eine durch Mittelasien führende Karawanenstraße zwischen Syrien und der chinesischen Provinz Kansu, wurden bereits seit vorchristlicher Zeit Seide, Porzellan und Gewürze aus China, Indien, Ceylon und Java nach Westen sowie Agrarprodukte, Glas, Edelmetalle und andere Luxusgüter nach Osten transportiert (vgl. Höllmann 2011). Die größte Bedeutung erlangte die Seidenstraße zur Zeit der beinahe zwanzigjährigen Asienreise des venezianischen Kaufmanns *Marco Polo* (1254–1324), dessen 1298 verfasstes Reisetagebuch für mehrere Jahrhunderte zum wichtigsten geographischen Handbuch des Fernen Ostens wurde (vgl. Polo 1983). Noch heute finden sich z. B. in den usbekischen Städten Samarkand und Buchara Überreste der in dieser Zeit errichteten Marktplätze und Unterkünfte (vgl. Uhlig 1993).

Spätmittelalter/ Renaissance

Nach dem Niedergang des Römischen Reiches und der damit einhergehenden Rückbildung des Güteraustausches sind in Europa erst im *späten Mittelalter* und in der *Renaissance* wieder Ansätze internationalen Unternehmertums festzustellen. Begünstigt durch die Kolonisation der Ebenen Osteuropas und der Küstengebiete der Ostsee, die Kreuzzüge im Mittelmeerraum sowie ein anhaltendes Bevölkerungswachstum und Produktivitätssteigerungen entwickelte sich unter der Führung der Handels- und Familiengesellschaften oberitalienischer Stadtrepubliken (z. B. Florenz, Genua und Venedig), flämischer Städte (Brügge, Antwerpen und Amsterdam) und süddeutscher Städte (vor allem Augsburg und Nürnberg) ein engmaschiges Netz von Messen und Handelswegen. Markante Beispiele dafür sind die Wirtschaftsimperien der Medici aus Florenz sowie der Fugger und Welser aus Augsburg (vgl. Cleugh 2002; Häberlein/Burkhardt 2002; Häberlein 2006). Die Patrizierfamilie der Tucher aus Nürnberg hat bereits kurz nach der Gründung der Tucherschen Handelsgesellschaft im Jahre 1471 Kontore sowie Färbereien und Tuchwebereien in Lyon, Genf, Venedig und Antwerpen errichtet. Geleitet wurden diese häufig von den Söhnen der Familie nach Abschluss ihrer Lehre im Stammhaus (vgl. Grote 1961).

Beispiel

Eine besondere Bedeutung erlangte die Deutsche Hanse (Hansa Teutonica), die vielfach als erste europäische Wirtschaftsgemeinschaft bezeichnet wird. Die Hanse ist ein seit Mitte des 12. Jahrhunderts bestehender Bund von nahezu 200 See- und Binnenstädten unter der Führung Lübecks, dem u.a. Hamburg, Bremen, Kiel, Rostock, Dortmund, Danzig, Königsberg, Riga und Reval (Tallin) angehörten. Obwohl die Hanse weder über eigene Finanzen, Beamte und Institutionen, noch über ein eigenes Heer oder eine eigene Kriegsflotte verfügte, gelang es ihr, für mehr als 300 Jahre das Handelsmonopol für den Austausch von westeuropäischen Fertigwaren und Rohstoffen mit land- und forstwirtschaftlichen Produkten aus dem Baltikum und dem Norden Russlands zu erlangen. Ermöglicht wurde dies vor allem durch ein stark ausgeprägtes Gemeinschaftsgefühl, das sich durch sprachliche Gemeinsamkeiten, familiäre Bindungen und gemeinsame ökonomische Interessen entwickelte. Die Hanse kann damit als erstes Beispiel für die Bedeutung der Unternehmungskultur zur Koordination wirtschaftlicher Aktivitäten angesehen werden.
Durch die veränderte weltwirtschaftliche Situation nach der Entdeckung Amerikas und des Seewegs nach Indien sowie den Ausbruch des Dreißigjährigen Krieges verlor die Hanse im späten 17. Jahrhundert weitgehend an Bedeutung. Seit dem Fall des Eisernen Vorhangs sind jedoch wieder verstärkte Bemühungen zu beobachten, die ökonomischen Beziehungen zwischen den früheren Hansestädten neu zu beleben (vgl. Ziegler 1996; Dollinger 2012; Hammel-Kiesow 2014).

Kolonisation

Im Zuge des aufkommenden Merkantilismus und der im 17. Jahrhundert einsetzenden *Kolonisation* weiter Teile Indiens und Afrikas durch die Seefahrtnationen England, Niederlande, Frankreich, Spanien und Portugal dehnte sich der grenzüberschreitende Handel weiter aus. Die überseeischen Kolonien dieser Länder wurden häufig nicht von den jeweiligen Regierungen, sondern von privatwirtschaftlich agierenden Handelskompanien wie der im Jahre 1600 gegründeten British East India Company oder der 1602 gegründeten niederländischen Vereenigde Oostindische Compagnie verwaltet. Diese ursprünglich auf kaufmännische Kooperationen zurückgehenden Handelsgesellschaften wurden mit besonderen Privilegien ausgestattet, die ihnen z. B. die Bewaffnung ihrer Handelsschiffe, die Anlage von Forts und befestigten Faktoreien, die Ausübung der Münz- und Gerichtshoheit und die Anwendung militärischer Gewalt gestatteten und damit letztlich die weitgehende Durchsetzung ihrer Interessen zu Lasten der Kolonien erlaubten. Die Handelskompanien verloren an Bedeutung, nachdem die neu entdeckten Gebiete in Besitz oder unter Kontrolle genommen und der größte Teil der außereuropäischen Welt am Ende des 19. Jahrhunderts unter den Großmächten aufgeteilt worden war (vgl. Braudel 1986, S. 544 ff.). So wurde die Vereenigde Oostindische Compagnie 1799 aufgelöst, nachdem Indonesien zu einer niederländischen Kolonie wurde (vgl. Gaastra 2003). Die British East India Company verlor im Jahre 1858 mit der Erklärung Indiens zur Kronkolonie ihre Verwaltungsfunktion an die britische Regierung (vgl. Keay 1991; Lawson 1993).

Multinationale Unternehmungen

Die ersten *Multinationalen Unternehmungen* entstanden gegen Ende des 19. Jahrhunderts (vgl. Jones 1993b, S. 2 ff.). Bis dahin waren im internationalen Warenaustausch hauptsächlich Händler und Kaufleute tätig, die die benötigten Güter direkt vom Hersteller oder anderen Zwischenhändlern bezogen. Der aufkommende Liberalismus, die technisch-industrielle Revolution, die Entwicklung des Aktienrechts sowie insbesondere die Erfindung neuer Transport- und Kommunikationsmittel wie der Eisenbahn, des Telefons und des Telegraphen begünstigten dann jedoch die Entwicklung moderner Großunternehmungen. Ein wichtiger Schritt dazu war die Verlegung des ersten transatlantischen Seekabels im Jahre 1866, das Telefonverbindungen zwischen Europa und den USA ermöglichte (vgl. Wobring 2005).

Liberalismus/ Goldstandard

Die Internationalisierung begann zunächst in niederländischen, belgischen und englischen Unternehmungen der Erdölindustrie und im Bergbau, wobei das Motiv der Rohstoffsicherung im Vordergrund stand. Der zunehmende Einsatz von Dampfmaschinen und Fließbändern eröffnete zudem massive Kostensenkungspotenziale durch Massenproduktionsvorteile, die die Ausweitung der Absatz- und Beschaffungsmärkte über die relativ kleinen nationalen Märkte Europas hinaus notwendig machte (vgl. Jones 1996, S. 61 ff.; Foreman-Peck 1998).

Internationalisierung deutscher Unternehmungen

Durch die Entwicklung des *Liberalismus* und die frühe Einführung des *Goldstandards* im Jahre 1823 begünstigt, gelang es vor allem englischen Unternehmungen, sich durch weltumspannende Handelsaktivitäten und die Gründung von Tochtergesellschaften in Europa, den USA, China und anderen Staaten eine Vormachtstellung in der Weltwirtschaft zu verschaffen (vgl. Jones 2002). In den achtziger und neunziger Jahren des 19. Jahrhunderts begannen aber auch viele deutsche Unternehmungen wie z. B. Bayer, Hoechst, BASF, AGFA und Degussa (Chemie), Merck, von Heyden und Schering (Pharmazeutika), Siemens und AEG (Elektrogeräte), AFA (Akkumulatoren) und Metallgesellschaft (Kupfer) damit, ein weit verzweigtes Netz von Niederlassungen im Ausland aufzubauen, um ihre Produkte dort zu vertreiben sowie Kunden- und Finanzdienstleistungen anzubieten (vgl. Chandler 1989, S. 493).

Ausländische Direktinvestitionen vor dem Ersten Weltkrieg

Amerikanische Unternehmungen begannen überwiegend erst nach dem Ersten Weltkrieg damit, *ausländische Tochtergesellschaften* in Europa und anderen Regionen der Welt zu errichten (vgl. Wilkins 1976). Die Größe des amerikanischen Marktes erlaubte es ihnen, bereits in ihrem Heimatland beträchtliche Massenproduktionsvorteile zu realisieren. Während deshalb im Jahre 1914 43 % der ausländischen Direktinvestitionen in der Welt auf englische, 20 % auf französische und 13 % auf deutsche Unternehmungen entfielen, machte der Anteil amerikanischer Unternehmungen lediglich 7 % aus (vgl. Kenwood/Lougheed 1992, S. 27). Der Bestand ausländischer Direktinvestitionen lag insgesamt bei etwa 14,5 Mrd. Dollar (vgl. Dunning/Lundan 2008, S. 172), was 9 % des gesamten Weltsozialprodukts entsprach. Dieser historische

Beispiel

Ein Beispiel für die frühe Errichtung ausländischer Tochtergesellschaften deutscher Unternehmungen sind die Aktivitäten von Siemens im zaristischen Russland. Bereits drei Jahre nach der Gründung der »Telegrafen-Bau-Anstalt Siemens & Halske« im Jahre 1847 erhielt die Unternehmung die ersten Aufträge zur Errichtung von Telegrafenlinien von St. Petersburg nach Riga, Kronstadt, Oranienbaum und Sevastopol'. Nachdem diese zunächst von Deutschland ausgeführt wurden, erfolgte im Jahre 1855 die Gründung einer Zweigniederlassung in St. Petersburg, die von Carl Siemens, dem jüngeren Bruder des Unternehmungsgründers Werner Siemens, geleitet wurde. Zwischen 1847 und 1872 erwirtschaftete Siemens mehr als 25 % seines Umsatzes in Russland. Im Ersten Weltkrieg wurden die inzwischen in zwei Aktiengesellschaften nach russischem Recht umgewandelten Tochtergesellschaften enteignet und verstaatlicht. Zu diesem Zeitpunkt beschäftigte Siemens in Russland etwa 4.100 Mitarbeiter (vgl. Feldenkirchen 1998).

Höchststand wurde seitdem nie mehr erreicht. Auch Ende des 20. Jahrhunderts lag dieser Wert mit 7,2 % immer noch deutlich unter dem Niveau des Jahres 1914 (vgl. Kozul-Wright 1995, S. 158).

Weltwirtschaftskrise

Nach dem *Ersten Weltkrieg* änderten sich sowohl die Bedeutung als auch die Struktur der internationalen Wirtschaftsbeziehungen erheblich (vgl. Wrigley 2000). Bedingt durch den zunehmenden *Nationalismus und Protektionismus* sowie den Versuch zahlreicher Länder, die Exportfähigkeit der heimischen Industrie durch die wiederholte *Abwertung* ihrer Währungen zu Lasten anderer Länder zu verbessern (*»beggar-thy-neighbour-policy«*), nahm die durchschnittliche Wachstumsrate des Außenhandels spürbar ab. Während diese zwischen 1870 und 1913 bei 3,5 % lag, sank sie zwischen 1913 und 1937 auf 1,3 % ab. Einen besonders tiefen Einschnitt bewirkte die *Weltwirtschaftskrise* des Jahres 1929, nach der das Außenhandelsvolumen bis 1937 sogar durchschnittlich um 0,4 % pro Jahr schrumpfte (vgl. Kitson/Michie 1995, S. 7). Gleichzeitig sank der Anteil Europas am Welthandel von 62 auf 51,4 %, während der Anteil Nordamerikas von 13,2 auf 15,5 % und derjenige Asiens von 11,1 auf 15,5 % anstiegen (vgl. Kenwood/Lougheed 1992, S. 209 ff.).

Zwischenkriegszeit

Im Gegensatz zum Außenhandel verlangsamte sich das Wachstum ausländischer Direktinvestitionen durch den Ersten Weltkrieg und die Weltwirtschaftskrise kaum. Um Schutzzölle und nicht-tarifäre Handelshemmnisse zu umgehen, die im Zuge des aufkommenden Nationalismus errichtet worden waren, gründeten viele europäische und amerikanische Unternehmungen Tochtergesellschaften im Ausland, so dass sich der Bestand ausländischer Direktinvestitionen in der *Zwischenkriegszeit* beinahe verdoppelte. Obwohl deren Anteil zwischen 1914 und 1938 von 44,6 % auf 39,8 % abnahm, kam englischen Unternehmungen weiterhin die mit Abstand größte Bedeutung zu. Am stärksten nahmen ausländische Direktinvestitionen amerikanischer Unternehmungen zu, deren Anteil im gleichen Zeitraum von 18,6 % auf 27,7 % anstieg. Deutsche Unternehmungen schreckten aufgrund der Konfiszierung ihrer ausländischen Produktionsanlagen dagegen davor zurück, in demselben Maße im Ausland zu investieren wie vor dem Ersten Weltkrieg. Ihr Anteil ging deshalb von 14,4 % auf 1,3 % zurück (vgl. Dunning/Lundan 2008, S. 174).

Wirtschaftsbeziehungen zwischen den westlichen Industrieländern

Nach dem *Zweiten Weltkrieg* nahm die wirtschaftliche Entwicklung in den westlichen Industrieländern und den sozialistischen Staaten Mittel- und Osteuropas einen unterschiedlichen Verlauf. Nach dem durch den *Marshallplan* geförderten ökonomischen Wiederaufbau und der Einführung demokratischer Marktwirtschaften in Deutschland, Italien und Japan haben sich die *Wirtschaftsbeziehungen zwischen den westlichen Industrieländern* wieder intensiviert. Eine zentrale Bedeutung kam dabei dem 1947 abgeschlossenen *General Agreement on Tariffs and Trade (GATT)* zu, durch das der allgemeine Abbau von Zöllen und mengenmäßigen Handelsbeschränkungen sowie das Prinzip der Meistbegünstigung durchgesetzt wurden. Ergänzt wurde das GATT durch das 1944 abgeschlossene *Abkommen von Bretton Woods*, mit dem ein System fester Wechselkurse mit dem Dollar als Leitwährung eingeführt wurde. Als Folge dieser Abkommen wuchs das Welthandelsvolumen zwischen 1950 und dem Zusammenbruch des Systems von Bretton Woods im Jahre 1973 von 57,5 auf 566,7 Mrd. Dollar stärker an als in der Ära der liberalen Weltwirtschaft des 19. Jahrhunderts (vgl. Berg 1976, S. 93). Die jährliche Wachstumsrate des Welthandels lag zwischen 1950

Abb. 1-1

Entwicklung des Welthandels und des Weltsozialprodukts zwischen 1950 und 2010

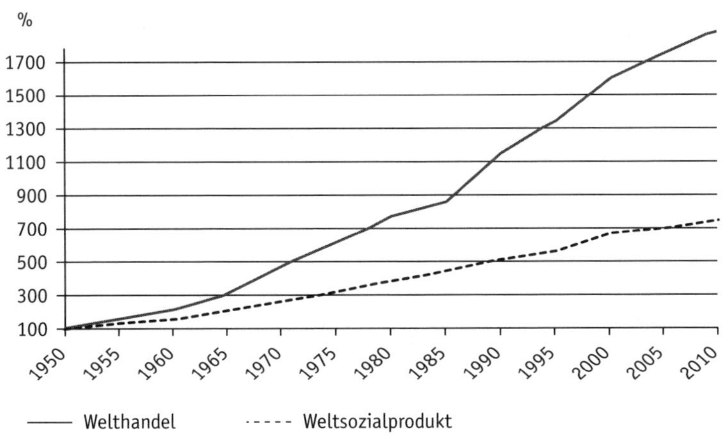

(Quelle: WTO 2014)

und 2010 mit durchschnittlich 5,9 % deutlich über der des Weltsozialprodukts mit 3,6 % (vgl. Abb. 1-1). Dieser überdurchschnittlich starke Anstieg des Welthandels ist weitgehend auf die Aktivitäten von Unternehmungen aus den Mitgliedstaaten der Europäischen Union (EU), aus den USA und seit den siebziger Jahren aus Asien zurückzuführen, während der Anteil Mittel- und Südamerikas sowie Afrikas nur gering ist (vgl. Tab. 1-1).

Sozialistische Planwirtschaften Mittel- und Osteuropas

Nach dem Vorbild der ehemaligen Sowjetunion führten die *sozialistischen Planwirtschaften Mittel- und Osteuropas* nach dem Zweiten Weltkrieg dagegen ein *staatliches Außenhandels- und Devisenmonopol* ein. Im Gegensatz zu den westlichen Industrieländern, in denen der Außenhandel einen zentralen Wachstumsfaktor darstellt, wurde dieser dadurch auf die »Residualfunktion« (Berg 1976, S. 209) der Behebung von Planungsfehlern und der Beschaffung von Gütern reduziert, die nicht oder nur in unzureichender Menge oder Qualität herstellbar waren. Um darüber hinaus die Realisierung von komparativen Kostenvorteilen und Massenproduktionsvorteilen zu ermöglichen, wurde in dem 1949 gegründeten *Rat für gegenseitige Wirtschaftshilfe (RGW)* die weitgehende Spezialisierung der einzelnen Mitgliedstaaten auf bestimmte Güter festgelegt. Zwar stieg daraufhin der überwiegend ex-ante geplante Außenhandel stark an, aufgrund der politischen und ökonomischen Dominanz der ehemaligen Sowjetunion hat der RGW die systemimmanenten Probleme der Mitgliedstaaten aber nie befriedigend lösen können (vgl. Damus 1979). Nach dem durch die Reformen des ehemaligen sowjetischen Staatspräsidenten Michail Gorbatschow eingeleiteten Zusammenbruch der sozialistischen Regime in den mittel- und osteuropäischen Staaten wurde der RGW deshalb im Jahre 1991 aufgelöst, die Transformation der Mit-

Tab. 1-1

Außenwirtschaftliche Position ausgewählter Länder und Regionen im Jahre 2013

Region/Land	Anteil am Weltexport (in %)	Anteil am Weltimport (in %)	Anteil an den abgeflossenen ausländischen Direktinvestitionen (Bestand in %)	Anteil an den zugeflossenen ausländischen Direktinvestitionen (Bestand in %)
EU	**33,2**	**32,6**	**40,3**	**33,7**
Deutschland	7,7	6,3	6,5	3,3
Niederlande	3,6	3,1	4,1	2,6
Frankreich	3,1	3,6	6,2	4,3
Großbritannien	2,9	3,5	7,2	6,3
Italien	2,8	2,5	2,3	1,6
GUS	**3,3**	**3,2**	**2,1**	**3,4**
Russland	2,8	1,8	1,9	2,3
Nordamerika	**13,2**	**17,4**	**26,9**	**21,9**
USA	8,4	12,3	24,1	19,4
Kanada	2,4	2,5	2,8	2,5
Mexiko	2,0	2,1	0,5	1,5
Südamerika	**4,0**	**4,2**	**5,0**	**10,1**
Brasilien	1,3	1,3	1,1	2,8
Argentinien	0,4	0,4	1,9	0,4
Asien	**34,4**	**34,4**	**13,3**	**20,4**
China	11,7	10,3	2,3	3,8
Japan	3,8	4,4	3,8	0,7
Südkorea	3,0	2,7	0,8	0,7
Hongkong	2,8	3,3	5,1	5,7
Singapur	2,2	2,0	1,9	3,3
Indien	1,7	2,5	0,5	0,9
Taiwan	1,6	1,4	0,9	0,2
Ozeanien	**1,7**	**1,8**	**1,9**	**2,7**
Australien	1,4	1,4	1,8	2,3
Golfstaaten	**7,4**	**4,2**	**0,9**	**2,6**
Saudi-Arabien	2,1	0,9	0,1	0,8
VAE	2,1	1,3	0,2	0,4
Afrika	**3,3**	**3,4**	**0,6**	**2,7**
Südafrika	0,5	0,7	0,4	0,6
Nigeria	0,5	0,3	0,0	0,3

(Quellen: UNCTAD 2014; WTO 2014)

gliedstaaten in demokratische Marktwirtschaften eingeleitet und deren Integration in die internationale Arbeitsteilung forciert.

Multipolare Weltwirtschaft

Aus der seit dem Ende des Zweiten Weltkriegs bestehenden bipolaren Weltwirtschaft mit den beiden Zentren USA und UdSSR wurde so eine *multipolare Weltwirtschaft*, die einerseits durch eine zunehmende Liberalisierung, Konvergenz und Integration gekennzeichnet ist (vgl. Abb. 1-2). Gleichzeitig sind aber auch wachsende Regionalisierungstendenzen zu beobachten (vgl. Rugman 2005). Merkmale dafür

Abb. 1-2

Von der bipolaren zur multipolaren Weltwirtschaft

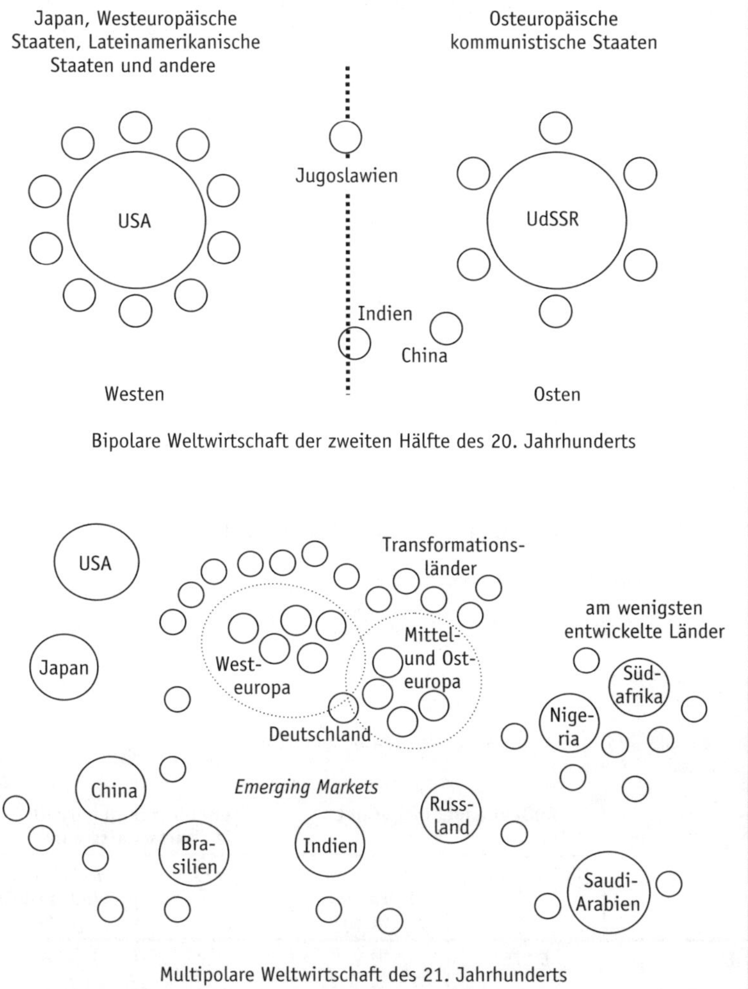

(Quelle: in Anlehnung an Papp 1997, S. 159 ff.)

sind etwa zahlreiche *regionale Wirtschaftsgemeinschaften* (vgl. Haas/Neumair/Schlesinger 2009, S. 53 ff.), die von einer Freihandelszone (NAFTA) über die geplante Errichtung einer Zollunion (ASEAN) und einen gemeinsamen Markt (MERCOSUR) bis hin zu einer Wirtschafts- und Währungsunion (EU) reichen (vgl. Tab. 1-2). Bedeutung und Integrationsgrad der größten regionalen Wirtschaftsgemeinschaften sind in Tabelle 1-3 wiedergegeben.

Tab. 1-2

Typologie regionaler Wirtschaftsgemeinschaften

Integrationsform / Kriterien	Freihandelszone	Zollunion	Gemeinsamer Markt	Wirtschafts- und Währungsunion	Politische Union
Aufhebung von Handelshemmnissen	ja	ja	ja	ja	ja
koordiniertes Verhalten gegenüber Nichtmitgliedern	nein	ja	ja	ja	ja
Freie Faktorbewegungen	nein	nein	ja	ja	ja
Abstimmung der Wirtschaftspolitik	nein	nein	nein	ja	ja
Supranationale Legislative, Exekutive und Judikative	nein	nein	nein	nein	ja
Beispiele	**NAFTA**	**ASEAN**	**MERCOSUR**	**EU**	

(Quelle: modifiziert und erweitert nach Kutschker 1999, S. 11)

Tab. 1-3

Bedeutung und Integrationsgrad ausgewählter regionaler Wirtschaftsgemeinschaften im Jahre 2013

	Außenhandel insgesamt		Außenhandel innerhalb des Wirtschaftsraums	
	(in Mrd. US-$)	Anteil am Welthandel (in %)	(in %)	Anteil am Welthandel (in %)
EU	6.076	33,2	62,0	20,6
NAFTA	2.418	13,2	49,2	6,5
ASEAN	1.273	7,0	26,2	1,8
MERCOSUR	342	1,9	15,2	0,3

(Quelle: WTO 2014)

Beginn des 21. Jahrhunderts

Zu *Beginn des 21. Jahrhunderts* weist die Weltwirtschaft die *größte Integrationsdichte in der Geschichte* auf. Verantwortlich dafür ist insbesondere die Verbesserung der rechtlichen und institutionellen Rahmenbedingungen für den weltweiten Austausch von Gütern und Dienstleistungen im Rahmen der *Welthandelsorganisation* (*World Trade Organization, WTO*). Die gegenwärtig 160 Mitglieder umfassende WTO (Stand: Juni 2014) trägt als Nachfolgeorganisation des GATT wesentlich zur Reduzierung von Zollsätzen, zum Abbau von Dumping sowie zum länderübergreifenden Schutz von intellektuellen Eigentumsrechten bei. Im Jahre 2013 wurden 97,1 % des Welthandels zwischen den WTO-Mitgliedern abgewickelt (vgl. WTO 2014).

WTO

Darüber hinaus führen die hohen Wachstumsraten und die außenwirtschaftliche Öffnung der *Emerging Markets* dazu, dass immer mehr ehemals isolierte Länder in die Weltwirtschaft integriert werden. Dies gilt vor allem für die *BRIC-Staaten* Brasilien, Russland, Indien und China, deren Anteil am Welthandel und an den weltweiten ausländischen Direktinvestitionen gegenwärtig stark zunimmt. Die BRIC-Staaten machen zwar gegenwärtig lediglich 15 % des Bruttoinlandsprodukts (BIP) der G7-Staaten (USA, Japan, Deutschland, Frankreich, Großbritannien, Italien und Kanada) aus, dieser Anteil wird einer Studie der Investmentbank Goldman & Sachs zufolge in weniger als 25 Jahren jedoch bis auf 50 % steigen. 2040 wird die Wirtschaftskraft der BRIC-Staaten danach diejenige der G7-Staaten überholt haben und 2050 werden vier der sechs größten Volkswirtschaften der Welt BRIC-Staaten sein (vgl. Abb. 1-3).

BRIC-Staaten

Als Folge der weltweiten Finanz- und Wirtschaftskrise 2008/09 wird sich dieser Aufholprozess der Emerging Markets in den nächsten Jahren voraussichtlich noch beschleunigen. Während der IMF (2014) etwa für das Jahr 2014 ein weltweites Wachstum des BIP von 3,3 % und für 2015 von 3,8 % prognostiziert, geht er für die Gruppe der *Emerging Market and Developing Economies* von Wachstumsraten von 4,4 % bzw. 5,0 % aus. Besonders stark wird nach dieser Prognose das Wachstum in China mit 7,4 % bzw. 7,1 % sowie in Indien mit 5,6 % bzw. 6,4 % ausfallen. Ausgenom-

Finanz- und Wirtschaftskrise

Abb. 1-3

Zeitpunkte, zu denen das BIP der BRIC-Staaten größer sein wird als das BIP der G7-Staaten

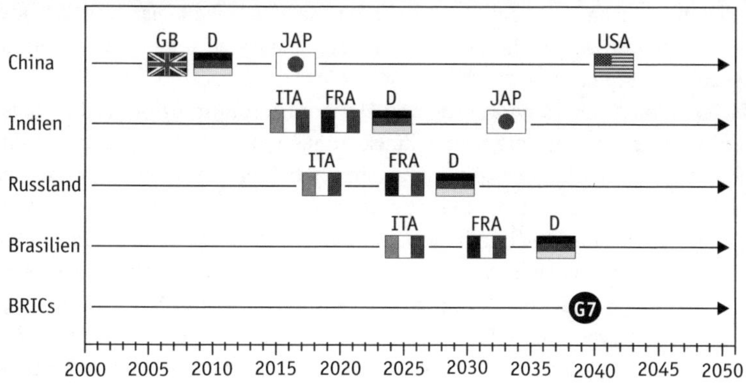

(Quelle: in Anlehnung an Wilson/Purushothaman 2006, S. 6)

men von dieser positiven Perspektive ist Russland, für das aufgrund der Ukraine-Krise und der schrumpfenden Exporteinnahmen als Folge des gesunkenen Weltmarktpreises für Erdöl und Erdgas lediglich Wachstumsraten von 0,2 % bzw. 0,5 % prognostiziert werden.

Im Folgenden werden zunächst die aktuellen Entwicklungen in ausgewählten Regionen der Weltwirtschaft (Kap. 1.1.2) und die Stellung Deutschlands näher betrachtet (Kap. 1.1.3). Anschließend werden einige zentrale Aspekte der Globalisierung der Wirtschaft und die daraus resultierenden Implikationen für die internationale Unternehmungsführung skizziert (Kap. 1.2). Die Ausführungen bilden die Grundlage für die weitere Konzeption des Buches, die in Kapitel 2 ausführlich erläutert wird.

1.1.2 Regionale Integrationsprozesse

1.1.2.1 Europäische Union

EWG, EG, EU

Die 1951 von Deutschland, Frankreich, Italien, Belgien, Luxemburg und den Niederlanden durch die *Römischen Verträge* gegründete Europäische Wirtschaftsgemeinschaft (EWG), die 1978 in Europäische Gemeinschaft (EG) und 1992 in Europäische Union (EU) umbenannt wurde, hatte nach dem Zweiten Weltkrieg einen wesentlichen Anteil an der Liberalisierung und Dynamisierung des Welthandels. Ihren Ursprung hatte die EU in der 1950 gegründeten Europäischen Gemeinschaft für Kohle und Stahl (EGKS), durch die eine gemeinschaftliche Nutzung der strategisch bedeutsamen Kohle- und Stahlressourcen ermöglicht und damit die Gefahr von Kriegen in Europa reduziert werden sollte. Das Ziel war es, so der damalige französische Außenminister Robert Schuman, »Krieg nicht nur undenkbar, sondern materiell unmöglich zu machen« (zit. nach Wagener/Eger 2014, S. 37).

Als diese Gefahr in den fünfziger Jahren nicht mehr bestand, rückten immer mehr wirtschaftliche Ziele in den Vordergrund. So wurde der Außenhandel zwischen den Mitgliedstaaten durch den 1959 begonnenen stufenweisen Abbau der Binnenzölle und der mengenmäßigen Handelsbeschränkungen (*Freihandelszone*) liberalisiert. 1968 erfolgte die Angleichung der nationalen Zollsätze an einen gemeinsamen Außenzolltarif (*Zollunion*).

Osterweiterung der EU

Nachdem sich der Integrations- und Harmonisierungsprozess in den siebziger Jahren aufgrund unterschiedlicher Zielsetzungen der 1973 um Großbritannien, Irland und Dänemark erweiterten Gemeinschaft zwischenzeitlich verlangsamte, erhielt dieser Prozess durch die Beitritte Griechenlands (1981), Spaniens und Portugals (1986) sowie vor allem durch die Vollendung des *Binnenmarktes* zum 31. Dezember 1992 eine neue Dynamik (vgl. Abb. 1-4). Zum 1. Mai 2004 erfolgte die *Osterweiterung* der EU um 10 und zum 1. Januar 2008 sowie zum 1. Juli 2013 um drei weitere neue Mitglieder (vgl. Tab. 1-4). Im Jahre 2013 wurden rund 20,6 % des gesamten Welthandels innerhalb der dadurch auf 28 Mitgliedstaaten angewachsenen EU abgewickelt (vgl. Tab. 1-3). Deren Anteil am gesamten Weltexport betrug 33,2 % und am Weltimport 32,6 % (vgl. Tab. 1-1).

Abb. 1-4

Die »vier Freiheiten« des EG-Binnenmarktes

Einführung des Euro

Ein weiterer Integrationsschritt zur Verwirklichung einer *Wirtschaftsunion* war die *Einführung des Euro* als gemeinsamer europäischer Währung. Nachdem zum 1. Januar 1999 auf der Basis der im *Vertrag von Maastricht* festgelegten Konvergenzkriterien der Kreis der Beitrittsländer (alle damaligen Mitgliedstaaten der EU mit Ausnahme von Dänemark, Großbritannien und Schweden) sowie die Wechselkurse festgelegt wurden, ist der Euro seit dem 1. Januar 2002 das alleinige gesetzliche Zahlungsmittel in diesen Ländern. In den nächsten Jahren führten weitere EU-Mitglieder den Euro ein, so dass die Eurozone gegenwärtig 19 Mitglieder umfasst. Für Unternehmungen aus den beteiligten Ländern bedeutet dies den Wegfall von Umtauschgebühren und Wechselkursrisiken und damit Kosteneinsparungen beim Außenhandel bzw. bei Auslandsinvestitionen innerhalb des Euro-Währungsraums.

Vertrag von Lissabon

Den letzten Schritt der EU auf dem Weg zu einer *politischen Union* bildet die Schaffung gemeinsamer supranationaler Institutionen. Zwar verfügt die EU mit dem Rat der Staats- und Regierungschefs, der Kommission und dem Europäischen Parlament bereits über entsprechende Organe, deren Rechte sind jedoch im Vergleich zu den entsprechenden Organen der Mitgliedstaaten noch stark eingeschränkt. Unter Leitung des ehemaligen französischen Präsidenten Valéry Giscard d'Estaing wurde deshalb ein Konvent einberufen, der den Entwurf einer Europäischen Verfassung erarbeitet hat. Der darauf basierende Vertrag von Lissabon soll insbesondere dazu dienen, die EU nach der Erweiterung um zwölf neue Mitglieder in den Jahren 2004 und 2007 handlungsfähiger zu machen. Darüber hinaus sollen die Grundlagen für eine gemeinsame Außen- und Sicherheitspolitik und die dafür erforderlichen Institutionen und Positionen geschaffen werden. Nach der Ratifizierung durch alle 27 damaligen Mitgliedstaaten der EU, die durch Referenden in Frankreich, Irland und den Niederlanden sowie Vorbehalte Polens und Tschechiens mehrfach verzögert wurde, ist der Vertrag von Lissabon am 1. Dezember 2009 in Kraft getreten.

Tab. 1-4

Mitglieder der EU und der Eurozone sowie Beitrittskandidaten

EU-Mitglieder	Einwohner (in Mio.)	Fläche (in km²)	Beitrittsjahr	Beitritt zur Eurozone
Belgien	11,2	30.510	1951	1999
Deutschland	80,5	357.021	(Gründungs-	1999
Frankreich	65,7	668.763	mitglieder)	1999
Italien	59,7	301.320		1999
Luxemburg	0,5	2.586		1999
Niederlande	16,7	41.526		1999
Dänemark	5,5	43.094	1973	
Großbritannien	62,0	70.280		
Irland	4,5	244.820		1999
Griechenland	11,3	131.940	1981	2001
Portugal	10,6	92.931	1986	1999
Spanien	46,0	504.782		1999
Finnland	5,4	338.432	1995	1999
Österreich	8,3	83.858		1999
Schweden	9,3	449.964		
Estland	1,3	45.266	2004	2011
Lettland	2,2	64.589		2014
Litauen	3,3	65.200		2015
Malta	0,4	316		2008
Polen	38,2	312.685		
Slowakei	5,4	48.845		2009
Slowenien	2,0	20.253		2007
Tschechien	10,5	78.866		
Ungarn	10,0	93.030		
Zypern	0,8	9.250		2008
Bulgarien	7,6	110.994	2007	
Rumänien	21,5	238.391		
Kroatien	4,4	56.542	2013	
EU-Beitrittskandidaten	**Einwohner (in Mio.)**	**Fläche (in km2)**	**Status**	
Albanien	2,8	28.748	Kandidatenstatus seit 2014	
Island	0,3	103.125	Beitrittsverhandlungen seit 2010	
Mazedonien	2,1	25.713	Kandidatenstatus seit 2005	
Montenegro	0,6	13.812	Beitrittsverhandlungen seit 2012	
Serbien	7,1	77.474	Beitrittsverhandlungen seit 2014	
Türkei	76,7	779.452	Beitrittsverhandlungen seit 2005	

1.1.2.2 Mittel- und Osteuropa

Außenhandelsaktivitäten

Nachdem die mittel- und osteuropäischen Staaten seit dem Ende des Zweiten Weltkriegs von den Entwicklungen in der Weltwirtschaft weitgehend isoliert waren, haben diese Ende der achtziger Jahre die bis dahin bestehenden Außenhandels- und Devisenmonopole aufgehoben und inländischen Unternehmungen das Recht zur eigenständigen Durchführung von *Außenhandelsaktivitäten* eingeräumt. Als Folge davon stieg der Außenhandelsumsatz in den meisten Ländern stark an, wobei der

Außenhandel mit den Mitgliedstaaten der EU ein überproportional hohes Wachstum verzeichnete.

Zulassung ausländischer Direktinvestitionen

Ein weiterer bedeutsamer Schritt zur Integration in die internationale Arbeitsteilung war die zwischen 1988 und 1990 erfolgte *Zulassung ausländischer Direktinvestitionen*. Bereits in den späten sechziger und frühen siebziger Jahren gab es erste Bemühungen, Joint Ventures unter Beteiligung ausländischer Unternehmungen zur Modernisierung der zunehmend unter Produktivitäts- und Qualitätsmängeln leidenden inländischen Wirtschaft anzuziehen. Im Zuge der Ende der achtziger Jahre einsetzenden grundlegenden politischen und wirtschaftlichen Veränderungen in diesen Staaten haben sich jedoch sowohl die Ziele der Gastländer als auch die Rahmenbedingungen für ausländische Direktinvestitionen erheblich gewandelt. Stellten diese zunächst nur »privatkapitalistische Inseln« (Holtbrügge 1989) innerhalb eines weiterhin zentral geplanten Wirtschaftssystems dar, so wird ausländischen Direktinvestitionen nun – wenn auch in regional unterschiedlichem Maße – eine Schlüsselrolle innerhalb des Transformationsprozesses eingeräumt.

Nachdem ausländische Unternehmungen zunächst nur sehr zögerlich auf diese außenwirtschaftliche Öffnung reagierten, hat die mit der Transformation dieser Länder in demokratische Marktwirtschaften einsetzende Liberalisierung der rechtlichen, ökonomischen und politischen Rahmenbedingungen einen starken Anstieg ausländischer Direktinvestitionen bewirkt. Zwar ist der Anteil der mittel- und osteuropäischen Staaten an den gesamten ausländischen Direktinvestitionen in der Welt noch sehr gering, im Verhältnis zum Bruttoinlandsprodukt (BIP) besitzen diese in Polen, Tschechien und Ungarn jedoch bereits eine relativ große Bedeutung. Diese dürfte noch weiter zunehmen, nachdem diese Länder zusammen mit der Slowakei, Slowenien und den drei baltischen Staaten Estland, Lettland und Litauen im Jahre 2004 als erste ehemalige RGW-Mitglieder in die EU aufgenommen wurden. Ähnliches gilt für Bulgarien, Rumänien und Kroatien, die 2007 bzw. 2013 der EU beigetreten sind.

Russland

Russland und die Mitglieder der Gemeinschaft Unabhängiger Staaten (GUS) haben dagegen bislang nur in einem geringen Ausmaß ausländische Direktinvestitionen anziehen können. Auf Russland entfallen 2013 lediglich 2,8 % des Weltexports und 1,8 % des Weltimports sowie 2,3 % aller zugeflossenen ausländischen Direktinvestitionen (vgl. Tab. 1-1). Ein Großteil davon floss in die Öl- und Gasindustrie, was die herausragende Bedeutung Russlands als Energie- und Rohstofflieferant unterstreicht (vgl. Rahr 2008). Insbesondere in High-Tech-Branchen sowie im Dienstleistungssektor ist der Zustrom ausländischer Direktinvestitionen dagegen nur gering. Viele Unternehmungen, die bereits in Russland investiert haben, verharren zudem in einer »*wait-and-see*-Position« (Holtbrügge 1996b). Gründe für das im Vergleich zur Größe und ökonomischen Bedeutung des Landes nur sehr geringe ausländische Engagement sind vor allem die Unzulänglichkeit des ordnungspolitischen Rahmens, administrative und bürokratische Hemmnisse sowie das hohe Korruptionsniveau. Durch die Einrichtung von Sonderwirtschaftszonen sowie die Aufnahme Russlands in die WTO, die nach mehr als 18 Jahren Verhandlungen im August 2012 erfolgte, sollte die Integration des Landes in die Weltwirtschaft gefördert werden (vgl. Koopmann 2012). Die Ukraine-Krise und die in diesem Kontext verhängten Wirtschaftssanktio-

Beispiel

Nach dem mutmaßlichen Abschuss eines Flugzeugs der Malaysian Airlines und der völkerrechtswidrigen Annektierung der seit 1954 zur Ukraine gehörenden Halbinsel Krim im März 2014 verhängte die EU zahlreiche Wirtschaftssanktionen gegen Russland. So wurde in mehreren Stufen ein Einreiseverbot gegen 119 Personen verhängt, die Transaktionen mit Separatistengruppen der Donbassregion durchführen, und deren Vermögen bei Banken in der EU eingefroren (Stand: 12.09.2014). Zudem wurde ein Exportverbot für höherwertige Dual-Use-Güter verfügt und die Kreditaufnahme Russlands auf dem EU-Kapitalmarkt stark eingeschränkt. Ähnliche Sanktionen verhängten die USA (vgl. Ost-Ausschuss der Deutschen Wirtschaft 2014).
Als Folge der Sanktionen wertete der russische Rubel zwischen Juli und Dezember 2014 um rund 40 % ab, was wiederum zu einer hohen Kapitalflucht von rund 100 Mrd. € und einem starken Rückgang des Außenhandels mit der EU und den USA führte. Für 2015 wird mit einer Rezession gerechnet.
Strittig ist, ob die von der EU und den USA verhängten Wirtschaftssanktionen mit dem WTO-Recht vereinbar sind. Zwar sieht Art. XXII GATT Ausnahmen des Prinzips der Meistbegünstigung und des Verbots der Diskriminierung zum Schutz wesentlicher Sicherheitsinteressen vor. Voraussetzung dafür ist allerdings ein Beschluss des Sicherheitsrates der Vereinten Nationen, dem alle ständigen Mitglieder zustimmen müssen (Art. 27 UN-Charta). Gegen eine solche Resolution hatte Russland sein Veto eingelegt. Russland erwägt deshalb, gegen die verhängten Sanktionen bei der WTO zu klagen (vgl. Schramm/Steininger/Olejnik 2014).

nen wirken diesem Trend jedoch entgegen und haben negative Auswirkungen auf den Außenhandel und den Zustrom ausländischer Direktinvestitionen.

1.1.2.3 Nordamerika

USA

Seit dem Ende des Zweiten Weltkriegs stellen die *USA* die mit Abstand wichtigste Handelsnation der Welt dar. Im Jahre 2013 entfielen mit 1.580 Mrd. US-$ 8,4 % des Weltexports und mit 2.329 Mrd. US-$ 12,3 % des Weltimports auf die USA. Die USA weisen damit ein Handelsbilanzdefizit von nahezu 749 Mrd. US-$ auf, was mehr als die gesamte Exportleistung Japans ausmacht. Der Anteil Nordamerikas insgesamt beträgt 13,2 % bzw. 17,4 %, wobei 6,5 % des gesamten Welthandels innerhalb der NAFTA-Mitglieder USA, Kanada und Mexiko abgewickelt wurden (vgl. Tab. 1-3). Noch deutlicher zeigt sich die herausragende weltwirtschaftliche Bedeutung der USA bei einer Analyse der ausländischen Direktinvestitionen amerikanischer Unternehmungen. Deren Bestand machte im Jahre 2013 mit 6.350 Mrd. US-$ 24,1 % und damit beinahe ein Viertel aller ausländischen Direktinvestitionen in der Welt aus (vgl. Tab. 1-1).

NAFTA

Eine besondere Bedeutung für die außenwirtschaftliche Tätigkeit nordamerikanischer Unternehmungen kommt dem zum 1. Januar 1994 in Kraft getretenen *North American Free Trade Agreement (NAFTA)* zu, dem neben den USA Kanada und Mexiko angehören (vgl. Hufbauer/Schott 2005; Boskin 2014). Ursprünglich wurde angestrebt, einen »gemeinsamen Markt von Alaska bis Feuerland« zu schaffen, dieses Vorhaben einer Free Trade Area of the Americas (FTAA) wurde jedoch aufgrund großer Differenzen zwischen den USA und vielen südamerikanischen Staaten aufgegeben (vgl. Arashiro 2011).

Die NAFTA stellt die Erweiterung eines 1988 zwischen den USA und Kanada abgeschlossenen Freihandelsabkommens dar und sieht den Abbau von Zöllen und nichttarifären Handelshemmnissen zwischen den Mitgliedstaaten bis zum Jahre 2004 vor. Im Gegensatz zur EU umfasst die NAFTA damit lediglich die Schaffung einer Freihandelszone, nicht jedoch die Verwirklichung eines gemeinsamen Binnenmarktes. Die

Beispiel

Sehr kontrovers wird derzeit das Transatlantische Freihandelsabkommen (*Transatlantic Trade and Investment Partnership, TTIP*)zwischen der EU und der NAFTA diskutiert. Während eine von der EU-Kommission in Auftrag gegebene Studie des Londoner Centre for Economic Policy Research ein zusätzliches Wirtschaftswachstum von bis 0,5 % sowie ein Wachstum der Exporte von bis zu 6 % in der EU und 8 % in den USA prognostiziert (Francois et al. 2013), werden diese Wohlfahrtseffekte von Kritikern des TTIP in Frage gestellt. Darüber hinaus werden die Senkung von Gesundheits-, Sozial- und Umweltstandards (»*race to the bottom*«) befürchtet und die Einführung von Schiedsgerichtsverfahren sowie die weitgehend geheime Aushandlung des Abkommens kritisiert (vgl. Draper/Freytag 2014).

Beseitigung von Zöllen gilt deshalb nur für Unternehmungen aus den beteiligten Staaten, während für Unternehmungen aus anderen Ländern weiterhin die jeweiligen nationalen Zollvorschriften und Einfuhrregelungen maßgeblich sind. Im Unterschied zur EU verfügt die NAFTA zudem über keine eigenen Organe, sondern lediglich über einen lockeren institutionellen Rahmen, dessen Kern die für die Überwachung des Abkommens und die Schlichtung von Streitigkeiten zwischen den Mitgliedstaaten zuständige Handelskommission bildet. Schließlich ist die NAFTA auch aufgrund des sehr heterogenen ökonomischen Potenzials und der daraus resultierenden unterschiedlichen Zielsetzungen der beteiligten Staaten kaum mit der EU vergleichbar (vgl. Preusse 2004, S. 76 ff.).

Mexiko

Während die NAFTA kanadischen Unternehmungen vor allem den Zugang zum amerikanischen Markt erleichtert, auf den rund drei Viertel aller kanadischen Exporte entfallen, beinhaltet diese für amerikanische Unternehmungen insbesondere die Möglichkeit erheblicher Kosteneinsparungen durch die Verlagerung arbeitsintensiver Produktionsprozesse nach *Mexiko*. Bereits im Jahre 1965 hat die mexikanische Regierung dazu das sog. *maquiladoras*-Programm verabschiedet, das ausländischen Investoren im Grenzgebiet zu den USA die zollfreie Einfuhr von Rohstoffen und Vorprodukten erlaubt. Neben dem Zufluss ausländischen Kapitals hat Mexiko davon insbesondere durch beträchtliche direkte und indirekte Beschäftigungseffekte profitiert (vgl. Fuentes et al. 1993). Mit dem Beitritt zur NAFTA wurde dieser Abbau von Zollschranken auf das gesamte mexikanische Territorium ausgedehnt, um den Export mexikanischer Produkte zu beleben und zusätzliche qualifizierte Arbeitsplätze zu schaffen. Entgegen den Bestrebungen hat diese außenwirtschaftliche Liberalisierung jedoch vor allem zu einem massiven Anstieg der Importe und des Außenhandelsdefizits geführt, während die illegale Migration mexikanischer Arbeitskräfte in die USA bislang kaum zurückging (vgl. Calderón/Wannöffel 2013).

1.1.2.4 Mittel- und Südamerika

Regionale Integration

Auch in den mittel- und südamerikanischen Staaten sind seit den siebziger Jahren Tendenzen einer außenwirtschaftlichen Öffnung festzustellen, die sich neben der Förderung von Auslandsinvestitionen und der Konvertibilität der Währungen in der Gründung zahlreicher Freihandelszonen niederschlägt. Nach Einschätzung von Hufbauer/Schott (1994) besitzen die Mitgliedstaaten der *Caribbean Community*

Tab. 1-5

Regionale ökonomische Integration in Mittel- und Südamerika

Freihandelszone Elemente des Integrationsprozesses	NAFTA	MERCOSUR	ANDEN-Pakt	CACM	CARICOM
Freihandel	4	2	3	2	4
Freier Kapitaltransfer	4	1	3	0	3
Freier Arbeitskräftetransfer	2	1	1	1	2
Supraregionale Institutionen	3	2	3	2	2
Monetare Koordination	1	0	0	0	2
Fiskalische Koordination	0	0	0	0	0
Durchschnitt	2,3	1,0	1,7	0,8	2,2

Bewertung: 0 = niedrig, 5 = sehr hoch

NAFTA: USA, Kanada, Mexiko
MERCOSUR: Argentinien, Bolivien, Brasilien, Chile, Paraguay, Uruguay
ANDEN-Pakt: Bolivien, Ecuador, Kolumbien, Peru, Venezuela
CACM: Costa Rica, El Salvador, Guatemala, Honduras, Nicaragua, Panama
CARICOM: Antigua, Bahamas, Barbados, Belize, Dominica, Grenada, Guyana, Jamaika, Montserrat, St. Kitts-Nevis-Anguilla, St. Lucia, St. Vincent, Trinidad und Tobago, Windward Islands

(Quelle: Hufbauer/Schott 1994, S. 6)

(CARICOM) und der *Integración Subregional Andino (ANDEN-Pakt)* die größte Integrationstiefe, während die regionale Integration der in dem *Mercado Común en el América del Sur (MERCOSUR)* und dem *Central American Common Market (CACM)* zusammengeschlossenen Staaten bislang erst relativ schwach ausgeprägt ist (vgl. Tab. 1-5). Dies gilt insbesondere im Vergleich zur NAFTA und zur EU, deren Integrationstiefe mit 2,3 bzw. 3,3 bewertet wird.

Trotz dieser Integrationsbemühungen ist der Anteil der innerhalb des MERCOSUR abgewickelten Exporte an den Gesamtexporten dieses Wirtschaftsbündnisses im Jahre 2013 mit 15,2 % deutlich niedriger als bei der NAFTA (49,2 %) und der EU (62,0 %) (vgl. Tab. 1-3). Der Anteil der mittel- und südamerikanischen Staaten am Welthandel stagniert gegenwärtig und machte 2013 4,0 % des Weltexports und 4,2 % des Weltimports aus (vgl. Tab. 1-1).

Die weitere ökonomische Integration der mittel- und südamerikanischen Staaten wird insbesondere durch vielfältige außenpolitische Auseinandersetzungen, die nur mangelhaft ausgebaute grenzüberschreitende Infrastruktur sowie große kulturelle Unterschiede erschwert. Die Liberalisierung der Wirtschaft hat zudem die gravierenden sozialen Probleme vieler Staaten weiter verschärft und zu zahlreichen innenpolitischen Konflikten geführt. Darüber hinaus wird der wirtschaftspolitische Handlungsspielraum in vielen Ländern durch hohe Auslandsschulden eingeengt (vgl. Gardini 2010).

Beispiel

Eine Sonderrolle kommt Brasilien zu. Das größte und bevölkerungsreichste Land Südamerikas und die siebtgrößte Volkswirtschaft der Welt beheimatete 2013 2,8 % des Bestands aller weltweit getätigten Direktinvestitionen. Das Land exportiert insbesondere Rohstoffe wie Eisenerz, Kupfer und Erdöl sowie landwirtschaftliche Erzeugnisse wie Sojabohnen, Zucker und Kaffee. In São Paulo, dem größten industriellen Ballungsgebiet Südamerikas, befinden sich die Tochtergesellschaften von rund 1.300 deutschen Unternehmungen, was die Stadt zum größten Auslandsstandort deutscher Unternehmungen macht. Die Attraktivität des Landes für ausländische Unternehmungen dürfte durch sportliche Großereignisse wie die Fußballweltmeisterschaft 2014 und die Olympischen Spiele 2016 in Rio de Janeiro weiter zunehmen. Zugleich ist Brasilien jedoch auch mit gravierenden sozialen und ökologischen Problemen wie der Abholzung des tropischen Regenwalds zur Schaffung landwirtschaftlicher Flächen konfrontiert (vgl. Naumann 2008; Busch 2011; Moniz-Bandeira 2013).

1.1.2.5 Asiatisch-pazifischer Wirtschaftsraum

Aufstieg Asiens

Neben den traditionell wichtigen Weltwirtschaftsregionen Europa und Nordamerika hat seit dem Ende des Zweiten Weltkriegs auch die Bedeutung des asiatisch-pazifischen Wirtschaftsraums stark zugenommen. Nachdem es zunächst Japan und später auch vielen anderen asiatischen Schwellenländern gelang, das Wachstum ihrer Volkswirtschaften durch eine stark exportorientierte Wirtschaftspolitik zu beschleunigen, verlagerte sich das *Gravitationszentrum der Weltwirtschaft* zunehmend vom Atlantik zum Pazifik. 1984 übertraf das Volumen des transpazifischen Handels erstmals dasjenige des transatlantischen Handels (vgl. Koch 2006, S. 57 ff.). Mit der außenwirtschaftlichen Öffnung Chinas und Indiens hat sich dieser Prozess weiter beschleunigt, so dass 2013 bereits 34,4 % des Weltexports und 34,4 % des Weltimports auf die asiatischen Staaten entfielen (vgl. Tab. 1-1).

Japan

Vorreiter dieser Entwicklung war *Japan*, dessen Ministry of International Trade and Industry (MITI) in den 70er und 80er Jahren die Internationalisierung japanischer Unternehmungen stark förderte. Der wirtschaftliche Aufstieg Japans wurde zudem durch die relativ späte Internationalisierung japanischer Unternehmungen begünstigt. Nachdem diese während des mehr als 250 Jahre währenden *tokugawa shogunats* bis Mitte des 19. Jahrhunderts nahezu keine Handelsbeziehungen zu anderen Ländern unterhielten, dehnten die japanischen Handelsunternehmungen der *zaibatsu* ihre Aktivitäten erst nach 1914 zunächst auf die nahe gelegenen Märkte Ostasiens und später auch auf Europa und die USA aus (vgl. Chandler 1989, S. 495 ff.). Die quantitative und qualitative Bedeutung dieser ausländischen Aktivitäten blieb jedoch gering. Als mit zunehmender weltwirtschaftlicher Integration die Notwendigkeit zur globalen Ausrichtung der Unternehmungsaktivitäten zunahm, waren japanische Unternehmungen deshalb noch nicht durch das organisatorische Erbe bereits existierender Tochtergesellschaften belastet, sondern konnten ihre Auslandsengagements unmittelbar nach weltweiten Gesichtspunkten konzipieren. Die meisten europäischen und amerikanischen Unternehmungen besaßen dagegen bereits eine Vielzahl ausländischer Tochtergesellschaften, die zumeist über eine relativ große

Autonomie verfügten und deren Einbindung in eine weltweite Strategie mit zahlreichen Anpassungsschwierigkeiten verbunden war (vgl. Porter 1989b, S. 50).

Tigerstaaten

Seit den siebziger Jahren gelang es neben Japan auch den vier kleinen *Tigerstaaten Hongkong, Taiwan, Singapur* und *Südkorea*, ökonomisch zu den westlichen Industrieländern aufzuschließen. Die Gründe für deren wirtschaftlichen Erfolg sind insbesondere die enge Kooperation von Unternehmungen und Staat sowie deren exportorientierte Entwicklungsstrategie. Im Unterschied zu vielen afrikanischen und südamerikanischen Entwicklungsländern exportieren Unternehmungen aus den Schwellenländern bzw. *newly industrialized countries (NICs)* zudem überwiegend Fertigprodukte, die die Nutzung von Massenproduktionsvorteilen und Standortvorteilen insbesondere bei den Lohnkosten ermöglichen.

Drachenstaaten

Durch stark ansteigende Löhne, Mieten und andere Kosten haben sich viele komparative Kostenvorteile in den letzten Jahren jedoch relativiert. Zahlreiche ausländische Unternehmungen haben deshalb bereits wieder ihre Tochtergesellschaften in diesen Ländern geschlossen und die Produktion in ihr Heimatland zurückverlagert (vgl. Schulte 2003) bzw. in andere Staaten transferiert, in denen die Lohnkosten noch deutlich geringer sind. Zudem ist bei den überwiegend gut ausgebildeten Mitarbeitern ein Wertewandel von konfuzianischen zu westlichen Werten zu beobachten. Die Bereitschaft vieler Mitarbeiter, zu Gunsten der wirtschaftlichen Entwicklung des Landes auf privaten Wohlstand und die Befriedigung von außerberuflichen Bedürfnissen zu verzichten, nimmt dadurch ab. Die außenwirtschaftliche Position der vier Tigerstaaten wird zudem zunehmend durch die nach ihrer Einwohnerzahl weitaus größeren *Drachenstaaten Malaysia, Thailand* und *Indonesien*, die sich mit Singapur und Brunei zur *Association of South East Asian Nations (ASEAN)* zusammengeschlossen haben, sowie China bedroht (vgl. Tab. 1-3).

China

Die größte Bedeutung für die Weltwirtschaft mit einem Anteil von 11,7 % des Weltexports und 10,3 % des Weltimports im Jahre 2013 kommt *China* zu (vgl. Tab. 1-1). Nach einer langen Phase der außenwirtschaftlichen Isolation unter Mao Zedong leitete Deng Xiaoping dort im Jahre 1978 eine allmähliche wirtschaftliche Liberalisie-

Beispiel

Eine der ersten großen ausländischen Unternehmungen, die sich bereits kurz nach der Öffnung des Landes mit bedeutenden Investitionen in China engagiert hat, ist Volkswagen. Den Beginn der Tätigkeit bildete der 1982 mit der Tractor & Automotive Corporation abgeschlossene Lizenzvertrag über die Produktion des Santana, der 1984 zu einem Joint Venture-Vertrag erweitert wurde. Die dadurch entstandene Shanghai Volkswagen Automotive Co. Ltd. (SVW) ist seitdem eines der größten und erfolgreichsten Joint Ventures in China. Durch die enge Kooperation mit den lokalen Behörden und die zögerlichen Markteintritte anderer ausländischer Automobilproduzenten gelang es VW, einen Marktanteil von teilweise über 50 % zu erlangen. Dieser ging nach dem Beitritt des Landes zur WTO 2001 zwar deutlich zurück, dennoch weist VW in China sehr hohe Wachstumsraten auf. Seit 2003 ist China vor Deutschland der größte Absatzmarkt von VW weltweit mit einem Absatz von 3,3 Mio. Autos im Jahr 2013 (vgl. Holtbrügge/Puck 2008, S. 238 ff.).

rung ein. Neben der außenwirtschaftlichen Öffnung und der Zulassung ausländischer Direktinvestitionen wurden zahlreiche Sonderwirtschaftszonen eingerichtet, in denen in- und ausländische Unternehmungen weitreichende Privilegien genießen (vgl. Holtbrügge/Puck 2008). Die Folgen davon sind ein Wirtschaftswachstum von durchschnittlich 10 % jährlich seit 1990 und ein starker Anstieg ausländischer Direktinvestitionen. Im Jahre 2013 entfielen mit 1.966 Mrd. US-Dollar rund 7,4 % des Bestands aller ausländischen Direktinvestitionen auf China (incl. Hongkong), das damit weltweit den zweiten Platz hinter den USA einnimmt (vgl. Tab. 1-1). Der Beitritt des Landes zur WTO im Jahr 2001 hat diesen Wachstumsprozess weiter gefestigt. So kommt eine Studie von Wilson/Purushothaman (2006) zu dem Ergebnis, dass das BIP Chinas im Jahre 2040 dasjenige der USA übertreffen und China somit die größte Volkswirtschaft der Welt sein wird (vgl. Abb. 1-3). Das Pro-Kopf-Einkommen dürfte jedoch weiterhin auf dem Niveau eines Entwicklungslands liegen. Zudem sind die regionalen Einkommensunterschiede zwischen den östlichen Küsten- und den Binnenprovinzen beträchtlich.

Indien

Zu Beginn der neunziger Jahre setzte schließlich auch in *Indien* eine zögerliche außenwirtschaftliche Liberalisierung ein, die zu einer starken Zunahme ausländischer Direktinvestitionen geführt hat (vgl. Kaufmann et al. 2006; Holtbrügge/Friedmann 2011). Wurden zwischen 1985 und 1990 durchschnittlich 169 Mio. US-$ jährlich in Indien investiert, waren es 2008 21,1 Mrd. US-$. Als Folge der Wirtschafts- und Finanzkrise und der innenpolitischen Stagnation gingen diese in den folgenden Jahren wieder zurück und betrugen 2013 1,6 Mrd. US-$. Insgesamt entfällt 2013 0,9 % des weltweiten Bestands ausländischer Direktinvestitionen auf Indien (vgl. UNCTAD 2014). Begünstigt durch die englischen Sprachkenntnisse und den hohen Bildungsgrad der vielfach in den USA ausgebildeten Angehörigen der indischen Mittelschicht investieren ausländische Unternehmungen dabei immer weniger in arbeitsintensiven, sondern zunehmend in Hochtechnologiebranchen wie der Computer- und Biotechnologie (vgl. Kobayashi-Hillary 2005). Anschaulich zeigt sich das am Beispiel der südindischen Stadt Bangalore.

Während die wirtschaftliche Liberalisierung und außenwirtschaftliche Öffnung in Indien auf der Grundlage einer seit der Unabhängigkeit des Landes im Jahre 1947 weitgehend stabilen demokratischen Ordnung verläuft, geht das wirtschaftliche Wachstum in vielen anderen asiatischen Staaten nicht mit einer politischen Liberalisierung einher. Vor allem China wird seit der blutigen Niederschlagung der Studentenproteste auf dem *Tian'an'men*-Platz in Peking im Juni 1989 vorgeworfen, wirtschaftliches Wachstum durch ein autoritäres politisches Regime durchzusetzen. Neben der Unterdrückung oppositioneller Politiker werden vor allem inhumane Arbeitszeiten und -bedingungen, eklatante Verstöße gegen Arbeitsschutzvorschriften, die zu einer im internationalen Vergleich sehr hohen Zahl von Arbeitsunfällen mit vielfach tödlichem Ausgang führen, Kinder- und Zwangsarbeit sowie die Errichtung von Arbeitslagern angeprangert (vgl. Santoro 2000; Berg/Holtbrügge 2002). Ähnliche Vorwürfe werden gegen Indonesien und Malaysia erhoben (vgl. Pati/Kak 2012).

In Deutschland und anderen westlichen Industrieländern wird deshalb die Frage diskutiert, ob es moralisch vertretbar ist, wirtschaftliche Beziehungen zu Ländern zu unterhalten, die nachweisbar und eklatant gegen internationale Menschen- und

Beispiel

Mitte der achtziger Jahre begannen viele amerikanische Computer- und Softwarehersteller wie Hewlett-Packard, Motorola oder IBM damit, hoch qualifizierte englischsprachige Computerexperten aus Indien für mehrmonatige Arbeitsaufenthalte in die USA einzuladen. Nachdem die amerikanischen Behörden auf Druck lokaler Softwareexperten die Erteilung von Visa für indische Computerspezialisten immer restriktiver handhabten, gingen viele Unternehmungen von diesem *brain shopping* ab und verlagerten Teile ihrer Entwicklungsarbeiten direkt nach Indien. Besonders profitiert davon hat Bangalore, die Hauptstadt des südindischen Karnataka, das 1991 als erster indischer Bundesstaat einen Softwaretechnologiepark einrichtete und die notwendige Infrastruktur wie Satellitenleitungen, klimatisierte Büros und netzunabhängige Stromversorgung schuf. In der Folge haben sich nahezu alle bedeutenden IT- und Consultingunternehmungen in Bangalore angesiedelt und der Stadt den Beinamen »indisches Silicon Valley« eingebracht. Dazu zählen z. B. Accenture, Capgemini, Cisco Systems, Dell, HP, IBM, Intel, Oracle, SAP, Motorola, Novell und Texas Instruments. Aber auch Infosys und Wipro, zwei der drei größten indischen IT-Dienstleister, haben hier ihren Hauptsitz. Die Aktivitäten dieser Unternehmungen umfassen neben der Entwicklung von Software und der weltweiten Kundenbetreuung in Call Centers vor allem das Business Process Outsourcing, d. h. das Offshoring von Geschäftsprozessen.

Fläche und Einwohnerzahl der Stadt Bangalore haben sich dadurch seit 1996 vervierfacht. Neben hinduistischen Tempeln und alten Kolonialgebäuden entstanden westliche Bars und Restaurants, Internet- und Cyber-Cafés, Boutiquen und Einkaufscenter nach amerikanischem Vorbild. Von diesem neuen Wohlstand profitieren vor allem Computerspezialisten und IT-Consultants, deren Gehalt um ein Mehrfaches über dem indischen Durchschnitt liegt. Wie viele andere schnell wachsende indische Städte leidet Bangalore jedoch unter einer unzureichenden Verkehrsinfrastruktur. Aufgrund täglicher Unterbrechungen der Stromversorgung und eines desolaten öffentlichen Personennahverkehrs haben die meisten ausländischen Unternehmungen Dieselgeneratoren installiert und eigene Busdienste eingerichtet, die die Mitarbeiter zur Arbeit bringen. Eine U-Bahn-Linie ist im Bau. Die Stadt besitzt mit dem am 24. Mai 2008 neu eröffneten Bangalore International Airport zwar einen der modernsten Flughäfen Indiens, an dem jährlich 50 Mio. Fluggäste abfertigt werden können. Problematisch ist jedoch dessen Lage weit außerhalb des Stadtzentrums, die aufgrund chronisch überfüllter Straßen eine Anfahrtszeit aus den südlichen Stadtteilen von mehreren Stunden zur Folge haben kann (vgl. Balasubramanyam/Balasubramanyam 2000; Chia 2001; Nair/Ahlstrom/Filer 2007).

Arbeiterrechte verstoßen (vgl. Holtbrügge/Berg 2004b). Da dies nicht nur eine außenpolitische, sondern auch eine unternehmungspolitische Fragestellung ist, wird diese in Kapitel 8 nochmals aufgegriffen.

1.1.2.6 Golfstaaten

Diversifizierung der Wirtschaftsstruktur

Nachdem die Anrainerstaaten des Persischen Golfs viele Jahre lang vor allem als Erdölexporteure eine bedeutende Rolle für die Weltwirtschaft gespielt haben, sind dort zunehmend Anzeichen einer *Diversifizierung der Wirtschaftsstruktur* erkennbar. Dazu zählen insbesondere der Aufbau ölverarbeitender und energieintensiver Industrien sowie die Entwicklung des Tourismus (vgl. Hecht-El Minshawi 2007). Als Folge davon sowie aufgrund der stark wachsenden Erdölexporte nach China und Indien ist der Anteil der Golfstaaten am Welthandel in den letzten Jahren stetig angestiegen. Die Golfstaaten machen im Jahre 2013 7,4 % des Weltexports und 4,2 % des Weltimports aus (vgl. Tab. 1-1).

Ausländische Direkt- und Portfolioinvestitionen

Demgegenüber ist die Bedeutung ausländischer Direktinvestitionen mit einem weltweiten Anteil von 0,9 % (Abfluss) und 2,6 % (Zufluss) noch sehr gering. Für die nächsten Jahre werden jedoch starke Zuwächse prognostiziert, da sich Unternehmungen aus den Golfstaaten verstärkt mit Direktinvestitionen an ausländischen Unternehmungen beteiligen wollen. Im Zuge der weltweiten Finanz- und Wirtschafts-

Beispiel

Die Deutsche Bahn hat im November 2009 einen Auftrag zum Bau eines Eisenbahn- und U-Bahnnetzes in Katar erhalten. Der Auftrag umfasst ein 300 km langes U-Bahnsystem in Doha mit vier Linien, das den Flughafen mit dem Zentrum und den Fußballstadien für die Weltmeisterschaft 2022 verbinden soll, eine 180 km lange Hochgeschwindigkeitstrasse nach Bahrain sowie weitere Strecken für Güter- und Personenzüge. Mit einem Volumen von 17. Mrd. € ist dies der größte Auftrag in der Unternehmungsgeschichte. Zur Abwicklung dieses Großauftrags hat die Deutsche Bahn ein Joint Venture mit der Qatar Railways Development Company geschlossen, an dem die Unternehmung mit 49 % der Anteile beteiligt ist. Das Joint Venture plant, nach Fertigstellung des Liniennetzes Züge im Wert von rund 2 Mrd. € zu kaufen (vgl. Grube 2009).

krise hat sich etwa der in Abu Dhabi ansässige Finanzinvestor Aabar Investments, der wiederum von der staatlichen Investmentgesellschaft International Petroleum Investment Company (IPIC) kontrolliert wird, im Jahr 2009 mit 9,1 % an Daimler beteiligt. Bereits seit den 1970er Jahren besitzt das Emirat Kuwait einen Anteil von gegenwärtig 6,9 % an der Unternehmung. Auch an Volkswagen ist mit der Beteiligungsgesellschaft Qatar Holding seit 2009 ein Finanzinvestor aus den Golfstaaten beteiligt (vgl. Kröher/Preissner/Student 2009). Das für ausländische Direkt- und Portfolioinvestitionen zur Verfügung stehende Kapital der drei größten staatlichen *sovereign wealth funds* Abu Dhabi Investment Authority, SAMA Foreign Holdings (Saudi-Arabien) und Kuwait Investment Authority wird auf zusammen rund 1,5 Bio. US-$ beziffert (vgl. Hemphill 2009).

Infrastruktur

Um die Bedingungen für ausländische Direktinvestitionen in den Golfstaaten zu verbessern, haben diese umfangreiche Investitionen im Bereich der *Infrastruktur* im Umfang von bis zu 3 Bio. US-$ beschlossen (vgl. Boer/Turner 2007). An diesen Bauprojekten sind vor allem Arbeitskräfte aus Afrika und Asien und hier wiederum vorwiegend aus Indien beteiligt (vgl. Budhwar/Mellahi 2006).

Golf-Kooperationsrat

Positiv für ausländische Unternehmungen wirkt sich auch die verstärkte regionale Integration im Rahmen des 1981 gegründeten *Golf-Kooperationsrats* (*Gulf Cooperation Council*) aus, dem Bahrain, Katar, Kuwait, Oman, Saudi-Arabien und die Vereinigten Arabischen Emirate (VAE) angehören. So ist für das Jahr 2015 die Einführung einer gemeinsamen Währung geplant, nachdem bereits 2003 eine Zollunion eingeführt wurde. Gemessen an seiner wirtschaftlichen Bedeutung würde dadurch die weltweit zweitbedeutendste supranationale Währungsintegration nach dem Euroraum entstehen (vgl. Ibrahim 2007).

1.1.2.7 Afrika

Ausländische Direktinvestitionen

Afrika ist die einzige Region in der Welt, in der die Exporte in den letzten Jahren langsamer als das Bruttosozialprodukt gewachsen sind. Als Folge davon hat sich der Anteil der afrikanischen Staaten am Weltexport zwischen 1980 und 2013 von 5,9 % auf 3,3 % und am Weltimport von 4,7 % auf 3,4 % deutlich verringert (vgl. Tab. 1-1). Auch als Standort für ausländische Direktinvestitionen kommt den afrikanischen Staaten im weltweiten Vergleich nur eine sehr geringe Bedeutung zu. Seit dem Jahr

2000 nimmt deren Zustrom jedoch kontinuierlich zu. Davon profitieren insbesondere die Länder mit bedeutenden Vorkommen an Rohstoffen und Energieträgern wie Angola, Nigeria, Südafrika und der Sudan (vgl. UNCTAD 2009, S. 42 ff.).

Insbesondere China hat in den letzten Jahren zahlreiche Abkommen zur Rohstoffsicherung mit afrikanischen Staaten abgeschlossen und bezieht etwa bereits rund 20 % seiner Öleinfuhren aus dem Sudan. Darüber hinaus investieren viele chinesische Unternehmungen in Afrika auch in arbeitsintensiven Branchen wie der Textil- und Bekleidungsindustrie (vgl. Drogendijk/Blomkvist 2013). In den Mittelmeeranrainerstaaten Marokko und Tunesien verfügen auch einige europäische Unternehmungen aus der Textil- und Bekleidungsindustrie über Tochtergesellschaften bzw. lassen dort arbeitsintensive Produkte durch inländische Unternehmungen in Lizenzproduktion fertigen. Wie eine Studie von Morisset (2000) belegt, besteht in allen schwarzafrikanischen Ländern ein direkter Zusammenhang zwischen der Höhe der ausländischen Direktinvestitionen und dem BIP (vgl. auch Gilroy/Gries/Naudé 2005).

Außenhandelsstruktur

Neben ungünstigen klimatischen Bedingungen, dem starken Bevölkerungswachstum und der hohen Analphabetismusrate ist die geringe Einbindung in die internationale Arbeitsteilung vor allem auf die politische Instabilität, ethnische Konflikte sowie auf die im Vergleich zum Bruttoinlandsprodukt sehr hohen Militärausgaben zurückzuführen. Darüber hinaus sind die meisten afrikanischen Staaten als Folge der Kolonisation stark von Exporten in die Industrieländer abhängig (vgl. Razafimahefa/Hamori 2007). Das Exportsortiment ist vielfach einseitig auf wenige Rohstoffe und Primärgüter wie Kaffee, Kakao, Tee, Tabak, Zucker, Baumwolle, Fisch, Holz, Kupfer, Erdöl, Bauxit und Aluminium ausgerichtet. Die afrikanischen Staaten sind dadurch in einem besonderen Maße von Preisschwankungen bei diesen Gütern betroffen. Der relative Preisverfall bei landwirtschaftlichen im Vergleich zu technologieintensiven Gütern führt zudem insbesondere in den Erdöl importierenden Staaten zu einer permanenten Verschlechterung der *terms of trade*, d. h. diese müssen eine immer grö-

Beispiel

Eine Sonderrolle nimmt Südafrika, die nach Nigeria zweitgrößte Volkswirtschaft Afrikas, ein. Nach der weitgehenden außenwirtschaftlichen Isolation des Landes während der Apartheit nimmt die Integration des Landes in die Weltwirtschaft seit der Freilassung von Nelson Mandela am 11. Februar 1990 und dessen Wahl zum Staatspräsidenten 1994 stark zu. Südafrika ist ein bedeutender Exporteur von Bodenschätzen, die fast 50 % der gesamten Exporterlöse des Landes ausmachen. De Beers, der größte Diamantenproduzent und -händler der Welt, liefert etwa ein Drittel der Weltproduktion von Rohdiamanten. Auf der Liste der größten Weinexporteure nimmt Südafrika den neunten Rang ein. Darüber hinaus kommt dem Tourismus eine wichtige Rolle zu.
Der größte deutsche Investor in Südafrika ist Volkswagen. Das 1948 in Uitenhage nahe Port Elizabeth eröffnete Werk beschäftigt derzeit mehr als 5.600 Mitarbeiter und ist damit das größte Automobilwerk in Afrika und einer der größten Arbeitgeber Südafrikas.
Einen positiven Einfluss auf die Wirtschaftsentwicklung und die Infrastruktur hatte die 2010 in Südafrika ausgetragene Fußballweltmeisterschaft. Die wirtschaftlichen Erfolge kommen aber trotz des von der Regierung initiierten *Black Economic Empowerment*-Programms überwiegend der weißen Bevölkerungsminderheit zugute. So hat das Durchschnittseinkommen der Schwarzen in den letzten Jahren abgenommen und die Arbeitslosigkeit auf nahezu 50 % stark zugenommen. Weitere Herausforderungen des Landes sind die hohe Kriminalitätsrate und die große Zahl mit HIV infizierter Menschen
(vgl. Feinstein 2010; Sieper 2010).

ßere Menge ihrer Produkte exportieren, um die gleiche Menge an Produkten importieren zu können.

Bottom of the Pyramid

In den nächsten Jahren könnte Afrika in besonderer Weise von der wachsenden Orientierung vieler Unternehmungen an den unteren Einkommenssegmenten profitieren (vgl. Mahajan 2009). So haben sich in den letzten Jahren etwa viele ausländische Unternehmungen in der Telekommunikation, dem Finanzsektor und der Lebensmittelbranche in Afrika engagiert und dabei Strategien und Produkte entwickelt, die spezifisch auf das »*bottom of the pyramid*« (Prahalad 2006) ausgerichtet sind (vgl. Schuster/Holtbrügge 2012). Das Marktvolumen in Afrika in diesem Segment wird auf rund 429 Mrd. US-$ geschätzt (vgl. Prahalad 2006).

1.1.3 Stellung Deutschlands in der Weltwirtschaft

Außenhandel

Seit dem Ende des Zweiten Weltkriegs zählt Deutschland zu den Ländern, die am stärksten mit der Weltwirtschaft verflochten sind und in denen der Außenhandel die größte Bedeutung für die Entwicklung des Wohlstands und Lebensstandards besitzt. Viele Jahre lang war Deutschland regelmäßig die größte Exportnation der Welt (»Exportweltmeister«), bevor China im Jahre 2009 Deutschland überholt hat. Im Jahre 2013 entfielen mit 1.453 Mrd. US-$ 7,7 % des Weltexports und mit 1.189 Mrd. US-$ 6,3 % des Weltimports auf Deutschland. Die größte Bedeutung besitzen dabei die Mitgliedstaaten der EU, mit denen knapp 60 % des gesamten Exports abgewickelt wurden. Der größte außereuropäische Handelspartner ist China, auf das 6,1 % der Exporte und 8,9 % der Importe entfallen. Im Unterschied zu den meisten anderen Handelspartnern ist der Saldo des Außenhandels mit China negativ. Ähnliches gilt für Russland, während im Handel mit den USA ein sehr hoher Exportüberschuss erzielt wird (vgl. Tab. 1-6).

Bei der Beurteilung des hohen Anteils deutscher Unternehmungen am Welthandel ist zu berücksichtigen, dass die Bedeutung des *intra-firm trade* in den letzten Jahren stark zugenommen hat. Aus Deutschland exportierte Fertigprodukte, die zuvor in ausländischen Tochtergesellschaften montiert wurden, gehen somit doppelt in die Exportstatistik sowie in die Importstatistik ein (vgl. Müller/Kornmeier 2000).

Ausländische Direktinvestitionen

Im Vergleich zum Außenhandel kommt *ausländischen Direktinvestitionen* eine deutlich geringere Bedeutung zu. Im Jahre 2013 entfielen mit 1.710 Mrd. US-$ 6,5 % des Bestands ausländischer Direktinvestitionen in der Welt auf deutsche Unternehmungen. Im weltweiten Vergleich lag Deutschland damit hinter den USA, China (incl. Hongkong) und Großbritannien an vierter Stelle (vgl. Tab. 1-1).

Standortbindung und Standortverlagerung

Die im Vergleich zum Außenhandel geringere Bedeutung von Auslandsinvestitionen zeigt sich auch daran, dass der Anteil des Auslandsumsatzes am Gesamtumsatz der zehn größten deutschen Unternehmungen zumeist höher als der Anteil des ausländischen Anlagevermögens am Gesamtanlagevermögen und als der Anteil der im Ausland beschäftigten Mitarbeiter an der Gesamtzahl der Beschäftigten ist (vgl. Tab. 1-7). Im Vergleich zu Unternehmungen aus vielen anderen Ländern sind deutsche Unternehmungen deshalb durch eine vergleichsweise starke *Standortbindung* gekennzeichnet. Zwar haben viele deutsche Unternehmungen wie Siemens oder

Tab. 1-6

Die 25 größten Außenhandelspartner Deutschlands im Jahre 2013

Land	Export		Import		Saldo
	(in Mrd. €)	(in %)	(in Mrd. €)	(in %)	(in Mrd. €)
Frankreich	100,0	9,2	64,0	7,1	+36,1
Niederlande	71,0	6,5	88,7	9,9	–17,7
China	66,9	6,1	74,5	8,9	–7,6
USA	89,3	8,2	48,6	5,4	+40,8
Großbritannien	75,5	6,9	42,2	4,7	+33,0
Italien	53,3	4,9	46,9	5,2	+6,3
Österreich	56,3	4,9	36,8	4,1	+19,5
Schweiz	46,9	4,3	38,3	4,3	+8,6
Belgien	42,4	3,9	39,0	4,3	+3,4
Polen	42,5	3,9	36,0	4,0	+6,5
Russland	35,8	3,3	41,2	4,6	–5,4
Tschechien	31,1	2,8	33,0	3,7	–1,9
Spanien	31,3	2,9	23,6	2,6	+7,7
Ungarn	17,5	1,6	19,5	2,2	–2,0
Japan	17,1	1,6	19,5	2,2	–2,4
Schweden	20,7	1,9	13,9	1,5	+6,8
Türkei	21,3	2,0	12,3	1,4	+9,1
Norwegen	8,2	0,8	22,1	2,5	–13,9
Dänemark	15,8	1,4	11,6	1,3	+4,3
Slowakei	10,6	1,0	12,3	1,4	–1,6
Südkorea	14,4	1,3	8,0	0,9	+6,4
Brasilien	11,2	1,0	8,9	1,0	+2,4
Rumänien	9,6	0,9	9,2	1,0	+0,5
Indien	9,1	0,8	7,0	0,8	+2,2
Irland	5,5	0,3	8,8	1,0	+3,3

(Quelle: Statistisches Bundesamt 2014)

Volkswagen in der Vergangenheit damit gedroht, beträchtliche Teile der Produktion ins Ausland zu verlagern, nach Zugeständnissen der Gewerkschaften sind sie davon jedoch vielfach wieder abgerückt. Vor allem bei Unternehmungen aus kleinen und offenen Volkswirtschaften wie Kanada, den Niederlanden, Skandinavien oder der Schweiz ist dagegen eine weitaus größere Tendenz zur Auslagerung von Produktions- und Dienstleistungsprozessen (Outsourcing) zu beobachten, die bis zur Verlegung der Unternehmungszentrale reichen kann (vgl. Birkinshaw et al. 2006).

Tab. 1-7

Internationalitätsgrad der 10 größten deutschen Unternehmungen nach ihrem ausländischen Anlagevermögen im Jahre 2013

	Anlagevermögen		Umsatz		Mitarbeiter		Transnationalitätsindex (in %)
Unternehmung	weltweit (in Mrd. US-$)	davon im Ausland (in %)	weltweit (in Mrd. US-$)	davon im Ausland (in %)	weltweit	davon im Ausland (in %)	
Volkswagen	446.555	39,6	261.560	80,9	572.800	55,5	58,6
E.On	179.988	69,1	162.573	70,8	62.239	80,0	73,3
Deutsche Telekom	162.671	74,0	79.835	62,7	228.596	49,0	61,9
Siemens	137.863	80,1	99.543	85,8	362.000	67,4	77,8
BMW	190.511	46,4	100.980	84,5	110.351	73,1	68,0
Daimler	232.023	37,6	156.641	74,4	274.616	39,0	50,3
BASF	88.644	65,8	98.212	80,5	112.206	53,2	66,5
RWE	111.688	46,9	68.233	45,3	66.341	42,6	44,9
Linde	45.090	95,5	22.112	92,1	63.487	85,4	91,0
Deutsche Post	48.848	72,7	73.135	69,0	435.285	61,2	67,6

Der Transnationalitätsindex bemisst sich als Mittelwert des ausländischen Anlagevermögens zum Gesamtanlagevermögen, des Auslandsumsatzes zum Gesamtumsatz und der im Ausland beschäftigten Mitarbeiter zur Gesamtzahl der Beschäftigten.

(Quelle: UNCTAD 2014)

Standort Deutschland

Ein weiteres zentrales Merkmal der außenwirtschaftlichen Stellung Deutschlands ist der *hohe positive Saldo in der Bilanz ausländischer Direktinvestitionen.* Während deutsche Unternehmungen im Jahre 2013 rund 57,6 Mrd. € im Ausland investierten, betrugen die Direktinvestitionen ausländischer Unternehmungen in Deutschland lediglich 26,7 Mrd. € (vgl. Abb. 1-5).

Mergers & Acquisitions

Der starke Anstieg ausländischer Direktinvestitionen um die Jahrtausendwende ist insbesondere auf mehrere große *grenzüberschreitende Unternehmungsfusionen und -akquisitionen* zurückzuführen. So schlägt sich der Erwerb der britischen Telekommunikationsunternehmungen Orange und One-2-One durch Mannesmann bzw. die Deutsche Telekom im Jahre 1999 mit etwa 30 Mrd. bzw. 12,5 Mrd. € nieder, während die Verschmelzung von Hoechst Marion Roussel und Rhône-Poulenc zu Aventis zu einem Abfluss von rund 25 Mrd. € führte. Im Jahre 2000 stiegen die Direktinvestitionen ausländischer Unternehmungen in Deutschland allein durch die Übernahme von Mannesmann durch Vodafone um etwa 185 Mrd. € an.

Regionale Schwerpunkte ausländischer Direktinvestitionen deutscher Unternehmungen bilden die Mitgliedstaaten der EU, auf die im Jahre 2013 36,7 % des Gesamtflusses entfielen. Es folgen China mit einem Anteil von 16,9 %, die USA (8,0 %), die Schweiz (7,1 %) Kanada (6,1 %) und Brasilien (5,0 %). Branchenschwerpunkte im

Abb. 1-5

Deutsche Direktinvestitionen im Ausland und ausländische Direktinvestitionen in Deutschland zwischen 1999 und 2013

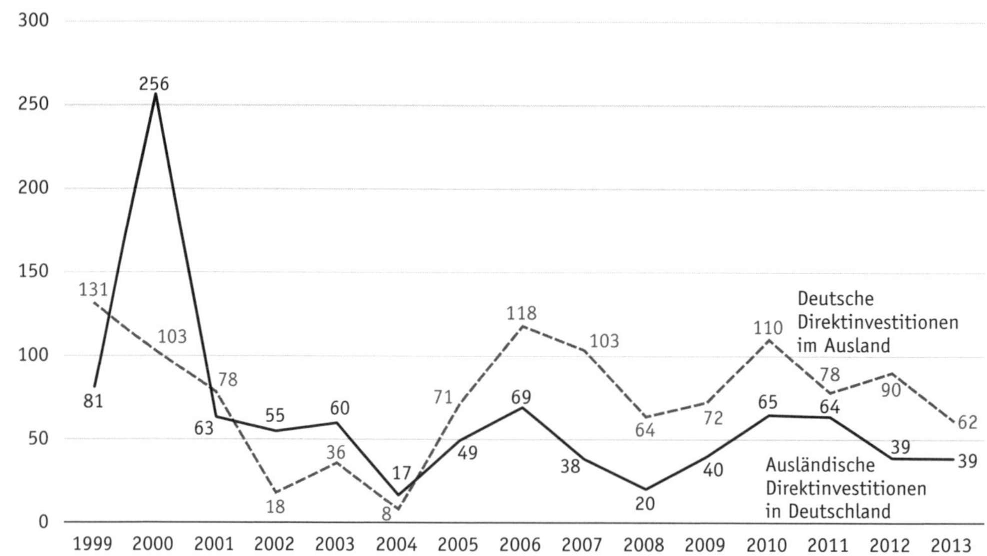

(Quelle: Deutsche Bundesbank 2014)

Bereich des verarbeitenden Gewerbes bilden der Maschinenbau mit einem Anteil von 8,6 %, die chemische Industrie (8,8 %) und die Energieversorgung (6,3 %). Der Anteil der Direktinvestitionen im Dienstleistungssektor beträgt 2,4 % (vgl. Deutsche Bundesbank 2014).

Empirische Investitionsmotivstudien

Empirischen Investitionsmotivstudien zufolge verfolgen deutsche Unternehmungen mit ausländischen Direktinvestitionen vor allem *markt- und absatzorientierte Motive*. So kommt nach einer empirischen Untersuchung unter 454 deutschen Unternehmungen von Beyfuß/Eggert (2000) der Erschließung neuer und der Sicherung bestehender Märkte die größte Bedeutung zu (vgl. Abb. 1-6). Insbesondere angesichts der Notwendigkeit, divergierende Kundenwünsche berücksichtigen und die vielfach erklärungsbedürftigen Produkte vor Ort demonstrieren zu können, werden Direktinvestitionen anderen Internationalisierungsformen vorgezogen (vgl. Tab. 1-8). Empirische Studien weisen darauf hin, dass die Errichtung ausländischer Produktionsstätten dabei zumeist nicht zu einem Abbau der heimischen Produktion führt, sondern sogar eine zusätzliche Exportnachfrage schafft und dadurch positive Beschäftigungseffekte im Heimatland bewirkt (vgl. Jungnickel/Keller 2002, S. 151 ff.; Müller/Kornmeier 2002, S. 103 f.).

Marktmotive

Kostenmotive

Daneben besitzen vor allem für Direktinvestitionen in den mittel- und osteuropäischen Staaten auch *kosten- und ertragsorientierte Motive* eine große Bedeutung. Aufgrund der im internationalen Vergleich sehr hohen Lohn- und Lohnnebenkosten, der

Tab. 1-8

Investitionsmotive

Markt- und absatzorientierte Motive
- Erhöhung von Marktpräsenz und Kundennähe
- Verringerung der Wettbewerbsvorteile der im Ausland investierenden Konkurrenten durch eigene Investitionen (»*band-waggon*-Effekt«)
- Sicherung des Absatzes bei Verlagerung der Produktion wichtiger inländischer Partner (»Kielwasser-Investition« von Zulieferunternehmungen
- Langfristige Sicherung des Weltmarktanteils (z. B. weil Konkurrenten den Heimatmarkt bearbeiten; »*cross-investment*«)
- Nutzung von Phasenverschiebungen im Produktlebenszyklus
- Ausgleich konjunktureller, saisonaler oder struktureller Nachfrageschwankungen
- Umgehung tarifärer oder nicht-tarifärer Handelshemmnisse (z. B. *local content*-Bestimmungen)

Kosten- und ertragsorientierte Motive
- Risikostreuung
- Kompensation von Wechselkursschwankungen
- Ausgleich von Standortnachteilen
- Nutzung von Kostenvorteilen (z. B. niedrige Arbeitskosten bzw. Steuern)
- Nutzung staatlicher Förderprogramme

Beschaffungs- und ressourcenorientierte Motive
- Nutzung des lokalen Arbeitskräfte- oder Forschungs- & Entwicklungspotenzials
- Erwerb bzw. Nutzung von Know-how
- Sicherung der Rohstoffversorgung

Strategische Motive
- Realisierung von Skalen-, Verbund- und Lerneffekten

(Quelle: modifiziert und erweitert nach Müller/Kornmeier 2002, S. 114)

hohen Steuerbelastung und der hohen gesetzlichen Regulierungsdichte verlagern vor allem kleine und mittelständische Unternehmungen arbeitsintensive Produktionsprozesse ins Ausland, um ihre internationale Wettbewerbsfähigkeit zu sichern (vgl. Haussmann/Rygl/Holtbrügge 2009). Empirischen Untersuchungen zufolge ist es jedoch fraglich, ob den in der öffentlichen Diskussion angeführten hohen Arbeitskosten in Deutschland tatsächlich eine herausragende Bedeutung für ausländische Direktinvestitionen zukommt. So beträgt z. B. der Anteil der direkten Lohnkosten in Unternehmungen des verarbeitenden Gewerbes lediglich rund 20 %. Darüber hinaus ist die Produktivität in Deutschland höher als in allen anderen Ländern der Welt, so dass die komparativen Lohnkostennachteile bei der Berücksichtigung der Lohnstückkosten relativiert werden (vgl. Heß/Mahnkopf 1996; Müller/Kornmeier 2000, S. 56 ff.; Koch 2006, S. 83 ff.).

Beschaffungsmotive

Beschaffungs- und ressourcenorientierte Motive, die im 18. und 19. Jahrhundert zumeist die zentrale Ursache für ausländische Direktinvestitionen darstellten, sind dagegen in den meisten Branchen nur noch von untergeordneter Bedeutung (vgl. Oppenländer 2001, S. 371 f.). Ausnahmen bilden Unternehmungen des primären Sektors wie etwa die Engagements von Wintershall oder E.On in Russland, die vorrangig die Beschaffung von Erdgas bzw. Erdöl zum Ziel haben (vgl. Holtbrügge/Boutler

Abb. 1-6

Motive deutscher Direktinvestitionen im Ausland

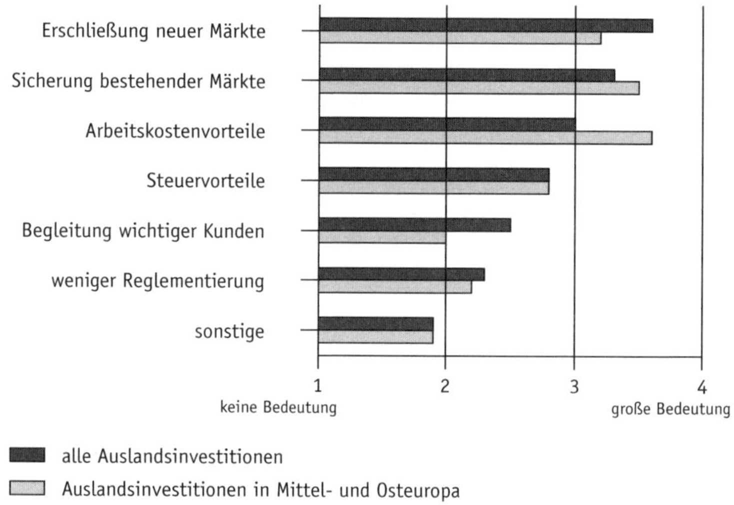

(Quelle: Beyfuß/Eggert 2000, S. 36)

2003). Auch die ausländischen Tochtergesellschaften von Softwareunternehmungen dienen vielfach dem Zugang zu Know-how, das im Heimatland nicht zugänglich ist.

Strategische Motive

Demgegenüber gewinnen *strategische Motive* wie z. B. die Realisierung von Skalen-, Verbund- und Lerneffekten zunehmend an Bedeutung. Strategische Motive zeichnen sich dadurch aus, dass die Entscheidung für die Aufnahme der Tätigkeit in einem ausländischen Markt nicht nur isoliert, sondern auch im Zusammenhang mit anderen potenziellen oder bereits bestehenden Auslandsengagements gefällt wird (vgl. dazu ausführlich Kap. 3.2). Diese Notwendigkeit der holistischen Betrachtung aller weltweit verstreuten Unternehmungsaktivitäten wird insbesondere durch die zunehmende Globalisierung der Wirtschaft forciert, deren zentrale Merkmale und unternehmungspolitische Implikationen deshalb im Folgenden eingehend analysiert werden.

1.2 Globalisierung der Wirtschaft

1.2.1 Dimensionen der Globalisierung

Auflösung von Standortbindungen wirtschaftlicher Aktivitäten

Die Rahmenbedingungen internationaler Unternehmungstätigkeit sind nicht nur durch tiefgreifende und nachhaltige Veränderungen in vielen Ländern der Welt, sondern auch durch wachsende Verflechtungen und Interdependenzen zwischen den in diesen Ländern stattfindenden Entwicklungen gekennzeichnet. Dieser Prozess der Globalisierung der Wirtschaft führt zu einer weitgehenden *Auflösung von Standortbindungen wirtschaftlicher Aktivitäten*. Deren historischen Ursprung bildete der Bau großer Schiffe im 15. Jahrhundert, die nicht nur zur Entdeckung vormals unbekannter Länder und Kontinente führten, sondern auch die *Mobilität von Gütern* über große Entfernungen möglich machten. Mit der Entwicklung des Telegraphen zu Beginn des 19. Jahrhunderts wurde es möglich, den *Austausch von Informationen* vom Transport von Gütern zu entkoppeln und mit entfernten Orten ohne große Zeitverzögerungen zu kommunizieren. Durch die Entwicklung der Satellitenkommunikation und des Internet seit den 1980er Jahren wurde diese weltweite *Mobilität von Informationen* noch weiter beschleunigt. Seit dem Ende des Zweiten Weltkriegs nimmt darüber hinaus die weltweite *Mobilität des Kapitals* stark zu. Dies gilt sowohl für Finanz- als auch für Direktinvestitionen. In den letzten Jahren ist schließlich die zunehmende *Mobilität des Produktionsfaktors Arbeit* zu beobachten. »Die Menschen können zwar nicht unbedingt dorthin gehen, wo es Arbeitsplätze gibt, aber die Arbeitsplätze können sich dorthin bewegen, wo es Menschen gibt« (Zakaria 2009, S. 52 f.).

Dimensionen der Globalisierung

Analytisch lassen sich folgende *Dimensionen der Globalisierung* unterscheiden, die sich vielfach wechselseitig bedingen und beeinflussen (vgl. Giddens 1996, S. 92 ff.; Dunning 1997b, S. 33 ff.; Beck 2007, S. 61 ff.; Holtbrügge/Puck/Berg 2009):

Technologische Dimension

Technologische Dimension: Ausgelöst wurde die Globalisierung insbesondere durch zahlreiche revolutionäre Erfindungen im Bereich der Mikroelektronik, der Optoelektronik und der Telekommunikation. Diese führen zu einer drastischen Senkung der Kommunikationskosten und ermöglichen eine weltumspannende Kommunikation über das Internet in *real time* (vgl. Abb. 1-7). So lassen sich nahezu beliebig große Datenmengen in kürzester Zeit zwischen und innerhalb weltweit tätiger Unternehmungen transferieren. Gleichzeitig bewirkt der Fortschritt im Bereich der Transporttechnik (z. B. die Entwicklung großer Containerschiffe und der Ausbau von Tiefseehäfen), dass auch die weltweite Mobilität von Personen und Gütern zunimmt und es möglich wird, nahezu jeden Ort der Welt in kürzester Zeit und zu geringen Kosten zu erreichen. Die subjektive und emotionale Distanz zwischen Ländern nimmt dadurch stark ab.

Ökonomische Dimension

Ökonomische Dimension: Begleitet werden diese technologischen und kulturellen Entwicklungen von der Deregulierung der Kapital- und Gütermärkte, der außenwirtschaftlichen Öffnung vieler für ausländische Unternehmungen zuvor weitgehend verschlossener Staaten und der Liberalisierung des Welthandels im Rahmen der WTO. Die dadurch bewirkte »Konvergenz der Märkte« (Levitt 1983) erleichtert es Unternehmungen, Massenproduktionsvorteile zu realisieren und ihre Wertaktivitäten in den Ländern der Welt anzusiedeln, wo diese den größten ökonomischen Nutzen erzielen. Als Folge davon nehmen die grenzüberschreitende Tätigkeit von Unternehmungen sowie die Verflechtung und gegenseitige Abhängigkeit von Volkswirtschaften stetig zu.

Politische Dimension

Politische Dimension: Die zunehmende internationale Mobilität von Unternehmungen und deren Möglichkeit, Gastlandregierungen mit der Verlagerung ihrer Aktivitäten in Länder mit günstigeren komparativen Rahmenbedingungen zu drohen, verschärft den Standortwettbewerb zwischen Staaten und schränkt deren Souveränität, die Tätigkeit von Unternehmungen durch wirtschaftspolitische Maßnahmen zu regulieren und die jeweiligen nationalen Interessen in Bezug auf Arbeitsplätze, soziale Errungenschaften und Umweltstandards zu sichern, erheblich ein (vgl. Altvater/Mahnkopf 2002). International tätigen Unternehmungen gelingt es zudem, ihre Steuerzahlungen durch Abwanderungsdrohungen, Standortarbitrage und Transferpreisgestaltung erheblich zu verringern, wodurch Staaten immer weniger in der Lage sind, ihre steigenden sozialen Aufgaben wahrzunehmen. Gleiches gilt für die Bekämpfung des stark ansteigenden grenzüberschreitenden Drogen- und Waffenhandels und der internationalen Kriminalität (vgl. Couvrat/Pless 1993; Zachert 2002; Naim 2005). Gegenwärtig sind zwar zahlreiche Versuche zu beobachten, diesen »*retreat of the state*« (Strange 1996) durch die Herausbildung transnationaler Strukturen und Institutionen zu füllen, aufgrund der sehr heterogenen Ausgangslagen und Interessen der einzelnen Staaten ist der Erfolg dieser Bemühungen bislang jedoch nur gering.

Abb. 1-7

Entwicklung der Transport- und Kommunikationskosten zwischen 1920 und 2005 (Ausgangsjahr = 100 %)

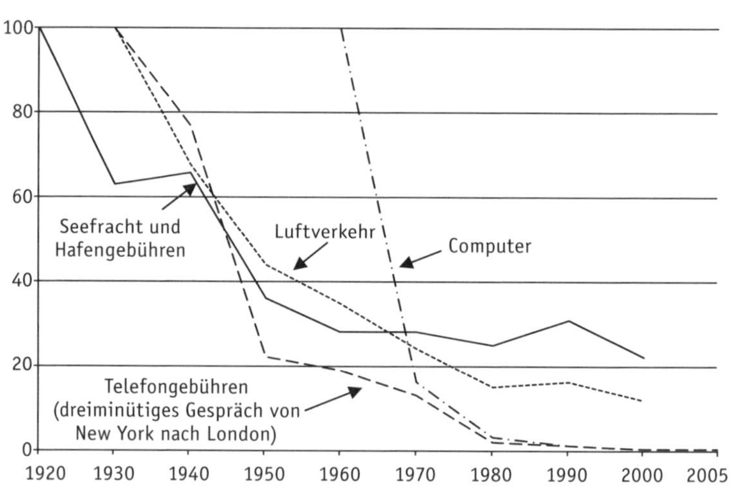

(Quellen: IMF 1997; Busse 2002)

Soziale Dimension

Soziale Dimension: Äußerst kontrovers wird die Frage diskutiert, ob die Globalisierung zu einer Konvergenz oder zu einer weiteren Divergenz der Einkommen und Lebensbedingungen in den Industrie- und Schwellenländern einerseits und den Entwicklungsländern andererseits führt. So prognostiziert eine Studie der OECD (1997a), dass das Bruttoinlandsprodukt der OECD-Länder bei einer weiteren Liberalisierung der Weltwirtschaft bis zum Jahre 2020 um 80 % zunehmen wird, während es in den übrigen Staaten um 270 % ansteigen wird (vgl. auch Nunnenkamp/Gundlach/Agarwal 1994). Andere Untersuchungen kommen dagegen zu dem Schluss, dass die Globalisierung ein Nullsummenspiel ist, bei dem das Wohlstandswachstum in den entwickelten Ländern zu Lasten der ökonomischen Entwicklung in den weniger entwickelten Staaten geht (vgl. z. B. Thurow 1996). Weitgehend unumstritten ist jedoch, dass die Globalisierung die soziale Divergenz innerhalb der Industrie- und Entwicklungsländer vergrößert. Die »Tertiarisierung und Entstofflichung der Wirtschaft« (Menzel 1995) führt zu einer Teilung des Arbeitsmarktes in weltmarkttaugliche und nicht-weltmarkttaugliche Mitarbeiter und zu wachsenden Einkommensunterschieden zwischen diesen Arbeitsmarktgruppen (vgl. Lawrence 1996). So hat sich nach einer Studie des IMF (2000, S. 154) das Pro-Kopf-Einkommen des reichsten Viertels der Weltbevölkerung zwischen 1900 und 2000 nahezu versechsfacht, während es sich beim ärmsten Viertel weniger als verdreifacht hat. Diese Marginalisierung immer größerer gesellschaftlicher Gruppen ist nicht nur eine der zentralen Ursachen für die Zunahme nationalistischer Bewegungen in Mittel- und Osteuropa sowie in zahlreichen westeuropäischen Staaten wie Italien, Frankreich, Österreich und Deutschland, sondern auch für die in vielen Staaten zu beobachtenden neo-protektionistischen Tendenzen.

Kulturelle Dimension

Kulturelle Dimension: Bedingt durch die weltweite Mobilität von Informationen, Personen und Produkten werden traditionelle kulturelle und soziale Bindungen zunehmend durch länderübergreifende Bindungen abgelöst, die weniger durch nationale Grenzen als vielmehr durch Alter, Lebensstil, Einkommen oder Beruf geprägt sind (vgl. Featherstone 1991). Auch hier wird kontrovers darüber diskutiert, ob dieser Prozess zur Herausbildung einer Weltkultur und einer »*cross-border civilization*« (Ohmae 1995, S. 28) oder zu einem »Kampf der Kulturen« (Huntington 1996) bzw. einer Auseinandersetzung zwischen »Jihad vs. McWorld« (Barber 1996) führt. Während etwa das Internet, die Homogenisierung von Studiengängen und länderübergreifende Geschäftsaktivitäten zu einer weltweiten Annäherung kultureller Normen und Werte vor allem im Arbeitskontext führen (»*crossvergence*«) (vgl. etwa Ralston 2008; Paik/Chow/Vance 2011), sind andererseits gravierende kulturell und religiös motivierte Konflikte zu beobachten. Beispiele dafür sind der islamistische Terrorismus, separatistische Tendenzen in vielen Vielvölkerstaaten und die Rückbesinnung auf lokale Bräuche und Traditionen.

Ökologische Dimension

Ökologische Dimension: Die Globalisierung hat schließlich auch eine bedeutsame *ökologische Dimension*. Den Ausgangspunkt bildet die Erkenntnis, dass viele ökologische Probleme wie z. B. die Erwärmung der Erdoberfläche (»Treibhaus-Effekt«), die Verschmutzung von Luft und Gewässern, das Ozonloch, das Waldsterben durch sauren Regen oder die Verseuchung von Lebensmitteln globale Ursachen und Folgen haben, die sich nur durch gemeinsame Anstrengungen aller Länder der Welt beseitigen lassen. Besonders deutlich wurde diese Notwendigkeit bei der Reaktorkatastrophe im ukrainischen Tschernobyl. Obwohl es seitdem zahlreiche Anstrengungen gab und z. B. auf dem Umweltgipfel in Rio de Janeiro im Jahre 1992 auch verschiedene Programme zum Schutz der Umwelt verabschiedet wurden, ist es bislang nur in wenigen Bereichen gelungen, eine globale Umweltpolitik zu verwirklichen (vgl. von Weizsäcker 1997). Ein Kennzeichen dafür ist etwa die Weigerung der USA, das Kyoto-Protokoll zum Klimaschutz zu ratifizieren.

Fasst man die einzelnen Entwicklungen zusammen, so lässt sich *Globalisierung als ambivalentes Verhältnis von Konvergenz und Divergenz* auffassen. Während vor allem die technologischen, ökonomischen und politischen Bedingungen weltweit immer einheitlicher werden, sind die sozialen, kulturellen und ökologischen Bedingungen durch das Aufeinandertreffen divergenter Entwicklungen gekennzeichnet. Aber auch innerhalb der einzelnen Dimensionen sind teilweise sehr unterschiedliche und widersprüchliche Prozesse feststellbar. Im Folgenden wird dargestellt, wie sich diese Prozesse der Globalisierung auf die internationale Unternehmungstätigkeit auswirken.

1.2.2 Implikationen der Globalisierung für die internationale Unternehmungstätigkeit

Aus unternehmungspolitischer Sicht führt die Globalisierung vor allem dazu, dass die *betriebswirtschaftlichen Chancen und Risiken von Unternehmungen stark zunehmen*. Während diejenigen Unternehmungen, die ihre Unternehmungspolitik frühzeitig nach weltweiten Gesichtspunkten ausgerichtet haben, einen starken Anstieg der Gewinne, der Aktienkurse und des Shareholder Value verzeichnen, sehen sich Unternehmungen, die weiterhin in nationalen Kategorien denken und handeln, zunehmend in ihrer Existenz bedroht.

Intensivierung und räumliche Ausdehnung des Wettbewerbs

Globalisierung bewirkt damit eine *Intensivierung und räumliche Ausdehnung des Wettbewerbs*. In vielen Branchen stehen Unternehmungen weltweit operierenden Konkurrenten, Kunden und Zulieferern gegenüber, die den Kosten- und Rationalisierungsdruck massiv erhöhen und eine weltweite Liefer- und Leistungsbereitschaft erfordern. »No industry is free from the impacts of global competition. (...) Even in local businesses, global competition is possible« (Prahalad/Hamel 1994, S. 8 f.).

Skaleneffekte

Verbundvorteile

Eine Folge davon ist vielfach die Notwendigkeit, länderübergreifende *Skaleneffekte* (*economies of large scale*) und *Verbundvorteile* (*economies of scope*) zu realisieren. Vor allem die Konvergenz der technologischen, ökonomischen und rechtlichen Bedingungen erleichtert die weltweite Standardisierung von Produkten und fördert die Entwicklung von Weltmarken. Die Folge davon ist ein starkes Wachstum Multinationaler Unternehmungen, deren Umsatz bereits das Bruttoinlandsprodukt vieler Staaten übertrifft (vgl. Tab. 1-9). Multinationale Unternehmungen gewinnen dadurch gegenüber Gastlandregierungen immer mehr an Gewicht und können häufig weitreichende Zugeständnisse bei der Ansiedlung von Aktivitäten erwirken. Vielfach kommt es sogar zu einer Umkehrung der Machtverhältnisse. So hat etwa BMW bei der

Tab. 1-9

Die 100 größten Wirtschaftseinheiten der Welt im Jahre 2013

Rang	Land/Unternehmung	BIP bzw. Umsatz (in Mrd. US-$)	Rang	Land/Unternehmung	BIP bzw. Umsatz (in Mrd. US-$)
1.	USA	16.800	51.	*Toyota (J)*	*256*
2.	China	9.240	52.	Griechenland	242
3.	Japan	4.902	53.	Pakistan	237
4.	Deutschland	3.634	54.	*Glencore (CH)*	*233*
5.	Frankreich	2.734	55.	*Total (F)*	*228*
6.	Großbritannien	2.521	56.	Kasachstan	224
7.	Brasilien	2.246	57.	Irak	223
8.	Russland	2.097	58.	*Chevron (USA)*	*220*
9.	Italien	2.071	59.	Portugal	220
10.	Indien	1.877	60.	Irland	218
11.	Kanada	1.827	61.	Algerien	210
12.	Australien	1.561	62.	*Samsung (K)*	*209*
13.	Spanien	1.358	63.	Katar	202
14.	Südkorea	1.305	64.	Peru	202
15.	Mexiko	1.261	65.	Tschechien	198
16.	Indonesien	868	66.	Rumänien	190
17.	Türkei	820	67.	Neuseeland	186
18.	Niederlande	800	68.	Kuwait	183
19.	Saudi-Arabien	745	69.	*Berkshire Hathaway (USA)*	*182*
20.	Schweiz	650	70.	Ukraine	177
21.	Argentinien	512	71.	Vietnam	171
22.	Schweden	559	72.	*Apple (USA)*	*171*
23.	Nigeria	522	73.	*AXA (F)*	*166*
24.	Polen	518	74.	*Gazprom (R)*	*165*
25.	Norwegen	513	75.	*E.On (D)*	*163*
26.	Belgien	508	76.	*Phillips 66 (USA)*	*162*
27.	*Wal-Mart (US)*	*476*	77.	*Daimler (D)*	*157*
28.	*Royal Dutch Shell (NL)*	*356*	78.	*General Motors (USA)*	*155*
29.	*Sinopec (C)*	*457*	79.	*Eni (I)*	*154*
30.	Venezuela	438	80.	*Japan Post Holdings (J)*	*152*
31.	*China National Petroleum (C)*	*432*	81.	*Exor (I)*	*151*
32.	Österreich	416	82.	*ICBC (C)*	*149*
33.	*ExxonMobil (USA)*	*408*	83.	*Ford (USA)*	*147*
34.	*BP (GB)*	*396*	84.	*General Electric (USA)*	*146*
35.	Thailand	387	85.	*Petrobras (Malaysia)*	*141*
36.	VAE	384	86.	*McKesson (USA)*	*138*
37.	Kolumbien	378	87.	*Valero Energy (USA)*	*137*
38.	Iran	369	88.	*Allianz (D)*	*135*
39.	Südafrika	351	89.	*Hon Hai Precision Industry (Taiwan)*	*133*
40.	*State Grid (C)*	*333*	90.	*Société Générale (F)*	*133*
41.	Dänemark	331	91.	Ungarn	130
42.	Malaysia	312	92.	Bangladesch	130
43.	Singapur	298	93.	*AT&T (USA)*	*129*
44.	Israel	291	94.	*CVS Caremark (USA)*	*127*
45.	Chile	277	95.	*Pemex (Mexiko)*	*126*
46.	Hongkong	274	96.	*Fannie Mae (USA)*	*126*
47.	Philippinen	272	97.	*China Construction Bank (C)*	*125*
48.	Ägypten	272	98.	*United Health Group (USA)*	*122*
49.	*Volkswagen (D)*	*262*	99.	*PNB Parisbas (F)*	*122*
50.	Finnland	257	100.	*PDVSA (Venezuela)*	*122*

(Quellen: Fortune 2014; World Bank 2014)

Suche nach einem Standort für die Produktion des 3er-Modells einen Wettbewerb unter mehr als 250 Städten und Regionen in Europa initiiert, bei dem diese nachweisen mussten, ob und wie sie die von BMW formulierten Kriterien wie Grundstückgröße, Infrastruktur oder Arbeitskräftepotenzial erfüllen (vgl. 4.1.1.2.5).

Grenzüberschreitende Konfiguration der Wertaktivitäten

Die in vielen Bereichen weiter bestehenden und teilweise noch zunehmenden landes- und kulturspezifischen Unterschiede bewirken jedoch, dass international tätige Unternehmungen ihre Wertaktivitäten nicht an einem oder wenigen Orten konzentrieren können. Im Rahmen der Standortpolitik ist vielmehr eine *grenzüberschreitende Konfiguration der Wertaktivitäten* erforderlich, da nur dadurch komparative Vorteile einzelner Länder ausgenutzt und unterschiedliche Werte, Normen und Einstellungen von Konsumenten und Mitarbeitern berücksichtigt werden können. Die geographische Streuung der Wertaktivitäten führt wiederum dazu, dass ein wachsender Teil des grenzüberschreitenden Handels innerhalb von Unternehmungen abgewickelt wird und die Bedeutung des *intra-firm trade* gegenüber dem *intra-industry trade* zunimmt (vgl. Nunnenkamp/Gundlach/Agarwal 1994, S. 103 ff.). Gleichzeitig nimmt der Anteil der im Inland erzielten Wertschöpfung ab, so dass die Herkunftsbezeichnung *made in* immer mehr durch ein *made by* bzw. *making coordinated by* ersetzt werden muss (vgl. Abb. 1-8).

Regional Multinationals

Globalisierung bedeutet nicht zwangsläufig, in allen Ländern der Welt tätig zu sein, sondern kann auch die *regionale Konzentration* auf besonders wichtige Märkte beinhalten. Wie Rugman/Brain (2003) in einer empirischen Untersuchung der regio-

Abb. 1-8

Herkunftsländer von Teilen des 3er BMW

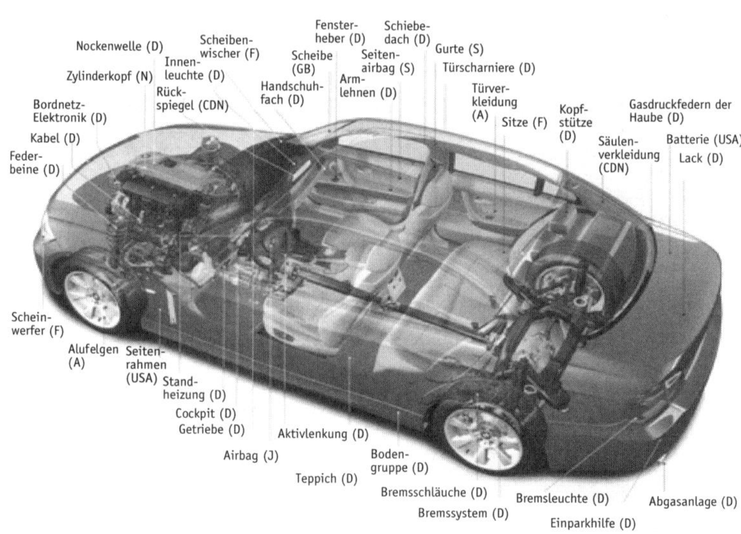

(Quelle: Frank 2006)

Beispiel

»Wenn zum Beispiel ein Amerikaner einen Pontiac Le Mans von General Motors kauft, beteiligt er sich unbewusst an einer internationalen Transaktion. Von den 10.000 Dollar, die er an GM zahlt, gehen etwa 3.000 Dollar für Montagearbeiten nach Südkorea, 1.750 Dollar für hochtechnologische Komponenten (Motor, Getriebe und Elektronik) nach Japan, 750 Dollar für Styling und Konstruktion nach Deutschland, 400 Dollar für verschiedene kleinere Komponenten nach Taiwan, Singapur und Japan, 250 Dollar für Werbung und Marketing nach Großbritannien und etwa 50 Dollar für Datenverarbeitung nach Irland und Barbados. Der Rest – weniger als 4.000 Dollar – geht an Marktstrategen in Detroit, Anwälte und Banker in New York, Lobbyisten in Washington, Renten- und Krankenversicherungsangestellte im ganzen Land sowie an GM-Aktionäre, von denen die meisten in den Vereinigten Staaten leben, eine wachsende Zahl aber auch im Ausland« (Reich 1993, S. 128).

nalen Aufteilung des Umsatzes der größten 500 Unternehmungen der Welt darlegen, gibt es nur sehr wenige Multinationale Unternehmungen, die nennenswerte Anteile ihres Umsatzes in allen drei Regionen der Triade (EU, Japan und USA) erzielen. Hierzu zählen etwa Coca-Cola, Nokia, Philips und Siemens. Die meisten Multinationalen Unternehmungen können als *Regional Multinationals* bezeichnet werden und sind entweder biregional ausgerichtet (z. B. Daimler und British Petroleum) oder vorwiegend in ihrer jeweiligen Heimatregion Europa, Japan oder Nordamerika aktiv (z. B. Vodafone, Mitsubishi oder Wal-Mart).

»Micro Multinationals«

Die Globalisierung betrifft nicht nur Großunternehmungen, sondern zunehmend auch kleine und mittelständische Unternehmungen. Eine wachsende Zahl von *»Micro Multinationals«* (Prahalad/Hamel 1994, S. 14), die durch strategische Allianzen und andere kooperative Unternehmungsformen in internationale Netzwerke eingebunden ist, vermag insbesondere durch die Realisierung von Spezialisierungs- und Flexibilitätsvorteilen ihren Weltmarktanteil sowohl gegenüber Großunternehmungen als auch gegenüber traditionellen, rein national operierenden Unternehmungen zu erhöhen (vgl. Naisbitt 1994). Vor allem in Deutschland existieren zahlreiche *»hidden champions«* (Simon 2012), die in ihrem jeweiligen Branchensegment Weltmarktführer sind und nicht selten über einen Exportanteil von mehr als 70 % verfügen (vgl. Haussmann 2003; Hausmann/Holtbrügge/Rygl 2009). Die internationale Ausrichtung der Unternehmungspolitik wird damit für Unternehmungen aller Größenklassen von der Ausnahme zur Regel und von einer strategischen Option zur *grundlegenden Erfolgsvoraussetzung vieler Unternehmungen.*

Emerging Market Multinationals

Eine bedeutende Implikation der Globalisierung ist schließlich die starke Zunahme ausländischer Direktinvestitionen von Unternehmungen aus den Emerging Markets (vgl. Mathews 2006; Alon/McIntyre 2008; Ramamurti/Singh 2009). *Emerging Market Multinationals* beteiligen sich zunehmend an Unternehmungen in westlichen Industrieländern und konkurrieren mit diesen um Marktanteile auf internationalen Märkten. Beispiele dafür sind die Übernahmen der PC-Sparte von IBM durch die chinesische Unternehmung Lenovo oder der Automobilproduzenten Jaguar und Land Rover durch die indische Tata-Group (vgl. Holtbrügge/Kreppel 2010).

Beispiel

Ein Beispiel für die erfolgreiche Internationalisierung indischer Unternehmungen ist der IT-Dienstleister Wipro. Im Jahre 1945 als Western Indian Vegetable Products Limited gegründet, diversifizierte die Unternehmung in den achtziger und neunziger Jahren in die Bereiche Informationstechnologie und Business Process Outsourcing. Damit einher ging die internationale Expansion von Wipro. Im Geschäftsjahr 2013/14 wurden 91,4% des Umsatzes von 6,6 Mrd. US $ außerhalb Indiens erwirtschaftet.

Zu den bedeutendsten Engagements im Ausland zählen eine strategische Allianz mit der deutschen Unternehmung Compuware sowie die Akquisitionen von Infocrossing und Science Applications International in den USA, Atco I-Tek in Kanada, Saraware in Finnland und Hydrauto in Schweden. Im Jahre 2009 wurde der ehemalige Vorstandsvorsitzende von SAP Henning Kagermann in das Board of Directors berufen. Mit mehr als 150.000 Mitarbeitern und einer Marktkapitalisierung von 18,6 Mrd. US-$ ist Wipro im Jahre 2014 die viertgrößte IT-Unternehmung der Welt (vgl. Garg/Holtbrügge 2015).

1.3 Weiterführende Literatur

Eine fundierte Darstellung der Entstehung internationaler Wirtschaftsbeziehungen in vorchristlicher Zeit bieten Moore/Lewis (2000; 2009). Über die Entwicklungen seit der Industrialisierung informieren Kenwood/Lougheed (1992), Jones (1996), Foreman-Peck (1998) und Wrigley (2000). Der Geschichte internationaler Unternehmungstätigkeit ist der Beitrag von Dülfer (2003) gewidmet. Zur Entstehung Multinationaler Unternehmungen vgl. Wilkins (1976), Jones (1993a) und Moore/Lewis (1999).

Den Merkmalen und Auswirkungen des europäischen Integrationsprozesses sind die Monographien von Baldwin/Wyplosz (2012), Schmidt/Schünemann (2013) und Wagener/Eger (2014) gewidmet. Über die Osterweiterung der EU und die Integration der Staaten Mittel- und Osteuropas in die Weltwirtschaft informieren Beichelt (2004) und Sturm/Pehle (2006). Die Perspektiven der *Emerging Markets* in Asien, Osteuropa sowie Mittel- und Südamerika analysieren Holtbrügge/Puck (2008), Kaufmann et al. (2006), Khanna/Palepu (2010), Holtbrügge/Friedmann (2011) und O'Neill (2012). Die Strategien von Unternehmungn aus Emerging Markets diskutiert der Sammelband von Cuervo-Cazurra/Ramamurti (2014).

Den Besonderheiten der Internationalisierung von Dienstleistungen sind die Sammelbände von Holtbrügge/Holzmüller/v. Wangenheim (2007; 2009) gewidmet.

Über die Ursachen der Globalisierung informieren Ohmae (1990; 1995) und Reich (1993). Zu deren historischer Entwicklung vgl. Osterhammel/Petersson (2007). Konzepte zur Messung der Globalisierung entwickeln Dreher/Gaston/Martens (2008).

Kritisch mit den gesamtwirtschaftlichen, politischen und sozialen Folgen der Globalisierung setzen sich Altvater/Mahnkopf (2002), Martin/Schumann (1996), Greider (1997), Müller/Kornmeier (2001a), Klein (2002), Stiglitz (2002) und Dunning (2003) auseinander. Die Implikationen der Globalisierung für ausgewählte

Industrie- und Schwellenländer werden in dem Sammelband von Dunning (1997a) und für Entwicklungsländer in Madeley (1999) und Bhagwati (2008) diskutiert. Für eine Bewertung der Globalisierung aus politischer Sicht vgl. Deutscher Bundestag (2002).

Einen aktuellen Überblick über die Bedeutung ausländischer Direktinvestitionen und Multinationaler Unternehmungen gibt der jährlich von der UNCTAD herausgegebene *World Investment Report* (http://www.unctad.org). Statistiken zum Außenhandel werden von der World Trade Organisation veröffentlicht (http://www.wto.org).

2 Begriffliche und konzeptionelle Grundlagen des Internationalen Management

2.1 Schwerpunkt der Erforschung internationaler Unternehmungstätigkeit

Obwohl sich die Betriebswirtschafts- und Managementlehre seit den sechziger Jahren in zunehmendem Maße mit der grenzüberschreitenden Tätigkeit von Unternehmungen auseinandersetzt, besteht bis heute ein Mangel an umfassenden und konsensfähigen theoretisch-konzeptionellen Ansätzen des Internationalen Management (vgl. Macharzina/Oesterle 2002b). Zwar liegen zahlreiche Ansätze dazu vor, diese sind jedoch oft auf einzelne Teilaspekte beschränkt und weisen nur eine geringe theoretische Reife auf. Ursächlich dafür ist vor allem, dass Fragen der grenzüberschreitenden Unternehmungstätigkeit in vielen Einzeldisziplinen der Betriebswirtschaftslehre, Organisationstheorie, Psychologie und Kulturwissenschaften diskutiert werden, sich eine eigenständige Disziplin des Internationalen Management aber erst in jüngster Zeit herausbildet (vgl. Macharzina 2002).

Versucht man die vorliegenden Ansätze zu systematisieren, so lassen sich zwei Forschungsrichtungen mit unterschiedlichen Erkenntniszielen, Paradigmen, Perspektiven und Methoden identifizieren (vgl. Abb. 2-1):

Interkulturelle Managementforschung

- Die *Interkulturelle Managementforschung* hat ihren Ursprung in der Ethnologie und Kulturanthropologie sowie im Kontingenzansatz der betriebswirtschaftlichen Organisationstheorie. Den Ausgangspunkt bildet die Frage, in wieweit unter-

Abb. 2-1

Schwerpunkte der Erforschung internationaler Unternehmungstätigkeit

schiedliche kulturelle Bedingungen Einfluss auf die Gestaltung von Management-Instrumenten haben. Die interkulturelle Managementforschung nimmt demnach eine *umweltorientierte Perspektive* ein und bedient sich primär *komparativer Untersuchungsmethoden*.

Internationale Managementforschung

- Der *Internationalen Managementforschung* liegt dagegen die Ausgangsfrage zugrunde, warum bestimmte Unternehmungen international tätig werden und wodurch diese Wettbewerbsvorteile gegenüber Unternehmungen erzielen können, die ausschließlich national tätig sind. Im Mittelpunkt stehen demnach eine *institutionenorientierte Perspektive* und die *Untersuchung länderübergreifender Ressourcenflüsse*.

Im Folgenden werden die wesentlichen Aspekte dieser beiden Forschungsrichtungen der Interkulturellen Managementforschung und der Internationalen Managementforschung näher erläutert, bevor der den weiteren Ausführungen zugrunde liegende Bezugsrahmen entwickelt wird.

2.1.1 Interkulturelle Managementforschung

Untersuchungsobjekt

Das zentrale *Untersuchungsobjekt* der Interkulturellen Managementforschung (*intercultural bzw. cross-cultural management research*) sind Kulturen: »The business of international business is culture« (Hofstede 1994). Dem liegt die Annahme zugrunde, dass die Besonderheit internationaler Unternehmungstätigkeit vor allem in der Betätigung einer Unternehmung unter fremden kulturellen Bedingungen liegt. Entsprechend können folgende *Ziele* der Interkulturellen Managementforschung unterschieden werden (vgl. von Keller 1989, Sp. 232 f.):

- **Deskriptives Ziel**: Aufdeckung, Beschreibung und Messung von Unterschieden und Gemeinsamkeiten von Managementstilen in unterschiedlichen Kulturen.
- **Klassifikatorisches Ziel**: Klassifikation und Clusterbildung von Ländern bezüglich kulturell bedingter, managementrelevanter Unterschiede.
- **Heuristisches Ziel**: Formulierung von Hypothesen und Theorien über den Zusammenhang zwischen Kultur und Managementstilen.
- **Falsifikatorisches Ziel**: Überprüfung von Managementinstrumenten auf ihre kulturübergreifende Allgemeingültigkeit und Übertragbarkeit.
- **Pragmatisches Ziel**: Formulierung von Handlungsempfehlungen zum erfolgreichen Verhalten von Managern in unterschiedlichen Kulturen.

Culture free-These

Fasst man die *Ergebnisse* der kaum noch überschaubaren Zahl empirischer Untersuchungen zusammen, so lassen sich stark vereinfacht *zwei konkurrierende Positionen* unterscheiden (vgl. Kumar 1995, S. 684 f.; Braun/Warner 2001):

- Nach Auffassung der *Universalisten* sind Managementprinzipien unabhängig von kulturellen Bedingungen immer und überall gültig. In der Praxis vorzufindende Unterschiede im Managementstil sind demnach vor allem eine Folge mangelnden Wissens über den *one best way*. Diese *culture free*-These wird insbesondere von Wissenschaftlern vertreten, die stark durch ihre eigene Kultur geprägt sind, über wenig internationale Erfahrung verfügen und ihre Erkenntnisse vorwiegend aus breit angelegten quantitativen Untersuchungen ziehen. Sie ist vor allem in der US-amerikanischen Literatur verbreitet.

Culture bound-These

- Die *Kulturisten* betonen dagegen, dass unterschiedliche kulturelle Bedingungen, Werthaltungen und Motive auch unterschiedliche Managementstile erfordern. In einem Land erfolgreiche Managementstile lassen sich demnach nicht ohne Effizienzeinbußen in andere Länder übertragen. Diese *culture bound*-These wird überwiegend von qualitativ angelegten Einzelländeruntersuchungen sowie von Autoren gestützt, die über landesspezifische Berufserfahrungen verfügen. Sie ist vor allem in der europäischen und asiatischen Literatur verbreitet.

Synthese

Differenziert man diese beiden Positionen nach unterschiedlichen Managementfunktionen, so lässt sich als *Synthese* festhalten, dass die *technischen Teile* des Management (Planung, Kostenrechnung, Controlling, u. a.) tendenziell eher als die *mitarbeiter- und verhaltensbezogenen* Teile des Management (Führungsstil, Motivation, Konsumentenverhalten, u. a.) *in andere Kulturen übertragbar* sind. Der Einfluss der Kultur ist demnach umso größer, je unmittelbarer Menschen von dem jeweiligen Managementstil betroffen sind. Der Transfer bestimmter Managementtechniken ist darüber hinaus umso einfacher, je *abstrakter* diese sind und je höher ihre *organisatorische Anwendungsebene* ist. Der Grund dafür ist, dass auf den oberen hierarchischen Ebenen tätige Mitarbeiter häufig ähnlich sozialisiert wurden und z. B. an Universitäten mit vergleichbaren Curricula studiert haben. Nicht zuletzt wirken sich *technologische Zwänge* positiv auf die Transferierbarkeit von Managementtechniken aus. Der Einfluss der Kultur ist deshalb etwa in vielen Dienstleistungsbereichen größer als in stark technisch geprägten Branchen.

Emische/Etische Ansätze

Innerhalb der Interkulturellen Managementforschung lassen sich emische und etische Ansätze unterscheiden. Die beiden Begriffe emisch und etisch gehen auf den Linguisten Pike (1990) zurück, der diese zur Beschreibung der Lautstruktur von Sprachen geprägt hat. Während die Phon*etik* die Lautmerkmale untersucht, mit deren Hilfe sich der Lautbestand aller Sprachen beschreiben lässt, analysiert die Phon*emik* spezifische Lautmerkmale, die innerhalb einer bestimmten Sprache zur Bedeutungsdifferenzierung verwendet werden. Übertragen auf die Interkulturelle Managementforschung versuchen *etische Ansätze* somit, universell gültige Dimensionen zu entwickeln, anhand derer sich Kulturen beschreiben und unterscheiden lassen, wobei der Forscher einen Standpunkt außerhalb der untersuchten Kulturen einnimmt (vgl. z. B. Trompenaars 1993; Hofstede 2001; House et al. 2004). *Emische Ansätze* sind dagegen an Dimensionen orientiert, die von einer Kultur selbst entwickelt wurden (vgl. z. B. Thomas 1993; 1996). Der Forscher nimmt dabei einen Standpunkt innerhalb der untersuchten Kultur ein und versucht, deren immanente, idiosynkratische Merkmale aufzudecken, zu beschreiben und zu erklären (vgl. Tab. 2-1).

Konzeptionelle und methodische Probleme

Die Ergebnisse der interkulturellen Managementforschung müssen vor dem Hintergrund zahlreicher *konzeptioneller und methodischer Probleme* relativiert werden (vgl. dazu ausführlich Nasif et al. 1991; Tung 2008). So wird der Kulturbegriff häufig ex ante nur unzureichend operationalisiert und insbesondere wird oft nicht zwischen Kulturen und Ländern differenziert. Die Folge davon ist die *Vernachlässigung kultu-*

Tab. 2-1

Emische und etische Vorgehensweise im Rahmen der Interkulturellen Managementforschung

Kriterien \ Vorgehensweise	emisches Vorgehen	etisches Vorgehen
Zahl der untersuchten Kulturen	eine	mehrere
Standpunkt des Forschers	innerhalb der Kultur	außerhalb der Kultur
Strukturen	werden vom Forscher aufgedeckt	werden vom Forscher selbst geschaffen
Ordnungsgesichtspunkte	an kulturimmanenten Merkmalen orientiert	an universellen Dimensionen orientiert

(Quelle: leicht modifiziert nach Holzmüller 1995, S. 55)

reller Unterschiede innerhalb von Ländern, die z. B. in Indien, Südafrika oder den USA sehr groß sind (vgl. Thomas/Bendixen 2000; Lenartowicz/Johnson/White 2003; Singh/Sharma 2009). Die Dominanz anglo-amerikanischer Untersuchungen führt dazu, dass *kulturzentrische Vorurteile (cultural bias)* nicht nur in die Interpretation, sondern bereits in die Konzeption empirischer Untersuchungen (Forschungshypothesen, Auswahl der Untersuchungseinheiten, Fragebögen, u. a.) einfließen. Viele Länder wurden zudem in der Interkulturellen Managementforschung nicht oder nur zu einem geringen Maße untersucht (vgl. Wong-MingJi/Mir 1997). Nicht zuletzt werden kulturübergreifende Vergleiche durch die *mangelnde interkulturelle Äquivalenz von Sprachen, Variablen, Messungen und Stichproben erschwert* (vgl. Hofstede/Spangenberg 1989; Hult et al. 2008).

2.1.2 Internationale Managementforschung

Untersuchungsobjekt

Während die Interkulturelle Managementforschung primär eine umweltorientierte Perspektive einnimmt, geht die Internationale Managementforschung von der Annahme aus, dass die Besonderheit internationaler Unternehmungstätigkeit vor allem in der *Durchführung länderübergreifender Ressourcentransfers* liegt. Das zentrale *Untersuchungsobjekt* der Internationalen Managementforschung sind deshalb Unternehmungen, die in mehreren Ländern tätig sind: »International business is business involving two or more nations« (Fayerweather 1978, S. 3).

Ziel

Das zentrale *Ziel* der Internationalen Managementforschung besteht in der Untersuchung und Ableitung von Handlungsempfehlungen für die Gestaltung länderübergreifender Austauschprozesse von international tätigen Unternehmungen. Im Gegensatz zur Interkulturellen Managementforschung stehen damit tendenziell eher pragmatische Wissenschaftsziele im Vordergrund. Insbesondere in der anglo-amerikanischen Literatur wird dabei häufig zwischen zwei *Forschungsschwerpunkten* unterschieden. Während im Rahmen der *Internationalen Betriebswirtschaft (international business)* die Auswirkungen der Internationalisierung auf die betrieblichen Sachfunktionen wie z. B. Marketing, Finanzierung, Rechnungswesen oder Produktion untersucht werden, ist die *Internationale Unternehmungsführung (international management)* auf die Führungsfunktionen einer Unternehmung beschränkt.

Forschungsschwerpunkte

Hinsichtlich der zentralen Methoden, Modelle und Ergebnisse der Internationalen Managementforschung kann zwischen zwei *Forschungsperspektiven* unterschieden werden, die sich weitgehend an die typischen Internationalisierungsphasen einer Unternehmung anlehnen (vgl. Tab. 2-2):

Forschungsperspektiven

- In den sechziger und siebziger Jahren nahmen viele Unternehmungen erste bedeutende grenzüberschreitende Tätigkeiten auf und sahen sich deshalb erstmals mit dem Problem des *Auslandsmanagement (foreign management)* konfrontiert. Der Schwerpunkt der Internationalen Managementforschung lag demzufolge auf der Gewinnung von Erkenntnissen über die optimale Gestaltung der einzelnen Auslandsengagements einer Unternehmung (*atomistische Perspektive*).

Auslandsmanagement

Tab. 2-2

Perspektiven der Internationalen Managementforschung

Forschungsperspektive / Merkmale	Auslandsmanagement (atomistisch)	Management Multinationaler Unternehmungen (holistisch)
Internationalisierungssituation	*going international*	*being international*
Marktform	Polypol	Oligopol
Interdependenz mit anderen Wettbewerbern	gering	hoch
Bedeutung von Internationalisierungsstrategien	gering	hoch
Internationalisierungsformen	Exporte, Auslandsrepräsentanzen, Verkaufsniederlassungen	Kooperationen, ausländische Tochtergesellschaften
Geschwindigkeit des Internationalisierungsprozesses	niedrig	hoch
vorherrschende Internationalisierungsdimensionen	Länder- und Wertschöpfungsdimension	Integrationsdimension
Vorherrschender Zeitraum	sechziger und siebziger Jahre	achtziger und neunziger Jahre

(Quelle: modifiziert und erweitert nach Bäurle 1996, S. 123)

Management Multinationaler Unternehmungen

- Im Zuge der Globalisierung der Wirtschaft (vgl. Kap. 1.2), wachsender internationaler Erfahrung und eines steigenden Internationalisierungsgrads rückte diese Perspektive in den achtziger und neunziger Jahren jedoch in den Hintergrund. Für viele Unternehmungen besteht das zentrale unternehmungspolitische Problem nicht mehr in der möglichst effizienten Anpassung an unterschiedliche nationale Umweltbedingungen, sondern in der Nutzung länderübergreifender Skalen-, Synergie- und Lerneffekte. Die Internationale Managementforschung wendet sich deshalb zunehmend Problemen des *Management Multinationaler Unternehmungen (management of multinational corporations)* zu, bei denen die Optimierung aller in- und ausländischer Engagements einer Unternehmung im Mittelpunkt steht (*holistische Perspektive*).

Bevor ein auf dieser Differenzierung basierender Bezugsrahmen des Internationalen Management entwickelt wird, sollen zunächst einige wichtige begriffliche und konzeptionelle Grundlagen dieser beiden Forschungsperspektiven erläutert werden, um das Verständnis der folgenden Ausführungen zu erleichtern.

2.1.2.1 Atomistische Perspektive: Auslandsmanagement

Im Mittelpunkt der atomistischen Perspektive des Internationalen Management steht die Minimierung der Anpassungskosten von Unternehmungen im Ausland (vgl. Macharzina/Engelhard 1987, S. 322 ff.). Das zentrale unternehmungspolitische Problem wird in der *problemadäquaten Erfassung der politischen, rechtlichen, ökonomischen und kulturellen Umweltbedingungen* gesehen, die inländischen Unternehmungen weitgehend bekannt sind, von ausländischen Unternehmungen dagegen zumeist erst erschlossen werden müssen. Die Überwindung dieses Informationsdefizits, zu der vor allem im Bereich der Internationalen Marktforschung zahlreiche Methoden und Techniken entwickelt wurden, stellt damit eine zentrale Erfolgsvoraussetzung des Auslandsmanagement dar.

Einen weiteren Schwerpunkt des Auslandsmanagement bildet die Gewinnung von Erkenntnissen über die *effiziente Anpassung an unterschiedliche nationale Umweltbedingungen*. Neben der Modifikation von Instrumenten, die bereits in einem nationalen Kontext eingesetzt werden, besitzt dabei die Entwicklung spezifischer Instrumente der internationalen Unternehmungstätigkeit eine große Bedeutung. Beispiele dafür sind internationale Joint Ventures, Währungsumrechnungsverfahren oder die Entsendung von Stammhausmitarbeitern in ausländische Tochtergesellschaften.

2.1.2.2 Holistische Perspektive: Management Multinationaler Unternehmungen

Merkmale

Im Vordergrund der holistischen Perspektive des Internationalen Management steht das Management Multinationaler Unternehmungen. Multinationale Unternehmungen (MNUs) werden sowohl in Legaldefinitionen, die z. B. der Investitionsgesetzgebung zahlreicher Länder oder den Verhaltenskodizes Internationaler Organisationen zugrunde liegen, als auch in Nominaldefinitionen im Rahmen empirischer Untersuchungen zumeist anhand verschiedener Merkmale oder Merkmalskombinationen gegenüber ausschließlich national operierenden Unternehmungen abge-

Abb. 2-2

Merkmale Multinationaler Unternehmungen

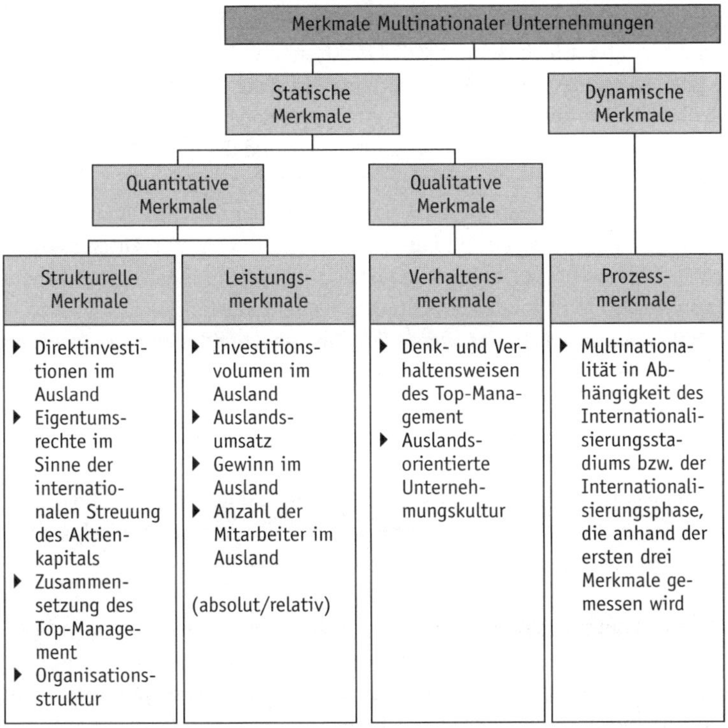

(Quelle: von Roessel 1988, S. 39)

grenzt (vgl. Welge 1980, S. 3 ff.). Als besonders wichtig werden folgende *Merkmale* angesehen (vgl. Abb. 2-2):

- *Strukturelle Merkmale*, wie die Anzahl der Tochtergesellschaften, die Streuung des Aktienkapitals oder die Zusammensetzung des Top Management.
- *Leistungsmerkmale*, wie Umsatz, Gewinn, Vermögen, Beschäftigte, Wertschöpfung im Ausland (absolut oder im Verhältnis zum Inland).
- *Verhaltensmerkmale*, d. h. die Denk- und Verhaltensweisen des Top Management.
- *Dynamische Merkmale*, d. h. der Internationalisierungsgrad bzw. die Internationalisierungsphase.

Unter Berücksichtigung dieser Merkmale wird unter einer Multinationalen Unternehmung ein Konzern von Kapitalgesellschaften verstanden, der folgende *Kriterien* erfüllt:

Kriterien

- Die *Geschäftstätigkeit erfolgt in mehreren Ländern*, wobei zumeist eine Tätigkeit in mindestens fünf Ländern und auf drei Kontinenten als erforderlich angesehen wird.
- Die Auslandstätigkeit macht einen *wesentlichen Teil der Geschäftstätigkeit* aus. Diese umfasst nicht nur Im- und Exporte, sondern auch weitergehende Wertschöpfungsaktivitäten wie Forschung & Entwicklung und Produktion. Ein Indikator für die relative Bedeutung der Auslandstätigkeit ist der Transnationalitätsindex, der sich als Mittelwert des ausländischen Anlagevermögens zum Gesamtanlagevermögen, des Auslandsumsatzes zum Gesamtumsatz und der im Ausland beschäftigten Mitarbeiter zur Gesamtzahl der Beschäftigten bemisst (vgl. Kap. 1.1.3).
- Die Unternehmungsstrategie wird unter *weltweiten Gesichtspunkten* konzipiert, d. h. die Muttergesellschaft und die ausländischen Tochtergesellschaften agieren nicht unabhängig voneinander, sondern sind durch vielfältige materielle und immaterielle Interdependenzen miteinander verbunden.
- Die *Muttergesellschaft ist das oberste Entscheidungszentrum* und die Tochtergesellschaften operieren im Rahmen der von ihr entwickelten Richtlinien. Kennzeichen dafür sind etwa Gewinnabführungsverträge und die Besetzung von Führungspositionen in ausländischen Tochtergesellschaften mit Delegierten der Muttergesellschaft.
- Das *Management* einer Multinationalen Unternehmung *denkt und handelt in weltweiten Kategorien*. Ein Merkmal dafür ist etwa die Zahl ausländischer bzw. auslandserfahrener Führungskräfte im Top-Management.

Integration-Responsiveness-Framework

Den Ausgangspunkt des Management Multinationaler Unternehmungen bildet die Überlegung, dass diese mit *zwei entgegengesetzten Anforderungen* konfrontiert sind, und zwar der Notwendigkeit der Anpassung an unterschiedliche nationale Bedingungen (Differenzierung) und der Notwendigkeit der möglichst weltweiten Integration (Standardisierung) aller Aktivitäten. Die Differenzierungs- bzw. Standardisierungserfordernisse hängen von verschiedenen Branchen- und Länderbedingungen ab (vgl. Tab. 2-3):

- Die Notwendigkeit der Anpassung der betrieblichen Strukturen, Systeme und Prozesse an die jeweiligen nationalen Bedingungen *(local responsiveness)* ist etwa durch unterschiedliche nationale Bedürfnisse, verschiedene Markt- und Produktionsstrukturen, Vorschriften der Gastlandregierungen und länderspezifische Unterschiede der Faktorkosten und der Qualifikation der Mitarbeiter bedingt. Im Mittelpunkt steht dabei eine starke Marktorientierung.
- Die Konvergenz der Bedürfnisse in vielen Ländern, weltweit agierende Kunden und Konkurrenten, die zunehmende Kapital- und Technologieintensität vieler Branchen sowie die Möglichkeit der Nutzung von Größenvorteilen, Synergieeffekten und Lerneffekten führen dagegen zu Vorteilen durch die globale Integration der Unternehmungspolitik *(global integration)*. Im Vordergrund steht hier eine ausgeprägte Produktorientierung.

Ausgehend von diesen Überlegungen besteht die *zentrale unternehmungspolitische Aufgabe Multinationaler Unternehmungen* darin, die Vorteile, die sich aus der Anpas-

Tab. 2-3

Differenzierungs- und Standardisierungseinflüsse auf Multinationale Unternehmungen

Differenzierungserfordernisse	Standardisierungserfordernisse
▸ unterschiedliche Kundenbedürfnisse	▸ universelle Kundenbedürfnisse
▸ Wettbewerbsstärke nationaler Konkurrenten	▸ weltweiter Konzentrationsgrad der Branche
▸ unterschiedliche Markt- und Produktionsstrukturen	▸ technologische Zwänge (physikalische Gesetzmäßigkeiten)
▸ hohe Arbeitsintensität	▸ hohe Kapital- und Technologieintensität
▸ große Kostenunterschiede zwischen Ländern	▸ große Größendegressions- und Synergievorteile
▸ hohe Transportkosten im Verhältnis zu Herstellkosten	▸ geringe Transportkosten im Verhältnis zu Herstellkosten
▸ eingeschränkte Möglichkeiten des Ressourcentransfers	▸ uneingeschränkte Möglichkeiten des Ressourcentransfers
▸ Regulierung durch die Gastlandregierung	▸ weltweit einheitlicher Rechtsrahmen

sung an die jeweiligen lokalen Bedingungen ergeben, mit den Vorteilen einer globalen Integration aller Aktivitäten auszubalancieren. Gefordert ist also eine »transnationale Führungskonzeption« (Bartlett/Ghoshal 1990) bzw. »metanationale Orientierung« (Doz/Santos/Williamson 2001), die diesen beiden entgegengesetzten Anforderungen gleichzeitig gerecht wird (vgl. Abb. 2-3).

Abb. 2-3

Globalisierungs-Lokalisierungs-Bezugsrahmen

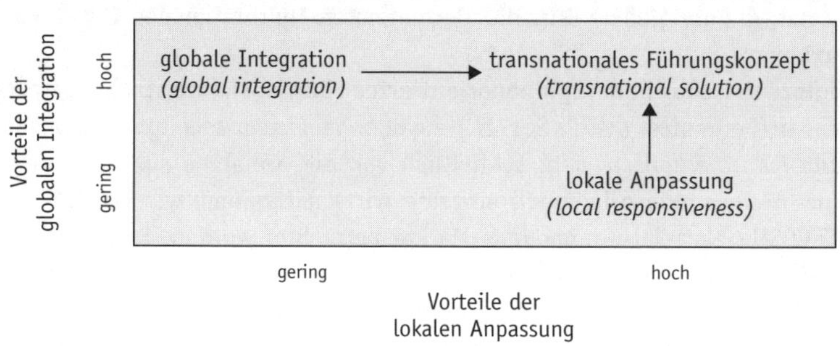

(Quelle: modifiziert nach Prahalad/Doz 1987, S. 25)

Idealtypische Führungskonzeptionen Multinationaler Unternehmungen nach Perlmutter

Perlmutter (1965; 1969) hat hierzu eine Typologie entwickelt, die nach den Anfangsbuchstaben der einzelnen Typen häufig als EPG- bzw. EPRG-Ansatz bezeichnet wird und nach der vier *idealtypische Führungskonzeptionen* Multinationaler Unternehmungen unterschieden werden können (vgl. Tab. 2-4):

- **Ethnozentrisches bzw. heimatlandorientiertes Führungskonzept**: Das ethnozentrische bzw. heimatlandorientierte Führungskonzept ist durch die Annahme der grundsätzlichen Überlegenheit heimischer (d.h. zumeist amerikanischer) Managementtechniken und deren Transferierbarkeit ins Ausland gekennzeichnet (*culture free*-These): »This works at home; therefore, it must work in your country« (Perlmutter 1969, S. 12). In den ausländischen Tochtergesellschaften werden deshalb die gleichen Managementtechniken wie in der Muttergesellschaft angewandt.
- **Polyzentrisches bzw. gastlandorientiertes Führungskonzept:** Die Grundlage bildet die Annahme, dass sich die kulturellen Bedingungen in den meisten Gastländern so stark von denen im Heimatland unterscheiden, dass die Übertragung der in der Muttergesellschaft angewandten Managementtechniken nur unter erheblichen Effizienzeinbußen möglich erscheint (*culture bound*-These). In den ausländischen Tochtergesellschaften findet deshalb eine weitgehende Anpassung der Managementtechniken an die lokalen Bedingungen statt.
- **Das geozentrische bzw. weltorientierte Führungskonzept** unterstellt, dass die optimale Allokation von Ressourcen nur durch die gleichzeitige Nutzung von Standardisierungs- und Anpassungsvorteilen möglich ist. Die Muttergesellschaft und die ausländischen Tochtergesellschaften dürfen deshalb nicht länger als weitgehend unabhängige Unternehmungseinheiten betrachtet werden, sondern müssen als integrative Teile in ein weltweit ausgerichtetes Netz von Arbeitsteilung und Spezialisierung eingebunden werden: »The firm's subsidiaries are (..) neither satellites nor independent city states, but parts of a whole whose focus is on worldwide objectives as well as local objectives, each part making its unique contribution with its unique competence« (Perlmutter 1969, S. 13). Unabhängig von den jeweiligen Gastlandbedingungen werden deshalb in der Muttergesellschaft und den ausländischen Tochtergesellschaften diejenigen Managementtechniken eingesetzt, die die globale Effizienz der gesamten Multinationalen Unternehmung maximieren.
- **Regiozentrisches bzw. regionenorientiertes Führungskonzept**: Das später durch Heenan/Perlmutter (1979, S. 17 ff.) ergänzte *regiozentrische* bzw. *regionenorientierte Führungskonzept* geht schließlich von der Annahme aus, dass nicht die ganze Welt, sondern lediglich einzelne Wirtschaftsräume wie EU, NAFTA oder MERCOSUR als relativ homogene Märkte betrachtet werden. Es findet deshalb innerhalb der einzelnen Regionen eine weitgehende Integration der Aktivitäten statt, während zwischen den Regionen große Unterschiede hinsichtlich des Einsatzes bestimmter Managementtechniken vorherrschen. Das regiozentrische Führungskonzept versucht damit, die Vorteile der weltweiten Integration mit denen der nationalen Anpassung zu verknüpfen, indem regionenspezifische Führungsmuster entwickelt werden.

Tab. 2-4

EPRG-Profil von Perlmutter

Orientierung	ethnozentrisch	polyzentrisch	regiozentrisch	geozentrisch
Organisationskomplexität	in der Muttergesellschaft hoch, in den Tochtergesellschaften gering	unterschiedlich und voneinander unabhängig	hohe gegenseitige Abhängigkeit auf regionaler Ebene	zunehmende Komplexität und weltweit hohe gegenseitige Abhängigkeit
Autorität und Entscheidungsfindung	in der Muttergesellschaft zentriert	weitgehend dezentralisiert	auf regionale *headquarters* übertragen; enge Zusammenarbeit zwischen den Tochtergesellschaften in einer Region	weltweite Zusammenarbeit zwischen der Muttergesellschaft und den Tochtergesellschaften
Steuerungs- und Kontrollgrößen	Standards des Heimatlandes	lokale Bestimmungen	regionale Bestimmungen	universale und lokale Standards
Anreize und Sanktionen	hoch in der Muttergesellschaft, gering in den Tochtergesellschaften	Tochtergesellschaften werden nach unterschiedlichen Kriterien belohnt	Belohnungen für das Erreichen regionaler Zielvorgaben	Belohnungen für das Erreichen internationaler und lokaler Zielvorgaben
Kommunikationsintensität und Informationsfluss	einseitig von der Muttergesellschaft an die Tochtergesellschaften	gering mit der Muttergesellschaft und den anderen Tochtergesellschaften	gering mit der Muttergesellschaft, hoch mit den regionalen *headquarters* und zwischen den einzelnen Tochtergesellschaften	hoch und reziprok sowohl mit der Muttergesellschaft als auch zwischen den Tochtergesellschaften
Geographische Identifikation	Nationalität der Muttergesellschaft	Nationalität des Gastlandes	regionale Unternehmung	weltweite Unternehmung unter Wahrung nationaler Interessen
Besetzung von Führungspositionen	durch Stammhausdelegierte	durch Mitarbeiter des Gastlandes	Mitarbeiter aus der jeweiligen Region	*beyond passport*

(Quelle: modifiziert nach Heenan/Perlmutter 1979, S. 18f.)

Das ethnozentrische, polyzentrische und geozentrische Führungskonzept als Grundmuster der Typologie von Perlmutter ist in Abb. 2-4 nochmals skizzenhaft dargestellt. Während beim ethnozentrischen Führungskonzept die wesentlichen Managementtechniken der Muttergesellschaft auf alle ausländischen Tochtergesellschaften übertragen werden, findet beim polyzentrischen Führungskonzept eine Anpassung an die jeweils vorherrschenden nationalen Gegebenheiten statt. Das geozentrische Führungskonzept zeichnet sich schließlich dadurch aus, dass erfolgreiche Management-

Abb. 2-4

EPG-Profil von Perlmutter

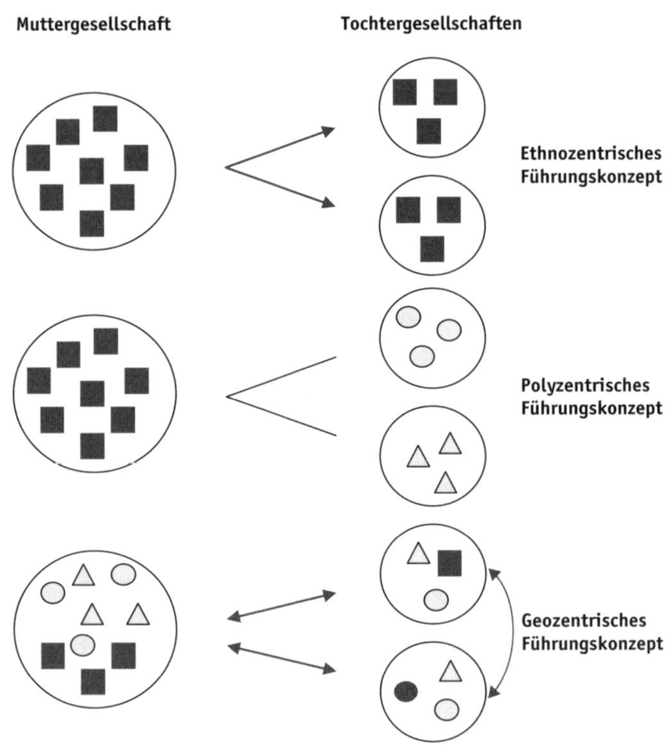

(Quelle: modifiziert nach Bleicher 1992, S. 10)

techniken unabhängig von ihrem Ursprung weltweit eingesetzt werden (vgl. Chakravarthy/Perlmutter 1985).

Die Typologie von Perlmutter hat die Internationale Managementforschung maßgeblich geprägt und wird vielfach sogar als deren wichtigste theoretische Grundlage bezeichnet (vgl. Ricks 1985, S. 3). Dennoch weist der EPRG-Ansatz einige *konzeptionelle Schwächen* auf, die die empirische Überprüfung und die Ableitung konkreter Handlungsempfehlungen erschweren. So ist insbesondere der zentrale Begriff der Orientierung nur schwer operationalisierbar. Perlmutter unterstellt zudem, dass die Führungskonzeption einer Multinationalen Unternehmung wesentlich durch die Einstellung der leitenden Führungskräfte geprägt ist, während der Einfluss der Umweltbedingungen, der unternehmerischen Ressourcen und anderer Faktoren weitgehend vernachlässigt wird.

Darüber hinaus geht der Ansatz von einem jeweils konsistenten, alle betrieblichen Teilbereiche umfassenden Führungskonzept aus, ohne zu berücksichtigen, dass vor allem Teilbereiche von großen und stark diversifizierten Unternehmungen häufig unterschiedliche Führungskonzepte verfolgen. Auch Versuche, den EPRG-Ansatz auf einzelne betriebliche Funktionsbereiche zu übertragen, bleiben häufig partialanalytisch (vgl. z. B. Meffert 1990, S. 94 ff.). Schließlich sieht es Perlmutter als typisch an, dass sich Unternehmungen von einer ethno- über eine poly- und regio- zu einer geozentrischen Orientierung entwickeln, ohne jedoch Erklärungen bzw. Handlungsempfehlungen dafür zu liefern, wann und wie Unternehmungen von einer Phase zu einer anderen übergehen bzw. übergehend sollten.

Idealtypische Führungkonzepte nach Bartlett/Ghoshal

In der wissenschaftlichen Literatur sind deshalb zahlreiche *Modifizierungen und Weiterentwicklungen des EPRG-Ansatzes* zu finden. Eine besondere Beachtung hat die Typologie alternativer Organisationsmodelle von Bartlett/Ghoshal gefunden, die sich auch auf die gesamten Führungsfunktionen einer Multinationalen Unternehmung übertragen lässt. Danach können vier *idealtypische Führungskonzepte* unterschieden werden, die einen engen Bezug zu dem EPRG-Konzept von Perlmutter aufweisen (vgl. Bartlett/Ghoshal 1990):

- **Das internationale Führungskonzept** ist durch die weitgehende Übertragung der zentralen Managementtechniken der Muttergesellschaft auf die Tochtergesellschaften gekennzeichnet. Die primäre organisatorische Aufgabe besteht darin, Wissen und Know-how in Auslandsmärkte zu transferieren, die in Bezug auf Technologie und Marketing weniger entwickelt als der Heimatmarkt sind. Entsprechend findet eine intensive Koordination und Kontrolle der ausländischen Tochtergesellschaften durch die Muttergesellschaft statt.
- **Multinationales Führungskonzept**: Im Rahmen des *multinationalen Führungskonzepts* werden die ausländischen Tochtergesellschaften dagegen als Portfolio unabhängiger Engagements geführt. Die zentrale organisatorische Aufgabe besteht darin, die Etablierung der Produkte auf wichtigen Märkten sicherzustellen und die Effizienz der weitgehend autonom operierenden Tochtergesellschaften zu erhöhen. Entsprechend erfolgen Kontrolle und Koordination primär durch persönliche Beziehungen zwischen dem Top-Management der Muttergesellschaft und den Managern der Tochtergesellschaften.
- **Das globale Führungskonzept** zeichnet sich durch die weitgehende Zentralisation von Vermögen, Ressourcen und Kompetenzen sowie einen einseitigen Fluss von Gütern, Mitarbeitern und Know-how von der Muttergesellschaft in die Tochtergesellschaften aus. Diese dienen vor allem dazu, ausländische Märkte für eine weltmarktorientierte Produktion zu erschließen und die Pläne und Vorgaben der Muttergesellschaft umzusetzen. Entsprechend werden insbesondere Kostenvorteile durch die weltweite Standardisierung von Strukturen, Systemen und Prozessen angestrebt und den ausländischen Tochtergesellschaften nur ein geringes Autonomieniveau eingeräumt.
- **Transnationales Führungskonzept:** Im Rahmen des *transnationalen Führungskonzepts* wird schließlich die gleichzeitige Ausnutzung von nationalen Unterschieden, Skaleneffekten und Verbundvorteilen angestrebt und damit die Kombination der Vorteile des multinationalen und des globalen Führungskonzepts angestrebt. Die gedankliche Trennung zwischen Muttergesellschaft und Tochtergesellschaften wird weitgehend aufgehoben und durch eine »*equidistance of per-*

spective« (Ohmae 1989, S. 152) ersetzt. Ein zentrales Merkmal des transnationalen Führungskonzepts ist deshalb die Auflösung hierarchischer Mutter-Tochter-Beziehungen und die Implementierung intra-organisatorischer Netzwerke.

Bis zum Beginn der achtziger Jahre wurde das globale Führungskonzept als besonders effizient propagiert und transnationale Strategien nur als *second best*-Lösung angesehen. Porter (1989b) bezeichnet diese deshalb auch als blockiert globale Strategien, die insbesondere in solchen Branchen angewandt werden, die bei einer rein ökonomischen Betrachtung eigentlich global wären, aber z. B. aufgrund von Regierungsauflagen eine starke nationale Anpassung erzwingen. Zunehmend setzt sich jedoch die Auffassung durch, dass das transnationale Führungskonzept potenziell die größte Effizienz aufweist, da es als einziges die gleichzeitige Ausnutzung von Standardisierungs- und Differenzierungsvorteilen i. S. des *Globalisierungs-Lokalisierungs-Bezugsrahmens* erlaubt. Die Analyse transnationaler Strategien stellt deshalb gegenwärtig einen zentralen Schwerpunkt der Internationalen Managementforschung dar.

2.2 Bezugsrahmen des Internationalen Management

Funktionsorientierter Ansatz

Als Schlussfolgerung aus den in Kapitel 2.1 skizzierten unterschiedlichen Forschungsperspektiven ergibt sich der in Abb. 2-5 dargestellte Bezugsrahmen des Internationalen Management, auf dem die folgenden Kapitel basieren. Auf der vertikalen Ebene liegt diesem ein *funktionsorientierter Ansatz* zugrunde. Der Forschungsrichtung der Internationalen Unternehmungsführung (*international management*) folgend, stehen die Führungsfunktionen Strategisches Management, Organisation, Personalmanagement, Controlling und Public Affairs-Management im Vordergrund. Vor deren Thematisierung werden jedoch zunächst die wichtigsten Theorien der internationalen Unternehmungstätigkeit dargestellt und damit neben dem »Wie« auch das »Warum« der Internationalisierung von Unternehmungen diskutiert. Dagegen werden die Erkenntnisse der interkulturellen Managementforschung und der den Sachfunktionen der Unternehmung gewidmeten Internationalen Betriebswirtschaft (*international business*) nicht explizit dargestellt. Insbesondere bei der Diskussion der grenzüberschreitenden Konfiguration von Wertaktivitäten (vgl. Kap. 4.2.2.3), der personalpolitischen Aspekte des Internationalen Management (vgl. Kap. 6) sowie des Controlling in international tätigen Unternehmungen (vgl. Kap. 7) werden diese jedoch implizit genutzt.

Systemtheorie

Auf der horizontalen Ebene des Bezugsrahmens wird in eine atomistische und eine holistische Perspektive des Internationalen Management unterschieden. Damit wird der innerhalb der *Systemtheorie* entwickelten *Differenz von Teil und Ganzem* gefolgt, die auch vielen anderen Wissenschaften wie der Chemie, der Biologie oder der Soziologie zugrunde liegt, in denen ebenfalls zwischen der Betrachtung von Atomen und Elementen, von Lebewesen und Ökosystemen bzw. von Individuen und

Abb. 2-5

Bezugsrahmen des Internationalen Management

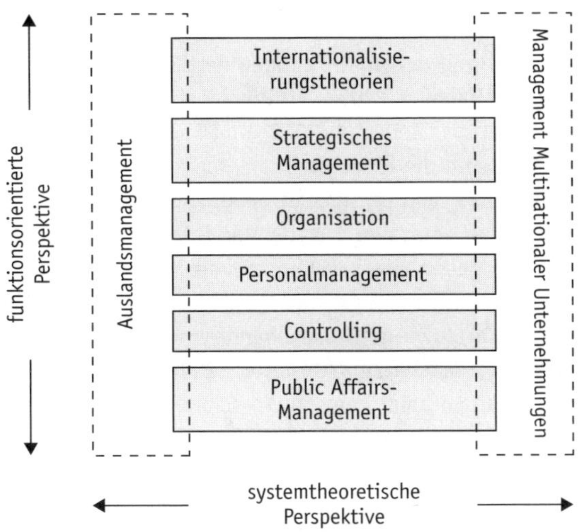

Gesellschaften unterschieden wird (vgl. Luhmann 1994, S. 20 ff.). Begründen lässt sich diese Differenzierung vor allem mit dem typischen Internationalisierungsprozess vieler Unternehmungen. Nachdem diese zu Beginn ihrer Internationalisierung vor allem mit Problemen des Auslandsmanagement konfrontiert sind, gewinnt mit zunehmendem Internationalisierungsgrad eine holistische Perspektive aller in- und ausländischen Engagements an Bedeutung. Darüber hinaus erscheint diese Differenzierung auch aus didaktischen Gründen vorteilhaft. Während innerhalb der atomistischen Perspektive ein vorwiegend operativ-instrumenteller und deskriptiv-problembezogener theoretischer Bezug vorherrscht, liegen der holistischen Perspektive vor allem strategische und konzeptionelle Überlegungen zugrunde. Nicht zuletzt spiegelt der gewählte Bezugsrahmen auch die Entwicklung der Wissenschaftsdisziplin Internationales Management wider. Nachdem bis in die achtziger Jahre eine atomistische Perspektive vorherrschte, gewinnt seit den neunziger Jahren die holistische Betrachtung an Bedeutung. Dies schlägt sich auch in den zentralen Forschungsfeldern nieder, die das Internationale Management gegenwärtig prägen (vgl. Werner 2002; Roth/Kostova 2003; Buckley 2005).

2.3 Weiterführende Literatur

Einen fundierten Überblick über Ziele, Methoden und Ergebnisse der Interkulturellen Managementforschung bieten die klassischen Untersuchungen von Hofstede (1980; 2001; 2011), Trompenaars (1993) und House et al. (2004). Einen Vergleich dieser Ansätze sowie eine Darstellung der Auswirkungen der Kultur auf das Management finden sich in Schneider/Barsoux (2003), Dülfer/Jöstingmeier (2008), Bhagat/Steers (2009), Bhagat/Triandis/McDevitt (2012) und Engelen/Tholen (2014). Stärker methodisch orientiert sind die Monographien von von Keller (1982) und Holzmüller (1995) sowie der Beitrag von Leung et al. (2005).

Einen Überblick über die zentralen Inhalte der Internationalen Managementforschung in Deutschland geben die Lehrbücher von Müller/Kornmeier (2001b), Kutschker/Schmid (2011), Perlitz/Schrank (2013), Meckl (2014) und Morschett/Schramm-Klein/Zentes (2009) sowie die Sammelbände von Macharzina/Welge (1989), Kumar/Haussmann (1992), Macharzina/Oesterle (2002a) und Oesterle/Schmid (2009). Ein Überblick über anglo-amerikanische Forschungsansätze findet sich in den Monographien von Czinkota/Ronkainen/Moffett (2010), Rugman/Collinson (2012) und Cavusgil/Knight/Riesenberger (2014) sowie in den Sammelbänden von Toyne/Nigh (1997) und Rugman/Brewer (2002). Praxisorientierte Fallstudien zum Internationalen Management enthalten die Sammelbände von Zentes/Swoboda/Morschett (2011), Bartlett/Beamish (2013) und Schmid (2013). Zentrale Begriffe des Internationalen Management werden erläutert in Gelbrich/Müller (2011).

Der EPRG-Ansatz wird dargestellt in Perlmutter (1969) und Heenan/Perlmutter (1979). Zu dessen Weiterentwicklung vgl. Porter (1989b), Bartlett/Ghoshal (1990) und Doz/Santos/Williamson (2001).

3 Theorien der internationalen Unternehmungstätigkeit

In der wissenschaftlichen Literatur zum Internationalen Management liegen zahlreiche Ansätze vor, die versuchen, die Tätigkeit von Unternehmungen auf ausländischen Märkten zu erklären. Den historischen Ausgangspunkt bilden die in der Volkswirtschaftslehre entwickelten Außenhandelstheorien, die die Vorteilhaftigkeit des grenzüberschreitenden Güteraustausches bei international immobilen Produktionsfaktoren untersuchen (vgl. Kap. 3.1.1). Theorien der internationalen Direktinvestition analysieren, unter welchen Bedingungen Unternehmungen Kapital und Produktionsfaktoren ins Ausland verlagern und dort eigenständige Tochtergesellschaften errichten (vgl. Kap. 3.1.2). Das zentrale Ziel von Theorien der Multinationalen Unternehmung ist es schließlich zu erforschen, warum bestimmte Unternehmungen ihre Geschäftspolitik unter weltweiten Gesichtspunkten konzipieren und dadurch Wettbewerbsvorteile gegenüber Unternehmungen erzielen, die dies nicht tun (vgl. Kap. 3.2).

3.1 Internationalisierungstheorien

3.1.1 Außenhandelstheorien

3.1.1.1 Theorie der absoluten Kostenvorteile von Smith

Absolute Produktionskosten

Auf die Vorteilhaftigkeit grenzüberschreitenden Handels hat bereits Adam Smith (1776) hingewiesen. Unter der Annahme, dass bei der Produktion eines Gutes Massenproduktionsvorteile (*economies of scale*) durch Spezialisierung entstehen oder Länder über unterschiedliche Kostenstrukturen verfügen, ist Außenhandel ökonomisch sinnvoll, wenn die *absoluten Produktionskosten* eines Gutes in einem Land höher und die eines anderen Gutes niedriger als in einem anderen Land sind. Dies sei an folgendem einfachen Beispiel erläutert.

3.1.1.2 Theorem der komparativen Kostenvorteile von Ricardo

Relative Kostendifferenzen

Das Theorem der komparativen Kostenvorteile von Ricardo (1817) geht von den gleichen Grundannahmen wie die Theorie der absoluten Kostenvorteile von Smith aus, die Annahmen über die Kostenstrukturen in den beiden Ländern sind jedoch weniger restriktiv. So kommt Außenhandel bereits zustande, wenn ein Land beide Güter kostengünstiger als das andere Land produzieren kann, die *Kostendifferenzen* aber unterschiedlich sind. Hierfür können insbesondere unterschiedliche Ausstattungen mit Produktionsfaktoren (z. B. Rohstoffe, Kapital, Arbeitskräfte) verantwortlich sein. Ricardo hat nachgewiesen, dass dann ein Gesamtwohlfahrtsgewinn erzielt werden kann, wenn sich das Land, das beide Güter kostengünstiger als das andere produzieren kann, auf die Produktion des Gutes spezialisiert, bei dem die komparativen Kos-

Beispiel

Betrachtet wird die Produktion von zwei homogenen Gütern in zwei Ländern. Es wird angenommen, dass die Güter international mobil, die Produktionsfaktoren dagegen immobil sind. Aufgrund unterschiedlicher Produktionsbedingungen ergeben sich folgende Kostenstrukturen:

Güter / Länder	Gut 1	Gut 2
Land A	10 €	5 €
Land B	5 €	10 €

Unter der Annahme, dass in beiden Ländern jeweils 5 Einheiten der beiden Güter nachgefragt werden, ergeben sich ohne Außenhandel folgende Kosten:
Land A: (5 EH * 10 €) + (5 EH * 5 €) = 75 €
Land B: (5 EH * 5 €) + (5 EH * 10 €) = 75 €
Die Gesamtkosten betragen damit 75 € +75 € = 150 €.
Mit Außenhandel ergeben sich für die beiden Länder folgende Kosten:
Land A: Spezialisierung auf Gut 2 (10 EH * 5 €) = 50 €
Land B: Spezialisierung auf Gut 1 (10 EH * 5 €) = 50 €
Die Gesamtkosten betragen damit 50 € +50 € = 100 €
Durch Außenhandel zwischen den beiden Ländern würde sich in diesem Beispiel also ein Wohlfahrtsgewinn von 150 € – 100 € = 50 € ergeben, von dem beide Länder im Umfang von je 25 € profitieren würden.

tenvorteile am größten sind. Auch dieser Zusammenhang sei an einem einfachen Beispiel erläutert.

3.1.1.3 Faktorproportionen-Theorem von Heckscher und Ohlin

Unterteilung der Produktionsfaktoren in Arbeit und Kapital

Auch das Faktorproportionen-Theorem von Heckscher (1919) und Ohlin (1933) geht von einem 2 Länder/2 Güter-Modell, der Homogenität der beiden Güter und der Immobilität der zur Produktion der beiden Güter benötigten Produktionsfaktoren aus. Im Unterschied zu den beiden zuvor erläuterten Theorien wird jedoch eine *Unterteilung der Produktionsfaktoren in Arbeit und Kapital* vorgenommen und eine unterschiedliche Ausstattung der beiden betrachteten Länder mit diesen beiden Produktionsfaktoren angenommen. Das Faktorproportionen-Theorem unterstellt also, dass Arbeit durch unterschiedliche natürliche und technologische Bedingungen in einigen Ländern wie z. B. Deutschland ein relativ knapper und damit teurer, Kapital dagegen ein relativ reichlicher und damit preiswerter Produktionsfaktor ist. In anderen Ländern wie z. B. Polen ist wiederum Arbeit ein relativ reichlicher und damit preiswerter, Kapital dagegen ein relativ knapper und damit teurer Produktionsfaktor. Unter diesen Bedingungen sind Spezialisierung und Außenhandel ökonomisch sinnvoll, da hierdurch in jedem Land der relativ teure Produktionsfaktor eingespart werden kann, indem das diesen Faktor intensiv beanspruchende Gut importiert wird. Nach dem Faktorproportionen-Theorem würde also Deutschland kapitalintensive Güter exportieren und arbeitsintensive Güter importieren, während es in Polen genau umgekehrt wäre.

3.1.1.4 Neo-Faktorproportionen-Theorem von Leontief

Bei einem Test des Faktorproportionen-Theorems stellte Leontief (1956) anhand einer Input-Output-Analyse fest, dass die USA als unbestritten kapitalreiches Land entgegen der Annahme kapitalintensive Erzeugnisse importieren und arbeitsintensive Produkte exportieren. Dieses als *Leontief-Paradoxon* bezeichnete Ergebnis lässt sich erklären, wenn man berücksichtigt, dass Arbeit im Gegensatz zu Kapital kein

Beispiel

Bei der Produktion der beiden Güter 1 und 2 entstehen in den Ländern A und B folgende Kostenstrukturen:

Länder / Güter	Gut 1	Gut 2
Land A	1 €	2 €
Land B	6 €	3 €
komparativer Kostenvorteil von Land A	6 – 1 = 5 €	3 – 2 = 1 €

Unter der Annahme, dass in beiden Ländern jeweils 5 Einheiten der beiden Güter nachgefragt werden, ergeben sich ohne Außenhandel folgende Kosten:
Land A: (5 EH * 1 €) + (5 EH * 2 €) = 15 €
Land B: (5 EH * 6 €) + (5 EH * 3 €) = 45 €
Die Gesamtkosten betragen damit 15 € +45 € = 60 €.
Mit Außenhandel ergeben sich folgende Kosten für die einzelnen Länder:
Land A: Spezialisierung auf Gut 1 (10 EH * 1 €) = 10 €
Land B: Spezialisierung auf Gut 2 (10 EH * 3 €) = 30 €
Die Gesamtkosten betragen damit 10 € +30 € = 40 €
Durch Außenhandel zwischen den beiden Ländern A und B würde sich in diesem Beispiel also ein Wohlfahrtsgewinn von 60 € – 40 € = 20 € ergeben, von dem Land A im Umfang von 15 € – 10 € = 5 € und Land B im Umfang von 45 € – 30 € = 15 € profitieren würde.

homogener Produktionsfaktor ist und Volkswirtschaften sehr unterschiedlich mit Facharbeitern, Ingenieuren, EDV-Experten, Managern, u. a. ausgestattet sind. Ein arbeitsreiches Land kann deshalb mit Arbeitskräften höherer Qualifikationsniveaus vergleichsweise knapp ausgestattet sein, während ein kapitalreiches Land auch relativ reichlich über qualifizierte Arbeitskräfte verfügen kann. Unter dieser Bedingung ist davon auszugehen, dass Arbeitskräfte mit einem hohen Qualifikationsniveau in arbeitsintensiven Ländern relativ hoch entlohnt werden, da sie dort knapper als in kapitalreichen Ländern sind.

Da das Qualifikationsniveau in den USA bedeutend höher als in den meisten Ländern ist, mit denen die USA Außenhandel betreibt, kann man annehmen, dass qualifizierte Arbeitskräfte dort auch geringer entlohnt werden als in diesen Ländern. Erweitert man das ursprüngliche Faktorproportionen-Theorem also um den Faktor *Humankapital* bzw. *qualifizierte Arbeit*, so werden Volkswirtschaften mit einer überdurchschnittlich guten Ausstattung mit Humankapital diejenigen Güter exportieren, deren Produktion einen relativ intensiven Einsatz von Humankapital erfordert, und diejenigen Güter importieren, deren Produktion keine besonderen Qualifikationsanforderungen stellt.

3.1.1.5 Kritische Gesamtbeurteilung

Mangelnde Eignung der Außenhandelstheorien für die Erklärung der Internationalisierung von Unternehmungen

Obwohl die Gültigkeit dieser als Neo-Faktorproportionen-Theorem bezeichneten Annahme für mehrere Volkswirtschaften empirisch nachgewiesen werden konnte, weist dieses Theorem wie die Außenhandelstheorien allgemein einige fundamentale *Schwächen* auf. Neben der *Restriktivität der Annahmen* wird deren Brauchbarkeit für betriebswirtschaftliche Überlegungen vor allem dadurch eingeschränkt, dass die Außenhandelstheorien primär aus *volkswirtschaftlicher Sicht* entwickelt wurden. Analyseeinheiten sind deshalb Volkswirtschaften und nicht Unternehmungen. Jüngere empirische Untersuchungen weisen zudem darauf hin, dass länderspezifische Kostenunterschiede neben *unternehmungsspezifischen Motiven* nur ein Faktor für die

Internationalisierungsentscheidungen von Unternehmungen sind (vgl. z. B. Porter 1991, S. 32).

Vor allem aber gehen die dargestellten klassischen Außenhandelstheorien von der *wenig realistischen Annahme völlig immobiler Produktionsfaktoren* aus. Sie können damit zwar erklären, warum es zu Ex- und Importen zwischen Ländern kommt, nicht jedoch, warum Unternehmungen ausländische Direktinvestitionen vornehmen. Außenhandelstheorien sind deshalb als theoretische Grundlage der internationalen Unternehmungstätigkeit wenig geeignet. Hierzu ist vielmehr der Rückgriff auf Theorien der internationalen Direktinvestition notwendig.

3.1.2 Theorien der internationalen Direktinvestition

Begriff der ausländischen Direktinvestition

Bevor im Folgenden die wichtigsten Theorien der internationalen Direktinvestition dargestellt und kritisch diskutiert werden, erscheint es sinnvoll, zunächst den in der Literatur sehr uneinheitlich verwendeten *Begriff der ausländischen Direktinvestition* (*foreign direct investment*) zu erläutern und gegenüber dem verwandten Begriff der Finanz- oder Portfolioinvestition abzugrenzen (vgl. Tab. 3-1).

Ausländische Direktinvestitionen vs. Portfolioinvestitionen

Ausländische Direktinvestitionen stellen nach der Definition der Deutschen Bundesbank (1965, S. 19) Kapitaltransfers ins Ausland dar, die »vom Investor in der Absicht vorgenommen werden, einen unmittelbaren Einfluss auf die Geschäftstätigkeit des kapitalnehmenden Unternehmens zu gewinnen oder einem Unternehmen, an dem der Investor bereits maßgeblich beteiligt ist, neue Mittel zuzuführen.« Direktinvestitionen unterscheiden sich insbesondere von *Finanz- oder Portfolioinvestitionen*, die einen durch Zins- und Risikokalküle motivierten Kapitaltransfer ins Ausland (z. B. durch den Erwerb von Aktien, Anteilen an Immobilienfonds oder Obligationen) darstellen, ohne dass damit ein wesentlicher Einfluss auf die Unternehmungspolitik erworben werden soll. Während die Kapitalübertragung bei Portfolioinvestitionen zudem ausschließlich in monetärer Form erfolgt, können Direktinvestitionen auch

Tab. 3-1

Merkmale ausländischer Direkt- und Portfolioinvestitionen

	Direktinvestitionen	**Portfolioinvestitionen**
Motive	Ertrags- und Kontrollmotive	Ertrags- und Risikomotive
transferierte Ressourcen	Kapital, Anlagegüter, Technologien, Mitarbeiter, Know-how, im Ausland erwirtschaftete Gewinne	Kapital
Anlageformen	Anteile am Grund- bzw. Stammkapital bestehender Unternehmungen, Unternehmungsneugründungen	Aktien, Obligationen, Immobilien- und Investmentfonds
Zeithorizont	langfristig	kurz- bis mittelfristig

Beispiel

Ein Beispiel für den Versuch, eine Portfolioinvestition in eine Direktinvestition umzuwandeln, ist die Beteiligung der staatlichen russischen Vneštorgbank am europäischen Luft- und Raumfahrtkonzern EADS, der Muttergesellschaft des Flugzeugherstellers Airbus. Die Vneštorgbank hatte im September 2006 5,02 % der Anteile an EADS erworben und diese als Portfolioinvestition deklariert. Nach dem Erwerb weiterer Anteile strebte die Vneštorgbank dann jedoch einen Einfluss auf die Unternehmungsführung von EADS an und forderte einen Sitz im Aufsichtsrat der Unternehmung ein. Nach massiven Protesten der deutschen Bundeskanzlerin und anderen europäischen Politikern rückte die Vneštorgbank von diesem Vorhaben ab und veräußerte ihre Anteile im Dezember 2007 an die Vnešėkonombank. Im Jahre 2008 wurden diese an die russische United Aircraft Corporation veräußert.

den Transfer von materiellen Ressourcen, die Thesaurierung von im Ausland erwirtschafteten Gewinnen oder die Kapitalaufnahme auf lokalen Geld- und Finanzmärkten umfassen. Direktinvestitionen sind schließlich langfristig angelegt, während Portfolioinvestitionen zumeist nur einen kurz- bis mittelfristigen Zeithorizont haben.

Unterschiedliche Definitionen

Die Abgrenzung ausländischer Direktinvestitionen ist nicht immer eindeutig. Der Grund dafür sind zum einen *unterschiedliche Definitionen* in verschiedenen Ländern. So werden etwa in Indien reinvestierte Gewinne ausländischer Investoren nicht als Direktinvestition erfasst, während dazu in China auch Investitionen von ausländischen Tochtergesellschaften chinesischer Unternehmungen in Hongkong zählen (*round tripping*) (vgl. Holtbrügge/Friedmann 2011, S. 26). Als Folge unterschiedlicher Abgrenzungen weichen die weltweiten Abflüsse ausländischer Direktinvestitionen regelmäßig von den weltweiten Zuflüssen ab (vgl. UNCTAD 2014). Zum anderen werden Direktinvestitionen von Unternehmungen vielfach nicht explizit als solche deklariert bzw. Direktinvestitionen im Zeitablauf in Portfolioinvestitionen umgewandelt. Dadurch sollen etwa mögliche Widerstände von Gastlandregierungen umgangen bzw. negative Reaktionen des Kapitalmarktes vermieden werden.

Seit den siebziger Jahren wurden zahlreiche theoretische Ansätze entwickelt, die erklären, warum Unternehmungen Direktinvestitionen im Ausland vornehmen (vgl. Tab. 3-2). Dabei können ökonomische und verhaltensorientierte Erklärungsansätze unterschieden werden. Während *ökonomische* Theorien der internationalen Direktinvestition annehmen, dass diese auf unterschiedliche Kostenstrukturen und Ertragsaussichten zurückzuführen sind, stehen bei *verhaltensorientierten* Theorien psychologische und lerntheoretische Erklärungen im Vordergrund. Ein zweites Unterscheidungsmerkmal ist, ob eine *statische Perspektive* einzelner Internationalisierungsentscheidungen oder eine *dynamische Betrachtung* des Internationalisierungsprozesses vorgenommen wird. Im Folgenden werden die wichtigsten Theorien der internationalen Direktinvestition dargestellt und kritisch bewertet.

3.1.2.1 Produktlebenszyklustheorie von Vernon

Entwicklungsstadien

Die Produktlebenszyklustheorie von Vernon (1966) geht von der Grundannahme aus, dass Produkte (analog zum biologischen »Werden und Vergehen«) verschiedene *Entwicklungsstadien* hinsichtlich ihrer Produktions- und Absatzbedingungen durchlau-

Tab. 3-2

Klassifikation von Theorien der internationalen Direktinvestition

Perspektive / Erklärungsansatz	Statisch	Dynamisch
Ökonomisch	▸ Bezugsrahmen von Fayerweather ▸ Diamant-Ansatz von Porter ▸ Standorttheorie ▸ Monopolistische Vorteilstheorie von Hymer und Kindleberger ▸ Internalisierungstheorie von Buckley/Casson ▸ Eklektische Theorie von Dunning	▸ Produktlebenszyklustheorie von Vernon
Verhaltensorientiert	▸ Verhaltensorientierte Theorie von Aharoni	▸ Lerntheorie von Johanson/Vahlne

fen. Theoretisch begründet wird diese Annahme mit der Diffusionsforschung, die den Prozess der Durchsetzung von Innovationen in sozialen Systemen untersucht. Weiterhin wird angenommen, dass die Produktion durch die Möglichkeit der Erzielung von Massenproduktionsvorteilen (*economies of scale*) gekennzeichnet ist und die Nachfragepräferenzen in einzelnen Ländern eine ähnliche, jedoch zeitlich verlagerte Entwicklung aufweisen, die wiederum eine Funktion der Einkommensentwicklung darstellt.

Idealtypisches Phasenschema

Legt man diese Annahmen zugrunde, so lässt sich die Internationalisierung einer Unternehmung anhand eines *idealtypischen Phasenschemas* darstellen. Von Vernon (1966) wurden ursprünglich drei, später vier Phasen unterstellt, die sich durch folgende Merkmale auszeichnen (vgl. Abb. 3-1).

- In der *ersten Phase (Innovationsphase)* erreicht die betrachtete Unternehmung durch die Entwicklung eines neuen Produktes eine Monopolstellung. Aufgrund des Neuartigkeits- und Differenzierungsgrads des Produkts ist die Nachfrage im Inland relativ preisunelastisch. Da die Produktion des technisch noch nicht völlig ausgereiften Produktes ein hohes Maß an Flexibilität und hoch qualifizierte Mitarbeiter erfordert, wird das Produkt ausschließlich im Heimatland produziert und konsumiert.
- In der *zweiten Phase (Exportphase)* erlangt das Produkt zunächst in anderen Industrieländern und später auch in Entwicklungsländern einen gewissen Bekanntheitsgrad. Da dort ansässige Unternehmungen aufgrund der Neuartigkeit des Produktes noch nicht über die entsprechende Technologie verfügen, dieses selbst herzustellen, führt die einsetzende Auslandsnachfrage zu dessen Export. Diese Annahme basiert auf der Theorie der technologischen Lücke, nach der Innovationen zu einem temporären Vorsprung in der technologischen Entwicklung führen, der wiederum Exportmöglichkeiten eröffnet (vgl. Posner 1961).

Abb. 3-1

Idealtypische Darstellung der Produktlebenszyklustheorie von Vernon

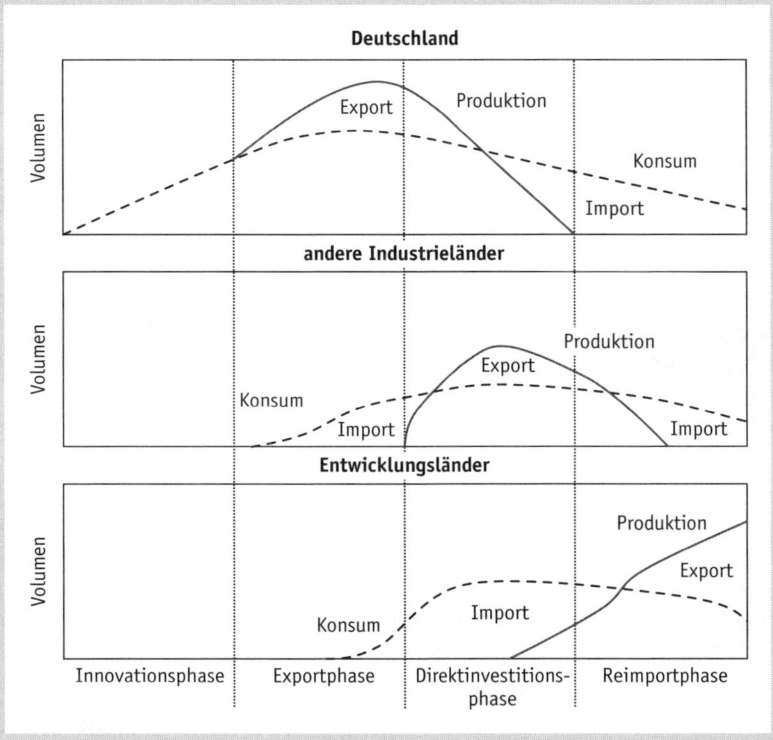

- In der *dritten Phase (Direktinvestitionsphase)* nimmt die Auslandsnachfrage aufgrund zunehmender Bekanntheit und steigender Pro-Kopf-Einkommen zu. Das Produkt erlangt einen hohen Standardisierungsgrad und kann in Massenproduktion hergestellt werden, die keine hoch qualifizierten Mitarbeiter mehr erfordert. Die Unternehmung beginnt deshalb mit dem Aufbau von Produktionsstätten in anderen Industrieländern und später auch in Entwicklungsländern, durch die die Auslandsnachfrage befriedigt wird.
- In der *vierten Phase (Reimportphase)* geht die Inlandsnachfrage hinter die Auslandsnachfrage zurück. Durch zunehmende Konkurrenzintensität steigt die Preiselastizität im In- und Ausland, sodass die Kosten des Produkts und damit die Wahl des Produktionsstandorts zum zentralen Wettbewerbsfaktor werden. Durch niedrige Lohnkosten bedingt, erlangen Produktionsstandorte in Entwicklungsländern zunehmend komparative Vorteile, bis schließlich eine komplette Verlagerung der Produktion in Entwicklungsländer stattfindet und die Inlandsnachfrage sowie die Nachfrage in anderen Industrieländern durch Reimport bedient wird.

Empirische Evidenz

Trotz der Anschaulichkeit dieses Beispiels weist die Produktlebenszyklustheorie einige gravierende *Schwächen* auf (vgl. ausführlich Bäurle 1996, S. 47 ff.). So wird die Quelle unternehmungsspezifischer Vorteile, die zu Innovationen führt, nicht hinreichend erklärt. Die Phaseneinteilung ist zudem relativ willkürlich und wenig operational. Darüber hinaus werden die Konturen länderspezifischer Produktlebenszyklen durch bessere länderübergreifende Informationsmöglichkeiten der Konsumenten und erhöhten internationalen Wettbewerbsdruck zunehmend verwischt. Während empirische Untersuchungen deshalb zwar die Brauchbarkeit der Produktlebenszyklustheorie zur Erklärung der Internationalisierung US-amerikanischer Unternehmungen in den sechziger und frühen siebziger Jahren bestätigen konnten (vgl. Jahrreiß 1984, S. 78 ff.), nimmt ihr Erklärungsgehalt im Zuge der Globalisierung der Wirtschaft mehr und mehr ab.

Born Global Firms

Empirische Studien belegen darüber hinaus, dass einzelne Phasen des Produktlebenszyklus übersprungen bzw. beschleunigt werden können. Vor allem in Multinationalen Unternehmungen verlaufen Einführung eines Produkts auf dem Inlandsmarkt, Export und Produktion im Ausland weitgehend parallel. Dies gilt insbesondere für *born global firms*, die bereits kurz nach ihrer Gründung einen hohen Internationalisierungsgrad aufweisen und mit ähnlichen Produkten und Strategien in vielen Ländern der Welt tätig sind (vgl. Holtbrügge/Wessely 2007; 2009). Die Produktlebenszyklustheorie ist deshalb vor allem auf mittelständische Unternehmungen mit geringem Internationalisierungsgrad und auf technologische Innovationen mit hoher Komplexität anwendbar (vgl. Vernon 1979). Aufgrund der schlechten Vorhersagbarkeit des konkreten Verlaufs der Produktlebenszyklus-Kurve eignet sich die Theorie zudem hauptsächlich für *ex post*-Analysen und weniger zur Ableitung unternehmungspoliti-

Beispiel

Die Grundaussagen der Produktlebenszyklustheorie von Vernon lassen sich anschaulich am Beispiel der Produktion des VW Käfer illustrieren, des mit über 21 Mio. Einheiten nach dem Golf meistgebauten PKW der Welt. Die Produktion des VW Käfer wurde in Deutschland im Jahre 1945 aufgenommen. Er stellte insofern eine technologische Innovation dar, als das gewählte Heck-Boxer-Motorkonzept erstmals die Beförderung von vier Personen in einem Kleinwagen mit niedrigem Anschaffungspreis zuließ.
Da das Pro-Kopf-Einkommen in Deutschland nach dem Zweiten Weltkrieg noch relativ gering war, wurde der Käfer bereits kurz nach der Aufnahme der Produktion in andere Länder exportiert. Aufgrund des großen Exporterfolgs wurden 1951 Produktionsstätten in Südafrika und 1954 in Belgien und Australien errichtet, von wo aus auch andere Industrie- und Entwicklungsländer beliefert wurden. Mit zunehmender Standardisierung wurden Auslandsproduktionen in Mexiko, Brasilien, dem ehemaligen Jugoslawien und Nigeria aufgenommen, die ebenfalls als Exportbasis dienten. In vielen Fällen wurden dabei im Heimatland bereits abgeschriebene Produktionsanlagen verwendet.
Nachdem die Nachfrage in Deutschland und anderen Industrieländern nicht zuletzt aufgrund der Markteinführung des Nachfolgemodells VW Golf stark zurückging, wurde die Produktion in Deutschland im Jahre 1978 schließlich eingestellt und die nur noch sehr geringe Inlandsnachfrage durch Importe aus Mexiko und Brasilien bedient. Erst im Sommer 2003 wurde auch dort die Produktion des VW Käfer eingestellt (vgl. Etzoldt 1987; von Pidoll 1994).
Angesichts des großen Erfolgs dieser Strategie hat sich VW auch bei der Internationalisierung des Golf an der Produktlebenszyklustheorie orientiert. Vier Jahre nach dem Beginn der Produktion des Golf I in Deutschland wurde die Produktion 1978 in Südafrika aufgenommen. Mit nur geringen Modifikationen wurden dort bis Mitte 2009 mehr als 500.000 Einheiten gebaut und abgesetzt. In Deutschland wird zu diesem Zeitpunkt bereits der Golf VI gefertigt. Durch den Verzicht auf technologische Innovationen kostete der Golf I in Südafrika umgerechnet weniger als 10.000 € und kann leicht repariert werden (vgl. Meffert/Burmann/Kirchgeorg 2012).

scher Handlungsempfehlungen. Nicht zuletzt muss berücksichtigt werden, dass der Lebenszyklus eines Produktes keine exogene Größe darstellt, sondern durch unternehmungspolitische Maßnahmen und Entscheidungen der Konkurrenz beeinflusst wird (vgl. Holtbrügge 1999b). Es ist deshalb schwer ableitbar, wie lange die einzelnen Phasen dauern und wann eine Unternehmung von einer Phase in die nächste übergehen sollte.

3.1.2.2 Ressourcentransferorientierter Bezugsrahmen des Internationalen Management von Fayerweather (binationale Dimension)

Ressourcentransfer

Der ressourcentransferorientierte Bezugsrahmen des Internationalen Management von Fayerweather (1975) geht von der Überlegung aus, dass international tätige Unternehmungen in der Lage sind, Ressourcen von einem Land in andere Länder zu transferieren. Die Höhe der durch den *Ressourcentransfer* erzielten Wettbewerbsvorteile gegenüber rein national operierenden Unternehmungen, die ausschließlich auf die Nutzung der heimischen Ressourcen angewiesen sind, ist von folgenden Faktoren abhängig (vgl. Fayerweather 1975, S. 38 f.):

- *Unterschiede in der Ressourcenausstattung* zwischen Heimat- und Gastland. Während früher vor allem die unterschiedliche Ausstattung mit Bodenschätzen und Rohstoffen relevant war, gewinnen zunehmend Management-Fähigkeiten, technisches Know-how und Kapital an Bedeutung.
- *Einschränkungen der Ressourcentransfermöglichkeiten* durch Bestimmungen des Heimat- bzw. Gastlandes. Dazu zählen etwa *local content*-Bestimmungen, Zölle und nicht-tarifäre Handelshemmnisse.
- Fähigkeit einer Unternehmung, relevante Ressourcen zu sinnvollen *Ressourcenbündeln* zusammenzufassen und diese in andere Länder schnell und mit geringen Kosten zu übertragen. Die Fähigkeit zum länderübergreifenden Ressourcentransfer eröffnet einer Unternehmung somit vor allem dann nachhaltige Wettbewerbsvorteile, wenn dieser durch effiziente organisationale Routinen unterstützt wird (vgl. Steen/Liesch 2007).

Die Überlegungen von Fayerweather lassen sich anschaulich an einem einfachen Beispiel illustrieren:

Beispiel

Eine ausschließlich national tätige polnische Unternehmung ist bei ihrer Tätigkeit definitionsgemäß auf die Nutzung der in Polen verfügbaren Ressourcen angewiesen. Die polnische Tochtergesellschaft einer deutschen Unternehmung hat dagegen die Möglichkeit, in Polen knappe und damit teure Ressourcen wie z. B. Kapital oder qualifizierte Fach- und Führungskräfte aus der Muttergesellschaft nach Polen zu transferieren. Unter der Bedingung, dass der Transfer dieser Ressourcen nicht z. B. durch Beschränkungen des Kapitaltransfers oder arbeitsrechtliche Bestimmungen eingeschränkt ist, kann sie dadurch Kosten- und Wettbewerbsvorteile gegenüber ihrem polnischen Konkurrenten erzielen, der diese Möglichkeit nicht hat und z. B. aufgrund deutlich höherer Kapitalmarktzinsen in Polen erhebliche komparative Kostennachteile besitzt.

Während in der Vergangenheit vor allem der Transfer von finanziellen, physischen und technologischen Ressourcen von großer Bedeutung war, gewinnen zunehmend organisatorische, personelle und soziale Ressourcen (Netzwerkbeziehungen) an Relevanz (vgl. dazu ausführlich Kap. 3.2.3). Da diese nicht oder nur schwer handelbar sind, gleichzeitig jedoch nur eine geringe Spezifität aufweisen und damit in vielen Bereichen einsetzbar sind, lassen sich durch deren Transfer besonders große und nachhaltige Wettbewerbsvorteile realisieren.

3.1.2.3 Verhaltensorientierte Theorie der Internationalisierung von Aharoni

Begrenzte Rationalität

Den Ausgangspunkt der verhaltensorientierten bzw. behavioristischen Theorie der Internationalisierung von Aharoni (1966) bildet die Frage, warum bestimmte Unternehmungen trotz hoher Gewinnerwartungen keine Direktinvestitionen im Ausland durchführen. Als mögliche Erklärung führt Aharoni an, dass eine Gewinnprognose für Investitionsentscheidungen alleine nicht ausreicht, da international unerfahrene Führungskräfte deren Risiken und Probleme zumeist überschätzen und deren Vorteile unterschätzen. Begründet wird dies damit, dass Entscheidungsträger nur über *unvollkommene Informationen und begrenzte Informationsverarbeitungs- und Problemlösungskapazitäten* verfügen, die zu Risikoaversion führen. Wie die verhaltensorientierte Entscheidungstheorie von Cyert/March (1963) belegt, handeln Entscheidungsträger deshalb nur begrenzt rational und entscheiden sich bei der sukzessiven Bewertung von Investitionsalternativen häufig bereits für die erste Alternative, die ihrem Anspruchsniveau genügt.

Initialkräfte für Direktinvestitionen

Direktinvestitionen sind deshalb nicht das Ergebnis des Entscheidungsprozesses eines rational handelnden *homo oeconomicus*, sondern eines Verhandlungsprozesses zwischen verschiedenen Koalitionen von Organisationsmitgliedern, die über unterschiedliche Einstellungen und internationale Erfahrungen (z. B. Reise- und Auslandserfahrungen während der Schul-, Studien- und Berufszeit) verfügen und unterschiedliche Interessen verfolgen (vgl. Aharoni 1966, S. 17). Idealtypisch kann dieser gegenseitige soziale Beeinflussungsprozess in eine *Initialphase*, eine *Bewertungsphase*, eine *Entscheidungsphase* und eine *Nachprüfungs- und Nachverhandlungsphase* unterteilt werden, wobei der ersten Phase die größte Bedeutung zukommt. Mögliche *Initialkräfte für Direktinvestitionen (initial forces)* sind (vgl. Aharoni 1966, S. 54; Aharoni/Tihanyi/Connelly 2011, S. 137 f.):

- *Vorschläge, die von außen an die Unternehmung herangetragen werden*. Dies können etwa Berichte von ausländischen Händlern, Kunden oder Zulieferern sein, die positive oder negative Erfahrungen in einem Land gemacht haben. Eine große Bedeutung kommt auch den Medien zu, die oft selektiv und zyklisch über bestimmte Länder berichten. Gründe dafür können etwa Wahlen, Katastrophen oder sportliche Großereignisse sein. Obwohl diese Ereignisse für Internationalisierungsentscheidungen zumeist nicht unmittelbar relevant sind, lenken sie die Aufmerksamkeit von Entscheidungsträgern dennoch auf diese Länder (vgl. Kulchina 2014).
- *Persönliche Präferenzen wichtiger Entscheidungsträger* (z. B. spezifische Sprach- und Landeskenntnisse oder frühere Auslandsaufenthalte). Internationalisierungsentscheidungen werden häufig durch persönliche Motive von Führungs-

kräften beeinflusst, die dadurch ihre Position in der Unternehmung zu verbessern suchen. In Anlehnung an das von Johanson/Vahlne entwickelte Konzept der psychischen Distanz, das die wahrgenommenen Unterschiede zwischen zwei Ländern auf der Unternehmungsebene thematisiert (vgl. Kap. 3.1.2.4), werden diese Wahrnehmungsverzerrungen als »*managerial distance*« bezeichnet (Aharoni/Tihanyi/Connelly 2011, S. 139).

- *Bedrohungen von Auslandsmärkten*, die bislang durch Exporte bedient wurden. Hierzu zählen etwa hohe Zollschranken, Importrestriktionen oder Forderungen nach lokaler Produktion in *local content*-Bestimmungen des Gastlandes.
- *Mitläufer-Effekte (bandwagon-effects)*, bei denen wiederum zwei idealtypische Formen unterschieden werden können:
  - *Horizontale Mitläufer-Effekte*: Durch die Direktinvestition einer Unternehmung werden deren Konkurrenten auf attraktive Investitionsmöglichkeiten aufmerksam. Nach der Theorie des oligopolistischen Parallelverhaltens sind horizontale Mitläufer-Effekte also das Resultat von *follow-the-leader*-Strategien (vgl. Knickerbocker 1973, S. 4 ff.).
  - *Vertikale Mitläufer-Effekte*: Unternehmungen folgen bedeutenden Lieferanten oder Kunden ins Ausland. Ein solches Folgeverhalten ist gegenwärtig z. B. bei vielen Unternehmungen der Zulieferindustrie in den Emerging Markets zu beobachten (vgl. z. B. Holtbrügge 2006a; Holtbrügge/Puck 2008, S. 138). Das Nachfolgen wichtiger Kunden dient dabei nicht nur der regionalen Ausweitung des Absatzmarktes, sondern ist vielfach notwendig, um auch im Heimatland den Status eines Systemlieferanten zu erhalten bzw. zu sichern.
- Direktinvestitionen im Ausland als Gegenmaßnahme zu Direktinvestitionen ausländischer Konkurrenten auf dem Inlandsmarkt i. S. von *Kreuzinvestitionsstrategien* (vgl. Knickerbocker 1973, S. 4 ff.).

Empirische Evidenz

Das zentrale Verdienst von Aharoni besteht darin, verhaltenswissenschaftliche Erkenntnisse in die Theorie der Direktinvestition einzubeziehen und damit zu erklären, wie nicht rationale und damit im ökonomischen Sinne häufig suboptimale Investitionsentscheidungen zustande kommen. Die der Theorie zugrunde liegenden Hypothesen der *follow-the-leader*-Strategie und der Kreuzinvestitionsstrategie konnten bereits von Knickerbocker (1973) und Graham (1978) empirisch bestätigt werden.

Beispiel

Ein Beispiel für den Einfluss persönlicher Motive bei Internationalisierungsentscheidungen ist die – inzwischen wieder beendete – Fusion von Daimler-Benz und Chrysler. Neben betriebswirtschaftlichen Gründen war die Wahl von Chrysler als Kooperationspartner auch durch den damit verbundenen erheblichen Gehaltszuwachs für die Führungskräfte von Daimler-Benz motiviert. So wurden die Bezüge der deutschen Vorstandsmitglieder nach der Fusion spürbar erhöht und dem deutlich höheren Niveau der amerikanischen Vorstandsmitglieder angepasst. Von einer Zusammenarbeit mit einer japanischern Unternehmung, die auch in Erwägung gezogen wurde, hätten die deutschen Vorstandsmitglieder in weitaus geringerer Weise profitiert (vgl. Vlasic/Stertz 2000).

In einer jüngeren Studie weisen auch Henisz/Delios (2001) nach, dass die Wahrscheinlichkeit einer Auslandsinvestition japanischer Unternehmungen in einem bestimmten Land von der Zahl der dort bereits vorhandenen Auslandsgesellschaften anderer Unternehmungen abhängig ist. Dies gilt unabhängig davon, ob diese der gleichen oder einer anderen Branche angehören. Martin/Swaminathan/Mitchell (1998) zeigen, dass japanische Automobilzulieferer vor allem in denjenigen Ländern investieren, in denen ihre abnehmenden Automobilhersteller tätig werden. Die empirischen Untersuchungen von Sambharya (1996), Reuber/Fischer (1997) und Athanassiou/Nigh (2002) stützen zudem die von Aharoni implizit getroffene Annahme, dass die Zahl internationaler Engagements einer Unternehmung umso größer ist, desto größer die internationalen Erfahrungen des Top-Management sind.

Andere auf Einstellungen und Erfahrungen von Führungskräften basierende Verhaltensannahmen von Aharoni sind dagegen nur sehr schwer operationalisierbar und damit einer empirischen Untersuchung kaum zugänglich. Es fehlen deshalb insbesondere Längsschnittstudien, die die Auswirkungen begrenzter Rationalität bei Internationalisierungsentscheidungen analysieren (vgl. Aharoni/Tihanyi/Connelly 2011, S. 139).

Eine weitere Einschränkung besteht darin, dass Unsicherheit und Risikoaversion der Entscheidungsträger mit zunehmender internationaler Erfahrung wahrscheinlich abnehmen, sodass die verhaltensorientierte Theorie der Internationalisierung in erster Linie für Erstinvestitionen von Unternehmungen mit geringer internationaler Erfahrung anwendbar ist (vgl. Stehn 1992, S. 40; Bäurle 1996, S. 57). Trotz dieser Einschränkungen stellt die verhaltenswissenschaftliche Theorie der Internationalisierung einen sehr innovativen Erklärungsansatz dar, der die vorwiegend ökonomisch ausgerichteten anderen Internationalisierungstheorien sinnvoll ergänzt. Umso erstaunlicher ist es deshalb, dass die Überlegungen von Aharoni spätere Theorien der internationalen Direktinvestition kaum beeinflusst haben.

3.1.2.4 Lerntheorie der Internationalisierung von Johanson/Vahlne

Organisatorische Lernprozesse

Im Mittelpunkt der Lerntheorie der Internationalisierung von Johanson/Vahlne (1977; 1990; 2003) stehen *organisatorische Lernprozesse* einer Unternehmung. Den Ausgangspunkt der Überlegungen bildet die Annahme, dass Unternehmungen ohne Auslandserfahrungen zunächst Exporte als risikoärmste Form der Internationalisierung präferieren. Erst mit zunehmenden Kenntnissen und Erfahrungen über die Chancen und Probleme der Auslandstätigkeit werden risikoreichere Internationalisierungsformen mit einer größeren Marktbindung und mit größeren Ertragschancen gewählt (*establishment chain*). Entscheidend für die Wahl der Internationalisierungsform ist somit das jeweilige Marktwissen. Während eine Unternehmung in der ersten Stufe des Internationalisierungsprozesses über ein sehr geringes Marktwissen verfügt, gewinnt sie in den nächsten Stufen immer mehr Informationen über die lokalen Marktbedingungen dazu und erweitert dadurch ihr marktspezifisches Wissen. Mit steigendem Marktwissen binden Unternehmungen wiederum ein größeres Maß an Ressourcen im Ausland, wodurch im Verlauf der Internationalisierung Marktbearbeitungsformen gewählt werden, die sich durch eine stärkere Ressourcenbindung und damit auch durch ein höheres Risiko auszeichnen (vgl. Abb. 3-2).

Establishment chain

Abb. 3-2

Establishment Chain

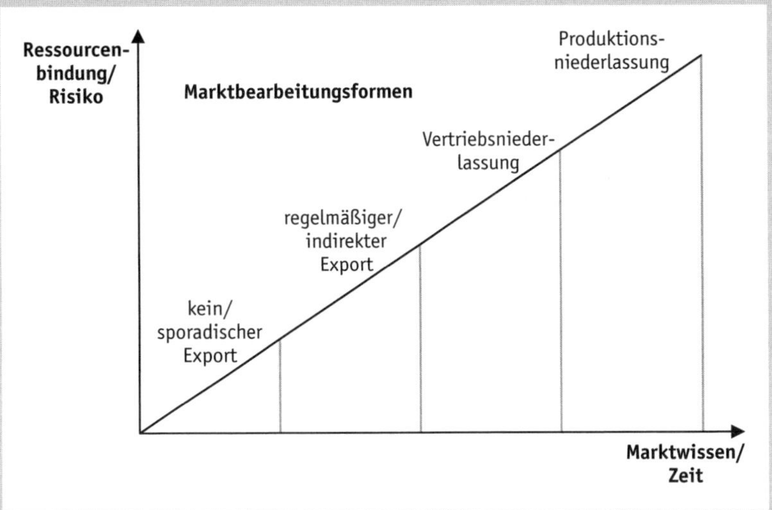

Psychic distance chain

Gleichzeitig erfolgt eine laterale Expansion von Ländern mit geringen Unterschieden in Länder mit einer größeren psychischen Distanz zum Herkunftsland (*psychic distance chain*). Als psychische Distanz werden Unterschiede in Sprache, Kultur und Religion sowie im Wirtschafts-, Rechts- und Bildungssystem zwischen zwei Ländern bezeichnet (vgl. Dow/Karunaratna 2006). Ein Grund dafür ist, dass es für Unternehmungen leichter ist, etwas über psychisch nahe Märkte und ihre Bedingungen zu lernen als über psychisch entfernte Märkte. Unternehmungen können somit durch den Eintritt in psychisch nahe Märkte die Marktunsicherheit reduzieren und die Chancen für eine erfolgreiche Marktbearbeitung erhöhen. Je größer die psychische Distanz zwischen Heimat- und Zielmarkt ist, desto schwieriger ist es für Unternehmungen dagegen, Informationen über diesen Markt zu sammeln und richtig zu interpretieren. Dementsprechend erweitern diese erst mit zunehmendem Wissen und sinkender Unsicherheit ihre internationalen Geschäftsaktivitäten auf diese Länder. Die Internationalisierung erfolgt somit idealtypisch in konzentrischen Kreisen vom Herkunftsland aus zunächst in solche Länder, welche als ähnlich empfunden werden. Mit zunehmendem Wissen und internationaler Erfahrung wird später auch der Eintritt in solche Länder vollzogen, die eine größere psychische Distanz aufweisen (vgl. Abb. 3-3).

Pfadabhängigkeit des Internationalisierungsprozesses

Ähnlich wie Vernon postulieren damit auch Johanson/Vahlne einen inkrementalen und sequenziellen Internationalisierungsprozess. Dieser wird jedoch nicht durch externe Faktoren wie die Entwicklung von Technologie-, Kosten- und Einkommensstrukturen beeinflusst, sondern durch einen *interdependenten und zirkulären Wirkungszusammenhang* zwischen der jeweiligen Form der Marktbindung (*market commitment*) und dem erworbenen Marktwissen (*market knowledge*) sowie den laufenden Aktivitäten (*current activities*) und den Marktbearbeitungsentscheidungen (*commit-*

Abb. 3-3

Psychic Distance Chain

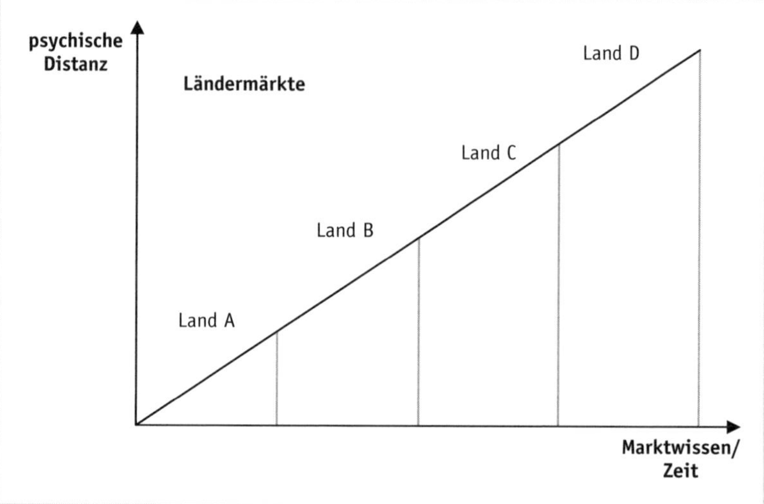

ment decisions) (vgl. Abb. 3-4). Theoretisch fundieren lässt sich diese Überlegung durch das Konzept der Pfadabhängigkeit (vgl. Sydow/Schreyögg/Koch 2009; Wolf 2009). Danach hängen die Entscheidungen einer Unternehmung nicht nur von den aktuellen Umweltbedingungen, sondern auch von den in der Vergangenheit getroffenen Entscheidungen ab. Die Internationalisierungsentscheidung einer Unternehmung ist deshalb vom bisherigen Internationalisierungsprozess und den dabei gemachten Erfahrungen sowie den dabei getätigten Investitionen abhängig (vgl. Holtbrügge 2006b; Hutzschenreuter/Voll 2007).

Empirische Evidenz

Die zentralen Aussagen der Lerntheorie der Internationalisierung werden durch zahlreiche *empirische Untersuchungen* bestätigt. Beispiele dafür sind die Untersu-

Beispiel

Ein Beispiel für die Relevanz der Lerntheorie ist das Internationalisierungsverhalten deutscher Automobilunternehmungen. Eine Studie von Holtbrügge (2006b) belegt, dass etwa die Internationalisierungsentscheidungen von BMW und Volkswagen weitgehend der postulierten *psychic distance chain* folgen. Die ersten Exportaktivitäten nahm BMW 1959 in die psychisch relativ nahen Länder Frankreich, Italien, Belgien, Luxemburg, Niederlande sowie Thailand auf, während VW im Jahre 1950 zunächst u. a. nach Österreich, Dänemark, Luxemburg, Belgien sowie die USA, Schweiz und Niederlande exportierte. Lediglich Mitte der siebziger Jahre weicht BMW mit Engagements in Indonesien und Japan zeitweise deutlich vom Idealverlauf ab. Demgegenüber lassen sich kaum Ähnlichkeiten mit der angenommenen *establishment chain* nachweisen. So wurden etwa in einigen Ländern Exportaktivitäten oder Vertriebsgesellschaften nie in anspruchsvollere Internationalisierungsformen umgewandelt und in anderen Ländern einzelne Stufen übersprungen. So hat VW etwa in China, Tschechien und Indien sofort Produktionsstätten errichtet, ohne zuvor in diese Länder in nennenswertem Umfang exportiert zu haben. BMW hat lediglich in den USA alle Stufen der *establishment chain* in der postulierten Reihenfolge bis zum Ende durchlaufen.

Abb. 3-4

Internationalisierungsprozess nach Johanson/Vahlne (1990, S. 12)

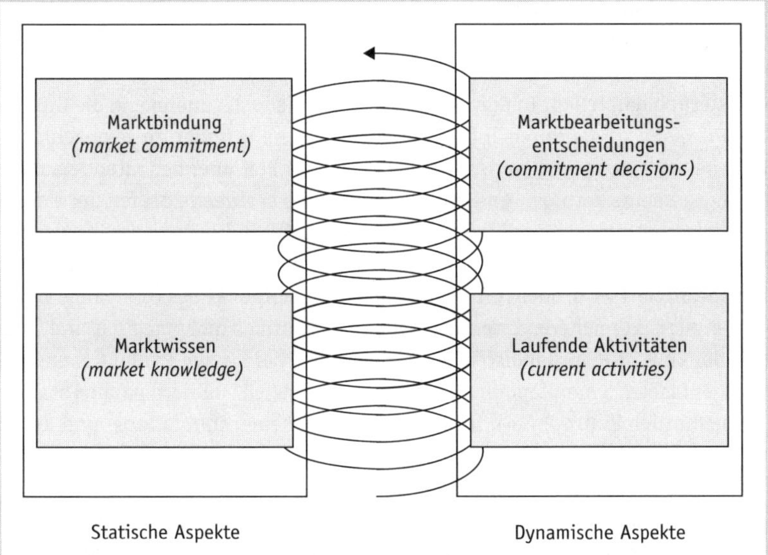

chung der Markteintrittssequenzen niederländischer Unternehmungen von Barkema/Bell/Pennings (1996), australischer Unternehmungen von Brewer (2007), deutscher mittelständischer Unternehmungen von Maekelburger/Schwens/Kabst (2011) und chinesischer Unternehmungen von Blomkvist/Drogendijk (2013).

Daneben gibt es jedoch auch mehrere Studien, die zu abweichenden Ergebnissen kommen. Pedersen/Shaver (2000, S. 21) kommen in einer Studie der internationalen Expansion dänischer Unternehmungen etwa zu dem Ergebnis, dass die Internationalisierung auch als diskontinuierlicher Prozess mit einem ersten großen Schritt verlaufen kann. Zudem zeigen Millington/Bayliss (1990, S. 15) in einer Studie des Internationalisierungsprozesses britischer Unternehmungen, dass in Abhängigkeit des Internationalisierungsgrads unterschiedliche Einflussfaktoren auf die Internationalisierung einer Unternehmung wirken. Zu Beginn des Prozesses wird die Internationalisierung einer Unternehmung zwar oft durch ihre Markterfahrung und eine inkrementale Anpassung bestimmt. Mit zunehmender internationaler Erfahrung erfolgt jedoch eine immer stärkere systematische Planung der weiteren Internationalisierungsschritte. Dadurch gelingt es Unternehmungen, Erfahrungen auf andere Märkte zu übertragen und bestimmte Stufen des postulierten Internationalisierungsprozesses zu überspringen. Auch Dow (2000) kommt in einer Studie des Internationalisierungsverhaltens australischer Unternehmungen zu dem Ergebnis, dass der Erklärungsgehalt der psychischen Distanz mit der Zahl der bearbeiteten Auslandsmärkte abnimmt. Santangelo/Meyer (2011) finden in einer Studie in Mittel- und Osteuropa sogar Anzeichen dafür, dass einige Unternehmungen das Ausmaß ihrer Marktbindung im Laufe der Zeit aufgrund einer geänderten Unternehmungsstrategie wieder reduzieren.

Born global firms

Trotz vieler bestätigender Beispiele der Lerntheorie müssen deshalb einige *Einschränkungen* angeführt werden (vgl. Forsgren 2002; Johanson/Vahlne 2009). So ist ihre Aussagefähigkeit weitgehend auf das Anfangsstadium der Internationalisierung beschränkt, wo fehlende Auslandserfahrungen eine zentrale Restriktion der Internationalisierung darstellen. In den letzten Jahren ist jedoch zunehmend die Gründung von *born global firms* durch international erfahrene Gründer zu beobachten, die bereits bei oder kurz nach der Aufnahme ihrer Tätigkeit über bedeutende ausländische Engagements verfügen und durch *leapfrogging* bestimmte Stufen der *establishment chain* überspringen (vgl. Oviatt/McDougall 1994; Holtbrügge/Enßlinger 2004). Ein weiterer Mangel ist, dass das Ausmaß des notwendigen Wissenszuwachses nicht näher spezifiziert wird, sodass Aussagen über den Zeitpunkt des Übergangs von risikoarmen zu risikoreicheren Internationalisierungsformen nicht möglich sind. Zudem findet der Eintritt in ausländische Märkte vor allem bei kurzen Produktlebenszyklen und bedeutsamen Synergiepotenzialen nicht sequenziell, sondern parallel statt (vgl. dazu ausführlich Kap. 4.2.2.4). Schließlich führen neue Informations- und Kommunikationstechnologien dazu, dass Unternehmungen leichter Wissen über ausländische Märkte akquirieren können (vgl. Stöttinger/Schlegelmilch 1998; Welge/Borghoff 2009, S. 203 ff.). Das Konzept der psychischen Distanz verliert deshalb für Internationalisierungsentscheidungen generell an Bedeutung bzw. ist nur noch für solche Branchen relevant, in denen detailliertes Marktwissen den zentralen Erfolgsfaktor darstellt (vgl. Nachum/Zaheer 2005).

3.1.2.5 Diamant-Ansatz der Internationalisierung von Porter

Nationale Wettbewerbsvorteile

Die Grundlage des Diamant-Ansatzes der Internationalisierung von Porter (1991) ist die Beobachtung, dass weltweit erfolgreiche Unternehmungen einer Branche (*global champions*) häufig aus dem gleichen Land stammen. Beispiele dafür sind etwa die Maschinenbauindustrie in Deutschland, die Elektronikindustrie in Japan oder die Filmindustrie in den USA. Diese Beobachtung regionaler Industriecluster führt zu der These, dass Unternehmungen einzelner Branchen in bestimmten Heimatländern besonders günstige Bedingungen genießen, die es ihnen ermöglichen, international tätig zu werden und in anderen Ländern Wettbewerbsvorteile gegenüber dort ansässigen Unternehmungen zu erringen. Nach Porter (1991, S. 93 ff.) hängt diese Fähigkeit insbesondere von der Ausprägung von *vier Bestimmungsfaktoren* und *zwei ergänzenden Faktoren* ab, die zusammen ein sich wechselseitig verstärkendes System ergeben, das als Diamant bezeichnet wird (vgl. Abb. 3-5).

Faktorbedingungen

Die *Faktorbedingungen* stellen die Position eines Landes bei wichtigen Produktionsfaktoren dar. Von besonderer Bedeutung sind dabei die fortschrittlichen Faktoren, die durch aktive und langfristig angelegte Investitionen in das Human- und Sachkapital geschaffen werden. Die Grundfaktoren, zu denen z. B. Vorkommen an Rohstoffen und Bodenschätzen gehören, verlieren dagegen an Gewicht oder sind nur temporär von Bedeutung, da sie zunehmend auf technischem Wege produzierbar oder durch innovative Produktionsverfahren ersetzbar sind. Im Gegensatz zu den klassischen Theorien der Faktorausstattung von Ricardo oder Heckscher/Ohlin sieht es

Abb. 3-5

Bestimmungsfaktoren nationaler Wettbewerbsvorteile

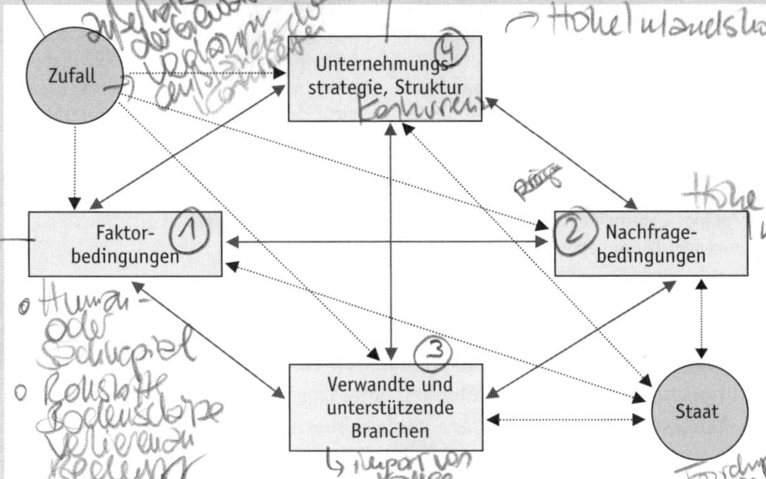

(Quelle: Porter 1991, S. 151)

Porter sogar als vorteilhaft für ein Land an, wenn es zunächst Wettbewerbsnachteile durch fehlende Grundfaktoren hat, da dadurch Innovationen angeregt und die Verschwendung von Ressourcen vermieden werden.

Nachfragebedingungen

Unter *Nachfragebedingungen* wird die Höhe und Art der Inlandsnachfrage verstanden, wobei letzterer eine größere Bedeutung zugemessen wird. Anspruchsvolle Nachfrager erzeugen einen Innovationsdruck, der für die Entwicklungsfähigkeit der gesamten Branche vorteilhaft ist. Wettbewerbsvorteile lassen sich insbesondere dann erzielen, wenn die inländischen Nachfrager die Nachfragestrukturen anderer Länder antizipieren und den Unternehmungen dadurch einen Indikator für die globale Entwicklung bieten. Die Größe des Inlandsmarktes ist dagegen nur dort relevant, wo hohe Aufwendungen für Forschung und Entwicklung, hohe *economies of scale*- und Lernkurven-Effekte, häufige Technologieparadigma-Wechsel oder ein hoher Unsicherheitsgrad bestehen.

Verwandte und unterstützende Branchen

Der dritte Bestimmungsfaktor ist die Existenz international wettbewerbsfähiger *verwandter und unterstützender Branchen* im Inland. Starke inländische Zulieferindustrien sind häufig eine Ursache internationaler Wettbewerbsvorteile, da nachgelagerte Branchen dadurch einen früheren, effizienteren und oft auch kostengünstigeren Zugang zu Produktionsfaktoren erhalten. Der größte Nutzen inländischer Zulieferer liegt nach Porter im Innovations-, Aufwertungs- und Verbesserungsprozess, der sich aus der laufenden Koordination zwischen den Wertketten der Zulieferer mit denen der nachgelagerten Branchen ergibt.

Unternehmungsstrategie

Den vierten Bestimmungsfaktor stellt die *Unternehmungsstrategie, Struktur und Konkurrenz* dar. Schon die Kulturvergleichende Managementforschung hat auf den

Beispiel

Das Fehlen anspruchsvoller Inlandsnachfrager ist ein zentrales Motiv für Auslandsinvestitionen von Unternehmungen aus Emerging Markets. So weisen Länder wie Brasilien, China, Indien und Russland zwar sehr große Inlandsmärkte auf, die Anforderungen der inländischen Nachfrager an die Qualität und Innovativität von Produkten und Dienstleistungen sind jedoch zumeist nur gering. Unternehmungen wie Haier, Lenovo oder Wipro haben deshalb bereits früh bedeutende Auslandsinvestitionen in *lead markets* wie den USA oder Deutschland vorgenommen, um sich dem dort vorherrschenden Wettbewerbsdruck auszusetzen und ihre Innovationsfähigkeit zu erhöhen. Dieses Internationalisierungsverhalten weicht deutlich von demjenigen von Unternehmungen aus Industrieländern ab, die sich zumeist in psychisch und regional nahe liegenden Ländern engagieren (vgl. Holtbrügge/Kreppel 2010; Berning/Holtbrügge 2012).

Zusammenhang zwischen den kulturbedingten Führungsstilen und Organisationsstrukturen und der Wettbewerbsfähigkeit eines Landes hingewiesen (vgl. Kap. 2.1.1). Durch eine starke Inlandskonkurrenz werden Unternehmungen zudem dazu gedrängt zu internationalisieren, die Abhängigkeit von Basisfaktoren zu überwinden und nach fortgeschrittenen und spezialisierten Vorteilen zu suchen. Eine hohe Wettbewerbsintensität hilft schließlich, Nachteile durch staatliche Eingriffe zu vermeiden, die Innovationen behindern oder den Wettbewerb schwächen.

Neben diesen vier Bestimmungsfaktoren kommt zwei ergänzenden Faktoren eine indirekte Wirkung zu. Der *Zufall* beinhaltet Ereignisse außerhalb der Herrschaftsgewalt einer Unternehmung, wie z. B. Durchbrüche in Basistechnologien, außenpolitische Entwicklungen oder andere maßgebliche Veränderungen der Umweltbedingungen. Diese Ereignisse bewirken Brüche, die die Branchenstruktur verändern können, und bieten Unternehmungen eines Landes die Gelegenheit, ihre ausländischen Konkurrenten zu verdrängen. Der *Staat* kann schließlich die vier Bestimmungsfaktoren des Diamanten positiv beeinflussen, indem dieser Strukturanpassungen ermöglicht und dazu beiträgt, dass die dadurch freigesetzten Produktionsfaktoren einer produktiveren und zukunftsichernden Verwendung zugeführt werden können.

Empirische Evidenz

Das Verdienst von Porter besteht vor allem darin, bereits bestehende Theorien zur Erklärung der Wettbewerbsvorteile von Nationen zusammengefasst und im Rahmen einer umfangreichen Untersuchung empirisch getestet zu haben. Der Diamant-Ansatz hat zahlreiche weitere empirische Studien angeregt, die die Relevanz der von Porter thematisierten Bestimmungsfaktoren der internationalen Wettbewerbsfähigkeit bestätigen (vgl. z. B. Dögl/Holtbrügge 2010; Dögl/Holtbrügge/Schuster 2012). Dem Ansatz werden jedoch eine mangelnde theoretische Fundierung und eine geringe Fähigkeit zur Prognose und Ableitung von Handlungsempfehlungen vorgeworfen (vgl. Berg/Holtbrügge 1997). Dunning (1993, S. 9 f.) kritisiert zudem, dass das Modell von Porter die Bedeutung Multinationaler Unternehmungen vernachlässigt. So kann angenommen werden, dass für Unternehmungen, die einen bedeutenden Teil ihrer Wertschöpfung außerhalb ihres Heimatlandes erzielen, die Bedingungen derjenigen Länder, in denen diese über Tochtergesellschaften verfügen, einen mindestens ebenso großen Einfluss auf deren Wettbewerbsfähigkeit wie die Bedingungen des Heimatlandes besitzen. Dieser Zusammenhang wird vor allem von der Standorttheorie der Internationalisierung untersucht.

3.1.2.6 Standorttheorie der Internationalisierung

Standortfaktoren

Die Standorttheorie der Internationalisierung geht von der bereits den Außenhandelstheorien zugrunde liegenden Annahme aus, dass die Entscheidung für eine Direktinvestition in einem bestimmten Land vor allem durch die *Standortfaktoren* dieses Landes bestimmt wird. Zu den wichtigsten Standortfaktoren zählen die im Folgenden aufgeführten:

- *Marktliche Faktoren* beinhalten die Marktgröße und das Marktwachstum. Ihre Relevanz lässt sich gegenwärtig etwa an der großen Zahl ausländischer Direktinvestitionen in den Emerging Markets China und Indien aufzeigen (vgl. Holtbrügge/Puck 2008; Holtbrügge/Friedmann 2011). Marktliche Faktoren sind für Direktinvestitionen insbesondere dann bedeutsam, wenn die Möglichkeit des Exports durch Handelshemmnisse eingeschränkt wird.
- *Kostenfaktoren* umfassen vor allem Lohnkostendifferenzen und Steuervorteile. Auch sie sind derzeit für zahlreiche Direktinvestitionen in den Emerging Markets verantwortlich, die ein deutlich niedrigeres Lohnniveau als die westlichen Industrieländer aufweisen.
- *Ressourcenbasierte Faktoren* sind insbesondere für Unternehmungen relevant, für die der Zugang zu Rohstoffen einen wichtigen Wettbewerbsfaktor darstellt. Beispiele dafür sind Direktinvestitionen von Unternehmungen der chemischen Industrie in den rohstoffreichen Ländern Brasilien und Russland. Engagements von IT-Unternehmungen in Indien sind dagegen häufig durch den Zugang zu qualifizierten personellen Ressourcen motiviert.
- *Staatliche Investitionsanreize* umfassen z. B. Steuervergünstigungen oder Subventionen. Sie sind zumeist kein ausschlaggebendes Motiv für Direktinvestitionen, können die Bedeutung der anderen Motive jedoch verstärken oder abschwächen bzw. den Zeitpunkt einer Direktinvestition beschleunigen oder verzögern.
- *Politische und rechtliche Faktoren* beinhalten die Rechtssicherheit von Engagements bzw. das damit verbundene Enteignungsrisiko. Ähnlich wie staatliche Investitionsanreize sind sie zumeist eine notwendige, aber keine hinreichende Voraussetzung für ausländische Direktinvestitionen.

Empirische Evidenz

Standortfaktoren stehen insbesondere im Mittelpunkt von empirischen Investitionsmotivstudien, wie sie z. B. regelmäßig von Wirtschaftsforschungsinstituten und Verbänden durchgeführt werden (vgl. z. B. Beyfuß/Eggert 2000; DIHK 2008). Problematisch dabei ist jedoch, dass die darin genannten Investitionsmotive nicht den tatsächlichen Investitionsmotiven entsprechen müssen und diese Studien z. B. durch die soziale Erwünschtheit oder die strategische Intention von Antworten verzerrt werden. Ein Beispiel dafür sind Steuervorteile im Ausland, deren häufige Nennung Entscheidungsträger im Inland dazu veranlassen soll, die Steuern im Inland zu senken. Von Wirtschaftsforschungsinstituten und Verbänden durchgeführte empirische Investitionsmotivstudien sind zudem häufig durch eigene Interessen geleitet und basieren nur selten auf einem tragfähigen theoretischen Fundament. Inhaltlich erscheint insbesondere die Zurückführung ausländischer Direktinvestitionen auf die Ausnutzung komparativer Kostenunterschiede wenig realistisch, da Unternehmungen dann »alle fünf Jahre umziehen (müssten, um) immer am ›billigsten‹ Standort produzieren (zu können)« (Warnecke 1996, S. 41). Schließlich werden Direktinvestitionen neben den Gastlandbedingungen auch durch Branchen- und Unternehmungsfaktoren beeinflusst, sodass die Standorttheorie – wie z. B. in der eklektischen Theorie der internationalen Produktion von Dunning (vgl. Kap. 3.1.2.9) – nur in Verbindung mit anderen Einflussgrößen zur Erklärung ausländischer Direktinvestitionen beitragen kann.

3.1.2.7 Monopolistische Vorteilstheorie von Hymer und Kindleberger

Wettbewerbsnachteile

Den Ausgangspunkt der auf Hymer (1960) und Kindleberger (1969) zurückgehenden monopolistischen Vorteilstheorie bildet die Annahme, dass Tochtergesellschaften ausländischer Unternehmungen gegenüber inländischen Unternehmungen zunächst zahlreiche *Wettbewerbsnachteile* aufweisen, die von Hymer (1960, S. 41) als »*liability of foreignness*« bezeichnet werden. Ursachen dafür können sein (vgl. Hymer 1960, S. 32 ff.):

- *Geringere Kenntnisse* der Gesetzgebung, Wirtschaft, Politik und Sprache des Gastlandes bedingen höhere Informationskosten und höhere Risiken.
- Ausländische Unternehmungen werden in vielen Ländern durch *diskriminierende Praktiken* der Regierung (z. B. hinsichtlich der steuer-, arbeits- und devisenrechtlichen Bestimmungen), der Konsumenten und der Lieferanten behindert (vgl. Mezias 2002).
- Die Gewinnrückführung ist *Wechselkursrisiken* ausgesetzt.
- Die geographische Entfernung zwischen der Muttergesellschaft und der ausländischen Tochtergesellschaft führt zu hohen *Kommunikations- und Koordinationskosten*.

Marktunvollkommenheiten

Tochtergesellschaften ausländischer Unternehmungen müssen deshalb über spezifische monopolistische Vorteile verfügen, um diese *liability of foreignness* auf- und überwiegen zu können (vgl. Abb. 3-6). Die Voraussetzung für deren Realisierung sind *Marktunvollkommenheiten*, d. h. diese monopolistischen Vorteile können von ande-

Beispiel

Derzeit werden häufig die spezifischen Wettbewerbsnachteile analysiert, die Unternehmungen aus Emerging Markets bei ihrer Internationalisierung haben. Deren »*liability of emergingness*« (Madhok/Keyhani 2012) resultiert vor allem aus problematischen institutionellen Rahmenbedingungen im Heimatland, einem geringen internationalen Bekanntheitsgrad, häufig unzureichenden finanziellen Ressourcen und fehlendem Management- und Marketing-Know-how. Unternehmungen aus Emerging Markets sind zudem oft mit negativen *country-of-origin*-Effekten konfrontiert (vgl. Kreppel/Holtbrügge 2012, 2013; Holtbrügge/Kreppel 2015). Deren Internationalisierungsentscheidungen beruhen deshalb häufig nicht auf der Ausschöpfung bestehender monopolistischer Vorteile (*exploitation*), sondern dem Bestreben, dadurch erst Wettbewerbsvorteile zu erwerben (*exploration*) (vgl. Wright et al. 2005). Unternehmungen aus Emerging Markets präferieren deshalb häufig Markteintritte in Form von Akquisitionen lokaler Unternehmungen, um dadurch einen Zugang zu kritischen Ressourcen zu erlangen und ihre Reputation bei wichtigen Stakeholdern zu verbessern.

Abb. 3-6

Liability of foreignness und monopolistische Vorteile

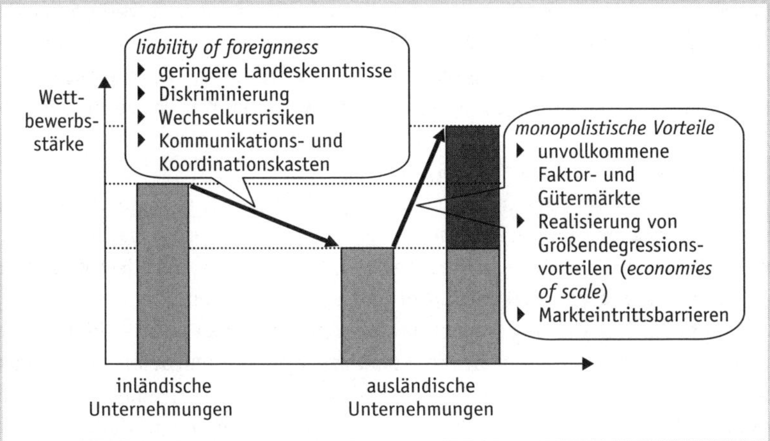

ren Unternehmungen nicht auf einem externen, frei zugänglichen Markt erworben werden (vgl. Zaheer 1995; Sethi/Guisinger 2002). Mögliche Ursachen von Marktunvollkommenheiten zeigt Abb. 3-6 (vgl. Kindleberger 1969, S. 14 ff.).

Unvollkommene Faktor- und Gütermärkte: Vor allem Unternehmungen aus Industrieländern verfügen häufig über ein überlegenes (vielfach patentiertes) Technologie- und Management-Know-how, auf das lokale Unternehmungen keinen Zugriff haben. Sie besitzen zudem vielfach Imagevorteile durch positive *country-of-origin*-Effekte und eine höhere Marktmacht, die die Durchsetzung günstigerer Preise auf Absatz- und Beschaffungsmärkten ermöglichen.

Nutzung von Massenproduktionsvorteilen (economies of scale): International operierende Unternehmungen sind zumeist größer als nationale Unternehmungen und können dadurch in Branchen, die sich durch große Massenproduktionsvorteile auszeichnen, zu niedrigeren Durchschnittskosten produzieren.

Markteintrittsbarrieren

Markteintrittsbarrieren aufgrund staatlicher Regulierungen: Tarifäre und nichttarifäre Handelshemmnisse, durch die nationale Unternehmungen vor ausländischer Konkurrenz geschützt werden sollen, regen häufig Direktinvestitionen ausländischer Unternehmungen in diesen Ländern an. Ein Beispiel dafür ist die Errichtung ausländischer Tochtergesellschaften amerikanischer und japanischer Unternehmungen in Europa nach Gründung der Europäischen Gemeinschaft und nach Abschluss des Vertrags von Maastricht.

Empirische Evidenz

Jüngere empirische Studien im Kontext der monopolistischen Vorteilstheorie stellen vor allem die große Bedeutung des Schutzes intellektueller Eigentumsrechte heraus. So weist etwa die Untersuchung von Varsakelis (2001) darauf hin, dass die

Höhe forschungsintensiver Investitionen signifikant vom Patentschutz des jeweiligen Gastlands abhängt. Umgekehrt zeigen zahlreiche Beispiele ausländischer Direktinvestitionen in China, dass ein ineffizienter Schutz intellektueller Eigentumsrechte zum Verlust monopolistischer Vorteile und damit zum Verlust der Wettbewerbsfähigkeit führen kann. In vielen Fällen wurden durch nicht ausreichend geschützte Investitionen in China sogar lokale Unternehmungen in die Lage versetzt, ausländische Investoren durch die Absorption relevanten Wissens zu imitieren und selbst monopolistische Vorteile in China und auf dem Weltmarkt zu erlangen (vgl. z. B. Yang 2003; You/Katayama 2005).

Eine Schwäche der monopolistischen Vorteilstheorie ist, dass Unternehmungen nicht nur in anderen Ländern investieren, um bestehende Vorteile auszunutzen, sondern auch, um neue Vorteile zu erringen (vgl. Teece 2006). Beispiele hierfür sind etwa die Sicherung von Faktormärkten und Rohstoffquellen oder der Erwerb von Know-how. Der Transfer unternehmungsspezifischer Vorteile führt darüber hinaus zumeist zu Anpassungskosten, die nicht berücksichtigt werden. Schließlich kann die monopolistische Vorteilstheorie zwar erklären, warum Unternehmungen auf fremden Märkten Wettbewerbsvorteile gegenüber lokalen Unternehmungen erlangen können, nicht jedoch, warum die Produktion im Ausland profitabler als eine alternative Inlandsproduktion und die Bedienung des Auslandsmarktes durch Exporte ist.

3.1.2.8 Internalisierungstheorie von Buckley/Casson

Verfügungsrechte

Im Unterschied zu den zuvor dargestellten Ansätzen werden bei der Internalisierungstheorie von Buckley/Casson (1976) nicht die physischen Aspekte länderübergreifender Ressourcentransfers, sondern die damit verbunden *vertraglichen Aspekte der Übertragung von Verfügungsrechten* (*property rights*) betrachtet. Die Grundlagen dafür bilden der *Transaktionskostenansatz* von Coase (1937) und das *Markt-Hierarchie-Paradigma* von Williamson (1975).

Transaktionskosten

Nach der Internalisierungstheorie haben Unternehmungen zwei grundsätzliche Möglichkeiten, internationale Transaktionen abzuwickeln, und zwar entweder extern über den Markt (durch Lizenzen) oder unternehmungsintern über die Hierarchie (in Form von Exporten oder Direktinvestitionen). Während bei einer internen Transaktion die Überwindung der Landesgrenzen durch die betrachtete Unternehmung erfolgt und diese dafür auch alle wirtschaftlichen und politischen Risiken trägt, fallen diese Risiken bei einer externen Transaktion dem ausländischen Lizenznehmer zu. Die externe Abwicklung von Transaktionen über den Markt ist nun entgegen der Auffassung der klassischen Wirtschaftstheorie aufgrund von Marktunvollkommenheiten nicht kostenlos. Es entstehen vielmehr *Transaktionskosten*, d. h. *Kosten für die Anbahnung, Formulierung, Schließung, Überwachung, Durchsetzung und Anpassung von Verträgen* (vgl. Abb. 3-7). Insbesondere die für die Wettbewerbsfähigkeit von Unternehmungen zunehmend wichtiger werdenden immateriellen Ressourcen (*intangible assets*) wie Informationen, Know-how oder Patente sind zudem vielfach nicht über den Markt abwickelbar, da sie nur dann mit einem Marktpreis bewertet werden können, wenn sie exakt spezifiziert werden. Wenn das ihnen zugrunde liegende Wissen jedoch offen gelegt wird, besitzen sie für potenzielle Käufer keinen Wert mehr, für den diese einen Preis zu zahlen bereit sind (vgl. Arrow 1974).

Abb. 3-7

Bestandteile von Transaktionskosten

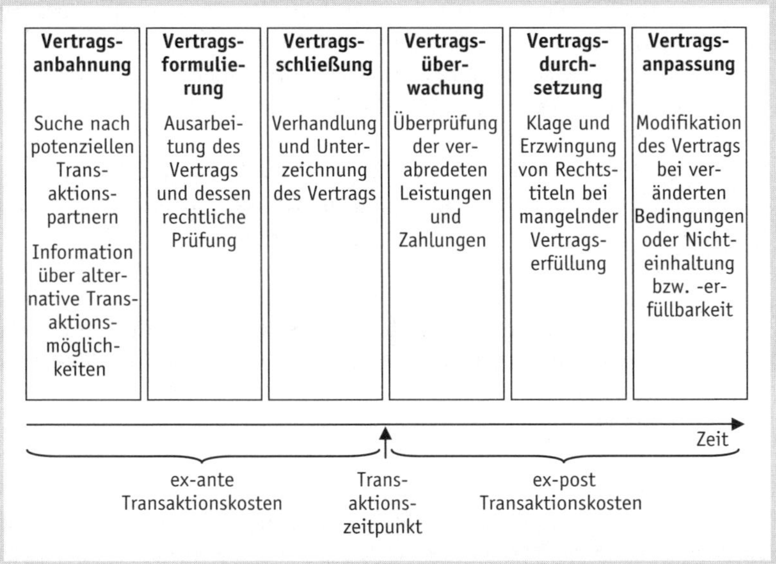

Internalisierung von unvollkommenen Märkten

Die zentrale These der Internalisierungstheorie ist, dass Unternehmungen internationale Transaktionen intern in Form von Exporten oder Direktinvestitionen abwickeln, wenn die dadurch verursachten Koordinationskosten geringer als die Transaktionskosten der Abwicklung über den Markt sind (vgl. Abb. 3-8). »Multinational firms appear where it is cheaper to allocate international resources internally than it is to

Abb. 3-8

Einflussfaktoren auf die Wahl der Internationalisierungsform nach der Transaktionskostentheorie

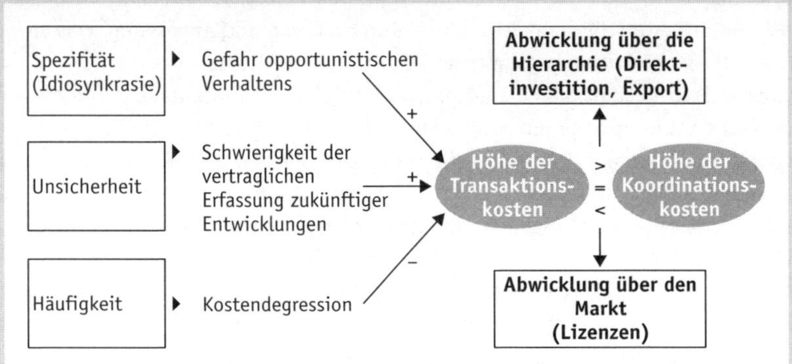

use the market to do so« (Brown 1976, S. 39). Die Internationalisierung von Unternehmungen ist nach Buckley/Casson damit ein Nebenprodukt der *Internalisierung von unvollkommenen Märkten* in die Unternehmung (vgl. Hennart 1982; Teece 1986).

Einflussfaktoren

Die Höhe der Transaktionskosten ist allgemein von folgenden *Einflussfaktoren* abhängig (vgl. Williamson 1975, 1990; David/Han 2004):

- **Spezifität:** Mit zunehmender Spezifität einer Leistung erhöhen sich die gegenseitige Abhängigkeit (*Idiosynkrasie*), die Gefahr *opportunistischen Verhaltens* sowie die *sunk costs* der Transaktionspartner, d. h. der Unterschied zwischen der besten und der zweitbesten Verwendungsmöglichkeit einer Leistung. Mit zunehmender Faktorspezifität (*asset specificity*) steigt damit die Wahrscheinlichkeit der Internalisierung.
- **Unsicherheit:** Verträge sind immer unvollkommen und müssen im Verlauf des Transaktionsprozesses konkretisiert und angepasst werden: Je höher die Unsicherheit, d. h. je schwieriger es ist, die Komplexität möglicher zukünftiger Entwicklungen vertraglich zu erfassen, desto größer ist der Spielraum für opportunistisches Verhalten der Transaktionspartner. Mit zunehmender Unsicherheit von Transaktionen steigt damit die Wahrscheinlichkeit der Internalisierung.
- **Häufigkeit:** Je häufiger gleichwertige Transaktionen vorgenommen werden, desto geringer werden aufgrund von Lerneffekten und des entstehenden Vertrauensverhältnisses zwischen den Transaktionspartnern die Durchschnittskosten einer Transaktion. So können diese etwa auf bewährte Musterverträge zurückgreifen und die vertragliche Regelung der Transaktion auf ein Minimum begrenzen. Mit zunehmender Häufigkeit von Transaktionen sinkt damit die Wahrscheinlichkeit der Internalisierung.

Im internationalen Kontext wirkt sich zudem die *geographische, rechtliche, ökonomische und kulturelle Distanz zwischen Heimat- und Gastland* auf die Höhe der Transaktionskosten aus (vgl. Ghemawat 2001). So ist etwa die Informationsbeschaffung über mögliche Lizenznehmer in geographisch und kulturell weit entfernten Ländern schwieriger als in benachbarten Staaten, obwohl dieser Einfluss der Distanz zwischen zwei Ländern durch neue Informations- und Kommunikationstechnologien abnimmt (vgl. Kap. 3.1.2.4). Verträge in Ländern mit stark abweichenden Rechtsnormen (wie z. B. China) oder einer geringen Rechtssicherheit (wie z. B. Russland) verursachen zudem hohe Kosten für deren Abschluss, Durchsetzung und Anpassung, was die Vorteilhaftigkeit unternehmungsinterner Transaktionen erhöht.

Koordinationskosten

Diesen Transaktionskosten sind bei der Wahl der Internationalisierungsform die *Koordinationskosten* gegenüberzustellen, die bei der unternehmungsinternen Abwicklung von Transaktionen aufgrund des zwischen Mutter- und Tochtergesellschaft bestehenden *Principal-Agent-Problems* entstehen. Die Muttergesellschaft überträgt der Tochtergesellschaft bestimmte Entscheidungskompetenzen, ohne aufgrund der bestehenden geographischen und kulturellen Distanz jedoch die Güte der von dieser getroffenen Entscheidungen umfassend bewerten zu können. Die Führungskräfte der Tochtergesellschaft können deshalb ihre Anstrengungen reduzieren bzw. die Interessen der Muttergesellschaft bei ihren Entscheidungen vernachlässigen, ohne

Sanktionen durch diese fürchten zu müssen (*moral hazard*) (vgl. Nohria/Ghoshal 1994; Bongjin/Prescott/Kim 2005).

Zur Reduzierung dieser durch die Informationsasymmetrie entstehenden Probleme stehen der Muttergesellschaft zwei unterschiedliche Strategien offen (vgl. Eisenhardt 1989). Die erste Möglichkeit ist die *direkte Kontrolle des Verhaltens* der Mitarbeiter der Tochtergesellschaft (*monitoring and behavior control*). Diese kann z. B. durch die Entsendung von Führungskräften oder persönliche Weisungen erfolgen (vgl. Kap. 5.1.2). Die zweite Möglichkeit ist die *indirekte Kontrolle der Leistungsergebnisse* durch Zielvorgaben und eine leistungs- bzw. erfolgsabhängige Entgeltpolitik (*performance control*) (vgl. Kap. 6.2.2.4). Unabhängig von der Form der Kontrolle entstehen der Unternehmung damit Koordinationskosten, die den Transaktionskosten der Abwicklung über den Markt gegenüber gestellt werden.

Empirische Evidenz

Die Internalisierungstheorie stellt gegenwärtig eine der am besten fundierten Theorien der Internationalisierung von Unternehmungen dar. Sie ist Grundlage einer Vielzahl empirischer Studien zur Wahl der Markteintrittsform (vgl. dazu ausführlich Kap. 4.). Die Reduzierung von Transaktionskosten stellt jedoch neben Risikomotiven, Flexibilitätsmotiven, u. a. nur ein Motiv der Internationalisierung von Unternehmungen dar (vgl. Ghoshal 2005; Ghoshal/Moran 1996). Transaktionskosten lassen sich zudem nur schwer quantifizieren und damit zur Ableitung von Handlungsempfehlungen nutzen. Weiterhin wird kritisiert, dass die Möglichkeit internationaler Transaktionen als gegeben unterstellt wird, während diese in der Praxis zumeist erst durch geeignete unternehmungspolitische Maßnahmen geschaffen werden muss. Zudem bleiben Synergie- und Verbundeffekte durch die atomistische Betrachtung einzelner Transaktionen unberücksichtigt (vgl. Hedlund 1994, S. 74).

Problematisch ist auch der unterstellte Zusammenhang zwischen der Unsicherheit der Umweltentwicklung und der präferierten Transaktionsform. Mit zunehmender Unsicherheit über mögliche zukünftige Umweltentwicklungen steigen nämlich nicht nur die Kosten für den Abschluss, die Überwachung und die Anpassung von Verträgen, sondern auch die Gefahr, dass die Möglichkeit der Transaktion ganz entfällt. Unter Risikoaspekten dürfte deshalb entgegen der Aussage der Internalisierungstheorie eher eine Abwicklung über den Markt sinnvoll sein, da dadurch weniger Ressourcen gebunden werden und die Flexibilität der Unternehmung zur Reaktion auf unerwartete Umweltentwicklungen erhöht wird.

Vor allem aber erscheinen die Abstraktion von Produktionskosten und die Annahme konstanter Grenzkosten unrealistisch. Dies wird insbesondere beim unterstellten Zusammenhang zwischen der Häufigkeit von Transaktionen und der präferierten Transaktionsform deutlich. Unter der Annahme von Massenproduktionsvorteilen sinken bei gleichartigen Transaktionen nämlich nicht nur die durchschnittlichen Transaktionskosten, sondern auch die durchschnittlichen Produktionskosten, was entgegen der Aussage der Internalisierungstheorie eine interne Abwicklung über Hierarchie und damit den Export bzw. die Durchführung einer Direktinvestition günstiger erscheinen lässt.

3.1.2.9 Eklektische Theorie der internationalen Produktion von Dunning

Vorteilskategorien

Den Grundgedanken der eklektischen Theorie der internationalen Produktion von Dunning bildet die Beobachtung, dass Art und Umfang des internationalen Engagements von Unternehmungen nicht auf eine einzige Ursache zurückgeführt werden können, sondern von verschiedenen Faktoren abhängig sind. Nach Dunning (1979, S. 276) sind insbesondere drei Faktoren relevant, die als *Vorteilskategorien* bezeichnet werden:

- *Eigentumsvorteile (ownership advantages)* bilden die Voraussetzung für die Durchführung von Portfolio-Ressourcentransfers, d. h. die Vergabe von Lizenzen oder den Abschluss von Management-Verträgen. Sie können unterschieden werden in:
  - Allgemeine Eigentumsvorteile (Patente, Management-Know-how, Zugang zu Ressourcen, staatlicher Schutz, u. a.);
  - Eigentumsvorteile, die etablierte Tochtergesellschaften gegenüber neuen Unternehmungen besitzen (Zugang zu Kapazitäten, Synergien durch gemeinsame Beschaffung, u. a.);
  - Eigentumsvorteile, die aus der Multinationalität resultieren (Möglichkeit der Risikodiversifikation durch Währungsmanagement, Nutzung unterschiedlicher Faktorausstattungen, u. a.).
- Liegen daneben *Internalisierungsvorteile (internalization advantages)* vor, kommt es nach Auffassung von Dunning zum Export. Internalisierungsvorteile ergeben sich dann, wenn Transaktionen kostengünstiger unternehmungsintern als über den Markt abgewickelt werden können.
- Darüber hinaus bestehende *Standortvorteile (location advantages)* bilden die Voraussetzung für die Durchführung ausländischer Direktinvestitionen. Standortvorteile können sich vor allem aus den Faktorkosten, der Infrastruktur, den politischen Rahmenbedingungen (insbesondere Handelsbarrieren der Gastländer) sowie der physischen Distanz (Sprache, Kultur, u. a.) eines Landes ergeben.

Entscheidungsbaum der Auslandsmarktbearbeitung

Dunning verknüpft damit in seiner Argumentation die Aussagen der monopolistischen Vorteilstheorie, der Standorttheorie und der Internalisierungstheorie, weshalb sein Ansatz auch als eklektische Theorie oder – in Anlehnung an die Anfangsbuchstaben der englischen Bezeichnungen der Vorteilskategorien – als OLI-Ansatz bezeichnet wird. Der Zusammenhang zwischen den drei Vorteilskategorien und den drei unterschiedlichen Marktbearbeitungsformen ist in Abb. 3-9 als Entscheidungsbaum zusammengefasst.

Der Aussagegehalt der eklektischen Theorie wird dadurch eingeschränkt, dass die einzelnen Vorteilskategorien nicht getrennt voneinander bestehen, sondern *wechselseitig miteinander verknüpft* sind. So können z. B. Standortvorteile – wie bereits beim Diamant-Ansatz der Internationalisierung von Porter dargestellt (vgl. Kap. 3.1.2.5) – langfristig zu Eigentumsvorteilen werden. Internationalisierungsentscheidungen von Unternehmungen werden zudem durch die drei *Kontextfaktoren* Land, Branche und Unternehmung beeinflusst. So ist es z. B. wahrscheinlich, dass ein Land mit einem großen Inlandsmarkt den dort ansässigen Unternehmungen auch ein großes Potenzial für die Realisierung von Massenproduktions- und Diversifikationsvorteilen bietet, das diese bei der Internationalisierung gegenüber Unter-

Abb. 3-9

Entscheidungsbaum der Auslandsmarktbearbeitung nach der eklektischen Theorie von Dunning

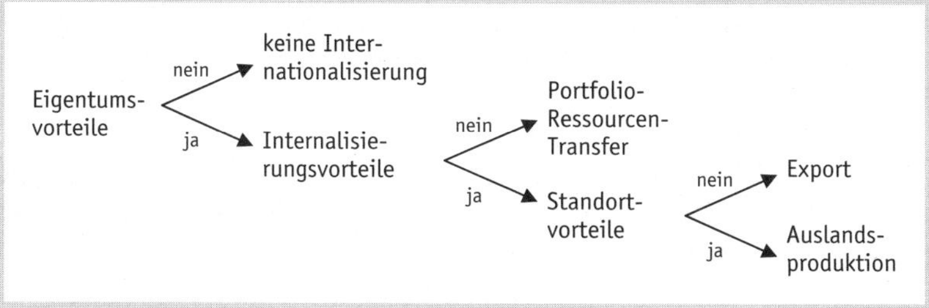

nehmungen begünstigt, die aus Ländern mit einem kleinen Heimatmarkt stammen (vgl. Dunning 1981, S. 35).

Empirische Evidenz

Neben diesen drei Kontextfaktoren hat Dunning seiner eklektischen Theorie in späteren Erweiterungen noch andere Variablen hinzugefügt, die z. B. mögliche Ursachen des Marktversagens, unternehmungsspezifische Strukturvariablen und andere Einflussgrößen spezifizieren (vgl. Dunning 1988; 1995; 2001; Dunning/Lundan 2008). Durch diese Erweiterungen wird zwar der Realitätsgehalt der Theorie erhöht, gleichzeitig jedoch deren *Aussagekraft* beträchtlich relativiert (vgl. Macharzina/Engelhard 1991, S. 27 f.). Auch die Verknüpfung der einzelnen Faktoren, die unterschiedlichen Erklärungsebenen entstammen, wird nur unzureichend herausgearbeitet, sodass Perlitz/Schrank (2013, S. 80) die Theorie als »Sammelsurium unterschiedlicher Variablen (kritisieren), die in keinen Zusammenhang zueinander gebracht werden.«

Eine weitere Schwäche der Theorie besteht darin, dass in der Praxis vielfach zu beobachtende multiple Internationalisierungsstrategien, d. h. die parallele Anwendung unterschiedlicher Marktbearbeitungsformen in einem Land, der Annahme widersprechen, dass es sich bei den Formen der Auslandsmarktbearbeitung um sich gegenseitig ausschließende Alternativen handelt (vgl. Stehn 1992, S. 63). Schließlich wird kritisiert, dass reziproke Direktinvestitionen zwischen zwei oder mehr Ländern nicht erklärt werden können, da nach der eklektischen Theorie jeweils nur ein Land über standortspezifische Vorteile gegenüber anderen Ländern verfügen kann und Direktinvestitionen deshalb nur in eine Richtung fließen können (vgl. Stehn 1992, S. 63). Dieser Einwand lässt sich jedoch dadurch entkräften, dass reziproke Direktinvestitionen hauptsächlich intersektoraler Art sind, was den Einfluss branchenspezifischer Einflussfaktoren auf die Vorteilskategorien unterstreicht.

Trotz dieser Einwände stellt der Ansatz von Dunning gegenwärtig die am häufigsten rezipierte Theorie der internationalen Direktinvestition dar, deren zentrale Aussagen durch zahlreiche empirische Untersuchungen bestätigt wurden (vgl. den Überblick in Dunning/Lundan 2008). Dies gilt sowohl für die Beschreibung internationaler Markteintritte (*deskriptive Dimension*) als auch für die Auswahl der unter unterschiedlichen Bedingungen effizientesten Markteintrittsform (*normative Dimension*) (vgl. Brouthers/Brouthers/Werner 1999).

3.1.2.10 Kritische Gesamtbeurteilung

Die dargestellten Theorien zeichnen sich durch eine Vielzahl unterschiedlicher Annahmen, Analyseebenen und Erklärungsfaktoren aus (vgl. Tab. 3-3). Während ältere Ansätze vor allem die Reaktion auf gegebene Faktoren wie Faktorausstattungen und -preise oder kulturelle Unterschiede hervorheben, steht bei jüngeren Ansätzen die Schaffung und Realisierung von Potenzialen wie Eigentumsvorteilen im Vordergrund. Entsprechend können immer nur Teilaspekte der Internationalisierung von Unternehmungen erklärt werden. Eine Ausnahme unter den weitgehend *partialanalytischen* und *monokausalen* Ansätzen bildet die eklektische Theorie von Dunning, die aufgrund ihrer zahlreichen Erweiterungen und Modifikationen aber einen sehr hohen Komplexitätsgrad aufweist.

Tab. 3-3

Synoptischer Vergleich von Theorien der internationalen Direktinvestition

Merkmale / Theorie	Analyseebene	Erklärungsfaktoren	Managementimplikationen
Produktlebenszyklustheorie von Vernon	Produkte	Stellung eines Produktes im Produktlebenszyklus	lebenszyklusorientierte Wahl der Internationalisierungsform
Ressourcentransferorientierter Bezugsrahmen des internationalen Management von Fayerweather (binationale Dimension)	Unternehmungen und Länder	Fähigkeit des Ressourcentransfers	Identifikation komparativer Ressourcenvorteile und deren Kombination zu international übertragbaren Ressourcenbündeln
Verhaltensorientierte Theorie der Internationalisierung von Aharoni	Entscheidungsprozesse in Unternehmungen	eingeschränkt rationales Verhalten zentraler Entscheidungsträger	Verbesserung der Informationsversorgung der zentralen Entscheidungsträger
Lerntheorie der Internationalisierung von Johanson/ Vahlne	Entscheidungsprozesse in Unternehmungen	Marktbindung und Marktwissen	Wahl der Internationalisierungsform in Abhängigkeit des Marktwissens
Diamant-Ansatz der Internationalisierung von Porter	Branchen und Länder	Standortvorteile	Nutzung komparativer Standortvorteile des Heimatlandes
Standorttheorie der Internationalisierung	Länder	Standortvorteile	Nutzung komparativer Standortvorteile ausländischer Märkte
Monopolistische Vorteilstheorie von Hymer und Kindleberger	Unternehmungen	Eigentumsvorteile	Aufbau und Sicherung unternehmungsspezifischer Vorteile
Internalisierungstheorie von Buckley/ Casson	Unternehmungen	Internalisierungsvorteile	Wahl der Internationalisierungsform in Abhängigkeit von Transaktions- und Koordinationskosten
Eklektische Theorie der internationalen Produktion von Dunning	Unternehmungen	Eigentums-, Standort- und Internalisierungsvorteile	Wahl der Internationalisierungsform in Abhängigkeit von spezifischen Vorteilskategorien

Mit Ausnahme der Lerntheorie von Johanson/Vahlne und der Produktlebenszyklustheorie von Vernon sind die dargestellten Theorien zudem *statisch* angelegt, sodass sie den Internationalisierungs*prozess* von Unternehmungen nicht erklären können. Viele Internationalisierungstheorien gehen darüber hinaus davon aus, dass Direktinvestitionen die höchste Form der Internationalisierung darstellen. Dem widerspricht jedoch die wachsende Bedeutung von *non-equity forms of international cooperation (NECs)* wie strategische Allianzen, Franchise-Netzwerke, virtuelle Unternehmungen, u. a. Auch die implizite Annahme, dass die Länderwahl und die Wahl der Internationalisierungsform auf Dauer angelegt sind, wird durch *hit-and-run*-Strategien und internationale Desinvestitionen in Frage gestellt (vgl. Welge 1981; 1989a).

Internationalisierung als Prozess

Schließlich sind die dargestellten Internationalisierungstheorien ausschließlich binational ausgerichtet, ohne dabei *Interdependenzen zwischen einzelnen Ländern* sowie Wettbewerbsvorteile zu berücksichtigen, die aus einer integrierten Gesamtperspektive aller in- und ausländischen Aktivitäten einer Unternehmung resultieren. Da diese aufgrund der zunehmenden Globalisierung des Wettbewerbs jedoch immer bedeutsamer werden, sind in den letzten Jahren verstärkte Bemühungen zu beobachten, theoretische Ansätze zu entwickeln, die diesen veränderten weltwirtschaftlichen Rahmenbedingungen gerecht werden (vgl. Welge/Holtbrügge 1997b, S. 1054 ff.). Das Anliegen dieser Ansätze geht dabei über die bloße Erklärung länderübergreifender Geschäftstätigkeit hinaus. Zentrales Ziel ist es vielmehr zu erforschen, warum bestimmte Multinationale Unternehmungen ihre Geschäftspolitik unter weltweiten Gesichtspunkten konzipieren (holistische Perspektive) und dadurch Wettbewerbsvorteile gegenüber Unternehmungen erzielen, die dies nicht tun.

Globalisierung

3.2 Theorien der Multinationalen Unternehmung

3.2.1 Ressourcentransferorientierter Bezugsrahmen des Internationalen Management von Fayerweather (multinationale Dimension)

Den Ausgangspunkt des ressourcentransferorientierten Bezugsrahmens des Internationalen Management von Fayerweather bildet die Überlegung, dass international tätige Unternehmungen in der Lage sind, Ressourcen über Ländergrenzen zu transferieren (vgl. Kap. 3.1.2.2). Wettbewerbsvorteile von in mehreren Ländern tätigen Multinationalen Unternehmungen gegenüber nationalen Unternehmungen hängen jedoch nicht nur von der Fähigkeit des Ressourcentransfers (binationale Dimension), sondern auch von der *Fähigkeit zur weltweiten Unifikation der Management-Instrumente* ab (multinationale Dimension). Je stärker sich diese weltweit standardisieren lassen, desto größer sind die Lern-, Kostendegressions- und Ausstrahlungsvorteile, die sich durch die *Multinationalität der Unternehmungstätigkeit* ergeben.

Eine zentrale Quelle der Wettbewerbsfähigkeit Multinationaler Unternehmungen stellt damit die Fähigkeit zur Erzielung von Kostendegressionseffekten durch weltweite Standardisierung dar. Dabei können zwei Formen unterschieden werden (vgl.

Kostendegressionseffekte

Abb. 3-10). In *statischer Perspektive* wird darunter in der Produktion die Möglichkeit der Verteilung der Fixkosten (FK) auf eine möglichst große Produktionsmenge verstanden, die sich wiederum durch den Absatz in möglichst vielen Ländern der Welt steigern lassen. In einer *dynamischen Perspektive* tritt dazu die Möglichkeit, ab einer bestimmten Stückzahl von einer Technologie mit geringen Fixkosten und hohen variablen Kosten zu einem Verfahren mit höheren Fixkosten, aber geringeren variablen Kosten übergehen zu können (*economies of scale*). In dem Beispiel in Abb. 3-10 ist diese Situation ab der Produktions- und Absatzmenge x^1 gegeben, ab der die Gesamtkosten (GK) und Durchschnittskosten (DK) des Verfahrens 1 unter den Gesamt- und Durchschnittskosten des Verfahrens 2 liegen. Die weltweite Standardisierung der Managementfunktionen begünstigt somit die Anwendung technologisch anspruchsvoller Produktionsverfahren.

Unifikationsvorteile

Den *Bestrebungen nach Unifikation* stehen jedoch *fragmentierende Einflüsse* der jeweiligen Gastländer entgegen, die eine Anpassung an die einzelnen Ländermärkte notwendig machen. Dazu zählen z. B. – wie bei der Darstellung des Globalisierungs-Lokalisierungs-Bezugsrahmen von Prahalad/Doz (1987) in Kap. 2.1.2.2 ausführlich thematisiert – unterschiedliche Markt- und Produktionsstrukturen, nationale Rechtsvorschriften, länderspezifische Faktorkostendifferenzen, unterschiedliche Qualifikationen der Mitarbeiter, u. a. Die Wettbewerbsvorteile Multinationaler Unternehmungen gegenüber national tätigen Unternehmungen sind deshalb umso größer, je größer die unifizierenden Einflüsse und je geringer die fragmentierenden Einflüsse sind. Dieser Zusammenhang wird durch die Abb. 3-11 verdeutlicht, wobei die Muttergesell-

Abb. 3-10

Idealtypische Kostenverläufe von zwei alternativen Produktionsverfahren

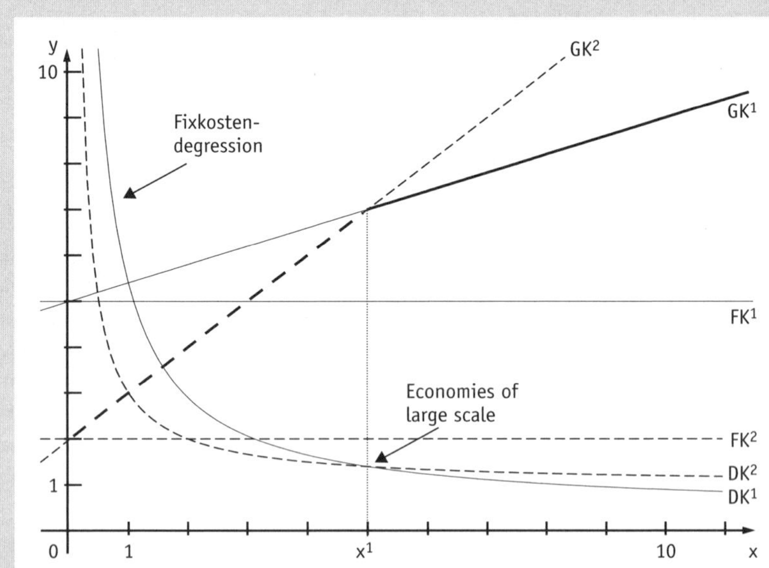

Abb. 3-11

Unifizierende und fragmentierende Einflüsse auf Multinationale Unternehmungen nach Fayerweather

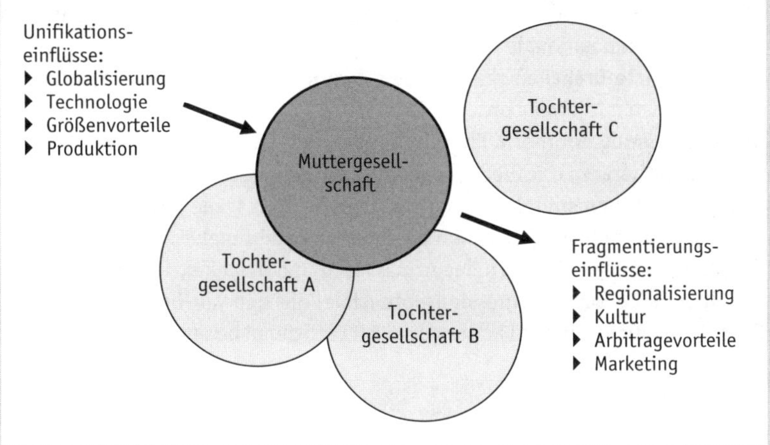

schaft etwa in Deutschland, Tochtergesellschaft A in Frankreich, B in Polen und C in China liegen könnten. Multinationale Unternehmungen können somit dann besonders große Wettbewerbsvorteile realisieren, wenn sie in Ländern mit ähnlichen Rahmenbedingungen tätig werden. Aus dem Konzept von Fayerweather lässt sich zudem die Handlungsempfehlung ableiten, auf die Tätigkeit in einem Land zu verzichten, dessen Bedingungen stark von denen anderer Länder abweichen, in denen die Unternehmung operiert, auch wenn diese Tätigkeit erfolgreich wäre.

3.2.2 Theorie des globalen Wettbewerbs von Porter

Branchencharakteristika

Ähnlich wie dem Bezugsrahmen von Fayerweather liegt auch der Theorie des globalen Wettbewerbs von Porter (1989b) die Annahme zugrunde, dass die Wettbewerbsvorteile Multinationaler Unternehmungen vor allem auf der Fähigkeit zur weltweiten Standardisierung und zur Ausschöpfung der damit verbundenen Kostendegressions- und Ausstrahlungseffekte basieren. Unter Bezug auf den *Industrial-Organization-Ansatz* argumentiert Porter jedoch, dass die Vor- und Nachteile der Unifikation bzw. Fragmentation weniger von den jeweiligen Gastlandcharakteristika als vielmehr von spezifischen *Branchencharakteristika* abhängig sind. Es muss deshalb für jede einzelne Branche untersucht werden, wie ausgeprägt einerseits die globalisierungsfördernden Faktoren sind und wie wichtig andererseits die Anpassung an die lokalen Bedingungen ist. Durch die Kombination dieser beiden dem *Integration-Responsiveness*-Bezugsrahmen von Prahalad/Doz (vgl. Kap. 2.1.2.2) entlehnten Dimensionen ergeben sich vier Typen von Geschäftsfeldern, die sich in einer *Branchen-Globalisierungsniveau-Matrix* anordnen lassen (vgl. Abb. 3-12):

Branchen-Globalisierungs-niveau-Matrix

- **Nationale Branchen** sind dadurch gekennzeichnet, dass eine hohe lokale Anpassung der kritische Erfolgsfaktor ist. Die Produkte sind länderspezifisch, d.h. im Wesentlichen auf ein einzelnes Land ausgerichtet. Gründe dafür können z.B. hohe Transportkosten oder die Verderblichkeit von Gütern sein. Da sich nur geringe Vorteile aus einer weltweiten Koordination oder Integration von Aktivitäten ergeben, dominieren nationale Unternehmungen.
- **Multinationale Branchen** zeichnen sich dadurch aus, dass sich der Markt in mehrere Regionen mit jeweils unterschiedlichen Bedingungen gliedert, die eine nationale Anpassung erfordern. Eine länderübergreifende Koordination oder Integration von Aktivitäten eröffnet dagegen nur geringe Vorteile.
- **Globale Branchen** sind dadurch gekennzeichnet, dass die Wettbewerbsposition, die eine Unternehmung in einem bestimmten Land innehat, erheblich von ihrer Stellung in anderen Ländern beeinflusst wird und umgekehrt. Gründe dafür sind vor allem hohe Kostendegressionspotenziale, die sich nur bei einem Absatz der Güter in möglichst vielen Ländern der Welt realisieren lassen.

Abb. 3-12

Branchen-Globalisierungsniveau-Matrix

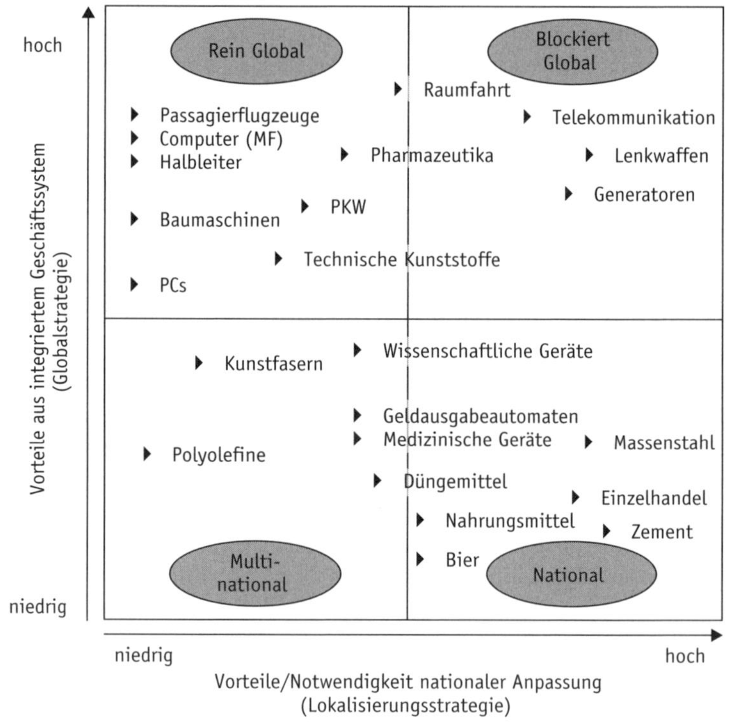

(Quelle: Rall 1986, S. 160)

- **Blockiert globale Branchen** sind schließlich solche Branchen, die bei einer rein ökonomischen Betrachtung eigentlich global wären, die aber z. B. aufgrund von Regierungsauflagen eine starke nationale Anpassung erzwingen. Die Vorteile der Globalisierung und der nationalen Anpassung sind etwa gleich stark ausgeprägt.

Strategien für globale Branchen

Während Unternehmungen aus nationalen und multinationalen Branchen entscheiden können, ob sie international tätig werden und ihre internationalen Aktivitäten weltweit integrieren, ist dies für Unternehmungen aus globalen Branchen eine zwingende Voraussetzung für die Sicherung ihrer Wettbewerbsfähigkeit (vgl. Porter 1989b, S. 21). In globalen Branchen ist das Potenzial für die Erzielung von *economies of scale* so groß, dass Unternehmungen mit einem größeren Absatzvolumen zu erheblich niedrigeren Durchschnittskosten operieren können. Da der jeweilige nationale Markt zu klein ist, um diese Größendegressionsvorteile umfassend ausschöpfen zu können, besteht ein starker Anreiz, in möglichst vielen Ländern der Welt mit möglichst ähnlichen Strategien tätig zu werden. Zugleich herrscht in globalen Branchen ein starker Konzentrationsgrad und ein oligopolistischer Wettbewerb, d. h. eine weltweite Reaktionsverbundenheit zwischen den einzelnen Unternehmungen.

Empirische Evidenz

Die Theorie des globalen Wettbewerbs von Porter stellt gegenwärtig ein zentrales Paradigma der Internationalen Managementforschung dar. Trotzdem wird dieser Ansatz teilweise heftig kritisiert. Ein *Kritikpunkt* ist die Erkenntnis, dass sich der Zwang zur globalen Integration und lokalen Anpassung auf Unternehmungen in einer Branche unterschiedlich stark auswirken kann (vgl. Porter 1989b, S. 17 ff.). Darüber hinaus wird nicht genauer beschrieben, nach welchen Kriterien die Branchen den verschiedenen Matrixfeldern zugeordnet werden. Auch werden mehrere Branchen von verschiedenen Autoren unterschiedlich positioniert (vgl. z. B. die Positionierung der Automobil- und der Zementindustrie bei Henzler/Rall 1985, S. 262; Rall 1986, S. 160; Meffert 1990, S. 98). Branchenstrukturen bleiben zudem nicht kons-

Beispiel

Der Einfluss fragmentierender und unifizierender Einflüsse lässt sich anschaulich am Beispiel der amerikanischen Fast-Food-Kette McDonald's illustrieren. Nach anfänglichen Misserfolgen der ersten Auslandsengagements in Kanada, den karibischen Staaten und den Niederlanden, bei denen eine weitgehende Anpassung der Management- und Marketing-Instrumente an die jeweiligen nationalen Gegebenheiten erfolgte, wird seitdem in allen der inzwischen weltweit mehr als 32.000 Filialen, die zu mehr als 80 % von lokalen Franchisenehmern betrieben werden, eine einheitliche Unternehmungspolitik mit nur minimalen Modifikationen durchgeführt. So sind z. B. die Einrichtung der Restaurants, das Produktangebot, die Markenpolitik und die den jeweiligen Franchisenehmern auferlegten QSCV-Vorschriften (*quality, service, cleanliness and value*) weltweit vereinheitlicht. Die Durchsetzung einer weltweit einheitlichen Unternehmungspolitik soll zudem dadurch garantiert werden, dass die Topmanager in den ausländischen Tochtergesellschaften oft nicht aus den jeweiligen Gastländern stammen, sondern *third country nationals* sind. McDonald's konnte durch diese Unifikationsstrategie nicht nur erhebliche Kosteneinsparungen realisieren, sondern vor allem ein weltweites Markenimage aufbauen, das wesentlich für den Unternehmungserfolg verantwortlich ist.

Trotz dieser weitgehenden Standardisierung der Unternehmungsstrategie weist McDonald's auf der operativen Ebene einzelne Merkmale einer differenzierten Vorgehensweise auf. So sind etwa die Standortwahl, die Werbung und die Gestaltung der Gerichte vielfach an nationale und lokale Gegebenheiten angepasst. Insbesondere in Asien wird diese Adaption an die dort vorherrschenden Geschmacks- und Ernährungsgewohnheiten als wichtige Erfolgsvoraussetzung angesehen (vgl. Pater 1994; Love 1996; Chaudhuri/Roy 2006; http://www.mcdonalds.com).

tant, sondern sind einem immer schnelleren Wandel ausgesetzt (*business migration*). So werden durch den technischen Fortschritt und durch politische Entwicklungen immer mehr multinationale und blockiert globale Branchen zu globalen Branchen (z. B. Telekommunikation, Energieversorgung, Eisenbahn, u. a.). Die Positionierung in einer multinationalen oder blockiert globalen Branche bietet somit keinen permanenten Schutz vor internationaler Konkurrenz, sondern muss kontinuierlich überprüft werden (vgl. Holtbrügge/Puck/Berg 2009, S. 32 ff.). Gleichzeitig verlieren traditionelle Branchengrenzen an Relevanz und es entstehen neue Märkte mit branchenübergreifendem Charakter (vgl. Abb. 3-13).

Der der Theorie des globalen Wettbewerbs von Porter zugrunde liegende Industrial-Organization-Ansatz wird deshalb zunehmend grundsätzlich in Frage gestellt und es wird kritisiert, dass die Betonung von Branchencharakteristika andere wichtige Aspekte aus der Analyse ausblendet. So stehen viele Multinationale Unternehmungen mit unterschiedlichen Geschäftsfeldern in mehreren Branchen miteinander im Wettbewerb (vgl. Hungenberg 2014, S. 106). Der Industrial-Organization-Ansatz unterstellt zudem, dass Unternehmungen dann erfolgreich sind, wenn sie sich möglichst weitgehend an die Erfordernisse der jeweiligen Branche anpassen und reaktiv bewährte Verhaltensmuster von »Branchen-Champions« nachahmen (vgl. Hedlund/Rolander 1990, S. 16 ff.). Dies führt letztlich zu der Situation, dass Unternehmungen mit immer ähnlicher werdenden Strategien auf zunehmend reifer werdenden Märkten agieren. Innovationen und Ansätze einer *proaktiven Unternehmungsführung*, die weniger auf die Anpassung an externe Umweltbedingungen als vielmehr auf deren Beeinflussung zu eigenen Gunsten i. S. einer »Änderung der Spielregeln« (Schneider 1996a, S. 140) abzielen, werden dagegen systematisch aus der Analyse ausgeblendet.

Abb. 3-13

Entstehen neuer Märkte jenseits von traditionellen Branchengrenzen

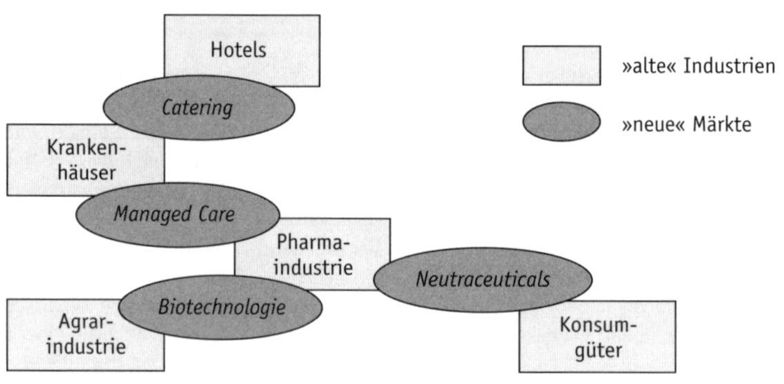

(Quelle: Heuskel 1999, S. 105)

Beispiel

Ein Beispiel für die Veränderung von Branchen und die Konkurrenz von Unternehmungen in unterschiedlichen Branchensegmenten ist die Brauereiindustrie. Lange Zeit war diese vor allem durch kleine und mittelständische Unternehmungen geprägt, die einen regional begrenzten Markt bedienten. Selbst innerhalb Deutschlands überwogen regionale Unterschiede mit nur wenigen überregionalen Marken und Anbietern. Während etwa Altbier in Düsseldorf getrunken wird, ist Kölsch in Köln vorherrschend. Herbes Bier wird eher in Norddeutschland konsumiert und Weißbier fast nur in Bayern.
Vor allem häufige Auslandsreisen von Konsumenten, die Zunahme der globalen Kommunikation und das Schrumpfen traditioneller Märkte in Europa und den USA führten in den neunziger Jahren dazu, dass die Zahl und Bedeutung global tätiger Brauereien stark zugenommen hat. Multinationale Unternehmungen wie Anheuser Busch InBev, SAB-Miller oder Heineken haben eine Vielzahl kleinerer Brauereien aufgekauft und bieten ihre Produkte nahezu auf der ganzen Welt an. So wird etwa Heineken in rund 170, Corona in rund 150 und Becks in rund 120 Ländern der Welt vertrieben. Damit einher geht die zunehmende globale Integration von Managementfunktionen. Neben globalen Marken finden sich im Produktprogramm vieler Multinationaler Unternehmungen in dieser Branche aber auch weiterhin Marken, die lediglich national vertrieben werden. Zudem existieren etwa in Deutschland und den USA zahlreiche Gasthof- und Mikrobrauereien, die ausschließlich regional oder lokal tätig sind. Die Situation in der Brauereiindustrie ist somit weitaus komplexer, als es die Theorie des globalen Wettbewerbs von Porter unterstellt (vgl. Henke 2003; Gammelgaard/Dorrenbächer 2013; http://www.brauer-bund.de).

3.2.3 Ressourcenorientierte Theorie der Multinationalen Unternehmung

Gegenposition zum Industrial-Organization-Ansatz

Die ressourcenorientierte Theorie der Unternehmung (*resource-based view of the firm*) ist ursprünglich weniger als eine Theorie der Multinationalen Unternehmung, sondern vielmehr als *Gegenposition zum Industrial-Organization-Ansatz* entwickelt worden, der den Bereich des Strategischen Management und damit auch des Internationalen Management in der Vergangenheit maßgeblich geprägt hat. Da sich die ressourcenorientierte Theorie der Unternehmung jedoch ausführlich mit Diversifikations- und Markteintrittsstrategien auseinandersetzt, lassen sich die Grundgedanken der Theorie auch auf Multinationale Unternehmungen übertragen (vgl. dazu explizit Collis 1991; Tallman 1991; Fahy 2002).

Bündel materieller und immaterieller Ressourcen

Eigenschaften nachhaltiger Wettbewerbsvorteile

Die zentrale Annahme der ressourcenorientierten Theorie der Unternehmung ist, dass die Wettbewerbsfähigkeit einer Unternehmung weniger auf die Ausnutzung umweltbedingter Gelegenheiten bzw. die Anpassung an umweltbedingte Zwänge als vielmehr auf den Aufbau und die Nutzung unternehmungsinterner Ressourcen und (Kern-)Kompetenzen zurückzuführen ist (vgl. Wernerfelt 1984; Prahalad/Hamel 1990). Unternehmungen werden demnach als *spezifisches Bündel materieller und immaterieller Ressourcen* verstanden, das die Grundlage des strategischen Verhaltens und der Erzielung von Wettbewerbsvorteilen bildet. Damit eine Ressource zur nachhaltigen Steigerung der Wettbewerbsfähigkeit einer Unternehmung beitragen kann, muss sie folgende *Eigenschaften* erfüllen (vgl. Barney 1997, S. 145 ff.):

- Ressourcen müssen eine hohe *Werthaltigkeit (value)* aufweisen, d. h. auf dem Absatzmarkt einen für die Kunden erkennbaren Nutzen bieten. Diese Voraussetzung ist dann erfüllt, wenn sie die Stärken der Unternehmung fördern und die Risiken der Umwelt verringern.

- Die *Knappheit (rareness)* von Ressourcen ist dann gegeben, wenn sie z. B. aufgrund von Marktunvollkommenheiten durch andere Unternehmungen nicht oder nur zu höheren Preisen erworben werden können. Im internationalen Kontext können dafür vor allem unterschiedliche Faktorausstattungen und Markteintrittsschranken verantwortlich sein.
- Die *Nicht-Imitierbarkeit (non-imitability)* einer Ressource schützt diese vor Nachahmungen durch Wettbewerber. Sie hängt insbesondere von der Pfadabhängigkeit der Ressourcenentwicklung, der Interdependenz der Ressourcen sowie der Ambiguität der zwischen den Ressourcen bestehenden Zusammenhänge ab.
- Die *organisatorische Umsetzung (organization)* ist schließlich die Voraussetzung dafür, dass werthaltige, rare und nicht-imitierbare Ressourcen von einer Unternehmung auch effizient eingesetzt und nachhaltig zur Erzielung von Wettbewerbsvorteilen genutzt werden können.

Diese vier Eigenschaften treffen in besonderem Maße auf *intangible Ressourcen (intangible assets)* zu, die tief in der Unternehmung verwurzelt sind, häufig nur durch diese effizient verwertet werden können und einer externen Beschaffung oder Vermarktung nicht oder nur unter großen Wertverlusten zugänglich sind. Gleichzeitig weisen diese nur eine geringe Abnutzung auf. Im Unterschied zu eigentumsbasierten Ressourcen lassen sich diese deshalb auch als kompetenzbasierte Ressourcen bzw. *firm-specific resources* bezeichnen.

Social embeddedness

Besonders nachhaltige Wettbewerbsvorteile lassen sich durch diese realisieren, wenn sie gleichzeitig nur eine geringe *task-specificity* aufweisen und deshalb in vielen Unternehmungsbereichen einsetzbar sind (vgl. Abb. 3-14). Dies gilt in besonderer Weise für soziale, organisatorische und personelle Ressourcen, die tief in der Unternehmung verwurzelt sind (*social embeddedness*), nur schwer auf dem externen Markt handelbar sind und ein vielfältiges, länderübergreifendes Einsatzspektrum besitzen. Die zentrale Aufgabe für Multinationale Unternehmungen besteht somit darin, derartige soziale, organisatorische und personelle Ressourcen in unterschiedlichen Umwelten dezentral zu entwickeln, neu zu kombinieren und dadurch weltweite *organisatorische Lernprozesse* zu fördern (vgl. dazu ausführlich Kap. 5.2.2.3). Ihr spezifischer Wettbewerbsvorteil resultiert damit letztlich aus der Fähigkeit zur *länderübergreifenden Internalisierung intangibler Ressourcen* (vgl. Gupta/Govindarajan 2000, S. 473).

Die ressourcenorientierte Theorie stellt eine sinnvolle Ergänzung zur Theorie des globalen Wettbewerbs von Porter dar, indem sie die Bedeutung interner Ressourcen für die Erzielung von Wettbewerbsvorteilen Multinationaler Unternehmungen hervorhebt. Durch die Betonung der historischen Entwicklung der Ressourcenausstattung einer Unternehmung erweitert sie diese zudem um eine *dynamische Komponente*. Unternehmungen besitzen demnach ein spezifisches organisatorisches Erbe und entwickeln eigene, idiosynkratische Deutungsraster und Lernmethoden, die Barrieren gegen die Übertragung von *best practices* darstellen. Im Gegensatz zur Theorie des globalen Wettbewerbs von Porter postuliert der ressourcenbasierte Ansatz deshalb, nicht andere erfolgreiche Unternehmungen derselben Branche zu imitieren, sondern ein eigenes und unverwechselbares Profil zu entwickeln.

Abb. 3-14

Klassifikation unternehmerischer Ressourcen

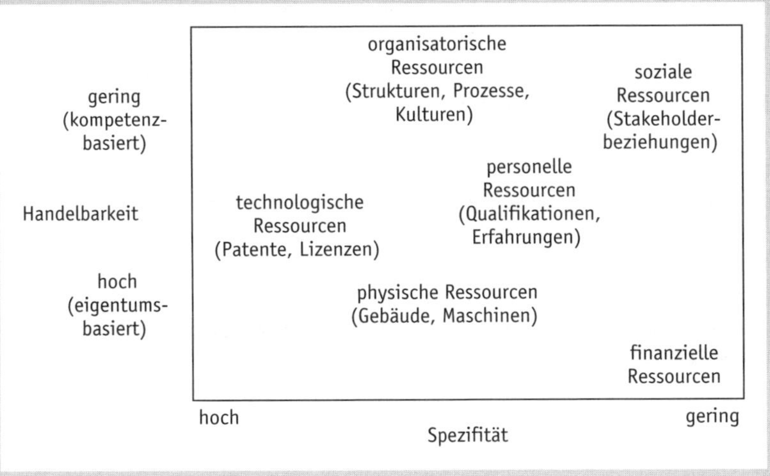

Empirische Evidenz

Ein *Nachteil* des ressourcenbasierten Ansatzes ist jedoch, dass der zentrale Ressourcenbegriff nur unzureichend abgegrenzt wird. Zudem wird nicht hinreichend dargelegt, welche Ressourcen unter welchen Bedingungen besonders wichtig sind und wie spezifische Ressourcenpotenziale in konkrete Erfolgsfaktoren umgesetzt werden können (vgl. Priem/Butler 2001; Welge/Al-Laham 2012, S. 96 ff.). Schließlich bleibt unberücksichtigt, dass Ressourcen, die in der Vergangenheit maßgeblich zur Erzielung von Wettbewerbsvorteilen beigetragen haben und in die deshalb hohe Investitionen geflossen sind, die Flexibilität der Unternehmung verringern, bei einem fundamentalen Wandel der Umweltbedingungen hohe Marktaustrittsschranken in Form von *sunk costs* verursachen und so die zukünftige Sicherung der Wettbewerbsposition erschweren können (vgl. Peng 2001).

3.2.4 Theorie der operationalen Flexibilität von Kogut

Operationale Flexibilität

Die Theorie der operationalen Flexibilität von Kogut geht von der Annahme aus, dass die Besonderheit des Internationalen Management weniger in der Zunahme der Marktgröße, als vielmehr in der zunehmenden Unsicherheit, Varianz und Diskontinuität von Umweltentwicklungen besteht (vgl. Kogut 1989, S. 388). Aus Sicht einer Multinationalen Unternehmung ist es am vorteilhaftesten, hierauf mit einer Erhöhung der *operationalen Flexibilität* zu reagieren, die sich in der Abkehr von zentralistischen und hierarchischen Organisationsmodellen und dem Aufbau eines *länderübergreifenden Netzwerkes* niederschlagen kann (vgl. Kogut 1989, S. 384). Kogut knüpft damit an die eklektische Theorie von Dunning an, die bereits auf spezifische Eigentumsvorteile hinweist, die aus der Multinationalität einer Unternehmung resultieren. Dazu

Länderübergreifendes Netzwerk

zählen etwa die Möglichkeit der Risikodiversifikation durch Währungsmanagement, die Nutzung unterschiedlicher Faktorausstattungen, u. a. (vgl. Kap. 3.1.2.9).

Durch Ausnutzung der operationalen Flexibilität netzwerkartig aufgebauter Multinationaler Unternehmungen lassen sich zwei unterschiedliche Arten von Wettbewerbsvorteilen realisieren (vgl. Kogut 1985, S. 32 ff.):

Arbitragevorteile

Arbitragevorteile (arbitrage opportunities) ergeben sich – wie bereits von den Außenhandelstheorien herausgestellt – aus der Ausnutzung von Differenzen zwischen Ländern. Dabei lassen sich folgende Formen unterscheiden (vgl. Kogut 1985, S. 33 f.; Roxin 1992, S. 148 ff.; Ringlstetter/Skrobarczyk 1994, S. 338 f.):

- *Faktormarktarbitrage* durch eine globale Beschaffungspolitik (*global sourcing*) und internationale Produktionsverlagerungen zur Ausnutzung von Länderdifferenzen in Faktorausstattung, Faktorkosten, Produktivitäten, u. a. So erzielt etwa Wal-Mart im Jahre 2006 durch die Beschaffung von Produkten in China Arbitragevorteile in Höhe von rund 3 Mrd. US-$, die damit etwa genauso hoch wir die kumulierten Gewinne aller rund 2.200 ausländischen Märkte waren (vgl. Ghemawat 2007, S. 170).
- *Steuerarbitrage* durch Transferpreisgestaltung (vgl. Kap. 7.1.4).
- *Finanzmarktarbitrage* durch die flexible Ausnutzung von Zinsunterschieden und staatlichen Fördermaßnahmen sowie die Umgehung von Kapitalflussbeschränkungen. Darüber hinaus lassen sich Arbeitragevorteile durch die Ausnutzung von Währungsdifferenzen erzielen. Ein Beispiel dafür ist BMW, das Produktionskapazitäten flexibel zwischen verschiedenen Währungsräumen verschieben kann (vgl. Kap. 4.2.2.3.3).
- *Informationsarbitrage* durch globale Lerneffekte. Diese resultieren insbesondere durch die Kombination und Sozialisation von Wissen aus unterschiedlichen Ländern (vgl. Mudambi/Swift 2011).

Hebelwirkungsvorteile

Hebelwirkungsvorteile (leverage opportunities) resultieren aus der Ausnutzung der größeren Markt- und Verhandlungsmacht Multinationaler Unternehmungen. Sie können realisiert werden durch (vgl. Kogut 1985, S. 34 f.; Roxin 1992, S. 151 ff.):

- *Temporäre Subventionierung einzelner Länderengagements (cross-subsidization)* unter Rückgriff auf Überschüsse aus anderen Ländern (vgl. Hamel/Prahalad 1988, S. 11). Wie Ringlstetter/Skrobarczyk (1994, S. 339) ausführen, konnte z. B. General Motors in den Jahren 1990 und 1991 seine Milliardenverluste auf dem hart umkämpften und rezessionsgeschwächten amerikanischen Automobilmarkt durch die hohen Gewinne seiner Opel-Tochter auf dem durch die Vereinigung boomenden deutschen Automobilmarkt erheblich abfedern.
- *Internationale Preisdifferenzierung*: Als Beispiel führt Kogut (1985, S. 34) den amerikanischen Reifenhersteller Goodyear an, »(which), in response to Michelin's entry into North America, (...) dropped its prices on tires in Europe, forcing the family-held French company to slow its investment programm and, eventually, to issue outside equity.«
- *Machtausübung* gegenüber lokalen Regierungen und Marktpartnern. Hierzu zählt etwa die Möglichkeit von Unternehmungen, Gastlandregierungen mit der Verlage-

rung ihrer Aktivitäten in Länder mit günstigeren Rahmenbedingungen (z. B. niedrigeren Arbeitskosten) zu drohen und diese dadurch zu Zugeständnissen (z. B. bei der Investitionsförderung) bei zu drängen.

Empirische Evidenz

Die zentrale Leistung Koguts besteht darin, durch das Denken in operationaler Flexibilität die enge Dichotomie von Globalisierung und Lokalisierung zu durchbrechen, dem der ressourcentransferorientierte Bezugsrahmen des internationalen Management von Fayerweather und die Theorie des globalen Wettbewerbs von Porter verhaftet sind (vgl. Roxin 1992, S. 144). Die Grundannahme einer zunehmenden Varianz von Umweltentwicklungen ist jedoch zumindest in ihrer Absolutheit fragwürdig. Zudem vernachlässigt die Konzentration auf die unternehmungsinterne Perspektive die zunehmende Bedeutung von Kooperationen, strategischen Allianzen und anderen Beziehungen zu externen Marktpartnern. Operationale Flexibilität lässt sich demnach nicht nur für intra-organisatorische, sondern auch für inter-organisatorische Netzwerke erzielen. Spezifische Wettbewerbsvorteile Multinationaler gegenüber kapitalmäßig nicht verflochtenen Unternehmungen können somit nicht hinreichend erklärt werden (vgl. Roxin 1992, S. 159 ff.).

3.2.5 Postmoderne Theorie des Internationalen Management

Leitmotive der Postmoderne

Den Ausgangspunkt der auf Überlegungen im Bereich der Philosophie basierenden postmodernen Theorie des Internationalen Management bildet die Beobachtung, dass die tief greifenden und nachhaltigen politischen, ökonomischen, kulturellen und vor allem technologischen Entwicklungen eine *zunehmende Komplexität und Widersprüchlichkeit der Umweltbedingungen im globalen Wettbewerb* bedingen (vgl. Clegg/Gray 1996; Welge/Holtbrügge 1999a). Die Wettbewerbsvorteile Multinationaler Unternehmungen lassen sich deshalb nicht mehr mit Hilfe monokausaler Ansätze erklären, sondern bedürfen einer *pluralistischen Herangehensweise*, die insbesondere die Aufhebung des Raums, die Verdichtung der Zeit und die Individualisierung der Referenzen als zentrale *Leitmotive der Postmoderne* zu berücksichtigen hat (vgl. Holtbrügge 1996a, S. 278 ff.):

Flexibilität

Aufhebung des Raums: Die Überwindung räumlicher und nationaler Barrieren führt dazu, dass sich Unternehmungen zunehmend einem globalen Wettbewerb ausgesetzt sehen, der diese zu einer permanenten Rekonfiguration ihrer Wertaktivitäten unter globalen Effizienzgesichtspunkten zwingt. Um möglichst schnell auf maßgebliche Umweltveränderungen reagieren zu können, sind flexible Internationalisierungsformen wie Joint Ventures, strategische Allianzen und *hit-and-run*-Strategien erforderlich, die von global denkenden und handelnden Unternehmungen leichter und effizienter gehandhabt werden können als von Unternehmungen, die erst am Beginn ihres Internationalisierungsprozesses stehen.

Organisatorischer Lernprozess

Verdichtung der Zeit: Verstärkt wird diese Notwendigkeit der Entwicklung flexibler Internationalisierungsstrategien durch das Phänomen der Verdichtung der Zeit. Die

Beschleunigung, Diskontinuität, Instabilität und Simultanität von widersprüchlichen Entwicklungen führt dazu, dass die Intervalle weitgehend konstanter Umweltkonstellationen immer kürzer werden und lineare Ursache-Wirkungs-Zusammenhänge vielfach durch chaotische Entwicklungen überlagert werden können. Erfahrungen aus der Vergangenheit sind dadurch immer weniger geeignet, Orientierungen für zukünftige Entscheidungen zu geben. Im Unterschied zu rein national tätigen Unternehmungen haben Multinationale Unternehmungen jedoch die Möglichkeit, die in den einzelnen Tochtergesellschaften gesammelten Erfahrungen durch institutionalisierte *global knowledge and best-practice sharing systems* anderen Unternehmungseinheiten zugänglich zu machen und so länderübergreifende organisatorische Lernprozesse zu bewirken (vgl. Nonaka 1990). Die Fähigkeit zur weltweiten Generierung, Übertragung und Nutzung organisatorischen Wissens wird so zu einem zentralen Wettbewerbsvorteil Multinationaler Unternehmungen (vgl. Kap. 5.2.2.3).

Inkommensurabilität

Individualisierung von Referenzen: Entgegen der These von Levitt eines »general drift towards the homogenization of the world« (Levitt 1983, S. 93) argumentiert die Postmoderne, dass die Entwicklung in der Welt eher durch die Globalisierung kultureller Diversität gekennzeichnet ist (vgl. dazu ausführlich Huntington 1993; 1996). Im Zentrum der Argumentation steht dabei die These der *Inkommensurabilität von Kulturen*, die nicht nur die Universalität menschlicher Werte, sondern auch die Möglichkeit des Vergleichs unterschiedlicher Kulturen anhand übergeordneter Dimensionen bestreitet und stattdessen die Notwendigkeit deren interpretativer Erschließung betont (vgl. Schmid 1996, S. 317 ff.). Darüber hinaus wird argumentiert, dass die Unterschiede zwischen nationalen Kulturen zunehmend durch Unterschiede zwischen länderübergreifenden Subkulturen überlagert werden und intrakulturelle Unterschiede hinsichtlich bestimmter Persönlichkeitsmerkmale (wie z. B. Beruf, Alter oder gesellschaftliche Schicht) oft weitaus größer als interkulturelle Unterschiede sind. Daraus ergeben sich Wettbewerbsvorteile für diejenigen Unternehmungen, die ihre Unternehmungsstrategie nicht an nationalen Grenzen, sondern vielmehr an diesen internationalen Subkulturen ausrichten.

Noch deutlicher als in der Theorie der operationalen Flexibilität wird in der postmodernen Theorie der Internationalisierung die dem Bezugsrahmen des Internationalen Management von Fayerweather (vgl. Kap. 3.2.1) und der Theorie des globalen Wettbewerbs von Porter (vgl. Kap. 3.2.2) zugrunde liegende statische Dichotomie von Differenzierung oder Unifikation, global oder lokal, *integration or responsiveness* überwunden und die Notwendigkeit zur simultanen Verfolgung unterschiedlicher strategischer Ausrichtungen in verschiedenen Unternehmungsbereichen, Geschäftsfeldern, Regionen und Internationalisierungsstadien betont. Aufgrund ihres hohen Abstraktionsgrads kann sie bislang jedoch eher *Denkanstöße für innovative Strategien* als operational formulierte und theoretisch fundierte Handlungsempfehlungen liefern.

3.2.6 Kritische Gesamtbeurteilung

Partialanalytische Ansätze

Angesichts der erst relativ kurzen wissenschaftlichen Beschäftigung ist es wenig verwunderlich, dass sich bislang noch keine einheitliche und allgemein anerkannte Theorie der Multinationalen Unternehmung herausgebildet hat. Es dominieren *partialanalytische Ansätze*, die mit jeweils unterschiedlichen Annahmen, Analyseebenen und Erklärungsfaktoren operieren und deren deskriptiver und präskriptiver Gehalt deshalb auf einzelne Teilbereiche beschränkt bleibt (vgl. Tab. 3-4).

Während sich etwa die Theorie des globalen Wettbewerbs von Porter vor allem auf reife Märkte mit einer gefestigten Branchenstruktur bezieht, steht im Rahmen der ressourcenorientierten Theorie der Multinationalen Unternehmung die Emergenz neuer Märkte im Mittelpunkt. Die ressourcenorientierte Theorie, die Theorie der operationalen Flexibilität und die postmoderne Theorie des Internationalen Management betrachten zudem Gesamtunternehmungen, während Porter auf der Ebene einzelner Branchen bzw. Geschäftsfelder ansetzt. Zusammenfassend kann damit dem Fazit von Buckley (1996, S. 29) zugestimmt werden, »(that) international business theory is very successful in describing, predicting and to a limited extent prescribing foreign market entry and development strategies. However, in general, this works

Tab. 3-4

Synoptischer Vergleich von Erklärungsansätzen globaler Unternehmungstätigkeit

Merkmale / Theorie	Analyseebene	Erklärungsfaktoren	Managementimplikationen
Bezugsrahmen des internationalen Management von Fayerweather	Unternehmung	Unifikationsvorteile	globale Rationalisierung von Strukturen, Systemen und Prozessen
Theorie des globalen Wettbewerbs von Porter	Branche	Globalisierungs- und Lokalisierungsvorteile	Konfiguration und Koordination der Wertaktivitäten nach weltweiten Gesichtspunkten
Ressourcenorientierte Theorie der Multinationalen Unternehmung	Unternehmung	unternehmungsinterne Ressourcen und Kernkompetenzen	Förderung weltweiter organisatorischer Lernprozesse
Theorie der operationalen Flexibilität von Kogut	Unternehmung	Arbitrage- und Hebelwirkungsvorteile	Erhöhung der operationalen Flexibilität durch Aufbau von Netzwerkstrukturen
Postmoderne Theorie des Internationalen Management	Unternehmungen und Unternehmungsumwelt	Aufhebung des Raums, Verdichtung der Zeit und Individualisierung von Referenzen	simultane Verfolgung unterschiedlicher strategischer Ausrichtungen in verschiedenen Unternehmungsbereichen, Geschäftsfeldern, Regionen und Internationalisierungsstadien

(Quelle: Welge/Holtbrügge 1997b, S. 1060)

best when a single foreign market is being examined. Interaction or knock-on effects between markets are largely unexamined and inadequately modelled.«

Mangelnde empirische Evidenz

Notwendig für die zukünftige Forschung erscheint vor allem die Versachlichung der gerade in der Auseinandersetzung mit der Theorie des globalen Wettbewerbs von Porter vielfach sehr polemisch geführten Diskussion. Eine wichtige Voraussetzung dafür ist die *Präzisierung und Operationalisierung der zentralen Begriffe*, die wiederum eine stärker *empirisch orientierte Forschung* zur Theorieprüfung und -erweiterung ermöglichen würde. Inhaltlich erscheint es dabei insbesondere fruchtbar, die früheren Ansätzen zugrunde liegende sehr enge und realitätsferne Dichotomie von Globalisierung vs. Lokalisierung zu überwinden und die Überlegungen alternativer Erklärungsansätze weiterzuführen, die stärker auf die Bedeutung von Verbundvorteilen und die Ausnutzung von nationalen Unterschieden abzielen.

3.3 Weiterführende Literatur

Eine ausführliche Darstellung der theoretischen Grundlagen des Außenhandels aus volkswirtschaftlicher Sicht findet sich in dem Lehrbuch von Rose/Sauernheimer (2006), eine kurze Einführung bietet der Beitrag von Bender (2007).

Einen fundierten Überblick über die wichtigsten Internationalisierungstheorien geben Buckley (1985) und Ietto-Gillies (2012). Zu deren empirischer Relevanz vgl. Stehn (1992) und Swoboda (2002).

Die Lerntheorie der Internationalisierung und deren Anwendung wird ausführlich gewürdigt in Johanson/Vahlne (2009). Eine kritische Auseinandersetzung mit dem Diamant-Ansatz von Porter findet sich in Rugman/van den Broeck/Verbeke (1995) und dem Special Issue des *Management International Review* (1993). Anwendungsmöglichkeiten der Transaktionskostentheorie werden ausführlich diskutiert in Hennart (1982) und Buckley/Casson (1985, 2009). Die unterschiedlichen Entwicklungsstufen der eklektischen Theorie der internationalen Produktion und deren Einfluss auf die Analyse internationaler Unternehmungstätigkeit skizzieren Dunning (2001) und Dunning/Lundan (2008).

Eine vergleichende Analyse unterschiedlicher theoretischer Erklärungsansätze Multinationaler Unternehmungen findet sich in Roxin (1992), Welge/Holtbrügge (1997b) und Forsgren (2008). Zu deren praktischer Bedeutung für unterschiedliche Branchen und Unternehmungen vgl. Bryan et al. (2000). Zur postmodernen Theorie des Internationalen Management vgl. ausführlich Holtbrügge (1996a; 2001a) und Welge/Holtbrügge (1999a).

4 Strategisches Management in international tätigen Unternehmungen

4.1 Internationalisierungsstrategien

Nachdem die Grundsatzentscheidung über die Internationalisierung einer Unternehmung – z. B. anhand der in den dargestellten Internationalisierungstheorien als besonders bedeutsam herausgestellten Kriterien – getroffen wurde, müssen im Rahmen der Internationalisierungsstrategie weitere Entscheidungen über die *Markt- bzw. Standortwahl*, die *Wahl der Markteintrittsform* und die *Wahl des Markteintrittszeitpunktes* getroffen werden. Im Rahmen dieser zumeist interdependenten Entscheidungen über das Wo, Wie und Wann der Internationalisierung stehen einer Unternehmung jeweils unterschiedliche Alternativen offen, die im Folgenden ausführlich dargestellt und kritisch beurteilt werden.

4.1.1 Markt- bzw. Standortwahl

Ziele

Das Ziel der Markt- bzw. Standortwahl ist es, anhand geeigneter Kriterien diejenigen Länder zu bestimmen, in denen eine Tätigkeit die größte Erfolgswahrscheinlichkeit besitzt. In einer ökonomischen Betrachtung geht es also darum, jene Länder zu identifizieren, in welchen die begrenzten Ressourcen einer Unternehmung den größten Grenznutzen erbringen. In eher kontingenztheoretischer Interpretation besteht die Zielsetzung darin, diejenigen Länder auszuwählen, in denen sich die strategischen Ziele der Internationalisierung am besten realisieren lassen.

Bei der Bewertung ausländischer Märkte bzw. Standorte in Hinblick auf diese Zielsetzung sind Unternehmungen in erheblich größerem Ausmaß als im nationalen Kontext mit dem Problem der Informationsbeschaffung konfrontiert. In einem ersten Schritt müssen deshalb geeignete Informationsquellen erschlossen werden. Den zweiten Schritt bilden die Auswertung und Interpretation der gewonnenen Informationen sowie die darauf basierende Markt- bzw. Standortentscheidung (vgl. dazu ausführlich Herbertz 2002; Swoboda/Schwarz 2004; Bauer 2009).

4.1.1.1 Informationsquellen

Ein zentrales Problem der Markt- bzw. Standortwahl besteht darin, verlässliche *Informationen* über die als relevant erachteten Bedingungen zu beschaffen. Im Hinblick auf die Informationsform können die folgenden Informationsquellen unterschieden werden (vgl. Abb. 4-1):

Abb. 4-1

Informationsquellen zur Länderbeurteilung und -klassifikation

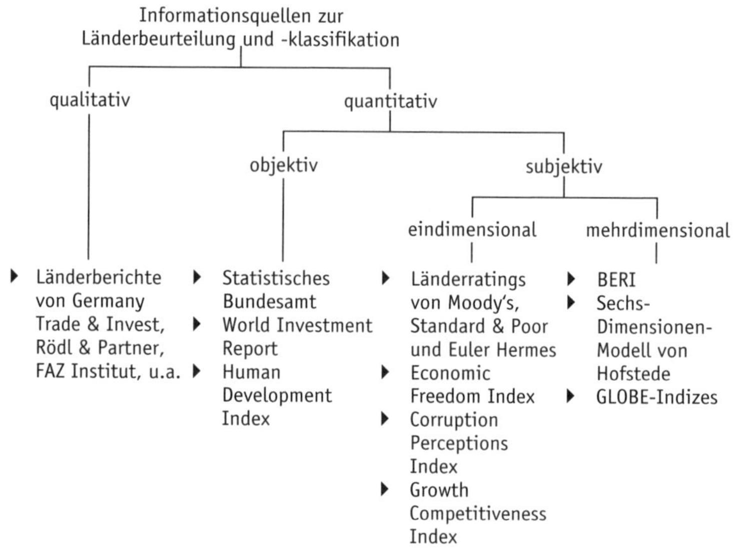

(Quelle: in Anlehnung an Backhaus/Büschken/Voeth 2003, S. 139)

Qualitative Informationen

Qualitative Informationen über ausländische Märkte sind in Deutschland neben den Außenhandelskammern, den außenwirtschaftlichen Abteilungen der Industrie- und Handelskammern und privaten Marktforschungsagenturen insbesondere bei Germany Trade & Invest in Köln erhältlich. Als Servicestelle des Bundesministeriums für Wirtschaft mit einem weltweiten Korrespondentennetz gibt Germany Trade and Invest regelmäßig Broschüren mit detaillierten Rechts- und Wirtschaftsinformationen über ausländische Märkte, spezielle Branchenstudien sowie die täglich erscheinenden Nachrichten für Außenhandel heraus (vgl. http://www.gtai.de). Eine weitere Informationsquelle sind die gemeinsam vom FAZ-Institut und Rödl & Partner veröffentlichten Investitionsführer (vgl. http://www.faz-institut.de; www.roedl.de).

Quantitative Informationen

Zur Gewinnung *quantitativer Informationen* kann auf die vom Statistischen Bundesamt regelmäßig veröffentlichten Kennzahlen zurückgegriffen werden. Dazu zählen etwa Angaben zum BIP und Pro-Kopf-Einkommen sowie zur Inflationsrate und zur Handels- und Devisenbilanz (vgl. http://www.destatis.de). Statistiken zu ausländischen Direktinvestitionen finden sich im jährlich erscheinenden World Investment Report der UNCTAD (vgl. http://www.unctad.org). Allgemein über den Entwicklungsstand eines Landes informiert der von der UNDP jährlich erstellte Human Development Index (HDI), der auf der Lebenserwartung, dem Bildungsniveau und dem Pro-Kopf-Einkommen eines Landes basiert (vgl. UNDP 2014).

Subjektive Beurteilungsverfahren

Im Rahmen der *subjektiven Beurteilungsverfahren* liegen unterschiedliche Informationsquellen vor:

- Aussagen über die internationale Zahlungsfähigkeit und Kreditwürdigkeit eines Landes vermitteln verschiedene Länderratings internationaler Agenturen wie z. B. Moody's (vgl. https://www.moodys.com/) und Standard & Poor's (vgl. http://www.standardandpoors.com). Eine weitere Informationsquelle sind die Länderanalysen der Euler Hermes Deutschland, die im Auftrag der Bundesregierung Ausfuhrgewährleistungen und staatliche Exportkreditversicherungen anbietet (vgl. http://www.eulerhermes.de).
- Der *Economic Freedom Index (EFI)* gibt über den Eingriff des Staates in unternehmerische Tätigkeiten Auskunft. Er ist definiert als »the absolute absence of coercion or constraint of economic activity beyond that which is necessary for the protection and maintenance of liberty itself« (Miller/Kim 2014, S. 80) und basiert auf der Auswertung von Analysen internationaler Organisationen.
- Der von Transparency International jährlich veröffentlichte *Corruption Perceptions Index* »reflects levels of corruption in the public sector as perceived by business people, country analysts and ordinary citizens« (http://www.transparency.org). Er stellt insbesondere für das Public Affairs Management von Unternehmungen eine wichtige Informationsgrundlage dar (vgl. dazu ausführlich Kap. 8).
- Der *Growth Competitiveness Index* basiert auf jährlichen Befragungen hochrangiger Führungskräfte durch das Weltwirtschaftsforum (http://www.weforum.org/). Als Indikator der internationalen Wettbewerbsfähigkeit von Volkswirtschaften gibt dieser Auskunft über »the set of institutions, policies, and factors that make a nation productive over the longer term while ensuring social and environmental sustainability« (Corrigan et al. 2014, S. 55).

Mehrdimensionale Konzepte

Neben diesen eindimensionalen Indizes liegen viele *mehrdimensionale Konzepte* der Länderbewertung vor. Dazu zählt etwa der Business Environmental Risk Index (BERI), dem ein Punktbewertungsverfahren zur Messung des politischen Risikos eines Landes zugrunde liegt (vgl. Kap. 4.1.1.2.2). Das Kulturmodell von Hofstede und die GLOBE-Indizes dienen der Beschreibung der kulturellen Bedingungen eines Landes. Sie besitzen insbesondere im Rahmen des internationalen Personalmanagement eine große Bedeutung (vgl. Kap. 6.1.1).

Brauchbarkeit der Informationsquellen

Die *Brauchbarkeit* dieser Informationsquellen hängt insbesondere von ihrer Prognosevalidität, d. h. von der Fähigkeit ab, die Entwicklung der jeweiligen Umweltbedingungen mit einer akzeptablen Wahrscheinlichkeit vorhersagen zu können. Eine Studie von Holtbrügge/Ehlert (2009) zeigt, dass diese insbesondere bei den Länderratings von Moody's sowie von Standard & Poor sehr hoch ist. Demgegenüber war der Growth Competitiveness Index in der Vergangenheit nicht in der Lage, die Entwicklung des BIP richtig vorherzusagen. Insbesondere die Entwicklung in den mittel- und osteuropäischen Staaten sowie die Asienkrise wurden erst sehr spät berücksichtigt (vgl. Cornelius/Blanke/Paua 2003, S. 5). Auch viele andere Informationsquellen sind nur in einem sehr begrenzten Ausmaß in der Lage, Strukturbrüche und gravierende Veränderungen der Umweltbedingungen zu prognostizieren. Dies schränkt ihre Brauchbarkeit für Internationalisierungsentscheidungen ein, da diese zumeist langfristig angelegt sind.

4.1.1.2 Auswahlverfahren

4.1.1.2.1 Checklistenverfahren

Der Grundgedanke von Checklistenverfahren besteht darin, einen Katalog entscheidungsrelevanter Bedingungen zu formulieren, die für die Aufnahme einer Tätigkeit in einem bestimmten Land erfüllt sein müssen. Dabei kann in natürlich-geographische, sozio-kulturelle, politisch-rechtliche und ökonomische Bedingungen differenziert werden, die einen Einfluss auf die Internationalisierungsentscheidung haben (vgl. Tab. 4-1).

Tab. 4-1

Differenzierung der globalen Umweltbedingungen eines Landes

Differenzierung der globalen Umweltbedingungen eines Landes
Natürlich-geographische Bedingungen ▸ Größe des Landes ▸ geographische Lage des Landes (z. B. Zugang zum Meer) ▸ geographische Struktur des Landes ▸ Klima ▸ Bodenschätze und natürliche Ressourcen ▸ ökologische Belastungen
Sozio-kulturelle Bedingungen ▸ Spache(n) und Symbole ▸ Religion(en) und Ethnie(n) ▸ religiöse und ethnische Konflikte ▸ Werte und Einstellungen ▸ Lebensstil(e) ▸ Bildungsgrad ▸ soziale und regionale Mobilität ▸ Einstellungen gegenüber Ausländern (Nationalismus)
Politisch-rechtliche Bedingungen ▸ politisches System ▸ Rechtssystem und Rechtspraxis ▸ politische Stabilität ▸ Mitgliedschaft in supranationalen Organisationen ▸ Regelungsintensität unternehmerischer Aktivitäten ▸ Zentralisationsgrad der politischen Macht ▸ Korruptionsniveau
Ökonomische Bedingungen ▸ Wirtschaftssystem ▸ Wirtschafts- und Außenwirtschaftspolitik ▸ Zugehörigkeit zu regionalen Wirtschaftsgemeinschaften ▸ Ausstattung mit Produktionsfaktoren (Qualität und Kosten) ▸ Infrastruktur ▸ Pro-Kopf-Einkommen ▸ Marktvolumen ▸ Preisniveau- und Währungsstabilität ▸ nationale Wettbewerbsfähigkeit ▸ internationale Zahlungsfähigkeit und Kreditwürdigkeit

Aus der Menge dieser Umweltkomponenten müssen im Rahmen der Markt- bzw. Standortwahl die für die Unternehmung tatsächlich relevanten Bedingungen isoliert werden, die konkrete Chancen oder Risiken für ein mögliches Engagement darstellen. Die Lösung dieses *Relevanzproblems* gestaltet sich häufig ausgesprochen schwierig. So müssen viele externe Bedingungen nicht als Daten hingenommen werden, sondern sind zumindest *langfristig durch die Unternehmung selbst beeinflussbar*.

Relevanzproblem

Darüber hinaus weist etwa Ghemawat (2001) darauf hin, dass nicht die Bedingungen in einem Land an sich, sondern die Unterschiedlichkeit der Bedingungen zwischen Heimat- und Gastland für Internationalisierungsentscheidungen relevant sind. In ähnlicher Weise argumentiert die Lerntheorie der Internationalisierung von Johanson/Vahlne (vgl. Kap. 3.1.2.4), dass diese vor allem durch die psychische Distanz zum Gastland beeinflusst wird. Die Restriktivität der Bedingungen hängt zudem von der *Form des Engagements* einer Unternehmung in diesem Land sowie deren *Strategie* ab (vgl. Müller-Stewens/Lechner 2002, S. 392 ff.; Kinkel/Buhmann 2009).

Checklistenverfahren sind vor allem zur Auswertung qualitativer Informationen geeignet. Sie dienen primär dazu, die aufgrund von grundsätzlichen Überlegungen für ein Engagement nicht in Frage kommenden Länder aus dem weiteren Auswahlprozess zu eliminieren, um die Detailauswahl auf eine überschaubare Anzahl relevanter Länder zu beschränken und so den Aufwand für die Informationsbeschaffung zu begrenzen. Dabei besteht jedoch die Gefahr, dass lediglich vorhandene Vorurteile bestätigt und Marktchancen nicht erkannt werden, die sich durch eine detaillierte Untersuchung eröffnet hätten. Empirische Studien belegen zudem, dass Unternehmungen, die bereits in einem Land tätig sind, viele Umweltbedingungen als weniger restriktiv beurteilen als Unternehmungen, die erst die Möglichkeit eines Engagements in diesem Land untersuchen (vgl. Holtbrügge 1995, S. 113).

4.1.1.2.2 Punktbewertungsverfahren

Der Grundgedanke von Punktbewertungsverfahren bzw. Scoring-Modellen besteht darin, Länder anhand *gewichteter Beurteilungskriterien* zu bewerten und in eine Rangordnung zu bringen, die eine sachgerechte Auswahl ermöglichen soll. Das zentrale Gütekriterium besteht darin, solche Kriterien auszuwählen, die *Schlüsselvariablen für die jeweilige Unternehmung* darstellen und die relativ *leicht und kostengünstig ermittelbar* sind (vgl. Köhler/Hüttemann 1989, Sp. 1430).

Gewichtete Beurteilungskriterien

Ein Beispiel für ein weit verbreitetes Punktbewertungsverfahren zur internationalen Markt- bzw. Standortwahl ist der seit 1972 viermonatlich publizierte *Business Environmental Risk Index (BERI)* des BERI-Instituts in Genf (vgl. dazu ausführlich Meyer 1987, S. 91 ff.; Tümpen 1987, S. 228 ff.; Hake 1997; http://www.beri.com). Der BERI ist ein auf einer Kombination von 20 quantitativen und 29 qualitativen Kriterien basierendes Scoring-Modell, das sich aus drei Teilindizes zusammensetzt, die in eine *Profit Opportunity Recommendation (POR)* münden:

Business Environmental Risk Index (BERI)

- Der *Operations Risk Index (ORI)* dient der Beurteilung des allgemeinen Geschäftsklimas in einem Land. Dazu werden u. a. das Verhalten gegenüber ausländischen Investoren und deren Gewinnen, Verstaatlichungstendenzen, die Inflationsrate, bürokratische Hemmnisse, das Wirtschaftswachstum, die Durchsetzbarkeit von Verträgen, die Lohnkosten und Produktivität, die Verfügbarkeit örtlicher Fachkräfte und Lieferanten sowie die Verfügbarkeit von kurz- und langfristigen Krediten analysiert.

- Im Rahmen des *Political Risk Index (PRI)* wird das politische Risiko der Tätigkeit in einem Land bewertet. Zu den Kriterien zählen u. a. die Zersplitterung des politischen Spektrums, die religiöse, sprachliche und ethnische Homogenität des Landes, die Mentalität, die soziale Lage, die Organisation und Stärke radikaler Parteien, die Abhängigkeit von einer feindlichen Großmacht sowie soziale Konflikte.
- Der *Remittance and Repatriation Factor (RF)* gibt das Transferrisiko wieder. Hierzu werden u. a. die Vorschriften über den Transfer von Gewinnen, die Leistungsbilanz, die Währungsreserven, die Höhe und Struktur der Auslandsverschuldung sowie die Fähigkeit des Landes bewertet, ausländisches Kapital anzuziehen.

Die Ermittlung des BERI lässt sich beispielhaft am ORI erläutern (vgl. Tab. 4-2). Die Kriterien (i = 1, 2,..., 15) des ORI basieren auf qualitativen und quantitativen Variablen, die von Internationalisierungstheorien als bedeutsam herausgestellt werden. Sie werden auf einer Skala von 0,5 bis 3 gewichtet (g_i). Die Bewertung der einzelnen Kriterien (a_{ik} für das Kriterium i und das Land k) erfolgt durch eine Panel-Befragung von ca. 100 nicht genannten Experten aus Unternehmungen, Banken, Wirtschaftsinstitutionen und Regierungsbehörden (Delphi-Methode) auf einer Skala von 0 (nicht

Tab. 4-2

Ausprägung des Operations Risk Index (ORI) für Deutschland, die Türkei und Mexiko

Kriterien (i = 1, ..., 15)	Gewichtung (g_i)	gemittelte Merkmalsausprägung (a_{ik})		
		Deutschland	Türkei	Mexiko
1 Politische Stabilität	3,0	2,8	2,0	1,7
2 Einstellung gegenüber ausländischen Investoren und deren Gewinnen	1,5	3,2	2,3	2,0
3 Verstaatlichungstendenzen	1,5	3,2	2,3	1,8
4 Inflation	1,5	2,6	1,2	1,4
5 Zahlungsbilanz	1,5	2,8	2,3	1,5
6 Bürokratische Hemmnisse	1,0	2,4	1,8	1,5
7 Wirtschaftswachstum	2,5	2,1	2,0	1,5
8 Währungskonvertibilität	2,5	3,7	1,5	1,6
9 Durchsetzbarkeit von Verträgen	1,5	3,4	2,0	1,6
10 Lohnkosten/Produktivität	2,0	2,0	2,2	2,0
11 Verfügbarkeit örtlicher Fachkräfte und Lieferanten	0,5	3,2	2,2	2,0
12 Nachrichten- und Transportwesen	1,0	3,0	2,0	1,7
13 Ortsansässiges Management und Partner	1,0	3,2	2,3	1,9
14 Verfügbarkeit kurzfristiger Kredite	2,0	2,6	1,8	1,3
15 Verfügbarkeit von langfristigen Krediten und Eigenkapital	2,0	2,7	1,6	1,2
Gesamtindex: $ORI_k = \sum_{i=1}^{15} g_i * a_{ik}$ (für k = 1, 2, ..., N)		70,5	48,7	40,4

(Quelle: Hake 1997, S. 241)

akzeptabel) bis 4 (sehr günstig). Danach werden die gemittelten Bewertungen der einzelnen Kriterien mit deren jeweiligen Gewichtungen multipliziert ($g_i * a_{ik}$) und die Gesamtindizes der untersuchten Länder (N) errechnet. Die maximal erreichbare Punktzahl für ein Land beträgt 100.

Auf der Basis der errechneten Gesamtindizes erfolgt eine Bewertung und Einordnung in vier Risikokategorien. Dabei bedeuten:

- 0–40 Punkte: geschäftliche Situation ist für ausländische Investoren nicht akzeptabel.
- 41–55 Punkte: hohes Risiko, schlechtes Geschäftsklima für ausländische Investoren.
- 56–70 Punkte: mäßiges Risiko, einige Erschwernisse im täglichen Betrieb.
- 71 bis 100 Punkte: stabiles Land, hervorragendes Geschäftsklima.

Problematiken

Trotz der großen Verbreitung und des hohen Standardisierungsgrads des Verfahrens, welche eine relativ gute Vergleichbarkeit einzelner Länder ermöglichen, weist der BERI einige *Schwächen* auf (vgl. Engelhard 1992, S. 378 ff.; Perlitz/Schrank 2013, S. 334 f.). Als problematisch erweisen sich insbesondere die subjektive Auswahl und die mangelnde Unabhängigkeit der Kriterien. Viele Kriterien hängen unmittelbar mit der politischen Stabilität eines Landes zusammen, die dadurch in einem überproportional hohen Maße in den Index einfließt.

Darüber hinaus sind die unzulässige Transformation ordinaler Benotungen der einzelnen Kriterien in metrische Variablen, die Annahme linearer Zusammenhänge zwischen den einzelnen Kriterien sowie die Verwischung von Extremwerten durch Durchschnittsbildung zu kritisieren. Auch die Gewichtung der einzelnen Kriterien ist ohne Bezug zu den Branchencharakteristika bzw. den konkreten Zielsetzungen einer Unternehmung wenig sinnvoll. So stellen etwa die Lohnkosten oder die Verfügbarkeit örtlicher Fachkräfte für Unternehmungen, die lediglich Exportaktivitäten planen, keine entscheidungsrelevanten Kriterien dar. Umgekehrt sind diese Faktoren für Unternehmungen, die etwa die Entwicklung von Software ins Ausland verlagern wollen, essentiell, wohingegen das BIP oder die Inflationsrate weitgehend irrelevant sind. Die starre Modellstruktur mit konstanten Gewichtungsfaktoren schmälert zudem den Prognosecharakter und dadurch die Brauchbarkeit des BERI für Internationalisierungsentscheidungen, die zumeist langfristig angelegt sind.

4.1.1.2.3 Sequenzielle Bewertungsverfahren

Rangordnung der Kriterien

Den Ausgangspunkt sequenzieller Bewertungsverfahren bildet die *Aufstellung einer Rangordnung der Kriterien* zur Beurteilung der Vorteilhaftigkeit eines unternehmerischen Engagements und die *Festlegung eines kritischen Mindest- bzw. Höchstwertes für jedes Kriterium*. Anschließend werden die einzelnen Kriterien nach ihrer Wichtigkeit für jedes der zu untersuchenden Länder beurteilt und Länder, die die festgelegten Schwellenwerte über- bzw. unterschreiten, von der weiteren Betrachtung ausgeschlossen (vgl. Abb. 4-2). Der Informationsbedarf nimmt dabei von Selektionsstufe zu Selektionsstufe zu.

Vorteile

Die Vorteile sequenzieller Bewertungsverfahren bestehen darin, dass im Unterschied zu Punktbewertungsverfahren Mindestanforderungen an einzelne Kriterien

Abb. 4-2

Dreistufiges sequenzielles Bewertungsverfahren

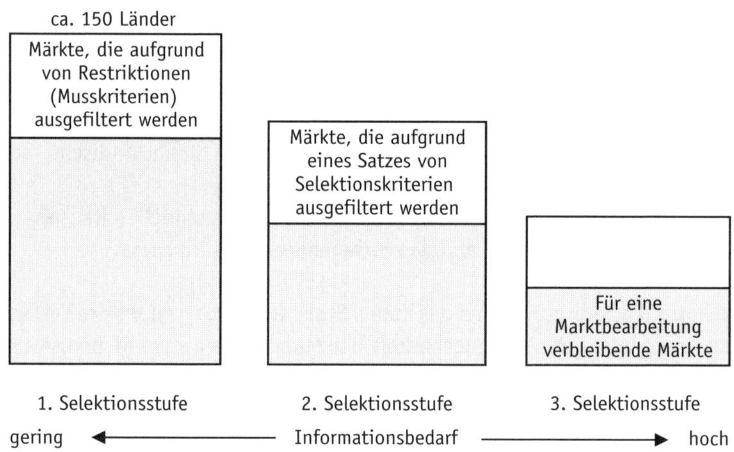

(Quelle: leicht modifiziert nach Schneider/Müller 1989, S. 17)

Beispiel

Der Ablauf eines sequenziellen Bewertungsverfahrens lässt sich anschaulich am Beispiel des Engagements der Bosch-Siemens Hausgeräte GmbH in China illustrieren. Den Ausgangspunkt der im Jahre 1994 getroffenen Entscheidung bildete die Analyse der wirtschaftlichen Situation des Landes. Aufgrund der prognostizierten jährlichen Wachstumsraten von 8,5% bis zum Jahre 2000 wurde dieses Musskriterium als gegeben angenommen und Investitionsbedingungen in China deshalb näher analysiert.
In einer zweiten Stufe wurden die demographische Struktur, die gesamtwirtschaftliche Situation sowie das wirtschafts- und gesellschaftspolitische Umfeld analysiert. Neben der Bevölkerungszahl und ihrer Entwicklung, der Anzahl der Haushalte und dem Ausmaß der Verstädterung wurden im Rahmen der demographischen Struktur die Bevölkerungsdichte und die Altersstruktur betrachtet. Unter den Indikatoren der gesamtwirtschaftlichen Situation wurden Einkommensverteilung, Inflationsrate, Staats- und Auslandsverschuldung sowie Investitions- und Steuerquote subsumiert. Eine besondere Bedeutung wurde dem politischen Risiko zugemessen, da gerade in Emerging Markets oft Devisenrestriktionen verhängt werden und ausländische Unternehmungen häufig einen unzureichenden Rechtschutz genießen. Alle Kriterien wurden als erfüllt angesehen, so dass China nach der zweiten Selektionsstufe mit nur noch wenigen anderen potenziellen Investitionsstandorten einer detaillierten Analyse unterzogen wurde.
Die dritte Stufe umfasste die Beurteilung branchenspezifischer Kriterien. Dazu zählen zunächst die Ermittlung des Nachfragepotenzials nach Kühlschränken und Waschmaschinen sowie der eigenen Marktchancen. Aufgrund der hohen Wachstumsraten des Inlandsabsatzes und der weitgehenden Beschränkung von Importen durch hohe Zollbarrieren wurden auch diese positiv beurteilt. Die Bedarfsanalyse wurde deshalb durch eine Konkurrenzanalyse der relevanten Wettbewerber sowie durch eine Analyse der kaufentscheidenden Faktoren (z. B. Preis- und Markenbewusstsein, Design, Produktqualität, u. a.) ergänzt, die Hinweise auf die erforderlichen Produkteigenschaften liefern. Als Ergebnis dieses sequenziellen Bewertungsverfahrens wurde ein Engagement in China als vorteilhaft eingestuft. Die Vorzüge gegenüber anderen asiatischen Ländern, die in ähnlicher Weise analysiert wurden, wurden insbesondere in dem hohen Wachstumspotenzial des Marktes bei gleichzeitig sehr niedrigen Produktionskosten gesehen. Darüber hinaus wurde das wachsende Bildungs- und Ausbildungsniveau als Standortvorteil gegenüber anderen Ländern gewürdigt (vgl. Wörner 1997).

berücksichtigt werden können und Extremwerte nicht durch Durchschnittsbildungen verwischt werden. Die Rangordnung der Beurteilungskriterien und die Höhe der Schwellenwerte können darüber hinaus je nach konkreter Zielsetzung der Unternehmung differenziert werden. Durch das sequenzielle Vorgehen wird zudem der Entscheidungsprozess strukturiert und der Informationsbedarf auf diejenigen Länder reduziert, die einer Detailanalyse unterzogen werden.

4.1.1.2.4 Portfolio-Analyse

Die Portfolio-Analyse geht von der Annahme aus, dass zwischen den Chancen und den Risiken des Engagements in einem Land ein Zusammenhang besteht.

Schlüsseldimensionen

Die zu bewertenden Länder lassen sich demnach in eine zweidimensionale Matrix einordnen, wobei unterschiedliche *Schlüsseldimensionen* denkbar sind. Während Meissner/Gerber (1980, S. 223) die *Attraktivität des Marktes* und die *politische Stabilität des Landes* wählen, schlagen Carl (1989, S. 71) und Backhaus/Voeth (2010, S. 71) die *Marktattraktivität* und die *Marktbarrieren* als Dimensionen vor (vgl. Abb. 4-3). Die konkrete Zuordnung einzelner Länder erfolgt ähnlich wie beim BERI anhand einer Expertenbefragung, wobei sowohl eine Gesamtbeurteilung der beiden Schlüsseldimensionen als auch deren Differenzierung in einzelne Teilkriterien und die anschließende Zusammenfassung zu einem Gesamtindex möglich ist.

Die Portfolio-Analyse soll Hinweise auf diejenigen Länder geben, bei denen eine maximale Rendite bei vorgegebenem Risiko bzw. eine bestimmte Rendite bei kleinstmöglichem Risiko erzielt werden kann. Das Verfahren eignet sich damit insbesondere zur Diversifikation des Risikos von Auslandsengagements (*risk diversification*), indem es Länderkombinationen identifiziert, die der jeweiligen Risikofreudigkeit bzw. Risikoaversion einer Unternehmung entsprechen.

Abb. 4-3

Portfolio-Analyse zur Markt- bzw. Standortwahl

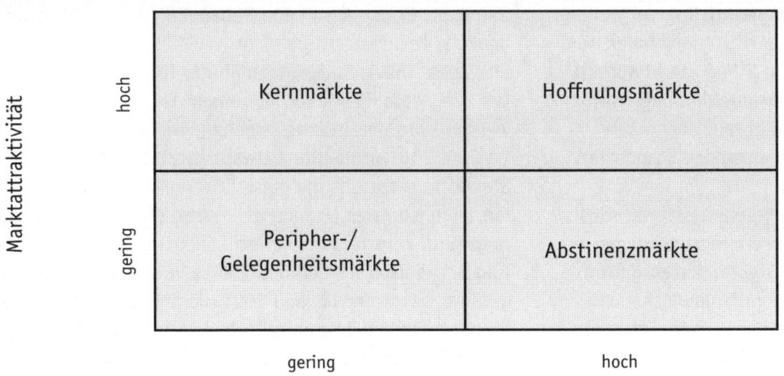

(Quelle: Backhaus/Büschken/Voeth 2003, S. 124)

4.1.1.2.5 Kritische Gesamtbeurteilung

Die dargestellten Auswahlverfahren können lediglich erste Anhaltspunkte für die Markt- bzw. Standortwahl von Unternehmungen liefern. Sie müssen deshalb im Rahmen der *Feinauswahl* durch weitergehende analytische Verfahren ergänzt werden. Hierzu zählen insbesondere die klassischen Investitionsrechenverfahren, die um internationale Aspekte ergänzt werden (vgl. Perlitz/Schrank 2013, S. 342 ff.).

Empirische Evidenz

Die in Kapitel 3.1.2 dargestellten Theorien der Internationalen Direktinvestition weisen zudem darauf hin, dass Ländercharakteristika nur einen Erklärungsfaktor des Auslandsengagements von Unternehmungen darstellen. Darüber hinaus kommt insbesondere *Marktkenntnissen*, dem *Verhalten der wichtigsten Wettbewerber* sowie den *Einstellungen der maßgeblichen Entscheidungsträger* eine zentrale Bedeutung zu. Entscheidungen zur Markt- bzw. Standortwahl von Unternehmungen verlaufen deshalb oft *weniger rational* als dies die dargestellten Auswahlverfahren annehmen lassen. Zudem folgen Standortentscheidungen häufig *Modewellen*. Während das Interesse vieler Unternehmungen in den achtziger Jahren vielfach Südamerika und in den neunziger Jahren Osteuropa galt, stehen gegenwärtig vor allem China und Indien im Blickpunkt. Zahlreiche Beispiele belegen, dass in diesen als besonders attraktiv wahrgenommenen Ländern Investitionsentscheidungen vorgenommen werden, ohne dass eine detaillierte Analyse der spezifischen Chancen und Risiken erfolgt. Schließlich erfolgen Markt- bzw. Standortentscheidungen vor allem bei Großunternehmungen zunehmend nicht als reaktive Anpassung an vorhandene Bedingungen, sondern in Form von Ausschreibungen, bei denen potenzielle Standorte nachweisen müssen, dass sie die entscheidungsrelevanten Kriterien der jeweiligen Unternehmung erfüllen.

Beispiel

Ein Beispiel dafür ist der Entscheidungsprozess von BMW bei der Wahl des Standorts für die Produktion des 3er-Modells. BMW hat im Juli 2000 in einer kurzen Pressemitteilung angekündigt, ein neues Werk errichten zu wollen. Als Reaktion darauf haben sich über 250 Gemeinden aus ganz Europa bei BMW als mögliche Standorte beworben. BMW hat diesen zunächst die Basisanforderungen mitgeteilt und Erhebungsbögen zugesandt, auf denen sehr detaillierte Informationen zu den einzelnen Standorten abgefragt wurden.
Auf der Basis der eingegangenen Erhebungsbögen sowie vielfach eingesandter weiterer Bewerbungsunterlagen wurde eine Vorauswahl von etwa 30 Standorten getroffen, die im Herbst 2000 von einer Standortfindungskommission besucht wurden. Anschließend wurde 13 Standorten ein zweiter Erhebungsbogen zugesandt, mit dem bestimmte Faktoren detaillierter abgefragt wurden. Diese Erhebungsbögen mussten bereits im Januar wieder an BMW geschickt werden, so dass zur Bearbeitung nur wenige Wochen zur Verfügung standen.
Auf der Grundlage der Erhebungsbögen wurden Machbarkeitsstudien durchgeführt, in denen die folgenden fünf Kriterien geprüft wurden: Erwerbbarkeit, Kaufpreis und Baurecht, Erschließung und Bebaubarkeit, Umweltverträglichkeit, Personalverfügbarkeit sowie Fördermittel, Steuern und Zölle. Die Anforderungen an das Grundstück umfassten u. a., dass dieses von nur einem Eigentümer erworben werden kann und bislang unbebaut ist.
Im Juni 2001 wurde die Auswahl auf fünf potenzielle Standorte reduziert, die diese Kriterien am besten erfüllen, nämlich Arras (Frankreich), Kolin (Tschechien) sowie Augsburg, Leipzig und Schwerin (Deutschland). Mit diesen fünf Standorten wurden detaillierte Vertragsverhandlungen geführt, bevor am 18. Juli 2001 die Entscheidung für den Standort Leipzig bekannt gegeben wurde. Zwischen der ersten Pressemeldung und der Entscheidung lag damit weniger als ein Jahr, während diese Zeitspanne bei der Errichtung des BMW-Werks in Regensburg in den achtziger Jahren noch rund fünf Jahre betragen hat (vgl. Kampermann 2003; Kutter 2005).

Internationalisierungserfolg

Hinsichtlich der Auswirkungen der Standortwahl auf den Internationalisierungserfolg belegt eine empirische Studie von Tsang/Yip (2007), dass Direktinvestitionen in Ländern, die entweder ökonomisch weniger oder höher entwickelt sind als das Heimatland einer Unternehmung, eine höhere Erfolgswahrscheinlichkeit aufweisen als Investitionen in Ländern mit einem ähnlichen Entwicklungsniveau. Begründen lässt sich dies mit der Möglichkeit zur Ausnutzung komparativer Kosten- und Ressourcenvorteile (vgl. Kap. 3.1.2.6). Während in Ländern mit einem niedrigeren ökonomischen Entwicklungsniveau vor allem Kostenvorteile (z. B. im Bereich der Lohnkosten) realisiert werden können, bieten ökonomisch höher entwickelte Länder zahlreiche Ressourcenvorteile wie den Zugang zu modernen Technologien und qualifizierten Mitarbeitern. Direktinvestitionen in Ländern mit einem ähnlichen ökonomischen Entwicklungsstand wie das Heimatland führen dagegen lediglich zu einer Vergrößerung des Absatzmarktes, die für den Internationalisierungserfolg nur von nachrangiger Bedeutung ist.

4.1.2 Wahl der Markteintrittsform

Dimensionen der Markteintrittsform

Nach der Markt- bzw. Standortwahl muss eine Entscheidung über die Form getroffen werden, in der sich eine Unternehmung in dem ausgewählten Land engagieren will. Die Wahl der Markteintrittsform kann dabei als Kombination der interdependenten Entscheidungen über die Wahl der Wertschöpfungsform, der Eigentumsform und der Ansiedlungsform aufgefasst werden (vgl. Abb. 4-4):

- Bei der *Wertschöpfungsform* ist die Frage zu beantworten, welche Wertaktivitäten im Heimatland und welche im Gastland durchgeführt werden sollen. Während z. B.

Abb. 4-4

Dimensionen der Markteintrittsform

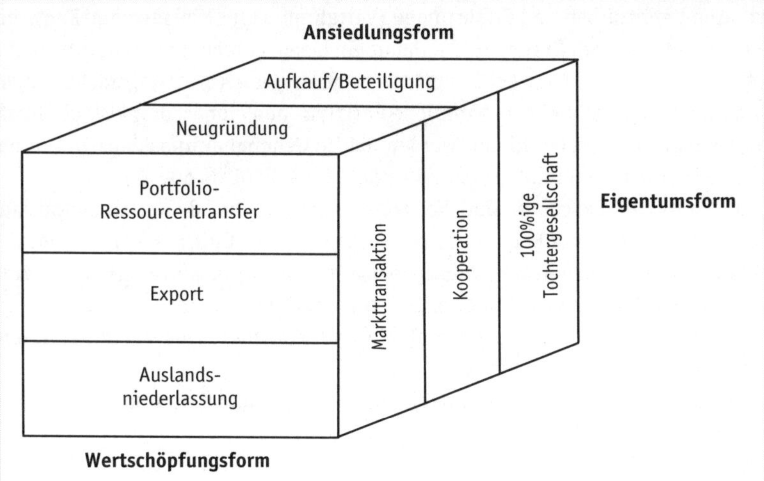

beim Export lediglich die letzte Stufe des Wertschöpfungsprozesses ins Gastland verlagert wird, findet dort bei der Gründung einer Auslandsniederlassung im Extremfall der gesamte Wertschöpfungsprozess statt.

- Hinsichtlich der *Eigentumsform* muss entschieden werden, ob die Verfügungsrechte über den Ressourcentransfer in der Unternehmung verbleiben, mit anderen Unternehmungen geteilt oder ganz abgetreten werden sollen.
- Bei der Wahl der *Ansiedlungsform* besteht schließlich die Möglichkeit, auf bereits bestehende Ressourcenbündel im Gastland zurückzugreifen oder neue Ressourcenkombinationen aufzubauen.

Im Folgenden werden diese drei Dimensionen der Markteintrittsentscheidung und die diesen jeweils zurechenbaren Gestaltungsalternativen ausführlich dargestellt. Am Ende der jeweiligen Abschnitte erfolgt eine kritische Gesamtbeurteilung, wobei sowohl auf die Bedeutung als auch die Vorteilhaftigkeit der Gestaltungsalternativen unter unterschiedlichen Rahmenbedingungen eingegangen wird.

4.1.2.1 Wertschöpfungsform

Bei der Wahl der Wertschöpfungsform muss entschieden werden, welche Wertaktivitäten im Heimatland und welche im Gastland durchgeführt werden sollen. In Anlehnung an die eklektische Theorie der internationalen Produktion von Dunning (vgl. Kap. 3.1.2.9) kann dabei in Portfolio-Ressourcentransfer, Export und die Errichtung einer Auslandsniederlassung unterschieden werden.

4.1.2.1.1 Portfolio-Ressourcentransfer

4.1.2.1.1.1 Lizenzvertrag

Ein Lizenzvertrag stellt die vertragliche Übertragung eines zumeist zeitlich begrenzten Nutzungsrechts an gewerblichen Schutzrechten (Patente, Gebrauchsmuster, Warenzeichen, Urheberrechte, u. a.) oder an nicht geschützten, wirtschaftlich verwertbaren Kenntnissen und Erfahrungen (Verfahrens- und Management-Know-how) gegen Entgelt dar (vgl. Brandt 2011). Damit ein Lizenznehmer nicht auf Drittmärkten als Konkurrent zum Lizenzgeber auftritt, werden dessen Nutzungsrechte zumeist durch räumliche, sachliche und zeitliche Restriktionen eingeschränkt (vgl. Aulakh/Jiang/Pan 2010). Darüber hinaus werden häufig Geheimhaltungsklauseln für ungeschütztes Know-how vereinbart (vgl. Berndt/Sander 2002, S. 609 ff.).

Lizenzform

Die häufigste *Lizenzform* sind *Herstellungslizenzen*, bei denen einem ausländischen Lizenznehmer das Recht auf die Produktion eines Gutes übertragen wird, das anschließend zumeist von dem Lizenzgeber vertrieben wird. *Vertriebslizenzen* ermöglichen den Vertrieb eines Produktes. *Gebrauchslizenzen* berechtigen zum Einsatz einer geschützten Produktionstechnologie und *Markenlizenzen* zur Nutzung eines Markennamens oder Warenzeichens.

Teilrechte

Die Lizenzierung kann unterschiedliche *Teilrechte* umfassen, und zwar das Recht (vgl. Burr 2005, S. 547),

- ein Gut zu gebrauchen (*usus*),
- ein Gut weiter zu entwickeln (*abusus*),

- ein Gut wirtschaftlich zu nutzen (*usus fructus*), und
- eine Lizenz an Sublizenzunternehmer zu vergeben (*Veräußerungsrecht*).

Lizenzentgelt

Hinsichtlich des *Lizenzentgelts* sind unterschiedliche Formen denkbar (vgl. Weihermüller 1982, S. 119):

- *Pauschalgebühren* in Form von Pauschallizenzen, periodischen Pauschalgebühren oder Abschlagszahlungen.
- *Laufende Gebühren* (*royalties*), die entweder umsatz- und stückbezogen, inputbezogen oder gewinnbezogen sein können.
- *Lizenzaustausch* (*cross licensing*).
- Gebühren in Form einer *Kapitalbeteiligung*.
- *Rücklieferungen* an den Lizenzgeber zu Sonderkonditionen.
- Gebühren für *Unterstützungs- und Serviceleistungen*.
- Einnahmen aus dem *Verkauf von Vorprodukten, Maschinen und Ausrüstungen* an den Lizenznehmer.

Vorteile

Der *Vorteil* von Lizenzverträgen, die vor allem bei amerikanischen Unternehmungen eine große Bedeutung besitzen (vgl. Berndt/Sander 2002, S. 606), besteht insbesondere darin, einen relativ gesicherten Ertrag bei sehr geringem Risiko zu erzielen. Dabei können die Marktnähe und die möglicherweise vorhandenen Kundenbeziehungen des Lizenzpartners genutzt werden, was wiederum die Anpassung der Produkte bzw. Leistungen an die jeweiligen Märkte erleichtert. Im Gegensatz zu Auslandsniederlassungen besteht bei Lizenzverträgen zudem keine Gefahr der Enteignung durch die Gastlandregierung, da kein Vermögenstransfer ins Ausland stattfindet.

Nachteile

Im Unterschied zu Auslandsniederlassungen beinhalten Lizenzverträge jedoch erheblich größere Kontrollprobleme bei gleichzeitig nur begrenzten Möglichkeiten, auf die Geschäftspolitik des Lizenznehmers Einfluss zu nehmen, wodurch wiederum die Gefahr des negativen Imagetransfers vom Lizenznehmer auf den Lizenzgeber steigt. Weitere *Nachteile* sind die mit der Weitergabe von sensiblem Know-how verbundenen Geheimhaltungsprobleme sowie die Schaffung bzw. Förderung potenzieller Wettbewerber. Diese Gefahr ist vor allem in Ländern mit einem unzureichenden

Beispiel

Neben der aktiven Nutzung von Lizenzen als Wertschöpfungsform können Unternehmungen unter bestimmten Umständen auch zu Zwangslizenzen (*compulsory licensing*) verpflichtet werden. Nach Art. 31 des TRIPS kann ein Mitgliedstaat der WTO die sonstige Benutzung des Gegenstands eines Patents ohne Zustimmung des Rechtsinhabers für zulässig erklären, wenn dafür ein öffentliches Interesse vorliegt und der Rechteinhaber eine angemessene Entschädigung erhält. Diese Voraussetzung ist etwa in Ländern gegeben, die essenzielle Medikamente aus Gründen der öffentlichen Gesundheit dringend benötigen, aber über keine eigene Pharmaindustrie verfügen. Bislang haben Entwicklungsländer aber nur sehr selten von dieser Möglichkeit Gebrauch gemacht. Eine der wenigen Ausnahmen ist das indische Patentgericht, das im März 2013 Bayer dazu verpflichtet hat, das Krebsmedikament Nevaxar an den indischen Generikahersteller Natco Pharma weiterzugeben. Dieser soll das Präparat armen Krebspatienten zu einem Preis von umgerechnet 178 US-$ für eine monatliche Dosis zugänglich machen, nachdem es zuvor für 5.700 US-$ angeboten wurde. Bayer erhält als Lizenzgebühr sechs Prozent der Verkaufserlöse. Natco Pharma darf das Medikament nur in Indien herstellen und nicht exportieren (vgl. Einecke 2012; Hilty/Liu 2015).

Patentschutz wie etwa China ausgeprägt (vgl. Holtbrügge/Exter/Kittler 2004, S. 140 ff.). Aus Sicht des ressourcenbasierten Ansatzes bietet sich die Lizenzvergabe deshalb vor allem für Technologien oder Know-how an, die nur noch eine geringe bis mittlere strategische Relevanz für den Lizenzgeber besitzen oder durch den technischen Fortschritt in absehbarer Zeit obsolet werden (vgl. Burr 2005, S. 571 f.).

4.1.2.1.1.2 Franchising

Als Franchising wird die *vertikale Kooperation zwischen rechtlich selbstständigen Unternehmungen* auf der Basis eines Dauerschuldverhältnisses bezeichnet (vgl. Abb. 4-5). Der Franchisegeber überträgt dem Franchisenehmer das Recht und die Pflicht, bestimmte Güter oder Leistungen unter Verwendung von Name, Marke, Ausstattung u. a. und unter Beachtung des von diesem entwickelten Marketing- und Organisationskonzepts auf eigene Rechnung in einem abgegrenzten Gebiet abzusetzen. Die Franchisegebühren betragen je nach Branche zwischen 1 und 10 % des Umsatzes. Der Franchisegeber hat die Pflicht, den Franchisenehmer auszubilden und laufend zu informieren, sowie das Recht, dessen Geschäftstätigkeit zu kontrollieren (vgl. Hoy/Stanworth 2003; Alon 2010; Martius 2010).

Die größte *Bedeutung* besitzt das Franchising für die Internationalisierung amerikanischer Gastronomieunternehmungen wie McDonald's, 7-Eleven, KFC, Pizza Hut oder Subway, wobei in einzelnen Gastländern auch alternative Wertschöpfungsformen möglich sind. So werden etwa alle Filialen von Starbucks in Deutschland von der Starbucks Coffee Deutschland GmbH betrieben, nachdem sich die ursprüngliche Franchisestrategie als wenig erfolgreich erwies.

Vor-/Nachteile

Die *Vorteile* des Franchising gegenüber der Lizenzvergabe bestehen vor allem in den umfangreicheren Einfluss- und Kontrollmöglichkeiten, der Gewährleistung eines weltweit einheitlichen Auftretens sowie der häufig höheren Motivation des Franchisenehmers. *Nachteile* sind dagegen die Notwendigkeit aufwändiger Steuerungs- und Kontrollmechanismen, das Problem der Produkthaftpflicht und die Gefahr der Änderung der Selbstwertbetrachtung des Franchisenehmers: »Je erfolgreicher sein Franchise-Geschäft im Zielmarkt operiert, desto eher wird er diesen Erfolg auf die eigenen Anstrengungen zurückführen und in dem selben Maße die Rolle des Franchise-Gebers

Abb. 4-5

Franchising

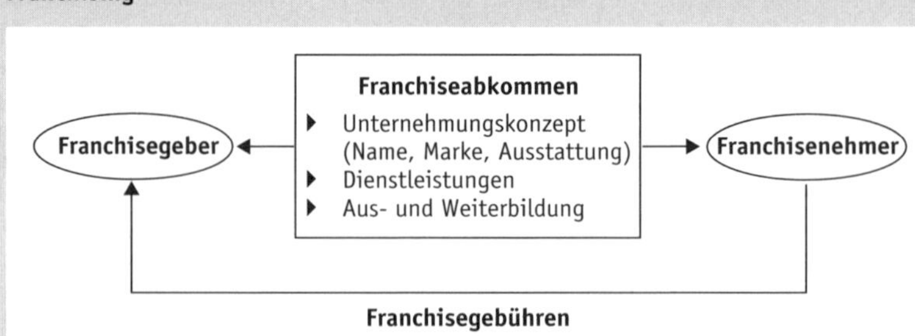

Beispiel

Ein Beispiel für die erfolgreiche Internationalisierung durch Franchising ist der italienische Textilproduzent Benetton, der seine Kollektion über ein Netzwerk von mehr als 7.000 Franchisegeschäften in 120 Ländern vertreibt. Die Einflussnahme von Benetton auf die Franchisenehmer umfasst u. a. verbindliche Vorgaben für die Ausstattung und Führung der Geschäfte, für die Abnahme bestimmter Teile der Kollektion, für die Mitwirkung an regionalen Marketingaktivitäten sowie von Umsatzzielen. Die Vorteile für Benetton resultieren vor allem aus dem relativ geringen Investitionsbedarf, dem geringen Risiko und der Möglichkeit zur Abwälzung von Nachfrageschwankungen auf die Franchisenehmer. Deren Vorteile bestehen dagegen in einem hohen Bekanntheitsgrad der Marke Benetton, der vor allem durch eine sehr aggressive Werbung erzielt wird. Aufgrund der weitgehenden Einflussnahme auf nahezu alle Bereiche der Geschäftspolitik ist ihr unternehmungspolitischer Handlungsspielraum jedoch nur sehr gering (vgl. Sydow 1994, S. 32 ff.; Mantle 2000; Lechner/Rigamonti/Dowling 2011; http://www.benetton.com).

Nach einer empirischen Studie von Fladmoe-Lindquist/Jacque (1995) in der Hotel- und Gastronomieindustrie sowie im Einzelhandel wird Franchising vor allem bei hohen Kontrollkosten genutzt, die durch große geographische und psychische Distanzen entstehen. Die Nutzung von Franchiseabkommen nimmt zudem mit der internationalen Erfahrung des Franchisegebers und der institutionellen Unsicherheit im Gastland zu. Unternehmungen, für die der Schutz des Markennamens und der Reputation eine große Bedeutung hat, wählen dagegen eher Auslandsniederlassungen als Wertschöpfungsform.

und seiner Aufgabenerfüllung in Frage stellen und mehr und mehr die Pflichten gegenüber dem Franchise-Geber als Last empfinden« (Kriependorf 1989, Sp. 725).

4.1.2.1.2 Export

Während beim Portfolio-Ressourcentransfer lediglich Rechte an ausländische Kooperationspartner übertragen werden, findet beim Export der *physische Transfer von Gütern und Dienstleistungen über Ländergrenzen* statt.

Direkter/indirekter Export

Es können zwei Grundformen des Exports unterschieden werden. Als *direkter Export* wird der unmittelbare Absatz von Gütern an ausländische Endabnehmer bezeichnet, während beim *indirekten Export* in- oder ausländische Absatzmittler eingeschaltet sind, die auf eigene Rechnung und eigenes Risiko tätig werden (vgl. Abb. 4-6). Den

Abb. 4-6

Formen des Exports

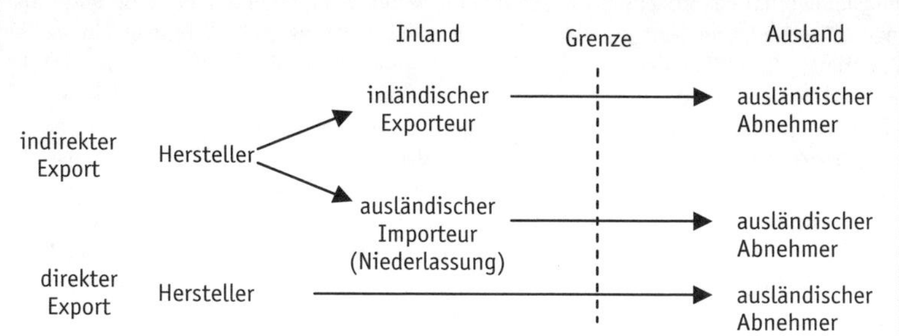

(Quelle: Berekoven 1985, S. 41)

Vorteilen einer stärkeren Einflussmöglichkeit auf die Gestaltung der Exporttätigkeit und der geringeren Transaktionskosten beim direkten Export steht ein geringeres Risiko des indirekten Exports gegenüber. Darüber hinaus kann die Exporttätigkeit nahezu ohne eigenen Auslandseinsatz und ohne Auslandserfahrung abgewickelt werden. Ein indirekter Export kann deshalb i. S. der Internalisierungstheorie von Buckley/Casson (vgl. Kap. 3.1.2.8) als Markttransaktion und ein direkter Export als hierarchische, d. h. unternehmungsinterne Transaktion aufgefasst werden.

International Commercial Terms

Wichtige Aspekte von Exportgeschäften sind die Regelung des Gefahren- bzw. Verfügungsübergangs und die Verteilung der Kosten zwischen Exporteur und Importeur. Hierzu können die Vertragspartner auf die von der International Chamber of Commerce (ICC) in Paris aufgestellten *International Commercial Terms (Incoterms)* zurückgreifen (vgl. Tab. 4-3). Bei der Wahl der am besten geeigneten Klausel sind neben den Kriterien der Transaktionskostentheorie (vgl. Kap. 3.1.2.8) vor allem währungsrechtliche Beschränkungen sowie die Vorschriften der jeweiligen Zollgesetzgebungen zu beachten. In der Handelsbilanz der Deutschen Bundesbank werden Exporte auf FOB-Basis und Importe auf CIF-Basis erfasst.

Exporte besitzen gegenüber dem Portfolio-Ressourcentransfer erheblich größere Einflussmöglichkeiten, da u. a. die Produktqualität umfassend kontrolliert werden kann. Sie ermöglichen zudem die Ausschöpfung von Kostendegressionsvorteilen (*economies of scale*), indem der Absatz der im Heimatland produzierten Güter auf ausländische Märkte ausgedehnt wird. Im Vergleich zur Errichtung von Auslandsniederlassungen beinhalten Exporte eine geringere Ressourcenbindung und damit die Möglichkeit, sich bei Misserfolgen wieder relativ schnell aus einem Markt zurückziehen zu können. Sie werden deshalb vor allem zur Reduzierung von Marktrisiken und politischen Risiken sowie zur Bearbeitung verwandter Märkte präferiert. Exporte ermöglichen zudem das schrittweise Kennenlernen neuer Auslandsmärkte und stellen deshalb im Sinne der Lerntheorie von Johanson/Vahlne häufig eine Vorstufe zur Errichtung von Auslandsniederlassungen dar (vgl. Kap. 3.1.2.4). Sie sind jedoch in besonderem Maße der Gefahr protektionistischer Handelsbeschränkungen ausge-

Beispiel

Einen großen Einfluss auf die Vorteilhaftigkeit des Exports gegenüber anderen Wertschöpfungsformen hat das in dem jeweiligen Zielland vorherrschende Zollsystem. Dies lässt sich etwa am Beispiel Indiens illustrieren. Obwohl Indien Mitglied der WTO und damit den Prinzipien der Liberalisierung und Nicht-Diskriminierung verpflichtet ist, müssen ausländische Exporteure zahlreiche Zollvorschriften beachten und teilweise hohe Einfuhrzölle und -nebenabgaben entrichten. Der indische Einfuhrzolltarif basiert auf der internationalen Nomenklatur des Harmonisierten Systems zur Bezeichnung und Codierung der Waren (HS). Die Mehrzahl der Industrieerzeugnisse unterliegt seit dem Finanzjahr 2007/08 einem Zollsatz von 10 %. Ausgenommen davon sind z. B. PKWs, für die ein Zollsatz von 100 % gilt. Darüber hinaus werden eine Ausbildungsabgabe von 3 % sowie eine Verbrauchssteuer (*Central Excise Duty*) für Waren erhoben, die in den freien Verkehr gebracht werden. Die Bemessungsgrundlage für die Festsetzung der Einfuhrzölle ist der Transaktionswert, d. h. der vom indischen Importeur gezahlte oder zu zahlende Preis. Dabei sind die Transport- und Versicherungskosten bis zur Eingangszollstelle hinzuzurechnen, sofern sie nicht im Kaufpreis enthalten sind. Grundsätzlich akzeptiert die indische Zollverwaltung die Incoterms *CIF (Cost, Insurance and Freight)* bzw. *CIP (Carriage and Insurance Paid To)* zuzüglich eines Aufschlags von 1 % für *Loading, Unloading and Handling Charges* als Zollwert (vgl. Holtbrügge/Friedmann 2011, S. 106 f.).

Tab. 4-3

Gefahr- und Kostentragung bei den Incoterms® 2010

Klausel	Export-kosten trägt	Import-kosten trägt	Trans-port-vertrag	Lieferort	Gefahren-übergang	Kosten-über-gang	Transport-versiche-rung
EXW Ab Werk (*Ex Works*)	Käufer	Käufer	Käufer	Werk des Verkäufers	Lieferort		
FCA Frei Frachtführer (*Free Carrier*)	Verkäufer	Käufer	Käufer	Ort der Übergabe an Frachtführer	Lieferort		
FAS Frei Längsseite (*Free Alongside Ship*)	Verkäufer	Käufer	Käufer	Längsseits Schiff im Verschiffungshafen	Lieferort		
FOB Frei an Bord (*Free On Board*)	Verkäufer	Käufer	Käufer	Schiff im Verschiffungshafen	Verladung an Bord		
CFR Kosten und Fracht (*Cost and Freight*)	Verkäufer	Käufer	Verkäufer	Schiff im Verschiffungshafen	Verladung an Bord	Bestimmungshafen	
CIF Kosten, Versicherung und Fracht (*Cost, Insurance, Freight*)	Verkäufer	Käufer	Verkäufer	Schiff im Verschiffungshafen	Verladung an Bord	Bestimmungshafen	Verkäufer: Mindestdeckung
CPT Frachtfrei (*Carriage Paid To*)	Verkäufer	Käufer	Verkäufer	Ort der Übergabe an Frachtführer	Lieferort	Bestimmungsort	
CIP Frachtfrei versichert (*Carriage and Insurance Paid to*)	Verkäufer	Käufer	Verkäufer	Ort der Übergabe an Frachtführer	Lieferort	Bestimmungsort	Verkäufer: Mindestdeckung
DAP Geliefert am Ort (*Delivered At Place*)	Verkäufer	Käufer	Verkäufer	Bestimmungsort			
DAT Geliefert ab Terminal (*Delivered At Terminal*)	Verkäufer	Käufer	Verkäufer	Terminal im Bsh/Bestimmungsort			
DDP Geliefert Verzollt (*Delivered Duty Paid*)	Verkäufer	Verkäufer	Verkäufer	Bestimmungsort			

(Quelle: von Bernstorff 2012, S. 39 f.)

setzt. Exporte setzen deshalb einen möglichst ungehinderten Güter- und Zahlungsverkehr sowie eine relativ geringe Belastung durch Transportkosten, Zölle, etc. voraus. Eine weitere Voraussetzung ist ein relativ stabiler Wechselkurs bzw. die Möglichkeit, in Inlandswährung fakturieren oder kostengünstig Kurssicherungsmaßnahmen wie z. B. Devisen-Hedging, Gegengeschäfte, Export-Factoring, u. a. durchführen zu können (vgl. Bieg/Krämer 2004).

4.1.2.1.3 Auslandsniederlassung

Verlagerung von Wertaktivitäten ins Ausland

Auslandsniederlassungen als Wertschöpfungsform mit dem höchsten Internationalisierungsgrad sind durch die *langfristig angelegte Verlagerung von Wertaktivitäten und Ressourcen ins Ausland* gekennzeichnet. Neben der Gestaltung der Auslandsniederlassung als verkleinertes Abbild der Muttergesellschaft (*miniature replica*) sind unterschiedliche Formen denkbar:

- Nach den ins Ausland verlagerten Wertaktivitäten kann in *F&E-, Beschaffungs-, Produktions- und Vertriebsniederlassungen* sowie in Niederlassungen unterschieden werden, die *mehrere Wertaktivitäten* umfassen.

Produktionsniederlassungen

- Produktionsniederlassungen können weiterhin nach dem im Ausland erzielten Wertschöpfungsanteil differenziert werden (vgl. Köhne 2013):
  - Bei der *Auslandsmontage (Lohnveredelung)* findet lediglich eine Verlagerung der letzten, zumeist besonders arbeitsintensiven Stufe eines mehrstufigen Produktionsprozesses ins Ausland statt. Die zur Produktion notwendigen Vorprodukte werden weitgehend aus der Muttergesellschaft bzw. dem Stammland bezogen.
  - Bei der *Auslandsproduktion (Fertigungsbetrieb)* wird (nahezu) der gesamte Produktionsprozess ins Ausland verlagert. Aus Kostengründen oder aufgrund von *local content*-Vorschriften werden die benötigten Vorprodukte weitgehend im Gastland beschafft.

Vorteile

Die Vorteile von Auslandsniederlassungen gegenüber dem Portfolio-Ressourcentransfer und dem Export bestehen insbesondere in den umfangreichen Einfluss- und Kontrollmöglichkeiten und der Umgehung von eventuell vorliegenden Handelshemmnissen. Darüber hinaus können Wechselkursrisiken weitgehend ausgeschaltet und das Risiko der Muttergesellschaft durch die Verteilung der Produktion auf meh-

Beispiel

Der Unterschied zwischen Auslandsmontage und Auslandsproduktion lässt sich anschaulich am Beispiel der Automobilindustrie aufzeigen. Die Automobilproduktion umfasst die gesamte Wertschöpfungskette, d. h. Karosseriefertigung, Schweißarbeiten, Lackierung, Motoren- und Getriebefertigung sowie Endfertigung. Ein Beispiel dafür ist die Produktionsstätte von BMW in Spartanburg (USA), in der u. a. das Modell Z4 hergestellt wird.
Bei der Automobilmontage werden dagegen halbfertige oder sogar wieder zerlegte Fahrzeuge an eine ausländische Montagestätte geliefert und dort zusammengesetzt. Man unterscheidet zwei Arten der Kfz-Montage: SKD (*semi-knocked-down*) und CKD (*complete-knocked-down*). Während die Teile im Falle der SKD-Montage bereits lackiert sind und die Autos nur geringfügig zerlegt werden, ist die CKD-Montage durch die komplette Zerlegung und unlackierte Karosserieteile gekennzeichnet. Ein Beispiel für die SKD-Montage ist das Montagewerk von BMW im russischen Kaliningrad, in dem aus Deutschland importierte Bausätze zusammengebaut werden (vgl. Holtbrügge 2006a).

rere Länder diversifiziert werden. Dieser Vorteil ist vor allem für Multinationale Unternehmungen relevant, deren Wertschöpfung in länderübergreifenden Netzwerken erfolgt.

Nachteile

Die dezentrale Tätigkeit an mehreren Standorten bedingt jedoch den weitgehenden Verzicht auf Größendegressionsvorteile. Weitere *Nachteile* von Auslandsniederlassungen sind der hohe Kapitaleinsatz, das hohe wirtschaftliche und politische Risiko sowie die hohen Management-Anforderungen. Darüber hinaus sind die Steuerungs- und Kontrollkosten in der Muttergesellschaft weitaus höher als bei der Lizenzvergabe und dem Export. Durch die langfristige Ressourcenbindung wird zudem die Flexibilität eingeschränkt, was i. S. der ressourcenorientierten Theorie der Multinationalen Unternehmung (vgl. Kap. 3.2.3) wiederum Auswirkungen auf den zukünftigen Internationalisierungsprozess hat.

4.1.2.1.4 Kritische Gesamtbeurteilung

Hinsichtlich der *Vorteilhaftigkeit* der unterschiedlichen Marktbearbeitungsformen legen die in Kapitel 3.1.2 dargestellten Theorien der internationalen Direktinvestition eine Phasenfolge nahe. So werden nach der *Lerntheorie der Internationalisierung von Johanson/Vahlne* in neuen und risikoreichen Märkten zunächst risikoarme Internationalisierungsformen (Lizenzvergabe, Export) gewählt und erst mit zunehmendem Marktwissen und der Abnahme des perzipierten Risikos auch risikoreichere Internationalisierungsformen (Auslandsniederlassungen) präferiert. Auch die *Produktlebenszyklustheorie von Vernon* weist unter Hinweis auf marktorientierte Überlegungen auf einen entsprechenden Phasenverlauf hin. Die *eklektische Theorie der internationalen Produktion von Dunning* argumentiert dagegen, dass die Wahl der Marktbearbeitungsform von bestimmten Vorteilskategorien abhängig ist. Während Portfolio-Ressourcentransfers bereits beim Vorliegen von Eigentumsvorteilen sinnvoll sind, ist für Exporte darüber hinaus ein Internalisierungsvorteil notwendig. Auslandsniederlassungen sind schließlich erst dann empfehlenswert, wenn dadurch Standortvorteile im Ausland ausgenutzt werden können. Die zentralen Vorteile, Nachteile und Anwendungsvoraussetzungen der unterschiedlichen Marktbearbeitungsformen sind in Tab. 4-4 nochmals zusammengefasst.

Institutioneller Kontext

Empirische Studien weisen darauf hin, dass darüber hinaus der *institutionelle Kontext* des jeweiligen Gastlandes die Wahl der Wertschöpfungsform beeinflusst. So zeigt etwa die Studie ausländischer Unternehmungen in den BRIC-Staaten von Holtbrügge/Baron (2013), dass der Anteil von Produktionsniederlassungen in China, d. h. in einem Land mit einer vergleichsweise hohen politischen Stabilität, funktionierenden Institutionen und einem liberalen Investitionsregime, signifikant höher als in Brasilien, Indien und Russland ist, wo die institutionellen Rahmenbedingungen deutlich problematischer sind. In allen vier Ländern weisen Auslandsniederlassungen einen höheren Markterfolg als Unternehmungen auf, die in diese Länder exportieren, wobei dieser Effekt wiederum in China am größten ist.

4.1.2.2 Eigentumsform

Während bei der Wahl der Wertschöpfungsform die Frage im Vordergrund steht, welche Wertaktivitäten ins Gastland verlagert werden sollen, muss bei der Eigentums-

Tab. 4-4

Vor- und Nachteile alternativer Wertschöpfungsformen

Kriterien / Marktbearbeitungsformen	Portfolio-Ressourcentransfer	Export	Auslandsniederlassung
Kapital- und Ressourcenbedarf	gering	sehr gering	sehr hoch
Markteintrittsrisiko	mittel	sehr gering	sehr hoch
Ertragspotenzial	mittel	gering	sehr hoch
Zeithorizont	mittel	kurz	sehr lang
Möglichkeit zur Nutzung länderspezifischer Vorteile	groß	sehr gering	sehr groß
Möglichkeit zur Nutzung von Massenproduktionsvorteilen	gering	sehr groß	gering
Steuerungs- und Kontrollbedarf	hoch	sehr gering	sehr hoch
Steuerungs- und Kontrollmöglichkeiten	mittel bis groß	sehr gering	sehr groß
Gefahr der ungewollten Know-how-Diffusion	hoch	gering	sehr gering
Anwendungsvoraussetzungen	vertragliche Spezifizierbarkeit des zu übertragenden Know-hows	ungehinderter Güter- und Zahlungsverkehr, Wechselkursstabilität	Auslandserfahrungen, hohes Marktpotenzial

form entschieden werden, ob die Verfügungsrechte über den grenzüberschreitenden Ressourcentransfer in der Unternehmung verbleiben, mit anderen Unternehmungen geteilt oder ganz abgetreten werden sollen. Diese drei unterschiedlichen Eigentumsformen werden im Folgenden erläutert.

4.1.2.2.1 Markttransaktion

Markttransaktionen zeichnen sich durch die *vollständige Übertragung von Verfügungsrechten* an Produkten, Dienstleistungen oder Produktionsfaktoren an andere Unternehmungen aus. Sie erfolgen häufig weitgehend anonym und ohne genaue Kenntnis der Marktteilnehmer. Entscheidend für ihr Zustandekommen ist allein der geforderte bzw. gebotene Preis. Beispiele dafür sind Export- oder Importtätigkeiten, Auktionen und Warenbörsen, wie sie z. B. zunehmend auch über das Internet abgewickelt werden.

Vor-/Nachteile

Die *Vorteile* von Markttransaktionen liegen vor allem in der geringen Ressourcenbindung und der hohen Flexibilität. *Nachteile* sind dagegen die hohen Informationskosten, die Gefahr opportunistischen Verhaltens durch die Marktpartner sowie eine hohe Unsicherheit. Da die spezifischen Merkmale von Markttransaktionen bereits bei der Darstellung der Internalisierungstheorie ausführlich diskutiert wurden (vgl. Kap. 3.1.2.8), wird an dieser Stelle auf eine detaillierte Betrachtung verzichtet.

4.1.2.2.2 Unternehmungskooperation

Unternehmungskooperationen besitzen im Rahmen des Internationalen Management eine sehr große Bedeutung. Ihre Merkmale werden deshalb im Folgenden besonders ausführlich erläutert.

4.1.2.2.2.1 Begriff und Bedeutung

Merkmale

Merkmale internationaler Unternehmungskooperationen sind (vgl. Holtbrügge 2005b, S. 1184; Jansen 2008, S. 98 ff.;)

- die formalisierte und langfristige Zusammenarbeit
- zwischen zwei oder mehr rechtlich und wirtschaftlich selbstständigen Unternehmungen
- aus unterschiedlichen Ländern,
- die auf freiwilligem Entschluss der Kooperationspartner beruht.
- Die Zusammenarbeit erfolgt durch die Einbringung spezifischer Ressourcen und
- die wechselseitige Abstimmung von Aufgaben
- zur gemeinsamen Realisation unterschiedlicher Ziele, die den Partnern alleine nicht möglich wäre.

Probleme

Internationalen Unternehmungskooperationen wurde in der Internationalen Managementforschung lange Zeit nur eine geringe Aufmerksamkeit gewidmet. Häufig wurden sie lediglich als *second-best-Alternativen* angesehen, etwa in Ländern, in denen die Investitionsgesetzgebung die Errichtung von 100 %igen Tochtergesellschaften nicht erlaubt (vgl. z. B. Harrigan 1986; Beamish 1988). Der Grund dafür sind die durch die inhärente *Ambiguität von kooperativen und konkurrierenden Beziehungen* entstehenden *Planungs-, Organisations-, Personal- und Kontrollprobleme*, die insbesondere in Krisensituationen die Effizienz und Stabilität der Zusammenarbeit gefährden können (vgl. Holtbrügge 2004c). Eine empirische Untersuchung von 5.500 Kooperationsfällen von Harbinson/Pekar (1997) kommt etwa zu dem Ergebnis, dass mehr als 40 % aller Unternehmungskooperationen scheitern.

Wettbewerbsintensität

Auch aus volkswirtschaftlicher Sicht werden Unternehmungskooperationen vielfach negativ beurteilt. So ist deren wachsende Zahl nach Ansicht von Porter ein erstes Anzeichen für den langsamen wirtschaftlichen Niedergang einer Branche, da sie die *Wettbewerbsintensität einschränken* und die Realisierung der positiven Wettbewerbswirkungen behindern. Nach seiner Auffassung werden Kooperationen überwiegend zwischen zweitrangigen Unternehmungen geschlossen, während globale Marktführer nur selten auf die Ressourcen und das Know-how anderer Unternehmungen zurückgreifen, um Wettbewerbsvorteile zu erlangen (vgl. Porter 1991, S. 563 ff.). Zudem werfen Unternehmungskooperationen schwer fassbare *wettbewerbsrechtliche und wettbewerbspolitische Probleme* auf (vgl. Blancke 1994; Möllering 2010).

Systemwandel vom Marktkapitalismus zum Allianzkapitalismus

Zunehmend setzt sich jedoch die Auffassung durch, dass Kooperationen in vielen Fällen eine effiziente Internationalisierungsform darstellen können. Nach Auffassung von Dunning (1997b) ist die Weltwirtschaft gegenwärtig sogar durch einen *Systemwandel vom Marktkapitalismus zum Allianzkapitalismus* gekennzeichnet. Entsprechend stiegen die Zahl und der Umfang länderübergreifender Unternehmungskooperationen vor allem bis zur globalen Finanz- und Wirtschaftskrise stark an (vgl.

UNCTAD 2014, S. 25 ff.). Nach einer Untersuchung von Dyer/Kale/Singh (2001) verfügen die größten 500 Unternehmungen der Welt über durchschnittlich 60 Unternehmungskooperationen. Der gleichen Studie zufolge führt die Ankündigung einer neuen Kooperation zu einem durchschnittlichen Anstieg des Aktienkurses um 1 %.

Der Grund für diese Entwicklung liegt darin, dass Unternehmungen zunehmend auf die Zusammenarbeit mit Partnern aus anderen Ländern angewiesen sind, um ihre internationale Wettbewerbsfähigkeit dauerhaft zu sichern. Insbesondere in Branchen, in denen hohe Größendegressionspotenziale bestehen, ist ein stetiges Unternehmungswachstum erforderlich, das vielfach nur durch eine *externe Wachstumsstrategie* realisiert werden kann. In hoch innovativen Branchen wie etwa der Computer-, Elektronik- oder Mobilfunkindustrie dienen Unternehmungskooperationen zudem vielfach dazu, bereits im Rahmen der »*pre-market competition*« (Prahalad/Hamel 1994, S. 14) technologische Standards gegenüber konkurrierenden Unternehmungsallianzen durchzusetzen (vgl. Vanhaverbeke/Noorderhaven 2001). Erleichtert wird die Strategie des »*cooperate to compete globally*« (Perlmutter/Heenan 1986) durch neue Informations- und Kommunikationstechnologien, die die Effizienz der unternehmungs- und länderübergreifenden Koordination von Aktivitäten erheblich steigern (vgl. Contractor/Lorange 2002b).

4.1.2.2.2.2 Kooperationsformen

Kooperationsrichtung

In der wissenschaftlichen Literatur liegen unterschiedliche Klassifikationen von Unternehmungskooperationen vor (vgl. Tab. 4-5). Nach der *Kooperationsrichtung* lassen sich vertikale, horizontale und laterale Kooperationen unterscheiden. Während *vertikale Kooperationen* die Zusammenarbeit mit Zulieferern oder Abnehmern umfassen (*upstream*- bzw. *downstream*-Kooperation), sind *horizontale Kooperationen* durch die Zusammenarbeit auf der gleichen Wertschöpfungsstufe gekennzeichnet. *Laterale Kooperationen* beinhalten die Zusammenarbeit von Unternehmungen aus unterschiedlichen Branchen.

Differenziert man nach dem Ausmaß der eingegangenen Kapitalbeteiligungen und der rechtlichen Selbstständigkeit der Partner, lassen sich vertragliche Kooperationen, Joint Ventures und Fusionen als drei idealtypische *Formen* internationaler Unternehmungskooperation unterscheiden (vgl. Tab. 4-6):

Joint Venture

Unter einem *Joint Venture* wird eine auf Kapitalbeteiligungen und der Teilung von Geschäftsführung und Risiko beruhende, vertraglich festgelegte und dauerhafte zwischenbetriebliche Zusammenarbeit verstanden (vgl. Beamish 2008). Durch die Kombination der finanziellen, personellen, materiellen und immateriellen Ressourcen von zwei oder mehr Partnern aus unterschiedlichen Ländern entsteht eine juristisch selbstständige *Gemeinschaftsunternehmung*, die je nach Beteiligungsverhältnis der Partner als Majoritäts-, Paritäts- oder Minoritäts-Joint Venture geführt werden kann. Beispiele dafür sind die Engagements von Volkswagen in China und Tschechien (vgl. Kap. 4.1.2.2.2.3).

Vertragliche Kooperation

Eine *vertragliche Kooperation* stellt ein Regel- bzw. Netzwerk von Verträgen dar, das zwischen zwei oder mehr Unternehmungen geschlossen wird. Da vertragliche Kooperationen keine eigenständige Rechtsform begründen und keine Kapitalbeteiligung der Partner beinhalten, werden sie im anglo-amerikanischen Sprachraum im

Gegensatz zu *equity joint ventures* häufig auch als *contractual joint ventures* oder *non-equity forms of international cooperation (NECs)* bezeichnet. Ein Beispiel dafür ist die Luftverkehrsallianz Star Alliance (vgl. Kap. 4.4).

Fusion

Das zentrale Merkmal einer *Fusion* (*merger*) ist der Verlust der rechtlichen Unabhängigkeit der kooperierenden Unternehmungen. Zwei oder mehr Unternehmungen arbeiten ohne zeitliche Befristung freiwillig und partnerschaftlich zusammen und integrieren alle ihre materiellen und immateriellen Ressourcen. Beispiele dafür sind die Fusionen von Hoechst und Rhône-Poulenc zu Aventis sowie von Aventis und Sanofi-Synthélabo zu Sanofi-Aventis (vgl. Kap. 4.5). Fusionen gleichberechtigter Partner (*mergers of equals*) unterscheiden sich von Unternehmungsakquisitionen bzw. -übernahmen (vgl. dazu Kap. 4.1.2.3.2), bei denen die beteiligten Unternehmungen durch ein klares Verhältnis der Über- oder Unterordnung und eine einseitige Abhängigkeitsbeziehung gekennzeichnet sind, die sich darin ausdrückt, dass die übernehmende Unternehmung ihre Rechtsform und ihren Namen zumeist behält. Bei feindlichen Übernahmen (*unfriendly* bzw. *hostile takeovers*) ist zudem das Merkmal der Freiwilligkeit der Zusammenarbeit nicht gegeben.

Transaktionskostentheorie

In der wissenschaftlichen Literatur ist die Einordnung von Fusionen als Form der Unternehmungskooperation nicht unumstritten. So siedelt etwa die *Transaktionskostentheorie* lediglich Joint Ventures und vertragliche Kooperationen als *hybride Unternehmungsformen* zwischen Markt und Hierarchie an (vgl. Williamson 1975).

Tab. 4-5

Gestaltungsformen internationaler Unternehmungskooperationen

Kriterien	Ausprägungsformen
Kooperationsrichtung	▸ horizontal, vertikal oder lateral
Kooperationsformen	▸ vertragliche Kooperation ▸ Joint Venture ▸ Fusion
Kooperationsfelder	▸ F&E, Beschaffung, Produktion, Vertrieb oder mehrere Wertaktivitäten
Zahl der Partner	▸ zwei oder mehr Partner
Ressourcenprofile der Partner	▸ kongruent (Y- oder *scale*-Kooperation) ▸ komplementär (X- oder *link*-Kooperation)
Beteiligungsverhältnis	▸ ohne Kapitalbeteiligung (*non-equity form of cooperation*) ▸ mit Kapitalbeteiligung (*equity cooperation*) – Majoritäts-, Paritäts- oder Minoritäts-Beteiligung – *fade-out*-Joint Venture (im Zeitablauf abnehmender Kapitalanteil eines Partners)
Einflussmöglichkeiten der Partner	▸ symmetrisch (*shared management*-Kooperation) ▸ asymmetrisch (*dominant parent*-Kooperation)
Dauer und Bedeutung der Kooperation	▸ kurz- bis mittelfristige Kooperation mit operativer Bedeutung ▸ langfristige Kooperation mit strategischer Bedeutung (strategische Allianz)
Kooperationsmotive	▸ freiwillige Kooperation ▸ durch Gastlandvorschriften erzwungene Kooperation

Tab. 4-6

Formen internationaler Unternehmungskooperationen

Merkmale \ Formen	vertragliche Kooperation	Joint Venture	Fusion
Kapitalbeteiligung an einer neuen Unternehmung	nein	ja	ja
rechtliche Unabhängigkeit der Partner bleibt erhalten	ja	ja	nein

Fusionen werden dagegen als Form der hierarchischen Koordination von Aktivitäten aufgefasst, da diese eindeutig bestimmbare Unternehmungsgrenzen und eine eindeutige Leitungsstruktur aufweisen. Aus Sicht des zugrunde liegenden Bezugsrahmens des Internationalen Management (vgl. Kap. 2.2) ist jedoch weniger die rechtliche als vielmehr die führungsbezogene Dimension von Fusionen relevant. In diesem Sinne sprechen insbesondere die mit einer Fusion verbundenen Ziel- und Verhaltenskonflikte sowie die durch die Kombination unterschiedlicher Ressourcen verursachten Managementprobleme dafür, diese von Formen des internen Unternehmungswachstums bzw. der Errichtung 100 %iger Tochtergesellschaften abzugrenzen. Partnerwahl, Vertragsgestaltung und eine effiziente *post-merger integration* sind sogar noch bedeutsamer, da Fusionen im Unterschied zu Joint Ventures und vertraglichen Kooperationen auf Dauer angelegt sind und nur zu erheblichen Kosten wieder aufgelöst werden können. Der kooperative Charakter von Fusionen nimmt jedoch mit zunehmender Dauer der Zusammenarbeit ab (vgl. Holtbrügge 2003b, S. 6 f.).

4.1.2.2.2.3 Kooperationsmotive

Unternehmungen verfolgen mit Kooperationen unterschiedliche *Motive* (vgl. Contractor/Lorange 1988b, S. 9 ff.; Müller-Stewens/Hillig 1992, S. 77 ff.; Welge 1995b, Sp. 2401 ff.).

Ressourcenorientierte Motive

Ressourcenorientierte Motive ergeben sich durch die Verknüpfung knapper finanzieller und personeller Ressourcen und den Zugang zu rechtlich geschützten oder geheimen Technologien des Partners. Dieses Kooperationsmotiv ist insbesondere bei intangiblen Ressourcen (*intangible assets*) relevant, die über den Markt gar nicht oder nur zu sehr hohen Transaktionskosten zugänglich sind (vgl. Doz/Hamel 1998, S. 5).

Zeitvorteile

Zeitvorteile resultieren aus der Verkürzung von Entwicklungszeiten durch die Bündelung von Ressourcen, die frühzeitige Systemintegration und die Reduzierung von Doppelarbeiten im F&E-Bereich. Dieser Vorteil gewinnt vor allem in solchen Branchen an Bedeutung, in denen sich Unternehmungen durch die Beschleunigung von Entwicklungen sowie durch zunehmende Strukturbrüche und Diskontinuitäten einem intensiven Zeitwettbewerb ausgesetzt sehen (vgl. Holtbrügge 1999b).

Kostenmotive

Kostenmotive beinhalten die bessere Nutzung freier Kapazitäten und die Realisierung von Massenproduktionsvorteilen und Kostenerfahrungseffekten durch die Poolung und gemeinsame Nutzung knapper Ressourcen. Darüber hinaus bestehen vielfach Transaktionskostenvorteile gegenüber Markttransaktionen und 100%igen Tochtergesellschaften (vgl. Sydow 1994, S. 143), die jedoch nur schwer zu quantifizieren sind und deren Bedeutung in der Unternehmungspraxis deshalb fraglich ist (vgl. Welge/Al-Laham 2002, S. 635).

Marktmotive

Marktmotive, die empirischen Untersuchungen zufolge vor allem für kleine und mittelständische Unternehmungen ein dominierendes Kooperationsmotiv darstellen (vgl. Perlitz 2002, S. 536), ergeben sich durch die Möglichkeit, auf das Vertriebssystem und die Markt- und Landeskenntnisse lokaler Partner zurückzugreifen. In globalen und blockiert globalen Branchen (vgl. Kap. 3.2.2) sollen Kooperationen zudem dazu beitragen, die weltweite Marktpräsenz zu sichern und nationale Barrieren zu umgehen.

Spekulative Motive

Für Kooperationen können schließlich auch *spekulative Motive* verantwortlich sein. Dazu zählt z. B. die Abwendung einer drohenden Übernahme (*unfriendly takeover*). Vertragliche Kooperationen und Joint Ventures in ausgewählten Kooperationsfeldern dienen zudem vielfach dem »Fit«-Test vor einer geplanten Fusion.

Beispiel

Die unterschiedlichen Motive von Unternehmungskooperationen lassen sich anschaulich am Beispiel der Auslandsengagements der Volkswagen AG in China und Tschechien illustrieren. Die Shanghai Volkswagen Automotive Ltd. basiert auf einem 1982 zwischen Volkswagen und der Shanghai Tractor & Automotive Corporation geschlossenen Vertrag über die Produktion des Santana, der Ende 1984 zu einem Joint Venture-Vertrag erweitert wurde. Ursprünglich war die Produktion von 30.000 Fahrzeugen und 100.000 Motoren für 1992 vorgesehen. Aufgrund der sehr positiven Entwicklung des Joint Ventures wurden bis 1995 insgesamt aber bereits 560.000 Fahrzeuge und 650.000 Motoren produziert. In den folgenden Jahren wurde auch die Produktion des Passat und des Golf in Shanghai aufgenommen. Als erste ausländische Automobilunternehmung, die in China produziert, gelang es Volkswagen dadurch, einen Marktanteil von teilweise mehr als 50% zu erreichen. Der Wegfall protektionistischer Gesetze und Schutzzölle nach dem WTO-Beitritt Chinas, der verstärkte Wettbewerb im Automobilsektor sowie Fehler bei der Modellpolitik haben in den letzten Jahren jedoch zu einem starken Absatzrückgang geführt. Der Marktanteil halbierte sich von 51% im Jahr 2001 auf 26% im 1. Quartal 2004. Für die Gründung des Joint Venture waren insbesondere der schnelle Markteintritt, der aus rechtlichen und politischen Gründen nur durch die Zusammenarbeit mit einem chinesischen Partner realisierbar war, und die Möglichkeit zum stufenweisen Ausbau von Produktprogramm und -kapazitäten entscheidend. Trotz der unterschiedlichen Zielsetzungen und kulturellen Unterschiede der Partner hat Volkswagen deshalb eine kooperative Eigentumsform bevorzugt.

Das vorrangige Motiv, sich auch in Tschechien nicht in Form einer 100%igen Tochtergesellschaft zu engagieren, sondern zusammen mit dem Automobilproduzenten Škoda ein Joint Venture einzugehen, war dagegen, dadurch die Produktionskapazitäten, die bestehenden Geschäftsverbindungen zu westlichen Zulieferern und Lizenzgebern sowie die qualifizierten Mitarbeiter des tschechischen Partners übernehmen zu können. Da Škoda der modernste Automobilproduzent in Mittel- und Osteuropa war und auch in Westeuropa über einen hohen Bekanntheitsgrad und ein positives Image verfügte, waren deshalb neben Volkswagen auch BMW, Citroën, Renault und Volvo an einer Kooperation mit der Unternehmung interessiert. Im Gegensatz zum Engagement in China lag das Kooperationsmotiv von Volkswagen deshalb vor allem in dem Unternehmungsprofil des tschechischen Partners begründet, während Markt- und Risikomotive nur von untergeordneter Relevanz waren (vgl. Posth 1992; Posth 1995; Groenewald/Leblanc 1996; Posth/Bergmann 1997; Holtbrügge/Puck 2008, S. 238 ff.).

4.1.2.2.2.4 Erfolgsfaktoren

Auf den Erfolg internationaler Unternehmungskooperationen wirken sich sowohl die durch die beteiligten Unternehmungen nicht beeinflussbaren externen Rahmenbedingungen als auch der Einsatz geeigneter Managementinstrumente aus (vgl. Abb. 4-7).

Partnerwahl

Eine zentrale Erfolgsvoraussetzung internationaler Unternehmungskooperationen ist eine sorgfältige *Partnerwahl* (vgl. dazu ausführlich Geringer 1988; Brouthers/Brouthers/Wilkinson 1993).

Erforderlich ist vor allem die weitgehende *Kompatibilität der Zielsetzungen* der Partner. Nur wenn die Kooperation für alle beteiligten Unternehmungen Vorteile bringt (*win-win*-Situation), ist deren langfristige Verbundenheit (*commitment*), deren Interesse an der Aufrechterhaltung der Kooperation und deren Bereitschaft zur Einbringung der erforderlichen Ressourcen gewährleistet. Die ideale Kombination ist nach Auffassung von Rall (1994, S. 39) dann gegeben, wenn zwei Partner aus unterschiedlichen Regionen mit nicht konkurrierenden Produkten und spezifischen Stärken zusammenarbeiten.

Eine weitere Voraussetzung ist die *Ressourcenkongruenz bzw. -komplementarität* der Partner, d. h. die Möglichkeit zur Bündelung kritischer Ressourcen. Während kongruente Ressourcenprofile der Partner (Y- oder *scale*-Kooperationen) vor allem dazu geeignet sind, *Kostendegressionseffekte (economies of scale)* zu erzielen, dienen komplementäre Ressourcenkombinationen (X- oder *link*-Kooperationen) insbesondere der Realisierung von *Synergie- und Marktvorteilen* (vgl. Hennart 1988; Porter/Fuller 1989, S. 389 ff.).

Ein drittes wichtiges Kriterium der Partnerwahl ist deren *kulturelle Kompatibilität*. Unternehmungen mit ähnlichen Organisationskulturen besitzen zumeist ähnliche Ziele, Werte und Entscheidungsstrukturen, was das gegenseitige Verständnis und Vertrauen zwischen den Partnern fördert. Kooperationen zwischen Unternehmungen mit stark unterschiedlichen Organisationskulturen weisen dagegen eine höhere Konflikthäufigkeit und einen geringeren Zielerreichungsgrad auf (vgl. Pothukuchi et al. 2002; Hanvanich et al. 2003). Die Anwendung dieses Kriteriums der Partnerwahl

Abb. 4-7

Erfolgsfaktoren internationaler Unternehmungskooperationen

(Quelle: Holtbrügge 2005c, S. 1187)

wird jedoch dadurch erschwert, dass die kulturelle Kompatibilität nur schwer prognostiziert werden kann, da Organisationskulturen zu einem großen Teil unbewusst sind und nicht direkt beobachtet werden können (vgl. Schein 1984).

Killing (1983, S. 56) empfiehlt deshalb, auch das *Größenverhältnis* der Partner als Auswahlkriterium heranzuziehen. Dem liegt die Annahme zugrunde, dass bei Partnern vergleichbarer Größe auch ähnliche organisatorische Regelungen zu erwarten sind. Großunternehmungen verfolgen mit Unternehmungskooperationen etwa überwiegend langfristige Strategien, während kleinere Unternehmungen eher an einer schnellen Amortisation ihres investierten Kapitals interessiert sind. Vor allem Joint Ventures, an denen Partner mit signifikant unterschiedlicher Größe beteiligt sind, sind darüber hinaus häufig zu einer disproportionalen Wachstumspolitik, d.h. zu einer Änderung der Anteile der Partner am Stammkapital des Joint Venture zu Gunsten des größeren Partners gezwungen (vgl. Harrigan 1988a; Yeheskel et al. 2001).

Vertragsgestaltung

Ein zweiter zentraler Erfolgsfaktor internationaler Unternehmungskooperationen ist die *Vertragsgestaltung*. Empirische Studien belegen, dass zwischen der Intensität der Vorbereitung und dem Kooperationserfolg ein enger Zusammenhang besteht (vgl. z.B. Beamish 1988, S. 58f.). Insbesondere wenn Konflikte zwischen den Partnern entstehen, erleichtern eindeutige Regelungen der Rechte und Pflichten aller Partner eine schnelle und sachgerechte Konfliktlösung. In der Unternehmungspraxis werden Kooperationsverhandlungen jedoch häufig unter großem Zeitdruck geführt. Vor allem bei strategisch bedeutsamen Partnerschaften ist zudem nur eine sehr kleine Zahl hochrangiger Führungskräfte darin involviert, um das Risiko eines ungewollten frühzeitigen Bekanntwerdens der Kooperation so gering wie möglich zu halten, wodurch wiederum die detaillierte Ausarbeitung des Kooperationsvertrags erschwert wird. Darüber hinaus besteht ein Zielkonflikt zwischen einer möglichst großen Regelungssicherheit und dem Schutz der Interessen aller Beteiligten einerseits und der Flexibilität andererseits. Da sich sowohl die externen Rahmenbedingungen als auch die Ziele und die Verhandlungsmacht der Partner während des Lebenszyklus einer Kooperation ändern können (vgl. Kogut 1988b), sollten deshalb möglichst flexible Regelungen getroffen und Sperrklauseln auf besonders wichtige Aspekte beschränkt werden.

Leitungsstruktur

Im Rahmen der operativen Führung von Unternehmungskooperationen kommt vor allem der Gestaltung einer effizienten *Leitungsstruktur* eine große Bedeutung zu. Dabei können prinzipiell zwei unterschiedliche Gestaltungsformen unterschieden werden (vgl. Killing 1983):

Asymmetrische bzw. *dominant parent-Kooperationen* sind durch ein deutliches Übergewicht eines Partners in den Leitungsorganen gekennzeichnet. Eine solche Leitungsstruktur weist einer empirischen Studie von Killing (1983, S. 123ff.) zufolge vor allem in Joint Ventures in Transformations- und Entwicklungsländern, bei denen eine große ausländische Unternehmung mit einem kleineren und schwächeren inländischen Partner kooperiert, eine hohe Stabilität und Effizienz auf, da sie eine flexiblere und schnellere Entscheidungsfindung ermöglicht.

Symmetrische bzw. *shared management-Kooperationen* zeichnen sich dagegen durch eine gleichgewichtige und gleichberechtigte Beteiligung der Partner in den Leitungsorganen aus. Dadurch soll das Verständnis und Vertrauen zwischen den Partnern verbessert und das gegenseitige Lernen gefördert werden. Insbesondere in strategischen Partnerschaften, die einen Zugang zu den Kernkompetenzen der Partner voraussetzen, stellt dies einen wichtigen Erfolgsfaktor dar (vgl. Bleeke/Ernst 1994, S. 39 ff.). Symmetrische Kooperationen sind jedoch häufig zeitaufwändiger, inflexibler und konfliktintensiver. Empirische Untersuchungen deuten allerdings darauf hin, dass häufig nicht Konflikte zwischen den Partnern selbst, sondern vielmehr das Negieren und Bemühen um die Vermeidung von Konflikten zur Instabilität von Unternehmungskooperationen führt (vgl. Holtbrügge 1995, S. 142). Die hohe Kon-

Beispiel

Ein anschauliches Beispiel dafür ist die Fusion der Daimler-Benz AG und der Chrysler Corp. zur DaimlerChrysler AG. Von den Partnern wurde diese Kooperation vor allem mit der technologischen Entwicklung und der Globalisierung der Märkte begründet, wodurch die technisch-mindestoptimale Betriebsgröße in der Automobilindustrie in den letzten Jahren deutlich gestiegen ist. Dies bedeutet, dass nur solche Produzenten langfristig wettbewerbsfähig sind, die über eine weltweite Präsenz und ein umfassendes Produktportfolio verfügen. Entsprechend stellte die Realisierung von Synergieeffekten durch die gemeinsame Nutzung von Ressourcen und die Systemintegration (»Plattform-Strategie«) das zentrale Kooperationsmotiv dar. Ein weiteres Motiv war die Realisierung von Größendegressionsvorteilen in allen zentralen Wertaktivitäten. Insgesamt wurden Kosteneinsparungen von 1,2–2,5 Mrd. € pro Jahr angestrebt. Darüber hinaus sollte durch die Bündelung von Ressourcen und die Reduzierung von Doppelarbeiten in der Forschung & Entwicklung die Innovationsgeschwindigkeit erhöht werden.
Trotz einer zu Beginn des Jahres 2001 eingeleiteten *turnaround*-Strategie haben sich diese Ziele der Kooperationspartner nie erfüllt. Neben einer sinkenden Nachfrage nach Automobilen in den USA waren dafür insbesondere massive Probleme bei der *post merger*-Integration verantwortlich, deren Ausmaß zu Beginn der Kooperation weitgehend unterschätzt wurde. Vor allem die Integration der unterschiedlichen Organisationskulturen erwies sich als ausgesprochen schwierig und langwierig. »Die Kulturen der beiden Unternehmungen sind wie Öl und Wasser«, so Vlasic/Stertz (2000, S. 248). »Daimler kennzeichnete einen ausgeprägten Formalismus und eine starre Hierarchie, von den komplexen Entscheidungsprozessen über den ›Anzug-und-Krawatte‹-Dresscode bis hin zur Betonung von Titeln und Namen. Chrysler verzichtete dagegen auf Abteilungsschranken und förderte interfunktionale Teams, deren Mitglieder mit offenem Hemdkragen frei und ungebunden diskutieren (...). Die Führungskräfte bei Daimler hatten größere Stäbe und umfangreichere Spesenkonten. Chrysler-Manager hatten eine größere Verantwortung und höhere Gehälter und Bonusse. Fast alle deutschen Führungskräfte sprachen Englisch, aber keiner der Amerikaner (...) konnte Deutsch.«
Darüber führte die zunehmende Dominanz von Daimler-Managern in den Führungsgremien der Unternehmung zu erheblichen Widerständen bei vielen Mitarbeitern von Chrysler. Zu Beginn der Kooperation wurde von beiden Partnern immer wieder unterstrichen, dass es sich dabei um einen *merger of equals* handelt. Ausdruck dafür war die paritätische Besetzung des Vorstands und die gemeinsame Führung der Unternehmung durch Jürgen Schrempp und Bob Eaton. Mit zunehmender Dauer der Kooperation bildete sich jedoch immer stärker eine *dominant parent*-Struktur heraus. Nach dem Ausscheiden von Eaton im März 2000 verließen auch andere leitende amerikanische Führungskräfte wie etwa der CEO von Chrysler Jim Holden die Unternehmung und wurden durch Deutsche ersetzt. Besonderen Unmut bei den amerikanischen Mitarbeitern und Aktionären erregte eine Äußerung von Schrempp in einem Interview mit der Financial Times, wonach die Kooperation mit Chrysler von Anfang an als Übernahme und nicht als *merger of equals* geplant war.
Von vielen Aktionären wurde deshalb der Vorwurf erhoben, dass die Fusion weniger durch markt- und kostenorientierte Ziele als vielmehr durch das Motiv der leitenden Führungskräfte der Daimler-Benz AG geleitet war, in den Genuss von in den USA üblichen Manager-Gehältern und *stock options* zu kommen. Tatsächlich sank der *shareholder value* seit Beginn der Kooperation erheblich, das Einkommen der Führungskräfte stieg dagegen stark an.
Nachdem die Kritik an der Fusion immer größer wurde, wurde die Chrysler Group im Jahre 2007 schließlich mehrheitlich an den Finanzinvestor Cerberus verkauft und die Fusion wieder aufgelöst. Die Unternehmung wurde in Daimler umbenannt (vgl. Hein/Appel 1998; Vlasic/Stertz 2000; Waller 2000; Grässlin 2005).

fliktintensität von *shared management*-Kooperationen kann in diesem Sinne deshalb auch einen Vorteil darstellen.

In der Unternehmungspraxis ist häufig eine Tendenz zu *dominant parent*-Kooperationen zu beobachten. Dies kann vor allem darauf zurückgeführt werden, dass die Entscheidung über die Leitungsstruktur einer Kooperation nicht nur durch Markterfordernisse und Eigentümerentscheidungen beeinflusst wird, sondern auch durch persönliche Motive und mikropolitische Aktionen von Managern. Insbesondere dann, wenn deren Vergütung und Macht an die Zahl der ihnen untergeordneten Mitarbeiter geknüpft ist, bilden sich häufig asymmetrische Leitungsstrukturen heraus (vgl. Seth/Song/Pettit 2000, S. 391 f.).

Akkulturation

Ein weiterer wichtiger Erfolgsfaktor von internationalen Unternehmungskooperationen ist die Integration der Organisationskulturen. Eine effiziente *Akkulturation* steigert das gegenseitige Vertrauen zwischen den Partnern und reduziert die Neigung zu opportunistischem Verhalten. Dieser Aspekt gewinnt insbesondere dann an Bedeutung, wenn die zu Beginn der Zusammenarbeit meist positive Grundeinschätzung (»Flitterwochenphase«) nachlässt und die kulturellen Unterschiede zwischen den Partnern deutlich werden (vgl. Rottig 2013). Die Integration von Grundannahmen, Werten und Symbolen verringert zudem den Bedarf an technokratischer Koordination und fördert dadurch die Flexibilität (vgl. Kap. 5.1.2.3.3).

Formen der Akkulturation

Idealtypisch können vier *Formen der Akkulturation* in internationalen Unternehmungskooperationen unterschieden werden (vgl. Abb. 4-8).

- Bei einer *Integration* wird eine Organisationskultur geschaffen, die sich aus Elementen der Kulturen der Partner zusammensetzt.
- Bei einer *Kreation* wird eine neue Organisationskultur geschaffen, die keine oder nur wenige Elemente der Kulturen der Partner enthält.
- Eine *Assimilation* ist dadurch gekennzeichnet, dass ein Partner seine Organisationskultur vollständig aufgibt und die Kultur des anderen Partners annimmt.
- Bei einer *Separation* findet schließlich keine Akkulturation i. e. S. statt. Die Organisationskulturen der Partner bestehen weitgehend nebeneinander fort.

Abb. 4-8

Formen der Akkulturation in internationalen Unternehmungskooperationen

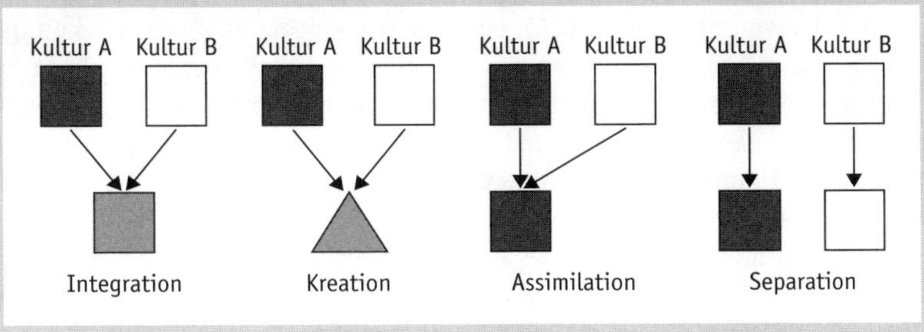

In einem internationalen Kontext ist die Schaffung einer gemeinsamen organisatorischen Identität besonders schwierig und zeitaufwändig, da die kulturelle Distanz zwischen den Partnern zumeist größer als in einem nationalen Umfeld ist (vgl. Gertsen/Søderberg 1998; Veiga et al. 2000; Haussmann 2002). Darüber hinaus weist Schreyögg (2008, S. 389 ff.) darauf hin, dass sich die Veränderung von Organisationskulturen zwar initiieren lässt, der Verlauf und das Ergebnis dieses Veränderungsprozesses aber nur zu einem begrenzten Maße planbar ist. Da Organisationskulturen in einem hohen Maße unbewusst und implizit sind, entziehen sie sich weitgehend einer zielgerichteten Beeinflussung.

Die Akkulturation kann deshalb weniger durch strukturelle Regelungen als vielmehr durch personalpolitische Instrumente unterstützt werden. Dazu zählen etwa die Besetzung von Führungspositionen mit Drittlandangehörigen, ein systematisches interkulturelles Training sowie die kooperationsgerechte Gestaltung des Anreizsystems (vgl. Schuler/Jackson 2001; Robson/Pararoidamis/Ginoglu 2003). Empirische Untersuchungen deuten jedoch darauf hin, dass derartige Instrumente in der Unternehmungspraxis nur selten eingesetzt werden und der kulturellen Anpassung insgesamt eine weitaus geringere Aufmerksamkeit als der strategischen und strukturellen Integration zugemessen wird (vgl. z. B. Vaara 2000). Die Folge davon sind vielfältige Verhaltenskonflikte, die die Realisierung der Kooperationsmotive massiv erschweren können.

Wissensmanagement

Da eines der wichtigsten Motive internationaler Unternehmungskooperationen darin besteht, Zugang zu strategisch relevantem Know-how anderer Unternehmungen zu erlangen, stellt schließlich auch das *Wissensmanagement* einen zentralen Erfolgsfaktor dar. Kooperationen können als Lernarenen aufgefasst werden, die Unternehmungen die Möglichkeit eröffnen, implizites, kompetenzbasiertes und schwer artikulierbares Wissen auszutauschen (vgl. Inkpen 1997; Simonin 1999).

Absorptionskapazität

Die Fähigkeit einer Unternehmung, auf das Wissen anderer Unternehmungen zuzugreifen und für sich selbst zu nutzen, wird als Absorptionskapazität (*absorptive capacity*) bezeichnet (vgl. Cohen/Levinthal 1990). Einer empirischen Untersuchung von Dussauge/Garette/Mitchell (2000) zufolge, ist diese insbesondere bei *link*-Kooperationen stark ausgeprägt, bei denen die Partner komplementäre Ressourcen miteinander kombinieren. Neben der Form der Zusammenarbeit wirken sich jedoch auch unternehmungsspezifische Faktoren auf die Absorptionskapazität einer Unternehmung aus (vgl. Nti/Kumar 2000). Eine besondere Bedeutung besitzen kulturelle Einflüsse, wobei Unternehmungen aus kollektivistischen Kulturen wie Japan und China eine höhere Absorptionskapazität als Unternehmungen aus individualistischen Kulturen wie Deutschland und den USA zugeschrieben wird (vgl. etwa Li/Shenkar 1996; Hennart/Roehl/Zietlow 1999).

Sowohl spieltheoretisch als auch transaktionskostentheoretisch fundierte empirische Untersuchungen belegen, dass das Risiko eines asymmetrischen Wissensabflusses an Partner mit einer höheren Absorptionskapazität insbesondere durch den Aufbau gegenseitigen Vertrauens und konsensorientierte Formen der Konfliktlösung begrenzt werden kann (vgl. Hamel 1991; Parkhe 1993). Unternehmungskooperationen, deren Partner in einem hohem Maße in den Aufbau von *Beziehungskapital (relational capital)* investieren, weisen demnach einen höheren Wissenszuwachs und eine geringere Gefahr des einseitigen Wissensabflusses als Kooperationen auf, die dies nicht tun (vgl. Kale/Singh/Perlmutter 2000).

Wettbewerbsintensität

Neben dem Einsatz von geeigneten Managementinstrumenten hängen die Stabilität und der Erfolg von Unternehmungskooperationen auch von nicht-beeinflussbaren externen Rahmenbedingungen ab. Insbesondere bei einer hohen *Wettbewerbsintensität in einer Branche* werden Kooperationen häufig nur als kurzfristige Mechanismen betrachtet, einen Zugang zu strategisch relevanten Ressourcen anderer Unternehmungen zu erschließen. Nach der Absorption dieser Ressourcen wird die Kooperation deshalb vielfach einseitig aufgelöst oder der frühere Partner übernommen (vgl. Kogut 1988a, S. 329).

Konzentrationsgrad

Ein ähnlicher Einfluss kommt auch dem *Konzentrationsgrad der Branche* zu. So nimmt die Wahrscheinlichkeit der Beendigung einer Kooperation vor dem ursprünglich vereinbarten Zeitpunkt mit der Zahl der in einer Branche agierenden Unternehmungen ab (vgl. Harrigan 1988b, S. 153 f.). In stark wachsenden Branchen mit einer Vielzahl von Konkurrenten und neuen Markteintritten weisen Kooperationen deshalb eine höhere Erfolgswahrscheinlichkeit auf als in Branchen, die durch Stagnations- oder sogar Schrumpfungsprozesse gekennzeichnet sind. Der Grad der Unternehmungskonzentration kann mit Hilfe des *Herfindahl-Index* gemessen werden, der als Summe der quadrierten Marktanteile aller Unternehmungen in einer Branche definiert ist. Wenn wenige Unternehmungen über jeweils hohe Marktanteile verfügen, ist dieser Index höher als wenn die Marktanteile relativ gleichmäßig zwischen einer großen Anzahl von Unternehmungen aufgeteilt sind (vgl. Ghemawat/Ghadar 2000, S. 67).

4.1.2.2.3 100 %ige Tochtergesellschaft

Unter einer 100 %igen Tochtergesellschaft wird eine Eigentumsform verstanden, bei der die Muttergesellschaft die *alleinige Verfügungsgewalt über eine Unternehmung im Ausland* erwirbt oder behält. Je nach der Investitionsgesetzgebung des betreffenden Landes sind dabei unterschiedliche Rechtsformen denkbar.

Vorteile

Die *Vorteile* 100 %iger Tochtergesellschaften gegenüber Markttransaktionen bestehen in der Verringerung bzw. Vermeidung von Transaktionskosten. Im Vergleich zu kooperativen Eigentumsformen können diese aufgrund der umfassenden Steuerungs- und Kontrollmöglichkeiten und der schnelleren Entscheidungsfindung leichter in den Unternehmungsverbund einer Multinationalen Unternehmung integriert werden. Darüber hinaus bestehen eine größere Unabhängigkeit von anderen Unternehmungen und ein besserer Schutz vor ungewollter Know-how-Diffusion.

Nachteile

Nachteile sind dagegen der hohe Kapital- und Ressourceneinsatz und die im Vergleich zu Markttransaktionen höheren Koordinationskosten. 100 %ige Tochtergesellschaften genießen zudem in vielen Ländern nur eine geringe Präferenz der Gastlandregierung und besitzen deshalb das höchste Enteignungsrisiko aller Eigentumsformen. Darüber hinaus ist der Erwerb länderspezifischen Know-hows häufig langwieriger als bei kooperativen Eigentumsformen.

Partner Buy-Out

Eine besondere Herausforderung ist die Umwandlung eines bestehenden Joint Venture in eine 100 %ige Tochtergesellschaft durch *Partner Buy-out*. Dies ist gegenwärtig etwa häufig in China der Fall, nachdem in vielen Branchen die Notwendigkeit der Beteiligung lokaler Partner aufgehoben wurde (vgl. Puck/Holtbrügge/Mohr 2009). Die wichtigsten Motive dafür sind der Schutz vor ungewollter Know-how-Diffusion sowie das Bestreben, die Unternehmungspolitik nicht mit einer anderen Unternehmung abstimmen zu müssen. Zudem wird im Verlauf der Tätigkeit eigenes Marktwissen gesammelt, so dass die Unternehmung immer weniger auf die entsprechenden Kenntnisse des lokalen Partners angewiesen ist.

Eine der größten Herausforderungen von Partner-Buy-Outs ist die Bewertung der Kapitalanteile und die Einigung über den Kaufpreis. Dies gilt insbesondere dann, wenn das Joint Venture nicht börsennotiert ist. Zudem muss sichergestellt werden, dass Schlüsselmitarbeiter die Unternehmung nicht verlassen und kein ungewollter Wissensabfluss an den früheren Partner stattfindet (vgl. Holtbrügge/Puck 2006).

4.1.2.2.4 Kritische Gesamtbeurteilung

Empirische Untersuchungen hinsichtlich der *Bedeutung* unterschiedlicher Eigentumsformen in der Unternehmungspraxis belegen, dass deutsche Unternehmungen überwiegend 100%ige Tochtergesellschaften präferieren, während sich amerikanische Unternehmungen auch relativ häufig in Form von Joint Ventures engagieren. Länderübergreifende Längsschnittstudien zeigen zudem, dass der *Anteil kooperativer Eigentumsformen generell zunimmt*, diese aber häufig über eine *geringere Kapitalausstattung als 100%ige Tochtergesellschaften* verfügen (vgl. Contractor/Lorange 1988b, S. 29; Kutschker 1992, S. 503 f.). Dabei muss berücksichtigt werden, dass Formen der vertraglichen Zusammenarbeit ohne Kapitalbeteiligung definitionsgemäß in Statistiken über ausländische Direktinvestitionen nicht erfasst werden und der Anteil von Kooperationen gegenüber allein beherrschten Eigentumsformen deshalb in den meisten empirischen Untersuchungen tendenziell zu niedrig ausgewiesen wird.

Einfluss von Unternehmungscharakteristika

Zum *Einfluss von Unternehmungscharakteristika* auf die Wahl der Eigentumsform liegen unterschiedliche Befunde vor. So kommt etwa Kutschker (1992, S. 505) mit Blick auf die *Unternehmungsgröße* zu dem Ergebnis, dass kleine und mittelständische Unternehmungen tendenziell Kooperationen bevorzugen, während Großunternehmungen eher 100%ige Tochtergesellschaften präferieren. Demgegenüber argumentieren Hennart/Larimo (1998, S. 528), dass Großunternehmungen häufiger kooperative Eigentumsformen wählen, da sich diese leichter in bestehende Portfolios diversifizierter Aktivitäten integrieren lassen. Auch Haussmann/Rygl/Holtbrügge (2009) legen dar, dass kleine und mittelständische Unternehmungen häufig eine *going alone*-Strategie bevorzugen, da das unternehmungsspezifische Know-how dadurch besser geschützt werden kann. Weiss (1996, S. 238 ff.) zeigt darüber hinaus auf, dass der Kooperationsbedarf einer Unternehmung mit zunehmender *internationaler Erfahrung* sinkt. Auch die Studie von Li/Meyer (2009) weist darauf hin, dass sich die generelle internationale Erfahrung einer Unternehmung positiv auf die Präferenz für 100%ige Tochtergesellschaften auswirkt, während mit zunehmenden landespezifischen Erfahrungen die Tendenz zur Gründung von Joint Ventures zunimmt.

Transferiertes Wissen

Einen weiteren Einflussfaktor bildet die Form des ins Ausland zu transferierenden *Wissens*. Je geringer die schriftliche Kodifizierbarkeit sowie die Artikulier- und Vermittelbarkeit und je höher die technologische Komplexität des Wissens ist, das ins Ausland transferiert werden soll, desto eher werden 100%ige Tochtergesellschaften gegenüber marktorientierten oder kooperativen Eigentumsformen bevorzugt (vgl. Kogut/Zander 1993, S. 635). Pak/Park (2004) weisen am Beispiel japanischer Unternehmungen zudem darauf hin, dass 100%ige Tochtergesellschaften umso eher gewählt werden, je höher die *Ausgaben für Forschung & Entwicklung* sind. Diese bieten demnach einen besseren Schutz vor ungewollter Know-how-Diffusion als Unternehmungskooperationen.

Einfluss gastlandspezifischer Faktoren

Auch der *Einfluss gastlandspezifischer Faktoren* wird unterschiedlich bewertet (vgl. die Meta-Analyse von Tihanyi/Griffith/Russell 2005). Während etwa Kogut/Singh (1988) und Hennart/Larimo (1998) zu dem Ergebnis kommen, dass Unternehmungen in Ländern mit einer hohen *kulturellen Distanz* zum Heimatland eher kooperative Eigentumsformen präferieren, deuten die Befunde von Shane (1994) auf einen genau entgegengerichteten Zusammenhang hin. Wang/Schaan (2008) weisen einen umgekehrt u-förmigen Zusammenhang zwischen der kulturellen Distanz und der Wahl von Joint Ventures nach. Diese Widersprüche lassen sich auflösen, wenn das perzipierte Investitionsrisiko als moderierende Variable hinzugezogen wird. Nach Untersuchungen von Brouthers/Brouthers (2001), Brouthers (2002) und Pak/Park (2004) wählen Unternehmungen je eher kooperative Eigentumsformen, desto höher das perzipierte *Investitionsrisiko* ist. Cho/Padmanabhan (2005) weisen zudem darauf hin, dass die *Erfahrungen mit bestimmten Eigentumsformen* den Einfluss der kulturellen Distanz abschwächen. Unternehmungen, die Erfahrungen mit einer bestimmten Eigentumsform haben, sind damit besser in der Lage, die mit der Überwindung kultureller Distanzen verbundenen Kosten zu bewältigen. Sie ziehen deshalb die Gründung 100%iger Tochtergesellschaften vor.

Institutioneller Kontext

Darüber hinaus zeigt sich, dass der *institutionelle Kontext* des jeweiligen Gastlandes die Wahl der Eigentumsform beeinflusst. Während in Industrieländern sowie in Ländern mit geringen rechtlichen Beschränkungen für ausländische Direktinvestitionen eher 100%ige Tochtergesellschaften gegründet werden, sind in Entwicklungsländern sowie in Ländern mit starken rechtlichen Beschränkungen eher Kooperationen anzutreffen (vgl. Brouthers 2002, S. 213; Dikova/van Witteloostuijn 2007; Morschett/Schramm-Klein/Swoboda 2010). So zeigt etwa die Studie ausländischer Unternehmungen in den BRIC-Staaten von Holtbrügge/Baron (2013), dass der Anteil von 100%igen Tochtergesellschaften in China, d.h. in einem Land mit einer vergleichsweise hohen politischen Stabilität, funktionierenden Institutionen und einem liberalen Investitionsregime, signifikant höher als in Brasilien, Indien und Russland ist, wo die institutionellen Rahmenbedingungen deutlich problematischer sind.

Vorteilhaftigkeit

Die *Vorteilhaftigkeit* alternativer Eigentumsformen lässt sich mit Hilfe der *Transaktionskostentheorie* aufzeigen (vgl. Tab. 4-7). Danach sind 100%ige Tochtergesellschaften vor allem dann effizient, wenn die Spezifität und Unsicherheit von Transaktionen hoch und die Häufigkeit gering sind. In diesem Fall käme einem Marktpartner ein großer Spielraum für opportunistisches Verhalten zu, den dieser einseitig zu Lasten der betrachteten Unternehmung ausnutzen könnte. Für Markttransaktionen gilt genau der entgegengesetzte Zusammenhang, während Kooperationen eine mittlere Position einnehmen. Diese Argumentation der Transaktionskostentheorie wird durch eine Vielzahl empirischer Untersuchungen bestätigt (vgl. die Meta-Analyse von

Tab. 4-7

Transaktionskostenspezifische Anwendungsbedingungen alternativer Eigentumsformen

	Eigentumsform ist...		
... vorteilhaft wenn	**Markttransaktion**	**Kooperation**	**100 %ige-Tochtergesellschaft**
Transaktionsspezifität	gering	hoch	hoch
Transaktionshäufigkeit	hoch	gering	gering
Unsicherheit (Umwelt, Rechtsrahmen)	gering	mittel	hoch
Gefahr opportunistischen Verhaltens	unproblematisch	beherrschbar	kaum beherrschbar
Komplementarität der Fähigkeiten		wechselseitige Abhängigkeit	einseitige Abhängigkeit

(Quelle: leicht verändert nach Kutschker 1992, S. 512)

Zhao/Luo/Suh 2004). So zeigen etwa Chang/Chung/Moon (2012) in einer Analyse von *Partner Buy-outs* ausländischer Unternehmungen in China, dass in 100 %ige umgewandelte Tochtergesellschaften einen höheren Markterfolg als Joint Ventures aufweisen, wenn deren Faktorspezifität *asset specificity* hoch ist.

Realoptionsansatz

Neben der Transaktionskostentheorie wird in jüngster Zeit zunehmend der *Realoptionsansatz* zur theoretischen Fundierung der Eigentumsformwahl herangezogen (vgl. Fisch 2006). Dieser basiert auf dem Gedanken, dass mit der Entscheidung für eine bestimmte Eigentumsform nicht nur Erwartungen über finanzielle Rückflüsse (z. B. ausgedrückt durch den Kapitalwert) verbunden sind, sondern auch Realoptionen eröffnet bzw. vernichtet werden. Bei unsicheren Erwartungen über die zukünftige Umweltentwicklung stellt es somit einen Wert für die Unternehmung dar, eine Eigentumsform zu wählen, die sich flexibel an die geänderten Bedingungen anpassen lässt.

Nach dem Realoptionsansatz lassen sich Exporte als aufgeschobene Investitionen, Unternehmungskooperationen als Realoptionen und 100 %ige Tochtergesellschaften als sofortige Investitionen interpretieren (vgl. Buckley/Casson/Gulamhussen 2002). Die Vorteilhaftigkeit dieser Eigentumsformen hängt von dem Grad der wahrgenommenen Unsicherheit über die Entwicklung der Umweltbedingungen (z. B. Marktrisiko, Verhalten der Konkurrenten, Änderung der rechtlichen Rahmenbedingungen) ab. Ist die Unsicherheit gering, so stellen 100 %ige Tochtergesellschaften die vorteilhafteste Eigentumsform dar, da dabei die Marktchancen bestmöglich ausgeschöpft werden können. Bei großer Unsicherheit sind dagegen Exporte sinnvoll, da diese die höchste Flexibilität beinhalten. In diesem Fall kommt dem Optionswert somit eine größere Bedeutung für die Eigentumsformwahl als dem erzielbaren Kapitalwert zu. Bei einer mittleren Unsicherheit sind Unternehmungskooperationen sinnvoll.

4.1.2.3 Ansiedlungsform

Bei der Wahl der Ansiedlungsform als letztem Element der Internationalisierungsform ist eine Entscheidung darüber zu treffen, ob auf bereits bestehende Ressourcenbündel im Gastland zurückgegriffen (Unternehmungskauf bzw. Beteiligungserwerb) oder eine vollständig neue Ressourcenkombination aufgebaut werden soll (Unternehmungsneugründung). Beide Alternativen sind sowohl bei Unternehmungskooperationen als auch bei der Errichtung 100%iger Tochtergesellschaften möglich.

4.1.2.3.1 Unternehmungsneugründung

Vorteile

Die *Vorteile* einer Unternehmungsneugründung (*greenfield investment* bzw. *start-up*) bestehen insbesondere in dem größeren Entscheidungsspielraum bei der Standortwahl und der Konfiguration der Wertkette. Zudem können häufig kartellrechtliche und behördliche Restriktionen umgangen und notwendige Investitionen über einen längeren Zeitraum gestreckt werden. Bei einer Unternehmungsübernahme bzw. -beteiligung ist der Kaufpreis dagegen i. d. R. sofort fällig. Empirische Untersuchungen weisen darüber hinaus darauf hin, dass sich neue Formen der Arbeitsorganisation und neue Produktions- oder Dienstleistungskonzepte leichter implementieren lassen als in bereits bestehenden Unternehmungen (vgl. Tsang 2003; Barkema/Schijven 2008).

Nachteile

Ein zentraler *Nachteil* ist dagegen, dass damit zumeist ein langsamerer Markteintritt verbunden ist, was insbesondere die Möglichkeit zur Abschöpfung von Pionier-Gewinnen schmälert. Bei kleineren Unternehmungen mit geringer internationaler Erfahrung sowie in sehr risikoreichen Märkten kann dies jedoch durchaus ein Vorteil sein, da Unternehmungsneugründungen als langsamere Ansiedlungsform Lerneffekte ermöglichen und damit risikoärmer als Ansiedlungsformen sind, die eine schrittweise Erweiterung der Kapazitäten nicht oder nur schwer zulassen.

4.1.2.3.2 Unternehmungskauf bzw. Beteiligungserwerb

Vorteile

Die *Vorteile* des Unternehmungsaufkaufs (*brownfield investment* bzw. *acquisition*) bestehen neben dem schnelleren Markteintritt vor allem in der Möglichkeit zur Nutzung vorhandener Absatz- und Beschaffungskanäle, erprobter Technologien und etablierter Organisations- und Mitarbeiterstrukturen. Häufig ist zudem ein geringerer Kapitaleinsatz als bei Unternehmungsneugründungen erforderlich. So sind z. B. in den mittel- und osteuropäischen Staaten viele Unternehmungen unterbewertet, so dass sie zu einem Preis erworben werden können, der unter ihrem Marktpreis liegt (vgl. Holtbrügge/Boutler 2003).

Neben dem vollständigen Erwerb ist auch die Kapitalbeteiligung an einer Unternehmung im Ausland (*partial acquisition*) möglich (vgl. Duarte/Garcia-Canal 2004). Ein Beteiligungserwerb erfordert geringere Kapitalinvestitionen und reduziert die Akzeptanzprobleme des neuen Eigentümers bei der Belegschaft und den Gastlandbehörden. Das Investitionsrisiko von Kapitalbeteiligungen ist deshalb geringer als bei der vollständigen Übernahme. Zugleich sind jedoch die Einflussmöglichkeiten auf die Geschäftspolitik geringer, da diese ähnlich wie bei Joint Ventures mit den lokalen Anteilseignern abgestimmt werden muss.

Nachteile

Nachteile von *cross-border*-Akquisitionen sind der hohe Kosten- und Zeitaufwand für die Suche nach geeigneten Übernahmekandidaten sowie die durch die geographische Distanz verursachten Informationsprobleme, die die Beurteilung deren Stärken und Schwächen im Rahmen der *due diligence* erschweren (vgl. Berens et al. 2013). Insbesondere bei der Akquisition von Unternehmungen in Transformations- und Entwicklungsländern ist die Bewertung immaterieller Ressourcen wie z. B. Markenrechte, Patente und Lizenzen sowie die Bestimmung des finanziellen Unternehmungswertes aufgrund unterschiedlicher Bewertungs- und Rechnungslegungsvorschriften sowie fehlender Publizitätspflichten oft eine kaum lösbare Aufgabe (vgl. Schindler 2002). Ein besonderes Problem, das bei der Übernahme von Unternehmungen in vielen Transformations- und Entwicklungsländern ein unkalkulierbares Risiko darstellt, sind ungeklärte Eigentumsverhältnisse, nicht ausgewiesene Verpflichtungen (z. B. Pensionszusagen) und ökologische Altlasten (vgl. Holtbrügge/Boutler 2003; Holtbrügge/Puck 2006). Schließlich werden unternehmungspolitische Innovationen durch bestehende Organisations- und Mitarbeiterstrukturen (organisatorisches Erbe) erschwert. Kutschker (1992, S. 526 f.) bemerkt deshalb: »Es ist ein seltener Glücksfall, wenn ein prosperierendes, strategisch gut positioniertes Unternehmen gekauft werden kann. In der Regel müssen umfangreiche Rationalisierungs-, Umstrukturierungs- und Integrationsprogramme abgewickelt werden, die die Ressourcen der kaufenden Unternehmung in hohem Maße beanspruchen, i. d. R. stärker als dies bei (...) der Gründung der Fall ist.«

4.1.2.3.3 Kritische Gesamtbeurteilung

Ansiedlungsstrategien bei Neugründungen

In der wissenschaftlichen Literatur liegen zahlreiche Studien der Einflussfaktoren auf die Wahl der Ansiedlungsform vor (vgl. den Überblick von Slangen/Hennart 2007). Barkema/Vermeulen (1998, S. 19 ff.) kommen in einer empirischen Untersuchung der Ansiedlungsstrategien niederländischer Unternehmungen zu dem Ergebnis, dass in Ländern mit einer großen *kulturellen Distanz zum Heimatland* eher Neugründungen bevorzugt werden. Dieser Zusammenhang wird von Estrin/Baghdasaryan/Meyer (2009) für Direktinvestitionen in Emerging Markets bestätigt. Auch Slangen/Hennart (2008) weisen eine Präferenz für Neugründungen in kulturell entfernten Märkten nach. Diese nimmt jedoch ab, wenn Unternehmungen nur eine geringe internationale Erfahrung besitzen oder planen, der ausländischen Tochtergesellschaft eine hohe Autonomie im Bereich des Marketing einzuräumen.

Neugründungen werden darüber hinaus durch die *Diversität der von einer Unternehmung bearbeiteten Märkte* begünstigt. Barkema/Vermeulen (1998, S. 18 f.) führen dies darauf zurück, dass Erfahrungen in unterschiedlichen nationalen Kontexten organisatorische Lernprozesse fördern, die Unternehmungen wiederum dazu befähigen, eigene Kapazitäten aufzubauen statt auf vorhandene Ressourcen zurückzugreifen. Darüber hinaus hat auch die *Produktdiversität* einen Einfluss auf die präferierte Ansiedlungsform. So weisen Lee/Lieberman (2010) nach, dass Unternehmungen vor allem dann Akquisitionen bevorzugen, wenn sich die im Gastland angebotenen Produkte stark von denen im Heimatland unterscheiden. Nach der Studie von Gasparic-Fiember (2007) deutscher und österreichischer Investoren im ehemaligen Jugoslawien führen Unternehmungen zudem umso eher Akquisitionen durch, je größer die Tochtergesellschaft im Vergleich zur Muttergesellschaft ist.

Organisatorisches Wissen

Einen weiteren Einflussfaktor bildet das organisatorische *Wissen*, das ins Ausland transferiert bzw. dort erworben werden soll. Zahra/Ireland/Hitt (2000) zeigen in einer empirischen Untersuchung US-amerikanischer Unternehmungen in technologieintensiven Branchen, dass Unternehmungsakquisitionen zu einem schnelleren Wissenszuwachs führen als Unternehmungsneugründungen. Akquisitionen werden deshalb vor allem dann als Ansiedlungsform bevorzugt, wenn inländische Unternehmungen mit einer hohen Wissenskapazität übernommen werden können (vgl. Shan/Song 1997). Unternehmungen, die selbst über eine hohe Kapazität an Wissen verfügen, dieses möglichst schnell ins Ausland transferieren und Lernprozesse dort möglichst umfassend steuern wollen, ziehen dagegen Unternehmungsneugründungen gegenüber -akquisitionen vor (vgl. Brouthers/Brouthers 2000).

Unternehmungsstrategie

In Multinationalen Unternehmungen hat darüber hinaus auch die verfolgte *Unternehmungsstrategie* Einfluss auf die Wahl der Ansiedlungsform (vgl. Kap. 4.2.1). So zeigt Harzing (2002), dass Multinationale Unternehmungen mit einer globalen Strategie, die ihre Strukturen, Systeme und Prozesse weltweit formalisieren und standardisieren, eher Neugründungen vorziehen. In Unternehmungen mit einer multinationalen Strategie, deren ausländische Tochtergesellschaften sich in einem hohen Maße an die jeweiligen nationalen Bedingungen anpassen, sind dagegen eher Akquisitionen anzutreffen. Auch Tan (2009) weist darauf hin, dass Akquisitionen in Multinationalen Unternehmungen eher erfolgreich sind, wenn diese nur geringe Interdependenzen mit anderen Unternehmungseinheiten aufweisen (multinationalen Strategie). In Multinationalen Unternehmungen, die eine transnationale Strategie verfolgen, sind dagegen eher Unternehmungsneugründungen erfolgreich.

Misserfolgsquote von Akquisitionen

Zur *Effizienz* der unterschiedlichen Ansiedlungsformen deuten empirische Untersuchungen auf eine hohe Misserfolgsquote von Akquisitionen hin (vgl. den Überblick bei Glaum/Lindemann/Friedrich 2006). Dies gilt insbesondere dann, wenn die *kulturelle und organisatorische Distanz* zwischen der akquirierenden und der akquirierten Unternehmung sehr groß ist (vgl. Datta/Puia 1995; Li 1995, S. 345 f.). Eine Untersuchung der internationalen Akquisitionen niederländischer Unternehmungen von Slangen (2006) belegt jedoch, dass dieser Zusammenhang durch den *Integrationsgrad* moderiert wird. Danach wirkt sich die kulturelle Distanz nur dann negativ auf den Akquisitionserfolg aus, wenn die akquirierte Unternehmung in einem hohen Maße in die länderübergreifende Strategie und Struktur der akquirierenden Unternehmung integriert wird. Bei einem geringen Integrationsgrad hat die kulturelle Distanz dagegen einen positiven Einfluss. Ein Grund dafür ist die damit verbundene Fähigkeit des Lernens aus kulturellen Unterschieden (vgl. Vermeulen/Barkema 2001), auf die in Kap. 6.2.2 noch ausführlich eingegangen wird.

Produktionstechnologie

Holtbrügge (1996b, S. 27) weist in einer Studie unterschiedlicher Ansiedlungsstrategien deutscher Unternehmungen in Russland zudem auf den Einfluss der *Produktionstechnologie* hin. Während bei einer kapitalintensiven Produktion der Erwerb einer bestehenden Unternehmung vorteilhaft ist, weist bei einer arbeitsintensiven Produktion eine Unternehmungsneugründung Vorteile auf. Die Vor- und Nachteile alternativer Ansiedlungsstrategien sind in Tab. 4-8 nochmals zusammengefasst.

Tab. 4-8

Kennzeichen alternativer Ansiedlungsstrategien

Kriterien \ Ansiedlungsstrategie	Neugründung	Aufkauf
Marktzugang	zeitverzögert	unmittelbar
Marktanteil	muss erobert werden	wird übernommen
Kapitaleinsatz	sukzessive Steigerung	hoher Anfangsbetrag
Standort	frei wählbar	gegeben
Einstellung der Gastlandregierung	häufig finanzielle Förderung	oft Abwehrhaltung
Technologie	neuestes Verfahren einsetzbar	vorgegeben
Integration	problemlos	schwierig
Anbieterzahl und Produktionskapazität	wird erhöht	bleibt erhalten

(Quelle: Pausenberger 1994, S. 19)

4.1.3 Wahl des Markteintrittszeitpunktes

Bei der Wahl des Markteintrittszeitpunktes als dritter und letzter Teilentscheidung im Rahmen der Internationalisierungsstrategie kann idealtypisch in ein Pionier- und ein Folgerverhalten unterschieden werden.

4.1.3.1 Pionierstrategie

Errichtung von Markteintrittsbarrieren

Die Vorteile eines frühen Markteintritts *(leader bzw. first mover advantages)* resultieren insbesondere aus der Möglichkeit der Abschöpfung von Pionier-Gewinnen und der Errichtung umfangreicher Markteintrittsbarrieren (vgl. Tab. 4-9). So können Produktstandards leichter durchgesetzt, Abnehmerpräferenzen für bestimmte Produkte oder Dienstleistungen geschaffen und langfristige Kundenbindungen aufgebaut werden (vgl. Lieberman/Montgomery 1988; von der Oelsnitz 2000). Darüber hinaus ist eine frühzeitige Bindung von Zulieferern und Absatzmittlern möglich, was insbesondere in weniger entwickelten Ländern von Bedeutung ist. Unternehmungen, die sich sehr frühzeitig in gerade öffnenden Märkten (*Emerging Markets*) engagieren, werden zudem von den Gastländern häufig durch die Gewährung von Investitions- und Steueranreizen bevorzugt (vgl. Frynas/Mellahi/Pigman 2006).

Empirische Untersuchungen weisen deshalb darauf hin, dass Pioniere eher in der Lage sind, dauerhafte Wettbewerbsvorteile gegenüber Folgern aufzubauen und langfristig erfolgreicher sind (vgl. Luo 1998; Meffert/Pues 2002, S. 411). Wie die postmoderne Theorie des Internationalen Management nahe legt (vgl. Kap. 3.2.5), dürfte diese Bedeutung der Zeit als Wettbewerbsfaktor in Zukunft noch weiter zunehmen (vgl. auch Holtbrügge 2000).

Tab. 4-9

Vor- und Nachteile von Pionier-Strategien

Vorteile	Nachteile
▸ Abschöpfung von Pionier-Gewinnen ▸ Errichtung von Markteintritts-barrieren ▸ Durchsetzung von Produktstandards ▸ Aufbau langfristiger Kunden- und Lieferantenbindungen	▸ Anpassungserfordernisse an sich schnell wandelnde Umwelt-bedingungen ▸ *liability of foreignness* ▸ Gefahr von Imitations- und *free rider*-Effekten
Marktvorteile	Risiko- und Effizienznachteile

4.1.3.2 Folgerstrategie

Liability of foreigners

Vorteile eines späten Markteintritts (*follower advantages*) ergeben sich in Märkten mit einem hohen Unsicherheitsniveau und einem schnellen Wandel von Konsumentenpräferenzen. Insbesondere in sich öffnenden Märkten ist die Entwicklung der Umweltbedingungen häufig durch eine hohe Dynamik und Diskontinuität gekennzeichnet. Zudem zeichnet sich die Politik der Gastlandregierung gegenüber ausländischen Unternehmungen in diesen Ländern vielfach durch einen langwierigen Lernprozess mit zahlreichen Richtungswechseln aus.

Ein früher Markteintritt erhöht deshalb die von Hymer beschriebene *liability of foreignness* (vgl. Kap. 3.1.2.7) und führt zu permanenten Anpassungserfordernissen, während ein späterer Markteintritt bereits unter weitaus stabileren Rahmenbedingungen erfolgen kann und deshalb ein geringeres Risiko beinhaltet (vgl. Luo 1998; Stevens/Dykes 2013). Darüber hinaus können Folger insbesondere in Ländern mit einer sehr hohen Markttransparenz von den Erfahrungen der Pioniere lernen (*free rider*-Effekt) und Fehlinvestitionen vermeiden (vgl. Meffert/Pues 2002, S. 411 ff.).

Beispiel

Ein Beispiel für die möglichen Nachteile einer Pionierstrategie ist das Engagement des deutschen Schuhproduzenten Salamander in der ehemaligen Sowjetunion. Nachdem es der Unternehmung nach Öffnung des Landes zunächst hervorragend gelang, sich in seinen Joint Ventures in Leningrad, Rjazan und Witebsk an die Bedingungen der damals noch vorherrschenden Zentralverwaltungswirtschaft anzupassen und große Pionier-Gewinne abzuschöpfen, haben die mit der Auflösung der UdSSR und der Einführung der Marktwirtschaft verbundenen Entwicklungen mehrere strategische Fehlentscheidungen offenbart. So hat es Salamander zwar bis zum Ende der achtziger Jahre vor allem durch die enge Zusammenarbeit mit lokalen Behörden verstanden, die damals noch existierenden staatlichen Distributionsstrukturen zu nutzen, aber nicht rechtzeitig damit begonnen, ein eigenes Netz von Groß- und Einzelhändlern aufzubauen. Auch die massive Verschärfung des Wettbewerbs durch die außenwirtschaftliche Öffnung trug dazu bei, dass die Unternehmung, die Ende der achtziger Jahre überwiegend technisch veraltete Produktionsanlagen in die damalige UdSSR transferiert hatte, nicht mehr konkurrenzfähig war und aufgrund der im Vergleich zu anderen ausländischen Unternehmungen geringen Qualität ihrer Produkte zudem mit massiven Imageproblemen zu kämpfen hatte. Als Folge dieser Entwicklungen zog sich die Unternehmung Mitte der neunziger Jahre weitgehend aus dem Markt zurück (vgl. Holtbrügge 1996b, S. 23).

4.1.3.3 Kritische Gesamtbeurteilung

Timingstrategien des Markteintritts

Neben der *Umweltdynamik*, der *Ungewissheit über zukünftige Entwicklungen* und der *Risikoneigung der Unternehmung* hängt die Vorteilhaftigkeit der unterschiedlichen Timingstrategien des Markteintritts insbesondere von der *Unternehmungsgröße* ab. Größere und damit finanzkräftigere Unternehmungen verfügen tendenziell eher über die Möglichkeit, einen Markteintritt zu verzögern, um später z. B. durch die Akquisition einer inzwischen etablierten Unternehmung entsprechende Marktanteile zu erwerben. Kleinere und damit vielfach flexiblere Unternehmungen sind dagegen eher dazu geneigt, durch einen frühen Markteintritt entsprechende Zeitvorteile zu erringen und Pionier-Gewinne abzuschöpfen, bevor die Wettbewerbsintensität durch den zunehmenden Markteintritt ausländischer Unternehmungen zunimmt (vgl. Meffert/Pues 2002, S. 412).

Monopolistische Vorteilstheorie

In Anlehnung an die *monopolistische Vorteilstheorie von Hymer und Kindleberger* (vgl. Kap. 3.1.2.7) kann zudem argumentiert werden, dass der Markteintritt umso eher erfolgen sollte, je geringer die *Eigentumsvorteile der Unternehmung* sind. Je größer diese sind, desto länger kann die Unternehmung dagegen den Markteintritt hinauszögern, ohne dadurch ihre Ertragsaussichten zu schmälern. »At the theoretical extreme, an ownership asset so unique that it could never be duplicated confers a very high level of delayability – the valuable option to ›wait and see‹ indefinitely in uncertain environments« (Rivoli/Salorio 1996, S. 344).

Realoptionsansatz

Im Sinne des *Realoptionsansatzes* hängt die Vorteilhaftigkeit eines frühen bzw. späten Markteintritts von dem Grad der wahrgenommenen Unsicherheit über die Entwicklung der Umweltbedingungen ab. Ist die Unsicherheit gering, so ist ein früher Markteintritt sinnvoll, da dadurch der höchste Kapitalwert erzielt werden kann. Bei großer Unsicherheit ist dagegen ein später Markteintritt sinnvoll, da es dieser der Unternehmung erlaubt, flexibel auf die Umweltentwicklung zu reagieren. In diesem Fall kommt dem Optionswert somit eine größere Bedeutung für die Wahl des Markteintrittszeitpunkts als dem erzielbaren Kapitalwert zu.

4.2 Strategisches Management in Multinationalen Unternehmungen

4.2.1 Idealtypische Strategiealternativen Multinationaler Unternehmungen

Strategiespektrum Multinationaler Unternehmungen

Wie bereits in Kap. 3.2 ausgeführt, können Multinationale Unternehmungen nicht nur durch die Optimierung ihrer einzelnen Auslandsengagements, sondern vor allem durch die integrative Gesamtbetrachtung ihrer weltweiten Aktivitäten Wettbewerbsvorteile erzielen. Dabei sind sie mit zwei entgegengesetzten Anforderungen konfrontiert, und zwar der Anforderung nach gleichzeitiger Ausschöpfung von Vorteilen der lokalen Anpassung (Fragmentierungs- bzw. Differenzierungsvorteilen) einerseits und Vorteilen der globalen Integration (Unifikations- bzw. Standardisierungsvorteilen) andererseits. Folgt man der in Kap. 2.1.2 dargelegten Auffassung, dass diese

Abb. 4-9

Idealtypisches Strategiespektrum Multinationaler Unternehmungen

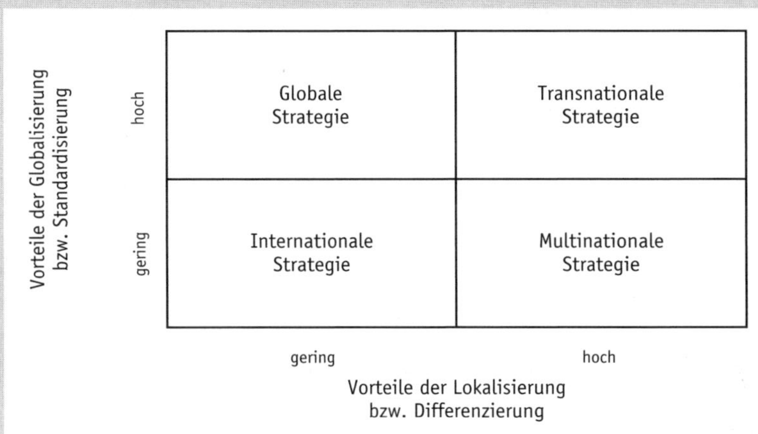

Anforderungen nicht die Extrempunkte eines Kontinuums darstellen, sondern unabhängige Dimensionen sind, lassen sich diese in dichotomer Ausprägung in Form einer Matrix anordnen, die das *Strategiespektrum Multinationaler Unternehmungen* abbildet (vgl. Abb. 4-9).

4.2.1.1 Internationale Strategie

Zentralistisches Führungskonzept

Eine internationale Strategie, die in Anlehnung an Perlmutter (1969) auch als ethnozentrische Strategie bezeichnet werden kann, zeichnet sich durch die weitgehende Übertragung von Strukturen, Systemen, Prozessen und Ressourcen der Muttergesellschaft auf alle ausländischen Tochtergesellschaften aus. Diese fungieren lediglich als »adjunct to domestic business or as a source of quick profits« (Magaziner/Reich 1985, S. 8) und werden deshalb vor allem durch Anweisungen und Direktiven gesteuert. Die Umsetzung dieses zentralisierten Führungskonzeptes wird durch die Entsendung von Stammhausdelegierten unterstützt, die die Verfolgung der strategischen Ziele der Muttergesellschaft sicherstellen sollen. Während diese Strategie in den sechziger und siebziger Jahren insbesondere von amerikanischen Unternehmungen erfolgreich angewandt wurde, tritt ihre Bedeutung im Zuge der Globalisierung der Wirtschaft zunehmend in den Hintergrund.

4.2.1.2 Multinationale Strategie

Dezentrales Führungskonzept

Eine multinationale Strategie, die in Anlehnung an Perlmutter (1969) auch als polyzentrische Strategie oder als Strategie der nationalen Anpassung (vgl. Scholl 1989, Sp. 992) bezeichnet wird, ist durch die Berücksichtigung und weitgehende Anpassung an Bedingungen des jeweiligen Gastlandes gekennzeichnet. Durch die Gründung von Tochtergesellschaften, die vielfach als kooperative Eigentumsformen errichtet werden, soll ein nationales Image aufgebaut werden. Die Geschäftsleitungspositionen in den Niederlassungen werden vorwiegend mit einheimischen Führungskräften besetzt, um deren umfangreiche Kenntnisse der lokalen Marktcharakteristika, Kostenstrukturen, Rechtsnormen, u. a. nutzen zu können. Aus der Sicht der Muttergesellschaft wird somit eine Optimierung der einzelnen nationalen Strategien verfolgt, wobei auf eine inhaltliche Abstimmung der Strategien untereinander verzichtet wird. Während dadurch zumeist eine hohe Effizienz auf der Ebene der Tochtergesellschaften erzielt wird, können Verbundeffekte und Synergiepotenziale zwischen den einzelnen Auslandsengagements kaum genutzt werden.

4.2.1.3 Globale Strategie

Globale Standardisierung

Eine globale Strategie, die auch als Strategie der globalen Rationalisierung (vgl. Welge 1982a; Negandhi/Welge 1984) bezeichnet wird, beinhaltet die weltweite Formalisierung und Standardisierung von Strukturen, Systemen, Prozessen und Ressourcen. »The global competitor will seek constantly to standardize his offering everywhere (...). He will never assume that the customer is a king who knows his own wishes« (Levitt 1983, S. 94). Zur Realisierung von Standardisierungsvorteilen findet eine ausgeprägte Zentralisierung der strategischen Entscheidungskompetenzen in der Muttergesellschaft statt, die zur Sicherung ihrer Steuerungs- und Kontrollmöglichkeiten zumeist die Gründung 100 %iger Tochtergesellschaften präferiert. Weitere Merkmale sind ein umfangreicher Technologietransfer von der Muttergesellschaft in die Tochtergesellschaften und ein sehr geringer Güter- und Informationsaustausch zwischen den Tochtergesellschaften. Die Muttergesellschaft sieht sich dabei häufig nicht mehr als in ihrem Heimatland verwurzelte Unternehmung, die über ausländische Engagements verfügt, sondern als Weltunternehmung, deren historischer Ursprung nur mehr oder weniger zufällig in einem bestimmten Land liegt.

Grenzen der Globalen Strategie

Nachdem bis zum Beginn der achtziger Jahre vor allem die Vorteile globaler Strategien propagiert wurden, werden zunehmend deren ökonomische, unternehmerische und institutionelle Grenzen sichtbar. Gescheiterte Versuche vieler Unternehmungen, standardisierte Produkte mit weltweit einheitlichen Managementstrategien zu vertreiben belegen, dass globale Strategien die Notwendigkeit der lokalen Anpassung unterschätzen. Zudem können ausländische Tochtergesellschaften lokale Marktchancen häufig nur unzureichend wahrnehmen, was langfristig zu deren Demotivation führt. Von der Forderung nach einer weltweiten Standardisierung aller Unternehmungsfunktionen wird deshalb mehr und mehr abgerückt (vgl. Puck/Mohr/Holtbrügge 2006).

4.2.1.4 Transnationale Strategie

Ausnutzung von nationalen Unterschieden, Skaleneffekten und Verbundvorteilen

Angesichts der zuvor skizzierten Nachteile ist zur Ausschöpfung der in Kapitel 3.2 dargelegten Wettbewerbsvorteile Multinationaler Unternehmungen nur eine transnationale Strategie geeignet, die auch als duale oder opportunistische Strategie (vgl. Meffert 1986, S. 691), als multifokale Strategie (vgl. Scholl 1989, Sp. 992 f.) oder als glokale Strategie (vgl. Henzler 1990, S. V) bezeichnet werden kann. Ihr zentrales Merkmal besteht in der gleichzeitigen Ausnutzung von nationalen Unterschieden, Skaleneffekten und Verbundvorteilen. Der *Verzicht auf Standardisierungsvorteile* ist dabei im Gegensatz zur Theorie des globalen Wettbewerbs von Porter (vgl. Kap. 3.2.2) nicht nur durch Regierungsauflagen oder rechtliche Restriktionen in blockiert globalen Branchen bedingt, sondern dient der *Realisierung von Arbitrageeffekten und unternehmungsspezifischen Ressourcenvorteilen*. Im Gegensatz zu globalen Strategien müssen deshalb die Standardisierungs- und Differenzierungsvorteile für jedes Geschäftsfeld, jede Unternehmungsfunktion und jede Aufgabe individuell geprüft werden. Ein weiteres Merkmal ist die grenzüberschreitende Konfiguration der Wertaktivitäten, die intensive Liefer- und Leistungsverflechtungen zwischen den weltweit verstreuten Unternehmungseinheiten und die Notwendigkeit eines häufig simultanen Markteintritts in mehreren Ländern mit unterschiedlichen Wertaktivitäten bedingt.

Im Folgenden werden die zentralen Merkmale transnationaler Strategien ausführlich dargestellt, bevor in Kapitel 4.2.3 eine kritische Gesamtbeurteilung erfolgt.

4.2.2 Merkmale transnationaler Strategien

4.2.2.1 Gleichzeitige Ausnutzung von nationalen Unterschieden, Skaleneffekten und Verbundvorteilen

Strategische Ziele

Im Vordergrund der strategischen Ziele Multinationaler Unternehmungen steht traditionell die *Steigerung der operativen Effizienz* (vgl. Tab. 4-10), d. h. die möglichst kostengünstige Durchführung aller Wertaktivitäten. Hierzu ist der Einsatz derjenigen Technologien und Mitarbeiter erforderlich, die bestmöglich zur Realisierung der gestellten Aufgaben geeignet sind.

Ghoshal (1987, S. 438) stellt jedoch heraus, dass neben der operativen Effizienz auch das Management von Risiken und die Anpassung an Umweltveränderungen durch Innovationen und organisatorisches Lernen strategische Ziele Multinationaler Unternehmungen darstellen. Die Notwendigkeit des *Risikomanagement* ist insbesondere auf die Heterogenität der Umweltbedingungen zurückzuführen, unter denen Multinationale Unternehmungen operieren. Im Gegensatz zu rein national tätigen Unternehmungen haben diese die Möglichkeit der geographischen Risikodiversifikation, d. h. zum länderübergreifenden Ausgleich zwischen unternehmerischen Chancen und Risiken. Instrumente hierzu sind z. B. die risikoorientierte Konfiguration von Wertaktivitäten, die Nutzung von Eigentumsformen, die keine oder nur eine geringe Kapitalbeteiligung beinhalten, oder der Übergang von fixkostenintensiven zu flexiblen Produktionsverfahren (vgl. Ghoshal 1987, S. 431).

Die große Bedeutung von *Innovationen und organisatorischen Lernprozessen* ist auf die zunehmende Umweltdynamik zurückzuführen. Die Verkürzung von Produktlebenszyklen und die wachsende Bedeutung der Zeit als Wettbewerbsfaktor führen dazu, dass sich Multinationale Unternehmungen einem starken Innovationsdruck ausgesetzt sehen. Das Ziel der Flexibilität und Anpassungsfähigkeit rückt damit gegenüber dem Ziel der operativen und statischen Effizienz in den Vordergrund (vgl. dazu ausführlich Kap. 5.2.2.3).

Vorteilsquellen Multinationaler Unternehmungen

Zur Realisierung dieser drei strategischen Zielsetzungen ist nach Auffassung von Ghoshal (1987, S. 432 ff.) die gleichzeitige Ausnutzung der folgenden *Vorteilsquellen* Multinationaler Unternehmungen erforderlich, die sich weitgehend aus den in Kapitel 3.2 dargestellten Theorien der Multinationalen Unternehmung ableiten lassen:

Tab. 4-10

Strategische Ziele und Quellen von Wettbewerbsvorteilen im Rahmen transnationaler Strategien

Quellen von Wettbewerbsvorteilen / Strategische Ziele	Nationale Unterschiede	Verbundvorteile (*economies of scope*)	Größendegressionsvorteile (*economies of scale*)
Risikomanagement	Management von Risiken, die durch markt- oder politikinduzierte Änderungen der komparativen Vorteile verschiedener Länder entstehen	Portfolio-Diversifikation von Risiken und Chancen	Ausbalancierung von Größenvorteilen und strategischer sowie operativer Flexibilität
operative Effizienz	Ausnutzung von Faktorkostenunterschieden (Arbeits- und Kapitalkosten)	Nutzung von Investitionen und Aufteilung von Kosten auf mehrere Produkte, Märkte und Geschäftsbereiche	Ausdehnung und Ausnutzung potenzieller Größenvorteile in allen Aktivitäten
Lerneffekte und Adaption von Innovationen	Lernen aus sozio-kulturellen Unterschieden von Managementprozessen und -systemen	Gemeinsame Lerneffekte von Organisationseinheiten in unterschiedlichen Produkt-, Markt- oder Geschäftsbereichen	Nutzung von Erfahrungsvorteilen (Kostenreduktion und Innovation)

(Quelle: Ghoshal 1987, S. 428)

Größendegressionsvorteile (economies of scale) lassen sich vor allem durch die Standardisierung der unternehmerischen Strukturen, Systeme, Prozesse und Ressourcen realisieren. Auf die Bedeutung von Größendegressionsvorteilen weisen insbesondere der Ressourcentransferorientierte Bezugsrahmen des Internationalen Management von Fayerweather und die Theorie des globalen Wettbewerbs von Porter hin.

Gleiches gilt für die Realisierung von *Verbundvorteilen (economies of scope)*, die z. B. aus der weltweiten Nutzung von Markennamen, der Belieferung von weltweit tätigen Kunden oder der Poolung von Wissen resultieren, das auf unterschiedlichen Märkten erworben wurde.

Die Bedeutung der *Ausnutzung nationaler Unterschiede* heben dagegen vor allem die Theorie der operationalen Flexibilität von Kogut und die postmoderne Theorie des Internationalen Management hervor. Beispiele dafür sind unterschiedliche Faktorkosten, Faktorproduktivitäten oder Steuer- und Zinsniveaus.

Kombination von strategischen Zielen und Quellen von Wettbewerbsvorteilen

Bei der Gegenüberstellung dieser Vorteilsquellen mit den strategischen Zielen Multinationaler Unternehmungen zeigt sich, dass zwischen diesen vielfältige Konflikte (*trade-offs*) bestehen. So wirkt sich z. B. eine Strategie, die vor allem auf die Risikodiversifikation und die Förderung organisatorischer Lernprozesse ausgerichtet ist, möglicherweise negativ auf die operative Effizienz der Unternehmung aus. Ein ähnlicher Zusammenhang besteht zwischen der Ausnutzung von nationalen Unterschieden und der Realisierung von Größendegressions- bzw. Verbundvorteilen.

Die zentrale Management-Aufgabe in Multinationalen Unternehmungen besteht deshalb darin, für jedes Geschäftsfeld, jede Unternehmungsfunktion und jede Aufgabe zu analysieren, welche strategischen Ziele besonders wichtig und welche Vorteilsquellen zu deren Realisierung besonders geeignet sind. Aus dem bzw. den entsprechenden Matrixfeldern lässt sich dann eine Strategieempfehlung ableiten, die die größten Wettbewerbsvorteile eröffnet.

Beispiel Pharmazeutische Industrie

Beispielhaft lässt sich dies anhand der *pharmazeutischen Industrie* illustrieren. Rygl (2008) hat dazu die weltweit größten Pharmaunternehmungen auf der Grundlage des Konzepts von Ghoshal analysiert. Mit Hilfe einer Faktorenanalyse wurden drei Typen von Unternehmungen identifiziert, die sich durch *unterschiedliche Kombinationen von strategischen Zielen und Quellen von Wettbewerbsvorteilen* auszeichnen (vgl. Tab. 4-11):

- Unternehmungen, die eine *Strategie der Kosteneffizienz* verfolgen, sind durch die Ausschöpfung von *economies of scale* gekennzeichnet. Im Vordergrund steht die Realisierung von Größenvorteilen und Lernkurveneffekten, die z. B. durch die geographische Konzentration der Wertaktivitäten an wenigen Standorten erzielt werden.
- Die *Strategie der Risikoeffizienz* ist dagegen durch eine weitaus stärkere geographische Streuung der Wertaktivitäten gekennzeichnet. Zudem besitzt die Realisierung von weltweiten Verbundvorteilen eine große Bedeutung.
- Unternehmungen mit einer *Strategie der Lerneffizienz* kombinieren die Vorteile aus der Ausschöpfung nationaler Unterschiede mit denen weltweiter Verbundvorteile. Dies wird besonders bei der Realisierung von Lerneffekten deutlich, die vor allem durch eine hohe kulturelle und funktionale Diversität angestrebt werden.

Tab. 4-11

Strategiespektrum von Pharmaunternehmungen

Quellen von Wettbewerbsvorteilen / Strategische Ziele	Nationale Unterschiede	Verbundvorteile (*economies of scope*)	Größendegressionsvorteile (*economies of scale*)
Risikomanagement		**Risikoeffizienz** Aventis (F) Merck (D) Merck (USA) Novartis (CH) Schering (D) Solvay (B)	
operative Effizienz			**Kosteneffizienz** Abbott (USA) Amgen (USA) AstraZeneca (GB) GlaxoSmithKline (GB) Pfizer (USA) Roche (USA)
Lerneffekte und Adaption von Innovationen	**Lerneffizienz** Boehringer-Ingelheim (D) Eisai (JAP) Takeda (JAP)		

(Quelle: Rygl 2008, S. 185)

4.2.2.2 Individuelle Prüfung von Integrations- und Differenzierungsvorteilen

Individuelle Prüfung in drei Schritten

Zur individuellen Prüfung von Integrations- und Differenzierungsvorteilen hat Ghoshal (1987) ein Konzept entwickelt, das eine mehrstufige Vorgehensweise beinhaltet (vgl. Abb. 4-10). Den Ausgangspunkt bildet die Untersuchung der jeweiligen *Branchencharakteristika*, wie sie bereits bei der Darstellung der Theorie des globalen Wettbewerbs von Porter erläutert wurde (vgl. Kap. 3.2.2). Die Einordnung der jeweiligen Branche eröffnet ein *strategisches Fenster*, innerhalb dessen sich Unternehmungen in Abhängigkeit ihrer spezifischen Ressourcen, ihres organisatorischen Erbes und ihres Internationalisierungsprozesses positionieren können. Den zweiten Schritt bildet deshalb die Analyse der spezifischen *Unternehmungsmerkmale*, auf die bei der Darstellung der Ressourcenorientierten Theorie der Multinationalen Unternehmung ebenfalls bereits detailliert eingegangen wurde (vgl. Kap. 3.2.3). In einem dritten Schritt werden in Abhängigkeit der Branche und der spezifischen Unternehmungsmerkmale die Standardisierungs- und Differenzierungsvorteile der jeweiligen *Funktion* bzw. *Wertaktivität* geprüft, bevor abschließend eine Bewertung der innerhalb dieser Funktionen durchzuführenden *Aufgaben* erfolgt.

Integrations- und Differenzierungsvorteile im Marketing

Besonders früh und intensiv hat sich die Forschung mit der Standardisierbarkeit von Aktivitäten im Bereich des Marketing auseinandergesetzt, an dem die spezifischen *Standardisierungs- und Differenzierungsvorteile unterschiedlicher Aufgaben* deshalb beispielhaft erläutert werden sollen. Empirische Studien kommen dabei zu folgenden Ergebnissen (vgl. Keegan/Schlegelmilch/Stöttinger 2002, S. 403 ff.; Backhaus/Voeth 2010, S. 114 ff.; Schmid/Kotulla 2012):

Produktpolitik

Das größte Standardisierungspotenzial im Rahmen des Marketing-Mix besitzt die *Produktpolitik*. Das primäre Ziel der Standardisierung produktpolitischer Maßnahmen besteht in der Ausschöpfung von Kostendegressionspotenzialen durch den Absatz identischer Produkte bzw. Leistungen in mehreren Ländern. In der Unternehmungspraxis kommt dabei der Vereinheitlichung des Produktkerns, des Markennamens, des Produktdesigns und der Verpackungsgestaltung die größte Bedeutung zu. Die Produktpolitik in Multinationalen Unternehmungen weist nach einer Meta-Studie von Schmid/Kotulla (2011) vor allem dann einen hohen Standardisierungsgrad auf, wenn

Abb. 4-10

Bewertung von Globalisierungs- und Lokalisierungsvorteilen am Beispiel der Automobilindustrie

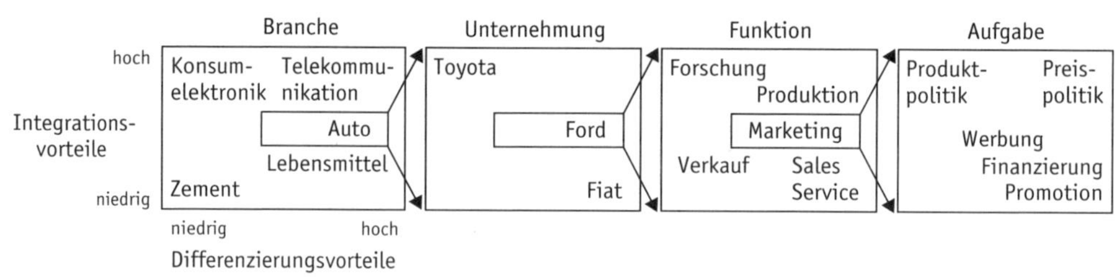

(Quelle: Ghoshal 1987, S. 429)

die Nachfrage weltweit weitgehend homogen ist, ein großes Potenzial für länderübergreifende *economies of scale* besteht, die Kosten für Produktanpassungen hoch sind und eine hohe Preiselastizität der Nachfrage besteht.

Kommunikationspolitik

Im Bereich der *Kommunikationspolitik* hat die Gestaltung von Logos und Slogans das größte Standardisierungspotenzial. Darüber hinaus ist vielfach die Standardisierung der Verkaufsförderung und der Öffentlichkeitsarbeit (*public relations*) zu beobachten (vgl. Melewar 2009; Fastoso/Whitelock 2010). Da die weltweite Standardisierung der Kommunikationspolitik angesichts unterschiedlicher Sprachen, Medien und Informationsgewohnheiten jedoch zu lokalen Ineffizienzen führt, wird diese in vielen Multinationalen Unternehmungen als internationale Dachkampagne (*prototype campaign*) durchgeführt. Dabei werden zwar die zentralen Aspekte der Kommunikationspolitik wie z. B. Werbebotschaft, Zielgruppen und Werbeagentur weltweit verbindlich vorgegeben, die operative Anpassung an die jeweiligen Länderspezifika (z. B. Farbgestaltung, Auswahl von Models, Mediaselektion) jedoch den einzelnen Tochtergesellschaften überlassen (vgl. Marshall/Roberts 2014).

Distributionspolitik

Im Rahmen der *Distributionspolitik* sind Multinationale Unternehmungen insbesondere bestrebt, die Wahl und Ausgestaltung der Absatzkanäle weltweit zu vereinheitlichen. Darüber hinaus wird vielfach die physische Distribution von Gütern und Leistungen standardisiert, um dadurch eine länderübergreifend einheitliche Handhabung der Lieferzeit, Lieferbereitschaft, Lieferqualität und Lieferflexibilität zu gewährleisten. Die Vereinheitlichung der Absatzkanäle und Distributionslogistik wird jedoch vielfach durch die Heterogenität lokaler Vertriebsstrukturen und das Fehlen länderübergreifender Distributionsnetze erschwert.

Preispolitik

Durch die Standardisierung der *Preispolitik* soll die Verunsicherung und Unzufriedenheit weltweit operierender Kunden über national unterschiedliche Preise und Zahlungsbedingungen reduziert werden. Darüber hinaus wird durch eine international abgestimmte Preispolitik die Gefahr des unternehmungsinternen Wettbewerbs in Form von Reimporten minimiert. Aufgrund von Wechselkursschwankungen sowie unterschiedlichen Kaufkraft- und Steuerniveaus ist die Standardisierung jedoch zumeist auf die Vorgabe eines Preisrahmens mit jeweils flexiblen lokalen Anpassungsspielräumen beschränkt. Darüber hinaus werden vielfach Preisgruppen für verschiedene Länder, Regionen oder Marktsegmente gebildet. Die Ergebnisse zahlreicher empirischer Untersuchungen verdeutlichen, dass die Standardisierungsmöglichkeiten preispolitischer Maßnahmen insgesamt nur sehr gering sind. Dies gilt vor allem für weltweit vertriebene Massenprodukte, während bei Industriegütern und hochwertigen Konsumgütern aufgrund der Konzentration auf kleine, kaufkräftige Zielgruppen ein mittleres Standardisierungspotenzial besteht (vgl. Belz/Mühlmeyer 2000; Theodosiou/Katsikeas 2001; Ivens 2003).

Empirische Evidenz

Fasst man die Ergebnisse der vorliegenden empirischen Untersuchungen zusammen, so zeigt sich, dass die Produkt- und Kommunikationspolitik das größte Standardisierungspotenzial besitzen. Maßnahmen im Bereich der Distributions- und Preispolitik sind dagegen weniger standardisierungsfähig. Das optimale Standardisierungs- bzw. Differenzierungsniveau dieser Elemente des Marketing-Mix hängt von den spezifischen Landes-, Branchen- und Unternehmungscharakteristika ab. Positiv auf die Standardisierungsmöglichkeiten wirkt sich insbesondere die Ähnlichkeit der

Beispiel

In dem in Abb. 4-10 skizzierten Beispiel wird die Automobilindustrie nach der Theorie des globalen Wettbewerbs von Porter zunächst als Branche positioniert, die gleichzeitig durch hohe Integrations- und Differenzierungsvorteile gekennzeichnet ist. So zeichnet sich die Automobilindustrie einerseits durch hohe Kostendegressionspotenziale aus, die die weltweite Vereinheitlichung von Produkten und Prozessen begünstigen. Andererseits bestehen große Unterschiede zwischen den Umwelt- und Sicherheitsbestimmungen sowie den Straßenverhältnissen und klimatischen Bedingungen. Auch die Anforderungen an das Design und den Benzinverbrauch weisen große nationale Unterschiede auf. So werden in Europa eher verbrauchsarme PKWs der Mittelklasse bevorzugt, während in Kanada und den USA größere PKWs mit Automatikgetriebe vorherrschend sind. In Asien werden vor allem preiswerte Kleinwagen nachgefragt.

Anschließend werden unterschiedliche Automobilproduzenten im Hinblick auf ihre unternehmungsspezifischen Ressourcen bewertet. Ghoshal kommt zu dem Ergebnis, dass Toyota im Rahmen der Automobilindustrie das größte Standardisierungspotenzial aufweist, während sich Fiat durch hohe Differenzierungsvorteile auszeichnet und Ford eine mittlere Position einnimmt. Begründen lässt sich diese Einordnung mit der Internationalisierungsgeschichte dieser Unternehmungen und dem ihren ausländischen Tochtergesellschaften in der Vergangenheit eingeräumten Autonomieniveau. Während Toyota erst in den siebziger Jahren erste Tochtergesellschaften im Ausland errichtet hat und diesen im Rahmen der globalen Strategie der Unternehmung nur eine geringe Autonomie einräumt, verfügt Fiat bereits seit vielen Jahrzehnten über zahlreiche ausländische Engagements mit unterschiedlichen Eigentumsformen und Autonomieniveaus. Deren Verpflichtung auf eine standardisierte Vorgehensweise dürfte deshalb auf weitaus größere Widerstände der jeweiligen lokalen Führungskräfte stoßen als bei Toyota. Ford ist dagegen durch ein System von *regional headquarters* charakterisiert. So wird etwa die deutsche Tochtergesellschaft nicht direkt von der amerikanischen Muttergesellschaft, sondern von der Europa-Zentrale in Großbritannien geführt. Diese regio-zentrische Strategie eröffnet den einzelnen Tochtergesellschaften damit ein mittleres Autonomieniveau.

In einem dritten Schritt erfolgt eine branchen- und unternehmungsspezifische Bewertung der einzelnen Funktionen, wobei dem Marketing exemplarisch etwa gleich hohe Integrations- und Differenzierungsvorteile zugeschrieben werden. Dies entspricht der Auffassung von Porter, wonach sich vorgelagerte Funktionen wie Forschung und Produktion eher zentralisieren lassen, während nachgelagerte Funktionen wie Marketing, Verkauf und Sales Service dagegen eher dezentralisiert werden sollten.

Im Rahmen des Marketing kommt wiederum der Produktpolitik das größte Integrationspotenzial zu. Die Finanzierung weist dagegen in der Automobilindustrie ausgeprägte landesspezifische Unterschiede auf. So ist etwa in den USA sowie in vielen Entwicklungsländern der Verkauf von Autos zumeist nur bei Angebot einer entsprechenden Finanzierung möglich, während in Deutschland (noch) selbst finanzierte Käufe dominieren.

bearbeiteten internationalen Märkte aus, während unterschiedliche rechtliche Rahmenbedingungen einen negativen Einfluss haben. Auf der Branchenebene wird die Standardisierung vor allem durch die Produkthomogenität und die weltweite Wettbewerbsintensität begünstigt. Zudem weisen die Elemente des Marketing-Mix in großen Unternehmungen einen höheren Standardisierungsgrad auf, die über umfangreiche internationale Erfahrungen verfügen, in einer Vielzahl von Ländern tätig sind und eine Kostenführerschaftsstrategie verfolgen (vgl. Schilke/Reimann/Thomas 2009; Vrontis/Thrassou/Lamprianou 2009; Tan/Sousa 2013).

4.2.2.3 Grenzüberschreitende Konfiguration der Wertaktivitäten

Wie bereits mehrfach betont, besteht die vorrangige Zielsetzung transnationaler Strategien darin, die einzelnen in- und ausländischen Engagements nicht isoliert zu betrachten und an den Erfordernissen des jeweiligen Marktes zu orientieren, sondern den weltweiten Erfolg der gesamten Multinationalen Unternehmung durch die Erzielung länderübergreifender Wettbewerbsvorteile sicherzustellen. Ein zentrales Instrument dazu stellt die grenzüberschreitende Optimierung der Wertkette dar.

Beispiel

Die mit einer international differenzierten Preispolitik verbundenen Probleme lassen sich anschaulich am Beispiel des Reimports von PKWs verdeutlichen. Da die Preise für PKWs aufgrund von unterschiedlichen Steuersätzen in Italien und anderen europäischen Staaten um bis zu 30% unter denen in Deutschland liegen, sind deutsche Automobilhersteller zunehmend von Umsatzeinbußen durch Reimporte betroffen. Viele Endabnehmer und Händler nutzen diese starken Preisunterschiede aus. Sie kaufen deutsche PKWs im Ausland und führen diese für den eigenen Gebrauch oder zum Wiederverkauf nach Deutschland ein. Preisvergleiche werden dabei durch die Einführung des Euro als gemeinsamer europäischer Währung, zunehmende Markttransparenz und länderübergreifende Preisspiegel erleichtert, die regelmäßig von der EU-Kommission und spezialisierten Agenturen erhoben und publiziert werden (vgl. z. B. http://www.evita.de; http://www.preisagenturen.de). Die betroffenen Unternehmungen versuchen zwar, Reimporte durch Produktmodifikationen, unterschiedliche Serviceleistungen oder Kontingentierungen der Liefermenge an ausländische Vertragshändler auf der Basis regionaler Absatzprognosen zu beschränken, aufgrund der zunehmenden Arbitrageneigung der Nachfrager, die angesichts der großen Preisunterschiede die Beschaffung über den »grauen Markt« der Beschaffung über den regulären Vertriebsweg des Herstellers vorziehen, ist die Wirkung dieser Maßnahmen jedoch nur gering (vgl. Backhaus/Voeth 2010, S. 156 ff.).

Multinationalen Unternehmungen stehen für die internationale Konfiguration ihrer Wertaktivitäten zwei idealtypische Gestaltungsalternativen zur Verfügung, und zwar einerseits die *vollständige Konzentration* und andererseits die *geographische Streuung der Wertaktivitäten*.

Geographische Konzentration

Die *geographische Konzentration* der Wertaktivitäten an einem Standort beinhaltet den Vorteil, Kostendegressionspotenziale ausschöpfen zu können. Diese bestehen insbesondere in globalen Branchen, in denen die Wettbewerbsfähigkeit der Unternehmung in einem Land von der Wettbewerbsfähigkeit in anderen Ländern abhängt. Häufig ist damit auch ein positiver Imageeffekt verbunden. Vor allem bei qualitativ sehr hochwertigen Produkten oder Dienstleistungen und positiven *country-of-origin*-Effekten erwarten viele Kunden, dass diese im Herkunftsland der Unternehmung erbracht und nicht in Länder mit geringeren Qualitätsstandards ausgelagert werden. Darüber hinaus bietet die geographische Konzentration der Wertaktivitäten einen besseren Schutz vor ungewollter Know-how-Diffusion. Dieser Vorteil ist insbesondere bei wissensintensiven Produkten bzw. Dienstleistungen relevant (vgl. Holtbrügge 2009, S. 10). Die geographische Konzentration stellt zudem geringere Anforderungen an die länderübergreifende Koordination.

Geographische Streuung

Die *geographische Streuung* der Wertaktivitäten ermöglicht dagegen vor allem die bessere Anpassung an nationale Gegebenheiten. Dieser Vorteil ist insbesondere in Branchen relevant, in denen sich die Kundenanforderungen sowie die rechtlichen Rahmenbedingungen von Land zu Land stark unterscheiden. Ein Beispiel dafür ist das Gesundheitswesen, das in vielen Fällen eine parallele Konfiguration von Aktivitäten erfordert (vgl. Lucht/Amshoff 2009). Mit der geographischen Streuung durch integrierte Konfiguration ist vor allem die Möglichkeit der Realisierung von komparativen Kostenvorteilen (Arbitragevorteilen) verbunden. Diese ergeben sich immer dann, wenn große Kostenunterschiede zwischen den bearbeiteten Ländern bestehen und z. B. arbeitsintensive Wertaktivitäten in Ländern mit geringen Lohnkosten durchgeführt werden. Die geographische Streuung erhöht zudem die Flexibilität und senkt das Internationalisierungsrisiko, da ungünstige Entwicklungen in einem Land (z.B. Streiks oder Nachfragerückgänge) durch die Verlagerung von Aktivitäten in andere Länder kompensiert werden können.

Die Vorteilhaftigkeit dieser beiden Alternativen hängt insbesondere von der Stellung der jeweiligen Wertaktivität in der Wertkette und der relativen Bedeutung von Skaleneffekten bzw. komparativen Kosten- und Koordinationsvorteilen ab (vgl. Porter 1989b, S. 25 ff.):

Nachgelagerte Wertaktivitäten

Während *nachgelagerte, also stärker kundenbezogene Wertaktivitäten* wie z. B. Marketing und Vertrieb, überwiegend in geographischer Nähe zu den wichtigsten Kunden angesiedelt und damit stärker gestreut sind, werden *vorgelagerte und unterstützende Wertaktivitäten* wie z. B. Forschung & Entwicklung, Beschaffung und Produktion zumeist stärker regional konzentriert. Dies gilt vor allem für Branchen, in denen die technologische Entwicklung und die operativen Prozesse von großer Bedeutung zur Erzielung von Wettbewerbsvorteilen sind.

Standorte

Die *Anzahl der Standorte*, an denen bestimmte Wertaktivitäten angesiedelt werden, wird dagegen durch die Möglichkeit der Erzielung von Größendegressionseffekten bestimmt, während die *geographische Lage* dieser Standorte, d. h. die Marktwahl, vor allem von der Höhe potenzieller Kosten- und Koordinationsvorteile abhängt.

Multinationale Unternehmungen müssen damit eine Entscheidung darüber treffen, wie die einzelnen Wertaktivitäten sowie die innerhalb dieser ablaufenden Prozesse konfiguriert werden sollen, d. h. ob z. B. die Produktion an einem oder mehreren Standorten erfolgen soll und ob bei einem mehrstufigen Produktionsprozess alle Produktionsstufen in einer Tochtergesellschaft angesiedelt oder diese auf mehrere

Abb. 4-11

Idealtypische Gestaltungsalternativen der Konfiguration der Wertaktivitäten in Multinationalen Unternehmungen

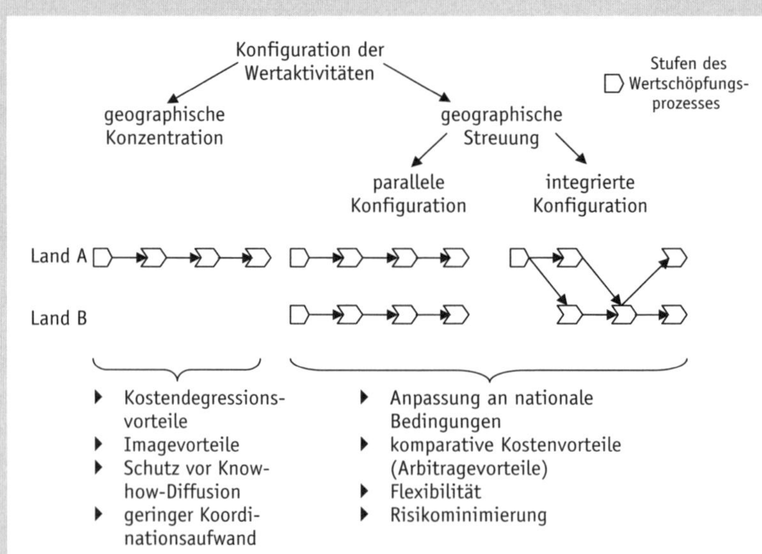

Tochtergesellschaften verteilt werden sollen. Im Folgenden werden die hierzu zur Verfügung stehenden idealtypischen *Gestaltungsalternativen der Konfiguration von Wertaktivitäten* näher analysiert, wobei der klassischen Differenzierung in Forschung & Entwicklung, Beschaffung, Produktion und Vertrieb gefolgt wird. In Anlehnung an Klein (1993, S. 34) können dabei idealtypisch die in Abb. 4-11 dargestellten Alternativen unterschieden werden, die sich anhand der Dimensionen »geographische Dispersion« und »aufgabenspezifischer Fragmentierungsgrad« der Aktivitäten klassifizieren lassen (zum Folgenden vgl. ausführlich Paul 1998, S. 119 ff.).

4.2.2.3.1 Forschung & Entwicklung

Die *geographische Konzentration sämtlicher Aktivitäten in einer Weltmarktforschungs- bzw. -entwicklungseinheit* ist insbesondere aus Kostengründen vorteilhaft, da in der Forschung die Duplikation von Aktivitäten minimiert, mindestoptimale Laborgrößen realisiert und Kostendegressionspotenziale ausgeschöpft werden können (vgl. Robinson 1988, S. 109). Im Bereich der Entwicklung eröffnet sich darüber hinaus die Möglichkeit, Kernprodukte für sämtliche Märkte zu entwickeln und eventuell notwendige Anpassungen an regionale Erfordernisse entweder standardisiert in alle Erzeugnisse zu integrieren oder in Form von *country kits* zur nachträglichen lokalen Anpassung zu berücksichtigen (vgl. McGrath/Hoole 1992, S. 98). Zudem können dadurch die Koordination und Kontrolle der einzelnen Bearbeitungsschritte erleichtert und Vorlaufzeiten (*lead times*) bei der Einführung neuer Produkte reduziert werden. Eine empirische Untersuchung unter den größten fünf europäischen Unternehmungen der chemischen Industrie von Greb/Hassan (2001) kommt deshalb zu dem Ergebnis, dass mit BASF diejenige Unternehmung zwischen 1984 und 1997 die größte Zahl von Patenten im Verhältnis zum Forschungs- und Entwicklungsaufwand angemeldet hat, in der diese Aktivitäten am stärksten in der Muttergesellschaft zentralisiert sind.

Verlagerung von Forschungs- und Entwicklungstätigkeiten

Vor dem Hintergrund eines zunehmenden technologischen Wettbewerbs verliert die Konzentration sämtlicher Forschungsaktivitäten in einer einzigen Einheit jedoch an Effizienz. Insbesondere die Notwendigkeit eines sukzessiven Zugewinns an Knowhow erfordert häufig die Gründung ausländischer Forschungslabors. Ein weiterer Nachteil der vollständigen Konzentration ist die zunehmende Abhängigkeit von externen Informationsquellen. Im Bereich der Entwicklung führt die Konzentration der Aktivitäten vor allem zu einer mangelnden Sensibilisierung gegenüber lokalen Erfordernissen. Dieser Nachteil gewinnt in dem Maße an Bedeutung, in dem eine weltweite Standardisierung von Produkten erschwert und die Fähigkeit zur flexiblen Anpassung an regional unterschiedliche Abnehmerpräferenzen zu einem zentralen Erfolgsfaktor wird. Nachdem die Forschung & Entwicklung traditionell zu denjenigen Unternehmungsfunktionen zählte, die auch in Unternehmungen mit einem hohen Internationalisierungsgrad weitgehend in der Muttergesellschaft konzentriert waren, ist seit Beginn der achtziger Jahre deshalb in zahlreichen international operierenden Unternehmungen die *Verlagerung von Forschungs- und Entwicklungstätigkeiten in bedeutsame ausländische Märkte* erkennbar (vgl. Casson 1991, S. 18 f.; Gassmann 1997, S. 35 ff.). Dies gilt insbesondere für Unternehmungen aus kleineren Staaten, die in diesem Bereich zumeist nur über begrenzte Kapazitäten verfügen (vgl. Gerybadze/Meyer-Krahmer/Reger 1997, S. 34).

Beispiel

Besonders weit ist die länderübergreifende Integration der Forschungs- und Entwicklungsaktivitäten beim Automobilproduzenten Ford fortgeschritten. Seit Anfang 1995 werden neue Modelle nicht mehr parallel in den einzelnen Tochtergesellschaften für die jeweiligen regionalen Märkte entwickelt, sondern von fünf weltweit verstreuten Entwicklungslabors gemeinsam konzipiert. Die Vernetzung der dezentralen Computer, die Datenfernübertragung in *real time* und die Kommunikation über interaktive Videoanlagen ermöglichen es, dass diese Entwicklungslabors zeitgleich an denselben Projekten arbeiten und Entwicklungsarbeiten in einem Labor umgehend weltweit weiterverarbeitet werden können. Dieser Einsatz moderner Informations- und Kommunikationstechnologien führt zu einer Virtualisierung der Entwicklungsaktivitäten, d.h. diese finden nicht mehr an einem zuvor festgelegten Ort statt, sondern sind das Ergebnis der netzwerkartigen Verknüpfung dezentral agierender Entwicklungsteams (vgl. Martin/Schumann 1996, S. 137 ff.).

Parallele Durchführung von Forschungs- und Entwicklungsaktivitäten

Durch die *parallele Durchführung von Forschungs- und Entwicklungsaktivitäten* an mehreren Standorten soll insbesondere die Ergebniswahrscheinlichkeit der Forschung erhöht und der Zugang zur *scientific community* in Gastländern mit einem hohen Forschungspotenzial verbessert werden. Die zur langfristigen Sicherung des Marktzugangs und der Marktposition erforderliche Marktnähe lässt sich zudem häufig nur dann realisieren, wenn Entwicklungsaktivitäten vollständig in diesen Märkten durchgeführt werden, was insbesondere bei Produkten mit hohen lokalen Anpassungserfordernissen von Bedeutung ist. Zugleich können dadurch zeit- und kostenaufwändige Anpassungen an unterschiedliche Kundenpräferenzen vermieden werden (vgl. Ecker/van Triest/Williams 2013).

Verbundforschung

Eine *länderübergreifende Verbundforschung bzw. -entwicklung* ermöglicht dagegen die systematische Nutzung von Standortvorteilen i. S. einer projektspezifischen Arbeitsteilung zwischen geographisch verstreuten Einheiten. Ein potenzieller Wettbewerbsvorteil wird demnach insbesondere durch die Realisierung von regionalen Spezialisierungsvorteilen erwartet. Durch die länderübergreifende Verteilung des gesamten Entwicklungsprozesses auf verschiedene spezialisierte Standorte sollen darüber hinaus Größendegressionseffekte erzielt werden, ohne auf komparative Vorteile einzelner Standorte zu verzichten. Darüber hinaus werden von einer länderübergreifenden Arbeitsteilung Synergieeffekte sowie Zeit- und Lernvorteile erwartet. Schließlich bietet eine länderübergreifende Verbundperspektive die Möglichkeit, Flexibilitätsvorteile zu erzielen, da Erfolg versprechende neue Ideen ohne nennenswerte Verzögerungen in die Forschungs- und Entwicklungsprogramme aufgenommen, personelle und finanzielle Ressourcen kurzfristig mobilisiert und zwischen den einzelnen Einheiten transferiert sowie erfolglose Projekte frühzeitig abgebrochen werden können (vgl. Freudenberg 1988, S. 130 f.).

4.2.2.3.2 Beschaffung

Single Sourcing

Die *geographische Konzentration der Beschaffung* ist durch die Übertragung aller Beschaffungsaktivitäten auf eine einzige Unternehmungseinheit (zumeist die Muttergesellschaft) und die weitgehende Beschränkung auf dort ansässige Zulieferer gekennzeichnet. Die Vorteile dieser Alternative bestehen insbesondere in der Nutzung von Kostendegressionseffekten, die sich durch die Zentralisierung des Beschaffungsprozesses ergeben. Durch die Beschränkung auf wenige Zulieferer und die Abnahme größerer Bezugsmengen können zudem häufig Mengenrabatte durchgesetzt werden. Darüber hinaus kann durch die enge und zumeist langfristige Zusammenarbeit mit wenigen Systemzulieferern eine weltweit gleiche Qualität von Vorprodukten sichergestellt werden, was insbesondere bei technologisch anspruchsvollen Produkten bedeutsam ist. Bei einer gleichzeitigen weltweiten Streuung der Produktion erfordert die geographische Konzentration der Beschaffung jedoch eine aufwändige Planung und Logistik. Die Belieferung der geographisch verstreuten Produktionsgesellschaften verursacht zudem erhebliche Transportkosten, die insbesondere bei einem im Verhältnis zu Größe und Gewicht relativ geringen Wert der Vorprodukte die geographische Streuung der Beschaffung notwendig machen.

Länderspezifische Parallelbeschaffung

Im Rahmen einer *länderspezifischen Parallelbeschaffung* werden die gleichen Vorprodukte aus unterschiedlichen Ländern bezogen. Die größte Bedeutung besitzt diese Alternative bei nicht oder nur schwer substituierbaren Gütern (z. B. Erdöl, Edelmetalle), die aus Ländern mit einem hohen politischen Risiko beschafft werden. Für geographisch verstreute Produktionsgesellschaften zeichnet sich die Beschaffung von Vorprodukten in den jeweiligen Gastländern (*local sourcing*) vor allem durch geringe Transportkosten, kurze Lieferzeiten und eine geringe Umweltbelastung aus. Darüber hinaus können dadurch länderspezifische Abnehmerpräferenzen bereits zu Beginn des Wertschöpfungsprozesses berücksichtigt werden. In vielen Gastländern werden Multinationale Unternehmungen dazu zudem durch Importbarrieren oder *local content*-Vorschriften gezwungen (vgl. Kap. 8.1.1.1.1). Diese sehen vor, dass ein bestimmter Teil der Wertschöpfung in dem jeweiligen Gastland erbracht und Vorprodukte deshalb weitgehend von inländischen Zulieferern bezogen werden müssen. Vor allem in Entwicklungs- und Transformationsländern führt dies jedoch häufig zu Qualitätsproblemen, die vielfach die technische, personelle und finanzielle Unterstützung der lokalen Zulieferer notwendig machen. Dieser Nachteil von *local content*-Vorschriften wird jedoch dadurch reduziert, dass viele Schlüssellieferanten ihren Hauptabnehmern ins Ausland folgen, dort ebenfalls Tochtergesellschaften gründen und damit aus rechtlicher Sicht zu inländischen Zulieferern werden.

Länderübergreifende Verbundbeschaffung

Die Vorteile der *länderübergreifenden Verbundbeschaffung*, die vielfach auch als *global sourcing* bezeichnet wird, bestehen vor allem in der Möglichkeit zur Ausnutzung von Kostenunterschieden zwischen einzelnen Ländern (vgl. Corsten 1994, S. 201 ff.). Darüber hinaus kann durch die Verlagerung des Beschaffungsrisikos auf mehrere Zulieferer die Versorgungssicherheit erhöht werden. Ein weiterer Vorteil besteht in der Möglichkeit der flexiblen Reaktion auf Angebots-, Preis- und Wechselkursschwankungen (vgl. Piontek 1997, S. 27 ff.). Im Vergleich zu den beiden anderen beschaffungspolitischen Alternativen bedingt die länderübergreifende Verbundbeschaffung jedoch den höchsten Aufwand für die Koordination der weltweiten Beschaffungsaktivitäten und den Aufbau eines weltweiten Logistiknetzwerkes (vgl. Arnold 2002; Trautmann/Bals/Hartmann 2009).

4.2.2.3.3 Produktion

Globale Fabrik

Die *geographische Konzentration des Produktionsprozesses in einer Weltmarkt-Produktionseinheit* (*world scale plant*) ist insbesondere in Branchen mit einem hohen Kostendegressionspotenzial vorteilhaft, das bei einer Verteilung der Produktion auf mehrere Standorte nur unzureichend ausgeschöpft werden kann. Bei einer weitgehenden Standardisierung von Produkten und Leistungen kann zudem die Effizienz des Produktionsprozesses gesteigert werden (vgl. Doz 1978, S. 85). Ein Nachteil einer weitgehenden Konzentration besteht jedoch darin, dass mit zunehmender Produktionsmenge zwar die durchschnittlichen Stückkosten sämtlicher Produktionsstufen sinken, die Transportkosten mit zunehmender Entfernung der Absatzmärkte von der Produktionsstätte dagegen ansteigen. Insbesondere bei Gütern, deren Größe und Gewicht im Verhältnis zu den Produktionskosten relativ groß sind, werden deshalb die Skalenvorteile im Bereich der Produktion häufig durch die hohen Transportkosten kompensiert (vgl. Kogut 1990, S. 49). Ein weiterer Nachteil einer weitgehenden Konzentration besteht in der mangelnden Anpassungsfähigkeit an regional unterschiedliche Abnehmerpräferenzen.

Länderspezifische Parallelproduktion

Die *länderspezifische Parallelproduktion* ist durch ein mengenteiliges Produktionssystem gekennzeichnet, in dem vertikal-integrierte und räumlich-konzentrierte Produktionsprozesse länderspezifisch durchgeführt werden. Neben Branchen mit einem hohen lokalen Anpassungsbedarf sowie bei Produkten, deren Größe und Gewicht im Verhältnis zu den Produktionskosten relativ groß ist, ist diese insbesondere in solchen Branchen anzutreffen, in denen die technologische Beschaffenheit des Produktionsprozesses eine länderübergreifende Arbeitsteilung zwischen verschiedenen Standorten nicht oder nur unter erschwerten Bedingungen zulässt. So muss z. B. im Rahmen der chemischen Prozessfertigung i. d. R. die gesamte Prozesskette an einem Standort durchlaufen werden. Die länderspezifische Parallelproduktion ermöglicht darüber hinaus die flexible Verlagerung der Produktion zwischen unterschiedlichen Währungsräumen, wodurch das ökonomische Risiko von Wechselkursschwankungen begrenzt werden kann (vgl. Kogut 1989, S. 386). Gleichzeitig kann dadurch die Störanfälligkeit von Produktionsprozessen und damit die Gefahr des Produktionsausfalls verringert werden.

Länderübergreifende Verbundproduktion

Die *länderübergreifende Verbundproduktion* ist durch ein artenteiliges Produktionssystem gekennzeichnet, bei dem ein mehrstufiger Produktionsprozess zwischen Fertigungseinheiten mit geringer Fertigungstiefe über verschiedene Stufen und Ausprägungsformen der länderübergreifenden Arbeitsteilung erfolgt. Im Gegensatz zum traditionellen *Nabe-und-Speichen-Konzept*, bei dem der Produktkern primär an einem Standort (zumeist im Heimatland) konzentriert hergestellt wird und die Produktion in anderen Ländern ausschließlich der Anpassung an die jeweiligen lokalen Markterfordernisse dient, wird die länderübergreifende Verbundproduktion zunehmend in Form eines *Produktionsnetzwerks* durchgeführt, das sich durch die geographische Streuung nach unterschiedlichen Produktionsphasen, Produkttypen oder Herstellungstechniken auszeichnet (vgl. Flaherty 1989, S. 118 ff.; DuBois/Toyne/Oliff 1993). Ermöglicht wird dies durch Entwicklungen im Bereich der Computertechnologie (CAM, CAD, CIM, u. a.) und durch neue Formen der Arbeitsorganisation (Lean Management, Total Quality Management, Just-In-Time-Produktion, Simultaneous

Engineering, Fertigungssegmentierung, u. a.). »The emergence of (these new) manufacturing technologies and methodologies (...) tend to change the optimal configuration of production resources: they reduce the benefits to scale; they require well-educated, highly skilled workers, and they depend on sophisticated, well-maintained local infrastructures« (MacCormack/Newman/Rosenfield 1994, S. 71 f.).

Die Vorteile länderübergreifender Produktionsnetzwerke bestehen darin, die Standort- und Spezialisierungsvorteile einzelner Länder systematisch nutzen zu können. Im Gegensatz zur geographischen Konzentration des Produktionsprozesses stehen damit nicht mehr Skaleneffekte, sondern komparative Vorteile einzelner Standorte im Vordergrund (vgl. Doz 1978, S. 82; Mascarenhas 1984, S. 91). Die standortspezifische Ansiedlung unterschiedlicher Produktionsphasen, Produkttypen oder Herstellungstechniken eröffnet zudem die Möglichkeit, Größendegressionseffekte innerhalb der jeweiligen Stufen des Produktionsprozesses zu erzielen (vgl. McGrath/Hoole 1992, S. 98 f.). Darüber hinaus besitzen Produktionsnetzwerke eine höhere Anpassungsfähigkeit an variierende Nachfragepräferenzen. Die Realisierung dieser Vorteile wird jedoch durch regional unterschiedliche Qualitätsstandards und gravierende logistische Probleme erschwert.

4.2.2.3.4 Vertrieb

Weltweite Konzentration der Vertriebstätigkeiten

Wie in den anderen Funktionsbereichen zeichnet sich auch die *weltweite Konzentration der Vertriebstätigkeiten* vor allem durch Kostenvorteile aus, die durch die Bündelung vertriebsspezifischen Wissens erzielt werden können. Der Rückgriff auf fremde Distributionsorgane wie Handelshäuser oder Absatzmittler in den einzelnen Ländermärkten ermöglicht es zudem, deren lokale Marktkenntnisse zu nutzen. Darüber hinaus müssen keine finanziellen und personellen Ressourcen für den Aufbau dezentraler Vertriebsstrukturen eingesetzt werden, was vor allem kleinen und mittelständischen Unternehmungen häufig nicht möglich ist (vgl. Schneider 1992, S. 747).

Die Nutzung bestehender Vertriebsstrukturen ist jedoch mit einer geringeren Marktnähe und geringen Steuerungs- und Kontrollmöglichkeiten verbunden. Vor allem in Transformations- und Entwicklungsländern besitzen die bestehenden Groß- und Einzelhandelsstrukturen zudem nur eine geringe Effizienz, so dass deren Nutzung zu Zeit-, Kosten- und Qualitätsnachteilen führen würde. Die weitgehende Konzentration der Vertriebstätigkeit wird schließlich dadurch erschwert, dass Entscheidungen im Bereich der Distributionspolitik nur ein geringes Standardisierungspotenzial besitzen (vgl. Kap. 4.2.2.2).

Länderspezifischer Parallelvertrieb

Die Verlagerung der Vertriebsaktivitäten in die einzelnen Ländermärkte i. S. eines *länderspezifischen Parallelvertriebs* ist vor allem bei komplexen, beratungs- und serviceintensiven Produkten anzutreffen, die entsprechende Spezialkenntnisse und einen ausgeprägten *sales and after sales service* erfordern (vgl. Schneider 1992, S. 748). Darüber hinaus weist Porter (1989b, S. 25 ff.) darauf hin, dass der Vertrieb in geographischer Nähe zu den wichtigsten Kunden angesiedelt werden sollte, um dadurch Anpassungen an lokale Nachfragespezifika einfach und schnell realisieren zu können. Die Darstellung der Theorien der internationalen Unternehmungstätigkeit in Kapitel 3.1 hat zudem deutlich gemacht, dass Absatzmotiven die größte Bedeutung für die Internationalisierung von Unternehmungen zukommt und Vertriebsaktivitäten deshalb früher und häufiger als andere Unternehmungsfunktionen ins Ausland verlagert werden.

Länderübergreifender Verbundbetrieb

Im Gegensatz zu den anderen Funktionsbereichen kommt dem *länderübergreifenden Verbundvertrieb* aufgrund der Gefahr der unternehmungsinternen Konkurrenz in der Unternehmungspraxis nur eine sehr geringe Bedeutung zu, so dass auf eine detaillierte Darstellung dieser Gestaltungsalternative verzichtet werden kann.

4.2.2.3.5 Gesamtbetrachtung

Leistungswirtschaftliche Verflechtungen

Das Engagement Multinationaler Unternehmungen in bestimmten Gastländern hängt nicht nur von der isolierten Bewertung der dort vorherrschenden Bedingungen ab, sondern ist das Ergebnis einer an der Effizienz der Gesamtunternehmung orientierten Entscheidung (holistische Perspektive). Als Ergebnis ergibt sich idealtypisch eine weltweit operierende Unternehmung, die in den einzelnen Ländern über stark spezialisierte, häufig auf einzelne Wertaktivitäten reduzierte und durch zahlreiche leistungswirtschaftliche Verflechtungen gekennzeichnete Tochtergesellschaften verfügt. Diese wiederum stellen nicht mehr verkleinerte Abbilder der Muttergesellschaft dar, sondern werden zu *Elementen eines transnationalen Wertschöpfungsnetzwerkes*. Ein Beispiel für eine länderübergreifende Konfiguration, die sowohl durch Elemente einer geographischen Streuung als auch einer geographischen Konzentration von Wertaktivitäten gekennzeichnet ist, gibt Abb. 4-12 wieder. Analoge Wertschöpfungsnetzwerke sind auch für *Dienstleistungsunternehmungen* denkbar (vgl. Holtbrügge 2009; Holtbrügge/Kittler/Rygl 2004; Holtbrügge/Wiedemann 2009).

Transnationales Wertschöpfungsnetzwerk

Transnationale Wertschöpfungsnetzwerke besitzen besonders gute Voraussetzungen, um die Vorteile der Kostendegression mit Arbitragevorteilen zu kombinieren. Je nach der relativen Bedeutung von Lohnkosten, Währungseinflüssen oder Beschaffungsrisiken können sowohl die Zahl der Standorte als auch die zwischen diesen

Abb. 4-12

Beispiel für die Konfiguration der Wertaktivitäten einer Multinationalen Unternehmung

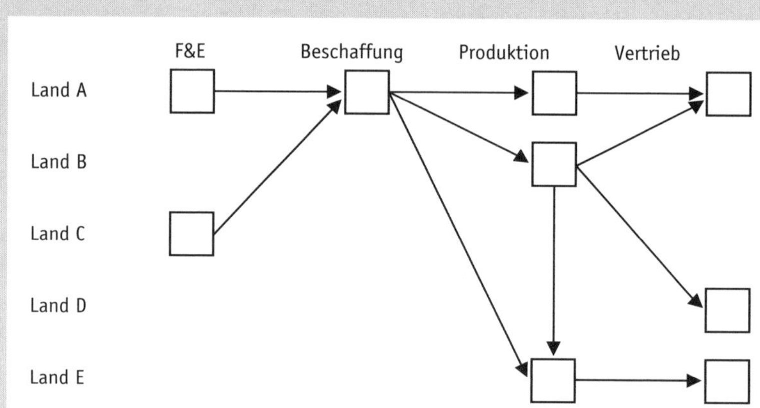

Beispiel

Die Vorteile der länderübergreifenden Konfiguration der Wertaktivitäten lassen sich anschaulich am Beispiel der BMW AG illustrieren (vgl. Abb. 4-13). Die Unternehmung fertigt PKWs an 30 Standorte in 14 Ländern auf vier Kontinenten, wobei unterschiedliche Konfigurationsformen zum Einsatz kommen. So erfolgt die Produktion des 7er-Modells in Form einer Weltmarkt-Produktionseinheit im Werk Dingolfing, während es für das 3er-Modell eine Parallelfertigung in Leipzig, München, Regensburg, Rosslyn und Shenyang gibt. Das Produktionsnetzwerk ist so flexibel, dass z. B. das Werk Dingolfing bei einer steigenden Nachfrage nach dem 3er-Modell dieses Fahrzeug zusätzlich in sein Produktionsprogramm aufnehmen kann. Fällt die Nachfrage, wird es wieder aus dem Produktionsprogramm ausgegliedert.

Beliefert werden die Produktionsstandorte u. a. von den Motorenwerken in Curitiba, Hams Hall, München und Steyr sowie dem Presswerk in Swindon. In Eisenach werden Großpresswerkzeuge hergestellt. Zudem findet eine CKD-Montage in Jakarta, Kairo, Kaliningrad, Kuala Lumpur und Rayong statt. Diese länderübergreifende Konfiguration der Wertaktivitäten verschafft BMW ein hohes Maß an operationaler Flexibilität und ermöglicht es, gleichzeitig Standardisierungs- und Arbitragevorteile auszuschöpfen. Dies gilt neben Arbeits- und Beschaffungskostenunterschieden insbesondere für die Ausnutzung von Wechselkursschwankungen durch die flexible Verlagerung von Wertaktivitäten zwischen unterschiedlichen Währungsräumen (vgl. http://www.bmwgroup.com/production; Richter/Hartig 2007).

bestehenden Liefer- und Leistungsverflechtungen variieren. Die operationale Flexibilität transnationaler Wertschöpfungsnetzwerke wird dagegen durch die Fähigkeit bestimmt, einzelne Wertaktivitäten wie z. B. Produktionskapazitäten schnell und kostengünstig zwischen den Standorten zu verschieben.

Abb. 4-13

Länderübergreifende Konfiguration der Wertaktivitäten bei BMW

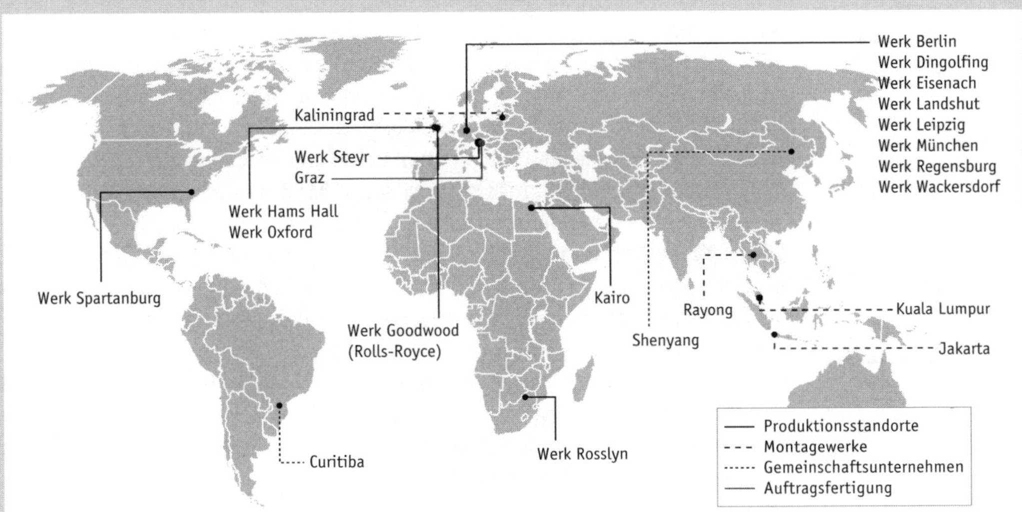

Beispiel

Die Risiken hochgradig integrierter länderübergreifender Wertschöpfungsnetzwerke, die neben eigenen Unternehmungseinheiten auch eine Vielzahl von Zulieferern umfassen können, zeigten sich besonders deutlich nach Erdbeben und Reaktorunfall im japanischen Fukushima im März 2011. »Viele Unternehmen merkten nach dem Beben, dass ihnen ein Bauteil fehlt, wussten aber gar nicht, wer das herstellt (...). Denn die einzelnen Glieder in der Lieferkette haben auch wieder Lieferketten, und deren Glieder haben Lieferketten, und so weiter. Was die Sache noch komplizierter macht: Die meisten Lieferketten spannen sich inzwischen über Staaten, gar Kontinente hinweg.« Die ausgeprägte Spezialisierung führt zudem dazu, dass viele Produkte nur noch an einem einzigen Ort produziert werden, an dem die Kosten besonders niedrig sind und die erforderliche Infrastruktur vorhanden ist. Dies gilt etwa für Kunstharz, mit dem Mikrochips in Handys geklebt werden. »Das war kaum jemandem aufgefallen, bis das Erdbeben in Nordjapan 90 Prozent der weltweiten Kunstharz-Fertigung vorübergehend lahmlegte (...).Der Autokonzern General Motors musste im März eine Fabrik in den USA schließen, weil ein Sensor aus Japan fehlte – Einkaufspreis: 2 Dollar« (Fink 2011).

4.2.2.4 Übernahme strategischer Mandate

Im Unterschied zu einer globalen Strategie stellt die Muttergesellschaft im Rahmen einer transnationalen Strategie nicht zwangsläufig das zentrale Kompetenzzentrum dar, von dem alle wichtigen Ressourcenflüsse ausgehen. Die funktionale Spezialisierung der Unternehmungseinheiten und die zwischen diesen bestehenden leistungswirtschaftlichen Verflechtungen führen vielmehr dazu, dass die ausländischen Tochtergesellschaften unterschiedliche strategische Mandate innerhalb des länderübergreifenden Wertschöpfungsnetzwerks übernehmen. Deren Aufgabe reduziert sich dabei nicht auf den Erfolg auf ihrem jeweiligen nationalen Markt (*atomistische Perspektive*), sondern umfasst den Beitrag, den diese zur Steigerung der Wettbewerbsfähigkeit der Gesamtunternehmung leisten (*holistische Perspektive*).

Rollenkonzepte

In der wissenschaftlichen Literatur liegen zahlreiche Rollenkonzepte vor, die unterschiedliche strategische Ausrichtungen der Unternehmungseinheiten einer Multinationalen Unternehmung vorschlagen, die auf der Kombination verschiedener Gastland- und Unternehmungsdimensionen basieren (vgl. etwa White/ Poynter 1984; Jarillo/Martínez 1990; Birkinshaw/Morrison 1995; Birkinshaw 1997; Ferdows 1997). Ein besonders weit verbreitetes Rollenkonzept wurde von Bartlett/Ghoshal (1987) entwickelt, das vier idealtypische *Mandate* der Unternehmungseinheiten Multinationaler Unternehmungen unterscheidet, die sich durch die *strategische Bedeutung des nationalen Umfelds* einerseits und die *Stärke der lokalen Ressourcen und Kompetenzen* andererseits ergeben (vgl. Abb. 4-14).

Rolle der strategischen Führung

Die Rolle der *strategischen Führung*, die vielfach auch als *lead-country*-Funktion (vgl. Kreutzer/Raffée 1986, S. 16 f.; Meffert 1989, S. 1424; Welge 1990b, S. 8) bzw. *center of excellence*-Funktion (vgl. Schurig 2002) bezeichnet wird, ist dadurch gekennzeichnet, dass einer in hohem Maße kompetenten Unternehmungseinheit in einem strategisch wichtigen Markt die Ausarbeitung strategischer Konzepte für bestimmte Unternehmungsbereiche übertragen wird, die wiederum die Grundlage der Marktbearbeitungsstrategien anderer Niederlassungen bilden. Tochtergesellschaften in der Rolle der strategischen Führung, die sich auf einzelne Funktionen, Produkte oder Regionen beziehen kann, sind zumeist in Industrieländern, zunehmend aber auch in Emerging Markets angesiedelt. Ein Beispiel dafür ist die Tochtergesellschaft von BMW in Spartanburg (USA), die eine Führungsfunktion für die Entwicklung von Sportwagen besitzt.

Mitwirkende Rolle

Eine *mitwirkende Rolle (Rolle der strategischen Unterstützung)* wird häufig von solchen Unternehmungseinheiten übernommen, die zwar in einem kleinen oder strategisch wenig bedeutsamen Markt tätig sind, jedoch über besondere Kapazitäten verfügen. Als Beispiel dafür führen Bartlett/Ghoshal die australische Tochtergesellschaft von L. M. Ericsson an, die eine entscheidende Rolle bei der Entwicklung der digitalen Telefonvermittlungsanlage AXE spielte.

Ausführende Rolle

Bei der *ausführenden Rolle (Rolle der strategischen Umsetzung)* verfügt die Unternehmungseinheit in einem wenig bedeutsamen Markt gerade über so viele Kompetenzen, dass sie ihren eigenen Betrieb aufrechterhalten kann. Sie leistet keinen wesentlichen Beitrag zur strategischen Planung der Gesamtunternehmung, und ihre Wertschöpfung beschränkt sich in erster Linie auf den Vertrieb sowie eventuell die Produktion von technologisch ausgereiften und wenig anspruchsvollen Erzeugnissen. Ausführende Rollen sind vor allem für Tochtergesellschaften Multinationaler Unternehmungen in Lateinamerika, Afrika, Asien, Kanada und kleineren europäischen Staaten charakteristisch.

Die Rolle des schwarzen Lochs

Die Rolle des *schwarzen Lochs* ist dadurch gekennzeichnet, dass es einer auf einem strategisch bedeutsamen Markt tätigen Unternehmungseinheit nicht gelingt, ausreichende Kompetenzen aufzubauen, um auf diesem Markt bedeutende Marktanteile zu erringen. Mögliche Auswege aus dieser strategisch nicht akzeptablen Rolle sind z. B. die Reduzierung des Engagements auf die bloße Beobachtung des Marktes und die Analyse der weltweiten Implikationen lokaler Entwicklungen (*wait-and-see*-Investment) oder die Bildung einer Strategischen Allianz mit einem kompetenten Partner, die aufgrund der eigenen Schwäche jedoch eine hohe Gefahr des Scheiterns beinhal-

Abb. 4-14

Strategische Mandate für Unternehmungseinheiten in Multinationalen Unternehmungen

(Quelle: leicht modifiziert nach Bartlett/Ghoshal 1987, S. 55)

Beispiel

Ein Beispiel dafür ist die Tochtergesellschaft von Volkswagen in Shanghai. Nach der Gründung eines Joint Venture im Jahre 1984 wurde dort mehr als 20 Jahre lang mit dem Santana ein technologisch veraltetes Produkt auf weitgehend abgeschriebenen Produktionsanlagen hergestellt, die aus der Muttergesellschaft stammten. Sowohl die strategische Bedeutung des Landes als auch die Stärke der lokalen Ressourcen und Kompetenzen waren gering. Die Tochtergesellschaft nahm somit eine ausführende Rolle wahr.
Diese Situation änderte sich fundamental, nachdem in den neunziger Jahren die strategische Bedeutung des chinesischen Marktes für Volkswagen stark zunahm. Zudem wurde die Unternehmung von der chinesischen Regierung dazu gedrängt, modernes Know-how zu importieren und Forschungs- & Entwicklungsaktivitäten in China durchzuführen. Die Rolle der Tochtergesellschaft wandelte sich dadurch von der strategischen Unterstützung zur strategischen Führung.
In jüngster Zeit hat Volkswagen in Shanghai schließlich erhebliche Marktanteilsverluste zu verzeichnen. Die Gründe dafür sind Konflikte mit dem lokalen Partner sowie eine verfehlte Markenpolitik. Es besteht deshalb die Gefahr, dass die Stärke der lokalen Ressourcen und Kompetenzen abnimmt und die Tochtergesellschaft in die Situation eines schwarzen Lochs gerät (vgl. Holtbrügge/Puck 2008, S. 246 ff.).

tet. Die Rolle des schwarzen Lochs ist für viele Tochtergesellschaften ausländischer Unternehmungen in Japan kennzeichnend.

Die grundlegende Idee des Konzepts differenzierter strategischer Mandate besteht darin, dass die einzelnen Unternehmungseinheiten Multinationaler Unternehmungen weder isoliert voneinander, noch strategisch gleichgerichtet agieren, sondern auf ihre Funktion im Rahmen des transnationalen Wertschöpfungsnetzwerks abgestimmte Aufgaben übernehmen. Zu ihrer Erfolgsbeurteilung können deshalb keine standardisierten monetären Kennzahlen herangezogen werden, die sich lediglich auf deren Erfolg auf dem lokalen Markt beziehen. Vielmehr müssen länderübergreifende Kriterien entwickelt werden, die zugleich die jeweiligen Aufgaben der Tochtergesellschaften im Rahmen des transnationalen Wertschöpfungsnetzwerks berücksichtigen. Ansätze hierzu werden in Kap. 7.2.2.1 erläutert.

Strategische Mandate unterstützen Multinationale Unternehmungen dabei, ihre weltweit verstreuten Unternehmungseinheiten aus einer Gesamtperspektive zu steuern. Die Aufgabe der Muttergesellschaft besteht darin, die einzelnen strategischen Mandate so aufeinander abzustimmen, dass die Effizienz der Gesamtunternehmung maximiert wird. Strategische Mandate müssen nicht durch die Muttergesellschaft zugewiesen werden, sondern können sich im Wettbewerb zwischen den Tochtergesellschaften auch dezentral entwickeln. Durch den Wandel der Umwelt- und Unternehmungsbedingungen kann dabei auch ein Rollenwandel der einzelnen Unternehmungseinheiten ausgelöst werden (vgl. Birkinshaw 1996).

4.2.2.5 Sprinklerstrategie des Markteintritts

Simultaner Markteintritt in mehrere Länder

Im Gegensatz zu Unternehmungen mit einer internationalen oder multinationalen Strategie zeichnen sich Unternehmungen, die eine transnationale Strategie verfolgen, durch den *parallelen bzw. simultanen Markteintritt in mehrere Länder* aus. Der intensive Zeitwettbewerb in vielen Branchen und die zunehmend weltweit agierenden Kunden, Zulieferer und Wettbewerber bedingen die Notwendigkeit, Innovationen in allen wichtigen Ländern gleichzeitig zu vermarkten (vgl. Ohmae 1985, S. 44 f.). Dies gilt insbesondere für *born global firms*, die bereits bei ihrer Gründung oder kurz danach in mehreren Ländern der Welt tätig sind (vgl. Holtbrügge/Enßlinger 2004). Darüber hinaus erfordern die geographische Streuung und die aufgabenspezifische Fragmentierung der Wertaktivitäten (vgl. Kap. 4.2.2.3) die unmittelbare Präsenz an allen Standorten, an denen sich nationale Unterschiede, Skaleneffekte und Verbundvorteile für die Gesamtunternehmung nutzen lassen. Die Wasserfallstrategie, die einen sukzessiven Internationalisierungsprozess beinhaltet, wird deshalb zunehmend durch eine Sprinklerstrategie des Markteintritts abgelöst (vgl. Abb. 4-15).

Der simultane Eintritt einer Unternehmung in mehrere ausländische Märkte steht im Widerspruch zur Produktlebenszyklustheorie von Vernon, die einen *time lag* zwischen der Aufnahme der Tätigkeit im Heimatland, in Industrieländern und in Entwicklungsländern annimmt (vgl. Kap. 3.1.2.1). Die Sprinklerstrategie bedingt zudem den Verzicht auf Lern- und Erfahrungseffekte eines sukzessiven Markteintritts, wie sie z. B. die Lerntheorie der Internationalisierung von Johanson/Vahlne (vgl. Kap. 3.1.2.4) unterstellt. Ein weiterer *Nachteil* der Sprinklerstrategie sind höhere Anforderungen an die finanziellen, sachlichen und personellen Ressourcen der Unternehmung (vgl. Backhaus/Voeth 2010, S. 112 f.).

Abb. 4-15

Wasserfall- und Sprinklerstrategie des Markteintritts

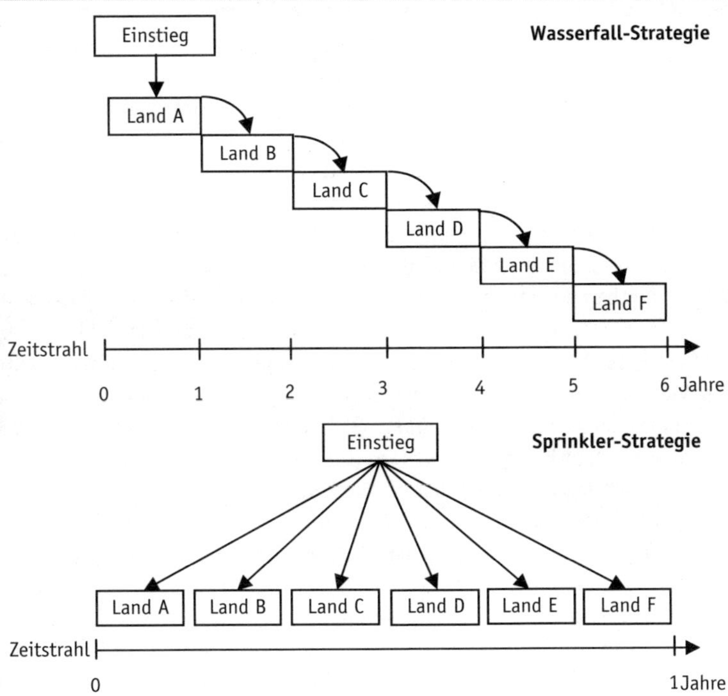

(Quelle: Kreutzer 1989, S. 238 ff.)

Beispiel

Ein Beispiel für den simultanen Markteintritt in einer Vielzahl von Ländern ist der Verkauf des Kinderbuchs »Die englischen Rosen« von Madonna. Das Buch wurde am 15. September 2003 zeitgleich in mehr als 100 Ländern der Welt auf den Markt gebracht. Ermöglicht wurde dies durch die Digitalisierung des Buchdrucks sowie den weltweiten Bekanntheitsgrad der Autorin. Kennzeichnend für dieses Beispiel ist auch das Zusammenwirken globaler und lokaler Elemente. Während das Marketing weltweit einheitlich mit Hilfe von Presseauftritten und Fernsehspots erfolgte, geschah der Vertrieb mit Hilfe lokaler Lizenzverlage. Diese übernahmen auch die Übersetzung des Buches in 30 Sprachen (vgl. Inkpen/Ramaswamy 2006, S. 11).

Vorteile

Vorteile der Sprinklerstrategie sind eine schnellere Amortisation von Investitionen und die Streuung des Markteintrittsrisikos auf mehrere Länder (Portfolio-Effekt). Darüber hinaus ermöglicht der simultane Markteintritt die Realisierung von Skaleneffekten und Standardisierungsvorteilen (vgl. Kreutzer 1989, S. 238 ff.; Meffert/Pues 2002, S. 405 ff.). Besonders bedeutsam sind diese Vorteile bei kapitalintensiven Produkten sowie Gütern mit einem kurzen Produktlebenszyklus.

4.2.3 Kritische Gesamtbeurteilung

Idealtypische Gestaltungsalternative

Die transnationale Strategie stellt eine *idealtypische Gestaltungsalternative* dar, deren Umsetzung die weitestgehende Ausschöpfung der in Kapitel 3.2 dargestellten Wettbewerbsvorteile Multinationaler Unternehmungen ermöglicht. Die komplexen Liefer- und Leistungsverflechtungen zwischen den einzelnen Unternehmungseinheiten führen jedoch zu einem hohen Koordinationsaufwand (vgl. Kreitz 2008, S. 217 ff.), der nur durch innovative Instrumente der Struktur- und Prozessorganisation (vgl. Kap. 5.2) und des Controlling (vgl. Kap. 7.2) bewältigt werden kann. Darüber hinaus beinhalten transnationale Strategien sehr hohe Anforderungen an die weltweite Mobilität von Ressourcen. Während diese durch die Globalisierung der Märkte für Kapital, Produkte und Informationen zunehmend gewährleistet ist, sind der weltweiten Mobilität der Mitarbeiter jedoch hohe funktionale und ethische Schranken gesetzt (vgl. Kap. 6.2). Nicht zuletzt erhöht der zunehmende grenzüberschreitende Transfer von Ressourcen die Sensibilität gegenüber unterschiedlichen nationalen und internationalen Interessengruppen (vgl. Ghoshal 1987, S. 437), die erhöhte Anforderungen an das Public Affairs-Management stellt (vgl. Kap. 8.2).

Empirische Evidenz

Trotz dieser Probleme deuten empirische Untersuchungen auf eine *zunehmende Bedeutung transnationaler Strategien* in Multinationalen Unternehmungen hin. So weist eine Studie unter 66 ausländischen Tochtergesellschaften deutscher Multinationaler Unternehmungen von Holtbrügge (2005b) auf eine zumindest mittlere funktionale Spezialisierung hin, wobei – der Annahme von Porter (1989b) entsprechend – die vorgelagerten Funktionen Forschung & Entwicklung und Beschaffung eher zentralisiert und die nachgelagerten Funktionen Produktion und Vertrieb eher dezentralisiert sind. Darüber hinaus zeigt sich, dass die untersuchten Unternehmungen über einen relativ hohen Grad an länderübergreifenden Liefer- und Leistungsverflechtungen verfügen. Die Konfiguration der Wertaktivitäten ist weniger an Branchenmerkmalen als an Gastlandbedingungen orientiert, wobei zwischen der kulturellen und der geographischen Distanz zur Muttergesellschaft und dem Grad der leistungswirtschaftlichen Verflechtungen der jeweiligen Tochtergesellschaft ein negativer Zusammenhang existiert. Demgegenüber besteht ein positiver Zusammenhang zwischen den Inputverflechtungen und dem Wohlstandsniveau des jeweiligen Landes. Dies bedeutet, dass Tochtergesellschaften in Ländern mit einem hohen Pro-Kopf-Einkommen in einem hohen Maße Güter und Dienstleistungen an andere Unternehmungseinheiten liefern. Eine Erklärung für diese der Theorie der operationalen Flexibilität widersprechende Konzentration von Produktionskapazitäten in Ländern mit einem hohen Pro-Kopf-Einkommen könnte die von Leontief formulierte Erkenntnis sein, dass qualifizierte Fachkräfte in Ländern mit einem niedrigen Pro-Kopf-Einkommen relativ knapp sind und deshalb höhere Kosten als in Ländern mit einem hohen Pro-Kopf-Einkommen verursachen (vgl. Kap. 3.1.1.4). Einschränkend muss jedoch berücksichtigt werden, dass die Konfiguration der Wertaktivitäten einer Multinationalen Unternehmung nicht zwangsläufig auf strategische Überlegungen zurückgeführt werden kann, sondern vielfach das Ergebnis eines inkrementalen Internationalisierungsprozesses und damit historisch bedingt ist.

Auch eine empirische Untersuchung von Schurig (2002) weist auf eine zunehmende Individualisierung der Tochtergesellschaften Multinationaler Unternehmungen hin. Danach besitzen mehr als 45 % der von ihm untersuchten Tochtergesellschaften spezifische Stärken bei einer Wertaktivität und können damit als funktionale Center für die gesamte Multinationale Unternehmung bezeichnet werden. Demgegenüber konnte Schurig nur geringe materielle Liefer- und Leistungsverflechtungen zwischen den betrachteten Unternehmungseinheiten identifizieren. Auch diese Untersuchung belegt damit, dass sich in der Unternehmungspraxis bereits einzelne Elemente des transnationalen Unternehmungskonzepts durchsetzen konnten, konsistente transnationale Strategien aber bislang nur selten zu beobachten sind.

4.3 Weiterführende Literatur

Ein detaillierter Überblick über die Gestaltungsalternativen und Problemfelder von Internationalisierungsstrategien findet sich in Welch/Benito/Petersen (2007), Meffert/Burmann/Becker (2010), Grünig/Morschett (2012) und Zentes (2012). Einen Überblick über empirische Studien zur Wahl der Internationalisierungsform vermittelt der Beitrag von Datta/Herrmann/Rasheed (2002).

Die Spezifika kooperativer Internationalisierungsstrategien werden ausführlich behandelt in den Sammelbänden von Contractor/Lorange (1988a; 2002a), Culpan (1993), Beamish (1998, 2008) und Faulkner/de Rond (2000). Speziell internationalen Mergers & Acquisitions sind die Monographien von Child/Faulkner/Pitkethly (2001) und Lucks/Meckl (2002) sowie der Sammelband von Picot (2012) gewidmet.

Über die Merkmale globaler und transnationaler Strategien informieren die Sammelbände von Porter (1989a), Welge (1990a) und Lecraw/Morrison (1993) sowie die Monographien von Govindarajan/Gupta (2002), Yip (2003), Mellahi/Frynas/Finlay (2005), Inkpen/Ramaswamy (2006), Peng (2006), Ghemawat (2007) und Verbeke (2013).

Die länderübergreifende Konfiguration von Wertschöpfungsaktivitäten in Multinationalen Unternehmungen untersuchen Paul (1998), Zentes/Swoboda/Morschett (2004), Grosche (2012) und Gong (2013). Einen modellhaften Vergleich multinationaler, globaler und transnationaler Wertschöpfungskonfigurationen unternimmt Kreitz (2008). Speziell dem Bereich Forschung & Entwicklung sind die Untersuchungen von Gassmann (1997), Gerybadze/Meyer-Krahmer/Reger (1997), Fisch (2001) und Ambos (2002) gewidmet. Die Gestaltungsalternativen und Probleme der Beschaffung in Multinationalen Unternehmungen diskutieren Piontek (1997) und Kaufmann (2001), zur Produktion vgl. Ferdows (1989), Klein (1993) und Abele et al. (2008). Die Besonderheiten transnationaler Marketingkonzepte werden ausführlich erläutert in Keegan/Schlegelmilch/Stöttinger (2002), Backhaus/Voeth (2010) und Zentes/Swoboda/Schramm-Klein (2013).

Zum Konzept strategischer Mandate vgl. ausführlich Birkinshaw/Hood (1998), Holm/Pedersen (2000) und Schurig (2002).

4.4 Fallstudie: Management internationaler Unternehmungskooperationen am Beispiel der Star Alliance

Luftfahrtindustrie

Die Luftfahrtindustrie ist durch ein weitgehend homogenes Leistungsangebot, eine hohe Preiselastizität der Nachfrage sowie hohe Größendegressionsvorteile gekennzeichnet. Die Folge davon sind starke Konzentrationstendenzen, die sich aufgrund gesetzlicher Regelungen im Unterschied zu vielen anderen Branchen jedoch nur in einem sehr geringen Maße in Unternehmungsübernahmen und -fusionen niederschlagen. Vielmehr haben viele Fluggesellschaften in den letzten Jahren strategische Allianzen gegründet, durch die verschiedene Markt- und Kostenvorteile realisiert werden sollen.

Im Mittelpunkt der Fallstudie stehen die Deutsche Lufthansa AG und deren strategische Allianz Star Alliance. Im Folgenden wird zunächst ein kurzes Unternehmungsportrait vorgestellt, bevor die Motive, die zur Gründung der Star Alliance geführt haben, dargestellt werden. Anschließend werden deren Struktur sowie die angestrebten und realisierten Vorteile der Zusammenarbeit erläutert. Der fünfte Abschnitt ist dem Wettbewerb von Luftverkehrs-Allianzen gewidmet. Ein kurzes Fazit und ein Ausblick schließen die Fallstudie ab.

4.4.1 Unternehmungsporträt der Deutschen Lufthansa AG

Historisches

Die Deutsche Luft Hansa Aktiengesellschaft wurde am 6. Januar 1926 durch den Zusammenschluss des Deutschen Aero Lloyd (DAL) mit dem Junkers Luftverkehr in Berlin gegründet (zur Unternehmungsgeschichte vgl. ausführlich Gardner et al.

1996; Rieger 2005; Trunz 2008; Lufthansa 2014b). Am 6. April 1926 startete der Liniendienst mit 162 Flugzeugen. Die *Internationalisierung* der Unternehmung begann bereits im Jahr der Gründung, als Anteile an der Deutsch-Russischen Luftverkehrsgesellschaft Deruluft erworben wurden. Zwischen 1927 und 1930 beteiligte sich die Luft Hansa maßgeblich an den Gründungen der spanischen Iberia, der brasilianischen Syndicato Condor und der chinesischen Eurasia. 1928 wurde von der Luft Hansa der weltweit erste Luftfracht-Spezialdienst mit Frachtflugzeugen eingerichtet. 1933 beschloss die Generalversammlung der Unternehmung, die Schreibweise der Firma in Deutsche Lufthansa Aktiengesellschaft zu ändern. Im folgenden Jahr wurde der weltweit erste Postflugdienst über den Südatlantik eingerichtet.

Nach Kriegsbeginn war die Lufthansa zunächst gezwungen, ihre internationalen Flüge einzustellen. 1945 untersagten die Siegermächte Deutschland sogar Besitz, Herstellung und Betrieb von Flugzeugen. Als Folge dessen wurde die Deutsche Lufthansa liquidiert. Bereits acht Jahre später stimmten die Alliierten einer Wiederaufnahme des deutschen Luftverkehrs wieder zu. In Köln wurde daraufhin die Aktiengesellschaft für Luftverkehrsbedarf (Luftag) gegründet, welche 1954 wieder den Namen Deutsche Lufthansa annahm und am 1. April 1955 den Linienflugbetrieb aufnahm. Nachdem die Lufthansa viele Jahre erfolgreich tätig war, geriet die Unternehmung nach dem 1. Golfkrieg zu Beginn der neunziger Jahre in eine tiefe wirtschaftliche Krise. Mit einem Nettoverlust (nach Steuern) von mehr als 250 Mio. US-$ stand die Unternehmung im Jahre 1991 kurz vor dem Konkurs. Daraufhin wurde ein umfassendes Restrukturierungsprogramm eingeleitet, dessen wichtigste Elemente neben der schrittweisen Privatisierung der Unternehmung die Ausgliederung der Bereiche

Tab. 4-12

Die 10 größten Fluggesellschaften der Welt nach der Zahl der beförderten Passagiere im Jahre 2013

Rang	Fluggesellschaft	Passagiere (in Tausend)	
		insgesamt	im internationalen Luftverkehr
1.	Delta Air Lines (USA)	120.636	23.086
2.	Southwest Airlines (USA)	115.323	0
3.	China Southern Airlines (C)	91.504	7.340
4.	United Airlines (USA)	90.161	25.002
5.	American Airlines (USA)	86.823	21.719
6.	Ryanair (Irland)	81.395	81.395
7.	Lufthansa (D)	63.273	50.739
8.	China Eastern Airlines (C)	62.653	10.117
9.	easyJet (GB)	58.410	52.787
10.	US Airways (USA)	56.708	6.551

(Quelle: IATA 2014)

Technik, Fracht und Informationssysteme in eigenständige Unternehmungen bildeten (vgl. Bruch/Sattelberger 2001a). Einen weiteren einschneidenden Schritt in der Unternehmungsgeschichte stellen die Übernahmen der Fluggesellschaften Swiss im März 2005 (vgl. Kaiser/Moser 2005; Kiani-Kress 2005) und Austrian Airlines in 2009 dar (vgl. Lufthansa 2009a).

Im Jahre 2013 ist die Deutsche Lufthansa AG mit einem Umsatz von 30,0 Mrd. € und 117.343 Mitarbeitern die umsatzstärkste Luftfahrtgesellschaft der Welt (vgl. Lufthansa 2014a). Mit 63,3 Mio. Fluggästen liegt die Unternehmung weltweit auf dem siebten und mit 50,7 Mio. Fluggästen im internationalen Linienverkehr hinter Ryanair und easyJet auf dem dritten Platz (vgl. Tab. 4-12). An einem Tag werden bei der Lufthansa durchschnittlich 2.250 Starts und Landungen durchgeführt, 193.000 Fluggäste befördert, 27.400 Telefonanrufe beantwortet und 1.170.000 Essen ausgegeben (vgl. Lufthansa 2009b).

Von Beginn ihrer Tätigkeit an hat sich die Lufthansa den Ruf erworben, *sicher, pünktlich, qualitativ hochwertig* sowie *in besonderem Maße technisch kompetent und zuverlässig* zu sein. Dieses Image ermöglicht es der Unternehmung, von ihren Kunden teilweise deutlich höhere Preise als ihre Konkurrenten zu fordern (vgl. Holtbrügge/Wiedemann 2009). Der Anspruch, Qualitätsführer der Branche zu sein, drückt sich auch in den Leitlinien der Lufthansa aus (vgl. Abb. 4-16).

Abb. 4-16

Leitlinien der Deutschen Lufthansa AG

Langfristige Profitabilität
Das herausragende strategische Leitbild des Konzerns ist die langfristige Wertschaffung bei profitablem Wachstum. Die Lufthansa soll hinsichtlich dieser Wertschaffung zur führenden europäischen Netzwerk-Fluggesellschaft ausgebaut werden. Als Messgröße dient die in der Wertorientierten Konzernsteuerung definierte Kennzahl Cash Value Added (CVA).

Fokus auf Kundennutzen
Der Kunde steht im Zentrum. Wir richten uns an den Kundenbedürfnissen aus und bieten darauf zugeschnittene Produkte an.

Ausrichtung an Kernkompetenzen
Wir richten unsere Aktivitäten konsequent an unseren Kernkompetenzen aus. Dazu gehören das Management von Flugnetzen, Partnerschaften und operativen Abläufen am Boden und in der Luft sowie die Bereitstellung und Pflege von Infrastruktur und Produktionsfaktoren.

Vorsprung durch Systemintegration
Wir bauen unsere Wettbewerbsfähigkeit gegenüber anderen Standorten, Fluggesellschaften und Allianzen durch eine starke Systemintegration aus. Wir arbeiten mit wesentlichen Partnern, Lieferanten und Infrastruktur-Anbietern eng zusammen, um die Kernprozesse zu integrieren und zu optimieren.

Attraktives Arbeitsumfeld
Unsere Mitarbeiter sind ein wesentlicher Erfolgsfaktor. Wir bieten ihnen gute Arbeitsbedingungen, angemessene Weiterentwicklungsmöglichkeiten und eine fördernde und internationale Unternehmenskultur. Dadurch sind wir ein attraktiver Arbeitgeber für qualifizierte, motivierte und dienstleistungsorientierte Mitarbeiter.

Gesellschaftliche Verantwortung
Balance halten ist für uns Verpflichtung. Umweltschutz und nachhaltige Entwicklung sind vorrangige Ziele unserer Unternehmenspolitik. Zudem engagieren wir uns aktiv in sozialen Projekten.

(Quelle: Lufthansa 2009c)

4.4.2 Codesharing – der erste Schritt zur Allianzbildung

Den ersten Schritt zur internationalen Erweiterung des Streckennetzes bildete der Abschluss von *Codesharing-Abkommen* mit United Airlines, Varig, Thai Airways und weiteren Partnern seit 1994. Dabei handelt es sich um eine Marketingvereinbarung zwischen zwei Fluggesellschaften, die einer Fluggesellschaft (*non-operating carrier*) erlaubt, einen Flug unter einer eigenen Flugnummer anzubieten, obwohl er ganz oder teilweise von der anderen Fluggesellschaft (*operating carrier*) durchgeführt wird. Beide Fluggesellschaften treten am Markt selbstständig auf. Vorteile von Codesharing-Abkommen für die beteiligten Partner sind etwa die größere Marktpräsenz durch die Ausweitung des Streckennetzes, die Verringerung des Wettbewerbs, die Erhöhung der Sitzladefaktoren, die Überwindung von Ressourcenengpässen bei Slots und Gates sowie die Umgehung des Kabotageverbots, auf das im nächsten Abschnitt noch ausführlich eingegangen werden wird (vgl. Maurer 2006, S. 68 ff.; Pompl 2007, S. 139 ff.).

Die Reaktionen der Kunden auf diese Form der Produktverwischung waren zwiespältig. So waren Lufthansa-Kunden zwar zumeist erfreut, wenn sie statt in einer Lufthansa-Maschine in einem Flugzeug der Singapore Airlines fliegen durften, jedoch enttäuscht, wenn der Kooperationspartner United Airlines hieß. Der Service, die Bestuhlung, die angebotenen Speisen und Getränke und nicht zuletzt die Freundlichkeit des Flugpersonals entsprachen häufig nicht den Erwartungen. So konnte etwa das zumeist ausschließlich englischsprachige Bordpersonal die – zwar oft bemängelte – »Lufthansa-Freundlichkeit« nicht erreichen. Darüber hinaus wurde das subjektiv wahrgenommene eingeschränkte Sicherheitsgefühl auf allen Flügen der Partner-Airline beanstandet. Andererseits nahmen die Lufthansa-Kunden den großzügigen Umgang mit Hand- und Übergepäck bei United sehr positiv auf, was wiederum vielfach zu entsprechender Kritik bei Lufthansa-Flügen führte.

Vielfliegerprogramme

Neben dem Codesharing schloss Lufthansa mit mehreren Partnern Abkommen zur gegenseitigen Anerkennung von *Vielfliegerprogrammen* ab. So wurde vereinbart, dass Passagiere auf den Flügen von Kooperationspartnern Bonusmeilen für das 1993 eingeführte Programm »Miles and More« sammeln und auch einlösen dürfen. Auch diese Abkommen waren zunächst nicht ohne Schwächen. So verbreitete sich unter den Kunden der Lufthansa schnell die Information, dass eine Teilnahme am Bonusprogramm von United Airlines »Mileage Plus« weitaus vorteilhafter ist, da United auf den gleichen Strecken ihren Kunden erheblich mehr Meilen gutschreibt als die Lufthansa und diese auch für vergleichsweise günstigere Prämien wie Freiflüge und Upgrades eingelöst werden können. Die Lufthansa und ihre Partner reduzierten daraufhin die gegenseitige Meilenanrechnung auf Flugstrecken, die im Rahmen von Codesharing-Abkommen geflogen werden.

Trotz zahlreicher positiver Auswirkungen setzte sich insgesamt die Erkenntnis durch, dass die hohen Qualitäts- und Serviceanforderungen der Kunden durch eine eher lose Zusammenarbeit mit anderen Fluggesellschaften nicht ausreichend befriedigt werden können. Der Vorstand der Deutschen Lufthansa beschloss deshalb 1995, die Kooperationsaktivitäten auf internationaler Ebene zu intensivieren.

4.4.3 Die Star Alliance – Ziele, Mitglieder und Struktur

Die Geschichte der Star Alliance beginnt bereits in den frühen neunziger Jahren. Zu dieser Zeit war die Deutsche Lufthansa vorrangig damit beschäftigt, ihr Überleben durch eine strategische Neuausrichtung und einen konsequenten Wandel zu einer modernen Dienstleistungsunternehmung im internationalen Wettbewerb zu sichern. Mit der Berufung von Jürgen Weber zum Vorstandsvorsitzenden wurde auch personell der Wunsch nach einem Neuanfang untermauert. Direkt zu Beginn seiner Amtszeit erkannte Weber, dass radikale Kostensenkungen und die Reorganisation in marktnahe, eigenverantwortliche Geschäftseinheiten für den langfristigen Erfolg der Lufthansa kaum ausreichend sind. Hinzukommen müssen vielmehr auch eine adäquate strategische Positionierung und ein überlegenes Leistungsangebot für die Kunden. Diese Überzeugung gab zusammen mit der schmerzlichen Erfahrung, dass internes Wachstum zu einem hohen Maß an Inflexibilität in konjunkturell volatilen Phasen führt, letztlich den Anstoß dafür, die Zusammenarbeit mit verschiedenen Partnern zu intensivieren (vgl. Bruch/Ghoshal 2000).

Historische Entwicklung

Die Star Alliance wurde am 14. Mai 1997 von den Fluggesellschaften Air Canada, Lufthansa, SAS, Thai Airways International und United Airlines gegründet. In den folgenden Jahren traten zahlreiche weitere Fluggesellschaften der Allianz bei, es erfolgten jedoch auch Austritte aufgrund von finanziellen Schwierigkeiten und Strategiewechseln. So schied Ansett Australia durch Konkurs im Jahre 2001 aus der Allianz aus. Mit Mexicana Airlines wurde im März 2004 die Mitgliedschaft beendet und Varig ist nach ihrer Übernahme durch die VRG Linhas Aéreas ebenfalls aus der Allianz ausgeschieden. Continental Airlines wechselten im Oktober 2009 vom konkurrierenden Allianzbündnis Skyteam zur Star Alliance, nachdem die Fluggesellschaft mit dem Star Alliance-Mitglied United Airlines eine enge Kooperation beschlossen hatte und 2011 schließlich von dieser übernommen wurde. Im Dezember 2014 sind an der Star Alliance 27 Luftfahrtgesellschaften (ohne regionale Allianzpartner) aus allen fünf Kontinenten beteiligt, die 1.316 Ziele in 192 Ländern der Welt anfliegen (vgl. Tab. 4-13).

Mit wenigen Ausnahmen bestehen zwischen den Star Alliance-Partnern keinerlei Kapitalverflechtungen. Die Star Alliance ist damit primär ein *strategisches Netzwerk von Verträgen rechtlich unabhängiger Partner*, die nach außen sowohl als Partner als auch als Konkurrenten auftreten. Zwar wurde im Jahre 2002 mit der in Frankfurt a. M. ansässigen Star Alliance Services GmbH auch eine eigene Rechtsform geschaffen, diese hat jedoch lediglich koordinierende und unterstützende Aufgaben und besitzt keine strategischen Entscheidungskompetenzen (vgl. Holtbrügge/Wilson/Berg 2006b).

Chicagoer Abkommen

Die Entscheidung für die Kooperationsform einer strategischen Allianz ist vor allem auf die *rechtlichen Rahmenbedingungen* in der Luftfahrtindustrie zurückzuführen (vgl. dazu ausführlich Joppien 2006, S. 197 ff.; Conrady/Fichert/Sterzenbach 2013, S. 274 ff.). Das *Chicagoer Abkommen* von 1944, das den globalen rechtlich-institutionellen Rahmen für die internationale Zivilluftfahrt bildet, regelt in einem multilateralen Vertrag zwischen nahezu allen Luftverkehr betreibenden Ländern der Welt, welche Rechte und Pflichten Fluggesellschaften im Ausland besitzen. Danach können neun Freiheiten der Luft unterschieden werden, die Ausnahmen vom prinzipiell geltenden Einflugverbot für eine Luftfahrtgesellschaft in den Luftraum eines anderen Landes darstellen und die in einem bilateralen Abkommen zwischen zwei Staaten vereinbart werden können (vgl. Abb. 4-17).

Kabotagerecht/-verbot

Von besonderer Bedeutung für die Internationalisierung ist, dass die 7. bis 9. Freiheit, d. h. das Recht zum Verkehr zwischen zwei Drittstaaten sowie zum Flug innerhalb eines Drittstaates (*Kabotagerecht*), ausländischen Fluggesellschaften nur in wenigen Ausnahmefällen eingeräumt wird. Dies bedeutet eine wesentliche Einschränkung der Internationalisierungsformen von Fluggesellschaften, da ohne diese beiden Rechte eine Betätigung auf fremden Märkten nicht möglich ist (vgl. Netzer 1999, S. 42).

Nationalitätenklauseln

Darüber hinaus werden auch die Freiheiten 1 bis 6 durch *Nationalitätenklauseln* (*ownership rules*) eingeschränkt. Damit eine Fluggesellschaft die Rechte des Landes

Abb. 4-17

Die neun Freiheiten der Luft

Technische Freiheiten

1. Freiheit
Überflugsrecht

2. Freiheit
Recht zur nicht-kommerziellen Zwischenlandung
(z.B. Tankstops, Notfälle, Wechsel der Besatzung)

Kommerzielle Freiheiten

3. Freiheit
Recht zur kommerziellen Landung (Hinflugsrecht)

4. Freiheit
Recht zum kommerziellen Start (Rückflugsrecht)

5. Freiheit
Recht zum Flug zwischen zwei Gastländern,
jedoch mit Start im Heimatland (Unterwegsverkehrsrecht)

6. Freiheit
Recht zum Flug zwischen zwei Gastländern mit Zwischenlandung im Heimatland (grenzüberschreitender Zubringerverkehr)

7. Freiheit
Recht zum Flug zwischen zwei Gastländern ohne Zwischenlandung im Heimatland

8. Freiheit
Recht zum Flug innerhalb eines Gastlands, aber in Verbindung mit dem Heimatland (Consecutive Cabotage)

9. Freiheit
Recht zum Flug innerhalb eines Gastlands
(Stand Alone Cabotage)

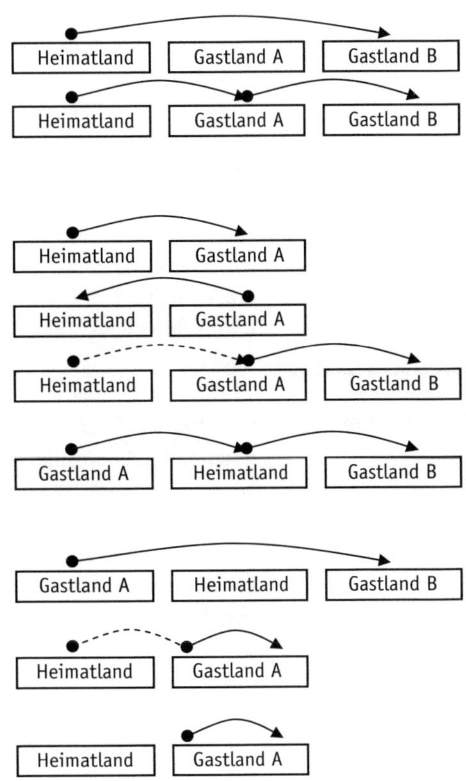

in Anspruch nehmen kann, in der sie ihren Sitz hat, muss sie zu einem substantiellen Teil von Staatsangehörigen dieses Landes besessen und kontrolliert werden. In den USA bedeutet dies, dass Ausländer nicht mehr als 24,9 % der Kapitalanteile einer Fluggesellschaft halten dürfen. In der EU gilt für Nicht-EU-Ansässige gewöhnlich eine Höchstgrenze von 49 % (vgl. Doganis 2007, S. 27 ff.; Maurer 2006, S. 17 f.). Ausgenommen von der Nationalitätenklausel sind lediglich Fluggesellschaften aus EU-Mitgliedstaaten, die ausschließlich innereuropäische Flüge durchführen (vgl. Dobson 1995, S. 179 ff.; Balfour 2004).

Kabotageverbot und Nationalitätenklauseln führen somit dazu, dass eine ausländische Fluggesellschaft, die wesentliche Kapitalanteile an einer inländischen Unternehmung erwirbt, deren bisherige Start- und Landerechte verliert. Die Internationalisierung von Fluggesellschaften ist damit weitgehend auf Kooperationen ohne oder mit nur geringer Kapitalbeteiligung beschränkt.

Zwar haben im Jahre 2004 etwa die beiden Fluggesellschaften Air France und KLM einen Zusammenschluss vereinbart, dabei handelt es sich jedoch um keine Fusion im eigentlichen Sinne. Vielmehr wurde eine gemeinsame Holdinggesellschaft geschaffen, die strategische Koordinationsaufgaben für die wirtschaftlich weiterhin in einem hohen Maße selbstständigen Fluggesellschaften wahrnimmt. Da beide Unternehmungen darüber hinaus weiterhin unterschiedliche Anteilseigner haben und eine gewisse Autonomie bei der Entscheidungsfindung besitzen, weist die Zusammenarbeit eher den Charakter einer bilateralen Allianz auf (vgl. Kleymann/Seristö 2004, S. 28 f.).

Neben der Sicherung von Start- und Landerechten war auch die Flexibilität, relativ unproblematisch neue Partner in die Allianz aufnehmen zu können oder sich von Partnern trennen zu können, ein wichtiger Grund für die gewählte Kooperationsform. Gegen die Fusion der beteiligten Unternehmungen sprach zudem, dass die Zusammenarbeit auf ausgewählte Bereiche beschränkt bleiben sollte. Bis zu einem gewissen Grad besteht zwischen den Allianzpartnern sogar weiterhin ein Konkurrenzverhältnis. Schließlich sollte mit der gewählten Kooperationsform den sehr unterschiedlichen Organisationskulturen der beteiligten Partner Rechnung getragen werden.

Institutionalisierung der Zusammenarbeit

Die Star Alliance verfügte zunächst über keine institutionalisierte Organisationsstruktur, sondern bestand aus acht Arbeitsgruppen, in denen einzelne Aspekte der Kooperation koordiniert wurden. Seit Dezember 1998 gibt es jedoch ein derzeit fünfköpfiges Alliance Management Team, dem seit Januar 2012 der frühere United Airlines-Manager Mark Schwab vorsteht. Die Mitglieder dieses Leitungsorgans werden von den jeweiligen Partnern entsandt und sind hauptamtlich für die Allianz tätig. Das oberste Entscheidungsgremium der Star Alliance bleibt jedoch das Chief Executive Board, das sich aus den Vorstandsvorsitzenden der Mitgliedsunternehmungen zusammensetzt.

Zu den Aufgaben des Alliance Management Boards zählt vor allem die Weiterentwicklung der globalen Marke »Star Alliance«. Darüber hinaus sollen die strukturellen und ablauforganisatorischen Voraussetzungen für ein integriertes Netzwerkmanagement innerhalb der Star Alliance geschaffen werden. Weitere Aufgaben sind der Ausbau der gemeinsamen Schulungs- und Trainingsmaßnahmen sowie die Entwicklung übergreifender personalpolitischer Standards für die Mitarbeiter der Partner-Airlines.

Bislang ist der Grad der Koordination und Standardisierung von Aktivitäten im Bereich des Personalmanagement aufgrund von Kultur- und Sprachbarrieren sowie unterschiedlicher Regelungen des Arbeitsrechts allerdings nur gering (vgl. Holtbrügge/Wilson/Berg 2006a). »We tried moving in harmony with each other«, so der Vorstandsvorsitzende von Singapore Airlines Cheong Choon Kong (zit. nach Doganis 2007, S. 80), »but each of us was dancing to a different tune.«

Kapitalbeteiligungen

Neben dieser Institutionalisierung hat sich die Zusammenarbeit der Star Alliance-Partner in den letzten Jahren auch durch zahlreiche Kapitalbeteiligungen weiter intensiviert. So hat sich Lufthansa im Oktober 1999 mit 363 Mio. DM an Air Canada beteiligt, um deren drohende Übernahme durch die Investorengruppe Onex und deren Partner American Airlines abzuwenden. Ähnliche Maßnahmen ergriff United Airlines. Der Grund für diese finanziellen Beteiligungen war die Absicht von American Airlines, die finanziell angeschlagene Air Canada mit der Canadian Airlines zu verschmelzen und in ihr eigenes Bündnis Oneworld einzugliedern. Die finanziellen Beteiligungen an Air Canada dienten deshalb dazu, deren Verbleib in der Star Alliance zu sichern. Die Mitglieder der Star Alliance hatten zudem Interesse an einer finanziellen Beteiligung im Rahmen einer Teilprivatisierung an der im Staatseigentum befindlichen Thai Airways bekundet, um dadurch einen drohenden Einstieg von British Airways zu verhindern. Ähnliche Überlegungen betrafen die South African Airways. Weiterhin hat Lufthansa Anteile an den Allianzpartnern Swiss (100 %), Austrian Airlines (100 %) und bmi (80 %) erworben. Trotz dieser Intensivierung der Kooperation soll aber auch in Zukunft bis zu einem gewissen Grad ein Konkurrenzverhältnis zwischen den Allianz-Partnern bestehen bleiben.

4.4.4 Angestrebte und realisierte Vorteile der Zusammenarbeit

Ziele

Ein zentrales *marktorientiertes Ziel* der Star Alliance besteht darin, durch die Koordination der Flugpläne die Flugzeiten zu verkürzen. Passagiere, die auf Anschlussflügen mit einem Allianzpartner weiterfliegen, erhalten zudem einen erheblichen Preisnachlass und müssen nicht noch einmal einchecken. Zudem wurden die Abfertigungseinrichtungen der Allianzpartner auf vielen Flughäfen so nah wie möglich zusammengelegt. Auf den Homepages der Fluggesellschaften sowie den Buchungsmasken der Reisebüros werden auch alle Anschlussflüge der Allianz-Partner dargestellt, so dass die Kunden diese direkt buchen können. Diese Idee des *seamless travel* basiert auf der Erkenntnis, dass das Streckennetz und die Häufigkeit der Verbindungen entscheidende Wettbewerbsvorteile von Fluggesellschaften sind, die ansonsten weitgehend homogene Dienstleistungen anbieten. Mit der durch die Kooperation bewirkten erheblichen Ausweitung des Streckennetzes geht auch die gegenseitige Anerkennung von Vielfliegerrabatten einher. Auf dem gesamten Star Alliance-Netzwerk können Meilen gesammelt und abgeflogen werden (*joint recognition*) (vgl. Kernstock 1998, S. 226 f.).

Der durch diese Marketingmaßnahmen bewirkte *Anstieg der Passagierzahlen* wird auf etwa 10 % beziffert (vgl. Steininger 1999, S. 196). Darüber hinaus soll durch die Zusammenlegung von Flügen deren Auslastung gesteigert werden. Im ersten Jahr der

Zusammenarbeit hat dies bei Lufthansa zu einer Steigerung der Kapazitätsauslastung von 60 % auf 74 % geführt. Auf dem Flug Frankfurt-Chicago stieg die durchschnittliche Zahl der Passagiere bei der Lufthansa etwa von 134 auf 186 und bei United Airlines von 110 auf 212. Im gleichen Zeitraum konnte Lufthansa die Zahl ihrer internationalen Flüge durch die im Rahmen der Star Alliance geschlossenen *Code Sharing*-Abkommen um 22 % erhöhen (vgl. Kleymann/Seristö 2004, S. 136).

Landlord Concept

Neben Marktzielen werden mit der Star Alliance auch *Kostenziele* angestrebt. Hierzu dient etwa das *Landlord Concept*, das die Schaffung gemeinsamer Check-in- und Ticketing-Leistungen vorsieht (vgl. Bruch/Sattelberger 2001b, S. 352 f.). An den Flughäfen werden unter Federführung der jeweils dominanten Gesellschaft die gesamten Airport- und Abfertigungs-Dienstleistungen für alle Mitglieder der Star Alliance aus einer Hand angeboten. So übernahm etwa an ihrem Hub in Frankfurt a. M. die Lufthansa die Rolle des Landlords. Unter den gleichberechtigten Markennamen »Deutsche Lufthansa« und »Star Alliance« ist sie für die Abfertigung der Passagiere aller Star Alliance-Mitglieder zuständig. Gleichzeitig wurde vereinbart, dass die an dem jeweiligen Standort federführende Luftfahrtgesellschaft das Personal des zuvor dort eigenständig ansässigen Partners übernimmt. So wurden z. B. im November 1997 alle Mitarbeiter der Lufthansa in Kopenhagen vom dortigen Landlord SAS übernommen, während die SAS-Mitarbeiter in Frankfurt zu Lufthanseaten wurden. 1997 wurde dieses Landlord Concept an 27 ausgewählten Drehkreuzen der Star Alliance eingeführt. Bis zum Jahr 1999 folgten die verbleibenden knapp 700 Destinationen.

Starnet

In ähnlicher Weise erfolgt auch die weitgehende Zusammenlegung der Verkaufsorganisationen der Star Alliance-Parter. In Skandinavien konnte die Lufthansa dadurch etwa die Zahl ihrer Außendienstmitarbeiter von 100 auf 18 Mitarbeiter reduzieren (vgl. Döring 1999, S. 347). Für die Zukunft ist darüber hinaus geplant, Abrechnungen weltweit zu konsolidieren und Geschäftskunden einheitliche Rabatte zu gewähren. Dazu wurde im September 2000 das EDV-System Starnet eingeführt, mit dem die EDV-Reservierungssysteme der Allianzpartner vernetzt worden sind.

Zentralisierung der Beschaffung

Zur Erzielung von Größendegressionsvorteilen und der Steigerung der Einkaufsmacht wurden darüber hinaus Teile der Beschaffung zentralisiert und die Stelle eines hauptamtlichen Einkaufsmanagers eingerichtet. Zudem wurde die Star Alliance FuelCo gegründet, die für die Beschaffung von Treibstoff für die Allianzpartner zuständig ist. Insgesamt beziffert die Star Alliance die durch den gemeinsamen Einkauf erzielten jährlichen Kosteneinsparungen auf 5–7 %. Bei einem Beschaffungsvolumen von ca. 15 Mrd. US-$ ergibt sich dadurch ein Kostenvorteil von rund 1 Mrd. US-$ pro Jahr (vgl. Doganis 2007, S. 93). Die Lufthansa beziffert die durch die Mitarbeit in der Star Alliance erzielten Kosteneinsparungen auf 200 Mio. US-$ jährlich (vgl. Kleymann/Seristö 2004, S. 149).

Die *relative Bedeutung der Markt- und Umsatzvorteile* hat sich für die Lufthansa seit der Gründung der Star Alliance erheblich verändert. Während der ehemalige Vorstandsvorsitzende Jürgen Weber im Jahre 2000 noch davon sprach, dass die Kostenvorteile 10 % und die Ertragsvorteile 90 % der gesamten Wertsteigerung ausmachen (zit. nach Pompl 2007, S. 144), betonte er im Sommer 2003, dass die Kostenvorteile mindestens 50 % der gesamten durch die Star Alliance bedingten Vorteile ausmachen (zit. nach Kleymann/Seristö 2004, S. 144).

4.4.5 Wettbewerb der Netze

Neben der Star Alliance haben sich in den letzten Jahren fast alle großen Fluggesellschaften der Welt zu strategischen Allianzen zusammengeschlossen. Daran sind etwa 19 der größten 20 Unternehmungen der Welt beteiligt. Zusammen entfallen auf diese nahezu drei Viertel des gesamten Passagierluftverkehrs der Welt (vgl. Tab. 4-13).

Oneworld

Die Allianz *Oneworld* wurde im Jahre 2000 von den Fluggesellschaften British Airways, Cathay Pacific, American Airlines, Canadian Airlines und Quantas Airways gegründet (http://www.oneworld.com). Im Dezember 2014 sind an Oneworld 20 Fluggesellschaften beteiligt, die mit 481.691 Mitarbeitern 1.052 Ziele in 177 Ländern anfliegen (vgl. Tab. 4-13).

Ähnlich wie die Star Alliance hat auch Oneworld das Ziel, die Marktposition der beteiligten Fluggesellschaften auszubauen. Dazu wurden die bereits vorhandenen bilateralen Codesharing-Abkommen zwischen den Partnern in ein multilaterales

Tab. 4-13

Strategische Allianzen in der Luftfahrtindustrie im Jahre 2014

Allianz	Mitglieder	Streckennetz	Passagiere	Flotte
Star Alliance	Adria Airways, Aegean Airlines, Air Canada, Air China, Air India, Air New Zealand, All Nippon Airways, Asiana Airlines, Austrian, Avianca, Brussels Airlines, Copa Airlines, Croatia Airlines, Egyptairs, Ethiopian Airlines, EVA Air, LOT Polish Airlines, Lufthansa, Scandinavian Airlines, Shenzhen Airlines, Singapore Airlines, South African Airways, Swiss, TAP Portugal, Thai Airways International, Turkish Airlines, United	1.316 Ziele in 192 Ländern	618 Mio.	4.456 Flugzeuge
Oneworld	Air Berlin, American Airlines, US Airways, British Airways, Cathay Pacific, Finnair, Iberia, Japan Airlines, LAN, TAM Airlines, Malaysia Airlinies, Qantas, Qatar Airways, Royal Jordanian, S7 Airlines, SriLankan Airlines	994 Ziele in 152 Ländern	507 Mio.	3.324 Flugzeuge
SkyTeam	Aeroflot, Aerolíneas Argentinas, Aeromexico, Air Europa, Air France, Alitalia, China Airlines, China Eastern, China Southern, Czech Airlines, Delta Airlines, Garuda Indonesia, Kenya Airways, KLM Royal Dutch Airlines, Korean Air, Middle East Airlines, Saudia, TAROM, Vietnam Airlines, Xiamen Air	1.052 Ziele in 177 Ländern	612 Mio.	3.054 Flugzeuge

(Quellen: Homepages)

Abkommen überführt. Die Kommunikation mit dem Kunden ist dabei ein wesentliches unterstützendes Element. Als nächste Ausbaustufe ist die weitere Integration der Wertschöpfungsaktivitäten angestrebt. Auch das Landlord Concept soll nach dem Vorbild der Star Alliance verstärkt umgesetzt werden. Ein wesentliches Merkmal von Oneworld besteht in der Kooperation von Partnern, die überwiegend aus dem angloamerikanischen Kulturraum stammen, wodurch das gegenseitige Verständnis und die gemeinsame Entscheidungsfindung erleichtert werden (vgl. Oum et al. 2000, S. 21 ff.). Ein großer Wettbewerbsnachteil im Vergleich zu Star Alliance und Skyteam war dagegen lange Zeit die fehlende Anti-Trust Immunität zwischen den wichtigsten transatlantischen Partnern, die z. B. die gegenseitige Anrechnung von Frequent Flyer-Programmen erschwerte. Diese wurde im Juli 2010 nach mehr als 14-jährigen Verhandlungen den Fluggesellschaften American Airlines, British Airways und Iberia gewährt (vgl. Bilotkach/Hüschelrath 2010).

Qualiflyer Group

Ebenfalls Ende der neunziger Jahre bildete sich unter Führung der damaligen SwissAir die *Qualiflyer Group*. SwissAir baute die Allianz im Gegensatz zu den Konkurrenznetzwerken durch gegenseitige Beteiligungen und Zukäufe auf. Neben SwissAir zählten Austrian Airlines, Air Europe, Air Littoral, AOM, Crossair, Lauda Air, LOT, Portugalia Airlines, Sabena, TAP Air Portugal, Turkish Airlines, Tyrolean, Volare Airlines und Delta Airlines zur Qualiflyer Group. South African Airways war assoziiertes Mitglied. Durch ihre Beteiligungsaktivitäten hatte die SwissAir bei allen Allianz-Partnern den Status des größten Minderheitsaktionärs erreicht, ohne dass die einzelnen Gesellschaften dadurch ihre Start- und Lande-Slots abgeben mussten. Nach außen trat Qualiflyer als eine Allianz völlig unabhängiger Gesellschaften auf. Zuletzt bediente die Allianz mit einer Flotte von 524 Flugzeugen 374 Ziele in 105 Ländern. Dabei wurden etwa 64 Mio. Passagiere im Jahr befördert und knapp 30 Mrd. US-$ umgesetzt. Durch die schwere Krise der Luftfahrtindustrie im Anschluss an die Terroranschläge vom 11. September 2001 gerieten Swiss Air und Sabena in eine schwere Krise. Mit der Liquidation der beiden Gesellschaften zerbrach Anfang 2002 auch die Qualiflyer Group.

SkyTeam

SkyTeam wurde im Juni 2000 von den vier Fluggesellschaften Delta Airlines, Air France, Korean Air und Aeromexico gegründet (http://www.skyteam.com). In den folgenden Jahren traten zunächst Aeroflot, CSA Czech Airlines und China Southern Airlines sowie die zuvor dem Bündnis *Wings* angehörenden Fluggesellschaften Alitalia, Continental Airlines, KLM Royal Dutch Airlines und Northwest Airlines bei. Nach der Fusion von Air France und KLM, dem Wechsel von Continental Airlines zur Star Alliance und der Übernahme von Northwest Airlines durch Delta Airlines sank die Mitgliederzahl zunächst, bevor SkyTeam durch die Aufnahme weiterer Fluggesellschaften bis 2014 auf 20 Mitglieder anwuchs. SkyTeam strebt im Unterschied zu den anderen beiden Allianzen nicht primär Größe, sondern Exklusivität an. Im Mittelpunkt steht deshalb eine konsequente Differenzierungsstrategie durch Qualität und Service. SkyTeam fliegt im Dezember 2014 1.052 Ziele in 177 Ländern an. Damit ist SkyTeam nach der Zahl der Mitglieder, Passagiere und Flugzeuge sowie dem Streckennetz die zweitgrößte Luftverkehrsallianz nach der Star Alliance.

Neben den drei führenden strategischen Allianzen Star Alliance, Oneworld und SkyTeam gibt es noch zahlreiche kleinere, zumeist bilaterale Bündnisse, die durch

Tab. 4-14

Kooperationsformen von Luftfahrtgesellschaften

Merkmale / Formen	Aktientausch	Outsourcing von Logistik auf Vorstufen	Code Sharing- oder Block Space-Abkommen[1]	Gegenseitige Akzeptanz von Vielflieger-programmen	Exklusive Mitgliedschaft und gemeinsamer Vertrieb
operative Kooperation	möglich	möglich	nein	nein	nein
taktische Kooperation	möglich	möglich	ja	möglich	nein
strategische Allianz	möglich	möglich	häufig	ja	ja

[1] Block Space-Abkommen sind vertragliche Vereinbarungen über die gegenseitige Verfügbarkeit von Sitzplatzkontingenten auf den Flügen der Partner-Airlines.

(Quelle: leicht modifiziert nach Fan et al. 2001, S. 351)

eine lediglich operative oder taktische Kooperation gekennzeichnet sind (vgl. Tab. 4-14). Dazu zählt etwa *Skywards*, an dem neben den Fluggesellschaften easyJet, Emirates und Virgin auch Partner der drei großen Allianzen wie etwa Japan Airlines, Quantas und S7 Airlines (Oneworld), Korea Air (Skyteam) sowie South African Airways und TAP Portugal (Star Alliance) beteiligt sind. Diese Kooperation umfasst die gemeinsame Nutzung von Bodeneinrichtungen sowie die gegenseitige Anerkennung von Vielfliegerprogrammen. Insgesamt wird die Zahl der Unternehmungskooperationen in der Luftfahrtindustrie auf ca. 890 beziffert, die im Vergleich zu Star Alliance, Oneworld und SkyTeam jedoch weitaus unbedeutender sind (vgl. Kemp/Mountford/Tacoun 2005, S. 91; Pompl 2007, S. 136).

4.4.6 Fazit und Ausblick

Die Luftfahrtindustrie ist eine der Branchen mit dem höchsten Wettbewerbsdruck und den niedrigsten Gewinnmargen weltweit. Allein in den Jahren 2001 und 2002 haben die rund 270 international tätigen Fluggesellschaften kumulierte Verluste in Höhe von rund 30 Mrd. US-$ verursacht (vgl. Machatschke 2003, S. 60). Selbst in dem sehr positiv bewerteten Geschäftsjahr 2004 lagen die Kapitalrenditen bei Lufthansa und British Airways mit jeweils 5,4 % deutlich unter den Kapitalkosten. Die Kapitalrendite bei der zu dieser Zeit weltweit größten Fluggesellschaft AirFrance/KLM betrug sogar nur 1,8 % (vgl. Kiani-Kress 2005, S. 48). Nach Auffassung des ehemaligen Vorstandsvorsitzenden der Lufthansa Jürgen Weber war damals »die Hälfte der Fluggesellschaften in der Welt (..) de facto pleite« (zit. nach Machatschke 2003, S. 58). In den folgenden Jahren hat sich die Ertragslage vieler Fluggesellschaften zwar verbessert, die Entwicklung ist jedoch weiterhin großen zyklischen Schwankungen ausgesetzt. So sanken die kumulierten Gewinne im Jahr 2012 auf 4,1 Mrd.

US-$, nachdem diese im Vorjahr noch bei 8,4 Mrd. US-$ und 2010 bei 19,2 Mrd. US-$ gelegen hatten (vgl. IATA 2014).

Auswirkungen des 11. September 2001

Gegenwärtig haben alle Fluggesellschaften mit drei zentralen Herausforderungen zu kämpfen. Zum einen sind diese seit Beginn des Jahrhunderts mit erheblichen *Kostensteigerungen* konfrontiert. Verursacht wurden diese insbesondere durch die *Terroranschläge am 11. September 2001*, die zusätzlich Sicherheitsmaßnahmen und stark gestiegene Versicherungsprämien zur Folge hatten. Die Lufthansa hatte dadurch sowie durch den kurzfristig starken Rückgang der Passagierzahlen allein in den letzten drei Monaten des Jahres 2001 einen Verlust von mehr als 700 Mio. € erlitten (vgl. Lufthansa 2002). Darüber hinaus konnten die stark gestiegenen Treibstoffpreise nur zu einem geringen Maße auf die Ticketpreise aufgeschlagen werden. Mehrere Fluggesellschaften wie Ansett Australia, Sabena oder Swiss Air mussten daraufhin bereits Konkurs anmelden und ihren Flugbetrieb einstellen. Auch die Star Alliance-Partner United Airlines und US Airways hatten 2002 einen Insolvenzantrag gestellt und Gläubigerschutz nach Kapitel 11 des US-Insolvenzrechts beantragt (vgl. Kiani-Kress 2006). United Airlines beendete das Insolvenzverfahren am 1. Februar 2006 nach einer dreijährigen Restrukturierungsphase, in der die jährlichen Kosten um ca. 7 Mrd. US-$ reduziert und ca. 100 Flugzeuge verkauft worden waren (vgl. Eberle 2005). Im Zuge der Konsolidierung der US-amerikanischen Luftfahrtindustrie wurde 2010 Continental Airlines für 3,2 Mrd. US-$ übernommen. Das ehemalige Star Alliance-Mitglies US Airways fusionierte 2013 mit American Airlines und wurde daraufhin Mitglied von Oneworld (vgl. Linder 2013).

Wettbewerb durch Billigflieger

Zudem nimmt insbesondere auf dem europäischen Markt der *Wettbewerbsdruck durch No-Frill-Carrier* wie easyJet, Germanwings, Ryanair oder Wizz Air erheblich zu (vgl. Lawton 2002; Creaton 2007; Calder 2008). Deren Marktanteil in Europa lag im Jahre 2012 bei 38 % (vgl. Ginten 2013). Durch den weitgehenden Verzicht auf Serviceleistungen und den Anflug von unterausgelasteten (Regional-)Flughäfen sind diese in der Lage, weitaus preisgünstigere Tickets als die Konkurrenz anzubieten. Das Vorbild ist die US-amerikanische Billig-Fluglinie Southwest Airlines (vgl. Freiberg/Freiberg 2001; Gittel 2008). Diese Unternehmung hat die Airline-Industrie zunächst in den USA und dann weltweit revolutioniert. Durch ein innovatives Geschäftsmodell ist es Southwest Airlines seit dem dritten Jahr ihrer Gründung 1973 allen Krisen zum Trotz gelungen, Gewinne zu erwirtschaften – ein Rekord, der bisher von keiner anderen Luftfahrtgesellschaft erreicht wurde. Die Strategie von Southwest Airlines, die später von europäischen Nachahmern kopiert wurde, besteht darin, den Kunden schnelle und preisgünstige Direktverbindungen innerhalb der USA anzubieten. Dazu wird auf kostenintensive Leistungen wie Bordservice, Ticketverkauf über Reisebüros, Sitzplatzzuweisung, Anflug von großen Stadtflughäfen, Anschlussflüge usw. verzichtet. Diese Maßnahmen werden durch eine strikte Strategie der Kostenführerschaft untermauert. So sind z. B. die Standzeiten der Southwest-Maschinen die kürzesten in der gesamten Branche.

Staatliche Subventionen für arabische Airlines

Schließlich beklagen vor allem europäische Fluggesellschaften die hohen staatlichen Subventionen für arabische Airlines wie Emirates, Etihad und Qatar Airways. Neben Steuervorteilen genießen diese niedrige Gebühren für die Nutzung staatlicher Infrastruktur sowie teilweise niedrigere Treibstoffkosten. Alle innereuropäischen

Flüge sind dagegen seit 2012 in den Emissionshandel einbezogen, was zusätzliche Kosten verursacht. Für in Deutschland startende Flüge ist seit dem 1. Januar 2012 zudem eine Luftverkehrabgabe zu entrichten (vgl. Rürup/Reichart 2014). Ein weiterer Wettbewerbsvorteil für Fluggesellschaften aus den Golfstaaten sind die erheblich niedrigeren Personalkosten und das Fehlen von starken Gewerkschaften (vgl. A. T. Kearney 2013). Vorteile ergeben sich aber auch aus den klimatischen Bedingungen. So ist etwa die Lackierung von Flugzeugen bei den dort vorherrschenden Temparaturen weitaus preiswerter als in Europa, wo diese in großen und teuren Wärmekammern erfolgt.

Intensivierung der Kooperation

Als Reaktion auf diese Herausforderungen hat die Star Alliance seit 2002 ihre Strategie und Struktur erheblich geändert. Der Fokus wird immer stärker von der ursprünglichen Reduzierung auf Marketing und Vertrieb auf eine enge Zusammenarbeit in beinahe allen Bereichen der Leistungserstellung ausgeweitet. Neben der Realisierung von Synergien im operativen Bereich besteht das Ziel zunehmend darin, Wettbewerbsvorteile durch die strategische Integration der Allianzpartner zu schaffen. Verbunden damit ist die zunehmende Dominanz der Lufthansa, die gegenüber kleineren Partnern wie Austrian Airlines, LOT oder SAS bei vielen Entscheidungen ein deutliches Übergewicht besitzt. Durch Übernahmen wirtschaftlich schwächerer Partner wie Austrian Airlines und Swiss baut Lufthansa dieses Übergewicht sogar weiter aus (vgl. Machatschke 2005; Conrady/Fichert/Sterzenbach 2013, S. 296).

Darüber hinaus hat die Star Alliance in den letzten Jahren mehrere Partner aus *Emerging Markets* aufgenommen. Nach South African Airways im Jahre 2006 traten 2007 und 2012 die beiden chinesischen Fluggesellschaften Air China und Shenzhen Airlines dem Bündnis bei. Lufthansa hatte zuvor bereits seit längerem ein Codesharing-Abkommen mit Air China. Mit der indischen Air India und der brasilianischen TAM Linhas Aéreas wurden 2014 bzw. 2015 weitere Fluggesellschaften aus den BRIC-Staaten aufgenommen. Die Bemühungen aller Luftfahrt-Allianzen um neue Partner aus Wachstumsmärkten machen deutlich, dass sich der Wettbewerb der Fluggesellschaften immer mehr zu einem *Wettbewerb der Allianzen* verlagert (vgl. hierzu ausführlich Oum/Park/Zhang 2000). Ähnlich wie bei jenen könnte deshalb auch bei diesen der Konzentrationsprozess in den nächsten Jahren weitergehen. »Ich schätze«, so resümiert deshalb der ehemalige Vorstandsvorsitzende der Lufthansa Wolfgang Mayrhuber (zit. nach Hirn/Machatschke 2004, S. 84), »dass maximal drei Allianzsysteme im Wettbewerb bestehen werden.«

Die Star Alliance ist gegenwärtig in einer guten Position, in diesem Wettbewerb der Allianzen eine führende Stellung zu behaupten. So wurde sie im Jahre 2012 zum sechsten Mal innerhalb von neun Jahren von Skytrax als beste Airline-Allianz der Welt ausgezeichnet. Diese Auszeichnung basiert auf der Befragung von mehr als 16 Mio. Passagieren, die u. a. den Check-in- und Transitservice, die Flughafenlounges, das Sitz-, Service- und Entertainmentangebot an Bord sowie die Vielfliegerprogramme verschiedener Fluggesellschaften bewertet haben.

Neben den Vorteilen, die sich durch die Mitgliedschaft in der Star Alliance ergeben, versucht Lufthansa aber auch andere Instrumente zu nutzen, um im weltweiten Wettbewerb zu bestehen. Nachdem sich die Unternehmung viele Jahre lang scharf gegenber *No-Frill-Carriern* abgegrenzt hat, änderte Lufthansa zum 1. Juli 2013 ihre

Strategie und lagerte alle dezentralen europäischen Strecken an die 2002 als Billigfluggesellschaft gegründete Tochtergesellschaft Germanwings aus. Ausgenommen davon sind nur die Verbindungen in die Drehkreuze Frankfurt und München (vgl. Lufthansa 2014c). Lufthansa erwartet davon Kosteneinsparungen von mindestens 250 Mio. € im Jahr und hofft, dadurch die innereuropäischen Strecken wieder kostendeckend anbieten zu können, nachdem hier in den vergangenen Jahren jährlich bis zu 300 Mio. € Verlust gemacht wurden (vgl. Ginten 2014). Im Dezember 2014 wurde darüber hinaus beschlossen, auch interkontinentale Ziele (u. a. in Florida, dem Indischen Ozean und im südlichen Afrika) als Billigflüge anzubieten. Dazu sollen die Tochtergesellschaften Germanwings und Eurowings ab Ende 2015 unter dem Markennamen Eurowings zusammengefasst werden. Die günstigere Kostenstruktur soll u. a. durch geringere Personalkosten bei Wartung und Flugbetrieb sowie durch Einsparungen bei den Flugbegleitern und Piloten erreicht werden, für die nicht der Tarifvertrag und die Pensionsansprüche der Lufthansa-Mitarbeiter gelten. Der Vorstandsvorsitzende der Lufthansa Carsten Spohr bezeichnet »die neue Eurowings (als) unsere Antwort auf eine der großen Herausforderungen der europäischen Airline-Industrie. Wir stehen bei Punkt-zu-Punkt-Verbindungen in Deutschland und Europa bereits seit vielen Jahren im harten Wettbewerb mit stark wachsenden Low-Cost-Airlines. Künftig wird sich diese Entwicklung auch verstärkt auf das Langstreckengeschäft ausweiten.« Demgegenüber wird das Konzept sowohl von den Mitarbeitern und Gewerkschaften, die eine massive Verschlechterung der Arbeitsbedingungen und Entlohnung befürchten, sowie von vielen Kunden kritisiert, die Serviceeinbußen bemängeln. Zudem werden negative Spillover-Effekte auf die Langstreckenflüge der Kernmarke Lufthansa erwartet (vgl. o. V. 2014).

Die geänderte Strategie der Lufthansa könnte ein Anzeichen dafür sein, dass in Zukunft weniger strategischer Allianzen, als große Fluggesellschaften an Bedeutung gewinnen werden. So geht etwa eine Studie von A. T. Kearney (2013) davon aus, dass die heutigen Allianzsysteme durch weltweit tätige Airlines mit mehr als 15 % Marktanteil abgelöst werden. Entscheidend dafür ist, ob die rechtlichen Rahmenbedingungen in der Luftverkehrsindustrie in den nächsten Jahren weltweit liberalisiert werden oder die bestehende Regulierung, die insbesondere die Internationalisierung von Fluggesellschaften erschwert, erhalten bleibt.

Aufgaben zu 4.4

1. *Beschreiben Sie mit Hilfe der Theorie des globalen Wettbewerbs von Porter die zentralen Merkmale der Luftfahrtindustrie. Welchem Branchentyp ist diese Ihrer Auffassung nach zuzuordnen?*
2. *Welche Motive haben zur Gründung der Star Alliance geführt? Handelt es sich Ihrer Auffassung nach dabei um eine X- oder eine Y-Kooperation?*
3. *Wie beurteilen Sie die Gestaltung der Kooperation in der Star Alliance? Welche Gründe könnten dafür gesprochen haben, diese zunächst auf Vertrieb und Marketing zu beschränken und andere Teile der Leistungserstellung erst schrittweise zu integrieren? Welchen Einfluss übt dabei der Verzicht auf gegenseitige Kapitalverflechtungen aus?*

4. *In welchen Bereichen sehen Sie die größten Potenziale für eine weitere Standardisierung der Managementinstrumente der Allianzpartner? In welchen Bereichen ist Ihrer Auffassung nach dagegen eher eine Anpassung an die unterschiedlichen nationalen Bedingungen notwendig?*
5. *Von den Partnern der Star Alliance werden unterschiedliche Kennzahlen über den Erfolg der Kooperation genannt. Welche Kennzahlen würden Sie für die Erfolgsbeurteilung heranziehen? Welche Schwierigkeiten sind mit deren Anwendung verbunden?*
6. *Welche Gemeinsamkeiten und Unterschiede bestehen zwischen dem Wettbewerb von Fluggesellschaften und dem Wettbewerb von Allianzen?*
7. *Welche strategischen und führungsrelevanten Implikationen ergeben sich für die Lufthansa aus dem Wettbewerb der Netze?*
8. *Der Star Alliance sind mit Air India und Air China zwei Partner aus Emerging Markets beigetreten. Welche Chancen und Risiken sind Ihrer Ansicht nach mit der Aufnahme dieser beiden Unternehmungen verbunden? Welche Auswirkungen hat die Aufnahme dieser beiden Unternehmungen für die Lufthansa?*
9. *Die Lufthansa strebt für die Zukunft eine weitere strategische Integration zwischen den Partnern der Star Alliance an. Welche Maßnahmen stehen ihr dazu zur Verfügung?*

Literatur zu 4.4

A. T. Kearney: European Airlines. Meeting the Headwinds Head On. Chicago 2013.

Balfour, J.: EC Competition Law and Airline Alliances. In: Journal of Air Transport Management, Vol. 10, 2004, S. 81–85.

Bilotkach, V./Hüschelrath, K.: Airline Alliances, Antitrust Immunity and Market Foreclosure. Zentrum für Europäische Wirtschaftsforschung, Discussion Paper No. 10. Mannheim 2010.

Bruch, H/Ghoshal, S.: Lufthansa 2000. Maintaining the Change Momentum. Case Study London Business School, London 2000.

Bruch, H./Sattelberger, T.: Lufthansa's Transformation Marathon. Process of Liberating and Focusing Change Energy. In: HRM, Vol. 40, 3, 2001 (a), S. 249–259.

Bruch, H./Sattelberger, T.: The Turnaround at Lufthansa. Learning from the Change Process. In: Journal of Change Management, Vol. 1, 4, 2001 (b), S. 344–363.

Calder, S.: No Frills: The Truth Behind the Low-Cost Revolution in the Skies. 3. Aufl, London 2008.

Conrady, R./Fichert, F./ Sterzenbach, R.: Luftverkehr. Betriebswirtschaftliches Lehr- und Handbuch. 5. Aufl., München/Wien 2013.

Creaton, S.: Ryanair. The Full Story of the Controversial Low-Cost Airline, 2. Aufl., London 2007.

Dobson, A. P.: Flying in the Face of Competition. The Policies and Diplomacy of Airline Regulatory Reform in Britain, the USA and the European Community 1968–94. Aldershot 1995.

Doganis, R.: The Airline Business. 2. Aufl., London-New York 2007.

Döring, T.: Airline-Netzwerkmanagement aus kybernetischer Perspektive. Ein Gestaltungsmodell. Bern-Stuttgart-Wien 1999, zugl. Diss., St. Gallen 1999.

Eberle, M.: United entfliegt dem Konkursverfahren. Die US-Fluggesellschaft zeigt sich angriffslustig und will kein Geld vom Kooperationspartner Lufthansa. In: Handelsblatt, 5.12.2005, http://www.handelsblatt.com/unternehmen/industrie/luftfahrtindustrie-united-entfliegt-dem-konkursverfahren/2584876.html.

Fan, T./Vigeant-Langlois, L./Geissler, C./Bosler, B./Wilmking, J.: Evolution of Global Airline Strategic Alliance and Consolidation in the Twenty-first Century. In: Journal of Air Transport Management, Vol. 7, 2001, S. 349–360.

Freiberg, K./Freiberg, J.: Nuts! Southwest Airlines' Crazy Recipe for Business and Personal Success. Austin 2001.

Gardner A. et al.: Lufthansa: The Challenge of Globalisation. London 1996.

Ginten, E. A.: Lufthansa wird auf Germanwings zurecht gestutzt. In: Die Welt, 30.6.2013, http://www.welt.de/wirtschaft/article117570456/Lufthansa-wird-auf-Germanwings-zurecht-gestutzt.html.

Gittel, J. H.: The Southwest Airlines Way. New York 2008.

Hirn, W./Machatschke, M.: »Keine Trauerfeier«. Lufthansa-Chef Wolfgang Mayrhuber über sterbende Fluggesellschaften, Erfahrungen mit Investoren und seine neunen Pläne im Luxussegment. In: Manager Magazin, 10, 2004, S. 84–90.

Holtbrügge, D./Wiedemann, K.: Länderübergreifende Konfiguration der Wertaktivitäten in der Luftfahrtindustrie. Eine komparative Studie der Fluggesellschaften Lufthansa und Ryanair. In: Internationalisierung von Dienstleistungen mit 3K. Konfiguration-Koordination-Kundenintegration, hrsg. v. D. Holtbrügge, H. Holzmüller und F. von Wangenheim. Wiesbaden 2009, S. 129–172.

Holtbrügge, D./Wilson, S./Berg, N.: Standardization vs. Differentiation of Human Resource Management in Strategic Alliances: The Case of Star Alliance. Case Study 406-026-1, European Case Clearing House, Cranfield 2006 (a).

Holtbrügge, D./Wilson, S./Berg, N.: Human Resource Management at Star Alliance. Pressures for Standardization and Differentiation. In: Journal of Air Transport Management, Vol. 12, 6, 2006 (b), S. 306–312.

International Air Transport Association (IATA): World Air Transport Statistics. 58. Aufl., Montreal 2014.

Joppien, M. G.: Strategisches Airline-Management. Evolutionstheorie und Luftverkehrsstrategien. 2. Aufl., Bern-Stuttgart-Wien 2006, zugl. Diss., Bern 2002.

Kaiser, T./Moser, S.: Im Anflug auf Zürich. In: Die Zeit, 12, 17.3.2005, S. 33.

Kemp, R./Mountford, T./Tacoun, F.: Airline Alliance Survey 2005. In: Airline Business, Vol. 21, 9, 2005, S. 49–91.

Kernstock, J.: Meta-Marke Star Alliance – eine neue Herausforderung für das Markenmanagement. In: Markenmanagement für Dienstleistungen, hrsg. v. T Tomczak, M. Schlögel u. E. Ludwig. St. Gallen 1998, S. 222–230.

Kiani-Kress, R.: In eisigen Höhen. In: Wirtschaftswoche, 14, 31.3.2005, S. 44–49.

Kiani-Kress, R.: Schneller tanzen. In: Wirtschaftswoche, 6, 2.2.2006, S. 48–51.

Kleymann, B./Seristö, H.: Managing Strategic Airline Alliances. Aldershot 2004.

Lawton, T. C.: Cleared for Take-Off: Structure and Strategy in the Low Fare Airline Business. Aldershot 2002.

Lindner, R.: Fluggesellschaften Fusion von American Airlines und US Airways wird doch erlaubt. In: Frankfurter Allgemeine Zeitung, 12.11.2013, http://www.faz.net/aktuell/wirtschaft/fluggesellschaften-fusion-von-american-airlines-und-us-airways-wird-doch-erlaubt-12661547.html.

Lufthansa: Geschäftsbericht 2001. Köln 2002.

Lufthansa: Geschäftsbericht 2008. Köln 2009 (a).

Lufthansa: Konzern-Kennzahlen, 2009 (b), http://konzern.lufthansa.com/de/html/ueber_ uns/kennzahlen/index.html.

Lufthansa: Strategische Leitlinien des Aviation-Konzerns Lufthansa, 2009 (c), http://investor-relations.lufthansa.com/fakten-zum-unternehmen/konzernstrategie/strategische-ausrichtung.html.

Lufthansa: Geschäftsbericht 2013. Konzentriert auf Kurs. Köln 2014 (a).

Lufthansa: Die Zeit im Fluge. 2014 (b), http://www.lufthansagroup.com/de/unternehmen/geschichte.html.

Lufthansa: Startklar für die Zukunft. 2014 (c), http://www.handelsblatt.com/downloads/8430978/1/IPAD_4U_neu.pdf.

Machatschke, M.: Fliegen, bis der Geier kommt. In: Manager Magazin, 7, 2003, S. 58–64.

Machatschke, M.: Rutschpartie. In: Manager Magazin, 10, 2005, S. 120–124.

Maurer, P.: Luftverkehrsmanagement. Basiswissen. 4. Aufl., München/Wien 2006.

Netzer, F.: Strategische Allianzen im Luftverkehr. Nachfrageorientierte Problemfelder ihrer Gestaltung. Frankfurt a. M./Berlin 1999, zugl. Diss., Münster 1998.

Oum, T. H./Park, J.-H./Zhang, A.: Globalization and Strategic Alliances. The Case of the Airline Industry. Oxford 2000.

o. V.: Lufthansa schickt Eurowings auf die Langstrecke. In: airliners.de, 3.12.2014, http://www.airliners.de/eurowings-langstrecke-billig-lufthansa/34306.

Pompl, W.: Luftverkehr. Eine ökonomische und politische Einführung, 5. Aufl., Berlin 2007.

Rieger, K. J.: 50 Jahre Lufthansa. Eine Erfolgsgeschichte in Fakten, Bildern und Daten. Königswinter 2005.

Rürup, B./Reichart, T.: Determinanten der Wettbewerbsfähigkeit im internationalen Luftverkehr. Studie erstellt für Bundesverband der Deutschen Luftverkehrswirtschaft e. V. (BDL), Vereinigung Cockpit e. V. (VC), Vereinte Dienstleistungsgewerkschaft ver.di, Unabhängige Flugbegleiter Organisation e. V. (UFO). Düsseldorf 2014, http://www.bdl.aero/download/1209/determinanten-der-wettbewerbsfahigkeit-im-internationalen-luftverkehr.pdf.

Steininger, A.: Gestaltungsempfehlungen für Airline-Allianzen. Diss., Bamberg 1999.

Trunz, H.: Die Geschichte der Lufthansa. Luftfahrtlegende seit 1926. München 2008.

4.5 Fallstudie: Akkulturation in länderübergreifenden Unternehmungskooperationen – Das Beispiel Sanofi-Aventis

Die Verschmelzung der Sanofi-Synthélabo S. A. mit der Aventis S. A. zur Sanofi-Aventis S. A. stellt in mehrfacher Hinsicht eine der bemerkenswertesten internationalen Unternehmungsfusionen der letzten Jahre dar. Bemerkenswert sind nicht nur die Geschwindigkeit der Fusion und das Aufsehen, das diese in der Öffentlichkeit erregt hat, sondern auch die Tatsache, dass Aventis erst wenige Jahre zuvor aus der Fusion von Hoechst und Rhône-Poulenc hervorgegangen ist.

Im Folgenden werden zunächst der Zusammenschluss von Hoechst und Rhône-Poulenc und die sich daran anschließende Etablierung einer neuen Unternehmungskultur bei Aventis ausführlich beschrieben. Zu Beginn werden dazu die Unternehmungsprofile der beiden Kooperationspartner skizziert. Anschließend erfolgt die Darstellung des Fusionsprozesses sowie der einzelnen Phasen der Post-Merger-Integration. Der Abschnitt schließt mit einem Zwischenfazit. Der zweite Abschnitt ist der Übernahme von Aventis durch Sanofi-Synthélabo gewidmet. Zunächst wird deren Unternehmungsprofil skizziert. Anschließend werden der Akquisitions- und Integrationsprozess geschildert und die Implikationen für die Unternehmungskultur dargestellt. Das Kapitel schließt mit einem kurzen Fazit und Ausblick auf zukünftige Entwicklungen.

4.5.1 Aventis – Kreierung einer »Life Sciences«-Unternehmung

4.5.1.1 Unternehmungsprofile der beiden Kooperationspartner

4.5.1.1.1 Hoechst AG

Historisches

Die Hoechst AG konnte zum Zeitpunkt der Fusion auf eine lange Unternehmungsgeschichte zurückblicken (vgl. Bäumler 1989; Schreier/Wex 1990). Im Jahre 1863 unter dem Namen Meister Lucius & Brüning in Frankfurt am Main gegründet, erkannte die Unternehmung sehr früh die Bedeutung der Internationalisierung, um protektionistische Zölle und Patentrestriktionen in anderen Ländern zu umgehen. Bereits 1878 wurde die erste Produktionsniederlassung in Moskau eröffnet. Es folgten weitere Produktionsniederlassungen in der Nähe von Paris im Jahre 1883 und in Manchester in 1908. Im Jahre 1925 wurde die Unternehmung zusammen mit ihren beiden Hauptkonkurrenten BASF und Bayer zur I.G. Farbenindustrie AG fusioniert. Es entstand der größte Konzern Europas und die größte Chemieunternehmung der Welt, die für das nationalsozialistische Regime im Zweiten Weltkrieg eine führende Rolle spielte (vgl. dazu ausführlich Borkin 1990; Lindner 2005; Jeffreys 2011).

Nach der Entflechtung der IG Farben erfolgte am 7. Dezember 1951 die Neugründung unter dem Namen Farbenwerke Hoechst AG vormals Meister Lucius & Brüning. Trotz einer nur sehr geringen Kapitalausstattung entwickelte sich die Unternehmung in den Folgejahren sehr erfolgreich. Kennzeichen dafür ist auch die weitere *Interna-*

tionalisierung, die mit dem Erwerb eines 40%igen Anteils an der französischen Pharmaunternehmung Roussel-Uclaf im Jahre 1968 einen ersten Höhepunkt erreichte. 1974 wurde der Anteil auf 57,9% und 1997 auf 100% erhöht.

Das bedeutendste internationale Engagement der inzwischen zur Hoechst AG umbenannten Unternehmung stellte der Kauf der amerikanischen Celanese Corp. im Jahre 1987 dar. Mit einem Kaufpreis von annähernd 3 Mrd. US-$ war dies zu diesem Zeitpunkt die größte Direktinvestition einer deutschen Unternehmung in den USA (vgl. Klein 1996).

Jürgen Dormann

Die sehr erfolgreiche Durchführung dieser Übernahme durch Jürgen Dormann, der damals im Vorstand von Hoechst für Nordamerika zuständig war, überzeugte den Aufsichtsrat, diesen im April 1994 zum Vorstandsvorsitzenden zu ernennen. Zu diesem Zeitpunkt stellte Hoechst eine stark diversifizierte Chemieunternehmung mit 172.000 Mitarbeitern dar, die rund 75% ihres Umsatzes von 46 Mrd. DM außerhalb Deutschlands erzielte. Zentrale Geschäftsbereiche waren neben Farbstoffen Industriechemikalien, Pharmazeutika und Düngemittel für die Landwirtschaft.

Zum Zeitpunkt des Amtsantritts von Jürgen Dormann blickte Hoechst auf eine *lange Tradition* mit *stark familiärem Charakter* zurück, die ein starkes Zugehörigkeitsgefühl bei den Mitarbeitern bewirkte. Karrieren »von der Wiege bis zum Grabe« waren bei Hoechst keine Seltenheit, ein Wechsel zu den Konkurrenten BASF oder Bayer undenkbar (vgl. Bäumler 1989).

Hoechst verstand sich selbst nicht als abstraktes Gebilde, sondern als Summe der Leistungen seiner Mitarbeiter. Entsprechend wurde der *Fürsorge* und *sozialen Verantwortung für die Mitarbeiter* große Bedeutung zugemessen. Dies manifestierte sich in einer ausgeprägten Sozialpolitik, die noch durch das patriarchalische Fürsorgedenken des 19. Jahrhunderts geprägt war. Entsprechend hoch war das Ansehen, das die Vorgänger von Dormann, Professor Karl Winnacker und Professor Wolfgang Hilger, bei den Mitarbeitern genossen.

Mit der Berufung von Dormann änderte sich dies fundamental. Er war nicht nur der erste Nichtpromovierte an der Spitze der Unternehmung, sondern im Unterschied zu seinen Vorgängern auch kein Chemiker. Als früherer Finanzvorstand legte er den Schwerpunkt weniger auf soziale Aspekte und die traditionell ausgeprägte Forschung, sondern mehr auf eine radikale Dezentralisierung der Unternehmung, die Verkürzung von Entscheidungswegen und eine starke Markt-, Kunden- und Aktionärsorientierung. »Mit deutscher Gemütlichkeit allein«, so Dormann (zit. nach Jungbluth 1999, S. 111), »ist heute kein weltweites Geschäft zu betreiben.« Den Hintergrund für diese Auffassung bildete die Erkenntnis, dass Hoechst zwar eine sehr intensive Forschung betrieb, jedoch nur wenige bedeutende Innovationen hervorbrachte. Entsprechend lag die Profitabilität der Unternehmung deutlich unter dem Branchendurchschnitt – insbesondere im Vergleich zu ihren amerikanischen Konkurrenten. »Hoechst (war) ein zwar renommiertes, aber auch über die Jahre hinweg etwas müde gewordenes Chemie-Faser-Pharma-und-noch-vieles-andere-mehr-Unternehmen« (Sommer 2001, S. 120), dessen wichtigste Produkte ohne Patentschutz waren.

Die enge Verbundenheit mit dem Standort Frankfurt, die bereits durch die Benennung der Unternehmung nach einem dortigen Stadtteil zum Ausdruck kommt, führte zudem dazu, dass die Unternehmung sehr *zentralistisch* geführt wurde. Obwohl ein

Großteil des Umsatzes außerhalb Deutschlands erzielt wurde, besaßen die ausländischen Tochtergesellschaften nur eine geringe Autonomie. So bestand etwa die Geschäftsleitung bei Celanese in den USA fast ausschließlich aus entsandten deutschen Führungskräften, die ihre Entscheidungen eng mit der Muttergesellschaft in Deutschland abstimmten (vgl. Klein 1996, S. 112 f.). »Hoechst«, so Dormann (zit. nach Berthoin Antal 2001, S. A1), »war tief in Deutschland verwurzelt, sehr forschungsintensiv und wenig marktorientiert, sehr introvertiert und sehr akademisch. Dies mussten wir ändern.«

Manifestiert wurden diese Veränderungen in dem Programm »*Aufbruch '94*«, das Dormann unmittelbar nach seiner Ernennung zum Vorstandsvorsitzenden verkündete. Dieses umfasste die folgenden Kernpunkte:

- Hoechst benötigt eine Unternehmungsvision für die nächsten zehn Jahre, von der klare Ziele und Prioritäten abgeleitet werden können.
- Ein neuer Managementstil, der auf weniger Bürokratie und mehr Vertrauen, Transparenz und Delegation basiert.
- Eine regionale Struktur mit den Kernmärkten Europa, Asien und Nord- und Südamerika.
- Strukturelle Veränderungen, die eine größere Flexibilität und eine klarere Zuweisung von Verantwortlichkeit erlauben.
- Reengineering der Geschäftsprozesse im Hinblick auf eine ausgeprägtere strategische Orientierung.
- Eine stärkere Betonung der Qualität in allen Prozessen.
- Eine soziale Verpflichtung zu einer nachhaltigen Entwicklung.

Da mehrere frühere Reorganisationen an der Trägheit der über viele Jahre gewachsenen Strukturen gescheitert waren, führte Dormann zahlreiche Änderungen in der Leitungsstruktur von Hoechst durch. So wurde der Vorstand von elf auf neun und später auf sechs Mitglieder verkleinert. Zum ersten Mal in der Geschichte der Unternehmung wurde zudem der Vorgänger von Dormann als Vorstandsvorsitzender, Wolfgang Hilger, nicht zum Vorsitzenden des Aufsichtsrats berufen (vgl. Eckert 2000, S. 112). Dieses Amt wurde stattdessen Erhard Bouillon übertragen, der als ehemaliger Personalchef gute Kontakte zu Mitarbeitern, Betriebsrat und Gewerkschaften hatte, deren Zustimmung zu den angestrebten Veränderungen sich Dormann so sichern wollte.

Zur operativen Umsetzung seines Programms bildete Dormann eine neunköpfige Arbeitsgruppe, die sich aus Führungskräften der zweiten und dritten Hierarchieebene zusammensetzte. Die meisten Mitglieder verfügten über lange internationale Erfahrungen oder stammten aus dem Ausland. Ein wesentliches Ergebnis der in dieser Arbeitsgruppe geführten Diskussionen war die *Fokussierung auf wenige Kern-Geschäftsfelder* und die Beendigung aller anderen Aktivitäten. So wurde 1995 die Kosmetiksparte mit den Marken Jade, Marbert und Schwarzkopf an Henkel, L'Oréal und Perform verkauft. Weitere Verkäufe betrafen u. a. die Bereiche Spezialchemie und Anlagenbau. Mit den Erlösen wurde im gleichen Jahr für 7,1 Mrd. US-$ die amerikanische Pharma-Unternehmung Marion Merell Dow gekauft, um die Aktivitäten im Pharmabereich zu stärken, die Präsenz in den USA auszubauen und Führungskräfte mit internationaler Erfahrung in die Unternehmung zu holen. Getreu dem von Dormann (1993, S. 1068) verfolgtem Motto »nicht Paläste mit dicken Wänden, festen Raumaufteilungen und umständlichen Ritualen, (sondern) hellhörige Zelte zu errichten, die bei Bedarf schnell ab- und an anderer Stelle wieder aufgebaut werden können«, war auch das jedoch nur ein Zwischenschritt auf dem Weg zur einschneidendsten Entwicklung in der Geschichte von Hoechst – der Verschmelzung mit Rhône-Poulenc zu Aventis.

Entwicklung der Corporate Identity

Ein besonders sichtbarer Ausdruck der unterschiedlichen Etappen in der Geschichte von Hoechst ist die Entwicklung des Logos. Das erste Logo war ein schlafender Löwe mit einem Schild unter seiner rechten Tatze, das die Initialen MLB als Abkürzung für »Meister Lucius & Brüning« enthielt. Als die IG-Farben aufgelöst wurden und sich 1947 die nachfolgenden Gesellschaften bildeten, führte Hoechst ein kreisförmiges Logo ein, das einen Turm und eine Brücke mit der Inschrift »Hoechst 1863« trug. 1951 wurde das Logo modifiziert; der Turm stand aufrecht auf der linken Seite innerhalb des Kreises, während die Brücke dynamisch nach rechts ragte. Das Symbol wurde 1960 nochmals verändert. Der visuelle Effekt des Turmes und des Brückensymbols, welches von einem dünn erscheinenden Kreis umgeben war, erhielt nun einen Fixpunkt in einem Quadrat. Die Position des soliden Quadrates auf der rechten oberen Ecke sollte positive Assoziationen wie Potenzial für Ideen, Qualität, Entwicklung und Kreativität wecken. Dieses Logo repräsentierte Hoechst nahezu 22 Jahre lang. 1974 wurde das Turm- und Brückensymbol, das bis dahin als Hauptlogo diente, mit dem Schriftzug »Hoechst« zu einem einzigen Logo kombiniert (vgl. Abb. 4-18). Im Jahre 1982 wurde dieses noch einmal leicht durch die Reduzierung der Größe des Quadrates modifiziert (vgl. Dormann 1997).

Das Logo wurde primär entwickelt, um ein neues, unabhängiges Image der Hoechst-Gruppe zu etablieren. Die neue Markenpolitik wurde in allen Gesellschaften umgesetzt, in der Hoechst einen Anteil von mehr als 50 % besaß. Das Logo sollte als

Abb. 4-18

Entwicklung der Unternehmungsnamen und -logos (siehe hierzu http://de.wikipedia.org/wiki/Hoechst)

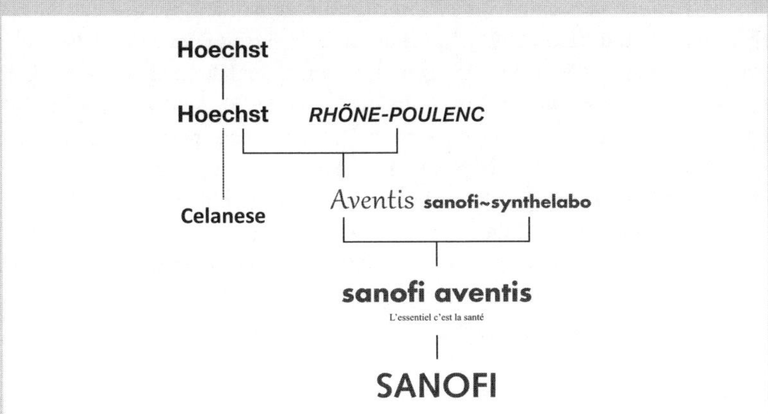

Identifikationssymbol für die gesamte Unternehmungsgruppe und deren Mitarbeiter dienen. Den Logos der Tochtergesellschaften wurde das Logo von Hoechst mit dem Zusatz »A member of the Hoechst group« beigefügt. Auch sollte die Zugehörigkeit zur Hoechst-Gruppe klar erkennbar sein. Für sich allein wurde das Logo nur von der Holdingzentrale verwendet. Die Tochterunternehmungen der Gruppe traten mit eigenen Namen und Logos am Markt auf (vgl. Dormann 1997).

4.5.1.1.2 Rhône-Poulenc S. A.

Historisches

Auch Rhône-Poulenc konnte 1999 auf eine lange Unternehmungsgeschichte zurückblicken (vgl. Cayez 1988; Gambrelle 1995). Die Gründung der Société chimique du Rhône erfolgte im Jahr 1895, als Chemiker begannen, die ersten Moleküle mit therapeutischen Wirkungen synthetisch im Labor herzustellen. Die chemische und pharmazeutische Produktion von Rhône-Poulenc erlebte ein schnelles Wachstum, das vor allem durch Beteiligungen und strategische Allianzen realisiert wurde. 1922 wurde die Tochtergesellschaft Rhodiaceta gegründet, die das damals stark wachsende Geschäft mit synthetischen Textilien übernahm. Bereits im Jahre 1919 versuchte die Unternehmung, in den USA Fuß zu fassen. Nach zahlreichen Rückschlägen wurde dort jedoch erst 1948 eine Tochtergesellschaft gegründet. Schon 1927 hatten die Brüder Poulenc die Kapitalmehrheit bei der 1840 gegründeten britischen Gesellschaft May and Baker erworben und sich damit den Zugang zu asiatischen Märkten wie Indien und China eröffnet.

Nachdem die Unternehmung 1982 zunächst verstaatlicht, 1993 jedoch wieder reprivatisiert wurde, begann Rhône-Poulenc früh, sich auf den Geschäftsbereich Pharmazie zu spezialisieren und diesen durch internationale Akquisitionen und Kooperationen auszubauen. 1996 wurde die britische Unternehmung Fisons akquiriert und im selben Jahr Mérial, ein Joint Venture mit der amerikanischen Firma Merck gegründet. Weitere bedeutende *Internationalisierungsschritte* waren die Akquisition des Kölner Arzneimittelherstellers Nattermann und der amerikanischen Rorer Corp. Mit einem Umsatz von mehr als 85 Mrd. Francs, davon fast 80 % außerhalb Frankreichs, war Rhône-Poulenc im Jahre 1996 die siebtgrößte Chemie- und Pharmaunternehmung der Welt (vgl. o. V. 1997).

Jean-René Fourtou

Rhône-Poulenc wies einen *stark hierarchischen Aufbau* auf, wo die Mitarbeiter je nach Herkunft, Hautfarbe und politischer Couleur eigene Cliquen bildeten, so ein ehemaliger deutscher Manager bei der in den neunziger Jahren akquirierten Kölner Unternehmung Nattermann (zit. nach Hoffritz 1999, S. 25). An der Spitze der Unternehmung stand Jean-René Fourtou, dessen Muttersprache spanisch war, der in der Unternehmung aber französisch sprach. Als langjähriger Leiter prägte er maßgeblich die Kultur der Unternehmung, die als locker, temperamentvoll und bestimmt charakterisiert wird. Seine Anweisungen werden als stets freundlich, aber dennoch klar und strikt bezeichnet (vgl. Neukirchen 2000, S. 110). Im Unterschied zu Dormann, der als introvertiert, asketisch und bei öffentlichen Auftritten eher verkrampft wirkt, gilt Fourtou als lebenslustig und extrovertiert (vgl. Salz 1999b, S. 53).

Das erklärte Ziel von Rhône-Poulenc war es, so Fourtou, »die Lebensqualität der Menschen in der ganzen Welt ein wenig zu verbessern.« Die Unternehmung ist dazu in allen 140 Tochtergesellschaften mit großer Beharrlichkeit vorgegangen:

»Es ist nicht unsere Art, wieder von der Bildfläche zu verschwinden, wenn uns ein gutes Geschäft geglückt ist. Wenn wir einmal einen Fuß in ein Land gesetzt haben, dann wollen wir dort nachhaltig präsent bleiben«, so Pierre Laguerre, das Ende der neunziger Jahre für internationale Angelegenheiten zuständige Vorstandsmitglied. Es wurde Wert auf eine gute Ausbildung der Mitarbeiter im In- sowie Ausland und eine enge Zusammenarbeit mit den Behörden gelegt. Weiterhin war man bestrebt, sich in das jeweilige lokale Wirtschafts- und Gesellschaftssystem einzufügen. Sowohl in der Produktion als auch im Marketing erfolgte eine weitgehende *Anpassung an nationale Besonderheiten*. Kennzeichnend dafür war auch die Kooperation mit lokalen Partnern, von denen eine Mehrheitsbeteiligung verlangt wurde (vgl. o.V. 1997).

Corporate Identity

Das Logo von Rhône-Poulenc war in dezenten und weichen Blautönen gehalten (vgl. Abb. 4-18). Die Typographie ist klar und deutlich abgehoben und macht eine Identifikation des Schriftzuges leicht. Das sich auf der linken Seite befindliche Symbol »Rhône-Poulenc«, das von einem sich zu einem Viertel öffnenden Kreis umgeben ist, soll sowohl Zusammengehörigkeit als auch die Öffnung für Neues assoziieren. Der hellblaue Balken unter dem Schriftzug Rhône-Poulenc symbolisiert die solide Basis, auf der die Unternehmung steht und auf der sie aufbauen kann. Der nach rechts weit über das Ende des Schriftzuges hinausragende Balken soll die Zukunftsorientierung des Konzerns widerspiegeln.

4.5.1.2 Die Fusion von Hoechst und Rhône-Poulenc zu Aventis

Am 1. Dezember 1998 erklärten die Vorstandsvorsitzenden von Hoechst und Rhône-Poulenc die Absicht, ihre beiden Unternehmungen zu fusionieren. Hoechst beendete damit Gerüchte, wonach die Unternehmung angesichts der zu diesem Zeitpunkt nur mäßigen Ertragslage durch BASF, Bayer oder Hoffmann LaRoche übernommen werden könnte. Das Ziel der Fusion war, eine weltweit führende Position als »Life Sciences«-Unternehmung zu erreichen. Der zuvor von Novartis, einer ebenfalls aus einer Fusion (nämlich von Ciba-Geigy und Sandoz) hervorgegangenen Pharma-Unternehmung geprägte Begriff »Life Sciences« wurde bewusst vage gehalten. Er sollte – im Unterschied zum Begriff »Chemie« – positive Assoziationen wecken und Raum für Phantasie lassen.

Der öffentlichen Erklärung, die beiden Unternehmungen zu fusionieren, ging eine mehr als zweijährige Phase des »Flirtens« (Fourtou, zit. nach Margolis/Knoop 2004a, S. 6) voraus, an der auf Seiten von Hoechst vor allem der Vorstandsvorsitzende Dormann und der Produktionsvorstand Horst Waesche sowie auf Seiten von Rhône-Poulenc deren Kollegen Jean-René Fourtou und Igor Landau beteiligt waren. Begünstigt wurde dieser Flirt durch gemeinsame Hobbies sowie eine enge Freundschaft zwischen zwei Vorstandsmitgliedern der beiden Unternehmen, deren Väter im Zweiten Weltkrieg Kriegsgefangene des jeweils anderen Landes waren. Igor Landau ist zudem mit einer Deutschen verheiratet.

Daneben wurde die ökonomische Situation der beiden Partner in der Mitte der neunziger Jahre zunehmend prekär: »The main rationale«, so ein führender Manager von Hoechst (zit. nach Margolis/Knoop 2004a, S. 6), »was that Hoechst Marion Roussel had a long-term pipeline issue and Rhône-Poulenc had a short-time pipeline issue. In that way we were complementary. We also had a few global products that could be grown thanks to a combination.«

Merger of Equals

Die neue Unternehmung mit dem Kunstnamen Aventis sollte durch einen *merger of equals*, d. h. eine Fusion zwischen gleich starken Partnern entstehen. Der genaue Zeitrahmen des Zusammenschlusses wurde zunächst nicht genannt. Da Hoechst im Verhältnis zu Rhône-Poulenc zu groß war, mussten die Unternehmungsteile, die nicht in das neue »Life Sciences-Konzept« passten, zunächst abgestoßen werden. Dies betraf auch die amerikanische Celanese Corp., deren erfolgreiche Integration Ende der achtziger Jahre maßgeblich zur Berufung Dormanns zum Vorstandsvorsitzenden beigetragen hatte. Insgesamt verringerte sich durch die Verkäufe zahlreicher Unternehmungsbereiche die Zahl der Mitarbeiter von Hoechst seit 1994 weltweit von 172.000 auf 97.000.

Bei Mitarbeitern und Außenstehenden stießen diese komplette Reorganisation und die Auslöschung des Namens »Hoechst« zunächst auf wenig Resonanz. So wurde Dormann vom späteren hessischen Ministerpräsidenten Roland Koch vorgeworfen, »in einer für die deutsche Industriegeschichte beispiellosen Weise ein traditionsreiches Unternehmen zerschlagen« zu haben. Von den Gewerkschaften wurde Dormann sogar als »größenwahnsinnig« bezeichnet (zit. nach Jungbluth 1999, S. 100; vgl. auch Menz/Becker/Sablowski 1999). Aber auch von vielen Finanzanalysten wurde die Fusion von Hoechst und Rhône-Poulenc kritisch beurteilt und die französische Unternehmung als rendite- und innovationsschwach bewertet (vgl. z. B. Salz 1999a).

Aktiengesellschaft nach französischem Recht

Trotz dieser Kritik gaben Hoechst und Rhône-Poulenc in einer Pressemitteilung am 17. Mai 1999 bekannt, dass sie sich auf eine beschleunigte vollständige Fusion zur Aventis S. A. bis Ende November 1999 geeinigt hatten. Der Vorstand (*Board of Directors*) von Rhône-Poulenc, der Aufsichtsrat der Hoechst AG sowie die Kuweit Petroleum Corporation, die damals 24,5 % der Hoechst AG hielt und damit der bedeutendste Einzelaktionär der Unternehmung war, stimmten der geplanten Fusion zu. Wie im Dezember 1998 angekündigt, sollte es sich dabei um einen *merger of equals* handeln. Es wurde beschlossen, den Sitz nach Straßburg zu verlegen. Jürgen Dormann wurde zum Vorstandsvorsitzenden (*Chairman of the Board of Directors*) und Jean-René Fourtou zum stellvertretenden Vorstandsvorsitzenden berufen. Durch diese Aufteilung wurde eine Doppelspitze in der Unternehmungsleitung vermieden, mit der bei anderen Unternehmungszusammenschlüssen häufig negative Erfahrungen gemacht wurden. Da es sich bei Aventis um eine Aktiengesellschaft nach französischem Recht (*Société Anonyme, S. A.*) handelte, mussten die Arbeitnehmer nicht mehr paritätisch im Aufsichtsrat der Unternehmung beteiligt werden. Dadurch war es möglich, beide Leitungsgremien erheblich zu verkleinern.

Auf einer außerordentlichen Hauptversammlung von Hoechst Mitte Juli 1999 stimmte die überwiegende Mehrheit der Aktionäre dem Fusionsvertrag zu. Vor allem auf Drängen der Kuwait Petroleum Corporation wurden diverse Chemieaktivitäten ohne Bezug zum Pharmageschäft in die Celanese AG ausgegliedert. Weiterhin wurde von der Hauptversammlung beschlossen, eine Sonderdividende in Höhe von 1,5 Mrd. € an die Aktionäre auszuschütten und ca. 29 Mio. eigene Aktien zurückzukaufen, was ungefähr 5 % des gezeichneten Kapitals entsprach. Um die Fusion durchzuführen, wurde den Aktionären noch auf der Hauptversammlung ein Aktienumtauschprogramm angeboten, das am 26. Oktober 1999 begann. Bis zum Ablauf der Frist wurde eine Umtauschquote von über 90% erzielt. Das Umtauschverhältnis wurde auf drei Rhône-Poulenc-Aktien zu vier Hoechst-Aktien festgelegt, was einem Verhältnis von 47% für Rhône-Poulenc und 53% für Hoechst an der neuen Unternehmung entsprach. Entgegen der ursprünglichen Absicht wurde Hoechst damit ein leichtes Übergewicht eingeräumt. Im November 1999 stimmten auf der letzten Hauptversammlung von Rhône-Poulenc die Aktionäre ebenfalls mit großer Mehrheit der Fusion zu (vgl. o.V. 1999a).

Squeeze-out

Durch die im Dezember 1999 formell vollzogene Fusion entstand ein Life Sciences-Konzern mit weltweit über 90.000 Mitarbeitern, davon ca. 14.000 in Deutschland, 22.000 in Frankreich und 16.000 in den USA. Aventis wurde hinter Merck & Co. Inc. zur zweitgrößten Unternehmung der Branche und Marktführer in den Bereichen Ernteschutz und Tiergesundheit (vgl. o.V. 1999b). Gleichzeitig endete die operative Tätigkeit von Hoechst, der ehemals größten Chemieunternehmung der Welt. Endgültig aufgelöst wurde die Hoechst AG im Dezember 2004 durch ein *squeeze-out*, bei dem die verbliebenen Aktionäre der Unternehmung, die das Angebot zum Aktienumtausch nicht angenommen hatten, zwangsabgefunden wurden.

4.5.1.3 Phasen der Post-Merger Integration

Nach Abschluss des eigentlichen Fusionsprozesses leitete die neue Geschäftsleitung von Aventis zahlreiche Maßnahmen der Post-Merger Integration ein. Dabei können zwei Phasen unterschieden werden.

4.5.1.3.1 Phase I

Bereits im Vorfeld versuchten die beiden Unternehmungen, aufgrund früherer Erfahrungen wie z.B. der Übernahme von Roussel Uclaf S.A. 1997 durch die Hoechst AG ihre Berichts- und Kommunikationssysteme zu harmonisieren. Dadurch sollte insbesondere die Kommunikation zwischen den Unternehmungsteilen sowie deren Managern und Mitarbeitern erleichtert werden. Dahinter stand die Überzeugung, dass eine gemeinsame und einheitliche Kommunikationsbasis gerade aufgrund der internationalen Dimension der Fusion eine unabdingbare Erfolgsvoraussetzung darstellt.

Post-Merger Integration

Den Ausgangspunkt der Post-Merger Integration bildete das Bestreben, einen *grundlegenden Wandel der Kultur und Mentalität* von Aventis herbeizuführen. Ziel war es, eine Unternehmung mit einer deutlich erkennbaren und homogenen Identität zu schaffen, um die angestrebten Synergieeffekte tatsächlich realisieren zu können. Aventis sollte nicht nur die Summe von Hoechst und Rhône-Poulenc sein, sondern eine von Grund auf neu geschaffene Unternehmung, die sich auch durch eine neue Unternehmungskultur auszeichnet. Die Nationalität der Mitarbeiter sollte dabei in den Hintergrund rücken. Diese sollten ihre Nationalität vielmehr der neuen Unternehmungskultur unterordnen, um eine Unternehmung von Weltgeltung zu schaffen (vgl. Landau 1999). Dazu sollten die nationalen Führungsstile harmonisiert werden, ohne jedoch alle nationalen Unterschiede aufzuheben. »We are managing the discovery sites as much as possible like three independent biotech companies in culture and environment«, zitiert Kobenstein (2000, S.48) Richard Markham, den CEO von Aventis Pharma.

Die Durchführung der Integrationspläne wurde auf der Ebene des Vorstands von Horst Waesche geleitet. Es wurde zunächst ein Team von acht Integrationsmanagern aus den operativen und funktionalen Bereichen gebildet, das für die Koordination der einzelnen Pläne zuständig war. Zur weiteren Umsetzung der Integrationspläne wurde eine Projektorganisation gebildet, deren Aufgabe vor allem in der Unterstützung des Management bei der Einführung von Überwachungs-, Informations- und Benchmarking-Systemen bestand. Um die angestrebten Synergien zu erreichen, wurden drei Prinzipien verabschiedet (vgl. Landau 1999):

- *Eigenverantwortlichkeit* aller operativen und funktionalen Bereiche im Bezug auf die Budgetplanung und auf Leistungsanreize, die mit den Synergiezielen übereinstimmen.
- Eigene Teams von *Integrationsmanagern* zur Planumsetzung für jede Funktion und jedes Land.
- Nutzung eines *Überwachungssystems*, das speziell für den Integrationsprozess entwickelt wurde und mit dem jedes Projekt kontinuierlich verfolgt werden kann.

Werte der neuen Unternehmungskultur

Zur Generierung der neuen Unternehmungskultur wurden sieben zentrale Werte formuliert, die etabliert werden sollen (vgl. Aventis o. J.):

- Ein zentraler Wert von Aventis war der *Respekt vor Menschen* aus unterschiedlichen Nationen, Kulturen, Rassen und Unternehmungsphilosophien. Damit sollte dem Umstand Rechnung getragen werden, dass bei Aventis über 90.000 Mitarbeiter aus vielen verschiedenen Kulturen zusammenarbeiten. Respekt ermöglicht es, ein Gemeinschaftsverständnis zwischen den Mitarbeitern zu schaffen und Ängste zwischen den Kulturen abzubauen, um so eine produktive Zusammenarbeit an gemeinsamen Projekten zu ermöglichen.
- *Integrität* sollte dazu dienen, die richtigen Entscheidungen schneller zu treffen, um konkurrenzfähig zu sein. Den Kern von Integrität bildeten die Transparenz von Handlungen, Motiven und Absichten und die Abkehr von falschen Kompromissen. Integrität galt sowohl für die internen Prozesse als auch für Geschäftsbeziehungen nach außen.
- Fundamental für Aventis war der *Sinn für Dringlichkeit*. Aventis strebte nach Schnelligkeit und Einfachheit in allen Entscheidungen und Handlungen. Dies bedeutet, zielorientiert zu sein und sich darauf zu konzentrieren, Resultate zu erbringen. Es sollten alle Prozesse permanent beobachtet und Barrieren und Strukturen verändert werden, um Unstimmigkeiten zu beseitigen. Dies umfasst vor allem, gegen Bürokratie anzugehen.
- *Effektive Vernetzung* bedeutete für Aventis, Grenzen zu überwinden, um neue Ideen zu fördern und diese mit anderen zu teilen. Dies erfordert Mut, Disziplin und Integrität.
- *Kreativität* umfasste Innovationen in allen Prozessen und Tätigkeiten. Durch die Verinnerlichung dieses Wertes werden die Mitarbeiter dazu ermutigt, ihre Ideen weiterzuverfolgen und umzusetzen.
- *Eigenverantwortliches Handeln* war für Aventis sehr eng mit den anderen Werten verknüpft. Es bedeutete, die Transparenz der Prozesse zu erhöhen und ein klares Verständnis der Mission zu schaffen. Die Mitarbeiter sollten wissen, was von ihnen

erwartet wird, Selbstbewusstsein entwickeln, Initiative zeigen und die Verantwortung für die Ergebnisse ihres Handelns übernehmen.

- *Mut* war die Basis dafür, dass Kreativität und Innovation entstehen können. Eine offene und herausfordernde Diskussion wäre ohne Mut nicht möglich. Die Mitarbeiter wurden deshalb ermutigt, die Fakten offen darzulegen und sie zu diskutieren, um eine angemessene Entscheidung zu treffen. Mut ist auch, sich selbst herausfordernde Ziele zu setzen, die helfen, schneller voranzukommen.

Verankerung der neuen Unternehmenskultur

Zur Verankerung dieser neuen Werte und Normen startete Aventis eine Reihe von Seminaren und Workshops. Hierzu wurde zunächst eine Gruppe von 150 Top-Führungskräften gebildet. Später wurden 500 Teilnehmer einbezogen, die sich gleichzeitig in kleineren Gruppen von bis zu 40 Personen in Europa und den USA trafen. Fallstudien über Unternehmungsstrategie, -werte und -kultur dienten dazu, die definierten Werte bei den Mitarbeitern zu internalisieren und diese ausreichend zu motivieren, die vermittelten Werte anschließend weiterzutragen und so den Verbreitungsgrad der neu entwickelten Kultur zu erweitern. Im ersten Jahr nach der Fusion sollten so mindestens 7.000 Mitarbeiter weltweit erreicht werden (vgl. Kobenstein 2000, S. 40).

4.5.1.3.2 Phase II

In der zweiten Phase der Akkulturation, die im Februar 2001 begann, sollte ein weltweites Verständnis für die Bedeutung des Wandels, der Managementstile und der Verhaltensweisen vermittelt werden (vgl. Kobenstein 2000, S. 40). Insbesondere sollte die Verunsicherung, die durch die radikale Umsetzung der Fusion und den unvermeidlichen Konflikt zwischen den alten Unternehmungskulturen von Hoechst und Rhône-Poulenc mit der neuen, künstlich geschaffenen Unternehmungskultur von Aventis entstanden war, reduziert werden. Den Mitarbeitern sollte es dadurch erleichtert werden, die neuen Werte und Normen zu verstehen und anzuwenden. Wesentlich war es auch, das Konfliktpotenzial, das durch die Konfrontation der alten mit der neuen Kultur entstanden war, zu reduzieren. Das Ziel dieser Phase war es somit, die neue Unternehmungskultur als gültiges Orientierungsmuster zur täglichen Problemlösung bei den Mitarbeitern von Aventis weltweit zu etablieren. Die Kosten der organisatorischen und kulturellen Integration wurden auf ca. 15 Mrd. Francs beziffert (vgl. Froehly 2000).

Standort Straßburg

Ein wesentliches Element der neuen Unternehmungskultur war der neue Standort von Aventis. Das »strategisch-symbolische Herz« mit nur 180 Mitarbeitern, aber den zentralen Abteilungen Generaldirektion, Finanzen, Kommunikation und Personal, wurde am 8. Februar 2000 in Schiltigheim bei Straßburg eingeweiht (vgl. Froehly 2000). Im Unterschied zu dem repräsentativen ehemaligen Unternehmungssitz von Hoechst in Frankfurt war das neue Gebäude sehr zweckorientiert und – der Zelt-Metapher von Dormann entsprechend – nur geleast. Die Wahl des Standortes Straßburg stellte einen Kompromiss dar, da dieser weder in Deutschland, noch im Herzen Frankreichs, sondern im Elsass liegt, wo sprachliche und kulturelle Elemente beider Länder anzutreffen sind. Als Sitz des Europäischen Parlaments ist Straßburg zudem ein Symbol für das zusammenwachsende Europa. Ein weiterer Grund dürfte die Abwesenheit bedeutender Medien sein, die die Tätigkeit von Hoechst nach mehreren Störfällen zu Beginn der neunziger Jahre sehr kritisch beobachtet hatten (vgl. z. B. Zerfaß 2010).

Arbeitssprache

Als Arbeitssprache innerhalb des Konzerns wurde Englisch festgelegt. Ansonsten wurden die Sprachen der jeweiligen Standorte gesprochen (vgl. Neukirchen 2000, S. 180). Für die Wahl von Englisch als Arbeitssprache zwischen den Führungskräften war ähnlich wie bei der Wahl des Standortes das Bestreben maßgeblich, keine der Muttersprachen der fusionierenden Unternehmungen als Konzernsprache einzuführen, um eine Dominanz einer der beiden fusionierenden Unternehmungen zu umgehen. Zudem wurde dadurch dem starken Engagement von Aventis in den USA Rechnung getragen, wo fast 20 % der Mitarbeiter beschäftigt waren.

Der Name Aventis wurde gewählt, da er in nahezu jeder Sprache leicht ausgesprochen werden kann und leicht zu verstehen ist (vgl. o. V. 1999c). Er soll Assoziationen zu Bewegung, Innovation, Abenteuer und Innovation wecken. Das Symbol repräsentiert die Verbindung von Leben und Wissenschaft, Vitalität, Wachstum und Erfolg (vgl. o. V. 1999d).

Corporate Identity

Zur Außendarstellung der neuen Unternehmung wurde von der New Yorker Agentur Corporate Branding ein markantes Logo entwickelt. Es besteht aus zwei sich kreuzenden Linien, die nach oben hin geöffnet sind und von einem halbgeöffneten Kreis zusammengehalten werden (vgl. Abb. 4-18). Die blaue Linie ist ein stilisiertes Reagenzglas und symbolisiert das Geschäftsfeld Pharma. Die grüne Linie ist eine stilisierte Ähre und steht für das Geschäftsfeld CropSciences. Man kann die Linien aber auch als Symbole für die beiden Fusionspartner ansehen, die sich zu einer neuen Unternehmung zusammengeschlossen haben. Der halbgeöffnete Kreis deutet einen Zusammenhalt der beiden Linien an und ist leicht geöffnet, was Weltoffenheit symbolisieren soll. Die gepunktete Linie zwischen den zwei Linien in blau lässt sich als Innovationsfreudigkeit und Forscherdrang interpretieren. Der rechts neben dem Symbol verankerte Schriftzug Aventis ist fester Bestandteil des Logos. Durch seine blaue Farbe und leicht kursive Schrift soll er Wissenschaft und Offenheit symbolisieren, durch die Breite der Schrift jedoch gleichzeitig Solidität. Das Logo ist Teil des Brand-Designs mit verbindlichen Richtlinien für dessen Verwendung auf Briefpapier, Broschüren, Visitenkarten und Produktverpackungen (vgl. o. V. 1999c).

4.5.1.4 Zwischenbilanz

Im ersten Geschäftsbericht nach der Fusion gaben Dormann und Fourtou bekannt: »Wir freuen uns, Ihnen über ein erfolgreiches erstes Jahr von Aventis berichten zu können. Wir haben neue Teams gebildet, eine eigenständige Unternehmenskultur geschaffen sowie die gemeinsamen Vermögenswerte, Managementstrukturen und Geschäftsprozesse vereint und gestrafft. Insgesamt ist es uns gelungen, die Integration von Hoechst und Rhône-Poulenc schnell, reibungslos und effizient zu vollziehen (...). Die geplanten Einsparungen aus Synergien in Höhe von 400 Mio. € für das Jahr 2000 wurden übertroffen und wir sind zuversichtlich, die anvisierten Kosteneinsparungen von 1,2 Mrd. € pro Jahr bis zum Ende des Jahres 2002 zu erreichen. Der Gewinn je Aktie (...) stieg im Jahr 2000 um 63 % auf 1,44 € (...). Unser Aktienkurs ist im Verlauf des Jahres 2000 um mehr als 60 % gestiegen und hat damit die relevanten Pharma-Indizes in den USA und Europa klar übertroffen« (Aventis 2001, S. 3 f.).

Im Jahre 2001 konnte das positive Ergebnis nochmals gesteigert werden. Der Konzernumsatz erhöhte sich auf 22,9 Mrd. € gegenüber 22,3 Mrd. € im Jahr 2000. 36,6 % des Umsatzes im Kerngeschäft Life Sciences entfielen dabei auf die USA. Der Gewinn je Aktie stieg auf 1,81 €. Gleichzeitig wurde die Konzentration auf das Kerngeschäft weiter vorangetrieben. So wurde im April 2001 die Industriegase-Gruppe Messer Griesheim GmbH verkauft. Im Oktober 2001 wurde der Verkauf der Aventis CropScience an Bayer vereinbart (vgl. Aventis 2002).

Betriebswirtschaftlicher Erfolg

Der *betriebswirtschaftliche Erfolg* von Aventis schlug sich auch im Aktienkurs nieder. Wurde die Fusion von Finanzanalysten anfangs als »Zusammenschluss eines Blinden und eines Lahmen« charakterisiert (zit. nach Ruess 2002a, S. 55), zählte Aventis 2002 mit einem Börsenwert von mehr als 61 Mrd. € zu den 20 am höchsten bewerteten Unternehmungen in Europa. Als eine der wenigen internationalen Fusionen lag der Wert von Aventis über der Summe der Werte der beiden fusionierten Unternehmungen im Jahre 1998.

Trotz des wirtschaftlichen Erfolgs war der Fusionsprozess durch zahlreiche *interne Auseinandersetzungen* geprägt. So verließen in den ersten Monaten zahlreiche qualifizierte Mitarbeiter die Unternehmung, da ihnen die Unsicherheit über die weitere Entwicklung zu groß erschien. »Für Headhunter«, so Hoffritz (1999) »(waren) Hoechst und Rhône-Poulenc (..) eine gute Adresse.« Im späteren Verlauf der Fusion führte dann der hohe Leistungsdruck, der durch die Verkäufe zahlreicher Konzerngesellschaften entstand, zu Unzufriedenheit (vgl. Hoffritz 2000, S. 26).

Sprachprobleme

Eine weitere Schwierigkeit stellten die *Sprachprobleme* zwischen den Mitarbeitern unterschiedlicher Nationalität dar. Zwar wurde Englisch als gemeinsame Arbeitssprache festgelegt, viele Mitarbeiter auf den unteren Führungsebenen beherrschten diese aber nicht in ausreichendem Maße. Dies galt vor allem für französische Führungskräfte, die deshalb in Besprechungen und selbst auf Hauptversammlungen häufig auf ihre Muttersprache auswichen (vgl. Hoffritz 2002). »Überall dort, wo die Mannschaften der beiden Fusionspartner zusammengelegt wurden«, so zitiert Ruess (2002a, S. 54) Alain Dorbais, Sekretär des europäischen Betriebsrats und Mitglied des Aufsichtsrats von Aventis, »gibt es Schwierigkeiten.«

Konkurrenz-/Machtkampf

Vor allem herrschte zwischen deutschen, französischen und amerikanischen Führungskräften ein zunehmender *Konkurrenzkampf* um die – durch die Verkäufe zahlreicher Unternehmungsteile und den damit verbundenen Abbau von Hierarchieebenen bedingt – immer weniger werdenden Führungspositionen. Deutsche Führungskräfte fühlten sich dabei nach Ansicht von Arnold Weber, Betriebsratsvorsitzender von Aventis Deutschland, vielfach benachteiligt und waren in den Führungsgremien unterrepräsentiert (zit. nach Ruess 2002a, S. 54).

Die Machtkämpfe zwischen den Führungskräften unterschiedlicher Nationalität gewannen an Schärfe, nachdem die beiden Hauptakteure der Fusion, Jürgen Dormann und Jean-René Fourtou, den Vorstand von Aventis im Frühjahr 2002 verließen und als Vorsitzender bzw. Stellvertretender Vorsitzender in den Aufsichtsrat wechselten. Ursprünglich sollte Horst Waesche gemeinsam mit Igor Landau die Unternehmung leiten, er konnte das Amt aufgrund seines plötzlichen Todes jedoch nicht

Interkulturelle Managementkonflikte

antreten. »Durch den Tod Waesches«, so Kuchenbuch (2002), »stellt sich erneut die Frage nach der Machtbalance zwischen Deutschen und Franzosen in der Führung.«

Daraufhin versuchte Jürgen Dormann, den Amerikaner Richard Markham zu seinem Nachfolger zu machen. Dagegen votierte jedoch Jean-René Fourtou, dessen Auffassung nach einem deutschen Aufsichtsratsvorsitzenden ein französischer Vorstandsvorsitzender gegenüber stehen sollte. Nach langen Auseinandersetzungen wurde deshalb Igor Landau dazu berufen (vgl. Neukirchen 2002). Dieser hat jedoch bereits in den ersten Monaten seiner Amtszeit bei vielen deutschen Führungskräften durch einen Führungsstil »wie Napoleon« (Ruess 2002b) Unmut verursacht und die *interkulturellen Managementkonflikte* zwischen Deutschen und Franzosen weiter verschärft.

Trotz dieser Differenzen wurde der *Akkulturationsprozess* von den meisten Beteiligten und Beobachtern insgesamt als Erfolg bewertet. So resümierte etwa der Senior Vice President von Aventis Philippe Peyre (zit. nach Margolis/Knoop 2004b, S. 5): »In consulting I had seen mergers, and knew there was quite often a winner or a looser. But one year after the Aventis merger, people within the company were really Aventis people and not really referring to former companies.« Verantwortlich dafür war nach Ansicht von Richard Markham vor allem die Offenheit und Empathie der Führungskräfte für kulturelle Fragen: »The process gave people the chance to vent frustration directly to top managment. They do not always agree, but at least they understand why we have decided on the approach we're taking« (zit. nach Margolis/Knoop 2004b, S. 4). Den Erfolg der Fusion belegt nicht zuletzt die Tatsache, dass die beiden Hauptprotagonisten nach ihrem Ausscheiden bei Aventis mit der Restrukturierung von zwei anderen bedeutenden Unternehmungen beauftragt wurden. Während Jürgen Dormann in den Verwaltungsrat der schwedisch-schweizerischen Unternehmung ABB wechselte (vgl. Kap. 9.5), wurde Jean-René Fourtou zum Vorstandsvorsitzenden der französischen Unternehmung Vivendi berufen.

4.5.2 Sanofi-Aventis – Vom hostile zum friendly take-over

Wie sehr die von Dormann kreierte Zelt-Metapher die Entwicklung von Aventis prägen sollte, zeigte sich am 26. Januar 2004, als der französische Pharmaproduzent Sanofi-Synthélabo S. A. den Aktionären von Aventis ein Übernahmeangebot in Höhe von 47,8 Mrd. € machte. Überraschend dabei war nicht nur der feindliche Charakter dieser Offerte, die ohne vorherige Konsultation des Vorstands von Aventis erfolgte, sondern auch die Tatsache, dass Sanofi im Jahre 2003 mit einem Umsatz von 8,0 Mrd. € und ca. 32.400 Mitarbeitern weniger als halb so groß wie Aventis mit einem Umsatz von 17,8 Mrd. € und rund 70.700 Mitarbeitern war. Sowohl der Gewinn als auch der Börsenkurs von Sanofi-Synthélabo lagen jedoch über demjenigen von Aventis.

Wachstum durch Aquisitionen

4.5.2.1 Unternehmungsprofil von Sanofi-Synthélabo

Ähnlich wie Aventis ist auch Sanofi-Synthélabo aus mehreren Unternehmungsübernahmen und -fusionen hervorgegangen (vgl. Gautam 2004; Som 2004). Sanofi entstand im Jahre 1973, nachdem der damalige französische Mineralölkonzern Elf

Aquitaine (heute Total) mehrere Tochtergesellschaften aus den Geschäftsbereichen Pharmazie, Kosmetika und Tiergesundheit in einer Unternehmung zusammenfasste. Im Jahre 1979 wurde Sanofi selbstständig. Anschließend verzeichnete die Unternehmung durch zahlreiche Übernahmen und strategische Allianzen ein schnelles Wachstum. So wurden im Jahre 1988 der Kosmetikproduzent Nina Ricci und fünf Jahre später Yves Saint Laurent erworben. 1994 kaufte Sanofi die zum Eastman Kodak-Konzern gehörende Pharmaunternehmung Sterling Winthrop, durch die die Unternehmung einen Zugang zum nordamerikanischen Markt erhielt. Gleichzeitig begann Sanofi damit, sich von seinen Aktivitäten in den Bereichen Tiergesundheit und Biotechnologie zu trennen. Kurze Zeit später wurden auch die Kosmetikaktivitäten wieder abgegeben. Nina Ricci wurde 1996 und die anderen Unternehmungen der Sparte im Jahre 1999 verkauft.

Synthélabo entstand im Jahre 1970 aus der Fusion der beiden Unternehmungen Laboratoires Dausse (gegründet 1834) und Laboratoires Robert et Carrière (gegründet 1899). Drei Jahre später erwarb L'Oréal mit einem Anteil von 53 % die Kontrollmehrheit an der Unternehmung. In den achtziger und frühen neunziger Jahren wurden zahlreiche französische Pharmaunternehmungen akquiriert. Dazu zählte auch Metabio-Jouillie, durch die Synthélabo einen Zugang auf den nordamerikanischen und asiatischen Markt erlangte.

Sanofi and Synthélabo wurden am 18. Mai 1999 fusioniert. Beide Unternehmungen hatten bis dahin bereits mehr als 300 Akquisitionen anderer Unternehmungen im In- und Ausland durchgeführt (vgl. Prasad 2004). Nach Rhône-Poulenc war Sanofi zu diesem Zeitpunkt die zweitgrößte und Synthélabo die drittgrößte Pharmaunternehmung in Frankreich. Sanofi-Synthélabo konzentrierte sich sehr schnell auf das Kerngeschäftsfeld Pharmazeutika und stieß andere Bereiche wie Kosmetik, Tiergesundheit und Diagnoseprodukte ab. Gleichzeitig erfolgte eine rasche *Internationalisierung*, die vor allem den nordamerikanischen Markt umfasst.

Unternehmungsstrategie

Diese *Unternehmungsstrategie*, die durch die Konzentration der Forschung & Entwicklung auf wenige Blockbuster begleitet wurde, erwies sich als sehr erfolgreich. Allein zwischen 2002 und 2003 konnte der Umsatz um rund 8,1 % von 7,5 auf 8,0 Mrd. € gesteigert werden. Durch diesen Erfolg stieg auch der Börsenwert von Sanofi-Synthélabo kurzfristig über denjenigen von Aventis an. In den drei Jahren vor dem Übernahmeangebot übertraf der Kurs von Sanofi-Synthélabo den französischen Leitindex CAC 40 um 20,5 %, während der Kurs von Aventis nur um 11,3 % darüber lag. Dies gab der Unternehmung im Januar 2004 die Möglichkeit, ein feindliches Übernahmeangebot zu unterbreiten. »Wir hatten«, so kommentiert dies Jürgen Dormann, der damalige Aufsichtsratsvorsitzende von Aventis, »in unseren Analysen für mögliche Partner oder Übernahmekandidaten Sanofi stets im Blick. Aber letztlich hat uns Sanofi dann zu einem ungünstigen Zeitpunkt überrascht (...). Wir hatten nach unserem sehr erfolgreichen Start mit Aventis in den vergangenen zwei Jahren eine Schwächephase in unserer Pipeline. In diesem Jahr zeichnete sich der Umschwung ab. Doch uns hat die Zeit für den Durchbruch mit neu entwickelten, innovativen Medikamenten gefehlt, die wir gebraucht hätten, um an der Börse wieder höher bewertet zu werden« (zit. nach Dunsch/Knop 2004).

4.5.2.2 Phasen des Akquisitionsprozesses

Vorläufige Übernahmeablehnung

Sowohl der Vorstand als auch der Aufsichtsrat von Aventis lehnten das Übernahmeangebot von Sanfi-Synthélabo am 17. Februar 2004 zunächst einstimmig ab. In großseitigen Zeitungsanzeigen sowie einer Mitte März an alle Aktionäre versandten Broschüre wurde argumentiert, dass das Angebot nicht dem Wert von Aventis entspricht und beträchtliche Risiken birgt (vgl. Aventis 2004, S. 3):

- »*Wert:* In dem Angebot von Sanofi wird Aventis deutlich unterbewertet, sowohl im Hinblick auf den fundamentalen Wert als auch durch das Fehlen eines Aufschlags für die Übernahme der unternehmerischen Kontrolle.
- *Gemischtes Angebot*: Das Angebot bietet nur eine geringe Bargeldkomponente. Das vorgeschlagene Angebot besteht zu 81 % Aktien, die Aventis Aktionäre von Sanofi erhalten sollen. Damit würden sie sämtliche Risiken übernehmen, die sowohl mit der Zukunft von Sanofi als auch mit ihrem feindlichen Übernahmeversuch verbunden sind.
- *Plavix Risiko*: Der Patentschutz von Plavix, das wichtigste Produkt von Sanofi, wird vor Gericht angezweifelt. Sollten die Einwände gegen das Patent erfolgreich sein, wird dies den Aktienkurs von Sanofi erheblich beeinträchtigen.
- *Wachstums-Risiko*: Zwei weitere wichtige Produkte von Sanofi werden in naher Zukunft einem Wettbewerb durch Generika ausgesetzt sein. Daraus entstehende Einbußen kann Sanofi in seiner Pipeline vermutlich nicht kompensieren.
- *Durchführungs-Risiko*: Die von Sanofi angestrebten Synergien sind unzureichend erläutert und basieren auf einem unrealistischen Zeitplan.
- *Integrations-Risiko*: Es handelt sich um einen feindlichen Übernahmeversuch durch ein Unternehmen, das sich von Aventis grundlegend unterscheidet. Daher besteht das Risiko, dass ein kombiniertes Unternehmen weniger stark, nachhaltig und profitabel wachsen wird als Aventis allein.
- *Soziales Risiko:* Angesichts der Überschneidungen beider Unternehmen in Europa würde ein Zusammenschluss vermutlich zu einem erheblichen Verlust von Arbeitsplätzen führen, vor allem in Frankreich und Deutschland.«

Igor Landau, der damalige Vorstandsvorsitzende von Aventis kommt deshalb zu dem Fazit: »Das Angebot von Sanofi ist ein unverfrorener Versuch, Aventis billig zu übernehmen. Aus diesem Grund raten wir Ihnen dringend: Sagen Sie Nein zum Angebot von Sanofi« (Aventis 2004, S. 3).

Politische Unterstützung

Sanofi-Synthélabo hat darauf hin versucht, *politische Unterstützung* für den Übernahmeversuch zu finden (vgl. Mittra 2006; Anwar 2008). Zugute kam der Unternehmung dabei die persönliche Freundschaft des Vorstandsvorsitzenden Jean-François Dehecq mit dem damaligen französischen Staatspräsidenten Jacques Chirac und Ministerpräsident Jean-Pierre Raffarin, die sich beide wiederholt für die Schaffung eines *nationalen Champions* aussprachen. Ähnliches gilt für den damaligen Wirtschaftsminister und späteren Staatspräsidenten Nicolas Sarkozy. Von vielen Vertretern internationaler Finanzinstitutionen wurden diese dafür scharf kritisiert. Demgegenüber hat die deutsche Bundesregierung zwar wiederholt auf die soziale Verantwortung von Sanofi-Synthélabo und die historischen Wurzeln von Aventis in

Deutschland hingewiesen, sich ansonsten jedoch neutral verhalten. Dies hat ihr wiederum die Kritik vieler deutscher Mitarbeiter von Aventis eingebracht.

Novartis als weißer Ritter?

Um das als feindlich betrachtete Übernahmeangebot abzuwenden, hat Aventis Anfang März 2004 die schweizerische Pharmaunternehmung Novartis als möglichen *weißen Ritter* ins Spiel gebracht. Verbunden damit war einerseits die Zielsetzung, die Eigenständigkeit der Führung von Aventis zu wahren, was im Falle einer freundlichen Fusion mit Novartis eher als bei einer feindlichen Übernahme durch Sanofi-Synthélabo hätte erreicht werden können. Andererseits sollte dadurch der Aktienkurs und damit der Kaufpreis von Aventis in die Höhe getrieben werden (vgl. Müller-Stewens/Alscher 2011a, S. 673 ff.). Tatsächlich beschloss der Verwaltungsrat von Novartis im April 2004, mit Aventis über die Bedingungen eines potenziellen geschäftlichen Zusammenschlusses zu verhandeln (vgl. Martens 2004; Ruess/Salz 2004).

Übernahmezustimmung

Am 25. April 2004 hat der Aufsichtsrat von Aventis dann jedoch auf einer vielstündigen und »höchst dramatischen Aufsichtsratssitzung«, so der Arbeitnehmervertreter Werner Bischoff (zit. nach Preissner/Schwarzer 2005), beschlossen, dem inzwischen verbesserten Übernahmeangebot von Sanofi-Synthélabo, das man nun als freundlich betrachtete, zuzustimmen. Zehn Mitglieder des Gremiums stimmten für das Angebot, drei dagegen und zwei enthielten sich der Stimme. »Der Zusammenschluss war strategisch richtig«, so Dormann (zit. nach Preissner/Schwarzer 2005). »Mir wäre es aber lieber gewesen, wenn wir Sanofi-Synthélabo übernommen hätten.«

In einer Pressemeldung heißt es dazu: »Nach Prüfung dieses neuen Angebotes haben der Vorstand und der Aufsichtsrat entschieden, den Aventis Aktionären die Annahme dieses Angebots zu empfehlen«. Das Angebot sieht die Zahlung von fünf Sanofi-Aktien für je sechs Aventis-Aktien sowie 120 € in bar vor. Es entspricht einem Gegenwert von 68,93 € je Aventis-Aktie, nachdem das ursprüngliche Angebot vom 26. Januar noch bei 60,35 € gelegen hatte. Insgesamt wird Aventis mit 55,3 Mrd. € gegenüber 48,5 Mrd. € im ursprünglichen Angebot bewertet.

Auf einer letzten kombinierten ordentlichen und außerordentlichen Hauptversammlung stimmten die Aktionäre von Aventis diesem Angebot am 19. Mai 2004 zu. Die Zustimmung der Aktionäre von Sanofi-Synthélabo erfolgte auf deren Hauptversammlung am 23. Juni 2004. Nachdem auch die Aktionäre der neu entstehenden Unternehmung Sanofi-Aventis S. A. am 13. Dezember 2004 allen Beschlüssen über die geplante Verschmelzung von Aventis auf Sanofi-Aventis zustimmten, wurde diese am 31. Dezember 2004 vollzogen (vgl. Mamou 2004a).

Das Nachgeben des Vorstands und Aufsichtsrats von Aventis kam für viele Beobachter überraschend. So bemerkt etwa Schlatermund (2004), dass »man jeglichen Hinweis auf die geradezu akrobatische 180-Grad-Wendung des Aventis-Managements (vermisst): Erst wird der hartnäckige Werber mittels eines Trommelfeuers ganzseitiger Zeitungsanzeigen der übelste aller Buhmänner gescholten und als der denkbar ungeeignetste Partner hingestellt, dann wird er über Nacht willkommen geheißen und – auch von Dormann – nahezu als ein Wunschkandidat gepriesen. Und der Vorstandsvorsitzende Igor Landau hält es (...) nicht für nötig, seinen Aktionären dazu eine Erklärung zu geben.«

Abfindung der Aventis-Vorstände

Schon bald nach der Zustimmung von Aventis kamen deshalb Spekulationen darüber auf, dass diese von Sanofi-Synthélabo mit erheblichen finanziellen Zugeständnissen erkauft worden seien. So soll Igor Landau, der ehemalige Vorstandsvorsitzende von Aventis, eine Grundabfindung in Höhe von 10,5 Mio. € erhalten. Diese ist ihm nach Aussage des Personalvorstands Heinz-Werner Meier jedoch bereits im Jahre 1996, d. h. noch vor der Gründung von Aventis vertraglich zugesichert worden. Dazu kommen Aktienoptionen und Zusatzleistungen, deren Wert von der Kursentwicklung abhängt. Insgesamt sollen an die sieben Mitglieder des Vorstands von Aventis 89,8 Mio. € in Form von Entschädigungen und Gewinnen aus Aktienoptionsprogrammen gezahlt worden sein. Der Vorsitzende des Aufsichtsrats und ehemalige Vorstandsvorsitzende Jürgen Dormann soll eine jährliche Pension in Höhe von 1,44 Mio. € erhalten (vgl. o. V. 2004b).

4.5.2.3 Phasen der Post-Merger Integration

Führungsstruktur

Unmittelbar nach der Zustimmung des Aufsichtsrats von Aventis zur Übernahme durch Sanofi-Synthélabo wurde die neue *Führungsstruktur* von Sanofi-Aventis festgelegt. Vorstandsvorsitzender und Président Directeur Général der neuen Unternehmung wurde, nachdem der Aufsichtsrat zuvor das Höchstalter für den Präsidenten von 65 auf 68 Jahre heraufgesetzt hatte, Jean-François Dehecq, der bisherige Vorstandsvorsitzende von Sanofi-Synthélabo und Initiator der Übernahme. Neben Dehecq gehören dem neuen Management Committee 19 weitere Personen an, wobei die Schlüsselpositionen mit ehemaligen Mitarbeitern von Sanofi-Synthélabo besetzt wurden. So übernahm Gérard Le Fur die Verantwortung für das wichtige Ressort Forschung & Entwicklung und gleichzeitig die Position des stellvertretenden Vorstandsvorsitzenden. Die Verantwortung für das gesamte operative Geschäft mit Arzneien (ohne Impfstoffe) erhielt der aus Ulm stammende Hanspeter Spek. Das Finanzressort fiel mit Jean-Claude Leroy ebenfalls an einen Vertrauten Dehecqs.

Von Aventis wurden unter anderem der Rechtsvorstand Dirk Oldenburg und Heinz-Werner Meier als Bereichsvorstand für das Geschäft von Sanofi-Aventis in Deutschland in das Management Committee gewählt. Jürgen Dormann, Jean-René Fourtou und Igor Landau sowie drei weitere Vertreter von Aventis wurden in den 17-köpfigen Aufsichtsrat von Sanofi-Aventis berufen.

Ausscheiden früherer Aventis-Manager

Die neue Unternehmung verließen dagegen der frühere Finanzvorstand Patrick Langlois sowie der für das operative Geschäft zuständige Amerikaner Richard Markham, der bei Aventis als Kandidat für die Nachfolge Landaus als Vorstandsvorsitzender galt. Auch der für Unternehmensentwicklung, Einlizenzierungen und Allianzen zuständige Thomas Hofstätter schied Ende August 2004 aus. Als Grund nannte er den Kulturwechsel in dem neuen Pharmakonzern. Sanofi-Aventis, so Hofstätter (zit. nach Ruess 2005), »wird ein anderes Unternehmen, mit anderem Stil, anderer Kultur und Philosophie sein.« Insgesamt verließen 200 bis 400 ehemalige Aventis-Manager in den USA und anderen Ländern unmittelbar nach dem Zusammenschluss die Unternehmung (vgl. Arnold 2005). Nur drei von 55 Fachkräften aus dem weltweiten Produktionsmanagement in Frankfurt haben das Angebot angenommen, in die Zentrale nach Paris zu wechseln. Neben privaten Gründen sind dafür vor allem *Sprachbarrieren* verantwortlich. »Meetings werden an der Seine in der Regel in Französisch abgehalten. Neuankömmlinge aus Deutschland (...) werden schon mal aufgefordert, das Protokoll einer Sitzung zu führen – und scheitern regelmäßig« (Glabus/Pritzl 2005,

S. 47). »Der Einfluss deutscher Manager und Arbeitnehmervertreter des ehemaligen Hoechst-Konzerns, 1983 noch der größte Pharmakonzern der Welt, ist (damit) praktisch inexistent« (Barmeyer 2005, S. 57).

Gleichzeitig mit der Besetzung des Vorstands und Aufsichtsrats gab Sanofi-Aventis die Ernennung von rund 100 Regionalmanagern in über 70 Ländern bekannt, die ebenfalls vorrangig von Sanofi-Synthélabo stammen. »Wir erwarten eine schnelle und schmerzvolle Ausführung der Übernahme«, so ein Analyst von Morgan Stanley (zit. nach o. V. 2004d), was zu einem »schnellen Abgang von Mitarbeitern« führen wird, die sich nicht an den »autokratischen Management-Stil von Sanofi« gewöhnen können.

Unternehmungssitz Paris

Mit der Übernahme von Aventis durch Sanofi-Synthélabo verlor die Unternehmung auch ihren *Sitz* in Schiltigheim bei Straßburg. Dieser wurde im Laufe des Jahres 2005 geschlossen und die Geschäftsaktivitäten nach Paris verlagert. »Aventis, Symbol eines europäisch-internationalen Champions mit Zentralen in Straßburg, Frankfurt, Paris und Bridgewater wird unter Sanofi-Aventis wieder französisch, mit einer Zentrale in Paris« (Barmeyer 2005, S. 60). Bereits seit 2003 spielte der Unternehmungssitz in Straßburg allerdings nur noch eine untergeordnete Rolle. »Geplant war die elsässische Zentrale als Ort der Völkerverständigung, als Holding, die das Frankfurter Arznei- mit dem Agro-Geschäft in Lyon vereinte. Doch dann verkaufte Aventis die Landwirtschaftssparte. Damit war die Holding eigentlich hinfällig. Als dann vor zwei Jahren Jürgen Dormann die Führung an Igor Landau abtrat, entwickelte sich die Aventis-Zentrale endgültig zum großen Anrufbeantworter: Leute, die etwas zu sagen haben, trifft man fast nie persönlich an. Der Franzose Landau bevorzugt sein Hauptstadtbüro am Ufer der Seine. Die Deutschen haben sich trotzig im Taunus eingegraben« (Hoffritz 2004a).

Standorte in Deutschland

Die beiden *deutschen Produktionsstandorte* in Frankfurt und Bad Soden sollen dagegen langfristig erhalten bleiben. In Frankfurt hatte Aventis in den vergangenen fünf Jahren rund 1 Mrd. € in die größte und modernste Insulinproduktion der Welt investiert (vgl. Hoffritz 2004c). Für die ehemaligen Mitarbeiter von Aventis in Deutschland wurde deshalb eine langfristige Beschäftigungsgarantie abgegeben. Bis Ende 2007 gab es keine betriebsbedingten Kündigungen für die rund 9.000 Beschäftigten (vgl. Müller-Stewens/Alscher 2011b, S. 690 ff.). Zudem wurde die Übernahme der etwa 600 Auszubildenden vereinbart (vgl. o. V. 2004b). Bis 2006 wurden sogar 800 neue Arbeitsplätze geschaffen (vgl. Ruess/Bläske/Thelen 2006, S. 65). »Die Tatsache, dass das französisch-deutsche Unternehmen Aventis nun noch französischer wird, muss (deshalb) kein Nachteil sein. Tatsächlich geht es darum, die Arbeitsplätze in Frankfurt im globalen Wettbewerb zu stärken. Es ist nicht unwahrscheinlich, dass es im Zusammenspiel mit Sanofi besser gelingt als im Alleingang (...). Das wäre bei dem ebenfalls interessierten Novartis nicht der Fall gewesen« (o. V. 2004a).

4.5.2.4 Merkmale der Unternehmungskultur von Sanofi-Aventis

Anders als bei der Fusion von Hoechst und Rhône-Poulenc wurde bei der Übernahme von Aventis durch Sanofi-Synthélabo kein neuer Unternehmungsname geschaffen, sondern der Namensteil Synthélabo lediglich durch Aventis ersetzt. Auch die Typographie des Schriftzugs wurde beibehalten. Darunter wurde der Slogan »L'essentiel c'est la santé« (»Das Wichtigste ist die Gesundheit«) gesetzt. Über dem Firmenschriftzug befinden sich drei stilisierte Personen, die durch ein Herz verbunden sind (vgl. Abb. 4-18). Dieses *Logo* soll »die Herzen der Menschen ansprechen und eine Botschaft der Solidarität überbringen. Menschen, die ein Herz haben, symbolisieren das Geschenk der Forschung an die gesamte Menschheit« (Sanofi-Aventis 2005, S. 1).

Unternehmungssprache

Dem Standort und Selbstverständnis von Sanofi-Aventis entsprechend ist die *Unternehmungssprache* Französisch. Und »in einem französischen Konzern empfiehlt es sich, französisch zu sprechen. Wer des Gallischen nicht mächtig ist, wird vom Informationsfluss abgeschnitten. So kommt es immer wieder vor, dass Ex-Aventis-Manager in Konferenzen gelangweilt ihre E-Mails lesen, weil die Franzosen nur dann englisch parlieren, wenn sie direkte Fragen an ihre ausländischen Kollegen richten. Selbst das interne Informationsblatt erscheint in Deutschland unter dem französischen Titel ›Le fil bleu‹ (Der blaue Faden). Da die wenigsten Beschäftigten mit dem Namen etwas anfangen können, haben sie die Zeitung »Viel blöd« getauft (Preissner/ Schwarzer 2005).

Jean-François Dehecq

Die Führungsstruktur von Sanofi-Aventis ist autoritär, straff und zentralistisch geprägt. Sie ist ganz auf den Vorstandsvorsitzenden *Jean-François Dehecq* zugeschnitten. Ursprünglich als Lehrer tätig, wirkte er seit 1973 bei der Gründung und dem Aufbau von Sanofi als Pharmasparte des damals staatlichen Ölkonzerns Elf Aquitaine mit. Nach seiner Berufung zum Président Général der Unternehmung akquirierte Dehecq rund 300 Unternehmungen und machte Sanofi damit zu einer der größten Pharmaunternehmungen in Frankreich (vgl. o. V. 2004e).

Aufgrund seiner engen persönlichen Kontakte zum französischen Staatspräsidenten wird Dehecq als Archetyp des Höflings beschrieben, dessen Führungsstil der eines französischen Patrons ist. »Kompromisslos schafft er einen Konzern von seinen Gnaden: zentralistisch, hierarchiebetont und sehr französisch« (Preisner/ Schwarzer 2005, S. 47). »In der Führungsetage von Sanofi-Aventis geht es zu wie am Hof von Versailles«, so ein ehemaliger Mitarbeiter von Aventis (zit. nach Preissner/ Schwarzer 2005). »Nur ein knappes Dutzend von Untergebenen hat direkten Zugang zum König.«

In Abhängigkeit von der Nähe zu Dehecq fallen auch die Urteile über ihn sehr unterschiedlich aus. So äußert etwa der frühere Betriebsrat von Aventis Friedhelm Conradi über ihn: »Dem Dehecq trau ich so weit, wie ich ein Klavier werfen kann« (zit. nach Hoffritz 2004a). Dagegen charakterisiert ihn Dietrich Weichsel, der ehemalige Deutschlandchef von Sanofi, als »Ehrenmann«, mit dem man »solide und sachlich diskutieren kann« (zit. nach Hoffritz 2004b). Er ist »ein begnadeter Demagoge«, so Oliver Schlüter von der DZ Bank. »Er kann Leute begeistern, aber ich möchte ihn nicht zum Feind haben.«

Unmittelbar erfahren hat die Begeisterungsfähigkeit von Dehecq der frühere Aventis-Personalvorstand Heinz-Werner Meier. Nachdem er vor der Übernahme auf Massenkundgebungen vielfach gegen das Management von Sanofi-Synthélabo polemisiert hatte, bat ihn Dehecq zu sich. Meier rechnete mit seiner Kündigung, doch Dehecq streckte ihm die Hand entgegen und sagte: »Wenn Sie künftig mit der gleichen Energie für mich kämpfen, mit der Sie bisher gegen mich gekämpft haben, dann sind Sie mein Mann (zit. nach Preissner/Schwarzer 2005).«

Führungsstil

Ambivalent fällt nicht nur das Urteil über die Person, sondern auch über den von Dehecq praktizierten *Führungsstil* aus: »The man behind Synofi-Synthélabo is Jean-François Dehecq. The company's key values reflect his entrepreneurial strength: bold innovation, performance, and solidarity (...). The ›Dehecq-centric‹ culture has numerous advantages: employees identify with the company's image, the chairman embodies the group's momentum and decision-making is concentrated with a small number of people. (However), the more the company grows, the more difficult it is to justify the centralised organisation« (Desdouits/Allary 2003, S. 27 f.). Und Preissner/Schwarzer (2005) bemerken: »Auf einen Patron zugeschnitten, hierarchisch gegliedert und zentralistisch organisiert – eigentlich ist Sanofi-Aventis ein anachronistisches Unternehmen. Gleichwohl war es genau dieses paternalistische Konzept, mit dem Dehecq in der Vergangenheit reüssierte.«

Neben dem zentralistischen und autoritären Führungsstil unterscheidet Dehecq von seinen Kollegen bei Aventis vor allem das große Gewicht, das der Forschung zugemessen wird. Während Dormann eine ausgeprägte Marktorientierung einführte, misst Dehecq dem Vertrieb nur eine untergeordnete Rolle. Auch Unternehmungsberater, die bei Aventis einen großen Einfluss hatten, empfindet Dehecq als überflüssig. »Wir brauchen keine Consultants. Wenn wir nicht selbst wissen, wo es langgeht, sind wir hier fehl am Platz« (zit. nach Preissner/Schwarzer 2005). Weitgehende Einigkeit herrscht dagegen bei der Ablehnung aufgeblähter Verwaltungen, auch wenn von dieser in den letzten Jahren bei Aventis kaum noch etwas zu spüren war. Die Unternehmungszentrale von Sanofi-Aventis ist in einem siebenstöckigen Gebäude nahe der Pariser Nationalbibliothek untergebracht, das selbst im Vergleich zum ehemaligen Verwaltungsgebäude von Aventis am anderen Seine-Ufer bescheiden wirkt (vgl. Hoffritz 2004b).

4.5.3 Fazit und Ausblick

Betriebswirtschaftliche Bewertung

Rund ein Jahr nach dem Zusammenschluss fällt dessen *betriebswirtschaftliche Bewertung* positiv aus. So konnte Sanofi-Aventis den Umsatz im Jahre 2004 im Vergleich zu beiden Vorgängerunternehmungen um 10 % auf 25,4 Mrd. € steigern (vgl. Sanofi-Aventis 2005). Im Jahre 2005 stieg der Umsatz im Vergleich zum Weltpharmamarkt überproportional um weitere 9,3 % auf 27,3 Mrd, € und der Gewinn auf 6,3 Mrd. € an (vgl. Sanofi-Aventis 2006). Sanofi-Aventis liegt damit gemessen am reinen Pharmaumsatz beinahe gleichauf mit GlaxoSmith-Kline, der derzeit zweitgrößten Pharmaunternehmung der Welt.

Auch die Realisierung der geplanten *Synergieeffekte* erfolgte schneller als in dem von Analysten als anspruchsvoll bezeichneten Plan der Unternehmung (vgl. Mamou 2004b). 19 Integrationsteams haben in den ersten Monaten nach dem Zusammenschluss das Forschungsportfolio optimiert und weltweit rund 80 Verwaltungssitze zusammengelegt. Ab 2006 sollen dadurch jährlich Kosten in Höhe von 1,6 Mrd. € (vor Steuern) eingespart werden. »Ich habe«, so kommentiert dies der im Vorstand für die Aktivitäten von Sanofi-Aventis in Deutschland zuständige Heinz-Werner Meier, der bei Hoechst die Integration von Marion Merell Dow und Roussel Uclaf sowie 1999 die

Fusion zwischen Hoechst und Rhône-Poulenc zu Aventis mitmachte, »schon vier Fusionen miterlebt, aber das war mit Abstand die schnellste« (vgl. Ruess 2005).

»Die Integration zwischen Sanofi und Aventis«, so resümiert deshalb Dehecq (zit. nach Dunsch 2004) in einem Zwischenfazit, »verläuft schneller als erhofft. Die stärker als erwarteten Synergieeffekte des vergangenen Jahres sind ein Beleg dafür. Die rasche Integration ist aber auch notwendig, denn die internationale Pharmaindustrie verändert sich rasch. Das galt Anfang 2004, als wir die Übernahme von Aventis in Gang setzten, und gilt noch mehr heutzutage. Unsere Mitarbeiter waren von Anfang an sehr positiv eingestellt. Die Menschen wollen immer bei den Gewinnern sein. Dieses Gefühl können wir ihnen vermitteln.«

Ausscheiden von Dehecq

Die sehr positive Entwicklung in den ersten drei Jahren nach der Fusion geriet jedoch ins Stocken, nachdem der langjährige Vorstandsvorsitzende Jean-François Dehecq im Januar 2007 durch den damaligen Forschungsvorstand Gérard Le Fur abgelöst wurde. Le Fur war seit 1986 in der Forschung von Sanofi tätig und hatte sehr erfolgreich die Fusion mit der Forschungsabteilung von Aventis geleitet. Er sah seine Priorität darin, die Führung von Sanofi-Aventis zu verjüngen, zu internationalisieren und den Anteil von Frauen zu erhöhen. »We were not transparent enough. We have to admit to our errors, to be more Anglo-Saxon and more communicative«, so Le Fur in einem Interview im Oktober 2007 (zit. nach Jack 2007). We are no longer a ›Frenchie company‹. The new generation is now arriving.« Verbunden damit war ein Wandel des Führungsstils. Le Fur verkleinerte den Vorstand und betonte die Bedeutung von Teamentscheidungen. Zudem sprach er selbst zumeist Englisch. Auch optisch hätte der Kontrast zu seinem Vorgänger Dehecq, mit dem Le Fur mehr als 30 Jahre zusammen gearbeitet und der ihn als seinen Nachfolger protegiert hatte, kaum größer sein können. Statt in einer abgedunkelten Limousine fuhr der Rock'n'Roll-Liebhaber auf einer Harley Davidson vor und trug lieber Lederkluft statt Anzug und Krawatte (vgl. Rathore/Khan 2008).

Obwohl die Übernahme der Unternehmung durch Le Fur von Analysten einhellig begrüßt wurde, geriet Sanofi-Aventis unter seiner Führung in Schwierigkeiten (vgl. Neukirchen 2007). Die Konzentration auf wenige Präparate, die Konkurrenz durch preiswerte Generika und veränderte Verschreibungsbedingungen in der EU führten dazu, dass der Aktienkurs bis Mitte 2008 um 50 % fiel. Auf Druck der Großaktionäre Total und L'Oréal trat Le Fur deshalb zurück. Er wurde am 1. Dezember durch den Deutsch-Kanadier Chris Viehbacher abgelöst, der zuvor Nordamerika-Chef der Pharmasparte von GlaxoSmithKline war. »Zugute kommt ihm, dass er einen unverstellten Blick von außen hat, 20 Jahre lang Spitzenposten bei der weltweiten Nummer 2, GlaxoSmithKline, bekleidete, den US-Markt hervorragend kennt und als Deutsch-Kanadier, der viele Jahre in Frankreich lebte, multikulturell ist. Er muss nun zeigen, dass er den geplanten Kurswechsel der Pharmagruppe in einem sich durch unzählige Übernahmen stetig wandelnden, aber bisweilen auch nach Gutsherrenart geführten Konzern umsetzen kann« (Bläske 2008).

Akquisitionen und erneute Umfirmierung

Angesichts der sich verschlechternden Ertragslage leitete Viehbacher einen radikalen Strategie- und Kulturwechsel ein. Insbesondere wurde die Abhängigkeit von wenigen Blockbustern reduziert und die Diversifikation in Bereiche wie rezeptfreie Arzneimittel, Diagnostika und Generika verstärkt. Gleichzeitig öffnete sich die

Unternehmung in der Forschung und arbeitete stärker mit Biotechnologieunternehmungen und staatlichen Forschungsinstituten zusammenarbeiten. »Bisher«, so Viehbacher (zit. nach Alich/Hofmann 2009), »waren die Leute einfach zu sehr verliebt in ihre eigenen Entwicklungen.« Als sichtbares Zeichen dieser Strategieänderung gab Sanofi-Aventis im April 2009 die Einstellung von 14 Entwicklungsprojekten bekannt, die die Erwartungen nicht erfüllten. Keine Veränderung gab es dagegen in der externen Wachstumsstrategie. So wurden zwischen 2008 und 2010 etwa die Generikahersteller Zentiva (Tschechien), Medley (Brasilien) und Kendrick (Mexiko) erworben. Weitere bedeutende Akquisitionen waren die französische Biotechnologieunternehmung Fovea sowie der indische Impfstoffhersteller Shantha. Im Jahre 2011 wurde die amerikanische Biotechnologie-Unternehmung Genzyme für 20,1 Mrd. US-$ übernommen und damit die größte Akquisition seit der Übernahme von Aventis getätigt. Gleichzeitig wurde beschlossen, dass die Unternehmung ab dem 1. Juli 2011 nur noch unter dem Namen Sanofi firmieren wird (vgl. Sanofi 2011).

Entlassung von Viehbacher

Trotz großer Erfolge wurde Viehbacher im Oktober 2014 überraschend vom Verwaltungsrat entlassen. Als Gründe dafür werden neben unterschiedlichen Auffassungen über die zukünftige Unternehmungsstrategie vor allem persönliche Differenzen mit dem Vorsitzenden des Verwaltungsrats Serge Weinberg genannt. »Der in Politik und Wirtschaft hervorragend vernetzte Ratsvorsitzende und der Firmenchef hatten sich von Anfang an nicht leiden mögen. Viehbacher hätte die beiden Funktionen gerne in Personalunion ausgeübt, wie es in Frankreich nicht ungewöhnlich ist. Doch dass ein Ausländer eine Perle des französischen Aktienindex ohne Aufsicht führt, war ausgeschlossen« (Finkenzeller 2014). »Er hatte einen zu persönlichen Führungsstil«, so Weinberg (zit. nach Hecketsweiler 2014). Dazu zählt auch, dass er zu Beginn des Jahres 2014 mit seiner Familie nach Boston zog, um Sanofi von dort zu leiten. Nachdem die Suche nach einem Nachfolger zunächst erfolglos verlief, übernahm Weinberg vorübergend auch den Vorstandsvorsitz. Er »muss (nun) zeigen, ob er es besser kann. Wenn nicht, so unken bereits einige Analysten, könnte Sanofi ein Übernahmekandidat werden« (Finkenzeller 2014). Die lange Geschichte der Akquisitionen würde dann ein neues Kapitel bekommen.

Aufgaben zu 4.5

1. *Beschreiben Sie mit Hilfe des Drei-Ebenen-Modells von Schein und des Kulturmodells von Hofstede die Unternehmungskulturen von Hoechst und Rhône-Poulenc sowie die neu entwickelte Unternehmungskultur von Aventis.*
2. *Welche Gründe waren Ihrer Auffassung nach dafür verantwortlich, für die neu gegründete Unternehmung Aventis auch eine neue Unternehmungskultur zu kreieren?*
3. *Wie beurteilen Sie die Orientierungs-, Identitätsstiftungs- und Koordinationsfunktion der von Aventis geschaffenen Werte?*
4. *Wie beurteilen Sie insgesamt den Erfolg der Akkulturation bei Aventis? Hätten Sie als Verantwortlicher in bestimmten Phasen des Fusionsprozesses andere Entscheidungen getroffen?*

5. *Beschreiben Sie mit Hilfe des Drei-Ebenen-Modells von Schein und des Kulturmodells von Hofstede die Unternehmungskulturen von Sanofi-Synthélabo sowie von Sanofi-Aventis.*
6. *Welche Form der Akkulturation hat Sanofi-Aventis gewählt? Welche Gründe waren Ihrer Auffassung nach für diese Entscheidung verantwortlich? Wie beurteilen Sie diese Entscheidung?*
7. *Welche Gründe könnten Ihrer Auffassung dafür verantwortlich gewesen sein, den erfolglosen Vorstandsvorsitzenden Gérard Le Fur durch einen unternehmungsexternen Manager abzulösen?*
8. *Welche kulturellen Faktoren sind Ihrer Auffassung nach für die zukünftige Entwicklung von Sanofi von besonderer Bedeutung? Welche Maßnahmen im Bereich der Organisationskultur würden Sie dem Vorstand von Sanofi vorschlagen?*

Literatur zu 4.5

Alich, H./Hofmann, S.: Sanofi ändert Strategie radikal. In: Handelsblatt, 12.2.2009, http://www.handelsblatt.com/unternehmen/industrie/sanofi-aendert-strategie-radikal;2151175.

Anwar, S. T.: Creating a National Champion or a Global Pharmaceutical Company: A Tale of French Connection. In: Journal of Business & Industrial Marketing, Vol. 23, 8, 2008, S. 586–596.

Arnold, M.: Sanofi job losses disappoint market. In: Financial Times, 27.1.2005, S. 27.

Aventis: Introducing Aventis: Aventis values. Strassburg, o. J., http://www.aventis.com/main/0,1003,EN-XX-27214-44463 —,FF.html (13.4.2002).

Aventis: Geschäftsbericht 2000. Straßburg 2001.

Aventis: Geschäftsbericht 2001. Straßburg 2002.

Aventis: Sagen Sie Nein zum Angebot von Sanofi. Es entspricht nicht dem Wert von Aventis. Es birgt beträchtliche Risiken. Straßburg 2004.

Bäumler, E.: Farben, Formeln, Forscher. Hoechst und die Geschichte der industriellen Chemie in Deutschland. München-Zürich 1989.

Barmeyer, C.: Macht und Ohnmacht im deutsch-französischen Management am Beispiel Sanofi-Aventis und EADS. In: Dokumente. Zeitschrift für den deutsch-französischen Dialog, 61. Jg., 1, 2005, S. 55–61.

Berthoin Antal, A.: The Transformation of Hoechst to Aventis. Case Study, Wissenschaftszentrum Berlin. Berlin 2001.

Bläske, G.: Zeitenwende bei Sanofi. In: Börsen-Zeitung, 11.9.2008, http://www.presseportal.de/pm/30377/1262545/boersen_zeitung/rss.

Borkin, I.: Die unheilige Allianz der I. G. Farben. Eine Interessengemeinschaft im Dritten Reich. Frankfurt a. M.-New York 1990.

Cayez, P.: Rhône-Poulenc 1895–1975. Paris 1988.

Desdouits, F./Allary, C.: Aventis-Sanofi-Synthélabo: A Marriage of Convenience. Merger Simulation. In: Exane Equity Research, 29.9.2003, S. 26–29.

Dormann, J.: Geschäftssegmentierung bei Hoechst. In: ZfbF, 45. Jg., 12. Jg., 1993, S. 1068–1077.

Dormann, J.: The new branding strategy of the Hoechst Group as an expression of a new corporate identity. Media Releases issued by Hoechst AG. Frankfurt a. M. 1997. http://www.archive.hoechst.com/english/news/97/008_97.html (13.4.2002).

Dunsch, J.: »Wir investieren keine Riesensummen in das Generika-Geschäft« – Jean François Dehecq, der Chef des neuen Pharmakonzerns Sanofi-Aventis, über die Wachstumsperspektiven, die Arbeitsplatzentwicklung und die Dividende. In: Frankfurter Allgemeine Zeitung, 4.3.2004, S. 14.

Dunsch, J./Knop C.: »Kuwait Petroleum wird sich wohl von seinen Sanofi-Aventis-Aktien trennen« – Jürgen Dormann, der Verwaltungsratsvorsitzende von Aventis, über den Zusammenschluss mit Sanofi-Synthélabo. In: Frankfurter Allgemeine Zeitung, 27.5.2004, S. 14.

Eckert, S.: Konvergenz der nationalen Corporate Governance-Systeme? Ursachen und Internationalisierungswirkungen der Denationalisierung der Corporate Governance großer deutscher Aktiengesellschaften am Beispiel der Hoechst AG. In: Globalisierung als Herausforderung der Betriebswirtschaftslehre, hrsg. v. D. zu Knyphausen-Aufseß. Wiesbaden 2000, S. 95–135.

Finkenzeller, K.: Sanofi. CEO-Rauswurf stürzt Sanofi ins Ungewisse. In: Wirtschaftswoche, 29.10.2014, http://www.wiwo.de/unternehmen/industrie/sanofi-ceo-rauswurf-stuerzt-sanofi-ins-ungewisse/v_detail_tab_print/10906020.html.

Froehly, J. P.: Globale Brücke über den Rhein: Der neue deutsch-französische Kapitalismus. In: Dokumente. Zeitschrift für den deutsch-französischen Dialog, 56. Jg., 2, 2000, S. 87–92.

Gambrelle, F.: Innovating for Life. Rhône-Poulenc 1895–1995. Paris 1995.

Gautam: The Aventis-Sanofi Merger – Role of French Government? Case Study 304-293-1, ICFAI Center for Management Research. Hyderabad 2004.

Glabus, W./Pritzl, T.: »Wie die Besatzer«. In: Capital, 16, 2005, S. 46–48.

Hecketsweiler, C.: A Boston, Sanofi tente de rassurer les investisseurs. In: Le Monde, 21.11.2014, http://www.lemonde.fr/entreprises/article/2014/11/20/le-grand-oral-de-sanofi_4526977_1656994.html#Lfcwf0QYukM1jace.99.

Hoffritz, J.: Deutsch-französische Fusionen: Der Fall Hoechst und Rhône-Poulenc. In: Die Zeit, 28, 8.7.1999, S. 25.

Hoffritz, J.: Suche nach einem neuen Traum. In: Die Zeit, 48, 21.11.2000, S. 23–26.

Hoffritz, J.: Wenn die Chemie nicht stimmt. Der Pharma-Konzern Aventis leidet unter deutsch-französischen Interessenkonflikten. Die Geschichte einer unvollendeten Fusion. In: Die Zeit, 24, 6.6.2002, S. 22.

Hoffritz, J.: Die Verlierer sind unter uns. In: Die Zeit, 13, 18.3.2004 (a), S. 27.

Hoffritz, J.: Der Freund des Präsidenten. In: Die Zeit, 19, 29.4.2004 (b), S. 23.

Hoffritz, J.: Das tote Herz von Hoechst. In: Die Zeit, 33, 5.8.2004 (c), S. 21.

Jack, A.: A Scientist's Formula for Change. In: Financial Times, 14.10.2007, http://www.ft.com/cms/s/0/ff6a2f8c-78ce-11dc-aaf2-0000779fd2ac.html?nclick_check= 1.

Jeffreys, D.: Weltkonzern und Kriegskartell. Das zerstörerische Werk der IG Farben. München 2011.

Jungbluth, R.: Hoechst Radikal. In: Stern, 28, 1999, S. 110–113.

Klein, H.: Operation Amerika. Hoechst in den USA. München 1996.

Kobenstein, W.: Aventis, at Last. Richard Markham, CEO, Aventis Pharma. In: Pharmaceutical Executive, 12, 2000, S. 36–50. http://www.aventis.com/main/0,1003,DE-XX-25030-39480 —,FF.html (13.4.2002).

Kuchenbuch, P.: Tod von Topmanager schockiert Aventis. In: Financial Times Deutschland, 15.3.2002, S. 10.

Landau, I.: Aventis Exchange Offer Pressekonferenz, 1999, http://www.aventis.com/main/0,1003,DE-XX-25030-39480 —,FF.html (13.4.2001).

Lindner, S. H.: Hoechst. Ein I. G. Farben Werk im Dritten Reich. München 2005.

Margolis, J./Knoop, C.-I.: Aventis SA (A): Planning for a Merger. Case Study 9-404-003, Harvard Business School, Boston 2004 (a).

Margolis, J./Knoop, C.-I.: Aventis SA (B): A Company is Born. Case Study 9-404-108, Harvard Business School, Boston 2004 (b).

Mamou, Y.: La fusion Sanofi-Aventis a été définitivement approuvée par ses actionnaires. In : Le Monde, 25.12.2004 (a).

Mamou, Y.: Les résultats de Sanofi-Aventis tiennent les promesses de la fusion. In: Le Monde, 25.12.2004 (b).

Martens, H.: Warten auf Vasella. In: Der Spiegel, 3.5.2004, S. 108.

Menz, W./Becker, S./Sablowski, T.: Shareholder Value gegen Belegschaftsinteressen. Der Weg der Hoechst-AG zum »Life-Sciences«-Konzern. Hamburg 1999.

Mittra, J.: The Socio-political Economy of Pharmaceutical Mergers. A Case Study of Sanofi and Aventis. In: Technology Analysis & Strategic Management, Vol. 1, 5, 2006, S. 473–496.

Müller-Stewens, G./Alscher, A.: The Acquisition of Aventis by Sanofi: Attack as Defense – Play 1: Sanofi's Hostile Attack and the Fierce Battle for Aventis. In: Fallstudien zum Internationalen Management. Grundlagen-Praxiserfahrungen-Perspektiven. 4. Aufl., hrsg. v. J. Zentes, B. Swoboda u. D. Morschett. Wiesbaden 2011 (a), S. 665–680.

Müller-Stewens, G./Alscher, A.: The Acquisition of Aventis by Sanofi: Attack as Defense – Play 2: The Closing and Integration of Sanofi-Aventis. In: Fallstudien zum Internationalen Management. Grundlagen-Praxiserfahrungen-Perspektiven. 4. Aufl., hrsg. v. J. Zentes, B. Swoboda u. D. Morschett. Wiesbaden 2011 (b), S. 681–697.

Neukirchen, H.: Stimulator Aventis: Der Konzern hat sich seit der Fusion zum Börsenstar entwickelt. Harmonieren Hoechst und Rhone-Poulenc tatsächlich so perfekt, wie es scheint? In: Manager Magazin, 12, 2000, S. 180.

Neukirchen, H.: Grenzkonflikte. Aventis: Dem Pharmamulti machen nationales Proporzdenken und Postengeschacher zu schaffen. In: Manager Magazin, 4, 2002, S. 31–34.

Neukirchen, H.: In der Bredouille. In Capital, 9, 2007, S. 170–172.

o. V.: Rhône-Poulenc. Hundert Jahre im Dienste der Weltgesundheit. In: Label France. 28. Jg., 7, 1997, http://www.france.diplomatie.fr/label_france/DEUTSCH/ECONOMIE/Poulenc/rhone.html (13.4.2002).

o. V.: Hoechst and Rhône-Poulenc agree accelerated, full merger with new timetable. Hoechst Investors News Releases, 1999 (a), http://www.archive.hoechst.com/english_3er/shareholder/news/990517aventis.htm (13. 4.2002).
o. V.: Aventis. In: Industry Week, 11, 1999 (b), S. 30).
o. V.: Aventis a new Name and a new Logo. Media Releases issued by Hoechst AG, 1999 (c). http://www.archive.hoechst.com/english/news/99/pm102699_2.html (13.4.2002).
o. V.: Identity for Aventis created by Corporate Branding, 1999 (d), http://www.corebrand.com/forum/release_aventis01.html (13.04.2002).
o. V.: Gemeinsam stärker. In: Frankfurter Allgemeine Zeitung, 27.4.2004 (a), S. 1.
o. V.: Aventis zittert: Die Mitarbeiter glauben nicht an die Jobgarantie. In: Frankfurter Allgemeine Sonntagszeitung, 2.5.2004 (b), S. 40.
o. V.: Sanofi-Chef Dehecq: Aventis-Aktionäre haben keine Alternative. In: Frankfurter Allgemeine Zeitung, 5.5.2004 (c), S. 19.
o. V.: Übernahmeangebot für Aventis beendet. In: Frankfurter Allgemeine Zeitung, 7.9.2004 (d), S. 14.
o. V.: Jean-François Dehecq 65 Jahre. In: Frankfurter Allgemeine Zeitung, 29.12.2004 (e), S. 16.
Prasad, B. N. R.: Sanofi-Synthélabo's Growth Strategies. Case Study 304-203-1, European Case Clearing House 2004.
Preissner, A./Schwarzer, M.: Die Wachstumspille. In: Manager Magazin, 1, 2005, S. 46–50.
Rathore, R. S./Khan, M. A.: Sanofi-Aventis. CEO Gerard Le Fur's Formula for Change. Case Study 308-293-1, ICFAI Business School Case Development Centre. Hyderabad 2008.
Ruess, A.: Eine Ebene zuviel. Der Umbau der Organisation sorgt für Unruhe: Deutsche und Franzosen kämpfen um die besten Posten – gegeneinander. In: Wirtschaftswoche, 7, 7.2.2002 (a), S. 52–56.
Ruess, A.: Wie Napoleon. Ist der neue Chef Landau der Richtige, um nationale Spannungen im Konzern abzubauen? In: Wirtschaftswoche, 20, 9.5.2002 (b), S. 72–73.
Ruess, A.: Voll im Clan. In: Wirtschaftswoche, 17, 21.04.2005, S. 66.
Ruess, A./Bläske, G./Thelen, F.: Unser Metier wird politischer. In: Wirtschaftswoche, 26, 26.6.2006, S. 62–65.
Ruess, A./Salz, S.: Freund von Größe. Novartis-Chef Daniel Vasella plant einen großen Coup. In: Wirtschaftswoche, 13, 18.1.2004, S. 68–69.
Salz, I.: Kritische Fragen. Platzt der Zusammenschluss zwischen Hoechst und Rhône-Poulenc doch noch? In: Wirtschaftswoche, 11, 11.3.1999 (a), S. 50–52.
Salz, I.: Ganz nett eingerichtet: Hoechst, das war einmal. Jetzt entsteht der Konzern Aventis – ein deutsch-französisches Abenteuer. In: Wirtschaftswoche, 28, 8.7.1999 (b), S. 52–54.
Sanofi: Combined General Shareholder Meeting of May 6, 2011, http://en.sanofi.com/Images/24911_20110506_PostAG_en.pdf.
Sanofi-Aventis: Rapport Annuel 2004. Paris 2005.
Sanofi-Aventis: Rapport Annuel 2005. Paris 2006.

Schlatermund, D.: Schönredner Dormann. In: Frankfurter Allgemeine Zeitung, 21.6.2004, S. 8.
Schreier, A. E./Wex, M.: Chronik der Hoechst Aktiengesellschaft 1863–1988. Frankfurt a. M. 1990.
Som, A.: Sanofi Synthélabo-Aventis (A) – The French Connection of Mega Mergers. Case Study 304-273-1, ESSEC Business School. Paris 2004.
Sommer, C.: Hoechster Wandel. In: Brand Eins, 7. Jg., 10, 2001, S. 119–126.
Zerfaß, A.: Grundlegung einer Theorie der Unternehmenskommunikation und Public Relations. 3. Aufl., Wiesbaden 2010.

4.6 Fallstudie: Länderübergreifende Konfiguration der Forschung & Entwicklung bei Novartis

4.6.1 Organisation von Kreativität

Im Zuge der Globalisierung und Beschleunigung des Wettbewerbs wird die schnelle und kostengünstige Entwicklung von Produkten bis zur Marktreife zunehmend zu einem zentralen Wettbewerbsfaktor. Dies gilt im besonderen Maße für die pharmazeutische Industrie, in der der Aufwand für Forschung & Entwicklung (F&E) einen Großteil des Gesamtaufwands ausmacht und Innovatoren durch einen weltweiten Patentschutz vor Imitatoren geschützt werden.

Im Vergleich zu den anderen Wertaktivitäten sind Aktivitäten in der F&E jedoch nur schwer planbar. Kreativität entsteht durch das komplexe Zusammenwirken von Persönlichkeits-, Umwelt- und Interaktionsmerkmalen, die in einem internationalen Kontext noch durch rechtliche und kulturelle Faktoren überlagert werden (vgl. Rygl 2008).

Im Folgenden werden am Beispiel der Schweizer Pharmaunternehmung Novartis, die 1996 aus der Fusion von Ciba-Geigy und Sandoz hervorgegangen ist, zentrale Aspekte der länderübergreifenden Konfiguration von F&E-Aktivitäten dargestellt. Um diese einordnen und beurteilen zu können, erfolgen zunächst eine kurze Skizze des Branchenumfelds und ein Unternehmungsportrait. Anschließend werden wesentliche Einflussfaktoren der F&E in der pharmazeutischen Industrie erläutert. Den Schluss bildet ein kurzer Ausblick auf mögliche zukünftige Entwicklungen.

4.6.2 Das Branchenumfeld der pharmazeutischen Industrie

4.6.2.1 Die Entwicklung des weltweiten Pharmamarkts

Die pharmazeutische Industrie erzielte im Jahre 2013 weltweit einen Umsatz von 980 Mrd. US-$ und konnte damit eine Steigerung von 2,3 % gegenüber dem Vorjahr verbuchen (vgl. Tab. 4-15). Neben der Automobilindustrie und der chemischen Industrie zählt die Pharmaindustrie damit zu den bedeutendsten Branchen in der Welt.

Tab. 4-15

Die 10 größten Märkte für pharmazeutische Produkte der Welt in 2013

Land	Umsatz (in Mio US-$)	Wachstum gegenüber dem Vorjahr (in %)
USA	339.694	4
Japan	94.025	3
China	86.774	14
Deutschland	45.828	5
Frankreich	37.156	-2
Brasilien	30.670	16
Italien	27.930	3
Großbritannien	24.513	17
Kanada	21.353	0
Spanien	20.741	1
Welt	**980,100**	**2,4**

(Quellen: BPI 2014)

Die regionale Struktur der Branche war lange Zeit eindeutig auf die Triade-Märkte ausgerichtet, ihr Anteil ist jedoch stark rückläufig. Vereinigten Nordamerika, Europa und Japan im Jahre 2007 noch rund 82 % des Weltmarktanteils auf sich, waren es 2013 nur 72,8 %. Dem gegenüber nimmt der Anteil der BRICS-Staaten stark zu. 2013 lag der Umsatz bei rund 121,2 Mrd. US-$, was einem Zuwachs von fast 13 % entspricht. Bis 2017 wird für diese Länder mit einem Marktwachstum von bis zu 15 % gerechnet. Für den US-amerikanischen Pharmamarkt, auf den gegenwärtig 34,7 % des Weltumsatzes entfallen und der sehr hohe Pro-Kopf-Ausgaben von mehr als 1.000 US-$ pro Jahr aufweist, wird dagegen nur mit einem Marktwachstum von bis zu 5 % gerechnet (vgl. IMS Institute for Healthcare Informatics 2013).

Weltweiter Pharmamarkt

Angesichts stark gestiegener Kosten im Bereich der Gesundheitsversorgung sind die Regierungen in den meisten Ländern bemüht, durch rechtliche Regelungen zur Preisbildung und Erstattung von Arzneimitteln eine Kostenexplosion zu verhindern und die Arzneimittelausgaben der staatlichen Krankenversicherungen zu senken (vgl. BPI 2000, S. 22 f.). Obwohl der Anteil der Kosten für Medikamente an den gesamten Ausgaben der Gesundheitsversorgung nur bei etwa 15 % liegt (vgl. OECD 2002), stehen Pharmaunternehmungen im Zentrum der Aufmerksamkeit (vgl. Pike/Coleman 1997, S. 12). Zur Kostenreduzierung sind ein Trend zum Einsatz von preiswerten Generika sowie eine Zunahme an Re- und Parallelimporten zu beobachten. Davon profitieren insbesondere europäische und US-amerikanische Pharmaunternehmungen. Unternehmungen aus Deutschland exportierten im Jahr 2013 pharmazeutische Produkte im Wert von 57,1 Mrd. €, was einem Zuwachs von 5,4 % gegenüber dem Vorjahr entspricht. Die Importe nahmen um 4,5 % auf 36,5 Mrd. € ab.

4.6.2.2 Die pharmazeutischen Produkte

4.6.2.3 Therapeutika/Diagnostika

Die von der pharmazeutischen Industrie hergestellten Produkte können in Therapeutika und Diagnostika unterteilt werden. *Diagnostika* dienen der Diagnose von Krankheiten und haben im Unterschied zu *Therapeutika* keine heilende Wirkung. Neben unterschiedlichen Produktionsvoraussetzungen unterliegen Diagnostika auch anderen rechtlichen Rahmenbedingungen als Therapeutika. Zu den Marktführern im Segment der Diagnostika zählen Hoffmann-La Roche und Abbott Laboratories, wobei die meisten führenden Pharmaunternehmungen in diesem Bereich nur geringe Marktanteile besitzen oder – wie Ciba-Geigy im Jahre 1994 – ihre Forschungs- und Produktionstätigkeiten ausgegliedert haben (vgl. Ciba-Geigy 1995; Zeller 2001, S. 166).

Die Produktpalette der Therapeutika kann in Originalpräparate, Generika sowie in frei verkäufliche Präparate (OTC = *over the counter*) unterschieden werden (vgl. BPI 2001, S. 6 ff.).

Originalpräparate

Unter *Originalpräparaten* werden Arzneimittel verstanden, deren Wirkstoffe oder Darreichungsformen patentrechtlich geschützt sind oder in Lizenz gefertigt werden. Die rechtlichen Rahmenbedingungen in den meisten Industriestaaten ermöglichen einen Patentschutz von 20 Jahren ab Patentanmeldung, der durch ergänzende Schutzzertifikate um höchstens fünf weitere Jahre verlängert werden kann.

Generika

Unter *Generika* werden Medikamente verstanden, deren Patentschutz abgelaufen ist (vgl. PhRMA 2002, S. 33 f.). Generika entsprechen in der Wirkstoffzusammensetzung, Dosierung und Darreichungsform dem Originalpräparat, werden aber häufig zu einem viel günstigeren Preis angeboten als diese, da die hohen F&E-Kosten entfallen (vgl. Eichin 1995). Der Anteil der Generika weist teilweise stark steigende Wachstumsraten auf und liegt in den USA bereits bei 72 % des gesamten Pharmamarktes (vgl. PhRMA 2009, S. 2).

Frei verkäufliche Präparate (OTC)

Frei verkäufliche Präparate (OTC) können ohne ärztliche Verschreibung von Patienten gekauft werden, wobei die Hersteller neben Apotheken auch Reformhäuser, Drogerien, Lebensmittelgeschäfte und andere Vertriebskanäle nutzen können (vgl. Dambacher/Schöffski 2008). Viele rezeptpflichtige Präparate werden nach einigen Jahren aus Kostengründen von nationalen Gesundheitsbehörden für unbedenklich erklärt und im Segment der frei verkäuflichen Arzneimittel positioniert.

Die Preisstruktur der pharmazeutischen Präparate hängt von den rechtlichen Rahmenbedingungen in den einzelnen Ländern ab, die vor allem die Abgabe rezeptpflichtiger Präparate regeln. Rezeptpflichtige Präparate umfassen Medikamente (Originalpräparate und Generika), die nur auf ärztliche Verordnung erhältlich sind oder in Kliniken verabreicht werden. Auf die meisten verschreibungspflichtigen Medikamente besitzen die Apotheken ein Warenmonopol, das aus der gesetzlichen Vertriebsbindung hervorgeht. Im Gegensatz zum Verkauf von OTCs müssen sich die Pharmaunternehmungen dabei die Gewinnmarge mit den Apotheken teilen und so Einbußen im zweistelligen Bereich hinnehmen (vgl. Abb. 4-19).

Abb. 4-19

Struktur der Arzneimittelpreise in ausgewählten EU-Staaten im Jahre 2007

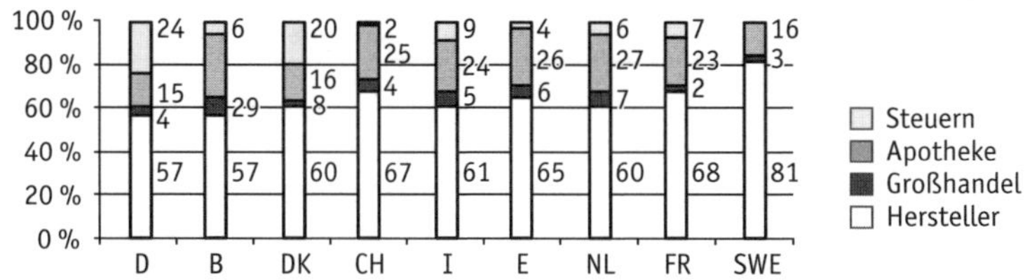

(Quelle: eigene Darstellung nach VFA 2009, S. 17)

4.6.2.4 Die internationale Wettbewerbssituation

Weltweite rechtliche, strukturelle und technische Veränderungen als Folge der Globalisierung haben in der pharmazeutischen Industrie neben einer Verschärfung des internationalen Wettbewerbs auch zu zahlreichen *Unternehmungszusammenschlüssen und -übernahmen* geführt (vgl. Tab. 4-16).

Unternehmungszusammenschlüsse

Zwischen 1988 und 2007 wurden rund 3.000 bedeutende Unternehmungszusammenschlüsse bekannt gegeben (vgl. Coles 2002; PwC 2003, S. 4; PwC 2004, S. 4; CEPTON Strategies 2013; Ernst & Young 2014). Viele der weltweit größten Pharmaunternehmungen wie GlaxoSmithKline, Novartis oder Sanofi sind in den letzten 20 Jahren aus teilweise mehreren Mergers & Acquisitions hervorgegangen. Im April 2003 entstand durch den Zusammenschluss der beiden Pharmaunternehmungen Pfizer und Pharmacia der größte forschende Arzneimittel-Hersteller der Welt (vgl. Tab. 4-17).

Trotz zahlreicher Fusionen und weniger weltweit tätiger »Pharmariesen« ist die Marktkonsolidierung noch nicht abgeschlossen. Für 2014 rechnet etwa eine Studie von Ernst & Young (2014) mit Übernahmen und Fusionen in Höhe von 265 Mrd. €, d. h. mehr als in den drei Vorjahren zusammen. Diese und weitere Ankündigungen von Unternehmungszusammenschlüssen sind ein deutliches Zeichen für einen anhaltenden Konzentrationsprozess der Branche.

4.6.3 Unternehmungsportrait der Novartis AG

Die Novartis AG mit ihrem Hauptsitz in Basel ist gemessen am Umsatz 2013 der fünftgrößte Pharmakonzern der Welt. In 140 Ländern und 360 Niederlassungen werden 135.696 Mitarbeiter beschäftigt. Der Konzernumsatz konnte im Jahr 2013 um rund 2 % auf 57,9 Mrd. US-$ gesteigert werden. Das operative Ergebnis sank um 3 % auf 10,9 Mrd. US-$, was einer operativen Marge von 18,8 % entspricht (vgl. Novartis 2014).

Tab. 4-16

Bedeutende Mergers & Acquisition in der Pharmaindustrie zwischen 1988 und 2014

Jahr	Akquisiteur – akquirierte Unternehmung	Transaktionsvolumen (Mrd. US-$)
1988	Eastman Kodak (USA) – Sterling Drug (USA)	5,1
1989	BristolMyers (USA) – Squibb (USA)	12,1
	Beecham (GB) – SmithKline Beckman (GB)	7,9
	AmericanHomeProduct (USA) – A. H. Robins (USA)	3,2
1990	MerellDow (USA) – Marion (USA)	5,7
1993	MerckCo (USA) – Medco (USA)	6,6
1994	Roche (CH) – Syntex (USA)	5,3
	AmericanHomeProduct (USA) – American Cyanamid (USA)	9,7
1995	Glaxo (GB) – Wellcome (GB)	14,2
	Hoechst (D) – Marion Merell Dow (USA)	7,1
	Upjohn (USA) – Pharmacia (S)	13,0
1997	Sandoz (CH) – Ciba-Geigy (Novartis) (CH)	30,1
	Roche (CH) – Boehringer Mannheim (D)	11,0
1998	Sanofi (F) – Synthélabo (F)	11,1
	Astra (S)– Zeneca (GB)	37,2
	Hoechst (D) – Rhône-Poulenc (F)	21,5
1999	Pfizer (USA) – Warner-Lambert (USA)	87,0
	Pharmacia Upjohn (USA) – Monsanto (USA)	27,0
2000	GlaxoWellcome (GB) – SmithKline Beecham (GB)	75,8
2001	Johnson & Johnson (USA) – ALZA (USA)	11,0
	BristolMyers Squibb (USA) – DuPont Pharma (USA)	8,0
2002	Pfizer (USA) – Pharmacia (USA)	60,0
2004	Sanofi-Synthélabo (F) – Aventis (F)	67,0
2006	Bayer (D) – Schering (D)	21,2
	Merck KGa (D) – Serono (CH)	14,5
2008	Roche (CH) – Genentech (USA)	46,7
2009	Pfizer (USA) – Wyeth (USA)	64,5
	Merck & Co (USA) – Schering-Plough (USA)	41,0
2010	Novartis (CH) – Alcon (CH)	37,7
2011	Takeda (J) – Nycomed (Schweden)	13,6
	Sanofi (F) – Genzyme (USA)	20,1
2012	Gilead (USA) – Pharmasset (USA)	11,2
2013	Amgen (USA) – Onyx (USA)	11,2
2014	Valeant (Kanada) – Allergan (USA)	49,4
	Bayer (D) – Merck & Co. (Consumer Care Business) (USA)	14,2

(Quelle: eigene Berechnungen nach: Herzog 1995, Rühli/Sachs 1999a, S. 219; Coles 2002; Fitzner/Kusnierz-Glaz 2002, S. 25; PwC 2002, S. 4 ff.; Schmidt/Rühli 2002, S. 224; PwC 2003, S. 5; KPMG 2004; Bayer 2007; S. 314; Merck 2008; CEPTON Strategies 2013; Ernst & Young 2014)

Fusion Ciba-Geigy und Sandoz

Novartis ging am 20. Dezember 1996 aus der Fusion der beiden Schweizer Pharmakonzerne Ciba-Geigy und Sandoz hervor. Es handelte sich dabei um die bis dahin *größte Fusion der Industriegeschichte*. Obwohl Ciba-Geigy und Sandoz vor der Fusion weltweit eine sehr gute Wettbewerbsposition in den Bereichen Pharma, Chemikalien und Nahrungsmittel innehatten, erging am 7. März 1996 ein gemeinsamer Beschluss der beiden Verwaltungsratspräsidenten Dr. Kauer (Ciba-Geigy) und Dr. Moret (Sandoz) zu einem *merger of equals*, um durch eine Konzentration auf die Bereiche Pharma, Ernährung und Agribusiness eine führende Position auf dem Gebiet der Life

Tab. 4-17

Die 15 größten Pharmaunternehmungen der Welt im Jahre 2013

Rang	Unternehmung	Land	Umsatz (in Mio. €)
1	Pfizer	USA	36.062
2	Roche	CH	30.884
3	Merck & Co.	USA	28.198
4	Sanofi	F	26.662
5	Novartis	CH	25.305
6	GlaxoSmithKline	GB	25.113
7	Johnson & Johnson	USA	21.184
8	AstraZeneca	GB	19.366
9	Eli Lilly	USA	15.788
10	AbbVie	USA	14.153
11	Amgen	USA	14.067
12	Bristol-Myers Squibb	USA	12.341
13	Takeda	J	11.508
14	Novo Nordisk	Dänemark	11.207
15	Bayer	D	11.188

(Quelle: IMS Institute for Healthcare Informatics 2013)1

Sciences einzunehmen (vgl. Novartis 2002a). »We at Novartis are committed to improving health and well-being through innovative products and services. We aspire to capture and hold a leadership position in all of our businesses with a strong, sustainable performance based on continuous innovation« (zit. nach Schmidt/Rühli 2002, S. 225). Dieses Selbstverständnis der Unternehmung spiegelt sich auch in seiner Namensgebung wider. Novartis leitet sich vom lateinischen »*novae artes*« ab und bedeutet »neue Fähigkeiten«. Diesem Leitbild folgend hat es sich die Unternehmung zur Aufgabe gemacht, innovative Produkte zu erforschen und zu entwickeln, um die Gesundheit und Lebensqualität der Menschen zu verbessern.

Life Sciences

Die Konzentration auf die Bereiche Healthcare, Agribusiness und Ernährung erfolgte aus der entsprechenden Integration der Bereiche von Sandoz und Ciba-Geigy. Hierdurch konnte Novartis 1997 zum Weltmarktführer im Bereich der Life Sciences und zur Nummer 2 in der medizinorientierten Ernährung werden (vgl. Rühli/Sachs 1999b, S. 325). Gleichzeitig erzwang die *Fokussierung auf das Gebiet der Life Sciences* eine Ausgliederung von bis dahin recht bedeutsamen Bereichen. Die Geschäftseinheiten der Spezialchemie (Textilfarbstoffe, Chemikalien, Additive, Pigmente und Polymere) der Ciba-Geigy und der Bereich Bauchemikalien (MBT) von Sandoz wurden verkauft. Die neue Struktur ermöglichte eine Konzentration auf die Sparte Healthcare, die bereits vor der Fusion bei Ciba-Geigy und Sandoz das Kerngeschäftsfeld ausmachte und in der die vier Geschäftsfelder Pharma, Consumer Health, Ciba Vision und Generika zusammengefasst wurden.

Eine weitere einschneidende Maßnahme war die Ausgliederung der Division Agribusiness im November 2000: »Da die Synergien zwischen den Pharma- und Agribusiness-Aktivitäten marginal blieben, kamen wir zur Überzeugung, dass der potenzielle Nutzen die Komplexität eines Geschäftsportfolios im Bereich der Life Sciences nicht aufwiegen kann. Wir spalteten entsprechend die Sektoren Crop Protection und Seeds ab« (Novartis 2001, S. 11). Damit reagiert Novartis auf die anhaltende Dynamik im Pharmabereich und versucht, durch eine vollständige Konzentration auf dieses profitabelste Geschäftsfeld die Kundenbedürfnisse fokussiert anzugehen. Hierzu wurde im Juli 2005 das Geschäft von Novartis in den beiden Divisionen Pharma und Consumer Health neu strukturiert (vgl. Novartis 2003a, S. 30). Innerhalb dieser zwei Divisionen erfolgte eine Bildung von weltweiten Geschäftsbereichen *(Business Units)*.

Novartis ist zurzeit in fünf Segmente unterteilt (vgl. Abb. 4-20), die in den nächsten Jahren durch umfangreiche Zu- und Verkäufe von Geschäftsbereichen jedoch eine Reorganisation erfahren dürften. So wurde 2014 der Geschäftsbereich Krebsmedikamente für 14,5 Mrd. US-$ von GlaxoSmithKline übernommen und im Gegenzug die Impfstoff-Sparte für 7,1 Mrd. US-$ veräußert. Das Geschäft mit Tierfutter wurde für 5,4 Mrd. US-$ von Eli Lilly übernommen.

Abb. 4-20

Entwicklung der Organisationsstruktur von Novartis zwischen 1995 und 2013

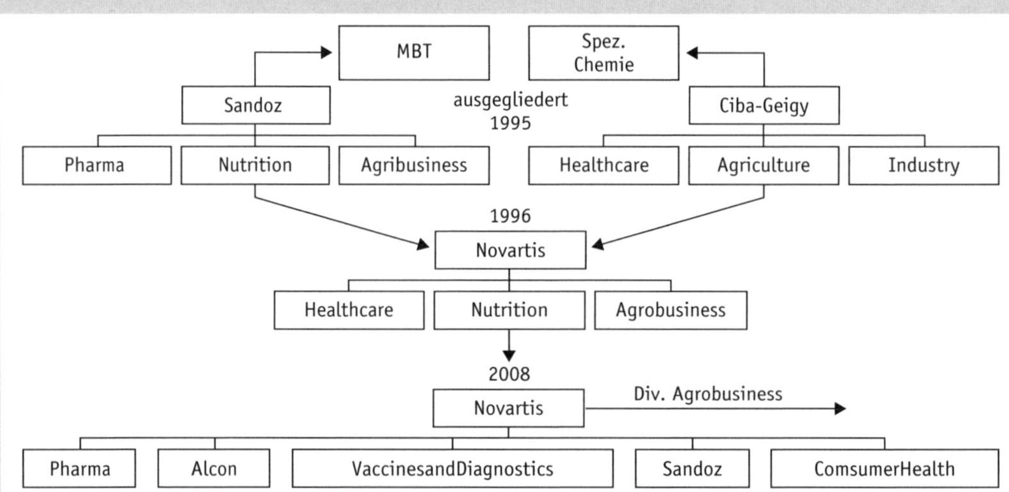

	Sandoz 1995	Ciba-Geigy 1995	Novartis 2000	Novartis 2008	Novartis 2013
Umsatz	15 Mrd. CHF	20,5 Mrd. CHF	20,9 Mrd. US-$	41,5 Mrd. US-$	57,9 Mrd. US-$
Gewinn	2 Mrd. CHF	2 Mrd. CHF	3,8 Mrd. US-$	8,2 Mrd. US-$	10,9 Mrd. US-$
F&E-Aufwand	1,5 Mrd. CHF	2 Mrd. CHF	2,7 Mrd. US-$	7,2 Mrd. US-$	9,6 Mrd. US-$
Mitarbeiter	50.000	84.000	67.000	96.717	135.696
Segmente	Pharma (50 %), Nutrition (26 %), Agriculture & Seeds (16 %), MBT (8 %)	Healthcare (39 %), Agriculture (23 %), Industry (38 %)	Pharma (60 %), Generics (7 %), Consumer Health (22 %), ClBA Vision (7 %), Animal Health (4 %)	Pharma (64 %), Vaccines (4 %), Sandoz (18 %), Consumer Health (14 %)	Pharma (56 %), Alcon (18 %), Sandoz (16 %), Vaccines and Diagnostics (3 %), Consumer Health (7 %)

4.6.4 Forschung & Entwicklung in der pharmazeutischen Industrie

Schon in den Hochkulturen der Antike haben Menschen versucht, Leiden mit speziellen Zubereitungen verschiedener Substanzen zu lindern. Dieser Tradition folgend sind die F&E-Abteilungen von Pharmaunternehmungen bemüht, anhand konkreter Problemstellungen wirksame und verträgliche Arzneimittel zu finden. Diese anwendungsorientierte Forschung ist auf Grundlagenforschung angewiesen, die insbesondere in engen Kooperationen mit Universitäten und Hochschulen betrieben wird. Obwohl die Pharmabranche weltweit über 7.500 Unternehmungen zählt, betreiben lediglich 50 davon eine eigene Grundlagenforschung (vgl. Schwarzer 1995, S. 51).

Auffinden geeigneter Wirkstoffe

Am Beginn der F&E neuer Arzneimittel steht das *Auffinden geeigneter Wirkstoffe*. Nach Drews (1998, S. 148) stellt dabei die semirationale Vorgehensweise die dominierende Strategie dar. Hierbei werden spekulative oder empirisch validierte Vorstellungen gebildet, welche chemischen oder biotechnischen Modifikationen bestimmter Ausgangstoffe die gewünschte Wirkung erzeugen. »Bei der Umsetzung dieser Strategie aber lässt man sich vom Gesetz von ›Versuch und Irrtum‹ führen« (Drews 1998, S. 148). Nach der Identifikation bestimmter chemischer und biologischer Grundeigenschaften neuer Wirkstoffe muss in der Entwicklung die Marktreife des Medikaments herbeigeführt werden. Hierbei wird die präklinische und die klinische Entwicklung unterschieden (vgl. de la Haye/Gorbauch 2008).

Präklinische Entwicklungen

Präklinische Entwicklungen dienen der Überprüfung der Wirksamkeit und Verträglichkeit neuer Substanzen. Dabei soll vor allem ausgeschlossen werden, dass die neuen Wirkstoffe gefährlich sein könnten. Hierzu werden in präklinischen Versuchen (zumeist an Tieren) der Weg der Wirkstoffe im Organismus und in den Zielorganen verfolgt und der Abbau und die Ausscheidung der Wirkstoffe untersucht (vgl. Drews 1998, S. 156 ff.). Um die zu untersuchenden Stoffe in ausreichender Menge vorrätig zu haben, werden in dieser Phase auch neue Syntheseverfahren und geeignete Darreichungsformen entwickelt (vgl. BPI 2000, S. 47).

Klinische Prüfung

Nach erfolgreicher präklinischer Entwicklung folgt in der *klinischen Prüfung* die Erprobung des neuen Wirkstoffs beim Menschen. Ziel der klinischen Entwicklung ist der Nachweis von Sicherheit und Wirksamkeit der Stoffe. Dabei werden drei Phasen unterschieden:

Phase I

Phase I untersucht die Aufnahme und Verträglichkeit des Wirkstoffes durch den Menschen. Hierbei wird einer kleinen Gruppe von 20–80 freiwilligen und gesunden Probanden zunächst eine geringe Menge des Wirkstoffs verabreicht, die bei guter Verträglichkeit langsam auf die vorgesehene Dosis gesteigert wird (vgl. Drews 1998, S. 162; Pharma Information 2002). Parallel hierzu erfolgt die ausreichende Produktion des Wirkstoffs für spätere klinische Tests.

Phase II

In der Phase II wird der Wirkstoff kranken Menschen verabreicht und überprüft, ob der Wirkstoff auch tatsächlich gegen die Krankheit hilft, für deren Behandlung er entwickelt wurde (vgl. Pharma Information 2002). Der Wirkstoff wird unter Kontrolle von Prüfärzten bei einer Gruppe von 200–400 kranken Patienten getestet, und es die therapeutische Wirkung und chemische Veränderungen des Wirkstoffes im Organismus kontrolliert (vgl. BPI 1999, S. 28). Bei guter Verträglichkeit und Erkennung möglicher heilender oder lindernder Prozesse durch den Wirkstoff wird das Präparat zur Phase III zugelassen.

Phase III

In der Phase III müssen die Ergebnisse der Phase II statistisch erhärtet werden. Dazu werden in einer breiten klinischen Erprobung der Wirkstoff einigen tausend Patienten verabreicht und Interaktionen mit anderen Medikamenten beobachtet. Im Verlauf dieser Phase werden zudem die Dauer der Anwendung, Darreichungsformen und Dosierung festgelegt (vgl. BPI 1999, S. 29). Für eine internationale Zulassung des Medikaments müssen die Tests in mindestens zwei unabhängigen Zentren durchgeführt werden (Multicenter-Studien) (vgl. BPI 1999, S. 29). Für eine Zulassung in den USA muss eines dieser Untersuchungszentren in den USA liegen, und es müssen Daten von insgesamt ca. 5.000 Patienten vorhanden sein.

Durchschnittliche Entwicklungszeit

Insgesamt beträgt die *durchschnittliche Entwicklungszeit* eines Medikaments von der ersten Erforschung des Wirkstoffes bis zur Zulassung zwischen 10 und 15 Jahren und kostet 1,2 Mrd. US-$ (vgl. PhRMA 2012). Etwa alle fünf Jahre verdoppeln sich diese Kosten (vgl. PhRMA 2002). Bedenkt man, dass die Patentzeit für den entwickelten Wirkstoff nach 25 Jahren ausläuft, dann bleiben nur etwas mehr als 10 Jahre, in denen das Patent effektiv nutzbar ist und die Kosten der Entwicklung amortisiert werden müssen (vgl. Abb. 4-21). Dabei ist die Amortisationsleistung der meisten Präparate sehr gering. Nach einer Studie der Duke University erwirtschaften lediglich 30 % der zur Marktreife gebrachten Medikamente für die betroffene Unternehmung einen Gewinn. Von diesen 30 % ist wiederum ein Fünftel für mehr als 70 % des Umsatzes verantwortlich (vgl. Grabowski/Vernon 1994). Um erfolgreich F&E-Ausgaben tätigen zu können, verfügen die meisten Pharmaunternehmungen über einige so genannte Blockbuster, d. h. Produkte, die jeweils einen Umsatz von über einer Mrd. US-$ jährlich erbringen. Ein Beispiel ist das Medikament Lyrica von Pfizer. Dieses Medikament zur Behandlung von neuropathischen Schmerzen hat im Jahr 2013 einen Umsatz von 4,6 Mrd. US-$ und damit knapp 10 % des gesamten Konzernumsatzes erwirtschaftet (vgl. Pfizer 2005).

Vor diesem Hintergrund hängt das Überleben vieler Pharmaunternehmungen von einer innovativ arbeitenden Forschung und einer schnellen und effizienten Entwicklung ab. Dabei gilt es zu beachten, dass diese beiden Bereiche ganz spezifische Subkulturen ausbilden. Die Forschungskultur in den meisten Pharmaunternehmungen fasst Jenny (1995, S. 104) unter dem Motto »Zwei Forscher, drei Meinungen« zusammen. Eine innovative Forschung bedarf dabei viel operativer und individueller Freiheit für die Forscher, die den Gedankenaustausch fördert (vgl. Drews 1998, S. 193; Herzog 1995, S. 24).

Die pharmazeutische Entwicklung ist dagegen bemüht, die zumeist hypothetischen Vermutungen der Forschungsabteilungen über Wirksamkeit und Nutzen bestimmter Präparate unter klinischen Bedingungen zu bestätigen. Im Gegensatz zur Forschung benötigt die Entwicklung genaue Ziele. Da bei der Entwicklung eines Medikaments mehrere hundert Aktivitäten, die teilweise über viele Abteilungen verstreut sind, koordiniert werden, müssen die Arbeiten geplant verlaufen. Effiziente Entwicklungsprozesse zeichnen sich deshalb durch geordnete Abläufe und zentrale Entscheidungsfindung aus (vgl. Herzog 1995, S. 24)

Abb. 4-21

Pharmazeutischer Forschungs- und Entwicklungsprozess

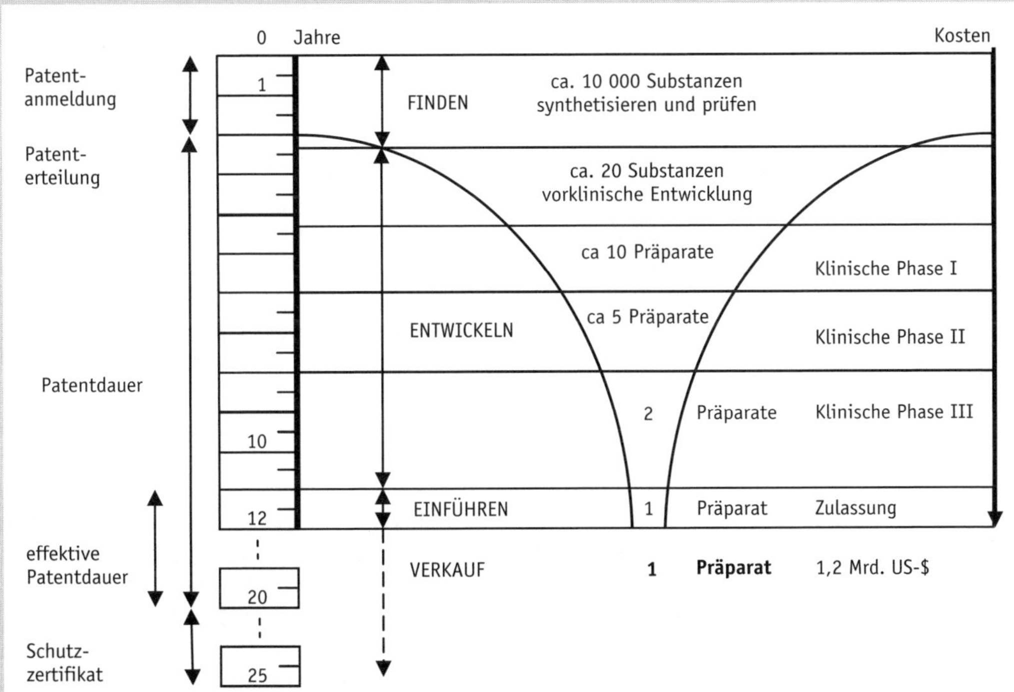

Grundtypen pharmazeutischer Unternehmungen

Je nach Gewichtung der Forschungs- oder Entwicklungstätigkeit unterscheidet Schwarzer (1995, S. 52 f.) vier *Grundtypen pharmazeutischer Unternehmungen*. Unternehmungstyp 1 und 2 sind forschende, entwickelnde und herstellende Unternehmungen mit hoch qualifiziertem Personal und sehr viel technischem Wissen. Während Typ 1 ein breites und tiefes Produktspektrum anbietet, konzentriert sich Typ 2 auf wenige Indikationsgebiete (Forschungsschwerpunkte). Nur diese beiden Typen leisten die vollständige Wertschöpfung von der Forschung bis zur Produktion. Unternehmungstyp 3 spezialisiert sich auf die Entwicklung von Medikamenten, indem auf bekannte Wirkstoffe zurückgegriffen wird oder die Wirkstoffe in Lizenz produziert werden. Unternehmungstyp 4 verzichtet auf F&E und ahmt Medikamente aus patentfreien Wirkstoffen nach. Während Typ 1 und 2 einem intensiven Innovationswettbewerb ausgesetzt sind, stehen die Typen 3 und 4 in einem starken Imitationswettbewerb. Novartis zählt mit der Division Pharma zum Typ 1, während die Division Consumer Health vornehmlich in einem Imitationswettbewerb steht und Typ 3 zugerechnet werden kann.

4.6.5 Forschung & Entwicklung bei Ciba-Geigy

Nach der Fusion von Ciba und Geigy im Jahr 1970 konzentrierte sich die F&E-Tätigkeit der Unternehmung in Europa auf die beiden Standorte an den ehemaligen Konzernzentralen in Basel und in den USA auf den Standort Summit, New Jersey, sowie das Forschungszentrum von Geigy in Ardsley, New York. Außerdem besaß Ciba in Horsham bei London eine kleine Forschungsstätte. Neben diesen Forschungsinstituten der Division Pharma verfügte Ciba-Geigy über zentrale Forschungsdienste in Basel (vgl. Ciba-Geigy 1988, S. 11; Zeller 2001, S. 378). »In order to support market-oriented R&D, the central basic research was split into the central Corporate Research function and local applied R&D units within each division« (Schmidt/Rühli 2002, S. 228). Die zentralen Forschungseinrichtungen konzentrierten sich dabei auf Aufgaben, die erst mittel- bis langfristig von den Landesgesellschaften benötigt werden und verfügten über Schlüsseltechnologien, die aus Kostengründen nicht an jedem Standort vorhanden sein können (vgl. Herzog 1995, S. 30).

Nachdem ein Projekt einen gewissen Reifegrad erreichte, wurde es in die divisionsweite Forschung ausgegliedert. Entscheidungen über neue Forschungsprojekte dieses Zentraldienstes wurden in der *research and development conference* unter Beteiligung der zentralen und divisionalen F&E-Abteilungen getroffen (vgl. Schmidt/Rühli 2002, S. 228). Sowohl die zentralen Forschungsdienste als auch die Forschung der Division Pharma basierten bis Anfang der neunziger Jahre größtenteils auf klassischen chemischen und biologischen Verfahren (vgl. Ciba-Geigy 1990, S. 10).

Internationalisierung

Da die Zulassung neuer Medikamente aufgrund rechtlicher Restriktionen in den einzelnen lokalen Märkten klinische Forschungen vor Ort erforderte, war die Entwicklung an verschiedenen Standorten angesiedelt. Zu den wichtigsten zählten das englische Macclesfield sowie Standorte in Indien, Japan, Frankreich und Deutschland (vgl. Ciba-Geigy 1985, S. 9; 1988, S. 11; 1989, S. 10). »Der Trend geht auf eine Internationalisierung, damit lokales Know-how und lokale Entwicklungschancen voll genutzt und den jeweiligen Behörden die von ihnen verlangten Daten und Unterlagen auch lokal beschafft werden können« (Ciba-Geigy 1986, S. 9). Die Aktivitäten an den einzelnen Standorten waren dabei kaum aufeinander abgestimmt und in vielen Bereichen von parallelen Entwicklungen geprägt, die lediglich »das Rad neu erfanden« (Ganz 1993, S. 8).

Indikationsgebiete

In den achtziger Jahren begann Ciba-Geigy deshalb, die F&E-Aufgaben nach Indikationsgebieten zu konfigurieren. Der Fokus lag auf den Gebieten »Zentrales Nervensystem«, »Herz-Kreislauf«, »Rheuma/Schmerz« sowie »Infektionskrankheiten« (vgl. Zeller 2001, S. 379). Dabei wurde im Rahmen der strategischen Planung die Hauptverantwortlichkeit für die wichtigsten Forschungsgebiete auf die Zentren in der Schweiz, den USA, Großbritannien und Indien aufgeteilt (vgl. Ciba-Geigy 1986, S. 26). Im Rahmen dieser Neuorientierung wurde 1987 eine weitere Konzentration der Kräfte vorgenommen und klare Verantwortungen an die *centers of excellence* delegiert. Zudem wurde diesen Zentren in Basel ein zentrales Entwicklungsmanagement an die Seite gestellt (vgl. Ciba-Geigy 1988, S. 30).

Neben den Kosten für Doppelarbeiten erwies sich Ciba-Geigy dadurch jedoch bei der Markteinführung neuer Produkte als zu langsam. Die Unternehmung entschied sich Anfang der neunziger Jahre deshalb dazu, diese Wertschöpfungsstufen erneut neu zu ordnen. Die Umstrukturierung verzahnte die Forschung und die präklinische Entwicklung. Zugleich wurde die klinische Entwicklung noch stärker standardisiert und weltweit koordiniert (vgl. Zeller 2001, S. 389 ff.).

Grundlagenforschung

Die Grundlagenforschung war weiterhin auf vier Forschungsschwerpunkte ausgerichtet und auf die Standorte Basel, Horsham sowie Summit verteilt. Basel konzentrierte sich zunehmend auch auf die biotechnische Forschung und erhielt die weltweite Verantwortung für das Gebiet »Zentrales Nervensystem«. Außerdem wurden in den achtziger Jahren verstärkt Investitionen im Bereich der präklinischen und klinischen Entwicklung vorgenommen (vgl. Ciba-Geigy 1986, S. 26; 1987, S. 28). Weitere Modernisierungen folgten in den nächsten Jahren. Die Investitionen in Basel machten in dieser Zeit mehr als 45 % der gesamten jährlichen Konzerninvestitionen aus, worin ein »klares Bekenntnis zum Industriestandort Schweiz« gesehen wurde (Ciba-Geigy 1987, S. 9).

In Summit wurden neue Einrichtungen für die chemische und medizinische Forschung errichtet (vgl. Ciba-Geigy 1983, S. 19). Erweiterungsinvestitionen folgten u. a. für neue Gebäude für die F&E auf dem Feld der Human-Biologie und der chemischen F&E (vgl. Ciba-Geigy 1987, S. 28). »Zwischen 1990 und 1993 baute die Division Pharma schließlich das größte jemals vom Ciba-Geigy Konzern erstellte Gebäude. Das (...) Life Science Building nahm die biologische Forschung und die präklinische Entwicklung auf und wurde zum Herz der Forschung« (Zeller 2001, S. 383). Einher ging dies mit der Erweiterung des vorwiegend auf die pharmazeutische Grundlagenforschung konzentrierten Standorts in Ardsley und der Verlagerung der Tätigkeiten nach Summit (vgl. Zeller 2001, S. 383). Summit erhielt die weltweite Verantwortung für den Bereich »Herz-Kreislauf« und teilte sich auf dem Gebiet der »Infektionskrankheiten« die weltweite Verantwortung mit Basel.

In Horsham konzentrierte sich Ciba-Geigy auf die weltweite Erforschung von Rheuma- und Schmerzerkrankungen. Der Standort stieg zum konzernweiten Forschungszentrum auf diesem Gebiet auf und leistete darüber hinaus bedeutende Entwicklungsarbeiten in der klinischen Prüfung. Dazu wurden laufend Modernisierungen der Produktions- und Forschungsanlagen vorgenommen (vgl. Ciba-Geigy 1986, S. 26; 1987, S. 28).

Um in Japan auf dem Gebiet der Forschung Fuß zu fassen, wurde mit dem Bau eines International Research Laboratory in Tarkarazuka bei Osaka begonnen (vgl. Ciba-Geigy 1988, S. 11). Der entstehende Forschungsstandort für die Grundlagenforschung wurde für kleinere Forschungsarbeiten eingesetzt (vgl. Ciba-Geigy 1988, S. 11 ff.; 1989, S. 10; 1991, S. 12 ff.). Der Forschungsbetrieb in Indien wurde durch die neue Aufgabenverteilung überflüssig und eingestellt (vgl. Zeller 2001, S. 385).

Strategische Allianzen

Anfang der neunziger Jahre unternahm Ciba-Geigy große Anstrengungen im »screening and assessment of new organisational technical possibilities« (Schmidt/Rühli 2002, S. 228). Neben den traditionellen Schwerpunkten im Bereich chemischer und biologischer Forschung sollte durch Kontakte zu wichtigen Hochschulen der »Zugang zu den für uns wichtigen Centers of Expertise auf dem Gebiet der Grundlagenforschung« (Ciba-Geigy 1990, S. 10), insbesondere im Bereich der Biotechnologie und Gentechnik, ermöglicht werden (vgl. Ciba-Geigy 1991, S. 12). In Emeryville konzentrierte sich Ciba-Geigy dazu in einer strategischen Allianz mit der amerikanischen Gentechnikunternehmung Chiron auf die Grundlagenforschung im Bereich der biologischen Impfstoffe (vgl. Ciba-Geigy 1988, S. 30) und später auf das Gebiet der Gentechnologie. Im Jahr 1994 erwarb Ciba-Geigy eine 49 %ige Beteiligung an dieser Unternehmung (vgl. Ciba-Geigy 1995, S. 20). »In association with this development, the initial focus on basic research was put into a different perspective (...). R&D was more decentralised. (...) It encompassed an internationalisation of research activities and increasing investment in research centres abroad« (Schmidt/Rühli 2002, S. 229).

1992 forschten die Ciba-Geigy-Zentren auf sieben Indikationsgebieten und verfügten über 52 Projekte in der klinischen Entwicklung (vgl. Ciba-Geigy 1993, S. 11). Die präklinische Entwicklung wurde auf Japan, USA, Großbritannien und die Schweiz verteilt und zu einer »weltweit harmonisierten Einheit zusammengeschmiedet« (Zeller 2001, S. 393). Die Projekte in der präklinischen und klinischen Entwicklung wurden nach weltweiten Gesichtspunkten neu geordnet und nach einheitlichen Unternehmungsrichtlinien durchgeführt. Auch die Struktur der klinischen Entwicklung wurde geändert. Ciba-Geigy entwickelte fortan nur noch Präparate mit einem weltweiten Ertragspotenzial von mindestens 300 Mio. Schweizer Franken (vgl. Staples 1994, S. 35).

4.6.6 Forschung & Entwicklung bei Sandoz

Die Schwerpunkte der F&E bei Sandoz bildeten seit den siebziger Jahren die Schweizer Standorte in Basel und Bern. Weitere größere Einrichtungen waren das Sandoz-Forschungsinstitut in Wien und der sich im Aufbau befindliche US-amerikanische Standort East Hanover (vgl. Sandoz 1971; 1987, S. 16 ff.). Daneben betrieb Sandoz einen unter internationalen Gesichtspunkten bedeutenden Standort für pharmakologische Entwicklung bei Paris sowie zahlreiche kleine lokale Entwicklungsstandorte, die aufgrund rechtlicher Restriktionen für die Zulassung von Medikamenten von den jeweiligen nationalen Gesundheitsbehörden gefordert wurden (vgl. Zeller 2001, S. 413 f.).

Internationalisierung

Die Standorte Basel und Bern leisteten bis in die neunziger Jahre eine breit angelegte Grundlagenforschung u. a. in den zentralen Bereichen der Immunologie und des Zentralen Nervensystems (vgl. Sandoz 1993, S. 30), wobei der Standort Basel das wichtigste Forschungszentrum des Konzerns war (vgl. Zeller 2001, S. 413). In Wien und East Hanover wurden dagegen sehr spezifische Forschungsaufgaben wahrgenommen (vgl. Sandoz 1972, S. 13; 1973, S. 18). Diese Zentren waren keine Kopien der »Forschungsstrukturen in der Schweiz, sondern verfolgen komplementäre Zielsetzungen, wie zum Beispiel Krebsforschung in den USA oder Virusforschung in Wien« (Sandoz 1992, S. 17). Zu dieser Zeit vertrat die Unternehmungsleitung die Auffassung, sich gegen die nationale und internationale Konkurrenz nur behaupten zu können, wenn Kundenbedürfnissen durch innovative und nutzenorientierte Neuentwicklungen entsprochen werde. »Die für unsere Geschäftsbereiche unerlässliche Kundennähe führt (...) zu einer vermehrten Verlagerung von Entwicklungsaufgaben in die Nähe der Märkte« (Sandoz 1987, S. 14).

Indikationsgebiete

Diese sehr dezentrale Organisation der F&E verband Sandoz mit einer traditionell sehr hohen Anzahl der erforschten Indikationsgebiete. Teilweise konzentrierte sich die Grundlagenforschung auf 11 Indikationsgebiete weltweit (vgl. Sandoz 1993, S. 32; 1995, S. 23). Den einzelnen Standorten wurde eine relativ große Autonomie gewährt, da man erkannte, dass viele bedeutende Forschungsaktivitäten an ausländischen Hochschulen stattfinden und man an diesem Wissen nur als Insider mit lokaler Präsenz partizipieren kann (vgl. Zeller 2001, S. 412). Viele neue Erkenntnisse, so Sandoz (1988, S. 14), können nur »in der Zusammenarbeit mit auswärtigen Forschungsinstituten gewonnen« werden. Durch die Umsetzung dieses externen Wissens in der eigenen Entwicklung konnten Trends der internationalen F&E schnell in das eigene Leistungsspektrum aufgenommen werden. »Unsere Organisation muss aber jederzeit bereit sein, positive Resultate ohne Zeitverzug in ihr eigenes Programm zu übernehmen und weiterzuführen« (Sandoz 1989, S. 14). So gelang Sandoz der im Vergleich zur Konkurrenz sehr frühe Einstieg in die Biotechnologie und der Ausbau eines auf dieses Gebiet spezialisierten Forschungs- und Entwicklungszentrums im österreichischen Kundl (vgl. Sandoz 1987, S. 14; 1988, S. 24). Dr. Moret, der damalige Vorstandsvorsitzende von Sandoz, sah noch kurz vor der Fusion mit Ciba-Geigy diese dezentrale Kooperationsstrategie als einen der Hauptpfeiler für den internationalen Erfolg an (vgl. Sandoz 1995, S. 7) und forderte die Ausschöpfung von »Vorteilen einer Dezentralisierung (...) und Kreativitätserhöhung dank Kombination europäischer, amerikanischer und japanischer Forschungskulturen« (Moret 1989, S. 7).

Kernforschungsstandorte

Die wachsenden Kompetenzen von Sandoz in verschiedenen Therapiegebieten und die Restrukturierung der F&E mit Fokus auf die USA und Japan führten dazu, dass bis in die neunziger Jahre die Zahl der Kernforschungsstandorte weltweit auf fünf erhöht wurde:

Das Sandoz Research Institute in East Hanover wurde laufend modernisiert und die Laborkapazitäten für F&E erweitert (vgl. Sandoz 1987, S. 13; 1989, S. 13). Außerdem regruppierte Sandoz die Forschungstätigkeiten an diesem Standort, um einen effizienteren Kontakt zu forschenden Instituten und Kliniken zu ermöglichen (vgl. Zeller 2001, S. 420). Anfang der neunziger Jahre führten weitere Investitionen an diesem Standort zum Ausbau der präklinischen und klinischen Entwicklung.

Das Forschungsinstitut im japanischen Tsukuba Science City konzentrierte sich auf klinische Entwicklungen, »um den lokalen Bedürfnissen besser Rechnung tragen zu können« (vgl. Sandoz 1987, S. 23). Der Standort im nach den USA bedeutendsten Markt erhielt zunehmend die Aufgabe, weltweite präklinische Entwicklungen für die Märkte in Nordamerika und Europa durchzuführen. »Die Fortschritte in der globalen Harmonisierung des offiziellen Prüfprozesses erlaubten es, dass Tsukuba Versuchsdaten für amerikanische und europäische Registrierungsverfahren zur Verfügung stellte« (Zeller 2001, S. 422). Diese Aufgaben sollen in Zukunft rund 70 % der Wertschöpfung dieses Standorts ausmachen.

In Wien wurde das Sandoz Forschungsinstitut (SFI) auf die präklinischen Entwicklungen »redimensioniert« (vgl. Sandoz 1987, S. 23). Nach dem Bau des Vienna International Research Corporation Center auf dem Gelände des SFI im Jahr 1989 wurden verstärkt Kooperationen mit externen Partnern eingegangen. »Mit der Wiener Universitätsklinik für Dermatologie hat es auf seinem Schwerpunkt einen wichtigen

Partner vor Ort, sowohl für die Grundlagenforschung als auch die klinischen Tests« (Zeller 2001, S. 423).

In Basel wurden Anfang der neunziger Jahre über 50 % aller F&E-Ausgaben getätigt (vgl. Sandoz 1992). Der Standort bildete das bedeutendste Forschungszentrum für Sandoz, an dem Grundlagenforschung für mehrere Indikationsgebiete und die Forschung auf dem Gebiet der Biotechnologie betrieben wurden (vgl. Sandoz 1989, S. 25; 1991, S. 19).

Kooperation mit Biotechnologie-Unternehmungen

Daneben ging Sandoz wichtige Kooperationen mit US-amerikanischen Biotechnologie-Unternehmungen ein, die die Unternehmung mit Know-how im Bereich der Biotechnologie versorgten und den Zugang zur immer bedeutender werdenden Genetik ermöglichten (vgl. Sandoz 1996, S. 14). »Die explosionsartige Zunahme der wissenschaftlichen Erkenntnisse, die Komplexität und die Dauer der Forschung sowie die damit verbundenen Kosten haben uns bewogen, unsere traditionelle Zusammenarbeit mit externen Forschungsinstituten (...) der biologischen Wissenschaften und auf dem Gebiet der Gentechnologie (...) noch intensiver zu gestalten« (Moret 1996, S. 7). Zu den wichtigsten zählte die Kooperation mit SyStemix aus Palo Alto in Kalifornien, das 1992 aufgekauft wurde. Moret (1993, S. 6) sprach von einer Initiative, »um an der Spitze der Forschung zu bleiben«. Außerdem wurde 1995 die auf dem Gebiet der Gentherapie führende Genetic Therapy Inc. aus Gaithersburg (Maryland) von Sandoz übernommen. »Darin liegt auch der Sinn unserer Beteiligungen und der Abkommen, die wir mit spezialisierten Instituten abgeschlossen haben, welche in den biologischen Wissenschaften und deren Anwendung führend sind. Wir sind überzeugt, dass Sandoz damit wohl vorbereitet und für den Erfolg gerüstet den Weg in das 21. Jahrhundert antritt« (Moret 1996, S. 7).

Centers of Excellence

Die so gewachsene F&E-Organisation erwies sich jedoch bereits zu Beginn der neunziger Jahre als unübersichtlich, auf zu viele Indikationsgebiete fokussiert und durch die parallele Entwicklung als zu langsam. Anfang 1994 wurde die F&E deshalb in zwei Einheiten geteilt. Aufgabe der Pharmaforschung war die Entdeckung von Therapien, die zum Zeitpunkt der Markteinführung ein wichtiges, noch nicht ausreichend abgedecktes Segment bildeten. Daraus ergab sich eine wesentliche Reduktion der bis dahin erforschten Indikationsgebiete auf »vier prioritäre therapeutische Gebiete« (Sandoz 1996, S. 23). Hierzu wurden die Forschungszentren in Bern, Basel, East Hanover, Wien und London als *centers of excellence* mit weltweiter Verantwortung umstrukturiert. East Hanover erhielt die weltweite Verantwortung für die Erforschung auf dem Gebiet der Krebs- und Stoffwechselerkrankungen. In London betrieb Sandoz das Institute for Medical Research, das in der präklinischen Forschung insbesondere auf dem Gebiet der Schmerztherapie tätig war. Wien erfüllte die Grundlagenforschung für das Gebiet der Dermatologie (vgl. Sandoz 1991, S. 32; 1994, S. 23; 1996, S. 23 ff.). Die Schwerpunkte der Forschung in Bern waren die Immunologie, das Zentrale Nervensystem, Asthma und Osteoporose. Aufgrund strategischer Überlegungen wurden schließlich das Forschungsinstitut in Bern aufgelöst und seine Aktivitäten nach Basel verlagert (vgl. Sandoz 1996, S. 24).

Das Hauptziel der Entwicklung war es, innovative und kommerziell attraktive Medikamente und Therapien möglichst schnell zur Registrierung zu bringen. Dabei sollten neue Produkte hinsichtlich Wirksamkeit und Sicherheit den bereits verfügbaren überlegen sein. Durch organisatorische Veränderungen sollte eine Beschleunigung der Projektentwicklung erzielt werden. Nach der Implementierung eines globalen Projektmanagements wurden alle Entwicklungsprojekte durch internationale Projektteams betreut, um eine weltweit optimale Integration der prä- und klinischen Entwicklung zu erreichen. Hieraus ergab sich 1992 eine Reduktion der Entwicklungsprojekte von 45 auf 30 (vgl. Sandoz 1995, S. 24). Die klinischen Studien wurden aufgrund rechtlicher Vorschriften zeitgleich in den USA, Japan und Europa durchgeführt, um eine schnelle Registrierung in diesen Kernmärkten zu erhalten (vgl. Zeller 2001, S. 427). »Um Doppelspurigkeiten zu vermeiden, begann man systematisch klinische Studien so anzulegen, dass sie nicht nur in einem einzigen Land Gültigkeit besaßen, sondern in wichtigen Teilen auch den gesetzlichen Vorschriften anderer Länder entsprachen« (Zeller 2001, S. 428). Die wichtigsten Entwicklungszentren wurden dazu in Basel, East Hanover, London, Tsukuba und Orleans angesiedelt.

4.6.7 Forschung & Entwicklung bei Novartis

4.6.7.1 1997–2002: Die Zeit der Integration

Nach der Fusion von Ciba-Geigy und Sandoz zu Novartis wurde der Bereich F&E schnell den weltweiten Anforderungen angepasst. »We want to build the most competitive, most innovative Research Organization with the most promising pipeline in Industry to cure and help people around the world« (Novartis 2003b). Um dieses ehrgeizige Ziel erfüllen zu können, sah sich Novartis nach der Fusion zunächst mit zwei Aufgaben im Bereich der F&E konfrontiert, und zwar einerseits mit der Integration der Strukturen von Ciba-Geigy und Sandoz sowie andererseits mit der Definition einer eigenständigen Forschungs- und Entwicklungsstrategie.

Standorte

Unmittelbar nach der Fusion hatte Novartis im Bereich der Forschung 12 bedeutende Standorte. Zu den wichtigsten zählen die beiden Baseler Zentralen sowie die beiden US-amerikanischen Standorte Summit und East Hanover. Darüber hinaus bestanden vier mittelgroße Standorte in Wien, Horsham, Takarazuka und Tsukuba. Vier kleinere Forschungszentren in Gaithesburg, Palo Alto, Cambridge und London befanden sich im Aufbau. Schließlich existierten im Bereich der Entwicklung noch zwei Standorte bei Paris, Standorte in Orleans und Frimley sowie eine Reihe punktueller Partnerschaften (vgl. Zeller 2001, S. 436).

Integration der F&E

Die Integration der F&E erforderte zunächst eine sinnvolle funktionale Zusammenlegung dieser Aktivitäten. Trotz teilweise geographischer Nähe waren die vorgenommenen Forschungsschwerpunkte jedoch zu unterschiedlich, so dass Novartis zunächst keine geographische Bereinigung einleitete. Die »Forschungsgruppen umfassen in der Regel 40–70 Personen, und bei einer Standortverlagerung wäre das Risiko zu groß gewesen, viele Mitarbeiter zu verlieren, die ihren Wohnort nicht wechseln wollten« (Zeller 2001, S. 442). Ab dem Jahr 2000 setzte aber eine verstärkte Systematisierung der F&E ein. Basel blieb der wichtigste Standort in der Konzernforschung und -entwicklung. Die Forschungsschwerpunkte liegen hier in den Bereichen Zentrales Nervensystem, Transplantation und Onkologie sowie der breit angelegten Grundlagenforschung. In Nordamerika wurden 2000 der Standort Summit geschlossen und alle Forschungs- und Entwicklungstätigkeiten in das nahe gelegene East Hanover verlagert. Im englischen Horsham siedelte Novartis das weltweite Zentrum für Atemwegserkrankungen an. Bereits vorhandene Entwicklungskapazitäten aus dem englischen Macclesfield und London wurden hier zusammengezogen und Forschungskapazitäten auf diesem Gebiet aus Basel hierher verlegt. Wien bildet weiterhin das Zentrum für Dermatologie. In Japan wurden die Forschung in Takarazuka und die klinische Entwicklung in Tsukuba zusammengefasst, wobei sich die Aktivitäten auf den lokalen Markt beschränken.

Die von Sandoz vor der Fusion übernommenen Biotechnologie-Unternehmungen SyStemix und Genetic Therapy wurden im September 1998 in den Bereichen Verwaltung und Entwicklung zusammengelegt und als Gemeinschaftsunternehmung unter der Leitung von Dr. Michael Perry, früherer CEO von SyStemix, geführt. Dagegen blieb die Forschung an beiden Standorten in voller Stärke erhalten (vgl. Novartis 1998). Dr. Jörg Reinhardt, der damalige Leiter der präklinischen Entwicklung und heutige Vorsitzende des Verwaltungsrats von Novartis, kommentierte diesen Schritt so: »Diese Konsolidierung erlaubt es uns, die kritische Größe aufrechtzuerhalten und dabei Überlappungen zu eliminieren. Die freigesetzten Ressourcen werden wertschöpfenden Aktivitäten zugeführt, um wissenschaftliche Hürden in der Gentherapie, die wir durch klinische Versuche identifiziert haben, zu bewältigen. Gleichzeitig bewahren wir uns den Zugang zur Wissenschaft und zu den Experten der Ost- [Gaithersburg] und Westküste [Palo Alto] der USA« (Novartis 1998). Die in verwandten Gebieten tätigen, ehemals selbstständigen Unternehmungen erhielten spezifische, stärker auf die Grundlagenforschung orientierte Aufgaben, nachdem das Forschungsportfolio überprüft wurde. Genetic Therapy konzentrierte sich auf die Erforschung viraler Verabreichungsformen. SyStemix orientierte sich auf Forschungsaufgaben im Bereich der zellularen Gentherapie (vgl. Zeller 2001, S. 449), sowie insbesondere auf die Entwicklung von Präparaten zur Behandlung von Krebs. Trotz der Umstrukturierung der beiden Standorte blieben die erwarteten Neuentwicklungen aus. Als Folge wurde 2000 der Standort in Palo Alto geschlossen, im Juli 2003 folgte die Veräußerung von Genetic Therapy an Cell Genesys (vgl. Silva 2003; Schweizer 2005). Als weiterer bedeutender Standort auf dem Gebiet der Genomtechnologie wurde in Emeryville die Strategische Allianz mit einer Beteiligung von 47 % an dem ehemaligen Ciba-Geigy-Partner Chiron fortgeführt. Die Zusammenarbeit mit Chiron als einer der wenigen Biotechnologie-Unternehmungen, die sich zu einer »fully integrated biotechnology company« entwickelt haben, ermöglicht Novartis den Zugriff auf ein breites Geschäftsportfolio der Diagnostika, Impfstoffe gegen Infektionskrankheiten, Therapeutika in den Bereichen Onkologie, Endokrinologie sowie Infektionskrankheiten und ophthalmologischen Produkte für chirurgische Korrekturen des Sehvermögens (vgl. Zeller 2001, S. 407).

4.6.7.2 2003–2010: Die Zeit der Konsolidierung

4.6.7.2.1 Novartis Institute for BioMedical Research

Strategische Neuausrichtung der F&E

Die Umstrukturierung der Forschungsaktivitäten bei Novartis wurde im März 2003 durch die Gründung des Novartis Institute for BioMedical Research (NIBR) im amerikanischen Cambridge vorläufig abgeschlossen. Gleichzeitig bildete dieser Schritt die

Grundlage für eine strategische Neuausrichtung der F&E, mit dem Ziel, Novartis in eine »knowledge-driven company« umzuwandeln (vgl. Nolmans 2004, S. 50). Dr. Mark Fishman, der das NIBR seit 2002 leitet und einer der renommiertesten Wissenschaftler in der Entwicklungsbiologie weltweit ist, bezeichnete dieses Institut als »a worldwide biotechnology hub« (Novartis 2003h) und machte es zum Hauptsitz des neuen Forschungsnetzwerks, der bis dahin in Basel lag. Der damalige Vorstandsvorsitzende Daniel Vasella (2002, S. 2) sah in diesem Standort sehr viel Potenzial für die Zukunft. »Die Lancierung einer neuen Forschungsstrategie und die Koordination unserer Forschung unter der Führung eines hochkarätigen Wissenschaftlers werden die Qualität unserer wissenschaftlichen Tätigkeit und unserer Forschungsbestrebungen erhöhen und es uns ermöglichen, Patienten überall auf der Welt innovative Medikamente zur Verfügung zu stellen. Die Gründung des NIBR in Cambridge, inmitten eines der weltweit beeindruckendsten Zentren führender Wissenschaftler und akademischer Institutionen, wird uns helfen, die besten Forscher für uns zu gewinnen und die Produktivität unserer Forschung zu steigern. Dazu werden wir die vielen neuen therapeutischen Ansatzpunkte, die sich aus der Entschlüsselung des menschlichen Genoms ergeben, nutzen.« Zunächst sollte dieser Standort die Erforschung einiger Indikationsgebiete übernehmen, zunehmend jedoch auch die molekularbiologischen und genetischen Grundlagen schaffen und die wichtigsten F&E-Aktivitäten weltweit koordinieren (vgl. Novartis 2003a, S. 12). Unter der Leitung des NIBR wurden die bisherigen Forschungszentren Basel, Wien, Tsukuba und East Hanover zusammengefasst. Dazu zählt zudem das Novartis Institute for Medical Sciences in Horsham, in dem 2004 274 Wissenschaftler mit der Erforschung der »neurological, physiological and molecular mechanisms of pathological pain and discovery of treatments to alleviate pain« (Novartis 2003e) beschäftigt waren (vgl. Abb. 4-22).

Indikationsgebiete und Technologieplattformen

Novartis legt mit der Schaffung einer zentralen Koordinationseinheit besonderen Wert auf die Verstärkung der funktionsübergreifenden Zusammenarbeit, um auf dem Wege intensiver Kommunikation insbesondere die F&E-Prozesse noch besser aufeinander abstimmen zu können (vgl. Novartis 2004b, S. 14). Die Organisation des NIBR ist in die Bereiche Indikationsgebiete und Technologieplattformen unterteilt. Technologieplattformen umfassen Grunddisziplinen, welche die technische Basis des Forschungsprozesses betreffen und auf ein breites Spektrum verschiedener Krankheiten anwendbar sind, beispielsweise Discovery Technologies, Developmental Molecular Pathways, Disease Models, Information Knowledge @ Novartis (IK@N) oder Functional Genomics (vgl. Novartis 2004b, S. 14). Neben der strukturellen Trennung besteht auf den Ebenen der Indikationsgebiete und der Plattformen zum Teil auch eine räumliche Trennung. Die Onkologie etwa verteilt sich auf drei Standorte. Es gibt jedoch auch Einheiten, die vollständig an einem Ort konzentriert sind, so z. B. diejenigen für Dermatologie in Wien und für Atemwegserkrankungen in Horsham.

Obwohl sich das weltweite NIBR-Netzwerk durch eine globale Konfiguration auszeichnet, innerhalb derer alle Forschungsgruppen weltweit aufeinander abgestimmt sind, stellen Basel und Cambridge die Hauptforschungsknoten des Verbundes dar (vgl. Rygl 2008, S. 159 ff.). Mit Ausnahme des Indikationsgebiets »Respiratory Diseases« in Horsham verteilen sich auch die Leitungen der weltweit operierenden Forschungsgruppen auf die zwei Institute. An diesen beiden Standorten sind ferner die

Abb. 4-22

F&E-Standorte, Indikationsgebiete und Plattformen von Novartis im Jahre 2004

(Quellen: eigene Darstellung nach NIBR 2005a; Novartis 2003c)

meisten Forschungsgruppen untergebracht. Diese Umstände führen dazu, dass sich ein Großteil des Wissenstransfers auf die »Forschungsachse Basel-Cambridge« konzentriert (vgl. NIBR 2005b). Ein wichtiges Instrument zur Koordination länderübergreifender Forschungsprozesse bilden dabei standardübergreifende Teams. Je nach Dringlichkeit eines Programms können zudem Personal und Finanzen weltweit umgeschichtet werden (vgl. Heuer 2003; Wisdom 2003, S. 1). Nach seinem Amtsantritt erstellte Dr. Fishman beispielsweise eine Prioritätenliste der Forschungsprojekte. Forscher, die bis dahin an weniger Erfolg versprechenden Krankheiten gearbeitet haben, wurden zurück in die Labore versetzt, um sich im Rahmen des Genomprojekts anderen Aufgaben zu widmen, die von Bedeutung für die Erforschung neuer Substanzen sind (vgl. Aoki 2003, S. D5).

Forschungskooperationen

Obwohl Novartis beim NIBR verstärkt auf die eigene Grundlagenforschung setzt, ist es nach Aussagen von dessen Leiter Dr. Fishman unerheblich, ob gute Ideen von außen oder von innen kommen. »Wenn jemand eine gute Idee hat, sollten wir uns dafür engagieren« (zit. nach APA 2004). Aus diesem Grund spielt die Zusammenarbeit mit Universitäten und Biotechnologie-Unternehmungen eine sehr wichtige Rolle.

Alleine im Jahre 2004 wurden 161 Allianzen mit biotechnologischen und akademischen Organisationen geschlossen (vgl. NIBR 2004). Auf diese Weise nutzt die Unternehmung die sich ihr bietenden Perspektiven und Möglichkeiten. »Even a large company like Novartis cannot be doing research in every approach in every disease area that we are interested in. With partnerships, we get access to different approaches and different drugs to complement what we are doing in-house« (Smith 2004, S. 2).

4.6.7.2.2 Novartis Corporate Research Institutes

Die Forschungsaktivitäten von Novartis erstrecken sich nicht nur auf das NIBR, sondern werden durch drei »Corporate Research Institutes« ergänzt: Das Genomics Institute of the Novartis Research Foundation in La Jolla (USA), das Novartis Institute for Tropical Diseases (NITD) in Singapur und das Friedrich Miescher Institut in Basel. »The mission of the corporate research institutes is to leverage the specific scientific knowledge from its three institutes in order to contribute to Novartis« (Novartis 2005c).

Obwohl jedes Institut unabhängig ist, beschränkt sich dessen Freiraum zumeist auf die operative Ebene. In der Praxis gibt die Muttergesellschaft die Richtung der Forschung vor, innerhalb ihrer Kernkompetenzen erhalten die Forschungszentren jedoch eine hohe Autonomie und können die Projekte frei wählen. Auftragsforschung findet zwar nicht statt, jedoch sind die Institute so konfiguriert, dass sie eine strategische Unterstützerfunktion für die NIBR ausüben. Während bei NIBR die Entdeckung neuer Wirkstoffe im Mittelpunkt steht, widmen sich die Corporate Research Institutes auch anderen Aufgaben (vgl. Aiolfi 2004, S. 15).

GNF

Das Genomics Institute of the Novartis Research Foundation (GNF), das 1999 im kalifornischen La Jolla in der Nähe des renommierten Scripps Research Institute gegründet wurde, beschäftigt 400 Forscher und wird von der Novartis Forschungsstiftung als Forschungszentrum mit den Schwerpunkten Genomik und Proteomik finanziert. Das Institut gilt als führend in der Entwicklung fortgeschrittener Technologien, die von der zellulären Genomik und Proteomik bis zur kombinatorischen Chemie und strukturellen Biologie reichen. Das kalifornische La Jolla zählt zu den kreativsten biomedizinischen Forschungsregionen der Welt, innerhalb derer das GNF eines der größten Forschungszentren ist, das sich ausschließlich der *functional genomics* widmet (vgl. Zeller 2001, S. 451). Hier werden zukünftige Ansätze in der Grundlagenforschung in Kooperation mit umliegenden Instituten verfolgt und funktionelle Zusammenhänge zwischen Genen und Krankheitsprozessen aufgedeckt. Diese Erkenntnisse der molekularen Medizin fließen in die Entwicklung neuer Medikamente und Therapien ein. »Die faszinierendsten Forschungsaktivitäten unserer Zeit«, so Paul Herrling (2002), der Forschungsleiter von Novartis Pharma, »konzentrieren sich auf das menschliche Genom. Ihnen verdanken wir die Erkenntnis, dass bei der Entstehung vieler bekannter Krankheiten, wie zum Beispiel Alzheimer oder Diabetes, Fehler in den Genen eine Rolle spielen. Wenn wir verstehen lernen, wie ein genetischer Defekt zu einer bestimmten Krankheit führt, wären wir vielleicht in der Lage, die Ursache zu finden, sie zu beheben und den Patienten zu heilen.« Das GNF hat damit begonnen, die neu entwickelten Technologien in eigenen Entwicklungsprogrammen einzusetzen, und arbeitet dabei eng mit dem NIBR zusammen. Ausdruck dafür ist etwa die Bildung eines gemeinsamen Forschungsausschusses im Jahre 2003, durch den die Abstimmung der F&E-Aktivitäten der Unternehmung verbessert werden soll (vgl. Novartis 2004b, S. 16).

FMI

Das Friedrich Miescher Institut (FMI) übernimmt Aufgaben in der Forschung, die neben der Pharmazie auch andere Bereiche von Novartis umfassen. Nach der Integration von Ciba in Novartis erlangte das Forschungsinstitut einen unabhängigen Status und widmet sich der Grundlagenforschung von der Epigenetik und Wachstumskontrolle bis zur Neurobiologie, d. h. auf Gebieten, die für Novartis Pharma von hohem Interesse sind (vgl. Novartis 2005b). Neben der Förderung der Grundlagenforschung auf den Gebieten der Biochemie und Medizin bietet es Wissenschaftlern aus aller Welt die Möglichkeit, an der wissenschaftlichen Forschung teilzunehmen. 2014 beschäftigt das FMI 95 Doktoranden und 90 Post-Doktoranden aus nahezu 40 Ländern und verfügt über zahlreiche Kooperationsabkommen mit Universitäten in der ganzen Welt. Insgesamt verteilen sich die rund 300 Beschäftigten auf 22 Forschungsgruppen (vgl. http://www.fmi.ch/About/People/). Dabei wird ihnen eine große Autonomie eingeräumt, ihre Projekte frei zu wählen und durchzuführen, ohne produkt- oder anwendungsbezogene »milestones« vorweisen zu müssen. Bezüglich der Zusammenarbeit mit Novartis ist es nach Paul Herrling denkbar, »dass ein Mitarbeiter des FMI über Jahrzehnte forsche, ohne Kontakt mit Novartis zu haben und ohne dass der Konzern je irgendeinen Nutzen aus seiner Arbeit ziehen könne. In der Praxis sei es jedoch nahezu unmöglich, Spitzenforschung zu betreiben, ohne irgendetwas hervorzubringen, das für eine Krankheit wichtig und letztendlich für Novartis von Nutzen wäre« (zit. nach Aiolfi 2004, S. 15).

NITD

Das 2001 in Singapurs neuem Forschungspark Biopolis gegründete Novartis Institute for Tropical Diseases (NITD) ist eine öffentlich-private Partnerschaft zwischen Novartis und Singapurs Economic Development Board (EDB). Es ist auf die fortgeschrittene biomedizinische Forschung für vernachlässigte Krankheiten wie das Denguefieber und Tuberkulose konzentriert und zugleich das Kernstück der gesellschaftlichen und sozialen Verantwortung im Sinne des Corporate Citizenship Programms der Unternehmung (vgl. Novartis 2005a). Mit dem Schwerpunkt Malariaforschung deckt das NITD überwiegend den steigenden Bedarf an Tropenmedizin für Asien ab (vgl. Seidl 1995). »The Novartis Institute for Tropical Diseases aims to discover novel treatments and prevention methods in respect of major tropical diseases. In those countries where these diseases are endemic, Novartis intends to make treatments readily available and without profit. The discovery technology is state-of-the-art and the scope of the activities range from target discovery through to screen development and compound optimization« (Novartis 2003f). Das nicht gewinnorientierte Institut agiert als ein professionell angelegtes Hilfsprojekt und beschäftigt insgesamt 75 Forscher und 30 Studenten.

Großer Stellenwert wird der Zusammenarbeit mit anderen Institutionen zugeschrieben. »The NITD is entirely dependent on the early formation of partnerships on a global scale« (Novartis 2004a). Einerseits kooperiert das Forschungszentrum intern mit dem NIBR und dem GNF, sowie mit allen anderen Forschungslabors innerhalb des Konzerns (vgl. Novartis 2004a; Paudler-Debus 2004, S. 19). »We will leverage the experience, the technology and the databases in the powerful Novartis family to try to come up with good treatments« (NITD 2004). Andererseits hat das NITD Partnerschaften mit externen Wissensträgern auf lokaler, regionaler und globaler Ebene geschlossen. Dazu zählen sowohl namhafte und führende Mitglieder der wissenschaftlichen und klinischen Gemeinschaft als auch internationale Organisationen wie die World Health Organisation (WHO) (vgl. Novartis 2004a).

Novartis schätzt an diesem Standort vor allem die offene Forschungsatmosphäre auf höchstem wissenschaftlichen Niveau, die Infrastruktur, die Nähe zu den von den Zielkrankheiten betroffenen Patienten und ihren Ärzten, die sehr guten kommerziellen sowie regulatorischen Bedingungen und die kooperationswillige und unbürokratische Regierung, die den Pharmaunternehmungen beispielsweise mit der großzügigen rechtlichen Regulierung der Stammzellenforschung sehr entgegenkommt (vgl. Köhler/Sieren 2004, S. 92; Pflegel 2004, S. 2).

4.6.8 Ausblick

Die Gründung des NIBR stellt das derzeit letzte und entscheidende Element in der neuen Forschungsstrategie und gleichzeitig den Abschluss der strategischen Neufindung in diesem Bereich dar. Die Erweiterungen des Zentrums in Cambridge um weitere Gebäude und Laborkapazitäten sowie die Eröffnung weiterer Standorte in Emmeryville (USA), Shanghai und Siena machen das NIBR zur wichtigsten Einrichtung im Bereich der Pharmaforschung in der Welt. 2012 sind dort etwa 6.000 Wissenschaftler, Pharmakologen und Manager beschäftigt (vgl. NIBR 2012). Wie der damalige Senator Edward Kennedy bei der Einweihung des Zentrums 2003 unterstrich: »Neben neuen Arbeitsplätzen und Wachstumsaussichten für die Region bedeutet die heutige Ankündigung des Novartis Institute for Biomedical Research, der größten zentralisierten Forschungseinrichtung der Welt, ein starkes Engagement, um den Millionen von Familien, die mit Krankheiten leben müssen, neue Hoffnung zu geben und neue Therapien anzubieten.« (zit. nach Novartis 2002d, S. 2).

Gleichzeitig setzt Novartis in der Forschung die bewährte Strategie von Sandoz und Ciba-Geigy fort, regionale Schwerpunkte bei der Bildung neuer Forschungsinstitute und -kooperationen zu schaffen. Insbesondere in den USA erfolgen Ansiedlungen in den innovativsten Forschungsregionen des Landes. Novartis erwirbt so »den Zugang zu den regionalen Innovationssystemen in den Regionen San Francisco/Oakland, Boston, und in jüngster Zeit (...) San Diego/La Jolla« (Zeller 2001, S. 450).

Zeit als Wettbewerbsvorteil

Die sich weiter vollziehende Aufgabenstrukturierung innerhalb der einzelnen Forschungszentren soll unter der Federführung von Dr. Fishman den kritischen Wettbewerbsvorteil Zeit weiter stärken. So liegt die Entwicklungsdauer bei Novartis unter dem Branchendurchschnitt. Gleichzeitig soll mit einer verbesserten Abstimmung der einzelnen F&E-Abteilungen eine weitere Verjüngung der Produktpalette erreicht werden.

Der Zugang zu externen Wissensträgern und die starke interne Innovationskraft der Unternehmung sowie die sehr hohen F&E-Ausgaben von 9,6 US-$ (16,6 % des Nettoumsatzes) im Jahre 2013 bilden die Grundlage für das Innovationspotenzial der Unternehmung. 70 % aller neuen Medikamente basieren auf unternehmungseigener

Grundlagenforschung und machen Novartis zum Branchenführer in diesem Bereich (vgl. Novartis 2005a).

Die konsequente Ausrichtung der Forschung an zukünftig innovativen Gebieten soll schließlich die Weichen für zukünftige Erfolge stellen. Vor allem die Qualität der Forschungsbestrebungen soll Novartis zur weltweit führenden Unternehmung im Gesundheitswesen mit dem Kerngeschäft in den Bereichen Pharma und Consumer Health machen und die »führende Stellung als wissenschaftsbasiertes und patientenorientiertes Gesundheitsunternehmen weiter festigen« (Novartis 2014, S. 7).

Aufgaben zu 4.6

1. *Beschreiben Sie die Einflussfaktoren auf die länderübergreifende Konfiguration der F&E in der Pharmaindustrie.*
2. *Beschreiben Sie die länderübergreifende Konfiguration der F&E bei Ciba-Geigy, Sandoz und Novartis.*
3. *Welche Vor- und Nachteile sind mit diesen drei unterschiedlichen Formen der Konfiguration verbunden?*
4. *Welchen Restriktionen war Novartis nach der Fusion bei der Re-Konfiguration der F&E ausgesetzt? Konnte Novartis Ihrer Auffassung nach alle Vorteile der länderübergreifenden Konfiguration der F&E nutzen?*
5. *Welche Gründe sprechen Ihrer Meinung nach dafür, dass Novartis die F&E-Aktivitäten in den Triademärkten Europa, USA und Japan angesiedelt hat? Gibt es aus Ihrer Sicht andere Länder, in denen F&E-Aktivitäten angesiedelt werden sollten, um das kreative Potenzial in diesem Bereich zu erhöhen?*
6. *Welche strukturellen und prozessualen Instrumente sind Ihrer Auffassung nach zur Koordination der länderübergreifenden F&E bei Novartis geeignet? Welche dieser Instrumente sind bei Novartis anzutreffen?*
7. *Inwieweit kann von einer Rollendifferenzierung innerhalb des Forschungsverbundes bei Novartis gesprochen werden? Welche Vor- und Nachteile sind damit Ihrer Auffassung nach verbunden?*

Literatur zu 4.6

Aiolfi, S.: »Wissenschaft braucht auch etwas Irrationales« – Klarere Aufgabenteilung zwischen Industrie- und Hochschulforschung. In: Neue Zürcher Zeitung, 3.9.2004, S. 15.

Aoki, N.: Inventing designer drugs. In: Boston Sunday Globe, Beilage: Business & Money, 13.4.2003, D1; D5.

APA 2004: Arzneimittelforschung: Umbruch erst am Anfang. In: Austria Presse Agentur, 24.6.2004.

Bayer: Geschäftsbericht 2006. Leverkusen 2007.

BPI (Bundesverband der Pharmazeutischen Industrie): Pharma innovativ. Vom Wirkstoff zum Arzneimittel. Frankfurt a. M. 1999.

BPI (Bundesverband der Pharmazeutischen Industrie): Pharma Daten 2000. Frankfurt a. M. 2000.

BPI (Bundesverband der Pharmazeutischen Industrie): Pharma-Daten 2001. Berlin 2001.
BPI (Bundesverband der Pharmazeutischen Industrie): Pharma-Daten 2002. Berlin 2002.
BPI (Bundesverband der Pharmazeutischen Industrie): Pharma-Daten 2014. Berlin 2014.
CEPTON Strategies: Pharmaceuticals Mergers & Acquisitions. Mapping 15 Years of M&A Deals in the Pharmaceutical Industry. München et al. 2013.
Ciba-Geigy: Geschäftsbericht 1982. Basel 1983.
Ciba-Geigy: Geschäftsbericht 1984. Basel 1985.
Ciba-Geigy: Geschäftsbericht 1985. Basel 1986.
Ciba-Geigy: Geschäftsbericht 1986. Basel 1987.
Ciba-Geigy: Geschäftsbericht 1987. Basel 1988.
Ciba-Geigy: Geschäftsbericht 1988. Basel 1989.
Ciba-Geigy: Geschäftsbericht 1989. Basel 1990.
Ciba-Geigy: Geschäftsbericht 1990. Basel 1991.
Ciba-Geigy: Geschäftsbericht 1992. Basel 1993.
Ciba-Geigy: Finanzübersicht 1994. Basel 1995.
Coles, S.: Perspectives Focus: Pharma M&A – Survival of the Fattest? In: Perspectives on Life Sciences, Cap Gemini Ernst & Young, 5, 2002, S. 6–11.
Dambacher, E./Schöffski, O.: Vertriebswege und Vertriebswegeentscheidung. In: Pharmabetriebslehre, hrsg. v. O. Schöffski, F.-U. Fricke, W. Guminski u. W. Hartmann. 2. Aufl., Berlin et al. 2008, S. 281–296.
Drews, J.: Die verspielte Zukunft. Wohin geht die Arzneimittelforschung? Basel-Boston-Berlin 1998.
Eichin, K.-H.: Internationale Perspektiven der Pharma-Industrie. In: F&E-Management in der Pharma-Industrie, hrsg. v. R. Herzog. Aulendorf 1995, S. 54–79.
Ernst & Young: The Shifting Balance of Firepower. Big Pharma's Challenges in a Competitive M&A Environment. London 2014.
Fitzner, V./Kusnierz-Glaz, C.: Biotech-Unternehmen als interessante Akquisitionsziele. In: GoingPublic Magazin, 5, 2002, S. 25–27.
Ganz, K.: FTTM – die Formel zum Erfolg. In: Phocus Pharma, 3. Jg., 2, 1993, S. 6–9.
Grabowski, H.G:/Vernon, J. M.: Returns to R&D on New Drug Introductions in the 1980s. In: Journal of Health Economics, Vol. 13, 1994, S. 383–406.
de la Haye, R./Gorbauch, T.: Die Entwicklung eines Arzneimittels. In: Pharmabetriebslehre, hrsg. v. O. Schöffski, F.-U. Fricke, W. Guminski u. W. Hartmann. 2. Aufl., Berlin et al. 2008, S. 105–116.
Herrling, P.: Forschung und Innovation spielen bei Novartis eine zentrale Rolle, 2002, http://www.novartis.de/ueber_uns/forschung.jsp (17.11. 2002).
Herzog, R.: F&E-Management in der Pharma-Industrie. Aulendorf 1995.
Heuer S.: Boston Gene Party. In: brand eins, 2, 2003. http://www.brandeins.de/home/inhalt_detail.asp?id= 241&MenuID= 130&MagID= 8&sid=su213612518749 08192 (12.12.2003).
IMS-Institute for Healthcare Informatics: The Global Use of Medicines. Outlook through 2017. Parsippany, NJ 2013.

Jenny, E. F.: Forschung aus Sicht des Forschers. In: F&E-Management in der Pharma-Industrie, hrsg. v. R. Herzog. Aulendorf 1995, S. 99–108.

Köhler A./Sieren F.: Biotech in Asien – Faszinierendes Tempo. In: Wirtschaftswoche, 16.9.2004, S. 92–94.

KPMG: M&A-Geschäft zieht weltweit wieder an – Aber Deutschland fällt weiter zurück, 2004, http://www.kpmg.de/about/press_office/10778.htm (12.12.2004).

Merck: Geschäftsbericht 2007. Darmstadt 2008.

Moret, M.: Vorwort des Präsidenten. In: Geschäftsjahr 1988. Bericht und Rechnungsabschluss, hrsg. v. Sandoz. Basel 1989, S. 6–7.

Moret, M.: Vorwort des Präsidenten. In: Geschäftsbericht 1992, hrsg. v. Sandoz. Basel 1993, S. 6–7.

Moret, M.: Vorwort des Präsidenten. In: Geschäftsbericht 1995, hrsg. v. Sandoz. Basel 1996, S. 6–7.

NIBR: Current alliances, Novartis Institutes for BioMedical Research Inc., Cambridge, MA 2004, http://www.nibr.novartis.com/StrategicAlliances/current_alliances.shtml (31.1.2005).

NIBR: Novartis Institutes for BioMedical Research (NIBR): Hintergrundinformationen- NIBR Factsheet FRESCO. Virtuelle Pressemappe, Cambridge, MA 2005 (a), http://www.novartis.de/presse/offener_pressebereich/index.shtml?high lightLeft= 61&user=p (24.01.2005).

NIBR: Novartis Institutes for BioMedical Research (NIBR): Hintergrundinformationen – NIBR Overview FRESCO. Virtuelle Pressemappe. Cambridge, MA 2005 (b), http://www.novartis.de/presse/offener_pressebereich/index.shtml?highLightLeft= 61&user=p (24.1.2005).

NIBR: Changing the Practice of Medicine. The Novartis Institutes for BioMedical Research. Cambridge, MA 2012.

NITD: NITD Factsheet. In: Virtuelle Pressemappe der Medienmitteilung: Novartis Institut für Tropenkrankheiten in Singapurs Forschungspark Biopolis eröffnet, 2004, http://www.novartis.de/ presse/offener_pressebereich/Index.shtml?jahr= 2004&highLightLeft= 61?highLightLeft= 61 (10. 12.2004).

Nolmans, E.: Vasella nimmt Anlauf zum Quantensprung. In: Bilanz, 4, 2004, S. 50–60.

Novartis: Geschäftsübersicht 2000. Basel 2001.

Novartis: Die Firmengeschichte von Novartis. Basel 2002 (a), http://www.novartis.de/ ueber_uns/geschichte1996.jsp (12.12.2002).

Novartis: Geschäftsbericht 2001. Basel 2002 (b).

Novartis: US Securities & Exchange Commission Form 20-F 2001. Basel 2002 (c).

Novartis: Novartis erhöht Forschungsinvestitionen in den USA und eröffnet Biomedizinisches Forschungszentrum in Cambridge. Medienmitteilung, Basel 6.5.2002 (d).

Novartis: Geschäftsbericht 2002. Basel 2003 (a).

Novartis: Research & Development – Overview. Basel 2003 (b), http://www.Novartis.com/about_novartis/en/research_development.shtml (11.1. 2003).

Novartis: Research Centers – Novartis Pharmaceuticals Research Worldwide Community 2002. Basel 2003 (c), http://www.novartis.com/images/about_novartis/research_ centers_672.gif (17.1.2003).

Novartis: Corporate Research Institutes. Basel 2003 (d), http://www.novartis.com/about_ novartis/en/research_centers.shtml (17.2.2003).

Novartis: Novartis Institute for Medical Sciences. Basel 2003 (e), http://www.nibr.novartis.com/AboutNIBR/NovartisInstitutes/NIMedicalSciences/ (13.3.2003).

Novartis: Novartis Institute for Tropical Diseases – Mission. Basel 2003 (f), http:/www.nitd.novartis.com/mission/index_mission.shtml (12.2.2003).

Novartis: US Securities & Exchange Commission Form 20-F 2002, Basel 2003 (g).

Novartis: Novartis Institutes Headquarters. Basel 2003 (h), http://www.nibr.novartis.com/AboutNIBR/NovartisInstitutes/NIHeadquartes/ (12.2. 2003).

Novartis: Global Alliances. Basel 2004 (a), http://www.nitd.novartis.com/research/global_alliances.shtml (21.5.2004).

Novartis: Geschäftsbericht 2003. Basel 2004 (b).

Novartis: Geschäftsbericht 2004. Basel 2005 (a).

Novartis: Forschungszentren. Basel 2005 (b), http://www.novartis.ch/about_novartis/de/research_research_centers.shtml, (03.01.2005).

Novartis: Corporate Research, Basel 2005 (c), http://www.nitd.novartis.com/corporate_Research/index.shtml (5.1.2005).

Novartis: Novartis optimiert Forschung und Entwicklung in der Zell- und Gentherapie. Medienmitteilung, Basel 14.9.1998.

Novartis: Geschäftsbericht 2008. Basel 2009.

Novartis: Geschäftsbericht 2013. Basel 2014.

OECD: OECD Health Data 2002. 4. Aufl., Paris 2002.

Paudler-Debus, M.: Hilfe aus Biopolis. In: Karriereführer Lifescience 2004/2005. Köln 2004, S. 18–19.

Pfizer: Annual Report 2004. New York 2005.

Pflegel, J.: Novartis-Institut ohne Gewinnorientierung. In: Arzneimittelzeitung, 12, 15.7.2004.

Pharma Information: Pharma-Markt Schweiz. Kommunikationsstelle Interpharma. Verband der Forschenden pharmazeutischen Firmen der Schweiz. 9. Aufl., Basel 2002.

PhRMA (Pharmaceutical Research and Manufacturers of America): Pharmaceutical Industry Profile 2002. Washington 2002.

PhRMA (Pharmaceutical Research and Manufacturers of America): Pharmaceutical Industry Profile 2009. Washington 2009.

PhRMA (Pharmaceutical Research and Manufacturers of America): Pharmaceutical Industry Profile 2012. Washington 2012.

Pike, G./Coleman T.: Global Market and Deal Survey. Pharmaceutical Sector 1997. PricewaterhouseCoopers 1997.

PwC: Pharmaceutical Sector Insights – Annual Report 2001. PricewaterhouseCoopers 2002.

PwC: Pharmaceutical Sector Insights – Annual Report 2002. PricewaterhouseCoopers 2003.

PwC: Pharmaceutical Sector Insights – Annual Report 2003. PricewaterhouseCoopers 2004.

Rühli, E./Sachs, S.: Case Study. The Novartis Megamerger: an Intraorganizational Evolutionary Perspective. In: Strategic Change, 8, 1999 (a), S. 217–226.

Rühli, E./Sachs, S.: Der Novartis Mega-Merger. In: Zeitschrift für Organisation, 6, 1999 (b), S. 323–326.

Rygl, D.: Länderübergreifende Innovations- und Wissensnetzwerke. Eine empirische Studie in der pharmazeutischen Industrie. München-Mering 2008, zugl. Diss., Erlangen-Nürnberg 2008.

Sandoz: Geschäftsjahr 1970. Bericht und Rechnungsabschluss Sandoz AG, Basel 1971.

Sandoz: Geschäftsjahr 1971. Bericht und Rechnungsabschluss Sandoz AG, Basel 1972.

Sandoz: Geschäftsjahr 1972. Bericht und Rechnungsabschluss Sandoz AG, Basel 1973.

Sandoz: Geschäftsjahr 1986. Bericht und Rechnungsabschluss. Basel 1987.

Sandoz: Geschäftsjahr 1987. Bericht und Rechnungsabschluss. Basel 1988.

Sandoz: Geschäftsjahr 1989. Bericht und Rechnungsabschluss. Basel 1990.

Sandoz: Geschäftsbericht 1990. Basel 1991.

Sandoz: Geschäftsbericht 1991. Basel 1992.

Sandoz: Geschäftsbericht 1992. Basel 1993.

Sandoz: Rapport Annuel 1993. Basel 1994.

Sandoz: Geschäftsbericht 1994. Basel 1995.

Sandoz: Geschäftsbericht 1995. Basel 1996.

Schmidt, S./Rühli, E.: Prior Strategy Processes as a Key to Understanding Megamergers: The Novartis Case. In: EMJ, Vol. 20, 3, 2002, S. 223–234.

Schwarzer, B.: Grundlagen der Prozessorientierung: eine vergleichende Untersuchung in der Elektronik- und Pharmaindustrie. Wiesbaden 1995.

Schweizer, L.: Organizational Integration of Acquired Biotechnology Companies in Pharmaceutical Companies. The Need for a Hybrid Approach. In: AMJ, Vol. 48, 6, 2005, S. 1051–1074.

Seidl, G.: Trends in Pharmaforschung und -entwicklung. In: F&E-Management in der Pharma-Industrie, hrsg. v. R. Herzog. Aulendorf 1995, S. 155–162.

Silva, C.: Novartis jettisons GTI unit, 87 workers. In: Washington Business Journal, http://www.bizjournals.com/washington/stories/2003/08/11/daily37.hmtl (15.8.2003).

Smith, R. B.: The new deals. In: Novartis Pharma Business Review, 4. Jg., 6, 2004, S. 2.

Staples, R: Pierre Douaze, Executive Profile. In: Pharmaceutical Executive, Vol. 14, 2, 1994, S. 34–44.

Vasella, D.: Interview anlässlich der Eröffnung des NIBR in Cambridge. In: Novartis Medienmitteilung: Novartis erhöht Forschungsinvestitionen in den USA, hrsg. v. Novartis. Basel 2002.

VFA: Statistics 2009. Die Arzneimittelindustrie in Deutschland. Berlin 2009.

Wisdom J.: Novel Approach. In: Novartis Pharma Business Review, 3, 6, 2003, S. 1–4.

Zeller, C.: Globalisierungsstrategien – Der Weg von Novartis. Berlin-Heidelberg-New York 2001.

5 Organisation international tätiger Unternehmungen

5.1 Organisatorische Gestaltung der Mutter-Tochter-Beziehungen

Informationsasymmetrie

Eine der zentralen Herausforderungen international tätiger Unternehmungen ist die effiziente Aufteilung der Entscheidungskompetenzen zwischen der Muttergesellschaft und den ausländischen Tochtergesellschaften. Betrachtet man die Beziehungen zwischen Mutter- und Tochtergesellschaft aus der Perspektive der Principal-Agent-Theorie, so wird ein grundsätzlicher Zielkonflikt zwischen diesen beiden Akteuren deutlich. Die Muttergesellschaft delegiert i. d. R. bestimmte Entscheidungskompetenzen an die Tochtergesellschaft, die es dieser ermöglichen sollen, ihre Entscheidungen bestmöglich an den jeweiligen lokalen Bedingungen zu orientieren. Dabei besteht jedoch das Problem, dass die Muttergesellschaft die Effizienz der in der Tochtergesellschaft getroffenen Entscheidungen aufgrund fehlender Marktnähe nicht umfassend beurteilen kann. Je größer diese *Informationsasymmetrie* ist, desto größer ist das Risiko, dass die Tochtergesellschaft die übergeordneten Ziele der Muttergesellschaft zugunsten der Verfolgung eigener Ziele vernachlässigt.

Koordinations- und Steuerungsinstrumente

Zur Reduzierung dieses Principal-Agent-Problems muss die Muttergesellschaft deshalb geeignete *Koordinations- und Steuerungsinstrumente* einsetzen, die sicherstellen, dass die in der Tochtergesellschaft getroffenen Entscheidungen einerseits im Einklang mit der gesamten Unternehmungsstrategie stehen und andererseits deren Motivation für unternehmerische Initiative und die Fähigkeit zur Anpassung an die spezifischen Gastlandbedingungen nicht zu stark begrenzt wird. Hierzu stehen sowohl strukturelle als auch prozessuale Instrumente zur Verfügung. Während

Abb. 5-1

Spektrum der Koordinations- und Steuerungsinstrumente international tätiger Unternehmungen

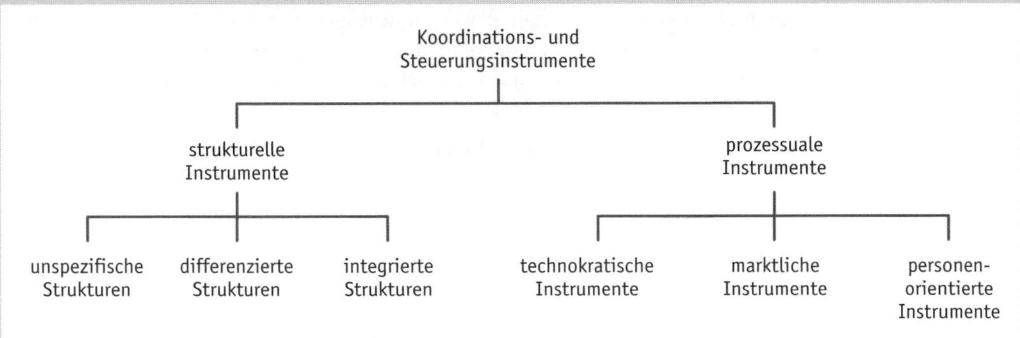

strukturelle Koordinations- und Steuerungsinstrumente den langfristig angelegten strukturellen Rahmen der Beziehungen zwischen Mutter- und Tochtergesellschaften vorgeben, dienen *prozessuale Instrumente* der inhaltlichen Ausgestaltung dieser Beziehungen (vgl. Abb. 5-1).

5.1.1 Strukturelle Koordinations- und Steuerungsinstrumente

Form und Ausmaß des internationalen Engagements

Die Art und Intensität der strukturellen Veränderungen, die durch die Internationalisierung erforderlich werden, hängen wesentlich von der *Form und dem Ausmaß des internationalen Engagements* einer Unternehmung ab (vgl. Holtbrügge 2004a, Sp. 542). Bei der einfachsten Form der Bearbeitung ausländischer Märkte durch Lizenzvergabe bleibt die bestehende Organisationsstruktur zumeist unverändert. Auch Exporte ziehen abgesehen von der Einrichtung einer Exportabteilung i. d. R. keine erwähnenswerten organisatorischen Konsequenzen nach sich. Erst wenn sich das Schwergewicht der internationalen Aktivitäten vom reinen Exportgeschäft auf eine Mischung aus Export, Lizenzabkommen und Auslandsproduktion verlagert und der Anteil der Auslandsaktivitäten im Verhältnis zum Gesamtumsatz an Bedeutung gewinnt, kommt es zwischen den verschiedenen Abteilungen der Muttergesellschaft zu Interessenskonflikten, die durch die bestehende Struktur zumeist nicht mehr bewältigt werden können. Die zunehmende Internationalisierung einer Unternehmung bedingt deshalb Reorganisationsmaßnahmen, die sowohl die statutarische Struktur (*de jure*-Struktur) als auch die operationale Struktur (*de facto*-Struktur) betreffen.

Statutarische Struktur

Die *statutarische Struktur* umfasst die Rechtsform der in- und ausländischen Unternehmungseinheiten und die Ausgestaltung der zwischen diesen bestehenden rechtlichen und kapitalmäßigen Beziehungen. Zentrale Ziele der Gestaltung der statutarischen Struktur sind die optimale Lenkung der Finanzströme, die Minimierung der Steuerlast sowie die Haftungsbegrenzung. Die wichtigsten Einflussgrößen auf die Gestaltung der statutarischen Struktur sind das Steuersystem sowie das Gesellschaftsrecht der betroffenen Länder (vgl. Macharzina/Oesterle 1995, S. 206 ff.).

Operationale Struktur

Die Grundformen der im Vordergrund der weiteren Betrachtung stehenden *operationalen Struktur*, die die *Weisungsbefugnisse und Berichtspflichten zwischen der Muttergesellschaft und den ausländischen Tochtergesellschaften* regelt, ergeben sich durch die Anwendung der gleichen Strukturierungsprinzipien wie bei national operierenden Unternehmungen. Entsprechend der Art der Spezialisierung, an der die Bildung der Organisationseinheiten der zweiten hierarchischen Ebene orientiert ist, entsteht durch die Spezialisierung auf Verrichtungen die funktionale Organisation, auf Objekte die divisionale Organisation und auf Regionen die Regionalorganisation (vgl. Welge 1987, S. 482 ff.). Im Unterschied zu national agierenden Unternehmungen muss zudem eine Entscheidung über den Grad der *Integration des Auslandsgeschäftes in die Gesamtstruktur* der Muttergesellschaft getroffen werden. Idealtypisch sind *drei Gestaltungsalternativen* denkbar:

Integration des Auslandsgeschäftes in die Gesamtstruktur

Drei Gestaltungsalternativen

- Bei *unspezifischen Strukturen* findet keine nennenswerte Veränderung der Organisationsstruktur statt. Die Leiter der ausländischen Tochtergesellschaften berichten direkt an die Unternehmungsleitung der Muttergesellschaft.

- *Differenzierte Strukturen* sind durch die organisatorische Trennung von Inlands- und Auslandsgeschäft gekennzeichnet. Die internationalen Aktivitäten werden in einer eigenständigen organisatorischen Einheit wie z. B. einer Exportabteilung oder einer International Division zusammengefasst, die auch rechtlich selbstständig (z. B. GmbH) sein kann.
- Im Rahmen von *integrierten Strukturen* wird in der Muttergesellschaft keine organisatorische Trennung in einen Inlands- und Auslandsbereich vorgenommen. Vielmehr werden Organisationseinheiten gebildet, die sowohl für die inländischen als auch für die ausländischen Aktivitäten zuständig sind. Dadurch wird die Dichotomie zwischen nationalem und internationalem Geschäft überwunden und die weltweite Orientierung der Unternehmung unterstützt.

5.1.1.1 Unspezifische Strukturen

Frühphase der Internationalisierung

Unspezifische Strukturen sind für die Frühphase der Internationalisierung von Unternehmungen kennzeichnend, wenn diese nur *geringe Ex- und Importaktivitäten* ausüben. Bei vielen kleinen und mittelständischen Unternehmungen erfolgt die Internationalisierung eher zufällig. Ausgelöst wird diese häufig durch vereinzelte Anfragen von Kunden im Ausland oder sporadische Importe. Da diese Aktivitäten im Vergleich zum Inlandsgeschäft wenig bedeutend sind, findet keine nennenswerte Veränderung der Organisationsstruktur der Muttergesellschaft statt. Zudem zeichnen sich kleine und mittelständische Unternehmungen oft durch eine eigentümerorientierte *Unternehmungskultur* aus (vgl. Haussmann/Holtbrügge/Rygl 2009, S. 483 f.). Die Inhaber bzw. Geschäftsführer behalten sich zumeist alle relevanten Entscheidungen vor, zu denen auch die Kontrolle der Auslandsaktivitäten zählt. Die Leiter der ausländischen Tochtergesellschaften berichten deshalb direkt an die Unternehmungsleitung der Muttergesellschaft.

Eigentümerorientierte Unternehmungskultur

Vorteile und Nachteile

Vorteile unspezifischer Strukturen sind die Vermeidung aufwändiger und kostspieliger Organisationsveränderungen sowie die Konzentration aller internationalen Aktivitäten in der Unternehmungsleitung. Dadurch erhalten internationale Aspekte bei unternehmungspolitischen Entscheidungen ein hohes Gewicht. Unspezifische Strukturen tragen deshalb zur Herausbildung einer internationalen Perspektive bei der Unternehmungsleitung bei. Ein gravierender *Nachteil* ist die Gefahr der Demotivation der mit den operativen Aktivitäten betrauten Mitarbeiter, die nur geringe Entscheidungskompetenzen besitzen. Da in der Muttergesellschaft keine systematische Entwicklung international erfahrener Führungskräfte stattfindet, fällt es Unternehmungen mit unspezifischen Strukturen bei einem Wachstum des Auslandsgeschäfts darüber hinaus oft schwer, geeignete Mitarbeiter für internationale Aufgaben zu finden. Zudem führt die Konzentration der Entscheidungskompetenzen in der Unternehmungsleitung häufig zu Überlastungen und zu Fehleinschätzungen des Auslandsgeschäfts, da Internationalisierungsentscheidungen unsystematisch getroffen werden und eine institutionelle Unterstützung fehlt (vgl. Haussmann 2003, S. 108 f.).

5.1.1.2 Differenzierte Strukturen

Organisatorische Trennung von Inlands- und Auslandsgeschäft

Differenzierte Strukturen zeichnen sich durch die *organisatorische Trennung von Inlands- und Auslandsgeschäft* aus. Sie sind vor allem bei Unternehmungen anzutref-

Abb. 5-2

Differenzierte Organisationsstruktur mit International Division und Auslandsholding

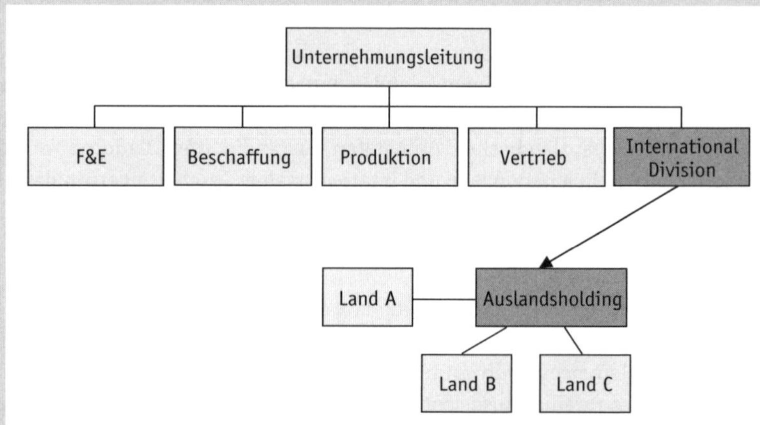

fen, deren Auslandsengagement noch relativ gering ist oder deren Produktprogramm im Hinblick auf die nationalen Anforderungen als standardisiert oder homogen bezeichnet werden kann (vgl. Macharzina 1992a, S. 595). Häufig werden differenzierte Strukturen in Form einer *International Division* gestaltet, die oft aus einer früheren Exportabteilung hervorgeht. Diese International Division übt die *Kontrolle über das gesamte oder zumindest über den größten Teil des Auslandsgeschäftes* aus und stellt sicher, dass das Auslandsgeschäft das konzentrierte Interesse des Top-Managements findet (vgl. Abb. 5-2).

International Division

Auslandsholding

International Divisions können sowohl hinsichtlich ihres organisatorischen Status als auch hinsichtlich ihrer Verantwortlichkeit und Autonomie differieren. Am weitesten verbreitet ist die Gestaltung der International Division in Form einer *Auslandsholding*. Dabei werden die gesamten ausländischen Aktivitäten in einer rechtlich selbstständigen Gesellschaft zusammengefasst und als *Profit Center* geführt, d. h. der wirtschaftliche Erfolg des Auslandsgeschäfts wird gesondert ermittelt, ausgewiesen und bewertet.

Seit Mitte der sechziger Jahre zeichnen sich in amerikanischen Unternehmungen unterschiedliche Entwicklungstrends von International Divisions ab (vgl. Welge 1989c, Sp. 1594). Eine Alternative ist die Herausnahme aus der Linienverantwortung bei gleichzeitiger Übertragung von typischen Stabsfunktionen wie Steuern, Personalmanagement, Planung und Controlling. Ein anderer Trend ist die Reduzierung der Linienverantwortlichkeiten der International Division, indem bestimmte ausländische Tochtergesellschaften den heimischen Produktsparten unterstellt werden. In vielen Unternehmungen findet auch eine Regionalisierung der International Division statt, bei der als Reaktion auf einen zunehmenden Internationalisierungsgrad

Beispiel

Ein Beispiel für eine Unternehmung, die ihre internationalen Aktivitäten in einer International Division zusammengefasst hat, ist der seit Februar 2009 zur Ara AG gehörende Schuhproduzent Salamander. Die Unternehmung hatte in den siebziger Jahren zahlreiche Lizenzabkommen mit Außenhandelsorganisationen in Mittel- und Osteuropa abgeschlossen. Aufgrund der Devisenknappheit in diesen Ländern erfolgte die Bezahlung häufig in Form von Kompensationsgeschäften. Salamander hat nicht nur Rohstoffe und Vorprodukte für die Schuhproduktion wie Leder oder Klebstoffe in Zahlung genommen, sondern auch branchenfremde Produkte wie Porzellan aus Meißen. Zur Abwicklung dieser außerhalb der eigentlichen Geschäftstätigkeit liegenden Kompensationsgeschäfte wurde die rechtlich selbstständige Salamander Import-Export GmbH gegründet, welche die Form einer International Division hatte. Mit dem Zusammenbruch der sozialistischen Wirtschafts- und Gesellschaftssysteme wurden die Kompensationsgeschäfte beendet und die International Division aufgelöst (http://www.salamander.de).

sog. *regional headquarters* gebildet werden, die eine bessere regionale Koordination sicherstellen sollen (vgl. dazu ausführlich Kap. 5.2.2.4).

Eine spezifisch deutsche Variante der International Division ist die Einrichtung einer *Stabsstelle Beteiligungsverwaltung*. Die Beteiligungsverwaltung ist zumeist dem Leiter des Finanzressorts, seltener dagegen dem Leiter des Absatzressorts unterstellt. Die interne Gliederung erfolgt entweder nach den zu betreuenden Beteiligungen oder den jeweiligen *Aufgaben*. Hierzu zählen (vgl. Welge 1989c, Sp. 1594 f.):

- Sammlung, Aufbereitung und Weiterleitung von Informationen,
- Mitarbeit in den Aufsichtsgremien oder in den Geschäftsleitungen der Tochtergesellschaften,
- Mitarbeit bei der Erstellung der Budgets der Tochtergesellschaften,
- Mitarbeit bei der Rechnungslegung der Tochtergesellschaften,
- Durchführung von Prüfungsarbeiten in den Tochtergesellschaften,
- Mitarbeit beim Kauf und Verkauf von Tochtergesellschaften.

Vorteile und Nachteile

Vorteile differenzierter Strukturen sind insbesondere die Spezialisierung, d. h. die Bündelung internationalen Wissens und internationaler Erfahrungen in einer Abteilung sowie die kurzen Kommunikationswege. Dies gilt vor allem für kleine und mittelständische Unternehmungen, die nur über begrenzte Ressourcen und oft nur geringe Kenntnisse des Auslandsgeschäfts verfügen. *Nachteile* sind die vielfach zu beobachtenden Isolierungstendenzen, Doppelgleisigkeiten bei den zentralen Stabsabteilungen sowie die erschwerte Übertragung von Innovationen im Heimatland auf ausländische Märkte. Differenzierte Strukturen stellen deshalb nur dann eine geeignete strukturelle Reaktion auf die Internationalisierung dar, wenn die Auslandsaktivitäten noch keinen bedeutenden Umfang erreicht haben, der Diversifikationsgrad des Auslandsgeschäfts gering ist und wenige Führungskräfte mit internationalen Erfahrungen zur Verfügung stehen. Darüber hinaus sind differenzierte Strukturen sinnvoll, wenn sich In- und Auslandsgeschäft stark unterscheiden.

5.1.1.3 Integrierte Strukturen

5.1.1.3.1 Integrierte Funktionalstruktur

Integration ausländischer Aktivitäten in funktionale Bereiche

Bei der integrierten Funktionalstruktur findet eine *Integration der ausländischen Aktivitäten in die funktionalen Bereiche* statt (vgl. Abb. 5-3). Dies bietet vor allem für diejenigen Unternehmungen *Vorteile*, bei denen die weltweite Abstimmung der Hauptfunktionen das kritische strategische Problem darstellt (vgl. Welge 1989c, Sp. 1595; Holtbrügge 2004a, Sp. 544).

Problematik informeller Strukturen

Die besondere *Problematik* der Funktionalstruktur ergibt sich dann, wenn Tochtergesellschaften nicht einem einzigen Funktionsbereich zugeordnet werden können wie etwa eine Vertriebsniederlassung dem Vertriebsbereich oder eine Fabrik dem Produktionsbereich. Mit wachsender Diversifikation der Auslandsaktivitäten werden die Koordinationserfordernisse immer schwieriger und die Abhängigkeit der Funktionsbereiche von der Unternehmungsleitung der Muttergesellschaft sowie die Belastung der Konzernführung immer größer. Zudem besteht die Gefahr, dass sich zwischen den untergeordneten Leitern der Funktionalbereiche in Mutter- und Tochtergesellschaft informelle Strukturen herausbilden, die die Position der Unternehmungsleitung der ausländischen Tochtergesellschaft schwächen. Diese kann dadurch ihre Koordinations- und Steuerungsfunktion auf der nationalen Ebene oft nicht mehr effizient wahrnehmen (vgl. Abb. 5-4).

Eignung für Ein-Produkt-Unternehmungen

Integrierte Funktionalstrukturen sind deshalb zumeist in solchen Unternehmungen anzutreffen, die über einen geringen Diversifikationsgrad verfügen und deren Auslandsaktivitäten relativ unbedeutend sowie in erster Linie auf den Export beschränkt sind (vgl. Macharzina 1992a, S. 597). Vorteilhaft sind diese zudem dann, wenn die nationalen Anpassungserfordernisse im Hinblick auf die einzelnen Funktionen nur gering sind. Beispiele dafür sind nur gering diversifizierte Automobilunternehmungen, internationale Ölgesellschaften und andere Unternehmungen des primären Sektors.

Abb. 5-3

Integrierte Funktionalstruktur

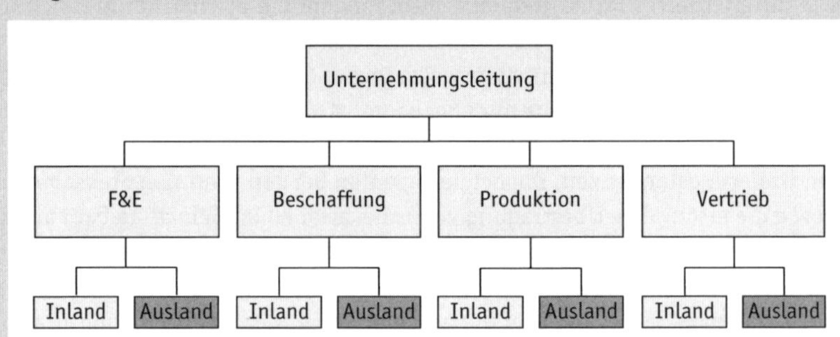

Abb. 5-4

Formelle und informelle Beziehungen in integrierten Funktionalstrukturen

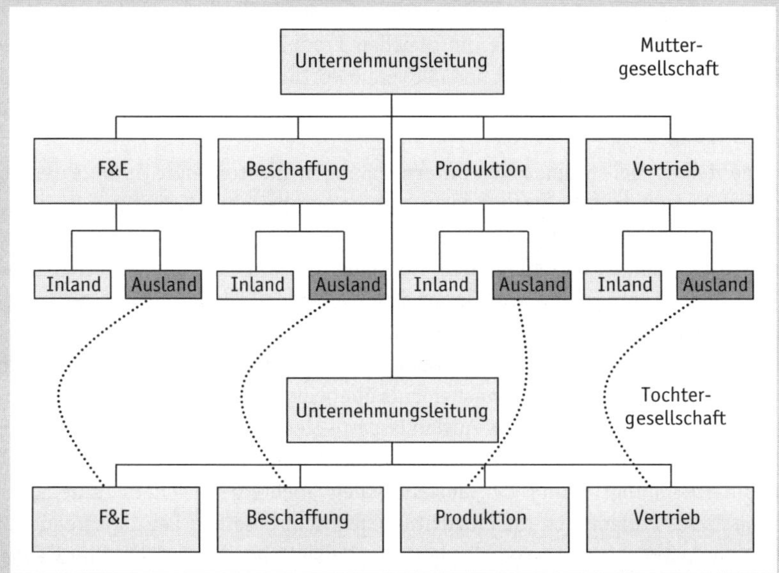

Beispiel

Ein Beispiel für eine Unternehmung mit einer integrierten Funktionalstruktur ist BMW. BMW ist ein sehr gering diversifizierter Produzent von Automobilen und Motorrädern. Zwar ist die Produktion weltweit auf 30 Standorte in 14 Ländern auf vier Kontinenten verteilt, die Produkte weisen jedoch einen sehr hohen Standardisierungsgrad auf. Unterhalb des Vorsitzenden verfügt die Unternehmung deshalb über vier funktionsorientierte Vorstandsressorts, die jeweils für alle in- und ausländischen Aktivitäten zuständig sind. Ergänzt werden diese durch die zwei Zentralressorts für Finanzen sowie Personal- und Sozialwesen (http://www.bmwgroup.com).

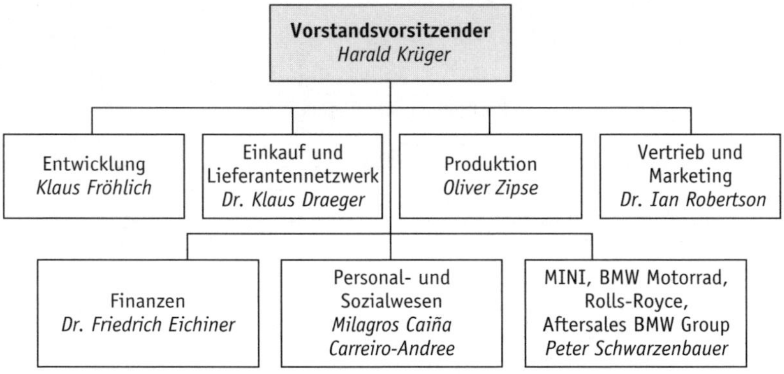

5.1.1.3.2 Integrierte Produktstruktur

Verantwortlichkeit der Produktdivisionen

In integrierten Produktstrukturen, die weltweit die *größte praktische Relevanz* besitzen (vgl. Macharzina 1992a, S. 597), werden die gesamten Auslandsaktivitäten in die *Verantwortlichkeit der Produktdivisionen* übertragen. Inländische und ausländische Beteiligungsgesellschaften, die die gleichen Produkte herstellen und vertreiben, werden als Profit Center geführt und der Verantwortung der entsprechenden Heimatproduktsparte unterstellt, die damit gewissermaßen zu einem *Supra-Profit Center* wird (vgl. Abb. 5-5).

Eine vielfach bei europäischen Unternehmungen anzutreffende *Variante* der integrierten Produktstruktur besteht darin, nur die europäischen Aktivitäten in die heimatlichen Produktsparten zu integrieren, während die überseeischen Aufgaben von eigenen Abteilungen betreut werden. Als Folge der zunehmenden wirtschaftlichen und politischen Integration wird Europa als ein einziger Markt betrachtet, der weitgehend standardisiert bearbeitet werden kann.

Problematik von Mehrsparten-Tochtergesellschaften

Eine besondere *Problematik* der integrierten Produktstruktur ergibt sich dann, wenn es sich bei den Auslandsengagements überwiegend um Mehrspartentochtergesellschaften handelt. Ein reines Auslandssparte-Heimatsparte-Berichtsystem kann dann – analog zur integrierten Funktionalstruktur – zu einer Unterhöhlung der Rolle der Unternehmungsleitung der ausländischen Tochtergesellschaft führen. Eine Lösung dieses Problems ist die Einrichtung gemischt besetzter Leitungsgremien, in denen der Leiter der Tochtergesellschaft den Vorsitz über die Vertreter der Heimat- und der Auslandssparten führt. Durch dieses strukturelle Koordinationsinstrument kann eine Integration der Muttersparten-, Tochtersparten- und Tochtergeschäftsleitungsinteressen sichergestellt werden.

Vorteile und Nachteile

Die *Vorteile* der integrierten Produktstruktur bestehen darin, dass diese günstige strukturelle Voraussetzungen für eine weltweite Produktkoordination bietet und dadurch zur Vermeidung einer Programmzersplitterung aus weltweiter Sicht beiträgt. Sie ermöglicht ferner die Akkumulation von internationalen Marktkenntnissen bei den heimischen Produktdivisionen. Integrierte Produktstrukturen bieten zudem die besten Voraussetzungen für die Bildung von Profit Centern, wodurch wiederum die

Abb. 5-5

Integrierte Produktstruktur

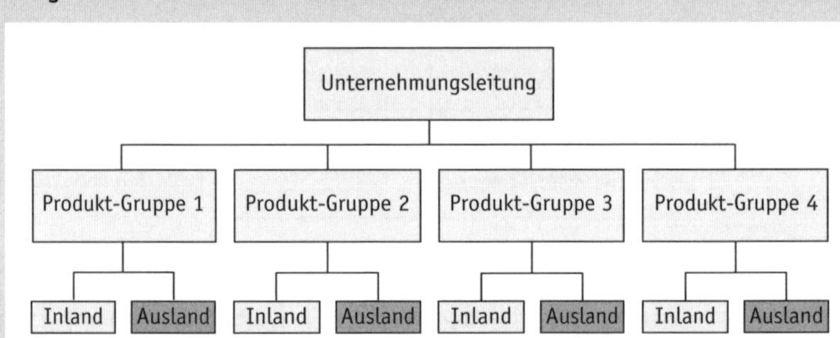

Beispiel

Ein Beispiel für eine Unternehmung mit einer integrierten Produktstruktur ist Siemens. Aufgrund des sehr breiten Produktspektrums, das von Haushaltsgeräten über Autoelektronik und Medizintechnik bis zu Kraftwerken und Schnellzügen reicht, ist die Unternehmung in neun Divisionen gegliedert. Diese wurden zum 1. Oktober 2014 aus zuvor vier Sektoren mit neun Geschäftsfeldern geschaffen. Daneben besteht eine zentrale Zuständigkeit für die Equitiy Investments. Dazu zählt etwa der Anteil an Osram sowie bis September 2014 die an Bosch verkaufte Bosch Siemens Hausgeräte. Ergänzt werden die operativen Segmente durch Zentralbereiche (Corporate Units) wie Corporate HR und Corporate Technology sowie 20 regionale Einheiten (http://www.siemens.de).

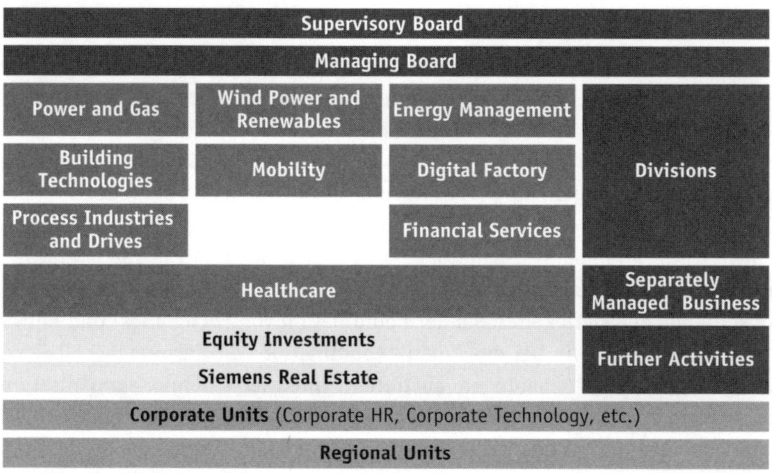

Ergebnisverantwortung und damit die Motivation und Kreativität der Mitarbeiter gefördert werden kann. *Nachteile* sind die Gefahr einer ungenügenden Berücksichtigung lokaler Gegebenheiten und Besonderheiten sowie die bereits erwähnte Koordinationsproblematik bei Mehrspartentochtergesellschaften. Integrierte Produktstrukturen sind deshalb insbesondere in Unternehmungen anzutreffen, deren Leistungsprogramm im In- und Ausland stark diversifiziert ist.

5.1.1.3.3 Integrierte Regionalstruktur

Aktivitäten in regionalen Teilbereichen

Integrierte Regionalstrukturen zeichnen sich durch die *Zusammenfassung der gesamten in- und ausländischen Aktivitäten zu regionalen Teilbereichen* aus. Die Leiter dieser Regionalsparten sind für alle in der jeweiligen Region angesiedelten Aktivitäten verantwortlich (vgl. Abb. 5-6).

Die größte *praktische Bedeutung* haben derartige Strukturen in amerikanischen Unternehmungen, während sie in europäischen Unternehmungen nur selten anzutreffen sind. Wenn europäische Unternehmungen nach regionalen Gesichtspunkten organisiert sind, dann zumeist länderbezogen, nicht aber nach größeren geographischen Regionen.

Abb. 5-6

Integrierte Regionalstruktur

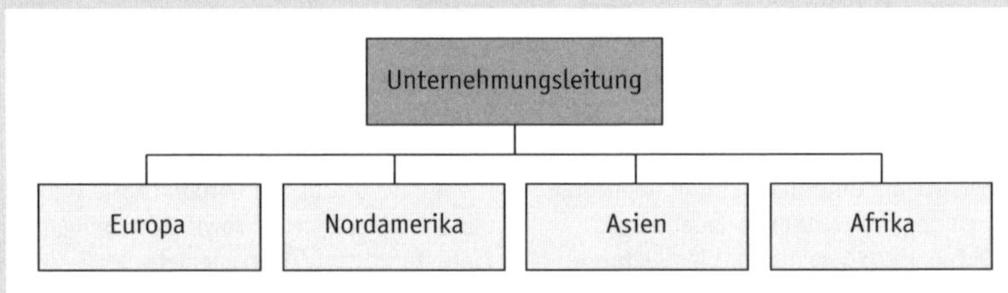

Vorteile und Nachteile

Vorteile der integrierten Regionalstruktur sind vor allem die Förderung einer weltweiten Perspektive bei der Leistungsbeurteilung, Ressourcenallokation, Strategieentwicklung, Planung und Logistik sowie die erleichterte Nutzung von Marktwissen. Darüber hinaus bietet diese Organisationsform günstige strukturelle Voraussetzungen für Unternehmungen, die in Märkten mit sehr heterogenen Umweltbedingungen agieren. Gleichzeitig wird jedoch die Übertragung neuer Ideen auf andere Märkte erschwert (*not invented here*-Syndrom): »It's a great idea, but it won't work in my market« (vgl. Kreutzer/Raffée 1986, S. 11). Ein weiterer *Nachteil* sind vielfach zu beobachtende Schwierigkeiten bei der Koordination von Forschungs- und Entwicklungsprogrammen sowie bei der Produktkoordination, die insbesondere bei stark diversifizierten Unternehmungen auftreten. Integrierte Regionalorganisationen sind deshalb vor allem für Unternehmungen geeignet, deren Leistungsprogramm relativ homogen und standardisiert ist und bei denen die Anpassung des Marketing an die jeweiligen lokalen Bedingungen der kritische Erfolgsfaktor ist. In der Praxis hat diese Organisationsform nur eine geringe Bedeutung. In den meisten Unternehmungen, die regional gegliedert sind, wird das regionale Organisationselement in Form einer Matrixstruktur durch funktionale Zuständigkeiten ergänzt.

5.1.1.3.4 Mehrdimensionale Strukturen

Angesichts der jeweiligen Nachteile der oben beschriebenen eindimensionalen Strukturen führen viele Unternehmungen mit einem hohen funktionalen, produktorientierten und regionalen Diversifikationsgrad mehrdimensionale Organisationsstrukturen ein. Ein Beispiel dafür ist die Chemieunternehmung BASF.

Zweidimensionale Matrixstruktur

Das Grundmodell ist die *zweidimensionale Matrixstruktur,* bei der zumeist gleichzeitig Funktional- und Regionalbereiche gebildet werden (vgl. Abb. 5-7). Darüber hinaus sind in vielen Unternehmungen *dreidimensionale Tensorstrukturen* anzutreffen, bei denen die Gliederungselemente Funktion, Region und Produkt gleichzeitig zur Anwendung gelangen. Sie verkörpern eine Verknüpfung von koordinierten Produktzuständigkeiten bei gleichzeitiger Regionalverantwortung und beratenden, aber faktisch oft weisungsbefugten funktional gegliederten Zentralstäben.

Notwendigkeit zur Einführung mehrdimensionaler Strukturen

Die *Notwendigkeit* zur Einführung mehrdimensionaler Strukturen nimmt mit steigendem Internationalisierungsgrad einer Unternehmung zu. Bei einem diversifizierten Leistungsprogramm, das in verschiedenen nationalen Märkten zahlreichen

Abb. 5-7

Matrixorganisation

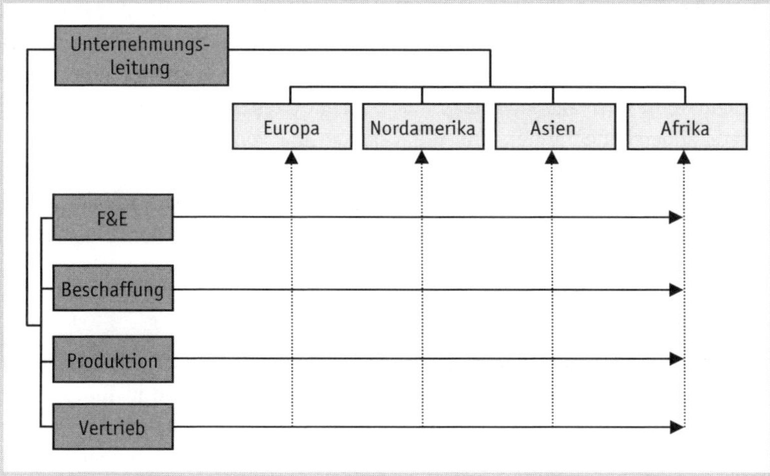

Differenzierungsnotwendigkeiten ausgesetzt ist, wird zumeist eine integrierte Produktstruktur gewählt. Dabei muss jedoch der immanenten geographischen Desintegrationsgefahr durch den Einsatz eines regionalen Organisationselementes begegnet werden, um länderübergreifende, die jeweilige Produktgruppe überschreitende Standardisierungsmöglichkeiten wahrnehmen zu können. Mit Hilfe funktionaler Zentralressorts wird schließlich versucht, eine weltweite Koordination der Gesamtunternehmung zu erreichen. Welche Kompetenzlinien (funktional, produktorientiert, regional) dominieren, ist unternehmungsindividuell unterschiedlich. Zumeist überwiegen die produktbezogenen Weisungslinien. Es ist aber auch denkbar, dass die Prioritäten an das jeweils zu lösende organisatorische Problem geknüpft werden.

Vierte Dimension

In einigen Unternehmungen wird die Tensorstruktur noch durch eine *vierte Dimension* ergänzt. Eine solche Dimension kann entweder die Zeit sein, wenn z. B. die Verantwortlichkeit für Investitionsprojekte in Abhängigkeit von ihrer Fristigkeit den Produkt- bzw. Regionaldivisionen obliegt, oder das Projekt, wenn die bestehende Struktur durch eine Projektorganisation überlagert wird. Dies ist etwa bei vielen IT-

Beispiel

Ein Beispiel für eine Unternehmung mit einer dreidimensionalen Tensorstruktur ist die SAP AG. Die von SAP vertriebenen Produkte sind durch eine hohe Funktionsspezifität gekennzeichnet, d. h. Software für den Finanzbereich unterscheidet sich wesentlich von derjenigen für den Personalbereich oder die Logistik. Gleichzeitig gibt es spezifische Anforderungen der einzelnen Branchen, in denen die Software eingesetzt wird, sowie landesspezifische Rechtsnormen, die berücksichtigt werden müssen. Um dieser Komplexität gerecht zu werden, hat SAP eine Organisationsform implementiert, die unterhalb der Ebene des Vorstands gleichzeitig nach Funktionen, Produkten und Regionen ausgerichtet ist (vgl. http://www.sap.de; Schuster/Holtbrügge/Heidenreich 2009).

und Unternehmungsberatungen der Fall, bei denen je nach Beratungsprojekt unterschiedliche Branchen-, Funktions- und Regionalspezialisten zusammenarbeiten.

Vorteile und Nachteile

Die *Vorteile* mehrdimensionaler Strukturen liegen vor allem in der gleichzeitigen Berücksichtigung funktionaler, regionaler und produktspezifischer Anforderungen. Die Notwendigkeit permanenter Abstimmungsprozesse zwischen den Leitern der Teilbereiche fördert zudem den Kommunikationsfluss und das kreative Potenzial in der Unternehmung. *Nachteile* sind das hohe Konfliktpotenzial durch strukturbedingte Kompetenzüberschneidungen und die Verzögerung von Entscheidungsprozessen. Damit diese Nachteile die genannten Vorteile nicht überwiegen, erfordert die Einführung einer Matrixstruktur eine Organisationskultur, die statt der formalen Position die Bedeutung der inhaltlichen und kommunikativen Kompetenz der Führungskräfte betont (vgl. Kap. 5.1.2.3.3).

5.1.1.4 Kritische Gesamtbeurteilung

Structure follows Strategy

Die spezifischen Vor- und Nachteile der dargestellten Gestaltungsalternativen der Strukturorganisation international tätiger Unternehmungen sind in Tab. 5-1 nochmals zusammengefasst. Dabei wird deutlich, dass sich insbesondere die *Unternehmungsstrategie* maßgeblich auf die Effizienz der einzelnen Strukturmodelle auswirkt. Dem liegt die Annahme zugrunde, dass sowohl die strategische Ausrichtung als auch Art, Umfang und Bedeutung der Auslandsaktivitäten einer Unternehmung unterschiedliche Entwicklungsphasen durchlaufen, die jeweils unterschiedliche organisatorische Umsetzungen implizieren.

Gestützt wird dieses strukturelle Entwicklungsmodell durch zahlreiche empirische Untersuchungen (vgl. Stopford/Wells 1972; Franko 1976; Egelhoff 1988a; 1988b; Wolf 2000). Danach weisen Unternehmungen mit einem hohen internationalen

Abb. 5-8

Zusammenhang zwischen Unternehmungsstrategie und Organisationsstruktur in der Studie von Egelhoff

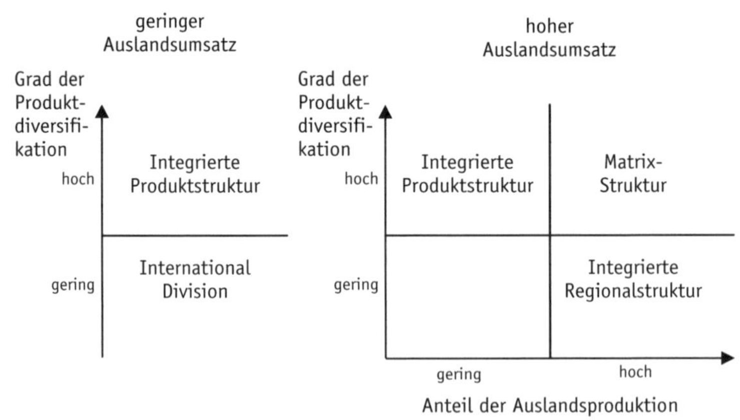

(Quelle: Egelhoff 1988a, S. 12)

Diversifikationsgrad und einem geringen Anteil der Auslandsproduktion eher produktorientierte Strukturen auf, während Unternehmungen mit einem geringen internationalen Diversifikationsgrad und einem hohen Anteil der Auslandsproduktion tendenziell integrierte Regionalstrukturen bevorzugen. In Unternehmungen, in denen beide Strategiedimensionen stark ausgeprägt sind, sind vorwiegend mehrdimensionale Strukturen zu finden (vgl. Abb. 5-8).

Dieses auf der »*structure follows strategy*«-Hypothese von Chandler (1962) basierende strukturelle Entwicklungsmuster stößt jedoch zunehmend auf *Kritik* (vgl. zur Nedden 1994, S. 50 ff.; Welge 1995a, S. 666). So zeigen Daniels/Pitts/Tretter (1985, S. 223 ff.) anhand amerikanischer Unternehmungen, dass Unternehmungen mit einer differenzierten Organisationsstruktur (International Division) einen höheren Internationalisierungsgrad aufweisen als Unternehmungen mit einer integrierten Produktstruktur. Mit zunehmendem Internationalisierungsgrad findet ein Wechsel von der integrierten Produktstruktur zur International Division statt und nicht – wie vom strukturellen Entwicklungsmodell angenommen – umgekehrt (vgl. Tab. 5-1).

Eine Erklärung dafür könnte sein, dass in stark diversifizierten Unternehmungen wichtige Funktionen wie z. B. F&E, Personal, Marketing und Finanzen häufig zu Zen-

Tab. 5-1

Gesamtbeurteilung alternativer Organisationsstrukturen international tätiger Unternehmungen

Strukturtyp	Vorteile	Nachteile
Unspezifische Struktur	▸ hohes Gewicht internationaler Aspekte bei unternehmungspolitischen Entscheidungen	▸ Überlastung der Unternehmungsleitung ▸ fehlende institutionelle Unterstützung der Internationalisierung
International Division	▸ Zusammenfassung internationalen Wissens und internationaler Erfahrungen in einer Abteilung ▸ kurze Kommunikationswege	▸ Isolierungstendenzen ▸ Doppelgleisigkeiten bei zentralen Stabsabteilungen ▸ erschwerte Übertragung von Innovationen im Heimatland auf ausländische Märkte
Integrierte Funktionalstruktur	▸ leichte Abstimmung der Hauptfunktionen ▸ Erzielung von Spezialisierungs- und Synergieeffekten ▸ hohe Effizienz bei geringem Diversifikationsgrad	▸ problematische Zuordnung von Tochtergesellschaften, die mehrere Funktionen ausüben ▸ hohe Koordinationserfordernisse ▸ hohe Belastung der Konzernführung
Integrierte Produktstruktur	▸ leichte weltweite Produktkoordination ▸ Vermeidung von Programmzersplitterungen ▸ leichte Ergebniszuordnung	▸ ungenügende Berücksichtigung geographischer Besonderheiten ▸ Koordinationsprobleme bei Mehrspartentochtergesellschaften
Integrierte Regionalstruktur	▸ leichte Anpassung an regionale Besonderheiten ▸ Möglichkeit zur Nutzung marktorientierten Wissens	▸ *not invented here*-Syndrom ▸ Schwierigkeiten bei der Koordination von F&E-Programmen und bei der Produktkoordination
Matrix- bzw. Tensorstruktur	▸ gleichzeitige Berücksichtigung funktionaler, regionaler und produktspezifischer Anforderungen ▸ Förderung des Kommunikationsflusses und des kreativen Potenzials	▸ hoher Koordinationsaufwand ▸ hohes Konfliktpotenzial ▸ langwierige Entscheidungsprozesse ▸ Gefahr einer zu starken Innenorientierung

tralbereichen zusammengefasst sind. Ausländische Tochtergesellschaften können deshalb auf diese zentralen Funktionen zurückgreifen und sind nicht auf die Unterstützung der einzelnen Geschäftsbereiche angewiesen (vgl. Daniels/Pitts/Tretter 1984).

Nationale Unterschiede

Zunehmend setzt sich deshalb die Auffassung durch, dass die Unternehmungsstrategie nur ein Faktor zur Erklärung von Strukturunterschieden ist. So weisen etwa Hulbert/Brandt (1980) und Negandhi/Welge (1984) auf erhebliche *nationale Unterschiede* hin. Danach haben europäische und insbesondere deutsche Unternehmungen eine stärkere Präferenz für integrierte Strukturen, während japanische Unternehmungen differenzierte Organisationsstrukturen bevorzugen (vgl. Yoshino 1976). Unklar ist jedoch, ob dies kulturelle Ursachen hat oder auf den zum Zeitpunkt der Untersuchungen noch relativ geringen Anteil der Auslandsproduktion in japanischen Unternehmungen zurückzuführen ist.

Personelle Veränderungen in der Unternehmungsleitung

Darüber hinaus kommen Pugh/Clark/Mallory (1995) zu dem Ergebnis, dass auch *personelle Veränderungen in der Unternehmungsleitung* die Wahl der Organisationsstruktur beeinflussen. Eine Erklärung dafür liefert die verhaltensorientierte Entscheidungstheorie (vgl. Kap. 3.1.2.3), nach der die strukturelle Gestaltung von Unternehmungen – ähnlich wie die Internationalisierungsentscheidung – nicht nur durch rationale Faktoren, sondern auch durch persönliche Motive von Führungskräften (z. B. Streben nach Macht und Einkommen) bestimmt wird. Ein Beispiel dafür ist die schwedisch-schweizerische Unternehmung ABB, bei der jedem Wechsel des Vorstandsvorsitzenden auch eine grundlegende Reorganisation folgte (vgl. Kap. 5.5).

Neben der in den skizzierten Untersuchungen vorherrschenden komparativ-statischen Betrachtung wird zunehmend der Frage nachgegangen, wann Unternehmungen von einer Strukturform zu einer anderen übergehen (deskriptive Perspektive) bzw. übergehen sollten (normative Perspektive). Dabei können zwei divergierende Positionen unterschieden werden:

Kontingenz-/Situativer Ansatz

- Der *Kontingenzansatz* bzw. *situative Ansatz* geht von der Annahme aus, dass eine hohe organisatorische Effizienz nur bei einem permanenten *fit* zwischen der Organisationsstruktur und den organisatorischen Rahmenbedingungen erzielt werden kann. In einer dynamischen Markt- und Wettbewerbsumwelt erfordert dies einen stetigen *evolutionären Wandel*, der wiederum den Aufbau entsprechender Ressourcen (*organizational slack*) voraussetzt (vgl. Stopford/Wells 1972; Welge 1987).

Konsistenz-/Konfigurationsansatz

- Dem gegenüber postuliert der Konsistenz- bzw. Konfigurationsansatz, dass Unternehmungen nicht bei jeder Änderung der Strategie Anpassungen der Organisationsstruktur vornehmen sollten, da ein permanenter Wandel hohe Anpassungs-, Kommunikations- und Koordinationskosten verursacht sowie die Mitarbeiter und externen Interessengruppen (z. B. Kunden, Banken, Finanzanalysten) verunsichert. Anpassungsprozesse sollten deshalb nicht inkremental und bei einem ersten Anzeichen von Veränderungen der Umweltbedingungen, sondern in *revolutionären Quantensprüngen* erfolgen (vgl. Mintzberg 1983; Miller/Friesen 1984; Macharzina/Engelhard 1991).

Gegenwärtig liegen kaum empirische Untersuchungen vor, die die Überlegenheit des Kontingenz- oder Konsistenzansatzes belegen. Anhand von Beispielen wie ABB und

BASF lassen sich jedoch die Auswirkungen aufzeigen, die mit einer evolutionären bzw. revolutionären Organisationsentwicklung verbunden sein können. Empirische Untersuchungen belegen zudem, dass die langfristig angelegte Organisationsstruktur – unabhängig von der Effizienz der Vorgehensweise – zumeist nur mit erheblichen *zeitlichen Verzögerungen* an deren strategische Repositionierung angepasst werden kann (vgl. etwa Egelhoff 1982, S. 435 ff.; Daniels/Pitts/Tretter 1985, S. 223 ff.; Skivington/Daft 1991).

5.1.2 Prozessuale Koordinations- und Steuerungsinstrumente

Formale Organisationsstrukturen sind nur in unzureichender Weise in der Lage, die in international tätigen Unternehmungen ablaufenden Prozesse effizient abzubilden, da sie ausschließlich auf hierarchische Weisungsbeziehungen konzentriert sind und dadurch die zunehmend an Bedeutung gewinnenden nicht-hierarchischen Instrumente wie länderübergreifende Teams und die Organisationskultur weitgehend ausblenden. Neben strukturellen Koordinations- und Steuerungsinstrumenten bedarf es deshalb zusätzlicher prozessualer Instrumente, die aufgrund ihrer *größeren Flexibilität* sowie der *Möglichkeit zur Feinsteuerung* eher dazu geeignet sind, den differenzierten Koordinationserfordernissen international tätiger Unternehmungen gerecht zu werden. Die Koordinationswirkung prozessualer Koordinations- und Steuerungsinstrumente beruht vor allem auf ihrer proaktiven Abstimmung (*Feedforward-Koordination*). Dadurch unterscheiden sich diese von Controllinginstrumenten wie dem Berichtswesen, bei denen die Feedback-Koordination im Vordergrund steht (vgl. Kap. 7.1). Aufgrund des in den letzten Jahren zu beobachtenden Bedeutungswandels des Controlling verschwimmen die Grenzen zwischen diesen beiden Koordinationsformen jedoch zunehmend.

Abb. 5-9

Spektrum prozessualer Koordinations- und Steuerungsinstrumente international tätiger Unternehmungen

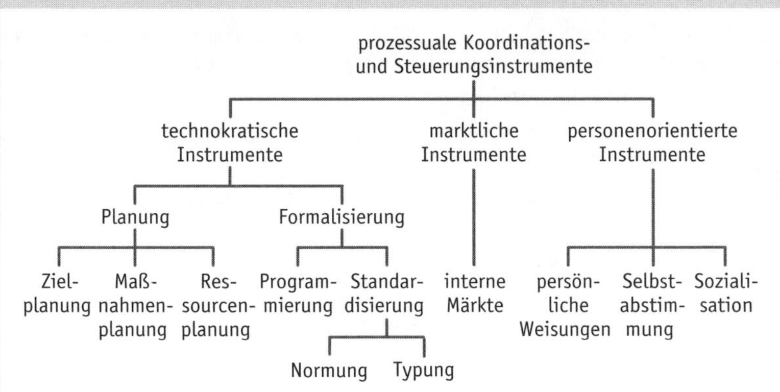

Zur inhaltlichen Gestaltung der Beziehungen zwischen der Muttergesellschaft und den ausländischen Tochtergesellschaften stehen international tätigen Unternehmungen unterschiedliche prozessuale Koordinations- und Steuerungsinstrumente zur Verfügung, die sich in technokratische, marktliche und personenorientierte Instrumente differenzieren lassen (vgl. Abb. 5-9). Diese werden im Folgenden ausführlich dargestellt.

5.1.2.1 Technokratische Instrumente

5.1.2.1.1 Planung

Planungsinhalt

Das technokratische Koordinations- und Steuerungsinstrument der Planung ist durch *periodisch wiederkehrende Vorgaben der Muttergesellschaft an die ausländischen Tochtergesellschaften* gekennzeichnet. Nach dem *Planungsinhalt* kann dabei in eine Ziel-, Maßnahmen- und Ressourcenplanung differenziert werden (vgl. Kenter 1985, S. 88 ff.; Welge 1985, S. 163 ff.):

- Die *Zielplanung* dient der Ermittlung und Festlegung erwünschter Sollzustände. Sie besitzt einen normativen bzw. imperativen Charakter und soll die Orientierung der Entscheidungen der Tochtergesellschaften an den Zielen der Gesamtunternehmung sicherstellen. Die Realisierung der steuernden Wirkung der Zielplanung setzt deshalb die konsistente und operationale Ableitung von Tochtergesellschaftszielen aus den Zielen der Gesamtunternehmung z. B. in Form eines Kennzahlensystems voraus (vgl. Kap. 7.1.1). Ein Beispiel für die Zielplanung ist die Vorgabe eines zu realisierenden Return-on-Investment.
- Die *Maßnahmenplanung* umfasst die Festlegung der grundlegenden unternehmungspolitischen Strategien sowie der detaillierten Maßnahmen, die in den Tochtergesellschaften durchgeführt werden. Beispiele dafür sind die Einführung eines neuen Produkts oder eine Reorganisation.
- Im Rahmen der *Ressourcenplanung* erfolgt die Ermittlung, Entwicklung und Bereitstellung der zur Umsetzung der geplanten Maßnahmen erforderlichen finanziellen, sachlichen und personellen Ressourcen. Ein Beispiel dafür ist die Vorgabe von Budgets für die einzelnen Funktions- bzw. Produktbereiche der Tochtergesellschaft.

Problematiken

Im Vergleich zu national tätigen Unternehmungen ist die Planung im internationalen Kontext mit zahlreichen zusätzlichen *Problemen* konfrontiert (vgl. Kreikebaum 1989, Sp. 1651; Welge 1989d, Sp. 1209 ff.):

- Die Tochtergesellschaften sind in Ländern mit unterschiedlichen Sprachen und sozio-kulturellen Einflussfaktoren tätig.
- Die Informationsgewinnung ist zumeist schwieriger und verursacht höhere Kosten.
- Unternehmungspolitische Entscheidungen werden weitaus stärker durch die politischen Umweltbedingungen in den jeweiligen Gastländern beeinflusst.
- Die Effizienz der Planungsinstrumente wird durch unterschiedliche Währungen, Rechnungslegungsvorschriften und Inflationsraten eingeschränkt.
- Insbesondere in Transformations- und Entwicklungsländern verfügen die mit der Planung betrauten Mitarbeiter nur über eine geringe Qualifikation.

Effizienz

Neben der Lösung dieser Probleme hängt die *Effizienz* der Planung in international tätigen Unternehmungen insbesondere vom *Grad der Einbeziehung der ausländischen Tochtergesellschaften in den Planungsprozess* ab (vgl. Welge/Kenter 1988, S. 4 ff.). Dies gilt insbesondere dann, wenn die kulturelle Distanz zwischen Mutter- und Tochtergesellschaft sehr groß ist und die Muttergesellschaft nur geringe Kenntnisse der jeweiligen Rahmenbedingungen besitzt. In der Unternehmungspraxis findet die Planung deshalb zumeist mit Hilfe des *Gegenstromverfahrens* statt, bei dem die Abstimmung der Ziel-, Maßnahmen- und Ressourcenpläne zwischen Mutter- und Tochtergesellschaft in einem mehrstufigen, iterativen Prozess erfolgt (vgl. Welge 1982b, S. 6 ff.; Welge 1989d, S. 1216 f.). Der Partizipationsgrad der Tochtergesellschaften im Rahmen des Planungsprozesses hängt dabei vor allem von deren *strategischer Bedeutung für die Gesamtunternehmung* ab (vgl. dazu ausführlich Kap. 5.2.2.5).

5.1.2.1.2 Formalisierung

Programmierung

Im Rahmen der ebenfalls den technokratischen Steuerungsinstrumenten zurechenbaren Formalisierung kann in die Programmierung und die Standardisierung unterschieden werden. Die *Programmierung* beinhaltet die zumeist *schriftlich fixierte Vereinheitlichung von Regeln, Handlungsabläufen und Verfahrensrichtlinien*, durch die bestimmte steuerungsbedürftige Handlungen vorausschauend festgelegt werden. Ein Beispiel dafür ist die Anwendung eines bestimmten Kalkulationszinssatzes bei Investitionsrechenverfahren. Auch die Zertifizierung nach ISO 9000 ff. kann als Programmierung aufgefasst werden.

Im Gegensatz zu Plänen, die periodisch an sich ändernde Umweltbedingungen und Prioritäten einer Unternehmung angepasst werden, legen Programme den Ablauf von Aktivitäten dauerhaft fest (vgl. Kieser/Walgenbach 2010, S. 107 ff.). Damit sie ihre Steuerungswirkung möglichst weitgehend entfalten können, sollten Programme nicht nur isoliert an Einzelaktivitäten orientiert sein, sondern alle relevanten Teilaktivitäten umfassend und integriert abstimmen. Zentrale Voraussetzungen für die Programmierbarkeit von Prozessen sind die Vorhersagbarkeit und Repetitivität von Aufgaben, die Beobachtbarkeit und Kontrollierbarkeit der Aktivitäten sowie die Stabilität und Homogenität der Umweltbedingungen.

Vorteile und Nachteile

Vorteile der Programmierung sind die Erhöhung der Transparenz über die in den Tochtergesellschaften ablaufenden Prozesse, die Reduktion von Unsicherheit und Komplexität, die leichtere internationale Vergleichbarkeit sowie die Reduzierung von Schnittstellenproblemen zwischen Mutter- und Tochtergesellschaft. Ein *Nachteil* der weitgehenden Programmierung von Prozessen ist jedoch, dass dadurch die Flexibilität und damit die Anpassungsfähigkeit der Tochtergesellschaft an ihre spezifischen Umwelt- und Unternehmungsgegebenheiten verringert wird. Durch die mangelnde Berücksichtigung lokaler Bedingungen und die Einengung der Autonomie nimmt zudem die Motivation des Management der Tochtergesellschaft ab. Empirische Studien belegen deshalb, dass dieses Koordinations- und Steuerungsinstrument vor allem in technischen Bereichen und nur selten in den verhaltensbezogenen Bereichen eingesetzt wird. Während Investitions-, Finanzierungs- und Produktionsentscheidungen zumeist einen relativ hohen Programmierungsgrad aufweisen, gilt dies für Marketing- und insbesondere Personalentscheidungen nur in einem vergleichsweise geringen Maße (vgl. Wolf 1994, S. 156 f.). Die Untersuchung von Gomez/Sanchez (2005) zeigt zudem, dass die Programmierung umso seltener angewandt wird, je höher die Qualifikationserfordernisse an die Mitarbeiter der Tochtergesellschaft sind.

Standardisierung

Im Unterschied zur Programmierung ist die *Standardisierung* nicht auf den Prozess, sondern auf das Ergebnis von Aktivitäten gerichtet. Die Vereinheitlichung von Erzeugnisteilen wird dabei als *Normung* und die Vereinheitlichung ganzer Erzeugnisse als *Typung* bezeichnet. Die Standardisierung dient vor allem der Sicherung einer bestimmten Produktqualität. Eine besondere Bedeutung erhält diese, wenn ausländische Tochtergesellschaften im Rahmen einer länderübergreifenden Verbundproduktion Vorprodukte herstellen, die in der Muttergesellschaft oder einer anderen Tochtergesellschaft weiterverarbeitet werden (vgl. Kap. 4.2.2.3). Die Nutzung dieses Instruments der Prozessorganisation wird jedoch durch international unterschiedliche Industrienormen erschwert, die eine länderspezifische Anpassung von Produkten erfordern, die außerhalb des Stammlandes vertrieben werden (vgl. Zentes/Swoboda 1997, S. 234).

5.1.2.2 Marktliche Instrumente

Transfer- bzw. Verrechnungspreise

Durch die Einrichtung interner Märkte soll analog zum volkswirtschaftlichen Preismechanismus die optimale Lenkung knapper Ressourcen innerhalb einer Unternehmung sichergestellt werden (vgl. Kieser/Walgenbach 2010, S. 114 ff.). Dazu wird den einzelnen Unternehmungseinheiten die Möglichkeit eingeräumt, ihre Transaktionspartner (in bestimmten Grenzen) selbst zu wählen. So kann z. B. eine Produktionsniederlassung den Bezug von Vorprodukten oder -leistungen ausschreiben und diese bei derjenigen Unternehmungseinheit beziehen, die diese zu den geringsten Kosten anbietet. Indem die Leistungen der Anbieter bewertet und die Nachfrager damit in Form von *Transfer- bzw. Verrechnungspreisen* belastet werden, wird den Unternehmungseinheiten ein Anreiz zur effizienten Bereitstellung von unternehmungsinternen Lieferungen und Leistungen gegeben. Durch interne Märkte wird somit die Koordinations- und Steuerungswirkung von Profit Center-Strukturen erhöht.

In vielen international tätigen Unternehmungen besitzt dieses *Allokations- bzw. Lenkungsziel* jedoch gegenüber dem *Wertbemessungs- und Gewinnverlagerungsziel* nur eine untergeordnete Bedeutung. Im Vordergrund steht zumeist das Ziel, durch eine entsprechende Gestaltung von Transferpreisen die weltweite Steuerlast zu minimieren, d. h. diese werden weniger als Koordinations- und Steuerungs- denn als Controllinginstrument eingesetzt. Die Verfahren und Probleme der Transferpreisgestaltung werden deshalb in Kapitel 7.1.4 ausführlich dargestellt.

Vorprodukte oder -leistungen

Neben dem Bezug von *Vorprodukten oder -leistungen* lassen sich interne Märkte auch für die Ansiedlung von Wertaktivitäten sowie für Fähigkeiten und Praktiken implementieren (vgl. Birkinshaw 2000, S. 117 ff.). Der *Wettbewerb um Wertaktivitäten* kann sowohl neue Investitionen als auch bestehende Engagements umfassen und entweder durch die Muttergesellschaft vorgegeben oder durch Initiativen von Tochtergesellschaften ausgelöst werden (vgl. Birkinshaw/Ridderstråle 1999). Dabei konkurrieren die Unternehmungseinheiten z. B. um die Ansiedlung bzw. Aufrechterhaltung von Produktionsstätten, Forschungs- & Entwicklungseinrichtungen oder

Wettbewerb um Wertaktivitäten

Logistikzentren. Die Entscheidung durch die Muttergesellschaft wird auf der Grundlage der jeweiligen Kosten und Erfolgsbeiträge getroffen.

Fähigkeiten und Praktiken

Interne Märkte für *Fähigkeiten und Praktiken* sollen die ausländischen Tochtergesellschaften dazu motivieren, in anderen Unternehmungseinheiten nach *best practices* zu suchen und diese zu übernehmen sowie eigene *best practices* anderen Unternehmungseinheiten zugänglich zu machen. Eine wichtige Voraussetzung dafür ist die Institutionalisierung eines länderübergreifenden Wissensmanagement (vgl. Kap. 5.2.2.3). Da Fähigkeiten und Praktiken zudem *Kollektivgüter* sind, für die kein Preismechanismus existiert, muss deren Nutzung und Weitergabe zudem als Erfolgskriterium in das Beurteilungs- und Anreizsystem integriert werden (vgl. Kap. 6.2.2.4).

5.1.2.3 Personenorientierte Instrumente

5.1.2.3.1 Persönliche Weisung

Besuchsverkehr

Das personenorientierte Koordinations- und Steuerungsinstrument der persönlichen Weisung beinhaltet die Einschränkung des Entscheidungs- und Handlungsspielraums der Tochtergesellschaften auf eine einzige von der Muttergesellschaft vorgegebene Alternative. Ein Beispiel dafür ist die Einstellung einer von der Muttergesellschaft ausgewählten Führungskraft. Persönliche Weisungen haben einen stark hierarchischen Charakter und erfordern einen ausgeprägten vertikalen Informations- und Kommunikationsfluss zwischen Mutter- und Tochtergesellschaft (vgl. Kieser/Walgenbach 2010, S. 102 ff.). Neben der Nutzung von technischen Kommunikationsmedien (Telefon, Telefax, Video-Konferenzen, E-Mail, u. a.) kommt dabei dem *Besuchsverkehr* eine große Bedeutung zu. Persönliche Weisungen können auch in Form der *Personalunion* institutionalisiert werden, indem Mitglieder der Leitungs- und Kontrollorgane der Muttergesellschaft gleichzeitig Leitungsfunktionen in einer ausländischen Tochtergesellschaft wahrnehmen.

Personalunion

Der *Vorteil* persönlicher Weisungen gegenüber anderen Steuerungsinstrumenten besteht in der Möglichkeit, die Interessen der Muttergesellschaft bei strategisch wichtigen Einzelentscheidungen durch verbindliche Vorgaben zu sichern. Zudem kann dieses Instrument relativ leicht und flexibel eingesetzt werden. Die intensive Nutzung persönlicher Weisungen birgt jedoch die Gefahr einer Überlastung der Kommunikationskanäle. Ein weiterer *Nachteil* ist die starke Einschränkung der Anpassungsfähigkeit der Tochtergesellschaften an die jeweiligen Gastlandbedingungen, was zu negativen Auswirkungen auf die Motivation der dort tätigen Mitarbeiter und damit auf die Durchsetzbarkeit persönlicher Weisungen führen kann (vgl. Welge 1987, S. 417 f.). Eine empirische Untersuchung von Kenter (1985, S. 138 ff.) kommt deshalb zu dem Ergebnis, dass diese in deutschen Unternehmungen nur selten eingesetzt werden.

5.1.2.3.2 Selbstabstimmung

Globale Teams

Die Selbstabstimmung stellt ein nicht-hierarchisches Koordinations- und Steuerungsinstrument dar, bei dem die einzelnen Unternehmungseinheiten ohne Einschaltung der Muttergesellschaft gemeinsam Entscheidungen treffen. Eine Möglichkeit dazu sind *globale Teams*, deren Mitglieder aus unterschiedlichen Ländern stammen (vgl. Harvey/Novicevic 2002). Globale Teams können als institutionalisierte Form der Interaktion sowohl permanent als auch fallweise zusammenkommen und nach funktionalen oder regionalen Aspekten zusammengestellt sein (vgl. Berg/Holtbrügge 2010). Da mit globalen Teams neben Koordinationszielen auch Innovations- und Wettbewerbsziele angestrebt werden (vgl. Berg 2006a), werden diese im Rahmen der Instrumente des Personalmanagement ausführlich dargestellt (vgl. Kap. 6.2.2.3).

5.1.2.3.3 Sozialisation

Organisationskultur

Personalentwicklung

Entsendung von Stammhausdelegierten

Das personenorientierte Koordinations- und Steuerungsinstrument der Sozialisation umfasst die kognitive, affektive und verhaltensbezogene Assimilation der Mitarbeiter durch wiederholte bewusste und unbewusste psychische Beeinflussung. Diese kann sowohl durch eine ausgeprägte Organisationskultur als auch durch Maßnahmen der Personalentwicklung und die Entsendung von Stammhausdelegierten erfolgen (vgl. dazu ausführlich Kap. 6.1.2). Das Ziel der Sozialisation besteht darin, weltweit einheitliche Werte und Einstellungen und damit ähnliche Entscheidungsstrukturen zu gewährleisten (vgl. Jaeger 1989, Sp. 2020 f.; Kieser/Walgenbach 2010, S. 120 ff.).

Vorteile

Der *Vorteil* der Sozialisation liegt in der eher impliziten Koordinationswirkung dieses Koordinations- und Steuerungsinstruments. Insbesondere bei innovativen Aufgaben und Aufgaben mit einer hohen Komplexität und Ungewissheit (Ambiguität) lässt sich die Berücksichtigung der Ziele der Muttergesellschaft häufig nicht durch technokratische Steuerungsinstrumente oder persönliche Weisungen, sondern nur durch gemeinsame Werte und Normen sicherstellen (vgl. Welch/Welch 2006). Neben dieser handlungsleitenden Funktion trägt eine ähnliche Sozialisation der Mitarbeiter zur schnellen Findung und Implementierung von Entscheidungen und zur Reduzierung des formalen Kontrollaufwands bei (vgl. Schreyögg 2008, S. 386 ff.).

Nachteile

Ein *Nachteil* ist jedoch die damit verbundene Gefahr der mentalen Vereinheitlichung der Mitarbeiter, durch die deren Sensibilität für maßgebliche Veränderungen der Umweltbedingungen sinkt. Der Einsatz dieses Steuerungsinstruments ist zudem mit hohen Kosten für Weiterbildung, Kommunikation, Entsendungen, u. a. verbunden. Eine wichtige *Voraussetzung* ist deshalb eine sehr lange Beschäftigungsdauer der Mitarbeiter, wie sie insbesondere für japanische Unternehmungen typisch ist (vgl. Jaeger 1983, S. 94). Eine empirische Studie von Kenter (1985, S. 186 ff.) zeigt dagegen, dass deutsche Unternehmungen die Koordinationswirkung gemeinsamer Werte und Normen überwiegend als gering einschätzen und das Instrument der Sozialisation deshalb selten bis nie einsetzen. Diejenigen Unternehmungen, die dieses Koordinations- und Steuerungsinstrument nutzen, schätzen dessen Effizienz jedoch als hoch ein.

5.1.2.4 Kritische Gesamtbeurteilung

Lokale Ressourcenstärke

In der wissenschaftlichen Literatur liegen zahlreiche empirische Untersuchungen zu den Einflussfaktoren auf die Wahl prozessualer Koordinations- und Steuerungsinstrumente vor. Eine Studie von 618 Tochtergesellschaften amerikanischer und europäischer Großunternehmungen von Ghoshal/Nohria (1989) zeigt, dass sowohl die

Umweltkomplexität als auch die *lokale Ressourcenstärke* eine hohe Relevanz besitzen. Demnach werden persönliche Weisungen vor allem bei Tochtergesellschaften eingesetzt, die in Ländern mit einer geringen *Umweltkomplexität* agieren und nur schwache *lokale Ressourcen* besitzen. Die Steuerungsinstrumente der Formalisierung und Sozialisation werden dagegen insbesondere in Tochtergesellschaften angewandt, die in Ländern mit einer hohen Umweltkomplexität tätig sind und über eine hohe lokale Ressourcenstärke verfügen.

Umweltkomplexität

Nationalität der Muttergesellschaft

Harzing (1999) stellt in einer Untersuchung unter 287 Tochtergesellschaften europäischer, amerikanischer und japanischer Unternehmungen den großen Einfluss der *Nationalität der Muttergesellschaft* sowie der *kulturellen Distanz zwischen Mutter- und Tochtergesellschaft* heraus. Während etwa deutsche und anglo-amerikanische Unternehmungen technokratische Koordinationsinstrumente bevorzugen, zeichnen sich Unternehmungen aus Schweden und der Schweiz durch einen intensiven Einsatz indirekter personenorientierter Instrumente wie der Sozialisation aus. Je größer die kulturelle Distanz zwischen Mutter- und Tochtergesellschaft ist, desto eher greifen Unternehmungen zudem auf personenorientierte Koordinationsinstrumente zurück.

Kulturelle Distanz zwischen Mutter- und Tochtergesellschaft

Autonomieniveau

Insgesamt resultiert die Bedeutung prozessualer Koordinations- und Steuerungsinstrumente im Rahmen der Organisation international tätiger Unternehmungen daraus, dass durch ihren Einsatz das *Autonomieniveau* der Tochtergesellschaften und damit deren Handlungs- und Entscheidungsspielraum festgelegt wird. Die Gefahr, dass die Tochtergesellschaften die Ziele der Muttergesellschaft bei ihren Entscheidungen nicht ausreichend beachten, ist dabei umso größer, je höher deren Autonomieniveau ist. Die weitgehende Einschränkung der Autonomie durch die Muttergesellschaft reduziert jedoch die Anpassungsfähigkeit der Tochtergesellschaften an die spezifischen Gastlandbedingungen sowie die Motivation der lokalen Führungskräfte und Mitarbeiter, was tendenziell negative Auswirkungen auf deren Effizienz hat. Zwischen der Anpassungsfähigkeit an die lokalen Bedingungen und der Sicherstellung eines gesamtunternehmungskonformen Verhaltens besteht damit ein Zielkonflikt, sodass Entscheidungen über das optimale Autonomieniveau nur vor dem Hintergrund der jeweiligen Rahmenbedingungen getroffen werden können.

Größe der Tochtergesellschaft

In einer empirischen Studie von 313 Tochtergesellschaften von US-amerikanischen, europäischen und japanischen Unternehmungen in Australien zeigen Johnston/Menguc (2007) einen invers kurvenlinearen Zusammenhang zwischen der *Größe der Tochtergesellschaft* und dem Autonomieniveau auf. Demnach nimmt das Autonomieniveau von Tochtergesellschaften mit steigender Mitarbeiterzahl zu, da diese aufgrund ihrer wachsenden Ressourcenstärke weniger stark auf die Muttergesellschaft angewiesen sind. Ab einer bestimmten Größe erlangen Tochtergesellschaften dann eine so große strategische Bedeutung für die Muttergesellschaft, dass diese das Autonomieniveau reduziert und ihre Aktivitäten umfassender koordiniert. Darüber hinaus argumentieren Johnston/Menguc (2007), dass sich dieser Effekt mit weiterhin steigender Mitarbeiterzahl abermals umkehren und die Tochtergesellschaft gegenüber der Muttergesellschaft eine so starke Position erlangen könnte, sodass deren Autonomieniveau wieder ansteigt, ohne allerdings einen empirischen Beleg für diese Hypothese liefern zu können. Unterstützt wird diese

Hypothese insbesondere durch den Übergang vieler Multinationaler Unternehmungen zu integrierten Netzwerkstrukturen, die in Kap. 5.2.2 ausführlich diskutiert werden.

5.2 Organisation in Multinationalen Unternehmungen

Nachdem in Kap. 5.1 unterschiedliche strukturelle und prozessuale Instrumente der Koordination und Steuerung ausländischer Tochtergesellschaften aus Sicht der Muttergesellschaft im Mittelpunkt standen, wird im Folgenden eine holistische Perspektive eingenommen und untersucht, wie sich die Internationalisierung auf die Beziehungen der weltweit verstreuten in- und ausländischen Engagements einer Multinationalen Unternehmung auswirkt. Hierzu wurden in den letzten Jahren zahlreiche theoretisch-normative Ansätze entwickelt, die auf die organisatorische Umsetzung der unterschiedlichen Strategieoptionen Multinationaler Unternehmungen gerichtet sind (vgl. insbesondere Hedlund 1986; Prahalad/Doz 1987; Bartlett/Ghoshal 1990; White/Poynter 1990).

Typologie von Bartlett/Ghoshal

Ohne an dieser Stelle umfassend auf die einzelnen Ansätze eingehen zu können (vgl. dazu ausführlich Böttcher 1996, S. 77 ff.), lehnen sich die weiteren Ausführungen primär an die von Bartlett/Ghoshal (1990) entwickelten vier Organisationsmodelle an (vgl. Tab. 5-2), da diese besonders gut mit dem in Kap. 4.2.1 dargestellten Strategiespektrum Multinationaler Unternehmungen korrespondieren. So weist etwa

Tab. 5-2

Merkmale idealtypischer Organisationsmodelle Multinationaler Unternehmungen

Organisationsmodell / Merkmale	koordinierte Föderation (international)	dezentralisierte Föderation (multinational)	zentralisierte Knotenpunktstruktur (global)	integriertes Netzwerk (transnational)
Konfiguration von Werten und Fähigkeiten	Kernkompetenzen zentralisiert, andere Kompetenzen dezentralisiert	dezentralisiert und im nationalen Rahmen unabhängig	zentralisiert und weltmarktorientiert	weit gestreut, interdependent und spezialisiert
Rolle der Auslandsniederlassungen	Anpassung und Anwendung von Kompetenzen der Muttergesellschaft	Erkennen und Nutzung lokaler Marktchancen	Umsetzung von Strategien der Muttergesellschaft	differenzierte Beiträge der nationalen Einheiten zu weltweit integrierten Aktivitäten
Entwicklung und Diffusion von Wissen	Erwerb von Wissen in der Muttergesellschaft und Transfer in Auslandsniederlassungen	Erwerb und Sicherung von Wissen in jeder Einheit	Erwerb und Sicherung von Wissen in der Muttergesellschaft	gemeinsame Entwicklung und Nutzung von Wissen

(Quelle: modifiziert nach Bartlett/Ghoshal 1990, S. 92)

Harzing (2000) in einer empirischen Untersuchung unter 166 ausländischen Tochtergesellschaften von 37 Multinationalen Unternehmungen einen engen Zusammenhang zwischen der verfolgten Unternehmungsstrategie und dem jeweils vorherrschenden Organisationsmodell nach. Die Typologie von Bartlett/Ghoshal zählt zudem zu den am häufigsten zitierten und einflussreichsten Ansätzen der internationalen Managementforschung insgesamt.

Analog zu Kap. 4.2 werden zunächst die vier von Bartlett/Ghoshal entwickelten Organisationsmodelle skizziert, bevor mit dem integrierten Netzwerkmodell das anspruchsvollste und zur Umsetzung der unterschiedlichen Wettbewerbsvorteile Multinationaler Unternehmungen am besten geeignete Konzept ausführlich dargestellt und kritisch diskutiert wird.

5.2.1 Idealtypische Organisationsmodelle

5.2.1.1 Koordinierte Föderation

Das Organisationsmodell der koordinierten Föderation, das in den fünfziger und sechziger Jahren vor allem in amerikanischen Unternehmungen angewandt wurde, zeichnet sich durch die *große Abhängigkeit der ausländischen Tochtergesellschaften von der Muttergesellschaft* in Bezug auf Produkte, Verfahren und neue Ideen aus (vgl. Abb. 5-10). Die zentrale organisatorische Aufgabe besteht darin, Wissen und Know-how in Auslandsmärkte zu transferieren, die in Bezug auf Technologie und Marketing weniger entwickelt sind als der Heimatmarkt. Entsprechend findet eine intensive Koordination und Kontrolle der ausländischen Tochtergesellschaften durch die Muttergesellschaft statt. Dazu werden vor allem strukturelle und technokratische Koordinations- und Steuerungsinstrumente eingesetzt (vgl. Bartlett/Ghoshal 1990, S. 74 f.).

Vorteile und Nachteile

Die *Vorteile* dieses Organisationsmodells liegen in dem wirksamen Transfer und der leichten Anpassung von Fertigkeiten und dem Know-how der Muttergesellschaft an die Erfordernisse der Tochtergesellschaften. Der Aufwand für deren Koordination und Steuerung ist deshalb nur gering (vgl. Bartlett/Ghoshal 1990, S. 77). Ein wesentlicher *Nachteil* ist jedoch die geringe Anpassungsfähigkeit an die spezifischen Umweltbedingungen in den einzelnen Auslandsmärkten, die die Nutzung von Differenzierungsvorteilen erschwert. Das Organisationsmodell der koordinierten Föderation eignet sich deshalb vor allem für Multinationale Unternehmungen, die nur einen geringen Internationalisierungsgrad aufweisen und deren Auslandsmärkte sich nur geringfügig vom Heimatmarkt unterscheiden (vgl. Abb. 5-10).

5.2.1.2 Dezentralisierte Föderation

Das wichtigste Merkmal des vor allem in europäischen Unternehmungen anzutreffenden Organisationsmodells der dezentralisierten Föderation ist die Führung der ausländischen Tochtergesellschaften als Portfolio unabhängiger Engagements (vgl. Abb. 5-11). Die zentrale organisatorische Aufgabe besteht darin, die Etablierung der Produkte auf wichtigen Märkten sicherzustellen und die Effizienz der weitgehend autonom operierenden Tochtergesellschaften zu erhöhen. Entsprechend erfolgen Kontrolle und Koordination primär durch persönliche Beziehungen zwischen dem

Abb. 5-10

Koordinierte Föderation

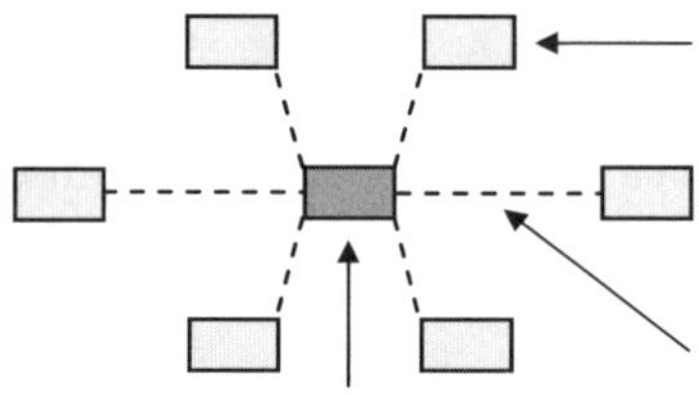

Koordinierte Föderation:
Viele Werte, Ressourcen, Verantwortlichkeiten und Entscheidungen sind dezentralisiert, werden aber durch die Zentrale koordiniert

Administrative Kontrolle:
Die formalen Planungs- und Kontrollsysteme des Management ermöglichen eine engere Verbindung zwischen Zentrale und Filialen

Internationale Mentalität:
Das Management betrachtet die Auslandsfilialen als Anhängsel der Zentrale

(Quelle: Bartlett/Ghoshal 1990, S. 74)

Top-Management der Muttergesellschaft und den Managern der Tochtergesellschaften. Ergänzt wird diese personenorientierte Koordination durch Zielvorgaben und einfache Finanzkontrollen.

Vorteil

Ein *Vorteil* dieses Organisationsmodells ist die Möglichkeit der flexiblen Anpassung der einzelnen Tochtergesellschaften an die spezifischen Gastlandbedingungen (vgl. Bartlett/Ghoshal 1990, S. 77). Deren Mitarbeiter verfügen über eine hohe Autonomie und umfassende Entscheidungskompetenzen, was wiederum eine hohe lokale Ressourcenstärke voraussetzt. Entsprechend wird dieses Organisationsmodell vor allem in Multinationalen Unternehmungen angewandt, deren Tochtergesellschaften bereits seit vielen Jahren auf ausländischen Märkten tätig sind und dort in einem hohen Maße in lokale Strukturen eingebunden sind (*social embeddedness*).

Nachteil

Ein *Nachteil* ist, dass durch die nur gering ausgeprägte Abstimmung der einzelnen Auslandsengagements die Möglichkeit zur Ausnutzung von Verbundeffekten und

Abb. 5-11

Dezentralisierte Föderation

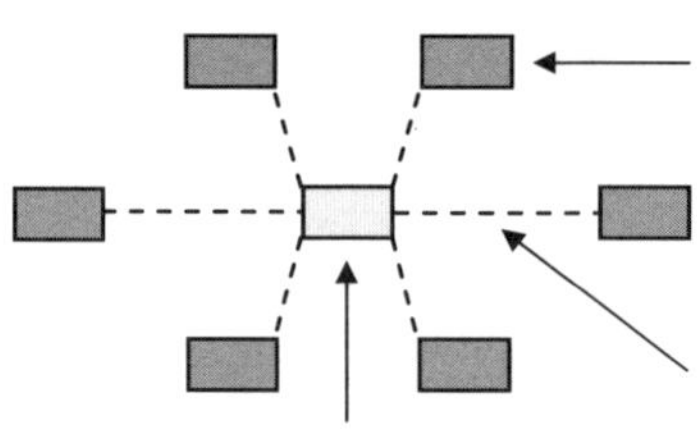

Dezentralisierte Föderation:
Viele Verantwortlichkeiten und Entscheidungen sind dezentralisiert

Persönliche Kontrolle: Informelle Beziehungen zwischen Zentrale und Filialen sind überlagert durch einfache Finanzkontrolle

Multinationale Mentalität: Das Management betrachtet die Auslandsfilialen als Portfolio unabhängiger Unternehmungen

(Quelle: Bartlett/Ghoshal 1990, S. 76)

Synergiepotenzialen erheblich geschmälert wird. Eine wichtige Voraussetzung der Anwendung des Organisationsmodells der dezentralisierten Föderation sind deshalb große Differenzierungs- und geringe Standardisierungsvorteile, wie sie insbesondere für Multinationale Unternehmungen typisch sind, die eine multinationale Strategie verfolgen (vgl. Kap. 4.2.1.2).

5.2.1.3 Zentralisierte Knotenpunktstruktur

Das insbesondere von japanischen Unternehmungen angewandte Organisationsmodell der zentralisierten Knotenpunktstruktur ist durch die weitgehende Zentralisation von Vermögen, Ressourcen und Kompetenzen sowie einen einseitigen Fluss von Gütern, Mitarbeitern und Know-how von der Muttergesellschaft an die Tochtergesellschaften gekennzeichnet (vgl. Abb. 5-12). Diese dienen vor allem dazu, ausländische Märkte für eine weltmarktorientierte Produktion zu erschließen und die Pläne und Vorgaben der Muttergesellschaft umzusetzen. Entsprechend sind diese häufig auf die Funktionen Vertrieb und Service reduziert. Die straffe Koordination und Kontrolle der ausländischen Tochtergesellschaften, die nur über ein geringes Autonomieniveau verfügen, erfolgt primär durch strukturelle und technokratische Instrumente wie die Formalisierung sowie durch persönliche Weisungen (vgl. Bartlett 1989, S. 433 ff.; Bartlett/Ghoshal 1990, S. 75 ff.).

Vorteile und Nachteile

Die *Vorteile* dieses Organisationsmodells bestehen insbesondere in der Möglichkeit der weltweiten Abstimmung der einzelnen Unternehmungseinheiten und der Realisierung weltmarktorientierter Größenvorteile (vgl. Bartlett/Ghoshal 1990, S. 77). Ein wesentlicher *Nachteil* ist die geringe Anpassungsfähigkeit an die spezifischen Umweltbedingungen der einzelnen Tochtergesellschaften. Zentralisierte Knotenpunktstrukturen sind deshalb vor allem in Multinationalen Unternehmungen anzutreffen, deren Produkte einen hohen Standardisierungsgrad aufweisen und die eine globale Strategie verfolgen (vgl. Kap. 4.2.1.3).

Abb. 5-12

Zentralisierte Knotenpunktstruktur

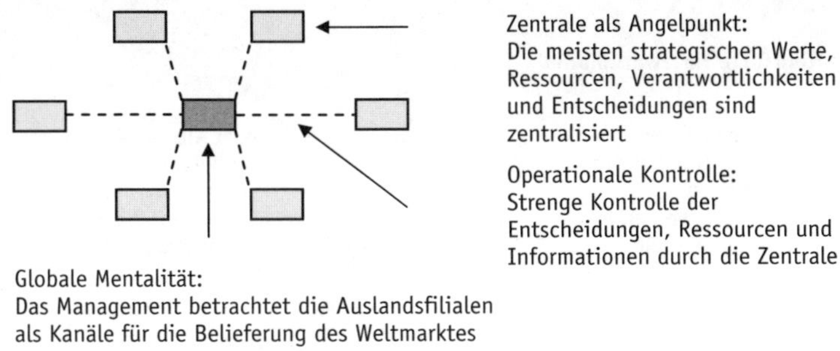

(Quelle: Bartlett/Ghoshal 1990, S. 77)

5.2.1.4 Integriertes Netzwerk

Angesichts der genannten Nachteile ist keines der dargestellten Organisationsmodelle zur organisatorischen Umsetzung transnationaler Strategien geeignet, die nicht nur die isolierte Realisierung einer der in Kapitel 3.2 dargelegten Vorteilskategorien Multinationaler Unternehmungen beinhalten, sondern die gleichzeitige Ausnutzung von nationalen Unterschieden, Skaleneffekten und Verbundvorteilen erfordern (vgl. Kap. 4.2.2.1). Hierzu ist nach Auffassung von Bartlett/Ghoshal (1990, S. 81 ff.) die Abkehr von traditionellen und vielfach historisch gewachsenen Organisationsmodellen und der Aufbau integrierter Netzwerkstrukturen notwendig, die diese als »*transnational solution*« bezeichnen. In Anlehnung an die soziale Netzwerktheorie können die einzelnen Unternehmungseinheiten dabei als Knoten und die Beziehungen zwischen diesen als Kanten interpretiert werden (vgl. Abb. 5-13).

Organisatorische Einordnung von Netzwerken

In der wissenschaftlichen Literatur sind unterschiedliche Positionen hinsichtlich der *organisatorischen Einordnung von Netzwerken in den von der Transaktionskostentheorie vorgegebenen Bezugsrahmen* (vgl. Kap. 3.1.2.8) feststellbar. Während einige Autoren Netzwerke als *hybride Organisationsform zwischen Markt und Hierarchie* einordnen (vgl. z. B. Williamson 1990; Thorelli 1986; Sydow 1994, S. 98 ff.), sind andere Autoren der Auffassung, dass diese nicht zwischen, sondern *jenseits dieser beiden Pole institutioneller Arrangements anzusiedeln* sind (vgl. z. B. Powell 1990; Teubner 1992). Weitgehend konsensfähig ist jedoch, dass sich integrierte Netzwerke durch folgende *zentrale Merkmale* auszeichnen (vgl. Hedlund 1986, S. 21 ff.; Bartlett/Ghoshal 1990, S. 81 ff.; Sydow 1994, S. 83 ff.):

Zentrale Merkmale

- Ausgeprägte organisatorische Interdependenzen,
- Dezentralisierung der strategischen Entscheidungskompetenzen,
- Länderübergreifendes Wissensmanagement,
- Dominanz personeller Koordinationsinstrumente,
- Individualisierung organisatorischer Rollen,
- Synergetische Organisationskultur.

Diese Merkmale werden im Folgenden ausführlich dargestellt.

Abb. 5-13

Das integrierte Netzwerkmodell

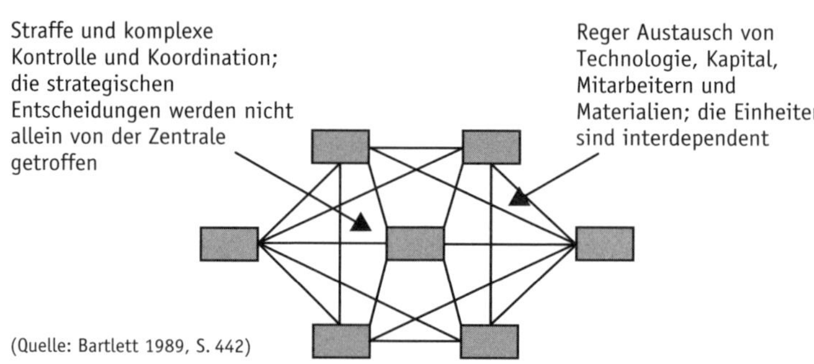

(Quelle: Bartlett 1989, S. 442)

5.2.2 Merkmale

5.2.2.1 Ausgeprägte organisatorische Interdependenzen

In Kapitel 4.2.2.2 wurde darauf hingewiesen, dass sich transnationale Strategien durch die länderübergreifende Konfiguration der Wertaktivitäten auszeichnen, die zu zunehmenden *materiellen Liefer- und Leistungsverflechtungen* zwischen den einzelnen Unternehmungseinheiten führen. Kennzeichnend dafür ist der unternehmungsinterne, aber grenzüberschreitende Transfer von Rohstoffen, Bauteilen, Komponenten, Vor- und Endprodukten. Durch diese materiellen Liefer- und Leistungsverflechtungen nimmt auch der Austausch von Informationen und Know-how zwischen den geographisch verstreuten Unternehmungseinheiten stark zu. Die Folge davon sind ausgeprägte *immaterielle bzw. organisatorische Interdependenzen*, die einen hohen Steuerungs- und Koordinationsbedarf bedingen.

Formen organisatorischer Interdependenzen

In Anlehnung an Thompson (1967, S. 54 f.) können drei *Formen organisatorischer Interdependenzen* unterschieden werden (vgl. Abb. 5-14):

- *Gebündelte bzw. gepoolte Interdependenzen* entstehen dann, wenn zwei Unternehmungseinheiten über eine dritte Unternehmungseinheit indirekt voneinander abhängig sind. Zwischen den beiden Unternehmungseinheiten bestehen nur geringe Kommunikationserfordernisse. Ein Beispiel dafür ist die Verdichtung der lokalen Marktanalysen von zwei ausländischen Tochtergesellschaften zu einer weltweiten Absatzprognose in der Muttergesellschaft.
- *Sequenzielle Interdependenzen* liegen dann vor, wenn der Output einer Unternehmungseinheit als Input in eine andere Unternehmungseinheit einfließt. Zwischen den beiden Unternehmungseinheiten besteht ein mittleres und überwiegend einseitiges Kommunikationserfordernis. Sequenzielle Interdependenzen treten z. B. auf, wenn das von einer Tochtergesellschaft gewonnene Wissen von einer anderen Tochtergesellschaft genutzt wird.
- Bei *reziproken Interdependenzen* besteht eine wechselseitige Abhängigkeit zwischen den In- und Outputs zweier Unternehmungseinheiten. Zwischen den beiden Unternehmungseinheiten gibt es ein intensives beidseitiges Kommunikations- und Koordinationserfordernis. Ein Beispiel dafür ist die integrierte, länderübergreifende Entwicklung neuer Produkte oder Technologien (vgl. Kap. 4.2.2.2.1).

Abb. 5-14

Idealtypische Formen organisatorischer Interdependenzen zwischen Unternehmungseinheiten einer Multinationalen Unternehmung

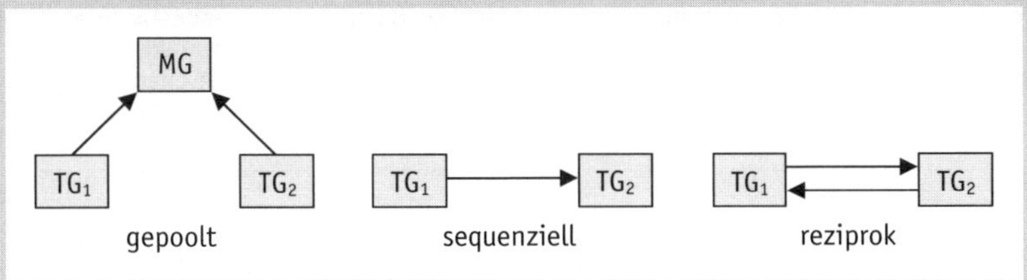

Reziproke Interdependenzen

Integrierte Netzwerke sind nicht nur durch gepoolte und sequenzielle, sondern vor allem durch ausgeprägte *reziproke Interdependenzen* zwischen den einzelnen Unternehmungseinheiten gekennzeichnet. Die unternehmungsinterne Arbeitsteilung in länderübergreifenden Wertschöpfungsnetzwerken bedingt einen komplexen Austausch von Wissen zwischen einer Vielzahl von Unternehmungseinheiten. Aufgrund der Dynamik und Ambiguität der Beziehungen sowie der unterschiedlichen beteiligten Ebenen und Funktionsbereiche sind die Richtung und der Inhalt dieses Wissensaustauschs *ex-ante* zumeist nur schwer spezifizierbar (vgl. Tab. 5-3). Technokratische Instrumente sind deshalb nicht geeignet, die Beziehungen zwischen den weltweit verstreuten Unternehmungseinheiten effizient zu koordinieren, da diese die Plan-

Tab. 5-3

Merkmale organisatorischer Interdependenzen in idealtypischen Organisationsmodellen Multinationaler Unternehmungen

Organisationsmodell / Merkmale	koordinierte Föderation (international)	dezentralisierte Föderation (multinational)	zentralisierte Knotenpunktstruktur (global)	integriertes Netzwerk (transnational)
Grundlagen der Interdependenz	▸ ausgeprägter Fluss von Produkten und Prozesstechnologien von der Muttergesellschaft an die Tochtergesellschaften ▸ geringer Fluss von Wissen und Personen von der Muttergesellschaft an die Tochtergesellschaften	▸ geringer Fluss von Produkten, Technologien und Personen in beide Richtungen ▸ vor allem finanzielle Ressourcen und Informationen	▸ ausgeprägter Fluss von Produkten von der Muttergesellschaft an die Tochtergesellschaften ▸ geringer Fluss von lokalem Marktwissen von den Tochtergesellschaften an die Muttergesellschaft	▸ ausgeprägter Fluss von Produkten, Technologien, Wissen und Personen in beide Richtungen
Grad der Interdependenz	mittel ▸ Tochtergesellschaften sind von der Muttergesellschaft abhängig	gering	mittel ▸ Tochtergesellschaften sind von der Muttergesellschaft abhängig	hoch
Form der Interdependenz	einfach ▸ relativ stabil ▸ geringe Kodifizierbarkeit ▸ festgelegte Interaktionspunkte ▸ mehrere interagierende Akteure ▸ Interaktionen zwischen mehreren Ebenen	moderat ▸ stabil ▸ einfache Kodifizierbarkeit ▸ festgelegte Interaktionspunkte ▸ wenige interagierende Akteure ▸ Interaktionen auf der Top-Ebene oder einer einzigen Ebene	moderat ▸ stabil ▸ einfache Kodifizierbarkeit ▸ festgelegte Interaktionspunkte ▸ mehrere interagierende Akteure ▸ Interaktionen zwischen mehreren Ebenen	komplex ▸ instabil ▸ geringe Kodifizierbarkeit ▸ Interaktionspunkte a priori schwer spezifizierbar ▸ mehrere interagierende Akteure ▸ Interaktionen zwischen mehreren Ebenen und Funktionen

(Quelle: Kostova/Roth 2003, S. 299)

barkeit der zu koordinierenden Austauschprozesse voraussetzen: »In the complex, uncertain situations involving reciprocal interdependence (...) traditional mechanisms of coordination (rules, plans, routines, and such) are usually inadequate as contingencies cannot always be properly planned for« (McAllister 1995, S. 52). Erforderlich sind vielmehr marktliche und personenorientierte Koordinations- und Steuerungsinstrumente, die eine größere Flexibilität besitzen (vgl. Kostova/Roth 2003, S. 299 ff.). Aufgrund der Dezentralisierung von Entscheidungskompetenzen kann die Koordination zudem nicht allein durch die Muttergesellschaft erfolgen. Vielmehr ergibt sich die Notwendigkeit, die vertikale Koordination und Steuerung der ausländischen Tochtergesellschaften durch die Muttergesellschaft durch die horizontale Steuerung zwischen den Tochtergesellschaften zu ergänzen.

5.2.2.2 Dezentralisierung der strategischen Entscheidungskompetenzen

Kontextsteuerung

Empirische Untersuchungen weisen darauf hin, dass die Muttergesellschaft als traditionelle Führungsspitze einer Multinationalen Unternehmung aufgrund der zunehmenden Dynamik, Heterogenität und Diskontinuität der Umweltentwicklungen nicht mehr in der Lage ist, alle strategischen Entscheidungen noch zentral zu fällen (vgl. Bartlett/Ghoshal 1987, S. 58; White/Poynter 1990, S. 99). Im Rahmen integrierter Netzwerke kommt ihr deshalb weniger die Aufgabe der direkten Steuerung und Kontrolle als vielmehr die der *Kontextsteuerung* dezentraler Entscheidungsprozesse zu (vgl. Willke 1989). Dies bedeutet, dass zur Koordination ausländischer Tochtergesellschaften *gleichzeitig Formen der Fremd- und Selbststeuerung* angewandt werden und neben einer vertikalen Koordination durch die Muttergesellschaft auch eine *horizontale Koordination der Tochtergesellschaften untereinander* stattfindet (vgl. Naujoks 1994; Gupta/Govindarajan/Malhotra 1999).

Die ausländischen Tochtergesellschaften werden damit nicht länger als »Anhängsel« der Muttergesellschaft, als Portfolio unabhängiger Engagements oder als Kanäle für die Belieferung eines einheitlichen Weltmarkts betrachtet, sondern diese werden zu *»active subsidiaries«* (Martinez/Jarillo 1991, S. 433) bzw. *»empowered subsidiaries«* (Stewart 1995), die ein nach ihrer strategischen Rolle differenziertes Mitspracherecht bei der Entwicklung und Umsetzung der transnationalen Strategie erhalten (vgl. Bartlett 1989, S. 443). Das Autonomieniveau der Tochtergesellschaften steigt dabei proportional zur Dichte des Netzwerkes, d. h. zur Anzahl und Intensität der Kontakte, Transaktionen und Interaktionen zwischen den in das Netzwerk eingebundenen Unternehmungseinheiten an (vgl. Carl 1989, S. 297).

Konzept der Heterarchie

Besonders anschaulich wird diese Dezentralisierung der strategischen Entscheidungskompetenzen im *Konzept der Heterarchie* herausgearbeitet (vgl. Holtbrügge 2001a, S. 191 ff.). Dieses geht auf Erkenntnisse im Bereich der Hirn- und Gedächtnisforschung zurück, wonach das menschliche Gehirn über zahlreiche spezialisierte Bestandteile verfügt (z. B. Sprachzentrum, Sehzentrum, u. a.), die je nach Situation und Aufgabe eine dominierende Stellung erlangen können. Prinzipiell treten jene Gehirnbestandteile in den Vordergrund, die das umfangreichste Wissen zur Lösung der gerade relevanten Fragestellung besitzen. Wichtige Informationen werden dabei nicht nur an einer Stelle gespeichert, sondern redundant von verschiedenen Stellen aufgenommen und verarbeitet. Die Kopplungsmuster zwischen den einzelnen Gehirnbestandteilen sind zudem nicht vorgegeben, sondern können je nach Situation variieren. Das Konzept der Heterarchie erweitert damit das klassische kybernetische Regelkreismodell der Systemtheorie um einen wesentlichen Aspekt. Geht dieses davon aus, dass es in jedem System einen Regler gibt, der das System steuert, so kann in einer Heterarchie der Regler eines Regelkreises das Objekt der Regelung eines anderen Regelkreises sein. Letztlich kann damit nicht mehr trennscharf in Regelungssubjekte und Regelungsobjekte bzw. in übergeordnete und untergeordnete Systemelemente unterschieden werden. In Anlehnung an diese Erkenntnisse wird unter einer Heterarchie ein Organisationskonzept verstanden, in dem Über- und Unterordnungsbeziehungen nicht dauerhaft festgelegt sind, sondern sich ohne Einwirkung eines permanent dominanten Zentrums in Abhängigkeit von der jeweiligen Aufgabenstellung selbstständig entwickeln.

Hedlund (1986; 1993a) hat dieses zunächst sehr abstrakte Konzept aufgegriffen und unter Betonung des *interaktionistischen Aspekts von Netzwerken* für Multinationale Unternehmungen weiterentwickelt. Heterarchisch organisierte Multinationale Unternehmungen sind dadurch gekennzeichnet, dass die Muttergesellschaft nicht mehr unbedingt die zentrale Rolle einnimmt, sondern es viele miteinander interagierende Zentren gibt, die unterschiedliche Funktionen ausüben, deren Verantwortungs- und Kompetenzbereiche je nach Umwelt- und Interaktionssituation variieren und die auf vielfältige Weise miteinander verbunden sein können. Hedlund spricht in diesem Zusammenhang von einer weniger monarchisch als *polyarchisch strukturierten Unternehmung,* die sich durch die *Multidimensionalität der verfolgten Organisationsprinzipien* auszeichnet. Den Niederlassungsmanagern wird dabei eine strategische Verantwortung zugewiesen, und zwar nicht nur für ihre jeweilige Tochtergesellschaft, sondern für die gesamte Multinationale Unternehmung. Ein weiteres zentrales Merkmal stellt die Desintegration von Beziehungen zwischen den einzelnen Unternehmungseinheiten dar, die sich insbesondere in einem *hohen Maß an Entscheidungsautonomie* niederschlägt. Neben einem *strukturell und kulturell relativ eng gekoppelten Kern* bestehen heterarchisch aufgebaute Multinationale Unternehmungen aus einer *lose gekoppelten Peripherie*, in die z. B. Strategische Allianzen eingebunden sind. Die Grenze zwischen Kern und Peripherie ist dabei zumeist fließend, sehr flexibel und nur subjektiv bestimmbar (vgl. Thorelli 1986, S. 42).

5.2.2.3 Länderübergreifendes Wissensmanagement

Holistische Anordnung des organisatorischen Wissens

Die angemessene Berücksichtigung der strategischen Ziele der Gesamtunternehmung in integrierten Netzwerken wird vor allem durch die *holistische Anordnung des organisatorischen Wissens* gewährleistet (vgl. Hedlund 1986, S. 24), bei der in idealtypischer Weise alle strategisch relevanten Informationen über die Multinationale Unternehmung in jeder Unternehmungseinheit vorhanden sind. Im Gegensatz zu hierarchischen Strukturen, die Redundanzen und organisatorischen *slack* als eine dysfunktionale Verschwendung von Ressourcen ansehen, werden damit in integrierten Netzwerken *Redundanzen bewusst zur Erhöhung der Flexibilität, Lernfähigkeit und Fehlertoleranz genutzt* (vgl. Staehle 1991).

Darüber hinaus muss gewährleistet werden, dass insbesondere die Erfahrungen von Tochtergesellschaften, die über weltweit nutzbares Referenzwissen verfügen, für das gesamte Netzwerk zugänglich gemacht werden (vgl. Boettcher/Welge 1994). Die geographisch verstreuten Tochtergesellschaften müssen damit nicht nur kulturelles und operatives Wissen über die spezifischen Bedingungen in den jeweiligen Gastländern erwerben, sondern darüber hinaus auch die Fähigkeit entwickeln, dieses Wissen an andere Unternehmungseinheiten weiterzugeben bzw. das in anderen Unternehmungseinheiten erworbene Wissen für die eigene Tätigkeit zu nutzen (vgl. Holtbrügge/Berg 2004a).

Kollektivierung individuellen Wissens

Um diese *Kollektivierung individuellen Wissens* zu fördern, führen viele Unternehmungen sog. »institutionalized global knowledge and best-practice sharing systems« (Cerny et al. 1996, S. 27) ein, die die systematische Entwicklung, Speicherung, Verteilung und Nutzung des organisatorischen Wissens über Kunden, Zulieferer und Konkurrenten, über Technologien und Produkte sowie über interne Strukturen und Prozesse beinhalten. Durch diese »world-wide organizational information creation« (Nonaka 1990, S. 70) sollen die weltweite Ausschöpfung des dezentral generierten Wissens ermöglicht und *transnationale organisatorische Lernprozesse* initiiert werden, deren herausragende Bedeutung zur Erzielung nachhaltiger Wettbewerbsvorteile bereits bei der Darstellung der ressourcenorientierten Theorie der Multinationalen Unternehmung gewürdigt wurde (vgl. Kap. 3.2.3).

Transnationale organisatorische Lernprozesse

Explizites/ Implizites Wissen

Ein inzwischen weit verbreitetes Modell des organisatorischen Wissensmanagement haben Nonaka/Takeuchi (1997) entwickelt, das im Folgenden auf Multinationale Unternehmungen übertragen wird (vgl. Abb. 5-15). Die Grundlage dieses Modells besteht in der Unterscheidung zwischen einer epistemologischen und einer ontologi-

Abb. 5-15

Spirale der organisatorischen Wissenserzeugung in Multinationalen Unternehmungen

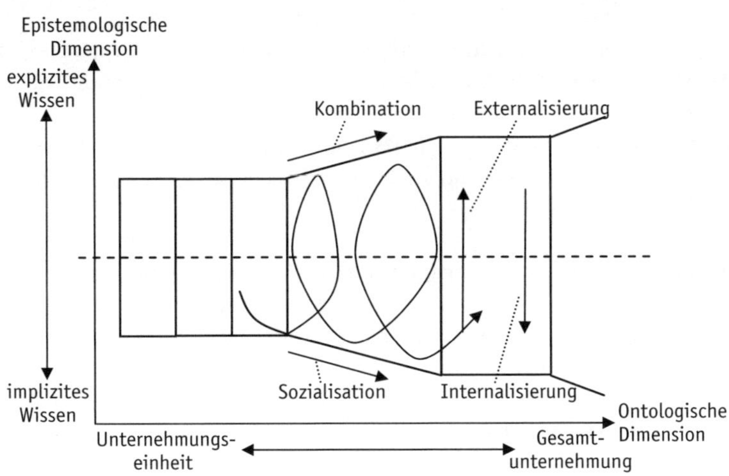

(Quelle: modifiziert nach Nonaka/Takeuchi 1997, S. 87)

schen Dimension des Wissens. Im Rahmen der *epistemologischen Dimension*, die die Formen der Wissensgewinnung und -speicherung umfasst, unterscheiden Nonaka/ Takeuchi wiederum zwischen explizitem und implizitem Wissen. Während *explizites Wissen* eindeutig durch formale Methoden kodifizierbar, in Handbüchern oder Zeichnungen dokumentierbar und dadurch leicht transferierbar ist, umfasst *implizites Wissen (tacit knowledge)* persönliche, wertbasierte Intuitionen und Erfahrungen, die nur schwer artikulierbar und aufgrund ihrer hohen situativen Gebundenheit anderen nur schwer zu vermitteln sind (vgl. Polanyi 1967). Im Rahmen transnationaler Organisationsstrukturen ist das implizite Wissen von besonderer Relevanz, da es nur schwer imitierbar und deshalb die *Gefahr der ungewollten Wissensdiffusion* an Konkurrenten oder Kooperationspartner gering ist (vgl. Hedlund/Nonaka 1993, S. 118; Schneider 1996b, S. 400). Die *ontologische Dimension* umfasst dagegen die Unternehmungseinheiten, die über ein bestimmtes Wissen verfügen. Dabei kann zwischen Wissen, das nur in einer bestimmten Unternehmungseinheit, und Wissen, das für die gesamte Multinationale Unternehmung zugänglich ist, unterschieden werden.

Formen der Wissenstransformation

Die Initiierung transnationaler organisatorischer Lernprozesse setzt nun voraus, dass nicht nur das explizite und implizite Wissen einer Unternehmung stetig erweitert wird, sondern dass eine permanente Umwandlung von einer Wissensform in die andere stattfindet und dabei gleichzeitig eine länderübergreifende Wissensübertragung zwischen den Unternehmungseinheiten (Kollektivierung und Individualisierung des Wissens) erfolgt. Dabei können vier *Formen der Wissenstransformation* unterschieden werden (vgl. Nonaka/Takeuchi 1997, S. 73 ff.):

- Die *Sozialisation* beinhaltet die Erweiterung des impliziten Wissens durch den Austausch von Erfahrungen zwischen unterschiedlichen Unternehmungseinheiten. Ein Beispiel dafür sind weltweite Treffen von Führungskräften.
- Die *Kombination* stellt die Erweiterung des expliziten Wissens durch den Austausch von Daten dar. Ein Beispiel dafür ist die Weitergabe von Berichten oder Marktforschungsstudien an andere Unternehmungseinheiten.
- Im Rahmen der *Externalisierung* wird zuvor implizites Wissen in explizites Wissen umgewandelt. Dies geschieht z. B. durch die schriftliche Fixierung von zuvor implizit befolgten Verhaltensregeln in einem Verhaltenskodex.
- Die *Internalisierung* umfasst die Umwandlung von explizitem in implizites Wissen. Ein Beispiel dafür ist die Verinnerlichung und unbewusste Befolgung von schriftlich fixierten Richtlinien.

Instrumente des Wissenstransfers

Idealtypischerweise erfolgt die organisatorische Wissenserzeugung als iterativer Prozess, bei dem eine schrittweise Umwandlung von organisatorischem Wissen stattfindet. Multinationale Unternehmungen sind dabei mit dem Problem konfrontiert, dass diese Erweiterung der organisatorischen Wissensbasis über geographische und nationale Grenzen erfolgen muss. Zur Unterstützung des länderübergreifenden Wissensmanagement stehen verschiedene Instrumente des Wissenstransfers zur Verfügung, die jeweils unterschiedliche Kodifizierungsmöglichkeiten bzw. -notwendigkeiten und Reichweiten beinhalten (vgl. Abb. 5-16).

Empirische Evidenz

Eine empirische Untersuchung unter 76 Tochtergesellschaften deutscher Unternehmungen von Welge/Holtbrügge (2000b) belegt, dass den vier in der Wissensspi-

Abb. 5-16

Instrumente des Wissenstransfers in Multinationalen Unternehmungen

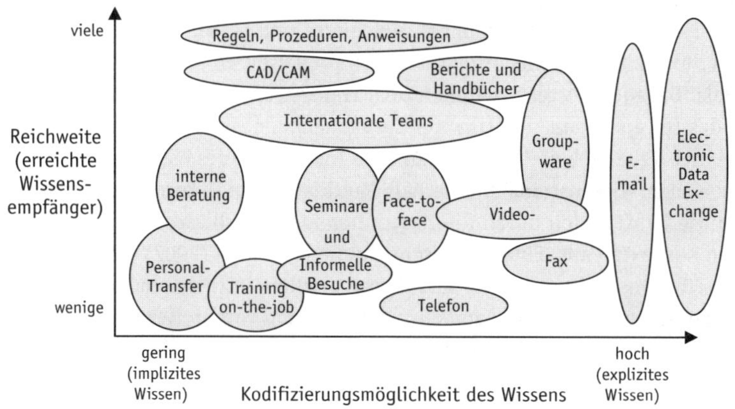

(Quelle: modifiziert nach Grant/Almeida/Song 2000, S. 117)

rale von Nonaka/Takeuchi thematisierten Formen der Wissenstransformation in der Unternehmungspraxis eine unterschiedlich große Bedeutung zugemessen wird. Am weitesten verbreitet ist die transnationale Externalisierung von Wissen. Mehr als die Hälfte der Unternehmungen stellt anderen Tochtergesellschaften z. B. im Rahmen des Intranet Informationen über erfolgreich absolvierte Projekte bzw. herausragende Problemlösungen zur Verfügung und eröffnet diesen dadurch die Möglichkeit, auf international erprobtes Referenzwissen zurückgreifen zu können. Eine relativ große Bedeutung kommt darüber hinaus der transnationalen Sozialisation von Wissen zu. Vor allem Führungskräfte mit einer größeren Zahl von Auslandseinsätzen geben an, bei ihrer Entscheidungsfindung maßgeblich durch frühere Erfahrungen in anderen Ländern geprägt worden zu sein.

Demgegenüber sind die transnationale Kombination und Internalisierung von Wissen nur relativ schwach ausgeprägt. Offensichtlich ist in den meisten Unternehmungen das Informationssystem noch stark durch traditionelle Mutter-Tochter-Beziehungen und persönliche Formen der Informationsübermittlung geprägt, sodass das in den einzelnen Tochtergesellschaften vorhandene explizite Wissen nur unzureichend zur Verbesserung der Entscheidungsfindung der gesamten Multinationalen Unternehmung genutzt werden kann. Die Entwicklung einer transnationalen Perspektive im Hinblick auf diese beiden Formen der Wissenstransformation wird zudem dadurch erschwert, dass ausländische Tochtergesellschaften vorwiegend unter Kontrollaspekten betrachtet und nur selten als Elemente eines länderübergreifenden Wissensmanagement aufgefasst werden. Dadurch wird jedoch die Wissensspirale vielfach unterbrochen und die weltweite Realisierung von wissensbasierten Wettbewerbsvorteilen maßgeblich erschwert.

Holtbrügge/Berg (2004a) haben in einer empirischen Studie unter 142 Tochtergesellschaften deutscher Unternehmungen den Zusammenhang zwischen der Form des Wissens und den vorherrschenden Instrumenten des Wissenstransfers analysiert. Danach werden zum länderübergreifenden Transfer impliziten Wissens vor allem personelle Mechanismen wie Stammhausdelegierte und globale Teams eingesetzt. Der Transfer expliziten Wissens erfolgt dagegen primär durch schriftliche Berichte und Manuals. Dagegen besteht zwischen dem Transfer expliziten Wissens und der Nutzung des Intranet kein signifikanter Zusammenhang. Eine Erklärung dafür könnte die relative Neuartigkeit dieses Mediums als Instrument des Wissenstransfers sein.

Akquisition externen Wissens

Neben dem Wissenstransfer innerhalb Multinationaler Unternehmungen zeichnen sich diese häufig auch durch die *Akquisition externen Wissens* in ihren jeweiligen lokalen Kontexten aus. Eine empirische Studie von Singh (2007) auf der Basis einer Patent-Zitationsanalyse belegt, dass diese vor allem in technologisch fortschrittlichen Ländern wie den USA, Japan und Deutschland von großer Bedeutung ist und dort den Wissensabfluss Multinationaler Unternehmungen an lokale Unternehmungen übertrifft. Aber selbst in technologisch weniger fortschrittlichen Ländern übertrifft der Wissensabfluss Multinationaler Unternehmungen an lokale Unternehmungen den Wissenszufluss nur in einem geringen Maße. Die wichtigsten Instrumente des Wissenstransfers sind das *reverse engineering* von Produkten, strategische Allianzen und Joint Ventures, vertikale Beziehungen zu Lieferanten und Kunden sowie Mitarbeitertransfers zwischen lokalen und Multinationalen Unternehmungen.

5.2.2.4 Dominanz personeller Koordinationsinstrumente

In den vorangegangenen Kapiteln wurde bereits mehrfach darauf hingewiesen, dass sich die Rolle der Muttergesellschaft in integrierten Netzwerken von der direkten Steuerung und Kontrolle der ausländischen Tochtergesellschaften zur Kontextsteuerung dezentraler Entscheidungsprozesse wandelt. Diese Entwicklung der Muttergesellschaft zu einem *lean headquarters* hat zu einer deutlichen Erweiterung und Verschiebung des Spektrums von Steuerungs- und Koordinationsinstrumenten geführt. Wurden bis Mitte der achtziger Jahre nahezu ausschließlich strukturelle und technokratische Instrumente eingesetzt, wird in jüngster Zeit die *zunehmende Bedeutung personenorientierter, informaler Koordinationsinstrumente* betont (vgl. Tab. 5-4).

Strategische und organisatorische Mehrdeutigkeit

Auf die Gründe für diese Entwicklung weisen Hamel/Prahalad (1983) hin, die am Beispiel der Verteilung der strategischen Entscheidungskompetenzen zwischen der Muttergesellschaft und den ausländischen Tochtergesellschaften die Effizienz unterschiedlicher Koordinationsinstrumente untersucht haben. Danach weisen strukturelle und technokratische Koordinationsinstrumente unter homogenen und stabilen Umweltbedingungen *(strategische und organisatorische Eindeutigkeit)* eine hohe Effizienz auf. Bei der Verfolgung transnationaler Strategien treten jedoch *strategische und organisatorische Mehrdeutigkeiten* auf, die sich durch die gleichzeitige Ausnutzung von nationalen Unterschieden, Skaleneffekten und Verbundvorteilen sowie die individuelle Berücksichtigung von Standardisierungs- und Differenzierungsvorteilen ergeben.

Traditionelle strukturelle Koordinations- und Steuerungsinstrumente werden deshalb im Rahmen integrierter Netzwerkstrukturen durch personelle und Instru-

Tab. 5-4

Evolution von Organisationsformen und Koordinationsinstrumenten in Multinationalen Unternehmungen

Periode	Organisationsmerkmale	dominierende Koordinationsinstrumente
1920–1950 »Multinationale Strategie«	*dezentrale Föderation* lockere Föderation von hochgradig autonomen Tochtergesellschaften, die vorrangig auf ihren lokalen Markt konzentriert sind	*strukturelle und formelle Mechanismen* ▸ International Division ▸ direkte personale Berichterstattung ▸ vorwiegend finanzielle Überwachung ▸ Verhaltenskontrolle durch Stammhausdelegierte
1950–1980 »Globale Strategie«	*zentralisierte Knotenpunktstruktur* strategisch relevante Wertaktivitäten (vor allem vorgelagerte Aktivitäten) in der Muttergesellschaft zentralisiert oder straff kontrolliert	*strukturelle und formelle Mechanismen* ▸ International Division, integrierte Produkt- oder Regionalstruktur ▸ starke Entscheidungszentralisation in der Muttergesellschaft ▸ hoher Formalisierungsgrad der Prozesse und Prozeduren ▸ hoher Standardisierungsgrad der Planung und Budgetierung ▸ straffe Output-Kontrolle in amerikanischen MNUs, Verhaltens- (und kulturelle) Kontrolle in japanischen MNUs
seit 1980 »Transnationale Strategie«	*integriertes Netzwerk* international verstreute physische Aktiva und Managementfähigkeiten bilden ein integriertes Netzwerk interdependenter Ressourcen und Fähigkeiten. Die Tochtergesellschaften sind eine Quelle von Ideen, Fähigkeiten und Wissen	*strukturelle und formelle Mechanismen* ▸ frühere Strukturen ergänzt durch Matrix-Strukturen ▸ Entscheidungszentralisation bei gleichzeitiger Aufwertung der Rolle der Tochtergesellschaften ▸ hoher Formalisierungsgrad; strategische Planung ▸ straffe und komplexe Output-Kontrolle *stärker informelle und subtile Mechanismen* ▸ zeitweilige oder permanente Teams, *task forces*, Komitees und Integratoren ▸ informelle Kommunikationskanäle und Beziehungen zwischen Managern ▸ starke Unternehmungskultur durch Kenntnis und Teilung von Zielen und Werten

(Quelle: Martinez/Jarillo 1989, S. 506)

mente ersetzt, die zur Lösung der mit transnationalen Strategien verbundenen organisatorischen Gestaltungsaufgaben besser geeignet sind. Neben einer international ausgerichteten Personalentwicklung, länderübergreifenden Karrierepfaden sowie der Einrichtung internationaler Entscheidungsgremien und einer gesamtunternehmungsorientierten Entgeltpolitik (vgl. Kap. 6.2.2) kommen dabei der Rollendifferenzierung von Mutter- und Tochtergesellschaften (Kap. 5.2.2.5) und der Herausbildung einer synergetischen Organisationskultur (Kap. 5.2.2.6) eine besondere Bedeutung zu.

5.2.2.5 Individualisierung organisatorischer Rollen

In Kapitel 4.2.2.2 wurde darauf hingewiesen, dass ein zentrales Element transnationaler Strategien in der grenzüberschreitenden Konfiguration der Wertaktivitäten besteht. Die forcierte unternehmungsinterne internationale Arbeitsteilung führt dazu, dass die einzelnen Tochtergesellschaften nicht länger verkleinerte Abbilder der Muttergesellschaft darstellen, sondern häufig zu stark spezialisierten und auf einzelne Wertaktivitäten reduzierten Elementen eines transnationalen Wertschöpfungsnetzwerkes werden. Aufgrund dieser *Individualisierung der Tochtergesellschaften Multinationaler Unternehmungen* sind standardisierte Instrumente der Struktur- und Prozessorganisation nicht mehr dazu geeignet, deren effiziente Koordination sicherzustellen (vgl. Welge/Holtbrügge 1997c, S. 170 ff.).

Rollentypologien

In der wissenschaftlichen Literatur wird deshalb in Anlehnung an die soziologische Rollentheorie vielfach vorgeschlagen, den einzelnen Unternehmungseinheiten unterschiedliche organisatorische Rollen zuzuweisen. Im Gegensatz zu dem für globale Strategien charakteristischen Organisationsmodell der zentralisierten Knotenpunktstruktur, das die größtmögliche Standardisierung aller Strukturen und Prozesse anstrebt und die Gleichbehandlung aller Unternehmungseinheiten vorsieht, liegt dem die Annahme zugrunde, dass die Individualisierung der Unternehmungseinheiten im Rahmen transnationaler Netzwerkstrukturen auch einen differenzierten Einsatz organisatorischer Koordinationsinstrumente erforderlich macht. Die Rollen ausländischer Tochtergesellschaften können durch die Muttergesellschaft vorgegeben werden oder sich durch Aktivitäten der Tochtergesellshaften im Rahmen eines internen Wettbewerbs entwickeln (vgl. Birkinshaw 1996). Ähnlich wie bei der Entwicklung und Implementierung transnationaler Strategien (vgl. Kap. 4.2.2.4) liegen hierzu zahlreiche Typologien vor, die sich analog zur Rolle im Rahmen des transnationalen Wertschöpfungsnetzwerks auf die immateriellen Beziehungen zwischen den Unternehmungseinheiten Multinationaler Unternehmungen beziehen (vgl. etwa Taggart 1997; Nobel/Birkinshaw 1998).

Rollentypologie von Gupta/Govindarajan

Eine besondere Bedeutung kommt in diesem Zusammenhang der *Rollentypologie von Gupta/Govindarajan* (1991) zu, die Aspekte der Koordination mit denen des Wissensmanagement verknüpft. Sie basiert auf der Annahme, dass Multinationale Unternehmungen als Netzwerk von Kapital-, Produkt- und Wissenstransaktionen zwischen weltweit verstreuten Unternehmungseinheiten aufgefasst werden können, wobei aus organisatorischer Sicht die Wissenstransaktionen von zentralem Interesse sind. Unternehmungsinterne Wissensflüsse umfassen sowohl den Transfer von Expertise als auch von Marktwissen. Zur *Expertise* zählen Fähigkeiten und Fertigkeiten in allen Wertschöpfungsaktivitäten, während sich *Marktwissen* auf Fakten- bzw. Datenwissen über Kunden, Wettbewerber und Lieferanten bezieht. Nicht unter diesen Wissensbegriff fallen Informationsflüsse des internen Berichtswesens.

Idealtypische organisatorische Rollenmuster

Die zentrale These von Gupta/Govindarajan besteht darin, dass die Wissensflüsse, die von den Unternehmungseinheiten einer Multinationalen Unternehmung ausgehen bzw. zu diesen hinführen, unterschiedliche Implikationen für deren Koordination und Kontrolle beinhalten. Die Wissensflüsse lassen sich einerseits nach dem *Umfang*, in dem eine Tochtergesellschaft in unternehmungsinterne Wissenstransaktionen eingebunden ist, und andererseits nach deren *Richtung* differenzieren. Der sich aus der Integration dieser beiden Faktoren ergebende *Wissenszufluss* bezeichnet dabei das Ausmaß, in dem eine Tochtergesellschaft Wissen von anderen Unternehmungseinheiten nutzt, während der *Wissensabfluss* das Ausmaß darstellt, in dem eine Tochtergesellschaft anderen Unternehmungseinheiten Wissen zur Verfügung stellt. Fasst man diese beiden Dimensionen als unabhängig auf und dichotomisiert deren mögliche Ausprägungen, ergeben sich vier *idealtypische organisatorische Rollenmuster* der Unternehmungseinheiten Multinationaler Unternehmungen (vgl. Abb. 5-17):

- Als *lokale Innovatoren (local innovators)* werden Unternehmungseinheiten bezeichnet, die weder ein wesentlicher Anbieter (*provider*) noch ein wichtiger Empfänger (*receiver*) von Wissen anderer Unternehmungseinheiten sind. Lokale Innovatoren sind nur in einem sehr geringen Maße in die unternehmungsinternen Wissensflüsse einer Multinationalen Unternehmung eingebunden und lediglich für die Entwicklung des lokal relevanten Wissens verantwortlich. Entsprechend weisen sie auch nur eine sehr geringe Kommunikationsintensität mit der Muttergesellschaft und anderen Tochtergesellschaften auf. Auch der Einsatz technokratischer Koordinationsinstrumente ist nur schwach ausgeprägt.
- *Implementierer (implementors)* sind dadurch gekennzeichnet, dass sie zwar in einem hohen Maße Wissen anderer Unternehmungseinheiten absorbieren, diesen aber kaum eigenes Wissen zur Verfügung stellen. Diese Rolle kommt vor allem Tochtergesellschaften zu Beginn ihrer Tätigkeit sowie in kleinen und für die Multinationale Unternehmung wenig bedeutsamen Märkten zu. Das zentrale Koordinationsinstrument stellt die unternehmungsinterne Sozialisation dar.
- Als *globale Innovatoren (global innovators)* werden Unternehmungseinheiten bezeichnet, die in einem hohen Maße anderen Unternehmungseinheiten Wissen zur Verfügung stellen, jedoch kaum auf Wissen aus der Gesamtunternehmung zurückgreifen. Sie stellen deshalb eine zentrale Kreativitäts- und Innovationsquelle Multinationaler Unternehmungen dar. Die Rolle der globalen Innovatorin

Abb. 5-17

Idealtypische organisatorische Rollenmuster der Unternehmungseinheiten Multinationaler Unternehmungen

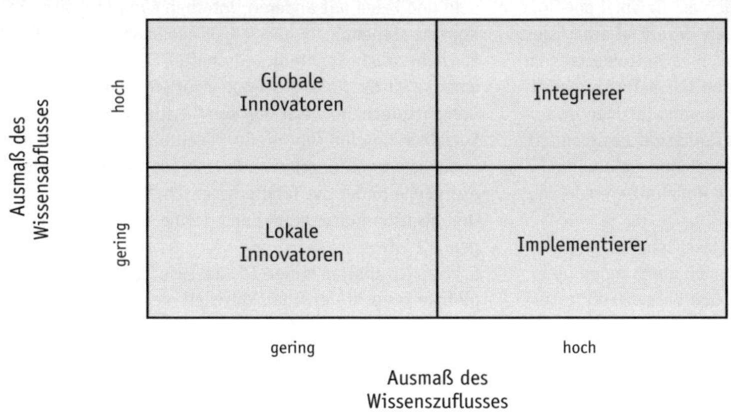

(Quelle: Gupta/Govindarajan 1991, S. 774)

wird zu Beginn des Internationalisierungsprozesses zumeist von der Muttergesellschaft wahrgenommen, mit zunehmendem Internationalisierungsgrad aber auch von ausländischen Tochtergesellschaften ausgeübt. Die Kommunikationsintensität mit der Muttergesellschaft ist dabei relativ hoch, mit anderen Tochtergesellschaften aber nur gering. Weitere Merkmale sind eine ausgeprägte Disposition der Führungskräfte, Eigeninitiative zu ergreifen, und eine geringe unternehmungsinterne Sozialisation. Gupta/Govindarajan (1994, S. 455) schließen daraus, dass diese Rolle den Tochtergesellschaften von der Muttergesellschaft zumeist nicht explizit zugewiesen wird, sondern sich diese im Zuge eines Selbststeuerungsprozesses autonom herausbildet.

- Bei *Integrierern (integrated players)* handelt es sich schließlich um Unternehmungseinheiten, die sowohl in einem hohen Maße Wissen aus der Gesamtunternehmung absorbieren als auch anderen Unternehmungseinheiten eigenes Wissen zur Verfügung stellen. Entsprechend weisen diese eine sehr hohe Kommunikationsintensität mit der Muttergesellschaft und anderen Tochtergesellschaften sowie einen ausgeprägten Einsatz technokratischer Koordinationsinstrumente auf.

Empirische Evidenz

Gupta/Govindarajan (1994) haben die von ihnen entwickelte Rollentypologie unter 359 ausländischen Tochtergesellschaften amerikanischer, europäischer und japanischer Unternehmungen empirisch getestet und dabei eine weitgehende Übereinstimmung zwischen dem jeweiligen Ausmaß des Wissensabflusses bzw. -zuflusses und den postulierten Koordinationsinstrumenten festgestellt (vgl. auch Harzing/Noorderhaven 2006). Hinsichtlich der Relevanz der einzelnen Rollenmuster zeigt sich, dass lokale Innovatoren und Integratoren eine etwa doppelt so hohe Verbreitung wie Implementierer und globale Innovatoren besitzen.

Beispiel

Die praktische Relevanz des Rollenkonzepts von Gupta/Govindarajan lässt sich anschaulich am Beispiel der BASF AG illustrieren. BASF ist eine relativ dezentral organisierte Unternehmung, die mehr als 80 % ihres Weltumsatzes im Ausland erzielt. Obwohl die ausländischen Tochtergesellschaften ein ähnliches Produktprogramm fertigen und eine ähnliche Wertschöpfungskonfiguration besitzen, ist für die weltweit verstreuten Unternehmungseinheiten eine ausgeprägte organisatorische Rollendifferenzierung charakteristisch.
Die großen ausländischen Tochtergesellschaften in den USA, Belgien und Japan zeichnen sich durch einen gleichermaßen hohen Wissenszufluss und Wissensabfluss aus. Entsprechend ist auch die Kommunikationsintensität mit anderen Unternehmungseinheiten sehr hoch. Die Koordination dieser Integrierer erfolgt vor allem durch Formalisierung und Sozialisation. Kleinere Tochtergesellschaften in diesen Ländern wie z. B. im japanischen Hokuriko können dagegen als lokale Innovatoren bezeichnet werden, da sie weitgehend auf lokale Ressourcen beschränkt sind und kaum mit anderen Unternehmungseinheiten in Kontakt stehen.
Für nahezu alle Tochtergesellschaften in Asien und Südamerika ist die Rolle des Implementierers kennzeichnend. Dementsprechend weist das Koordinationsinstrument der Sozialisation eine sehr große Bedeutung auf, während die Formalisierung nur relativ schwach ausgeprägt ist. Eine Ausnahme bildet die Tochtergesellschaft in Indien, deren Organisationskultur stark durch lokale Werte und Normen geprägt ist.
Schließlich gibt es einige Tochtergesellschaften, die als globale Innovatoren charakterisiert werden können. Dies gilt insbesondere für reine Forschungsgesellschaften wie die BASF Bioresearch in Boston. Das zentrale Koordinationsinstrument stellt dort ein stark innovationsorientiertes und kreativitätsförderndes Anreizsystem dar (vgl. Riedl 1999, S. 117 ff.).

In einer empirischen Untersuchung unter 142 Tochtergesellschaften deutscher Unternehmungen haben Holtbrügge/Berg (2004a) die Rollentypologie von Gupta/Govindarajan aufgegriffen und unterschiedliche Einflussfaktoren auf den Wissensabfluss bzw. -zufluss analysiert. Dabei zeigt sich, dass der Umfang des Wissenszuflusses aus dem lokalen Markt positiv mit der kulturellen Distanz der Tochtergesellschaft zur Muttergesellschaft korreliert. Einen Einfluss darauf hat auch die lokale Ressourcenstärke. Dieses Ergebnis weist darauf hin, dass Wissen in einem hohen Maße sozial eingebunden und nur schwer über große kulturelle Distanzen transferierbar ist. Die Fähigkeit zur Absorption lokalen Wissens setzt zudem qualifizierte Mitarbeiter und ausreichende organisatorische Kompetenzen voraus. Der Zufluss von Wissen aus anderen Unternehmungseinheiten hängt vor allem von der strategischen Bedeutung der Tochtergesellschaft und der Höhe der unternehmungsintern bezogenen Lieferungen und Leistungen ab. Das Ausmaß des Wissensabflusses korreliert vor allem mit dem Umfang der an andere Unternehmungseinheiten abgegebenen Lieferungen und Leistungen. Insgesamt stellen jeweils 20,4 % der untersuchten Tochtergesellschaften globale Innovatoren und Integrierer, 26,1 % Implementierer und 33,1 % lokale Innovatoren dar.

5.2.2.6 Synergetische Organisationskultur

Ebenen der Organisationskultur

In den vorangegangenen Kapiteln wurde bereits mehrfach auf die große Bedeutung der Organisationskultur zur Koordination und Steuerung Multinationaler Unternehmungen hingewiesen. Organisationskulturen sind *unternehmungsspezifische Vorstellungs- und Orientierungsmuster*, die das Verhalten der Mitarbeiter nachhaltig prägen. Nach Schein (1984) können drei *Ebenen der Organisationskultur* unterschieden werden, wobei – ähnlich wie bei einem Eisberg, der überwiegend unterhalb der Wasseroberfläche liegt – die meisten Elemente nicht direkt beobachtbar sind (vgl. Abb. 5-18):

Eisbergmodell von Schein

- Die *Basisannahmen* umfassen die grundlegenden Überzeugungen und Vorstellungsmuster über die Umwelt, die Wahrheit, die Natur des Menschen, das menschliche Handeln und die zwischenmenschlichen Beziehungen. Sie sind besonders tief in der Unternehmung verwurzelt, unsichtbar und zumeist unbewusst und nur sehr langfristig veränderbar.
- Die Basisannahmen drücken sich in *Normen und Standards* aus, die konkrete Regeln für das Handeln darstellen. Diese können sowohl explizit formuliert als auch mehr oder weniger »ungeschriebene Gesetze« sein. Entsprechend sind diese nur teilweise sichtbar und den Unternehmungsmitgliedern bewusst.
- Den sichtbaren Teil der Organisationskultur bildet das *Symbolsystem*. Dazu zählen die Sprache, Rituale, Kleidung und Umgangsformen sowie Elemente der architektonischen und graphischen Gestaltung.

Mit zunehmendem Internationalisierungsgrad stellt sich für Multinationale Unternehmungen die Aufgabe, für die Vielzahl der in- und ausländischen Engagements einen gemeinsamen organisationskulturellen Rahmen zu finden. Wie bei den anderen Managementfunktionen sind diese dabei mit dem Zielkonflikt zwischen weltweiter Standardisierung und lokaler Differenzierung konfrontiert. Während die weltweite Standardisierung von Merkmalen der Organisationskultur vor allem den

Abb. 5-18

Ebenen der Organisationskultur nach Schein (1984, S. 4)

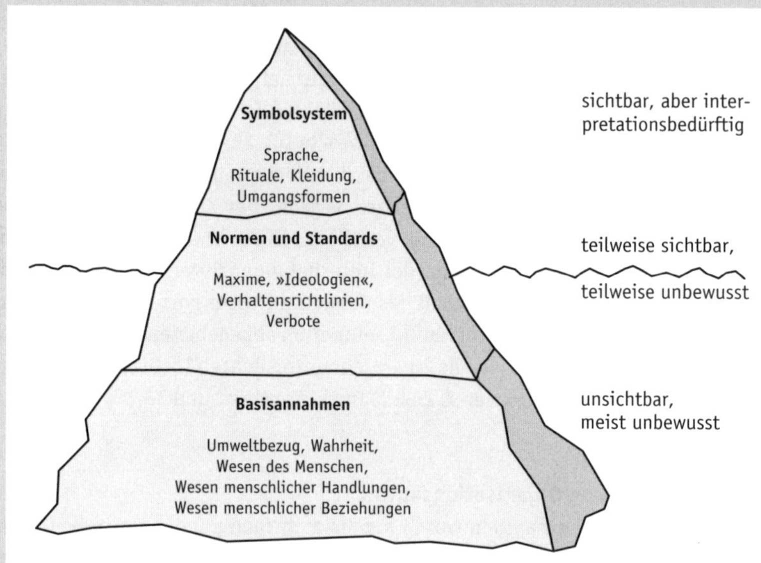

einheitlichen Auftritt nach außen sowie die Koordination nach innen erleichtert, wird die Notwendigkeit der lokalen Differenzierung vor allem durch unterschiedliche Landeskulturen hervorgerufen. Diese ist umso stärker ausgeprägt, je häufiger es sich bei den ausländischen Engagements um kooperative Eigentumsformen handelt, bei denen auch Einflüsse lokaler Partner auf die jeweilige Organisationskultur wirksam sind. Die Notwendigkeit der Anpassung an die lokalen Bedingungen wird zudem durch das Alter der Tochtergesellschaft und das damit einhergehende organisatorische Erbe (*administrative heritage*) beeinflusst (vgl. Abb. 5-18).

Handhabung von Multikulturalität

In Anlehnung an eine von Martin/Meyerson (1988) entwickelte Idealtypologie können drei grundsätzliche Möglichkeiten der *Handhabung von Multikulturalität* in Multinationalen Unternehmungen unterschieden werden (vgl. auch Schmid 1996, S. 220 ff.):

- Die *Strategie der Integration* geht von der grundsätzlichen Konsistenz und Kohärenz von Teilkulturen aus. Die Organisationskulturen in den Tochtergesellschaften sind mit derjenigen in der Muttergesellschaft kompatibel. Dies gilt nicht nur für das Symbolsystem, sondern auch für die Normen und Standards sowie die Basisannahmen. Häufig anzutreffen ist diese Strategie in japanischen Unternehmungen, deren Tochtergesellschaften erst spät und unter dem Gesichtspunkt eines weltweit einheitlichen Auftretens gegründet wurden.
- Der *Strategie der Differenzierung* liegt dagegen die Annahme zugrunde, dass Multinationale Unternehmungen aus einer Vielzahl von Sinnsystemen bestehen, die nur bedingt konsistent sind. Die Möglichkeit eines unternehmungsweiten Kon-

senses wird deshalb für schwierig, wenn nicht gar für ausgeschlossen gehalten. Zwar lässt sich das Symbolsystem relativ leicht weltweit standardisieren, ohne dass es dadurch jedoch zwangsläufig zu einer Angleichung der Normen und Werte sowie der Basisannahmen kommt. Die interkulturelle Managementforschung weist vielmehr darauf hin, dass sich diese nur sehr langsam verändern (vgl. z. B. Hofstede 2001).

- Die *Strategie der Ambiguität* geht noch über die Strategie der Differenzierung hinaus und betont im Sinne der postmodernen Theorie des Internationalen Management (vgl. Kap. 3.2.5) die grundsätzliche Pluralität und Inkommensurabilität von Teilkulturen. Multinationale Unternehmungen sind demnach keine monolithischen Gebilde mit festen kulturellen Grenzen, sondern es gibt vielfältige kulturelle Widersprüche, kulturellen Wandel und ständig wechselnde Interaktionsmuster. Diese kulturellen Unterschiede in und zwischen den einzelnen Unternehmungseinheiten werden jedoch weniger als Restriktion, sondern als *weltweit nutzbare Ressource* begriffen, durch die sich die Innovations- und Wettbewerbsfähigkeit einer Unternehmung steigern lassen.

Unternehmungssprache

Besonders anschaulich lässt sich die Handhabung von Multikulturalität anhand der *Unternehmungssprache* illustrieren. Analog zum grundsätzlichen Umgang mit kultureller Diversität können drei Sprachstrategien unterschieden werden (vgl. Janssens/ Lambert/Steyaert 2004):

- Die *mechanistische Perspektive* unterstellt, dass das Problem der Mehrsprachigkeit vor allem in der Standardisierung der Kommunikation besteht. Multinationale Unternehmungen, die dieser Perspektive folgen, setzen deshalb zumeist eine Sprache als *corporate language* fest, die von allen Mitarbeitern gesprochen wird bzw. erlernt werden muss. Nachdem in früheren Jahrhunderten Latein und später Französisch die internationalen Geschäfts- und Korrespondenzsprachen waren, nimmt diese Funktion zunehmend die englische Sprache wahr (vgl. Crystal 2003). Die mechanistische Perspektive ist vor allem für Multinationale Unternehmungen mit einem stark standardisierten Leistungsprogramm kennzeichnend. Als Problem erweist sich vielfach, dass die tatsächlichen Englischkenntnisse vieler Mitarbeiter oft weniger gut als angenommen sind. Dies belegt etwa das Beispiel DaimlerChrysler, bei dem die Einführung von Englisch als Unternehmungssprache auf

Beispiel

Ein Beispiel für eine Multinationale Unternehmung mit einer ambiguitären Organisationskultur ist der niederländische Elektronikkonzern Philips. Da die Unternehmung ihren Sitz in einem relativ kleinen Land hat, ist sie nur in einem geringen Maße durch die dortige Landeskultur geprägt. Der Heimatmarkt spielt innerhalb der transnationalen Strategie der Unternehmung zudem nur eine unbedeutende Rolle. Entsprechend zeichnet sich Philips durch eine große kulturelle Vielfalt aus. So stammen die neun Mitglieder des Board of Management aus fünf verschiedenen Ländern. Zwei Vorstandsmitglieder haben eine doppelte Staatsbürgerschaft. Auf der Homepage kann zwischen 32 Sprachen ausgewählt werden (http://www.philips.com).

den unteren hierarchischen Ebenen zu zahlreichen Kommunikationsproblemen geführt hat (vgl. Hein/Appel 1998; Vlasic/Stertz 2000). Ein weiteres Beispiel ist Sanofi-Aventis, bei dem selbst die Mitglieder des Top-Management-Teams in schwierigen Situationen nicht in der Unternehmungssprache Englisch kommunizieren, sondern auf ihre Muttersprache zurückgreifen (vgl. Kap. 4.5).

- Die *kulturelle Perspektive* basiert auf der Annahme, dass Sprache kein vom Sprecher und seiner Lebenswelt unabhängiges objektives Medium ist, sondern ein konstruiertes und damit wertbehaftetes Konzept darstellt (vgl. Holtbrügge 2001a, S. 26 ff.). Unterschiedliche Sprachen beinhalten damit immer auch unterschiedliche Denkmodelle zur Erfassung bestimmter Realitätsausschnitte. Diese unterschiedlichen Denkmodelle sind vielfach inkommensurabel und damit nicht in andere Sprachen übersetzbar, ohne dass dabei wichtige Bedeutungsinhalte verloren gehen oder verfälscht werden. Jede Kommunikation in einer Fremdsprache ist damit mit Bedeutungsverlusten verbunden. In Multinationalen Unternehmungen schlägt sich diese Perspektive zumeist in der Pluralität der gesprochenen Sprachen nieder (vgl. Feely/Harzing 2003). Da die Zahl der möglichen Sprachkombinationen mit dem Internationalisierungsgrad progressiv zunimmt, ist die Anwendbarkeit dieser Sprachenpolitik jedoch weitgehend auf relativ kleine Multinationale Unternehmungen beschränkt.
- Die *politische Perspektive* betont, dass die Wahl einer Sprache immer auch eine Frage der Macht darstellt (vgl. Phillipson 1992). So belegen empirische Untersuchungen, dass Nicht-Muttersprachler – auch wenn diese über gute Kenntnisse der jeweiligen Fremdsprache verfügen – in Gruppendiskussionen einen geringeren Sprechanteil aufweisen und in einem geringeren Maße zur Lösungsfindung beitragen als Muttersprachler (vgl. z. B. Davison/Ward 1999). Individuen, die gute Kenntnisse einer Fremdsprache besitzen, werden von Individuen, für die diese Sprache die Muttersprache ist, zudem als fachlich kompetenter eingeschätzt als Individuen, die diese Sprache schlecht oder gar nicht sprechen (vgl. z. B. Gudykunst 1988). Auch die Selbsteinschätzung eines Individuums hängt in einem internationalen Kontext wesentlich von den wahrgenommenen Fremdsprachenkenntnissen ab (vgl. Marschan/Welch/Welch 1997). In Multinationalen Unternehmungen setzt sich deshalb zumeist diejenige Sprache durch, die von den Mitarbeitern mit dem höchsten Status gesprochen wird. »Consequently, the language strategy in an international company is a way to decide which languages can be spoken and therefore, which groups and/or individuals will be involved in the (..) communication process and impact its outcomes« (Janssens/Lambert/Steyaert 2004, S. 424).

Beeinflussbarkeit von Organisationskulturen

Die Eignung der Organisationskultur als Koordinations- und Steuerungsinstrument in Multinationalen Unternehmungen steht in einem engen Zusammenhang mit dem in der Literatur äußerst kontrovers diskutierten Problem der aktiven *Beeinflussbarkeit von Organisationskulturen*, das vor allem im Rahmen von Unternehmungskooperationen und -akquisitionen sowie beim Übergang von internationalen und multinationalen zu globalen und transnationalen Strategien eine zentrale Bedeutung erlangt (vgl. Welch/Welch 2006). Während die sog. *Kulturingenieure* davon ausgehen, dass sich Kulturen ähnlich wie andere Führungsinstrumente einsetzen und planmäßig verändern lassen, betrachten die sog. *Kulturalisten* die Organisationskultur als eine organisch gewachsene Lebenswelt, die sich gezielten Beeinflussungsversuchen entzieht bzw. auf diese mit unbeabsichtigten Folgen reagiert. Realistisch scheint deshalb die Annahme zu sein, dass sich die Veränderung von Organisationskulturen zwar initiieren lässt, der *Ausgang dieses Veränderungsprozesses aber nur in einem begrenzten Maße vorhersehbar* ist (vgl. Schreyögg 2008, S. 389 ff.).

5.2.3 Kritische Gesamtbeurteilung

Die empirische Untersuchung und theoretische Fundierung von Netzwerkstrukturen Multinationaler Unternehmungen stellt gegenwärtig eines der zentralen Forschungsfelder im Bereich des Internationalen Management dar. Die bislang vorliegenden Ansätze weisen jedoch noch zahlreiche *konzeptionelle Schwächen* auf. So erscheinen die begrifflichen Abgrenzungen vereinfacht und teilweise willkürlich und die Operationalisierung der Beziehungen (Netzwerkkanten) zwischen den einzelnen Unternehmungseinheiten (Netzwerkknoten) unzureichend (vgl. Engelhard/Dähn 1994, S. 257; zur Nedden 1994, S. 194). Zudem werden Beobachtungen, die sich oft nur auf einzelne Unternehmungen beschränken, modelltheoretische Argumentation und normative Aussagen vielfach vermischt (vgl. Glaum 1996, S. 115). Die transnationale Organisation stellt deshalb weniger ein originäres, geschlossenes und theoretisch fundiertes Modell als vielmehr einen eklektischen Ansatz dar, in den zahlreiche Überlegungen aus unterschiedlichen Teilbereichen des Management einfließen (vgl. Perlitz/Dreger/Schrank 1996, S. 279 f.).

Das dem integrierten Netzwerkmodell zugrunde liegende Konzept der transnationalen Organisation von Bartlett/Ghoshal (1990) weist zudem einen *stark idealtypischen und normativen Charakter* auf. Insbesondere wird der Einfluss des organisatorischen und kulturellen Erbes einer Unternehmung vernachlässigt (vgl. Buckley 1996, S. 29), das den Übergang von hierarchischen oder dezentralen Organisationsmodellen zu integrierten Netzwerkstrukturen wesentlich erschweren kann (vgl. Malnight 1996).

Empirische Evidenz

Schließlich muss die *mangelnde empirische Bestätigung* des Netzwerkkonzepts angeführt werden. So belegt eine empirische Untersuchung von 40 weltweit tätigen Unternehmungen der pharmazeutischen Industrie von Perlitz/Dreger/Schrank (1996), dass viele Unternehmungen zwar bereits einzelne Elemente des transnationalen Organisationsmodells von Bartlett/Ghoshal eingeführt haben, im Wesentlichen aber noch auf traditionelle hierarchische Koordinations- und Steuerungsinstrumente zurückgreifen. Als zentrale *Implementierungsprobleme* werden personelle Widerstände gegen den Abbau von Hierarchieebenen und hohe Koordinationskosten angeführt.

Auch eine empirische Untersuchung unter 66 ausländischen Tochtergesellschaften deutscher Multinationaler Unternehmungen von Holtbrügge (2005a) kommt zu dem Ergebnis, dass weder eine eindeutige Dominanz personenorientierter Koordinations- und Steuerungsinstrumente noch eine Zunahme horizontaler Koordinationsbeziehungen feststellbar ist. Zwar haben personenorientierte Instrumente eine etwas größere Bedeutung als technokratische Instrumente, Formen der horizontalen Koordination sind entgegen der Annahme aber nur sehr selten anzutreffen. In Zukunft wird zwar mit einer verstärkten Nutzung personenorientierter Koordinationsinstrumente gerechnet, eine zunehmende horizontale Koordination etwa in Form länderübergreifender Arbeitsgruppen wird jedoch nicht als notwendig erachtet. Darüber hinaus weist die Studie auf die mangelnde Abstimmung zwischen der länderübergreifenden Konfiguration von Wertaktivitäten und der Koordination hin. Entgegen der in der Literatur häufig vertretenen »*structure follows strategy*«-Hypothese zeigt sich nur ein geringer Zusammenhang zwischen diesen beiden Aktionsparametern. Eine Erklärung dafür könnte sein, dass die Entscheidungen über die Konfiguration und die Koordination Multinationaler Unternehmungen von unterschiedlichen Unternehmungseinheiten und zu unterschiedlichen Zeitpunkten getroffen werden. Multinationale Unternehmungen mit einer transnationalen Strategie verfügen damit nicht notwendigerweise auch über eine transnationale Organisationsstruktur in Form eines integrierten Netzwerks.

5.3 Weiterführende Literatur

Die Organisation europäischer, amerikanischer und japanischer Unternehmungen untersuchen die klassischen Studien von Stopford/Wells (1972), Welge (1980), Negandhi/Welge (1984) und Egelhoff (1988a). Aktuelle Aspekte finden sich in Harzing (1999) und Wolf (2000). Speziell auf den Einsatz von Matrixtrukturen geht Adžić (2006) ein.

Neuere Ansätze zur Organisation Multinationaler Unternehmungen finden sich in der Monographie von Kreikebaum/Gilbert/Reinhardt (2002) sowie in den Sammelbänden von Hedlund (1993b), Cooperrider/Dutton (1999) und Ghoshal/Westney (2005).

Die Merkmale, Anwendungsbedingungen und Probleme von Netzwerkstrukturen werden ausführlich erläutert in Nohria/Eccles (1992) und Sydow (1994). Speziell der Anwendung integrierter Netzwerke in Multinationalen Unternehmungen sind die Monographien von Bartlett/Ghoshal (1990; 1998) gewidmet. Aktuelle Entwicklungstendenzen werden in dem Sammelband von Pedersen et al. (2014) diskutiert. Die empirische Bedeutung von Netzwerkstrukturen in Multinationalen Unternehmungen untersuchen Böttcher (1996), Riedl (1999), Rank (2003), Wald (2003) und Rosenberg (2014).

Den Zusammenhang zwischen der Konfiguration und der Koordination Multinationaler Unternehmungen untersucht Holtbrügge (2005b). Einen Überblick über unterschiedliche Rollenkonzepte für Tochtergesellschaften Multinationaler Unternehmungen vermitteln Rank (2000), Enright/Subramanian (2007) und Lohr (2014). Über die Relevanz des organisatorischen Wissensmanagement in deutschen Multinationalen Unternehmungen informieren die empirischen Untersuchungen von Bendt (2000), Welge/Holtbrügge (2000b) und Holtbrügge/Berg (2004a). Zur Organisationskultur vgl. Schmid (1996). Den besonderen Aspekten der Sprache in Multinationalen Unternehmungen sind die Beiträge in Brannen/Piekkari/Tietze (2014) und die Monographie von Piekkari/Welch/Welch (2015) gewidmet.

5.4 Fallstudie: Fit for the Future? Die strukturelle Entwicklung der BASF AG vor dem Hintergrund von Expansion und Internationalisierung

5.4.1 BASF – Ein Chemiekonzern macht sich »Fit for the Future«

Triple F-Programm

Die Organisationsstruktur der BASF AG wurde in den vergangenen Jahrzehnten mehrfach umgestaltet und den sich ständig ändernden Rahmenbedingungen angepasst. Um den großen Chemiekonzern zukunftstauglich zu machen, hat der Vorstand der Unternehmung im Jahre 2001 zum vorerst letzten Mal eine neue Leitkultur verpasst, die umfassende Änderungen an der bestehenden Organisation vorsieht. Hinter dem Kürzel »Triple F« (»Fit for the Future«) verbirgt sich der wohl radikalste Umbau der Unternehmung seit Einführung der Matrixorganisation in den siebziger Jahren (vgl. Neukirchen 2001, S. 30). Der damalige Vorstandsvorsitzende Jürgen Strube (zit. in Ruess/Salz 2002, S. 72) wollte dadurch vor Beendigung seiner Amtszeit die Organisation der BASF zukunftsfähig machen: »Und dazu gehört, dass unsere Restrukturierungsmaßnahmen – Programme zur Kosteneinsparung sowie Standort- und Anlagenschließungen – greifen.« Ende des Jahres 2003 verkündete Strubes Nachfolger Jürgen Hambrecht bereits den Erfolg des Programms: »Mit Triple F haben wir in den vergangenen Jahren die BASF-Gruppe agiler, schlagkräftiger und noch marktnäher gemacht (...), trotzdem werden wir nicht aufhören, unsere Abläufe und Strukturen noch effizienter und noch kundengerechter zu gestalten« (Hambrecht 2003).

Im Folgenden werden die Expansion und Internationalisierung der BASF dargestellt und die Entwicklung der Aktiengesellschaft zu einer Unternehmensgruppe mit einer Vielzahl von konsolidierten Tochtergesellschaften beschrieben. Anschließend erfolgt die Darstellung des Entwicklungsprozesses der Organisationsstruktur der Unternehmung bis hin zur Implementierung des »Fit for the Future«-Konzepts, welches nur einen vorläufigen Endpunkt in der Organisationsentwicklung der Unternehmung markiert. Um die organisatorischen Veränderungen der BASF einordnen und bewerten zu können, werden zunächst die wichtigsten Geschäftsfelder der Unternehmung dargestellt.

5.4.2 Kurzporträt der Unternehmung

Länderübergreifende Verbundstruktur

BASF charakterisiert sich selbst als »das führende Chemieunternehmen der Welt« (BASF 2005, S. 1). Um weltweit die Chancen auf profitables Wachstum zu nutzen, ist BASF in allen Wirtschaftsregionen mit Produktions- und Vertriebsaktivitäten vertreten. BASF besitzt sechs Verbundstandorte und rund 376 Produktionsstandorte in 89 Ländern (BASF 2014a). Zur BASF-Gruppe gehören die BASF Aktiengesellschaft mit dem Stammwerk in Ludwigshafen sowie 274 Mehrheitsbeteiligungen, die konsolidiert werden. 19 Gemeinschaftsunternehmungen, welche die BASF zusammen mit anderen Partnern leitet, werden anteilig konsolidiert. Zusätzlich werden acht wesentliche assoziierte Unternehmungen und drei Gemeinschaftsunternehmungen, an denen die BASF beteiligt ist, nach der Equity-Methode bilanziert, d. h. sie werden mit dem jeweils anteiligen Eigenkapital im Jahresabschluss der BASF-Gruppe erfasst (vgl. BASF 2014c). 2013 erzielte BASF einen Umsatz von 74,0 Mrd. € und einen EBIT von 7.273 Mrd. €. Am Jahresende beschäftigte die Unternehmung weltweit 112.206 Mitarbeiter (vgl. BASF 2014c).

Die Produktpalette umfasst die fünf Geschäftsbereiche Chemicals, Performance Products, Functional Materials & Solutions, Agricultural Solutions sowie Oil & Gas (vgl. BASF 2014b). Die einzelnen Unternehmungseinheiten sind im Sinne der von BASF verfolgten *Verbundstrategie* stark integriert. Die Produktionsbetriebe und -prozesse sind weltweit sowohl vertikal als auch horizontal verknüpft, indem Produkte und Nebenprodukte in anderen Anlagen eingesetzt und weiter verarbeitet werden. Die BASF-Betriebe sind dabei über mindestens ein Produkt oder eine Prozessstufe mit anderen verbunden. Auch auf der Ebene der Mitarbeiter und der immateriellen Ressourcen bestehen intensive grenzüberschreitende Verflechtungen.

Internationalisierung und Expansion

Mit dem Ziel der Wertsteigerung durch Wachstum und Innovation setzt die Unternehmung entsprechende Eckpunkte ihrer Strategie fest. Dazu zählen:

- »Der Ausbau renditestarker Arbeitsgebiete,
- die Stärkung unserer langfristigen Wettbewerbsfähigkeit,
- Investitionen in wachsende Märkte,
- das Schaffen von Wert für unsere Kunden und für die BASF sowie das
- Vertrauen in die vielfältigen Fähigkeiten unserer Mitarbeiter« (Strube 2002a).

In diesen Zielen spiegelt sich implizit wider, was die Entwicklung der BASF seit ihrer Gründung bestimmte: Internationalisierung und Expansion.

Die *Wachstumsstrategie* der Unternehmung schlägt sich in zahlreichen Akquisitionen wie des Katalysatorenherstellers Engelhard, des Harzherstellers Johnson, der Bauchemie-Sparte von Degussa, des Spezialchemieherstellers Ciba (2009) und der Öl- und Gasgesellschaft Revus Energy nieder, die darauf abzielen, Marktpositionen auszubauen oder zu festigen. Geschäfte, die sich nicht nachhaltig Gewinn bringend weiterentwickeln lassen und somit dem Leitmotiv der Wertsteigerung nicht entsprechen, wurden dagegen konsequent desinvestiert (vgl. BASF 2009a, S. 114). Ein Beispiel hierfür bildet die Pharmasparte, die vormals in das Segment Pflanzenschutz und Ernährung eingegliedert war. Mit Wirkung vom 1. Januar 2001 wurde das Generikageschäft an die Biochemie GmbH, eine Tochtergesellschaft von Novartis, verkauft. Das Pharmageschäft wurde nach der Genehmigung durch die amerikanische Federal Trade Commission und die EU-Kommission an die US-Unternehmung Abbott Laboratories veräußert (vgl. BASF 2002b, S. 50). Den Ausschlag für die Trennung gab die mangelnde Größe der Pharmasparte (vgl. o. V. 2001c, S. 29). Aus dem Verkauf dieser Sparte erzielte BASF einen außerordentlichen Ertrag von über 6 Mrd. € (vgl. BASF

2002c, S. 61). Infolge der Veräußerung des Pharma- und Generikageschäftes sind 32 Gesellschaften aus dem Konsolidierungskreis der BASF-Gruppe ausgeschieden. Noch 1995 hatte BASF den Ausbau des Arzneimittelgeschäftes vor dem Hintergrund einer geringeren Konjunkturabhängigkeit forciert und den Umsatz mit der Übernahme des Arzneimittelgeschäftes von Boots um 50 % gesteigert. Selbst 1996 sah der damalige Vorstandsvorsitzende Jürgen Strube noch einen weiteren Ausbau dieser Sparte vor.

Allianzen und Partnerschaften

Zur Weiterentwicklung der Kernarbeitsgebiete geht BASF im Bereich der Produktion auch *strategische Allianzen und Partnerschaften* mit »starken globalen Partnern« (BASF 2002b, S. 62) ein. Ein Beispiel hierfür ist die Zusammenarbeit mit Shell, die ebenfalls durch den Verbundgedanken geprägt ist: »Eine strategische Partnerschaft mit Shell (..) stellt die Rückwärtsintegration unserer Polyurethan-Wertschöpfungskette (..) dar und bietet uns zudem eine weitere Möglichkeit zur Eigenversorgung mit Styrol (..)« (BASF 2002b, S. 63). Zur Sicherung des Eigenbedarfs der Verbundstandorte in der NAFTA-Region mit chemischen Grundstoffen wurde in Port Arthur (USA) gemeinsam mit TotalFinaElf der größte Naphtha-Steamcracker der Welt gebaut und 2001 in Betrieb genommen. Auch in Russland arbeitet die BASF eng mit nationalen Partnern zusammen. Seit 1993 betreibt die BASF-Tochtergesellschaft Wintershall mit Gazprom die gemeinsame Erdgas-Handelsgesellschaft Wingas. Wintershall ist darüber hinaus zu 35 % am wirtschaftlichen Erfolg des westsibirischen Erdgasfeldes Jušno Russkoje (eines der größten Gasfelder der Welt) sowie zu 15,5 % an der Nord-Stream-Pipeline beteiligt, durch die seit 2011 Gas aus Russland durch die Ostsee nach Deutschland geleitet werden soll, beteiligt.

In Nanjing/China betreibt BASF gemeinsam mit dem chinesischen Partner Sinopec ein Joint Venture zur Produktion hochwertiger Chemieprodukte und Polymere. Der Verbundstandort umfasst ein Investitionsvolumen von 2,9 Mrd. US-$ und ist damit die größte Auslandsinvestition von BASF in der Unternehmungsgeschichte (vgl. Holtbrügge/Puck 2008, S. 2). Über das starke Engagement im asiatischen Raum urteilt Wagner (2000, S. 45): »Ziel der momentanen Internationalisierungsvorhaben ist die Präsenz in Regionen mit überdurchschnittlich hohem Wachstum.« Hierbei sollen die Erfahrungen, die beim Aufbau und Betrieb von Verbundsystemen in Europa und den USA gewonnen wurden, auf die Standorte in Asien übertragen werden. Neukirchen (2002, S. 47) charakterisiert die neuen Verbundstandorte daher nicht zu Unrecht als »Abziehbilder von Ludwigshafen«. Laut Wagner (2000, S. 47) legt BASF besonderen Wert darauf, in allen Regionen als einheimische Unternehmung wahrgenommen zu werden. Dementsprechend werden die Führungsebenen zunehmend mit ausländischen Mitarbeitern besetzt und viele ausländische Niederlassungen bereits heute von Personen geleitet, die in den entsprechenden Ländern geboren sind (vgl. Koubek/Kunze 2000, S. 38). »Ich bin Chef eines transnationalen Unternehmens«, so der bis 2011 amtierende Vorstandsvorsitzende Hambrecht (zit. nach Hoffritz/Jungbluth 2009), »und trage Verantwortung für die gesamte Belegschaft: Unsere Mitarbeiter in China oder anderswo sind mir genauso wichtig wie die in Deutschland.«

5.4.3 Historische Entwicklung der Unternehmung

5.4.3.1 Expansion aus Tradition

Frühe Internationalisierungsschritte

Seit ihrer Gründung im Jahre 1865 zeichnet sich die Badische Anilin- & Soda-Fabrik AG (heute BASF AG) durch eine stetige Expansion und das Engagement in ausländischen Märkten aus. Ein frühes Beispiel dafür ist die Fusion mit den beiden Stuttgarter Unternehmungen Knosp und Siegle im Jahre 1873, die sich kurzfristig auch in dem Namenszusatz »in Ludwigshafen a. Rh. und Stuttgart« niederschlug (vgl. von Hippel 2002, S. 43). Durch weitere Akquisitionen sowie die grenzüberschreitende Ausweitung ihrer Tätigkeit erlangte die Unternehmung schnell eine führende Stellung auf dem Weltmarkt. Kurz vor Ausbruch des Ersten Weltkriegs hatte die BASF nahezu ein Weltmonopol für die Herstellung und den Vertrieb synthetischer Farben inne. Die Grundlage dafür bildete die Fähigkeit, durch ein effizientes Innovations- und Wissensmanagement zum Technologieführer zu werden und permanent neue Märkte zu erschließen, um Größendegressionsvorteile realisieren zu können.

Auslandsaktivitäten nach dem 2. Weltkrieg

Der systematische *Auf- und Ausbau von Produktionsstätten* im Ausland begann jedoch erst nach dem Zweiten Weltkrieg, also fast 100 Jahre nach der Gründung der Unternehmung (vgl. BASF 2002d). Kurz nach der Neugründung der Badischen Anilin & Soda Fabrik AG, die mit der Übertragung des BASF-Vermögens durch die I. G. Farbenindustrie Aktiengesellschaft auf die neue Gesellschaft am 28. März 1953 und mit der Entlassung aus der alliierten Kontrolle ihren Abschluss fand (vgl. BASF 1954, S. 1), wurde die Auslandsorganisation »durch Ausbau der vertraglichen Vereinbarungen, durch Abstellung eigenen kaufmännischen und technischen Personals, durch die Entsendung technischer Fachleute sowie durch die Erweiterung der Konsignationslager weiter verstärkt« (BASF 1954, S. 6 f.). Im Bericht des Vorstandes zum Geschäftsjahr 1954 heißt es bereits, dass in diesem Jahr im Zuge einer Periode der Expansion der chemischen Industrie auch die Produktion im Ausland erweitert werden soll: »Wir müssen uns ferner darauf vorbereiten, uns in naher Zukunft auch an gewissen fabrikatorischen Projekten im Ausland zu beteiligen, um mit der Entwicklung Schritt zu halten, wobei wir davon ausgehen, dass derartige Maßnahmen auf weite Sicht auch unserem Auslandsgeschäft zugute kommen werden« (BASF 1955a, S. 11).

5.4.3.2 Internationalisierung als Satzungsgegenstand

Die Weichen für ausländische Direktinvestitionen wurden bereits in der neuen Satzung gestellt, die 1955 auf der Tagesordnung der dritten ordentlichen Hauptversammlung seit Wiedergründung der AG nach dem Zweiten Weltkrieg stand (vgl. BASF 1955a, S. 7). Nachdem die erste Nachkriegssatzung der BASF wie die der anderen IG-Nachfolgegesellschaften, »die das Ergebnis langwieriger Verhandlungen zwischen der Alliierten Hohen Kommission einerseits, der Bundesregierung und den sonst auf deutscher Seite Beteiligten andererseits waren« (BASF 1955b, S. 1), aus Entflechtungsgründen eine Reihe von Abweichungen von dem üblichen Inhalt der Satzungen deutscher Aktiengesellschaften enthielt, wurden die Satzungsbestimmungen den in Deutschland gegebenen Verhältnissen angepasst. Unter § 2 (Gegenstand des Unternehmens) sah die neue Satzung unter Absatz 3 vor, dass die Gesellschaft im In- und Ausland Zweigniederlassungen errichten und sich an anderen Unternehmen beteili-

Abb. 5-19

Regionale Struktur des Umsatzes der BASF-Gruppe zwischen 1955 und 2010

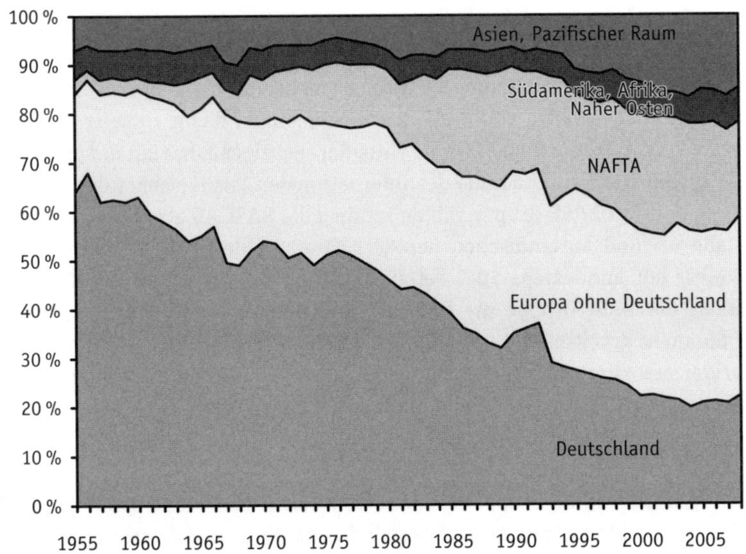

(Quelle: Jahresberichte der BASF AG für die Geschäftsjahre 1955 bis 2009)

gen kann (vgl. BASF 1955b, S. 5). Die Folge dieser Anpassung war eine zunehmende internationale Orientierung (vgl. Abb. 5-19).

Hoher Auslandsumsatz

Bereits ab den sechziger Jahren des 20. Jahrhunderts entstanden Anlagen in Brasilien, Frankreich, Indien, Japan, den USA, Australien, Mexiko, Argentinien und Spanien sowie Belgien, Italien und Großbritannien. Eine besondere Bedeutung gewann der Produktionsstandort Antwerpen, der zum zweitgrößten europäischen Standort der Unternehmung heranwuchs. BASF entwickelte sich so allmählich zu einer Multinationalen Unternehmung mit Schwerpunkten in Europa, USA, Lateinamerika und Ostasien. Ein Indiz für die nahezu stetige Internationalisierung der Unternehmung ist deren Auslandsumsatz, der innerhalb der letzten fünfzig Jahre von einem Drittel auf drei Viertel des Gesamtumsatzes gestiegen ist (vgl. Abb. 5-19). Der Transnationalitätsindex für das Geschäftsjahr 2013 betrug 66,5 % und liegt damit über dem Durchschnitt der 100 größten internationalen Unternehmungen der Welt (vgl. UNCTAD 2014).

5.4.3.3 »Die BASF« – von der AG zur Gruppe

Das Wachstum und die zunehmende Komplexität der Unternehmung spiegelt sich auch in der Tatsache wider, dass die Abkürzung BASF als Kurzform des ursprünglichen Firmennamens heute nicht mehr ohne weiteres dazu herangezogen werden kann, um die Unternehmung klar von ihrer Umwelt abzugrenzen. Mit den Zusätzen »AG«, »Gruppe«, »Welt« und »Konzern« wurde der Versuch unternommen, das komplexe System der rechtlich und kapitalmäßig verflochtenen Unternehmungseinheiten zu systematisieren.

Konsolidierungskreis

Nach der Neugründung der Unternehmung im Jahre 1953 stand zunächst lange Zeit die BASF AG im Mittelpunkt. Umsatzzahlen wurden ausdrücklich »ohne Tochter- und Beteiligungsgesellschaften« (BASF 1954, S. 4) veröffentlicht. Mit »der BASF« war folglich die BASF AG gemeint. Allerdings ist die BASF AG als Muttergesellschaft und Ursprung der Unternehmung inzwischen mehr und mehr in den Hintergrund gerückt. Wird gegenwärtig von BASF gesprochen, so ist damit zumeist die »BASF-Gruppe« gemeint. Dieser Begriff wurde Mitte der sechziger Jahre mit der oben dargestellten systematischen Zunahme des internationalen Engagements der Unternehmung geprägt. Zur BASF-Gruppe zählen seitdem die BASF AG als Muttergesellschaft sowie alle in- und ausländischen Gesellschaften, an denen diese mittelbar oder unmittelbar mit mindestens 50% beteiligt ist. Bis heute umfasst der Konsolidierungskreis der BASF-Gruppe die BASF AG und deren wesentliche Beteiligungen, wobei die nicht anteilsmäßig konsolidierten Gemeinschaftsunternehmungen sowie die übrigen assoziierten Unternehmungen nach der Equity-Methode bilanziert werden. Als assoziiert gelten Unternehmungen, »bei denen unser Kapitalanteil mindestens 20% beträgt und bei denen ein maßgeblicher Einfluss auf die Geschäfts- und Finanzpolitik ausgeübt wird« (BASF 2002b, S. 112).

Die Begriffe der BASF-Gruppe und des Gruppenumsatzes waren damit von Beginn an weiter gefasst als die inzwischen ebenfalls in den Hintergrund getretenen Begriffe des »BASF-Konzerns« und des Konzernumsatzes, wie sie nach den Bestimmungen des deutschen Aktiengesetzes dem Konzerngeschäftsbericht und dem Konzernabschluss zugrunde liegen (vgl. BASF 1968, S. 13). In den Konzernabschluss werden nur die BASF AG und die unmittelbar oder mittelbar in deren Mehrheitsbesitz stehenden inländischen Beteiligungsgesellschaften einbezogen (vgl. z.B. BASF 1983, S. 36). Kaum Bedeutung besitzt der nur in den Überblicken der Berichte über die Geschäftsjahre 1972 bis 1986 verwendete Begriff »BASF-Welt«. Der BASF-Weltumsatz umfasste den konsolidierten Umsatz aller Gesellschaften der BASF-Gruppe zu 100%, also auch den Umsatz der fünfzigprozentigen Gruppengesellschaften in voller Höhe (vgl. BASF 1975, S. I).

5.4.4 Die Organisation der BASF im Wandel der Zeit

Die stetige Internationalisierung der Unternehmung schlägt sich auch in der Entwicklung der Organisationsstruktur nieder. Bis 1960 hatte BASF eine Struktur, in der die funktionalen Bereiche Verkauf und Forschung, die Personal- und Sozialabteilung, die Energieabteilung und die Rechtsabteilung direkt dem Vorstand unterstanden. Der Produktionsbereich gliederte sich in mehrere Abteilungen, die direkt dem Vorstand berichteten. Die Kaufmännische Kommission und der Technische Ausschuss koordinierten den Gesamtablauf und berieten den Vorstand bei allen Produktions- und Investitionsentscheidungen. »Mit dieser Organisationsstruktur«, so Abelshauser (2002, S. 571), »ließ sich während der Rekonstruktionszeit leben, doch wirkte sich die Auflösung des Unternehmens in seine Funktionen im Lauf der Zeit immer störender aus.« Die konsequente Folge auf die mit zunehmendem Wachstum immer weniger geeignete Organisationsstruktur war die Forderung nach einer Neuordnung der Unternehmung.

5.4.4.1 Erste Versuche einer Organisationsreform

Dezentralisation

Vor der ersten Organisationsreform seit Neugründung der BASF einigte sich der Vorstand darauf, die *Dezentralisation* und *Schwerpunktbildung* in den Vordergrund zu rücken. Er forcierte die Einrichtung von Sparten, deren Leitern nicht nur die Koordination der inländischen Beteiligungen obliegen, sondern auch ein Mitspracherecht an wichtigen grenzüberschreitenden Unternehmungsentscheidungen zukommen sollte. Die Spartenleiter sollten auch »ein gewichtiges Wort mitsprechen, wenn es um Angelegenheiten der Verwaltung von Auslandsbeteiligungen« (Abelshauser 2002, S. 571) oder den Bau von eigenen und fremden Anlagen im In- und Ausland ging. Aus diesen Überlegungen resultierte eine Neuordnung der Organisationsstruktur mit insgesamt fünf Produktsparten (vgl. Abb. 5-20). Dementsprechend ist im Bericht über das Geschäftsjahr 1961 bei der namentlichen Aufführung der Direktoren erstmals eine gesonderte Ausweisung der Leiter der Sparten und der Verkaufsbereiche zu finden (vgl. BASF 1962, S. 6). Diese Mischung aus funktionaler und divisionaler Gliederung wurde für die BASF derzeit als geeignet angesehen, »weil sie nur über wenige Produktlinien verfügte, die bis zum Endverbraucher reichten« (Abelshauser 2002, S. 573).

Chemikerorientierte Unternehmungsphilosophie

Nach ersten Überlegungen, die Organisationsstruktur erneut zu modifizieren, wurde 1967 geprüft, die BASF AG in Form von Profit Centern zu strukturieren. Nachdem dieses Umstrukturierungsvorhaben nur sehr zögerlich umgesetzt wurde, schaltete der damalige Vorstandsvorsitzende Bernhard Timm, den die BASF postum im Geschäftsbericht 1991 als »weitblickenden Architekten der modernden BASF« (BASF

Abb. 5-20

Organisation der BASF AG im Jahre 1962

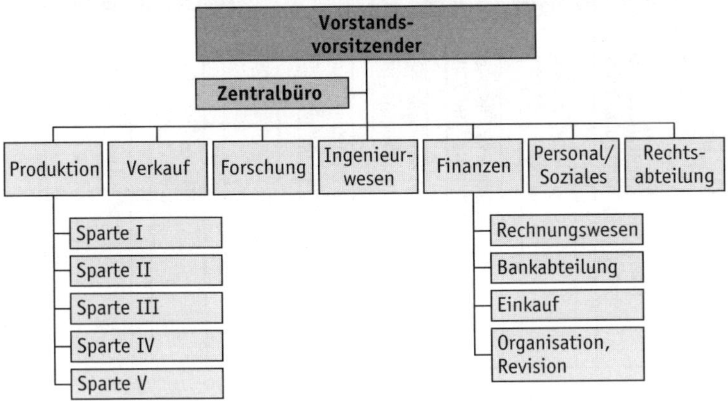

(Quelle: eigene Darstellung in Anlehnung an Abelshauser 2002, S. 572)

1992, S. 2) würdigt, die Beratungsgesellschaft McKinsey ein. McKinsey wies auf die unzureichende organisatorische Integration der erworbenen Unternehmungen hin und deckte fünf Problembereiche auf, die es anzugehen galt: »Systemlose Planung, Ad-hoc-Zuteilung von Mitteln, kein konzernweites System von Managementinformationen, keine systematische Entwicklung von Führungskräften, keine Ex-post-Analyse der Investitionstätigkeit« (Abelshauser 2002, S. 574). Zudem wurde kritisiert, dass die traditionelle *chemikerorientierte Unternehmungsphilosophie* den veränderten Anforderungen und den Wachstumszielen der Unternehmung nicht mehr gerecht wird. McKinsey schlug deshalb vor, »den gesamten Vorstand kollegial an der strategischen Entscheidungsfindung zu beteiligen und gleichzeitig die operative Leitung bestimmter Produktionsbereiche einzelnen Vorstandsmitgliedern verantwortlich zuzuordnen« (Abelshauser 2002, S. 576). In Anlehnung an diesen Vorschlag wurde BASF restrukturiert. Unter dem Vorstandsvorsitzenden wurden sechs operative und vier funktionale Ressorts geschaffen und deren gewinnverantwortliche Leitung im Vorstand aufgeteilt (vgl. Abb. 5-21).

Im Bereich der operativen Ressorts ist neben vier Geschäftsbereichsgruppen und einer funktionalen Einheit erstmals eine geographische Einheit ausgewiesen, in welcher der damals zukunftsträchtige Bereich der »außereuropäischen Regionen« geregelt werden sollte. Geographisch beschränkte sich der Zuständigkeitsbereich der produktorientierten operativen Ressorts auf Europa. Die neue Kompetenzverteilung ist in Abb. 5-21 exemplarisch in Anlehnung an den Bericht über das Geschäftsjahr 1971 vorgestellt.

Abb. 5-21

Organisation der BASF AG im Jahre 1971

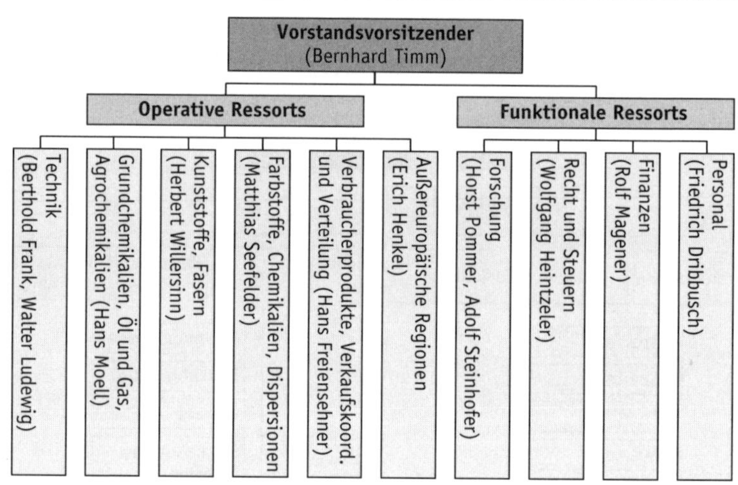

(Quelle: eigene Darstellung)

5.4.4.2 Die Einführung der Matrixstruktur

Dreidimensionale Tensorstruktur

Die oben dargestellte Übergangsform wurde jedoch – angeregt durch Mitte der siebziger Jahre erneut einsetzende Organisationsdebatten – vor dem Hintergrund der Internationalisierung der Unternehmung bald in Frage gestellt. Um »angesichts der veränderten ökonomischen und strategischen Rahmenbedingungen die Organisation der BASF AG für die achtziger Jahre weiterzuentwickeln« (Abelshauser 2002, S. 579) sowie der zunehmenden Internationalisierung der Unternehmung und dem systematischen Aufbau von Produktionsstätten im Ausland Rechnung zu tragen, wurde die Unternehmung mehrdimensional strukturiert. Hierzu war unter anderem beabsichtigt, die geographische Verantwortung zur Kompensation der Produktdominanz zu erweitern. Das Resultat der Neuorganisation war eine *dreidimensionale Tensorstruktur*, die auf der zweiten Führungsebene gleichzeitig nach den Dimensionen Produkt, Region und Funktion gegliedert war. Entscheidungen wurden gemeinsam von Bereichs- und Regionalmanagern getroffen, wobei in Konfliktfällen derjenige Bereich überwog, dem die operative Verantwortung oblag (vgl. Roth 2001a, S. 30). Die dadurch entstehenden matrixartigen Verflechtungen sollten es ermöglichen, die Produktzuständigkeiten im Einklang mit den funktionalen und regionalen Verantwortungen bestmöglich zu koordinieren. Diese Verteilung spiegelte sich auch in der Gliederung der Vorstandsressorts wider. Für acht der zwölf Ressorts war neben der weltweiten Produktverantwortung auch die Verantwortung für einen Länderbereich vorgesehen. Drei Ressorts waren für jeweils einen Länderbereich und für einen oder mehrere Funktionalbereiche zuständig. Mit der Neugliederung wurde zwar die von Albers bevorzugte Matrixlösung realisiert, allerdings stand statt dem seinerseits geforderten Primat der regionalen Führung wiederum die Produktverantwortung als dominantes Ordnungsprinzip im Vordergrund. Die BASF AG wurde durch diese Neugestaltung der Organisationsstruktur de facto zur Obergesellschaft (vgl. Abelshauser 2002, S. 583).

Übergewicht der Produktbereiche

Diese Struktur hatte bis Beginn des 21. Jahrhunderts Bestand. Noch 2001 dominierte die Untergliederung der zweiten Führungsebene in drei Dimensionen und die Aufteilung des Vorstands in mittlerweile acht unterschiedliche Ressorts, wobei den verschiedenen Vorständen sowohl produktbezogene als auch funktionale und regionale Verantwortungen zukamen (vgl. Abb. 5-22). So war z. B. das Ressort III für Finanzen, Öl und Gas, Coatings, Rohstoffeinkauf sowie für die Regionen Osteuropa, Westasien und Afrika zuständig (vgl. BASF 2001b, S. 34), wobei nach wie vor zumeist die produktbezogenen Weisungslinien überwogen. Wald (2003, S. 97) spricht diesbezüglich von einem starken Übergewicht der Produktbereiche, während den Länderbereichen lediglich eine aus diesen Bereichen abgeleitete Verantwortung zukommt. Die Region Nordamerika besitzt dabei angesichts der Bedeutung und den Besonderheiten des nordamerikanischen Binnenmarktes eine Sonderstellung, sodass die Logik der Matrix in diesem Fall durchbrochen wird.

5.4.4.3 Fit for the Future?

Präsenz in Wachstumsregionen

Seit der Einführung der Matrixstruktur in den siebziger Jahren haben sich sowohl das Umfeld als auch der Konzern selbst gewandelt. Während in den sechziger Jahren die reale Bruttowertschöpfung in der chemischen Industrie noch jährlich im Durch-

Abb. 5-22

Organisationsstruktur der BASF AG im Jahre 2001

Board of Executive Directors	Operating Divisions			Regional Divisions			Other Divisions		
Ressort I *Strube* Chairman							**ZR** **ZZ**	Legal, Taxes & Insurance Planning & Controlling	Sünner Strickler
Ressort II *Voscherau*				**EN** **ES**	Europe I Europe II	Stickings Toma-schewski	**GL** **GP** **GU** **DW**	Logistics & Information Services Human Resources Environment, Safety & Energy BASF Aktiengesellschaft Works Engineering	Bock Henneke Seufert Wüchner
Ressort III *Kley* Deputy Chairman	**EC** **RM**	Coating Oil & Glas	Löbbe Detharding	**RW**	Eastern Europe; Africa, West Asia	*Werwie* from 1.8.2001: *Büchele*	**ZF** **GR**	Finance Raw Materials Purchasing	Müller, E. Hapka
Ressort IV *Feldmann*	**KS** **KT** **KU**	Styrenics Performance Polymers Polyurethanes	*Prätorius* from 1.8.2001: *Baumgartner* *Jahn, R.* *Dhanis*				**GK**	Polymer Research	Brand-stetter
Ressort V *Becks*				**AC** **AS**	East Asia South East Asia	Nissen Burgert	**GI**	Corporate Engineering	Anderlohr
Ressort VI *Hambrecht*	**CA** **CP** **CZ**	Inorganics Petro-chemicals Intermediates	*Diercks* *Niess* from 1.1.2002: *Prätorius* *Lach*				**GC** **WA**	Chemicals Research & Engineering Antwerp Works	Degne Dieusaert
Ressort VII *Oakley*	**AP** **ME**	Agricultural Products Fine Chemicals	Reiners Dudeck	**NC** **NL** **NP**	NAFTA I NAFTA II NAFTA III	Jennings McKutka Lizzi	**GV** **NT**	Specially Chemicals Research NAFTA Finance	Küsters Engel, H.-U.
Ressort VIII *Marcinowski* Research Executive Director	**ED** **EV**	Functional Polymers Performance Chemicals	Kreimeyer Gramlich	**SA**	South America	Acker			

(Quelle: BASF AG 2001a, S. 4)

schnitt um 10 % gestiegen war, flachte dieses Wachstum in den siebziger Jahren auf 3,7 % und danach noch weiter ab (vgl. Löbbe/Döhrn/von Loeffelholz 1993, S. 159), worauf die BASF u. a. mit einer Verstärkung der Präsenz in Wachstumsregionen reagierte. Strube (zit. nach BASF 1996, S. 3) unterstreicht dieses Vorhaben: »Der

Schwerpunkt des Wachstums in der Chemie verlagert sich (...) von den Industrieländern zunehmend in die dynamischen Märkte im asiatisch-pazifischen Raum. Wir wollen die Chancen nutzen, die uns diese Märkte bieten werden.« In dieser Strategie der BASF sehen Koubek/Kunze (2000, S. 67) »ein ausgeprägtes globales Vorgehen, wobei das so genannte Triaden-Konzept als Leitidee erkennbar ist«.

Entsprechend hat sich die *Investitionspolitik* seit den frühen neunziger Jahren deutlich gewandelt: Während 1993 noch 61 % der Sachanlageinvestitionen der BASF im Inland getätigt wurden (vgl. BASF 1994, S. 11), sollen von den für den Zeitraum zwischen 2013 und 2017 geplanten weltweiten Investitionen von 16,8 Mrd. € nur noch rund ein Viertel nach Deutschland fließen (vgl. o. V. 2014). Zudem versprach der ehemalige Vorstandsvorsitzende Strube (1993), die künftige Wettbewerbsfähigkeit der Unternehmung durch eine Neugestaltung der Organisationsstruktur zu stärken: »Wir haben zur Effizienzsteigerung einen Weg der Strukturanpassung – also der Aufgabe von Geschäften, von Stilllegungen und Umorganisationen – eingeschlagen und werden ihn weiter gehen.« Allerdings unterblieben wesentliche Eingriffe in die »vom Sicherheitsdenken der Chemiker geprägte Unternehmenskultur« (Neukirchen 2001, S. 31). »Veränderungen«, so Strube (zit. nach Schlote 1997, S. 88) noch 1997, »müssen passend zur Tradition gestaltet werden.«

Radikale Reorganisation

Wenige Jahre später wurde dann doch eine *radikale Reorganisation* eingeleitet, da die Kritik an der bestehenden Organisation der Unternehmung immer massiver wurde. Schlote (1997, S. 97 f.) charakterisierte die BASF 1997 etwa als »ein Sammelsurium völlig verschiedener Organisationen: In den USA und in Asien steuern starke Länderchefs, in anderen Regionen wieder nicht.« Auch Koubek/Kunze (2000, S. 39) urteilen, dass die derzeitige Matrixstruktur ein Kompetenzwirrwarr hervorrufe, das in seiner Konsequenz dazu führe, dass sich sowohl Führungskräfte im Ausland mit Ludwigshafener Managern als auch Produktionschefs mit Vertriebschefs um die Macht im Konzern streiten.« Dadurch entsteht ein »lähmender Dauerkonflikt zwischen regionaler und funktionaler Macht, zwischen Produktion und Vertrieb« (Schlote 1997, S. 97). Diese durch die regionalen Machtaspekte hervorgerufene Problematik sehen Koubek/Kunze (2000, S. 39) noch dadurch verschärft, dass die Führung der ausländischen Unternehmungsteile äußerst unterschiedlich organisiert ist. Dies bestätigt auch die Tatsache, dass für die weltweit verstreuten Tochtergesellschaften der BASF eine ausgeprägte organisatorische Rollendifferenzierung charakteristisch ist (vgl. Riedl 1999, S. 117 ff.; Thomaschewski/Rigall 2007, S. 132 ff.).

Der Misfit zwischen der bestehenden Matrixstruktur und der zunehmend weltweit agierenden Unternehmung war zudem auch auf der Kundenseite spürbar und wirkte sich bereits zu Beginn der Wertekette aus, indem Produktinnovationen laut Forschungsvorstand Stefan Marcinowski (zit. nach Roth 2001b, S. 21) »häufiger als uns lieb ist, nicht den Erfolg haben, den wir uns wünschen«. Gründe dafür waren u. a. die fehlende Wirtschaftlichkeit im externen Benchmarking, ein unzureichendes Vermarktungskonzept sowie eine zu hohe Komplexität der Produkte, die weniger nach den Bedürfnissen der Kunden als nach internen technologischen Standards entwickelt wurden. »We don't make a lot of products you buy. We make a lot of products you buy better«, so charakterisieren Sery/Presti/Shobrys (2001, S. 56) das Selbstverständnis der Unternehmung.

Wertsteigerung durch Wachstum und Honoration

Im Jahre 2001 leitete der damalige Vorstandsvorsitzende Jürgen Strube vor diesem Hintergrund ein umfangreiches Umstrukturierungsprogramm ein, durch das BASF wieder »Fit for the Future« gemacht werden soll. Bis Ende 2005 sollten dadurch die Fixkosten um bis zu 450 Mio. € jährlich sinken (vgl. Borger 2003). Zudem verspricht sich BASF von diesem Programm neben einer *besseren Kundenorientierung* vor allem *schnellere Entscheidungsprozesse* und *eindeutig zugeordnete Verantwortlichkeiten*. Das Fitnessprogramm mit einem »gemeinsamen Verständnis von Rollen, Verantwortlichkeiten und Führungsprinzipien« (Roth 2001a, S. 30) soll so einen Beitrag zum übergeordneten Leitziel »Wertsteigerung durch Wachstum und Innovation« leisten. Um Letzteres zu erreichen, braucht die BASF nach Ansicht von Strube (zit. in o. V. 2001b) »optimale interne Strukturen und Abläufe«. Im Einzelnen beinhaltet das »Triple F«-Programm folgende wesentliche Zielsetzungen (vgl. BASF 2002b, S. 13):

Zielsetzungen des Triple F-Programms

- Bessere Kundenorientierung, schnellere Entscheidungsprozesse und eindeutig zugeordnete Verantwortlichkeiten.
- Globale und regionale Geschäftseinheiten führen das operative Geschäft.
- Nationale Strukturen werden zu regionalen Strukturen zusammengefasst.
- Unternehmungsbereiche sind für die strategische Steuerung verantwortlich.

Zur Durchsetzung dieser Ziele wurde auf der ersten Hierarchieebene die Zahl der Unternehmungsbereiche (Segmente) zunächst von 16 auf 12, 2008 auf sechs und bis heute auf fünf verringert (vgl. Abb. 5-23). Diese Unternehmungsbereiche tragen die operative Verantwortung und steuern die insgesamt 66 globalen und regionalen Geschäftseinheiten. Ziel- und Steuerungsgröße ist das Ergebnis der Betriebstätigkeit (EBIT) nach Kapitalkosten (vgl. BASF 2014b).

Weltweiter Wissensverbund

Die ehemals 11 Länderbereiche wurden mit Beginn des Programms zunächst in acht und später in sechs Regionalbereiche überführt, die für die Finanzkommunikation zu den vier Regionen »Europa«, »Nordamerika (NAFTA)«, »Asien-Pazifik « und »Südamerika, Afrika, Naher Osten« zusammengefasst werden. Sie wirken am strategischen Dialog zwischen Vorstand und Unternehmungsbereichen mit, stellen wettbewerbsfähige Services und Infrastruktur zur Verfügung und sollen die Synergie zwischen den Geschäftseinheiten sichern. Daneben nehmen 11 Kompetenzzentren, die aus den früheren Funktions- und Zentralbereichen hervorgingen, eine Gruppenkoordinationsaufgabe wahr. Diese sollen den weltweiten Wissensverbund der Unternehmung stärken und dessen Vorteile nutzen sowie das Vorhaben der BASF unterstützen, standardisierte Abläufe und gemeinsame technische Plattformen weltweit besser zu nutzen sowie die entsprechenden Fachkenntnisse der einzelnen Regionen zu vertiefen. Die Kompetenzzentren müssen marktgerechte Leistungen anbieten und konkurrieren dabei mit externen Anbietern. »Wir haben das ganz klare Prinzip«, so Dr. Volker Knabe, der Leiter des Kompetenzzentrums Engineering & Maintenance (zit. nach Geipel-Kern 2009), »dass unsere Dienstleistungen wettbewerbsfähig sein müssen und ständig im Wettbewerb stehen.« Schließlich gibt es neun Zentraleinheiten, die segmentübergreifende Aufgaben wie Finanzen und Investor Relations wahrnehmen.

Delegation an Bereiche und Geschäftseinheiten

Noch deutlicher zielt die Reform auf die zweite bis vierte Führungsebene, d. h. auf die Bereichsleiter, die Leiter der Geschäftseinheiten und die Unterabteilungsleiter ab. Auf diese insgesamt rund 600 Führungskräfte soll mehr Verantwortung delegiert

Abb. 5-23

Organisationsstruktur der BASF AG im Jahre 2014

Segmente	Regionen	Kompetenzzentren
▸ Chemicals ▸ Performance Products ▸ Functional & Material Solutions ▸ Agricultural Solutions ▸ Oil & Gas	▸ Europa ▸ Nordamerika ▸ Asien-Pazifik ▸ Südamerika, Afrika,Naher Osten	▸ Advanced Materials & Systems Research ▸ Biological & Effect Systems Research ▸ Engineering & Maintenance ▸ Environment, Health & Safety ▸ Global Perspectives ▸ Human Resources ▸ Information Services & Supply Chain Operations ▸ Plant Science ▸ Process Research & Chemical Engineering ▸ Procurement ▸ Science Relations and Innovation Management

Zentralbereiche
- Finance
- Legal, Taxes & Insurance
- Strategic Plannung & Controlling

Zentralabteilungen
- Communications & Government Relations BASF Group
- Corporate Audit
- Corporate Controlling
- Corporate Technology & Operational Excellence
- Global Executive Human Resources
- Investor Relations

(Quelle: BASF 2014b)

werden. »Insbesondere die Leiter der (..) regionalen und (..) globalen Geschäftseinheiten auf der dritten Ebene werden zu Unternehmern aufgewertet, die für Forschung, Entwicklung, Produktion, Marketing, Logistik und Verkauf in einer Produktgruppe verantwortlich sind« (Abelshauser 2002, S. 583 f.). Dazu wurde das operative Geschäft im Rahmen von Zielvereinbarungen an die regionalen Geschäftseinheiten übertragen, wobei die Regionen Synergien im Vermarktungsprozess realisieren sollen. 2014 tragen 14 Unternehmensbereiche gebündelt in fünf Segmenten die operative Verantwortung für 66 globale und regionale Geschäftseinheiten. Sie sind für das gesamte Tagesgeschäft von der Produktion bis zum Vertrieb verantwortlich und gestalten ihre Prozesse durchgängig kundenorientiert (vgl. BASF 2014b). Die Regionen sollen dabei für die strategische Positionierung in den Ländern zuständig bleiben und gewährleisten, dass im Rahmen von Key Accounts, Branchenkonzepten und grenzüberschreitender Marktbearbeitung Synergien realisiert werden. In den Regionen arbeiten statt der bisher dominierenden Landesgesellschaften länderübergreifende Business-Center mit den Geschäftseinheiten zusammen (BASF 2014c). Das Prinzip der Aufteilung zwischen globaler und regionaler Zuständigkeit lautet: »So viel zentral wie nötig, so viel dezentral in den Regionen und Ländern wie möglich« (Roth 2001a, S. 30). BASF hofft, mit dieser Formel »den produktiven Spannungsbogen zwischen der Dezentralisierung unternehmerischer Verantwortung und der auf Zentralität von Entscheidungen angewiesenen Verbundwirtschaft zu finden« (Abelshauser 2002, S. 584).

Die Vorteile der neuen Organisationsstruktur sehen Strube/Kokott (2003, S. 147 f.) darin, »dass das aus lokalen Kontakten entstehende Wissen in die Berichtssysteme und Steuerungsprozesse des Gesamtunternehmens eingebracht und schnell in einen Nutzen für alle Unternehmenseinheiten umgesetzt wird. Dieser Prozess ist umso wirkungsvoller, je ergebnisorientierter die Aufgaben in den Entscheidungsprozessen definiert sind und – wo passend – je dezentralisierter die Entscheidungskompetenzen angesiedelt sind. Dabei werden auftretende Meinungsverschiedenheiten identifiziert (...) und ausgetragen. Es handelt sich um eine Organisation der ›rationalen Konfliktbewältigung‹ mit möglichst frühzeitig greifenden Instanzen zur Entscheidung. In einer auf Konsens und Harmonie angelegten Organisation werden dagegen Freiräume zu eigenverantwortlichen Entscheidungen eingeengt und die Geschwindigkeit, Neues durch innovative Impulse zu schaffen, gebremst.«

Controlling

Eine wichtige Aufgabe zur Bewältigung der mit der Dezentralisierung von Entscheidungskompetenzen verbundenen Herausforderungen kommt dem Controlling zu. Die im Rahmen des »Fit for the Future«-Programms erfolgte Gründung von Geschäftseinheiten führte zu einem erhöhten Bedarf an dezentraler Controlling-Kompetenz, dem durch die Einrichtung von Controlling-Einheiten in den sechs Geschäftseinheiten begegnet wurde. Diese nehmen nicht nur operative, sondern vermehrt auch strategische Aufgaben wie die Initiierung von Kurssicherungsmaßnahmen wahr. Die Führung der verschiedenen Controlling-Einheiten erfolgt dabei nach dem *dotted line*-Prinzip, d. h. die Leiter des Unternehmungsbereichs-Controlling sind fachlich dem Konzern-Controlling und disziplinarisch dem Leiter des jeweiligen Unternehmungsbereichs unterstellt (vgl. Rübens/Köppe 2007, S. 83 ff.).

Kosteneinsparungen und Effizienzsteigerungen

BASF erwartete durch die Reorganisation ab dem Jahr 2003 jährliche *Kosteneinsparungen* in Höhe von rund 400 Mio. € (vgl. BASF 2002b, S. 13), und entsprechend einer von Hambrecht im Jahre 2003 eingeforderten »strengen Kostendisziplin« (zit. nach Borger 2003) sollten die Einsparungen bis Ende 2005 bis zu 450 Mio. € erreichen. Erhebliche Effizienzvorteile soll die neue Organisation insbesondere in Europa bewirken, indem die Geschäftseinheiten für die jeweilige Branche länderübergreifend durchgängige Strukturen einrichten und interne Abwicklungsprozesse zentralisieren (vgl. BASF 2002b). Das Beispiel Nordamerika verdeutlicht ebenfalls die Straffung der Organisationsstruktur: Die drei bisherigen NAFTA-Regionen der BASF werden zu zwei Regionen zusammengeführt. Jede der beiden Regionen wird dabei aus eigenverantwortlichen Unternehmungseinheiten bestehen (vgl. o. V. 2001a).

Neben Einsparungen, die sich aus der Neuorganisation der Geschäftseinheiten ergeben, resultieren Einsparungen vor allem aus der Schließung von Produktionsstandorten. Allein im Jahr 2002 wurde im Rahmen der Umsetzung dieser Maßnahmen der Abbau von knapp 3.200 Arbeitsplätzen realisiert (vgl. BASF 2003). Insgesamt vorgesehen war eine Reduzierung um 4.000 Stellen, wobei mit Sonderaufwendungen in Höhe von 747 Mio. € gerechnet wurde, die auf die Restrukturierungsmaßnahmen und Schließungen von Standorten zurückzuführen sind (vgl. Butscher 2002, S. 2). Die Entwicklung von Mitarbeiterzahl und Personalaufwand zwischen 1995 und 2008 zeigt den Schrumpfungsprozess der Unternehmung, der mit Einführung des »Triple F«-Programms einsetzte (vgl. Abb. 5-24).

Entwicklung von Mitarbeiterzahl und Personalaufwand

Waren im Jahre 2000 noch 103.000 Mitarbeiter beschäftigt, so reduzierte sich diese Zahl bis 2004 um nahezu ein Fünftel auf 82.000. Der Personalaufwand sank im gleichen Zeitraum dagegen nur von 6,6 Mrd. € auf 5,8 Mrd. €, sodass der durchschnittliche Personalaufwand pro Mitarbeiter von 64.078 € im Jahre auf 70.731 € im Jahre 2004 anstieg (BASF 2005, S. II). Die BASF beschäftigte 2004 damit zwar deutlich weniger Mitarbeiter als vor zehn Jahren, diese waren jedoch qualifizierter und verdienten deshalb deutlich mehr. Seit 2005 ist wieder der entgegengesetzte Trend zu verzeichnen. Die Zahl der Mitarbeiter nahm wieder kontinuierlich auf 96.924 und der Personalaufwand auf 6,4 Mrd. €, d. h. durchschnittlich 65.660 € pro Mitarbeiter, zu.

Der damalige Vorstandsvorsitzende Jürgen Strube (2002b, S. 6) charakterisierte das »Fit for the Future«-Programm als ein »umfangreiches Restrukturierungsprogramm (..), das auch die Schließung einzelner Standorte und Anlagen umfasst«. Dabei werden zumeist Produktionskapazitäten an die Verbundstandorte verlagert, um so Synergieeffekte zu generieren und zu nutzen: »Wie Sie sehen, bleibt die BASF ihrem erfolgreichen Verbundprinzip treu und stärkt in der gegenwärtigen Situation das Netz ihrer Standorte weltweit, um noch leistungsfähiger zu werden.« Die Notwen-

Abb. 5-24

Entwicklung von Mitarbeiterzahl und Personalaufwand bei BASF zwischen 1995 und 2008

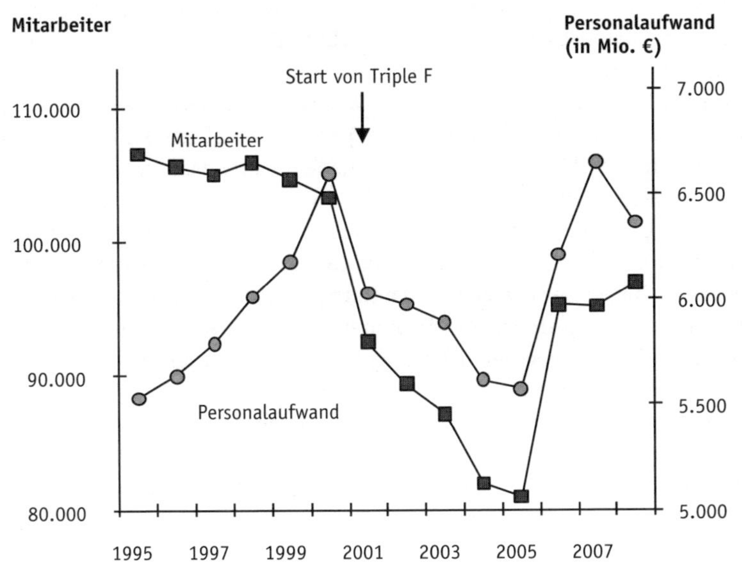

(Quelle: BASF 2009, S. 237)

digkeit dieses Vorgehens betonte auch sein Nachfolger Jürgen Hambrecht (zit. in BASF 2002b, S. 9), der am 6. Mai 2003 Strube als Vorstandsvorsitzender abgelöst hat: »Die effiziente Vernetzung von Wertschöpfungsketten in unseren Verbundstandorten ist eine unserer Stärken, die wir weiter ausbauen.«

Der frühere Aufsichtsratsvorsitzende Berthold Leibinger, der das Projekt als »die Neuorganisation der operativen Struktur der BASF-Gruppe mit der flächendeckenden Bildung neuer Geschäftseinheiten« charakterisierte, wertete die Initiierung des Programms neben der Veräußerung des Pharmageschäftes und der Integration des im Jahr 2000 von der American Home Products Corporation erworbenen Pflanzenschutzgeschäfts sogar als herausragendes Ereignis der jüngeren Entwicklung der BASF. Durch die Neuorganisation der BASF-Gruppe sind nach Auffassung des Aufsichtsrats die organisatorischen Voraussetzungen dafür geschaffen worden, »um auf die sich wandelnden Herausforderungen unseres Geschäftes flexibel und kundennah reagieren zu können« (Leibinger 2002, S. 58).

Erfolg des Triple F-Programms

Die neue Struktur der BASF gilt offiziell bereits seit 2001. Den Hintergrund dafür bildet offenbar das Bestreben des damaligen Vorstandsvorsitzenden Strube, bei seinem Ausscheiden Mitte 2003 eine zukunftsfähige Organisationsstruktur und einen »klar fokussierten Chemiekonzern in Topform« (Ruess 2003, S. 73) zu hinterlassen. Bei Bekanntgabe des Programms wurde jedoch bereits spekuliert, dass dessen praktische Umsetzung voraussichtlich noch längere Zeit dauern (vgl. Neukirchen 2001, S. 31) und nicht das Ende der Restrukturierung der BASF-Organisation markieren wird. Bereits nachdem dessen Nachfolger Hambrecht (2003) Ende des Jahres 2003 »Triple F« als großen Erfolg gewertet hatte, kündigte er an, dass BASF mit dem Programm »Europa II« die bestehenden Business-Center in Europa stärker zusammenfassen, die Qualität der Serviceeinheiten erhöhen und die Strukturen der europäischen Gruppengesellschaften weiter vereinfachen will. Im Zuge der Weiterentwicklung der BASF-Organisation wurde zudem der Regionalbereich Osteuropa, Afrika, Westasien zum 1. Januar 2003 aufgelöst. Die Marketing- und Vertriebseinheiten dieser Region wurden in den Regionalbereich Europa II eingegliedert. Das Pflanzenschutz- und Feinchemiegeschäft in dieser Region wurde unmittelbar von den entsprechenden Geschäftseinheiten übernommen (vgl. BASF 2003, S. 108). Für das Nordamerikageschäft wurde ebenfalls ein weiteres zweiphasiges Restrukturierungsprogramm gestartet, das bis zum Jahr 2006 250 Mio. US-$ Kosten einsparen sollte. Auch die dabei vorgesehenen Maßnahmen sollten trotz des knappen Zeithorizonts behutsam stattfinden und die bestehenden Strukturen und Prozesse in Zusammenarbeit mit den Führungskräften und deren Teams stetig weiterentwickelt werden, ohne dass gut funktionierende Arbeitsprozesse und bestehende Wissensnetzwerke zerstört werden: »Naturally, the objective is to keep the implementation phase (..) as short as possible. The alternative to an interactive approach involving managers and their teams would be to fit the company top down with a new organization. That would have been like forcing all employees and businesses into the same-sized uniform« (Nies 2002).

5.4.5 Ausblick

Conglomerate Discount

Seit dem Jahr 2004 konnte BASF seinen Umsatz von 37,5 Mrd. € auf 74,0 Mrd. € in 2014 mehr als verdoppeln. Verantwortlich dafür waren nicht nur die weltweit wachsende Nachfrage nach Chemikalien, Öl und Gas, sondern auch die renditeorientierte Wachstumsstrategie sowie die erfolgreiche Diversifizierung. BASF gilt als eine der am besten geführten Unternehmungen der Welt. Der große Erfolg schlägt sich jedoch nur in einem geringen Maße am Kapitalmarkt nieder, wo BASF seit vielen Jahren aufgrund des *conglomerate discounts* als unterbewertet gilt und im Fokus von Finanzinvestoren steht (vgl. Werres 2007).

BASF versucht die Übernahmegefahr vor allem durch die Integration der einzelnen Unternehmungseinheiten mit Hilfe des Verbundprinzips zu begrenzen. Die intensiven Liefer- und Leistungsverflechtungen erschweren es, einzelne Gesellschaften aus dem Konzernverbund herauszulösen. Gleichzeitig erhöhen die unternehmungsinternen Liefer- und Leistungsverflechtungen zwischen stark diversifizierten Unternehmungseinheiten sowie die Vielzahl von internationalen Unternehmungskooperationen jedoch den Koordinationsaufwand, dem durch eine komplexe dreidimensionale Tensorstruktur begegnet wird.

Auswirkungen der Finanz- und Wirtschaftskrise

Im Jahre 2009 war BASF in besonderer Weise von der weltweitweiten Finanz- und Wirtschaftskrise betroffen. Der Umsatz sank von 62,2 auf 50,7 Mrd. € und der EBIT von 6,5 auf 3,7 Mrd. €. Um die zyklische Abhängigkeit großer Nachfrager wie der Automobilindustrie zu reduzieren, sind auch in den nächsten Jahren Akquisitionen und Desinvestitionen wahrscheinlich, die weitere Anpassungen der Organisationsstruktur erforderlich machen. Darüber hinaus soll das Engagement in den wachstumsstarken Emerging Markets und deren Anteil am Gesamtumsatz bis 2020 auf rund 45 % ausgebaut werden. Eine Schlüsselrolle dabei kommt Russland als wichtiger Beschaffungsmarkt zu. Die dortigen Aktivitäten werden jedoch durch die Ukraine-Krise belastet. So wurde ein von der BASF-Tochtergesellschaft Wintershall im November 2012 mit Gazprom vereinbarter Tausch von wertgleichen Unternehmensteilen im Dezember 2014 gestoppt. Dieser sah vor, dass Wintershall das bislang gemeinsam betriebene Erdgashandels- und Speichergeschäft in Deutschland vollständig an Gazprom übergibt. Im Gegenzug sollte Wintershall eine Beteiligung in Höhe von 25 % an der Achimov-Formation des Urengoi-Erdgasfeldes in Westsibirien erhalten, wo Gazprom und Wintershall ab 2016 gemeinsam mindestens acht Mrd. Kubikmeter Erdgas pro Jahr fördern wollten.

Engagement in Emerging Markets

Aufgaben zu 5.4

1. *Erläutern Sie die spezifischen Koordinationserfordernisse, mit denen sich die BASF nach der zunehmenden Internationalisierung der Unternehmung zu Beginn der siebziger Jahre konfrontiert sah.*
2. *Inwieweit ist Ihrer Auffassung nach die zu Beginn der siebziger Jahre eingeführte dreidimensionale Tensorstruktur geeignet, diese Koordinationserfordernisse zu erfüllen?*

3. *Beschreiben Sie die neue Organisationsstruktur, die BASF mit dem »Fit for the Future«-Programm eingeführt hat. Ist diese Ihrer Auffassung nach geeignet, die spezifischen Koordinationserfordernisse der Unternehmung zu handhaben?*
4. *Welche Kriterien können herangezogen werden, um die Effizienz von Organisationsstrukturen zu messen?*
5. *Welche Effizienzvorteile bietet Ihrer Auffassung nach das »Fit for the Future«-Programm?*
6. *Welche Widerstände waren Ihrer Meinung nach bei der Implementierung dieses Programms zu erwarten?*
7. *Welche Maßnahmen würden Sie ergreifen, um die bei der beschriebenen Reorganisation zu erwartenden Widerstände und Reibungsverluste abzumildern?*
8. *Prüfen Sie anhand der aktuellen Unternehmungsentwicklung, inwieweit die derzeitige Organisationsstruktur noch den Zielsetzungen des »Triple F«-Programms entspricht.*
9. *Diskutieren Sie vor dem Hintergrund der Organisationsentwicklung der BASF die Vor- und Nachteile von Quantensprüngen zur Anpassung an veränderte Rahmenbedingungen.*

Literatur zu 5.4

Abelshauser, W.: Die BASF seit der Neugründung von 1952. In: Die BASF, hrsg. v. W. Abelshauser. München 2002, S. 359–634.
BASF: Bericht über das Geschäftsjahr 1953. Ludwigshafen 1954.
BASF: Bericht über das Geschäftsjahr 1954. Ludwigshafen 1955a.
BASF: An die Aktionäre unserer Gesellschaft. Ludwigshafen 1955b.
BASF: Geschäftsjahr 1961. Ludwigshafen 1962.
BASF: Geschäftsjahr 1967. Ludwigshafen 1968.
BASF: Geschäftsjahr 1974. Ludwigshafen 1975.
BASF: Geschäftsjahr 1982. Ludwigshafen 1983.
BASF: Geschäftsbericht 1991. Ludwigshafen 1992.
BASF: Geschäftsbericht 1993. Ludwigshafen 1994.
BASF: Geschäftsbericht 1995. Ludwigshafen 1996.
BASF: BASF-Organization-July 2001. Ludwigshafen 2001 (a).
BASF: Daten und Fakten – Charts 2001. Ludwigshafen 2001 (b).
BASF: Daten und Fakten – Charts 2002. Ludwigshafen 2002 (a).
BASF: Finanzbericht 2001. Ludwigshafen 2002 (b).
BASF: Jahresbericht 2001. Ludwigshafen 2002 (c).
BASF: Stationen der Geschichte. Ludwigshafen 2002 (d). http://www.basf.de/de/corporate/overview/geschichte/1998.htm (13.5.2002).
BASF: Finanzbericht 2002. Ludwigshafen 2003.
BASF: Finanzbericht 2004. Ludwigshafen 2005.
BASF: Bericht 2008. Ökonomische, ökologische und gesellschaftliche Leistung. Ludwigshafen 2009.

BASF: Standorte der BASF-Gruppe. Ludwigshafen 2014 (a), http://www.standort-ludwigshafen.basf.de/group/corporate/site-ludwigshafen/de/about-basf/worldwide/index.

BASF: Struktur. Organisation der BASF-Gruppe. Ludwigshafen 2014 (b), https://www.basf.com/de/company/about-us/strategy-and-organization/structure.html.

BASF: BASF Bericht 2013. Ökonomische, ökologische und gesellschaftliche Leistung. Ludwigsfahen 2014 (c).

Borger, S.: BASF leidet unter hohen Rohstoffpreisen. In: Financial Times Deutschland, 14.11.2003, http://www.ftd.de/ub/in/1068298481636-i.html (19.4.2004).

Butscher, M.: BASF. In: Aktien Report der Bayerischen Landesbank, 39, 2002.

Geipel-Kern, A.: Die Aufgaben des neuen BASF-Kompetenzzentrums Engineering & Maintenance. In: Process, 31.03.2009, http://www.process.vogel.de/index.cfm?pid= 2699&pk= 179675.

Hambrecht, J.: Rede zur Herbstpressekonferenz am 13. November 2003. Ludwigshafen 2003, http://www.investor.basf.com/de/investor/publikationen/2003/quartal3_03/hambrecht/ (17.3.2004).

von Hippel, W.: Auf dem Weg zum Weltunternehmen. In: Die BASF, hrsg. v. W. Abelshauser. München 2002, S. 19–115.

Hoffritz, J./Jungbluth, R.: »Mir sind Jobs in China ebenso wichtig«. Interview mit Jürgen Hambrecht. In: Die Zeit, 8, 12.2.2009, S. 21.

Holtbrügge, D./Puck, J.: Geschäftserfolg in China. Strategien für den größten Markt der Welt. 2. Aufl., Berlin 2008.

Koubek, N./Kunze, C.: Die globale Unternehmensstrategie der BASF und ihre Einflußfaktoren. Düsseldorf 2000.

Leibinger, B.: Bericht des Aufsichtsrats. In: Jahresbericht 2001, hrsg. v. BASF AG. Ludwigshafen a. Rhein 2002, S. 58–59.

Löbbe, K./Döhrn, R./von Loeffelholz, H. D.: Strukturwandel in der Krise. Essen 1993.

Neukirchen, H.: Brisante Mixtur. In: Manager Magazin, 31. Jg., 8, 2001, S. 30–31.

Neukirchen, H.: Mühsamer Prozess. In: Manager Magazin, 32. Jg., 10, 2002, S. 46–49.

Nies, U.: Fit for the future – Frequently asked questions. Ludwigshafen 2002, http://www. zoa.basf-ag.de/organisation/e/fragen_main.html (13.5.2002).

o. V.: BASF Corporation Announces »Fit For the Future« Reorganization for Operations in NAFTA Regions. Ludwigshafen 2001 (a), http://www. basf.com/static/OpenMarket/Xcelerate/Preview_cid-1007646349378_pubid-974236850984_c-Article.html (2.12.2002).

o. V.: BASF stellt sich mit weiterentwickelter Organisation neu auf. Frankfurt 2001 (b), http://www.chemicalnewsflash.de/de/news/030701/news3.htm (8.5.2002).

o. V.: BASF-Pharma verkauft für sieben Milliarden DM. In: Süddeutsche Zeitung, 52, 3.3.2001 (c), S. 29.

o. V.: BASF will weniger in Deutschland investieren. In. Handelsblatt, 11.2.2014, http://www.handelsblatt.com/unternehmen/industrie/hohe-strompreise-basf-will-weniger-in-deutschland-investieren/9463592.html.

Riedl, C.: Organisatorischer Wandel durch Globalisierung. Optionen für multinationale Unternehmen. Berlin et al. 1999.

Roth, M.: Strube und Feldmann verordnen der BASF ein Fitneßprogramm. In: Frankfurter Allgemeine Zeitung, 43, 20.2.2001 (a), S. 30.

Roth, M.: Vorstand fordert radikales Umdenken in der BASF. In: Frankfurter Allgemeine Zeitung, 139, 19.6.2001 (b), S. 21.

Rübens, M./Küppe, M.: Organisation und Ausgestaltung des Controlling in der BASF: Der Controller als Business Partner. In: Organisation des Controlling. Grundlagen, Praxisbeispiele und Perspektiven, hrsg. v. R. Gleich u. U. Michel. Freiburg et al. 2007, S. 77–90.

Ruess, A./Salz, J.: »Bitte keine Weltuntergangsstimmung«. In: Wirtschaftswoche, 18, 2002, S. 72.

Ruess, A.: Teurer als die Allianz. In: Wirtschaftswoche, 14, 2003, S. 70–73.

Schlote, S.: Die Kraft der leisen Töne. In: Manager Magazin, 27. Jg., 11, 1997, S. 88–101.

Sery, S./Presti, V./Shobrys, D. E.: Optimization Models for Restructuring BASF North America's Distribution System. In: Interfaces, Vol. 31, 3, 2001, S. 55–65.

Strube, J.: Vorwort. In: Geschäftsbericht 1992, hrsg. v. BASF AG. Ludwigshafen a. Rhein 1993, S. 3.

Strube, J.: Rede zur Herbstpressekonferenz am 14. November 2002. Ludwigshafen 2002 (a), http://www.basf.de/de/corporate/investor/praesentationen/quartal3_02/ strube/ (28.11.2002).

Strube, J.: Sehr geehrte Aktionäre und Freunde der BASF. In Finanzbericht 2001, hrsg. v. BASF AG. Ludwigshafen a. Rhein 2002 (b), S. 6–7.

Strube, J./Kokott, D.: Handlungsautonomie von Führungskräften in global operierenden Unternehmen am Beispiel der BASF-Gruppe. In: Eigenverantwortung für Organisationen, hrsg. v. S. Koch, J. Kaschube u. R. Fisch. Göttingen et al. 2003, S. 139–152.

Thomaschewski, D./Rigall, J.: Internationalisierung und organisatorischer Wandel am Beispiel der BASF Aktiengesellschaft. In: Internationalisierung und Unternehmenserfolg, hrsg. v. M. Glaum, U. Hommel u. D. Thomaschewski. Stuttgart 2007, S. 107–138.

UNCTAD: World Investment Report 2014. Investing in the SDGs: An Action Plan. New York/Genf 2014.

Wagner, R.: Konfigurationsentscheidungen von Global Players im Spannungsfeld von Internationalisierung und Umweltschutz. Analyse und Gestaltungsempfehlungen, dargestellt anhand ausgewählter Beispiele der drei größten Global Players der deutschen Chemieindustrie: Bayer, Hoechst und BASF. Frankfurt a. M. et al. 2000.

Wald, A.: Netzwerkstrukturen und -effekte in Organisationen. Wiesbaden 2003, zugl. Diss., Mannheim 2002.

Werres, W.: Zielpunkt Ludwigshafen. In: Manager Magazin, 6, 2007, S. 73–79.

Wetzel, D.: Russen übernehmen wichtigsten deutschen Gasspeicher. In: Die Welt, 11.3.2014, http://www.welt.de/wirtschaft/energie/article125684581/Russen-uebernehmen-wichtigsten-deutschen-Gasspeicher.html.

5.5 Fallstudie: Internationale Organisationsentwicklung bei ABB – Beständig ist nur der Wandel

Von der meistrespektierten Unternehmung Europas zum Sanierungsfall

Kaum eine andere Unternehmung hat in den letzten Jahren derart tief greifende Veränderungen erlebt wie der schweizerisch-schwedische Elektrokonzern Asea Brown Boveri (ABB). Bis 1999 noch als »tanzender Riese« (Barham/Heimer 1999) und »meistrespektierte Unternehmung Europas« (Rudzio 2003) bezeichnet, geriet der Konzern mit dem Jahrtausendwechsel in eine schwere Krise. Zwischen 1996, dem für lange Zeit erfolgreichsten Jahr in der Geschichte der Unternehmung, und 2002 sank der Umsatz von 34,6 auf 17,5 Mrd. US-$. Aus einem Nettogewinn von 1,4 Mrd. US-$ im Jahre 2000 wurde ein Nettoverlust von 783 Mio. US-$ im Jahr 2002, wodurch die Eigenkapitalquote von 6,2 % auf 3,6 % absank und die Unternehmung kurz vor der Insolvenz stand. Erst im Jahre 2005 wurde mit einem Umsatz von 22,4 Mrd. US-$ und einem Gewinn von 735 Mio. US-$ wieder ein zufrieden stellendes Ergebnis erzielt. Mit dieser negativen Geschäftsentwicklung ging ein massiver Stellenabbau einher. Waren 1996 noch 214.894 Mitarbeiter bei ABB beschäftigt, hat sich diese Zahl bis zum Jahr 2004 auf 102.537 Mitarbeiter mehr als halbiert (vgl. Tab. 5-5).

Im Folgenden wird zunächst die Entstehungsgeschichte von ABB skizziert. Im Mittelpunkt der folgenden Abschnitte steht dann die Entwicklung der Organisationsstruktur der Unternehmung, die zu Beginn der neunziger Jahre hoch gelobt und von vielen anderen Unternehmungen kopiert wurde, später dann aber wesentlich zu den wirtschaftlichen Problemen bei ABB beigetragen hat. Die Fallstudie schließt mit einem kurzen Fazit und Ausblick.

Tab. 5-5

Umsatz-, Ertrags- und Mitarbeiterentwicklung von ABB zwischen 1996 und 2013

	1996	2000	2002	2004	2006	2008	2010	2011	2012	2013
Umsatz (in Mio. US-$)	34.574	22.967	17.466	18.795	20.610	22.442	24.412	29.183	34.912	41.848
Nettogewinn (in Mio. US-$)	1.233	1.443	– 783	– 767	– 35	735	1.390	3.757	3.118	2.787
Mitarbeiter	214.894	160.818	139.051	116.464	102.537	104.000	108.000	112.000	119.393	147.700

(Quellen: ABB 2003; 2005; 2009; 2014)

5.5.1 Fusion von ASEA und BBC zu ABB

ABB entstand durch die Fusion des schwedischen ASEA-Konzerns mit der schweizerischen BBC im Jahre 1988 (vgl. Catrina 1991; Barham/Heimer 1999; Bélanger et al. 1999). Die 1890 in Västeras, 150 Kilometer westlich von Stockholm, gegründete Allmanna Svenska Elektriska Aktiobolaget (Allgemeine Schwedische Elektro Aktiengesellschaft, ASEA) war zunächst in der Entwicklung von elektrotechnischen Geräten und Anlagen zur industriellen Stromversorgung (vor allem Generatoren und Transformatoren) tätig. Um die Jahrhundertwende dehnte ASEA ihr Geschäft auf Elektrolokomotiven und die Elektrifizierung des Schienenverkehrs aus. Noch vor dem Ersten Weltkrieg gründete die Unternehmung eigene Auslandsniederlassungen in Dänemark, England, Russland und Spanien, die häufig aus der Akquisition kleinerer lokaler Konkurrenten hervorgingen. Dank erfolgreicher Übernahmen (wie z. B. der Ericsson-Tochter Elektromecano) wuchs ASEA nach dem Zweiten Weltkrieg zu Schwedens größtem Hersteller von Elektrizitätswerken heran.

In den fünfziger und sechziger Jahren gelangen der Unternehmung mit der Produktion des ersten synthetischen Diamanten der Welt, der ersten Hochspannungs-Gleichstromübertragungsanlage und der Entwicklung des ersten Kernkraftwerks wichtige Innovationen. 1974 entwickelte die Unternehmung den weltweit ersten Industrieroboter. Anfang der achtziger Jahre stieg ASEA dadurch zu den größten zehn Unternehmungen im Bereich der Elektrotechnik weltweit auf. Sie galt als Produzent und Entwickler von Spitzentechnologie, gleichzeitig jedoch als zentralistisch, autoritär und bürokratisch (vgl. Brege/Brandes 1993). Darüber hinaus wurde »die hohe technische Kompetenz von ASEA durch mangelnde Integration und Kooperation zwischen der Zentrale und den verschiedenen Fachabteilungen und den internationalen Aktivitäten geschmälert« (Barham/Heimer 1999, S. 29). Die Familie Wallenberg als Hauptaktionär von ASEA berief 1980 mit Percy Barnevik deshalb einen neuen Vorstandsvorsitzenden, der eine tief greifende Reorganisation der Unternehmung einleitete.

Percy Barnevik

Barnevik ergänzte die *technische Kompetenz* der Unternehmung durch eine *starke Kundenorientierung*. Gleichzeitig sollte die Bildung von 40 Profit Centern zu mehr Gewinnorientierung und Verantwortlichkeit führen. Zum ersten Mal seit der Unternehmungsgründung wurden Arbeitsplätze und Überkapazitäten systematisch abgebaut. Barnevik entschied sich darüber hinaus dazu, eine internationale Matrix-Organisation einzuführen, die eine Produktausrichtung und eine Länderausrichtung umfasste. Die Resultate waren beeindruckend und machten Barnevik zu einem der Topmanager Europas: 1987 hatten sich die Umsätze vervierfacht, die Gewinne verachtfacht. ASEA galt als führend in der Stromübertragung, der Energieversorgung des Schienenverkehrs sowie der industriellen Energieversorgung und Automatisierung. Im globalen Maßstab besaß ASEA im Vergleich zu General Electric, Siemens oder Toshiba jedoch erhebliche Größennachteile, die nur durch eine externe Wachstumsstrategie überwunden werden konnten.

Produktpalette

Die Gründung der Brown Boveri & Cie. (BBC) erfolgte ebenfalls im ausgehenden 19. Jahrhundert. 1891 begannen in Baden bei Zürich die Ingenieure Charles Brown, dessen Familie aus England stammte, und der Bayer Walter Boveri mit dem Bau von

Wasserkraftwerken. Bald bauten sie die Produktpalette um Elektromotoren für Lokomotiven und Stromanlagen für den Schienenverkehr aus. BBC war aufgrund des kleinen Binnenmarktes und der familiären Herkunft der Gründer von Anfang an international ausgerichtet. Bereits 1898 gründete die Unternehmung ihre erste Niederlassung in Mannheim zur Herstellung von Stromgeneratoren. Um hohe Schutzzölle zu umgehen und Produktpiraterie vorzubeugen, vergab BBC frühzeitig Produktionslizenzen und gründete eigene Produktionsstätten im Ausland. 1900 begann sie mit der Entwicklung von Dampfkraftwerken und Dampfturbinen, die weltweit exportiert bzw. im Ausland gebaut wurden. Neben Kraftwerken spezialisierte sich BBC auch auf Schiffsturbinensysteme. Die Innovationen waren weniger spektakulär als diejenigen von ASEA und umfassten vor allem die Weiterentwicklung bestehender Produkte und die Grundlagenforschung. Weltweit genoss der Konzern einen ausgezeichneten Ruf als Technologieunternehmung. Die fortschreitende Diversifikation nach dem Zweiten Weltkrieg, die z. B. die Ausrüstung von Kernkraftwerken und die Beteiligung an Energieprojekten in Entwicklungsländern umfasste, ließen BBC dauerhaft wachsen.

Multinationale Organisationsstruktur

Bis in die späten siebziger Jahre war BBC durch eine *multinationale Organisationsstruktur* geprägt, bei der die ausländischen Tochtergesellschaften eine hohe Autonomie besaßen. Besonders eigenständig agierte die deutsche Niederlassung. Prahalad/Doz (1987, S. 203) bezeichnen BBC deshalb auch als klassisches Beispiel einer multinational ausgerichteten Unternehmung, »where the management in each country ran a portfolio of businesses to maximize national results«. Im Zuge der weiteren Internationalisierung stieß diese Struktur jedoch zunehmend an ihre Grenzen: »Die einzelnen Tochtergesellschaften, die in den Industrieländen mit gesättigten Märkten zu kämpfen hatten, machten sich nun im Exportgeschäft zunehmend gegenseitig Konkurrenz« (Barham/Heimer 1999, S. 55). Mitte der achtziger Jahre wurden deshalb umfassende Kostensenkungs- und Rationalisierungsmaßnahmen eingeleitet, durch die das Konzernergebnis vorübergehend verbessert werden konnte. Der neue Vorstandsvorsitzende Fritz Leutwiler reorganisierte 1985 den Konzern und schaffte eine Struktur, die aus 24 Produktsparten mit weltweiter Geschäftsverantwortung bestand. Ähnlich wie ASEA wollte sich auch BBC von unprofitablen Bereichen trennen und sich mehr an den Kundenwünschen orientieren. Auch die Strategien glichen sich: Das Ziel war das Eindringen in schnell wachsende Märkte wie Transport, Elektroantrieb und Prozesstechnologie für die produzierende Industrie. »All das machte BBC zu einem sehr attraktiven Partner« (Barham/Heimer 1999, S. 56).

Merger of Equals

Die Fusion von ASEA und BBC, deren Vorbereitung noch heute als eines der am besten gehüteten Geheimnisse der Wirtschaftsgeschichte gilt, wurde am 10. August 1987 zeitgleich in Zürich und Stockholm bekannt gegeben. Durch den *merger of equals* zweier gleichberechtigter und gleichstarker Partner entstand ein Konzern von mehr als 1.000 eigenständigen Einheiten mit insgesamt 180.000 Mitarbeitern in 140 Ländern. Konzernsitz wurde Zürich, die Unternehmungssprache Englisch.

5.5.2 Entwicklung der Organisationsstruktur

5.5.2.1 Einführung der Matrixstruktur (1988–1993)

Aufbauend auf seinen Erfahrungen bei der Reorganisation von ASEA zu Beginn der achtziger Jahre begann der zum ersten Vorstandsvorsitzenden von ABB berufene Barnevik unverzüglich mit der konsequenten strategischen Orientierung der neu geschaffenen Unternehmung auf den Weltmarkt. Im Unterschied zu vielen Konkurrenten wie Westinghouse, Siemens oder GEC Alsthom, die aufgrund ihrer engen Bindung an die Regierung ihres jeweiligen Heimatlandes eine vorwiegend internationale oder globale Ausrichtung verfolgten, stand dabei der Gedanke einer *transnationalen Unternehmungsstrategie und Organisationsstruktur* im Mittelpunkt, die als »think global, act local« (von Koerber 1996, S. 239) bzw. »being local worldwide« (Bélanger et al. 1999) charakterisiert werden kann. »We are a federation of national companies with a global coordination center«, so drückte es Barnevik aus (zit. nach Taylor 1991, S. 95 f.). »We are not homeless. We have many homes.«

Profit Center

Ein zentrales Element der neu geschaffenen Organisationsstruktur von ABB war die Umwandlung der Unternehmungseinheiten in einzelne *Profit Center*, die als kleine Unternehmungen in der Unternehmung häufig nicht mehr als 50 Mitarbeiter beschäftigten. Dadurch wurde ein weltweiter Verbund von rechtlich selbstständigen Unternehmungen mit insgesamt 5.000 autonomen Einheiten geschaffen. Das Ziel dieser Maßnahme war der Abbau von überflüssigen Hierarchiestufen, Bürokratie und verdeckten Kosten. Sie sorgte zudem für mehr Eigenverantwortung, Transparenz und Flexibilität auf lokaler Ebene (vgl. Taylor 1991, S. 99). Damit einher ging die weitgehende Dezentralisierung strategischer Entscheidungskompetenzen, die sich auch personell niederschlug. Während ABB in Spitzenzeiten weltweit 215.000 Mitarbeiter beschäftigte, waren in der Konzernzentrale in Zürich gerade einmal 200 Führungskräfte tätig.

Zur Koordination der zahlreichen Profit Center wurde eine Matrixstruktur geschaffen, die eine globale und eine regionale Dimension umfasste. Auf *globaler Ebene* wurden die verschiedenen Unternehmungsaktivitäten acht (später vier) Unternehmungssegmenten (Business Segments) zugeordnet, die ihrerseits aus einzelnen Geschäftsbereichen (Business Areas) bestanden. Die ursprünglichen Unternehmungssegmente beinhalteten Kraftwerke, Stromübertragung, Stromverteilung, Industrie (Prozessautomation, Metallurgie), Transport, Schadstoffmessung, Finanzdienstleistungen und Sonstiges (z. B. Roboter und Turbolader). 1993 wurden diese auf die vier Segmente Stromerzeugung, Stromübertragung und -verteilung, Industrie- und Gebäudetechnik sowie Transport reduziert (vgl. Abb. 5-25). Jeder Geschäftsbereich wurde von einem Business Area-Manager geleitet, der dafür die weltweite Verantwortung besaß. Dazu zählten vor allem die strategische Ausrichtung, Entwicklung und erfolgreiche Umsetzung von Produktinnovationen. Er bestimmte die Produktprogramme der einzelnen Betriebe und übernahm deren Marktzuweisung sowie die Überwachung von Kostenentwicklung und Qualitätsstandards (vgl. Bartlett 2000, S. 829 ff.). Die jeweils besten Betriebe innerhalb ihres Segments bzw. ihrer Area wurden als Excellence Center für bestimmte Produkte oder Leistungen ausgewiesen. ABB identifizierte so systematisch Best Practice-Verfahren und unterstützte

Abb. 5-25

Matrixstruktur von ABB zwischen 1988 und 1993

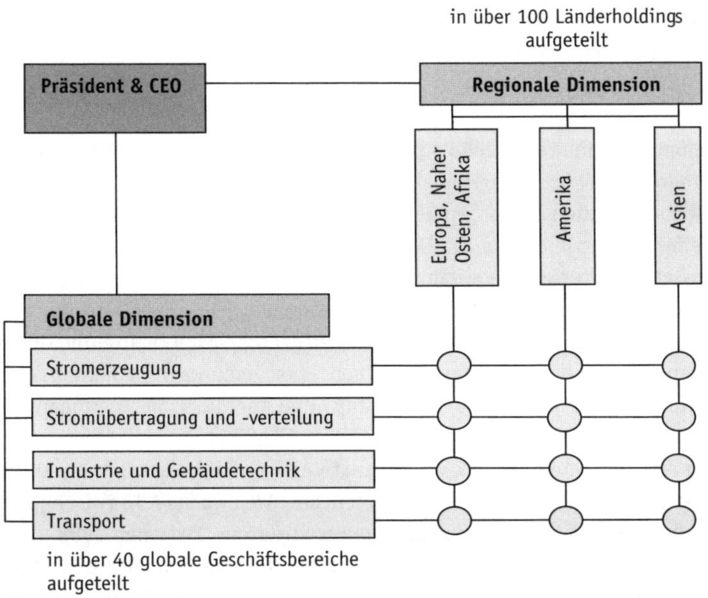

(Quelle: SMUV 2001, S. 8)

den länderübergreifenden Wissenstransfer zwischen den einzelnen Einheiten eines Geschäftsbereichs.

Die *regionale Dimension* der Matrix wies zunächst eine reine Länderstruktur auf. Jedem Land stand ein Ländermanager vor, in dessen Verantwortung die Festlegung kundenorientierter Regionalstrategien, die Pflege von Arbeitnehmerbeziehungen und Regierungskontakten, die Überwachung der Budgets der ABB-Landesgesellschaften und deren länderspezifische Personalentwicklung lagen. Die regionale Dimension war somit in erster Linie für den jeweiligen Absatzmarkt, den Umsatz und die optimale Erfüllung der Bedürfnisse lokaler Kunden verantwortlich. »Wir betrachten uns«, so Barnevik (zit. nach Barham/Heimer 1999, S. 97) »als einen Verbund von nationalen Unternehmungen mit vielen lokalen Fertigungsstätten, die unter einer Länderholding als Dachorganisation zusammengefasst sind.« Zwischen den Länderholdings bestand ein permanenter Informationsaustausch. Im Jahr 1993 wurden den Ländermanagern drei Regionalmanager für Europa, Amerika und Asien überstellt, die im Wesentlichen die Triade und damit die Hauptabsatzmärkte von ABB repräsentierten.

Ausnutzung länderübergreifender Synergien

Im Schnittpunkt von globaler und regionaler Ausrichtung befanden sich die lokalen Einheiten und Profit Center von ABB. Diese waren konsequent auf die lokalen

Gegebenheiten und Umfeldbedingungen ausgerichtet, während ihre weltweite Koordination sowie die Ausnutzung von länderübergreifenden Synergien und Kostensenkungseffekten durch die beiden Matrixdimensionen erfolgten. Barnevik bezeichnete diese Notwendigkeit der gleichzeitigen Spezialisierung nach regionalen und produktorientierten Gesichtspunkten »a fact of life. If you deny the formal matrix, you wind up with an informal one – and that's much harder to reckon with« (zit. nach Taylor 1991, S. 95).

Prozessuale Koordination und Steuerung

Die *prozessuale Steuerung und Koordination* der weitgehend autonom agierenden Unternehmungseinheiten erfolgte primär durch personenorientierte Instrumente (vgl. Berggren 1996; Osterloh/Weibel 1996; Achtenhagen 2001, S. 187 ff.). Von besonderer Bedeutung waren ein ausgeprägter Besuchsverkehr sowie die Einrichtung länderübergreifender Karrierepfade. Im Mittelpunkt stand eine Kerngruppe von 500 nach geozentrischen Kriterien ausgewählten Führungskräften, die an den Schnittstellen der Matrixstruktur agierten und durch internationale *job rotations* die Fähigkeit entwickeln sollten, Interdependenzen zwischen den geographisch verstreuten Unternehmungseinheiten zu erkennen und bei ihren Entscheidungen zu berücksichtigen. Ergänzt wurden diese personellen Steuerungs- und Koordinationsinstrumente durch das weltweit standardisierte Informationssystem ABACUS (vgl. dazu Simons 1994).

In der Amtszeit von Barnevik verzeichnete ABB spektakuläre Erfolge. Durch die Akquisition von mehr 150 Unternehmungen in aller Welt wuchs ABB zwischenzeitlich zu einer der 200 größten Unternehmungen weltweit an. Zwischen 1988 und 1996 wurde der Gewinn verdreifacht und der Aktienkurs stieg jährlich um durchschnittlich 23 % an (vgl. Schmitt/Werres 2002, S. 54). Verantwortlich dafür wurde in erster Linie Percy Barnevik gemacht, der in den neunziger Jahren zu einem der am häufigsten portraitierten Manager wurde (vgl. z. B. Kets de Vries 1991, 1996). Herausgehoben wurden etwa sein Kommunikationsgeschick, sein Charisma, sein von Geiz und Autorität geprägter Führungsstil und sein extremer persönlicher Einsatz, der ihn bis zu 200 Tage im Jahre auf Reisen brachte (vgl. Simons/Bartlett 2000, S. 803). »Mir sind zehn Entscheidungen lieber«, so beschrieb er sich selbst, »von denen sich drei als falsch erweisen, als Perfektion im Schneckentempo« (zit. nach Rudzio 2003). Seine Mitarbeiter forderte er dazu auf. »Act fast, even at the risk of making mistakes (…). The only thing we cannot accept is people who do nothing« (zit. nach Simons/Bartlett 2000, S. 803).

5.5.2.2 Modifikation der Matrixstruktur (1993)

Durch den großen Erfolg hat sich ABB in den ersten fünf Jahren seines Bestehens stark gewandelt. Die Unternehmung expandierte in Nordamerika, Mittel- und Osteuropa sowie Asien und kaufte zahlreiche Konkurrenten auf. Hierzu zählte etwa die Übernahme großer Teile des amerikanischen Elektrokonzerns Westinghouse mit 25 Produktionsstätten in Nordamerika und des Kraftwerksbauers Combustion Engineering. Gleichzeitig veränderten sich die Hauptabsatzmärkte u. a. im Kraftwerkssegment grundlegend. Während der Bedarf nach schlüsselfertigen Anlagen und immer kürzeren Entwicklungs- und Erstellungszeiten wuchs, halbierten sich die Preise innerhalb von fünf Jahren. Auch bei Generatoren und Transformatoren war ein drastischer Preisverfall zu beobachten (vgl. Björkman 1999).

Großprojekte

Als Reaktion auf diese Markt- und Wettbewerbsveränderungen wurde die globale und regionale Dimension der Matrix um eine dritte Dimension *Großprojekte* ergänzt (vgl. Söderlund/Tell 2009). Der Grund dafür war die deutliche Zunahme von Umfang, Reichweite und Komplexität der dimensionsübergreifenden Zusammenarbeit der einzelnen Unternehmungsbereiche. Um diesem Erfordernis Rechnung zu tragen, wurde der Gedanke einer permanenten Projektarbeit institutionalisiert, die jenseits der globalen und regionalen Dimension erfolgen sollte (vgl. Abb. 5-26).

Das Resultat dieser Restrukturierung war eine Organisationsform, die höchste Anforderungen »an die Beherrschung des Wechselspiels aus interner Kooperation und Abstimmung bzw. Transfer und Konkurrenz sowie zwischen Kontrolle und dezentraler Autonomie (stellte)« (Hirsch-Kreinsen 1998, S. 51). In der Folgezeit verschärften sich deshalb die *Konflikte und Kompetenzstreitigkeiten* zwischen den einzelnen Unternehmungsbereichen. »Über Nacht gehörten (etwa) die Arbeiter im Mannheimer ABB-Werk für Kraftwerkstechnik zu fünf unterschiedlichen Profitcentern (und) der Chef der ABB-Hochspannungs-Schalttechnik in Zürich (musste sich) sowohl mit dem Gebietsleiter für die Schweiz abstimmen als auch mit dem Produktchef für Hochspannungstechnik. Diese hatten ihrerseits je zwei Vorgesetzte – wiederum einen mit Verantwortung für Regionen und Werke sowie einen für die Produktsparte« (Rudzio 2003).

Anforderungen an Führungskräfte

Zudem nahmen die *Anforderungen an die Führungskräfte* weiter zu, die ihre Leitungsrolle neu definieren und eine ausgeprägte Konsensfähigkeit entwickeln mussten (vgl. Hirsch-Kreinsen 1998, S. 46 f.). Der damalige Vorstandsvorsitzende von ABB-Deutschland, von Koerber (1996, S. 241 f.), formulierte die Anforderungen wie folgt: Die Manager von ABB müssen über kommunikative Intelligenz, die Kompetenz, mit Widersprüchen umzugehen, sowie die Fähigkeit zu globalem, ganzheitlichem und vernetztem Denken verfügen. Zudem müssen sie als geeinte Gruppe auftreten können, Kundenorientierung, Qualität sowie Umbaufähigkeit im Blick behalten und Entscheidungen schnell treffen und umsetzen können.

Abb. 5-26

Modifizierte Matrixstruktur

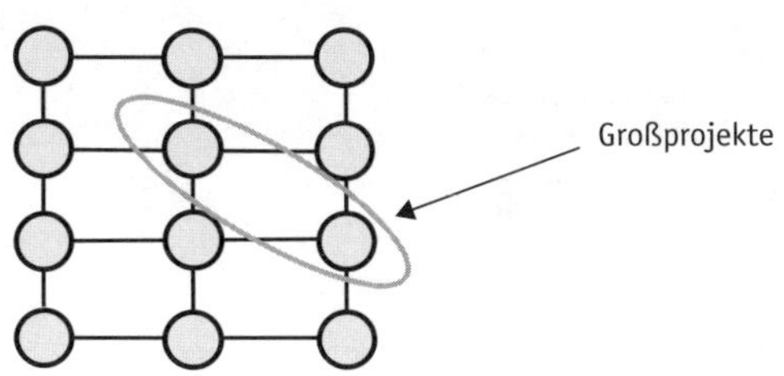

(Quelle: SMUV 2001, S. 9)

5.5.2.3 Umwandlung der Matrixstruktur in eine Spartenorganisation (1998–2001)

Konzentration auf wissensintensive Geschäftsbereiche

Die Amtszeit von Percy Barnevik als Vorstandsvorsitzender von ABB endete nach fast 10 Jahren zu Beginn des Jahres 1997 (vgl. ABB 1996). Der Wechsel an der Führungsspitze ging einher mit einer sehr unbefriedigenden Geschäftsentwicklung. Erstmals seit der Fusion fiel der operative Gewinn innerhalb eines Jahres um die Hälfte auf 1,1 Mrd. US-$, was ein Rationalisierungsprogramm im Umfang von 900 Mio. US-$ und den Abbau von 10.000 Stellen weltweit nach sich zog (vgl. Hässig 1998). Der neue Vorstandvorsitzende Göran Lindahl strebte an, ABB zu einer »Wissensunternehmung« zu machen, und verkaufte dazu u. a. den ABB-Anteil an ADtrans an DaimlerChrysler sowie das Kraftwerksegment an Alstom (vgl. Mulligan 2008). Zugleich leitete er zudem eine tief greifende Reorganisation der Unternehmung ein, an deren Ende die Einführung einer Spartenorganisation stand (vgl. Abb. 5-27).

Hierzu wurden das Unternehmungssegment Industrie- und Gebäudetechnik in die vier neuen Sparten Automatisierungstechnik, Öl, Gas und Petrochemie, Gebäudetechnik sowie Finanzdienstleistungen überführt und die Stromübertragung und -verteilung auf zwei neue Sparten aufgeteilt. Gleichzeitig wurden die regionalen Organisationselemente aufgelöst. Nur auf Länderebene existierten weiterhin Ländermanager und nationale ABB-Holdings, deren Verantwortungsbereich jedoch verändert wurde. Ihre Hauptaufgabe war nunmehr die Implementierung globaler Prozesse, die von den Geschäftsbereichen entwickelt und vorgegeben wurden.

Mit der Reorganisation veränderten sich der Fokus und die Geschäftslogik von ABB erheblich: Aus der lokalen Ausrichtung wurde eine globale. »In einer Welt ohne Grenzen«, so begründete dies der neue Vorstandsvorsitzende (zit. nach Barham/Heimer 1999, S. 317), »müssen globale Aspekte oberste Priorität genießen.« Entsprechend zielte die Bildung von sechs Sparten vor allem darauf ab, sich auf die eigentlichen Kernkompetenzen der Unternehmung zu konzentrieren und die Vorteile der globalen Standardisierung von Strukturen und Prozessen auszuschöpfen. Gleichzeitig sollte die Koordination von Produkten, Dienstleistungen und Unternehmungseinheiten innerhalb der einzelnen Sparten vereinfacht werden. Nicht zuletzt wurden

Abb. 5-27

Spartenorganisation von ABB zwischen 1998 und 2001

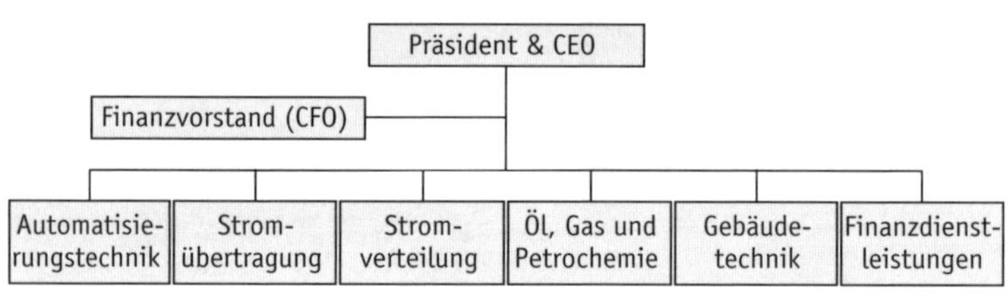

(Quelle: SMUV 2001, S. 10)

davon eine deutliche Vereinfachung der Führungsstruktur und die Senkung der Koordinationskosten erwartet.

Rückgang von Umsatz und Gewinn

Der Erfolg dieser Maßnahmen war nur gering. Der Verkauf von Unternehmungsteilen und die Konzentration auf wissensintensive Bereiche führten nicht nur zu einem starken Rückgang des Umsatzes und Gewinns, sondern auch zu einer massiven Verunsicherung der Mitarbeiter. »Der Verkauf der Bahntechnik und des Kraftwerksegments innerhalb eines Jahres«, so ein Mitarbeiter (zit. nach Jenewein/Morhart 2007, S. 4), »war für weite Teile der Organisation ein Schock. Viele Mitarbeiter konnten nicht glauben, dass die Lokomotiven und Kraftwerke, die über Jahrzehnte Marke und Identität geprägt hatten, nicht mehr länger Teil von ABB sein sollten.«

5.5.2.4 Organisatorische Neuausrichtung auf die Kunden (2001–2002)

Nach nur zwei Jahren im Amt und einer wenig erfolgreichen Geschäftsentwicklung trat Lindahl Ende des Jahres 2000 zurück (vgl. Catrina 2003). Ihm folgte im Januar 2001 Jörgen Centerman, der die Organisationsstruktur erneut änderte. Nach seinen Vorstellungen sollte ABB zum führenden *Value Creator* werden und möglichst viel Wert für Kunden, Anteilseigner und Beschäftigte schaffen (vgl. ABB 2000). Dazu wurde die bestehende Spartenorganisation aufgelöst und durch eine kundenorientierte Struktur ersetzt (vgl. Abb. 5-28). »The new structure«, so die Erwartung von Centerman (zit. nach ABB 2001), »allows us to grow faster by more easily delivering value to our customers.«

Begründet wurde diese Erwartung durch die Erkenntnis, dass etwa im Jahr 2000 30 % des Umsatzes von ABB auf nur 200 Kunden entfielen. Von diesen hatten wiederum 180 nur mit einem einzigen Unternehmungssegment zu tun. Innerhalb dieses Segments waren die Kunden jedoch mit mehreren Geschäftsbereichen konfrontiert, was zu Intransparenz und hohen Transaktionskosten führte (vgl. Brehmer/Rehme

Abb. 5-28

Kundenorientierte Organisationsstruktur von ABB zwischen 2001 und 2002

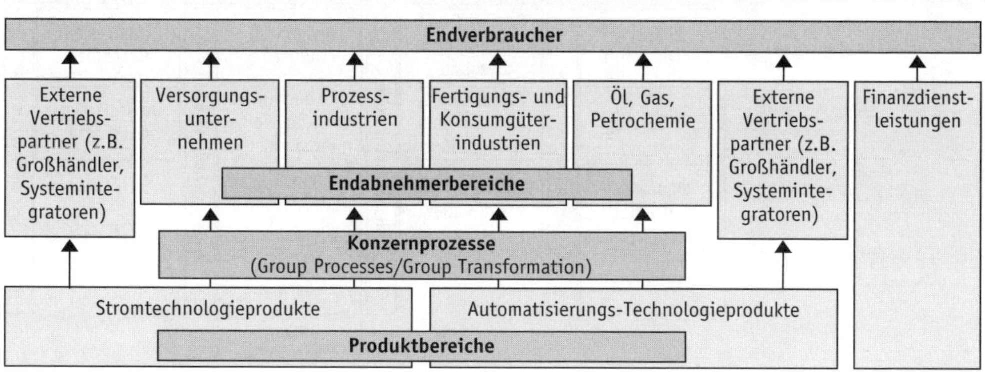

(Quelle: SMUV 2001, S. 16)

2009). »Oft balgten sich mehr ABB-Akquisiteure um einen Kunden als Vertreter der Konkurrenz« (Rudzio 2003). Durch die Reorganisation sollte es den Kunden erleichtert werden, »mit ABB ins Geschäft zu kommen. Statt 10 oder mehr soll der Kunde nur noch einen Ansprechpartner haben« (SMUV 2001, S. 14).

Rivalität zwischen den Unternehmungseinheiten

Wie groß die Intransparenz und die Rivalitäten zwischen den einzelnen Unternehmungseinheiten waren, zeigt eine Aussage von Frank Duggan (zit. nach Jenewein/Morhart 2007, S. 7), dem Leiter der ABB-Landesgesellschaft in Irland: »Eines Tages sagte ein Kunde zu mir, unsere Offerte sei zu teuer. Ich versuchte dann mit unserer hohen Qualität und den vergleichsweise niedrigen Kosten über den gesamten Lebenszyklus des Produkts zu argumentieren. Daraufhin zeigte mir der Kunde wortlos elf verschiedene Visitenkarten von ABB-Managern, die allesamt in den vergangenen drei Monaten bei ihm gewesen waren, um ihm unabhängig voneinander jeweils ein Angebot in ein und derselben Angelegenheit zu unterbreiten. Anschließend sagte er zu mir: ›Ihr Problem ist, dass Sie zu viele Leute haben, von denen der eine nicht weiß, was der andere tut‹.«

Kundenorientierung

Die neue kundenorientierte Struktur umfasste sieben Kundenbereiche und zwei Bereiche zur Optimierung der Konzernprozesse (Group Processes und Group Transformation). Die Kundenbereiche untergliederten sich zunächst in vier direkt auf die Endabnehmer ausgerichtete Bereiche, die im Jahr 2002 auf die drei Bereiche Versorgung, Industrie sowie Öl, Gas und Petrochemie reduziert wurden. Daneben gab es zwei Bereiche für externe Vertriebspartner sowie den Bereich Finanzdienstleistungen. Den Endabnehmerbereichen wurde die Aufgabe zugewiesen, Industriekunden schnell und einfach zu bedienen. Sie untergliederten sich in zahlreiche Business

Abb. 5-29

Gliederung der Endabnehmerbereiche in der kundenorientierten Struktur

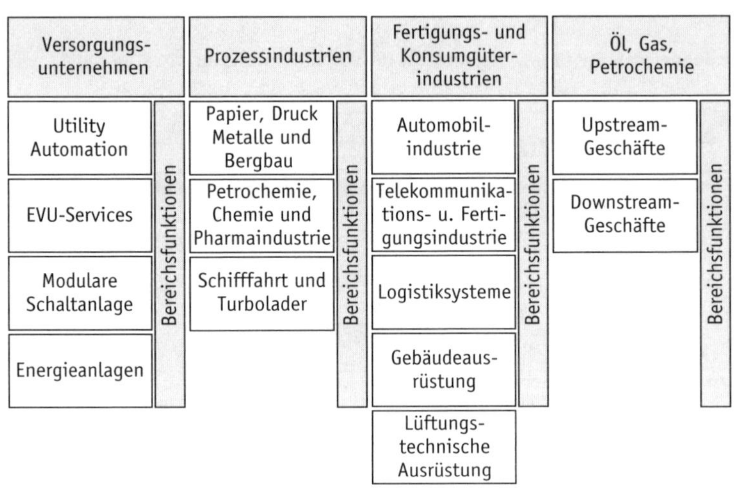

(Quelle: SMUV 2001, S. 17)

Areas und wurden durch allgemeine Bereichsfunktionen (wie Controlling, Personalwesen, Kommunikation, Geschäftsentwicklung, u. a.) unterstützt (vgl. Abb. 5-29).

Die Bedeutung der Kundenorientierung war für ABB nicht neu, sondern wurde auch bereits von Barnevik immer wieder herausgestellt (vgl. Barham/Heimer 1999, S. 92). Neu war jedoch, die Kundenausrichtung zum Leitbild von ABB zu erklären und *strukturell zu institutionalisieren*. Trotz der offensichtlichen Vorteile wurde von Anfang an aber auch auf die damit verbundenen Gefahren hingewiesen: »Die Gefahr der von ABB verfolgten Strategie liegt darin, dass der Kunde sich auf dieses Konzept einlassen muss und die daraus entstehende, starke Abhängigkeit von ABB akzeptiert (...). Ist der Kunde nicht bereit, sich darauf einzulassen, wird die Strategie scheitern« (SMUV 2001, S. 25 f.). Darüber hinaus wurde auf die neu entstehenden Schnittstellen- und Koordinationsprobleme zwischen den einzelnen Produkt- und Vertriebsbereichen hingewiesen.

5.5.2.5 Verschlankung der Geschäftsbereiche (2002–2005)

Centerman trat bereits nach nur zwei Jahren im September 2002 nach massiven Umsatz- und Gewinnrückgängen zurück. An seine Stelle rückte Jürgen Dormann, der bereits dem ABB-Verwaltungsrat vorstand und bis kurz zuvor noch Vorstandsvorsitzender von Aventis war (vgl. Kap. 9.2). »Als ich die Position des CEO übernahm«, so Dormann (zit. nach Jenewein/Morhart 2007, S. 4), »war ABB praktisch illiquide und fast bankrott; man hatte große Probleme, die Schlüsselkunden zu halten und neue Kunden zu gewinnen. Es ging (...) um Sein oder Nichtsein.«

Jürgen Dormann

Unmittelbar nach seinem Amtsantritt gab Dormann deshalb den Verkauf zahlreicher unprofitabler Bereiche, massive Kostensenkungen und eine erneute Reorganisation bekannt, durch die die Unternehmung wieder in die Gewinnzone geführt werden sollte (vgl. o. V. 2002b). Die Organisationsstruktur wurde zunächst auf die drei Sparten Energietechnik, Automation und Petrochemie und nach dem Verkauf der Petrochemie weiter auf zwei Sparten reduziert (vgl. Abb. 5-30). »The new structure«, so verkündete Dormann (zit. nach ABB 2002), »will allow us to serve our costumers better, enhance the external focus and more closely integrate our senior managers in local markets into our global management teams.«

Abb. 5-30

Spartenorganisation von ABB ab 2004–2008

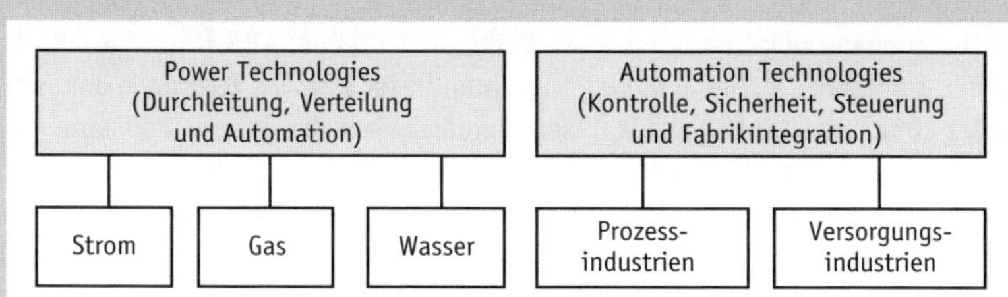

Im Unterschied zu seinen Vorgängern führte Dormann die Organisationsentwicklung in enger Abstimmung mit dem Verwaltungsrat durch. Dazu wurde ein Strategieausschuss eingerichtet, der monatlich tagte und zusammen mit der Unternehmungsberatung Bain & Company die Details der Restrukturierung plante. Der Leiter der Power Technology-Sparte Peter Smits beschreibt die Wirkung dieser Maßnahme wie folgt (zit. nach Amann 2004b, S. 2): »We proceeded with a high degree of bottom-up involvement. People from various crucial countries and functions contributed. This turned the results into more solid ones and decreased the risk of unwanted surprises. We also scrutinized the details with the Board of Directors much more than had previously been the case. Regarding the Board's interaction with the Executive Committee, it was true coaching. Nobody stepped over his lines of responsibility.«

Verbunden damit war die Verkleinerung des Vorstands von elf auf fünf Mitglieder, die Verkürzung von Entscheidungswegen sowie die Ablösung der Verhaltenskontrolle durch eine Ergebniskontrolle. »Früher«, so Dormann (zit. nach Jenewein/Morhart 2007, S. 7), »sind die Mitarbeiter wegen zu vieler Probleme zum CEO gelaufen. Das musste aufhören. Meine Rolle im Executive Committee war es, eine eindeutige Richtung vorzugeben, eine Kultur des Miteinander zu formen, klarzumachen, wer für was verantwortlich war, und die Leute zum Handeln zu ermächtigen.«

»Freitagsbriefe«

Eine weitere wichtige Maßnahme von Dormann waren die an alle Mitarbeiter regelmäßig per E-Mail versandten Freitagsbriefe, in denen er die Entscheidungen des Vorstands erläuterte und um Unterstützung für seine Politik warb. In einer seiner ersten Mails vom 11. Oktober 2002 wandte er sich etwa gegen den bei ABB weit verbreiteten Einsatz von PowerPoint-Präsentationen und forderte die Mitarbeiter zu einer offenen und konstruktiven Kommunikation auf (zit. nach Amann 2004a, S. 5 f.): »Last week, I wrote about trust and leadership – about saying what we mean and meaning what we say, about showing as leaders that decisions are taken on merit, with the Group interests put first, and our own unit's second. Now, nearly every time I have asked for information in the past month, I have received a sizeable PowerPoint file. Is this the corporate language? I thought it was English? (...) Let's start exchanging information instead of just presenting to each other (...). Let's cultivate the art of concise memos, with complete sentences. Let's listen to each other and practice assuming each other's points of view.«

Auch in der Kommunikation mit den Kunden von ABB führte Dormann neue Instrumente ein. Unmittelbar nach seiner Amtsübernahme besuchten er und seine Vorstandskollegen zahlreiche Schlüsselkunden in der ganzen Welt, um sie über das Ausmaß der Probleme zu informieren. Brice Koch, der Leiter der ABB-Landesgesellschaft in China, schildert anschaulich die Bedeutung dieser Besuche (zit. nach Jenewein/Morhart 2007, S. 7 f.). »Es war für unsere Verkäufer auf der ganzen Welt eine große Unterstützung, dass die Vorstände persönlich zu unseren Schlüsselkunden und anderen wichtigen Stakeholdern gingen, um sie aus erster Hand über die Situation bei ABB zu informieren. Von diesem Zeitpunkt an mussten sie beim Kunden nicht mehr ständig über die derzeitigen Probleme sprechen, sondern konnten sich wieder auf die Produkte und deren Verkauf konzentrieren.«

Turnaround

In nur rund zwei Jahren nach seinem Amtsantritt schaffte es Dormann, die Unternehmung zu restrukturieren und wieder profitabel zu machen. Wesentlich dazu beigetragen hat die Konzentration von ABB auf zwei Kerngeschäftsfelder und der Verkauf vieler von seinen Vorgängern akquirierten Unternehmungen. Zudem konnte ABB mehr als 100.000 Sammelklagen, die in den USA gegen die amerikanische Tochtergesellschaft Combustion Engineering wegen des Gebrauchs von Asbest eingereicht wurden, gegen die Zahlung von rund 1,43 Mrd. US-$ Schadensersatz erfolgreich vergleichen und dadurch einen befürchteten weitaus höheren Verlust abwenden (vgl. Ruess 2003).

5.5.2.6 Rückkehr auf den Wachstums- und Akquisitionspfad (2005–2015)

Im Januar 2005 zog sich Dormann wieder auf sein Amt als Vorsitzender des Verwaltungsrats zurück und übergab das Amt des Vorstandsvorsitzenden an Fred Kindle. Dieser hatte zuvor drei Jahre lang die Leitung des Schweizer Industriekonzerns Sulzer inne (vgl. Werres 2004). Im Unterschied zu früheren Führungswechseln ging damit aber keine Änderung der Organisationsstruktur einher. »Ich gehe davon aus«, so Dormann (zit. nach Werres 2004, S. 107), »dass die Konzernstruktur in den ersten zwölf Monaten, in denen ich wieder ausschließlich im Verwaltungsrat arbeite, bleibt, wie sie ist.«

Konsolidierung

Obwohl Kindle im Jahre 2007 Umsatz und Gewinn massiv steigern konnte und dafür zum Schweizer Unternehmer des Jahres gewählt wurde, erklärte er im Februar 2008 seinen Rücktritt. Grund dafür waren »unüberbrückbare Differenzen« mit dem Vorsitzenden des Verwaltungsrats Hubertus von Grünberg, der Jürgen Dormann in dieser Funktion im Mai 2007 auf dessen Vorschlag abgelöst hatte und zuvor Vorsitzender des Vorstands und später des Aufsichtsrats von Continental war. Der Aktienkurs von ABB sank daraufhin in kurzer Zeit um bis zu 10 % ab. Als Grund für den Rücktritt wird vermutet, dass Kindle die von Dormann eingeleitete Konsolidierungsstrategie fortführen wollte, während von Grünberg angesichts liquider Mittel von fast 6 Mrd. US-$ einen aggressiven Expansionskurs bevorzugte (vgl. o. V. 2008a). Von Grünberg (zit. nach Balzer/Student 2008, S. 64) betonte jedoch, dass Akquisitionen »das Kerngeschäft stützen (müssen und) keine technologischen Träumereien (sein dürfen). Diese wilden Jahre hat ABB hinter sich, als man auf alles geschossen hat, was sich bewegte. In der Folge wurde die Firma zum Sanierungsfall. Diese Erfahrung prägt das ganze Management noch heute. Deshalb muss man bei Zukäufen sehr behutsam vorgehen.«

Wiederholte Führungswechsel

Für die Verfolgung einer externen Wachstumsstrategie sprach die Berufung von Joseph Hogan zum neuen Vorstandsvorsitzenden zum 1. September 2008. Hogan leitete zuvor den Anbieter von Medizintechnik GE Healthcare und hatte dort den Umsatz innerhalb von acht Jahren durch mehr als 50 Akquisitionen mehr als verdoppelt. »Hogan soll ABB nicht verwalten, sondern größer machen«, so Mark Diethelm, Analyst der Zürcher Kantonalbank. »Der Verwaltungsrat hat sich für Hogan entschieden, um das Wachstum zu forcieren. Ich rechne damit, dass das Akquisitionstempo mit Hogan an der Spitze zunehmen wird« (zit. nach o. V. 2008b).

Tatsächlich wurden während der Amtsteit von Hogan etwa 20 Mrd. US-$ in die Expansion der Unternehmung investiert. Dazu zählen vor allem die Akquisitionen des Anbieters von Software für das Management von Energienetzen Ventyx, des Motorenherstellers Baldor und des Komponenten- und Geräteanbieters Thomas & Betts

Abb. 5-31

Spartenorganisation von ABB 2015

Energietechnik-Produkte	Energietechnik-Systeme	Industrieautomation und Antriebe	Niederspannungs-Produkte	Prozessautomatisierung
▸ Mittelspannungsprodukte ▸ Hochspannungsprodukte ▸ Transformatoren	▸ Strom- und Wärmeerzeugung ▸ Stromübertragung und -verteilung ▸ Wasserwirtschaft	▸ Motoren und Generatoren ▸ Frequenzumrichter und Stromrichter ▸ Leistungselektronik ▸ Robotik ▸ Speicherprogrammierbare Steuerungen	▸ Elektroinstallationstechnik ▸ Energie-Verteilersysteme ▸ Installationsgeräte, Schalt- und Steuerungstechnik ▸ Schaltanlagensysteme	▸ Produkte und Service ▸ Komplettlösungen für Industrien

sowie von Power One, des zum Zeitpunkt der Übernahme im Jahre 2013 weltweit zweitgrößten Anbieters von Photovoltaik-Wechselrichtern mit fast 3.500 Mitarbeitern. Diese vier großen Akquisitionen wurden alle in den USA getätigt und festigten die Orientierung von ABB auf Hogans Herkunftsland (vgl. Gygi 2013). Mit der Wachstumsstrategie der Unternehmung ging eine erneute Reorganisation in nunmehr fünf Geschäftsfelder einher (vgl. Abb. 5-31).

Trotz seiner erfolgreichen Tägigkeit und einem Gewinn- und Umsatzwachstum, das in vielen Bereichen dasjenige der direkten Rivalen Siemens und Philips übertraf, kündigte Hogan im Mai 2013 überraschend seinen Rücktritt an, um mit seiner Familie in die USA zurück zu ziehen. Zu seinem Nachfolger wurde am 15. September 2013 Ulrich Spiesshofer berufen, der vor seinem Eintritt in die Unternehmung 2005 14 Jahre als Berater bei Roland Berger Strategy Consultants und A. T. Kearney tätig war.

5.5.3 Fazit und Ausblick

Wohl kaum eine andere Unternehmung hatte in den letzten Jahren so viele grundlegende Organisations- und Führungswechsel zu verzeichnen wie ABB. Vom »tanzenden Riesen« (Barham/Heimer 1999) wurde ABB in wenigen Jahren zum Sanierungsfall, der weder bei den Mitarbeitern noch bei den Kunden Vertrauen genoss. Auch wenn ABB seit der Interimsführung von Jürgen Dormann wieder profitabel ist, wird die Unternehmung wahrscheinlich noch lange »ohne den Glanz früherer Zeiten« (Mrusek 2002) auskommen müssen.

Kritik an Barnevik

Besonders scharfe Kritik wird an dem einst hoch gelobten früheren Vorstandsvorsitzenden Percy Barnevik geübt. »Heute wissen wir«, so Dormann (zit. nach Schmitt/Werres 2002, S. 54), »dass über einen zu langen Zeitraum zu viel Einfluss auf eine Person konzentriert war.« Vorgeworfen wird Barnevik nicht nur der Kauf zahlreicher Unternehmungen, die nicht zu den Kernkompetenzen von ABB passten, sondern vor allem die Einführung einer Matrixstruktur, deren organisatorische Komplexität kaum zu handhaben ist. Für massive Proteste sorgte zudem die Zahlung von Ruhegeldern in Höhe von 233 Mio. Schweizer Franken, die Barnevik und seinem Nachfolger Lindahl, nach einer »ungenügenden Zustimmungsprozedur« (Dormann, zit. nach Rudzio 2003) gewährt wurden. Inzwischen haben die beiden früheren Vorstandsvorsitzenden die Hälfte dieser Summe zurückgezahlt. Dennoch ist Barnevik nach Aussage des schwedischen Industriellen und Bankiers Marcus Wallenberg, dessen Familie einer der größten Anteilseigner von ABB ist, »von einem der am meisten gefeierten Konzernchefs der Welt (...) zu einem Mann geworden, der jetzt sogar von Unternehmen gedemütigt werden kann, die er selbst geschaffen hat« (zit. nach o. V. 2002c).

Fraglich ist jedoch, ob Barnevik allein Schuld an der existentiellen Krise der Unternehmung hatte. Seit der Fusion von ABB gingen mit jedem Wechsel an der Spitze der Unternehmung tief greifende Veränderungen der Organisationsstruktur einher, die in immer kürzeren Abständen aufeinanderfolgten und sowohl Mitarbeiter als auch Kunden stark verunsicherten. Von Analysten wurde deshalb die provokante Frage gestellt, ob »der Konzern die Orientierung verloren (hat)? Gleicht der ABB-Managementprozess einem schmerzlichen Suchprozess, bei dem laufend Konzepte und Köpfe wechseln?« (o. V. 2002a). Entsprechend sah Dormann die Hauptaufgabe seiner Amtszeit darin, verlorenes Vertrauen wieder zu finden. »Unsere Technologien haben einen hervorragenden Ruf, wir haben eine starke Marktposition (...). ABB kann (aber) nur überleben, wenn Kunden und Mitarbeiter Vertrauen in dieses Unternehmen haben« (zit. nach Ruess 2003, S. 52).

Aufgaben zu 5.5

1. *Seit der Gründung der Unternehmung hat sich die Organisationsstruktur von ABB vielfach erheblich gewandelt. Ist dieser Wandel Ihrer Auffassung nach eher durch einen Kontingenzansatz oder einen Konsistenzansatz geprägt?*
2. *Welche prozessualen Gestaltungsinstrumente sind für die unterschiedlichen Formen der Strukturorganisation von ABB kennzeichnend?*
3. *Welche Gründe waren Ihrer Auffassung nach dafür verantwortlich, dass sich die Anfang der neunziger Jahre sehr erfolgreiche Matrixstruktur später als ineffizient erwies?*
4. *Während der Amtszeit von Percy Barnevik wurde ABB vielfach als Prototyp eines transnationalen Netzwerks bezeichnet? Welche der Ihnen bekannten Merkmale lassen sich wiederfinden?*
5. *Percy Barnevik wird heute vorgeworfen, über einen zu langen Zeitraum zu viel Einfluss auf ABB besessen zu haben. Wie beurteilen Sie in diesem Zusammenhang, dass Jürgen Dormann bis zum Beginn des Jahres 2005 sowohl die Position des Vorstandsvorsitzenden als auch des Verwaltungsratspräsidenten von ABB ausübte?*
6. *Wie beurteilen Sie die Ablösung von Fred Kindle durch Joseph Hogan und den damit verbundenen Strategiewechsel?*
7. *Worin sehen Sie die wichtigsten Aufgaben für den neuen Vorstandsvorsitzenden Ulrich Spiesshofer?*

Literatur zu 5.5

ABB: Göran Lindahl new President and CEO of ABB, Percy Barnevik remains Chairman. Pressemitteilung, 10.10.1996.

ABB: Jörgen Centerman new ABB President and CEO. Pressemitteilung, 25.10.2000.

ABB: ABB realigns organization around customers. Pressemitteilung, 11.1.2001.

ABB: ABB acts to lower costs base after weak Q3. Pressemitteilung, 23.10.2002.

ABB: Geschäftsbericht 2002. Zürich 2003.

ABB: Annual Report 2004. Zürich 2005.

ABB: Annual Report 2008. Zürich 2009.

ABB: The ABB Group Annual Report 2013. Zürich 2014.

Achtenhagen, L.: Coordination in New Forms of Organising. An Empirical Study. Bamberg 2001, zugl. Diss., St. Gallen 2000.

Amann, W.: ABB (A): Corporate Governance during a Turnaround. Case Study, IMD-3-1471, Lausanne 2004 (a).

Amann, W.: ABB (C): The Strategy Committee in Action. Case Study, IMD-3-1473, Lausanne 2004 (b).

Balzer, A./Student, D.: Hubertus von Grünberg: »Ich will nur lernen«. In: Manager Magazin, 4, 2008, S. 62–68, http://www.manager-magazin.de/magazin/artikel/0,2828,544023-6,00.html.

Barham, K./Heimer, C.: ABB – Der tanzende Riese: Von der Fusion zum erfolgreichen Global Player. Wiesbaden 1999.

Bartlett, C. A.: ABB's Relays Business: Building and Managing A Global Matrix. Case Study. In: Transnational Management. Texts, Cases, and Readings in Cross-Border Management, hrsg. v. C. A. Bartlett u. S. Ghoshal. 3. Aufl., Boston, Mass. et al. 2000, S. 820–836.

Bélanger, J./Berggren, C./Björkman, T./Köhler, C. (Hrsg.): Being Local Worldwide. ABB and the Challenge of Global Management. Ithaca/London 1999.

Berggren, C.: Building a truly Global Organization? ABB and the Problems of Integrating a Multi-domestic Enterprise. In: Scandinavian Journal of Management, Vol. 12, 2, 1996, S. 123–137.

Björkman, T.: ABB and the Restructuring of the Electrotechnical Industry. In: Being Local Worldwide. ABB and the Challenge of Global Management, hrsg. v. J. Bélanger, C. Berggren, T. Björkman u. C. Köhler. Ithaca/London 1999, S. 16–35.

Brege, S./Brandes, O.: The Successful Double Turnaround of ASEA and ABB. Twenty-one Lessons. In: Journal of Strategic Change, Vol. 2, 1993, S. 185–205.

Brehmer, P.-O./Rehme, J.: Proactive and Reactive: Drivers for Key Account Management Programmes. In: European Journal of Marketing, Vol. 43, 7/8, 2009, S. 961–984.

Catrina, W.: BBC: Glanz, Krise, Fusion. Zürich 1991.

Catrina, W.: ABB: Die verratene Vision. 2. Aufl., Zürich 2003.

Gygi, B.: ABB vor der Nachfolgefrage. Rücktritt des ABB-Konzernchefs Joe Hogan. In: Neue Zürcher Zeitung, 11.5.2013, http://www.nzz.ch/aktuell/wirtschaft/wirtschaftsnachrichten/ruecktritt-des-abb-konzernchefs-joe-hogan-1.18079357.

Hässig, L.: ABB will Barneviks heilige Kuh schlachten. In: Sonntagszeitung, 28.6.1998, S. 78.

Hirsch-Kreinsen, H.: Organisation und Koordination eines transnationalen Unternehmensnetzwerks. In: Globale Industriearbeit. Arbeitsorganisation und Kooperation in Produktionsnetzwerken, hrsg. v. M. v. Behr u. H. Hirsch-Kreinsen. Frankfurt a. M./New York 1998, S. 37–62.

Jenewein, W./Morhart, F.: Wie Jürgen Dormann ABB rettete. In: Harvard Business Manager, 9, 2007, S. 2–10.

Kets de Vries, M.: Organizations on the Couch: Clinical Perspectives on Organizational Behavior and Change. San Francisco/Oxford 1991.

Kets de Vries, M.: Leaders Who Make the Difference. In: EMJ, Vol. 5, 10, 1996, S. 486–493.

von Koerber, E.: Globales Management – das Beispiel ABB. In: Globalisierung der Wirtschaft: Konsequenzen für Arbeit, Technik und Umwelt, hrsg. v. U. Steger. Berlin et al. 1996, S. 237–244.

Mrusek, K.: Dormanns Meisterprüfung. In: Frankfurter Allgemeine Zeitung, 25.10.2002, S. 10.

Mulligan, R. M.: ABB. Strategic Rise, Decline and Renewal (1988–2008). Case Study, Richmond University, 308-329-1. London 2008.

o. V.: Der schmerzliche Suchprozess des Konzerns nimmt kein Ende. In: Frankfurter Allgemeine Zeitung, 208, 7.9.2002 (a), S. 14.

o. V.: ABB will die Kosten noch einschneidender senken. In: Frankfurter Allgemeine Zeitung, 248, 25.10.2002 (b), S. 14.

o. V.: Percy Barnevik. Das Ende einer Legende? In: manager-magazin.de, 14.2.2002 (c), http://www.manager-magazin.de/koepfe/artikel/0,2828,182365,00.html.

o. V.: Rücktritt. ABB-Chef Kindle wirft wegen Führungsdifferenzen das Handtuch. In: Wirtschaftswoche, 13.2.2008 (a), http://www.wiwo.de/unternehmen-maerkte/abb-chef-kindle-wirft-wegen-fuehrungsdifferenzen-das-handtuch-265656/.

o. V.: ABB: Kindle-Nachfolger gefunden. In: manager-magazin.de, 17.7.2008 (b), http://www.manager-magazin.de/koepfe/personalien/0,2828,566379,00.html.

Osterloh, M./Weibel, A.: Handlungsspielräume eines multinationalen Unternehmens. Das Beispiel ABB. In: Globalisierung der industriellen Produktion: Strategien und Strukturen, hrsg. v. P. Meil. Frankfurt a. M./New York 1996, S. 123–148.

Prahalad, C. K./Doz, Y. L.: The Multinational Mission. Balancing Local Demands and Global Visions. New York 1987.

Rudzio. K.: Zu schnell für den Erfolg. In: Die Zeit, 19, 30.4.2003, S. 24.

Ruess, A.: »Das ist keine Einmannshow«. In: Wirtschaftswoche, 15, 3.4. 2003, S. 50–53.

Schmitt, J./Werres, T.: ABB. Sicherung durchgebrannt. In: Manager Magazin, 7, 2002, S. 52–60.

Simons, R.: Asea Brown Boveri: The ABACUS System. Case Study, Harvard Business School, 9-192-140, 2. Aufl., 8.8.1994.

Simons, R./Bartlett, C. A.: Asea Brown Boveri. In: Transnational Management. Texts, Cases, and Readings in Cross-Border Management, hrsg. v. C. A. Bartlett u. S. Ghoshal. 3. Aufl., Boston, Mass. et al. 2000, S. 800–810.

SMUV Gewerkschaft Industrie, Gewerbe, Dienstleistungen (Hrsg.): ABB: Ein Konzern im permanenten Wandel. Analyse der organisatorischen Neuausrichtung des ABB-Konzerns. Bern 2001, http://www.smuv.ch/statisch/files/abb.pdf (14.5.2003).

Söderlund, J./Tell, F.: The P-form Organization and the Dynamics of Project Competence. Project Epochs in Asea/ABB, 1950–2000. In: International Journal of Project Management, Vol. 27, 2, 2009, S. 101–112.

Taylor, W.: The Logic of Global Business: An Interview with ABB's Percy Barnevik. In: HBR, Vol. 69, 2, 1991, S. 91–105.

Werres, T.: Züricher Mission. In: Manager Magazin, 6, 2004, S. 100–107.

6 Personalmanagement in international tätigen Unternehmungen

Ähnlich wie im nationalen Kontext ist auch das Internationale Personalmanagement durch einen Wandel von einer nachgeordneten Implementierungsfunktion zu einer zentralen Wertschöpfungs- und Koordinationsfunktion gekennzeichnet. Dabei ist dieses jedoch durch eine Intensivierung und Erweiterung der personalpolitischen Funktionen, eine erhöhte Umweltabhängigkeit, einen stärkeren Einfluss auf die Privatsphäre der Mitarbeiter sowie ein höheres Risiko gekennzeichnet (vgl. Dowling 1988). Im Vergleich zu den anderen Managementfunktionen wird der internationale Transfer von Instrumenten des Personalmanagement zudem in einem besonderen Maße durch unterschiedliche nationale Bedingungen erschwert. Das Internationale Personalmanagement stellt deshalb in vielen Unternehmungen diejenige Managementfunktion dar, deren effiziente Handhabung die größten Herausforderungen beinhaltet.

Im Folgenden werden entsprechend dem in Kapitel 2.2 dargelegten Bezugsrahmen des Internationalen Management die zentralen Aspekte des Personalmanagement international tätiger Unternehmungen zunächst aus einer atomistischen und anschließend aus einer holistischen Perspektive betrachtet. Im ersten Abschnitt wird dabei zwischen der Beschäftigung von Gastlandmitarbeitern und der Entsendung von Stammhausdelegierten differenziert. Die Darstellung des ersten Teilaspekts ist dem in der wissenschaftlichen Literatur zunehmend verbreiteten Verständnis des Personalmanagement als Führungsfunktion entsprechend auf Personalmotivation, Personalführung und Personalentwicklung beschränkt (vgl. Staehle 1999, S. 815 ff.), während auf eher operative Aspekte des Internationalen Personalmanagement (Personalbedarfsplanung, Personalbeschaffung, Personaleinsatz, Personalfreisetzung, u. a.) nicht näher eingegangen wird (vgl. z. B. Briscoe/Schuler/Tarique 2011; Festing et al. 2011; Harzing/Pinnington 2014).

6.1 Personalmanagement in ausländischen Tochtergesellschaften

6.1.1 Motivation, Führung und Entwicklung von Gastlandmitarbeitern

6.1.1.1 Personalmotivation

In der wissenschaftlichen Literatur herrscht weitgehende Einigkeit darüber, dass die Motivationswirkung von Anreizen in einem hohen Maße kulturgebunden ist. Empirische Untersuchungen weisen z. B. nahezu übereinstimmend darauf hin, dass die von Maslow unterstellte Bedürfnishierarchie, die vielfach die Gestaltung des Anreizsystems stark prägt, interkulturell nicht übertragbar ist. So kommt z. B. den sozialen

Bedürfnissen in vielen asiatischen Ländern eine größere Bedeutung zu als dem Bedürfnis nach Selbstverwirklichung (vgl. den Überblick bei von Keller 1982, S. 374 ff.). Adler/Gundersen (2008, S. 186) bemerken deshalb: »Human needs may well include fundamental or universal aspects, but their importance and the ways in which they express themselves differ across cultures.«

Dimensionen der Kultur nach Hofstede

Der Zusammenhang zwischen der kulturellen Prägung von Mitarbeitern und deren Arbeitsmotivation wurde insbesondere in der Studie von Hofstede (1980; 2001) untersucht, die eine der herausragenden empirischen Untersuchungen im Bereich der Interkulturellen Managementforschung darstellt. Hofstede legte 1968 und 1972 116.000 Mitarbeitern von Tochtergesellschaften des IBM-Konzerns in 72 Ländern standardisierte Fragebögen vor, mit denen der Einfluss kulturell bedingter Normen und Werte auf die Unternehmungsführung untersucht werden sollte. Eine erste Auswertung der Daten erfolgte für die 40 größten Tochtergesellschaften, die jeweils mindestens 50 Mitarbeiter hatten. Die Anzahl der Länder wurde später um 10 erweitert, während 14 weitere Länder zu den drei Ländergruppen »Ostafrika«, »Westafrika« und »arabischsprachige Länder« zusammengefasst wurden, sodass Daten zu 53 Ländern und Regionen der Welt vorliegen. Auf der Grundlage eines etischen Forschungsansatzes (vgl. Kap. 2.1.1) wurden zunächst vier Dimensionen ermittelt, die in einer späteren Studie asiatischer Kulturen um eine weitere Dimension ergänzt wurden (vgl. Hofstede/Bond (1988). Auf der Grundlage der *World Values Survey* haben Hofstede/Hofstede/Minkov (2010) das Konzept nochmals ergänzt, sodass insgesamt sechs *Dimensionen der Kultur* unterschieden werden können:

Machtdistanz

- Die *Machtdistanz (power distance)* bezeichnet das Ausmaß, in dem eine Gesellschaft erwartet und akzeptiert, dass Macht in Organisationen ungleich verteilt ist. Während Führungskräfte in Kulturen mit niedriger Machtdistanz ihre Mitarbeiter konsultieren und diese auf Entscheidungen Einfluss nehmen können, werden hierarchische Ordnungen in Kulturen mit hoher Machtdistanz unbefragt akzeptiert. Zwischen den Angehörigen unterschiedlicher Hierarchieebenen herrscht eine ausgeprägte Differenzierung des beruflichen und privaten Status vor.

Unsicherheitsvermeidung

- Als *Unsicherheitsvermeidung (uncertainty avoidance)* wird das Ausmaß bezeichnet, in dem eine Gesellschaft sich durch unsichere, mehrdeutige Situationen bedroht fühlt, und wie sie versucht, solche Situationen durch formale Regeln und Vorschriften zu vermeiden. Kulturen mit einer starken Tendenz zur Unsicherheitsvermeidung zeichnen sich durch starre Glaubens- und Verhaltensrichtlinien und ein ausgeprägtes emotionales Bedürfnis nach formalen Vorschriften aus. Weitere Kennzeichen sind langfristige Karriereplanungen und eine vielfach lebenslange Beschäftigung bei einem einzigen Arbeitgeber. In Gesellschaften mit einer schwachen Tendenz zur Unsicherheitsvermeidung herrscht dagegen eine höhere Toleranz gegenüber Abweichungen vor. Der Umgang mit Problemen ist durch Gelassenheit und Bequemlichkeit sowie eine geringe Stressneigung gekennzeichnet.

Individualismus

- *Individualismus (individualism)* kennzeichnet das Ausmaß, in dem in einer Gesellschaft Eigeninteressen und das Bedürfnis nach Selbstverwirklichung betont werden. Soziale Beziehungen sind zweckorientiert und am Ideal der Chancengleichheit orientiert. Kollektivistische Kulturen zeichnen sich dagegen durch ein ausgeprägtes »Wir-Bewusstsein« und unterschiedliche Wertvorstellungen für

Gruppenmitglieder und Außenstehende aus. Zwischenmenschliche Beziehungen und die Fürsorge für Gruppenmitglieder besitzen eine größere Bedeutung als die möglichst rationale Erfüllung von Aufgaben. Verstöße gegen gesellschaftliche Regeln werden moralisch (Scham) und weniger juristisch (Schuld) sanktioniert.

Maskulinität

- Als *Maskulinität (masculinity)* wird das Ausmaß bezeichnet, in dem in einer Gesellschaft materielle Werte verfolgt und das Leistungsprinzip betont werden. Konflikte werden offen angesprochen und ausgetragen. Feminine Kulturen sind dagegen durch die Betonung einer hohen Lebensqualität und die Bedeutung zwischenmenschlicher Beziehungen geprägt. Zusammenarbeit und Solidarität besitzen einen höheren Stellenwert als beruflicher Aufstieg und Konkurrenz.

Langfristige Orientierung

- Die *langfristige Orientierung (long-term orientation)*, die vielfach auch als konfuzianische Dimension bezeichnet wird, drückt das Ausmaß aus, in dem in einer Gesellschaft langfristige Planungen angestellt werden. Langfristig orientierte Kulturen zeichnen sich durch Ausdauer und Beharrlichkeit bei der Verfolgung von Zielen sowie eine große Bedeutung von Traditionen aus. Demgegenüber herrscht in kurzfristig orientierten Kulturen die Erwartung kurzfristiger Gewinne vor. Entsprechend ist die Konsumneigung hoch und die Spartätigkeit gering. Traditionen werden flexibel an neue Gegebenheiten angepasst.

Nachgiebigkeit vs. Beherrschung

- Die Dimension *Nachgiebigkeit vs. Beherrschung (indulgence vs. restraint)* misst die Fähigkeit einer Kultur, die unmittelbaren Bedürfnisse und persönlichen Wünsche ihrer Mitglieder zu befriedigen. Kulturen, die großen Wert auf Beherrschung legen, haben strenge soziale Regeln, die die Befriedigung von Bedürfnissen regulieren. Nachgiebigkeit betont dagegen die Bedeutung von Selbstverwirklichung sowie von Muße und Genuss.

Die von Hofstede ermittelten Werte für die einzelnen Dimensionen sind in Tab. 6-1 aufgeführt, wobei für die Dimensionen »langfristige Orientierung« und »Nachgiebigkeit« nicht für alle Länder Werte vorliegen.

Zusammenhänge zwischen Kultur und Arbeitsmotivation

Legt man die von Hofstede ermittelten sechs Kulturdimensionen zugrunde, so lassen sich folgende *Zusammenhänge zwischen Kultur und Arbeitsmotivation* festhalten (vgl. Chiang 2005; Chiang/Birtch 2005):

- In *kollektivistisch* orientierten Ländern kommt den sozialen Bedürfnissen und den Wertschätzungsbedürfnissen vielfach eine größere Bedeutung als dem Bedürfnis nach Selbstverwirklichung zu. Entsprechend wird dort der Mitarbeit in Arbeitsgruppen und gruppenorientierten Beurteilungskriterien eine hohe Wertigkeit zugesprochen, während in individualistisch orientierten Ländern die betrieblichen Aufstiegsmöglichkeiten sowie individuelle Leistungslöhne eine hohe Leistungs- und Zufriedenheitswirkung besitzen.
- In Kulturen, die sich durch ein starkes Bedürfnis nach *Unsicherheitsvermeidung* auszeichnen, kommt vor allem Arbeitsplatzgarantien, der stressreduzierenden Mitarbeit in Arbeitsgruppen und anforderungsabhängigen Löhnen eine hohe Anreizfunktion zu, während in Kulturen, in denen dieses Bedürfnis nur schwach ausgeprägt ist, individuelle Gestaltungsspielräume eine hohe Wertigkeit besitzen.
- Die relativen Einkommensunterschiede zwischen einzelnen hierarchischen Ebenen sind empirischen Untersuchungen zufolge vor allem auf Unterschiede in der

Tab. 6-1

Ausprägungen der sechs Kulturdimensionen nach Hofstede (2001, S. 500 ff.) und Hofstede/Hofstede/Minkov (2010)

Dimensionen Länder	Macht-distanz	Unsicherheits-vermeidung	Individua-lismus	Maskulinität	langfristige Orientierung	Nach-giebigkeit
Arabische Länder	80	68	38	53	23	34
Argentinien	49	86	46	56	20	62
Australien	36	51	90	61	21	71
Belgien	65	94	75	54	82	57
Brasilien	69	76	38	49	44	59
Chile	63	86	23	28	31	38
China	80	30	20	66	87	24
Costa Rica	35	86	15	21	–	–
Dänemark	18	23	74	16	37	70
Deutschland	35	65	67	66	83	40
Ecuador	78	67	8	63	–	–
El Salvador	66	94	19	40	20	89
Finnland	33	59	63	26	38	57
Frankreich	68	86	71	43	63	48
Griechenland	60	112	35	57	45	50
Großbritannien	35	35	89	66	51	69
Guatemala	95	101	6	37	–	–
Hongkong	68	29	25	57	61	17
Indien	77	40	48	56	51	26
Indonesien	78	48	14	46	62	38
Iran	58	59	41	43	14	40
Irland	28	35	70	68	24	65
Israel	13	81	54	47	38	–
Italien	50	75	76	70	61	30
Jamaika	45	13	39	68	–	–
Japan	54	92	46	95	88	42
Kanada	39	48	80	52	36	68
Kolumbien	67	80	13	64	13	83
Luxemburg	40	40	60	50	64	56
Malaysia	104	36	26	50	41	57
Mexiko	81	82	30	69	24	97
Neuseeland	22	49	79	58	33	75
Niederlande	38	53	80	14	67	68

Tab. 6-1

Ausprägungen der sechs Kulturdimensionen nach Hofstede (2001, S. 500ff.) und Hofstede/Hofstede/Minkov (2010): Fortsetzung

Dimensionen Länder	Machtdistanz	Unsicherheitsvermeidung	Individualismus	Maskulinität	langfristige Orientierung	Nachgiebigkeit
Norwegen	31	50	69	8	35	55
Ostafrika	64	52	27	41	32	40
Österreich	11	70	55	79	60	63
Pakistan	55	70	14	50	50	0
Panama	95	86	11	44	–	–
Peru	64	87	16	42	25	46
Philippinen	94	44	32	64	27	42
Polen	68	93	60	64	38	29
Portugal	63	104	27	31	28	33
Russland	93	95	39	36	81	20
Schweden	31	29	71	5	53	78
Schweiz	34	58	68	70	74	66
Singapur	74	8	20	48	72	46
Slowakei	104	51	52	110	77	28
Spanien	57	86	51	42	48	44
Südafrika	49	49	65	66	-	-
Südkorea	60	85	18	39	100	29
Taiwan	58	69	17	45	93	49
Thailand	64	64	20	34	32	45
Tschechien	57	74	58	57	70	29
Türkei	66	85	37	45	46	49
Uruguay	61	100	36	38	26	53
USA	40	46	91	62	26	68
Venezuela	81	76	12	73	16	100
Vietnam	70	30	20	40	57	35
Westafrika	77	54	20	46	9	78

Machtdistanz zurückzuführen. Während in Ländern mit einer hohen Machtdistanz wie z. B. Italien oder Portugal relativ große Einkommensunterschiede zu beobachten sind, sind diese Unterschiede in Ländern mit einer geringen Machtdistanz wie z. B. Schweden oder Norwegen relativ gering. Eine Ausnahme bilden die USA, in denen die Machtdistanz gering, die Einkommensunterschiede zwischen den hierarchischen Ebenen dagegen zu den höchsten in der Welt zählen.

- Der in einer Kultur vorherrschende Grad an *Maskulinität* wirkt sich vor allem auf die präferierte Anreizform aus. Während in maskulinen Kulturen monetäre Anreize und betriebliche Statussymbole (Dienstwagen, Größe des Büros, Spesenkonto, u. a.) eine hohe Wertigkeit besitzen, werden in femininen Kulturen eher Sozialleistungen, flexible Arbeitszeiten oder ein anregender Arbeitsinhalt präferiert.
- In Kulturen, in denen eine *langfristige Orientierung* vorherrscht, kommt der Personalentwicklung und einer an langfristigen Kriterien orientierten Entgeltpolitik eine hohe Leistungs- und Zufriedenheitswirkung zu, während kurzfristige und in einem hohen Maß flexible Leistungsanreize nur eine geringe Effizienz aufweisen.
- In Kulturen mit einem hohen Ausmaß an *Nachgiebigkeit* wird schließlich der persönlichen Entfaltung, den sozialen Beziehungen am Arbeitsplatz sowie der Work-Life-Balance eine große Bedeutung zugemessen. Kulturen, die großen Wert auf Beherrschung legen, präferieren dagegen klar definierte organisatorische Regeln und Abläufe. Individuelle Entscheidungs- und Handlungsspielräume haben dagegen nur eine geringe Wertigkeit.

Kritik und Weiterentwicklungen

Bei der Ableitung von Handlungsempfehlungen zur Gestaltung des betrieblichen Anreizsystems auf der Basis der Untersuchung von Hofstede muss berücksichtigt werden, dass Replikationsstudien *sowohl zu übereinstimmenden als auch zu teilweise stark abweichenden Ergebnissen* hinsichtlich der Ausprägung der sechs Kulturdimensionen kommen (vgl. z. B. Punnett/Withane 1990; Søndergaard 1994; McSweeney 2002). Die Untersuchung von Hofstede betrachtet mit den in einem Land vorherrschenden Werten zudem nur die zweite der von Schein (1984) entwickelten Kulturebenen, während sowohl die unsichtbaren und zumeist unbewussten Basisannahmen als auch die sichtbaren Symbolsysteme unberücksichtigt bleiben. Zudem muss bezweifelt werden, ob eine hoch standardisierte Fragebogenerhebung auf dieser Ebene tiefere Einsichten in die kulturelle Verankerung des Handelns von Managern zu vermitteln vermag (vgl. Dülfer/Jöstingmeier 2008, S. 254 ff.).

Ein weiterer Kritikpunkt an der Untersuchung von Hofstede ist, dass diese lediglich in einer einzigen Unternehmung (IBM) durchgeführt wurde. Hofstede sieht dies zwar gerade als Vorteil der Untersuchung an, da dadurch viele andere mögliche Einflussfaktoren auf die Einstellungen und Werthaltungen der Befragten konstant gehalten werden. Es ist jedoch fraglich, ob die Mitarbeiter von IBM typische Vertreter ihrer jeweiligen Landeskulturen sind.

Vor allem aber wird kritisiert, dass Hofstede Länder und nicht Kulturen analysiert, deren Grenzen häufig nicht mit Ländergrenzen übereinstimmen. So gibt es sowohl multikulturelle Länder wie die Schweiz, Indien, Südafrika oder Russland als auch länderübergreifende Kulturen wie die der Chinesen, Kurden oder Armenier. Schließlich sind die Daten für die Untersuchung vor mehr als 30 Jahren erhoben worden, sodass fundamentale Veränderungen wie der in den westlichen Industrieländern zu beobachtende Wertewandel von materialistischen zu post-materialistischen Werten (vgl. Inglehart 1998), die Konvergenz von Kulturen durch wachsende ökonomische Verflechtungen (Globalisierung) oder die kulturelle Ausdifferenzierung der mittel- und osteuropäischen Staaten (vgl. Holtbrügge 1995, S. 68 ff.) nicht berücksichtigt werden. Trotz dieser Kritik kommt der Untersuchung vor allem wegen der vorgenommenen Quantifizierung von Kulturdimensionen eine zentrale Bedeutung sowohl für die Internationale Managementforschung als auch für die Unternehmungspraxis zu. Viele spätere Untersuchungen wie etwa die GLOBE-Studie greifen deshalb auf die Dimensionen von Hofstede zurück (vgl. House et al. 2004).

Ökonomische Bedingungen

Im Rahmen der Motivation von Mitarbeitern müssen neben kulturellen Faktoren auch die *ökonomischen Bedingungen* des jeweiligen Gastlandes berücksichtigt werden. Besonders offensichtlich ist der Einfluss der Inflationsrate auf die Entgeltpolitik, die sich sowohl auf die Entgeltberechnung als auch auf die Wahl der Entgeltform auswirkt. Bei einer hohen Inflationsrate sowie in Ländern, in denen Geld aufgrund fehlender marktwirtschaftlicher Preisbildungsmechanismen seine Funktion als Zahlungsmittel weitgehend eingebüßt hat und die Allokation knapper Güter über andere Verteilungsmechanismen wie persönliche Beziehungen, Privilegiensysteme oder Tauschhandel erfolgt, gewinnen nicht-monetäre Anreize wie Nutzungsgewährungen und Konsumvorteile eine hohe individuelle Wertigkeit. Darüber hinaus stellt auch das individuelle Wohlstands- und Einkommensniveau einen wichtigen Einflussfaktor auf die Entgeltpolitik dar. Während die motivationale und leistungssteigernde Wirkung des Arbeitseinkommens bei einem niedrigen Einkommensniveau hoch ist, nimmt dessen Grenznutzen mit steigendem Einkommensniveau ab und die Wertigkeit nichtmaterieller Anreize (Arbeitsinhalt, Gestaltung des Arbeitsplatzes, flexible Arbeitszeitgestaltung, Entwicklungsmöglichkeiten, u. a.) zu (vgl. Holtbrügge 1995, S. 221 f.).

Grenzüberschreitender Ressourcentransfer

Die Motivation von Gastlandmitarbeitern in ausländischen Tochtergesellschaften wird schließlich durch zahlreiche Faktoren beeinflusst, die sich aus der spezifischen Fähigkeit international operierender Unternehmungen zum *grenzüberschreitenden Ressourcentransfer* ergeben. Dabei entstehen vor allem dann gravierende Motivationsprobleme, wenn hierarchisch gleichwertige Positionen sowohl mit inländischen Mitarbeitern als auch mit entsandten Stammhausmitarbeitern besetzt sind, deren Gehalt sich am Gehaltsniveau in der Muttergesellschaft orientiert (*stammhausorientiertes Vergütungsmodell*). Insbesondere in Tochtergesellschaften in Transformations- und Entwicklungsländern verdienen Stammhausdelegierte dadurch teilweise ein Vielfaches ihrer inländischen Kollegen, wodurch Konflikte und Neid entstehen und eine kooperative Zusammenarbeit erschwert wird (vgl. Chen/Choi/Chi 2002; Toh/Denisi 2003). Als ungerecht empfundene Gehaltsunterschiede reduzieren zudem die Bereitschaft der inländischen Mitarbeiter, Wissen mit Auslandsentsandten zu teilen (vgl. Leung/Lin/Lu 2014). Da bei einer Entlohnung nach dem *gastlandorientierten Vergütungsmodell* kaum qualifizierte Fach- und Führungskräfte für eine Entsendung in Gastländer mit einem niedrigeren Gehaltsniveau zu motivieren sind und eine Anhebung der Gehälter der lokalen Führungskräfte auf das Niveau in der Muttergesellschaft der mit einer ausländischen Direktinvestition häufig angestrebten Ausnutzung von Lohnkostenvorteilen entgegensteht, kommt der Gewährung zusätzlicher nicht-monetärer und nicht-materieller Anreize an die inländischen Mitarbeiter häufig eine entscheidende Motivationsfunktion zu.

6.1.1.2 Personalführung

Kulturell geprägte Partizipationserwartungen

Die Frage, welcher Führungsstil unter bestimmten sozio-kulturellen Rahmenbedingungen der effizienteste ist, stellt einen zentralen Untersuchungsgegenstand der

Interkulturellen Managementforschung dar (vgl. Kap. 2.1.1). Eine Analyse von fast 200 implizit oder explizit kulturvergleichenden Untersuchungen von von Keller (1982, S. 520 f.) zeigt, dass die Effizienz unterschiedlicher Führungsstile in hohem Maße von den *kulturell geprägten Partizipationserwartungen* der unterstellten Mitarbeiter abhängig ist. Je geringer die subjektiv empfundene Diskrepanz zwischen den Partizipationserwartungen der untergeordneten Mitarbeiter und dem Führungsstil der vorgesetzten Führungskräfte ist, desto höher ist i. d. R. die Leistung und Zufriedenheit der Mitarbeiter (vgl. auch House et al. 2002).

Begründen lässt sich dies mit der allgemeinen Erkenntnis der Führungsforschung, dass Versuche der Verhaltensbeeinflussung durch Führungskräfte von den untergeordneten Mitarbeitern vor allem dann akzeptiert werden, wenn deren Erwartungen und Bedürfnisse im Rahmen des Führungsprozesses berücksichtigt werden (vgl. Holtbrügge 2013, S. 218 ff.; Scholz 2014, S. 1122 ff.). Führungskräfte, deren kulturell geprägte Rollenerwartungen und Verhaltensweisen sich stark von denen ihrer unterstellten Mitarbeiter unterscheiden, bewirken dagegen eine hohe subjektiv empfun-

Abb. 6-1

Auswirkungen unterschiedlicher kultureller Prägungen auf die Interkulturelle Personalführung

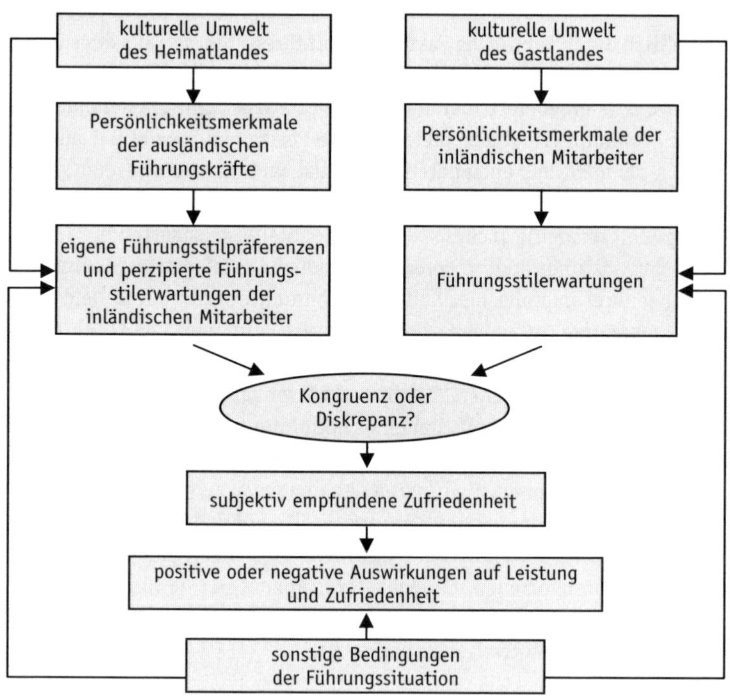

(Quelle: nach von Keller 1987, Sp. 1285 f.)

dene Führungsunzufriedenheit, die sich wiederum negativ auf die Arbeitsleistung und -zufriedenheit auswirkt (vgl. Abb. 6-1). Für die Leitung ausländischer Tochtergesellschaften bedeutet dies, solche Stammhausdelegierte auszuwählen, deren Führungsstilpräferenzen eine hohe Übereinstimmung mit den Führungsstilerwartungen der Mitarbeiter in dem jeweiligen Gastland aufweisen (vgl. Kap. 6.1.2.2.1) bzw. diese durch ein systematisches interkulturelles Training auf die spezifischen Anforderungen ihres Auslandseinsatzes vorzubereiten (vgl. Kap. 6.1.2.2.2).

Auswirkungen der Kultur auf den Führungsstil

Besonders intensiv hat sich die GLOBE-Studie mit den *Auswirkungen der Kultur auf den Führungsstil* auseinandergesetzt (vgl. Abb. 6-2). Danach zeichnen sich Mitarbeiter aus den meisten *protestantisch geprägten westlichen Industrieländern*, in denen ein starker Glaube an die Selbstbestimmtheit der menschlichen Existenz vorherrscht, durch hohe Partizipationserwartungen aus. Ein Beispiel dafür ist Deutschland, wo die Partizipation der Mitarbeiter im Mitbestimmungsrecht gesetzlich vorgeschrieben ist. In *traditionellen Gesellschaften*, die durch den Glauben an die Schicksalsbedingtheit des persönlichen Daseins geprägt sind, überwiegen dagegen autoritäre Führungsstilpräferenzen. Eigene Entscheidungen werden häufig als Last empfunden, die ihnen durch eine autoritäre Führung abgenommen wird. Dies gilt etwa für Indien, wo

Abb. 6-2

Führungsstilpräferenzen in unterschiedlichen Kulturen

	Länder	Führungsstilmerkmale
Partizipativer Führungsstil ↑	Kanada, Brasilien, Österreich Schweiz, USA, Finnland, Frankreich , Argentinien Dänemark, Niederlande, Australien, Deutschland	▸ Führung durch gemeinsame Entscheidungsvorbereitung ▸ Entscheidungs- und Führungsinstanzen durch formelle Normen am Machtmissbrauch weitgehend gehindert ▸ geringe Sicherheitsbedürfnisse bei den Unterstellten
	Irland, Südafrika, Großbritannien, Schweden, Portugal, Italien Philippinen, Singapur, Thailand, Nigeria, Malaysia, Türkei, Japan, China, Polen	▸ Führung überwiegend am Rat und der Meinung der Mitarbeiter interessiert/orientiert ▸ mittlerer Delegationsgrad ▸ Unterstellte erwarten keinen hohen Grad an Entscheidungsautonomie
↓ Autoritärer Führungsstil	Indien, Iran Südkorea, Venezuela, Hongkong, Taiwan Ägypten, Russland, Mexiko, Indonesien	▸ sehr geringer Delegationsgrad, zentralistische Entscheidungen ▸ Statussymbole und Privilegien für Führungskräfte sichtbar und legitim ▸ Autorität wird nicht hinterfragt, sondern akzeptiert ▸ kaum Informationen zwischen den Ebenen

(Quellen: Dorfman/Hamges/Brodbeck 2004, S. 713 ff. in Anlehnung an von Keller 1987, Sp. 1287 f.)

ein autoritärer Führungsstil mit einer ausgeprägten Fürsorgepflicht der Führungskräfte für ihre Mitarbeiter einhergeht.

Bei der Ableitung von Handlungsempfehlungen aus empirischen Studien zum Einfluss der Kultur auf die Führungsstilpräferenzen muss jedoch berücksichtigt werden, dass die Autoritätserwartung unterstellter Mitarbeiter nicht nur durch deren kulturelle Prägung, sondern auch durch Gewöhnung, mangelnde Qualifikation und das Menschenbild der Führungskräfte bedingt ist. Vor allem Führungskräfte aus westlichen Industrieländern, die Leitungspositionen in ausländischen Tochtergesellschaften in Entwicklungs- und Transformationsländern einnehmen, schätzen das Qualifikationsniveau ihrer inländischen Mitarbeiter häufig als gering ein. Sie gewähren diesen deshalb auch nur einen sehr geringen Handlungsspielraum und beteiligen diese nicht oder nur in einem geringen Ausmaß an betrieblichen Entscheidungen. Dadurch wird den inländischen Mitarbeitern jedoch die Möglichkeit zur Nutzung und Entwicklung ihrer Qualifikationen weitgehend genommen, sodass sich das pessimistische Menschenbild ihrer Vorgesetzten als *self-fulfilling prophecy* weiter verfestigt und Demokratisierungsbestrebungen behindert werden (vgl. Holtbrügge 1995, S. 239 f.).

Diversifizierte Arbeitsmärkte

Viele *Emerging Markets* sind zudem durch stark *diversifizierte Arbeitsmärkte* gekennzeichnet, die sowohl traditionsorientierte und wenig qualifizierte Mitarbeiter als auch hoch-qualifizierte Fachkräfte mit westlich geprägten Einstellungen umfassen. Holtbrügge/Friedmann (2011, S. 202) zitieren in diesem Zusammenhang den Geschäftsführer einer Tochtergesellschaft einer deutschen Unternehmung in Indien: »Bevor ich nach Indien gekommen bin, habe ich sehr viel über das Land gelesen und mich intensiv vorbereitet. Ich kannte mich gut im Kastensystem aus und habe meine Personalentscheidungen daran orientiert. Nach einiger Zeit habe ich dann festgestellt, dass gerade die besten Mitarbeiter das Unternehmen verlassen haben. Ich konnte mir das lange Zeit überhaupt nicht erklären, bis mich einer meiner Mitarbeiter darauf hingewiesen hat, dass viele gerade deshalb zu uns kommen, weil sie in einem deutschen Unternehmen eine partizipativen Führungsstil und leistungsorientierte Bezahlung erwarten. Wenn ich dann Entscheidungen treffe, die am Kastensystem orientiert sind, verschrecke ich genau diejenigen, die damit nichts mehr zu tun haben wollen. Ich habe dann genauso gehandelt, wie ich es auch in Deutschland getan hätte, und meine Mitarbeiter waren viel zufriedener.«

Intrakulturelle Unterschiede bei bestimmten Persönlichkeitsmerkmalen

Darüber hinaus legt insbesondere die postmoderne Theorie des Internationalen Management nahe, dass interkulturelle Unterschiede zunehmend durch *intrakulturelle Unterschiede bei bestimmten Persönlichkeitsmerkmalen* überlagert werden (vgl. Kap. 3.2.5). »Es gibt offenbar bestimmte funktions- und statusgebundene kulturübergreifende Persönlichkeitstypen (...). Personen, welche – in verschiedenen Kulturen – eine gleiche soziale Position einnehmen und daher den gleichen sozialen Verpflichtungen, Belastungen und dominierenden Einflüssen unterworfen sind, entwickeln in vielerlei Hinsicht ähnliche, typische Persönlichkeitsmerkmale und Verhaltensformen. So mögen sich die Manager in verschiedenen Kulturen in ihren Persönlichkeitsmerkmalen untereinander jeweils ähnlicher sein als den ›Grundpersönlichkeiten‹ ihrer jeweiligen Kultur« (von Keller 1982, S. 150).

6.1.1.3 Personalentwicklung

Weiterbildung

Wie im nationalen Rahmen kann auch bei der internationalen Personalentwicklung zwischen der Beförderungs- und Karriereplanung einerseits und der Weiterbildung andererseits unterschieden werden, wobei letztere sowohl ein Ziel in sich (Finalfunktion) als auch ein Mittel zur Verbesserung der Aufstiegsmöglichkeiten (Instrumentalfunktion) darstellt. Die Aufgaben und Problemfelder der Personalentwicklung in ausländischen Tochtergesellschaften reichen jedoch über diejenigen im nationalen Rahmen hinaus. Der *Weiterbildung* kommen neben der *Anpassung der Kenntnisse und Fähigkeiten* der Mitarbeiter an veränderte und steigende Anforderungen folgende zusätzliche *Funktionen* zu (vgl. Dülfer 1992, Sp. 1888 f.):

Funktionen

- *Informationsfunktion*: Die Gastlandmitarbeiter sollen mit der Geschichte, der Unternehmungspolitik und den zuständigen Führungskräften der Muttergesellschaft vertraut gemacht werden.
- *Integrationsfunktion*: Die Gastlandmitarbeiter sollen in die Unternehmungsstruktur integriert werden.
- *Kommunikationsfunktion*: Die Weiterbildung soll eine einheitliche und zugleich effiziente sprachliche Verständigung insbesondere zwischen Stammhausdelegierten und den Gastlandmitarbeitern ermöglichen.
- *Identifikationsfunktion*: Den Gastlandmitarbeitern soll das Gefühl der Zugehörigkeit zur Unternehmung vermittelt werden.
- *Motivationsfunktion*: Die Gastlandmitarbeiter sollen dazu motiviert werden, sich auch unabhängig von den jeweils gewährten (monetären) Anreizen in bewusster Weise für die Unternehmung einzusetzen.

Maßnahmen

Wie die Funktionen reichen auch die im Bereich der Weiterbildung von Gastlandmitarbeitern ausländischer Tochtergesellschaften zur Verfügung stehenden *Maßnahmen* über den nationalen Kontext hinaus. Hierzu zählt etwa die Entsendung von besonders förderungswürdigen Gastlandmitarbeitern zu mehrmonatigen Trainingsmaßnahmen in die Muttergesellschaft, wo diese deren Unternehmungskultur, Arbeitsorganisation und Organisationsstruktur sowie wichtige Entscheidungsträger kennen lernen sollen (vgl. Moeller/Harvey/Williams 2010; Gertsen/Søderberg 2012). Vor allem für Mitarbeiter aus Transformations- und Entwicklungsländern kommt derartigen Aufenthalten in der Muttergesellschaft eine große Entwicklungs- und Motivationsfunktion zu (vgl. Holtbrügge 1995, S. 183).

Lernpräferenzen

Empirische Untersuchungen weisen darauf hin, dass in unterschiedlichen Ländern unterschiedliche *Lernpräferenzen* vorherrschen (vgl. den Überblick in Holtbrügge/Mohr 2010). Diese lassen sich etwa mit Hilfe des *Learning Style Inventory-Modells* von Kolb (1984) systematisieren. Dessen Grundlage bildet die Annahme, dass das Lernen von Individuen als Prozess aufgefasst werden kann. Der Lernzyklus beginnt mit einem Erlebnis, durch das das Individuum einen ersten Eindruck von der Situation gewinnt. Dieser *konkreten Erfahrung* folgt ein rationaler Reflexionsprozess, in dem das eigene Verhalten abstrahiert und darüber nachgedacht wird, durch welche Handlungen angemessen auf die Situation reagiert werden kann (*reflektierende Beobachtung*). Dieses divergierende Denken mündet in eine konstruktive Phase, in der das Individuum ein gedankliches Modell der Realität entwickelt, mit dessen Hilfe es die

Wirkungen verschiedener Einflussfaktoren analysiert (*abstrakte Konzeptionalisierung*). Mit dem dadurch gewonnenen besseren Verständnis der Situation kann das Individuum die Auswirkungen alternativer Handlungen antizipieren. Das Ausprobieren einer Handlungsalternative gibt schließlich Aufschluss darüber, ob die Annahmen über die Realität richtig waren und die Situation in erwarteter Weise beeinflusst werden kann (*aktives Experimentieren*). Die dadurch gewonnenen konkreten Erfahrungen führen zu neuen Reflexionen, sodass der Lernzyklus erneut in Gang gesetzt wird und sich fortsetzt, bis eine zufrieden stellende Lösung gefunden wird.

Lernstiltypen nach Kolb

Den vier unterschiedlichen Phasen des Lernzyklus entsprechend, können vier *Lernstiltypen* unterschieden werden:

- Der Lernstil des *Reflektierers* zeichnet sich durch die Präferenz für konkrete Erfahrungen und reflektierendes Beobachten aus. Seine besondere Stärke ist das divergente Denken. Dieses befähigt ihn insbesondere dazu, eine konkrete Situation aus unterschiedlichen Perspektiven zu betrachten. Dieser Lernstil ist vor allem in Frankreich dominant (vgl. Barmeyer 2000).
- Der dominante Lernstil des *Theoretikers* ist durch eine Kombination aus reflektierender Beobachtung und abstrakter Konzeptionalisierung gekennzeichnet. Seine Stärke ist die Fähigkeit, durch die Verknüpfung verschiedener Beobachtungen zu schlüssigen Erklärungen für die Besonderheiten einer Situation zu kommen. Theoretiker sind insbesondere in Deutschland anzutreffen (vgl. Barmeyer 2000).
- *Pragmatiker* zeichnen sich durch die abstrakte Konzeptionalisierung und das aktive Experimentieren aus. Sie verstehen es vor allem, Wissen in hypothetisch-deduktiver Weise zu erfassen, sodass es leicht auf ein bestimmtes Problem fokussiert und zu dessen Lösung herangezogen werden kann. Dieser Lernstil ist vor allem für die USA sowie China und Indien kennzeichnend (vgl. McKee/Mock/Ruud 1992; Jaju/Kwak/Zinkhan 2002; Hanisch 2003).
- *Aktivisten* bevorzugen in Lernsituationen eine Kombination aus aktivem Experimentieren und konkreter Erfahrung. Dadurch sind sie besonders gut in der Lage, Pläne und Aufgaben zügig auszuführen und diese flexibel neuen Bedingungen anzupassen. Dieser Lernstil ist besonders häufig in Australien und China anzutreffen (vgl. McKee/Mock/Ruud 1992; Hanisch 2003).

Idealtypische Karrieremuster

Auch die *Beförderungs- und Karriereplanung* als zweiter Teilaspekt der Personalentwicklung weist zahlreiche kulturspezifische Besonderheiten auf. Evans/Lank/Farquhar (1989, S. 123 ff.) haben vier *idealtypische Karrieremuster* identifiziert, die unterschiedliche Entwicklungswege von Führungskräften kennzeichnen (vgl. Abb. 6-3). Diese Idealtypen müssen nicht zwangsläufig für alle Unternehmungen der jeweiligen Ländergruppe charakteristisch sein. So weisen Evans/Lank/Farquhar (1989, S. 124) darauf hin, dass viele amerikanische Unternehmungen dem romanischen Modell folgen, während in vielen europäischen Unternehmungen das japanische Modell anzutreffen ist:

Japanisches Modell

Im *japanischen Modell (elite cohort approach)* werden potenzielle Manager aus den besten Hochschulabsolventen eines Geburtsjahrgangs rekrutiert und während einer bis zu acht Jahre andauernden intensiven Trainings- und Betreuungsphase regelmäßig beurteilt. Von diesen Beurteilungen hängt ab, ob die Führungsnachwuchskraft

Abb. 6-3

Idealtypische Karrieremuster im internationalen Vergleich

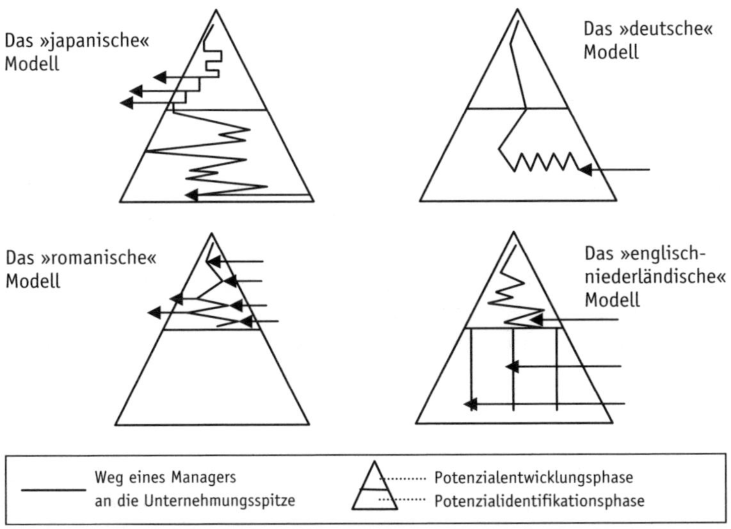

(Quelle: Evans/Lank/Farquhar 1989, S. 126 f.)

eine Hierarchieebene aufsteigt oder die Unternehmung verlassen muss (*up or out*). Während der Potenzialidentifikations- und entwicklungsphase findet ein systematischer Einsatz in fast allen Funktionsbereichen statt.

Romanisches Modell

Im Gegensatz zum japanischen Modell, in dem potenzielle Führungskräfte zunächst in unteren Hierarchieebenen eingesetzt werden, erfolgt der Einstieg im *romanischen Modell (elite political approach)* bereits auf einer mittleren bis hohen Hierarchieebene. Die Potenzialidentifikation findet z. B. in Frankreich nach der Personalauswahl an den Elitehochschulen (*grandes écoles*) direkt während der Einstiegsphase in der Unternehmung statt. Der weitere berufliche Aufstieg hängt neben der Bewährung in unterschiedlichen Funktionen insbesondere von der erfolgreichen Nutzung der zumeist bereits während des Studiums geknüpften Beziehungen ab. Zudem ist das Selbstmarketing wichtig.

Deutsches Modell

Im *deutschen Modell (functional approach)* findet die Potenzialidentifikation zumeist während eines ein bis zwei Jahre dauernden Traineeprogramms statt. Während für diese Phase ein funktionsübergreifender Einsatz typisch ist, basiert der Aufstieg in die obersten Führungsebenen vor allem auf der Entwicklung von Expertenwissen in einem eng abgegrenzten Funktionsbereich.

Englisch-niederländisches Modell

Das *englisch-niederländische Modell (managed development approach)* ist durch eine generalistische Perspektive bei der Personalrekrutierung und -entwicklung gekennzeichnet. Ohne die Konzentration auf spezielle Eliten werden Führungsnachwuchskräfte zwar für spezielle Funktionen ausgewählt, deren funktionsübergreifende Einsatzfähigkeit jedoch im Rahmen interner Assessment Center beurteilt. Der nach einer systematischen Test- und Entwicklungsphase von etwa sechs Jahren beginnende berufliche Aufstieg ist dann mit häufigen funktionsübergreifenden Positionswechseln verbunden.

6.1.2 Entsendung von Stammhausdelegierten

6.1.2.1 Bedeutung und Ziele

Ein zentraler Aspekt des Personalmanagement in ausländischen Tochtergesellschaften ist die personalpolitische Grundsatzentscheidung, ob eine vakante Stelle mit einem Stammhausdelegierten (ethnozentrische Besetzungspolitik), einem Gastlandmitarbeiter (polyzentrische Besetzungspolitik) oder nach länderübergreifenden Kriterien (geozentrische Besetzungspolitik) besetzt werden soll. Neben arbeitsrechtlichen und kontrollorientierten Fragen sind dabei vor allem Kosten-, Loyalitäts- und Motivationsaspekte zu berücksichtigen (vgl. Tab. 6-2).

Praktische Relevanz

Insbesondere in Entwicklungs- und Transformationsländern ist die Beschäftigung inländischer Mitarbeiter zumeist wesentlich kostengünstiger als die Entsendung von Stammhausdelegierten. Aus diesem Grund werden in den meisten Tochtergesellschaften nur die *besonders wichtigen Fach- und Führungspositionen* mit ausländischen Mitarbeitern besetzt, während die übrigen Stellen weitgehend von Gastlandangehörigen eingenommen werden. So kommt z. B. Wolf (1994, S. 163 ff.) in einer empirischen Studie zu dem Ergebnis, dass zwar 35,8 % der Geschäftsleitungspositionen in den von ihm untersuchten Unternehmungen mit Stammhausdelegierten besetzt sind, auf der zweiten hierarchischen Ebene dagegen nur noch 9,2 % und auf den darunter liegenden Ebenen sogar nur noch 3,7 % der Stellen.

Eine empirische Studie von Gong (2003) belegt, dass der Anteil der Stammhausdelegierten mit der *kulturellen Distanz* zwischen Mutter- und Tochtergesellschaft zunimmt. Das *Alter der Tochtergesellschaft* hat dagegen einen negativen Einfluss. Brock et al. (2008) kommen darüber hinaus zu dem Ergebnis, dass Fach- und Führungskräfte vor allem von Unternehmungen ins Ausland entsandt haben, die aus einem Heimatland mit einer *hohen Machtdistanz* stammen. Auch der Grad des *Individualismus* wirkt sich positiv auf die Zahl der Stammhausdelegierten aus.

Benson/Pérez-Nordtvedt/Datta (2009) weisen darauf hin, dass die Internsität von Auslandsentsendungen auch durch den *beruflichen Hintergrund der dafür verantwortlichen Führungskräfte* beeinflusst wird. Danach haben deren hierarchische Position, internationale Erfahrungen und Erfahrungen als Stammhausdelegierte einen positiven Einfluss auf die Entscheidung, andere Fach- und Führungskräfte ins Ausland zu entsenden.

Die Studie von Plourde/Parker/Schaan (2014) belegt, dass die Zahl der Stammhausdelegierten einen positiven Einfluss auf die Aufmerksamkeit hat, die die Muttergesellschaft dieser Tochtergesellschaft beimisst. Verstärkt wird dieser Zusammenhang noch durch das Umsatzwachstum in dieser Tochtergesellschaft und das Marktwachstum des Gastlands.

Tab. 6-2

Vor- und Nachteile einer ethno-, poly- und geozentrischen Besetzungspolitik nach Perlmutter

ethnozentrische Besetzungspolitik (Stammhausdelegierte)	**polyzentrische Besetzungspolitik (Lokale Mitarbeiter)**	**geozentrische Besetzungspolitik (Drittlandangehörige)**
Vorteile: ▶ leichtere Durchsetzung einer einheitlichen Unternehmungspolitik ▶ problemlose Kommunikation und Koordination zwischen Mutter- und Tochtergesellschaft ▶ leichterer Transfer von technischem und Management-Know-how ▶ Erweiterung der internationalen Erfahrungen der Stammhausmitarbeiter ▶ bessere Kenntnis der Muttergesellschaft ▶ höhere Loyalität gegenüber Muttergesellschaft	Vorteile: ▶ zumeist niedrigere Personalkosten ▶ leichtere Integration der Tochtergesellschaft in das Gastland ▶ Motivationssteigerung bei lokalen Mitarbeitern, da sie auch Spitzenpositionen erreichen können ▶ höhere Kontinuität in der Tochtergesellschaft ▶ positive Auswirkungen auf die Stellung der Tochtergesellschaft in der Öffentlichkeit des Gastlandes	Vorteile: ▶ größeres Potenzial an qualifizierten Kandidaten ▶ höhere Flexibilität in der Personalbeschaffung, da auf nationale Interessen keine Rücksicht genommen werden muss ▶ befruchtender Austausch von Informationen durch den hohen Entsendungsanteil
Nachteile: ▶ Demotivierung der inländischen Mitarbeiter durch Bevorzugung der Stammhausdelegierten ▶ erschwerte Anpassung an Gastlandbedingungen ▶ Gefährdung der Kontinuität und des Betriebsklimas bei häufig wechselnden Stammhausdelegierten ▶ familiäre Probleme (insbesondere bei *dual career couples*)	Nachteile: ▶ erschwerte Abstimmung zwischen Mutter- und Tochtergesellschaft ▶ höhere Kommunikationskosten ▶ Gefahr, dass bei Konflikten aufgrund mangelnder Loyalität den Gastlandinteressen zum Schaden der Gesamtunternehmung Vorrang eingeräumt wird	Nachteile: ▶ sehr hohe Entsendungskosten ▶ zumeist geringe Vertrautheit mit den Gastlandbedingungen ▶ hoher Koordinationsaufwand ▶ hohe Anforderungen an internationale Manager ▶ erschwerter Aufbau einer länderübergreifenden *corporate identity*

Mit der Entsendung von Stammhausdelegierten in ausländische Tochtergesellschaften werden insbesondere folgende *Ziele* verfolgt (vgl. Welge/Holtbrügge 2000a, S. 318 ff.; Harzing 2001; Dickmann et al. 2008):

Kompensation fehlender Fach- und Führungskräfte

Die *Kompensation fehlender einheimischer Fach- und Führungskräfte* besitzt vor allem in Transformations- und Entwicklungsländern eine große Bedeutung. Häufig finden sich in diesen Ländern nur sehr wenige Fach- und Führungskräfte, die über die erforderlichen Qualifikationen und Erfahrungen verfügen. Die Einstellung dieser Mitarbeiter verursacht deshalb trotz des allgemein niedrigeren Lohnniveaus höhere Kosten als die Entsendung von Mitarbeitern der Muttergesellschaft. Aber auch in Ländern, in denen ausländischen Unternehmungen eine geringe Attraktivität als Arbeitgeber zugemessen wird, ist vielfach die Entsendung von Stammhausdelegierten erforderlich. So sind z. B. in Japan aufgrund des in einheimischen Unternehmungen geltenden Prinzips der lebenslangen Beschäftigung nur wenige qualifizierte Fach- und Führungskräfte bereit, bei einem ausländischen Arbeitgeber tätig zu werden. Vielfach ist die Beschäftigung ausländischer Führungskräfte zudem aus Image- und Repräsentationsgründen erforderlich.

Übertragung von Know-how

Die *Übertragung von Management-, Produkt- und Verfahrens-Know-how* macht vor allem in der Aufbauphase ausländischer Tochtergesellschaften oft die Entsendung von Stammhausdelegierten notwendig. Insbesondere wenn aus der Muttergesellschaft anspruchsvolle Technologien und Managementkonzepte transferiert werden, erfordert deren Implementierung Fach- und Führungskräfte mit umfassenden Erfahrungen. Zu den Aufgaben der Stammhausdelegierten zählt dabei i. d. R. nicht nur die möglichst reibungslose Einführung dieser Technologien und Konzepte, sondern auch die Aus- und Weiterbildung einheimischer Fach- und Führungskräfte, die langfristig die entsandten Stammhausdelegierten ersetzen sollen.

Gewährleistung effizienter Informations- und Kommunikationsstrukturen

Die Entsendung von Stammhausdelegierten zur *Gewährleistung effizienter Informations- und Kommunikationsstrukturen* ist insbesondere für ausländische Tochtergesellschaften relevant, die vielfältige materielle und organisatorische Verflechtungen mit der Muttergesellschaft aufweisen. Stammhausdelegierte sprechen nicht nur die gleiche Sprache wie die Mitarbeiter in der Muttergesellschaft, sondern verfügen durch ihre frühere Tätigkeit dort auch über ein engmaschiges Beziehungs- und Kommunikationsnetzwerk. Auch wenn die länderübergreifende Kommunikation durch neue Kommunikationsmedien erheblich erleichtert wird, kommt diesen persönlichen Bindungen eine wichtige Funktion bei der gerade für Unternehmungsnetzwerke bedeutsamen Entwicklung des gegenseitigen Vertrauens zu.

Steuerung und Kontrolle ausländischer Tochtergesellschaften

Darüber hinaus werden Stammhausdelegierte häufig zur *Steuerung und Kontrolle ausländischer Tochtergesellschaften* eingesetzt. Hinter dieser Zielsetzung steht die Annahme, dass inländische Mitarbeiter aufgrund ihrer Eingebundenheit in den lokalen Kontext eine geringe Unternehmungsloyalität haben. Die permanente Anwesenheit von Vertretern der Muttergesellschaft besitzt deshalb auch eine Kontrollfunktion, die durch technische Kommunikationsmittel oder gelegentliche Besuche nur unzureichend wahrgenommen werden kann.

Instrument der Personalentwicklung

Mit der Entsendung von Stammhausdelegierten als *Instrument der Personalentwicklung* wird das Ziel verfolgt, insbesondere Führungsnachwuchskräfte auf die Übernahme von anspruchsvollen Führungsaufgaben in international tätigen Unternehmungen vorzubereiten. Diese sollen für den Umgang mit fremden Kulturen sensibilisiert werden und die Möglichkeit erhalten, internationale Erfahrungen zu sammeln. Darüber hinaus dienen Auslandseinsätze häufig als Instrument der Personalbeurteilung. Dahinter steht die Annahme, dass sich das Führungspotenzial von Mitarbeitern insbesondere in Situationen, die eine hohe Selbstständigkeit sowie Stress- und Ambiguitätstoleranz erfordern, beurteilen lässt.

Organisationsentwicklung

Über die individuelle Ebene hinaus dient die Entsendung von Stammhausdelegierten schließlich auch der *Organisationsentwicklung und Entwicklung einer länderübergreifenden Organisationskultur*. In Kap. 5.2.2.4 wurde bereits darauf hingewiesen, dass traditionelle strukturelle Koordinationsinstrumente in Situationen strategischer und organisatorischer Mehrdeutigkeiten nur eine geringe Effizienz aufweisen und deshalb durch personelle Koordinationsinstrumente ergänzt werden müssen. Länderübergreifende Karrierepfade stellen in diesem Zusammenhang eine wichtige Voraussetzung der Herausbildung einer synergetischen Organisationskultur dar.

International erfahrenen Führungskräften kommt zudem eine wichtige Funktion im Rahmen des organisatorischen Wissensmanagement zu (vgl. Kap. 5.2.2.3).

Die Bedeutung dieser Entsendungsziele hängt in der Praxis von zahlreichen unternehmungs-, branchen- und gastlandspezifischen Einflussfaktoren ab, wobei in den letzten Jahren generell eine spürbare *Prioritätenverschiebung* feststellbar ist. Standen in der Vergangenheit vor allem Kontrollmotive sowie die Kompensation fehlender einheimischer Mitarbeiter im Vordergrund, wird die Entsendung von Stammhausdelegierten zunehmend als zentrales Instrument der internationalen Personal- und Organisationsentwicklung und der Implementierung einer transnationalen Organisationskultur aufgefasst (vgl. Black/Gregersen/Mendenhall 1992, S. 3 ff.; Collings/Scullion 2006; Bolino 2007).

6.1.2.2 Entsendungsprozess

Der sich an die Grundsatzentscheidung über die Besetzung von Führungskräften in ausländischen Tochtergesellschaften mit Stammhausdelegierten anschließende Entsendungsprozess kann idealtypisch in vier Phasen unterteilt werden:

- Auswahlphase
- Vorbereitungsphase
- Einsatzphase
- Reintegrationsphase.

Im Folgenden werden diese vier Phasen des Entsendungsprozesses ausführlich dargestellt, bevor in Kapitel 6.1.2.3 die Effizienz der Entsendung von Stammhausdelegierten untersucht und phasenübergreifende Erfolgsfaktoren skizziert werden.

6.1.2.2.1 Auswahl

Auswahlkriterien

Die Grundlage für die Auswahl von Stammhausdelegierten bilden die jeweiligen *Anforderungen*, die mit der Übernahme einer Führungsposition in einer ausländischen Tochtergesellschaft verbunden sind. Da sich diese zum Teil erheblich von denen im Heimatland unterscheiden, sind zumeist auch andere *Auswahlkriterien* relevant:

Tätigkeitsbezogen-fachliche Kriterien

Tätigkeitsbezogen-fachliche Kriterien sind vor allem bei der Verlagerung anspruchsvoller Technologien und Managementkonzepte bedeutsam. In Kulturen, die sich durch eine hohe Machtdistanz und eine langfristige Orientierung auszeichnen, genießen zudem i. d. R. nur Fach- und Führungskräfte eine ausreichende Akzeptanz und Autorität, die über umfangreiche Erfahrungen verfügen. Vielfach werden deshalb Mitarbeiter erst nach einer längeren Tätigkeitsdauer in der Muttergesellschaft in ausländische Tochtergesellschaften entsandt.

Verhaltensbezogene Kriterien

Die Bedeutung *verhaltensbezogener Kriterien* resultiert daraus, dass Stammhausdelegierte häufig über ein größeres Aufgabenspektrum als entsprechende Mitarbeiter im Heimatland verfügen. Da ausländische Tochtergesellschaften zumeist über weitaus kleinere Stabsabteilungen zur Unterstützung des Führungsprozesses als die Muttergesellschaft verfügen, wird von den Delegierten eine größere Selbstständigkeit erwartet. Von ihren inländischen Mitarbeitern werden diese zudem häufig nicht nur anhand ihrer fachlichen Fähigkeiten beurteilt, sondern ihnen wird auch die Rolle eines Motivators, Moderators, Diplomaten und Lobbyisten übertragen. Diese Erwartungen an die Beziehungsorientierung sowie die geographische und kulturelle Entfernung vom Heimatland führen oft zu einer hohen emotionalen Belastung und erfordern deshalb eine hohe emotionale Stabilität.

Interkulturell-umweltbezogene Kriterien

Interkulturell-umweltbezogene Kriterien zielen auf die spezifischen Anforderungen einer Auslandstätigkeit ab. In diesem Zusammenhang sind etwa Vorlieben bzw. Abneigungen gegenüber bestimmten Kulturkreisen relevant. Die Notwendigkeit, den Führungsstil an die jeweiligen kulturellen Gegebenheiten anzupassen, erfordert von Stammhausdelegierten zudem eine hohe Konflikt- und Ambiguitätstoleranz und ausgeprägte Kommunikationsfähigkeiten. Vor allem empirische Untersuchungen außerhalb der westlichen Industrieländer deuten in diesem Zusammenhang darauf hin, dass die Kenntnis der jeweiligen Gastlandsprache bzw. die Bereitschaft, diese zu erlernen, eine zentrale Erfolgsvoraussetzung ausländischer Führungskräfte darstellt. So weist etwa eine empirische Untersuchung von Holtbrügge (1995, S. 141 ff.) darauf hin, dass die Schwierigkeiten vieler deutscher Unternehmungen in den mittel- und osteuropäischen Transformationsländern vielfach auf die mangelnde Bereitschaft ihrer Führungskräfte zurückgeführt werden können, die dort gesprochenen Sprachen zu erlernen.

Persönliche Kriterien

Persönliche Kriterien wie das Alter sowie die physische und psychische Belastbarkeit der Stammhausdelegierten stellen schließlich vor allem für Einsätze in Ländern mit ungünstigen klimatischen, kulturellen oder sozialen Bedingungen wichtige Auswahlkriterien dar. Das gleiche gilt für familiäre und sonstige Bindungen sowie die Einstellung des (Ehe-)Partners zum Auslandsaufenthalt. Die große Bedeutung dieses Kriteriums wird durch zahlreiche Untersuchungen unterstrichen, nach denen die Unzufriedenheit der mitreisenden Familienangehörigen zu den häufigsten Ursachen für den vorzeitigen Abbruch von Auslandsentsendungen zählt (vgl. z. B. Black/Gregersen 1991; Kittler/Holtbrügge/Ungar 2006; Haslberger/Brewster 2008).

Abb. 6-4 fasst die skizzierten Anforderungen zu einem Scoring-Modell zusammen, das als Anforderungs- und Qualifikationsprofil für die Auswahl von Fach- und Führungskräften für Auslandstätigkeiten dienen kann. Je nach Aufgabe und Tätigkeitsland können dabei unterschiedliche Mindestanforderungen für einzelne Auswahlkriterien formuliert werden (vgl. Graf 2004b; Graf/Harland 2005).

Bereitschaft zur Aufnahme einer Auslandstätigkeit

Dem Abgleich von Anforderungs- und Qualifikationsprofilen durch die entsendende Unternehmung steht auf Seiten der Mitarbeiter die Frage nach der Integration einer Auslandstätigkeit in die persönliche Lebens- und Karriereplanung entgegen. Die *Bereitschaft zur Aufnahme einer Auslandstätigkeit* wird insbesondere durch folgende Überlegungen beeinflusst (vgl. Suutari/Brewster 2000; Welge/Holtbrügge 2000a, S. 322 ff.; Hippler 2009):

Motive der Mitarbeiter

Zu den wichtigsten *Motiven* aus Sicht der Mitarbeiter zählen der Wunsch nach Übernahme größerer Verantwortung, größerer Selbstständigkeit und eines umfassenderen Aufgabenspektrums. Vielfach erscheint zudem die Tätigkeit in einer neuen und fremden Umgebung reizvoll, zumal, wenn diese mit einer Steigerung des Einkommens und des Lebensstandards einhergeht. Demgegenüber belegen empirische Untersuchungen, dass eine Auslandstätigkeit von den Entsandten nur in einem geringen Maße als Möglichkeit betrachtet wird, ihre Karriereperspektive in der jeweiligen Unternehmung zu verbessern (vgl. Stahl/Miller/Tung 2002, S. 222 f.; Holtbrügge

Abb. 6-4

Anforderungs- und Qualifikationsprofil für Auslandsentsandte

	Ausprägung						
	sehr gering						sehr hoch
tätigkeitsbezogen-fachliche Kriterien							
▸ Berufserfahrung	1	2	3	4	5	6	7
▸ fachliches Können und Entwicklungspotenzial	1	2	3	4	5	6	7
▸ Kenntnisse der Unternehmung sowie der wichtigsten Produkte und Märkte	1	2	3	4	5	6	7
verhaltensbezogene Kriterien							
▸ Führungsqualifikation	1	2	3	4	5	6	7
▸ Motivations- und Kommunikationsfähigkeit	1	2	3	4	5	6	7
▸ Flexibilität	1	2	3	4	5	6	7
▸ Selbstständigkeit	1	2	3	4	5	6	7
▸ emotionale Stabilität	1	2	3	4	5	6	7
interkulturell-umweltbezogene Kriterien							
▸ Anpassungs- und Einfühlungsvermögen in die spezifischen Gastlandbedingungen	1	2	3	4	5	6	7
▸ interkulturelle Kompetenz	1	2	3	4	5	6	7
▸ Konflikt- und Ambiguitätstoleranz	1	2	3	4	5	6	7
▸ Kenntnis der jeweiligen Gastlandsprache bzw. Bereitschaft, diese zu erlernen	1	2	3	4	5	6	7
persönliche Kriterien							
▸ Alter	1	2	3	4	5	6	7
▸ physische und psychische Belastbarkeit	1	2	3	4	5	6	7
▸ familiäre und sonstige Bindungen	1	2	3	4	5	6	7
▸ Einstellung des (Ehe-)Partners zum Auslandsaufenthalt	1	2	3	4	5	6	7

2003b, S. 208 f.). Die Übernahme größerer Verantwortung und das Sammeln internationaler Erfahrungen im Rahmen eines Auslandseinsatzes tragen nach Auffassung der in diesen Studien befragten Delegierten allerdings dazu bei, die Karrierechancen bei anderen möglichen Arbeitgebern zu verbessern.

Vorbehalte der Mitarbeiter

Den Motiven der Mitarbeiter stehen vielfach *Vorbehalte* gegenüber, die etwa aus der individuell unterschiedlich ausgeprägten psychischen Distanz zu den politischen, wirtschaftlichen, klimatischen oder kulturellen Bedingungen des jeweiligen Gastlands bzw. Unternehmungsstandorts resultieren. Eine häufige Ursache für die Ablehnung einer Auslandsentsendung ist darüber hinaus die Furcht vor einem zu großen Erfolgsdruck und einem möglichen Karriereknick nach der Rückkehr. Eine besonders große Bedeutung kommt schließlich dem Einfluss des (Ehe-)Partners zu (vgl. Konopaske/Robie/Ivancevich 2005). Als problematisch erweist es sich etwa, wenn dessen Qualifikationen im Gastland nicht anerkannt werden, keine Arbeitsgenehmigung besteht bzw. die Möglichkeiten einer außerberuflichen Betätigung aus ökonomischen, sozialen, sprachlichen oder religiösen Gründen begrenzt sind (vgl. Copeland/Norell 2002). Diese familiär bedingten Vorbehalte lassen sich vor allem dann reduzieren, wenn die Familie der Entsandten in die Vorbereitung und Betreuung während des Auslandseinsatzes einbezogen wird, was nach einer empirischen Untersuchung von Kupka/Cathro (2007) in deutschen Unternehmungen nur in einem sehr geringen Maße geschieht.

Auswahlpraxis

Im Rahmen des Auswahlprozesses müssen die Auswahlkriterien der Unternehmung mit den Motiven und Vorbehalten möglicher Entsendungskandidaten abgestimmt werden. Dazu können unterschiedliche Verfahren von traditionellen Interviews bis zu interkulturellen Assessment Centern angewandt werden (vgl. Kühlmann 2004, S. 43 ff.). Die *Auswahlpraxis* ist jedoch in vielen Unternehmungen durch die Orientierung an der bisher erbrachten fachlichen Leistung als primärem Auswahlkriterium gekennzeichnet (vgl. Harris/Brewster 1999; Anderson 2005). Begründet wird dies damit, dass zur Auswahl geeigneter Stammhausdelegierter kaum valide und reliable Verfahren zur Verfügung stehen, sodass aus Gründen der *Praktikabilität* zumeist auf die vorliegenden Leistungsbeurteilungen zurückgegriffen wird. Dabei muss jedoch berücksichtigt werden, dass diese unter Bedingungen erfolgt sind, die sich von denen in der ausländischen Tochtergesellschaft zu besetzenden Position möglicherweise stark unterscheiden. Empirische Untersuchungen weisen zudem darauf hin, dass der Erfolg der Auslandstätigkeit weniger von aufgabenbezogen-fachlichen Qualifikationen als vielmehr von verhaltensbezogenen und interkulturell-umweltbezogenen Kompetenzen abhängt (vgl. z. B. Black/Gregersen/Mendenhall 1992, S. 60 ff.; Wirth 1992, S. 157; Graf 2004b). Überraschend ist zudem, dass Frauen im Rahmen der Entsendung von Stammhausdelegierten nur eine sehr geringe Bedeutung zukommt, obwohl zahlreiche Untersuchungen auf deren höhere Mobilität, Motivation und vor allem interkulturelle Kompetenz hinweisen (vgl. Stroh/Varma/Valy-Durbin 2000; Harris 2002; Taylor/Napier/Mayrhofer 2002).

6.1.2.2.2 Vorbereitung

Interkulturelles Training

Eng verknüpft mit der Auswahl ist die Vorbereitung der zu entsendenden Mitarbeiter. Durch eine umfassende Vorbereitung sollen die während der Auswahlphase diagnostizierten *Defizite ausgeglichen* und den zukünftigen Delegierten die zur Ausübung ihrer zusätzlichen Aufgaben notwendigen *Qualifikationen vermittelt* werden. Neben fachlichen Qualifikationen kommt dabei dem *interkulturellen Training* eine zentrale Bedeutung zu (vgl. Fowler/Mumford 1995; Cushner/Brislin 1997; Landis/Bennett/Bennett 2004).

Klassifizierung von Vorbereitungsmaßnahmen

Die häufig in Zusammenarbeit mit externen Weiterbildungsinstituten durchgeführte Vorbereitung lässt sich in eine landesspezifische und eine landesübergreifende Vorbereitung sowie in eine intellektuelle und eine erfahrungsbezogene Vorbereitung differenzieren. Während den zukünftigen Delegierten im Rahmen der landesspezifischen Vorbereitung konkrete Hinweise für das Verhalten in einem bestimmten Land vermittelt werden, soll durch eine landesübergreifende Vorbereitung die allgemeine *cultural awareness* und *self-awareness* gesteigert werden. Entsprechende Maßnahmen sind deshalb nicht nur für Auslandsdelegierte, sondern für alle Mitarbeiter relevant, die in länderübergreifende Geschäfts- und Interaktionsprozesse involviert sind (vgl. Puck 2009). Bei der intellektuellen Vorbereitung steht die Vermittlung von Kenntnissen im Vordergrund (kognitive Ebene), während die erfahrungsbezogene Vorbereitung auf eine Veränderung der Einstellungen, Werthaltungen und Verhaltensweisen abhebt (affektive Ebene). Fasst man die Ziele und Inhalte der Vorbereitung als voneinander unabhängige Dimensionen auf, so lässt sich folgende *Klassifizierung von Vorbereitungsmaßnahmen* vornehmen, wobei die Maßnahmen nicht immer eindeutig zuzuordnen sind und häufig kombiniert eingesetzt werden (vgl. Abb. 6-5).

Cultural Assimilator Training

Bei der *intellektuell-landesspezifischen Vorbereitung* überwiegen zumeist kurze und allgemeine Informationen über das Gastland sowie Einführungs- bzw. Auffrischungskurse der Gastlandsprache. Anspruchsvoller sind der Einsatz hypermedialer Lernsysteme (vgl. Konradt 2006) sowie das *cultural assimilator training*, bei dem die Teilnehmer mit landestypischen interkulturellen Problemsituationen konfrontiert werden und sich für eine von mehreren vorgegebenen Handlungsmöglichkeiten oder Erklärungen des geschilderten Verhaltens ihrer potenziellen inländischen Interaktionspartner entscheiden müssen (vgl. Fiedler/Mitchell/Triandis 1971). *Cultural assimilator trainings* sind z. B. für China, Indonesien, Korea, Russland und die USA entwickelt worden (vgl. Brüch/Thomas 1995; Stahl/Langeloh/Kühlmann 1999; Thomas/Schenk 2001; Martin/Thomas 2002; Yoosefi/Thomas 2003). Da diese Methode auf einen intellektuellen Zugang zu fremden Kulturen beschränkt ist, kann sie jedoch nur eine erste Orientierung für kürzere Auslandseinsätze in verwandten Kulturen geben (vgl. Triandis 1995, S. 184 f.).

Interkulturelle Rollenspiele

Erfahrungsbezogen-landesspezifische Vorbereitungsmaßnahmen sollen die zukünftigen Delegierten auf die politischen, wirtschaftlichen und insbesondere soziokulturellen Bedingungen des Gastlandes vorbereiten, deren Verständnis der landesspezifischen Besonderheiten und der kulturbedingten Verhaltensweisen von Geschäftspartnern und Mitarbeitern fördern und zur adäquaten Anpassung des

Abb. 6-5

Methoden der Vorbereitung auf Auslandstätigkeiten

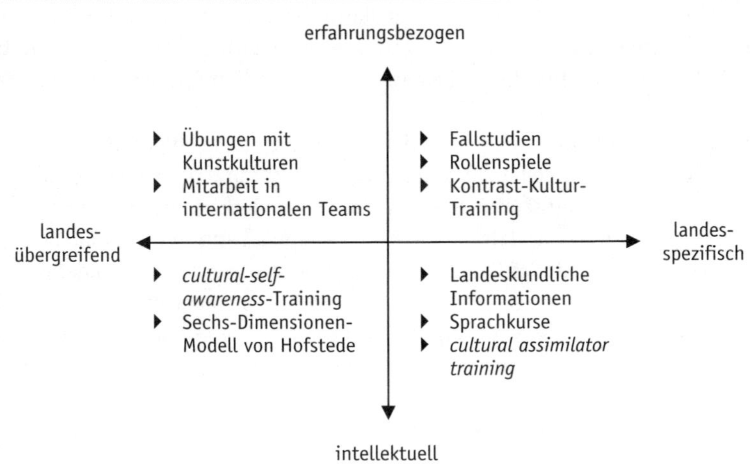

(Quelle: erweitert nach Gudykunst/Hammer 1983, S. 126)

eigenen Verhaltens beitragen. Dazu werden insbesondere unternehmungsbezogene Fallstudien und Rollenspiele durchgeführt, an denen häufig Auslandsrückkehrer oder Interaktionspartner des jeweiligen Landes teilnehmen (*contrast culture training*). Ein Beispiel dafür ist das interkulturelle Rollenspiel »Interact«, bei dem die Teilnehmer mit Angehörigen anderer Kulturen Verhandlungen über die Gründung eines Joint Venture führen müssen. Gegenwärtig liegen Trainingsmaterialien für Australien, Chile, China, Deutschland, Frankreich, Großbritannien, Italien, die Niederlande, Russland, Spanien und die USA vor (vgl. Bolten 2002). Noch authentischer sind kurze Informationsreisen (*preliminary trips*) an den zukünftigen Tätigkeitsort, bei denen bereits erste unmittelbare Eindrücke des zukünftigen Arbeitsumfelds gewonnen und persönliche Kontakte geknüpft werden können.

Cultural self-awareness-Modell

Innerhalb des *intellektuell-landesübergreifenden Trainings* kommt vor allem dem *cultural self-awareness*-Modell eine große Bedeutung zu. Dieses geht von der Annahme aus, dass zum Verständnis fremder Kulturen zunächst die Kenntnis der eigenen kulturbedingten Werthaltungen, Stereotypen und Verhaltensweisen notwendig ist. Zu deren Bewusstmachung wird u.a. das Verhalten der Teilnehmer bei Rollenspielen auf Videofilmen aufgezeichnet und anschließend in Gruppen diskutiert. Eine weitere Methode der Sensibilisierung für kulturelle Eigenarten ist das Kulturmodell von Hofstede (vgl. Kap. 6.1.1.1). Ähnlich wie intellektuell-landesspezifische Trainings vermitteln diese Vorbereitungsmaßnahmen zwar kognitives Wissen *über* interkulturelles Handeln, sie sind jedoch nicht in der Lage, Interkulturalität emotional erfahrbar zu machen.

Interkulturelles Handlungstraining

Die *erfahrungsbezogen-landesübergreifende Vorbereitung* umfasst schließlich die Mitarbeit in internationalen Teams sowie interkulturelle Handlungstrainings, die die Teilnehmer zu kulturangepassten Erkenntnis- und Verhaltensleistungen befähigen und deren interkulturelle Kompetenz erweitern sollen (vgl. Kohls/Knight 1994). Diese können sowohl *on-the-job*, im Rahmen von Outdoor-Trainings (vgl. Jagenlauf 2006) oder in Form interkultureller Simulationsspiele durchgeführt werden. Beispiele dafür sind »BaFá BaFá« (vgl. http://www.stsintl.com/business/bafa.html) und »Ecotonos«, bei denen die Teilnehmer durch die Konfrontation mit gegensätzlich konstruierten Kunstkulturen affektive und verhaltensorientierte Qualifikationen wie Empathie, Ambiguitätstoleranz und den Umgang mit Plausibilitätsdefiziten entwickeln und erweitern sollen. Das Kommunikationstraining »Explanatorius« zielt dagegen vor allem darauf ab, die interkulturelle Kommunikationskompetenz der Teilnehmer zu verbessern (vgl. Holtbrügge/Kittler 2007). Da erfahrungsbezogene Vorbereitungsmaßnahmen auf der Ebene der nur schwer veränderbaren Grundeinstellungen und Werthaltungen ansetzen und nur indirekt auf managementbezogene Aspekte eingehen, erfordern sie einen hohen Zeitaufwand und eine hohe Bereitschaft der Teilnehmer, sich mit ihrer eigenen Persönlichkeit auseinanderzusetzen (vgl. Bolten 2006, S. 73 f.).

Abb. 6-6 fasst die wichtigsten Lerninhalte und Lernmethoden der Vorbereitung auf Auslandstätigkeiten nochmals im Überblick zusammen.

Bedeutung und Effizienz interkultureller Trainings

In den letzten Jahren wurden zahlreiche Studien zur *Bedeutung und Effizienz interkultureller Trainings* durchgeführt (vgl. den Überblick in Littrell et al. 2006). In einer Meta-Analyse von 28 zwischen 1988 und 2000 publizierten Studien kommen

Abb. 6-6

Lerninhalte und Lernmethoden der Vorbereitung auf Auslandstätigkeiten

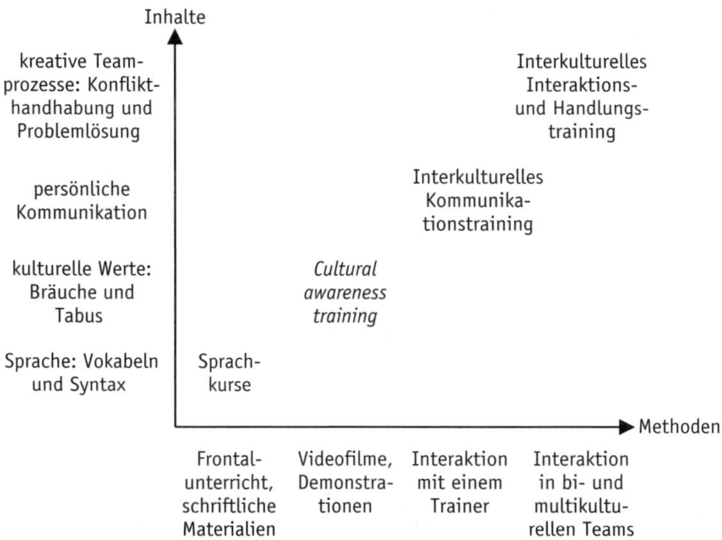

(Quelle: nach Clackworthy 1994, S. 15)

Mendenhall et al. (2004) zu dem Ergebnis, dass diese vor allem positive Auswirkungen auf das Wissen über andere Kulturen und die Zufriedenheit von Auslandsentsandten haben. Weniger stark ausgeprägt sind die Auswirkungen interkultureller Trainings auf deren Einstellungen und Verhalten. Der wichtigste Grund dafür ist, dass die in der Unternehmungspraxis vorrangig eingesetzten Methoden wie Vorlesungen, Präsentationen, Diskussionen und *cultural assimilators* primär einen didaktischen Charakter haben und vor allem der Vermittlung von Wissen dienen. Eine erfahrungsbezogene Vorbereitung findet dagegen nur sehr selten statt (vgl. auch Tab. 6-3). Die vorherrschenden kognitiv orientierten interkulturellen Trainings sind deshalb nur in einem geringen Maße in der Lage, Einstellungen und Verhaltensweisen zu ändern sowie die spätere Anpassung an das neue Umfeld zu verbessern.

Umfang

Der *Umfang* der Vorbereitung ist zudem vielfach sehr gering, wobei in empirischen Untersuchungen keine gravierenden Unterschiede zwischen deutschen und amerikanischen Unternehmungen festgestellt wurden (vgl. Tung 1988, S. 12 ff.; Black/Mendenhall 1990; Domsch/Lichtenberger 1990; Wirth 1992, S. 172 ff.). Offensichtlich dominiert in vielen Unternehmungen die Philosophie, »dass die Delegierten schon von alleine zu schwimmen beginnen, wenn sie erst einmal ins Wasser geworfen werden« (Holtbrügge 1995, S. 270). Obwohl familiäre Probleme zu den häufigsten Ursachen für das Scheitern von Auslandsentsendungen zählen, wird die Familie der Delegierten nur selten in die Vorbereitung einbezogen.

Beispiel

In Deutschland bieten u.a. die 1949 gegründete Carl Duisberg Gesellschaft (CDG) in Köln sowie die in mehreren deutschen Städten tätigen Carl Duisberg Centren Vorbereitungsseminare für ins Ausland entsandte Mitarbeiter an. Die CDG ist eine gemeinnützige Organisation für internationale berufliche Weiterbildung und Personalentwicklung, die von etwa 750 Unternehmungen, Organisationen und Einzelpersonen getragen wird. Die Programme richten sich sowohl an Fach- und Führungskräfte aus Deutschland als auch aus anderen Industrie- und Entwicklungsländern. Im Rahmen der Auslandsvorbereitung deutscher Fach- und Führungskräfte werden u.a. landeskundliche Informationsveranstaltungen, Sprachkurse sowie interkulturelle Trainings durchgeführt. Darüber hinaus bietet die CDG Reintegrationsprogramme für Auslandsrückkehrer an (vgl. http://www.cdc.de).

Als Gründe für die geringe praktische Bedeutung von Vorbereitungsmaßnahmen werden Vorbehalte gegenüber deren Effizienz, deren vermeintlich hohe Kosten, die Unzufriedenheit mit den angebotenen Schulungsmaßnahmen sowie eine zu geringe Zeitspanne zwischen der Auswahl und der Aufnahme der Tätigkeit im Ausland genannt (vgl. Mendenhall/Dunbar/Oddou 1987, S. 334 f.). Dies bestätigt eine empirische Untersuchung von Holtbrügge (2003b), nach der die Vorbereitungszeit in nahezu der Hälfte der untersuchten Unternehmungen weniger als drei Monate beträgt.

Tab. 6-3

Bedeutung von Vorbereitungsmaßnahmen in der Untersuchung von Holtbrügge (2003b, S. 207)

Vorbereitungsmaßnahmen	Bedeutung
Sprachkurse	3,4
allgemeine Landesinformationen	2,7
Erkundungsreisen	2,5
fachliche Schulungen	2,3
landesspezifisches interkulturelles Training	1,4
landesübergreifendes interkulturelles Training	1,1
Sonstige	1,4

Mittelwerte auf einer Skala von 1 = keine Bedeutung bis 7 = sehr große Bedeutung

6.1.2.2.3 Einsatz

6.1.2.2.3.1 Festlegung von Entsendungsform und -dauer

Optimale Entsendungsdauer

Eine der wichtigsten Entscheidungen im Rahmen der Einsatzphase ist die Festlegung der Entsendungsdauer. Als *optimale Entsendungsdauer* wird überwiegend ein Zeitraum von drei bis fünf Jahren angesehen, da in dieser Zeit einerseits eine effektive Tätigkeit in der Tochtergesellschaft möglich ist und sich andererseits die Bedingungen in der Muttergesellschaft noch nicht so stark ändern, dass gravierende Probleme bei der Repatriierung zu erwarten sind.

Neuere Formen der Entsendung

Diese in den meisten Unternehmungen vorherrschende traditionelle Form der Delegation wird aufgrund zahlreicher Probleme wie der hohen Kosten und Abbruchraten, der erschwerten Anpassung an die Gastlandbedingungen sowie familiärer Probleme in jüngster Zeit durch verschiedene *neuere Formen der Entsendung* ergänzt, deren Dauer deutlich kürzer ist (vgl. Abb. 6-7):

- *Kurzfristige Auslandsentsendungen* sind durch eine Entsendungsdauer von weniger als einem Jahr gekennzeichnet. Dadurch sollen die Kosten der Übersiedlung des Mitarbeiters und seiner Familie eingespart sowie die *dual career*-Problematik reduziert werden. Zudem wird die Reintegration erleichtert.
- Bei *internationalen Pendlern* besitzt der Mitarbeiter zwei Tätigkeits- und Wohnorte, zwischen denen er etwa alle ein bis zwei Wochen hin- und herpendelt. Ein großer Vorteil dieser Entsendungsform ist, dass er dadurch jeweils nur für kurze Zeiträume von seiner Familie getrennt wird.
- Bei *Vielflieger-Entsendungen* unternimmt der Mitarbeiter häufig Dienstreisen ins Ausland. Dabei kann es sich im Unterschied zum internationalen Pendeln um zwei oder mehr Tochtergesellschaften handeln. Auch dadurch sollen vor allem die Trennungsproblematik reduziert und das Reintegrationsproblem umgangen werden. Zudem wird die Heterogenität internationaler Erfahrungen erweitert.

Vor- und Nachteile von Flexpatriates

Die neuen Formen der Stellenbesetzung weisen gegenüber traditionellen Ansätzen mehrere *Vorteile* auf (vgl. Collings/Scullion/Morley 2007; Konopaske/Robie/Ivance-

Abb. 6-7

Formen von Auslandsentsendungen

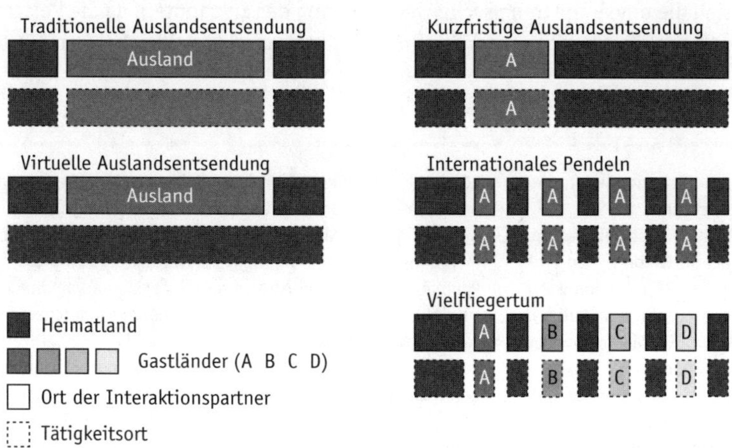

(Quelle: Holtbrügge/Schillo 2006a, S. 323)

vich 2009). Aus Sicht des Mitarbeiters zählt dazu vor allem die Möglichkeit, sein bisheriges Privatleben im Heimatland zumindest teilweise weiterführen zu können. Dies ist insbesondere bei Entsendungen an wenig attraktive Tätigkeitsorte von großer Bedeutung. Ein großer Vorteil für die Unternehmung sind die deutlich reduzierten Entsendungskosten, denen jedoch höhere Reisekosten gegenüberstehen. Zudem können die dargestellten neueren Formen der Auslandsentsendung flexibler genutzt werden. Im Unterschied zu Expatriates werden die entsprechenden Mitarbeiter deshalb auch als *Flexpatriates* bezeichnet (vgl. Mayerhofer et al. 2004).

Trotz dieser Vorteile werden nicht alle *Nachteile* traditioneller Entsendungen überwunden. So wird in einer empirischen Untersuchung von Harris/Brewster/Erten (2005, S. 282 ff.) die räumliche Trennung von Berufs- und Privatleben als problematisch angesehen. Diese führt vor allem bei internationalen Pendlern und Vielfliegern zu hohen physischen und psychischen Belastungen. Die dargestellten neuen Entsendungsformen verursachen darüber hinaus hohe Reisekosten. In vielen Unternehmungen fehlen hierzu zudem noch detaillierte Richtlinien und Erfahrungen. Auch viele Steuer- und Versicherungsfragen sind noch ungelöst.

Virtuelle Auslandsentsendungen

Als weitere neue Form der Stellenbesetzung im Ausland werden deshalb in jüngster Zeit vielfach *virtuelle Auslandsentsendungen* vorgeschlagen (vgl. Holtbrügge/Schillo 2007, 2011). Virtuelle Auslandsentsendungen sind durch das Auseinanderfallen von Tätigkeits- und Wohnort im Heimatland und den Interaktionspartnern im Gastland gekennzeichnet. Bei diesen kann es sich um Mitarbeiter der gleichen Unternehmung oder von Kooperationspartnern, Kunden sowie Lieferanten handeln. Die Interaktion verläuft bei virtuellen Auslandsentsendungen zu einem wesentlichen Teil über elektronische Informations- und Kommunikationstechnologien.

Vorteile

Der größte *Vorteil* virtueller Auslandsentsendungen ist der Verbleib des virtuellen Entsandten am Heimatort. Hierdurch werden nicht nur Entsendungs- und Übersiedlungskosten gespart, sondern auch die Reisekosten stark reduziert. Ebenso verringert sich die physische und psychische Belastung des Entsandten, da die Reisetätigkeit sowie die Trennung von der Familie verkürzt werden (vgl. Welch/Worm/Fenwick

Beispiel

Ein Beispiel einer Unternehmung, die seit vielen Jahren virtuelle Auslandsentsendungen durchführt, ist SAP. Die drittgrößte Software-Unternehmung der Welt beschäftigt rund 36.600 Mitarbeiter in mehr als 50 Ländern. Die Produkte von SAP werden von mehr als 33.200 Kunden weltweit eingesetzt. Neben der Muttergesellschaft in Walldorf gibt es rund 50 Tochtergesellschaften, Repräsentationsbüros und Entwicklungszentren in 50 Ländern.
Die Abteilung »System Landscape Optimization« beschäftigt rund 80 hoch qualifizierte Software-Experten, von denen die meisten als virtuelle Entsandte tätig sind. Ihre Aufgabe besteht vor allem in der ferngesteuerten Systemimplementierung und -wartung bei ausländischen Kunden. Derartige länderübergreifende Kundenbeziehungen können bis zu einem Jahr dauern. Die permanente Präsenz der Mitarbeiter vor Ort ist vor allem aus Kostengründen nicht möglich. Zudem wirken viele Mitarbeiter parallel in mehreren Projekten mit. Nicht zuletzt lassen sich viele komplexe Probleme nur durch eine intensive Kommunikation aller Teammitglieder lösen, was deren räumliche Konzentration erforderlich macht.
Das Beispiel SAP zeigt, dass virtuelle Auslandsentsendungen nicht nur ein Instrument des internationalen Personaleinsatzes darstellen, sondern sich viele Geschäftsmöglichkeiten bei personalintensiven Dienstleistungen erst durch die Fähigkeit zur Durchführung virtueller Auslandsentsendungen eröffnen (vgl. Ohr et al. 2007; http://www.sap.com).

2003, S. 103). Das Privatleben im Heimatland kann so problemlos weitergeführt werden und die *dual career*-Problematik wird entschärft. Dies ist besonders bei Tätigkeiten an unattraktiven Orten relevant. Zugleich wird die Reintegration nach Beendigung der virtuellen Entsendung erleichtert, da der Kontakt zu den Kollegen im Stammhaus aufrechterhalten bleibt. Zudem können die Mitarbeiter noch flexibler als beim Vielfliegertum eingesetzt werden. Eine Studie von *PricewaterhouseCoopers* (2000) zeigt, dass virtuelle Entsendungen deshalb eine hohe Akzeptanz bei Mitarbeitern besitzen und deren Verbreitung stark zunehmen dürfte.

Nachteile

Der Verbleib am Heimatort ist andererseits aber auch ein großer *Nachteil* virtueller Entsendungen. Durch die räumliche Trennung von den Interaktionspartnern im Gastland werden persönliche Kontakte und die Möglichkeit der Vertrauensbildung auf ein Minimum reduziert. Die Kommunikation ist hauptsächlich auf die Nutzung von elektronischen Informations- und Kommunikationstechnologien beschränkt und fordert von allen Interaktionspartnern die Fähigkeit, diese entsprechend zu nutzen. Vom virtuellen Entsandten wird ein hohes Einfühlungsvermögen erwartet, da er seine Interaktionspartner ohne persönlichen Kontakt verstehen und mit diesen effizient zusammen arbeiten muss (vgl. Holtbrügge/Schillo 2013). Dies betrifft vor allem die Führung und Kontrolle von ihm unterstellten Mitarbeitern, die permanent in einem anderen Land tätig sind. Virtuelle Auslandsentsendungen erfordern deshalb eine spezifische Form der Vorbereitung, die nicht nur den virtuellen Entsandten, sondern auch dessen wichtigste Interaktionspartner im Gastland umfassen sollte (vgl. Holtbrügge/Schillo 2008).

6.1.2.2.3.2 Gestaltung des Arbeitsvertrags

Arbeits-, sozialversicherungs- und steuerrechtliche Implikationen

In Abhängigkeit von der Form und Dauer der Entsendung muss der Arbeitsvertrag des Mitarbeiters an die veränderten Bedingungen im Ausland angepasst oder ein neuer Arbeitsvertrag geschlossen werden. Dabei ergeben sich unterschiedliche *arbeits-, sozialversicherungs- und steuerrechtliche Implikationen*, auf die aufgrund der vielen Länderspezifika nicht im Detail eingegangen werden kann (vgl. dazu ausführlich Laws/Koziner/Waldenmaier 2008; Bendlinger 2011; Mennen/Schellert/Wolf 2013).

Form der Vertragsverhältnisse

Vertragsparteien

Unabhängig vom Einsatzland muss entschieden werden, welche *Form des Vertragsverhältnisses* zwischen Unternehmung und Mitarbeiter besteht und wer die *Vertragsparteien* sind (vgl. Tab. 6-4):

- Bei *Dienstreisen* und *Abordnungen* besteht der Arbeitsvertrag mit der Muttergesellschaft weiter, d. h. für den Mitarbeiter ist prinzipiell das Arbeitsrecht im Heimatland maßgeblich. Es werden jedoch häufig zusätzliche Reglungen zu Arbeitszeiten, Spesen, Versicherung, Weisungsrechten, u. a. getroffen.
- Bei einer *Versetzung* ruht der Arbeitsvertrag mit der Muttergesellschaft und es wird ein ergänzender befristeter Arbeitsvertrag mit der Tochtergesellschaft geschlossen. Nach dessen Beendigung wird das frühere Arbeitsverhältnis mit der Muttergesellschaft wieder aktiv, d. h. der Mitarbeiter hat eine Rückkehrgarantie.
- Bei einem *Übertritt* wird der Arbeitsvertrag mit der Muttergesellschaft durch einen Auflösungsvertrag beendet. An dessen Stelle tritt ein neuer unbefristeter Arbeitsvertrag mit der Tochtergesellschaft. Es gilt uneingeschränkt das Arbeitsrecht des jeweiligen Gastlands. Der Mitarbeiter hat keine Rückkehrgarantie.

Tab. 6-4

Entsendungsarten

Entsendungsart	Entsendungsdauer	Vertragspartner des Delegierten
Dienstreise	bis 3 Monate	Muttergesellschaft
Abordnung	3 bis 12 Monate	Muttergesellschaft
Versetzung	1 bis 5 Jahre	Mutter- und Tochtergesellschaft
Übertritt	unbefristet	Tochtergesellschaft

(Quelle: modifiziert nach Wacker 1996, S. 425)

6.1.2.2.3.3 Entgeltgestaltung

Leistungs- bzw. Erfolgsprämie

Zulagen

Ein wichtiges Element von Auslandsentsendungen ist die Entgeltgestaltung. Mit dem Ziel einer möglichst hohen Entgeltgerechtigkeit werden zumeist die gleichen Kriterien wie in der Muttergesellschaft angewandt. Die Bestandteile des Entgelts bilden das Basisgehalt sowie eine variable, an den strategischen Zielen der Unternehmung orientierte *Leistungs- bzw. Erfolgsprämie*. Darüber hinaus können Delegierte je nach Gastland sowie Entsendungsdauer und -form verschiedene *Zulagen* erhalten, die der Kompensation entsendungsbedingter zusätzlicher Belastungen und finanzieller Nachteile dienen und die zwischen 10 und 50% des Basisgehalts betragen können (vgl. Wirth 1992, S. 229). Zu den Zulagen zählen z. B. (vgl. Wirth 1996; Speer 1998; Bonache 2006):

- Eine *Auslandszulage (foreign service premium)* zur Kompensation hoher politischer Risiken, klimatischer und ökologischer Belastungen oder sozialer und sprachbedingter Isolation. Ein Beispiel für eine vielfach angewandte Klassifikation zur Bestimmung von Auslandszulagen gibt Tab. 6-5 wieder.
- Ein *Kaufkraftausgleich* (*cost of living allowance*) zur Abdeckung eventueller Mehrkosten für die Lebenshaltung. Zu dessen Berechnung wird vielfach auf Indizes der Lebenshaltungskosten zurückgegriffen, wie sie z. B. das Statistische Bundesamt (vgl. http://www.destatis.de/), die Lufthansa Consulting GmbH (vgl. http://www.lhconsulting.com) oder die Employment Conditions Abroad Ltd. (vgl. http://www.eca-international.com/) erstellen. Möglich ist auch die Orientierung an den vom Bundesfinanzministerium festgelegten Pauschbeträgen für Verpflegungs- und Übernachtungskosten bei Auslandsreisen (vgl. Tab. 6-6).
- Verschiedene *Zusatzleistungen (fringe benefits)*. Dazu zählen etwa:
  - Ein *Wohnkostenausgleich*, um eine angemessene Wohnung heimatlichen Standards beziehen zu können.
  - Eine *Ausbildungsbeihilfe*, z. B. für das Schulgeld einer Schule, die dem Niveau des Heimatlandes entspricht.
  - Eine *Versetzungspauschale* für die Errichtung eines neuen Haushalts.
  - Eine *Trennungsentschädigung* und die Übernahme der Kosten für regelmäßige Heimreisen für Delegierte, deren Familie im Heimatland bleibt.

Tab. 6-5

Länderklassifikation zur Bestimmung von Auslandszulagen

Kennzeichen der Ländergruppe	Beispiele	Auslandszulage (in % des Grundgehalts)
A keine Erschwernis	EU-Länder, USA	0
B geringste Erschwernis	Australien, Neuseeland, Singapur, Südafrika	5
C sehr geringe Erschwernis	Chile, Türkei, Tunesien	10
D geringe Erschwernis	Argentinien, Malaysia, Marokko	15
E mittlere Erschwernis	Ägypten, Brasilien, Thailand	20
F mittelgroße Erschwernis	GUS, Indien (Städte), Japan, Republik Kongo	25
G große Erschwernis	China (Städte), Kasachstan, Libyen, Saudi-Arabien	30
H sehr große Erschwernis	Iran, Kolumbien, Nigeria, Usbekistan	35
I höchste Erschwernis	China (Provinz), Bangladesch, Indien (Provinz), Mosambique	40

(Quelle: leicht modifiziert nach DGfP 1995, S. 77)

- Die Übernahme von *Beiträgen für die Mitgliedschaft* in Clubs (z. B. Golfclub), auch wegen der Bedeutung informeller Kontakte.
- Ein *angemessener Versicherungsschutz*.
- *Zuwendungen zu Pensionsfonds oder Sozialversicherungskassen*.

▸ Ein *Einkommensteuerausgleich* bei höheren Steuern im Gastland.

Probleme

Die Orientierung an diesem klassischen Grundmodell der Entgeltfindung bei Auslandseinsätzen beinhaltet mehrere *Probleme* (vgl. Mayrhofer 1996a, S. 367 f.). So führt die teilweise sehr große Einkommensdifferenzierung zwischen unterschiedlichen Gastländern bei potenziellen Entsendungskandidaten häufig zu einer subjektiven Differenzierung in finanziell attraktive und unattraktive Länder und zur *Ausprägung individueller Entsendungspräferenzen*, die der unternehmungspolitischen Bedeutung der jeweiligen Länder möglicherweise entgegenstehen. Darüber hinaus bietet dieses Modell nur *geringe Anreize für eine Rückkehr aus »attraktiven« Ländern*, da damit der Wegfall aller Zulagen verbunden wäre. Viele Delegierte verlängern deshalb ihren Auslandseinsatz oder verlassen die entsendende Unternehmung, um eine Position in einer anderen Unternehmung in dem betreffenden Land anzunehmen (vgl. Borg/Harzing 1996, S. 290).

Nettovergleichsrechnung

Zur Vermeidung dieser Probleme wird häufig eine *Nettovergleichsrechnung* (*balance sheet approach*) zwischen dem Heimat- und dem Auslandsentgelt durchge-

Tab. 6-6

Pauschbeträge des Bundesfinanzministeriums für Verpflegungs- und Übernachtungskosten bei Auslandsreisen für ausgewählte Länder im Jahre 2014 (Quelle: BMF 2013)

Land	Pauschales Auslandstagegeld (in €)	Pauschales Auslandsübernachtungsgeld (in €)
Brasilien	54	110
▸ Brasilia	53	160
▸ Rio de Janeiro	47	145
▸ Sao Paulo	53	120
China	33	80
▸ Hongkong	62	170
▸ Peking	39	115
▸ Shanghai	42	140
Frankreich	44	81
▸ Paris	58	135
Großbritannien	42	119
▸ London	57	160
Indien	30	120
▸ Chennai	30	135
▸ Kalkutta	33	120
▸ Mumbai	35	150
▸ New Delhi	35	130
Japan	51	156
▸ Tokio	53	153
Norwegen	64	182
Russland	36	80
▸ Moskau	48	135
▸ St. Petersburg	36	110
Schweden	72	165
Südafrika	36	72
▸ Kapstadt	38	94
USA	48	102
▸ Boston	48	206
▸ Los Angeles	48	153
▸ New York	48	215
▸ San Francisco	48	110
▸ Washington	57	205

führt (vgl. Abb. 6-8). Deren Ziel besteht darin, dem Delegierten ein Bruttogehalt anzubieten, das ihm den gleichen Lebensstandard wie im Heimatland ermöglicht, ihn gegenüber seinen im Heimatland verbleibenden Kollegen aber nicht übermäßig begünstigt. Wie das Beispiel in Tab. 6-7 zeigt, kann dies auch dazu führen, dass das Bruttogehalt im Gastland (gemessen in heimischer Währung) unter dem Bruttogehalt im Heimatland liegt. Zunehmend wird mit Stammhausdelegierten auch eine schrittweise Reduzierung eines Teils der Entgeltzulagen oder die Zahlung einer lediglich einmaligen Mobilitätsprämie vereinbart (vgl. Mayrhofer 1996a, S. 368). Die *schrittweise Reduzierung der Zulagen* wird damit begründet, dass sich der Delegierte nach

Schrittweise Reduzierung der Zulagen

Abb. 6-8

Modell einer Nettovergleichsrechnung

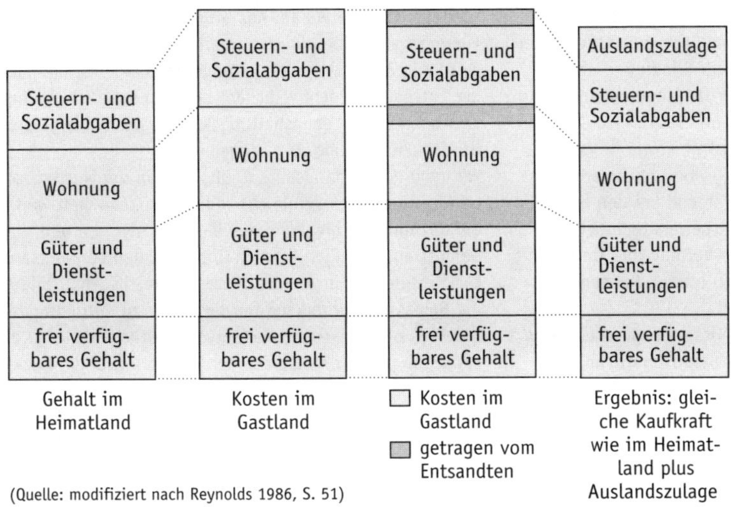

(Quelle: modifiziert nach Reynolds 1986, S. 51)

einer bestimmten Übergangszeit zunehmend an die lokalen Gegebenheiten anpasst und deshalb zusätzliche finanzielle Leistungen in einem immer geringeren Maße benötigt. Mit einer *einmaligen Mobilitätsprämie* wird dagegen nicht der konkrete Auslandseinsatz, sondern generell der Wechsel ins Ausland (unabhängig von Einsatz-

Einmalige Mobilitätsprämie

Tab. 6-7

Beispiel einer Nettovergleichsrechnung

Gehaltbestandteile	**Japan**	**Südafrika**
Bruttogehalt im Heimatland	100.000 €	100.000 €
– Einkommensteuern	– 25.000 €	– 25.000 €
– Sozialabgaben	– 13.000 €	– 13.000 €
– Wohnkosten	– 12.000 €	– 12.000 €
verfügbares Nettogehalt im Heimatland	50.000 €	50.000 €
+/– Kaufkraftausgleich	+ 45.000 €	– 17.000 €
+ Auslandszulage	+ 25.000 €	+ 5.000 €
+ Mieteigenanteil	+ 12.000 €	+ 12.000 €
Netto-Soll-Gehalt im Gastland (in €)	132.000 €	50.000 €
Netto-Soll-Gehalt im Gastland (in Gastlandwährung)	14.500.000 Yen	360.000 Rand
+ Sozialabgaben	1.800.000 Yen	+ 59.000 Rand
+ Einkommensteuer	7.000.000 Yen	+ 98.000 Rand
Bruttogehalt im Gastland	23.300.000 Yen (= 211.000 €)	517.000 Rand (= 72.000 €)

Beispiel

Die BASF AG unterscheidet beim internationalen Einsatz von Fach- und Führungskräften in maximal einjährige Informationsaufenthalte, die dem Know-how-Erwerb und dem Kennenlernen von Sprache und Gastlandbedingungen dienen, in Auslösungstätigkeiten zur Erledigung eines zeitlich befristeten Projekts, in Auslandsentsendungen zur befristeten Übernahme von Fach- und Führungspositionen in ausländischen Tochtergesellschaften sowie in Versetzungen, die die vollkommene Integration in die aufnehmende Gesellschaft beinhalten. Während bei den beiden ersten Formen das Gehalt des Mitarbeiters lediglich um eine Kostenerstattung für Lebenserhaltung und Unterkunft ergänzt wird, findet bei den beiden letzten Formen eine grundlegende Neufestsetzung statt.
Bei der Auslandsentsendung von Mitarbeitern wird diesen eine Mobilitätszulage, mit der die Bereitschaft, im Ausland zu arbeiten, gefördert werden soll, sowie eine Erschwerniszulage zum Ausgleich entsendungsbedingter Nachteile gewährt. Während die Höhe der Erschwerniszulage nach dem jeweiligen Einsatzort gestaffelt ist, hängt die Mobilitätszulage auch von dem individuellen Grundgehalt des Mitarbeiters ab. Aus Gründen der Fairness und Fürsorge gegenüber den Mitarbeitern wird dabei die zum Zeitpunkt der Entsendung festgelegte Zulage für die Dauer der Entsendung nicht reduziert, sondern lediglich an die Entwicklung der Lebenshaltungskosten, des Wechselkurses, der Steuerbelastung, u. a. angepasst.
Während des Auslandsaufenthalts wird in der Muttergesellschaft ein fiktives Vergleichs- oder Schattengehalt weitergeführt und entsprechend den Verfahrensweisen bei Gehaltsregulierungen jährlich überprüft und dem entsandten Mitarbeiter mitgeteilt. Dieses Vergleichsgehalt bildet die Bemessungsgrundlage für die weiter zu entrichtenden Beiträge zur Sozial- und Rentenversicherung sowie für die Festlegung des Gehalts nach der Rückkehr. Bei der Rückkehr werden zudem Umzugs- und Umzugsnebenkosten analog zur Entsendung erstattet (vgl. BASF AG 1995; Brinkkötter 1997).

dauer und Einsatzland) belohnt. Die entsandten Mitarbeiter sollen dadurch sowohl zur Übernahme einer weiteren Auslandstätigkeit als auch zur Rückkehr in die Muttergesellschaft finanziell motiviert werden.

6.1.2.2.3.4 Anpassung an die Gastlandbedingungen

Modell der kulturellen Anpassung

Drei Anpassungsdimensionen

Neben vertraglichen und finanziellen Aspekten hängt der Erfolg einer Auslandsentsendung vor allem von der Fähigkeit des Entsandten und seiner Familie ab, sich an die Bedingungen im Gastland anzupassen. Black/Mendenhall/Oddou (1991) haben ein *Modell der kulturellen Anpassung* (*cultural adjustment*) entwickelt, das drei *Anpassungsdimensionen* unterscheidet (vgl. Abb. 6-9):

- Die *Anpassung an die Arbeit* bezieht sich auf die spezifischen beruflichen Verantwortlichkeiten im Ausland und die Frage, inwieweit die Entsandten mit den neuen und zumeist erweiterten Anforderungen und Erwartungen sowie der Führung von einheimischen Mitarbeitern zurechtkommen.
- Die *Anpassung an das allgemeine Umfeld* beschreibt, inwiefern Fach- und Führungskräfte im Ausland mit den Dingen des alltäglichen Lebens im Ausland zurechtkommen. Dazu zählen die Anpassung an die allgemeinen Lebensbedingungen, die Wohnverhältnisse, das Gesundheitswesen sowie das Unterhaltungs- und Erholungsangebot vor Ort. Ebenso gehören die Anpassung an Einkaufsmöglichkeiten, Lebenshaltungskosten und landestypische Speisen zu dieser Dimension.
- Die *Anpassung an die Interaktion mit Gastlandangehörigen* fokussiert auf den Umgang mit Einheimischen. Dazu zählt das Ausmaß, in dem sich Fach- und Führungskräfte im Ausland an das Leben mit Einheimischen im Alltag anpassen, und zwar insbesondere auf Gespräche und den täglichen Umgang mit diesen außerhalb des Arbeitsplatzes.

Abb. 6-9

Modell der kulturellen Anpassung von Black/Mendenhall/Oddou (1991, S. 303)

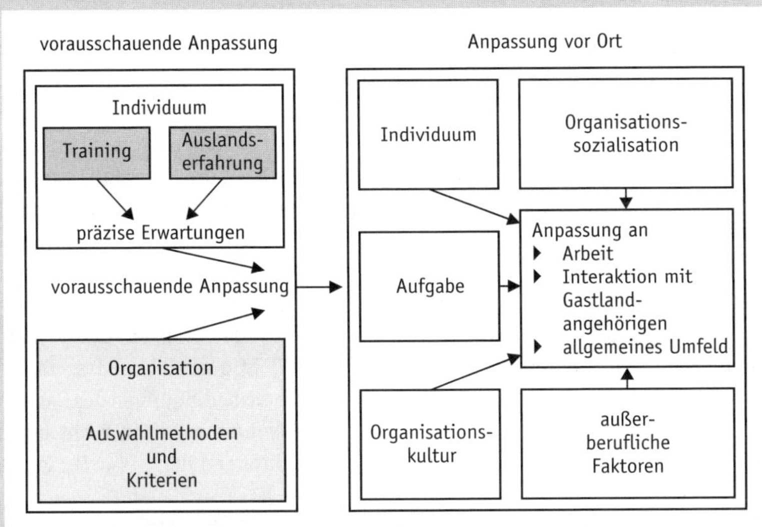

Das Modell von Black/Mendenhall/Oddou (1991) hat eine große Zahl von empirischen Untersuchungen angeregt (vgl. die Meta-Analysen von Bhaskar-Shrinivas et al. 2005; Puck/Holtbrügge/Rausch 2008). Fasst man deren Ergebnisse zusammen, so wird die kulturelle Anpassung vor allem durch folgende Faktoren begünstigt:

Vorausschauende Anpassung

Die vorausschauende Anpassung, die vor dem eigentlichen Auslandsaufenthalt stattfindet, ist von individuellen und von organisationalen Faktoren abhängig. Zu den individuellen Faktoren zählen *frühere Auslandserfahrungen* sowie *interkulturelle Trainings* (vgl. Puck/Kittler/Wright 2008). Darüber hinaus hängt die vorausschauende Anpassung von Entsandten von den *Methoden und Kriterien ihrer Auswahl* ab.

Anpassung vor Ort

Positiv auf die Anpassung vor Ort wirken sich die individuellen Eigenschaften des Entsandten aus. Dazu zählen etwa dessen *Extrovertiertheit* und *Offenheit für neue Erfahrungen* (vgl. Caligiuri 2000; Huang/Chi/Lawler 2005; Kreppel/Puck/Holtbrügge 2008). Einen Einfluss auf die Anpassung hat auch das *Geschlecht* des Entsandten, wobei Frauen eine höhere Anpassungsfähigkeit als Männer haben (vgl. Selmer/Leung 2003).

Aufgabenmerkmale

Einen weiteren Einflussfaktor bilden die Aufgabenmerkmale, wobei insbesondere die *Rollenklarheit* (vgl. Rygl et al. 2008) und die *Entscheidungsautonomie* (vgl. Bonsiep et al. 2003) eine große Bedeutung besitzen. Stammhausdelegierte können den Konflikt zwischen der Notwendigkeit der Anpassung an die Bedingungen des jeweiligen Gastlandes und der Durchsetzung der strategischen Ziele der Muttergesellschaft nur dann lösen, wenn ihnen eine relativ hohe Autonomie eingeräumt wird, sie sich aber gleichzeitig ausreichend durch die Muttergesellschaft unterstützt fühlen. Sowohl eine als zu gering empfundene Unterstützung als auch eine zu große Einflussnahme wirken sich dagegen negativ auf den Erfolg der Entsendung aus (vgl. Takeuchi et al. 2007; Takeuchi/Shay/Li 2008).

Organisationale Faktoren

Im Rahmen der organisationalen Faktoren kommt vor allem der *Unterstützung durch die Unternehmung (perceived organizational support)* eine wichtige Funktion zu (vgl. Kraimer/Wayne/Jaworski 2001; Kawai/Strange 2014). Insbesondere der Einsatz von Mentoren*)*, Tutoren oder Paten, die einen kontinuierlichen Dialog mit dem Entsandten sicherstellen, ihn während seiner Auslandstätigkeit betreuen und seine Interessen in der Muttergesellschaft vertreten, hat einen positiven Einfluss auf dessen Anpassung (vgl. Carraher/Sullivan/Crocitto 2008). Um die Gefahr eines doppelten Unterstellungsverhältnisses und damit einhergehenden Loyalitätskonflikts zu begrenzen, ist eine enge Abstimmung der Verantwortlichkeiten zwischen dem Mentor in der Muttergesellschaft und dem Fachvorgesetzten in der ausländischen Tochtergesellschaft erforderlich. Dazu bietet es sich etwa an, zwischen der fachlichen und administrativen Betreuung einerseits und der persönlichen und psychologischen Betreuung andererseits zu unterscheiden. Wichtig ist zudem, dass der Mentor einen detaillierten Einblick in die Arbeits- und Lebensbedingungen des Gastlands hat, um den Entsandten effizient unterstützen zu können und ihn nicht mit unrealistischen Erwartungen zu konfrontieren (vgl. Schröder 1995, S. 146 ff.; Mezias/Scandura 2005).

Unterstützung durch die Familie

Schließlich wirkt sich die *Unterstützung durch die Familie* positiv auf die Anpassung von Entsandten aus. Dies gilt insbesondere für die Anpassung an die Interaktion mit Gastlandangehörigen. Entscheidend ist zudem, ob die Familie des Entsandten mit diesem zusammen in das Gastland gezogen ist oder weiterhin im Heimatland lebt (vgl. Kittler/Holtbrügge/Ungar 2006).

Phasenförmiger kultureller Anpassungsprozess

Die vorliegenden empirischen Studien weisen nahezu übereinstimmend darauf hin, dass die Anpassung ein dynamischer Prozess ist und Auslandsentsandte häufig einen *phasenförmigen kulturellen Anpassungsprozess* durchlaufen, der die Form einer W-Kurve annimmt (vgl. Abb. 6-10). Wie lang die einzelnen Phasen sind, hängt insbesondere von den dort dargestellten Einflussfaktoren ab.

Erwartungsphase

Die mit der Entscheidung über die Auslandsentsendung einsetzende *Erwartungsphase* ist überwiegend durch eine hohe Zufriedenheit gekennzeichnet. Der zukünftige Delegierte freut sich auf seine neue Tätigkeit in einer unbekannten Umgebung, die häufig mit einem beruflichen Aufstieg sowie einem wachsenden sozialen Status

Beispiel

Besonders große Anforderungen an das Personalmanagement beinhaltet die Entsendung von Mitarbeitern in Hochrisikoländer. Neben der unmittelbaren Bedrohung durch Terrorismus, Kriminalität oder Gesundheitsgefahren wirken sich auch die damit verbundenen psychischen Belastungen oft negativ auf die Arbeitsleistung und -zufriedenheit von Entsandten aus. Der mit der Tätigkeit in Hochrisikoländern verbundene psychische Stress kann insbesondere durch die intensive soziale Unterstüzung durch die Unternehmung reduziert werden. Positiv wirken sich zudem umfassende und engmaschische Netzwerke zu Gastlandangehörigen und anderen Entsandten aus (vgl. Bader/Berg 2013; Bader/Schuster 2015).

Abb. 6-10

Idealtypischer kultureller Anpassungsprozess eines Stammhausdelegierten an die Gastlandbedingungen

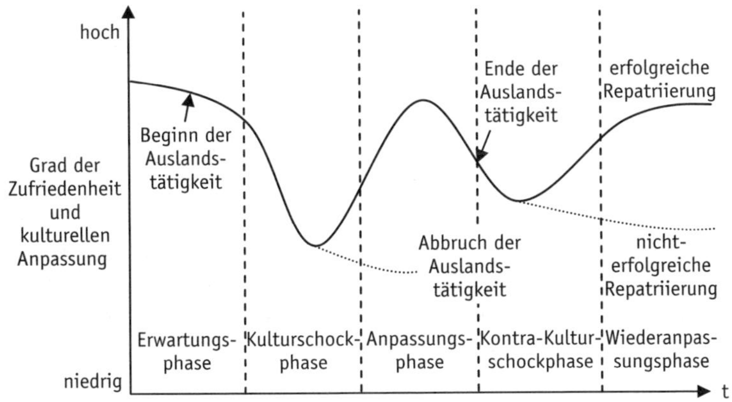

(Quelle: modifiziert und erweitert nach Kenter/Welge 1983, S. 177)

und unternehmungsinternen Interesse verbunden ist. Auch die Ankunft im Gastland verläuft in den meisten Fällen problemlos. Der Delegierte wird mit zahlreichen neuen Eindrücken und Interaktionspartnern im beruflichen und privaten Umfeld konfrontiert, die als interessant und anregend wahrgenommen werden.

»Kulturschock«

Nach einigen Monaten der differenzierteren Auseinandersetzung mit den Gastlandbedingungen schlägt diese positive Einstellung häufig abrupt in eine emotionale Verunsicherung und Desorientierung um. Der Entsandte stößt zunehmend auf unerwartete und unverständliche Reaktionen von Angehörigen der Gastlandkultur, die er als »Kulturschock« (Oberg 1960) empfindet. Neben der unmittelbaren Erfahrung der kulturellen Andersartigkeit, die besonders ausgeprägt ist, wenn der Delegierte auf diese nicht durch ein entsprechendes interkulturelles Training vorbereitet wurde, treten häufig erste gravierende berufliche Probleme auf. Diese können noch dadurch verstärkt werden, dass der Erwartungsdruck an den Delegierten steigt und die ihm zugestandene Einarbeitungszeit aus Sicht seiner Mitarbeiter abgeschlossen ist. Die Folge davon sind häufig hohe psychische und physische Belastungen beim Entsandten und seinen Familienmitgliedern. Die Gefahr eines Abbruchs der Auslandstätigkeit ist in dieser *Kulturschockphase* besonders groß.

Anpassungsphase

Die *Anpassungsphase* setzt ein, wenn die kognitive und emotionale Auseinandersetzung mit den Gastlandbedingungen nicht länger zu Frustrationen und Stress führt, sondern der Delegierte allmählich die Fähigkeit entwickelt, kulturelle Unterschiede zu erklären und mit diesen umzugehen. Gefördert wird diese kulturelle Anpassung durch die Verbesserung der Sprachkenntnisse und die Relativierung des eigenen Wertesystems. Der Delegierte überwindet die Touristenperspektive und beginnt, tiefer gehende Kontakte zu Gastlandangehörigen zu knüpfen.

»Kontra-Kulturschock«

Mit der nahenden Rückkehr in die Muttergesellschaft wird dieses emotionale Gleichgewicht häufig wieder gestört. Die Unsicherheit über die berufliche und private Zukunft, der Verlust von beruflichen und sozialen Privilegien und die organisatorischen Probleme der Auslandsrückkehr führen zu einem *Kontra-Kulturschock*.

Wiederanpassungsphase

Wann und wie dieser Kontra-Kulturschock überwunden werden kann und eine *Wiederanpassungsphase* einsetzt, hängt wesentlich von den beruflichen und privaten Reintegrationsmaßnahmen ab. Ist die Repatriierung nicht erfolgreich, kann der Grad der Zufriedenheit und kulturellen Anpassung weiter sinken, bis der Mitarbeiter eventuell die Unternehmung verlässt oder eine neue Auslandstätigkeit aufnimmt.

6.1.2.2.4 Reintegration

Herausforderungen

Die Rückkehr und Wiedereingliederung von Stammhausdelegierten stellt ein zentrales Problem von Auslandseinsätzen dar. Empirischen Untersuchungen zufolge liegt der Anteil der Auslandsrückkehrer, die angesichts einer als unbefriedigend empfundenen Reintegration innerhalb eines Jahres kündigen, zwischen 10 und 25 % (vgl. Black 1992; Suutari/Brewster 2003). Viele Auslandsrückkehrer klagen über einen ausgeprägten *Kontra-Kulturschock*, der vor allem durch den Verlust von Verantwortung, die Reduzierung des Tätigkeits- und Entscheidungsspielraums sowie persönliche und familiäre Anpassungsprobleme ausgelöst wird (vgl. Kumar 1992, S. 331 ff.). Darüber hinaus ist die Rückkehr in das Heimatland vielfach mit einem Verlust sozialer Privilegien verbunden. »Als Auslandsmanager, insbesondere in der Stellung des Leiters einer Niederlassung oder Tochtergesellschaft im Gastland, hat der Delegierte eine Position, die dem eines Mitglieds des diplomatischen Dienstes ähnelt. Wenn er in der Hauptstadt des Gastlandes angesiedelt ist, wird er üblicherweise zu allen wichtigen nationalen Veranstaltungen und insbesondere zu allen Veranstaltungen der deutschen Botschaft eingeladen. Er verkehrt auf gleicher Ebene mit Ministern und hohen Beamten sowie einflussreichen Unternehmern des Gastlandes und wird in Fragen internationaler geschäftlicher Kontakte als Berater hinzugezogen. Infolgedessen bedeutet die Rückkehr ins Stammland für ihn auch im privaten, freizeitbezogenen Bereich eine völlige Veränderung (...). Ein Gefühl der Rückkehr in provinzielle Verhältnisse lässt sich für den früheren Auslandsdelegierten nicht verleugnen« (Dülfer/Jöstingmeier 2008, S. 544 f.).

Inhalte der Reintegrationsplanung

Um die Arbeitsleistung und -zufriedenheit von Auslandsrückkehrern zu steigern, deren im Ausland erworbene Erfahrungen für die Muttergesellschaft nutzbar zu machen und die Bereitschaft für zukünftige Auslandsentsendungen nicht zu gefährden, ist deshalb eine rechtzeitige und umfassende Reintegrationsplanung unerlässlich. Zu den *Inhalten der Reintegrationsplanung* zählen die systematische Unterrichtung der Delegierten über alle wichtigen unternehmungsinternen Veränderungen und die Unterstützung bei der Bewältigung der insbesondere nach längeren Auslandsaufenthalten auftretenden beruflichen und privaten Probleme (vgl. Storti 2003, S. 82 ff.). Von großer Bedeutung ist zudem die zeitgerechte Bereitstellung einer den Erwartungen und Qualifikationen des Delegierten entsprechenden Stelle (vgl. Weber/Festing 1996; Lazarova/Caligiuri 2001; Baruch/Altman 2002). Dabei

Alternativen

sind folgende *Alternativen* denkbar:

- *Angebot der gleichen oder einer vergleichbaren Position, die der Delegierte vor der Entsendung eingenommen hat.* Dabei ergibt sich jedoch das Problem, dass diese Position inzwischen zumeist bereits mit einem anderen Mitarbeiter besetzt wurde. Eine Auslandsentsendung, die nicht mit einem anschließenden hierarchischen Aufstieg verbunden ist, würde aus Sicht des Rückkehrers zudem wahrscheinlich als Karriereknick empfunden werden. Dennoch belegt eine empirische Untersuchung von Müller (1991), dass mehr als 50 % der von ihm befragten 84 deutschen Auslandsrückkehrer keine hierarchisch höhere Position als vor ihrer Entsendung einnehmen.
- *Angebot einer Position, die diejenigen Mitarbeiter in der Zwischenzeit erreicht haben, die vor der Entsendung die gleiche hierarchische Position wie der Entsandte innehatten und in der Muttergesellschaft verblieben sind.* Aufgrund unterschiedlicher Karriereverläufe ist diese Vorgehensweise in der Praxis jedoch nur schwer durchführbar. Zudem wird die Bereitschaft zur Auslandsentsendung auch bei dieser Alternative nicht angemessen belohnt.
- *Angebot einer Position, die derjenigen in der ausländischen Tochtergesellschaft hinsichtlich Aufgabe, Verantwortung und Bezahlung vergleichbar ist* (z. B. in einer inländischen Niederlassung). Dies stellt aus der Sicht des Rückkehrers zumeist die beste Alternative dar, da seine Bereitschaft zur Auslandsentsendung belohnt wird und er seinen persönlichen Lebensstil nur in einem geringen Maße ändern muss. Sie wird jedoch dadurch eingeschränkt, dass insbesondere in kleinen und mittelständischen Unternehmungen nur sehr wenige derartige Positionen verfügbar sind.
- *Einrichtung einer »Pseudo-Stelle«*, die derjenigen in der ausländischen Tochtergesellschaft zwar hinsichtlich Bezahlung, nicht jedoch hinsichtlich Aufgabe und Verantwortung vergleichbar ist. Diese Alternative ist sowohl aus Sicht der Unternehmung als auch des Mitarbeiters unbefriedigend, da sie mit dem weitgehenden Verzicht auf die Nutzung der im Ausland erworbenen Erfahrungen verbunden ist.
- *Aufschiebung bzw. Umgehung des Repatriierungsproblems* durch die erneute Entsendung des Mitarbeiters in eine andere Tochtergesellschaft bzw. durch die Entsendung von Mitarbeitern, die kurz vor ihrer Pensionierung stehen und nach Beendigung des Auslandseinsatzes in den Ruhestand treten werden.

Typologie von Stammhausdelegierten

Die Problematik der Reintegration ist vor allem von der Dauer der Entsendung, der Hierarchieebene und dem Grad der kulturellen Anpassung des Entsandten an das Herkunfts- bzw. Gastland abhängig (vgl. Kühlmann/Stahl 1995, S. 179 ff.). Borg (1988) hat dazu eine *Typologie von Stammhausdelegierten* entwickelt und in einer einen Zeitraum von 13 Jahren umfassenden Längsschnittstudie von 202 Führungskräften empirisch getestet (vgl. Abb. 6-11).

Lokale (locals)

Als *Lokale (locals)* werden diejenigen Führungskräfte bezeichnet, die nach einer einmaligen Auslandsentsendung wieder in die Muttergesellschaft zurückkehren und dort verbleiben. In der Untersuchung von Borg (1988) besitzt dieser Stammhausdelegierten-Typus mit 38 % die größte Bedeutung. Während des Auslandseinsatzes halten lokal orientierte Führungskräfte zumeist intensive Beziehungen zur Muttergesellschaft, sodass deren Reintegration nur geringe Probleme bereitet. Nach ihrer Rückkehr assimilieren sich diese Führungskräfte jedoch wieder sehr schnell an die Bedin-

Abb. 6-11

Typologie von Stammhausdelegierten

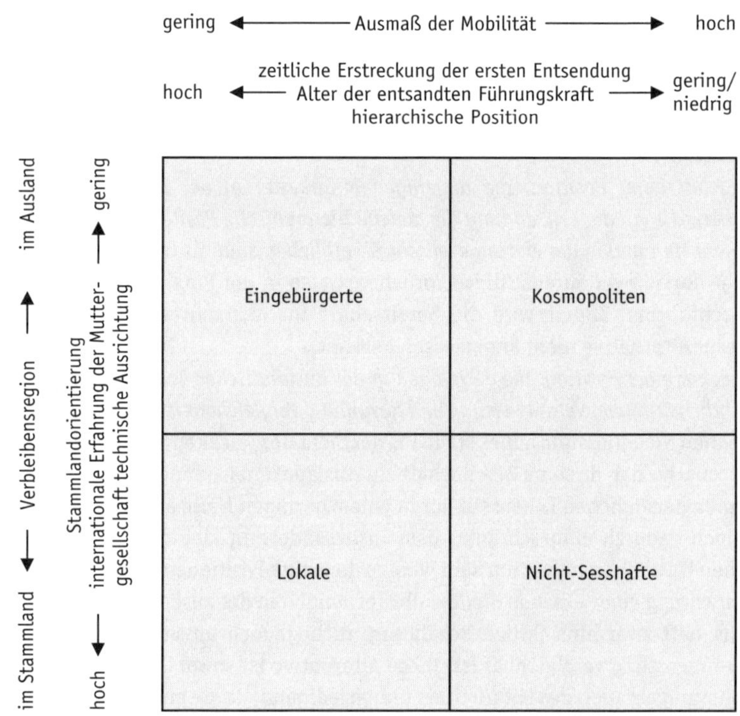

(Quelle: Borg/Harzing 1996, S. 289)

gungen in der Muttergesellschaft, sodass deren Auslandserfahrungen nur in einem sehr geringen Maße zur Personal- und Organisationsentwicklung beitragen.

Nicht-Sesshafte (unsettled)

Nicht-Sesshafte (unsettled) kehren erst nach zwei oder drei häufig aufeinander folgenden Auslandsentsendungen wieder in ihr Herkunftsland zurück. Dieser Stammhausdelegierten-Typus, dem nach der Untersuchung von Borg (1988) mit 15 % die geringste Bedeutung zukommt, zeichnet sich durch eine hohe internationale Mobilität während der frühen Karrierephase aus. Aufgrund der hohen Entsendebereitschaft werden nicht-sesshafte Führungskräfte jedoch häufiger und länger in ausländische Tochtergesellschaften entsandt als aus Gründen der Personal- und Organisationsentwicklung notwendig wäre. Nicht-Sesshafte verursachen deshalb häufig die größten Reintegrationsprobleme.

Eingebürgerte (naturalized)

Als *Eingebürgerte (naturalized)* werden diejenigen Führungskräfte bezeichnet, die nur einmal entsandt werden, sich schnell an die Bedingungen im Gastland assimilieren, dort häufig persönliche und familiäre Bindungen knüpfen und nach ihrer Entsendung dort verbleiben bzw. ihre Entsendungsdauer (teilweise mehrfach) verlängern. Bei diesem Stammhausdelegierten-Typus tritt das Problem der Reintegration nicht auf, es findet jedoch nur ein sehr begrenzter Transfer der im Ausland erworbenen Erfahrungen in andere Unternehmungseinheiten statt.

Kosmopoliten (cosmopolitans)

Als *Kosmopoliten (cosmopolitans)* werden schließlich diejenigen Führungskräfte bezeichnet, die mehrere Auslandseinsätze absolvieren und anschließend im Ausland verbleiben oder die Unternehmung verlassen. Kosmopoliten zeichnen sich häufig durch eine gering ausgeprägte Unternehmungsloyalität aus. Aufgrund ihres ausgeprägten Beziehungsnetzwerkes zu Mitarbeitern innerhalb und außerhalb der Unternehmung tragen sie jedoch in einem hohen Maße zur Organisationsentwicklung bei. Das Problem der Repatriierung ist für diesen Führungskräfte-Typus zumeist nicht relevant.

Empirische Evidenz

Trotz der vielfach herausgestellten großen Bedeutung belegen empirische Untersuchungen, dass eine frühzeitige und umfassende Planung der Repatriierung von Stammhausdelegierten nur selten stattfindet. So empfindet etwa die Mehrheit der in der Studie von Stahl/Miller/Tung (2002, S. 221 f.) befragten Auslandsentsandten deutscher Unternehmungen die Rückkehrplanung als unzureichend. Sie befürchten vor allem, Verantwortung und Autonomie zu verlieren und ihre im Ausland erworbenen Kenntnisse und Erfahrungen nicht nutzen zu können. Als Bestandteile einer effizienten Rückkehrplanung werden insbesondere sichtbare Zeichen der Wertschätzung internationaler Erfahrungen sowie die frühzeitige Kommunikation mit der Muttergesellschaft über die Einzelheiten des Wiedereingliederungsprozesses genannt (vgl. Lazarova/Caligiuri 2001). Die Studien von Stevens et al. (2006) und Lazarova/Cerdin (2007) belegen deshalb, dass Stammhausdelegierte, die an einem umfassenden Reintegrationsprogramm ihres Arbeitgebers teilgenommen haben, eine signifikant höhere Arbeitszufriedenheit und eine geringere Fluktuationsneigung aufweisen als Mitarbeiter, die die Reintegrationsmaßnahmen ihres Arbeitgebers als unzureichend bezeichnen.

6.1.2.3 Erfolgsfaktoren

Endogene/
Exogene Faktoren

Zusammenfassend lassen sich mehrere *endogene und exogene Faktoren* identifizieren, die – abhängig vom jeweiligen Entsendungsziel – für den Erfolg der Entsendung von Stammhausdelegierten verantwortlich sind (vgl. Abb. 6-12). Empirische Untersuchungen belegen jedoch, dass diese *Erfolgsfaktoren in der Unternehmungspraxis nur selten in einem ausreichenden Maße berücksichtigt* werden (vgl. z. B. Holtbrügge 2003b). So erfolgt die Auswahl von Stammhausdelegierten in vielen Unternehmungen weniger nach verhaltensbezogenen oder interkulturell-umweltbezogenen Kriterien, sondern nach *tätigkeitsbezogen-fachlichen* und vor allem *persönlichen Kriterien*. Die Auswahl geeigneter Stammhausdelegierter wird vielfach durch erhebliche *Vorbehalte der Mitarbeiter* erschwert, die eine Tätigkeit im Ausland weniger als persönliche Herausforderung und unverzichtbare Aufstiegsvoraussetzung, sondern als »Strafversetzung«, »Härtetest« oder »Edeka« (Ende der Karriere) empfinden. Häufig werden deshalb Mitarbeiter ins Ausland entsandt, denen gleichwertige Positionen in der Muttergesellschaft nicht angeboten würden.

Abbrüche von Auslandseinsätzen

Aufgrund der vielfach wenig systematischen Entsendungsplanung sind darüber hinaus die *Vorbereitung und Betreuung* während des Auslandseinsatzes häufig unzureichend. Auch eine systematische und rechtzeitige *Reintegrationsplanung* findet gegenwärtig nur in Ausnahmefällen statt. Entsprechend ist die Zahl der *Abbrüche von Auslandseinsätzen* vielfach sehr hoch, wobei empirische Studien zu widersprüchlichen Ergebnissen kommen (vgl. Harzing 1995). Als Ursachen für den Abbruch von Auslandsentsendungen werden insbesondere persönliche, gesundheitliche und familiäre Gründe genannt (vgl. Brown 2008; Mäkelä/Suutari 2011; Gupta/Banerjee/Gaur 2012).

Bei vielen Mitarbeitern ist gegenwärtig ein Wandel ihrer Karriereorientierung feststellbar. So wird die mit einem Auslandseinsatz verbundene Erweiterung der Managementfähigkeiten, der interkulturellen Kompetenz und der persönlichen Erfahrungen zunehmend als bedeutsam für die eigene Karriere aufgefasst (vgl. Suutari/Brewster 2003). Entsprechend steigt die Bereitschaft zu einem Auslandseinsatz an. Dies gilt insbesondere für Führungskräfte, die aus Gründen der Personal- und Organisationsentwicklung und in Tochtergesellschaften mit einer hohen strategischen Bedeutung für die Gesamtunternehmung entsandt werden (vgl. Bolino 2007). Aufgrund der vielfach als unzureichend empfundenen Entsendungs- und Reintegrationspraxis wächst jedoch gleichzeitig die Überzeugung, dass sich die dadurch erworbenen Qualifikationen eher auf dem externen Arbeitsmarkt als in der entsendenden Unternehmung realisieren lassen. Entsprechend wechseln viele Auslandsrückkehrer zu anderen Unternehmungen, die diesen bessere Aufstiegs- und Entwicklungsperspektiven geboten haben. Die effiziente Integration von Auslandsrückkehrern in die eigene Unternehmung stellt deshalb gegenwärtig eine der zentralen Herausforderungen für das internationale Personalmanagement dar.

Abb. 6-12

Erfolgsfaktoren des Auslandseinsatzes von Stammhausdelegierten

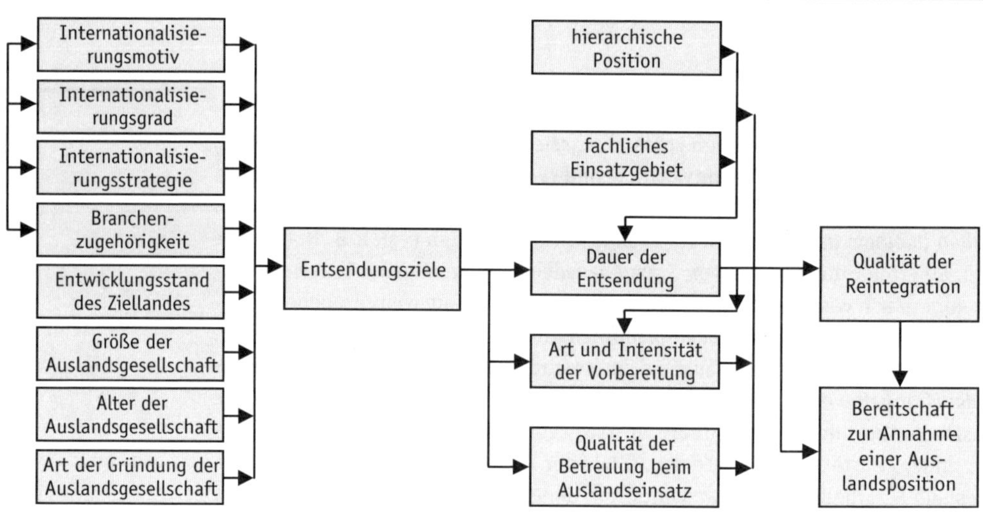

(Quelle: Kenter 1989, Sp. 1931 f.)

6.2 Personalmanagement in Multinationalen Unternehmungen

Da sich die durch eine integrierte Gesamtbetrachtung der weltweiten Aktivitäten eröffnenden Wettbewerbsvorteile nur dann realisieren lassen, wenn die einzelnen Managementfunktionen und -instrumente möglichst weitgehend aufeinander abgestimmt sind, besteht – ähnlich wie beim Einsatz organisatorischer Gestaltungsparameter – auch im Bereich des Personalmanagement in Multinationalen Unternehmungen eine zentrale Aufgabe darin, die Implementierung der gewählten Unternehmungsstrategie zu unterstützen. Analog zum Strategischen Management und zur Organisation stehen dazu die folgenden vier idealtypischen Gestaltungsalternativen zur Verfügung (vgl. Tab. 6-8).

6.2.1 Idealtypische Gestaltungsalternativen

6.2.1.1 Internationales Personalmanagement

Ad-hoc-Entsendungen

Das zentrale Merkmal einer internationalen Personalmanagement-Strategie stellt die ethnozentrisch orientierte Besetzungspolitik dar. Wichtige Leitungsfunktionen in ausländischen Tochtergesellschaften werden mit erfahrenen Stammhausmitarbeitern besetzt, die insbesondere einen reibungslosen Know-how-Transfer sicherstellen sollen. Entsprechend werden von diesen vor allem technische und kaufmännische Qualifikationen erwartet. Da die Besetzung von Fach- und Führungspositionen in ausländischen Tochtergesellschaften nicht oder nur unzureichend in die Personalplanung der Muttergesellschaft integriert ist, finden sowohl die Entsendung als auch die Rückkehr häufig *ad hoc* und ohne größere Vorbereitung statt. Vielfach werden Mitarbeiter ins Ausland entsandt, die kurz vor Ende ihrer beruflichen Laufbahn stehen.

Eine internationale Personalmanagement-Strategie ist insbesondere für solche Unternehmungen geeignet, deren internationale Aktivitäten relativ unbedeutend und nur in einem sehr geringen Maße integriert sind. Mit zunehmendem Internationalisierungsgrad ist diese Strategie jedoch mit dem Verlust von Synergievorteilen verbunden. Die ethnozentrische Besetzungsstrategie sowie die Betonung fachlicher Qualifikationen führen zudem zu erheblichen Effizienzeinbußen, wenn die Unternehmung in Ländern mit sehr heterogenen rechtlichen, ökonomischen und kulturellen Rahmenbedingungen tätig ist.

6.2.1.2 Multinationales Personalmanagement

Anpassung an nationale Bedingungen

Die weitgehende Anpassung der personalpolitischen Instrumente an die jeweiligen nationalen Bedingungen ist das vorherrschende Merkmal der multinationalen Personalmanagement-Strategie. Um diese zu gewährleisten, werden die Führungspositionen in ausländischen Tochtergesellschaften überwiegend mit Gastlandangehörigen besetzt. Die Entsendung von Stammhausmitarbeitern hat dagegen nur eine sehr geringe Bedeutung und dient lediglich der Kontrolle und dem Schutz vor einer ungewollten Know-how-Diffusion. Sowohl die Anforderungen an die Führungskräfte als

Tab. 6-8

Idealtypische Gestaltungsalternativen des Personalmanagement in Multinationalen Unternehmungen

Personalmanagement-Strategie / Merkmale	International	Multinational	Global	Transnational
Unternehmungskultur	ethnozentrisch	polyzentrisch	Geozentrisch	synergetisch
Nationalität der Führungskräfte	Inländer	Gastlandangehörige und wenige Inländer	Inländer und im Inland ausgebildete Gastlandangehörige	ohne Bedeutung (*beyond passport*)
Entsendungsziele	Know-how-Transfer, Kompensation fehlender inländischer Führungskräfte	Kontrolle, Schutz vor ungewollter Know-how-Diffusion	weltweite Koordination	weltweite Koordination, Integration, Personal- und Organisationsentwicklung
Anforderungsmerkmale	technische und kaufmännische Kenntnisse, ausreichende Englischkenntnisse	kulturelle Sensibilität für das Gastland und Kenntnis der Gastlandsprache	Offenheit für fremde Kulturen, Durchsetzungsvermögen, sehr gute Englischkenntnisse	interkulturelle Flexibilität, umfangreiche Auslandserfahrung, Kenntnis mehrerer Sprachen
Anforderungen an die Mobilität	ohne große Bedeutung	Bereitschaft zu längeren Auslandsaufenthalten	Bereitschaft zu häufigen Auslandsreisen	Bereitschaft zu längeren Auslandsaufenthalten und häufigen Ortswechseln
Führungskräfte-Typ	Funktionsspezialist	Gastlandspezialist	*one world*-Manager	transnationaler Grenzgänger
Vorbereitung	keine	kurz und landesspezifisch	kurz und landesübergreifend	kontinuierlich und landesübergreifend
Entgeltgestaltung	stammhausorientiert	gastlandorientiert	unternehmungseinheitliche Regelung	gesamtunternehmungsorientiert (hybrid)
Reintegration	teilweise schwierig	sehr schwierig	weniger schwierig	*professionally easy*
Bedeutung für die Karriere	negativ	eher hinderlich	wichtig für Top-Positionen	essentiell

(Quellen: Zusammengestellt aus Perlmutter 1969, S. 12; Adler/Ghadar 1990a, S. 191 f.; Adler/Ghadar 1990b, S. 246; Kumar 1992, S. 317; Wunderer 1993, S. 6)

auch die Entgeltgestaltung sind gastlandorientiert. Länderübergreifende Karrierewege sind äußerst selten, sodass sich zumeist nur sehr wenige hoch qualifizierte und motivierte Führungskräfte zur Übernahme einer Leitungsposition in einer ausländischen Tochtergesellschaft bewegen lassen.

Eine multinationale Personalmanagement-Strategie ist insbesondere für Unternehmungen geeignet, deren Tochtergesellschaften weitgehend autonom operieren und von der Muttergesellschaft als Portfolio unabhängiger Einzelunternehmungen geführt werden. Sie weist darüber hinaus in solchen Ländern eine hohe Effizienz auf, deren Bedingungen sich von denen des Heimatlandes stark unterscheiden. Die gastlandorientierte Ausrichtung der personalpolitischen Instrumente erschwert jedoch länderübergreifende organisatorische Lerneffekte sowie die Ausnutzung von Standardisierungs- und Verbundvorteilen.

6.2.1.3 Globales Personalmanagement

Weltweite Standardisierung personalpolitischer Grundsätze

Das zentrale Kennzeichen eines globalen Personalmanagement ist die weltweite Standardisierung der personalpolitischen Grundsätze und Instrumente, die sich z. B. in der Entwicklung einheitlicher Verfahren der Personalauswahl, einer landesübergreifenden Personalentwicklung und unternehmungsweit gültigen Regelungen der Entgeltgestaltung niederschlägt. Insbesondere diejenigen personalpolitischen Aufgaben, die sich auf die Besetzung von hochrangigen Führungspositionen, die Weiterbildung von Managern sowie deren Leistungsbewertung und -entgeltung beziehen, zeichnen sich zudem durch einen hohen Zentralisationsgrad aus (vgl. Wolf 1994, S. 560). Die ideale Führungskraft ist ein *one-world*-Manager, der über sehr gute Englischkenntnisse, weltweite Kontakte, ein ausgeprägtes Durchsetzungsvermögen sowie die Bereitschaft zu häufigen Auslandsreisen verfügt. Eine erfolgreiche Tätigkeit in strategisch wichtigen ausländischen Tochtergesellschaften stellt dabei eine wesentliche Voraussetzung für die Übernahme von hochrangigen Leitungspositionen in der Muttergesellschaft dar.

Die Verfolgung einer globalen Personalmanagement-Strategie ist jedoch nicht nur mit lokalen Effizienzeinbußen, sondern vor allem mit der Gefahr einer »Überhomogenisierung« (Kumar 1992, S. 328) und »mentalen Vereinheitlichung« (Schneider 1996a, S. 140) der Mitarbeiter verbunden, die wiederum die für eine Multinationale Unternehmung bedeutsame Vielseitigkeit und Problemlösungsfähigkeit verringert. »The people who move into senior executive positions all come to behave and think alike, each one a clone of the other. The organization is in danger of losing the variety and diversity of views among its managerial ranks that is the lifeblood of vitality, change, and dynamism« (Evans/Lank/Farquhar 1989, S. 135). Die weltweite Standardisierung des Personalmanagement wird zudem in einem hohen Maße durch die Vorschriften des jeweiligen nationalen Arbeits- und Sozialrechts sowie durch den Einfluss der Gastlandgewerkschaften und -regierungen eingeschränkt.

6.2.1.4 Transnationales Personalmanagement

Stellenbesetzung beyond passport

Auch im Bereich des Personalmanagement ist deshalb eine Strategie erforderlich, die die individuelle Berücksichtigung von Globalisierungs- und Lokalisierungsvorteilen ermöglicht. Ein solches transnationales Personalmanagement ist insbesondere durch folgende Merkmale gekennzeichnet:

- International ausgerichtete Personalentwicklung.
- Länderübergreifendes Führungskräftemanagement.
- Einrichtung internationaler Entscheidungsgremien.
- Gesamtunternehmungsorientierte Entgeltpolitik.

Diese Merkmale werden im Folgenden ausführlich erläutert, bevor abschließend eine kritische Gesamtbewertung der transnationalen Personalmanagement-Konzeption erfolgt.

6.2.2 Merkmale des transnationalen Personalmanagement

6.2.2.1 Länderübergreifende Personalentwicklung

Herausbildung einer transnationalen Perspektive

Eines der zentralen Merkmale des transnationalen Personalmanagement stellt die länderübergreifende Entwicklung von Führungskräften dar, die sich nicht nur auf Stammhausdelegierte beschränkt, sondern alle mit dem internationalen Geschäft betrauten Führungskräfte umfasst (vgl. White/Poynter 1990, S. 107). Deren Ziel ist die *Herausbildung einer transnationalen Perspektive*, die die primäre Orientierung an den jeweiligen lokalen Bedingungen überwindet und die holistische Betrachtung der vielfältigen externen und internen Chancen und Risiken Multinationaler Unternehmungen ermöglicht (vgl. Pucik 1992, S. 74 ff.).

Interkulturelle Kompetenz

Eine zentrale Voraussetzung dafür ist die Entwicklung einer ausgeprägten *interkulturellen Kompetenz*. Diese ist nach Auffassung von Thomas (1993, S. 382) dann gegeben, »wenn eine handlungswirksame Synthese zwischen kulturdivergenten Orientierungssystemen (Kulturstandards) erreicht ist.« Interkulturelle Kompetenz bedeutet damit nicht nur »lernen *über*, sondern *von* und *in* fremden Kulturen« (Schuchardt 1998; vgl. auch Graf 2004a).

Zur näheren Spezifikation des Begriffs der interkulturellen Kompetenz kann auf den Ansatz von Gertsen (1990) zurückgegriffen werden, der zwischen einer affektiven, kognitiven und verhaltensbezogenen Dimension interkultureller Kompetenz unterscheidet (vgl. Abb. 6-13).

Affektive Dimension

Die *affektive Dimension* umfasst über die allgemeinen Anforderungen an international tätige Führungskräfte hinaus (vgl. Kap. 6.1.2.2.1) vor allem eine positive emotionale Einstellung gegenüber abweichenden Einstellungen und Verhaltensweisen. Andere Kulturen sollten akzeptiert und respektiert werden. Zudem müssen die Bereitschaft und das Interesse bestehen, andere Kulturen kennen zu lernen.

Kognitive Dimension

Innerhalb der *kognitiven Dimension* liegt der Blickpunkt auf dem gleichwertigen Verhältnis des Wissens um eigen-, fremd- und interkulturelle Prozesse. Dies bedeutet, dass faktenorientiert-deskriptives Denken durch erklärendes Wissen der eigenen und fremder Kulturen ergänzt wird. Gleichzeitig werden kulturvergleichende Betrachtungen um interaktionsorientierte erweitert, da das Wissen um kulturelle Unterschiede noch nichts darüber aussagt, wie ein konkreter Interaktionsprozess zwischen Angehörigen unterschiedlicher Kulturen verlaufen kann.

Verhaltensorientierte Qualifikationen

Verhaltensorientierte Qualifikationen sind schließlich erforderlich, damit die der affektiven Dimension zugeordneten Eigenschaften und Einstellungen auch adäquat in Verhalten und Handlungen umgesetzt werden können, d. h. damit Mitarbeiter nicht nur interkulturell erfolgreich reagieren und denken, sondern auch agieren können (vgl. Bolten 2006, S. 68).

Zusammenfassend münden diese Anforderungen in den *Idealtypus des »transnationalen Grenzgängers«* (Ringlstetter 1994, S. 239), der sich nicht nur von der nationa-

Abb. 6-13

Modell interkultureller Kompetenz

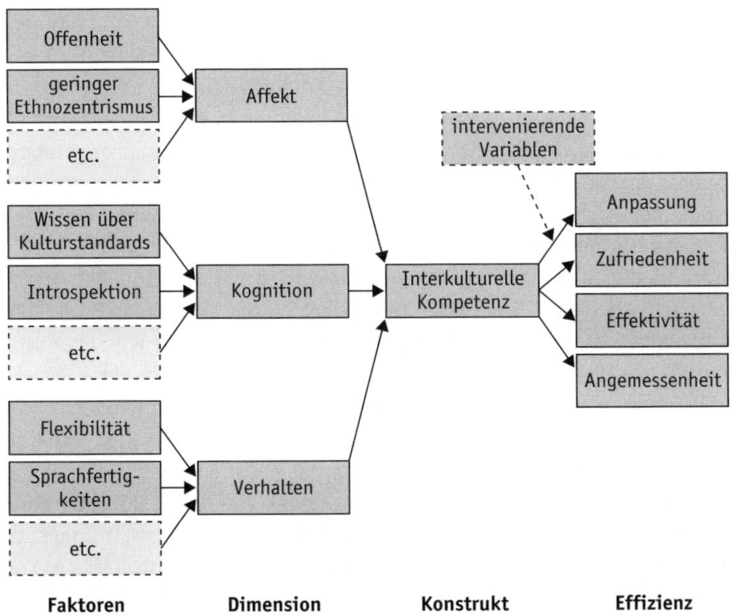

(Quelle: modifiziert nach Müller/Gelbrich 2001, S. 252)

len Kultur seines Heimatlandes gelöst hat, sondern darüber hinaus in der Lage ist, übersetzende Brücken zwischen verschiedenen nationalen Kulturen herzustellen (vgl. dazu auch Kap. 3.2.5).

Müller/Gelbrich (2001) haben diese drei Dimensionen aufgegriffen und zu einem Modell interkultureller Kompetenz erweitert (vgl. Abb. 6-13). Interkulturelle Kompetenz hat danach positive Auswirkungen auf die Anpassungsfähigkeit von Auslandsentsandten, deren Zufriedenheit, die Arbeitseffektivität sowie die von den Gastlandangehörigen empfundene Angemessenheit ihres Verhaltens. Zwischen diesen Effizienzkriterien können jedoch konkurrierende Beziehungen bestehen. So muss eine hohe Effektivität nicht zwangsläufig mit einer ausgeprägten Anpassung einhergehen. Dies gilt vor allem für Unternehmungen mit einer globalen Strategie (vgl. Kap. 4.2.1.3), deren Erfolg nicht auf der Anpassung an die lokalen Bedingungen, sondern der weltweiten Standardisierung des Verhaltens basiert. Neben der affektiven, kognitiven und verhaltensorientierten Dimension wird der Zusammenhang zwischen interkultureller Kompetenz und der Effizienz der Tätigkeit im Gastland zudem durch intervenierende Faktoren beeinflusst. Dazu zählen etwa das Image der Unternehmung oder die Unterstützung durch die Muttergesellschaft.

Fremdsprachenkenntnisse

Eine zentrale Voraussetzung für die Entwicklung interkultureller Kompetenz sind detaillierte *Fremdsprachenkenntnisse* sowie die Bereitschaft, sich Kenntnisse weiterer Sprachen bei Bedarf relativ schnell anzueignen (vgl. Marschan/Welch/Welch 1997). Die Fähigkeit, Verhandlungen mit Mitarbeitern, Kunden oder Lieferanten aus anderen Ländern ohne Dolmetscher führen zu können, verringert nicht nur den Zeitaufwand und die Gefahr von Missverständnissen, sondern ermöglicht auch informelle Gespräche »unter vier Augen«. Deren große Bedeutung im internationalen Kontext wird offensichtlich, wenn man berücksichtigt, dass Führungskräfte zunehmend in länderübergreifende Netzwerke und international zusammengesetzte Entscheidungsgremien eingebunden sind (vgl. Kap. 6.2.2.3) und dabei empirischen Untersuchungen zufolge zwischen 50 und 90 % ihrer Arbeitszeit mit mündlicher Kommunikation verbringen (vgl. Mintzberg 1989, S. 12).

Englisch als *corporate language*

Unterschiedliche Auffassungen sind hinsichtlich der notwendigen Breite und Tiefe der erforderlichen Sprachkenntnisse feststellbar (vgl. Hauschildt/Vollstedt 2002). Einerseits setzt sich Englisch immer stärker als globale Wirtschaftssprache durch (vgl. etwa Crystal 2003). Auch viele Unternehmungen aus nicht-englischsprachigen Ländern wie ABB, Nestlé oder Siemens haben deshalb in den letzten Jahren Englisch als *corporate language* verankert. Andererseits wird die Beschränkung auf eine einzige Sprache der kulturellen Heterogenität Multinationaler Unternehmungen häufig nicht gerecht (vgl. Jaeger 1998; Harzing/Feely 2008). Dahinter steht die Erkenntnis, dass Sprache kein vom Sprecher und seiner Lebenswelt unabhängiges objektives Medium ist, sondern ein konstruiertes und damit wertbehaftetes Konzept darstellt (vgl. Kap. 5.2.2.6). Unterschiedliche Sprachen beinhalten damit immer auch unterschiedliche Denkmodelle zur Erfassung bestimmter Realitätsausschnitte. Wie vor allem die postmoderne Theorie des Internationalen Management argumentiert, sind diese unterschiedlichen Denkmodelle vielfach inkommensurabel und damit nicht in andere Sprachen übersetzbar, ohne dass dabei wichtige Bedeutungsinhalte verloren gehen oder verfälscht werden (vgl. Holtbrügge 2001a, S. 26 ff.). Dies wird z. B. durch eine Befragung deutscher Führungskräfte in China von Berg/Holtbrügge (2002, S. 44) unterstrichen, die die Beherrschung der chinesischen Sprache aus diesem Grund als eine entscheidende Erfolgsvoraussetzung ausländischer Unternehmungen in diesem Land bezeichnen (vgl. auch Selmer 2006). Schließlich weist Baxter (1983, S. 306) darauf hin, dass die englische Sprache gerade wegen ihrer großen Verbreitung nicht weltweit standardisiert ist, sondern große landesspezifische Unterschiede aufweist: »There are many varieties of English, including native and non-native varieties (...). I speak English British-ly, Indian-ly, Japanese-ly and so on (...). The question is: How does one speak English interculturally?«

Bikulturelle Führungskräfte als *transnational boundary spanners*

Eine besonders ausgeprägte interkulturelle Kompetenz weisen häufig *Bikulturelle* auf, die durch ihre Eltern, Erziehung oder langjährige Auslandserfahrung zwei verschiedene Kulturen internalisiert haben (vgl. Holtbrügge/Engelhard 2014). Dazu zählt etwa die Fähigkeit des *cultural frame switching*, d. h. des Wechsels der kulturellen Orientierung in Abhängigkeit der jeweiligen Umweltbedingungen (vgl. Hong et al. 2000). Dies ermöglicht es Bikulturellen, die oft divergierenden Interessen unterschiedlicher Unternehmungseinheiten besser zu verstehen und als *transnational boundary spanners* zwischen diesen zu agieren (vgl. Brannen/Thomas 2010). Dadurch unterstützen sie die personenorientierte Koordination, der in transnational ausgerichteten Multinationalen Unternehmungen eine besonders hohe Bedeutung zukommt (vgl. Kap. 5.2.2.4). Zudem kann bei ihnen im Unterschied zu Stammland- oder Gastlandangehörigen davon ausgegangen werden, dass sie gegenüber beiden Ländern eine ähnlich hohe Loyalität besitzen, wodurch sie in der Mutter- und Tochtergesellschaft eine gleichermaßen hohe Akzeptanz genießen (vgl. Lee 2010).

6.2.2.2 Länderübergreifendes Führungskräftemanagement

International ausgerichtete Personalentwicklung

Die hohen Anforderungen an die interkulturelle Kompetenz von Führungskräften Multinationaler Unternehmungen lassen sich nur zu einem geringen Teil im Rahmen kurzfristiger Weiterbildungsmaßnahmen *off-the-job* vermitteln. Multinationale Unternehmungen verfolgen deshalb zunehmend eine *international ausgerichtete Personalentwicklung*, um Stellen weltweit mit dem am besten qualifizierten Mitarbeiter besetzen zu können (vgl. Abb. 6-14). Neben der Entsendung von Fach- und Führungskräften der Muttergesellschaft in ausländische Tochtergesellschaften (*expatriates*) umfasst diese auch die reverse Delegation in die Muttergesellschaft (*inpatriates*) sowie horizontale Delegationen zwischen den ausländischen Tochtergesellschaften (vgl. Harvey/Buckley 1997; Harvey/Speier/Novicevic 1999). Durch das länderübergreifende Führungskräftemanagement sollen weltweite *organisatorische Lernprozesse* gefördert, die *Steuerung und Koordination* der Unternehmung erleichtert und die *Entwicklung einer synergetischen Organisationskultur* unterstützt werden (vgl. Riusala/Suutari 2004; Lazarova/Tarique 2005; Cappellen/Janssens 2005).

Idealtypologie von Entsendungsstrategien

Die Delegation von Mitarbeitern in andere Unternehmungseinheiten dient deshalb im Rahmen eines transnationalen Personalmanagement nicht mehr nur der Kompensation fehlender einheimischer Fach- und Führungskräfte, dem Know-how-Transfer oder der Steuerung und Kontrolle, sondern diese wird darüber hinaus zu einem zentralen Instrument der Personal- und Organisationsentwicklung. Mayrhofer (1996b, S. 242 ff.) hat hierzu eine *Idealtypologie von Entsendungsstrategien* entwickelt, bei der einerseits nach der Bedeutung des Steuerungs- und Kontrollziels und andererseits nach der Bedeutung des Personalentwicklungsziels unterschieden wird (vgl. Abb. 6-15).

Abb. 6-14

Formen der Delegation

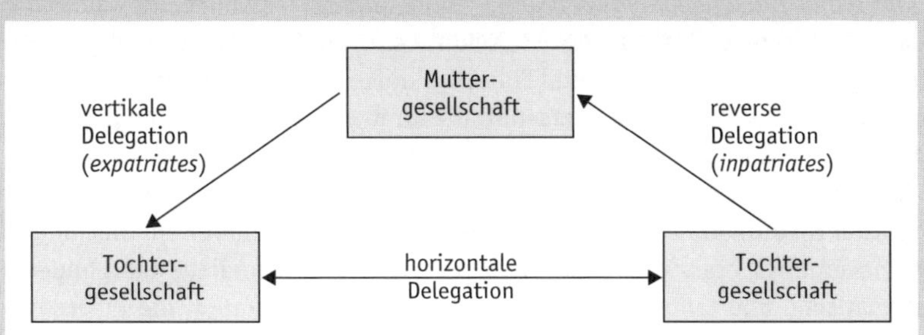

Abb. 6-15

Idealtypologie von Entsendungsstrategien

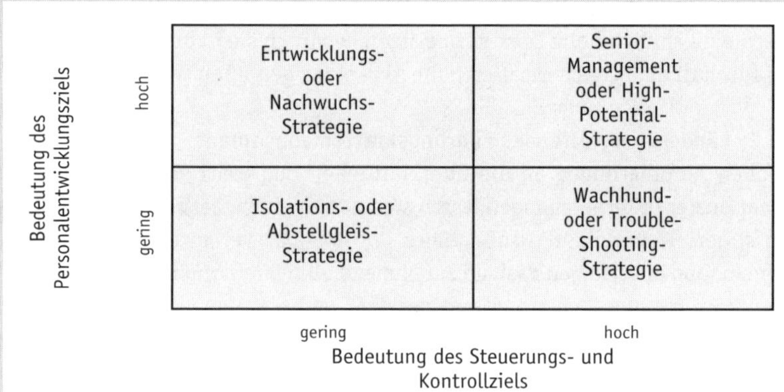

(Quelle: leicht verändert übernommen aus Mayrhofer 1996b, S. 343)

Wachhund- oder Trouble-Shooting-Strategie

Die *Wachhund- oder Trouble-Shooting-Strategie* ist dadurch gekennzeichnet, dass Auslandseinsätze primär zu Steuerungs- und Kontrollzwecken durchgeführt werden. Sie dienen dazu, die Auslandsaktivitäten zu kontrollieren und insbesondere beim Neuaufbau von Tochtergesellschaften sowie in Krisensituationen die ausreichende Berücksichtigung der strategischen Zielsetzungen der Muttergesellschaft sicherzustellen. Entsprechend werden im Rahmen dieser Strategie insbesondere Schlüsselpositionen in der Geschäftsführung mit Stammhausdelegierten besetzt.

Entwicklungs- oder Nachwuchs-Strategie

Bei der *Entwicklungs- oder Nachwuchs-Strategie* steht das Ziel der Personalentwicklung im Vordergrund. Vor allem im Rahmen von Trainee-Programmen werden Führungsnachwuchskräfte der Muttergesellschaft in ausländische Tochtergesellschaften und Trainees ausländischer Tochtergesellschaften in die Muttergesellschaft oder andere Tochtergesellschaften entsandt (*reverse transfers*), um die jeweilige Landes- und Unternehmungskultur kennen lernen, persönliche Kontakte knüpfen und informelle Kommunikationsnetzwerke aufbauen zu können (vgl. Hedlund 1986, S. 29; Nonaka 1990, S. 90).

Senior-Management oder High-Potential-Strategie

Die *Senior-Management- oder High-Potential-Strategie* zeichnet sich dadurch aus, dass Auslandsentsendungen sowohl Steuerungs- und Kontrollzielen als auch Entwicklungszielen dienen. Fach- und Führungskräfte werden insbesondere in diejenigen Unternehmungseinheiten entsandt, die für die Gesamtunternehmung von strategischer Bedeutung sind. Die Auswahl der entsandten Mitarbeiter ist dabei weniger an den spezifischen Anforderungen der jeweiligen Gastländer als vielmehr – unter bewusster Inkaufnahme vorübergehender lokaler Effizienzeinbußen – am *langfristigen Entwicklungspotenzial* der Mitarbeiter orientiert. Die Grundlage dafür bildet eine systematische und langfristige internationale Personalplanung, die insbesondere eine reibungslose Reintegration bzw. eine frühzeitige Vorbereitung auf den Einsatz in einer anderen Unternehmungseinheit garantiert (vgl. Adler/Ghadar 1990a,

Beispiel

Ein Beispiel für ein systematisches länderübergreifendes Führungskräftemanagement ist BASF. Die Zentralabteilung Führungskräfteplanung und -entwicklung plant die Besetzung von weltweit ca. 650 Führungspositionen auf den vier Ebenen Vorstand, Division President, Senior Vice President und Vice President/Director, denen weltweit die gleichen Maßstäbe wie Umsatzverantwortung, Anzahl der Mitarbeiter oder strategische Bedeutung für das gesamte BASF-Geschäft zugrunde liegen. Für diese Führungspositionen werden in einer Mitarbeiterdatenbank etwa 1.500 Kandidaten geführt, die potenziell in der Lage sind, diese Positionen im Laufe ihrer weiteren beruflichen Entwicklung zu übernehmen.
Im Jahre 1996 wurde dafür die Personal-Software Executrack eingeführt, mit deren Hilfe die weltweite Laufbahn-, Nachfolge- und Weiterbildungsplanung erfolgt. Executrack übernimmt als *Global Talent Warehouse* Daten aus lokalen Systemen, konsolidiert diese und stellt sie für globale Auswertungen und Analysen zur Verfügung. Alle rund 100 berechtigten Nutzer haben unabhängig vom jeweiligen Standort die Möglichkeit, Berichte und Analysen zu erstellen. So kann etwa analysiert werden, welche Qualifikationen ein bestimmter Kandidat hat, für welche Position er geeignet ist und welche Weiterbildungsmaßnahmen er für seine weitere Karriere benötigt. Zudem können im Bedarfsfall oder im Rahmen der Nachfolgeplanung Kandidaten ermittelt werden, die die Anforderungsmerkmale bestimmter Positionen erfüllen, sowie individuelle Karrierewege auf eine Zielposition geplant werden. Die folgende Abbildung gibt die individuelle Karriereplanung beispielhaft wieder (vgl. Schüler 2003; http://www.executrack.de/).

S. 192). Für die einzelnen Mitarbeiter beinhaltet ein mehrjähriger Auslandsaufenthalt dabei nicht nur die Möglichkeit, andere Länder kennen zu lernen und die eigene Persönlichkeit weiterzuentwickeln, sondern dieser wird zu einer entscheidenden Voraussetzung dafür, in Spitzenpositionen international tätiger Unternehmungen aufzusteigen.

Isolations- oder Abstellgleis-Strategie

Im Rahmen einer *Isolations- oder Abstellgleis-Strategie* kommt schließlich weder Steuerungs- und Kontrollzielen noch Entwicklungszielen eine große Bedeutung zu. Entsprechend werden insbesondere solche Mitarbeiter in ausländische Tochtergesellschaften entsandt, deren Entwicklungspotenzial als gering eingestuft wird und die aus wichtigen Positionen in der Muttergesellschaft in ausländische Tochtergesellschaften mit geringer strategischer Bedeutung für die Gesamtunternehmung »abgeschoben« werden sollen.

6.2.2.3 Einrichtung internationaler Entscheidungsgremien

Internationale Entscheidungsgremien

Die zunehmende Bedeutung geozentrischer Strategien bei der Besetzung von Führungspositionen in Multinationalen Unternehmungen führt dazu, dass wichtige Entscheidungsgremien, Projektgruppen und Gesprächskreise nicht mehr nur mit Führungskräften einer einzigen Nationalität besetzt sind, sondern immer häufiger international besetzte Teams zu finden sind, denen zentrale Steuerungs- und Koordinationsaufgaben übertragen werden (vgl. Berg 2006a, 2006b). Durch die *institutionalisierte Interaktion in internationalen Entscheidungsgremien*, die sich aus Delegierten der Muttergesellschaft und den jeweils betroffenen Tochtergesellschaften zusammensetzen, soll die dezentrale Koordination von Aktivitäten erleichtert, das frühzeitige Erkennen von Konflikten sichergestellt und weltweite organisatorische Lernprozesse gefördert werden (vgl. Tab. 6-9).

Internationale Entscheidungsgremien sind jedoch nicht auf nachgelagerte hierarchische Ebenen beschränkt, sondern zunehmend auch auf der Ebene des Vorstands bzw. der Geschäftsführung zu finden (vgl. Berg/Holtbrügge 2010). Globale Top-

Tab. 6-9

Vor- und Nachteile globaler Teams

Vorteile	Nachteile
Diversität erlaubt größere Kreativität ▸ breitere Perspektive ▸ mehr und bessere Ideen ▸ geringeres »Gruppendenken« Diversität erhöht die Notwendigkeit der stärkeren Berücksichtigung der ▸ Ideen ▸ Meinungen ▸ Argumente der anderen Gruppenmitglieder größere Kreativität bedingt ▸ genauere Definition von Problemen ▸ größere Zahl von Alternativen ▸ bessere Lösungen ▸ bessere Entscheidungen	Diversität bedingt Mangel an Gruppenkohäsion. Dieser führt zu ▸ Misstrauen – geringere interpersonelle Attraktivität – Stereotypenbildung – mehr kulturinterne Kommunikation ▸ Kommunikationsproblemen – höherer Zeitaufwand durch mangelnde Sprachkenntnisse und Übersetzungsprobleme – Mangel an sprachlicher Genauigkeit ▸ erhöhtem Stress – mehr kontraproduktives Verhalten – Spannungen Mangel an Gruppenkohäsion erschwert ▸ Bestätigung von Ideen und Personen ▸ Zustimmungen bei wichtigen Fragen ▸ Konsensfähigkeit ▸ konzertierte Aktionen

(Quelle: zusammengestellt nach Adler/Gundersen 2008, S. 140ff.)

Management-Teams finden sich sowohl in ausländischen Tochtergesellschaften, deren zunehmende Gestaltung als kooperative Unternehmungsform dies vielfach bereits aus rechtlichen Gründen erfordert, als auch in der Muttergesellschaft. Die *transnationale Besetzung der Führungsebene* Multinationaler Unternehmungen soll dabei »mehr Feingefühl für das weltweite Geschäft, mehr Flexibilität (und) mehr kreative Unruhe« bewirken (Rieker/Wirth 1996, S. 247).

Organisationspsychologie

Theoretisch begründen lassen sich die *Vorteile* internationaler Entscheidungsgremien vor allem mit Erkenntnissen der *Organisationspsychologie*, die sich seit längerer Zeit mit der optimalen Zusammensetzung von Entscheidungs- und Problemlösungsgruppen beschäftigt. Empirische Studien belegen, dass Gruppen, deren Mitglieder über unterschiedliche Werthaltungen und Persönlichkeitseigenschaften verfügen, bei neuartigen und unstrukturierten Aufgaben homogen zusammengesetzten Gruppen überlegen sind, da diese zumeist *kreativere Problemlösungen* hervorbringen (vgl. Tsui/Egan/Xin 1995; Williams/O'Reilly 1998; Simons/Pelled/Smith 1999). Darüber hinaus deuten spieltheoretische Untersuchungen darauf hin, dass ethnisch heterogene Gruppen häufiger kooperative Spielzüge wählen als Gruppen, die eine homogene Mitgliederstruktur aufweisen (vgl. Cox/Lobel/McLeod 1991).

Lerntheoretische Erklärung

Ein weiterer Vorteil besteht darin, dass durch das breitere Wertespektrum neue Ideen eingebracht und Konformitätsschranken abgebaut werden, wodurch Innovationen stimuliert sowie individuelle und organisatorische Lernprozesse beschleunigt werden können (vgl. Herriot/Pemberton 1995). Im Unterschied zum Konzept der Erfahrungskurve, bei dem Lernen auf Wiederholung zurückgeführt wird, liegt dieser lerntheoretischen Erklärung die Annahme zugrunde, dass Lernen durch die Wahrnehmung von Unterschieden angeregt wird (vgl. Berg/Holtbrügge 2010).

Humankapitaltheorie

Nicht zuletzt lässt sich die Überlegenheit international zusammengesetzter Entscheidungsgremien auch mit Hilfe der *Humankapitaltheorie* erklären. Im Mittelpunkt der Argumentation steht die Annahme, dass Unternehmungen heterogener werdenden Marktanforderungen dann am besten gerecht werden, wenn ihre interne Organisationsstruktur die externe Marktstruktur möglichst deckungsgleich widerspiegelt. Die »Inkorporation von Diversität« (Holtbrügge 2001a, S. 155) wird in diesem Sinne gerade für Multinationale Unternehmungen, die in einer sehr heterogenen und stark fragmentierten Wettbewerbsumwelt agieren, als bedeutender Wettbewerbsvorteil aufgefasst (vgl. Holzmüller/Berg 2002).

Vor- und Nachteile internationaler Entscheidungsgremien

Diesen positiven Aspekten internationaler Entscheidungsgremien stehen jedoch auch gravierende *Nachteile* gegenüber. So beanspruchen Entscheidungs- und Einigungsprozesse in Gruppen, deren Mitglieder unterschiedlichen Kulturen angehören, zumeist wesentlich mehr Zeit und führen häufiger zu Konflikten als in vergleichbaren homogenen Gruppen. Divergierende implizite Handlungsorientierungen begünstigen zudem Missverständnisse, fördern das gegenseitige Misstrauen und verursachen höheren Stress für die einzelnen Gruppenmitglieder. Die Zunahme an Komplexität verstärkt zudem das Auftreten von Ambiguitäten und erschwert die Konsensfindung (vgl. Gibson 1999).

Damit die Vorteile international zusammengesetzter Entscheidungsgremien nicht durch diese Nachteile aufgewogen werden, sind insbesondere eine aufgabenspezifische Auswahl der Gruppenmitglieder, die Berücksichtigung und Achtung kultureller Differenzen, eine ausgewogene Machtverteilung und ein schnelles Feedback durch Externe notwendig (vgl. Govindarajan/Gupta 2001; Earley/Gibson 2002). Kulturell heterogene Teams weisen vor allem in den kreativen Phasen der Alternativensuche und -bewertung eine hohe Effizienz auf, während für die Entscheidungsfindung und -umsetzung eher homogen zusammengesetzte Gruppen geeignet sind. Darüber hinaus belegen empirische Längsschnittuntersuchungen, dass sich kulturell heterogen zusammengesetzte Gruppen nach ihrer Bildung zunächst mehr auf die internen Regeln ihrer Zusammenarbeit als auf die Lösung der Sachaufgaben konzentrieren. Dieser Effizienzverlust wird mit zunehmender Dauer der Zusammenarbeit jedoch geringer und schlägt ab einem bestimmten Zeitpunkt in einen Effizienzvorsprung gegenüber homogen zusammengesetzten Gruppen um (vgl. Watson/Kumar/Michaelsen 1993; Earley/Mosakowski 2000). Eine zentrale Voraussetzung dafür sind geeignete Maßnahmen der Personal- und Teamentwicklung, die die Entwicklung einer eigenständigen Teamkultur fördern (vgl. Puck 2009).

6.2.2.4 Gesamtunternehmungsorientierte Entgeltpolitik

Unternehmungszielkonformes Verhalten

Sowohl die verhaltensorientierte Entscheidungstheorie als auch die Principal-Agent-Theorie weisen darauf hin, dass die persönlichen Ziele der Entscheidungsträger nicht notwendigerweise mit den strategischen Zielen der Unternehmung übereinstimmen müssen. Aufgrund der räumlich bedingten Informationsasymmetrien und der Unterschiedlichkeit der Umweltbedingungen, unter denen die Führungskräfte in den weltweit verstreuten Unternehmungseinheiten tätig sind, sind diese Zielkonflikte in Multinationalen Unternehmungen besonders stark ausgeprägt (vgl. Roth/O'Donnell 1996). Neben dem Einsatz geeigneter Kontrollinstrumente muss deshalb ein Anreizsystem entwickelt werden, das das *unternehmungszielkonforme Verhalten* der Entscheidungsträger sicherstellt.

In vielen Multinationalen Unternehmungen wird dazu das finanzielle Ergebnis der Tochtergesellschaften (z. B. in Form des Return-on-Investment) als zentrales Beurteilungskriterium der jeweiligen Niederlassungsleiter herangezogen. Diese Praxis wird jedoch mit wachsendem Integrationsgrad und zunehmenden organisatorischen Interdependenzen immer problematischer. So hängt das finanzielle Ergebnis der einzelnen Tochtergesellschaften nicht nur von den Entscheidungen der lokalen Führungskräfte, sondern auch von der Transferpreispolitik der Multinationalen Unternehmung ab (vgl. Pucik 1992, S. 71). Die Realisierung transnationaler Strategien erfordert von den Tochtergesellschaftsleitern zudem, sich bei ihren Entscheidungen an der Effizienz der Gesamtunternehmung zu orientieren, was auch den Verzicht auf die Ausnutzung lokaler Gewinnpotenziale bedeuten kann. Vor allem aber sind integrierte Netzwerke durch eine ausgeprägte materielle und organisatorische Rollendifferenzierung von Mutter- und Tochtergesellschaften gekennzeichnet, die durch standardisierte finanzielle Kennzahlen nicht mehr effizient abgebildet werden kann. Während z. B. für Tochtergesellschaften, die auf vorgelagerte Wertaktivitäten beschränkt sind, marktorientierte Kriterien wie Umsatz oder Marktanteil wenig sinnvoll sind, stellt für Vertriebsgesellschaften der ROI kein sinnvolles Beurteilungskriterium dar (vgl. Bonache/Fernández 1997; Kap. 7).

Beitrag zur Effizienz der Gesamtunternehmung

Die Entwicklung einer transnationalen Perspektive erfordert deshalb eine Entgeltpolitik, die nicht das jeweilige lokale Ergebnis, sondern den *Beitrag zur Effizienz der Gesamtunternehmung* honoriert (vgl. Roth/O'Donnell 1996, S. 679). »The fact of life in most organizations is that what is not being measured does not receive much attention from managers or executives. A commitment to learning, improvement, and competition will remain only a token expression in the company mission statement, unless backed up by well thought out criteria for measuring accomplishments« (Pucik 1992, S. 71).

Balanced Scorecard-Ansatz

Die vorrangige Aufgabe der Entgeltpolitik besteht deshalb darin, die Gewinnsteuerung durch zusätzliche strategische Zielkriterien wie die Ausschöpfung länderübergreifender Synergiepotenziale, die Erbringung von Unterstützungsleistungen für die Muttergesellschaft und andere Tochtergesellschaften oder die Förderung weltweiter organisatorischer Lernprozesse zu ergänzen, die auf die *Steigerung der Wettbewerbsfähigkeit der Gesamtunternehmung* abzielen (vgl. Cascio 2006). Angesichts der großen Bedeutung Strategischer Allianzen und anderer kooperativer Unternehmungsformen im Rahmen transnationaler Strategien wird darüber hinaus vorgeschlagen, neben Leistungsmerkmalen auch Qualifikations- und Verhaltensmerkmale wie interkulturelle Kompetenz, Kooperationsfähigkeit oder die Förderung des »*spirit of cooperation*« als Kriterien der Führungskräfteentlohnung heranzuziehen (vgl. Bleicher/Hermann 1991, S. 38 f.). Pucik (1992, S. 72 f.) weist zudem auf die Notwendigkeit hin, die primär an materiellen Anreizen orientierte Entgeltpolitik durch nicht-materielle Anreize zu ergänzen, denen vielfach eine langfristigere und nachhaltigere Wirkung zukommt. Schließlich gilt es, die unterschiedlichen lokalen Bedingungen und unterschiedlichen strategischen Rollen der einzelnen Unternehmungseinheiten durch eine flexible Gestaltung des Anreizsystems zu berücksichtigen und z. B. Elemente sog. Cafeteria-Systeme einzuführen (vgl. Kreutzer 1989, S. 186 f.). Ein Instrument dazu könnte der Balanced Scorecard-Ansatz sein, der im Rahmen der Erfolgsbeurteilung ausländischer Tochtergesellschaften noch ausführlich diskutiert werden wird (vgl. Kap. 7.3.2.1).

Empirische Evidenz

Die praktische Umsetzung dieser Handlungsempfehlungen ist jedoch mit zahlreichen Schwierigkeiten verbunden. Empirischen Studien zufolge liegt der Anteil der gesamtunternehmungsbezogenen Entgeltkriterien deshalb lediglich zwischen 10 und 14 % (vgl. Barner-Rasmussen 2003; Holtbrügge/Mohr 2011). Neben dem Problem der *Operationalisierung und Messung der eher weichen Qualifikations- und Verhaltensmerkmale* wird die Betonung gesamtunternehmungsbezogener Effizienzkriterien durch zahlreiche *Vorschriften des jeweiligen nationalen Arbeits-, Steuer- und Sozialversicherungsrechts* relativiert. Vor allem aber hat ein an strategischen und gesamtunternehmungsbezogenen Zielen orientiertes Anreizsystem nur für diejenigen Führungskräfte eine motivationale Wirkung, die langfristig in der jeweiligen Unternehmung tätig sind und eine *globale Karriereperspektive* besitzen. Erforderlich ist deshalb eine konsequente geozentrische Strategie der Stellenbesetzung, die auch die Möglichkeit von *reverse transfers* beinhaltet, ohne die die Verpflichtung der lokal rekrutierten Führungskräfte der ausländischen Tochtergesellschaften auf die transnationale Unternehmungsstrategie kaum möglich sein dürfte (vgl. Pucik 1992, S. 72 ff.).

6.2.3 Kritische Gesamtbeurteilung

Mehr noch als die anderen Managementfunktionen stellt das transnationale Personalmanagement ein *idealtypisches Konzept* dar, das bislang nur von sehr wenigen Unternehmungen verwirklicht wird. Empirische Untersuchungen belegen, dass in vielen Unternehmungen zwar die *Grundsätze und Ziele des Personalmanagement bereits nach transnationalen Kriterien ausgerichtet* sind, die *Instrumente des Personalmanagement aber überwiegend noch internationalen oder multinationalen Charakter* haben. So werden z. B. systematische internationale *job rotations* und langfristig angelegte Programme zur Entwicklung der interkulturellen Kompetenz von Führungskräften nur selten durchgeführt. Entsprechend liegt der Anteil von Drittlandangehörigen in den Leitungsgremien ausländischer Tochtergesellschaften bei lediglich 4 % (vgl. Holtbrügge/Mohr 2011). Auch in den Vorständen deutscher Großunternehmungen finden sich nur wenige ausländische Mitglieder bzw. deutsche Führungskräfte mit ausgeprägter internationaler Erfahrung, wobei beträchtliche Unterschiede zwischen den Unternehmungen festzustellen sind. Einen sehr hohen Anteil ausländischer Vorstandsmitglieder weisen etwa SAP und Fresenius Medical Care mit jeweils 71,5 % auf, während ThyssenKrupp, Munich Re, Merck, Lufthansa, Daimler, die Commerzbank und Beiersdorf am unteren Ende der Skala angesiedelt sind (vgl. Abb. 6-16). Die überwiegende Mehrzahl der ausländischen Vorstandsmitglieder stammt aus den USA (26 %), gefolgt von Großbritannien und Österreich (jeweils 9,25 %) sowie den Niederlanden und Indien (jeweils 7,5 %).

Abb. 6-16

Anteil ausländischer Vorstandsmitglieder in den DAX-30-Unternehmungen im Jahre 2012

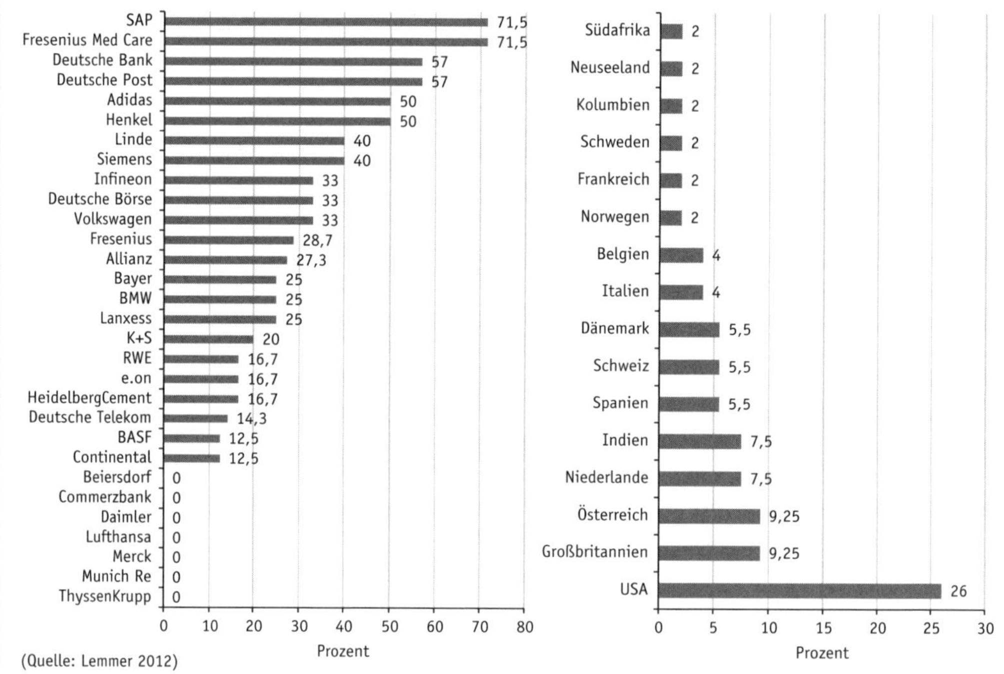

(Quelle: Lemmer 2012)

Die Implementierung eines transnationalen Personalmanagement wird zudem durch die im Vergleich zum Produkt- und Kapitalmarkt ausgesprochen *nationale Struktur des Arbeitsmarktes* eingeschränkt. Zwar wird z. B. innerhalb der Europäischen Union die Niederlassungs- und Beschäftigungsfreiheit garantiert (Art. 48–58 des EG-Vertrags), die länderübergreifende Mobilität ist jedoch trotz der durch den *Bologna-Prozess* angestrebten europaweiten Harmonisierung von Studiengängen und -abschlüssen noch weitgehend auf Grenzregionen beschränkt (vgl. Ribhegge 2011).

Vor allem aber erscheint die Orientierung am Leitbild des »transnationalen Grenzgängers« angesichts der vermutlich nur sehr geringen Verbreitung und der damit verbundenen hohen Beschaffungs-, Entwicklungs- und Motivationskosten für derartige Führungskräfte nicht nur *wenig realistisch*, sondern in vielen Fällen auch *nicht zweckmäßig*, da diese mit einem Verzicht auf Spezialisierungsvorteile verbunden ist. So sind insbesondere in den Emerging Markets wie China, Indien oder den mittel- und osteuropäischen Transformationsländern eher *country manager* gefragt, die über ausgeprägte Landeskenntnisse und über enge Beziehungen zu den lokalen Kunden, Lieferanten, Konkurrenten und politischen Entscheidungsträgern verfügen (vgl. Warner 2005; Budhwar/Bhatnagar 2009).

Eine transnationale Orientierung scheint deshalb weniger das Ergebnis bestimmter kognitiver und affektiver Prozesse einzelner Führungskräfte, als vielmehr einer *netzwerkartigen Kommunikation unterschiedlicher Länder-, Produkt- und Funktionsspezialisten* zu sein (vgl. Bartlett/Ghoshal 1992). Die Aufgabe des Personalmanagement wäre es dann, innerhalb des Unternehmungsnetzwerkes diejenigen Bereiche zu identifizieren, in denen jeweils bestimmte Fähigkeiten besonders relevant sind, und Führungskräfte mit transnational integrierenden Fähigkeiten insbesondere auf denjenigen Positionen einzusetzen, denen eine wichtige weltweite Koordinationsfunktion zukommt (vgl. Ringlstetter 1994, S. 240).

Matrix of the mind

Neben diesen funktionalen Problemen beinhaltet das Konzept des transnationalen Personalmanagement auch unübersehbare *ethische Probleme*. Insbesondere die Annahme, die Aufgabe des Personalmanagement weitgehend auf die Instrumentalfunktion der Implementierung transnationaler Unternehmungsstrategien reduzieren zu können, offenbart ein Menschenbild, das wenig humanistische Züge trägt. Die große Bedeutung, die länderübergreifenden Personalbewegungen zugemessen wird, beinhaltet zudem die Gefahr, dass die Mitarbeiter transnationaler Unternehmungen statt zu Weltbürgern zu »heimatlosen Internationalen« werden. Nicht zuletzt stellt sich gerade für das Personalmanagement in Multinationalen Unternehmungen die Aufgabe, nicht nur die Unterschiede zwischen Ländern, sondern auch die durch die Individualisierung vieler Gesellschaften zunehmenden Unterschiede zwischen Mitarbeitern angemessen zu berücksichtigen (vgl. Scherm 1997).

Ethische Probleme

Notwendig erscheint deshalb die Überwindung des weitgehend instrumentellen Verständnisses des Personalmanagement, das lediglich der Umsetzung von Internationalisierungsstrategien dient, und die stärkere *Integration des marktorientierten, strategischen Management mit dem ressourcenorientierten Personalmanagement* (vgl. Miller et al. 1994; Taylor/Beechler/Napier 1996), wie sie im Bereich des nationalen Personalmanagement bereits seit längerer Zeit gefordert wird (vgl. Staehle 1999, S. 799 ff.). Auf die Notwendigkeit eines solchen Paradigmawandels von einer instrumentellen zu einer ressourcenorientierten Betrachtung des Personalmanagement deuten nicht zuletzt empirische Untersuchungen hin, nach denen begrenzte personelle Ressourcen zunehmend als zentrales Hindernis bei der Implementierung transnationaler Strategien bezeichnet werden (vgl. Schuler 1995, S. 266). Als theoretisches Referenzkonzept eines solchen Paradigmawandels bietet sich die ressourcenorientierte Theorie der Unternehmung an, nach der die Wettbewerbsfähigkeit einer Unternehmung weniger auf die Ausnutzung umweltbedingter Gelegenheiten, als vielmehr auf den Aufbau und die Nutzung unternehmungsinterner Ressourcen und Kompetenzen zurückzuführen ist (vgl. Kap. 3.2.3).

6.3 Weiterführende Literatur

Einen allgemeinen Überblick über die Probleme und Gestaltungsmöglichkeiten des Personalmanagement in international tätigen Unternehmungen vermitteln die Lehrbücher von Black et al. (1999), Festing et al. (2011), Evans/Pucik/Barsoux (2002),

Adler/Gundersen (2008) und Briscoe/Schuler/Tarique (2011) sowie die Sammelbände von Kumar/Wagner (1998) und Harzing/Pinnington (2014). Die spezifischen Aspekte der internationalen Personalführung behandeln Kühlmann (2008) und Mendenhall et al. (2013).

Die Auswahl, Vorbereitung, Entsendung und Repatriierung von Stammhausdelegierten wird diskutiert in Kammel/Teichelmann (1994), Kühlmann (2004) und Stroh et al. (2005). Eine praxisorientierte Einführung in diese Thematik bietet Marx (2000).

Ein Überblick über den aktuellen Forschungsstand zum Internationalen Personalmanagement gibt der Sammelband von Stahl/Björkman/Morris (2013). Speziell der kulturellen Anpassung von Entsandten im Ausland ist der Sammelband von Holtbrügge (2008) gewidmet.

Die Probleme des internationalen Führungskräftemanagement werden kritisch diskutiert in dem Sammelband von Macharzina/Wolf (1996a). Die Besonderheiten des Auslandseinsatzes weiblicher Führungskräfte thematisieren Hartl (2003), Kollinger (2005) und Hutchings/Michailova (2014).

Eine ausführliche Darstellung und Würdigung unterschiedlicher Methoden des interkulturellen Trainings findet sich in den Sammelbänden von Fowler/Mumford (1995; 1999), Cushner/Brislin (1997) und Landis/Bennett/Bennett (2004). Die Besonderheiten des interkulturellen Trainings für globale Teams diskutiert Puck (2009).

Über unterschiedliche Strategien des Personalmanagement in Europa informiert der Sammelband von Scholz/Böhm (2008). Die Besonderheiten des Personalmanagement in den Emerging Markets Russland, China und Indien behandeln Holtbrügge (1995), Warner (2005), Budhwar/Bhatnagar (2009) und Cooke (2011). Auf den asiatisch-pazifischen Raum gehen die Beiträge in Varma/Budhwar (2013) ein.

Einen Überblick über die Gestaltungsalternativen des Personalmanagement in Multinationalen Unternehmungen geben die Untersuchungen von Festing (1999) und Scherm (1999). Speziell der Koordination des Personalmanagement in Multinationalen Unternehmungen ist die empirische Studie von Wolf (1994) gewidmet. Die Verbreitung unterschiedlicher Instrumente des transnationalen Personalmanagement in deutschen Multinationalen Unternehmungen untersuchen Holtbrügge (2003b) und Holtbrügge/Mohr (2011).

6.4 Fallstudie: Internationaler Personaleinsatz bei Bosch

Zur Steuerung und Kontrolle ausländischer Tochtergesellschaften greifen viele Unternehmungen auf Stammdelegierte zurück. Dabei können jedoch verschiedene interkulturelle Managementprobleme auftreten. Zu deren Reduzierung hat die Robert Bosch GmbH ein systematisches Konzept der Mitarbeiterentsendung entwickelt und mit der Personalentwicklung der Unternehmung abgestimmt.

Im Folgenden wird die Robert Bosch GmbH zunächst kurz vorgestellt. Der anschließende Abschnitt ist den Grundsätzen der Personalentwicklung gewidmet. Im Mittelpunkt der Fallstudie steht dann der Entsendungsprozess bei Bosch. Dieser wird anhand der Phasen Auswahl, Vorbereitung und Wiedereingliederung skizziert.

6.4.1 Unternehmungsportrait der Robert Bosch GmbH

Die Robert Bosch GmbH ist seit 115 Jahren untrennbar mit der Automobilindustrie verknüpft, deren weltweit bedeutendster Zuliefer sie ist (vgl. Robert Bosch GmbH 2011). In jedem Automobil, das in Europa produziert wird, stecken Bauteile von Bosch im Wert von durchschnittlich 800 €. Aber nicht nur in Fahrzeugen finden sich Bosch-Produkte, sondern auch in fast jedem Haushalt. Hierzu zählen etwa Elektrowerkzeuge, Hausgeräte und Sicherheitstechnik. Einen dritten Geschäftsbereich neben der Kraftfahrzeugtechnik sowie Gebrauchsgütern und Gebäudetechnik bildet die Industrietechnik (vgl. Abb. 6-17).

Historischer Abriss

Den *historischen Ursprung* der Unternehmung bildet die Werkstätte für Feinmechanik und Elektrotechnik, die Robert Bosch 1886 in Stuttgart gründete. Dort gelang dem Ingenieur 1897 die erfolgreiche Anwendung der Bosch-Niederspannungsmagnetzündung in einem Kraftfahrzeug. Seine Erfindung bildete die Grundlage für die Nutzung von Verbrennungsmotoren in Automobilen, die durch die Zusammenarbeit mit der Daimler-Motorengesellschaft kommerziell umgesetzt wurde. Ab 1902 belieferte Bosch den Autohersteller mit Hochspannungsmagnetzündern und Zündkerzen.

Abb. 6-17

Geschäftsbereiche und -felder der Robert Bosch GmbH

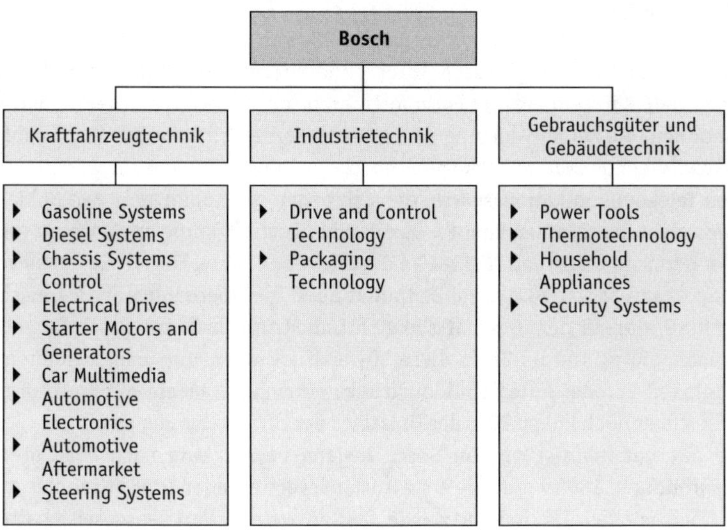

(Quelle: Bosch 2014)

Nicht nur auf technischem Gebiet, sondern auch im Bereich der Arbeitsordnung und des Personaleinsatzes gelangen Bosch frühzeitig zahlreiche Innovationen. Im Jahr 1906 führte Robert Bosch anlässlich der Lieferung des 100.000. Magnetzünders den Acht-Stunden-Tag ein. Wenig später wurde die Fertigstellung des 500.000. Zünders mit arbeitsfreien Samstagnachmittagen und einer Urlaubsregelung gefeiert. »Schon früh bildete sich daher in der Bosch-Belegschaft ein ausgeprägtes Wir-Gefühl heraus, ein besonders gearteter Stolz auf eine Lebenseinstellung gerade unter diesem Namen« (Herdt 1986, S. 67 f.).

Nach dem Ersten Weltkrieg gelang Bosch eine weitere Innovation im Automobilsektor, indem Einspritzpumpen für Dieselmotoren zur Serienfertigungsreife gebracht wurden. Der Dieselmotor konnte damit auch in Kraftfahrzeugen eingesetzt werden (vgl. Peters 2002). Parallel dazu begann Bosch mit der Ausweitung des Produktionsprogramms. Das erste Bosch-Elektrowerkzeug mit Motor im Handgriff kam 1928 auf den Markt. In den folgenden Jahren übernahm Bosch zahlreiche deutsche Traditionsunternehmungen, die nicht im Automobilsektor tätig waren. Dazu zählen die Junkers & Co GmbH für Gasgeräte und die Ideal-Werke AG für drahtlose Telephonie, die 1938 in Blaupunkt umbenannt wurden.

Die Entwicklung nach dem Zweiten Weltkrieg ist durch mehrere bedeutende Kooperationen geprägt. Die Zusammenarbeit mit Siemens auf dem Gebiet der Haushaltsgeräte mündete in der Gründung der Bosch-Siemens Hausgeräte GmbH. Fertigungsverbünde bestehen zwischen Blaupunkt und Grundig auf dem Gebiet von Autoradios und Farbfernsehgeräten. Gemeinsam mit Philips entwickelt Bosch Fernsehstudioausrüstungen. Das wichtigste Geschäftsfeld bleibt jedoch die Automobilsparte. Eigene Bosch-Innovationen sind hier das bekannte Antiblockiersystem ABS, das erste Navigationssystem mit dem Namen Travelpilot und das Elektronische Stabilitätsprogramm ESP.

Unternehmungsstruktur

Seit 1964 gehört die Unternehmung zu 92 % zur gemeinnützigen Robert Bosch Stiftung GmbH, die das gesellschaftliche und soziale Engagement des Unternehmungsgründers in zeitgemäßer Form fortführen soll. Die letzten bedeutenden Reorganisationen, die zur Entwicklung der heutigen *Konzernstruktur* führten, fanden zur Jahrtausendwende statt. Bosch trennte sich im Jahre 2000 von seiner verlustbringenden Telekommunikationssparte, die sich gegen die Konkurrenz von Nokia oder Siemens nicht durchsetzen konnte. Das Handy-Geschäft wurde an Siemens verkauft und der Bereich »Öffentliche Netze« an die britische General Electric Company veräußert. Spektakulär war zu diesem Zeitpunkt auch die Übernahme der Mannesmann Rexroth AG, die mit dem Geschäftsbereich Industrietechnik zur Bosch Rexroth AG zusammengeführt wurde. Trotz dieser Diversifikationen und dem Bemühen, die Abhängigkeit von der Automobilindustrie zu verringern, macht die Kraftfahrzeugtechnik immer noch knapp 70 % des Umsatzes der Unternehmung aus.

Internationalisierung

Die *Internationalisierung* von Bosch begann bereits kurz nach der Unternehmungsgründung. 1898 wurde die erste Auslandsvertretung in Großbritannien aufgebaut. Noch vor der Jahrhundertwende folgten weitere Vertriebsgesellschaften in Europa. 1906 wurde mit der Bosch Magneto Company die erste Tochtergesellschaft in den USA gegründet. Nach dem Zweiten Weltkrieg baute Bosch nicht nur die weitgehend zerstörten Produktionsanlagen in Deutschland wieder auf, sondern expan-

Tab. 6-10

Geschäftsentwicklung der Robert Bosch GmbH zwischen 2004 und 2013

	2004	2005	2006	2007	2008	2009	2010	2011	2012	2013
Umsatz (in Mio. €)	40.007	41.461	34.029	46.320	45.127	38.174	47.259	51.494	44.703	46.068
Auslandsanteil (in %)	72	73	72	75	74	76	77	77	77	77
Investitionen in Sachanlagen (in Mio. €)	2.435	2.923	2.368	2.634	3.276	1.892	2.379	3.226	2.714	2.539
Auslandsanteil (in %)	56	67	62	57	51	51	57	64	64	64
Mitarbeiter im Jahresmittel	238.000	249.000	218.000	268.000	283.000	275.000	276.000	295.000	273.000	280.000
Auslandsanteil (in %)	54	56	55	59	60	59	59	60	60	61

(Quelle: Bosch 2014)

dierte auch in neue Märkte. Die Unternehmung gründete Fertigungsstätten in Australien, Brasilien, Indien und den USA und entwickelte sich so zu einer der größten und bekanntesten deutschen Unternehmungen. Mitte der neunziger Jahre übertraf der Auslandsanteil am Umsatz, an den Sachinvestitionen und an den Mitarbeitern erstmals die entsprechenden Kennzahlen im Heimatland (vgl. Tab. 6-10).

Die Bosch-Gruppe umfasst rund 360 Tochter- und Regionalgesellschaften in rund 50 Ländern. Inklusive ihrer Handels- und Dienstleistungspartner ist sie in etwa 150 Ländern vertreten. Weltweit beschäftigt die Unternehmung rund 280.000 Mitarbeiter, davon 61 % nicht im Heimatland Deutschland. Insgesamt erwirtschaftete der Konzern im Jahre 2013 einen Umsatz von 46,1 Mrd. €. Der Auslandsanteil stieg von 56 % im Jahre 1995 auf 77 % im Jahr 2013 an. Der wichtigste Auslandsmarkt ist Europa mit einem Umsatzanteil von 55 %, gefolgt von Amerika (21 %) und dem stark wachsenden Asien-Pazifik (24 %). Nachdem 2009 aufgrund der weltweiten Krise in der Automobilindustrie erstmals seit dem Ende des Zweiten Weltkriegs ein Verlust von 1,2 Mrd. € erielt wurde, wurde 2013 wieder ein Ergebnis nach Steuern von 1,3 Mrd. € erreicht (vgl. Bosch 2014).

6.4.2 Grundsätze der Personalentwicklung

Der Erfolg von Bosch beruht nach eigenen Aussagen auf technologischen Innovationen, die von motivierten und leistungsfähigen Mitarbeitern geschaffen werden und so die Marktposition und den langfristigen Erfolg der Unternehmung sichern. Der Mensch wird als ein wichtiger Erfolgsfaktor angesehen, da dieser für die Qualität und Innovativität der Produkte verantwortlich ist. Für Bosch sind umfangreiche Auswahlmaßnahmen deshalb ein wichtiger Bestandteil der Unternehmungspolitik, um diejenigen Mitarbeiter herauszufinden, die gefördert und auch ins Ausland entsandt werden sollen. Bis heute ist die Personalpolitik dabei durch ihren Gründer geprägt. Sein Motto: »Bei allen Dingen, die man nicht selbst machen kann, sei es aus Mangel an Fähigkeit, sei es aus Mangel an Zeit, ist die Hauptsache, die rechten Leute herauszufinden, denen man die Arbeit übertragen kann« (zit. nach Nickut 2006, S. 280). Dafür wurden in Deutschland spezielle Instrumente erarbeitet, die die Entwicklungspotenziale der Mitarbeiter identifizieren (vgl. Tab. 6-11). Diese werden an die spezifischen Landeskulturen angepasst und in den kommenden Jahren auch an den anderen europäischen Standorten eingeführt.

Bausteine der Personalentwicklung

Die Personalentwicklung umfasst alle Mitarbeiter und Hierarchiestufen der Unternehmung. Eine zentrale Leitlinie ist die Förderung interner Tätigkeitswechsel (»Fit«-Programm), durch die die Mitarbeiter zu einem bereichs-, abteilungs- und standortübergreifenden Denken und Handeln angeregt werden sollen (vgl. Tab. 6-12). Gleichzeitig sollen diese auf umfassendere und höherwertige Aufgaben innerhalb des global agierenden Bosch-Konzerns vorbereitet werden. Der systematische Wechsel von Fach-, Führungs- und Projektaufgaben, der über unterschiedliche Funktionsbereiche und Standorte angelegt ist, soll es den Mitarbeitern ermöglichen, ihre Stärken, Interessenlagen und Qualifikationen selbst zu erkennen (vgl. Schlichting/Fröhlich 1995, S. 138 f.; Bosch 2002b, S. 3). Darüber hinaus sollen durch die frühzeitige Mitarbeiterentsendung Unternehmungsleitbilder (wie z. B. das Programm BeQIK, wobei BeQIK für Qualität, Innovation und Kundenorientierung steht) weltweit in allen Unternehmungsbereichen implementiert werden. Nicht zuletzt soll die systematische Personalentwicklung dazu beitragen, Mitarbeiter für höherwertige Fach- und Führungspositionen intern rekrutieren zu können. Ein zentrales Instrument dazu ist der sog. Förderkreis, der den anspruchsvollsten Baustein der Personalentwicklung bei Bosch darstellt (vgl. Tab. 6-12).

Die in den *Förderkreis* berufenen Mitarbeiter weisen hohe fachliche, methodische und soziale Kompetenzen auf. Sie müssen offen sein, neue und höherwertigere Auf-

Tab. 6-11

Leitlinien der Laufbahnpolitik bei der Robert Bosch GmbH

Ziele	Instrumente
▸ Förderung der Erfahrungsbreite ▸ Förderung der Querdurchlässigkeit zwischen Unternehmungs- und Geschäftsbereichen ▸ Vermeidung von »Kaminaufstiegen" ▸ Vermeidung von Stabs- und Zentralkarrieren	▸ geplante Rotation zwischen Stab/Linie sowie operativer Einheit/Zentrale ▸ Wechsel zwischen Unternehmungs- und Geschäftsbereichen ▸ Auslandseinsatz ▸ frühe Übernahme von Projekt- und Führungsverantwortung ▸ Wechsel zwischen benachbarten (Funktions-)Bereichen ▸ Aufgabenwechsel auch auf gleicher Ebene ▸ Erfahrungszeit in einer Funktion zwischen zwei und fünf Jahren

(Quelle: Schlichting/Fröhlich 1995, S. 141)

Tab. 6-12

Bausteine der Personalentwicklung der Robert Bosch GmbH (eigene Darstellung in Anlehnung an Dressler 2000, S. 774; Bosch 2002b, S. 7)

Bausteine	Beteiligte	Maßnahmen
Mitarbeitergespräch MAG	▸ Vorgesetzter ▸ Mitarbeiter	▸ Zielerreichung im vergangenen Jahr ▸ Zielvereinbarung für das folgende Jahr ▸ Maßnahmenkatalog zur Erhaltung/Steigerung der Leistungsfähigkeit ▸ Rückmeldung über Leistungsverhalten
Mitarbeiterentwicklungsgespräch MEG	▸ Vorgesetzter ▸ Mitarbeiter ▸ ggf. nächst höherer Vorgesetzter ▸ Referent Personalabteilung	▸ Persönliche Entwicklungsziele des Mitarbeiters im 3–5-Jahreszeitraum ▸ Aufzeigen von Stärken ▸ Steigerungsmöglichkeiten ▸ Entwicklungsmaßnahmen
Mitarbeiterentwicklungsdurchsprache MED	▸ Direkter und nächst höherer Vorgesetzter ▸ Referent Personalabteilung	▸ Potenzialeinschätzung ▸ Entscheidung über Förderkreisaufnahme ▸ Personalplanung
Mitarbeiterentwicklungsseminar MES	▸ Mehrere Führungskräfte ▸ Kollegen ▸ Mitarbeiter	▸ Ermittlung von Stärken und Verbesserungsmöglichkeiten im Management ▸ Vorbereitung auf künftige Anforderungen und Führungspositionen
Förderkreis	▸ Mitarbeiter mit überdurchschnittlichem Entwicklungspotenzial ▸ Vorgesetzte ▸ Personalabteilung	▸ Vereinbarung von Entwicklungsmaßnahmen ▸ Förderziel i. d. R. vier Jahre bis zum Wechsel in neue Position

gaben zu übernehmen, die gegebenenfalls auch im Ausland auszuüben sind. Die höhere Position muss innerhalb von vier Jahren erreicht werden. Eine Aufnahme in den Förderkreis soll auf alle Mitarbeiter einen Anreiz ausüben, da deren Mitglieder durch intensive und umfassende Maßnahmen der Personalentwicklung systematisch trainiert und auf die schnelle Übernahme von Führungspositionen vorbereitet werden. Die Förderkreismitglieder müssen über die Ergebnisse und Ziele der Entwicklungsmaßnahmen jährlich an ihre Vorgesetzen und die Personalabteilung berichten. Um das individuelle Potenzial der Mitarbeiter und die Fördermaßnahmen zielgerichtet aufeinander abstimmen zu können, werden regelmäßig Zielvereinbarungen getroffen und Entwicklungsmaßnahmen abgestimmt (vgl. Nickut 2006, S. 288). Mit dem Erreichen des festgelegten Karriereziels endet schließlich die Förderkreiszugehörigkeit.

Internationale Ausrichtung der Personalentwicklung

Die *internationale Ausrichtung der Personalentwicklung* fängt bereits während der Ausbildung an. Ausgewählte Auszubildende erhalten die Chance, im Ausland Erfahrungen zu sammeln. Im Jahr 2001 absolvierten mehr als 100 Jugendliche einen Auslandseinsatz. Auch Hochschulabsolventen bietet Bosch internationale Berufserfahrung durch umfangreiche Auslandseinsätze vom Karrierestart an. Im Traineeprogramm für Berufsanfänger ist die Auslandsentsendung ebenfalls ein wichtiger Bestandteil.

Über 50 % der Bosch-Trainees absolvieren einen bis zu sechs Monate dauernden Auslandseinsatz (vgl. Bosch 2002a, S. 7; Nickut/Loose 2000a, 2000b).

6.4.3 Entsendung von Mitarbeitern ins Ausland

6.4.3.1 Ziele und Auswahl

Unter einer Auslandsentsendung wird bei Bosch der befristete Einsatz von Mitarbeitern außerhalb ihres Heimatlandes verstanden. Unterschieden werden dabei drei Entsendungsformen. Während bei Geschäftsreisen und Abordnungen im Rahmen einer Projektaufgabe oder als Station im Traineeprogramm kein neues Vertragsverhältnis begründet wird, dienen Versetzungen zur längerfristigen Besetzung von Fach- und Führungspositionen im Ausland. Versetzungen sind bei Bosch grundsätzlich auf einen Zeitraum von maximal vier Jahren befristet. 2012 nahmen etwa 2.900 Mitarbeiter an kurzfristigen Abordnungen (»*short-term assignments*«) mit einer Dauer von drei bis 24 Monaten teil. Mehr als 5.600 Mitarbeiter waren in Form eine Versetzung im Ausland tätig, d. h. mehr als doppelt so viele wie noch vier Jahre zuvor. Ein Auslandsaufenthalt ist eine von fünf Karrierebausteinen, der zum Erreichen der nächsten Hierarchiestufe erforderlich ist (vgl. Bosch Media Service 2013).

Der Entsendungsprozess umfasst die Phasen Besetzung, Auswahl, Vorbereitung, Übersiedlung und Wiedereingliederung (vgl. Abb. 6-18). Darin ist nicht nur der jeweilige Mitarbeiter, sondern auch seine Familie involviert.

Auslandsentsendungen dienen vor allem der Entwicklung von Mitarbeitern zu international erfahrenen Fach- und Führungskräften, dem Transfer und Austausch

Abb. 6-18

Entsendungsprozess bei der Robert Bosch GmbH

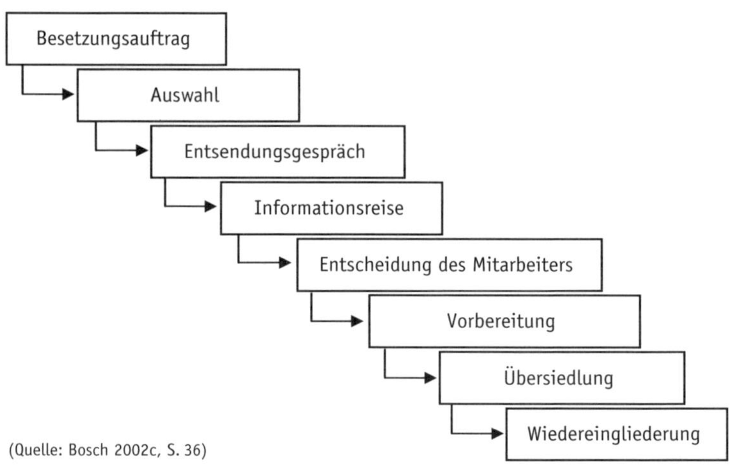

(Quelle: Bosch 2002c, S. 36)

von Wissen und Erfahrungen sowie der Entwicklung und Pflege der weltweiten Verständigung und Zusammenarbeit innerhalb der Bosch-Gruppe. Transfers erfolgen deshalb nicht nur von der Muttergesellschaft in die ausländischen Tochtergesellschaften, sondern auch in umgekehrter Richtung (»*inpatriates*«) sowie zwischen den Auslandsgesellschaften. »Internationale Entsendungen leisten einen wertvollen Beitrag zur Vernetzung unserer Mitarbeiter und schärfen den Blick für andere Sichtweisen«, so Christoph Kübel, Geschäftsführer und Arbeitsdirektor der Robert Bosch GmbH (zit. nach Bosch Media Service 2013). »Dieser weltweite Wissenstransfer und der interkulturelle Austausch sind Teil unserer Vielfalt. Das schafft Impulse für neue Ideen.«

Die Auswahl der Mitarbeiter für Auslandseinsätze erfolgt anhand der individuellen Karriereperspektiven sowie der bisherigen Projektarbeit. Bosch kann dadurch frei werdende oder neu geschaffene Positionen intern besetzen und die persönlichen Karriereziele der Mitarbeiter berücksichtigen.

Interne Stellenausschreibungen

Bei Bosch werden freie Stellen in der Regel im Intranet ausgeschrieben. Dies ermöglicht es allen Mitarbeitern, sich weltweit dafür zu bewerben und so ihre Karriere selbst mitzugestalten (vgl. Diefenbach/Ring 2000, S. 38). Sie füllen dazu einen Fragebogen aus, mit dem sie ihren Vorgesetzten und der Personalabteilung ihre Bereitschaft zur Übernahme einer Tätigkeit im Ausland anzeigen. Die so gesammelten Informationen geben der Personalabteilung einen allgemeinen Überblick über die persönliche, private und berufliche Bereitschaft und Motivation des Mitarbeiters, ins Ausland zu gehen. Dieser muss vor der Entsendung auch signalisieren, sich den im Gastland vorherrschenden Lebens- und Arbeitsumständen anzupassen und die jeweilige Landessprache zu erlernen. Eine Auseinandersetzung mit den im Gastland vorherrschenden sozialen und kulturellen Gegebenheiten wird erwartet. Die Mitarbeiter müssen darüber hinaus über gute Team- und Kommunikationsfähigkeiten verfügen. Die ausgeprägte internationale Unternehmungsgeschichte und -kultur von Bosch soll dabei die Eingewöhnung der Mitarbeiter im Ausland durch einheitliche Regeln und Vorgaben erleichtern. Die Unterstützung durch den Lebenspartner des Bewerbers stellt ein weiteres wichtiges Auswahlkriterium dar.

Als Voraussetzung des internationalen Erfolgs wird deshalb von Bosch neben der persönlichen und fachlichen Eignung der Mitarbeiter auch die *professionelle Repräsentation der Unternehmungskultur* angesehen (vgl. Bosch 2001). Weiterhin müssen Sprachkenntnisse, kulturelle Sensibilität und landesspezifische Kenntnisse vorhanden sein, die im Rahmen der Vorbereitung auf den Auslandsaufenthalt von Bosch vermittelt werden (vgl. Tab. 6-13).

6.4.3.2 Vorbereitung

Der Anteil spontaner Entsendungen von Mitarbeitern ins Ausland für einen längeren Zeitraum ist bei Bosch sehr gering. Als Grund hierfür wird der hohe Zeitbedarf für eine gründliche Vorbereitung angegeben. Einerseits müssen technische und offizielle Fristen für die Beantragung von Visum, Arbeitserlaubnis und Aufenthaltsgenehmigung außerhalb der EU eingehalten werden. Andererseits legt Bosch Wert auf die Teilnahme an internationalen Vorbereitungsseminaren. Damit keine personellen Engpässe entstehen, wird der Bedarf an international mobilen Mitarbeitern rechtzeitig

Tab. 6-13

Leitlinien der internationalen Personalpolitik der Robert Bosch GmbH

Fachliche und persönliche Eignung	Unsere Mitarbeiter wählen wir ausschließlich nach ihrem Fachwissen und ihren persönlichen Stärken aus. Um weiterzukommen, zählt bei uns Leistung.
Internationale Berufserfahrung	Wir legen Wert darauf, dass unsere Mitarbeiter unser Geschäft an verschiedenen Standorten in der Welt kennenlernen. So sichern wir den unternehmensweiten Austausch von Wissen und fördern eine Zusammenarbeit, die von gegenseitigem Verständnis geprägt ist. Nicht zuletzt können so alle unsere Standorte weltweit vom Know-how erfahrener Mitarbeiter profitieren. Grundsätzlich sind Auslandsaufenthalte freiwillig. Ausschließlich für höhere Führungsaufgaben sind sie unerlässlich.
Qualifikation für die Arbeit im Ausland	Damit unsere Mitarbeiter im Ausland erfolgreich arbeiten können, benötigen sie zunächst einmal persönliche Stärken wie Offenheit und Flexibilität. Hinzu kommen Sprachkenntnisse und kulturelles Wissen. Beides vermitteln wir gezielt. Wir bereiten unsere Mitarbeiter intensiv auf das neue Umfeld vor und begleiten ihren Auslandsaufenthalt von Anfang bis Ende.
Sprachkenntnisse	Deutsch und Englisch sind unsere Geschäftssprachen. Alle Führungskräfte sollten daher beide Sprachen gut beherrschen. Sichere Englischkenntnisse benötigt grundsätzlich jeder, der für uns im Ausland tätig sein möchte. Grundkenntnisse der jeweiligen Landessprache sind darüber hinaus von Vorteil. Wir unterstützen unsere Mitarbeiter jederzeit mit Sprachkursen für alle Niveaus.
Internationales Management	Wir wollen langfristig ein Management für unser Unternehmen, das unsere kulturelle Vielfalt widerspiegelt und somit unsere Belange weltweit ideal vertreten kann. An all unseren Standorten bauen wir gezielt Fach- und Führungsnachwuchs auf. Dabei ist es uns wichtig, einen großen Teil verantwortungsvoller Aufgaben an kompetente Kräfte aus dem jeweils eigenen Land zu geben.

(Quelle: Bosch 2013)

von den Regionalgesellschaften angemeldet, sodass eine ausreichende Planungs- und Vorbereitungszeit gegeben ist.

Entsendungsgespräch

Ist der Mitarbeiter nach einem *Entsendungsgespräch* grundsätzlich zu einem Auslandsaufenthalt bereit, erhält er bei Auslandsentsendungen von mehr als 12 Monaten die Möglichkeit, vor seiner endgültigen Entscheidung das Gastland zu besuchen. Dieser *look and see*-Trip dauert bei Entsendungen außerhalb Europas etwa eine Woche, innerhalb Europas zwei bis drei Tage. Der Mitarbeiter kann zu dieser Informationsreise auch seinen Lebenspartner mitnehmen. Dadurch sollen erste Eindrücke über den zukünftigen Arbeitsort, die Wohn- und Schulsituation sowie das Leben am zukünftigen Wohnort gewonnen und verhindert werden, dass unrealistische Erwartungen gebildet werden. Anschließend hat der Mitarbeiter die Möglichkeit, endgültig über einen Auslandsaufenthalt zu entscheiden.

Vorbereitungsplanung

Die eigentliche Vorbereitungsphase beginnt mit der Erstellung eines *Vorbereitungsplans*, in dem alle Maßnahmen für die Auslandsentsendung geplant, konkret festgelegt und mit den speziellen Bedürfnissen des jeweiligen Mitarbeiters abgestimmt werden. Zuständig dafür sowie für die eigentliche Vorbereitung ist die Zentralabteilung Mitarbeiter. Im Mittelpunkt der Auslandsvorbereitung stehen die Vermittlung von landesspezifischen Kenntnissen, die Förderung der interkulturellen Kompetenz sowie die Verbesserung der Sprachkenntnisse (vgl. Barmeyer/Davoine 2011).

Kenntnisse über das Entsendungsland

Die von Bosch vermittelten *landesspezifischen Kenntnisse* über das Entsendungsland beinhalten Informationen zur Politik, zur wirtschaftlichen Lage, zum Rechtssystem sowie zu Geographie und Kultur. Geklärt wird, welche Formalitäten bei der Einreise zu beachten sind (z. B. die Beantragung eines Visums oder Einhaltung von Zollvorschriften). Die Zentralabteilung Mitarbeiter führt mit der zuständigen Auslandsabteilung hierzu ein Bosch-Auslandsvorbereitungsseminar durch, das ausschließlich praktischen Fragen der Versetzung (z. B. Arbeitsvertrag, Steuern und Versicherung, Wohnung und Umzug, Gesundheit) gewidmet ist. Auslandsvorbereitungsseminare wurden vor rund 25 Jahren eingeführt und finden aufgrund der zahlreichen Entsendungen einmal im Monat statt. Die Dauer des Seminars beträgt zweieinhalb Tage. Die Informationen werden durch bereits heimgekehrte Mitarbeiter, sog. Mentoren, vermittelt. Diese Mentoren sind mit den lokalen Verhältnissen besonders vertraut und geben so die erlebten Erfahrungen im Ausland weiter. Sie beantworten Fragen zum Arbeitsvertrag, zu steuerlichen Regelungen, zur Sozialversicherung, zur Gesundheitsvorsorge, zum Umzug sowie zu Wohnsituation und Schulsystem. Das Auslandsvorbereitungsseminar muss spätestens drei Monate vor der Ausreise besucht werden, wobei die Teilnahme auch den mitreisenden Lebenspartnern empfohlen wird. Dieses Seminar wird auch bei Einsätzen unter zwölf Monaten Dauer angeboten.

Interkulturelles Vorbereitungsprogramm

Im Rahmen eines *interkulturellen Vorbereitungstrainings* soll darüber hinaus die interkulturelle Kompetenz der Mitarbeiter gefördert werden, um deren Integration in eine fremde Kultur zu erleichtern (vgl. Barmeyer/Davoine 2011, S. 781 ff.). Um die Mitarbeiter für die Denk- und Verhaltensmuster des Gastlandes zu sensibilisieren, werden die Kulturunterschiede zwischen Ziel- und Heimatland offengelegt. Dadurch sollen die Aufnahmefähigkeit und Ambiguitätstoleranz der Mitarbeiter gefördert werden. Die fremde Kultur und ihre typischen Verhaltensmuster sollen voraussehbar und nachvollziehbar werden. Interkulturelle Vorbereitungstrainings werden nach Bedarf entweder unternehmungsintern oder -extern durchgeführt und dauern fünf Tage. Ersteres setzt voraus, dass entsprechende *Länderteams* zur Verfügung stehen. Länderteams sind im Heimatland gebildete Gruppen von Mitarbeitern, die für ein bestimmtes Land zuständig sind. So befinden sich beispielsweise in der deutschen Niederlassung in Stuttgart Länderteams für die USA und für Frankreich. Die Mitarbeiter in den Länderteams verfügen über persönliche Erfahrungen in dem Zielland. Entweder waren sie als Expatriates selbst dort tätig oder sie sind Angehörige des Ziellandes, die gegenwärtig im Heimatland des Entsandten arbeiten. Auch an den interkulturellen Trainingseinheiten können sowohl die jeweiligen Mitarbeiter als auch deren Partner und Kinder teilnehmen. Voraussetzung für die Teilnahme ist, dass die Entsendung innerhalb der nächsten sechs Monate erfolgt. Interkulturelle Trainings werden nur für Aufenthalte mit einer Dauer von über zwölf Monaten angeboten.

Interkulturelles Training

Durch ein *interkulturelles Managementtraining* sollen die Mitarbeiter darüber hinaus für fremde Arbeits- und Organisationskulturen sensibilisiert werden. Ihnen werden die jeweils vorherrschenden Einstellungen zu Gruppenarbeit, Führungsstil, Aufgabenverteilung und Art der Kommunikation vermittelt. Dies geschieht durch die bewusste Konfrontation der Seminarteilnehmer mit Unterschieden sowie durch Fallstudien und Rollenspiele. Die Grundlage dafür bildet das Kulturmodell von Hofstede. Interkulturelle Managementtrainings finden in regelmäßigen Abständen statt oder werden bei Bedarf (z. B. bei anstehenden Projekten) angeboten. Die Dauer beträgt zweieinhalb Tage. Für Planung und Ausführung sind die Länderteams zuständig. Das interkulturelle Managementtraining richtet sich an alle mit internationalen Aufgaben betraute Fach- und Führungskräfte. Für die Teilnahme muss eine Auslandsentsendung nicht zwingend vorliegen.

Sprachkenntnisse

Von allen Auslandsentsandten wird die Kenntnis der jeweiligen Landessprache erwartet. Wird diese nur unzureichend beherrscht, nehmen die Mitarbeiter an speziellen *Sprachkursen* teil. Die Sprachkenntnisse der Mitarbeiter werden in fünf Stufen (A-E) unterteilt:

- Stufe A: Geringster Wortschatz, z. B. zur Begrüßung.
- Stufe B: Verständigung im Alltag, z. B. beim Einkauf.
- Stufe C: Verständigung im Arbeitsleben.
- Stufe D: Umfassende Sprachkenntnisse, inbegriffen Fachwortschatz.
- Stufe E: Kenntnis der Sprache auf dem Niveau der Muttersprache.

Der Mitarbeiter muss bei Reiseantritt über Kenntnisse der Stufe C verfügen, hat aber ein Recht auf eine Sprachausbildung bis zur Stufe D. Auch die Familie wird in den Sprachunterricht eingebunden. Sie kann auf Kosten von Bosch die Sprache bis zur Stufe B erlernen. Die Länge der Sprachausbildung wird durch die Anforderungen und den Schwierigkeitsgrad der fremden Sprache bestimmt. Eine Vermittlung der Grundlagen europäischer Sprachen erfordert in der Regel 120 Unterrichtsstunden, asiatischer Sprachen fünf Wochen. Die Kurse werden von externen Instituten durchgeführt, die Kosten hierfür übernimmt Bosch. Mit der Sprachausbildung muss frühzeitig vor dem Auslandsaufenthalt begonnen werden, damit die erwünschte Stufe erreicht werden kann. Sprachkenntnisse sind Voraussetzung für eine Entsendung, und der Besuch von Sprachkursen bei Entsendungen von mehr als zwölf Monaten ist obligatorisch.

6.4.3.3 Betreuung während des Auslandseinsatzes

Während ihres Auslandseinsatzes können die Entsandten ihre praktischen Erfahrungen in eintägigen *Transferseminaren* vor dem Hintergrund des Kulturmodells von Hofstede reflektieren. Gemeinsam mit Trainern werden erlebte interkulturelle Interaktionen analysiert und Handlungsempfehlungen erarbeitet (vgl. Herbrand 2002, S. 86 f.).

Trainings zur interkulturellen Teamentwicklung dienen dazu, die Zusammenarbeit mit Mitarbeitern aus anderen Kulturen in Joint Ventures oder Projektteams zu verbessern. Dazu dienen Diskussionen, Simulationen, Fallstudien und Rollenspiele, durch die sowohl Wissen über andere Kulturstandards vermittelt als auch Wahrnehmungsverzerrungen reduziert werden sollen.

Interkulturelles Coaching- und Mentorenprogramm

International tätige Fach- und Führungskräfte, die eine intensive Unterstützung und langfristige Betreuung im interkulturellen Lebens- oder Arbeitskontext benötigen, können darüber hinaus *interkulturelle Coachings* in Anspruch nehmen. Ergänzt werden diese durch den Einsatz von *Mentoren*, die in anderen Auslandsniederlassungen der Bosch-Gruppe tätig sind und über Erfahrung in der interkulturellen Zusammenarbeit verfügen (vgl. Herbrand 2002, S. 87). Diese und weitere Maßnahmen führen dazu, dass die Abbruchquote unter einem Prozent liegt (vgl. Bosch Media Service 2013).

6.4.3.4 Wiedereingliederung

Alle Mitarbeiter erhalten vor ihrer Entsendung eine Rückkehrgarantie. Um die Repatriierung und Wiedereingliederung zu erleichtern, die spätestens vier Jahre nach der Entsendung erfolgt, werden die Entsandten und ihre Familien durch Bosch unterstützt. Ziel ist es, die Erfahrungen der Mitarbeiter und ihrer Angehörigen zu reflektieren, diese an Mentoren und Personalreferenten weiterzugeben und Strategien für zukünftige Entwicklungsschritte in der Personalentwicklung zu planen. Durch einen internen Wissenstransfer soll sichergestellt werden, dass Know-how im Umgang mit kulturellen Unterschieden nicht verloren geht, sondern weitergegeben wird. So haben Expatriates die Möglichkeit, sich nach ihrem Auslandsaufenthalt zu Länderreferenten weiterbilden zu lassen und ihre Erfahrungen in Bosch-Auslandsvorbereitungsseminaren zukünftigen Entsandten weiterzugeben.

Aufgaben zu 6.4

1. *Die Personalentwicklung bei Bosch zeichnet sich durch eine intensive Beförderungsplanung aus. Welchem idealtypischen Karrieremuster kann diese zugeordnet werden?*
2. *Welche Ziele verfolgt Bosch mit der Auslandsentsendung von Mitarbeitern? Können diese Ihrer Auffassung nach durch die vorherrschende Auswahlpraxis realisiert werden?*
3. *Ein wichtiges Ziel der Entsendung von Mitarbeitern ins Ausland ist bei Bosch die »professionelle Repräsentation der Unternehmungskultur«. Stellen Auslandsentsendungen Ihrer Auffassung nach ein geeignetes und ausreichendes Instrument zur weltweiten Vermittlung und Implementierung der Unternehmungskultur dar?*
4. *Wie lassen sich die von Bosch praktizierten Maßnahmen zur Vorbereitung von Auslandsentsandten einordnen? Welche Defizite von Entsandten lassen sich dadurch Ihrer Auffassung nach gut, welche weniger gut überwinden?*
5. *Im Rahmen der Vorbereitung von Mitarbeitern auf Auslandseinsätze greift Bosch vor allem auf Auslandsheimkehrer zurück. Welche Vor- und Nachteile sind damit Ihrer Auffassung nach verbunden?*
6. *In Zukunft strebt Bosch vor allem eine Expansion auf dem asiatischen Markt an. Welche Veränderungen könnten sich daraus für die Personalentwicklung ergeben?*

Literatur zu 6.4

Barmeyer, C./Davoine, E.: Unternehmenskultur und interkulturelle Personalentwicklung in der internationalen Unternehmung. Das Beispiel der Bosch-Gruppe. In: Fallstudien zum Internationalen Management. Grundlagen-Praxiserfahrungen-Perspektiven. 4. Aufl., hrsg. v. J. Zentes, B. Swoboda u. D. Morschett. Wiesbaden 2011, S. 769–786.

Bosch: Leitlinien zur Internationalen Personalpolitik. Stuttgart 1998.

Bosch: Bosch im Wandel – BeQIK. Leonberg 2001.

Bosch: Ihr Berufsstart in der Bosch-Gruppe. Stuttgart 2002 (a).

Bosch: Der gemeinsame Weg zum beruflichen Erfolg – Bausteine der Mitarbeiterentwicklung in der Bosch-Gruppe. Stuttgart 2002 (b).

Bosch: Für Bosch ins Ausland. Präsentation der Bosch-Abteilung ZM2. Stuttgart 2002 (c).

Bosch: Geschäftsbericht 2007. Stuttgart 2008.

Bosch: Internationale Personalpolitik. Ihr Wissen ist bei uns weltweit gefragt. Stuttgart 2013, https://your.bosch-career.com/de/web/com/com/bosch_worldwide_1/guidelines_international_hr_policy/guidelines_international_hr_policy_1.

Bosch: Geschäftsbericht 2013. Stuttgart 2014.

Bosch Media Service: Mitarbeiterentsendungen bei Bosch. Kofferpacken fürs Ausland. Worauf man bei Auslandstätigkeiten achten sollte. Presseinformation, 14.8.2013, http://www.bosch-presse.de/presseforum/details.htm?txtID= 6375&tk_id= 191.

Diefenbach, K./Ring, R.: Konzeption eines Auslandseinsatzes. In: Personalwirtschaft, 5, 2000, S. 36–42.

Dressler, M.: Personalentwicklung in internationalen Unternehmen am Beispiel der Robert Bosch GmbH. In: Fallstudien zum Internationalen Management: Grundlagen-Praxiserfahrungen-Perspektiven. 1. Aufl., hrsg. v. J. Zentes u. B. Swoboda. Wiesbaden 2000, S. 769–777.

Herbrand, F.: Fit für fremde Kuluren. Interkulturelles Training für Führungskräfte. Bern-Stuttgart-Wien 2002.

Herdt, H.-K.: Bosch 1886–1986: Portrait eines Unternehmens. Stuttgart 1986.

Nickut, J.: Personal- und Managemententwicklung in der Bosch-Gruppe: ein Überblick. In: Strategien in der Personalentwicklung. 6. Aufl., hrsg. v. H.-C. Rieckhof. Wiesbaden 2006, S. 279–297.

Nickut, J./Loose, H.: Ein Schritt zum Global Player. Internationales Auswahl-AC der Robert Bosch GmbH. In: Personal, 52. Jg., 7, 2000 (a), S. 360–363.

Nickut, J./Loose, H.: Fit für den globalen Markt. Assessment Center bei der Robert Bosch GmbH. In: Unternehmensberater 2, 2000 (b), S. 60–64.

Peters, W.: Bosch jubelt: 75 Jahre Diesel – Der Filter ist bereit. In: Frankfurter Allgemeine Zeitung, 19.11.2002, S. T3.

Robert Bosch GmbH (Hrsg.): Bosch Automotive. A product history. Journal of Bosch History, Supplement 2. Stuttgart 2011.

Schlichting, C./Fröhlich, W.: Unternehmerische Personalentwicklung durch systematische Einbindung in bereichs- und unternehmensübergreifende Projektarbeit. In: Innovatives Personalmanagement: Theorie und Praxis unternehmerischer Personalarbeit, hrsg. v. R. Wunderer u. T. Kuhn. Berlin 1995, S. 132–154.

6.5 Fallstudie: Länderübergreifende Personalentwicklung bei Siemens

Der Personalentwicklung kommt in international tätigen Unternehmungen eine entscheidende Rolle zu. Diese dient nicht nur dazu, die Qualifikationen der Mitarbeiter zu erweitern und sie auf internationale Aufgaben vorzubereiten, sondern sie ist auch ein wichtiges Instrument des Wissensmanagement und der länderübergreifenden Koordination.

Die Siemens AG hat sich sehr früh und intensiv mit der länderübergreifenden Personalentwicklung auseinandergesetzt und diese in ihrem Siemens Management Learning Program institutionalisiert. Im Folgenden wird zunächst ein kurzes Unternehmungsportrait von Siemens vorgestellt, bevor die Bedeutung der Weiterbildung im Rahmen der Unternehmungsphilosophie erläutert wird. Im Mittelpunkt der Fallstudie stehen dann der Aufbau und die Inhalte des Siemens Management Learning Programs. Am Beispiel des Siemens Management Institutes Peking werden dann die institutionelle Verankerung des Programms erläutert und einige Herausforderungen, die sich für die Personalentwicklung im internationalen Kontext ergeben, dargestellt. Die Fallstudie schließt mit einer kurzen Bewertung und einem Ausblick auf zukünftige Entwicklungen.

6.5.1 Siemens AG – Entwicklung und Struktur einer weltweit tätigen Unternehmung

Unternehmungsportrait

Seit der Gründung der »Telegraphen-Bauanstalt von Siemens & Halske« in Berlin im Jahr 1847 durch Werner von Siemens und Johann Georg Halske zeichnet sich die heutige Siemens AG durch einen sehr schnellen *Internationalisierungsprozess* aus. Als eine der ersten deutschen Unternehmungen hat Siemens bereits drei Jahre nach der Unternehmungsgründung in London die erste Auslandsniederlassung eröffnet. Fünf Jahre später folgte die nächste Tochtergesellschaft in St. Petersburg und 1923 die Gründung der ersten außereuropäischen Tochtergesellschaft in Japan (zur Unternehmungsgeschichte vgl. ausführlich Feldenkirchen 1995). Gegenwärtig betreibt Siemens weltweit 290 wesentliche Produktions- und Fertigungsstätten in über 35 Ländern und verfügt über Bürogebäude, Lagerhäuser, Forschungs- und Entwicklungseinrichtungen sowie Vertriebsaktivitäten in nahezu allen Ländern der Erde (vgl. Siemens 2014).

Internationalisierung

Der hohe Internationalisierungsgrad der Unternehmung spiegelt sich auch im Umsatz wider. Mit weltweit 362.000 Mitarbeitern erwirtschaftete Siemens im Geschäftsjahr 2013/14 einen Umsatz von 75,9 Mrd. €. Davon entfallen 8 % auf Deutschland, 46 % auf das restliche Europa, die GUS, Afrika und den Nahen und Mittleren Osten, 14 % auf die USA und 19 % auf die Region Asien und Australien (vgl. Siemens 2014). Der Transnationalitätsindex, d. h. der Mittelwert des ausländischen Anlagevermögens zum Gesamtvermögen, des Auslandsumsatzes zum Gesamtumsatz und der im Ausland beschäftigten Mitarbeiter zur Gesamtzahl der Mitarbeiter, lag im Jahre 2013 bei 77,8 % (vgl. UNCTAD 2014).

Die Globalisierung der Geschäftstätigkeit soll langfristig weiter ausgebaut werden. Das Ziel von Siemens ist es, in der Zukunft die Position in Westeuropa zu erhalten, die Geschäfte in Amerika zu stärken und die Tätigkeiten im asiatisch-pazifischen Raum sowie in Mittel- und Osteuropa auszuweiten. Die Erschließung und Bearbeitung neuer Märkte soll dabei nicht nur durch Exporte erfolgen. Um die Nähe zu Kunden, Lieferanten, Behörden und Wettbewerbern zu gewährleisten, sollen vielmehr auch weitere Forschungs- und Entwicklungs- sowie Produktionsstätten im Ausland errichtet werden.

Ein besonderes Augenmerk richtet die Unternehmung auf die weitere Expansion in China (vgl. Holtbrügge/Puck 2008, S. 253 ff.). Im Jahre 2014 erzielte Siemens 6 % des Weltumsatzes in diesem Land. In den nächsten Jahren sollen der Umsatz weiter ausgebaut und Investitionen in Höhe von 1 Mrd. € getätigt werden. Ein Beispiel dafür ist die Errichtung des neuen *regional headquarters* in Peking, das mit 150 Mio. € das größte Bauprojekt der Unternehmung weltweit ist.

6.5.2 Die Bedeutung der Weiterbildung im Rahmen der Unternehmungsphilosophie

Schon frühzeitig hat Siemens der Aus- und Weiterbildung seiner Mitarbeiter eine wichtige Funktion eingeräumt. Bereits im neunzehnten Jahrhundert entwickelte Siemens neue Lehrberufe mit einem eigenen Berufsweg, die zunächst nicht mit einer Prüfung vor staatlichen Instanzen abgeschlossen werden konnten. Die Aus- und Fortbildungseinrichtungen waren vor allem den drei Berufsfeldern Techniker, Kaufleute sowie Ingenieure bzw. Physiker gewidmet. Angeworbene Ingenieure wurden nach Abschluss ihres Studiums zunächst ein bis zwei Jahre eingearbeitet und mussten sich auch danach zur permanenten Weiterbildung verpflichten. Dazu wurde 1925 ein technischer Bildungsausschuss berufen, der u.a ein Weiterbildungsprogramm entwarf, welches denjenigen Mitarbeitern offen stehen sollte, die während der ersten Jahre ihrer Unternehmungszugehörigkeit eine besondere Eignung hatten erkennen lassen (vgl. Feldenkirchen 1995, S. 425 f.). Mit dem Bau von eigenen Bildungszentren wurde 1973 dann der Grundstein für die deutschlandweite Schulung von Mitarbeitern gelegt (vgl. Siemens 2001b, Kap. 3.3). Im Jahr 2013 wurden 265 Mio. € für die Aus- und Weiterbildung, d. h. durchschnittlich 670 € pro Mitarbeiter aufgewendet (vgl. Siemens 2014, S. 91). Dazu zählen u. a. Ausbildungsaktivitäten mit externen Kooperationspartnern wie ein gemeinsames Bachelor-Programm mit dem Fachbereich Wirtschaftswissenschaften der Universität Erlangen-Nürnberg (vgl. Holtbrügge 2013, S. 136).

Learning Campus

Organisatorisch verankert sind die Aktivitäten in der Geschäftseinheit »Learning Campus« (vgl. Siemens 2003, S. 21), die der Zentralabteilung Corporate Personnel (CP) untersteht und Niederlassungen in China, den USA, Portugal und Frankreich betreibt. Diese bietet verschiedene Seminare an, die neben der Verbesserung der fachlichen Qualifikationen auch den Erwerb von Schlüsselqualifikationen wie Kommunikations- und Kooperationsfähigkeit oder die effiziente Nutzung der elektronischen Medien beinhalten (vgl. Siemens 2001b). Im Jahr 2004 haben ca. 31.300 Mitarbeiter an diesen Weiterbildungsveranstaltungen teilgenommen.

6.5.3 Praxis der länderübergreifenden Personalentwicklung: Das Siemens Management Learning Program

6.5.3.1 Überblick

Ein wichtiges Element der Personalentwicklung stellt das länder- und geschäftsbereichsübergreifende »Management Learning Program« dar, mit dem die Mitarbeiter auf Führungs- und Schlüsselpositionen vorbereitet werden sollen (vgl. Siemens 2001a, S. 13). Seit dessen Implementierung im Jahr 1997 nahmen weltweit mehr als 12.000 Mitarbeiter an den verschiedenen Seminaren dieses Programms teil. Die Zielsetzung des Programms besteht darin, *Teamwork* und den *Aufbau von weltweiten Beziehungsnetzwerken* zu fördern. Dadurch soll zum einen die Selbstverantwortung für Lernprozesse gestärkt und zum anderen ein weltweiter Wissenspool erschlossen werden. Erreicht werden sollen diese Ziele durch den Einsatz unterschiedlicher Lernformen wie »Workshop Learning«, »Project Learning (Business Impact Projects, BIP)« und »Distance Learning« (vgl. Siemens 2002b).

Workshop Learning

Im Rahmen des *Workshop Learning* erfolgt die Wissensvermittlung *face to face* sowohl durch externe Experten als auch durch den betreuenden Moderator und Projekt Coach. Darüber hinaus haben die Teilnehmer die Möglichkeit, in *white spaces* das Programm selbst durch Eigenbeiträge aktiv mitzugestalten. Der Workshop dient außerdem dazu, die BIP-Teams zu bilden sowie Projektplan und -ziel festzulegen. Die Ziele der Workshops sind es, persönliche Netzwerke zu fördern, Management-Wissen zu vertiefen und Fähigkeiten wie Sozialkompetenz oder Teambildungsfähigkeiten zu erweitern (vgl. Siemens 2002c).

Project Learning

Das *Project Learning* begleitet das gesamte Programm. Die Teilnehmer müssen in Gruppen von 4–6 Personen für eine Abteilung der Unternehmung ein reales Geschäftsprojekt (Business Impact Project) bearbeiten. Diese praxisnahe Lernform an einem konkreten Projekt wird auch als *Action Learning* bezeichnet (vgl. Hanisch 2001a, S. 282). »Die Ideen zu den Projekten bringen die Teilnehmer selbst mit«, so Marcus König, Siemens EV in Nürnberg. »Beim Kick-off werden die Ideen präsentiert, und jeder versucht, die anderen für sein Projekt zu begeistern« (zit. nach Preiss 2000, S. 48). Nach Abschluss der Projektbearbeitungsphase (4–5 Monate) wird das Projektergebnis von der jeweiligen Gruppe beurteilt und durch einen von der betroffenen Abteilung entwickelten Transferplan realisiert. »They need to show in a short time frame a measurable result«, betont Antonie Jakubetzki, verantwortlich für die Programme S5-S3 in Europa. »This can mainly be achieved through carving out a so called Breakthrough Goal, delivering early wins but also providing a reinforcing process towards long-term success« (zit. nach o. V. 2000a). Das Project Learning fördert so die Leistungsorientierung der Teilnehmer, indem messbare Ergebnisse erarbeitet werden müssen. Schließlich wird auch der globale Wissensaustausch und -transfer sowie das Networking der Teilnehmer unterstützt (vgl. Siemens 2002d).

Distance Learning

Die dritte Säule des Lernkonzepts stellt das *Distance Learning* dar. Dabei sollen sich die Teilnehmer – begleitend zum Programm – eigenverantwortlich Wissen aneignen. Dies kann z. B. durch Erfahrungsaustausch oder Teletutoring stattfinden. Unterstützt wird diese Lernform durch verschiedene Module innerhalb einer virtuellen Lernlandschaft im Intranet (Siemens Learning Landscape) und durch ein Computer Based Training (CBT), das auf CD-ROM zur Verfügung steht. Darüber hinaus kommen Fallstudien und Assignments (schriftliche Ausarbeitungen) zum Einsatz, die in virtuellen Teams bearbeitet und durch einen Teletutor betreut werden. Durch dieses individuell gestaltete Selbststudium findet ein reger Wissensaustausch sowohl innerhalb der virtuellen Teams als auch unter allen Teilnehmern statt (vgl. Siemens 2002b).

Management Learning Program

Das Management Learning Program ist in fünf inhaltlich aufeinander aufbauende Programme S5–S1 eingeteilt (vgl. Abb. 6-19).

Die Bezeichnung S5–S1 (S für Seminar) orientiert sich an der Bezeichnung der fünf Funktionsstufen F5–F1, nach denen sich auch die Entlohnung richtet. Die Gruppenstärke der Teilnehmer an einem Seminar liegt in der Regel zwischen 24 und 30 Personen, die jeweils in Teams zu 4–6 Personen aufgeteilt sind. Die einzelnen Programme vermitteln jeweils *Fachwissen* und *unternehmungsspezifisches Managementwissen*.

Die Durchführung der beiden unteren Stufen S5 und S4 erfolgt lokal in der jeweiligen Landessprache, die von S3 regional auf Englisch und die von S2 und S1 global auf Englisch (vgl. Bellmann 2006, S. 256 ff.). Die Teilnahme ist grundsätzlich freiwillig, für den Aufstieg in der Managementhierarchie von Siemens ist der Erwerb eines Teilnahmezertifikats jedoch unerlässlich. Dabei werden die Kosten, die zwischen 4.950 € (für S5) und 17.640 € (für S2) pro Person betragen können, von der jeweiligen Kostenstelle der Teilnehmer getragen (vgl. Siemens 2001c).

Abb. 6-19

Aufbau des Siemens Management Learning Programs

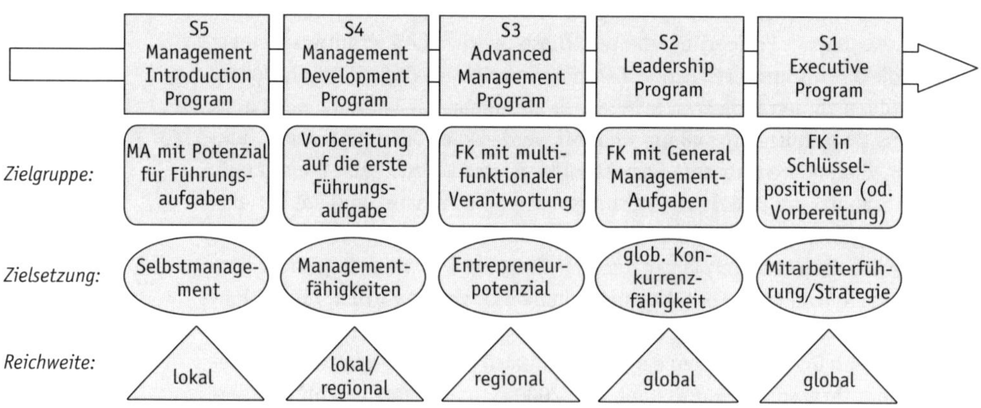

(Quelle: eigene Darstellung in Anlehnung an Bader-Kowalski/Jakubetzki 2002, S. 229; Siemens 2005b)

Konzeption der Seminare

Die Gesamtkonzeption der Seminare ist weltweit einheitlich, sodass der Ablauf der fünf Programme immer demselben Muster folgt (vgl. Abb. 6-20). Nach einer Vorbereitungsphase (2 Monate) folgt eine erste Workshop-Phase (Workshop 1, 5 Tage). Die Intersession 1 (3–4 Monate) und die Intersession 2 (4–5 Monate) dienen zur Anwendung des in den Workshops Erlernten sowie zum Wissenserwerb und ermöglichen das Lernen im Team.

An die Intersession 1 schließt sich der Workshop 2 (4–5 Tage) an. Das Programm schließt mit einem dritten Workshop, in dem die Ergebnisse der Business Impact Projects präsentiert werden (4–5 Tage). Danach folgt eine Transferphase (4–5 Monate), in der die Projektergebnisse im Intranet dokumentiert und somit der gesamten Unternehmung zugänglich gemacht werden (vgl. Siemens 2005b). Durch die Möglichkeit, den anderen Teams die Projektergebnisse zu präsentieren, soll der Lernprozess vom Intra-Teamlernen zum Inter-Teamlernen erweitert werden (vgl. Hanisch 2001b, S. 407). Bei einem abschließenden Treffen finden eine Bewertung des Erlernten sowie die Zertifizierung statt. Insgesamt umfassen die Seminare S5 bis S2 je einen Zeitraum von einem Jahr, S1 hat eine Gesamtdauer von sechs Monaten (vgl. Siemens 2002e, 2005b).

Kooperation mit unternehmungsexternen Weiterbildungsanbietern

Zum Erfolg des Siemens Management Learning Programs trägt maßgeblich die *Kooperation mit unternehmungsexternen Weiterbildungsanbietern* bei. So baute Siemens Nordamerika bereits 1995 einen Kontakt zur Fuqua School of Business der Duke University in North Carolina auf (vgl. Herbig 1998, S. 16). Mittlerweile sind Dozenten der Duke University fest in die Programme S3-S1 integriert. Diese Zusammenarbeit bringt für beide Seiten Vorteile. So stellt Dr. Wanda Wallace von der Duke University fest: »Wir arbeiten seit einigen Jahren zusammen. Entwickelt werden Programme mit

Abb. 6-20

Ablauf des Siemens Management Learning Programs

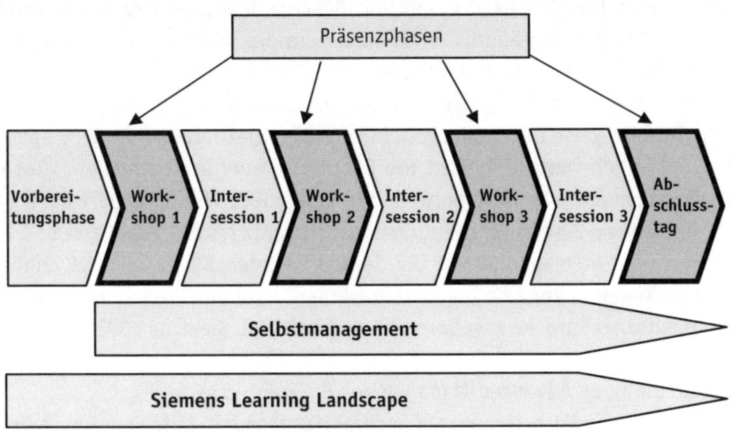

(Quelle: eigene Darstellung in Anlehnung an Bader-Kowalski/Jakubetzki 2002, S. 230; Siemens 2005b)

weltweit strategischem Einfluss. Die Programme liefern Management-Tools und schaffen eine einheitliche Perspektive, um den Wettbewerbsvorteil von Siemens voranzutreiben. Dukes Fortschritte bei der Personalentwicklung und der Weitblick von Siemens Management Learning können zusammen viel verändern« (zit. nach Preiss 2000, S. 49).

6.5.3.2 Aufbau und Inhalt der einzelnen Programme

6.5.3.2.1 Siemens Introduction Program (S5)

Lokale Mitarbeiter

Zielgruppe des lokal durchgeführten Management Introduction Programs (S5) sind Berufseinsteiger und durch Siemens ausgebildete Mitarbeiter während der ersten drei Berufsjahre, die das Potenzial zur Übernahme einer Managementfunktion in zwei bis fünf Jahren haben (vgl. Siemens 2001d). Das oberste Lernziel ist das Selbstmanagement und die Entwicklung von Teamfähigkeiten. Wichtige Inhalte sind die Weiterentwicklung der eigenen Persönlichkeit, die Reflexion der persönlichen Werte und deren Einordnung in das Wertesystem von Siemens, die Bildung von aktiven bereichsübergreifenden Netzwerken und die top⁺ Unternehmungsprogramme »Innovation«, »Kundenfokus« und »Globale Wettbewerbsfähigkeit«. Durch die bereits aufgeführten drei Lernmethoden sollen den Teilnehmern Inhalte wie Entwicklungsplanung oder E-Business näher gebracht werden. Das Programm S5 ist insgesamt auf ein Jahr ausgelegt, wird in der jeweiligen Landessprache abgehalten und kostet pro Teilnehmer ca. 4.950 € (vgl. Siemens 2005b).

6.5.3.2.2 Siemens Management Development Program (S4)

Führungsnachwuchskräfte

Das sowohl lokal als auch regional durchgeführte Management Development Program (S4) richtet sich an Mitarbeiter, die kurz vor oder nach der Übernahme ihrer ersten Führungsaufgabe stehen. Sie sollen außerdem eine hohe Motivation zur Übernahme von Verantwortung sowie ein entsprechendes Entwicklungspotenzial besitzen (vgl. Siemens 2005b). Im Fokus von S4 steht vor allem der Ausbau von Management-Fähigkeiten. So sollen das Verständnis von Management- und Führungsaufgaben fundiert, Team- und Führungsfähigkeiten weiterentwickelt und das bestehende Managementwissen vertieft werden. Zusätzlich sollen das Arbeiten in Netzwerken oder virtuellen Teams gefördert sowie unternehmerisches Denken und Handeln in BIPs umgesetzt werden. Inhaltlich werden Themen wie Geschäftssteuerungstechniken, Wertorientiertes Management oder Teamentwicklung behandelt. Wie S5 dauert auch S4 ein Jahr (vgl. Siemens 2005b). Das Programm ist sprachlich lokal angepasst und kostet ca. 7.600 € (vgl. Siemens 2001e). Um der wachsenden Bedeutung der englischen Sprache im Siemens-Konzern gerecht zu werden, wird das Programm S4 alternativ auch in englischer Sprache angeboten (S4english) (vgl. Siemens 2002f).

6.5.3.2.3 Siemens Advanced Management Program (S3)

Führungskräfte

S3 wendet sich – als Vorbereitung auf General Management-Aufgaben – zum einen an Führungskräfte, die bereits einige Jahre Managementerfahrung in einer Funktion vorweisen können, und zum anderen an Manager, die funktionsübergreifend Verantwortung übernehmen sollen (vgl. Siemens 2005b). Das Hauptaugenmerk von S3 liegt darin, die Teilnehmer zu Entrepreneuren weiterzuentwickeln. Daher ist z. B. das Thema »Leadership and Entrepreneurial Development« ein wichtiger inhaltlicher Bestandteil. Fähigkeiten, die vertieft werden sollen, sind Kreativität, Risikofreudigkeit, exzellente Führung und Teambildung. Weitere Themenkomplexe sind darüber hinaus »Finance and Shareholder Value«, »Growth via Mergers, Acquisitions and Joint Ventures« und »Marketing Strategy in the New Economy and E-Business«. Nach Abschluss des Programms werden die Teilnehmer Mitglieder im »S3 Alumni«, welcher die Türen für weitere Weiterbildungsmöglichkeiten und wertvolle Beziehungen öffnen soll (vgl. Siemens 2001f). S3 findet überregional (z. B. europaweit) statt, wird in Englisch durchgeführt, und die Kosten belaufen sich für ein Jahr auf 14.061 € (vgl. Siemens 2002g).

6.5.3.2.4 Siemens Leadership Program (S2)

General Manager

Das Siemens Leadership Program (S2) ist denjenigen Führungskräften gewidmet, die kurz vor der Übernahme einer General-Management-Aufgabe stehen oder diese vor kurzem übernommen haben (vgl. Siemens 2005b). Inhaltlich konzentriert sich das Programm auf die Bereiche »Leadership« und »Innovation« (vgl. Siemens 2001c). So werden im Bereich »Leadership Development« die Führungsmöglichkeiten verbessert, im Gebiet »Globalization & Strategy« die aktuellen globalen Trends und deren Bedeutung für Siemens analysiert, sowie bei »e-Mergers/Finance« die Bedeutung von E-Business-Technologien für erfolgreiche Mergers & Acquisitions behandelt. Ferner wird das Programm durch die Module »E-Business«, »Applied Action Learning & Innovation« und »People & Culture« abgerundet. In Letzterem sollen die Teilnehmer kulturelle Bedingungen verstehen lernen und neue Richtlinien und Handlungsweisen implementieren, die geeignet sind, hochtalentierte Mitarbeiter anzuziehen und an die Unternehmung zu binden. Zu diesem Zweck werden die Teilnehmer mit den weltweit jeweils besten Methoden konfrontiert. S2 dauert insgesamt ein Jahr, wobei die Teilnehmer nur für drei Wochen von ihrem Arbeitsplatz getrennt sind. Das restliche Programm wird ihnen online über das Intranet zur Verfügung gestellt. Analog zu S3 bietet auch S2 ein eigenes Alumni-Netzwerk. Das Programm wird in englischer Sprache und auf globaler Ebene durchgeführt. Die Kosten hierfür belaufen sich auf 17.640 € (vgl. Siemens 2001g).

6.5.3.2.5 Siemens Executive Program (S1)

Top Executives

Die höchste Stufe des Siemens Management Learning Programs stellt das Siemens Executive Program (S1) dar. Dieses richtet sich ausschließlich an Führungskräfte in Schlüsselpositionen bzw. an Führungskräfte, die das Potenzial für unternehmerische Schlüsselpositionen besitzen (vgl. Siemens 2001c). Der Fokus liegt bei diesem Programm auf den Bereichen »Mitarbeiterführung« und »Strategie«. Inhaltlich wird thematisiert, wie mitarbeiterbezogene und strategische Prozesse miteinander verknüpft werden können, welche Auswirkungen E-Business hat und wie die Führungsrolle in neuen Organisationen gestaltet sein kann. Das Programm läuft insgesamt über sechs Monate und wird ebenso wie S2 in englischer Sprache und weltweit durchgeführt (vgl. Siemens 2001c). Bis zum heutigen Zeitpunkt wurde das Programm S1 erst einmal in verkürzter Form durchgeführt.

6.5.4 Siemens Management Institute Peking

Ein Beispiel für die institutionelle Verankerung und internationale Ausrichtung der Personalentwicklung ist das 1997 gegründete Siemens Management Institute (SMI) in Peking. Das SMI ist Teil des weltweiten Management Learning Programs und führt vor allem die lokal ausgerichteten Module S5 und S4 in China durch. Bis zum Beginn des Jahres wurden hier 1.200 chinesische Führungsnachwuchskräfte geschult. Derzeit beschäftigt das SMI rund 40 Mitarbeiter.

Angesichts der großen kulturellen Unterschiede zwischen Deutschland und China wird bei der Gestaltung der Programmbestandteile nicht in jedem Fall auf die in Deutschland gebräuchlichen Methoden der Wissensvermittlung zurückgegriffen. Diese werden vielmehr an die spezifischen Anforderungen und Erwartungen chinesischer Mitarbeiter angepasst. Chinesen haben eine ausgeprägte Neigung und Bereitschaft, sich im Prozess des Wissenserwerbs dem Trainer unterzuordnen. Das von diesem vermittelte Wissen wird häufig ohne kritische Hinterfragung auswendig gelernt und in Prüfungen oder auf Nachfrage wörtlich wiedergegeben. Die Bearbeitung von Fallstudien ohne vorgegebenen Lösungsweg wird dagegen oft als irritierend empfunden. Dies gilt insbesondere dann, wenn diese in Gruppen erfolgt.

Unterschiedliche Rollen von Lehrenden und Lernenden

Auch die Rollen von Lehrenden und Lernenden unterscheiden sich erheblich (vgl. Tab. 6-14). Während deren Verhältnis in Deutschland eher partnerschaftlich und durch einen kritischen Dialog geprägt ist, herrscht in China eine ausgeprägte hierarchische Orientierung vor. Basierend auf dem im Konfuzianismus thematisierten Verhältnis von Schüler und Lehrer sind die Rollen von Lehrendem und Lernendem weitaus stärker differenziert und eher durch Nachahmung als durch Diskurs gekennzeichnet. »Dem Lehrer, Ausbilder oder Trainer wird (in China) in zweifacher Weise Autorität zugeschrieben. Zum einen in Form fachlicher Autorität im Sinne umfassen-

Tab. 6-14

Die Rollen von Lehrenden und Lernenden in Deutschland und China

Land / Rolle	Deutschland	China
Lehrender	***Partner*** ▸ regt an, provoziert, fordert heraus ▸ stellt Testfragen ▸ bündelt, reduziert, gebraucht Prinzipien	***Modell/Vorbild*** ▸ doziert, macht vor, ist ideal, schützt ▸ stellt sich rhetorische Fragen ▸ führt aus, malt aus, gebraucht Beispiele
Lernender	***Partner*** ▸ stellt Fragen, diskutiert, widerspricht ▸ versucht zu transferieren ▸ probiert aus: »Aus Fehlern wird man klug«	***Nachahmer*** ▸ hört gut zu, schreibt sorgfältig mit ▸ lernt auswendig, wiederholt ▸ übt: »Übung macht den Meister«

(Quelle: leicht modifiziert nach Reisach/Tauber/Yuan 2003, S. 257)

den und detaillierten Fachwissens. Zum anderen im Sinne der Legitimation, autorisiertes Wissen (...) vermitteln zu können. Es wird erwartet, dass diese Autorität auch vermittelt wird« (Hanisch 2003, S. 45).

Im Zuge des fundamentalen wirtschaftlichen und sozialen Transformationsprozesses deutet sich jedoch ein kultureller Wandel an. Hanisch (2003), der mehrere Jahre lang als Leiter des Führungskräftetrainings am SMI in Peking tätig war, belegt etwa anhand zahlreicher Beispiele und Untersuchungen, dass westliche Methoden der Wissensvermittlung in China auf eine wachsende Zustimmung stoßen. Ein wesentlicher Grund dafür ist, dass die chinesischen Mitarbeiter ausländischer Unternehmungen gegenüber westlichen Managementtechniken prinzipiell aufgeschlossener sind als die Mitarbeiter chinesischer Staatsunternehmungen.

Belegt wird dies etwa durch eine empirische Untersuchung des Lernverhaltens von Chinesen auf der Grundlage des *Learning-Style Inventory-Modells* von Kolb, bei der 165 Teilnehmer von Weiterbildungsprogrammen am SMI in Peking befragt wurden (vgl. Hanisch 2003). Dabei zeigten 154 Teilnehmer eindeutige Präferenzen, von denen sich 44,2 % als Pragmatiker, 30,5 % als Theoretiker, 20,1 % als Aktivisten und 5,2 % als Reflektierer einstuften. Diese relativ starke Streuung der präferierten Lernstile weist darauf hin, dass das Lernverhalten von Chinesen zu heterogen ist, um stark standardisierte Methoden der Personalentwicklung einzusetzen. Vielmehr ist eine Orientierung an den individuellen Präferenzen und Erwartungen der Teilnehmer erforderlich.

6.5.5 Bewertung und Ausblick

Seit seiner Einführung im Jahr 1997 erfährt das Siemens Management Learning Program eine wachsende Akzeptanz unter den Führungskräften. Dies bestätigt auch der frühere Vorstandsvorsitzende Heinrich von Pierer: »The interest we get (in the program) from all over the place is a good indicator that we are on the right track« (zit. nach Ewing 1999, S. 109 f.). In den nächsten Jahren soll das Programm deshalb ausgebaut und erweitert werden, ohne jedoch die Grundkonzeption zu ändern.

Einsatz neuer Lehrmethoden

Vor allem die *neuen Lernmethoden* finden bei den Teilnehmern Anklang. So äußert sich etwa Martina Girken von der Abteilung Corporate Information and Communication nach einem S3-Seminar zum Distance Learning: »I really like the concept as a whole. I found I could easily accomodate the distance learning into my private schedule« (zit. nach Herbig 1998, S. 16). Im Rahmen des Workshop Learning zog Raune Hammerberg, Sales Director von Siemens Information and Communication Networks in Finnland, den größten Nutzen aus den sich bildenden Netzwerken: »Am meisten habe ich davon profitiert, dass wir in diesen Programmen abteilungs-, bereichs- und länderübergreifend zusammenarbeiten. Ich habe mit meinen Kollegen (...) ein internationales Netzwerk knüpfen können, das wir beispielsweise schon für den Austausch von Mitarbeitern nutzen« (zit. nach o. V. o. J.). Genauso positiv sind die Führungskräfte den Lerninhalten gegenüber eingestellt. So meint S3-Teilnehmer Sergio Andreo, Leiter der Siemens A&D P. A. in Italien: »I benefited a lot from the discussions on the market approaches, company strategies and leadership. It was a chance to compare different experiences. All this is very useful in my job, because it helps create value for my organization and for the market« (zit. nach Herbig 1998, S. 15).

Darüber hinaus kommt dem Programm auch eine wichtige *globale Bedeutung* zu. »To compete globally, they have to be able to share resources and share ideas. That's one of the purposes of this«, bestätigt etwa James H. Vander Weide, Professor der Duke University und Dozent des Siemens Management Learning Programs. Auch kulturelle Aspekte finden Berücksichtigung. So meint Murat Ülgen, S3-Teilnehmer der ICN Group in Ankara: »I think it's important to bear in mind intercultural aspects play a role here« (zit. nach Herbig 1998, S. 14).

Dies bestätigen auch die Erfahrungen bei der Umsetzung der Seminare am Siemens Management Institute in China, wo bereits mehr als 100 BIPs durchgeführt wurden (vgl. Siemens 2005b). Die mit Hilfe des Action Learnings umzusetzenden Projekte haben hier interessante Ergebnisse bewirkt. So wird seitens der Teilnehmer besonderer Wert darauf gelegt, dass die Ziele eines Projekts möglichst präzise formuliert und nicht zu viele Ziele gleichzeitig verfolgt werden. Darüber hinaus wird nicht nur die genaue Planung der einzelnen Implementierungsschritte nach festen Prioritätsregeln, sondern auch eine klare Abgrenzung der Verantwortungsbereiche bei der Bearbeitung der einzelnen Teilaufgaben gefordert. Neben der Einführung eines konsequenten Zeitmanagements interessieren sich die chinesischen Führungskräfte insbesondere für Problemlösungs- und Entscheidungsfindungstechniken, durch deren Erlernen sich deren individuelle Entscheidungen wesentlich verbessert haben. Hinsichtlich des Workshop Learning betonen die Manager die Bedeutung eines Teamleiters im Gegensatz zu selbstgesteuerter Gruppenarbeit. Eine geteilte Führungsverantwortung innerhalb eines Teams wird eher abgelehnt. Jedoch sollte der Führungsstil des Teamleiters eher demokratisch geprägt sein, damit jedes Teammitglied seinen Standpunkt darlegen und so ein fairer Lösungsansatz gefunden werden kann (vgl. Hanisch 2001b, S. 407 f.).

Umsetzung des neu erworbenen Wissens

Nicht zuletzt trägt das Project Learning auch wesentlich zum *Erfolg der Unternehmung* bei. Eine Reihe von erfolgreichen BIPs verhalf Siemens nicht nur dazu, dass sich das Programm selbst trägt, sondern diese bewirken auch Kosteneinsparungen in Millionenhöhe. Für das Jahr 1999 wurden Einsparungen in Höhe von rund 11 Mio. US-$ genannt (vgl. Preiss 2000, S. 48). So arbeitete etwa ein S3-Team im Jahr 1998 ein Modell aus, mit dem in Großbritannien die Kosten für die Nutzung von Firmenmobiltelefonen aller Siemensmitarbeiter drastisch gesenkt werden konnten, indem man sich einerseits auf einen einzigen Netzanbieter konzentrierte und dadurch günstigere Mobilfunkverträge erwirkte und andererseits die Mitarbeiter besser über Tarife und Einsparungsmöglichkeiten informierte (vgl. Bader-Kowalski/Jakubetzki 2002, S. 236 f.) »Up until now, learning was a cost factor. But why shouldn't management learning be a profit center?«, fragt etwa Dr. Matthias Bellmann eher rhetorisch, der maßgeblich an der Gestaltung des Programms mitgewirkt hat (zit. nach o. V. 2000b, S. 17).

Aufgaben zu 6.5

1. *Wie beurteilen Sie die Übertragbarkeit der Lernmethoden Distance Learning, Project Learning und Workshop Learning in andere Kulturen?*
2. *Wie bewerten Sie diese Lernmethoden hinsichtlich der Vermittlung von Wissen, Fähigkeiten und Einstellungen?*
3. *Entspricht das Siemens Management Learning Program Ihrer Auffassung nach den Vorstellungen einer internationalen Personalentwicklung?*
4. *Welche Vor- bzw. Nachteile zu anderen Ihnen bekannten Methoden der (internationalen) Personalentwicklung lassen sich identifizieren?*
5. *Welche Gründe könnten Ihrer Meinung nach dafür verantwortlich sein, dass das Programm S1 bislang nur einmal in verkürzter Form durchgeführt worden ist?*
6. *In welcher Weise ist das Management Learning Program Ihrer Auffassung nach geeignet, den weltweiten Transfer von Wissen innerhalb des Siemens-Konzerns zu verbessern?*
7. *In welcher Weise ist das Management Learning Program Ihrer Auffassung nach geeignet, die weltweite Koordination des Siemens-Konzerns zu verbessern?*
8. *Welche zusätzlichen Lerninhalte oder -methoden würden Sie aufnehmen, um die weltweite Koordination sowie den Wissenstransfer zu verbessern?*

Literatur zu 6.5

Bader-Kowalski, C./Jakubetzki, A.: The Siemens Management Learning Program. In: Knowledge Management Case Book, hrsg. v. T. H. Davenport u. G. J.B. Probst. 2. Aufl., Erlangen 2002, S. 228–239.

Bellmann, M.: Siemens Management Learning – ein ganzheitlicher Ansatz zur Integration von Lernen und Arbeit. In: Strategien der Personalentwicklung, hrsg. v. H.-C. Riekhof. 6. Aufl., Wiesbaden 2006, S. 253–278.

Ewing, J.: Siemens. Building a ›B-school‹ in its own backyard. In: Business Week, 15.11.1999, S. 109–110.

Feldenkirchen, W.: Siemens 1918–1945. München 1995.

Hanisch, D. A.: Action Learning in China, Teil I. Theoretische und konzeptionelle Grundlagen. In: Personal, 53. Jg., 5, 2001 (a), S. 282–287.

Hanisch, D. A.: Akzeptanz und Relevanz des »Action Learning« im chinesischen Kulturraum. Action Learning in China, Teil II. In: Personal, 53. Jg., 7, 2001 (b), S. 404–409.

Hanisch, D. A.: Managementtraining in China. Frankfurt a. M. 2003.

Herbig, U.: Siemens Management Learning. Online training for managers. In: News and Views, 4, 1998, S. 14–18.

Holtbrügge, D.: Personalmanagement. 5. Aufl., Berlin et al. 2013.

Holtbrügge, D./Puck, J. F.: Geschäftserfolg in China. Strategien für den größten Markt der Welt. 2. Aufl., Berlin et al. 2008.

o. V.: Lernen im Netz. Wir optimieren Wissen und Können unserer Mitarbeiter. In: Panorama, o. J.

o.V.: Siemens Management Learning. Worldwide Contribution to Knowledge Management. In: CIO Journal, 2, 7, 2000 (a), S. 30–31.
o.V.: Higher – Faster – Further. In: Magic, 2, 2000 (b), S. 17–18.
Preiss, B.: Überblick für Manager. In: Siemens Welt, 1, 2000, S. 48–49.
Reisach, U./Tauber, T./Yuan, X.: China – Wirtschaftspartner zwischen Wunsch und Wirklichkeit. 2. Aufl., Wien 2003.
Siemens: Corporate Citizen Report. München 2001 (a).
Siemens: Siemens – Unser Unternehmen (SUU). München 2001 (b).
Siemens: Management Learning. München 2001 (c).
Siemens: Management Introduction Program (S5) in Deutschland. München 2001 (d).
Siemens: Management Development Program (S4) in Deutschland. München 2001 (e).
Siemens: Advanced Management Program (S3). München 2001 (f).
Siemens: The Siemens Leadership Program (S2). München 2001 (g).
Siemens: Corporate Responsibility Report 2002. München 2002 (a).
Siemens: Distance Learning. München 2002 (b).
Siemens: Workshop Learning. München 2002 (c).
Siemens: Project Learning. München 2002 (d).
Siemens: Informationen für Entscheider. Management Introduction Program S5new, Folienpräsentation, Abt. SQT P L&M, März 2002 (e).
Siemens: S4english Management Development Program. München 2002 (f).
Siemens: Advanced Management Program. München 2002 (g).
Siemens: Corporate Citizen Report 2003. München 2003.
Siemens: Mitarbeiter in Forschung und Entwicklung, http://www.siemens.com/index.jsp?sdc_p=t4cz3s7uo1032335pn1031318fl0mi1031909&sdc_sid=8547963919& (24.3.2005) (a).
Siemens: be ahead – Management Learning, http://www.siemens.com/index.jsp?sdc_rh= null&sdc_flags=null&sdc_sectionid= 0&sdc_secnavid= 0&sdc_3dnvlstid=&sdc_ countryid= 34&sdc_mpid= 0&sdc_unitid= 99&dc_conttype= 15&sdc_contentid= 1068658&sdc_langid= 1&sdc_pnid=&sdc_m4r= (29.3.2005) (b).
Siemens: Management Learning. München 2005 (c).
Siemens: Geschäftsbericht 2013. München 2014.
UNCTAD: World Investment Report 2014. Investing in the SDGs: An Action Plan. New York/Genf 2014.

7 Controlling international tätiger Unternehmen

7.1 Controlling ausländischer Tochtergesellschaften

7.1.1 Ziele und Aufgaben des Internationalen Controlling

Die zentrale Zielsetzung des Internationalen Controlling besteht darin, die internationalen Unternehmungsaktivitäten durch die informationelle Fundierung der Planungs-, Steuerungs- und Kontrollprozesse zu unterstützen. Analog zu den allgemeinen Zielsetzungen des Controlling kann dabei in eine operative und eine strategische Dimension unterschieden werden. Während im operativen Controlling gefragt wird, wie profitabel bestehende Geschäfte bzw. bereits getätigte Investitionen sind, steht im strategischen Controlling die Frage im Vordergrund, wie profitabel neue bzw. mögliche neue Investitionen sind. Die Performance-Messung bezieht sich nicht nur auf die Unternehmung insgesamt, sondern auch auf einzelne Geschäftsbereiche und alle ausländischen Tochtergesellschaften (vgl. Pausenberger 2002, S. 1166; Hoffjan 2009, S. 19). Zu den systeminternen Funktionen des Controllings ausländischer Tochtergesellschaften zählt es dabei, deren möglichst objektive Erfolgsbeurteilung zu gewährleisten (Erfolgsbeurteilungsfunktion) sowie deren Steuerung und Koordination durch die Muttergesellschaft zu unterstützen (Koordinationsfunktion).

Erfolgsbeurteilungsfunktion

Innerhalb der *Erfolgsbeurteilungsfunktion* können ausländische Tochtergesellschaften als Investitionsobjekte oder als Aktionsfeld handelnder Personen interpretiert werden (vgl. Pausenberger 2002, S. 1166 f.). Werden Tochtergesellschaften als *Investitionsobjekte* betrachtet (*Equity-Perspektive*), dann sind sie als spezifische Verwendungsmöglichkeit von Eigenkapital zu verstehen, die unter dem Gesichtspunkt dessen risikoadäquater Verzinsung zu bewerten sind. Investoren (Muttergesellschaft, Joint Venture-Partner oder Aktionäre) stellen der Tochtergesellschaft Eigenkapital zur Verfügung, das sich in der Bilanz am Jahresanfang durch den Eigenkapitalbuchwert (*Shareholder's Equity*) als direkte Investitionseinlage oder indirekt in Form thesaurierter Gewinne ausdrückt. Das bilanzielle Ergebnis (*Net Income*) steht am Ende des Geschäftsjahres dem Eigenkapital gegenüber. Als relatives Performance-Maß ergibt sich dann die Eigenkapitalverzinsung (*Return on Equity, RoE*) (vgl. Abb. 7-1).

Equity-Perspektive

Bei der Equity-Perspektive steht allein die Verzinsung des Eigenkapitals im Fokus. Externe Einflussfaktoren wie z. B. Wechselkursschwankungen, Veränderungen der rechtlichen Rahmenbedingungen oder politische Entscheidungen werden unmittelbar dem Investitionsobjekt zugerechnet und bei dessen Beurteilung einbezogen.

Abb. 7-1

Perspektiven der Performance-Analyse

	Eingesetztes Kapital (Werte nach Bilanz)	**Absolutes Performance-Maß** (Werte nach GuV)	**Relatives Performance-Maß** (Kapitalverzinsung)
Entity- **Perspektive** (Unternehmersicht)	Betriebliches (Netto-)Vermögen *(Capital Employed)*	NOPAT *(Net Operating Profit after Taxes)*	ROCE *(Return on Capital Employed)*
Equity- **Perspektive** (Investorensicht)	Eigenkapital *(Shareholder's Equity)*	Jahresergebnis *(Net Income)*	ROE *(Return on Equity)*

(Quelle: Bausch/Buske/Hagemeier 2011, S. 361)

Entity-Perspektive

Aus *unternehmensbezogener Sicht* (*Entity-Perspektive*) wird die Tochtergesellschaft als geschäftliches Aktionsfeld betrachtet. Die relevante Ausgangsgröße ist dann das operative, betriebliche Ergebnis (*Earnings before Interest and Taxes, EBIT*) gemäß Gewinn- und Verlustrechnung. Für die Nachsteuerbetrachtung wird das EBIT nach Abzug der Steuern (*Net Operating Profit After Taxes, NOPAT*) verwendet. Als eingesetztes Kapital ist nur jener Betrag anzusetzen, der durch operative Vermögenswerte verursacht ist (*Capital Employed*). Als relatives Performance-Maß ergibt sich dann der *Return on Capital Employed (ROCE)* (vgl. Abb. 7-1)

Bei der Equity-Perspektive sind nur diejenigen Erfolgskomponenten relevant, für deren Beeinflussung bzw. Berücksichtigung die jeweilige Geschäftsführung verantwortlich gemacht werden kann. Unvorhersehbare bzw. nicht beeinflussbare Veränderungen der Umweltbedingungen bleiben deshalb bei der Erfolgsbeurteilung unberücksichtigt und z. B. im Rahmen der erfolgsorientierten Entlohnung ohne Relevanz.

Im Rahmen der operativen Erfolgsbeurteilung muss das Internationale Controlling die ständige Vergleichbarkeit der einzelnen Erfolgsbeiträge der ausländischen Aktivitäten gewährleisten. Besonders zur Verteilung knapper Investitionsmittel oder sonstiger Ressourcen sind fundierte Informationen über deren Ertragskraft erforderlich, damit anstehende Managemententscheidungen Fehlallokationen vermeiden und die Beurteilungsgrundlage stets ein ausreichendes Maß an Sicherheit bietet (vgl. Hoffjan 2009, S. 14). Das Erfordernis der nachhaltigen Existenzsicherung beinhaltet darüber hinaus die Erreichung eines strategisch ausgerichteten Ordnungs- und Sicherungsziels (vgl. Weber 1991, S. 13). Während beim *Ordnungsziel* die Beziehungen zwischen Mutter- und Tochtergesellschaft im Mittelpunkt stehen, zielt das *Sicherungsziel* vornehmlich auf eine Risikominimierung bei gleichzeitiger Sicherung der Einkünfte zum Unternehmungsfortbestand ab (vgl. Hoffjan 2009, S. 15).

Koordinationsfunktion

Die *Koordinationsfunktion* des Controlling ausländischer Tochtergesellschaften geht über deren nachträgliche Erfolgsbeurteilung (*ex post*- bzw. *Feedback*-Kontrolle) hinaus und umfasst auch deren antizipative Beeinflussung mittels geeigneter Steuerungsinstrumente (*ex ante*- bzw. *Feedforeward*-Kontrolle). Dem liegt die Annahme zugrunde, dass die Gewinnung, Verarbeitung, Aufbereitung und nutzeradäquate Verteilung unternehmungspolitischer Informationen nicht nur die Bewertung der Tochtergesellschaft durch die Muttergesellschaft ermöglicht, sondern sich auch auf die zentralen Entscheidungen der Führungskräfte in der Tochtergesellschaft auswirkt. Durch diese *Verhaltenswirkung von Informationen* weist das Controlling damit zahlreiche Parallelen zu den prozessualen Steuerungsinstrumenten auf (vgl. Kap. 5.1.2).

Herausforderungen des Internationalen Controlling

Bei der Realisierung dieser Aufgaben ist das Controlling in international tätigen Unternehmungen im Vergleich zu nationalen Unternehmungen mit zahlreichen zusätzlichen *Problemen* konfrontiert (vgl. Smolenski 2008; Denk/Feldbauer-Durstmüller 2012; Schopf 2012, S. 473 ff.). Hierzu zählen z. B. unterschiedliche ökonomische, rechtliche, politische und kulturelle Rahmenbedingungen, unterschiedliche Investitionsrisiken, die Notwendigkeit der Berücksichtigung von Wechselkursschwankungen und unterschiedliche Zins- und Inflationsniveaus. Die bestehenden Controlling-Instrumente wie z. B. das Berichtswesen, die Budgetierung, die Kostenrechnung, bestehende Kennzahlensysteme oder die Balanced Scorecard müssen deshalb durch Währungsumrechnungsverfahren und Verrechnungspreise derart problemadäquat angepasst werden, dass eine wertorientierte Steuerung der international tätigen Unternehmung realisierbar ist (vgl. Hoffjan 2009, S. 11 f.). Zudem muss berücksichtigt werden, dass sich international tätige Unternehmungen häufig durch eine komplexe Organisationsstruktur auszeichnen, wodurch sich der Koordinations- und Steuerungsaufwand vervielfacht (vgl. Kap. 5). Des Weiteren existiert aufgrund der unterschiedlichen institutionellen Rahmenbedingungen keine einheitliche Organisationsempfehlung. Daher besteht eine wichtige *systembildende Funktion des Internationalen Controlling* darin, geeignete Methoden und Instrumente zur Planung, Steuerung und Kontrolle ausländischer Tochtergesellschaften zu entwickeln.

Systembildende Funktion des Internationalen Controlling

7.1.2 Internationales Controlling und internationale Rechnungslegung

Gerade in internationalen Unternehmungen ist die Steuerung und Kontrolle der Geschäftstätigkeit durch verschiedene internationale Einflüsse geprägt. Die existierenden Ressourcen der Unternehmung müssen international sparsam und effizient eingesetzt werden, um hierdurch bestmöglich dem Internationalisierungs- und Wettbewerbsdruck entgegenzuwirken. Besonders Unternehmungen mit Standorten in mehreren Ländern sehen sich hierbei zwei zentralen Herausforderungen ausgesetzt.

Einerseits muss das Controlling der eigenen Tätigkeit den Anforderungen einer internationalen Unternehmung gerecht werden und auch die Steuerung und Kontrolle von ausländischen Aktivitäten ermöglichen und andererseits führt die internationale Tätigkeit auch zu Veränderungen im Rahmen der Rechnungslegung, da folglich die regulatorischen Vorgaben von verschiedenen internationalen Gesetzgebern berücksichtigt werden müssen.

Durch das Internationale Controlling sollen alle Aktivitäten und Ressourcen einer international tätigen Unternehmung geplant, gesteuert und kontrolliert werden.

Hierbei ist es zunächst unerheblich, ob die Planung, Steuerung und Kontrolle für zwei oder mehr Länder erfolgt, da das Grundkonzept hiervon unabhängig ist. Aufgrund der zunehmenden Komplexität und Dynamik von internationalen Aktivitäten kommt dem Internationalen Controlling jedoch sowohl hinsichtlich einer strategischen als auch einer operativen Komponente eine besonders wichtige Rolle zu, um die zuvor dargestellten Funktionen und Zielsetzungen zu erfüllen. Die gewonnenen Erkenntnisse aus dem Internationalen Controlling dienen der Erfolgsbeurteilung, Koordination, Kommunikation, Information und Entscheidungsfindung, wobei entweder die Aktivitäten eines Auslandsstandortes im Zeitablauf bewertet oder ein Vergleich (Benchmarking) zwischen verschiedenen Standorten vorgenommen werden kann. Durch die regelmäßige und fokussierte Berichterstattung über die internationalen Standorte wird die Unternehmungsführung somit befähigt, Entscheidungen im operativen oder strategischen Bereich zu treffen und steuernde Maßnahmen umzusetzen.

Notwendig dafür ist eine integrierte, gründliche und strukturierte Planung und Informationsbeschaffung, so dass zielorientierte Analysen durchgeführt und valide Bewertungen abgegeben werden können (vgl. Reichmann 2011, S. 693). Das Internationale Controlling kann sich hierbei zwar von der Ausrichtung der nationalen Controlling-Funktion unterscheiden, jedoch sollte idealerweise ein harmonisiertes System existieren, welches einen ungestörten Informationsfluss zwischen (internationalem) Informationssender und (nationalem) Informationsempfänger erlaubt (vgl. Abb. 7-2).

In diesem Zusammenhang steht das Internationale Controlling häufig vor der Herausforderung, Informationen aus international unterschiedlichen Rechnungsle-

Abb. 7-2

Internationales Controlling und Internationale Rechnungslegung

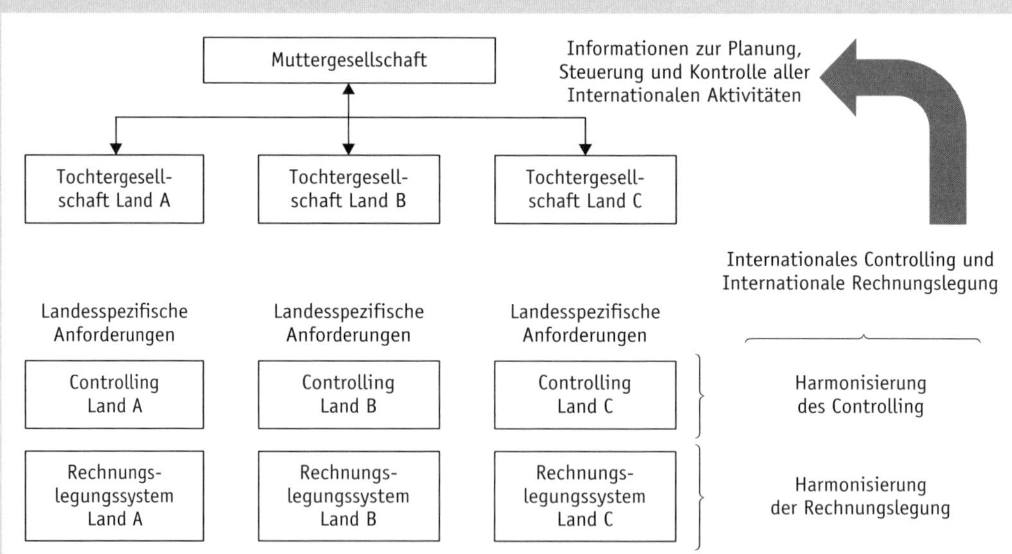

gungssystemen zu harmonisieren und sich den zum Teil divergierenden Zielsetzungen des externen Rechnungswesens unterzuordnen. Neben dem europäischen Normensystem mit dem deutschen Handelsgesetzbuch (HGB) zählen hierzu die amerikanischen US-Generally Accepted Accounting Principles (US-GAAP) und die International Financial Reporting Standards (IFRS). Jedes dieser Rechnungslegungssysteme zeichnet sich durch unterschiedliche Ansatz- und Bewertungsvorschriften aus, sodass es im Rahmen der Bilanzierung zu gravierenden Abweichungen zwischen den einzelnen Systemen und damit zu erheblichen Ergebnisverzerrungen kommen kann (vgl. Tab. 7-1). Zur zielgerichteten Informationsversorgung des Managements und aller internationalen Anspruchsgruppen ist deshalb die internationale Harmonisierung des Rechnungswesens sowie der Schnittstellen zum Internationalen Controlling erforderlich. Da Unternehmungen, deren Aktien an europäischen Börsenplätzen gehandelt werden, seit dem Geschäftsjahr 2005 ihren Jahresabschluss nach IFRS erstellen müssen, wird im Folgenden deren Relevanz für das Internationale Controlling dargestellt.

IFRS

Die *International Financial Reporting Standards* beinhalten alle supranationalen Rechnungslegungsnormen, die durch das International Accounting Standard Board (IASB) erarbeitet wurden (vgl. www.iasb.org). In der Praxis umfassen die IFRS auch die International Accounting Standards (IAS), sodass diese beiden Bereiche häufig gemeinsam genannt werden. Während sich der handelsrechtliche Jahresabschluss an sachverhaltsübergreifenden Gesetzen und Vorschriften orientiert, treten bei den IFRS kasuistische Normen mit hoher Fallorientierung für separierte Teilaspekte der Rechnungslegung in den Mittelpunkt (vgl. Baetge/Kirsch/Thiele 2013, S. 82 ff.4). So bildet z. B. die IAS 16 den Bereich der Sachanlagen ab, wohingegen die IAS 7 die Kapitalflussrechnung betrachtet. Den übergeordneten Rahmen dieser Einzelnormen

IAS/IFRS-Framework

bildet das *IAS/IFRS-Framework*, welches neben der Zielsetzung von IFRS-Abschlüssen auch die notwendigen Jahresabschlusselemente, alle Grundlagen zur Bewertung und

Tab. 7-1

Bewertungs- und Ansatzvorschriften im internationalen Vergleich von HGB, IAS/IFRS und US-GAAP

Posten	HGB	IAS/IFRS	US-GAAP
Selbsterstellte Software des Anlagevermögens	Aktivierungsverbot	Entwicklungsaufwendungen müssen aktiviert werden	Entwicklungsaufwendungen müssen aktiviert werden
Langfristige Auftragsfertigung	*Completed-Contract-Methode*	*Percentage-of-Completion*-Methode	*Percentage-of-Completion*-Methode
Aufwandsrückstellungen	teilweise verpflichtend, teilweise Wahlrecht	Passivierungsverbot	Passivierungsverbot
Neubewertung von Vermögensgegenständen des Anlagevermögens	grundsätzlich nicht möglich	Neubewertung ist über die ursprünglichen Anschaffungskosten möglich	nur begrenzt möglich

(Quelle: in Anlehnung an Klein 2000, S. 150)

das Konzept der Kapitalerhaltung ausführlich vorgibt (vgl. Coenenberg/Haller/Schultze 2014; Pellens et al. 2014).

Das Ziel von IFRS-Abschlüssen ist die Bereitstellung von Informationen zur Vermögens-, Finanz- und Ertragslage aller konzernierten Einheiten. Diese sollen eine ausreichende Informationsversorgung aller Adressaten des Jahresabschlusses (dies sind nach F.9 alle Stakeholder) gewährleisten. Aufgrund des differenzierten Informationsanspruches der Kapitalmärkte sollen mithilfe der durch die IFRS bereitgestellten Informationen Entscheidungen der Anteilseigner zum Erwerb, Halten oder Veräußern von Aktien *ex ante* bewertet und zugleich die notwendigen Informationen zu einer *ex post*-Bewertung der Rentabilität getroffen werden können (vgl. Schultze/Hirsch 2005, S. 13). Dieser Zielsetzung folgend regelt IAS 1.13, die wirtschaftliche Situation der Unternehmung möglichst unverzerrt abzubilden und ausgehend von den tatsächlichen Verhältnissen stets dem *true and fair view* zu folgen. Des Weiteren müssen die bereitgestellten Informationen nach IAS 1.15 die folgenden qualitativen Eigenschaften besitzen:

- Relevanz (F.26 ff.),
- Verlässlichkeit (F.31 ff.),
- Vergleichbarkeit (F.39 ff.),
- Verständlichkeit (F.25).

Auch wenn das Prinzip des *true and fair view* bereits zu den Generalnormen des handelsrechtlichen Abschlusses nach HGB zählt, dominieren die Grundsätze ordnungsgemäßer Buchführung mit dem zentralen Gläubigerschutzgedanken. Die realitätsnahe Abbildung der wirtschaftlichen Situation bei den IFRS kann somit zu beträchtlichen Abweichungen beim Ausweis von Eigenkapital und Periodenerfolg führen, der besonders während der Umstellungsphase von nationalen zu internationalen Rechnungslegungssystemen deutlich wird (vgl. Tab. 7-2).

Für international agierende Unternehmungen wirken sich die internationalen Rechnungslegungsstandards auch auf das Internationale Controlling aus, da einerseits die daraus entnommenen Daten und Werte in länderübergreifende Management Reports und Berichte eingehen, andererseits aber auch Informationen aus dem Con-

Tab. 7-2

Abweichungen beim Jahresergebnis und Eigenkapital durch die Umstellung auf die internationale Rechnungslegung

Volkswagen	**HGB**	**IAS**
Eigenkapital 1999 (in Mio. EUR)	9.811	20.918
Hoechst	**IAS**	**US-GAAP**
Jahresergebnis 1995 (in Mio. DM)	1.709	– 57

(Quelle: Wagenhofer 2009, S. 4)

trolling zur Erstellung des Jahresabschlusses nach IFRS eingebunden werden können (vgl. Hoffjan 2009, S. 204). Diese Schnittstellen zwischen Controlling und IFRS umfassen nicht mehr ausschließlich den Bereich der internen Kostenrechnung zur Bewertung der Herstellungskosten wie im HGB, sondern ebenfalls Rentabilitäts- und Cashflow-Rechnungen, weshalb der Controller als »Informationsdienstleister für die IFRS-Rechnungslegung« agiert (Weißenberger 2011, S. 547). Das internationale Controlling ermöglicht es somit, die durch die IFRS geforderte ausführliche Segmentberichterstattung großer Konzerne auf unterschiedliche Regionen auszuweiten und hierdurch die Steuerung der Auslandsaktivitäten zu erleichtern.

7.1.3 Kennzahlen und Kennzahlensysteme

Ziel

Das wichtigste Instrument zur Erfolgsbeurteilung ausländischer Tochtergesellschaften stellen Kennzahlen bzw. Kennzahlensysteme dar. Kennzahlen sind *Messgrößen, die in konzentrierter Form über quantitativ erfassbare Sachverhalte in einer Unternehmung informieren*. Da einzelne Kennzahlen in einem komplexen Wirkungszusammenhang stehen, werden sie häufig in hierarchisch strukturierten Kennzahlensystemen zusammengefasst (vgl. Reichmann 2011, S. 28 ff.). Das *Ziel* der Anwendung von Kennzahlen besteht darin, die Vielzahl der in einer Tochtergesellschaft anfallenden Daten zu wenigen aussagefähigen, vom realen Unternehmungsgeschehen abstrahierten Größen zu verdichten und dadurch deren Beurteilung und Koordination durch die geographisch entfernte Muttergesellschaft zu erleichtern. Zu den wichtigsten *Beurteilungsmethoden* zählen der Vergleich einzelner Kennzahlen einer Tochtergesellschaft zu unterschiedlichen Zeitpunkten (*Zeitvergleich*), der Vergleich der Kennzahlen einer Tochtergesellschaft mit der Muttergesellschaft, anderen Tochtergesellschaften oder unverbundenen Unternehmungen (*Betriebsvergleich*) sowie der Vergleich der in einer Tochtergesellschaft realisierten Werte mit den geplanten Werten (*Soll-Ist-Vergleich*).

Beurteilungsmethoden

Unternehmenswert (Shareholder Value)

Während in der Vergangenheit *Rentabilitätskennzahlen* wie der Umsatz, der Jahresüberschuss, die Umsatz- bzw. Gesamtkapitalrentabilität sowie der Return-on-Investment (ROI) die größte praktische Bedeutung besaßen (vgl. Pausenberger 1996; Lube 1997, S. 215 f.), wird zunehmend der *Unternehmungswert* (Shareholder Value) als Kennzahl zur Erfolgsbeurteilung ausländischer Tochtergesellschaften herangezogen (vgl. Wagner/Wobbe 1997; Nicklas 1998; Middelmann 2000; Rieg 2002; Bausch/Buske/Hagemeier 2011, S. 355 ff.). Ursächlich dafür ist der steigende Druck auf das Management, den Wert der Unternehmung an den Kapitalmärkten zu steigern (zu den Ursachen vgl. Welge/Al-Laham 2012, S. 224 f.). Die Forderung nach einer wertorientierten Unternehmungsführung betrifft nicht nur börsennotierte, sondern auch nicht-börsennotierte Unternehmungen, deren Zielsetzung ebenfalls darin besteht, Renditen zu erwirtschaften, die über den Kapitalkosten liegen. Dieses Ziel gilt für Unternehmungen insgesamt, aber auch für alle Unternehmungsteilbereiche und damit auch für ausländische Tochtergesellschaften.

Übergewinnprinzip

Falls sich die Muttergesellschaft zur Maximierung des Shareholder Values verpflichtet hat, müssen zur Erfolgsbeurteilung und zur Koordination der ausländischen Engagements auch entsprechende unternehmenswertbezogene Kennzahlen herangezogen werden. In der Praxis sind insbesondere der *Economic Value Added (EVA)* sowie der *Cash Value Added (CVA)* weit verbreitet (vgl. Coenenberg/Salfeld 2007, S. 262 ff.). Diese Residualgewinnmodelle sind dadurch gekennzeichnet, dass die Messung von Wertsteigerungspotentialen mit Hilfe von Zahlen aus der Bilanz sowie der Gewinn- und Verlustrechnung, d. h. periodisierten Größen erfolgt. Im Prinzip basieren alle Residualgewinnverfahren auf dem nachstehend definierten *Übergewinn* (vgl. Coenenberg/Salfeld 2007, S. 263):

Übergewinn = Gewinngröße – Kapitalkostensatz × investiertes Kapital
= (Kapitalrendite – Kapitalkostensatz) × investiertes Kapital

Im Folgenden werden mit dem CVA und dem EVA die bedeutendsten Steuerungskonzepte beispielhaft vorgestellt.

CVA-Konzept

Um den CVA für die Kapitalrendite zu ermitteln, wird zunächst der *Cash Flow Return on Investment (CFROI)* berechnet. Dieser ergibt sich aus dem Brutto-Cashflow (BCF), der ökonomischen Abschreibung (ÖA) und dem investierten Kapital (vgl. Coenenberg/Salfeld 2007, S. 266):

CFROI = (BCF – OÄ) / investiertes Kapital

Ökonomische Abschreibung

Zur Bestimmung der ökonomischen Abschreibung (OÄ) werden wirtschaftliche und nicht bilanzielle Werte angesetzt und unter Berücksichtigung von Zinseffekten die notwendige konstante Anpassung ermittelt. Auf diese Weise wird sichergestellt, dass zum Ende der Nutzungsdauer der ursprüngliche Investitionsbetrag zur Verfügung steht. Das investierte Kapital wird zu historischen Anschaffungs- und Herstellungskosten angesetzt. Zur Ermittlung des CVA wird der CFROI dem risikoangepassten, gewichteten Kapitalkostensatz (WACC) gegenübergestellt (zur Ermittlung vgl. ausführlich Welge/Al-Laham 2012, S. 230 f.). Die Differenz, die auch Spread, Überrendite oder Residualrendite genannt wird, wird mit dem investierten Kapital multipliziert:

CVA = (CFROI – WACC) × investiertes Kapital
bzw.
CVA = (BCF – OÄ) – WACC × investiertes Kapital

Der CVA repräsentiert den in einer Periode von einer Tochtergesellschaft erwirtschafteten realen Wertzuwachs auf Cashflow-Basis. »Anhand der drei den CVA determinierenden Größen – CFROI, Kapitalkostensatz sowie investiertes Kapital – können, in Anlehnung an das Shareholder Value Netzwerk von Rappaport, Werttreiber sowie deren wertsteigernde Wirkung abgeleitet, prognostiziert und überwacht werden« (Coenenberg/Salfeld 2007, S. 266). Für Steuerungszwecke eignet sich nicht der absolute Betrag des CVA, sondern seine Veränderung gegenüber der Vorperiode (ΔCVA).

EVA-Konzept

Nach einer Studie von Bausch/Hunoldt/Matysiak (2009, S. 20) wird im Kreis der DAX 30-Unternehmen (ohne Banken, Finanzdienstleister und Versicherungen) der *Economic Value Added (EVA)* dem CVA vorgezogen, was nach Einschätzung der Autoren auf eine größere Schwierigkeit der Implementierung eines CVA-Ansatzes sowie auf die traditionell stärkere Ergebnis- als Cashflow-Orientierung in Deutschland zurückzuführen ist.

Die Ermittlung des EVA kann auf der Basis von absoluten und relativen Werten erfolgen. Bei der ersten Ermittlungsform werden die Kosten für Eigen- und Fremdkapital (*Capital Charge*) vom operativen Ergebnis vor Zinsen und nach Steuern (*Net Operating Profit after Taxes, NOPAT*) subtrahiert. Bei der zweiten Ermittlungsform wird der Kapitalkostensatz (WACC) vom ROCE subtrahiert, um daraus den relativen EVA (*Value Spread*) durch die Multiplikation mit dem investierten Kapital (*Capital Employed*) in den absoluten EVA zu überführen (vgl. Abb. 7-3).

Für Steuerungszwecke ist die Value-Spread-Formel besonders geeignet, weil sie sowohl eine Darstellung der Unternehmungsposition als auch eine weitergehende Differenzierung des EVA entlang der Treiber des ROCE-Baumes (vgl. Bausch/Buske/Hagemeier 2011, S. 366) ermöglicht. Entlang der zwei Dimensionen ROCE und Capital Employed können die EVA-Werte für die einzelnen Tochtergesellschaften dargestellt und für eine dynamische Analyse in Form des EVA genutzt werden.

Der *Vorteil* wertorientierter Steuerungskonzepte besteht insbesondere darin, »dass die Spitzenkennzahl im operativen Controlling weiter operationalisiert und im strategischen Controlling aggregiert und damit eine überzeugende Durchgängigkeit

Abb. 7-3

Ermittlung des Economic Value Added (EVA)

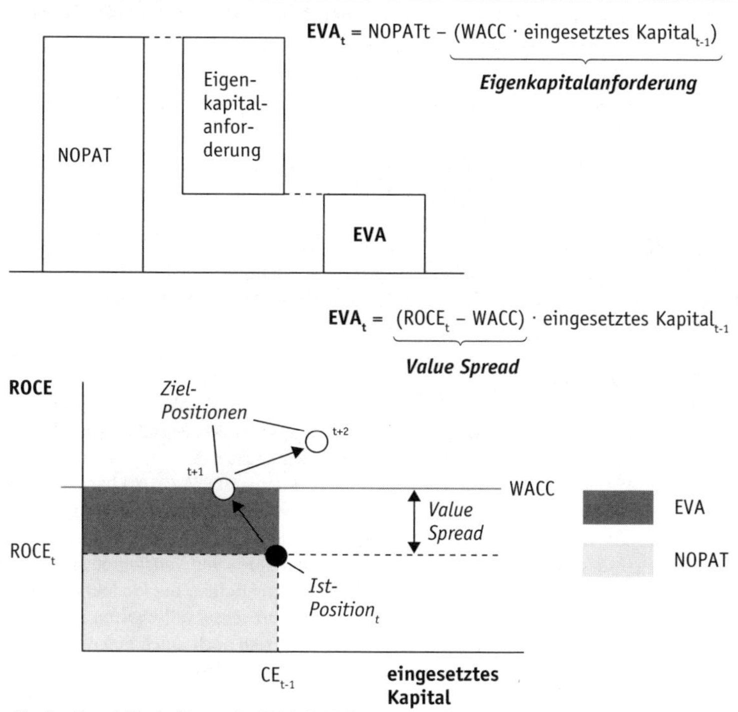

(Quelle: Bausch/Buske/Hagemeier 2011, S. 374)

und Konsistenz des Führungssystems realisiert werden kann« (Bausch/Buske/Hagemeier 2011, S. 376). Die Spitzenkennzahl kann in ihre Treiber, Ergebnisbestandteile und operative, geschäftsspezifische Key Performance Indicators (KPIs) aufgespalten werden. Im Rahmen einer Mehrperiodenbetrachtung kann die gleiche Spitzenkennzahl zur Marktwertsteigerung der Tochtergesellschaft verdichtet werden.

Probleme

Während die Berechnung von Kennzahlen in internationalen Unternehmungen weitgehend analog zum nationalen Kontext erfolgt, ist deren Anwendung und Interpretation mit gravierenden zusätzlichen *Problemen* verbunden. Beim Einsatz *erfolgsorientierter Kennzahlen* wie dem Umsatzwachstum, der Umsatzrentabilität oder dem ROI sind insbesondere folgende Faktoren zu beachten (vgl. Zünd 1973, S. 125 ff.; Weihrich/Koontz 1993, S. 580 f.; Radebaugh/Gray/Black 2006, S. 380 ff.):

Marktbedingungen des Gastlandes

- Die angemessene Bewertung des Erfolgs einer ausländischen Tochtergesellschaft ist nur unter *Berücksichtigung der Marktbedingungen des Gastlandes* möglich. Während z. B. ein ROI von 5 % in den USA als angemessen beurteilt werden kann, wird ein entsprechender Wert in China angesichts des deutlich höheren Investitionsrisikos und des höheren Marktwachstums möglicherweise als unbefriedigend eingeschätzt. Bei der Erfolgsbeurteilung ausländischer Tochtergesellschaften müssen deshalb Korrekturen hinsichtlich der jeweiligen landesspezifischen Bedingungen vorgenommen werden.

Unterschiedliche nationale Steuerbelastungen

- Darüber hinaus wird das in einem Land erzielte Ergebnis wesentlich durch *unterschiedliche nationale Steuerbelastungen* beeinflusst. Während bei der Betrachtung ausländischer Tochtergesellschaften als Investitionsobjekte deshalb zumeist eine

Beispiel

Die Putzmeister AG ist ein internationaler Spezialmaschinenbauer mit weltweit 15 Tochtergesellschaften. Schwerpunkte der Produktion sind Maschinen zur Förderung und Verteilung von Beton, Mörtel und Dickstoffen. Im Putzmeister-Konzern wurde beschlossen, in Anlehnung an das Economic Value Added-Konzept (EVA™) das Konzept des Putzmeister Economic Value Added (PEVA) als Basis der wertorientierten Unternehmungsführung einzusetzen.
PEVA errechnet sich aus der Überrendite des Return On Capital Employed (ROCE) gegenüber den Cost of Capital (*hurdle rate*):
PEVA (%) = ROCE (%)./. Cost of Capital (%)
ROCE (%) wird definiert als Verzinsung (Return) bezogen auf das eingesetzte Kapitel (Capital Employed). Dabei wird bewusst das Ergebnis vor Steuern herangezogen, um Steuereffekte auf der Ebene der Tochtergesellschaften zu eliminieren, da diese nicht von diesen beeinflusst werden können.

Return	=	Ergebnis vor Steuern (ohne Beteiligungsergebnis)
	+	Zinsaufwand
	=	Earnings before Interest and Tax (EBIT)

Die Kapitalkosten werden entsprechend dem Weighted Average Cost of Capital-Modell (WACC) ermittelt,

$$r = r_{EK} \cdot \frac{EK}{GK} + r_{FK} \cdot (1-s) \cdot \frac{FK}{GK}$$

wobei:

r_{EK}	=	Eigenkapitalkosten %
r_{FK}	=	Fremdkapitalkosten %
EK/GK	=	Eigenkapitalquote %
FK/GK	=	Fremdkapitalquote % bzw. 1-EK/GK
s	=	Steuerquote

Die Eigenkapitalkosten werden für alle Tochtergesellschaften im Konzern entsprechend der Kapitalmarktrendite in Deutschland einheitlich angesetzt.
Die Ermittlung eines relativen PEVA (in %) hat den Vorteil der Vergleichbarkeit von Tochtergesellschaften mit unterschiedlich hohem Capital Employed. Auch die Vergleichbarkeit zwischen Produktions- und Vertriebsgesellschaften ist gegeben. Da die Wertschöpfung bei Produktionsgesellschaften höher als bei Vertriebsgesellschaften ist, muss das höhere Capital Employed auch durch einen höheren ROCE verdient werden. Der relative ROCE lässt beim Vergleich der Wertentwicklung im Zeitverlauf zudem Wechselkursentwicklungen unberücksichtigt, da nur mit Verhältniszahlen gearbeitet wird (vgl. Rieg 2002, S. 158 ff.).

Einbeziehung der jeweiligen Steuerbelastung erfolgt, bietet es sich bei deren Interpretation als Aktionsfeld handelnder Personen an, diese bei der Erfolgsbeurteilung auszuklammern und z. B. im Rahmen erfolgsorientierter Entlohnungssysteme unberücksichtigt zu lassen. Darüber hinaus ist zu prüfen, ob auch die von der Muttergesellschaft zu zahlenden Steuern auf den transferierten Gewinn der ausländischen Tochtergesellschaften in deren Erfolgsbeurteilung eingehen sollen (vgl. Schmidt/Sigloch/Henselmann 2005; Scheffler 2009).

Sozio-politische Interessengruppen

- Durch erfolgsorientierte Kennzahlen lassen sich vor allem die Beziehungen einer Unternehmung zu ihren marktlichen Interessengruppen abbilden, während sich die gerade für international tätige Unternehmungen bedeutsamen *Beziehungen zu den sozio-politischen Interessengruppen* nur schwer quantitativ erfassen lassen. Hierzu ist deshalb die Entwicklung qualitativer Beurteilungsmaßstäbe erforderlich.

Gefahr des egoistischen Verhaltens

- Ein weiteres Problem der Anwendung erfolgsorientierter Kennzahlen in international tätigen Unternehmungen ist die *Gefahr des egoistischen Verhaltens ausländischer Tochtergesellschaften.* Wenn sich deren Beurteilung primär am jeweiligen lokalen Ergebnis und nicht an ihrem Beitrag zum Ergebnis der Gesamtunternehmung orientiert, sind diese dazu geneigt, Investitionen zu unterlassen, die das eigene Ergebnis belasten, obwohl sie das Ergebnis der Gesamtunternehmung verbessern würden.

Wechselkursschwankungen

- Ein gravierendes Problem stellen darüber hinaus *Verzerrungen bei der Transformation von Kennzahlen in andere Währungen* dar. Da die buchhalterische Erfassung von Geschäftsvorfällen in international tätigen Unternehmungen in unterschiedlichen Währungen erfolgt, wird das in einer ausländischen Tochtergesellschaft erzielte Ergebnis aus Sicht der Muttergesellschaft nicht nur durch die jeweils realisierten Preise und Mengen, sondern auch durch die Entwicklung des Wechselkurses beeinflusst. Die adäquate Interpretation erfolgsorientierter Kennzahlen im Rahmen der Erfolgsbeurteilung ausländischer Tochtergesellschaften setzt deshalb die controllinggerechte Berücksichtigung von Wechselkursschwankungen voraus.

Inflation

- Die Aussagefähigkeit aggregierter Kennzahlen, die auf der Basis monetärer Größen gebildet werden, hängt zudem von der in dem jeweiligen Land vorherrschenden *Inflationsrate* ab. Vor allem in Hochinflationsländern muss bei der Bildung erfolgsorientierter Kennzahlen deshalb zunächst der Einfluss von Preisschwankungen neutralisiert werden, um eine sinnvolle Interpretation zu ermöglichen.

Transfer- bzw. Verrechnungspreise

- Bei einem hohen *Integrationsgrad* zwischen Mutter- und Tochtergesellschaft wird das in einer ausländischen Tochtergesellschaft erzielte Ergebnis schließlich durch die Gestaltung der Transfer- bzw. Verrechnungspreise für unternehmungsinterne, länderübergreifende Lieferungen und Leistungen beeinflusst. Bei nicht marktorientierten Verrechnungspreisen, die weniger der Erfolgsbemessung als der Gewinnverlagerung dienen, spiegelt der erzielte Gewinn deshalb weniger deren realwirtschaftlichen Erfolg als vielmehr die Verwirklichung steuer- und risikoorientierter Motive der Muttergesellschaft wider.

Probleme beim Einsatz wertorientierter Kennzahlen

Neben diesen Problemen erfolgsorientierter Kennzahlen sind beim Einsatz wertorientierter Kennzahlen in internationalen Unternehmungen weitere *Störfaktoren* zu berücksichtigen (vgl. ausführlich Hoffjan 2009, S. 144 ff.):

- *Länderspezifische und kulturelle Besonderheiten* können eine abweichende Risikosituation der ausländischen gegenüber den inländischen Gesellschaften verursachen. Hierauf kann entweder durch die Anpassung der Kapitalkosten oder die Korrektur der Kapitalisierungsgröße reagiert werden. Daneben können z. B. staatliche Subventionen den Wert einer Tochtergesellschaft beeinflussen. Auch kulturelle Besonderheiten des Gastlandes sind unter Umständen bei der Interpretation von Informationen im Rahmen der Wertanalyse zu berücksichtigen.
- Die Performance ausländischer Tochtergesellschaften wird neben den bereits genannten Faktoren auch durch die *wirtschaftlichen Bedingungen* des Gastlands beeinflusst. Hierzu zählen Inflations-, Währungs- und Zinsänderungsrisiken sowie Konjunkturschwankungen. Diese makroökonomischen Einflüsse betreffen alle Unternehmungen und Branchen in einem Land gleichermaßen. Sie müssen deshalb nicht nur bei der Risikoeinschätzung, sondern auch bei der wertorientierten Steuerung berücksichtigt werden.
- Unterschiedliche *rechtliche und steuerliche Rahmenbedingungen* stellen einen weiteren Störfaktor für das internationale Controlling mit wertorientierten Steuerungsgrößen dar. Diese wirken sich sowohl auf die Vergleichbarkeit der Unternehmungseinheiten als auch auf die Integration des Internationalen Controlling mit der Internationalen Rechnungslegung aus.

Wie sich diese Störfaktoren auf die wertorientierte Steuerung auswirken, hängt von der Beurteilungsperspektive für die Tochtergesellschaft ab. Bei einer *zentralen Bewertungsperspektive* erfolgt die Wertbeitragsermittlung auf der Basis der Währung der Muttergesellschaft und einem vorgegebenen Kapitalkostensatz. Die relevanten Zahlungsströme werden in die Währung des Stammlandes der Muttergesellschaft umgerechnet, entsprechend wird ein inländischer Kapitalkostensatz verwendet. Im Falle einer *dezentralen Bewertungsperspektive* erfolgt die Wertermittlung in lokaler Währung mit einem Kapitalkostensatz, der die länderspezifischen Risiken abbildet. Die zentrale Perspektive eignet sich in erster Linie für strategische Investitionsentscheidungen, während die dezentrale Perspektive zumeist für lokale operative Entscheidungen und für die laufende Beurteilung der Performance der Tochtergesellschaft verwendet wird (vgl. Gebhardt/Mansch 2005, S. 93 f.).

Die skizzierten Probleme machen deutlich, dass der Einsatz von Kennzahlen im Rahmen des Controlling ausländischer Tochtergesellschaften zahlreiche Modifikationen und Korrekturen erfordert. Das Problem unterschiedlicher nationaler Rahmenbedingungen und Steuerbelastungen lässt sich dabei nur für jedes Land individuell lösen und soll deshalb im Folgenden nicht weiter diskutiert werden. Die Gefahr des egoistischen Verhaltens regional verstreuter Unternehmungseinheiten ist dagegen vor allem in Multinationalen Unternehmungen von großer Bedeutung, sodass dieser Aspekt in Kapitel 7.2 aufgegriffen wird. Auch mögliche Kriterien zur Beurteilung der Beziehungen international tätiger Unternehmungen zu ihren sozio-politischen Interessengruppen werden erst an späterer Stelle diskutiert (vgl. Kap. 8). Demgegenüber sind Währungs-, Inflations- und Transferpreiseinflüsse für alle international tätigen Unternehmungen relevant. Mit der Darstellung von Verfahren zur Währungsumrechnung, zur Neutralisierung von Inflationswirkungen und zur Transferpreisgestaltung werden deshalb im Folgenden Instrumente dargestellt, die eine adäquate Beurteilung und effiziente Koordination ausländischer Tochtergesellschaften ermöglichen.

7.1.4 Währungsumrechnungsverfahren

7.1.4.1 Währungsumrechnungsverfahren im Rahmen von Zeit- und Betriebsvergleichen

Ein zentrales Merkmal international tätiger Unternehmungen ist es, dass Transaktionen nicht nur in einer Währung, sondern in mehreren Währungen abgewickelt und buchhalterisch erfasst werden. Um das in einer ausländischen Tochtergesellschaft erzielte Ergebnis im Rahmen von Zeit- oder Betriebsvergleichen mit früheren Perioden oder anderen Unternehmungen vergleichen zu können, müssen deshalb alle Geschäftsvorfälle auf eine einheitliche Bezugsgröße umgerechnet werden. Diese Bezugsgröße stellt zumeist die Währung der Muttergesellschaft dar. Insbesondere in Multinationalen Unternehmungen, die über zahlreiche ausländische Tochtergesellschaften verfügen und deren Muttergesellschaft ihren Sitz in einem relativ kleinen Land hat, wird vielfach auch der US-$ als unternehmungsweite Bezugsgröße gewählt (vgl. Pohle 2002, S. 1090 ff.).

Alternative Umrechnungskurse

Zur Umrechnung der in einer ausländischen Tochtergesellschaft geführten Rechenwerke in die Währung der Muttergesellschaft können grundsätzlich folgende *alternative Umrechnungskurse* zugrunde gelegt werden (vgl. Abb. 7-4):

- *Historischer Kurs bzw. Transaktionskurs*: Hierbei wird jede Transaktion zu dem Kurs umgerechnet, der zum Zeitpunkt ihrer Durchführung, d. h. des Umsatzes oder der Anschaffung bzw. Herstellung eines bestimmten Produktes gilt.
- *Durchschnittskurs*: Für alle in einer bestimmten Periode abgewickelten Transaktionen wird der gewichtete Durchschnitt aus den historischen bzw. Transaktionskursen gebildet.
- *Stichtagskurs*: Hierbei werden alle Transaktionen zu dem zum Planungs-, Entscheidungs- oder Kontrollzeitpunkt gültigen Kurs bewertet.
- *Abgesicherter Kurs*: Ergänzend zu den ersten drei Umrechnungskursen können Transaktionen, für die Kurssicherungsmaßnahmen getroffen wurden, zu dem abgesicherten Kurs umgerechnet werden (vgl. dazu Stocker 2013).

Währungsumrechnungsverfahren

Differenziert man diese alternativen Umrechnungskurse nach unterschiedlichen Transaktionsformen bzw. nach unterschiedlichen Positionen der Planungs- und Kontrollrechnung, ergeben sich die folgenden *Währungsumrechnungsverfahren* (vgl. Radebaugh/Gray/Black 2006, S. 255 ff.; Baetge/Kirsch/Thiele 2013, S. 151 ff.; Pellens et al. 2014, S. 707 ff.):

Abb. 7-4

Beispiel zur Kursberechnung im Rahmen der Währungsumrechnung

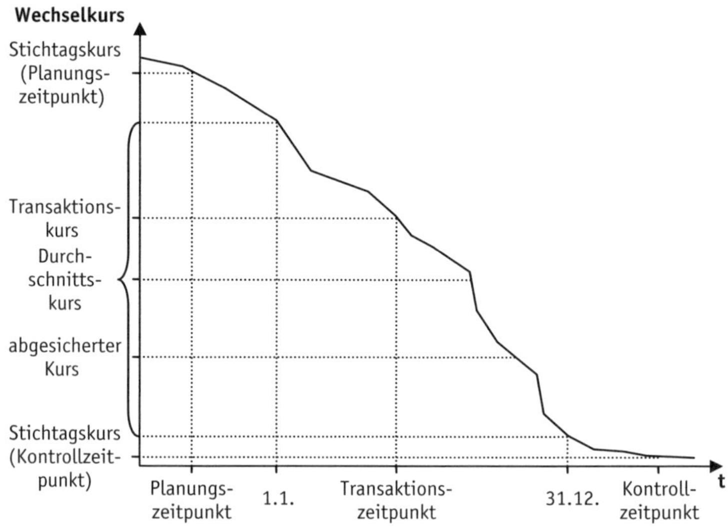

Annahme stabiler Wechselkurse

7.1.4.1.1 Fristigkeitsverfahren

Das Fristigkeitsverfahren (*current/noncurrent method*) als das älteste Verfahren der Währungsumrechnung geht von der Annahme im Zeitablauf stabiler Wechselkurse aus. Wechselkursänderungen werden als Schwankungen um einen Mittelwert interpretiert, die sich langfristig ausgleichen, sodass langfristige Positionen der Planungs- und Kontrollrechnung keinem Währungsrisiko unterliegen und sich Währungsschwankungen nur auf kurzfristige Positionen auswirken. Für die Umrechnung werden folgende Regeln vorgeschlagen, wobei die durch die Anwendung unterschiedlicher Umrechnungskurse entstehenden Umrechnungsdifferenzen entweder erfolgsneutral in der Bilanz oder erfolgswirksam in der Gewinn- und Verlustrechnung (GuV) ausgewiesen werden können:

- Langfristige Positionen werden zu historischen Kursen umgerechnet, kurzfristige Positionen hingegen zum Stichtagskurs.
- Aufwendungen und Erträge werden mit Ausnahme der Abschreibungen zu Stichtagskursen oder Durchschnittskursen umgerechnet.
- Für Abschreibungen auf das Anlagevermögen wird zur Wahrung der einheitlichen Bewertung von Bilanz und GuV der historische Kurs zugrunde gelegt.

Aufgrund der *unrealistischen Annahme langfristig stabiler Wechselkurse* erscheint das Fristigkeitsverfahren für Controllingzwecke wenig geeignet. Vor allem bei nachhaltigen Veränderungen der Währungsrelationen, wie sie seit dem Zusammenbruch des Systems von Bretton Woods im Jahre 1973 zu beobachten sind, verlieren die umgerechneten Positionen ihren Realitätsbezug. Zudem ist auch die Abgrenzung der Fristigkeiten (langfristig vs. kurzfristig) oft schwierig.

7.1.4.1.2 Nominal-Sachwert-Verfahren

Beim Nominal-Sachwert-Verfahren (*monetary/nonmonetary method*) richtet sich die Umrechnung nach der Geldwertnähe der einzelnen Positionen:

- Nicht geldwertnahe Positionen (z. B. Sachanlagen) werden zu historischen Kursen umgerechnet, da ihr Gebrauchswert im Vordergrund steht.
- Geldwertnahe Positionen werden mit Stichtagskursen, Aufwendungen und Erträge zu Durchschnittskursen umgerechnet.

Kaufkraftparitätentheorie

Ziel dieses in den fünfziger und sechziger Jahren weit verbreiteten Verfahrens ist es, mögliche inflationäre Tendenzen im Gastland der Tochtergesellschaft zu eliminieren. Es basiert auf der *Kaufkraftparitätentheorie*, die davon ausgeht, dass sich Preisunterschiede bei gleichartigen Gütern langfristig durch Außenhandel ausgleichen. Wie beim Fristigkeitsverfahren verlieren die umgerechneten Positionen bei nachhaltigen Veränderungen der Währungsrelationen jedoch ebenfalls an Realitätsbezug, sodass dieses Verfahren in der Praxis zunehmend an Bedeutung verliert.

7.1.4.1.3 Zeitbezugsverfahren

Einheitstheorie des Konzerns

Das Zeitbezugsverfahren (*temporal method*) basiert auf der Einheitstheorie des Konzerns. Danach werden die ausländischen Tochtergesellschaften so behandelt, als wären sie unselbstständige Einheiten der inländischen Muttergesellschaft. Die Umrechnung der Positionen erfolgt deshalb so, als ob von vornherein in der Währung der Muttergesellschaft gebucht worden wäre. Dabei werden die Geschäftsvorfälle der Tochtergesellschaft wie Fremdwährungsgeschäfte der Muttergesellschaft betrachtet.

Im Rahmen dieses Verfahrens ist der Umrechnungskurs vom Zeitpunkt des Wertansatzes der einzelnen Positionen abhängig. Dies bedeutet, dass die Umrechnung zu einem selbstständigen Bewertungsvorgang wird. Dabei ist nach dem *Grundsatz der Äquivalenz bzw. der Neutralität des Umrechnungsverfahrens* grundsätzlich derjenige Umrechnungskurs zugrunde zu legen, auf den der Wertansatz der jeweiligen Position bezogen ist:

- Alle Positionen, die mit Anschaffungs- oder Herstellungskosten zu bewerten sind, werden zu historischen Kursen umgerechnet.
- Alle Positionen, die mit Zeit- oder Zukunftswerten anzusetzen sind, werden zu Stichtagskursen wie z. B. dem Bilanzstichtag umgerechnet.
- In der GuV wird für Wertänderungen an Vermögensgegenständen (Abschreibungen, Zuschreibungen und Verbrauch) der historische Kurs und für alle sonstigen Aufwendungen und Erträge der Durchschnittskurs angesetzt.

Eine Besonderheit des Zeitbezugsverfahrens stellt die Berücksichtigung des *Niederstwertprinzips* dar. Dabei wird geprüft, ob die Umrechnung der ursprünglichen Anschaffungs- oder Herstellungskosten mit dem historischen Kurs zu einem niedrigeren Wert führt als die Umrechnung des Tageswertes mit dem Stichtagskurs, wobei grundsätzlich der niedrigere Wert anzusetzen ist.

7.1.4.1.4 Stichtagskursverfahren

Verzicht auf Kursdifferenzierung

Beim Stichtagskursverfahren (*current rate* bzw. *closing rate method*) werden alle Positionen mit einem einheitlichen Wechselkurs umgerechnet, der sich zu einem bestimmten Stichtag wie z. B. dem Bilanzstichtag oder dem Abrechnungsstichtag ergibt. Es erfolgt keine Kursdifferenzierung, sondern lediglich eine rein technische Umwandlung einer Währung in eine andere. Demzufolge findet kein gesonderter Bewertungsgang statt, sondern die Umrechnung wird ausschließlich als *Transformationsvorgang* betrachtet, bei dem die Relationen zwischen Bilanz und GuV sowie deren jeweilige Strukturen erhalten bleiben. Im Gegensatz zum Zeitbezugsverfahren geht dieses Verfahren von der *Annahme relativ selbstständiger Tochtergesellschaften* aus, deren Absatz- und Beschaffungstransaktionen überwiegend in der jeweiligen Landeswährung abgewickelt werden.

Dieses Verfahren zeichnet sich durch Einfachheit und Klarheit aus. Es verstößt jedoch gegen das *Anschaffungswert- und Imparitätsprinzip*, da starke Wechselkursänderungen zu erheblichen Wertsenkungen oder -steigerungen führen können. Dabei kann es zum Ausweis unrealisierter Gewinne bzw. Verluste kommen. Wenn die in die Währung der Muttergesellschaft umgerechneten Abschreibungen zuzüglich des Restbuchwertes aufgrund von Wechselkursschwankungen nicht mehr mit dem Anschaffungswert übereinstimmen, kommt es in der GuV darüber hinaus zum Verstoß gegen das *Kongruenzprinzip*, wonach die Summe der Periodenerfolge dem Gesamterfolg entsprechen muss. Dies trifft analog auch hinsichtlich des Verbrauchs von Roh-, Hilfs- und Betriebsstoffen und anderen umgesetzten Gütern zu. Trotz dieser Probleme kommt dem Stichtagskursverfahren empirischen Untersuchungen zufolge in international operierenden deutschen Unternehmungen die größte Bedeutung zu (vgl. Kieninger 1993, S. 116; Gelhausen 1996, S. 85 ff.).

7.1.4.1.5 Funktionales Umrechnungsverfahren

Das funktionale Umrechnungsverfahren (*functional currency method*), das im Rahmen des externen Rechnungswesens in den USA seit 1981 sowie in Großbritannien und Kanada seit 1983 als einziges Verfahren zugelassen ist, stellt eine *Mischform des Zeitbezugs- und des Stichtagskursverfahrens* dar. Da die Auswirkungen von Wechselkursänderungen wesentlich durch den Abhängigkeitsgrad einer ausländischen Tochtergesellschaft von der Muttergesellschaft bestimmt werden, wird das Umrechnungsverfahren ebenfalls an diesen Zusammenhang geknüpft. Dabei wird die anzuwendende Währung als *funktionale Währung der Tochtergesellschaft* bezeichnet. Die Bestimmung erfolgt anhand verschiedener Kennzahlen (z. B. Cashflow, Währung der Finanzierungstransaktionen, Intensität der Liefer- und Leistungsbeziehungen), die Rückschlüsse auf den Autonomiegrad zulassen.

Autonomiegrad der Tochtergesellschaften

Handelt es sich bei der betrachteten Tochtergesellschaft um eine weitgehend autonom operierende Einheit, dann ist die Stichtagskursmethode anzuwenden. Dies bedeutet, dass die Landeswährung der Tochtergesellschaft die funktionale Währung der Tochtergesellschaft ist. Wird aufgrund der vorliegenden Kennzahlen dagegen angenommen, dass die Tochtergesellschaft in hohem Maße von der Muttergesellschaft abhängig ist, erfolgt die Umrechnung entsprechend der Zeitbezugsmethode. In diesem Fall ist die Landeswährung der Muttergesellschaft die funktionale Währung der Tochtergesellschaft. Diese Vorgehensweise hat zur Konsequenz, dass die Planungs- und Kontrollrechnungen der einzelnen Tochtergesellschaften in Abhängigkeit ihres Autonomiegrades unterschiedlich behandelt werden.

7.1.4.2 Währungsumrechnungsverfahren im Rahmen von Soll-Ist-Vergleichen

Die im vorangegangenen Kapitel dargestellten Verfahren zur Währungsumrechnung sind insbesondere dazu geeignet, die Aussagefähigkeit von Zeit- und Betriebsvergleichen zu verbessern. Die Beurteilung ausländischer Tochtergesellschaften ist jedoch nicht nur auf die Entwicklung von Kennzahlen im Zeitverlauf und im Vergleich zu anderen Unternehmungen beschränkt, sondern vor allem an von der Muttergesellschaft vorgegebenen Plan-Werten orientiert (vgl. Pausenberger 1996, S. 189 f.). Im Rahmen von Soll-Ist-Vergleichen treten die oben dargestellten Umrechnungsprobleme jedoch nicht erst bei der Kontrolle, sondern bereits bei der Planung auf. Zu Beginn der Planungsperiode müssen die monetären Plangrößen deshalb zunächst von der Währung der Muttergesellschaft in die jeweilige Landeswährung umgerechnet werden. Am Ende der Planungsperiode, d. h. zum Kontrollzeitpunkt, sind die in Landeswährung ausgewiesenen tatsächlichen Ist-Werte wieder in die Währung der Muttergesellschaft zu übertragen. Kommt es zwischen diesen beiden Zeitpunkten zu Wechselkursschwankungen, ergeben sich *währungsbedingte Abweichungen*. Dies soll am Beispiel einer deutschen Muttergesellschaft und einer amerikanischen Tochtergesellschaft illustriert werden (vgl. Pausenberger/Roth 1997, S. 584 f.). Die Beurteilung erfolgt anhand des geplanten bzw. realisierten Umsatzes als einer der wichtigsten Kennzahlen im Rahmen des Controlling ausländischer Tochtergesellschaften.

Das Beispiel verdeutlicht, dass bei einer Erfolgsbeurteilung ohne Berücksichtigung von Währungseinflüssen nicht erkennbar ist, ob eine im Rahmen eines Soll-Ist-Vergleichs ermittelte Abweichung auf eine von der Leitung der Tochtergesellschaft zu verantwortende Planabweichung oder auf eine Währungsabweichung zurückzuführen ist (vgl. Abb. 7-5). Während eine *Planabweichung* aus *Preis- oder Mengenabweichungen* resultiert und damit den Zielerreichungsgrad unabhängig von Wechselkursveränderungen aufzeigt, entsteht eine *Währungsabweichung* aus der Differenz

Planabweichung

Währungsabweichung

Beispiel

Währung	Soll-Wert zu Beginn der Planungsperiode (Plan-Kurs): 1,40 US-$ = 1,00 €	Ist-Wert am Ende der Planungsperiode (Ist-Kurs): 1,50 US-$ = 1,00 €
Landeswährung (US-$)	300.000 US-$	300.000 US-$
Währung der Muttergesellschaft (€)	214.285 €	200.000 €

Aus Sicht der Tochtergesellschaft wurde das geplante Umsatzziel in der Landeswährung (US-$) vollständig erreicht. Betrachtet man den Umsatz in der Währung der Muttergesellschaft (€) ergibt sich jedoch eine währungsbedingte Abweichung in Höhe von 14.285 € (–7,1 %). Das gesteckte Umsatzziel konnte also in € nicht erreicht werden.

zwischen unterschiedlichen Wechselkursen. Dabei kann wiederum in Abweichungen zwischen dem Plankurs und dem Istkurs (*Plankursabweichung*) sowie in Abweichungen zwischen dem Istkurs und dem Prognosekurs (*Prognosekursabweichung*) unterschieden werden.

Wechselkurskombinationen

Um bei der Erfolgsbeurteilung ausländischer Tochtergesellschaften sinnvolle Aussagen treffen zu können, müssen die Kurse in der Planung deshalb mit denen in der Kontrolle abgestimmt werden. Hierzu stehen jeweils drei unterschiedliche *Bewertungsansätze* zur Verfügung, und zwar der *Plankurs*, d. h. der zum Planungszeitpunkt gültige Kurs, der *Prognosekurs* sowie der *Istkurs*, d. h. der zum Kontrollzeitpunkt gültige Kurs. Da sowohl die Soll-Werte aus der Planung als auch die realisierten Ist-Werte aus der Kontrolle mit unterschiedlichen Wechselkursen umgerechnet werden können, ergeben sich die in Tab. 7-3 dargestellten neun möglichen Kurskombinationen (vgl. Lessard/Lorange 1977, S. 629 ff.; Pausenberger/Roth 1997, S. 585 ff.).

Bewertung

Von den dargestellten neun Kurspaarungen erscheint die Kombination B wenig geeignet, da es kaum Sinn macht, zunächst den von der Muttergesellschaft in deren Währung vorgegebenen Soll-Wert mit dem zum Zeitpunkt der Planaufstellung gültigen Wechselkurs, d. h. dem Plankurs, und den am Ende der Planungsperiode von der Tochtergesellschaft in deren Währung realisierten Ist-Wert mit einem zuvor festgelegten Prognosekurs umzurechnen. Ähnliche Überlegungen gelten für die Alternativen D, G und H.

Im Falle der Kurspaarungen auf der Diagonalen A, E und I erfolgt die Umrechnung der Soll- und Ist-Werte mit identischen Wechselkursen, sodass auf diese Weise der Währungseinfluss ausgeschlossen wird. Dieser ist in einer gesonderten Rechnung auszuweisen. Demgegenüber werden bei den Kombinationen C und F die realisierten Ist-Werte mit Istkursen umgerechnet, um das tatsächliche Ergebnis unter Berücksichtigung von Wechselkursveränderungen zu ermitteln. Während bei der Kombination C die Währungseinflüsse vollständig in die Erfolgsbewertung eingehen, wird die ausländische Tochtergesellschaft bei der Kurspaarung F lediglich für unerwartete Wechselkursveränderungen verantwortlich gemacht.

Abb. 7-5

Plan- und Währungsabweichungen im Rahmen von Soll-Ist-Vergleichen

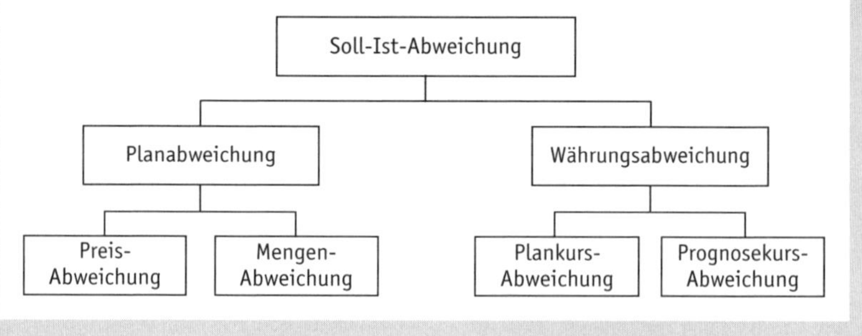

Tab. 7-3

Wechselkurskombinationen im Rahmen von Soll-Ist-Vergleichen

Umrechnung der Ist-Werte / Umrechnung der Soll-Werte	Plankurs	Prognosekurs	Istkurs
Plankurs	Soll-Werte zu Plankurs A Ist-Werte zu Plankurs	Soll-Werte zu Plankurs B Ist-Werte zu Prognosekurs	Soll-Werte zu Plankurs C Ist-Werte zu Istkurs
Prognosekurs	Soll-Werte zu Prognosekurs D Ist-Werte zu Plankurs	Soll-Werte zu Prognosekurs E Ist-Werte zu Prognosekurs	Soll-Werte zu Prognosekurs F Ist-Werte zu Istkurs
Istkurs	Soll-Werte zu Istkurs G Ist-Werte zu Plankurs	Soll-Werte zu Istkurs H Ist-Werte zu Prognosekurs	Soll-Werte zu Istkurs I Ist-Werte zu Istkurs

(Quelle: in Anlehnung an Lessard/Lorange 1977, S. 630)

In der Literatur wird vielfach die Kombination E als geeignetste Umrechnungsmethode empfohlen (vgl. z.B. Lessard/Lorange 1977, S. 634; Kirsch/Johnson 1991, S. 149 ff.; Demirag 1992, S. 21 ff.). Dies wird damit begründet, dass die Unternehmungsleitung der Tochtergesellschaft durch die Anwendung eines Prognosekurses zur Ermittlung der Soll-Werte dazu gebracht wird, erwartete Wechselkursänderungen bei der Planung zu berücksichtigen (vgl. Hoffjan 2009, S. 63 f.). Eine ähnliche Argumentation gilt auch für die Kurspaarung F, bei der die vorhersehbaren Wechselkursveränderungen ebenfalls in der Planung berücksichtigt werden. Zusätzlich werden jedoch auch die tatsächlichen Wechselkursveränderungen in die Erfolgsbeurteilung einbezogen, da diese aus Sicht der Muttergesellschaft erfolgswirksam sind. Im Unterschied zu den beiden Kurspaarungen E und F werden damit die zu Beginn dieses Kapitels skizzierten unterschiedlichen Interpretationsmöglichkeiten ausländischer Tochtergesellschaften sichtbar. Während der Anwendung der Kurspaarung E primär deren Interpretation als Aktionsfeld handelnder Personen zugrunde liegt (*objektbezogene Perspektive*), werden diese bei Anwendung der Kurspaarung F vorrangig als Investitionsobjekt angesehen (*investorbezogene Perspektive*).

Empirische Evidenz

Nach einer empirischen Untersuchung von Pausenberger/Roth (1997, S. 586 f.) kommt diesen beiden Umrechnungsverfahren auch in der Unternehmungspraxis die größte Bedeutung zu. Insgesamt wenden 12 der 19 untersuchten deutschen Unternehmungen zur Ermittlung der Soll-Werte den Prognosekurs an. Zur Umrechnung der Ist-Werte wird dabei in zwei Unternehmungen der Prognosekurs (Kurspaarung E) und in fünf Unternehmungen der Istkurs zugrunde gelegt (Kurspaarung F). In fünf weiteren Unternehmungen werden beide Verfahren parallel eingesetzt, um die Auswirkungen von Wechselkursschwankungen sowohl aus einer objektbezogenen als auch aus einer investorbezogenen Perspektive berücksichtigen zu können. Zu ähnlichen Ergebnissen kommen auch empirische Untersuchungen britischer und amerikanischer Unternehmungen (vgl. Czechowicz/Choi/Bavishi 1982, S. 30 ff.; Demirag 1992, S. 27 ff.).

7.1.4.3 Verfahren zum Ausgleich von Umrechnungsdifferenzen

Wenn – wie z. B. vom Fristigkeitsverfahren, vom Nominal-Sachwert-Verfahren und vom Zeitbezugsverfahren vorgeschlagen – im Rahmen von Zeit- oder Betriebsvergleichen für einzelne Positionen in der Bilanz und der GuV unterschiedliche Wechselkurse zugrunde gelegt werden oder es bei Soll-Ist-Vergleichen zwischen Planungs- und Kontrollzeitpunkt zu Plankurs-Abweichungen kommt, entstehen Umrechnungsdifferenzen. Diese führen dazu, dass es zu *Unterschieden zwischen dem Bilanzgewinn bzw. -verlust und dem Jahresüberschuss bzw. -fehlbetrag in der GuV* und damit zu *Interpretationsproblemen bei der Erfolgsbeurteilung ausländischer Tochtergesellschaften* kommen kann.

Umrechnungsverfahren

Zum Ausgleich dieser Abweichungen werden in der wissenschaftlichen Literatur folgende *Umrechnungsverfahren* vorgeschlagen:

- Bei einer *erfolgsneutralen Verrechnung* werden die Umrechnungsdifferenzen in die Bilanz eingestellt und mit dem Eigenkapital verrechnet oder als Sonderposition innerhalb des Eigenkapitals ausgewiesen. Die Ergebnisrechnung (GuV) bleibt unberührt und der Jahresüberschuss wird ohne Verzerrungen in der Berichtswährung wiedergegeben.
- Bei einer *erfolgswirksamen Verrechnung* werden die Umrechnungsdifferenzen in der Ergebnisrechnung (GuV) in den sonstigen Aufwendungen und Erträgen oder in einer Sonderposition ausgewiesen. In der Bilanz erfolgt die Korrektur über eine Erhöhung oder Verringerung der Rücklagen oder direkt im Bilanzgewinn.
- Bei einer *gemischten Verrechnung* werden unrealisierte Gewinne in Anlehnung an das Imparitätsprinzip erfolgsneutral, unrealisierte Verluste dagegen erfolgswirksam verrechnet. Darüber hinaus ist es möglich, die Umrechnungsdifferenzen in Tochtergesellschaften, die in Ländern tätig sind, deren Währung permanenten Abwertungstendenzen unterliegt, erfolgswirksam umzurechnen, während in allen anderen Tochtergesellschaften eine erfolgsneutrale Umrechnung erfolgt.

Bewertung

Bei einer *Bewertung* der Verfahren sind – neben den hier nicht behandelten Auswirkungen auf das externe Rechnungswesen – insbesondere die Implikationen für die Erfolgsbeurteilung und Steuerung ausländischer Tochtergesellschaften relevant. Bei einer erfolgswirksamen Verrechnung von Umrechnungsdifferenzen wird das in der

Beispiel

Die Praxis der Währungsumrechnung lässt sich anschaulich am Beispiel von Bosch erläutern. In den Einzelabschlüssen der Konzerngesellschaften werden sämtliche Forderungen und Verbindlichkeiten in Fremdwährungen mit dem Bilanzstichtagskurs bewertet, unabhängig davon, ob sie kursgesichert sind oder nicht. Kursgewinne und -verluste aus Umbewertungen werden ergebniswirksam erfasst. Die Abschlüsse der konsolidierten ausländischen Gesellschaften werden gemäß IAS 21 in Euro umgerechnet. Aktiv- und Passivposten werden mit dem Bilanzstichtagskurs, das Eigenkapital mit historischen Kursen umgerechnet. Die Positionen der Gewinn- und Verlustrechnung werden mit Jahresdurchschnittskursen in Euro umgerechnet. Die hieraus resultierenden Währungsumrechnungsdifferenzen werden bis zum Abgang der Tochtergesellschaften ergebnisneutral behandelt und als gesonderte Position im Eigenkapital ausgewiesen (vgl. Bosch 2014, S. 64).

jeweiligen Landeswährung realisierte Ergebnis der Tochtergesellschaft erhöht bzw. vermindert und damit primär eine *investorbezogene Perspektive* eingenommen. Eine korrekte Ergebnisinterpretation setzt jedoch voraus, dass die Kursänderungen der Währung der Tochtergesellschaft stark und dauerhaft sind. Bei einer erfolgsneutralen Verrechnung werden Kursgewinne bzw. -verluste dagegen nur auf die tatsächlich realisierten Beträge beschränkt. Im Vordergrund steht damit die Ermittlung des von der Unternehmungsleitung der Tochtergesellschaft beeinflussbaren Ergebnisses und damit primär eine *objektbezogene Perspektive*.

Empirische Evidenz

Hinsichtlich der *empirischen Bedeutung* der unterschiedlichen Umrechnungsverfahren kommt eine Studie von Kieninger (1993, S. 126 f.) zu dem Ergebnis, dass 41 % der untersuchten international tätigen deutschen Unternehmungen eine erfolgswirksame Verrechnung von Umrechnungsdifferenzen vornehmen. Trotz der damit verbundenen Probleme, Umrechnungsdifferenzen in realisierte und nicht realisierte Bestandteile aufspalten zu müssen, wird die gemischte Verrechnung in 35 % der Unternehmungen durchgeführt. Der erfolgsneutralen Verrechnung kommt dagegen mit 24 % die geringste Bedeutung zu, was insbesondere aufgrund der kurzfristigen Orientierung dieses Verfahrens kritisch zu beurteilen ist.

7.1.5 Verfahren zur Neutralisierung von Inflationswirkungen

Neben unterschiedlichen Währungen in Mutter- und Tochtergesellschaft sind international operierende Unternehmungen häufig mit dem Problem unterschiedlicher Inflationsraten in Heimat- und Gastland konfrontiert. Bei steigenden Inflationsraten stoßen die oben dargestellten Verfahren der Währungsumrechnung deshalb an ihre Grenzen. Da Kosten und Erlöse zu unterschiedlichen Zeitpunkten anfallen, beziehen sich die ausgewiesenen Nominalwerte auch auf eine unterschiedliche Wertbasis. Während Erlöse zum Zeitpunkt ihrer Entstehung den realen Marktwert widerspiegeln, haben sich die realen Kosten aufgrund des *time lag* zwischen dem Zeitpunkt des Bezugs oder der Herstellung eines Gutes und dessen Absatz auf dem Markt zumeist verändert. Ein Teil des ausgewiesenen Ergebnisses beruht deshalb nicht auf einer realen Wertschöpfung, sondern resultiert aus einer Steigerung des Preisniveaus. Besonders bedeutsam ist dieser Effekt in Tochtergesellschaften in Hyper- bzw. Hochinflationsländern, d. h. in Volkswirtschaften, in denen die kumulierte Inflationsrate der letzten drei Jahre 100 % oder mehr beträgt (vgl. Hammerschmidt 1984, S. 40 ff.; Meerkatt 1989, S. 54 ff.; Radebaugh/Gray/Black 2006, S. 289 ff.).

Verfahren

Zur Neutralisierung von Inflationswirkungen im Rahmen des Controlling ausländischer Tochtergesellschaften können die folgenden *Verfahren* angewandt werden (vgl. Melcher 1989, S. 394 ff.):

- Bei der *Inflationsbereinigung zum Planungszeitpunkt* werden die nominellen Werte der Planung mit der prognostizierten Inflationsrate des Landes der Tochtergesellschaft indiziert und im Rahmen der Soll-Ist-Kontrolle mit den tatsächlich realisierten Ist-Werten verglichen.
- Bei der *Inflationsbereinigung zum Kontrollzeitpunkt* werden die nominellen Werte der Planung mit den auf der Basis des landesspezifischen Preisindex der Lebenshaltung bzw. güter- oder branchenspezifischer Indizes diskontierten Ist-Werten verglichen.
- Bei *Hartwährungsberichterstattung* werden alle Geschäftsvorfälle in der Tochtergesellschaft zum Zeitpunkt ihres Auftretens in eine Hartwährung wie z. B. US-$ oder € konvertiert. Sowohl die Planung als auch die Kontrolle erfolgen anschließend in dieser Währung.

Bewertung

Bei einer *Bewertung* der Verfahren wird deutlich, dass die Güte des ersten Verfahrens in einem hohen Maße von der Prognose der zukünftigen Inflationsrate abhängt. Diese ist jedoch vor allem in Ländern mit schwankenden und extrem hohen Inflationsraten sowie bei politisch beeinflussten Inflationsraten sehr schwierig. Bei einer hohen Prognosequalität bietet das Verfahren jedoch den Vorteil, dass die Werte im Berichtswesen mit den tatsächlich erzielten nominellen Ist-Werten übereinstimmen und dadurch Interpretationsprobleme verringert werden.

Bei der Inflationsbereinigung zum Kontrollzeitpunkt entfällt zwar das Prognoseproblem, dafür stimmen die Plan-Werte jedoch nicht mehr mit den tatsächlich realisierten Werten überein, sodass die Planung ihre Steuerungsfunktion weitgehend verliert. Ein weiteres Problem stellt die Wahl geeigneter Preisindizes dar. Da diese zumeist auf die Teuerung der allgemeinen Lebenshaltungskosten bezogen sind, werden die Spezifika von Branchen oder Produkten nur ungenügend berücksichtigt. Darüber hinaus lässt sich der technische Fortschritt nur in einem sehr begrenzten Ausmaß in Preisindizes abbilden. Dies hat z. B. in Russland dazu geführt, dass technologisch vollkommen veraltete russische Computer nach der Anpassung an die zwischen 1993 und 1995 dreistellige Inflationsrate trotz Abschreibung in vielen Tochtergesellschaften ausländischer Unternehmungen zu höheren Werten bilanziert wurden als neue Pentiumrechner (vgl. Holtbrügge 1999a, S. 169).

Empirische Evidenz

Aufgrund dieser zentralen Nachteile der beiden ersten Verfahren wird in der Unternehmungspraxis vor allem in Hochinflationsländern zumeist eine Hartwährungsberichterstattung durchgeführt (vgl. Melcher 1989, S. 395 ff.; Uphues 1989; Kieninger 1993, S. 142 ff.). Ihr *Vorteil* besteht vor allem darin, dass die Konvertierung aller Geschäftsvorfälle in eine weitgehend stabile Hartwährung die Transparenz und Nachvollziehbarkeit von Soll-Ist-Vergleichen erhöht und dadurch die Qualität des

Planungs- und Kontrollsystems verbessert. Gleichzeitig werden Vergleiche von Tochtergesellschaften durch die Verwendung einer einheitlichen Währung erleichtert. Wenn die ursprüngliche Kapitalausstattung der ausländischen Tochtergesellschaft in Hartwährung erfolgte, bleibt darüber hinaus die direkte Beziehung zwischen der Planungs- und Kontrollrechnung und der Bilanzstruktur erhalten, sodass die Substanzerhaltung in der investierten Währung gewährleistet ist. Zudem werden Ergebnisverzerrungen durch saisonale Absatz- oder Beschaffungsschwankungen weitgehend ausgeschlossen. Ein zentraler *Nachteil* des Verfahrens ist jedoch der hohe Aufwand, neben der zumeist gesetzlich vorgeschriebenen Buchhaltung in der Gastlandwährung der Tochtergesellschaft eine parallele Buchhaltung in Hartwährung durchführen zu müssen. Das Verfahren setzt zudem voraus, dass sich der Binnen- und Außenwert der jeweiligen Landeswährung parallel entwickelt, d. h. eine Inflationsrate von z. B. 30 % gleichzeitig zu einer Abwertung der Landeswährung um 30 % führt bzw. Differenzen zwischen Inflationsrate und Währungsabwertung im Gastland der Tochtergesellschaft der Inflationsrate des Hartwährungslandes entsprechen. Ist diese Voraussetzung nicht erfüllt, weist die Hartwährungsberichterstattung die mit der Währungsumrechnung zu Stichtagskursen verbundenen Probleme auf, die bereits in Kapitel 7.2.5.2 dargestellt wurden.

7.1.6 Transferpreisgestaltung

Länderübergreifende Leistungsverflechtungen

Neben unterschiedlichen Währungen und Inflationsraten wird die Beurteilung und Steuerung ausländischer Tochtergesellschaften durch unternehmungsinterne, länderübergreifende Lieferungen und Leistungen beeinflusst. Im Gegensatz zu Lieferungen und Leistungen zwischen unverbundenen Unternehmungen werden die dafür zu zahlenden Preise nicht durch Verhandlungen selbstständiger Marktpartner auf der Basis von Angebot und Nachfrage ermittelt, sondern können weitgehend autonom durch die Muttergesellschaft festgelegt werden. Insbesondere bei einem hohen Integrationsgrad zwischen Mutter- und Tochtergesellschaft hängt das in einer ausländischen Tochtergesellschaft erzielte Ergebnis deshalb in hohem Maße von der jeweiligen Transferpreispolitik der Muttergesellschaft ab (vgl. Raupach/Pohl 1999).

Transferpreise, die vielfach auch als Verrechnungs- oder Lenkpreise bezeichnet werden, sind Werte, die für den Transfer von Gütern oder Dienstleistungen bzw. die Nutzung gemeinsamer Ressourcen und Märkte zwischen Mutter- und Tochtergesellschaft angesetzt werden. Das Transferpreissystem in international operierenden Unternehmungen ist grundsätzlich mit der innerbetrieblichen Leistungsverrechnung in nationalen Unternehmungen vergleichbar. Ein wesentlicher Unterschied besteht jedoch darin, dass ausländische Tochtergesellschaften nicht nur wirtschaftlich, sondern auch rechtlich eigenständige Unternehmungen darstellen. Dies hat zur Folge, dass die festgesetzten Transferpreise nicht nur der internen Verrechnung dienen, sondern faktisch geschuldet werden und damit einen grenzüberschreitenden Zahlungsvorgang auslösen (vgl. Dürr 2011; Renz/Wilmanns 2013).

Ziele

In international tätigen Unternehmungen werden mit der Transferpreisgestaltung insbesondere folgende *Ziele* verfolgt (vgl. Coenenberg/Fischer/Günther 2012, S. 707 ff.):

Allokations- bzw. Lenkungsziel

Allokations- bzw. Lenkungsziel: Durch die Festlegung von Transferpreisen, die sich an der Verfügbarkeit bzw. Knappheit von Sachgütern, Dienstleistungen, Know-how oder Kapital orientieren, soll analog zum volkswirtschaftlichen Preismechanismus die optimale Lenkung knapper Ressourcen innerhalb einer Unternehmung sichergestellt werden (vgl. auch Kap. 5.1.2.2). Zur Realisierung dieses Ziels, das vor allem in Multinationalen Unternehmungen eine große Bedeutung besitzt, die sich durch eine länderübergreifende Verbundforschung, -beschaffung und -produktion auszeichnen, werden die Transferpreise zumeist in Höhe der Marktpreise oder der Grenzkosten veranschlagt (vgl. Tab. 7-4).

Wertbemessungsziel

Wertbemessungsziel: Durch die Gestaltung der Transferpreise lässt sich darüber hinaus der Wert der grenzüberschreitenden Lieferungen und Leistungen zwischen Mutter- und Tochtergesellschaft beeinflussen. Werden für Lieferungen der Muttergesellschaft an die ausländische Tochtergesellschaft Importzölle durch das Gastland erhoben, knüpfen diese zumeist an diesen Wert an. Demzufolge lassen sich durch niedrige Verrechnungspreise die Importabgaben reduzieren. Wenn dagegen mögliche Maßnahmen der Exportförderung durch das Stammland in Anspruch genommen werden sollen, sind möglichst hohe Verrechnungspreise anzusetzen. Schließlich können Verrechnungspreise auch dazu genutzt werden, Währungsrisiken zu reduzieren. Wird z. B. eine grenzüberschreitende Lieferung in einer Fremdwährung fakturiert, die unter Abwertungsdruck steht, kann das Währungsrisiko durch einen verdeckten Sicherheitszuschlag auf den Rechnungsbetrag teilweise kompensiert werden.

Tab. 7-4

Ziele der Verrechnungspreisgestaltung

Ziele der Transferpreisgestaltung (bei Lieferungen der Muttergesellschaft an eine ausländische Tochtergesellschaft)	**Höhe der Transferpreise** (in Relation zum Marktpreis)
Allokations- bzw. Lenkungsziel	gleich
Wertbemessungsziel Verminderung ausländischer Importzölle Steigerung eventueller Exportsubventionen partielle Kompensation des Wechselkursrisikos (bei Fremdwährungsforderungen)	 niedriger höher höher
Erfolgsbeurteilungsziel	gleich
Gewinnverlagerungsziel ▸ Bilanzpolitische Herabsetzung des Gewinnausweises der inländischen Gesellschaft ▸ Verminderung inländischer Ertrags- und Vermögenssteuern ▸ Subventionierung förderungsbedürftiger ausländischer Gesellschaften ▸ Latente Kapitalrepatriierung bei Transferbehinderungen ▸ Interessendurchsetzung in ausländischen Joint Ventures	 niedriger niedriger niedriger höher höher

(Quelle: leicht modifiziert nach Pausenberger 1992, S. 776)

Erfolgsbeurteilungsziel: Durch die Wahl geeigneter Transferpreise soll zudem die möglichst objektive Erfolgsbeurteilung ausländischer Tochtergesellschaften sichergestellt werden. Insbesondere wenn im Rahmen einer objektbezogenen Perspektive das Verhalten der Führungskräfte der Tochtergesellschaft beurteilt wird und als Grundlage einer erfolgsorientierten Entlohnung dient, kann die dadurch angestrebte Motivationswirkung nur durch die Orientierung der Transferpreise an Marktpreisen gewährleistet werden.

Erfolgsbeurteilungsziel

Gewinnverlagerungsziel: Die Gestaltung von Transferpreisen stellt insbesondere in Ländern mit einem hohen politischen Risiko und einer restriktiven Devisengesetzgebung ein zentrales Instrument ausländischer Unternehmungen dar, staatliche Beschränkungen von Zahlungsströmen oder die Abgabepflicht von Devisen zu umgehen. Wenn z. B. die Gewinnrepatriierung beschränkt oder sogar verboten ist, kann durch die Erhöhung der Verrechnungspreise für Leistungen an ausländische Tochtergesellschaften der dort entstehende Gewinn zumindest teilweise in die Muttergesellschaft verlagert werden. Darüber hinaus kann die Gestaltung der Verrechnungspreise der Verbesserung der Liquidität und Kreditwürdigkeit einer Tochtergesellschaft dienen. Durch die Festlegung von Transferpreisen wird schließlich der Gesamtgewinn der an den unternehmungsinternen länderübergreifenden Liefer- und Leistungsbeziehungen beteiligten Unternehmungseinheiten aufgeteilt. Sind diese in Ländern mit unterschiedlicher Steuerbelastung tätig, so kann durch eine entsprechende Steuerung der Erfolgsverteilung die Steuerbelastung weltweit minimiert werden. Während dieser Zielsetzung älteren empirischen Untersuchungen zufolge nur eine nachrangige Bedeutung zukommt (vgl. Burns 1980; Klein 1988, S. 370 ff.; Al-Eryani/Alam/Akhter 1990), steigt diese im Zuge der Globalisierung des Wettbewerbs stark an (vgl. etwa Fox 1999, S. 270 ff.).

Gewinnverlagerungsziel

Der Gestaltungsspielraum bei der Transferpreisbildung wird in international tätigen Unternehmungen durch *steuer- und handelsrechtliche Vorschriften* teilweise erheblich eingeschränkt (vgl. Rieke 2015):

Steuer- und handelsrechtliche Vorschriften

Beispiel

Wie groß der steuerpolitische Spielraum der Transferpreisgestaltung ist, lässt sich am Beispiel des Automobilproduzenten BMW illustrieren. Die Unternehmung zahlte im Jahre 1988 in Deutschland noch mehr als 545 Mio. DM Steuern. 1992 waren es mit 31 Mio. DM nur noch 6 % dieser Summe. Im darauf folgenden Jahr wies BMW trotz insgesamt steigender Gewinne und unveränderter Dividende im Inland sogar Verluste aus und erhielt 32 Mio. DM Steuern zurückerstattet. Der Grund dafür war die steuerorientierte Transferpreispolitik von BMW, die nach Aussage des damaligen Finanzvorstands Volker Doppelfeld dadurch geprägt ist, »Aufwendungen dort entstehen zu lassen, wo die Steuern am höchsten sind, und das ist im Inland.«

BMW hat dazu u. a. in der belgischen Stadt Bornem eine Filiale eröffnet. Seit 1990 ermöglicht Belgien Unternehmungen, die in mindestens vier Ländern tätig sind, die Einrichtung von *coordination centers*, in denen diese Zentralabteilungen für Werbung, Rechtsberatung, Finanzen und andere Dienstleistungen einrichten können. Versteuert werden muss jedoch nicht der in Belgien erzielte Gewinn, sondern nur ein kleiner Teil der örtlichen Betriebsausgaben. Durch eine entsprechende Transferpreisgestaltung gelang es BMW, nahezu ein Drittel des gesamten Konzerngewinns in Belgien anfallen zu lassen, ohne dort ein einziges Auto zu produzieren. Nach Expertenschätzungen hat BMW dadurch zwischen 1989 und 1993 insgesamt mehr als eine Mrd. DM an Steuerzahlungen eingespart
(vgl. Martin/Schumann 1996, S. 271 ff.).

Steuerliche Restriktionen

Steuerliche Restriktionen: Verrechnungspreise können als Mittel eingesetzt werden, um die gesamtunternehmungsbezogene Steuerbelastung zu minimieren, indem die Gewinne in Niedrigsteuerländer verlagert werden. Im internationalen Geschäftsverkehr hat sich unter der Führung der OECD eine Systematik international anerkannter Verrechnungspreismethoden entwickelt, die auch von der deutschen Finanzverwaltung anerkannt wird (vgl. OECD 2011).

Das Grundprinzip für die Ermittlung von Verrechnungspreisen ist der *Fremdvergleich*, wobei zwischen einem äußeren und einem inneren Fremdvergleich unterschieden wird. Beim *äußeren Fremdvergleich* findet ein Vergleich mit den Preisen statt, die zwischen völlig fremden Unternehmungen zustande gekommen sind. Beim *inneren Fremdvergleich* werden die Preise zugrunde gelegt, die die Unternehmung mit fremden Unternehmungen vereinbart hat. Für die Ermittlung angemessener Verrechnungspreise ist neben den weiter unten zu diskutierenden Methoden die *Charakterisierung der am Leistungsaustausch beteiligten Unternehmungen* relevant. Dabei wird zwischen Routine-Unternehmungen, Strategieträgern und Hybrid-Unternehmungen unterschieden (vgl. Abb. 7-6). Der Grundgedanke dieser Typisierung ist, dass Unternehmungen mit einem höheren Risiko auch höhere Gewinnanteile zugestanden werden müssen, da diese im Verlustfall auch das Verlustrisiko zu tragen haben.

Für die Ermittlung angemessener Verrechnungspreise stehen verschiedene anerkannte *Methoden* zur Verfügung, die grundlegend in transaktionsbezogene Standardmethoden und gewinnorientierte Methoden unterschieden werden können (vgl. Abb. 7-7). Bei den gewinnorientierten Methoden steht die Annahme im Vordergrund,

Abb. 7-6

Unternehmungstypen

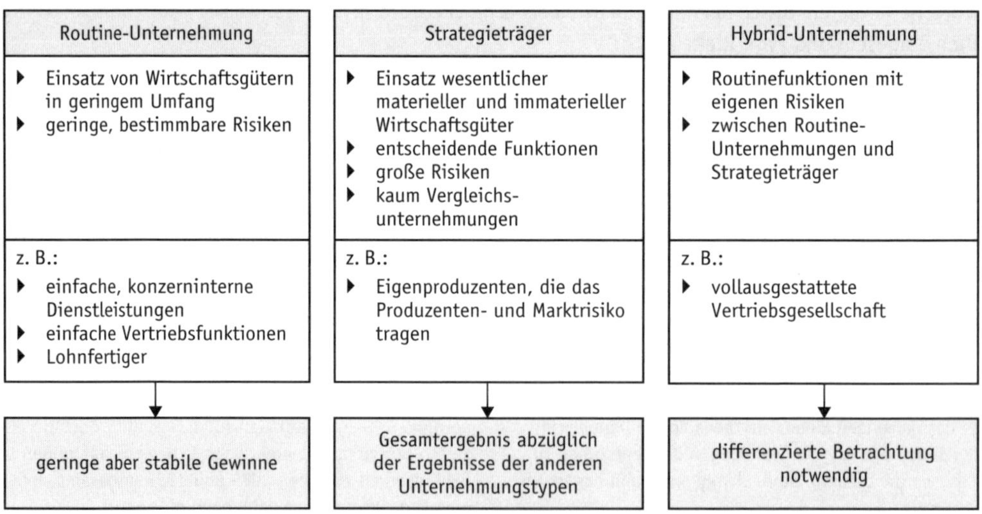

(Quelle: Verhülsdonk 2009, S.8)

Abb. 7-7

Verrechnungspreismethoden

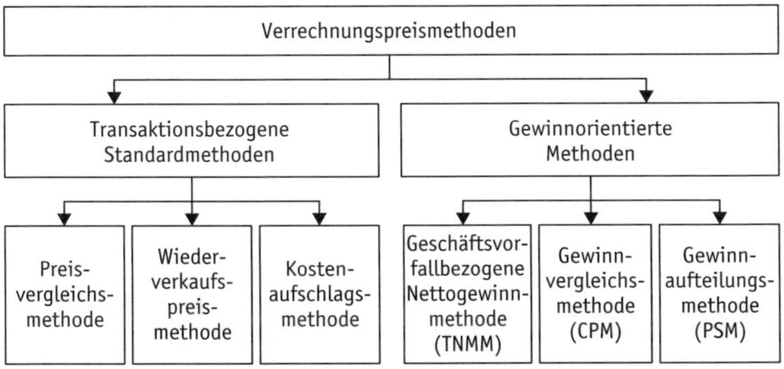

dass Verrechnungspreise dann fremdüblich sind, wenn die zu diesen Preisen getätigten Geschäfte zu fremdüblichen Gewinnen führen. Aus dem Gewinn werden also Rückschlüsse auf die Verrechnungspreise gezogen. Diese Methoden dürfen derzeit aber nur dann angewendet werden, wenn die Standardmethoden aufgrund fehlender oder mangelnder Vergleichbarkeit mit anderen Geschäftsvorfällen versagen:

Gewinnorientierte Methoden

- *Die geschäftsbezogene Nettogewinnmethode (transactional net margin method, TNMM)* vergleicht den Nettogewinn einzelner Transaktionen mit den Nettogewinnen vergleichbarer Transaktionen Dritter oder des Steuerpflichtigen bei vergleichbaren Fremdgeschäften (interner Betriebsvergleich). Der Nettogewinn wird definiert als das ordentliche Betriebsergebnis im Verhältnis zu Umsatz (Umsatzrendite), Voll- oder Teilkosten (Net Cost Plus) oder betriebsnotwendigem Kapital (Return on Assets). Diese Methode wird vor allem dann angewendet, wenn enge wechselseitige Austauschbeziehungen zwischen zwei nahe stehenden Unternehmungen bezüglich immaterieller Wirtschaftsgüter bestehen. Sie ist daher besonders für Geschäftsbeziehungen zwischen Strategieträgern geeignet.
- Nach der *Gewinnvergleichsmethode (comparable profits method, CPM)* werden Verrechnungspreise dann steuerlich anerkannt, wenn die Gewinne der Unternehmung bzw. ihrer Geschäftsbereiche im Rahmen einer strategisch ermittelten Gewinnbandbreite vergleichbarer Unternehmungen liegen. Sie beruht somit auf einem externen Betriebsvergleich und beinhaltet eine Mehrjahresbetrachtung. Während diese Methode in den USA am häufigsten angewendet wird, wird sie von der deutschen Finanzverwaltung grundsätzlich nicht anerkannt, da eine Transaktionsbezogenheit nicht gegeben ist.
- Bei der *Gewinnaufteilungsmethode (profit split method, PSM)* wird der Gesamtgewinn, den verbundene Unternehmungen aus gemeinsam getätigten Transaktionen erzielt haben, entsprechend dem bei dieser Transaktion erzielten Beitrag auf die beteiligten Unternehmungen aufgeteilt. Die Aufteilung erfolgt unter Berücksichtigung der von den beteiligten Unternehmungseinheiten ausgeübten Funkti-

Beispiel

Die Komplexität der Transferpreisgestaltung lässt sich anschaulich am Beispiel Volkswagen illustrieren. Zwischen den Unternehmungseinheiten des VW-Konzerns findet ein intensiver Liefer- und Leistungsverkehr statt, wobei Lieferbeziehungen mit Konzernvertriebsgesellschaften und Produktionsgesellschaften, interne Dienstleistungen, Umlagen sowie Finanzierungen unterschieden werden können. Bei Lieferungen an Konzernvertriebsgesellschaften wird grundsätzlich die Wiederverkaufspreismethode angewandt. Davon kann u. a. jedoch in Abhängigkeit von der verfolgten Geschäftsstrategie abgewichen werden. So ist etwa beim Eintritt in neue Märkte auch der Ansatz der Grenzkosten möglich. Weitere Einflüsse auf die Transferpreisgestaltung haben Anlauf- und Dauerverluste, Währungsschwankungen sowie Zahlungsziele der Muttergesellschaft.
Bei Lieferungen an Produktionsgesellschaften, die ihre Erzeugnisse selbst vermarkten, wird weitgehend die Preisvergleichsmethode angewandt. Fertigt die Produktionsgesellschaft dagegen im Auftrag der Muttergesellschaft, werden die Lieferungen mit Hilfe der Kostenaufschlagsmethode berechnet. Gleiches gilt für unternehmungsinterne Dienstleistungen wie Entwicklungs- und Planungsleistungen oder Personalentsendungen sowie Finanzierungen. Die Grundlagenforschung und Plattformentwicklungen werden auf Vollkostenbasis auf die beteiligten Konzerngesellschaften verrechnet, ohne dass ein Gewinnaufschlag erfolgt (vgl. Gundel 1999).

onen, der übernommenen Risiken und des eingesetzten Kapitals. Die Gesamtaufteilung kann im Zuge einer Beitragsanalyse (vergleichende Gewinnaufteilung) oder im Zuge der international üblicheren Restgewinnanalyse erfolgen.

Handelsrechtliche Vorschriften zur Abwehr von subventionierten Einfuhren

In vielen Ländern existieren darüber hinaus *handelsrechtliche Vorschriften zur Abwehr von subventionierten Einfuhren*. So haben z. B. die Mitgliedstaaten der EU, die meisten EFTA-Staaten und die USA einen *anti dumping*-Kodex unterzeichnet, der diese berechtigt, dem Dumping entgegenwirkende Straf- bzw. Ausgleichszölle zu erheben. Diese sind so bemessen, dass sie einen Ausgleich zwischen dem subventionierten Einfuhr- bzw. Verrechnungspreis und dem durchschnittlichen Marktpreis des Einfuhrlandes bewirken. Darüber hinaus verlangen einige Entwicklungs- und Schwellenländer eine weitgehende laufende Prüfung der Preise von Importwaren und -dienstleistungen. Diese Prüfung erfolgt vielfach bereits im Exportland durch speziell autorisierte Gesellschaften, die im Auftrag der Importländer die Lieferungen auf Qualität, Quantität und Angemessenheit von Preisen und Zahlungsbedingungen kontrollieren.

7.2 Controlling in Multinationalen Unternehmungen

Wie im Bereich der Organisation und des Personalmanagement hängt auch die effiziente Gestaltung des Controlling in Multinationalen Unternehmungen in einem hohen Maße von der jeweiligen Unternehmungsstrategie ab (vgl. Perlitz 1996). Bislang liegen jedoch nur sehr vereinzelte Überlegungen vor, die sich mit den strategiespezifischen Anforderungen an das Controlling in Multinationalen Unternehmungen auseinandersetzen (vgl. Broadbent/Butler 2000; Wunder 2004). Im Folgenden wird deshalb die in den vorangegangenen Kapiteln entwickelte Typologie idealtypischer Führungskonzepte aufgegriffen und auf den Bereich des Controlling übertragen.

7.2.1 Idealtypische Gestaltungsalternativen

7.2.1.1 Internationales Controlling

Das internationale Controlling weist nur geringe Unterschiede zum Controlling in nationalen Unternehmungen auf. Da Umfang und Bedeutung der Auslandsaktivitäten relativ gering sind, nehmen die Anforderungen an das Controlling kaum zu. In den ausländischen Tochtergesellschaften werden deshalb die gleichen Kennzahlen zur Erfolgsbeurteilung wie in der Muttergesellschaft eingesetzt, ohne eine Anpassung an die landesspezifischen Bedingungen vorzunehmen. In organisatorischer Hinsicht zeichnet sich das internationale Controlling durch einen hohen Zentralisationsgrad aus, d. h. die Controllingaufgaben werden überwiegend von der Muttergesellschaft wahrgenommen (vgl. Tab. 7-5).

Geringer organisatorischer Aufwand

Die Vorteile einer internationalen Controllingphilosophie sind vor allem der geringe organisatorische und technische Aufwand. Mit zunehmendem Internationalisierungsgrad besteht jedoch die Gefahr, dass die Controllingabteilung in der Muttergesellschaft überlastet wird und die spezifischen Gastlandbedingungen, unter denen die ausländischen Tochtergesellschaften operieren, nicht mehr adäquat berücksichtigen kann.

Tab. 7-5

Idealtypische Gestaltungsalternativen des Controlling in Multinationalen Unternehmungen

Controlling-strategie / Merkmale	International	Multinational	Global	Transnational
Controllingziele	finanzieller Beitrag der ausländischen Tochtergesellschaften zum Erfolg der Muttergesellschaft	Effizienz der ausländischen Tochtergesellschaften	Effizienz der Gesamtunternehmung	Effizienz der Gesamtunternehmung
dominierende Controllingträger	Muttergesellschaft	Tochtergesellschaften	Muttergesellschaft	Selbstkontrolle sowie gegenseitige Kontrolle der Unternehmungseinheiten
Standardisierungsgrad der Controlling-instrumente	hoch	sehr gering	sehr hoch	gering
Erfolgsbeurteilungskriterien	wie in der Muttergesellschaft	monetäre, an die landesspezifischen Bedingungen angepasste Kennzahlen	standardisierte, primär monetäre Kennzahlen, die von der Muttergesellschaft vorgegeben werden	individuelle, sowohl monetäre als auch nicht-monetäre Kennzahlen
Umfang und Richtung des Informationsflusses	gering von den Tochtergesellschaften zur Muttergesellschaft	gering von den Tochtergesellschaften zur Muttergesellschaft	intensiv von den Tochtergesellschaften zur Muttergesellschaft	sehr intensiv und wechselseitig zwischen allen Unternehmungseinheiten

7.2.1.2 Multinationales Controlling

Auslandsgesellschaften als Portfolio unabhängiger Einheiten

Im Rahmen des multinationalen Controlling werden die ausländischen Tochtergesellschaften als Portfolio unabhängiger Engagements betrachtet, deren Erfolg primär anhand monetärer Kennzahlen beurteilt wird. Die jeweiligen Gastlandbedingungen werden durch individuelle Zielvorgaben berücksichtigt, deren Realisierung weitgehend durch die ausländischen Tochtergesellschaften kontrolliert wird. Auch das Informationssystem weist nur einen geringen Standardisierungsgrad auf, wobei vor allem verbalen Berichten eine große Bedeutung zugemessen wird. Das multinationale Controlling entspricht damit weitgehend der Forderung von Zünd (1992, S. 915), wonach »eine andere Umwelt (auch ein) anderes Controlling« bedingen sollte.

Der Vorteil einer multinationalen Controllingphilosophie besteht vor allem darin, ausländische Tochtergesellschaften vor dem Hintergrund ihrer jeweiligen Gastlandbedingungen individuell bewerten und steuern zu können. Aufgrund des geringen Standardisierungsgrads ist ein Vergleich der einzelnen Auslandsengagements jedoch schwierig. Es dominieren deshalb Soll-Ist-Vergleiche sowie Vergleiche mit Tochtergesellschaften anderer Unternehmungen. Diese dienen vor allem der Beurteilung, wie gut die betrachtete Tochtergesellschaft die jeweiligen nationalen Bedingungen berücksichtigt und zur Realisierung ihrer unternehmungspolitischen Ziele genutzt hat (vgl. Beck/Rall 1992, S. 332).

7.2.1.3 Globales Controlling

Hoher Standardisierungsgrad

Im Rahmen des globalen Controlling werden alle in- und ausländischen Unternehmungseinheiten nach einheitlichen, von der Muttergesellschaft vorgegebenen Kriterien beurteilt. Das zentrale Ziel des Controlling besteht darin, eine weltweit gleichgerichtete Ausrichtung aller Unternehmungseinheiten sicherzustellen. Entsprechend weisen die Controllinginstrumente einen sehr hohen Standardisierungsgrad auf. Die Controllingaufgaben werden weitgehend von der Muttergesellschaft wahrgenommen, während sich die Tochtergesellschaften auf die Beschaffung und Weiterleitung der von der Muttergesellschaft nachgefragten Informationen beschränken.

Eine globale Controllingphilosophie ist vor allem in Unternehmungen anzutreffen, die in Gastländern tätig sind, die nur eine geringe politische, ökonomische, rechtliche und kulturelle Distanz zum Stammland aufweisen. Mit zunehmender Distanz nimmt die Fähigkeit einer adäquaten Erfolgsbeurteilung jedoch stark ab. Zudem besteht häufig nur eine geringe Bereitschaft der ausländischen Tochtergesellschaften, relevante unternehmungspolitische Informationen an die Muttergesellschaft weiterzuleiten (vgl. Ziener 1985, S. 151 ff.).

7.2.1.4 Transnationales Controlling

Merkmale des transnationalen Controlling

Auch im Rahmen des transnationalen Controlling steht die Effizienz der Gesamtunternehmung im Vordergrund. Es wird jedoch unterstellt, dass diese weniger durch die gleichgerichtete Ausrichtung aller Unternehmungseinheiten, als vielmehr durch die gleichzeitige Ausnutzung von Skaleneffekten, Verbundvorteilen und nationalen Unterschieden erzielt wird (vgl. Kap. 4.2.2.1). Die Unternehmungseinheiten werden deshalb anhand individueller, nach ihrer spezifischen Rolle im transnationalen Wertschöpfungsnetzwerk differenzierten Kriterien beurteilt. Um dies zu gewährleisten, ist wiederum ein intensiver wechselseitiger Informationsaustausch zwischen allen Unternehmungseinheiten erforderlich. Zusammenfassend können damit folgende *Merkmale des transnationalen Controlling* identifiziert werden:

- Individualisierung von Erfolgsbeurteilungskriterien.
- Weltweites Risikomanagement.
- Länderübergreifendes Informationssystem.

7.2.2 Merkmale des transnationalen Controlling

7.2.2.1 Individualisierung von Erfolgsbeurteilungskriterien

Wie bereits in Kapitel 7.1.3 dargelegt, wird im Rahmen der Erfolgsbeurteilung ausländischer Tochtergesellschaften vorwiegend auf monetär-operative Kennzahlen wie den Umsatz, die Umsatz- bzw. Gesamtkapitalrentabilität, den ROI oder wertorientierte Steuerungsgrößen zurückgegriffen. Die ausländischen Tochtergesellschaften werden explizit oder implizit als Profit Center aufgefasst, für die jeweils ein gesonderter Erfolgsausweis erfolgt. Unterschiede ergeben sich primär im Hinblick auf die jeweilige Beurteilungsperspektive. Während bei einer investorbezogenen Perspektive alle erfolgsrelevanten externen Einflussfaktoren unmittelbar der Tochtergesellschaft zugerechnet und bei deren Beurteilung einbezogen werden, sind im Rahmen der objektbezogenen Perspektive nur diejenigen Erfolgskomponenten relevant, für deren Beeinflussung bzw. Berücksichtigung die jeweilige Geschäftsführung verantwortlich gemacht werden kann.

Profit Center-Konzept

Die Anwendung des Profit Center-Konzepts auf ausländische Tochtergesellschaften setzt voraus, dass diese mit den notwendigen Entscheidungskompetenzen ausgestattet sind, um alle zentralen Erfolgskomponenten eigenverantwortlich beeinflussen zu können. Für unternehmungsinterne grenzüberschreitende Lieferungen und Leistungen müssen zudem marktorientierte Transferpreise angesetzt werden, die den ausgewiesenen Erfolg nicht zu stark verzerren. Transnationale Strategien zeichnen sich jedoch durch ein hohes Maß an reziproken leistungswirtschaftlichen und organisatorischen Interdependenzen zwischen den einzelnen Unternehmungseinheiten aus, die eine marktorientierte Gestaltung der Transferpreise erheblich erschweren. Als Folge davon werden die ausländischen Tochtergesellschaften anhand von Größen gemessen, die stark von Entscheidungen abhängen, die in anderen Unternehmungseinheiten getroffen werden, was wiederum zu einer Demotivation der dort tätigen Führungskräfte und Mitarbeiter führen kann.

Eine weitere Voraussetzung für die Anwendung des Profit Center-Konzepts auf ausländische Tochtergesellschaften besteht darin, dass das von diesen erzielte finanzielle Ergebnis das zentrale Erfolgskriterium darstellt. Ein zentrales Merkmal transnationaler Strategien ist jedoch die ausgeprägte Individualisierung und Rollendifferenzierung der einzelnen Unternehmungseinheiten. An die Stelle des Gewinns oder des ROI rücken deshalb zunehmend qualitative und nach der Rolle der Unternehmungseinheit im transnationalen Wertschöpfungsnetzwerk differenzierte Beurteilungskriterien.

Balanced Scorecard

Der Erfolg transnationaler Strategien lässt sich damit nicht anhand standardisierter, monetär-operativer Kennzahlen beurteilen. Stattdessen ist die *Entwicklung individueller, strategisch-qualitativer Kriterien* erforderlich, durch die der Beitrag der einzelnen Unternehmungseinheiten zum Unternehmungsgesamterfolg adäquat abgebildet werden kann (vgl. Welge/Holtbrügge 1999b). Kaplan/Norton (1997; 2001) haben hierzu mit der *Balanced Scorecard (BSC)* einen Ansatz entwickelt, der neben Kennzahlen zur finanziellen Entwicklung (*financial perspective*) auch nicht-monetäre Kennzahlen zur Kundenzufriedenheit (*customer perspective*), zur Innovationstätigkeit (*innovation and learning perspective*) und zu den internen Prozessen (*internal business perspective*) umfasst. Das Ziel dieses Ansatzes besteht darin, der Unternehmungsführung neben den traditionellen monetär-operativen Kennzahlen nicht-monetäre, strategisch orientierte Kennzahlen zur Verfügung zu stellen, mit denen die strategischen Ziele der Unternehmung in operative Messgrößen umgesetzt und gleichzeitig die Interessen der wichtigsten Stakeholder abgebildet werden können.

International agierende Unternehmungen stehen vor der Herausforderung, *Key Performance Indicators (KPIs)* für die vier Perspektiven der BSC zu definieren und dabei deren kausale Relationen entsprechend der länder- bzw. marktspezifischen Gegebenheiten zu rekonstruieren. Dazu ist einerseits häufig nur intern verfügbares Expertenwissen vorhanden und anderseits ist zu berücksichtigen, dass KPIs, auch wenn sie länderübergreifend identisch definiert sind, nicht ohne weiteres vergleichbar und damit aggregierbar sind. Die zugrunde liegenden Kausalrelationen

Abb. 7-8

Schematische Ursache-Wirkungskette der BSC

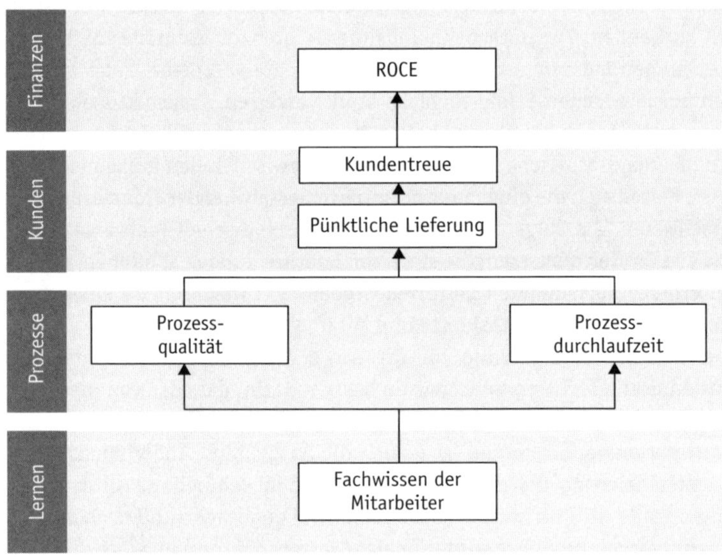

(Quelle: Welge/Al-Laham 2012, S. 826)

können sich vielmehr hinsichtlich ihrer zeitlichen Struktur und des Ursachengefüges voneinander unterscheiden (vgl. Ossadnik/Steins 2011, S. 392). Diese Zusammenhänge werden in der Standard-Ursache-Wirkungskette der BSC nicht berücksichtigt (vgl. Abb. 7-8).

Das in Abb. 7-8 skizzierte Kausalverständnis der BSC berücksichtigt nicht explizit die *Dimension der Zeit* und ist daher nicht in der Lage, den Einfluss von Überlagerungseffekten auf die Entwicklung von bestimmten KPIs im Prozess der Leistungserstellung und damit eine zeitlich differenzierte Wirkung auf das finanzielle Ergebnis abzuschätzen. Zudem wird der Komplexität sozialer Konstrukte (z. B. Kundenzufriedenheit oder Dienstleistungsqualität), die international unterschiedlich definiert und wahrgenommen werden können, nicht ausreichend Rechnung getragen (vgl. Ossadnik/Steins, 2011, S. 393).

Ossadnik/Steins (2011, S. 395 ff.) haben deshalb ein generisches Modell einer dynamisierten BSC für eine international tätige Dienstleistungsunternehmung entwickelt, das die Zeitdimension sowie komplexe kausale Konstrukte wie Servicequalität, Kunden- und Mitarbeiterzufriedenheit, etc. berücksichtigt (vgl. Abb. 7-9). Die in

Abb. 7-9

Dynamisierte Balanced Scorecard

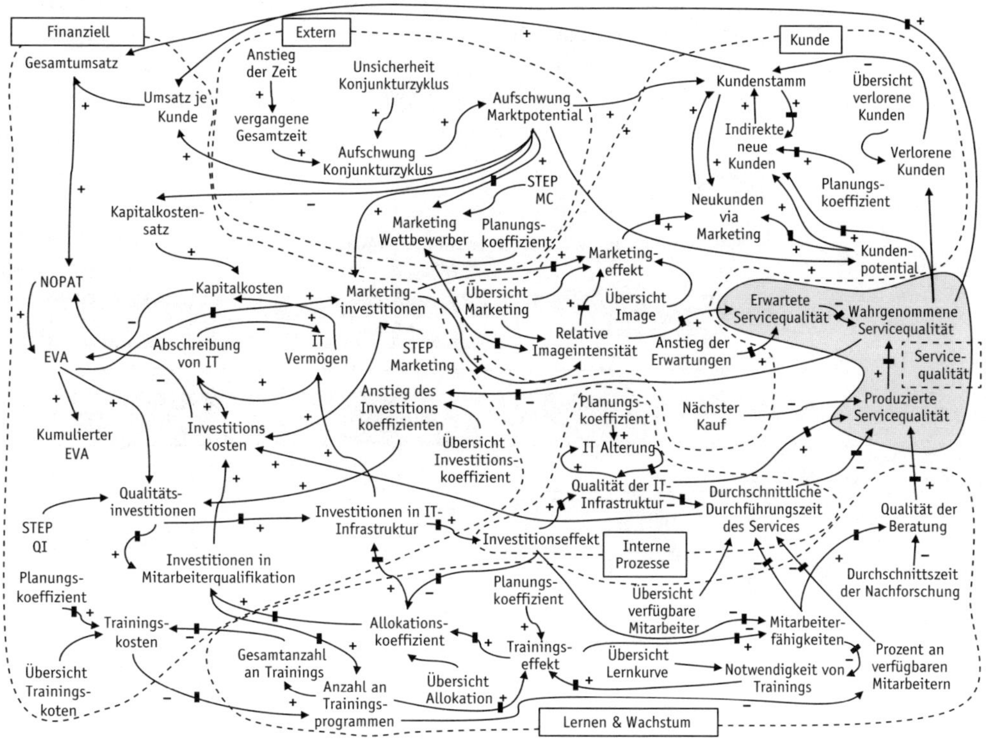

(Quelle: Ossadnik/Steins 2011, S.396)

dem Modell visualisierten qualitativen Beziehungen bilden die Grundlage für die quantitative Spezifikation einer dynamischen BSC. Die System Dynamics-Standard-Software Vensim DSS 5.6a wurde verwendet, um das Zusammenwirken kurz- und langfristiger Effekte im Detail durch Simulationen zu analysieren (zur quantitativen Modellierung vgl. Ossadnik/Steins 2011, S. 399 ff.). Die dynamische BSC ermöglicht es, den Erfordernissen eines konsequent kausalorientierten Performance Management Rechnung zu tragen und ist als Referenzmodell so flexibel formuliert, dass eine Vielzahl von unternehmungs- und länderspezifischen Gegebenheiten berücksichtigt werden kann. Laufend notwendige Anpassungen ermöglichen es, den Performance-Management-Prozess kontinuierlich zu verbessern.

7.2.2.2 Weltweites Risikomanagement

Kontroll – und Transparenzgesetz

Neben der Individualisierung der Erfolgsbeurteilungskriterien stellt das weltweite Risikomanagement ein zweites Merkmal des transnationalen Controlling dar. Dessen große Bedeutung resultiert insbesondere aus der durch das Kontroll- und Transparenzgesetz (KonTraG) in das Aktiengesetz (AktG) eingeführten Vorschrift, wonach der Vorstand einer Aktiengesellschaft »geeignete Maßnahmen zu treffen (hat), insbesondere ein Überwachungssystem einzuführen, damit den Fortbestand der Gesellschaft gefährdende Entwicklungen früh erkannt werden« (§ 91 Abs. 2 AktG).

Obwohl die Ausgestaltung des Überwachungssystems nicht explizit definiert ist, zeigt die wissenschaftliche und rechtliche Diskussion, dass ein nutzbares Risikomanagementsystem drei unterschiedliche Bereiche umfassen sollte (vgl. Abb. 7-10). Während das interne Kontrollsystem besonders für die Sicherung der Geschäftsprozesse und der Organisation eingesetzt wird, überwacht das Risikocontrolling den länderübergreifenden Risikomanagementprozess. Frühwarnsysteme helfen zudem bei

Abb. 7-10

Bausteine eines weltweiten Risikomanagement

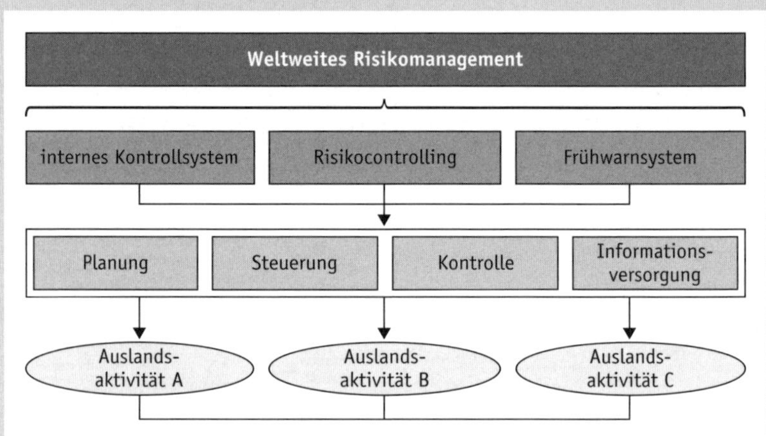

der Informationsversorgung hinsichtlich latenter Risiken und Chancen im Unternehmungsumfeld und in der Unternehmung selber (vgl. Funk/Rossmanith 2011, S. 78).

Nach herrschender Rechtsauffassung erstreckt sich die Überwachungsverpflichtung auch auf die ausländischen Tochtergesellschaften, sofern von ihnen Entwicklungen ausgehen können, die möglicherweise den Bestand der Muttergesellschaft gefährden können (vgl. Saitz/Braun 1999). Diese Gefahr ist wiederum in Multinationalen Unternehmungen mit einer transnationalen Strategie in besonderem Maße gegeben. Da die einzelnen Tochtergesellschaften – etwa im Unterschied zu einer multinationalen Strategie – nicht als Portfolio unabhängiger Einheiten geführt werden, sondern zwischen diesen zahlreiche materielle und immaterielle Interdependenzen bestehen, können sich Veränderungen der Umweltbedingungen und Gestaltungsparameter einer Tochtergesellschaft auch auf andere Tochtergesellschaften auswirken.

Risikoursachen

Als *Risiko* wird die Wahrscheinlichkeit bezeichnet, mit der bestimmte Umweltzustände eintreten, die sich negativ auf das Ergebnis unternehmungspolitischer Entscheidungen auswirken (vgl. Bamberg/Coenenberg/Krapp 2012; Laux/Gillenkirch/Schenk-Mathes 2012). Im Internationalen Management können folgende *Risikoursachen* unterschieden werden (vgl. Brouthers 1995; Tan 1996; Häberle 2004a):

Rechtliche Risiken

- *Rechtliche Risiken* werden vor allem durch unterschiedliche Rechtssysteme, mangelnde Rechtssicherheit und die rechtliche Diskriminierung ausländischer gegenüber inländischen Unternehmungen hervorgerufen. Die Folge davon sind insbesondere erhöhte Transaktionskosten.

Politische Risiken

- *Politische Risiken* können in offene und subtile Risiken unterteilt werden. Offene politische Risiken sind etwa innerpolitische Auseinandersetzungen, Terrorismus und militärische Konflikte, die zu massiven Wertverlusten von der Zerstörung von Eigentum bis hin zur Enteignung führen können. Zu den subtilen politischen Risiken zählen z. B. die Diskriminierung ausländischer Unternehmungen bei öffentlichen Ausschreibungen oder die Verzögerung von Genehmigungsverfahren.

Ökonomische Risiken

- *Ökonomische Risiken* können in mikro- und makro-ökonomische Risiken unterschieden werden. Zu den mikro-ökonomischen Risiken zählen vor allem die Gefahr der Zahlungsunfähigkeit von Kunden und der Lieferunfähigkeit von Lieferanten. Makro-ökonomische Risiken betreffen etwa konjunkturelle Schwankungen sowie geld-, finanz- und währungspolitische Risiken (z. B. Wechselkursschwankungen).

Kulturelle Risiken

- *Kulturelle Risiken* sind vor allem durch unterschiedliche Sprachen, Normen und Werte bedingt und können z. B. zu Kommunikationsproblemen sowie interkulturellen Management- und Marketingproblemen führen. Auch die persönliche Lebenssituation von entsandten Fach- und Führungskräften sowie deren Familien wird dadurch beeinflusst.

Risikoformen

Im Hinblick auf die *Risikoformen* lassen sich Bedingungsrisiken und Aktionsrisiken unterscheiden. *Bedingungsrisiken* resultieren aus den international tätigen Unternehmungen gegebenen Rahmenbedingungen. So können sich etwa durch einen politischen Umsturz die Geschäftsaussichten in einem Land verschlechtern. *Aktionsrisiken* sind dagegen die Folge unternehmungspolitischer Entscheidungen. Ein Beispiel dafür ist die Gefahr des ungewollten Know-how-Abflusses, der durch die Kooperation mit einem lokalen Partner im Rahmen eines Joint Venture entsteht.

In der Vergangenheit wurde häufig die Auffassung vertreten, dass diese Risiken dem jeweiligen Gastland inhärent sind. International tätige Unternehmungen sind demnach gezwungen, die in einem Land vorherrschenden Risiken zu identifizieren und zu bewerten sowie geeignete Maßnahmen zu treffen, um deren negative Auswirkungen zu bewältigen. Zu den Maßnahmen eines solchen *reaktiven Risikomanagement* zählen z. B. Devisenhedgings zur Reduzierung von Währungsrisiken oder staatliche Bürgschaften zur Reduzierung politischer Risiken (vgl. Häberle 2004b). Die Risikoidentifikation kann etwa mit Hilfe des Business Environmental Risk Index (BERI) erfolgen (vgl. Kap. 4.1.1.2.2).

Zunehmend setzt sich jedoch die Auffassung durch, dass viele Risiken für Unternehmungen keine unabänderlichen Daten darstellen, sondern durch aktive Maßnahmen des Risikomanagement beeinflusst werden können. Als *strategisches Risikomanagement* wird in diesem Sinne die Gesamtheit der Maßnahmen verstanden, die der Beeinflussung von Umweltzuständen dienen und die Zielerreichung der Unternehmung sicherstellen (vgl. Bieta et al. 2002; Höschler/Elfgen 2002).

Strategisches-Risikomanagement

Strategisches Risikomanagement kann als Prozess aufgefasst werden, der die Phasen Risikoidentifikation, -beurteilung, -steuerung und -überwachung umfasst (vgl. Höschler/Elfgen 2002; Becker 2005, S. 132 ff.).

In der Phase der *Risikoidentifikation* werden die wesentlichen Risiken der Unternehmung erfasst. Dabei ist eine Differenzierung nach Risikoursachen und -formen, Wertaktivitäten oder Ländern möglich. Da das Risikoverhalten von Führungskräften große interkulturelle Unterschiede aufweist, bietet sich in dieser Phase ein standardisiertes Vorgehen an, um einen einheitlichen Überblick über die Gesamtunternehmung zu gewinnen.

Im Rahmen der *Risikobeurteilung* muss unterschieden werden, ob sich die Unsicherheit bestimmter Umweltentwicklungen objektiv bestimmen lässt. So kann etwa bei finanzwirtschaftlichen Risiken aus den Marktdaten eine Verteilung der Eintrittswahrscheinlichkeiten abgeleitet und der *value at risk* der unternehmungsinternen Risikopositionen berechnet werden. Dieser stellt den maximalen Verlust dar, der für ein bestimmtes Konfidenzintervall innerhalb eines vorher festgelegten Zeitraums zu erwarten ist (vgl. Jorion 2007, S. 107 ff.). Für Risiken, für die eine solche Berechnung der Eintrittswahrscheinlichkeit nicht möglich ist, muss auf subjektive Einschätzungen zurückgegriffen werden. Dabei muss sichergestellt werden, dass diese nicht durch kulturell unterschiedliche Perzeptionen und Bewertungen verzerrt werden. Zur Illustration des Ergebnisses der Risikobewertung schlagen Hornung/Reichmann/Diederichs (1999, S. 321) die Erstellung eines *Risikoportfolios* vor, deren Dimensionen einerseits die Eintrittswahrscheinlichkeit und andererseits die damit verbundenen negativen Folgen für die Unternehmung darstellen.

Risikosteuerung

Die dritte Phase des Risikomanagementprozesses bildet die *Risikosteuerung*. Deren Aufgabe besteht darin sicherzustellen, dass die Risikoposition der Gesamtunternehmung oder der einzelnen Tochtergesellschaften den unternehmungspolitischen Vorgaben entspricht. Dazu stehen international tätigen Unternehmungen *vier Möglichkeiten* zur Verfügung:

- Bei der Strategie der *Risikoverminderung* gelingt es der Unternehmung, die Eintrittswahrscheinlichkeit eines Ereignisses oder die damit verbundenen negativen

Folgen positiv zu beeinflussen. Beispiele dafür sind etwa die Beeinflussung von Gesetzen im Rahmen des Lobbying (vgl. Kap. 8.1.2.2.5) oder die Wahl einer weniger risikoreichen Markteintrittsform (vgl. Kap. 4.1.2).

- Die Strategie der *Risikovermeidung* ist durch den Verzicht der Durchführung einer risikoreichen Tätigkeit gekennzeichnet. So kann eine Unternehmung etwa einen geplanten Markteintritt verschieben (vgl. Kap. 4.1.3) oder den Entscheidungs- und Handlungsspielraum einer ausländischen Tochtergesellschaft durch den Einsatz prozessualer Koordinations- und Steuerungsinstrumente begrenzen (vgl. Kap. 5.1.2).
- Bei der *Risikoüberwälzung* werden Risiken auf andere Marktteilnehmer übertragen. Eine Möglichkeit dazu ist die Vergabe von Lizenzen anstelle der Errichtung einer 100 %igen Tochtergesellschaft (vgl. Kap. 4.1.2.1).
- Im Falle der *Risikokompensation* entscheidet sich die Unternehmung dafür, das Risiko selbst zu tragen.

Die letzte Phase des Risikomanagementprozesses bildet die *Risikoüberwachung*. Dabei werden die eingeleiteten Maßnahmen des Risikomanagement kontrolliert und die Wirksamkeit des Risikomanagementprozesses überprüft.

Beispiel

Ein Beispiel für ein weltweites Risikomanagement ist die Deutsche Post. Die seit November 2000 an der Börse notierte Deutsche Post AG erzielte im Jahre 2004 mit rund 383.000 Mitarbeitern einen Umsatz von 45,2 Mrd. €. 19,9 % davon entfallen auf das Ausland, wobei der Auslandsanteil kontinuierlich steigt. Der Transnationalitätsindex beträgt 27,4 % (vgl. Kap. 1.1.3).
Neben den klassischen Postdienstleistungen im Inland bietet die Deutsche Post World Net mit ihrer Tochter DHL auf allen Kontinenten Express- und Logistikdienstleistungen an. Über den Land-, See- und Luftweg werden jährlich rund 1,5 Mrd. Sendungen an rund 4,2 Mio. Kunden geliefert – vom Express-Brief bis zum tonnenschweren Container. Durch Akquisitionen in Großbritannien, den Niederlanden, Spanien und den USA ist die Deutsche Post auch in wichtigen internationalen Briefmärkten präsent. In China betreibt DHL zusammen mit dem chinesischen Partner Sinotrans seit 1986 ein Joint Venture.
Zur Absicherung aller Entscheidungen und Geschäftsprozesse dient ein integriertes Risikomanagement. Dessen Ziel ist es, Chancen und Risiken unternehmungsweit systematisch zu identifizieren, zu bewerten und zu steuern. Das Risikomanagement folgt konzernweit einem standardisierten Prozess, der inhaltlich und zeitlich auf das Steuerungs- und Controllinginstrumentarium abgestimmt ist. Risiken werden identifiziert, indem Ereignisse und Entwicklungen in der Unternehmung oder in ihrem Umfeld betrachtet werden, die zu Abweichungen vom geplanten wirtschaftlichen Erfolg führen können (z. B. Veränderung von Wechselkursen, Roh- und Treibstoffpreisen und Zinssätzen). Zur Risikoidentifizierung und -bewertung dienen regelmäßige Workshops, in denen zunächst relevante Veränderungen analysiert und das Schadenspotenzial abgeschätzt werden. Anschließend werden diese mit den unternehmungspolitischen Möglichkeiten abgeglichen. Dem liegt die Auffassung zugrunde, dass Risiken nicht *per se* existieren. Veränderungen werden vielmehr erst dann als Risiko aufgefasst, wenn diese nicht durch entsprechende Stärken der Unternehmung ausgeglichen werden können. Für jedes Risiko wird ein Verantwortlicher (*risk owner*) benannt, der dieses mittels Szenariotechnik bewertet, operative Maßnahmen zur Risikosteuerung einleitet und diese mit Hilfe geeigneter Frühwarnindikatoren überwacht.
Im Rahmen des mehrstufigen Risikoberichtswesens werden die entsprechenden Informationen quartalsweise aus den Unternehmungseinheiten an das Konzerncontrolling berichtet. Die Berichterstattung an den Vorstand berücksichtigt Wechselwirkungen zwischen einzelnen Chancen und Risiken sowie den verschiedenen Unternehmungsbereichen. Sofern neue Chancen und Risiken auftreten oder sich einzelne Positionen signifikant verändern, wird dies auch außerhalb der festen Berichtsintervalle gemeldet. Wesentliche Risiken werden im jährlichen Konzernlagebericht veröffentlicht (vgl. Helmke/Risse 1999; http://deutschepost.de).

Eine transnationale Controllingphilosophie ist dadurch gekennzeichnet, dass dieser Risikomanagementprozess nicht nur in den einzelnen Unternehmungseinheiten abläuft, sondern auch für die Gesamtunternehmung durchgeführt wird. Im Sinne eines Portfoliomanagement kann dabei ein für die Multinationale Unternehmung vorteilhaftes Risikoportfolio aufgestellt werden. So ist es z. B. möglich, sich in Tochtergesellschaften, die in besonders chancenreichen Märkten tätig sind, für eine Strategie der Risikokompensation zu entscheiden, während in weniger perspektivischen Märkten eine Risikovermeidung betrieben wird. Bei einer gegebenen Risikoneigung ist es zudem denkbar, die Zahl der Tochtergesellschaften zu erhöhen, in denen eine Risikokompensation betrieben wird, wenn in anderen Tochtergesellschaften eine Risikoverminderung, -vermeidung oder -überwälzung möglich ist.

7.2.2.3 Länderübergreifendes Informationssystem

Aufgaben

Die zentralen *Aufgaben* des Informationssystems im Rahmen des Controlling bestehen darin, eine integrierte *Erfolgsbeurteilung aller Unternehmungseinheiten* zu ermöglichen und deren Koordination durch die *Bereitstellung unternehmungspolitisch relevanter Informationen* zu erleichtern. Bei der Realisierung dieser Aufgaben sind Unternehmungen mit dem *Zielkonflikt* konfrontiert, einerseits die *Vollständigkeit und Qualität der Informationen* zu gewährleisten, andererseits jedoch auch die *Wirtschaftlichkeit der Informationsbeschaffung und -verarbeitung* sicherzustellen. Durch die Entwicklung neuer Informations- und Kommunikationstechnologien haben sich die technischen Möglichkeiten zur Verarbeitung immer größerer Datenmengen erheblich erweitert. Dem steht jedoch die begrenzte neuronale, kognitive und emotionale Informationsverarbeitungskapazität des Menschen und die Gefahr des *information overload* entgegen. Angesichts der Beschleunigung des Wettbewerbs müssen Entscheidungen zudem immer schneller und unter immer größerer Unsicherheit getroffen werden, wodurch die *Aktualität und Entscheidungsorientierung von Informationen* gegenüber der Vollständigkeit zunehmend an Bedeutung gewinnt (vgl. Kieninger 1993, S. 73 ff.).

Zielkonflikt zwischen Vollständigkeit und Wirtschaftlichkeit

»Informations-pathologien«

Über diese auch im nationalen Kontext geltenden Anforderungen hinaus wird die Beschaffung, Erfassung und Aufbereitung unternehmungspolitischer Informationen in Multinationalen Unternehmungen durch zahlreiche *zusätzliche Probleme* erschwert, die vielfach zu »Informationspathologien« (Macharzina 1984) führen (vgl. Abb. 7-11). Dazu zählen z. B. die unterschiedliche Ausgestaltung des Rechnungswesens, unterschiedliche Definitionen und Bewertungsverfahren, inkompatible technische Standards sowie Verzerrungen durch Inflation und Wechselkursschwankungen. Ein gravierendes Problem stellen zudem staatliche und technologische Beschränkungen des grenzüberschreitenden Datentransfers dar (vgl. Samiee 1984; Kane/Ricks 1988). Die adäquate Nutzung und Interpretation von Informationen wird darüber hinaus durch unterschiedliche Qualifikationen der Mitarbeiter, Sprachprobleme und kulturelle Unterschiede beeinträchtigt (vgl. Ziener 1985, S. 170 ff.; Pausenberger/Glaum 1993, S. 618 f.).

Ein *spezifisches Problem des transnationalen Controlling* besteht darin, dass Informationen nicht nur dezentral anfallen und dann der Muttergesellschaft für unternehmungspolitische Entscheidungen zur Verfügung gestellt werden müssen, sondern

Abb. 7-11

Störungen des Informationsprozesses in Multinationalen Unternehmungen

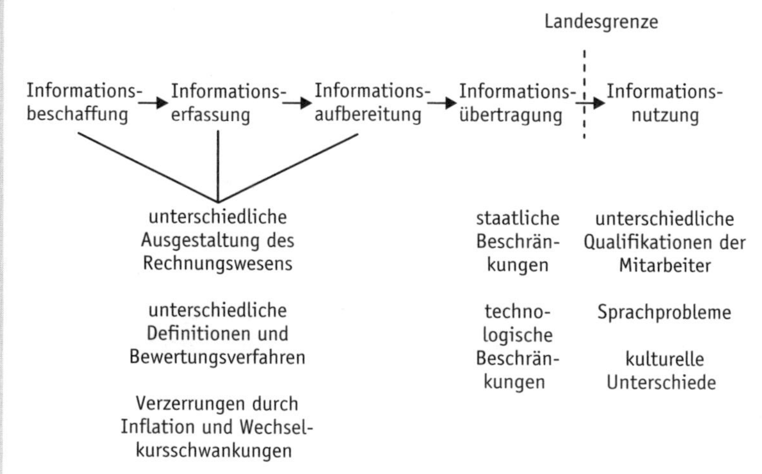

sowohl dezentral beschafft als auch dezentral zur Entscheidungsfindung genutzt werden. Die weitgehende Selbstorganisation der einzelnen Unternehmungseinheiten erschwert es darüber hinaus erheblich, deren spezifischen Informationsbedarf *ex ante* zu bestimmen. Vor allem führt die Rollendifferenzierung der Unternehmungseinheiten Multinationaler Unternehmungen dazu, dass deren Informationsbedarf individuell sehr unterschiedlich ist (vgl. Broadbent/Butler 2000; Sambharya/Kumaraswamy/Banerjee 2005).

Vor dem Hintergrund dieser Probleme besteht die zentrale Anforderung an die Entwicklung eines länderübergreifenden Informationssystems darin, den entgegengesetzten Anforderungen nach Standardisierung und Differenzierung gleichzeitig gerecht zu werden (vgl. dazu ausführlich Schwarzer 1994, S. 123 ff.; Hornung/Reichmann/Baumöl 1997). Um die Spezifika der einzelnen Unternehmungseinheiten berücksichtigen und die jeweiligen nationalen Unterschiede bestmöglich nutzen zu können, ist dabei die weitgehende Differenzierung der Kennzahlen, Umrechnungsverfahren und Berichtsfrequenzen sowie der jeweils eingesetzten Hard- und Software erforderlich. Angesichts der ausgeprägten organisatorischen Interdependenzen setzt die Koordination der weltweit verstreuten Unternehmungseinheiten dagegen eine weitgehende Kompatibilität der jeweiligen technischen und inhaltlichen Standards voraus (vgl. Konsynski/Karimi 1996).

Die Errichtung eines länderübergreifenden Informationssystems wurde in den vergangenen Jahren durch zahlreiche revolutionäre Entwicklungen im Bereich der Informations- und Kommunikationstechnologien wesentlich erleichtert. Um deren Lösungspotenzial für eine länderübergreifende Informationsversorgung bewerten zu können, ist zunächst eine Klassifizierung notwendig, bevor ausgewählte Informa-

Beispiel

Ein Beispiel für die Komplexität der Problematik ist die schwedische Telekommunikationsunternehmung Ericsson. Bei der Vorbereitung auf das Jahr-2000-Problem wurde festgestellt, dass in den in mehr als 100 Ländern tätigen Unternehmungseinheiten über 1.300 unterschiedliche Anwendungssysteme eingesetzt werden. »Jede Unternehmungsfunktion«, so einer der Verantwortlichen, »und jede geographische Einheit hatte ihr eigenes System.« Verursacht wurde diese extreme Heterogenität des Informationssystems noch nicht einmal durch Akquisitionen fremder Unternehmungen, sondern durch den äußerst dynamischen Wandel der Branche und die permanente Einführung neuer Systeme. »Tatsächlich«, so eine Führungskraft von Ericsson, »ist es einfacher die Unternehmung um das EDV-System zu organisieren als das EDV-System um die Unternehmung« (vgl. Hagström 2000, S. 204).

tions- und Kommunikationstechnologien auf ihre Eignung für ein transnationales Controlling überprüft werden können.

Informationssystem-Architektur (ISA)

Ein sinnvoller Ansatz zur Klassifikation von Informationssystemen ist die Informationssystem-Architektur (ISA) von Krcmar (1990). Diese besteht aus vier Schichten (vgl. Abb. 7-12):

- Die erste Schicht umfasst die *Strategie* der Unternehmung. Sie wirkt sich auf alle Schichten des Modells, d. h. alle Ebenen des Informationssystems aus, indem sie die Gestaltung aller Subsysteme der Unternehmung determiniert.
- Die zweite Schicht repräsentiert die *Prozess-* sowie die *Aufbauorganisation*, die sich aus der Unternehmungsstrategie ableiten.

Abb. 7-12

Informationssystem-Architektur

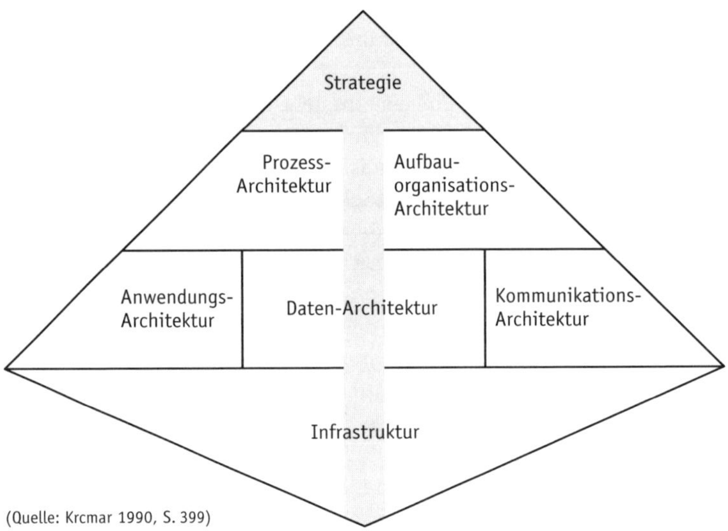

(Quelle: Krcmar 1990, S. 399)

- Die dritte Schicht beinhaltet die Architekturen für *Anwendungen*, *Daten* und *Kommunikation*. Informationssysteme wenden Methoden zur Verarbeitung von Datenobjekten zu Informationen an. Die Anwendungs-Architekturen umfassen diese Methoden und Funktionen sowie ihre Implementierung in Informationssysteme. Daten-Architekturen beschreiben die statistischen Zusammenhänge zwischen den Datenobjekten, und die Kommunikations-Architekturen die logische Dimension der Informationsflüsse zwischen Anwendungen und Datenobjekten.
- Die vierte Schicht repräsentiert die *Technologie-Architektur*, die als informations- und kommunikationstechnologische Infrastruktur in der Unternehmung eingesetzt wird.

Die beiden ersten Schichten der Unternehmungsstrategie und -organisation bestimmen die Anforderungen an die Informationssysteme auf den beiden nachfolgenden Schichten und deren Ausgestaltung. Dabei stellt die vierte Schicht mit der Infrastruktur die Basis des Informationsversorgungssystems dar. Sie repräsentiert die in einer Unternehmung eingesetzten Informations- und Kommunikationstechnologien und legt dadurch auch die Standards für Informationssysteme, Schnittstellen und Informationsflüsse fest. Im Rahmen der Infrastruktur-Schicht sind insbesondere Technologien der Vernetzung und Datenübertragung relevant. Zur Vernetzung von geographisch verstreuten Unternehmungseinheiten wird dabei zunehmend auf das Transmission Control Protocol/Internet Protocol (TCP/ IP-Protokoll) zurückgegriffen, das einen international standardisierten Austausch von Daten ermöglicht (zu Kommunikations-Architekturen vgl. ausführlich Schönert 1997, S. 178 ff.).

Adaptierbarkeit, Integration, Koordinationsfähigkeit

Im Folgenden wird der Fokus auf die *dritte Schicht* des ISA-Modells gelegt, die für Multinationale Unternehmungen besonders relevant ist. In Anlehnung an Krcmar (1990, S. 399) werden drei Bereiche mit jeweils spezifischen Instrumenten betrachtet und deren *Adaptierbarkeit*, *Integration* und *Koordinationsfähigkeit* analysiert:

- Instrumente der *Anwendungs-Architektur*: Führungsinformationssysteme und Portalsysteme.
- Instrumente der *Daten-Architektur*: Data Warehouse, Data Mining und Dokumentenmanagementsysteme.
- Instrumente der *Kommunikations-Architektur*: Diskussionsforen und Groupware-Systeme.

Führungsinformationssysteme

Führungsinformationssysteme stellen über eine einfach zu bedienende Benutzerschnittstelle wichtige Analyse- und Präsentationsfunktionen für betriebliche Daten zur Verfügung und sind dadurch in der Lage, Datenquellen zu integrieren und benutzergerecht aufzubereiten (vgl. Reichmann 2011, S. 473 ff.). Sie beinhalten keine statischen Auswertungsroutinen, sondern flexible Werkzeuge, die der Nutzer an seine Anforderungen anpassen kann. Durch die individuelle Festlegung von Selektionskriterien kann dieser etwa auf lokale oder aufgabenbezogene Daten zugreifen und diese kombinieren. Diese weitgehenden Möglichkeiten der Anpassung an lokale, personen- und aufgabenbezogene Informationsbedarfe werden somit der Anforderung der Adaptierbarkeit in besonderem Maße gerecht. Moderne Führungsinformationssysteme greifen über standardisierte Schnittstellen zudem auf bereits bestehende Datenquellen zu, integrieren externe und interne Datenquellen und ermöglichen sowohl den Zugriff als auch die Verteilung von Informationen in länderübergreifenden Informationsversorgungssystemen. Damit wird auch die Anforderung der Integration unterstützt. Die Koordinationsfähigkeit ist dagegen nur gering. Zwar findet eine implizite Koordination statt, indem die weltweit agierenden Führungskräfte mit den gleichen Daten und Kennzahlen arbeiten. Die Nutzung von Führungsinformationssystemen dient jedoch weniger der Koordination als der kontinuierlichen Planung und Kontrolle von Entscheidungsprozessen (vgl. ausführlich Hamann 2004, S. 217 ff.).

Portalsysteme

Portalsysteme können ebenfalls einen wichtigen Beitrag zur transnationalen Informationsversorgung leisten. So lassen sich Portale für bestimmte Gruppen von Aufgabenträgern oder für lokale Unternehmungseinheiten erstellen. Portalsysteme sind somit aufgaben- und länderbezogen adaptierbar. Da sie sich durch den Nutzer flexibel an den individuellen Bedarf anpassen lassen, ist die personenbezogene Adaptierbarkeit ebenfalls hoch. Der Anpassungsspielraum wird allerdings durch die verfügbaren Inhalte und Anwendungen und nicht durch das Portalsystem selbst bestimmt. Da Portalsysteme auf weitgehend standardisierten Technologien basieren, sind sie in der Lage, weltweit verfügbare Daten und Applikationen zu integrieren. Ihr Beitrag zur Koordination basiert darauf, den Mitarbeitern identische Informationen zur Verfügung zu stellen. Portale können zwar auch als Plattform für formale und informale Kommunikation dienen, die koordinierende Funktion wird aber durch die integrierten Anwendungen und nicht durch das Portalsystem selbst geleistet (vgl. Lehner 2014, S. 268).

Data Warehouses

Die Funktion von *Data Warehouses* besteht darin, Daten aus verschiedenen Unternehmungseinheiten sowie aus externen Quellen, die über ein unterschiedliches Aggregationsniveau verfügen und zu unterschiedlichen Zwecken erhoben wurden, in ein Informationssystem zu integrieren (vgl. Muksch/Behme 2000; Voß/Gutenschwager 2001). Im Unterschied zu hierarchischen und relationalen Datenbanken erlauben Data Warehouses die flexible Analyse komplexer Datenbestände, ohne den Analysezweck und die Analysemethoden bereits bei der Erfassung der Daten berücksichtigen zu müssen. Dies geschieht mit Hilfe der Rotation (*data slicing*) und ressourcensparenden Reduktion von Daten (*data dicing*), durch die je nach individuellem Informationsbedarf unterschiedliche Betrachtungsebenen und Ausschnitte aus einem multidimensionalen Datengebilde ausgewählt werden können (vgl. Abb. 7-13).

Data Warehouses ermöglichen damit die Zusammenführung weltweit verteilter Datenquellen in ein zentrales Informationsversorgungssystem. Dazu stehen standardisierte Schnittstellen und leistungsfähige Transformationssysteme zur Verfügung, die periodisch wiederkehrend Daten aus unterschiedlichen Datenquellen importieren und in eine einheitliche Datenstruktur umwandeln können. Dadurch entsteht parallel zu den weltweit in heterogenen Informationssystemen verteilten Daten eine zentrale und standardisierte Datenbasis. Der standortunabhängige Zugriff auf diese Datenbasis durch Anwender oder Anwendungssysteme wird durch ein Meta-Datenbanksystem und das Intranet gewährleistet. Data Warehouses integrieren somit nicht nur die weltweit vorhandenen Datenbestände, sondern bereiten diese auch für die Verwendung in einem länderübergreifenden Informationsversorgungssystem auf (vgl. Karush 2004). Zwar werden keine Werkzeuge zur Kommunikation und Koope-

Abb. 7-13

Data Slicing und Data Dicing im Rahmen eines Data Warehouses

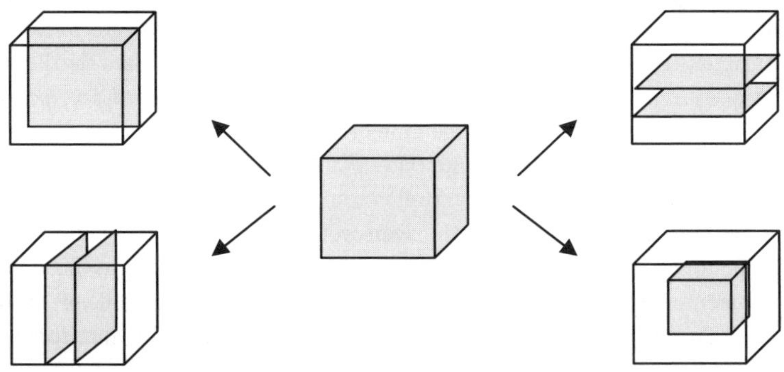

(Quelle: Holthuis 2000, S. 157)

ration bereitgestellt, jedoch Informationen und Know-how zusammengeführt und damit eine wichtige Voraussetzung für die Kombination dieser Ressourcen geschaffen. Durch die standardisierte Datenstruktur können darüber hinaus kooperierende Mitarbeiter bzw. Unternehmungseinheiten, die über unterschiedliche Informationssysteme verfügen, mit identischen Informationen versorgt werden. Die Adaption wird dagegen nicht unterstützt, da die Anpassung der Daten an personen-, aufgaben- oder länderbezogene Informationsbedarfe den Anwendungssystemen obliegt, die auf ein Data Warehouse zurückgreifen.

Data Mining-Systeme

Data Mining-Systeme erfüllen diese Anforderung der Adaptierbarkeit der transnationalen Informationsversorgung, da sie sich mit verschiedenen Methoden und Analysen an aufgaben-, personen- und länderbezogene Fragestellungen anpassen lassen (vgl. Mertens/Meier 2008, S. 30 ff.). Die Ergebnisse des Data Mining-Prozesses können auch zur Bewertung der in Data Warehouses abgelegten Informationen verwendet werden. Data Mining-Systeme sind darauf angewiesen, dass die Daten in geeigneter Form zur Verfügung stehen. Die eigentliche Integration von Informationen findet in vorgelagerten Datenbankmanagementsystemen oder in einem Data Warehouse statt. Auch die Koordinationsfähigkeit des Data Mining ist hoch. Zwar ist dieses nicht in der Lage, durch Kommunikationsfunktionen die direkte Interaktion zwischen Mitarbeitern zu fördern, jedoch besser als andere Instrumente dazu geeignet, in transnationalen Netzwerken verfügbare Daten zu kombinieren und aus unabhängigen immateriellen Ressourcen neues Wissen zu generieren. So lassen sich etwa länderübergreifend agierende Kunden und Wettbewerber identifizieren, Käuferverhalten analysieren und Muster über nationale und organisatorische Grenzen hinweg erkennen. Die durch die Autonomie der transnationalen Netzwerkknoten verursachte Gefahr, dass Führungskräfte in einem Land Datenbestände in anderen Ländern nicht überblicken können, wird dadurch wesentlich reduziert.

Dokumentenmanagementsysteme (DMS)

Dokumentenmanagementsysteme (DMS) unterstützen die transnationale Informationsversorgung in allen Dimensionen (vgl. Versteegen 2002, S. 51 ff.). Ein DMS-Client lässt sich an aufgaben-, personen- und länderbezogene Informationsbedarfe anpassen. So können z. B. für bestimmte Aufgabenbereiche Suchabfragen und Ablagestrukturen vordefiniert werden. Dadurch lassen sich rollenbasierte DMS-Clients konfigurieren. Bei den meisten Produkten ist es auch möglich, dass der Benutzer selbst Anpassungen vornehmen kann. Damit ist die Anforderung der Adaptierbarkeit erfüllt. DMS sind systembedingt durch eine offene Architektur gekennzeichnet, um die Anbindung von Anwendungen und Datenbanken zu ermöglichen. Sie lassen sich auf mehrere Server und Standorte verteilen und tragen zur Integration von Datenquellen in ein umfassendes Informationsversorgungssystem bei. Durch die Möglichkeit des Dokumentenrouting kann zudem eine länderübergreifende Zusammenarbeit auf Dokumentenebene realisiert werden. Auf diese Weise können weltweit verteilte Fach- und Führungskräfte in gemeinsamen Arbeits- und Entscheidungsprozessen Dokumente austauschen, bearbeiten und kommentieren. Ein Beispiel dafür ist die Zusammenarbeit in länderübergreifenden virtuellen Teams in der Forschung & Entwicklung (vgl. Kap. 4.2.2.3.1).

Diskussionsforen

Auch *Diskussionsforen* besitzen eine hohe Adaptierbarkeit. Sie sind inhaltlich frei gestaltbar und können den Informationsbedarf dadurch aufgaben- und länderspezifisch abdecken (vgl. Hansen/Neumann 2001, S. 428 ff.). Die Administrationsfunktionen von Diskussionsforen erlauben es, bestimmten Nutzergruppen individuelle Rechte einzuräumen. Die Benutzerschnittstelle ermöglicht dem einzelnen Anwender zudem eine personenbezogene Anpassung. Er kann neben obligatorischen Foren etwa weitere Foren auswählen, mit Hilfe von Filterfunktionen relevante Beiträge suchen oder sich über wichtige Beiträge benachrichtigen lassen. Da Diskussionsforen auf der Grundlage offener Standards und der weltweit verbreiteten Internet-Technologie realisiert werden können und sich einfach in ein weltweites Intranet integrieren und mit beliebigen Anwendungssystemen mit entsprechenden Schnittstellen verbinden lassen, ist zudem die Integrierbarkeit hoch. Die transnationale Koordination wird vor allem durch die Fähigkeit unterstützt, die formale und informale Kommunikation von Mitarbeitern über Ländergrenzen hinweg zu erleichtern. Darüber hinaus unterstützen Diskussionsformen die Explikation und den Transfer von Wissen und fördern dessen länderübergreifende Kombination.

Groupware

Groupware-Systeme bieten schließlich eine Sammlung von Werkzeugen, die sich an aufgaben- und länderbezogene Informationsbedarfe anpassen lassen (vgl. Schwarze 2000). Der Groupware-Client führt Werkzeuge und Informationsquellen in einer einheitlichen Benutzerschnittstelle zusammen, die der Nutzer selbst an seinen individuellen Informationsbedarf anpassen kann. Die Fähigkeit von Groupware-Systemen, schnell und unkompliziert neue Teamstrukturen abzubilden, garantiert eine hohe Adaptierbarkeit. Groupware-Systeme sind darüber hinaus in der Lage, weltweit verteilte Mitarbeiter in ein länderübergreifendes Kommunikationssystem zu integrieren. Sie unterstützen die Kooperation von Mitarbeitern durch gemeinsame Terminplanungs- und Überwachungsfunktionen, Mehrbenutzereditoren und die Replikation von Datenbeständen. Konferenz- und E-Mail-Funktionen erleichtern die formale und informale Kommunikation zwischen den weltweit verteilten Mitarbeitern. Diese Möglichkeit der Kommunikation fördert wiederum den Austausch von Wissen und die Entwicklung einer transnationalen Organisationskultur.

Neben den zuvor dargestellten Instrumenten der Anwendungs-, Daten- und Kommunikations-Architektur gewinnen zunehmend zwei neue Instrumente an Bedeutung, und zwar das Cloud Computing und die Nutzung von Big Data. Im Folgenden wird deren Eignung im Rahmen länderübergreifender Informationssysteme analysiert.

Cloud Computing

Cloud Computing bezeichnet die Speicherung und Nutzung von Daten in einem nicht zur Unternehmung gehörenden Rechenzentrum und die Ausführung von Programmen, welche nicht auf einem lokalen Rechner installiert sind (vgl. Bräutigam 2013; Erl/Puttini/Mahmood 2013; Fehling et al. 2014). Dadurch können abstrahierte IT-Infrastrukturen (wie z. B. Rechenkapazität, Datenspeicher, Netzwerkkapazitäten oder vollständige Softwareprogramme) an den Bedarf der jeweiligen Nutzer angepasst und über ein Netzwerk zur Verfügung gestellt werden. Hierzu erfolgt der Zugriff auf virtuell gespeicherte Daten oder Systeme über ein Computernetzwerk (z. B. das Internet). Daneben ist der Aufbau von *Private Clouds* möglich, bei denen die Bereitstellung der Daten und Programme über ein unternehmungsinternes Intranet oder *Virtual Private Network (VPN)* erfolgt. Cloud Computing besitzt zahlreiche Vorteile, denen jedoch auch gravierende Nachteile gegenüber stehen (vgl. Tab. 7-6):

Im Rahmen des transnationalen Controlling bietet das Cloud Computing vor allem die Möglichkeit, von allen Orten der Welt jederzeit auf unternehmungsinterne Daten zurückgreifen zu können. Verstärkt wird dieser Vorteil noch durch die Nutzung mobiler Endgeräte wie Smartphones und Tablet-PCs (vgl. Fernando/Loke/Rahayu 2013). Dem steht das Risiko gegenüber, sensible Daten nicht mehr lokal zu speichern, sondern außerhalb der Unternehmungsgrenzen abzulegen (vgl. Brender/Markov 2013). Sie sind damit prinzipiell weniger gut vor unbefugten Zugriffen (z. B. durch konkurrierende Unternehmungen oder Regierungen) geschützt.

Big Data

Big Data bezeichnet große und unstrukturierte Daten-Mengen, welche zu dynamisch und volantial sind, um sie mithilfe von klassischen Methoden der Datenverarbeitung auszuwerten bzw. zu nutzen. Stattdessen werden spezielle Algorithmen eingesetzt, um unbewusste und komplexe Muster zu erkennen, die dann gezielt analysiert werden können. Die Daten können aus unternehmungsinternen oder öffent-

Tab. 7-6

Vor- und Nachteile des Cloud Computing

Vorteile	Nachteile
▸ Synergieeffekte durch kostengünstige Speicherung von Daten an einem Standort ▸ Einsparpotenzial, da Software und Hardware nur noch für den Zugriff genutzt werden ▸ Weltweite und gleichzeitige Bereitstellung von Daten ohne Zeitverluste ▸ Outsourcing von IT-Infrastruktur und Datennutzung ▸ Flexible Skalierung von IT-Systemen	▸ Absicherung des Zugriffs ▸ Verschlüsselung der Daten in der Cloud ▸ Adminstration des Cloud-Anbieters führt zu Zugriffsmöglichkeiten auf die bestehenden unternehmungsinternen Daten ▸ Abhängigkeit vom jeweiligen Cloud-Anbieter (Lock-In-Effekt)

Beispiel

»Im Jahr 1995 umfasste das World Wide Web Schätzungen zufolge etwa 30 Gigabyte. Heute würde es damit auf einen handelsüblichen USB-Stick passen. Über die aktuelle Größe des WWW sind kaum noch ernsthafte Schätzungen möglich. Experten, die sich dennoch zu Aussagen hinreißen lassen, sprechen von Umfängen im Zettabyte-Bereich, mehreren Billionen Gigabytes – unvorstellbar große Datenmengen (...). Zugleich nimmt die Anzahl der Datenquellen und Sensoren zu, in Smartphones, Autos und Häusern. Sie erzeugen immer detailliertere und höher aufgelöste Abbilder der Wirklichkeit. Und dies nicht mehr nur zu einem gewissen Zeitpunkt, sondern rund um die Uhr, 365 Tage im Jahr.
Einer der Pioniere und bis heute an vorderster Front bei der Analyse dieser Informationsflut ist Google. Nur mithilfe von speziellen Algorithmen wie MapReduce kann die Suchmaschine die nahezu unendlichen Weiten des Internet nach beliebigen Suchbegriffen durchstöbern und korrekte Resultate liefern – innerhalb von Millisekunden. Ähnliches gilt für den Google-Übersetzungsdienst, der aus dem Vergleich von hunderten Millionen mehrsprachigen Dokumenten automatisiert Übersetzungsregeln erstellt (...).
Big-Data-Analysen finden Muster und Korrelationen in großen Datenmengen. Sie beantworten die Frage nach dem "Was", nicht aber das "Wieso". Zwar liefern die Algorithmen erstaunliche Korrelationen zwischen Datensätzen, die genauen Hintergründe bleiben jedoch meist verborgen. Dieses Vernachlässigen von Kausalitäten ist in manchen Fällen durchaus sinnvoll (...). Wer aber blind gegenüber den Gründen bleibt, hat keine Handhabe, um Erfolgsfaktoren langfristig zu sichern oder um korrigierend einzugreifen« (Järisch 2014).

lich zugänglichen Quellen stammen und kontinuierlich oder zyklisch generiert werden. Mögliche Datenquellen sind nicht nur absichtsvoll erstellte Statistiken, Berichte oder Aufzeichnungen, sondern auch Internet-Clicks oder die Kommunikation in sozialen Netzwerken (vgl. Davenport 2014).

Die Analyse von Big Data stellt eine Weiterentwicklung von Data Warehouses und Data Mining-Systemen dar, die durch die exponentiell wachsende Datenmenge und Speicherkapazität ermöglicht wird. Im Unterschied zu diesen müssen die zu analysierenden Daten zuvor nicht erst in eine geeignete Form gebracht werden. Zudem können auch unbewusst hinterlassene Informationen ausgewertet werden. Diese Möglichkeit der Mustererkennung ist insbesondere für in verschiedenen heterogenen Umwelten agierende Multinationale Unternehmungen relevant. Dem steht jedoch das Risiko gegenüber, auch bei sehr vielen Daten keine verlässlichen Aussagen zu deren Repräsentativität machen zu können und z. B. die Relvanz von Individuen oder Organisationseinheiten zu überschätzen, die besonders viele Daten produzieren. Das Aufdecken statistischer Korrrelationen sagt zudem noch nichts über deren inhaltliche Zusammehänge aus. Vielmehr kann es sich um Scheinkorrelationen handeln, deren unreflektierte Interpretation zu Fehlurteilen führt (vgl. Seufert 2014).

7.2.3 Kritische Gesamtbeurteilung

Obwohl zum Controlling in Multinationalen Unternehmungen bislang nur wenige umfassende Studien durchgeführt wurden, deuten die vorliegenden Untersuchungen und Erfahrungsberichte darauf hin, dass in der Unternehmungspraxis mehrheitlich eine zentralistische Controllingphilosophie vorherrscht. Offensichtlich wird das Controlling als eine zu sensible Funktion der Unternehmungsführung aufgefasst, um diese über die eher operativen Aufgaben hinaus an die ausländischen Unternehmungseinheiten delegieren zu können.

Empirische Evidenz

Wie die bereits im Rahmen des organisatorischen Wissensmanagement zitierte Untersuchung von Welge/Holtbrügge (2000b) zeigt, hat die Zentralisation der Controllingfunktionen in der Muttergesellschaft jedoch zur Folge, dass das in den einzelnen Tochtergesellschaften vorhandene Wissen nur unzureichend zur Verbesserung der Entscheidungsfindung der gesamten Multinationalen Unternehmung genutzt werden kann. Indem die ausländischen Tochtergesellschaften vorwiegend unter Kontrollaspekten betrachtet werden, wird somit die weltweite Realisierung von wissensbasierten Wettbewerbsvorteilen maßgeblich erschwert.

Hinsichtlich der in der Unternehmungspraxis vorherrschenden Kriterien der Erfolgsbeurteilung zeigt eine empirische Untersuchung europäischer Multinationaler Unternehmungen von Welge/Böttcher/Paul (1998, S. 86 ff.), dass das in ausländischen Tochtergesellschaften erzielte finanzielle Ergebnis weiterhin die wichtigste Kennzahl darstellt. Zwar werden im Rahmen der objektbezogenen Perspektive auch vereinzelt qualitative Kriterien wie individuelle Zielvereinbarungen oder die Führungsqualität der Führungskräfte berücksichtigt, diese fließen jedoch nur zu einem geringen Teil in den variablen Anteil der Entlohnung ein. In der Mehrzahl der Unternehmungen dominieren weiterhin monetär-operative Kriterien, die weitgehend standardisiert für alle Unternehmungseinheiten gelten. Im Zuge der Dominanz einer wertorientierten Unternehmungsführung nimmt die Bedeutung wertorientierter strategischer Kennzahlen für das Controlling ausländischer Tochtergesellschaften zu.

Eine etwas differenziertere Perspektive ergibt sich im Hinblick auf das vorherrschende Informations- und Kommunikationssystem. In der Mehrzahl der untersuchten Unternehmungen gibt es einen intensiven Informationsaustausch zwischen allen Unternehmungseinheiten, der vorwiegend durch direkte persönliche Kommunikation zwischen den maßgeblichen Entscheidungsträgern erfolgt. Es dominieren jedoch Informationsmedien wie Telefon, schriftliche Korrespondenz, persönliche Besuche oder Mailboxen, die lediglich eine dyadische Kommunikation ermöglichen. Einer der beiden Kommunikationspartner ist dabei zumeist die Muttergesellschaft, die als Informationszentrum innerhalb einer vorwiegend zentralistischen Kommunikationsstruktur fungiert. Die Nutzung von Informationsmedien wie Meetings oder Video-Konferenzen, die eine hierarchiefreie, netzwerkartige Kommunikation ermöglichen, ist dagegen nur gering ausgeprägt (vgl. Welge/Böttcher/Paul 1998, S. 102 ff.). Das Beispiel Siemens zeigt allerdings, dass die oben diskutierten Informations- und Kommunikationstechnologien eine breitere Anwendung als noch vor einigen Jahren finden. Inwieweit die Befunde dieser Einzelfallstudie repräsentativ sind, kann jedoch nicht beurteilt werden, da unternehmungsübergreifende Daten hierzu noch nicht vorliegen (vgl. Hamann 2004, S. 290 ff.).

7.3 Weiterführende Literatur

Einen fundierten Überblick über die Probleme und Gestaltungsmöglichkeiten des Controlling in international tätigen Unternehmungen vermitteln Iqbal/Melcher/Elmallah (1997), Meckl (2000), Radebaugh/Gray/Black (2006) und Hoffjan (2009) sowie die Sammelbände von Börsig/Coenenberg (1998) und Berens/Born/Hoffjan (2000). Zum Verhältnis zwischen internationalem Controlling und internationaler Rechnungslegung vgl. ausführlich Coenenberg/Haller/Schultze (2014) und Pellens et al. (2014).

Die Problematik der Währungsumrechnung im Rahmen des Controlling behandeln Baetge/Kirsch/Thiele (2013, S. 151 ff.) und Pellens et al. (2014, S. 707 ff.). Dem Einfluss der Inflation sind die Untersuchungen von Hammerschmidt (1984) und Meerkatt (1989) gewidmet. Die Gestaltung von Transferpreisen wird ausführlich diskutiert in Raupach/Pohl (1999), Coenenberg/Fischer/Günther (2012, S. 705 ff.) und Vögele/Borstell/Engler (2014).

Über die Gestaltung des Controlling in deutschen international tätigen Unternehmungen informieren die Erfahrungsberichte in dem Sammelband von Horváth (1989) sowie die empirischen Untersuchungen von Weber (1991) und Kieninger (1993).

Die Problematik individueller Erfolgsbeurteilungskriterien in Multinationalen Unternehmungen wird ausführlich diskutiert in Kaplan/Norton (1997), Lube (1997) und Wunder (2004).

Die spezifischen Aspekte der Informationstechnologie in Multinationalen Unternehmungen behandeln die Beiträge in Roche/Blaine (2000) und Kulkarni/Power/Sharda (2007). Dem Informationsmanagement in Multinationalen Unternehmungen sind die Untersuchungen von Schwarzer (1994) und Römer (1997) gewidmet. Die Bedeutung moderner Informations- und Kommunikationstechnologien für die transnationale Informationsversorgung wird diskutiert in Hamann (2004).

7.4 Fallstudie: Controlling internationaler Aktivitäten bei ThyssenKrupp Elevator

7.4.1 Historische Entwicklung der ThyssenKrupp AG

Die historische Entwicklung von ThyssenKrupp ist eng mit der Geschichte der rheinisch-westfälischen Schwerindustrie verknüpft. Die Unternehmerpersönlichkeiten der Vorgängerunternehmungen prägten im 19. und frühen 20. Jahrhundert maßgeblich die deutsche Industriepolitik und nahmen auch Einfluss auf die deutsche Innen- und Außenpolitik (vgl. Gall 2000; Uebbing 1991). Während Thyssen (bis 1966 Rheinstahl AG) sich in der Nachkriegszeit auf die Herstellung von Flachstahl spezialisierte, lieferte Krupp neben Stahl auch LKWs und Busse, Lokomotiven, Waggons, Kräne und Brücken. Die Krupp GmbH erwarb bis 1992 nach und nach die Aktienmehrheit an der Hoesch AG 1993 und führte die Stahlaktivitäten mit Wirkung zum 1. Januar 1993 zur Krupp Hoesch Stahl AG zusammen. Diese Fusion war bis dahin eine der umfassendsten Unternehmungszusammenschlüsse Deutschlands und bedeutete für Krupp eine massive finanzielle Belastung, die rigorose Sparmaßnahmen erforderlich machte (vgl. Garding 1994).

Zusammenschluss von Thyssen und Krupp

Nachdem bereits in den 1980er Jahren Verhandlungen über einen Zusammenschluss der Thyssen Stahl AG und der Krupp Stahl AG geführt wurden und die beiden Unternehmungen in ausgewählten Geschäftsbereichen zusammenarbeiteten (vgl. Datamonitor 2009; ThyssenKrupp 2009a), wurde 1997 durch eine Indiskretion bekannt, dass Krupp-Hoesch den doppelt so großen und wirtschaftlich wesentlich stärkeren Konkurrenten Thyssen übernehmen wolle, um seinen angeschlagenen Stahlsektor zu sanieren. Die Proteste aus der Belegschaft der Thyssen AG waren so massiv, dass die feindliche Übernahme, die es in dieser Form in Deutschland bis dahin noch nicht gegeben hatte, nicht zustande kam. Allerdings kam eine öffentliche Diskussion in Gang, aus der konkrete Verhandlungen über die Fusion der beiden Konzerne hervorgingen und die mit dem Zusammenschluss durch die Eintragung der ThyssenKrupp AG in das Handelsregister am 17. März 1999 vollzogen wurde (vgl. ThyssenKrupp 2009a). Durch diese Fusion fand der Konzentrationsprozess der Stahlindustrie an Rhein und Ruhr seinen Abschluss und es entstand einer der bedeutendsten Stahlproduzenten der Welt.

Organisationsstruktur

Die ThyssenKrupp AG ist gegenwärtig in die sechs dezentral gesteuerten Geschäftsbereiche *Components Technology*, *Elevator Technology*, *Industrial Solutions*, *Materials Services*, *Steel Europe* und *Steel Americas* gegliedert. Diese Segmente erwirtschafteten im Geschäftsjahr 2012/2013 einen Konzernumsatz von 38,6 Mrd. € und beschäftigten 160.168 Mitarbeiter in über 80 Ländern (vgl. Abb. 7-14).

Die finanzielle Entwicklung der Geschäftsbereiche (incl. der nicht fortgeführten Aktivitäten Stainless Global) gibt Tab. 7-7 wieder.

Abb. 7-14

Organisationsstruktur von ThyssenKrupp zum 30.9.2013

Components Technology	**Elevator Technology**	**Industrial Solutions**	**Materials Services**	**Steel Europe**	**Steel Americas**
Steering Damper Springs & Stabilizers Automotive Systems Camshafts Forged & Machined Components Presta Camshafts Bearings Undercarriages	Central/Eastern/ Northern Europe Southern Europe/ Africa/Middle East Americas Asia/Pacific Access Solutions	Process Technologies Resource Technologies System Engineering Marine Systems	Metals Services Special Materials Special Services	ThyssenKrupp Steel Europe Processing	CSA ThyssenKrupp Steel USA
Umsatz: 5,7 Mrd. €	**Umsatz: 6,2 Mrd. €**	**Umsatz: 5,6 Mrd. €**	**Umsatz: 11,7 Mrd. €**	**Umsatz: 9,6 Mrd. €**	**Umsatz: 1,9 Mrd. €**
Mitarbeiter: 27.737	**Mitarbeiter: 46.112**	**Mitarbeiter: 18.841**	**Mitarbeiter: 26.978**	**Mitarbeiter: 26.961**	**Mitarbeiter: 4.112**

Tab. 7-7

Wichtige Finanzkennzahlen von ThyssenKrupp zum 30.9.2013

	EBIT (Mio €)	Capital Employed (Mio €)	WACC (%)	TKVA (Mio €)
Konzern	–538	14.594	9,0	–1.852
Davon:				
Components Technology	173	2.980	9,0	–96
Elevator Technology	611	2.353	8,0	423
Industrial Solutions	658	1.472	9,0	525
Materials Services	–6	2.808	9,0	–258
Steel Europe	62	5.198	9,5	–432
Steel Americas	–1.180	3.202	10,0	–1.500
Stainless Global	57	996	9,5	–38

7.4.2 ThyssenKrupp Elevator – Geschäftsfelder und Geschäftsentwicklung

Historische Entwicklung

Innerhalb der langen Geschichte von Thyssen und Krupp ist die ThyssenKrupp Elevator AG (TKE) ein junger Geschäftsbereich. Die heutige TKE entstand erst Mitte der 1990er Jahre durch umfangreiche Akquisitionen und Integrationen. Den historischen Ursprung bildet 1865 die Gründung der Unternehmung Stahlbau Eggers durch H. C.E. Eggers mit der Spezialisierung auf den Bau von Geldschränken in Hamburg. Im Jahr 1906 erfolgte der Einbau der ersten Fahrtreppen in Deutschland durch die Hamburger Unternehmung Wimmel & Landgraf im Kaufhaus Wertheim in Berlin. 1912 übernahm Friedrich Kehrhahn die Unternehmung Wimmel & Landgraf. 1955 schlossen sich beide Unternehmungen zu Eggers & Kehrhahn zusammen und wurden von der Rheinstahl AG in Essen übernommen. Die Produktpalette umfasste Fahrtreppen, Aufzüge, Stahlbau und Antriebe für bewegliche Brücken. Im Jahr 1974 wurden die Unternehmungen in der Thyssen Aufzüge GmbH zusammengeführt. Der Hamburger Standort spezialisierte sich ausschließlich auf Fahrtreppen und Fahrsteige (vgl. ThyssenKrupp Fahrtreppen GmbH 2009). Im Februar 2001 wurde das Segment ThyssenKrupp Elevator gegründet. Heute ist TKE mit einem Marktanteil nach dem Marktführer OTIS (USA) und Schindler (Schweiz) die drittgrößte Aufzugsunternehmung der Welt und der nach Mitarbeitern größte Geschäftsbereich des ThyssenKrupp-Konzerns. Das weltweite Marktvolumen der gesamten Branche beträgt rund 30 Mrd. €, von denen etwa 40 % auf neue Anlagen und 60 % auf Serviceverträge entfallen.

Produktportfolio

Das Produktportfolio von TKE umfasst gegenwärtig Aufzüge für alle Anwendungen, Fahrtreppen und Fahrsteige, Fluggastbrücken für alle Verkehrsflugzeugtypen sowie Accessibility-Produkte (Treppen- und Plattformlifte). TKE bedient sowohl gewerbliche als auch zunehmend private Kunden. Im Geschäftsjahr 2012/13 war TKE mit 49.112 Mitarbeitern an über 800 Standorten in über 60 Ländern weltweit tätig. Rund 90% der Mitarbeiter arbeiten außerhalb Deutschlands (vgl. ThyssenKrupp 2013a). Weltweit betreut TKE mehr als 930.000 Anlagen (vgl. Datamonitor 2009; ThyssenKrupp 2009b). Im Geschäftsjahr 2012/13 erzielte TKE einem Umsatz von 6,1 Mrd. € und war mit einem EBIT von 611 Mio. € nach Industrial Solutions der Geschäftsbereich mit dem höchsten Wertbeitrag innerhalb des ThyssenKrupp-Konzerns (vgl. ThyssenKrupp 2013b). Über 90% des Umsatzes werden im Ausland erzielt.

Strategische Ziele für den Bereich sind »die Stärkung der weltweiten Marktposition, die Intensivierung des Service- und Modernisierungsgeschäfts, die Performance-Optimierung, der Ausbau der Kundenbeziehungen, die stetige Optimierung von Produktqualität und Design sowie der Fokus auf Innovationen (z. B. TWIN)« (ThyssenKrupp 2013a). Der Ausbau und die Stabilisierung des weltweiten Dienstleistungsnetzwerkes von TKE erfolgen vor allem durch Akquisitionen lokaler Gesellschaften (vgl. ThyssenKrupp Elevator 2008a, S. 14).

TKE hat seinen Sitz in Deutschland im Stammhaus in Düsseldorf und ist in fünf Geschäftseinheiten (*Business Units*) gegliedert. Die Niederlassungen werden dabei im operativen Geschäft von Regionalzentren geführt. Diese Zentren sind wiederum in den vier regionalen Geschäftseinheiten (Central/Eastern/Northern Europe, Southern Europe/Africa/Middle East, Americas und Asia/Pacific) zusammengefasst, die für die strategische Weiterentwicklung der regionalen Aktivitäten zuständig sind. Dazu kommt die weltweit operierende Geschäftseinheit *Access Solutions* (Treppen- und Plattformlifte).

Führungsorganisation

Der Vorstand von TKE besteht aus drei Mitgliedern. Vorstandsvorsitzender ist seit Januar 2013 Andreas Schierenbeck. Weitere Mitglieder des TKE-Vorstandes sind Ercan Keles (Chief Financial Officer) und Gabriele Sons (Chief Human Resources Officer). Der Vorstand wird unterstützt durch acht Zentralbereiche. Der Zentralbereich *Technical Coordination* dient der Produktharmonisierung sowie der Koordination von F&E und Einkauf. Der Stab *Business Integration* dient primär der Diffusion von *best practices*. Die Unternehmungsentwicklung mit dem Schwerpunkt der Integration neuer Unternehmungsteile wird durch den Bereich *Business Development* geleistet. Des Weiteren gibt es Zentralabteilungen für Marketing, Kommunikation, Personal, Recht und Führungskräfteentwicklung.

Geschäftseinheiten

Die umsatzstärkste Geschäftseinheit von TKE ist derzeit *Nordamerika*. Im Geschäftsjahr 2012/13 wurden dort 31% des Gesamtumsatzes generiert. Durch die Akquisition von Dover Elevator im Jahre 1998 wurde TKE Marktführer in der Neuinstallation von Aufzügen in den USA und liegt damit noch vor dem globalen Marktführer OTIS in dessen Stammmarkt. In Nordamerika ist TKE auch Marktführer beim Service von installierten Aufzügen und die Nummer vier bei Fahrtreppen. Der Fahrtreppenmarkt in Amerika ist für TKE jedoch bisher eher unbedeutend. In Südamerika wurde TKE nach Übernahme von Elevadores Sur und der Aktivitäten der Konkurrenten Kone in Brasilien die Nummer zwei im Aufzugsgeschäft. Besonders in Brasilien entwickelte sich das Geschäft nach Unternehmungsangaben »insgesamt sehr positiv« (ThyssenKrupp Elevator 2008a, S. 13).

Regionale Struktur

Eine weitere umsatzstarke Geschäftseinheit ist die Region *Central/Eastern/Northern Europe*. Für den Erfolg in dieser Geschäftseinheit sind insbesondere die Aktivitäten in Osteuropa von zentraler Bedeutung (vgl. ThyssenKrupp Elevator 2008a, S. 12). Zu den wichtigsten Aktivitäten zählten hier die Übernahme von DVG in Slowenien 2006 und von Koncar dizala i servis in Kroatien (vgl. Datamonitor 2009). In der Geschäftseinheit *Southern Europe/Africa/Middle East* gelang insbesondere der Ausbau des Dienstleistungsgeschäfts. Zahlreiche Akquisitionen wie der Erwerb der Mehrheitsanteile an der Marco Bonfedi Ascensori Scale Mobili in Mailand sichern TKE den Zugang zum wichtigsten Servicemarkt für Aufzüge und Fahrtreppen in Europa (vgl. ThyssenKrupp Aufzüge 2009). Insgesamt trugen die Aktivitäten in Europa (ohne Deutschland) 2012/13 28 % zum Gesamtumsatz bei.

Das größte Wachstumspotenzial besitzen die Aktivitäten im Geschäftsbereich Asia/Pacific, in dem 2012/13 23 % des Gesamtumsatzes erzielt wurden. Als wichtigste Wachstumsregionen werden vor allem China und Indien angesehen (vgl. Alex 2007; ThyssenKrupp 2008, S. 62). Dort erhielt TKE etwa Großaufträge für Metro- und Flughafenprojekte wie die Ausstattung des für die Olympischen Spiele neu eröffneten Terminals 3 am Flughafen Peking oder für den Indira Gandhi International Airport in Delhi. In Südkorea hat sich TKE im Sommer 2003 mit 75 % an der DongYang-Gruppe mit 1.000 Mitarbeitern beteiligt (vgl. o. V. 2003; ThyssenKrupp Elevator 2003).

7.4.3 Unternehmungsstrategie

7.4.3.1 Technologieführerschaft

Zur Verwirklichung der Unternehmungsziele strebt TKE die weltweite Technologieführerschaft an. Ausgerichtet an Kundenanforderungen und Anforderungen zum Schutz der Umwelt, beinhaltet diese vier Erfolgsfaktoren, und zwar technische Kompetenz, hohe Verlässlichkeit, Servicefreundlichkeit und Kundenbindung (vgl. ThyssenKrupp Elevator 2008a, S. 27).

TWIN-Technologie

TKE strebt die Technologieführerschaft in allen Produktbereichen an. So ist TKE die einzige Unternehmung, welche über die *TWIN-Technologie* verfügt. Dieses neue Aufzugssystem, bei dem sich zwei Kabinen übereinander in einem Schacht unabhängig voneinander bewegen, bietet den Benutzern eine erhebliche Zeitersparnis. Es ermöglicht bei gleicher Beförderungsleistung einen beträchtlichen Raumgewinn und somit eine höhere Rentabilität der Immobilie, da die vermietbare Fläche steigt (vgl. ThyssenKrupp Aufzüge o. J.). Die in Zusammenarbeit mit der Technischen Universität Stuttgart entwickelte Technologie hat die Erschließung neuer Märkte weltweit wesentlich unterstützt. Im besonderen Fokus des weltweiten öffentlichen Interesses steht der Bau des Freedom Tower in New York (USA). Auch dort wird die TWIN Technologie eingesetzt. Das Bauprojekt stellt eines der bedeutendsten Aufzugsprojekte dar, die TKE je realisiert hat. Ein weiteres, für den Ausbau der Technologieführerschaft bedeutendes Referenzprojekt ist der Moscow Federation Tower (Russland), das nach Fertigstellung höchste Gebäude Europas. Dort werden die weltweit schnellsten TWINs mit einer Fahrgeschwindigkeit von sieben Metern pro Sekunde eingesetzt (vgl. ThyssenKrupp Elevator 2008b). Eine weitere Innovation im Bereich der Personenbeförderung ist die Entwicklung der schnellsten Doppeldeckeraufzüge der Welt, bei denen zwei fest miteinander verbundene Kabinen Spitzengeschwindigkeiten von

36 km/h erreichen. Mit dem Einsatz der Technologie im 492 Meter hohen Shanghai World Financial Center in China untermauert TKE seine Kompetenz und sein Know-how im High-Rise-Markt (vgl. ThyssenKrupp Aufzüge 2009). Mit *synergy*, einem flexiblen Aufzugsystem soll auf technologisch höchstem Niveau den heterogenen Anforderungen und Besonderheiten regionaler Märkte und den individuellen Bedürfnissen in der Gestaltung von Aufzugsystemen Rechnung getragen werden (vgl. ThyssenKrupp Elevator 2008b).

Innovative Mobilitätslösungen

Neben innovativen Entwicklungen im Bereich der Aufzüge sind *smartstep*, die weltweit erste Microglasfaser-Fahrtreppenstufe in Farbe und *Teleservice*, ein 24-Stunden-Notruf- und Kontrollsystem für Aufzüge, Fahrtreppen und Haustechnik weitere zukunftsweisende Produkte und Dienstleistungen von TKE (vgl. ThyssenKrupp Aufzüge 2009). Das Fachmagazin *Elevator World* zeichnete TKE im Jahr 2008 in drei Kategorien für innovative Mobilitätslösungen aus: In der Kategorie »Neuanlagen Fahrtreppen« wurden die Sonderkonstruktionen für die Ausstattung der Metrostation Terreiro do Paço in Lissabon (Portugal) prämiert. Weitere Auszeichnungen in den Rubriken »Schrägaufzüge« und »Personenbeförderungssysteme« erhielt TKE für Projekte in Santander (Spanien) und Mailand (Italien) (vgl. ThyssenKrupp Elevator 2008a).

Forschung & Entwicklung

Im Rahmen der Forschung & Entwicklung gibt es drei Kompetenzcenter in den USA (»Triad«), Madrid/Nizza (»RIAD«) und in Stuttgart (»CoRE«). In Südkorea betreibt TKE darüber hinaus einen Testturm für die Erprobung von Aufzügen. Diese Kompetenzcenter entwickeln neue Technologien ohne eine zu starke Bindung an gegenwärtige Fertigungserfordernisse. Die Kompetenzcenter arbeiten losgelöst von der Produktion zur Vorbereitung technologischer Basisinnovationen. Bei der Implementierung neuer Technologien und bei der Anpassung aktueller Technologien ist jedoch die Nähe zur Fertigung notwendig. Aus diesem Grunde gibt es Produktionsentwicklungsabteilungen an weiteren Standorten. Insgesamt wird die Forschung und Entwicklung als Kernkompetenz innerhalb der Strategie der Technologieführerschaft jedoch global gesteuert.

7.4.3.2 Externe Wachstumsstrategie

Wachstum wird von TKE bereits seit Anfang der 1980er Jahre primär extern angestrebt. Im Jahr 2005 besaß TKE Mehrheitsbeteiligungen an über 90 Unternehmungen weltweit. Zu den strategisch wichtigsten Übernahmen gehören die Akquisitionen der Dover-Gruppe 1998 in den USA (der damals größten Akquisition von Thyssen aller Zeiten), der Kone-Aktivitäten in Lateinamerika und der DongYang-Gruppe 2003 in Südkorea. Die Übernahme von Dover machte TKE zum größten Wettbewerber im nordamerikanischen Markt. Durch die Akquisition von Kone Südamerika wurde dieser Wettbewerber aus Lateinamerika verdrängt, da Importe mit sehr hohen Einfuhrzöllen belegt werden. Zusätzlich zu den akquirierten Umsätzen wurden weitere Umsatzsteigerungen in Höhe von rund 50 % durch Synergienutzung erzielt, was eine sehr gute Integration der übernommenen Unternehmungen belegt.

Akquisitionen

Akquisitionen sind bei TKE generell marktgeleitet. Aufgrund der hohen technischen Kompetenz ist die Akquisition von Wissen, z. B. in Form von Patenten, dagegen kein primäres Akquisitionsmotiv. Wichtiger ist die Übernahme von Serviceverträgen der Akquisitionskandidaten, um die Servicedichte zu erhöhen (vgl. ThyssenKrupp Elevator 2008a). Viele der akquirierten Unternehmungen waren mittelständisch und durch wenig strikte hierarchische Strukturen geprägt. Die Besetzung des *Chief Executive Officer (CEO)* und *Chief Financial Officer (CFO)* ist nicht einheitlich geregelt. Wenn die Umsetzung der weltweit geltenden *International Financial Reporting Standards (IFRS)* und des TKE-Controllingsystems möglich ist, bleibt es bei der lokalen Besetzung der Controllingleitung. Im Falle von Anpassungsschwierigkeiten, z. B. nach dem Ausscheiden von Führungs- und Fachkräften, wurden in der Vergangenheit auch Fach- und Führungskräfte aus der TKE-Gruppe transferiert. Manager und Inhaber akquirierter Unternehmungen üben nach der Übernahme häufig Kernfunktionen bei TKE aus.

7.4.4 Controlling der internationalen Unternehmungsaktivitäten

Reaktionen auf die globale Finanz- und Wirtschaftskrise

Führung und Steuerung von TKE erfolgen auf Basis eines wertorientierten Managementsystems. Dabei steht die kontinuierliche und nachhaltige Steigerung des Unternehmungswertes durch Konzentration auf diejenigen Geschäftsfelder im Mittelpunkt, deren Wertbeitrag zu den besten im Weltmaßstab gehören. Zur Erreichung dieser Zielsetzung wird ein integriertes Controllingkonzept eingesetzt. Es erlaubt eine zielgerichtete Steuerung und Koordination der Aktivitäten aller Segmente, unterstützt die dezentrale Verantwortung und gewährleistet eine übergreifende Transparenz. Konzernweite Programme wie die seit dem Jahr 2000 laufende Initiative *ThyssenKrupp best* sollen zu Effizienzsteigerungen in allen Unternehmungsbereichen beitragen. Im Rahmen dieses Programms hat TKE im Jahr 2007/08 neben einer Einkaufs- auch eine Sales & Service Initiative gestartet, die insbesondere zur Entwicklung der Servicestrategie von TKE beitragen soll (vgl. ThyssenKrupp 2008). Im Zuge der Umstrukturierung gewinnt auch das seit Anfang 2009 konzernweit implementierte Programm *ThyssenKrupp PLUS* an Bedeutung, das eine schnelle und konsequente Reaktion auf die Auswirkungen der globalen Wirtschaftskrise unterstützen soll (vgl. Schulz 2009; ThyssenKrupp 2009c).

7.4.4.1 Kennzahlensystem

EVA-Konzept

Zentraler Erfolgsmaßstab bei TKE ist seit Anfang 2005 der *ThyssenKrupp Value Added (TKVA)*, der an den *Economic Value Added (EVA)* angelehnt ist und den in einer Periode geschaffenen Wert auf allen Ebenen des Konzerns misst. Er errechnet sich aus der Differenz zwischen dem ROCE und dem WACC als dem für ThyssenKrupp relevanten Kapitalkostensatz, multipliziert mit dem Capital Employed. Dieses ist definiert als investiertes Anlagevermögen plus Net Working Capital und entspricht somit dem im operativen Geschäft gebundenen Kapital (vgl. ThyssenKrupp 2008, S. 64). Der Wertbeitrag einer Organisationseinheit ist somit das zentrale Kriterium für deren Erfolgsbeurteilung und für die Vergabe von Mitteln im Budgetierungsprozess. Zentrale Steuerungsgrößen sind der Auftragseingang, Umsatz, EBITDA, EBIT, EBT und Mitarbeiterkennzahlen. Zur Verankerung der Wertorientierung sind seit deren Einführung umfangreiche Schulungen durchgeführt worden (vgl. ThyssenKrupp 2008, S. 64).

ThyssenKrupp setzt für den gesamten Konzern einen einheitlichen Zinssatz (*weighted average cost of capital, WACC*) für die Berechnung der Wertbeiträge an. Beim Vergleich von Investitionsalternativen werden der EBT und der ThyssenKrupp Value Added vor Steuern als Kerngrößen herangezogen. Erfolgsgrößen nach Steuern sind aus der Steuerungsperspektive nicht relevant, wohl aber bei Finanzkennzahlen. Zur Leistungsbeurteilung von Organisationseinheiten werden neben wertorientierten Kennzahlen auch weichere Faktoren wie Wartungsbestand, Servicesteigerung, Forderungsmanagement und der Integrationserfolg von akquirierten Unternehmungen berücksichtigt. Zielvereinbarungen dienen der Angemessenheit und Klarheit zugrunde liegender Beurteilungskriterien (vgl. ThyssenKrupp 2008, S. 64).

7.4.4.2 Planungsprozess

Investitionen werden auf der Grundlage von Wertbeiträgen zugewiesen. Die CEOs der vier regionalen Geschäftseinheiten sowie der beiden Produktbereiche *Escalator/ Passenger Boarding Bridges* und *Accessibility* sind in einem *Strategic Advisory Committee* an der Entscheidungsfindung des TKE Vorstands beteiligt. Drei- bis viermal mal pro Jahr tritt dieses Gremium zusammen, um strategische Kernthemen über die gesamte Wertkette hinweg zu diskutieren. Durch die Einbindung der regionalen Geschäftsbereichsleiter in die Entscheidungsfindung des Top-Management wird eine Verzahnung mit dem operativen Geschäft gewährleistet. Diese Verzahnung von strategischer und operativer Ebene wird als zentrale Triebkraft der Unternehmungsentwicklung betrachtet. Ein Beispiel hierfür ist die Einbindung der Geschäftsbereichsleiter in die Entwicklung der Technologie-Kompetenzcenter. Deren Aufbau und die Entwicklung wurde durch das Beratungsgremium maßgeblich mitgestaltet. Die Beteiligung reichte von der Identifikation wichtiger Einflussfaktoren bis zur Einbindung in die Entscheidung, welche Aktivitäten an welchem Standort gebündelt werden sollen.

Autonomieniveau der Tochtergesellschaften

Die Tochtergesellschaften von TKE agieren im operativen Geschäft weitgehend autonom. Vertriebsgesellschaften können sowohl bei inländischen als auch bei ausländischen Produktionsstätten einkaufen (vgl. Girndt/Meiners 2002, S. 12). Der mittelfristige und strategische Planungsprozess ist durch ein Gegenstromverfahren zwischen den operativen Einheiten, den Geschäftsbereichen und dem Vorstand gekennzeichnet. Die Verzahnung operativer Einheiten und der Geschäftsbereichsleitung wird primär über das Managementinformationssystem *Monthly Elevator Reporting System* (*MERSY*) und monatliche Konferenzschaltungen geleistet. Die Integration von Geschäftsbereichsebene und Vorstand wird durch das Berichtsystem und das Beratungsgremium ermöglicht. Die Abteilung *Controlling and Accounting* stellt Instrumente zur Verfügung, legt Standards für Kennzahlen und operative Maßnahmen fest. Workshops dienen zur Klärung der Erwartungen zwischen Management und operativen Einheiten und zur Umsetzung von Managementvorgaben.

Im Frühjahr wird jeweils eine mehrere Jahre umfassende strategische Planung durchgeführt, innerhalb derer die strategische Entwicklung von TKE vorstrukturiert wird. Zwei Planungsrunden im Frühjahr und im Sommer in der operativen Planung dienen dazu, das Jahresbudget aufzustellen und zu überprüfen. Die Grundlage des Berichterstattungssystems sind die für jede Berichtseinheit nach US-GAAP und IFRS ermittelten Werte. Der Zentralbereich *Controlling and Accounting* koordiniert diese Planungsprozesse und stellt Informationen sowie diverse betriebswirtschaftliche Analysen zur Verfügung.

7.4.4.3 Berichtsystem

Das Berichtsystem ist auf Basis des Internets verankert und umfasst die Managementinformationssysteme HFS und MERSY. Die Finanzsoftware High *Period Financial System* (*HFS*) bildet das technische Gerüst des Berichtswesens zur Umsetzung der IFRS-Standards. Die Konsolidierung der Einzelabschlüsse wird über dieses EDV-Instrument abgewickelt. Die standardisierten Einzelabschlüsse werden im Segment Accounting geprüft und konsolidiert. Kennzahlen werden dann auf einer einheitlichen und somit vergleichbaren Datenbasis berechnet. HFS wird sowohl für die Ist- als auch die Planberichterstattung genutzt.

MERSY

Seit 2003 bildet das *Monthly Elevator Reporting System* (*MERSY*) den gesamten Geschäftsbereich *Elevator* mit allen Produktbereichen ab. Berichte auf Einzelgesellschaftsebene werden monatlich erstellt. Neben der Kontrollfunktion wird MERSY auch für Planung und Budgetierung als das zentrale Medium für die Entscheidungsfindung zwischen hierarchischen Ebenen genutzt. Es versorgt die Entscheidungsträger auf verschiedenen hierarchischen Ebenen mit zentralen Kennzahlen, wie z. B. Wartungsbestand oder Wertbeiträge. Monatliche Konferenzschaltungen ergänzen das Berichtsystem auf qualitativer Ebene und ermöglichen einen Austausch über die Geschäftsentwicklung der operativen Einheiten. MERSY ist nach Produktlinien und Wertschöpfungsaktivitäten gegliedert. Der Bereich *Aufzüge* ist weiterhin unterteilt in Neu- und Wartungsgeschäft.

MERSY beinhaltet u. a. eine verkürzte GuV, eine verkürzte Bilanz, eine Auftragseingangsanalyse, eine Personalanalyse sowie zentrale Kennzahlen. Diese sind u. a. Wartungs-, Lager- und Forderungsbestände sowie wertorientierte Kennzahlen. Zentrale Kennzahlen im Servicebereich sind die Umwandlungsquote von Aufzügen mit freier Wartung in solche mit bezahlter Wartung (*conversion rate*) sowie der Zugewinn von Wartungsaufträgen für Aufzüge anderer Hersteller. Die Berichtseinheiten sind juristische Einheiten (Landesgesellschaften), sodass in großen Ländern mehrere Niederlassungen als eine Berichtseinheit auftreten. Da nicht alle operativen Einheiten eine vollständige Bilanz erstellen, erscheinen für diese keine Wertbeiträge in der monatlichen Berichterstattung.

7.4.5 Controlling-Organisation

Wie die Planung ist auch das Controlling von TKE in verschiedene Aggregationsstufen differenziert. Den Landesgesellschaften obliegt es, das lokale Controlling durchzuführen und globale Standards umzusetzen. Sie müssen auch die lokalen Jahresabschlüsse erstellen. Eine weitere Aufgabe besteht darin, mögliche Abweichungen zwischen dem nationalen Jahresabschluss und dem Jahresabschluss nach MERSY-Format auszugleichen, die durch unterschiedliche Rechnungslegungsstandards nach IFRS und nach nationalem Recht am Standort der Tochtergesellschaft bedingt sind. Die Geschäftseinheiten sind für das operative Controlling verantwortlich, wie z. B. Einzelprojektcontrolling oder Serviceroutencontrolling. Auf Ebene des Geschäftsbereiches werden Berichte aggregiert, Einzelabschüsse konsolidiert und Richtlinien für alle Controllingeinheiten vorgegeben. Alle Ebenen sind durch ein einheitliches Berichts- und Informationssystem miteinander verzahnt. So werden etwa ergänzend zu den monatlichen Berichten monatliche Konferenzschaltungen mit allen Einzelgesellschaften geführt, um ein hohes Maß an Transparenz und Abstimmung zu gewährleisten.

Konsolidierung

Der Zentralbereich *Controlling and Accounting* gliedert sich in die Bereiche *Controlling, Accounting* sowie *Finance and Corporate Accounting*. Der Bereich *Accounting* bereitet die Konsolidierung der Einzelabschlüsse der weltweit ca. 130 Einzelgesellschaften im TKE-Verbund für den Konzernabschluss vor. Die Einzelabschlüsse der operativen Einheiten werden konsolidiert, für den Abschluss des Geschäftsbereiches aber nicht gebucht. Die endgültige Buchung und Integration der Abschlüsse der einzelnen Geschäftsbereiche werden übergreifend auf Konzernebene von ThyssenKrupp durchgeführt. Der Bereich *Accounting* hat die weltweite Bilanzierungskompetenz in materieller Hinsicht (IFRS) und für die einheitliche Umsetzung von konzernweiten Standards. Er hat darüber hinaus die Richtlinienkompetenz für TKE-spezifische Bilanzierungsfragen, z. B. bei der Berechnung der Umsatzrealisierung von Neuanlagengeschäften (*percentage of completion*), der Bilanzierung von Wartungsportfolios sowie der Festlegung von Standards und der Projektbegleitung.

Accounting

Der Bereich *Accounting* hat diverse Koordinationsfunktionen, insbesondere zwischen den hierarchischen Ebenen. Auf operativer Ebene koordiniert er neben dem gesamten Berichtswesen z. B. die Hotline für technische Berichtsmedien, in denen Abschlüsse einzureichen sind. Der Bereich bildet auch die Schnittstelle zwischen Mutter- und Tochtergesellschaften im Finanzierungsbereich, z. B. bei der Vermittlung von Konzerngarantien bei großen Aufträgen. Auf Konzernebene hat er darüber hinaus eine Servicefunktion für andere Konzerngesellschaften im Rechnungswesen der ThyssenKrupp AG.

Controlling

Der Bereich *Controlling* ist primär mit der Koordination des Managementinformationssystems MERSY beschäftigt. Er koordiniert die monatlichen Berichte und Konferenzschaltungen. Eine weitere Aufgabe ist die der externen Kommunikation. Der Bereich dient in diesem Rahmen auch als Ansprechpartner für die Investor Relations auf der Konzernebene. Dieser Funktion werden Kennzahlen und qualitative Aussagen zu Märkten, Produkten und Strategien zur Verfügung gestellt. Der Bereich *Controlling* stellt darüber hinaus die Informationsbasis für Hauptversammlungen bereit und verfügt z. B. über *back office teams*. Er bildet weiterhin die Schnittstelle zu den operativen Einheiten und hat eine sehr enge Verbindung mit dem Vorstand von ThyssenKrupp. TKE hat eine Berichterstattungspflicht an den TK-Konzern. Managementinformationen werden in Form von Quartals- und Jahresabschlüssen sowie zu Planungszwecken zur Verfügung gestellt. Der Bereich Controlling koordiniert zweimal im Jahr die Planungsgespräche der Vorstände von TKE und von ThyssenKrupp. Für diese Top-Managementtreffen werden die Informationsgrundlagen erarbeitet und zur Verfügung gestellt. Es werden Analysen im Bereich des wertorientierten

Managements, des Risikomanagements und von strategischen Szenarien entwickelt und Instrumente zur Budgetplanung bereitgestellt.

Finance and Corporate Accounting

Im Bereich *Finance and Corporate Accounting* werden Steuerungsinstrumente innerhalb des globalen Finanzmanagement bereitgestellt und koordiniert. Das wichtigste Instrument ist die Organschaftsoptimierung durch Dividendenzahlungen, GuV-Ausgleiche verschiedener Rechtsträger sowie die Ausschüttung und Allokation von Finanzergebnissen, z. B. durch die Vergabe von Krediten zwischen Unternehmungseinheiten oder die Thesaurierung von Gewinnen. Hierdurch kann Unterschieden im Zins-, Inflations- und Steuerniveau einzelner Länder begegnet werden. Da die Auslandsgesellschaften bei TKE in ihrem operativen Geschäft weitgehend autonom sind, werden Transfers von Gütern und Dienstleistungen auf Marktbasis und somit wie zwischen unabhängigen Unternehmungen abgerechnet. Transferpreise werden marktorientiert und nicht zur Steuerung gebildet, sodass der Transferpreis-Kodex der OECD-Staaten erfüllt wird.

Die größte Bedeutung im Rahmen des internationalen Controlling wird den GuV-Saldierungen beigemessen, die unter Holding-Strukturen erfolgen. Es gibt aber auch Landesholding-Kreise, in denen der Auslandsbesitz gebündelt ist. So kann z. B. die Finanzholding in China die Kompetenz zur Optimierung der regionalen Finanzmittel-Positionen erhalten. International bieten sich auch Möglichkeiten, Standorte in Sonderwirtschaftszonen zu wählen, um Finanzmittel-Positionen lokal zu optimieren. Aus diesem Grunde wurden Finanzholdings in verschiedenen Ländern gegründet.

7.4.6 Berücksichtigung der besonderen Einflüsse internationaler Geschäftstätigkeit

Reduzierung von Inflationsrisiken

TKE ist wie die meisten international tätigen Unternehmungen zusätzlichen Risiken durch unterschiedliche Inflationsraten, Wechselkursschwankungen und abweichenden Rechnungslegungsstandards ausgesetzt. Zur *Reduzierung des Inflationsrisikos* praktiziert TKE eine Hartwährungsberichterstattung, bei der alle Geschäftsvorfälle in einer Tochtergesellschaft zum Zeitpunkt ihres Auftretens in Euro konvertiert werden. Sowohl die Planung als auch die Kontrolle erfolgen anschließend in Euro. Dadurch wird die Inflationswirkung im Rahmen des Controllingsystems weitgehend neutralisiert. Bei der Erfolgsbeurteilung der ausländischen Tochtergesellschaften werden jedoch Inflationswirkungen berücksichtigt, um Verzerrungen durch Inflationseffekte aus der Beurteilung des lokalen Managements herauszurechnen. Für die Verbuchung von Inflationswirkungen existieren konzernübergreifende Richtlinien. So gibt es einige Hochinflationsländer, in denen eine gesonderte Hartwährungsberichterstattung erfolgt. In MERSY wird zusätzlich in Landeswährung berichtet. Bei der strategischen Beurteilung von Aktivitäten in Hochinflationsländern werden durch eine Unterscheidung von Inflationseffekten und Auswirkungen operativer Entscheidungen die Einflüsse auf die lokale Geschäftstätigkeit differenziert betrachtet.

Währungsumrechnung

Die *Währungsumrechnung* erfolgt bei TKE durch das weltweit standardisierte funktionale Umrechnungsverfahren. Dabei wird für die Erstellung des Bilanzergebnisses grundsätzlich der Stichtagkurs angewendet, während für die GuV der Durchschnittskurs relevant ist. Seit dem 1. Januar 2005 müssen börsenorientierte Unternehmungen diese durch die in den IFRS vorgeschriebenen Regelungen umsetzen. Wechselkurse werden einheitlich auf Eurobasis berechnet und im MERSY-System hinterlegt. Die ausländischen Gesellschaften geben ihre Daten in lokaler Währung ein, während das MERSY auf Basis der hinterlegten Durchschnitts- und Stichtagkurse den Einzelabschluss in Euro umrechnet. Alle Kennzahlen werden dann auf Eurobasis berechnet. Bei der Konsolidierung der Einzelabschlüsse werden grundsätzlich Bilanzpositionen zu Stichtagkursen und GuV-Positionen zu Durchschnittskursen berechnet. Es gibt jedoch eine Differenzierung monetärer und nicht-monetärer Positionen. Hierzu existiert eine Detailunterlage, die vorgibt, wie einzelne Positionen übersetzt werden, z. B. die Verrechnung von Währungsgewinnen/-verlusten monetärer Positionen gegen das Eigenkapital. Insgesamt gibt es jedoch kaum Dispositionsspielraum durch die vorgegebene Bilanzierungsmethode nach IFRS, die zu einer hohen Konsistenz und Vergleichbarkeit der Ergebnisse führt. TKE ermittelt darüber hinaus die Kennzahlen zur Erfolgsbeurteilung auf Vorsteuerbasis. Die Ergebnisse werden also vor Abzug der Ertragssteuern erfasst. Unterschiedliche nationale Steuersysteme werden dadurch weitgehend von der Erfolgsbeurteilung ausgeklammert.

Interkulturelle Managementprobleme

Interkulturelle Unterschiede werden bei TKE als wenig problematisch angesehen, da das Geschäftsmodell sehr einfach und global weitgehend standardisiert ist und Missverständnisse daher nur selten auftreten. Die einheitlichen IFRS-Standards und das formalisierte Berichtssystem versorgen TKE zudem mit einer breiten gemeinsamen Grundlage für die Koordination der global verstreuten Unternehmungseinheiten. Kulturelle Unterschiede werden jedoch aktiv bei Übernahmen thematisiert und i. d. R. durch offenen Diskurs gehandhabt. Dadurch wird eine Abstimmung trotz lokaler Unterschiede bei Führungsstilen und -systemen möglich.

Aufgaben zu 7.4

1. *Welche Einflüsse auf das internationale Controlling sind im vorliegenden Fall zu berücksichtigen?*
2. *Leiten Sie die daraus resultierenden Organisationsprobleme und Herausforderungen aus Controlling-Sicht ab.*
3. *Welche Vor- und Nachteile bietet die Steuerung der Auslandsaktivitäten anhand des TKVA?*
4. *Beschreiben Sie die unterschiedlichen Aufgabenbereiche bei der Harmonisierung der Rechnungslegung bei TKE.*
5. *Welche Merkmale eines weltweiten Risikomanagements können Sie identifizieren?*
6. *Bewerten Sie kritisch die genutzten Berichtssysteme HFS und MERSY.*

Literatur zu 7.4

Alex, B.: Indiens Bedarf an Aufzügen und Rolltreppen steigt rasch. In: Germany Trade and Invest, 11.6.2007, https://www.gtai.de/DE/Navigation/Metanavigation/Suche/sucheUebergreifendGT.html (1.7.2009).

Datamonitor: ThyssenKrupp AG Company Profile. New York 2009.

Gall, L.: Krupp. Der Aufstieg eines Industrieimperiums. Berlin 2000.

Garding, C.: Crommes Crash-Kur. Wie der Krupp-Chef den Ruhrkonzern mit radikalen Mitteln zu stabilisieren versucht. In: Focus, 16, 18.4.1994, http://www.focus.de/finanzen/news/krupp-hoesch-crommes-crash-kur_aid_145893.html (18.06.2009).

Girndt, C./Meiners, K.: »Ein Manager ist nicht nur für das Kapital da«. Interview mit Dr. Horst Neumann. In: Mitbestimmung, 5, 2002, S. 11–15.

o. V.: ThyssenKrupp. Eine halbe Milliarde Umsatz eingekauft. In: manager-magazin.de, 6.10.2003, http://www.manager-magazin.de/unternehmen/artikel/0,2828,268559,00.html, (30.6.2009).

Schulz, E. D.: Ausführungen anlässlich der Pressekonferenz am 27. März 2009 in Düsseldorf. Düsseldorf 2009, http://www.thyssenkrupp.com/documents/presse/Rede_Schulz_Pressekonferenz_2009_03_27_de.pdf.

Schulz, E. D./Hippe, A.: Ausführungen anlässlich der Pressekonferenz am 13. Mai 2009 in Düsseldorf. Düsseldorf 2009, http://www.thyssenkrupp.com/documents/presse/Rede_Schulz_Hippe_Pressekonferenz_2009_05_13_de.pdf.

ThyssenKrupp: Investor's Factsheet: Elevator Stand November 2008. Düsseldorf 2008.

ThyssenKrupp: Thyssen – Auf dem Weg zur Fusion mit Krupp, http://www.thyssenkrupp.com/de/konzern/geschichte_konzern_t5.html, 16.6.2009 (a).

ThyssenKrupp: Elevator Technology, http://www.thyssenkrupp.com/de/konzern/elevator-technology.html, 30.6.2009 (b).

ThyssenKrupp: Zwischenbericht 1. Halbjahr 2008–2009, http://www.thyssenkrupp.com/fr/08_09_q2/de/index.html, 9.6.2009 (c).

ThyssenKrupp: Factsheet: Elevator Technology. Stand November 2013. Düsseldorf 2013 (a).

ThyssenKrupp: Geschäftsbericht 2012/13, http://www.thyssenkrupp.com/documents/investor/Finanzberichte/ger/ThyssenKrupp_2012_2013_GB.pdf, 29.11.2013 (b).

ThyssenKrupp Aufzüge: TWIN® – Die System-Revolution im Aufzugsbau. Zwei Kabinen. Ein Schacht. Ein Quantensprung, Neuhausen o. J.

ThyssenKrupp Aufzüge: Doppeldeckeraufzüge erreichen Rekordtempo. Pressemitteilung, 8.4.2009, http://www.thyssen-aufzuege.com/default.asp?id= 1&lang=de&news= 400 (9.6.2009).

ThyssenKrupp Elevator: ThyssenKrupp Dongyang Elevator nimmt Betrieb auf. Pressemitteilung, 2.10.2003, http://www.thyssenkrupp-elevator.com/Eintrag-anzeigen.215.0.html?&no_cache= 1&tx_ttnews[swords]=ThyssenKrupp%20

Dongyang%20Elevator%20nimmt%20Betrieb%20auf&tx_ttnews[tt_news]=53&tx_ttnews[backPid]=47&cHash=f8a3e0ecc2 (30.6.2009).
ThyssenKrupp Elevator: Jahresbericht 2007/08. Düsseldorf 2008 (a).
ThyssenKrupp Elevator: Synergy. One world. One company. One solution. Madrid 2008 (b).
ThyssenKrupp Fahrtreppen GmbH: Firmenchronik. Düsseldorf 2009, http://www.thyssenkrupp-escalator.com/ger/unternehmen/firmenchronik/index.php?navi=_3_0 (18.6.2009).
Uebbing, H.: Wege und Wegmarken. 100 Jahre Thyssen. Berlin 1991.

8 Public Affairs-Management in international tätigen Unternehmungen

Konzeptionelle Ansätze

In den vorangegangenen Kapiteln standen hauptsächlich unternehmungsinterne Aspekte des Internationalen Management im Vordergrund. International tätige Unternehmungen sind aber auch mit vielfältigen externen Ansprüchen und Interessengruppen konfrontiert, die einen weitaus größeren Einfluss als im nationalen Kontext haben können. Seit den siebziger Jahren wurden deshalb zahlreiche Untersuchungen durchgeführt, die sich mit den externen Beziehungen international tätiger Unternehmungen auseinandersetzen. Dabei lassen sich folgende *konzeptionelle Ansätze* unterscheiden:

Reaktive Anpassungsstrategie

Eine erste Gruppe von Ansätzen einer *reaktiven Anpassungsstrategie* fasst die in einem Gastland herrschenden rechtlichen, politischen, wirtschaftlichen und kulturellen Bedingungen als extern vorgegebene Daten auf, die ausländische Unternehmungen bei einem Engagement zu berücksichtigen haben. Dem liegt die Annahme zugrunde, dass diese insbesondere nach dem Transfer von Technologie, Kapital und Know-how an Verhandlungsmacht gegenüber dem Gastland einbüßen und sich deshalb reaktiv an die vorgegebenen Bedingungen anpassen müssen (vgl. Brewer 1992, S. 298). Im Mittelpunkt der Forschung steht deshalb die Entwicklung von Instrumenten, mit denen ausländische Unternehmungen Informationen über politische Entwicklungen in einzelnen Ländern sammeln und aufbereiten (z. B. mit Hilfe des BERI), politische Risiken wie z. B. das der Enteignung senken (z. B. durch die Beteiligung inländischer Partner an Joint Ventures) und politische Risiken zwischen verschiedenen Ländern (z. B. mit Hilfe von Länder-Portfolios) ausgleichen können (vgl. Kobrin 1988).

Aktive Beeinflussungsstrategie

Dem gegenüber stehen Ansätze einer *aktiven Beeinflussungsstrategie*, die von einer umgekehrten Machtasymmetrie ausgehen. Den historischen Ausgangspunkt bildet eine empirische Untersuchung von Vernon (1971, 1977, 1981, 1991), nach der ausländische Unternehmungen aufgrund ihrer Größe und wirtschaftlichen Bedeutung häufig in der Lage sind, ihre Interessen gegenüber dem Gastland durchzusetzen. Nach Auffassung der Vertreter des marxistisch geprägten Dependenz-Ansatzes werden sie dabei vielfach von ihrer Heimatlandregierung unterstützt (vgl. z. B. Barnet/Müller 1975; Gereffi 1983). In abgewandelter Form argumentieren auch die Vertreter der Anti-Globalisierungsbewegung, dass international tätige Unternehmungen die Souveränität von Nationalstaaten aushöhlen und diese zu einem Standortwettbewerb zwingen, der zu einem Absinken sozialer und ökologischer Standards führt (vgl. Grefe/Greffrath/Schumann 2002).

Ko-Evolutionsansatz

Nach Auffassung des aus der Organisationstheorie entlehnten *Ko-Evolutionsansatzes* stehen ausländische Unternehmungen und Gastländer dagegen weniger in einer konfliktär-konfrontativen als vielmehr in einer zirkulär-interdependenten Beziehung. Sie können deshalb ihre unterschiedlichen Interessen nur in einem »Prozess der rekursiven Interaktion« (Lewis/Volberda 1999, S. 527) realisieren. Die Akteure stehen in einem permanenten Lernprozess, der durch die wechselseitige Anpassung von Zielen, Strategien und Instrumenten gekennzeichnet ist (vgl. Levinthal/Myatt 1994; Luo 2004).

Folgt man dem Ko-Evolutionsansatz, so lassen sich zwei zentrale *Schlussfolgerungen* für international tätige Unternehmungen ableiten (vgl. Abb. 8-1).

Identifizierung relevanter Interessengruppen

International tätige Unternehmungen interagieren mit einer Vielzahl unterschiedlicher sozio-politischer Interessengruppen im Heimat- und Gastland, deren Interessen sich zunehmend differenzieren und vielfach konfliktär sind. Im Rahmen des Public Affairs-Management müssen deshalb zunächst die relevanten *Interessengruppen (stakeholder)* durch den Einsatz geeigneter *Analyseinstrumente* identifiziert, deren Zielsetzungen ermittelt und deren Einflussmöglichkeiten auf unternehmungspolitische Entscheidungen untersucht werden.

Beeinflussung relevanter Interessengruppen

Die für international tätige Unternehmungen relevanten Umweltbedingungen stellen überwiegend keine Zufallsereignisse oder quasi-naturgesetzliche Erscheinungen dar, sondern sind das Ergebnis bewusster und zielgerichteter Maßnahmen von Interessengruppen der Unternehmung. Sie müssen deshalb zumeist nicht passiv hingenommen werden, sondern können durch den Einsatz unterschiedlicher *Gestaltungsinstrumente des Public Affairs-Management* zu eigenen Gunsten beeinflusst werden.

Public Affairs-Management

Als *Public Affairs-Management* wird die Gestaltung der Beziehungen zu den externen sozio-politischen Interessengruppen einer international tätigen Unternehmung bezeichnet. Dessen Ziel ist es, potenzielle, latente und manifeste Konflikte mit diesen Interessengruppen effizient zu handhaben sowie Wettbewerbsvorteile, die sich durch die Berücksichtigung oder Beeinflussung sozio-politischer Anliegen eröffnen, möglichst weitgehend auszuschöpfen.

Im Folgenden werden zunächst die Ziele und Einflussmöglichkeiten unterschiedlicher Interessengruppen charakterisiert, bevor die Instrumente des Public Affairs-Management dargestellt werden.

Abb. 8-1

Bezugsrahmen des Public Affairs-Management

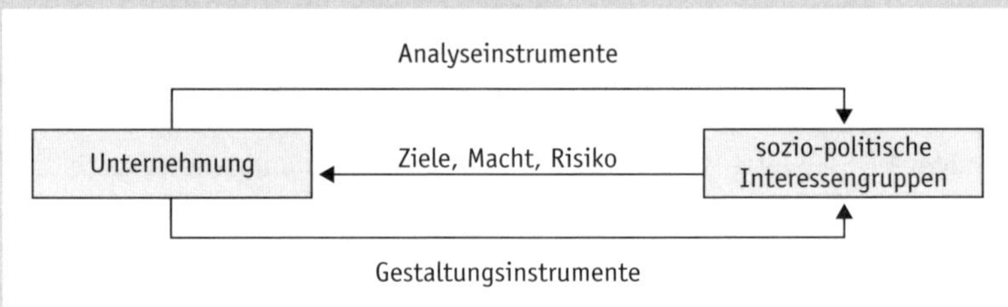

8.1 Public Affairs-Management in ausländischen Tochtergesellschaften

8.1.1 Charakteristika, Ziele und Einflussmöglichkeiten von Interessengruppen im Gastland

Die externen Interessengruppen, mit denen ausländische Tochtergesellschaften im Rahmen ihrer Tätigkeit konfrontiert sind, lassen sich in marktliche und nicht-marktliche bzw. sozio-politische Stakeholder differenzieren. Bei letzteren können zudem nationale, internationale und supranationale Interessengruppen unterschieden werden (vgl. Abb. 8-2):

- Mit den *marktlichen Interessengruppen* interagiert eine international tätige Unternehmung auf den Beschaffungs-, Absatz- oder Finanzmärkten, um Güter und Dienstleistungen erstellen und absetzen zu können (z. B. Kunden, die Produkte der Unternehmung kaufen).
- Zu den *sozio-politischen Interessengruppen* gehören diejenigen Akteure, mit denen eine Unternehmung normalerweise nicht auf einem Markt interagiert. Diese sind also nicht Käufer oder Verkäufer von Gütern und Dienstleistungen, sie können die Tätigkeit einer international tätigen Unternehmung aber durch positive (z. B. Vergabe eines Gütesiegels) oder negative nicht-ökonomische Sanktionen (z. B. Boykottaufruf) unterstützen oder behindern.
- *Nationale Interessengruppen* sind dadurch gekennzeichnet, dass sie ausschließlich in einem bestimmten Land agieren (z. B. die Gastlandregierung oder eine Bürgerinitiative, die sich gegen den Bau einer Fabrik ausspricht).
- *Internationale Interessengruppen* sind dagegen in zwei oder mehreren Ländern tätig. Dies gilt ebenfalls für *supranationale Interessengruppen*, deren Mitglieder jedoch keine natürlichen Personen, sondern Staaten sind. Internationale Interessengruppen, wie z. B. Human Rights Watch, können die Tätigkeit von Unternehmungen in einem bestimmten Land anprangern. Supranationale Interessengruppen, wie z. B. die OECD oder ILO, haben darüber hinaus einen mittelbaren Einfluss auf die Unternehmungstätigkeit durch die Verfassung von Verhaltenskodizes.

Sozio-politische Interessengruppen

Da die Beziehungen zu den marktlichen Interessengruppen bereits bei der Darstellung der internen Managementfunktionen ausführlich diskutiert wurden, beschränken sich die folgenden Ausführungen auf die *sozio-politischen Interessengruppen*. Die analytische Trennung in marktliche und sozio-politische Interessengruppen ist jedoch nicht immer eindeutig. So können z. B. Regierungen oder lokale Behörden einer Unternehmung sowohl als Marktpartner (z. B. als öffentliche Auftraggeber oder kommunale Dienstleister) als auch als Hoheitsorgane (z. B. Gesetzgeber) gegenüberstehen. Ähnliches gilt für die Unterscheidung in ökonomische und nicht-ökonomische Sanktionen. Während z. B. Boykottaufrufe von Bürgerinitiativen zumeist sozial oder ökologisch und damit nicht-ökonomisch motiviert sind, stellen sie aus Sicht der betroffenen Unternehmung eine unmittelbare ökonomische Sanktion dar.

Abb. 8-2

Klassifikation der Interessengruppen international tätiger Unternehmungen

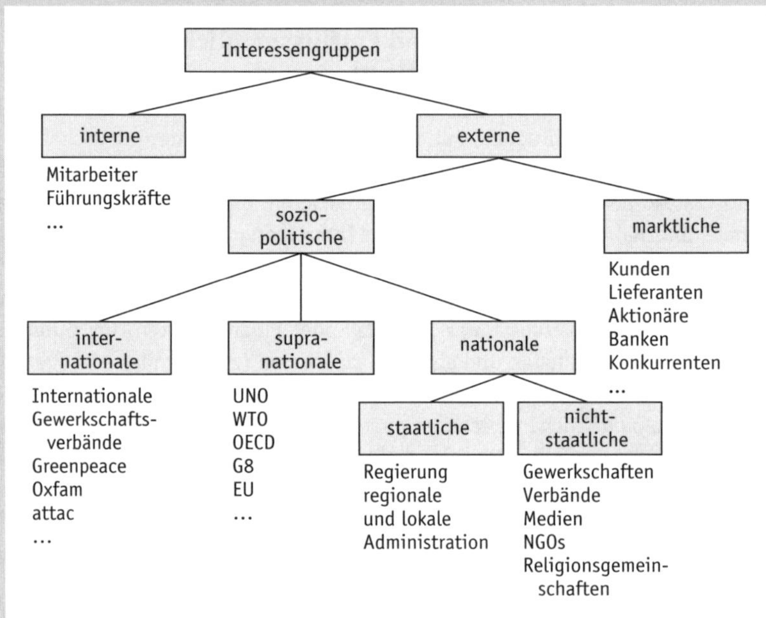

Im Folgenden werden die wichtigsten sozio-politischen Interessengruppen international tätiger Unternehmungen skizziert. Die Darstellung beschränkt sich zunächst auf die nationalen Interessengruppen. Die Ziele und Einflussmöglichkeiten internationaler und supranationaler Interessengruppen werden in Kap. 8.2.1 erläutert.

8.1.1.1 Staatliche Interessengruppen

8.1.1.1.1 Gastlandregierung

Katalysatoren des Systemwandels

Im Vordergrund theoretischer und empirischer Untersuchungen zum Public Affairs-Management stehen traditionell die Beziehungen zwischen international tätigen Unternehmungen und den jeweiligen Gastlandregierungen. Das Interesse des Staates an international tätigen Unternehmungen beruht darauf, dass sich deren Geschäftsaktivitäten auf weite Bereiche der Gesamtwirtschaft erstrecken und deren Entwicklung wesentlich beeinflussen können (vgl. Abb. 8-3). Dies gilt insbesondere für Transformations- und Entwicklungsländer, in denen ausländischen Investoren vielfach explizit die Funktion von »*change agents*« (Thorelli 1966) und *Katalysatoren des Systemwandels* zugewiesen wird.

Ziele gegenüber ausländischen Investoren

Empirische Untersuchungen und die Analyse von Investitionsrichtlinien verschiedener Staaten belegen, dass Gastlandregierungen insbesondere die folgenden

Abb. 8-3

Direkte und indirekte ökonomische Effekte ausländischer Direktinvestitionen

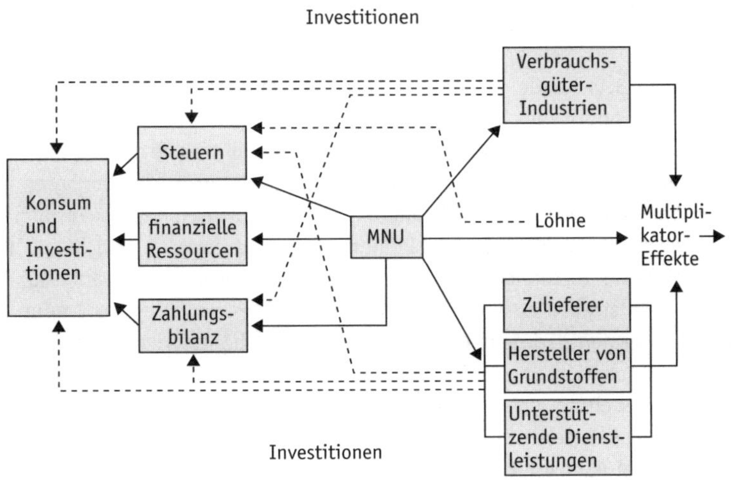

(Quelle: Watanabe 1981, S. 701)

Ziele gegenüber ausländischen Investoren verfolgen (vgl. Buckley 1989; Moran/Montgomery/Blomström 2005):

Import ausländischen Kapitals

Eines der primären Ziele stellt der *Import ausländischen Kapitals* dar, durch den die mangelnde inländische Spartätigkeit kompensiert, der inländische Kapitalmarkt entlastet und Wachstumsimpulse bewirkt werden sollen. Empirische Untersuchungen belegen jedoch, dass die makroökonomischen Effekte des Kapitaltransfers ausländischer Unternehmungen in Entwicklungs- und Transformationsländer vielfach nur gering sind, da dort vor allem arbeits- und weniger kapitalintensive Investitionen vorgenommen werden (vgl. Berumet/Dincer 2004; Zhang 2004; Ferreiro Aparcio/Gomez/Rodriguez 2006). Neben der Kapitalaufnahme auf inländischen Kreditmärkten engagieren sich ausländische Unternehmungen zudem zunehmend in Form von *non-equity forms of international cooperation (NECs)*, bei denen dem Transfer von technischem und betriebswirtschaftlichem Know-how eine weitaus größere Bedeutung als dem Transfer von Kapital eingeräumt wird.

Positive Devisenbilanzeffekte

Eng mit dem Ziel des Kapitalimports ist die Realisierung positiver *Devisenbilanzeffekte* verbunden. Dabei können zwei verschiedene Formen unterschieden werden. Während sich bei binnenmarktorientierten Direktinvestitionen durch den Ersatz bisheriger Importe durch inländische Produktion Devisen einsparen lassen, können bei exportorientierten Direktinvestitionen durch den Export der im Inland produzierten Güter zusätzliche Deviseneinnahmen erzielt werden. Diese Effekte wirken sich jedoch nur dann positiv auf die Devisenbilanz des jeweiligen Gastlandes aus, wenn die Summe der eingesparten bzw. zusätzlich erzielten Devisen größer als der Abfluss von

Devisen ist, der z. B. durch den Kauf von Investitionsgütern oder Vorprodukten im Ausland oder durch Gewinntransfers verursacht wird.

Zugang zu modernen Technologien

Ein weiteres Ziel ist der *Zugang zu modernen Technologien*, die aufgrund der technologischen Rückständigkeit der inländischen Unternehmungen nicht selbst entwickelt und aufgrund knapper ausländischer Devisen nicht importiert werden können (vgl. Stephan 2013). Bei der Darstellung der Theorien ausländischer Direktinvestitionen (vgl. Kap. 3.1) wurde jedoch bereits darauf hingewiesen, dass ein zentrales unternehmungspolitisches Motiv für die Durchführung von Direktinvestitionen die Ausnutzung von Lohnkostenvorteilen darstellt. Deshalb transferieren ausländische Unternehmungen häufig arbeits- und weniger kapitalintensive Technologien in das jeweilige Gastland. Vor allem in Ländern mit einer unzureichenden Infrastruktur sowie unter extremen klimatischen Bedingungen sind erprobte und damit häufig weniger moderne Technologien zudem robuster und weniger störanfällig. Nicht zuletzt deshalb streben ausländische Unternehmungen vor allem zu Beginn eines Auslandsengagements sowie in Gastländern mit einem hohen Investitionsrisiko vielfach an, Technologien in das Gastland zu transferieren, die keinem besonderen Geheimhaltungsschutz mehr unterliegen und die in der Muttergesellschaft bereits weitgehend abgeschrieben sind. Ein Beispiel dafür ist das Engagement von Volkswagen in China (vgl. Kap. 4.1.2.2.2.3).

Horizontale und vertikale Wettbewerbseffekte

Insbesondere in Emerging Markets, in denen inländische Unternehmungen aufgrund der bis zum Ende der achtziger Jahre verfolgten Industriepolitik häufig weder nationaler noch internationaler Konkurrenz ausgesetzt waren, werden von ausländischen Investoren horizontale und vertikale *Wettbewerbseffekte* erwartet. Die Tochtergesellschaften ausländischer Unternehmungen, die gegenüber ihren inländischen Wettbewerbern zumeist über modernere Technologien und ein effizienteres Management verfügen (*superior knowledge*), sollen Wettbewerbsimpulse auf inländische Konkurrenten, Zulieferer und Distributeure ausüben, diese zu einem innovativen und marktorientierten Verhalten anregen und dadurch zur Entmonopolisierung der Industriestruktur beitragen (vgl. Lin/Liu/Zhang 2009).

Positive Beschäftigungseffekte

Nicht zuletzt wird mit der Anziehung ausländischer Unternehmungen die Realisierung positiver *Beschäftigungseffekte* angestrebt. Dies gilt vor allem für Transformations- und Entwicklungsländer. Im Gegensatz zu der jeweiligen Gastlandregierung sind ausländische Unternehmungen jedoch weniger an der Verbesserung der Bedingungen auf dem inländischen Arbeitsmarkt als vielmehr an der Realisierung einer möglichst hohen Arbeitsproduktivität interessiert. Der Einsatz moderner Technologien erfordert zudem einen geringeren Personalbedarf als bei inländischen Unternehmungen, wenn diese veraltete und damit arbeitsintensivere Produktionsverfahren einsetzen. Insbesondere bei der Akquisition bestehender Unternehmungen führt dies häufig zur Entlassung von Mitarbeitern und damit zu einer Verschlechterung der Beschäftigungssituation im Gastland. Diese negativen direkten Beschäftigungseffekte werden jedoch häufig durch positive indirekte Beschäftigungseffekte bei inländischen Zulieferern und Abnehmern (vertikale Beschäftigungseffekte) und bei Konkurrenten (horizontale Beschäftigungseffekte) sowie durch Investitionen in die Aus- und Weiterbildung der inländischen Mitarbeiter (qualitative Beschäftigungseffekte) kompensiert (vgl. Buckley/Artisien 1986; Welge/Holtbrügge 1993).

Beispiel

Ein Beispiel für die Regulierung ausländischer Unternehmungen sind die in China seit 2002 geltenden *Provisions on Directing Foreign Investment*. In diesen werden die grundlegenden Prinzipien der Investitionssteuerung in China festgelegt, die auf die Errichtung aller Unternehmungen mit ausländischer Kapitalbeteiligung Anwendung finden. Der darin festgelegte *Catalogue for Directing Foreign Investment* teilt Investitionen in unterschiedlichen Branchen bzw. Industriesektoren in bestimmte Kategorien ein. In einem verbotenen (*prohibited*) Wirtschaftsbereich dürfen sich ausländische Unternehmungen gar nicht betätigen. Dort ist auch eine Minderheitsbeteiligung an einem Joint Venture ausgeschlossen. Dazu gehören insbesondere öffentlichkeitswirksame Tätigkeitsfelder wie Presse oder Rundfunk sowie sicherheitspolitisch bedeutsame Bereiche. In beschränkt erlaubten (*restricted*) Bereichen besteht die Beschränkung vor allem in strengeren Genehmigungsvorschriften, Zulassungsquoten oder darin, dass der ausländische Investor keine Unternehmung mit ausschließlich ausländischem Kapital gründen darf, d. h. ein Joint Venture mit einem chinesischen Partner eingehen muss. Zu den geförderten (*encouraged*) Bereichen zählen diejenigen, in denen die chinesische Führung noch besonderen Nachholbedarf wahrnimmt. Investitionsprojekte, die nicht in den drei voran genannten Bereichen aufgeführt werden, gelten als erlaubt (*permitted*) (vgl. Holtbrügge/Puck 2008, S. 93 f.).

Instrumente zur Regulierung ausländischer Unternehmungen

Da zwischen den dargestellten Zielen der Gastländer und denen international tätiger Unternehmungen zahlreiche Zielkonflikte bestehen, haben viele Gastlandregierungen spezielle Investitionsrichtlinien oder -gesetze verabschiedet, die insbesondere die folgenden *Instrumente zur Förderung und Regulierung ausländischer Unternehmungen* umfassen (vgl. Loewendahl 2001; Wellhausen 2015):

Unternehmungsrecht

Im Rahmen des *Unternehmungsrechts* wird häufig die Beteiligung inländischer Partner und teilweise sogar der Gastlandregierung vorgeschrieben oder eine maximale Beteiligungshöhe für ausländische Unternehmungen festgesetzt. Vor allem in den Privatisierungsgesetzen vieler Transformations- und Entwicklungsländer sind zudem Beschränkungen für ausländische Unternehmungen beim Erwerb ehemaliger Staatsunternehmungen verankert. Diesen gelingt es jedoch häufig, durch die Streuung der inländischen Kapitalanteile auf mehrere Anteilseigner ihren Einfluss auf die Geschäftspolitik zu sichern. Eine weitere Möglichkeit der Umgehung von *ownership caps* ist die Verschachtelung von Unternehmungsbeteiligungen wie etwa die Gründung eines Joint Ventures mit einer inländischen Unternehmung, an der die ausländische Unternehmung einen Kapitalanteil hält (vgl. Holtbrügge/Friedmann 2011, S. 115).

Beschränkung des Gewinntransfers

Viele Regierungen in Entwicklungsländern mit chronischen Zahlungsbilanzproblemen versuchen, z. B. durch *Beschränkungen des Gewinntransfers*, den Abfluss ausländischen Kapitals zu begrenzen. Die Relevanz dieses Instruments hat in den letzten Jahren jedoch stark abgenommen. Während eine Befragung von Wallace (1990, S. 155) bei 295 amerikanischen Großunternehmungen ergab, dass Kapitaltransferbeschränkungen einen der wichtigsten Faktoren bei der Entscheidung gegen einen Markteintritt in bestimmte Länder darstellen, messen die von Pendergast/Geringer (2012) befragten Top-Manager von Fortune 500-Unternehmungen dem Problem nur eine sehr geringe Relevanz bei. Auf einer Liste von 19 möglichen Problemen der internationalen Unternehmungstätigkeit nehmen Beschränkungen des Gewinntransfers den letzten Platz ein.

Local content-Bestimmungen

Die Realisierung positiver Wachstums- und Beschäftigungseffekte wird insbesondere durch die Verabschiedung von *local content*-Bestimmungen angestrebt (vgl. Hufbauer/Schott 2013; Tordo et al. 2013). Diese sehen vor, dass ein bestimmter Anteil der Wertschöpfung im Inland erzielt werden muss. Darüber hinaus versuchen viele Gastländer, durch die Gestaltung der *Zollbestimmungen* die Ein- und Ausfuhr von Gütern und die Form der Kapitaleinlagen zu beeinflussen.

F&E unterliegt Zwang zur lokalen Wertschöpfung

Besonders restriktiv für ausländische Unternehmungen sind Gastlandvorschriften, bei denen der Zwang zur lokalen Wertschöpfung auch die *Durchführung von Forschungs- und Entwicklungsaktivitäten* umfasst. Diese Aktivitäten werden von Unternehmungen häufig als sensibel eingeschätzt, da sie die Gefahr des Know-how-Abflusses beinhalten. Vielfach werden von ausländischen Investoren deshalb lediglich Adaptionstätigkeiten im Gastland durchgeführt, wodurch die *spill-over*-Effekte für das Gastland weitgehend reduziert werden.

Maßnahmen zum Schutz des inländischen Arbeitsmarktes

Zum *Schutz des inländischen Arbeitsmarktes* wird vielfach die Beschäftigung ausländischer Mitarbeiter durch die Arbeitsgesetzgebung beschränkt oder durch spezielle Bestimmungen (wie z. B. die *green card* in den USA) reguliert. Zudem fordern zahlreiche Gastlandregierungen von ausländischen Investoren die Abgabe von Beschäftigungsgarantien oder die besondere Förderung von ansonsten auf dem inländischen Arbeitsmarkt benachteiligten Arbeitnehmergruppen. So wurde z. B. in Südafrika nach dem Ende der Apartheid der *Affirmative Action Act* verabschiedet, nach dem Bewerber mit schwarzer Hautfarbe bei Einstellungs- und Beförderungsentscheidungen bevorzugt werden müssen (vgl. Gas 2002; Hahne 2002).

Sonderwirtschaftszonen

Neben den für ausländische Unternehmungen überwiegend restriktiv wirkenden Instrumenten werden diesen vielfach auch spezifische Vergünstigungen eingeräumt. Eine besondere Bedeutung besitzen *Sonderwirtschaftszonen* (z. B. Shenzhen in China, Kaliningrad in Russland), in denen vorteilhaftere Investitions-, Steuer-, Devisen- und Arbeitsrechtsbestimmungen als in anderen Gebieten gelten (vgl. Farole/Akinci 2011).

Investitionsschutz- und -förderabkommen

Schließlich wird die Tätigkeit ausländischer Unternehmungen vielfach durch *bilaterale Investitionsschutz- und -förderabkommen* (vgl. Busse/Königer/Nunnenkamp 2010) sowie durch *Doppelbesteuerungsabkommen* gefördert (vgl. Schmidt/Sigloch/Henselmann 2005, S. 263 ff.; Scheffler 2009, S. 197 ff.).

Beispiel

Ein Beispiel für die Bedeutung von *local content*-Vorschriften ist die Tätigkeit des Automobilherstellers Ford in Russland. Ford wurde von der russischen Regierung der zollfreie Import von Automobilkomponenten eingeräumt. Dafür musste Ford seine Produktion weitgehend lokalisieren. In einem Zeitraum von fünf Jahren nach Produktionsbeginn musste der Anteil der lokalen Wertschöpfung um 10 % jährlich steigen, sodass im Jahre 2007 die Hälfte der Wertschöpfung in Russland erfolgt. Während des ersten Jahres erreichte Ford einen lokalen Wertschöpfungsanteil von 28 %, im zweiten Jahr von 25 % und im dritten Jahr von 30,5 %. Die Möglichkeiten zur Lokalisierung wie die Nutzung inländischer Arbeitskräfte und Energie sowie Abschreibungen wurden bereits in den ersten Jahren weitgehend ausgeschöpft, sodass 2007 der vereinbarte lokale Wertschöpfungsanteil von 50 % nicht erreicht werden konnte. Weitere Möglichkeiten der Erhöhung des *local content* waren begrenzt, da die meisten einheimischen Zulieferer die hohen Qualitätsanforderungen noch nicht erfüllten. Eine Alternative war die Motorenfertigung, die aufgrund des relativ geringen Produktionsvolumens jedoch nicht rentabel war (vgl. Holtbrügge 2006a).

8.1.1.1.2 Regionale und lokale Administration

USA

Neben der Gastlandregierung stellt vielfach auch die regionale und lokale Administration eine wichtige Interessengruppe international tätiger Unternehmungen dar. Dies gilt insbesondere für Länder mit einem föderalen System wie die USA. Die Bundesstaaten können z. B. eigene Steuer-, Arbeits- und Umweltgesetze verabschieden oder ausländischen Unternehmungen Investitionsanreize bieten. Dies ist vor allem in den ärmeren Südstaaten der Fall, wo sich deshalb in den letzten Jahren zahlreiche ausländische Unternehmungen wie BASF, BMW oder Honda Motors angesiedelt haben. Die Bedeutung der lokalen Administration resultiert insbesondere aus der Bereitstellung der Verkehrsinfrastruktur sowie der Erschließung von Grundstücken (vgl. Berg 2003a, S. 164 f.).

China

Auch in China kommt den einzelnen Provinzen ein großer Handlungsspielraum bei der Umsetzung der nationalen Gesetzgebung zu. Insbesondere Shanghai hat diesen in der Vergangenheit in einem großen Ausmaß zur Anziehung ausländischer Investoren genutzt. Vielfach wurden diesen erheblich bessere Bedingungen als in anderen Provinzen eingeräumt. Ähnliches gilt für die entlang der Küste eingerichteten Sonderwirtschaftszonen (vgl. Berg/Holtbrügge 2002, S. 38 f.).

Frankreich

In zentralistisch regierten Ländern wie Frankreich kommt der regionalen und lokalen Administration dagegen eine deutlich geringere Bedeutung zu. Die wesentlichen Gesetze werden hier von der Zentralregierung verabschiedet und von den regionalen Behörden lediglich umgesetzt. Dennoch besitzt insbesondere die lokale Administration einen Einfluss auf ausländische Unternehmungen, der sich z. B. bei Genehmigungsverfahren bemerkbar machen kann. Auch die Schaffung von Arbeitsplätzen wird vor allem in strukturschwachen Regionen begünstigt.

8.1.1.2 Nicht-staatliche Interessengruppen

8.1.1.2.1 Gewerkschaften

Sozial- und beschäftigungspolitische Wirkungen

Während die Gastlandregierung gegenüber ausländischen Unternehmungen vor allem wirtschafts-, finanz- und regionalpolitische Ziele verfolgt, sind die in den jeweiligen Gastländern tätigen Gewerkschaften insbesondere an den *sozial- und beschäftigungspolitischen Wirkungen* ausländischer Direktinvestitionen interessiert. Bei der Durchsetzung ihrer Ziele verfügen Gewerkschaften jedoch häufig nur über eine geringe Verhandlungsmacht. Während Kapital und Technologien mobil sind, stellen die Arbeitskräfte einen weitgehend immobilen Produktionsfaktor dar. Dies eröffnet international tätigen Unternehmungen die Möglichkeit, im Fall schwer wiegender Arbeitskonflikte mit einer Produktionsverlagerung in andere Länder zu drohen. Zudem wird die Verhandlungsposition der Gewerkschaften häufig dadurch geschwächt, dass wichtige unternehmungspolitische Entscheidungen in der Muttergesellschaft getroffen werden, zu der sie keinen Zugang besitzen.

Formen der Organisation und der ideologischen Prägung

Die konkreten Ziele der Gewerkschaften, ihr Einfluss sowie die jeweils verfolgten Strategien zur Durchsetzung ihrer Interessen unterscheiden sich in einzelnen Staaten erheblich. Vereinfacht lassen sich im internationalen Kontext folgende *Formen der Organisation* und der *ideologischen Prägung* von Gewerkschaften unterscheiden (vgl. Scherm 1999, S. 310 f.; Visser 2003; Gumbrell-McCormick/Hyman 2013):

Deutsches Modell

Das *deutsche Modell* zeichnet sich durch die institutionalisierte und legalisierte Beteiligung von Gewerkschaftsvertretern auf allen Ebenen (Betrieb, Unternehmung, Konzern und Branche) aus. Industriegewerkschaften, die alle Arbeitnehmer einer Branche vertreten, handeln mit den jeweiligen Arbeitgeberverbänden Tarifverträge aus, in denen die zentralen Elemente der Personalpolitik (z. B. Arbeitszeit, Entgeltpolitik, u. a.) für alle Mitgliedsunternehmungen verbindlich festgelegt werden (vgl. Holtbrügge 2013, S. 75 ff.). Die Tätigkeit der Gewerkschaften ist zumeist sehr pragmatisch und stark von sozialdemokratischen Leitbildern geprägt. Das wichtigste Instrument und Druckmittel der Gewerkschaften im Rahmen ihrer Tarifautonomie ist das Streikrecht, von dem aber im internationalen Vergleich wenig Gebrauch gemacht wird (vgl. Tab. 8-1). Dem Streikrecht der Gewerkschaften steht ein Aussperrungsrecht der Arbeitgeber gegenüber.

Romanisches Modell

Das u. a. in Frankreich, Italien und Belgien anzutreffende *romanische Modell* sieht Gewerkschaften als nicht-formalisierte Gegenmacht zu Unternehmungen und Staat an. Ihre weitgehend auf sozialistischen Leitbildern basierenden Ziele sind deshalb nicht nur auf die Verbesserung der konkreten Arbeitsbedingungen begrenzt, sondern umfassen auch weitreichende Veränderungen der gesellschaftlichen Machtverhältnisse zugunsten der Arbeitnehmer. Im europäischen Vergleich ist die Streikhäufigkeit in den romanischen Ländern besonders hoch.

Britisches Modell

Im britischen Modell sind die Gewerkschaften eher pragmatisch orientiert und betriebsbezogen. Die Gewerkschaftsstruktur ist durch eine Vielzahl unterschiedlicher Organisationsformen und das Nebeneinander von Industriegewerkschaften (industrial unions), Berufsgewerkschaften (craft unions) und übergreifenden Gewerkschaften (general unions) geprägt. Aufgrund dieser Zersplitterung ist die Macht der Gewerkschaften nur gering, was sich u. a. in einer zunehmenden Dezentralisierung von Tarifverhandlungen niederschlägt.

Tab. 8-1

Gewerkschaftlicher Organisationsgrad und Streiktage in ausgewählten Ländern

Land	gewerkschaftlicher Organisationsgrad (in % aller Beschäftigten)						Arbeitsausfälle durch Streiks (Tage pro Jahr, je 1.000 Beschäftigte)		
	1990	1995	2000	2005	2010	2013	1990–2000	2000–2005	2008
Schweden	85,2	87,6	89,7	76,5	68,2	67,7	50	k.A.	k.A.
Großbritannien	42,6	36,0	29,4	28,8	26,4	24,4	29	26	28
Deutschland	38,3	29,0	26,1	21,6	18,6	17,7	14	3	4
Niederlande	25,6	28,0	29,1	21,0	18,6	17,6	22	12	15
Japan	25,2	23,8	21,5	18,8	18,4	17,8	2	k.A.	k.A.
USA	16,1	14,9	13,5	12,0	11,4	10,8	52	k.A.	k.A.
Spanien	12,5	16,3	16,7	15,0	17,6	k.A.	157	152	75
Frankreich	10,0	k.A.	k.A.	8,0	7,7	k.A.	70	56	107

(Quelle: ILO)

Das *amerikanische Modell* beinhaltet die nichtinstitutionalisierte Verhandlungspartnerschaft zwischen den lokalen Gewerkschaftsvertretern und der jeweiligen Unternehmungsleitung ohne besondere gesellschaftspolitische Ziele. Aufgrund des im internationalen Vergleich sehr geringen Organisationsgrads ist die Verhandlungsmacht amerikanischer Gewerkschaften zumeist stark eingeschränkt.

Amerikanisches Modell

Das *skandinavische Modell* ist durch eine vorrangig auf die Arbeitsplatzebene bezogene institutionelle Beteiligung der Gewerkschaften in Form gewählter Arbeitsgruppensprecher gekennzeichnet. Das Verhältnis zwischen Gewerkschaften und Arbeitgebern ist durch eine pragmatische Zusammenarbeit geprägt, wobei der Sicherung der internationalen Wettbewerbsfähigkeit eine große Bedeutung beigemessen wird. Aufgrund dieser stark pragmatischen Orientierung ist der Organisationsgrad der Gewerkschaften in den skandinavischen Staaten im internationalen Vergleich traditionell sehr hoch.

Skandinavisches Modell

Das *japanische Modell* sieht die Vertretung der Arbeitnehmer durch Betriebsgewerkschaften vor. In diesen sind üblicherweise nur die lebenslang beschäftigten Stammarbeiter einer Unternehmung organisiert. Randbelegschaften und ein Großteil der Beschäftigten in kleinen Zulieferunternehmungen sind nicht in die gewerkschaftliche Absicherungspolitik einbezogen. Im Hinblick auf Verhandlungen mit den Arbeitnehmern ist dieses Organisationsprinzip der Betriebsgewerkschaften für die Unternehmungsleitung vorteilhafter als Branchen- oder Industriegewerkschaften, da diese durch ihre Bindung an eine Unternehmung weitaus stärker an deren Erfolg und damit an deren Produktivitäts- und Kostenstruktur gekoppelt sind und deshalb zumeist eine größere Kompromissbereitschaft aufweisen.

Japanisches Modell

Das *sowjetische Modell* der Staatsgewerkschaften sieht diese als zentrale Institution zur Umsetzung staatlicher Beschlüsse (»Transmissionsriemen der Partei«) an. Entsprechend kommen diesen vor allem gesellschaftspolitische Aufgaben zu. Darüber hinaus übernehmen die Gewerkschaften wichtige sozialpolitische Tätigkeiten wie z. B. die Einrichtung und Unterhaltung von Betriebskindergärten, Urlaubs- und Freizeiteinrichtungen, u. a. (vgl. Holtbrügge 1995, S. 109 f.). Nach dem Zusammenbruch der sozialistischen Wirtschafts- und Gesellschaftssysteme in den mittel- und osteuropäischen Staaten hat dieses Modell außer in China, Kuba und Nordkorea jedoch weitgehend an Bedeutung verloren.

Sowjetisches Modell

8.1.1.2.2 Verbände

Während die Gewerkschaften die Interessen der Mitarbeiter wahrnehmen, werden diejenigen der Unternehmungen in vielen Ländern durch Verbände und Kammern wahrgenommen. Je nach Ausgestaltung des Industrial-Relations-Systems können diese ihre Mitgliedsunternehmungen z. B. in kollektiven Lohn- und Tarifverhandlungen vertreten. Darüber hinaus kommt Verbänden eine wichtige Funktion im Rahmen des politischen Willensbildungs- und Gesetzgebungsprozesses zu. So werden diese etwa vielfach zu Expertenhearings eingeladen. Viele Unternehmungen setzen Verbände zudem für ihre Lobbying-Aktivitäten ein (vgl. Berg 2003a, S. 171 ff.).

Für deutsche Unternehmungen im Ausland kommt insbesondere den in mehr als 90 Ländern tätigen deutschen Außenhandelskammern (AHK) eine große Bedeutung zu (vgl. http://www.ahk.de). Die AHKs sind Tochterorganisationen des Deutschen

Außenhandelskammern

Industrie- und Handelskammertages und bieten ihren Mitgliedern u. a. Unterstützung bei Informationsbeschaffung und Markteinstieg, der Organisation von Messen sowie der Aus- und Weiterbildung von Fach- und Führungskräften. Für besonders wichtige Investitionsregionen gibt es darüber hinaus regionale Interessensvertretungen wie den Ost-Ausschuss der Deutschen Wirtschaft (vgl. http://www.ost-ausschuss.de) und den Asien-Pazifik Ausschuss der Deutschen Wirtschaft (vgl. http://www.asien-pazifik-ausschuss.de/de).

8.1.1.2.3 Medien

International tätige Unternehmungen sind in besonderem Maße der Aufmerksamkeit der Medien ausgesetzt. Diese verfügen zwar über keine formalen Machtbasen, um die Tätigkeit von Unternehmungen z. B. durch Gesetze oder Streiks unmittelbar zu beeinflussen, sie prägen jedoch wesentlich die öffentliche Meinung und wirken dadurch mittelbar auf unternehmungspolitische Entscheidungen ein (vgl. Faulstich 2004; Jäckel 2011).

Die größte Bedeutung haben die Medien in Ländern mit einem stark kommerzialisierten Mediensystem, wie etwa den USA, in denen die Information der Öffentlichkeit häufig keinen objektiven Kriterien folgt, sondern vor allem durch deren Eigeninteresse bestimmt wird, eine möglichst hohe Auflagen- bzw. Einschaltquote zu erzielen. Der besondere Einfluss der Medien besteht in der selektiven Herstellung von Öffentlichkeit sowie der Aufdeckung von Skandalen und Aktivitäten ausländischer Unternehmungen, die den Interessen der Gastländer vermeintlich oder tatsächlich entgegenstehen (vgl. Friebel/Heinz 2012; Gao et al. 2013).

Die Bedeutung der Medien wird durch deren zunehmende Internationalisierung noch verstärkt. Durch die Entwicklung moderner Kommunikations- und Informationstechnologien wie dem Satellitenfernsehen, dem Internet oder dem Mobiltelefon sind diese in der Lage, ohne Zeitverzögerung über Ereignisse an beliebigen Orten der Welt zu berichten. Die Aktivitäten international tätiger Unternehmungen werden deshalb nicht nur von den Medien in den jeweiligen Gastländern beobachtet, sondern zunehmend auch von den Medien des Stammlandes kritisch verfolgt.

Beispiel

Im März 2010 veröffentlichte Greenpeace ein Video auf YouTube, in dem Nestlé vorgeworfen wird, für seine Kit Kat-Riegel Palmöl von dem indonesischen Lieferanten Sinar Mas zu beziehen, der den indonesischen Regenwald abholzt und somit eines der letzten Rückzugsgebiete bedrohter Orang-Utans zerstört. Statt in einen Schokoladenriegel beißt ein vermeintlicher Konsument in dem Video in den Finger eines Orang-Utans.
Ein Link auf dieses Video wurde auf der Facebook-Seite von Kit Kat platziert. Nachdem Nestlé die Veröffentlichung des Videos auf YouTube mit dem Verweis auf Urheberrechte untersagte, wurde es über andere Plattformen verbreitet. Innerhalb weniger Tage wurde es dort mehr als 1,6 Mio. Mal angeklickt. Zahlreiche Kommentare riefen auf der Facebook-Seite von Nestlé zum Boykott auf. Zugleich startete Greenpeace eine Twitter-Aktion gegen die Unternehmung. Insgesamt beteiligten sich an der Kampagne 440.000 Facebook Fans und mehr als 37.000 Follower auf Twitter.
Nachdem Nestlé vergeblich versucht hatte, diesen *shitstorm* zu stoppen, lenkte es schließlich ein und verpflichtete sich, kein Palmöl von Singer Mas mehr zu beziehen und seine Beschaffungsaktivitäten von unabhängigen Organisationen kontrollieren zu lassen. Im Jahre 2011 schuf Nestlé zudem die Stelle des »Global Head of Digital and Social Media« und setzte ein »Digital Acceleration Team« ein, das die Aktivitäten in sozialen Medien rund um die Uhr beobachtet (vgl. Hillenbrand 2010; Präkelt 2012).

Eine wachsende Bedeutung kommt sozialen Medien wie Facebook, Twitter oder YouTube zu. Diese besitzen nicht nur eine außerordentlich große Zahl von Nutzern, sondern sind auch in der Lage, innerhalb kürzester Zeit weltumspannend Nachrichten zu verbreiten. Dadurch besteht bei der – auch nur vermeintlichen – Missachtung von Stakeholder-Interessen die Gefahr, Opfer eines *shitstorms* zu werden (vgl. Stoffels/Bernskötter 2012; Steinke 2014).

8.1.1.2.4 Nichtregierungsorganisationen

Die einseitige Orientierung vieler Unternehmungen an ökonomischen Zielen hat in zahlreichen Ländern zur Gründung von Nichtregierungsorganisationen (*non-governmental organizations, NGOs*) geführt, in denen sich z. B. die Interessen von Anwohnern, Verbrauchern oder anderen von der Unternehmungstätigkeit direkt oder indirekt Betroffenen artikulieren. NGOs gewinnen in dem Maße an Bedeutung, in dem Parteien, Verbände oder Regierungsinstitutionen nicht mehr als glaubwürdig oder zielstrebig genug angesehen werden, bestimmte sozio-politische Anliegen zu artikulieren, zu repräsentieren und durchzusetzen. Ihr Einfluss auf die Tätigkeit international tätiger Unternehmungen erfolgt sowohl direkt wie z. B. durch Boykottaufrufe als auch indirekt wie etwa durch die Beeinflussung der Regierung oder lokaler Behörden (vgl. Brand 2000; Heins 2002; Ungericht 2005).

NGOs können nicht nur durch die Verfolgung sozialer und ökologischer Anliegen auf die Tätigkeit internationaler Unternehmungen einwirken, sondern von diesen auch aktiv zur Realisierung ihrer unternehmungspolitischen Ziele eingebunden werden. Sektorübergreifende Partnerschaften mit NGOs sind insbsondere in *Bottom of the Pyramid*-Märkten geeignet, um die spezifischen Bedürfnisse der Konsumenten in diesen Märkten zu erkennen, einen Zugang zu lokalem Marktwissen zu erhalten und Defizite der institutionellen Bedingungen zu kompensieren. Da NGOs den Aktivitäten internationaler Unternehmungen in diesen Märkten jedoch oft skeptisch gegenüber stehen, ist die Entwicklung von Vertrauen zwischen diesen Akteuren erforderlich. Dazu tragen etwa Investitionen in die lokale Infrastruktur bei, die die Lebensbedingungen der Menschen substanziell verbessern (vgl. Schuster/Holtbrügge 2014a, 2014b).

Beispiel

Ein Beispiel für den Einfluss von NGOs auf international tätige Unternehmungen ist Starbucks. Vertreter der NGO Global Exchange (vgl. http://www.globalexchange.org/) haben Starbucks während ihrer Hauptversammlung im Februar 2000 vorgeworfen, Gewinne auf Kosten armer Kaffeebauern zu machen, und zu einem Boykott der Unternehmung aufgerufen. Aufgrund der Schärfe der Proteste entschloss sich Starbucks im Juli 2002, mit mehreren NGOs wie Oxfam und der Ford-Stiftung zusammenzuarbeiten und ein Programm für die Schaffung besserer Arbeitsbedingungen für die Kaffeeproduzenten zu erarbeiten. Teile dieses Programms sind der zunehmende Verkauf von FairTrade-Kaffee in den Filialen von Starbucks und die Weiterbildung von Kaffeebauern (vgl. Argenti 2004).

8.1.1.2.5 Religionsgemeinschaften

Einstellung gegenüber ausländischen Unternehmungen

Während Direktinvestitionen ausländischer Unternehmungen von Gastlandregierungen und -gewerkschaften zumeist positiv bewertet werden, stehen Religionsgemeinschaften diesen in vielen Ländern kritisch gegenüber. Insbesondere in traditionellen Kulturen wird eine dadurch bewirkte Verwestlichung kritisiert, die zu einer zunehmenden Orientierung an materiellen statt an religiösen Werten führt. Besonders radikal wird diese Auffassung von islamisch-fundamentalistischen Glaubensgemeinschaften in vielen arabischen, nordafrikanischen und mittelasiatischen Staaten vertreten. Aber auch die katholische Kirche spricht sich z. B. in Polen und einigen südamerikanischen Staaten teilweise vehement gegen den zunehmenden Einfluss ausländischer, d. h. zumeist westlicher Unternehmungen aus. Die Bedeutung von Religionsgemeinschaften für ausländische Unternehmungen ist dagegen in solchen Ländern gering, in denen eine weitgehende Säkularisierung von Staat und Kirche vorherrscht.

Religiös motivierter Terrorismus

Ein besonderes Problem für international tätige Unternehmungen und ihre Mitarbeiter stellt der vor allem von militanten islamistischen Organisationen wie Al-Qaida, Boko Haram, Hamas, ISIS und Taliban ausgehende *religiös motivierte Terrorismus* dar. Nach der Global Terrorism Database wurden zwischen 1968 und 2013 125.000 terroristische Anschläge verübt, davon 58.000 Bombenanschläge, 15.000 Attentate und 6.000 Entführungen. Dabei kamen 100.953 Menschen ums Leben und 99.251 Menschen wurden verwundet (vgl. http://www.start.umd.edu/gtd/). Betroffen davon sind vor allem arabische sowie einige südasiatische und südost-asiatische Staaten (vgl. Tab. 8-2). In Europa sind Unternehmungen aufgrund des Tschetschenien-Konflikts vor allem in Russland gefährdet. Da ein wirksamer Schutz gegen terroristische Anschläge nicht möglich ist, haben diese erhebliche Auswirkungen auf die Investitionen ausländischer Unternehmungen in den davon betroffenen Ländern (vgl. Li/Tallman/Ferreira 2005; Czinkota et al. 2010).

Tab. 8-2

Am stärksten von terroristischen Anschlägen betroffene Länder 2013

Land	Anschläge	Verletzte
Irak	2.852	7.046
Pakistan	2.212	2.891
Afghanistan	1.443	3.697
Indien	690	464
Philippinen	652	432
Thailand	477	253
Jemen	424	622
Nigeria	341	2.003
Somalia	331	641
Ägypten	315	243

(Quelle: http://www.start.umd.edu/gtd/)

8.1.2 Instrumente des Public Affairs-Management in ausländischen Tochtergesellschaften

Nach der Skizzierung der Charakteristika, Ziele und Einflussmöglichkeiten der wichtigsten Interessengruppen, mit denen ausländische Unternehmungen in den jeweiligen Gastländern konfrontiert sind, werden im Folgenden die wichtigsten Instrumente dargestellt, auf die Tochtergesellschaften ausländischer Unternehmungen im Rahmen des Public Affairs-Management zurückgreifen können. Wie zu Beginn des Kapitels erläutert, wird dabei in Analyseinstrumente und Gestaltungsinstrumente unterschieden.

8.1.2.1 Analyseinstrumente

8.1.2.1.1 Stakeholder-Analyse

Instrument zur Identifikation relevanter Interessengruppen

Die Stakeholder-Analyse stellt ein *Instrument zur Identifikation relevanter Interessengruppen* einer Unternehmung dar. Stakeholder sind Interessengruppen, die die Bildung oder Realisierung der Ziele einer Unternehmung beeinflussen oder durch diese beeinflusst werden (vgl. Freeman 1984, S. 125). Eine Missachtung der relevanten Interessengruppen kann die Realisierung der unternehmungspolitischen Zielsetzungen erschweren oder sogar verhindern. Der Stakeholder-Ansatz unterscheidet sich damit vom Shareholder-Ansatz, der die Anteilseigner als einzige legitime Anspruchsgruppe einer Unternehmung ansieht (vgl. Tab. 8-3).

Tab. 8-3

Perspektiven des Shareholder- und Stakeholder-Ansatzes

	Shareholder-Ansatz	Stakeholder-Ansatz
Schwerpunkt	Profitabilität vor Verantwortung	Verantwortung vor Profitabilität
Unternehmungen werden verstanden als	Instrumente	Joint Ventures
Unternehmungszweck ist orientiert an	Eigentümern	allen legitimierten Interessengruppen
Erfolgskriterium	Aktienkurs und Dividende (Shareholder Value)	Zufriedenheit der Stakeholder
größte Herausforderung	Lösung des Principal-Agent-Problems zwischen Eigentümern und Managern	Balance der Interessen unterschiedlicher Stakeholder
Corporate Governance durch	Unabhängige Vorstände mit Kapitalanteilen	Repräsentation der Interessensgruppen
soziale Verantwortung durch	Individuen und nicht Unternehmungen	Individuen und Unternehmungen
Gesellschaft wird am besten gedient durch	Verfolgung von Eigeninteressen (ökonomische Effizienz)	Verfolgung gemeinsamer Interessen (ökonomische und soziale Effizienz)

(Quelle: de Wit/Meyer 2010, S. 277)

Das Ziel der Stakeholder-Analyse besteht zunächst darin, aus der Menge der in einem Gastland agierenden sozio-politischen Interessengruppen (vgl. Kap. 8.1.1) diejenigen zu identifizieren, die sich restriktiv oder unterstützend auf die unternehmungspolitischen Entscheidungen auswirken können. Dazu erfolgt in einem ersten Schritt eine *Auflistung* aller tatsächlichen und potenziellen Anspruchsgruppen der Unternehmung. Anschließend findet eine *Charakterisierung* dieser Anspruchsgruppen anhand ihrer Ziel- und Machtstruktur sowie des eingegangenen Risikos statt. Um deren potenziellen Einfluss auf den Entscheidungsspielraum der Unternehmung abzuschätzen, lassen sich in Anlehnung an Scholz (1987, S. 27) folgende *Machtbasen* von Stakeholdern unterscheiden:

Machtbasen von Stakeholdern

- Die *Bindungsmacht* kennzeichnet die Möglichkeit, die Aktionsfreiheit einer Unternehmung an die Zustimmung eines Stakeholders zu knüpfen (z. B. Genehmigungsverfahren durch Behörden).
- Die *Retaliations- bzw. Vergeltungsmacht* bezeichnet die Möglichkeit eines Stakeholders, Sanktionen für die Nichterfüllung von Ansprüchen vorzunehmen (z. B. Streiks oder Störungen des Betriebsablaufs durch Gewerkschaften).
- Unter *Substitutionsmacht* versteht man die Möglichkeit eines Stakeholders, die Beziehung zur Unternehmung abzubrechen, wenn der Schaden für den Stakeholder geringer als für die Unternehmung ist (z. B. Boykotte durch Verbraucherverbände).
- Stakeholder verfügen schließlich über *Koalitionsmacht*, wenn sie sich die Unterstützung einer Gruppe sichern können, die über Macht gegenüber der Unternehmung verfügt. Das kann auch eine Gruppe sein, die selbst kein direktes Interesse an der Unternehmung besitzt (z. B. Medien oder Verbände).

Relevanz von Stakeholdern

Die Charakterisierung der Stakeholder beinhaltet darüber hinaus eine *Risikodimension*. Sie kennzeichnet die Höhe des Einsatzes *(stake)* des einzelnen Stakeholders. Je höher das eingegangene Risiko ist, desto größer wird der Anspruch des jeweiligen Stakeholders sein.

Den letzten Schritt der Stakeholder-Analyse bildet die Bestimmung der *Relevanz* der einzelnen Stakeholder. Dazu werden diese anhand ihrer Zielhöhe, ihrer Machtpotenziale sowie ihres Einsatzrisikos gewichtet und in einer Relevanzmatrix positioniert. Die strategische Bedeutung einer Anspruchsgruppe ist dabei umso größer,

- je mehr Unsicherheit mit den von der Gruppe erhobenen Ansprüchen für die Unternehmung verbunden ist (*Unsicherheitsgrad*),
- je weniger die Unternehmung in der Lage ist, sich den konkreten Ansprüchen dieser Gruppe zu entziehen (*Abhängigkeitsgrad*), und
- je mehr die Anspruchsgruppe in der Lage ist, durch ihre Handlung das Verhalten der Unternehmung nachhaltig zu beeinflussen (*Einflussgrad*).

Die Durchführung einer systematischen Stakeholder-Analyse ist für Tochtergesellschaften ausländischer Unternehmungen von großer Bedeutung, da diese zumeist in besonderem Maße im Blickpunkt der Öffentlichkeit stehen (vgl. Holtbrügge/Berg 2004b; 2005). Der Einflussgrad der Stakeholder, d. h. deren Möglichkeit, die Bildung und Realisierung der unternehmungspolitischen Ziele zu beeinflussen, ist deshalb zumeist stärker als im nationalen Kontext. Gleichzeitig gestaltet sich die Möglichkeit zur Analyse der Ziele, Einflussmöglichkeiten und Risikobereitschaft der einzelnen Stakeholder aufgrund von Datengewinnungsproblemen zumeist schwieriger, sodass auch der Unsicherheitsgrad zunimmt. Insbesondere in Ländern mit einer hohen Rechtsunsicherheit ist zudem der Abhängigkeitsgrad von lokalen Stakeholdern vielfach größer als bei national tätigen Unternehmungen.

Ein Beispiel eines Stakeholder-Netzwerks des deutschen Baustoffherstellers Knauf in Russland gibt Abb. 8-4 wieder. Knauf verfügt über sehr enge Beziehungen zu staatlichen Interessengruppen auf unterschiedlichen Ebenen wie der russischen Regierung, zur Staatsduma sowie zu der jeweiligen regionalen Administration, in denen sich die einzelnen Standorte der Unternehmung befinden. Die Beziehungen zu diesen Stakeholdern werden vor allem dazu genutzt, um frühzeitig Informationen über Veränderungen der rechtlichen Rahmenbedingungen zu erhalten und opera-

Abb. 8-4

Stakeholder-Netzwerk von Knauf in Russland

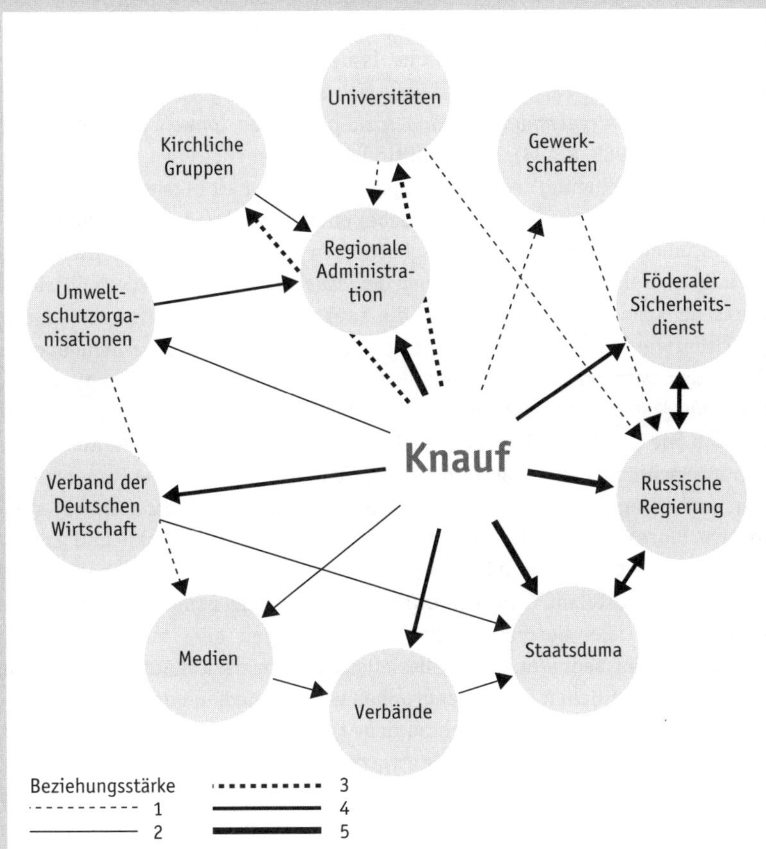

tive Probleme wie Zoll- und Steuerfragen zu klären. Darüber hinaus bestehen enge Verbindungen zu verschiedenen Verbänden (z. B. dem Verband der deutschen Wirtschaft und der Handels- und Industriekammer) sowie zu weiteren nicht-staatlichen Interessengruppen wie den Gewerkschaften und verschiedenen Universitäten, die vor allem der Zusammenarbeit im Rahmen des Lobbying und der Öffentlichkeitsarbeit dienen. Ein wichtiges Kennzeichen des Stakeholder-Netzwerks ist, dass Knauf zu vielen wichtigen Stakeholdern nicht nur direkte, sondern auch indirekte Kontakte pflegt. Die meisten wichtigen Stakeholder kann die Unternehmung somit unmittelbar als auch mit Hilfe anderer Stakeholder ansprechen (vgl. Holtbrügge/Puck 2009a; 2009b).

8.1.2.1.2 Issue-Analyse

Die Gestaltungsinstrumente des Public Affairs-Management lassen sich nur dann effizient einsetzen, wenn relevante Entwicklungen im Bereich der sozio-politischen Umwelt einer Unternehmung frühzeitig erkannt werden. Sind z. B. Gesetzentwürfe bereits verabschiedet oder Normen tief in der Gesellschaft verwurzelt, so sind diese durch unternehmungspolitische Maßnahmen zumeist nur noch schwer beeinflussbar.

Sozio-politische Anliegen

Vor dem Hintergrund der zu Beginn des Kapitels dargelegten Definition des Public Affairs-Management stellen strategische Issues *sich abzeichnende sozio-politische Anliegen* dar, *von denen erwartet wird, dass sie sich in Zukunft maßgeblich auf die Beziehungen einer Unternehmung zu ihrer sozio-politischen Umwelt auswirken werden* (vgl. Achleitner 1985, S. 134). Sozio-politische Anliegen entstehen, wenn die Aktivitäten einer Unternehmung den Erwartungen der Gesellschaft in relevanten Bereichen erheblich widersprechen. Häufig führt dabei eine Vielzahl von Einzelereignissen zu einem bestimmten Zeitpunkt zu gesellschaftlichen Reaktionen, die Unternehmungen direkt oder indirekt betreffen. Im Rahmen der Issue-Analyse müssen deshalb wichtige strategische sozio-politische Anliegen, die zwar noch von keiner Interessengruppe aufgegriffen wurden, in absehbarer Zeit jedoch die Realisierung unternehmungspolitischer Ziele positiv oder negativ beeinflussen können, möglichst frühzeitig identifiziert werden (vgl. Brewer 1992; Liebl 2000; Kuhn/Kinter/Kalt 2009).

Politische Anliegen

Ähnlich wie bei der Stakeholder-Analyse kann auch bei der Issue-Analyse zwischen unterschiedlichen Inhalten gesellschaftspolitischer Anliegen unterschieden werden (vgl. Berg 2003a, S. 77). Bei *politischen Anliegen* (*political issues*) stehen legislative Prozesse sowie die Unterstützung politischer Positionen und Entwicklungen im Vordergrund, die häufig in einem mittelbaren Zusammenhang mit der Geschäftstätigkeit stehen. *Gesellschaftliche Anliegen* (*social issues*) sind etwa die Forderung nach sozialer Gerechtigkeit, Chancengleichheit oder menschenwürdigen Arbeits- und Lebensbedingungen. Sie beziehen sich zumeist auf Auseinandersetzungen mit gesellschaftlichen Interessengruppen wie den Medien oder NGOs und gehen häufig regulativen Eingriffen durch staatliche Organe voraus. Ähnliches gilt für *ökologische Anliegen* (*ecological issues*) wie etwa den Druck zum Einbau von Emissionsfiltern oder Lärmschutzanlagen durch Anwohner von Industrieanlagen. *Ökonomische Anliegen* (*economic issues*) an Unternehmungen sind schließlich etwa die Erzielung von Beschäftigungseffekten in Regionen mit hoher Arbeitslosigkeit oder die Erbringung von lokalen Wertschöpfungsanteilen (*local content*).

Ökologische Anliegen

Ein Instrument zur Issue-Analyse stellt das *Lebenszykluskonzept sozio-politischer Anliegen* dar (vgl. Dyllick 1989, S. 241 ff.). Es unterscheidet fünf Entwicklungsphasen, und zwar die Latenz-, Emergenz-, Aufschwung-, Reife-, und Abschwungphase. Jede dieser Phasen ist durch ein bestimmtes Entwicklungsstadium des Anliegens gekennzeichnet, das sich vom Auftreten bestimmter Ereignisse über die Bildung gesellschaftlicher Erwartungen, die Politisierung und Regelung bis hin zu Sanktionen erstreckt. Mit zunehmender Entwicklung nimmt die Aufmerksamkeit für das Anliegen zu, bis es nach seiner Regelung wieder weitgehend aus dem öffentlichen Bewusstsein verschwindet (vgl. Abb. 8-5).

Lebenszykluskonzept sozio-politischer Anliegen

- Die *Latenzphase* ist durch das erstmalige Auftreten sozio-politischer Anliegen gekennzeichnet. Bestimmte Themen werden zunächst nur von einer kleinen Gruppe von Experten als bedeutsam erkannt und diskutiert. Die zentrale unternehmungspolitische Aufgabe besteht in dieser Phase darin, schwache Signale z. B. durch die Lektüre wissenschaftlicher Fachzeitschriften möglichst frühzeitig zu erkennen.

Latenzphase

- Die Emergenzphase zeichnet sich durch eine beginnende intensive wissenschaftliche Auseinandersetzung mit dem Anliegen aus. Darüber hinaus wird das Anliegen von anderen gesellschaftlichen Gruppen aufgegriffen, die versuchen, die Öffentlichkeit darauf aufmerksam zu machen. Es bilden sich gesellschaftliche Erwartungen über den Umgang mit dem Anliegen heraus. Das Ziel der Unternehmung könnte in dieser Phase sein, die Einstellungen der Meinungsführer zu ihren Gunsten zu beeinflussen.

Emergenzphase

- In der *Aufschwungphase* verändert sich der Charakter der Auseinandersetzung von einer wissenschaftlichen Diskussion unter Experten zu einer politischen Auseinandersetzung in der Öffentlichkeit. Durch verschiedene Aktionen versuchen die

Aufschwungphase

Abb. 8-5

Idealtypischer Lebenszyklus sozio-politischer Anliegen

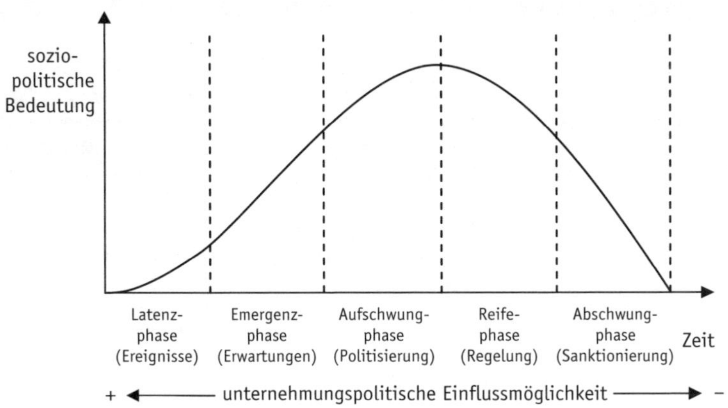

(Quelle: in Anlehnung an Achleitner 1985, S. 94; Dyllick 1989, S. 246)

einzelnen gesellschaftlichen Gruppen, die öffentliche Meinung über das Anliegen zu beeinflussen. Das Anliegen wird zudem von den Massenmedien aufgegriffen und erlangt ein Höchstmaß an öffentlicher Aufmerksamkeit. In dieser Phase steht die von dem Anliegen betroffene Unternehmung in besonderem Maße im Blickpunkt der Öffentlichkeit.

Reifephase

- In der *Reifephase* wird das Anliegen von den politischen Parteien aufgegriffen und eine Regelung vorbereitet. Die Medien verlieren häufig bereits wieder das Interesse und wenden sich neuen Themen zu, sodass auch die öffentliche Aufmerksamkeit nachlässt. Die von der Unternehmung eingesetzten Instrumente des Public Affairs-Management richten sich deshalb in dieser Phase vor allem an die politischen Entscheidungsträger, die über die Regelung des Anliegens bestimmen.

Abschwungphase

- In der *Abschwungphase* wird versucht, eine Regelung für das Anliegen zu finden. Im Vordergrund stehen Probleme der Durchsetzung von Ansprüchen. Das Verhalten der betroffenen Unternehmungen wird überprüft und eventuell sanktioniert.

Ähnlich wie der Produktlebenszyklus von Vernon (vgl. Kap. 3.1.2.1) stellt auch das Lebenszykluskonzept sozio-politischer Anliegen ein idealtypisches Konzept dar, das zahlreiche *Schwächen* aufweist. So macht das Modell keine Aussagen darüber, wie lange ein Anliegen in den einzelnen Phasen des Lebenszyklus verbleibt und wie lang der gesamte Lebenszyklus ist. Offen bleibt auch, ob ein Anliegen alle Stufen des Lebenszyklus bis zum Ende durchläuft oder schon vorher an Bedeutung verliert, und ob es nach einmaligem Durchlauf des Lebenszyklus endgültig aus dem öffentlichen Bewusstsein verschwindet oder wieder an Bedeutung gewinnen kann. Nicht zuletzt kann der Verlauf des Lebenszyklus wesentlich durch unternehmungspolitische Maßnahmen beeinflusst werden (vgl. Dyllick 1989, S. 241 f.).

Beispiel

Beispielhaft für einen idealtypischen Lebenszyklus sozio-politischer Anliegen ist der Umgang von Pharmaunternehmungen mit HIV/AIDS-Medikamenten in Südafrika. Südafrika ist mit 5,5 Mio. Menschen – das sind knapp 19 % der erwachsenen Bevölkerung – eines der vom HI-Virus am stärksten betroffenen Länder.
1996 haben Mediziner und Pharmakologen eine Kombination von Medikamenten entwickelt, welche als antiretrovale Therapie (ART) das Leben von HIV-Infizierten signifikant verlängern kann. Diese Medikamente sind jedoch sehr teuer und für die meisten Patienten in Südafrika unerschwinglich. Die internationale NGO »Ärzte ohne Grenzen« hat deshalb eine Medienkampagne »Access to Essential Medicines« gestartet und Pharmaunternehmungen dazu aufgefordert, ART-Medikamente in Afrika preiswerter zu verkaufen, um dadurch arme Länder im Kampf gegen die HIV-Pandemie zu unterstützen. Ähnliche Forderungen wurden von vielen südafrikanischen NGOs wie z. B. der Treatment Action Campaign erhoben.
Da die betroffenen Unternehmungen auf diese Forderungen nicht reagierten, hat die Regierung von Südafrika im Jahre 1997 Generika von patentgeschützten ART-Medikamenten legalisiert. Dies verstößt gegen das TRIPS-Abkommen der WTO, nach dem Medikamenten ein Patentschutz von 20 Jahren eingeräumt wird. Als Reaktion auf diese Verletzung international geltender Regelungen erhoben 39 Pharmaunternehmungen im Jahre 1998 Klage gegen die südafrikanische Regierung. Aufgrund des internationalen Drucks und der anhaltenden Proteste nationaler und internationaler NGOs wurde die Klage 2001 jedoch zurückgezogen.
In den folgenden Jahren sind viele Regierungen in anderen Ländern Afrikas und Asiens dem Beispiel der südafrikanischen Regierung gefolgt und haben den Vertrieb von Generika freigegeben. In manchen Ländern sind jedoch auch die Preise für die Generika auf ein derart hohes Niveau gestiegen, dass diese für viele Patienten unerschwinglich sind (vgl. http://unaids.org; http://www.aerzte-ohne-grenzen.de; http://www.accessmed-msf.org/; Rygl/Kittler/Friedmann 2007).

Die Aufgabe der Issue-Analyse ist deshalb nicht nur auf das möglichst frühzeitige Erkennen sozio-politischer Anliegen beschränkt, sondern muss auch die Vorbereitung von Maßnahmen zu deren aktiver Beeinflussung umfassen. Die Gestaltungsinstrumente, die international tätigen Unternehmungen hierzu zur Verfügung stehen, werden im Folgenden ausführlich erläutert.

8.1.2.2 Gestaltungsinstrumente

8.1.2.2.1 Verhaltenskodizes

Ethik-Kodex

Verhaltenskodizes (*codes of conduct*) stellen oberste, werturteilsbehaftete Richtlinien für die Entscheidungen und das Handeln der Mitarbeiter einer Unternehmung dar (vgl. Lawrence/Weber 2014, S. 125). Diese können etwa Regeln zum Schutz der Mitarbeiter, zum Umweltschutz, zum Umgang mit Behörden oder zur Corporate Governance beinhalten, wobei große internationale Unterschiede bestehen. Während etwa in anglo-amerikanischen Unternehmungen den Arbeiter- und Menschenrechten eine größere Bedeutung beigemessen wird, stehen bei deutschen Unternehmungen häufiger Umweltaspekte im Vordergrund (vgl. Bondy/Matten/Moon 2004).

Als internalisierte Normen haben Verhaltenskodizes das Ziel, die Entscheidungen und Handlungen der Mitarbeiter und Unternehmungseinheiten zu koordinieren und eine einheitliche Grundauffassung im Umgang mit sozio-politischen Anliegen und den Interessengruppen einer Unternehmung sicherzustellen. Um diese Funktion erfüllen zu können und nicht nur deklamatorisch zu bleiben, müssen Verhaltenskodizes knapp, prägnant und operational formuliert und in allen Bereichen der Unternehmung implementiert werden. Zudem muss ihre Einhaltung überprüfbar sein und regelmäßig überprüft werden (vgl. Tab. 8-4).

Tab. 8-4

Merkmale von Verhaltenskodizes

Kriterien	Merkmale
Inhalt	▸ einfache Darstellung universeller Werte ▸ Identifikation wichtiger Stakeholder (auch der nicht-willentlich beteiligten) ▸ Sensitivität gegenüber kulturellen Unterschieden ▸ Prinzipien gehen über das geltende Recht hinaus
Implementierung	▸ eindeutige Identifikation von branchentypischen Situationen ▸ Leitlinien, was zu tun ist, wenn die Verhaltensgrundsätze angezweifelt werden oder eine kulturelle Anpassung erforderlich ist ▸ Unterstützung der ethischen Entwicklung der Mitarbeiter ▸ Unterstützung durch Strukturen, Systeme und Prozesse, die eine ethisch verantwortliche Entscheidungsfindung ermöglichen
Kontrolle	▸ Betonung des Stakeholder-Engagements ▸ Transparenz der Berichterstattung ▸ unabhängige Überprüfung, Offenheit für Monitoring

(Quelle: leicht modifiziert nach Logsdon/Wood 2005, S. 60)

Ein Beispiel für weltweit gültige Verhaltensgrundsätze ist der Verhaltenskodex der Henkel-Gruppe:

Neoliberalismus

In der wissenschaftlichen Literatur ist umstritten, ob Unternehmungen eine soziale Verantwortung (*corporate social responsibility*) besitzen und sie deshalb an ethischen Prinzipien orientierte Grundsätze für ihr Verhalten aufstellen sollten. Insbesondere die Vertreter des *Neoliberalismus* sind der Auffassung, dass Unternehmungen keine Verantwortung für Aufgaben zugewiesen werden sollte, die von anderen Institutionen wie etwa dem Staat effizienter wahrgenommen werden können. Unternehmungen, die unter den Bedingungen eines funktionierenden Wettbewerbs operieren, erfüllen die an sie gerichteten gesellschaftlichen Ansprüche nach dieser Auffassung dann am besten, wenn sie diejenigen Entscheidungen treffen, die zur Maximierung ihres ökonomischen Gewinns führen. Kennzeichnend dafür ist die häufig zitierte Aussage von Friedman (1970): »There is one and only one social responsibility of business – to use its resources and engage in activities designed to increase its profits so long as it stays within the rules of the game, which is to say, engages in open and free competition without deception or fraud (...). The business of business is business.«

Konzept der Unternehmungsethik

Die Tätigkeit internationaler Unternehmungen ist jedoch dadurch gekennzeichnet, dass die zentrale Voraussetzung von für alle Marktteilnehmer gleichen und verbindlichen rechtlichen Rahmenbedingungen nicht erfüllt ist. Die Globalisierung der Wirtschaft führt vielmehr dazu, dass Staaten ihre ordnungspolitischen und sozialen Aufgaben vielfach nicht mehr effizient wahrnehmen können oder wollen (vgl. Sche-

Beispiel

»Henkel ist international in unterschiedlichen Geschäftsbereichen tätig und begegnet weltweit verschiedenartigen Kulturen, lokalen Gesetzen und Regelungen. Um erfolgreich zu sein, muss Henkel flexibel und innovativ den Ressourceneinsatz und die Entwicklung seiner Geschäfte in den verschiedenen Teilen der Welt steuern. Wir sind bestrebt, unsere Geschäftspraktiken nicht nur mit den wirtschaftlichen und sozialen Prioritäten des jeweiligen Umfelds in Einklang zu bringen, sondern auch mit unseren eigenen, für die gesamte Unternehmensgruppe gültigen Verhaltensregeln (...).
Henkels Geschäfte bringen es mit sich, dass wir auf viele verschiedenartige Menschen und Organisationen treffen. Unsere Mitarbeiter sollen lokale Bräuche, Traditionen und gesellschaftliche Werte achten und die Rechte des Menschen auf ein freies und erfülltes Leben respektieren. Letztendlich liegt die Verantwortung für ein angemessenes Verhalten bei jedem Einzelnen von uns. Nichts kann die persönliche Integrität und ein sicheres Urteilsvermögen ersetzen. In einer schwierigen Situation sollten Sie sich folgende Fragen stellen:

- Ist meine Handlung oder Entscheidung angemessen und frei von persönlichen Interessenkonflikten?
- Hält meine Handlung oder Entscheidung einer kritischen Prüfung durch die Öffentlichkeit stand?
- Trägt meine Handlung oder Entscheidung zum Erhalt von Henkels Ansehen als einem ethisch orientierten Unternehmen bei?

Wenn Sie jede Frage mit »ja« beantworten können, ist Ihre Handlung oder Entscheidung zu den folgenden Verhaltensregeln wahrscheinlich richtig.

- Wir erfüllen die Anforderungen unserer Kunden
- Wir erzielen eine hohen Ertrag für unsere Aktionäre
- Wir fördern, entwickeln und belohnen unsere Mitarbeiter
- Wir fordern ein einwandfreies Geschäftsverhalten von unseren Lieferanten und Dienstleistern
- Wir beachten Gesetze und gesellschaftliche Normen
- Wir übernehmen Verantwortung für Sicherheit, Gesellschaft und Umwelt
- Wir schließen Interessenkonflikte aus
- Wir achten die Persönlichkeit jedes Einzelnen
- Wir verhalten uns fair im Wettbewerb
- Wir schützen vertrauliche Informationen und Vermögenswerte des Unternehmens

Wenn Sie beobachten, dass jemand gegen diese Richtlinie verstößt, sprechen Sie die Person bitte zunächst direkt an. Falls Sie unsicher sind, bitten Sie Ihren Vorgesetzten oder die Rechts-/Revisions-/Personalabteilung um Rat.«

rer/Palazzo 2011). Angesichts dieses Steuerungsdefizits von Staat und Markt kommt international tätigen Unternehmungen im *Konzept der Unternehmungsethik* deshalb eine *subsidiäre Verantwortungsübernahme* für die sozialen Folgen ihres Handelns zu (vgl. Steinmann/Löhr 1995, S. 80 f.).

Mangelnde Universalität menschlicher Werte

Während die Wahrnehmung dieser sozialen Verantwortung bereits im nationalen Kontext auf zahlreiche Schwierigkeiten stößt, wird die Festlegung verbindlicher Verhaltensgrundsätze für international tätige Unternehmungen noch dadurch erschwert, dass deren Angemessenheit häufig nur vor dem Hintergrund der spezifischen kulturellen Bedingungen des jeweiligen Gastlands beurteilt werden kann. Darüber hinaus führt die zunehmende Individualisierung vieler Gesellschaften dazu, dass die an eine Unternehmung herangetragenen Ansprüche vielfach konfliktär und einem zeitlichen Wandel unterlegen sind. Angesichts dieser *mangelnden Universalität menschlicher Werte* erscheint es deshalb vielfach sinnvoller, die Berücksichtigung sozio-politischer Anliegen im Rahmen der Unternehmungspolitik nicht durch die Vorgabe verbindlicher Verhaltensgrundsätze sicherzustellen (*materielle Unternehmungsethik*), sondern durch einen permanenten Dialog mit allen relevanten Interessengruppen zu garantieren (*prozessuale bzw. kommunikative Unternehmungsethik*) (vgl. Steinmann/Löhr 1995, S. 82 f.). Auf Konsultationen als zentrales Element eines solchen permanenten Dialogs mit Interessengruppen wird deshalb in Kapitel 8.1.2.2.7 eingegangen.

8.1.2.2.2 Freiwillige Selbstverpflichtung

Ein weiteres Instrument des Public Affairs-Management stellt die freiwillige Selbstverpflichtung einer Unternehmung dar. Ein Beispiel dafür ist der Verzicht auf den Einsatz von umweltschädlichen Produktionsverfahren, obwohl diese den Anforderungen der Umweltgesetzgebung des entsprechenden Gastlandes genügen würden. Ein anderes Beispiel sind ausländische Investoren, die nach der Übernahme einer inländischen Unternehmung eine Arbeitsplatzgarantie abgeben, obwohl die Entlassung zahlreicher Mitarbeiter aus betriebswirtschaftlichen Gründen effizient wäre (vgl. Holtbrügge 1995, S. 159).

Reaktive Anpassungsstrategie

Freiwillige Selbstverpflichtungen können als Instrument einer reaktiven Anpassungsstrategie oder einer aktiven Entwicklungsstrategie eingesetzt werden. Im Rahmen einer *reaktiven Anpassungsstrategie* besteht das Ziel darin, sich durch die Berücksichtigung eines aus Sicht einer bestimmten Interessengruppe wichtigen und häufig besonders emotionsreichen sozio-politischen Anliegens einen Vertrauensvorschuss (*goodwill)* zu verschaffen. Der Verzicht auf die Durchsetzung eines bestimmten Rechts soll dazu beitragen, andere unternehmungspolitische Ziele leichter durchsetzen zu können (*Junktim-Taktik*). Freiwillige Selbstverpflichtungen zielen damit vor allem auf diejenigen Interessengruppen ab, denen eine über das konkrete sozio-politische Anliegen hinausgehende Bedeutung zukommt (vgl. Tatoglu et al. 2014).

Aktive Entwicklungsstrategie

Als Element einer *aktiven Entwicklungsstrategie* beruhen freiwillige Selbstverpflichtungen dagegen auf der Überzeugung, dass diese nicht nur von den zunehmend sozial und ökologisch orientierten Marktpartnern ökonomisch belohnt werden, sondern vor allem auch einen Wert an sich darstellen. Sozio-politische Anliegen

Beispiel

Ein Beispiel einer aktiven Entwicklungsstrategie stellt die Gesellschaft zur Förderung der Partnerschaft mit der Dritten Welt mbH (gepa) in Wuppertal dar, die Kaffee, Schokolade, Honig und rund 3.000 weitere Lebensmittel und Handwerksprodukte aus Entwicklungsländern importiert und in Deutschland vermarktet. Die entwicklungspolitische Zielsetzung der gepa besteht darin, die Lebensbedingungen von Handwerkern und Kleinbauern zu verbessern, die durch regionale und nationale Wirtschafts- und Sozialstrukturen ihres Landes und der Weltwirtschaft benachteiligt sind. Die gepa bezieht deshalb Güter unter Ausschaltung von Zwischenhändlern direkt bei den Produzenten. Mit diesen werden Mindestpreise, die deutlich über den Notierungen an den internationalen Rohstoffbörsen liegen, sowie feste Entwicklungszuschläge vereinbart. Auf Wunsch wird zudem eine Vorfinanzierung gewährt. Die gepa bevorzugt Produkte, die sozial- und umweltverträglich sind, unter menschenwürdigen Arbeitsbedingungen hergestellt werden und die kulturellen Werte des jeweiligen Landes fördern. Durch diese freiwillige Selbstverpflichtung entstehen gepa Kostennachteile in Höhe von 20 bis 50 % der Einkaufspreise.

Zu den wichtigsten Abnehmern der gepa zählen Weltläden, Lebensmitteleinzelhandelsgeschäfte, Supermarktketten, Bioläden sowie der Deutsche Bundestag. Die gepa ist Mitglied im Verein zur Förderung des Fairen Handels mit der »Dritten Welt« TransFair, der als unabhängige Institution die Einhaltung der freiwillig auferlegten Selbstbeschränkungen kontrolliert (vgl. http://www.gepa.de; http://www.transfair.org).

werden dabei nicht als Restriktion zur Verwirklichung des Gewinnziels aufgefasst, sondern die Gewinnerzielung wird als Voraussetzung zur Verwirklichung sozio-politischer Anliegen begriffen. Eine besondere Bedeutung besitzt diese Strategie in Fair Trade-Organisationen (vgl. Davis/Crane 2003; Hira/Ferrie 2006; von Hauff/Claus 2012).

8.1.2.2.3 Öffentlichkeitsarbeit

Unter Öffentlichkeitsarbeit (*public relations*) wird die *systematische Information der wichtigsten Interessengruppen einer Unternehmung* verstanden. Ihr Ziel besteht darin, die Bekanntheit der Unternehmung und ihrer Produkte zu erhöhen, die Unternehmungspolitik zu erläutern und zu verteidigen und das Image der Unternehmung in der Öffentlichkeit positiv zu beeinflussen. Maßnahmen der Öffentlichkeitsarbeit sind z. B. Pressekonferenzen, Pressemitteilungen, *homepages* im Internet, Empfänge für Regierungsmitglieder, Würdigungen von Besonderheiten der Gastländer im Geschäftsbericht oder Tage der offenen Tür (vgl. Faulstich 2000; Zerfaß 2010).

Kommunikationsstrategie

Um ein positives Image in der Öffentlichkeit aufbauen und nachhaltig sichern zu können, dürfen diese Maßnahmen nicht nur *ad hoc*, isoliert und lediglich bei manifesten Imageproblemen angewandt werden, sondern müssen als *langfristig angelegter Aufbau von Vertrauens- und Glaubwürdigkeitspotenzialen* begriffen und in eine *systematische und umfassende Strategie der Unternehmungskommunikation* integriert werden (vgl. Mast 2012). Deren Grundlage bildet die Entwicklung einer aus dem Leitbild der Unternehmung abgeleiteten Kommunikationsphilosophie. In einem zweiten Schritt werden integrativ wirkende Kernbotschaften und Gestaltungsmerkmale definiert, die sich z. B. durch die Verwendung einheitlicher Leitmotive, Logos, Schrifttypen, Sprachformen, Verhaltensrichtlinien u. a. (*corporate identity*) auszeichnen. Gleichzeitig müssen die organisatorischen und personellen Voraussetzungen zur Formulierung und Umsetzung der Kommunikationsstrategie geschaffen werden. Insbesondere muss festgelegt werden, wer in der Mutter- und Tochtergesellschaft unter welchen Bedingungen zur Information der Öffentlichkeit befugt ist. Von großer

Bedeutung ist es zudem, relevante Informationen möglichst frühzeitig zu erfassen, zu kommunizieren und das Bewusstsein dafür zu schärfen, dass das Image der Unternehmung im Gastland nicht nur von den geplanten und bewusst eingesetzten Maßnahmen der Öffentlichkeitsarbeit, sondern vor allem von dem Verhalten der Unternehmung und ihrer Mitarbeiter abhängt.

Nachhaltigkeitsberichterstattung

Im Rahmen der Öffentlichkeitsarbeit gewinnt zunehmend die Publikation von Nachhaltigkeitsberichten (*sustainabiliy reporting*) an Relevanz. Nach einer Studie von KPMG International (2013) der umsatzstärksten 100 Unternehmungen in 41 Ländern berichten fast 71 % aller Unternehmungen weltweit über wichtige soziale und ökologische Aspekte ihrer Tätigkeit. Der Anteil unter den größten 250 Unternehmungen weltweit beträgt 93 %. Gegenüber 2001 hat sich diese Zahl mehr als verdoppelt (vgl. Kolk 2003). Vielfach ist die Nachhaltigkeitsberichterstattung an den Prinzipien der *Global Reporting Initiative* (2013) orientiert. Diese umfasst sechs Kategorien: Ökonomische Aspekte, Umwelt, Arbeitsbedingungen, Menschenrechte, Gesellschaft und Produktverantwortung.

Öffentliche Exponiertheit internationaler Unternehmungen

Die *Bedeutung* der Öffentlichkeitsarbeit in ausländischen Unternehmungen resultiert vor allem aus deren öffentlicher Exponiertheit (vgl. Kap. 8.1.1.2.3). Da diese in vielen Gastländern explizit dazu angehalten werden, neben unternehmungspolitischen auch volkswirtschaftliche, soziale und ökologische Ziele zu verfolgen, wird ihr Verhalten zumeist intensiver als dasjenige nationaler Unternehmungen beobachtet. Tochtergesellschaften ausländischer Unternehmungen sind in vielen Ländern zudem vielfach mit nationalistischen Einstellungen und emotionalen Abneigungen konfrontiert, sodass zunächst Vertrauen aufgebaut und Akzeptanz für die Unternehmung geschaffen werden muss (vgl. Moeller et al. 2013).

negative Herkunftslandeffekte

Eine besondere Herausforderung für die Öffentlichkeitsarbeit ergibt sich, wenn einzelne Gastländer historisch oder politisch bedingte Aversionen gegenüber Unternehmungen aus bestimmten Ländern entwickelt haben. Beispiele hierfür sind Boykottmaßnahmen gegen amerikanische Unternehmungen im Iran oder das negative Image mittel- und osteuropäischer Unternehmungen in Westeuropa und den USA (vgl. Pappu/Quester/Cooksey 2007; Sharma 2011). Obwohl deutsche Unternehmungen in den meisten Gastländern traditionell ein positives Image genießen, sind auch diese z. B. in den mittel- und osteuropäischen Staaten teilweise Aversionen ausge-

Beispiel

Mit negativen Herkunftslandeffekten sind derzeit viele Unternehmungen aus Emerging Markets konfrontiert, die in den westlichen Industrieländern tätig werden. So werden z. B. Produkte chinesischer, indischer und russischer Unternehmungen von deutschen Konsumenten unabhängig von konkreten Produktinformationen sehr negativ beurteilt, wobei signifikante Unterschiede zwischen verschiedenen Produktkategorien bestehen. Während etwa chinesische IT- und Elektronik-Produkte relativ positiv bewertet werden, fällt die Beurteilung von Pkws aus allen drei Ländern sehr schlecht aus (vgl. Kreppel/Holtbrügge 2012, 2013).

Besonders groß sind die negativen Herkunftseffekte dann, wenn es sich bei den Investoren nicht um private Unternehmungen, sondern um staatliche *sovereign wealth funds* handelt. Diesen vor allem in China, Russland sowie den erdölexportierenden Staaten des Nahen Ostens angesiedelten Staatsfonds wird häufig unterstellt, mit Auslandsinvestitionen nicht nur ökonomische, sondern auch politische Ziele zu verfolgen und über eine wenig transparente *corporate governance* zu verfügen. Viele Gastländer haben deshalb in den letzten Jahren die Bedingungen für deren Tätigkeit verschärft (vgl. Hemphill 2009).

setzt (vgl. Holtbrügge/Berg 2001). Derartige *negative Herkunftslandeffekte* (*country-of-origin effects*) lassen sich zumeist nur langfristig durch eine gezielte Öffentlichkeitsarbeit mildern, die häufig zusammen mit anderen Unternehmungen aus dem gleichen Herkunftsland durchgeführt und von deren Heimatlandregierung unterstützt wird.

Vor allem in sensiblen Branchen und in Gastländern mit hohen politischen Risiken kann es vorkommen, dass Unternehmungen bewusst auf eine große öffentliche Aufmerksamkeit verzichten. So versuchen etwa viele Tochtergesellschaften deutscher Unternehmungen in Russland, durch eine sehr zurückhaltende Unternehmungskommunikation nicht in den Blickpunkt der Öffentlichkeit zu geraten und dadurch etwa keine Anhaltspunkte für Erpressungen oder Entführungen zu bieten (vgl. Holtbrügge/Berg 2001, S. 395). Auch in vielen Ländern Mittel- und Südamkerikas sowie Asiens wird zum Schutz der Mitarbeiter häufig auf eine extensive Öffentlichkeit verzichtet (vgl. Ramos/Ashby 2013; Windsor 2013).

8.1.2.2.4 Sponsoring

Definition

Unter Sponsoring wird die finanzielle, materielle und personelle Förderung von Personen, Organisationen oder Projekten im sportlichen, kulturellen oder sozialen Bereich verstanden. Beispiele dafür sind die Unterstützung von Sportlern und Sportveranstaltungen, Ausstellungen, Konzerten oder Theatervorstellungen sowie von gesundheits-, bildungs- oder umweltpolitischen Institutionen. Eine Sonderform des Sponsoring stellt die Gründung von Stiftungen zur Förderung gemeinnütziger Anliegen dar. Im Unterschied zu altruistisch oder steuerlich motivierten Spenden ist mit dem Sponsoring die Erwartung verbunden, von dem Geförderten eine Gegenleistung zu erhalten, die z. B. in der Namensnennung des Sponsors bei öffentlichen Veranstaltungen besteht. Das zentrale Ziel des Sponsoring besteht darin, durch die Dokumentation gesellschaftlicher Verantwortung das Unternehmungsimage in der Öffentlichkeit zu verbessern und einen Imagetransfer von der gesponserten Person oder Organisation auf die Unternehmung zu bewirken (vgl. Bruhn 2010, S. 3 ff.).

Bedeutung

Während der *Umfang* der Sponsoring-Aktivitäten von Unternehmungen in Deutschland noch relativ gering ist, kommt diesen vor allem in den USA sowie in Großbritannien, Frankreich und Japan eine große Bedeutung zu (vgl. Berg 2003a, S. 243 ff.; Bruhn 2010, S. 30 ff.). Ausländische Unternehmungen, die in diesen Ländern tätig sind, sehen sich deshalb besonders hohen Erwartungen der Öffentlichkeit ausgesetzt. Darüber hinaus wird vor allem in Entwicklungs- und Transformationsländern ein Engagement ausländischer Unternehmungen im Bereich des Sport-, Kultur- oder Sozio-Sponsoring erwartet (vgl. Berg/Holtbrügge 2001, S. 113 f.).

Ähnlich wie im Bereich der Öffentlichkeitsarbeit können auch die Ziele des Sponsoring nur dann realisiert werden, wenn dieses systematisch betrieben und als integriertes Element der Unternehmungskommunikation betrachtet wird. Zudem muss die Identifikation des Geförderten mit der Unternehmung sowie die Glaubwürdigkeit der Sponsoraktivitäten in der Öffentlichkeit gewährleistet sein (vgl. Bruhn 2010, S. 46 f.).

8.1.2.2.5 Lobbying

Während sich die Öffentlichkeitsarbeit einer Unternehmung vor allem an mittelbare Interessengruppen wie z. B. Verbände, Wissenschaftler oder Anwohner richtet und dazu auf verschiedene Medien zurückgreift, ist das Lobbying unmittelbar an politische Entscheidungsträger wie Regierungen, Parlamente, Politiker und Behörden gerichtet (vgl. Kleinfeld/Zimmer/Willems 2007; Klüwer 2013). Das Ziel des Lobbying besteht darin, *den politischen Willensbildungsprozess zu eigenen Gunsten zu beeinflussen und auf die Verabschiedung von Gesetzen, Verordnungen oder Programmen einzuwirken*. Maßnahmen des Lobbying sind z. B. die unaufgeforderte Einbringung von Anliegen durch die Verfassung von Denkschriften oder die Mitwirkung in Experten- oder Enquêtekommissionen. Nach der Verabschiedung von Gesetzen, die den Handlungsspielraum einer Unternehmung maßgeblich einschränken, können zudem Referenden initiiert oder deren Durchführung unterstützt werden.

Institutionalisiertes vs. informelles Lobbying

Die Form des Lobbying variiert im internationalen Vergleich erheblich. In Deutschland und den USA ist dieses in einem hohen Maße institutionalisiert. So müssen sich hier etwa alle Interessengruppen, die als Lobbyisten tätig sein wollen, registrieren lassen. Demgegenüber findet Lobbying etwa in China und Russland eher informell statt. Das Ziel ist hier zudem oft nicht die Beeinflussung von Gesetzen (*ex ante*-Lobbying), sondern die nachträgliche Erwirkung von Ausnahmegenehmigungen für die eigene Unternehmung (*ex post*-Lobbying) (vgl. Berg 2003a, S. 217 ff.).

Die besondere *Problematik* des Lobbying im internationalen Kontext resultiert daraus, dass die Grenzen zwischen Einflussnahme, Manipulation und Bestechung vielfach fließend sind (vgl. Classen 2014). Vor allem in Entwicklungsländern sehen sich ausländische Unternehmungen, die ein ausgeprägtes Lobbying betreiben, deshalb häufig dem Vorwurf ausgesetzt, ihre gegenüber dem jeweiligen Gastland bestehende ökonomische Macht zu missbrauchen und den Interessen anderer gesellschaftlicher Gruppen des Gastlands zu schaden.

Beispiel

Viele Unternehmungen greifen zur Unterstützung ihrer Lobbyingaktivitäten auf ehemalige Diplomaten zurück. So war etwa der ehemalige Deutsche Botschafter in Moskau Andreas Meyer-Landrut von 1994 bis 2002 als Leiter der Repräsentanz von Daimler in Russland tätig. Seit 2008 ist der ehemalige Sprecher des Auswärtigen Amts Martin Jäger für die Unternehmung als Lobbyist tätig. Harald Braun, der ehemalige stellvertretende Leiter der außenpolitischen Abteilung im Bundeskanzleramt, war von 2005 bis 2008 als Corporate Senior Vice President für den Zentralbereich Konzernpolitik und Außenbeziehungen bei Siemens verantwortlich, bevor er wieder Staatssekretär im Auswärtigen Amt und später als Botschafter Ständiger Vertreter Deutschlands bei der UNO wurde. Weitere Beispiele sind der ehemalige Regierungssprecher Thomas Steg, der seit 2012 Generalbevollmächtigter für Außen- und Regierungsbeziehungen bei VW ist, sowie der ehemalige Deutsche Botschafter in London, New York und Delhi Thomas Matussek, der von 2011 bis 2012 als Head of Public Affairs der Deutschen Bank tätig ist (vgl. Nass 2013).

Diese Übernahme von Lobbyingaktivitäten ehemaliger Spitzenbeamter wird zunehmend kritisiert, da ein unzulässiger Einfluss auf politische Entscheidungsprozesse befürchtet wird. Die Initiative Lobbycontrol fordert deshalb eine dreijährige Karenzzeit, in der es Politikern und hochrangigen Beamten verboten sein soll, als Lobbyisten zu arbeiten (vgl. Lobbycontrol 2011).

Corruption Perceptions Index

8.1.2.2.6 Bestechung

Ein besonders sensibles Instrument des Public Affairs-Management stellt die Bestechung bzw. Korruption dar. Als Bestechung wird die *Zuwendung oder das Versprechen materieller oder immaterieller Belohnungen* bezeichnet, *die dazu dienen, dem Bestechenden einen Vorteil zu Lasten anderer zukommen zu lassen*. Die Grenze zwischen rechtlich zulässigen Gefälligkeiten und strafbarer Bestechung bzw. zwischen Geschenken (*gifts*) und Schmiergeldern (*bribes*) ist nicht immer eindeutig definierbar. Insbesondere in Ländern, in denen der Staat als wichtiger Nachfrager auftritt und in denen das Einkommensniveau im öffentlichen Dienst relativ niedrig ist, zählt die Zahlung von Schmiergeldern an Politiker, Beamte oder Mitarbeiter staatlicher Unternehmungen zu den üblichen Geschäftspraktiken (vgl. Krug 1997; Graf 2000; Habib/Zurawicki 2002). So kalkulieren deutsche Unternehmungen z.B. bei der Angebotserstellung für Großprojekte in vielen arabischen Staaten eine Bestechungssumme von etwa 10 % der Auftragssumme ein. Nach dem deutschen Einkommensteuerrecht konnten Zahlungen, die der Akquisition von Aufträgen aus dem Ausland dienen, bis 1999 sogar als Betriebsausgaben gewinnmindernd geltend gemacht werden (vgl. Vogt 1997, S. 21 ff.). In vielen europäischen Staaten ist zudem die Bestechung ausländischer Beamter straffrei (vgl. Stierle 2006). Einen Überblick über die Verbreitung der Korruption im internationalen Vergleich gibt der *Corruption Perceptions*

Beispiel

Einer der größten Korruptionsfälle in einer deutschen Unternehmung ereignete sich bei Siemens. Zwischen 2000 und 2006 wurden nach den Ermittlungen der Staatsanwaltschaft und der US-amerikanischen Anwaltskanzlei Debevoise & Plimpton weltweit 1,3 Mrd. € Schmiergelder an Geschäftspartner, Behörden und Regierungen gezahlt, um sich lukrative Aufträge für Kraftwerke, Telekommunikationssysteme und andere Großprojekte zu verschaffen. An dem System schwarzer Kassen beteiligt waren zahlreiche Produktsparten und Regionalgesellschaften. Gegen die Unternehmung und einzelne Mitarbeiter wurden u. a. Ermittlungsverfahren in China, Frankreich, Griechenland, Indonesien, Italien, Liechtenstein, Malaysia, Nigeria, Norwegen, Österreich, Russland und der Schweiz eingeleitet. Allein im Jahre 2007 wurden ca. 100 Mitarbeiter im Zusammenhang mit der Korruptionsaffäre mit Disziplinarmaßnahmen oder Entlassungen bestraft. Im Frühjahr 2008 waren 270 Beschäftigte in staatsanwaltschaftliche Ermittlungen verwickelt und allein in den ersten drei Monaten des Jahres hatten sich 110 Beschäftigte freiwillig gemeldet und ihre Beteiligung an korrupten Transaktionen zugegeben, um ein Amnestieangebot der Unternehmung zu nutzen. Der Aufsichtsrat hat im Juli 2008 Schadensersatzforderungen gegen elf ehemalige Mitglieder des Zentralvorstands (u. a. gegen die früheren Vorstandsvorsitzenden Heinrich v. Pierer und Klaus Kleinfeld) gestellt, denen vorgeworfen wird, Verdachtsfällen nicht energisch genug nachgegangen oder Korruption sogar aktiv unterstützt zu haben. Alle Beschuldigten haben der Zahlung von Schadensersatz zugestimmt. Bis zum Frühjahr 2008 gab Siemens rund 1,8 Mrd. € an Bußgeldern, Steuernachzahlungen und Honoraren für Anwälte und Wirtschaftsprüfer aus. Als Reaktion auf den Korruptionsskandal führte Siemens unter dem seit Juli 2007 amtierenden Vorstandsvorsitzenden Peter Löscher ein umfangreiches Compliance-Programm ein, das u. a. die Institutionalisierung eines *Chief Compliance Officers*, strenge *Business Conduct Guidelines*, umfassende Schulungen der Mitarbeiter, die Einrichtung eines *Compliance Related Incentive Systems* sowie regelmäßige Compliance-Prüfungen und Kontrollen beinhaltet. Zudem wurde der Vorstand von ehemals fast 20 auf acht Mitglieder verkleinert, um die Transparenz von Entscheidungsprozessen zu erhöhen. Im Jahre 2008 nahmen 123.000 Mitarbeiter an webbasierten und 52.200 Mitarbeiter an persönlichen Compliance-Schulungen teil. 621 Mitarbeiter sind ganz oder teilweise für die Umsetzung des Compliance-Programms verantwortlich. Im Geschäftsjahr 2007/08 wurden 909 Verstöße gegen die Compliance-Richtlinien geahndet (vgl. http://w1.siemens.com/responsibility/report/08/de/management/compliance.htm#toc-4; Graeff/Schröder/Wolf 2009; Klinkhammer 2011).

Abb. 8-6

Corruption Perceptions Index für ausgewählte Länder im Jahre 2014

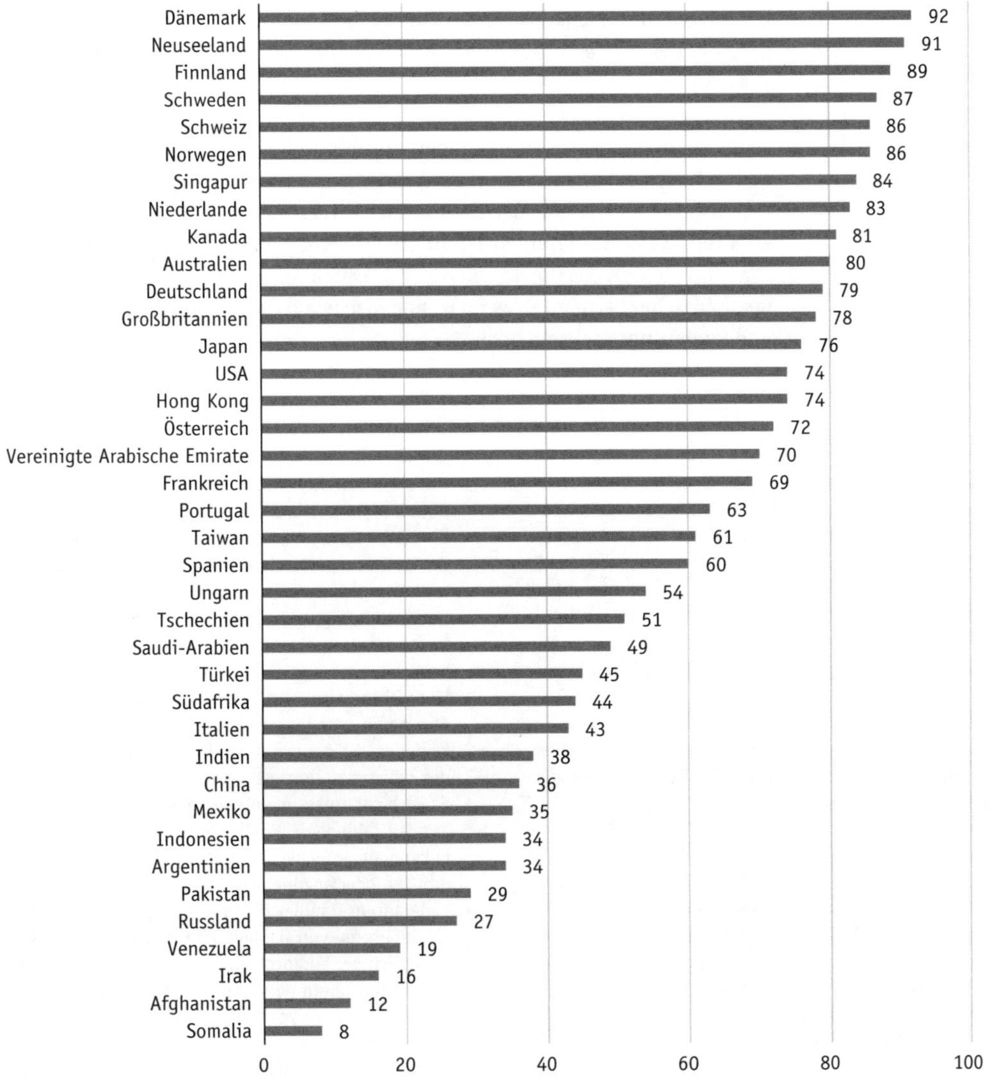

(Quelle: Transparency International 2014)

Index, der von der Organisation *Transparency International* jährlich auf der Basis von Befragungen international tätiger Führungskräfte ermittelt wird (vgl. Abb. 8-6).

Obwohl sich beinahe alle Staaten mit bedeutenden internationalen Wirtschaftsaktivitäten gegen Korruption aussprechen, haben die Mitgliedstaaten der OECD erst im Dezember 1997 ein *internationales Abkommen gegen Korruption* unterzeichnet (vgl. OECD 1997b). Das Abkommen stellt jedoch lediglich die Bestechung ausländischer Parlamentarier, Beamter und Mitarbeiter staatlicher Unternehmungen unter Strafe. Weitreichender ist der *U. S. Foreign Corrupt Practices Act*, nach dem alle natürlichen und juristischen Personen mit Geldbußen und Vergabesperren belegt werden können, die der Bestechung oder Bestechlichkeit überführt werden (vgl. Vogt 1997, S. 71 ff.).

Betriebswirtschaftliche Sicht

Aus *betriebswirtschaftlicher Sicht* ist der Nutzen, sich durch Bestechung Wettbewerbsvorteile verschaffen zu können, insbesondere dem Risiko gegenüberzustellen, dadurch erpressbar zu werden. Darüber hinaus besteht die Unsicherheit, die mit der Zahlung von Bestechungsgeldern erhoffte Vorteilsgewährung auch tatsächlich zu erhalten, da diese naturgemäß juristisch nicht einklagbar ist. Diese Unsicherheit sowie die Gefahr, das Objekt von populistischen Anti-Korruptionskampagnen einzelner politischer Parteien zu werden, sind insbesondere in Staaten mit häufigen Macht- und Regierungswechseln hoch.

Beispiel

Zum Umgang mit dem Problem der Korruption haben viele Unternehmungen weltweit gültige Regeln erlassen. Ein Beispiel dafür ist die Verhaltensrichtlinie von Daimler (2007), die neben dem Verweis auf den Global Compact und allgemeinen Regeln zum Verhalten gegenüber Behörden und Amtsträgern den Umgang mit Lieferanten, Händlern, Kunden und anderen Geschäftspartnern detailiert regelt. »Insbesondere sind die folgenden Bestimmungen über Geschenke, Einladungen zu Essen und Veranstaltungen etc. einzuhalten:

- Daimler Mitarbeiter dürfen weder Einladungen zu Essen oder Veranstaltungen noch Geschenke, andere Zuwendungen, persönliche Dienste oder Gefälligkeiten von Geschäftspartnern fordern.
- Als Gast von Geschäftspartnern dürfen die Mitarbeiter Einladungen zu Veranstaltungen oder Geschäftsessen nur annehmen, wenn die Einladung freiwillig erfolgt, einem berechtigten geschäftlichen Zweck dient und das Essen im Rahmen der gewöhnlichen Zusammenarbeit stattfindet (z. B. ein Mittagessen während eines Seminars oder einer Besprechung, ein Empfang im Anschluss an eine Veranstaltung oder ein Abendessen bei mehrtägigen Veranstaltungen) (...).
- Eine Übernahme von Reise- und Übernachtungskosten durch Geschäftspartner ist nicht gestattet. Ausgenommen sind Geschäftsreisen im Flugzeug eines Geschäftspartners, wenn der direkte Vorgesetzte und eine weitere Führungskraft (mindestens Ebene C) zuvor die Erlaubnis erteilt haben. Wenn ein Geschäftspartner die Übernachtung bezahlt oder eine Unterbringung in dessen Räumlichkeiten erfolgt, muss der marktübliche Preis festgestellt, an den Geschäftspartner bezahlt und eine interne Kostenerstattung veranlasst werden.
- Eine Teilnahme an Sportveranstaltungen oder der Besuch von Sportereignissen, Shows oder anderen Veranstaltungen als Gast ein und desselben Geschäftspartners ist höchstens zweimal pro Jahr gestattet. Ein Vertreter des gastgebenden Unternehmens muss anwesend sein.
- Wenn Mitarbeiter von Lieferanten, Händlern oder Kunden Waren oder Dienstleistungen für private Zwecke beziehen, ist der marktübliche Preis zu entrichten und die Zahlung zu dokumentieren.
- Es ist nicht zulässig, von Lieferanten, Händlern oder Kunden Zahlungen, Kredite oder andere finanzielle Leistungen jeglicher Art zum persönlichen Vorteil zu erbitten oder anzunehmen.
- Lieferanten, Händler oder andere Kunden dürfen nicht als Sponsoren von Daimler Veranstaltungen, von Feiern anlässlich der Verabschiedung von Mitarbeitern, bei Geburtstagsfeiern oder aus anderen Anlässen auftreten (...).
- Mitarbeiter und ihre Angehörigen dürfen keine Geschenke oder andere persönliche Vorteile von Lieferanten, Händlern oder Kunden erbitten oder annehmen. Werbematerial und andere Artikel im Wert von höchstens € 30/$ 30 dürfen angenommen werden, wenn sie freiwillig gewährt werden und ausgeschlossen ist, dass dadurch Entscheidungen des Mitarbeiters beeinflusst werden (...).«

Sowohl die Formen als auch die *ethische Beurteilung* der Bestechung fallen in verschiedenen kulturellen Kontexten unterschiedlich aus (vgl. Holtbrügge 2012). Unternehmungen müssen deshalb eine Entscheidung darüber treffen, ob sie sich an die in dem jeweiligen Land vorherrschenden Praktiken anpassen oder einen länderübergreifenden Verhaltenskodex entwickeln, der die Bestechung grundsätzlich verbietet. Da dieses Problem insbesondere in Unternehmungen relevant ist, die in mehreren Ländern aktiv sind, wird es bei der Darstellung der Instrumente des Public Affairs-Management in Multinationalen Unternehmungen wieder aufgegriffen (vgl. Kap. 8.2.2.2.2).

Ethische Beurteilung

8.1.2.2.7 Konsultation

Bereits bei der Diskussion von Verhaltensgrundsätzen als Instrument des Public Affairs-Management wurde darauf hingewiesen, dass eine authentische Berücksichtigung sozio-politischer Anliegen vor allem durch die Konsultation inländischer Interessengruppen bei wichtigen unternehmungspolitischen Entscheidungen gewährleistet werden kann. Hierbei lassen sich institutionalisierte und nicht-institutionalisierte Konsultationen unterscheiden. Formen der *nicht-institutionalisierten Konsultation* sind z. B. Hearings von Wissenschaftlern, Anwohnern oder Bürgerinitiativen und *ad hoc* eingesetzte Gesprächskreise (*round tables*). Ein Beispiel für *institutionalisierte Konsultationen* ist die Berufung von Vertretern wichtiger Interessengruppen in einen Beirat oder ein Kuratorium. Gemeinsam ist diesen beiden Formen der Konsultation, dass die konsultierten Interessengruppen zwar über ein Informations- und Beratungsrecht, jedoch über kein Mitentscheidungsrecht verfügen.

Theorie des kommunikativen Handelns

Das Ziel von Konsultationen besteht darin, latente und manifeste Konflikte zwischen der Unternehmung und ihren Interessengruppen durch kommunikative Verständigung zu lösen. In Anlehnung an die *Theorie des kommunikativen Handelns* von Habermas (1981) liegt dem die Annahme zugrunde, dass ethisches Handeln weniger durch die Festlegung und Verfolgung verbindlicher Handlungsvorschriften als vielmehr durch den Dialog über bestehende Ziel- und Wertkonflikte ermöglicht wird. Darüber hinaus soll durch die unmittelbare Interaktion und Kommunikation der Lernprozess zwischen den Beteiligten gefördert werden (vgl. Steinmann/Löhr 1995, S. 83).

8.1.2.2.8 Partizipation

Reduzierung des subtilen politischen Risikos

Die weitestgehende Form der institutionellen Konsultation stellt die Partizipation inländischer Interessengruppen an unternehmungspolitischen Entscheidungen dar. Diese kann entweder in Form einer *personellen Beteiligung* in den Aufsichtsorganen der ausländischen Tochtergesellschaft oder einer Kapitalbeteiligung erfolgen. Die *Kapitalbeteiligung* wichtiger inländischer Interessengruppen (insbesondere der Regierung und lokaler Behörden) dient vor allem in Transformations- und Entwicklungsländern dazu, das »subtile politische Risiko« (Meissner 1995, S. 168) einer Direktinvestition zu verringern. Da die Vor- und Nachteile von Kapitalbeteiligungen inländischer Partner bereits bei der Darstellung von Unternehmungskooperationen als alternativer Eigentumsform im Rahmen der Internationalisierung diskutiert wurden (vgl. Kap. 4.1.2.2.2), kann an dieser Stelle auf eine detaillierte Analyse verzichtet werden.

8.1.2.2.9 Rechtsmittel

Rechtssicherheit

Die schärfste Form der Auseinandersetzung mit inländischen Interessengruppen stellt die Anwendung von Rechtsmitteln dar. Über die für national operierende Unternehmungen geltenden Aspekte hinaus ist der Einsatz dieses Instruments im internationalen Kontext mit zahlreichen zusätzlichen *juristischen Schwierigkeiten* verbunden. Neben Unterschieden im kodifizierten Recht ist für die Effizienz dieses Instruments insbesondere die faktische Durchsetzbarkeit gesetzlich verankerter Normen und Werte (*Rechtssicherheit*), die *Neutralität der Gerichtsbarkeit* sowie die *Gleichstellung von in- und ausländischen Parteien* in den jeweiligen Gastländern entscheidend. Ein weiteres Problem stellen die in vielen Ländern weitaus längeren Gerichtsverfahren dar.

Arbitragegericht

Häufig ist es deshalb zweckmäßig, Konflikte mit Interessengruppen im Gastland nicht vor ordentlichen Gerichten auszutragen, sondern von einem *Schiedsgericht* (Arbitragegericht) klären zu lassen. Festgesetzt werden kann ein Schiedsgericht des jeweiligen Gastlands, ein internationales Schiedsgericht wie z. B. der Schiedsgerichtshof der Internationalen Handelskammer in Paris oder ein von den Parteien individuell eingesetztes *ad hoc*-Schiedsgericht. Als anzuwendendes Recht kann entweder nationales Recht oder die UNCITRAL-Schiedsgerichtsordnung der *United Nations Commission on International Trade Law* vereinbart werden. Der *Vorteil* der Schiedsgerichtsbarkeit gegenüber ordentlichen Gerichten liegt in einer wesentlich kürzeren Verfahrensdauer, in zumeist geringeren Verfahrenskosten, einem größeren Gestaltungsspielraum hinsichtlich des anzuwendenden Rechts sowie der Möglichkeit, bei Zweifeln an der Neutralität der inländischen Gerichte einen ausländischen Gerichtsstand vereinbaren zu können (vgl. Schütze 2012).

Kulturelle Perspektive

In vielen Ländern ist der Einsatz von Rechtsmitteln zudem *aus kulturellen Gründen problematisch*. So gilt es nach den gesellschaftlichen Wertvorstellungen in Japan als unfair, auf seinem Recht zu bestehen und es durchsetzen zu wollen, da dies unweigerlich zum Gesichtsverlust des japanischen Partners führen würde, was letztlich den Abbruch der Geschäftsbeziehungen zur Folge hätte (vgl. Meissner 1981, S. 98). Ähnliches gilt für andere Länder wie China oder Russland, in denen gesellschaftliche Sanktionen eher durch Scham als durch Schuld erfolgen (vgl. Berg 2003a, S. 263 ff.). Aus langfristiger Sicht kann es deshalb sinnvoller sein, auf die gerichtliche Durchsetzung eines Anspruchs zu verzichten und nach einvernehmlichen Verfahren der Konfliktbewältigung zu suchen.

8.1.3 Kritische Gesamtbeurteilung

Empirische Evidenz

Aufgrund der wachsenden Bedeutung, die dem Public Affairs-Management im Rahmen des Internationalen Management zugemessen wird, nimmt auch die Zahl der empirischen Untersuchungen in diesem Forschungsfeld gegenwärtig spürbar zu. Eine Studie von Berg (2003a) unter den 19 größten deutschen Unternehmungen in

China, Deutschland, Frankreich, Indien, Russland und den USA belegt, dass diese nicht nur mit marktlichen Interessengruppen interagieren, sondern in einem hohen Maße auch dem Einfluss sozio-politischer Interessengruppen ausgesetzt sind. Hierzu zählen vor allem die Gastlandregierung, die regionale und lokale Administration sowie in einem geringeren Ausmaß Medien, Verbände und NGOs, wobei teilweise beträchtliche Unterschiede zwischen den betrachteten Ländern festzustellen sind. Insbesondere durch neue Informations- und Kommunikationstechnologien nimmt die Zahl der relevanten sozio-politischen Interessengruppen, deren Einfluss auf unternehmungspolitische Entscheidungen und deren länderübergreifende Relevanz weiter zu. So ist etwa die Zahl der E-Mails, in denen sozio-politische Anliegen an die untersuchten Unternehmungen herangetragen werden, in den letzten Jahren stark angestiegen.

Im Rahmen der Gestaltungsinstrumente des Public Affairs-Management kommt vor allem dem Lobbying eine große Bedeutung zu. Gefolgt wird dieses Instrument von Verhaltensgrundsätzen, dem Sponsoring, der Öffentlichkeitsarbeit und der Bestechung. Zwischen der Ausprägung dieser Instrumente und dem Einfluss der verschiedenen sozio-politischen Interessengruppen sind keine durchgängigen Zusammenhänge erkennbar. Vielmehr werden die einzelnen Instrumente sehr differenziert auf die jeweils relevanten Interessengruppen ausgerichtet. Auffallend ist jedoch der enge Zusammenhang zwischen dem Einsatz von Bestechungen und dem ökonomischen Entwicklungsniveau des Landes. Während Bestechungen vor allem in geringer entwickelten Ländern von großer Bedeutung sind, nimmt ihr Einsatz mit steigendem Entwicklungsstand ab, die Bedeutung dialogorientierter Formen der Interaktion mit sozio-politischen Interessengruppen dagegen zu.

Die Studie macht insgesamt deutlich, dass international tätige Unternehmungen nicht nur als ökonomische Akteure beurteilt, sondern in einen hohen Maße auch im Hinblick auf ihr politisches, soziales und ökologisches Verhalten wahrgenommen werden. Die öffentliche Aufmerksamkeit durch sozio-politische Interessengruppen nimmt dabei mit wachsender Unternehmungsgröße zu.

8.2 Public Affairs-Management in Multinationalen Unternehmungen

8.2.1 Charakteristika, Ziele und Einflussmöglichkeiten von supranationalen und internationalen Interessengruppen

Angesichts der zunehmenden ökonomischen Integration und der damit einhergehenden Internationalisierung der Wirtschaft wächst auch die *Interdependenz nationaler Wirtschaftspolitiken*. So haben wirtschaftspolitische Aktionen eines größeren Landes bei offenen Märkten direkte Auswirkungen auf die wirtschaftlichen Entwicklungen in anderen Ländern. Zudem führt die Internationalisierung von Unternehmungen dazu, dass die traditionellen Instrumente der nationalen Wirtschaftspolitik immer weniger greifen. Die Globalisierung der Wirtschaft bedingt somit ein *instituti-*

Abb. 8-7

Typologie internationaler Interessengruppen

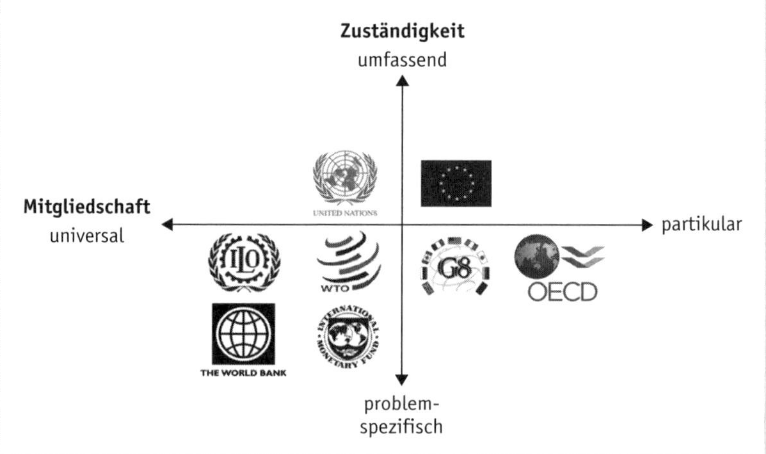

onelles Vakuum bei der Steuerung und Kontrolle Multinationaler Unternehmungen und eine zunehmende *Verlagerung von Kompetenzen an internationale Organisationen* (vgl. Graham 1997, S. 481 ff.).

Nach Angaben der Union of International Associations (2015) existieren gegenwärtig 7.710 staatliche und 58.588 nicht-staatliche internationale Organisationen, die sich hinsichtlich ihrer Zuständigkeit und ihrer Mitgliedschaft unterscheiden lassen (vgl. Abb. 8-7):

- Die Mitgliedschaft in universalen internationalen Organisationen steht grundsätzlich allen Staaten bzw. nicht-staatlichen Organisationen und Individuen offen. Partikulare Organisationen sind auf bestimmte Regionen oder Merkmale (z. B. Wirtschaftsleistung) begrenzt.
- Internationale Organisationen mit einem problemspezifischen Fokus widmen sich einzelnen Aspekten (z. B. Handelsbeziehungen, Finanzmärkten, Arbeitsbeziehungen). Daneben gibt es Organisationen mit einer umfassenden Zuständigkeit.

Im Folgenden werden die wichtigsten supranationalen und internationalen Interessengruppen skizziert, bevor abschließend einige zentrale Instrumente des Public Affairs-Management Multinationaler Unternehmungen dargestellt werden.

8.2.1.1 Supranationale Interessengruppen

8.2.1.1.1 Vereinte Nationen

Sonderorganisationen

Die älteste und wichtigste supranationale Organisation sind die Vereinten Nationen (*United Nations Organizations, UNO*), die am 24. Oktober 1945 mit dem Inkrafttreten der UNO-Charta gegründet wurden (vgl. Wolf 2010; Gareis/Varwick 2014). Die UNO-

Charta ist ein völkerrechtlicher Vertrag zwischen souveränen Staaten, der das Ziel hat, dauerhaften Frieden in der Welt zu schaffen und zu erhalten. Zu den wichtigsten Maßnahmen der UNO zählen öffentliche Diskussionen strittiger Fragen, Empfehlungen, Weiterentwicklungen des Völkerrechts sowie wirtschaftliche und militärische Sanktionen, wie z. B. die Boykotte des UN-Sicherheitsrats gegen Südafrika, Serbien, Libyen oder den Irak. Die Lösung der wirtschaftlichen und sozialen Probleme fällt dabei – soweit sie über Berichte, Empfehlungen und Beratungen hinausgeht – in die Zuständigkeit zahlreicher *Sonderorganisationen*:

Internationale Arbeitsorganisation

Die Internationale Arbeitsorganisation (International Labour Organization, ILO) wurde 1919 im Rahmen des Versailler Friedensvertrages geschaffen, um die Situation der Arbeitnehmer und deren Arbeitsbedingungen zu verbessern sowie die soziale Gerechtigkeit weltweit zu fördern (vgl. Rodgers 2009). Die ILO bedient sich dazu der Aufstellung internationaler Konventionen und Empfehlungen. Durch deren Ratifizierung in den Mitgliedstaaten werden internationale Mindeststandards für die Arbeitsbedingungen geschaffen, die für die ILO-Mitgliedstaaten bindend sind. Die Gesamtheit der Instrumente bildet den Internationalen Kodex der Arbeit (International Labour Codex). Darüber hinaus hat die ILO spezielle Verhaltensnormen für Multinationale Unternehmungen entwickelt und 1977 in der Dreigliedrigen Grundsatzerklärung über Multinationale Unternehmungen und Sozialpolitik verabschiedet (vgl. Kreuzaler 2002; ILO 2006). Diese enthält u. a. folgende Grundsätze:

- Multinationale Unternehmungen sollen die eingesetzten Technologien den Erfordernissen und Besonderheiten des Gastlandes anpassen.
- Mitarbeitern aller Hierarchieebenen soll eine Ausbildung geboten werden, die sowohl den Erfordernissen der Unternehmung als auch den Entwicklungsbedingungen des jeweiligen Landes entspricht.
- Multinationale Unternehmungen sollen ihren Mitarbeitern keine niedrigeren Löhne zahlen oder schlechtere Leistungen und Arbeitsbedingungen bieten als inländische Unternehmungen.
- Mitarbeiter Multinationaler Unternehmungen sollen das Recht haben, Organisationen eigener Wahl zu bilden, die von der Unternehmung als Verhandlungspartner bei Kollektivverhandlungen anerkannt werden.

Internationaler Währungsfonds (IWF)

Der Internationale Währungsfonds (IWF, International Monetary Fund) wurde 1944 in Bretton Woods (USA) gegründet und nahm 1945 seine Arbeit in Washington auf. Ihm gehören derzeit 188 Mitgliedstaaten an. Die primäre Zielsetzung des IWF bestand zunächst darin, den zwischenstaatlichen Zahlungsverkehr zu koordinieren und Staaten Finanzhilfen zur Überbrückung von Zahlungsbilanzdefiziten zu gewähren. Im Laufe seiner Tätigkeit verlagerte er seinen Arbeitsschwerpunkt jedoch zunehmend auf die finanzielle Unterstützung der Entwicklungsländer und neuerdings auch der Transformationsländer. Aufgrund der mit der Kreditvergabe verbundenen Auflagenpolitik wird der IWF zunehmend kritisiert. So verlangt der IWF von seinen Schuldnerländern zumeist tiefe Einschnitte in die Wirtschafts- und Finanzstruktur, wie z. B. den Abbau des Defizits öffentlicher Haushalte, die Abwertung der heimischen Währung, den Abbau von Subventionen sowie die Liberalisierung des Außenhandels, was häufig zu einer stark rezessiven Wirtschaftsentwicklung mit Einkommenseinbußen insbesondere der wirtschaftlich benachteiligten Bevölkerungsgruppen führt (vgl. Copelovitch 2010). Für Multinationale Unternehmungen besitzt der IWF insofern eine große Bedeutung, als er die Währungsstabilität fördert, die außenwirtschaftliche Öffnung forciert und zu einer Angleichung der nationalen Wirtschaftspolitiken beiträgt (vgl. Sachs/Kamphausen 1996, S. 184; Graham 1997, S. 493 ff.).

Weltbank

Die Internationale Bank für Wiederaufbau und Entwicklung (International Bank for Reconstruction and Development, IBRD), die auch als Weltbank (World Bank) bezeichnet wird, hat ihren Sitz ebenfalls in Washington. Mitglieder können nur solche Länder werden, die auch dem IWF angehören und die damit verbundenen Verpflichtungen übernehmen. Zwischen der Weltbank und dem IWF findet eine Arbeitsteilung statt. Während der IWF prinzipiell für kurzfristige Zahlungsbilanzprobleme seiner Mitglieder konzipiert wurde, sieht die Weltbank ihre Rolle in der Finanzierung längerfristiger Entwicklungsaufgaben. Dazu zählen etwa Infrastrukturprojekte oder Investitionen im Bildungs- und Gesundheitssektor (vgl. Marshall 2006).

United Nations Conference on Trade and Development (UNCTAD)

Das primäre Ziel der Konferenz der Vereinten Nationen über Handel und Entwicklung (United Nations Conference on Trade and Development, UNCTAD) ist die Förderung des internationalen Handels unter besonderer Berücksichtigung der Rohstoffpolitik und der speziellen Probleme der Entwicklungsländer. Bei der ersten UNCTAD-Konferenz im Jahre 1964 in Genf bildete sich die Gruppe 77, zu der gegenwärtig rund 130 Länder zählen und die als Interessengruppe der Entwicklungsländer vorwiegend deren wirtschaftliche und politische Interessen gegenüber den Industrieländern koordiniert (vgl. Yüksel 1996, S. 150 f.). Darüber hinaus kommt der UNCTAD durch die jährliche Herausgabe des World Investment Report ein großer Einfluss auf die Regulierung der Tätigkeit von Multinationalen Unternehmungen zu.

UNO

Die *Problematik* der UNO und ihrer Sonderorganisationen besteht darin, dass diese aufgrund ihres Rechtsstatus als zwischenstaatliche Einrichtung kein eigenständiger Akteur, sondern *primär ein Instrument der Regierungen ihrer Mitgliedstaaten* ist. Da zwischen den einzelnen Staaten ein großes Machtgefälle besteht, verfügen die (finanziell) mächtigen Staaten nicht nur über größeren Einfluss, sondern es hängt auch von der Interessenlage und dem politischen Willen ihrer Regierungen ab, ob und in welchem Ausmaß die Vereinten Nationen zur Lösung internationaler Probleme herangezogen werden. Problematisch ist zudem, dass die Mitglieder nur in einem sehr eingeschränkten Maße bereit sind, nationale Souveränitätsrechte abzutreten.

Darüber hinaus besitzt die UNO zahlreiche *organisatorische Schwächen*. Während der Weltsicherheitsrat mit verhältnismäßig umfangreichen Befugnissen ausgestattet ist, beschränken sich die Möglichkeiten der UNO in den anderen Aufgabenbereichen darauf, Vorschläge zu unterbreiten, Empfehlungen auszusprechen, Verträge zu erarbeiten sowie technische und finanzielle Hilfe bereitzustellen. Abgesehen von einer öffentlichen Verurteilung bei einer Missachtung der Grundsätze verfügt die UNO damit nur über geringe *Sanktionsmöglichkeiten*. Die mangelnde Handlungskompetenz in Bereichen unterhalb der Friedensbedrohung wird zudem durch ein Einmischungsverbot in interne Angelegenheiten eines Staates untermauert. Zahlreiche Beispiele belegen jedoch, dass sich dieses Einmischungsverbot bei prinzipieller Einigkeit der ständigen Mitglieder des Weltsicherheitsrats auch sehr flexibel interpretieren lässt. So wurde z. B. das ehemalige Apartheidsystem in Südafrika von der

UNO bereits in den siebziger Jahren als Friedensbedrohung interpretiert und mit Wirtschaftssanktionen belegt (vgl. Unser 2004).

Verhaltenskodizes

Das zentrale Instrument der Regulierung Multinationaler Unternehmungen durch die UNO – wie durch supranationale Organisationen allgemein – stellt deshalb die Verabschiedung und Kontrolle der Einhaltung von *Verhaltenskodizes* (*codes of conduct*) dar (vgl. Abb. 8-8). Verhaltenskodizes beinhalten Systeme von Prinzipien und Normen, die Regeln für die Aktivitäten Multinationaler Unternehmungen z. B. in Fragen der Sozialpolitik, der Auslandsinvestitionen und des Technologietransfers festlegen und Ausdruck internationaler Standards sind. Darüber hinaus können diese auch Regeln für die Behandlung Multinationaler Unternehmungen durch die jeweiligen Gastländer beinhalten (vgl. OECD 2001; van Tulder/Kolk 2001; Williams 2001; Sethi 2011).

Es ist zwar denkbar, dass die Normen von Kodizes in nationales Recht übernommen oder durch praktische Anwendung zu einem Bestandteil des Völkerrechts werden, zumeist sind Verhaltenskodizes für Multinationale Unternehmungen jedoch rechtlich unverbindlich, da diese keine Subjekte des Völkerrechts sind (vgl. de Jonge 2011). Ihre Nichtbeachtung zieht deshalb i. d. R. auch keine Rechtswirkungen nach sich. Eine Ausnahme können schwer wiegende Verstöße gegen die Menschenrechte sein (vgl. Emmerich-Fritsche 2007). Insgesamt sind Verhaltenskodizes also als *Ver-*

Beispiel

Ein Beispiel für einen weltweit gültigen, universellen Verhaltenskodex einer supranationalen Organisation ist der *Global Compact* der UNO. Die auf eine Initiative des UNO-Generalsekretärs Kofi Annan im Jahre 1999 zurückgehenden Prinzipien basieren auf der Allgemeinen Erklärung der Menschenrechte, der Dreigliedrigen Grundsatzerklärung der ILO und den auf dem Umweltgipfel in Rio de Janeiro verabschiedeten Prinzipien zur Umwelt und Entwicklung. Im Einzelnen umfasst der *Global Compact* folgende Prinzipien (vgl. http://www.unglobalcompact.org):

Menschenrechte

1. Unternehmungen sollen den Schutz der internationalen Menschenrechte in ihrem eigenen Einflussbereich unterstützen und achten, und
2. sicherstellen, dass sie sich nicht an Menschenrechtsverletzungen mitschuldig machen.

Arbeitsnormen

3. Unternehmungen sollen die Vereinigungsfreiheit und die wirksame Anerkennung des Rechts auf Kollektivverhandlungen wahren,
4. jede Art von Zwangsarbeit beseitigen,
5. Kinderarbeit wirksam abschaffen, und
6. Diskriminierungen bei Anstellung und Beschäftigung beseitigen.

Umweltschutz

7. Unternehmungen sollen im Umgang mit Umweltproblemen einen vorsorgenden Ansatz unterstützen,
8. Schritte zur Förderung einer größeren Verantwortung gegenüber der Umwelt ergreifen und
9. auf die Entwicklung und Verbreitung umweltfreundlicher Technologien hinwirken.

Korruptionsbekämpfung

10. Unternehmungen sollen gegen alle Arten der Korruption eintreten, einschließlich Erpressung und Bestechung.

Die Besonderheit des *Global Compact* ist, dass dieser nicht nur ein Verhaltenskodex im engeren Sinne, sondern darüber hinaus auch ein Dialog- und Lernforum darstellt, an dem zahlreiche Unternehmungen, Gewerkschaftsverbände, NGOs und akademische Organisationen beteiligt sind. Er beinhaltet somit sowohl Elemente einer materiellen als auch einer kommunikativen bzw. prozessualen Ethik (vgl. Berg 2003b; Kell 2005). Problematisch ist allerdings, dass die Einhaltung der Prinzipien nicht überprüft wird. Die Mitglieder müssen lediglich einen jährlichen Bericht abgeben und können bei Nichtbeachtung dieser Verpflichtung aus dem Global Compact ausgeschlossen werden. Selbst Inhalte und Umfang der abzugebenden Berichte sind nicht festgelegt. Die Orientierung an den Standards der *Global Reporting Initiative* wird zwar empfohlen, aber nicht vorausgesetzt (vgl. Rasche/Gilbert 2012).

Abb. 8-8

Typologie von internationalen Verhaltenskodizes

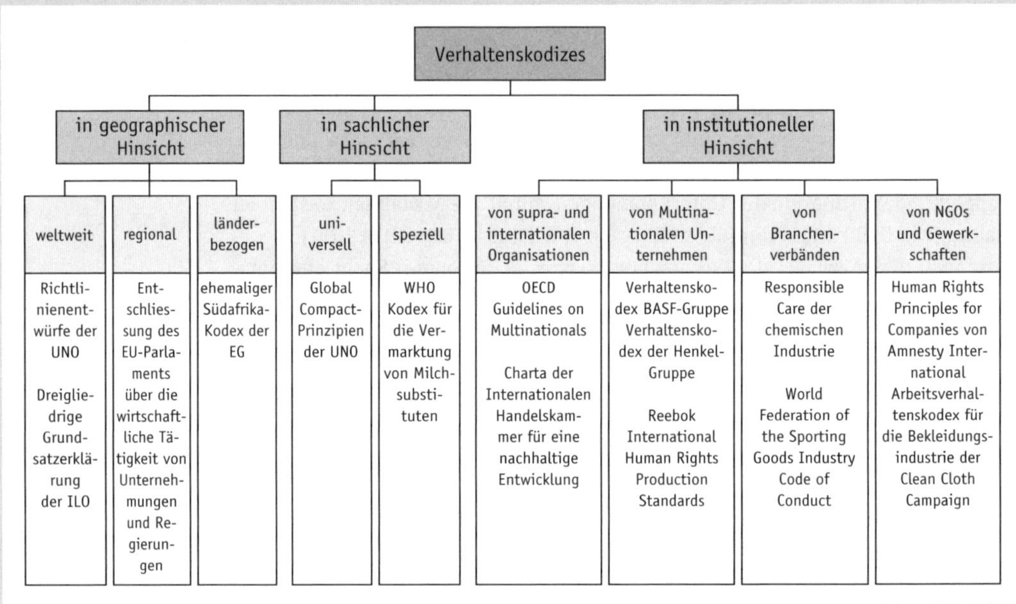

haltensleitsätze und internationale moralische Standards für erwünschtes Wohlverhalten (*soft law*) zu verstehen (vgl. Engelhard 1989). Ihre Bedeutung besteht vor allem darin, Denkanstöße zu liefern und das Bewusstsein für wichtige soziale und ökologische Anliegen zu schärfen (vgl. Kolk/van Tulder 2005). Darüber hinaus besteht die Möglichkeit, kritisch über Unternehmungen zu berichten, die Verhaltenskodizes nicht einhalten und diese dadurch zu Verhaltensänderungen zu bewegen.

8.2.1.1.2 Welthandelsorganisation

Die Welthandelsorganisation *(World Trade Organization, WTO)* wurde am 1. Januar 1995 in Genf errichtet. Die WTO bildet den gemeinsamen institutionellen Rahmen für die Wahrnehmung der Handelsbeziehungen zwischen derzeit 160 Mitgliedern (Stand: Juni 2014).

Nach der Aufnahme Chinas im Jahr 2001 und Russlands im Jahr 2012 sind alle großen Volkswirtschaften der Welt Mitglieder der WTO, zwischen denen im Jahre 2013 97,1 % des Welthandels abgewickelt wurde. Die WTO hat die Aufgabe, internationale Vereinbarungen insbesondere hinsichtlich des Waren- und Dienstleistungsverkehrs sowie des Schutzes des geistigen Eigentums zu überwachen, als Schiedsstelle für außenwirtschaftliche Konflikte zu dienen sowie weitere Vereinbarungen zum Abbau und zur Verhinderung protektionistischer Maßnahmen zu ermöglichen (vgl. Macroy/Appleton/Plummer 2005; van den Bossche/Zdouc 2012).

Beispiel

Von einigen Mitgliedstaaten wird über die handelsrechtlichen Aspekte hinaus die Forderung nach der Festlegung international verbindlicher Sozialstandards erhoben. Hintergrund ist die Erkenntnis, dass die Globalisierung neben wirtschaftlichem Wachstum auch einen großen ökonomischen, gesellschaftlichen und kulturellen Anpassungsdruck verursacht, der den historisch gewachsenen Zusammenhalt vieler Gesellschaften bedroht. Angesichts verfestigter Massenarbeitslosigkeit in den westlichen Industrieländern wird vielen Entwicklungs-, Transformations- und Schwellenländern zudem vorgeworfen, niedrige Arbeitskosten vor allem durch Kinderarbeit, die Verletzung von Arbeiter- und Menschenrechten und Sozialdumping zu erzielen.
Unter der Federführung der USA haben deshalb mehrere Industrieländer auf der Ministerkonferenz der WTO in Singapur im Dezember 1996 gefordert, eine Sozialklausel in den WTO-Vertrag aufzunehmen, die Kinder- und Zwangsarbeit sowie die ethnische und geschlechtliche Diskriminierung verbietet und das Recht auf freie Gewerkschaften und kollektive Lohnverhandlungen garantiert. Zwar sind entsprechende Vorschriften bereits Bestandteil der Konventionen der ILO, zahlreiche Entwicklungs- und Schwellenländer wie Südkorea oder Vietnam sind diesen Konventionen aber noch nicht beigetreten. Aufgrund fehlender Sanktionsmöglichkeiten lässt sich die Einhaltung dieser Konventionen zudem nur schwer durchsetzen (vgl. Scherer et al. 2002; ILO 2003).
Bislang haben sich die Befürworter internationaler Sozialstandards mit der Forderung nach Aufnahme einer Sozialklausel in die Charta der WTO aber noch nicht durchsetzen können. Die Aufnahme einer Sozialklausel in den WTO-Vertrag wird von der Mehrzahl der Entwicklungsländer strikt abgelehnt, da diese »einen neuen, sozial verbrämten Kolonialismus« und den Verlust ihrer primär auf niedrigen Arbeitskosten basierenden internationalen Wettbewerbsfähigkeit fürchten (Pinzler/Piper 1996, S. 25). Gegen die Einführung sozialer Mindeststandards sprechen sich mit Ausnahme Frankreichs jedoch auch alle Mitgliedstaaten der EU aus. Begründet wird dieses damit, dass die Standortprobleme von Industrieländern nicht durch internationale soziale Mindeststandards gelöst werden könnten. Vielmehr würde eine solche Verpflichtung einen Verlust der komparativen Wettbewerbsvorteile der Entwicklungsländer bedeuten und deren Integration in die Weltwirtschaft gefährden (vgl. Langhammer 1997; Großmann et al. 2002).

GATT

Die vertragliche Grundlage der WTO bildet das *Allgemeine Zoll- und Handelsabkommen (General Agreement on Tariffs and Trade, GATT)*, das am 30. Oktober 1947 verabschiedet wurde und am 1. Januar 1948 in Kraft trat. Das GATT ist ein multilaterales Handelsabkommen, das die Sicherung des wirtschaftlichen Wachstums in seinen Mitgliedstaaten durch die Grundsätze der *Liberalisierung* (Abbau von Handelsschranken), der *Gegenseitigkeit* (reziprokes Zugeständnis von Zollvergünstigungen) und der *Nicht-Diskriminierung* (Vermeidung der Bevorzugung einzelner Länder durch Handelsvergünstigungen) sicherstellen soll (vgl. Sachs/Kamphausen 1996, S. 182; Yüksel 1996, S. 45 f.). Im Rahmen des GATT konnte in neun Handelsrunden eine erhebliche Reduzierung der Zollsätze auf Industriewaren erreicht werden. Die WTO besteht damit gegenwärtig aus drei Säulen, und zwar dem revidierten Allgemeinen Zoll- und Handelsabkommen, dem Allgemeinen Abkommen über den Handel mit Dienstleistungen (*General Agreement on Trade in Services, GATS*) und dem Abkommen über den Schutz des geistigen Eigentums (*Agreement on Trade-Related Aspects of Intellectual Property Rights, TRIPS*) (vgl. Hoekman/Kostecki 1995; Siebold 2002).

8.2.1.1.3 Organisation for Economic Co-operation and Development

Die Organisation für wirtschaftliche Zusammenarbeit und Entwicklung (*Organisation for Economic Co-operation and Development, OECD*) ist Nachfolgerin der *Organisation for European Economic Co-operation, OEEC*, die 1948 von den am Marshallplan beteiligten europäischen Staaten gegründet wurde. Das Ziel der OEEC bestand neben der Förderung des Wiederaufbaus der europäischen Wirtschaft in der Liberalisierung des

Handels zwischen den Mitgliedstaaten. Im Jahr 1960, als der Wiederaufbau Europas weitgehend abgeschlossen war und die OEEC somit ihren Zweck erfüllt hatte, wurde die Konvention über die Errichtung der OECD unterzeichnet, die am 30. September 1961 in Kraft trat.

Interessensvertretung der westlichen Industrieländer

Die OECD versteht sich als *Interessensvertretung der westlich orientierten Industrieländer* und sieht ihre Aufgabe darin, eine optimale Wirtschaftsentwicklung der Mitgliedstaaten, die wirtschaftliche Expansion in den Entwicklungsländern und die Ausweitung des Handels zu fördern. Sie beobachtet die Wirtschaftsentwicklung in den Mitgliedstaaten und bemüht sich um eine Abstimmung zwischen den Mitgliedern in Fragen der Wirtschafts-, Handels-, Finanz- und Währungspolitik. Im Rahmen ihrer Aufgaben als Beobachterin der wirtschaftlichen Entwicklung führt die OECD zahlreiche Untersuchungen durch und veröffentlicht deren Ergebnisse. So erscheinen z. B. jährlich Länderberichte über die Wirtschaftslage in den Mitgliedstaaten. Außerdem erarbeitet die OECD Konventionen auf wissenschaftlichen und technologischen Gebieten (vgl. OECD 2014) sowie Verhaltenskodizes für Multinationale Unternehmungen (vgl. OECD 2011).

8.2.1.1.4 G8

Eine Abstimmung der nationalen Wirtschaftspolitiken findet auch zwischen den sieben führenden Wirtschaftsnationen der Welt USA, Japan, Deutschland, Frankreich, Großbritannien, Italien und Kanada statt (vgl. Gstöhl 2003; Kirton/Fratianni/Savona 2007). Nachdem Russland seit Beginn der neunziger Jahre einen Beobachterstatus hatte, wurde es 1997 als vollwertiges Mitglied aufgenommen und die G7 dadurch zur G8 erweitert. Im Zuge der Ukraine-Krise beschlossen die urspünglichen Mitglieder im März 2014 jedoch, die Mitgliedschaft Russlands wieder auszusetzen.

Weltwirtschaftsgipfel

Hintergrund der auf Initiative von Helmut Schmidt und Valéry Giscard d'Estaing seit 1975 jährlich durchgeführten Weltwirtschaftsgipfel, auf denen sich die Staats- und Regierungschefs der Mitgliedstaaten zu Konsultationen treffen, war die Erkenntnis, dass sich die zunehmend globaler werdenden wirtschaftspolitischen Probleme wie Arbeitslosigkeit, Staatsverschuldung, Wechselkursschwankungen oder Umweltzerstörung nicht mehr durch nationale Regierungen allein lösen lassen, sondern einer internationalen Koordination bedürfen. Als problematisch erweist es sich jedoch, dass die im Rahmen der G8 gefällten Beschlüsse lediglich Vereinbarungen bzw. Absichtserklärungen darstellen und keine verbindliche Wirkung besitzen. Der unmittelbare Einfluss auf Multinationale Unternehmungen ist deshalb bislang eher gering.

8.2.1.1.5 G20

Als Folge der Finanzkrise in Asien wurde 1997 beschlossen, regelmäßig Treffen der Staats- und Regierungschefs sowie der Finanzminister der 19 wichtigsten Industrie- und Schwellenländer und der EU durchzuführen (vgl. http://g20.org/). Der G20 gehören neben den G8-Mitgliedern China, Brasilien, Indien, Australien, Mexiko, Südkorea, Indonesien, Türkei, Saudi-Arabien, Argentinien und Südafrika an. Zusammen repräsentieren diese 65,5 % der Weltbevölkerung und 86,7 % des Welt-BIP. Zu den Zielen der jährlichen Gipfeltreffen zählen die Förderung des Wirtschaftswachstums, die Regulierung des weltweiten Finanz- und Bankensystems, die Abstimmung der Finanzpolitik und der Klimaschutz.

8.2.1.1.6 Regionale Wirtschaftsgemeinschaften

EU

Neben weltweit agierenden Organisationen gibt es zahlreiche regional orientierte supranationale Interessengruppen, die die Tätigkeit Multinationaler Unternehmungen in unterschiedlicher Weise beeinflussen. Die größte Bedeutung kommt aufgrund ihres hohen Integrationsgrads und ihres großen Einflusses auf die nationale Gesetzgebung der Mitgliedstaaten der *Europäischen Union (EU)* zu. Die EU wird im Wesentlichen durch das Europäische Parlament (Vertretung der Bürger der Mitgliedstaaten), den Rat der EU (Legislative und in einigen Bereichen ausführendes Organ) und die Europäische Kommission (verantwortlich für die Durchführung der Ratsbeschlüsse) repräsentiert. Im Rahmen der Gesetzgebung der EU sind drei Arten von Rechtsvorschriften zu unterscheiden. Verordnungen werden in den Mitgliedstaaten unmittelbar zu geltendem Recht. Richtlinien sind Mindestanforderungen, denen die Mitgliedstaaten z. B. durch Anpassung ihrer nationalen Gesetzgebung entsprechen. Empfehlungen stellen unverbindliche Vorschläge dar, deren Umsetzung in nationales Recht erwünscht ist. Die Tätigkeit Multinationaler Unternehmungen wird insbesondere durch die Harmonisierung der Wirtschafts- und Finanzpolitik, die Rechtsangleichung und den mit der Vollendung des Binnenmarktes eingeführten freien Personen-, Dienstleistungs-, Waren- und Kapitalverkehr beeinflusst. Eine besondere Bedeutung kommt darüber hinaus der Einführung des Euro zu, durch die die in Kap. 7.1 skizzierten Währungsrisiken von innereuropäischen Transaktionen beseitigt werden.

Im Vergleich zur EU weisen die anderen regionalen Wirtschaftsgemeinschaften wie *NAFTA*, *Mercosur* und *ASEAN* einen deutlich geringeren Integrationsgrad auf. Ziele dieser Bündnisse sind die Beseitigung von Handelshemmnissen und die Erleichterung des grenzüberschreitenden Transfers von Waren und Dienstleistungen, Kapital und Mitarbeitern (vgl. Haas/Neumair/Schlesinger 2009, S. 53 ff.). Die Realisierung dieser Ziele wird jedoch oft durch die große Heterogenität ihrer Mitglieder erschwert.

8.2.1.2 Internationale Interessengruppen

8.2.1.2.1 Internationale Gewerkschaftsverbände

Mit der zunehmenden Bedeutung ausländischer Direktinvestitionen und Multinationaler Unternehmungen seit den siebziger und achtziger Jahren sind auch auf Seiten der Gewerkschaften verstärkte Bemühungen zu einer länderübergreifenden Koordination von Aktivitäten und zur Gründung internationaler Dachverbände zu beobachten. Die *Notwendigkeit des länderübergreifenden Zusammenschlusses von Gewerkschaften* ergibt sich insbesondere aus folgenden Entwicklungen (vgl. Platzer/Müller 2009):

Unterschiedliche gewerkschaftliche Mitbestimmungsrechte

Gewerkschaften haben häufig das Problem, für die Interessensvertretung der Arbeitnehmer wichtige Informationen zu beschaffen, um ihre Rechte gegenüber Multinationalen Unternehmungen zu manifestieren. Neben der *international sehr unterschiedlichen Ausgestaltung der gewerkschaftlichen Mitbestimmungsrechte* wird die internationale gewerkschaftliche Zusammenarbeit durch unterschiedliche ideologische Prägungen, Organisationsformen und Strategien der einzelnen Landesgewerkschaften erschwert (vgl. Kap. 8.1.1.2.1). Zudem erweist es sich als sehr schwer, über nationale Standorte und Grenzen hinweg ein einheitliches Vorgehen gegenüber Multinationalen Unternehmungen zu entwickeln. Darüber hinaus fehlen bislang verbindliche rechtliche Regelungen und gut ausgebaute gewerkschaftliche Netzwerke zur grenzüberschreitenden Interessensvertretung der Mitarbeiter in den Leitungsorganen Multinationaler Unternehmungen.

Informationsprobleme

Da strategische, die Interessen der Mitarbeiter maßgeblich berührende Entscheidungen Multinationaler Unternehmungen nicht zwangsläufig in den jeweiligen Tochtergesellschaften vorgenommen, sondern vielfach in der Muttergesellschaft oder speziellen *lead countries* getroffen werden, sind die einzelnen nationalen Gewerkschaften mit erheblichen *Informationsproblemen* konfrontiert. Von den in die ausländischen Tochtergesellschaften entsandten Stammhausmitarbeitern wird diese Informationsasymmetrie vielfach dazu genutzt, ihre mangelnde Konzessionsbereitschaft gegenüber gewerkschaftlichen Forderungen mit dem Verweis auf ihre vermeintlich geringe Entscheidungskompetenz zu begründen.

Sanktionspotenzial

Auch das *Sanktionspotenzial* der jeweiligen nationalen Gewerkschaften ist vor allem in denjenigen Ländern nur gering, in denen den Mitarbeitern aufgrund hoher Arbeitslosigkeit kaum gleichwertige andere Beschäftigungsalternativen in inländischen Unternehmungen offen stehen.

Weitere Einschränkungen

Erschwert wird die Möglichkeit der Einflussnahme auf unternehmungspolitische Entscheidungen Multinationaler Unternehmungen auch durch die vor allem in Entwicklungs- und Transformationsländern nur *geringe Qualifikation der Mitarbeiter der Gewerkschaften* und die vielfach nur *begrenzten finanziellen Ressourcen*.

In vielen Ländern werden die faktischen Mitbestimmungsmöglichkeiten schließlich durch das *Neben- und Gegeneinander verschiedener Industrie- und Betriebsgewerkschaften* erheblich eingeschränkt.

Internationale Gewerkschaftsverbände

Gegenwärtig sind folgende *internationale Gewerkschaftsverbände* von besonderer Bedeutung (vgl. Platzer/Müller 2009; Croucher/Cotton 2011):

Internationaler Gewerkschaftsbund (IGB)

Der aktivste und einflussreichste Verband ist der Internationale Gewerkschaftsbund (IGB), der 2006 aus dem Internationalen Bund Freier Gewerkschaften (IBFG) und dem Weltverband der Arbeitnehmer (WVA) sowie acht bisher keinem internationalen Dachverband angeschlossenen Gewerkschaften hervorgegangen ist. Während dem IBFG vor allem Gewerkschaften mit sozialistischer und sozialdemokratischer Prägung und die großen Einheitsgewerkschaften angehören, waren im WVA insbesondere die christlichen Gewerkschaften Südamerikas sowie Belgiens, Frankreichs, der Niederlande, Luxemburgs und der Schweiz aktiv. Dem IGB gehören 305 Gewerkschaften aus 153 Ländern mit rund 167,6 Millionen Mitgliedern an, darunter auch der Deutsche Gewerkschaftsbund. Seine Hauptaufgabe sieht der IGB in der Förderung und Verteidigung von Arbeitnehmerrechten und -interessen durch die internationale Zusammenarbeit der Gewerkschaften, globale Kampagnen und Lobbying bei großen globalen Institutionen (vgl. http://www.ituc-csi.org/?lang=de). Den überwiegend eng mit dem IBG zusammenarbeitenden 16 Internationalen Berufssekretariaten (IBS) kommt als internationaler Zusammenschluss von gegenwärtig rund 150 Einzelgewerkschaften und Gewerkschaftszusammenschlüssen aus mehr als 100 Ländern vor allem bei der Interessensvertretung gegenüber Multinationalen Unternehmungen eine große Bedeutung zu. Sie können deshalb als deren Gegenpol im Rahmen der internationalen Arbeitgeber-Arbeitnehmer-Beziehungen bezeichnet werden. Weitere Aufgaben sind der Aufbau und die Betreuung von Weltkonzernausschüssen bzw. -räten, die Information der angeschlossenen nationalen Gewerkschaften und die Vertretung von Brancheninteressen gegenüber internationalen Organisationen.

Weltgewerkschaftsbund (WGB)

Der *Weltgewerkschaftsbund (WGB)* ist die internationale Dachorganisation der Staatsgewerkschaften der mittel- und osteuropäischen Staaten. Aufgrund der dortigen politischen und ökonomischen Entwicklungen hat er seit dem Ende der achtziger Jahre weitgehend an Bedeutung verloren.

Europäischer Gewerkschaftsbund (EGB)

Die bedeutendste gewerkschaftliche Regionalorganisation ist der *Europäische Gewerkschaftsbund (EGB)*, dem gegenwärtig 82 nationale Gewerkschaftsbünde aus 36 europäischen Staaten angehören. Der Schwerpunkt seiner Arbeit liegt in der Vertretung und Förderung der sozialen, wirtschaftlichen und kulturellen Interessen der europäischen Arbeitnehmer. So ist der EGB z. B. darum bemüht, die Entscheidungen des EU-Ministerrats zu beeinflussen, arbeitnehmerorientierte Richtlinien des Maastrichter Vertrags durchzusetzen oder die Interessen gegenüber dem Europäischen Arbeitgeberverband (UNICE) im Zusammenhang mit der Einrichtung Europäischer Betriebsräte zu vertreten (vgl. Traum 2005; Heimann 2014).

Insgesamt kommen die Bemühungen der Gewerkschaften, auf internationaler Ebene eine gewerkschaftliche Gegenmacht zur Internationalisierung der Unternehmungen zu bilden, bislang über bescheidene Ansätze nicht hinaus. Zwar haben einige internationale Berufssekretariate wie z. B. der Internationale Metallgewerkschaftsbund und die Berufssekretariate in der Chemie- und Nahrungsmittelindustrie für mehrere Multinationale Unternehmungen *Weltkonzernausschüsse* organisiert. Deren Funktion besteht jedoch nicht in der von den Gewerkschaften ursprünglich angestrebten Aushandlung konzernweiter internationaler Tarifverträge, sondern in der Sammlung und dem Austausch von Informationen, die für die Vertretung von Arbeitnehmerinteressen von Bedeutung sind. Koordinierte Streiks oder andere länderübergreifende Aktionen, die einen wesentlichen Einfluss auf die Geschäftstätigkeit Multinationaler Unternehmungen gehabt hätten, gibt es dagegen nur selten (vgl. Jaich 2001).

8.2.1.2.2 Internationale Nichtregierungsorganisationen

Die Zahl und Bedeutung internationaler NGOs sind in den letzten Jahren erheblich angestiegen. 2012 wurden mehr als 58.588 internationale NGOs gezählt (vgl. Union of International Associations 2015), von denen mehr als 1.000 einen konsultativen Status bei der UNO besitzen (vgl. Willets 1998). Viele NGOs bilden länderübergreifende Netzwerkstrukturen heraus (vgl. Specker/Engelhard 2005). Dadurch sind sie in der Lage, das Verhalten Multinationaler Unternehmungen nicht nur in einzelnen Gastländern, sondern weltweit zu beobachten und für diese die Gefahr länderübergreifender Konfliktverlagerungen zu erhöhen (vgl. Kap. 8.2.2.2.1). Beispiele dafür sind *Umweltschutzorganisationen* wie Greenpeace, *Menschenrechtsorganisationen* wie Oxfam oder *Anti-Globalisierungsorganisationen* wie attac.

Greenpeace

Die im Jahre 1980 gegründete NGO *Greenpeace* ist inzwischen in mehr als 40 Ländern der Welt aktiv. Zu den Zielen von Greenpeace zählen insbesondere der Schutz

Beispiel

Der Einfluss von Greenpeace auf die Tätigkeit Multinationaler Unternehmungen lässt sich anschaulich am Beispiel der Auseinandersetzungen mit der Royal Dutch/ Shell um die Entsorgung der Öl-Bohrinsel Brent-Spar illustrieren. 1995 versuchte die britische Tochtergesellschaft von Shell, die ausgediente Öl-Bohrinsel Brent-Spar in der Nordsee zu versenken. Während dieser – rechtlich zulässige – Versuch von der britischen Öffentlichkeit weitgehend kritiklos hingenommen wurde, hat insbesondere Greenpeace Deutschland auf die damit verbundenen ökologischen Folgen hingewiesen und zum Boykott gegen die von Shell in Deutschland betriebenen Tankstellen aufgerufen, um die Versenkung zu verhindern. Diesem Boykottaufruf sind viele Autofahrer gefolgt. Die damit verbundenen Imageeinbußen und finanziellen Verluste betrafen also nicht die britische Tochtergesellschaft als eigentlich Verantwortliche, sondern die deutsche Tochtergesellschaft, die keinen unmittelbaren Einfluss auf die Entscheidung über die Versenkung der Bohrinsel hatte. Aufgrund der massiven Proteste durch Greenpeace ist Shell schließlich von ihrem Plan abgerückt und hat gemeinsam mit Greenpeace nach alternativen Möglichkeiten der Entsorgung der Bohrinsel gesucht. Im Nachhinein stellte sich jedoch heraus, dass Greenpeace die ökologischen Folgen einer Versenkung stark überschätzt hat und diese Form der Entsorgung weitaus geringere Umweltschäden angerichtet hätte als vermutet (vgl. Mantow 1995; Vorfelder 1995; Scherler 1996; Greenpeace 1997; Hecker 1997).

von Meeren und Wäldern, die Förderung erneuerbarer Energien, der Klimaschutz, das Verbot von gentechnisch veränderten Lebensmitteln und von giftigen Chemikalien sowie der Verzicht auf die Nutzung der Kernenergie. Die wichtigsten Mittel zur Durchsetzung dieser Ziele sind öffentlichkeitswirksame Kampagnen, mit denen auf das umweltschädliche Verhalten von Unternehmungen hingewiesen wird. Zunehmend arbeitet Greenpeace aber auch mit Unternehmungen bei der Entwicklung umweltverträglicher Produkte und Produktionsprozesse zusammen (vgl. http://www.greenpeace.de/).

Oxfam

Oxfam ist eine in 17 Ländern ansässige NGO, die gegenwärtig zusammen mit etwa 3.000 lokalen Organisationen Hilfsprojekte in mehr als 90 Ländern fördert. Dazu gehören langfristige Projekte zur sozialen und wirtschaftlichen Entwicklung sowie Aufklärungsarbeit zu entwicklungspolitischen Themen. Oxfam führt z. B. regelmäßig Kampagnen zur Verbesserung der Lebens- und Arbeitsbedingungen in den Entwicklungsländern im Rahmen der Initiative »Make Trade Fair« durch. So hat Oxfam etwa während der Fußballweltmeisterschaft im Jahre 2006 auf die schlechten Arbeitsbedingungen in Unternehmungen in Asien hingewiesen, die als Lizenznehmer Sportbekleidung und Fußbälle für europäische und amerikanische Unternehmungen fertigen (http://www.oxfam.org).

attac

In den letzten Jahren hat auch *attac* (*Association pour une Taxation des Transactions Financières et pour l'Action Citoyenne)* eine große öffentliche Aufmerksamkeit erlangt. Im Jahre 1988 in Frankreich gegründet, verfügt attac inzwischen über mehr als 90.000 Mitglieder in 50 Ländern, die in Form eines dezentralen Netzwerks miteinander verwoben sind. In Deutschland zählen etwa der ehemalige Bundesfinanzminister Oskar Lafontaine, der Philosophie-Professor Ulrich Beck und die Dienstleistungsgewerkschaft Verdi zu den Mitgliedern. Zu den wichtigsten Zielen zählen die Einführung einer Tobin-Steuer zur Besteuerung von Devisentransaktionen, die Aufnahme von Umwelt- und Sozialstandards in die WTO-Abkommen und die Demokratisierung supranationaler Organisationen. Neben Informations- und Bildungsveranstaltungen organisiert attac Kampagnen zu speziellen Themen sowie Protestaktionen während der Jahrestreffen der internationalen Finanzinstitutionen, der G8 und der WTO (vgl. http://www.attac.org; Buchholz et al. 2002; Grefe/Greffrath/Schumann 2002; Jung et al. 2002).

8.2.2 Instrumente des Public Affairs-Management in Multinationalen Unternehmungen

Ähnlich wie bei den anderen Führungsfunktionen lassen sich auch im Rahmen des Public Affairs-Management vier idealtypische Gestaltungsalternativen unterscheiden, die in enger Beziehung zu der jeweiligen Unternehmungsstrategie und Organisationsstruktur stehen. Diese werden im Folgenden zunächst kurz skizziert, bevor die zentralen Merkmale des transnationalen Public Affairs-Management dargestellt und kritisch bewertet werden.

8.2.2.1 Idealtypische Gestaltungsalternativen

8.2.2.1.1 Internationales Public Affairs-Management

In Unternehmungen mit einer internationalen Führungsphilosophie wird dem Public Affairs-Management nur eine relativ geringe Bedeutung zugemessen. Die Funktion der Tochtergesellschaft beschränkt sich weitgehend darauf, die in der Muttergesellschaft konzipierte Unternehmungsphilosophie umzusetzen. Mögliche Zielsetzungen von Interessengruppen in den jeweiligen Gastländern werden weder systematisch analysiert noch bei unternehmungspolitischen Entscheidungen berücksichtigt.

Geringe Bedeutung sozio-politischer Anliegen

Diese weitgehende Missachtung sozio-politischer Anliegen und Interessengruppen ist lediglich in solchen Unternehmungen möglich, deren internationale Aktivitäten relativ unbedeutend sind und sich auf solche Bereiche beschränken, die in soziopolitischer Hinsicht unkritisch sind. Mit zunehmender öffentlicher Exponiertheit nimmt jedoch die Zahl und Schärfe von Konflikten mit Interessengruppen in den jeweiligen Gastländern stark zu, sodass deren Missachtung erhebliche Folgen für den Unternehmungserfolg hat.

8.2.2.1.2 Multinationales Public Affairs-Management

Das multinationale Public Affairs-Management geht von der Annahme aus, dass eine erfolgreiche Tätigkeit der einzelnen ausländischen Tochtergesellschaften nicht nur die weitgehende Anpassung an die Bedürfnisse der jeweiligen marktlichen Interessengruppen erfordert, sondern auch die Berücksichtigung der Ziele der sozio-politischen Interessengruppen bedingt. Die ausländischen Tochtergesellschaften zeichnen sich deshalb durch die systematische Nutzung von Instrumenten des Public Affairs-Management und intensive Beziehungen zu den relevanten Interessengruppen aus. Da die Führungspositionen vorwiegend mit inländischen Mitarbeitern besetzt sind, die zumeist eine enge emotionale und kognitive Beziehung zum Gastland aufweisen, ist die Gefahr von Konflikten mit sozio-politischen Interessengruppen gering.

Beziehungen zu heterogenen Interessengruppen

Ein multinationales Public Affairs-Management ist insbesondere für solche Unternehmungen geeignet, deren Tochtergesellschaften in Ländern mit sehr heterogenen Umweltbedingungen operieren. Die stark gastlandorientierte Ausrichtung des Public Affairs-Management erschwert jedoch länderübergreifende Lerneffekte sowie die Berücksichtigung länderübergreifender Zusammenhänge, die durch die Globalisierung der Wirtschaft zunehmend an Bedeutung gewinnen.

8.2.2.1.3 Globales Public Affairs-Management

Auch im Rahmen einer globalen Führungsphilosophie wird dem Public Affairs-Management eine große Bedeutung zugemessen. Verantwortlich dafür sind jedoch nicht die ausländischen Tochtergesellschaften, sondern die Muttergesellschaft. Insbesondere in Multinationalen Unternehmungen, die in sozial- oder umweltpolitisch sensiblen Branchen wie der chemischen Industrie, der Gen- oder Biotechnologie, der Zigarettenindustrie oder der Rohstoffgewinnung und -verarbeitung tätig sind, wird häufig eine zentrale Stabsabteilung eingerichtet, der die Entwicklung und Umsetzung einer standardisierten und weltweit verbindlichen Public Affairs-Strategie übertragen wird (vgl. Achleitner 1985, S. 217 f.). Die ausländischen Tochtergesellschaften verfügen nur über geringe Kenntnisse der in dem jeweiligen Land bedeutsamen Anliegen und nur über wenige Kontakte zu den maßgeblichen sozio-politischen Interessengruppen.

Weltweit einheitlicher Umgang mit sozio-politischen Anliegen

Ein globales Public Affairs-Management ist insbesondere dazu geeignet, die Beziehungen zu supranationalen Organisationen wie der UNO, der EU oder der OECD zu pflegen, die einen hohen Zentralisationsgrad aufweisen. Darüber hinaus erleichtert es die Entwicklung und Umsetzung einer weltweit einheitlichen Strategie gegenüber globalen Anliegen. Die Beziehungen zu dezentral agierenden Interessengruppen wie Medien, Bürgerinitiativen, Umweltschutzorganisationen oder Kirchen weisen dagegen eine sehr hohe Konfliktgefahr auf. Die weltweite Standardisierung des Public Affairs-Management erschwert es zudem, national unterschiedliche sozio-politische Anliegen frühzeitig zu erkennen und bei unternehmungspolitischen Entscheidungen zu berücksichtigen.

8.2.2.1.4 Transnationales Public Affairs-Management

Merkmale

Wie bereits mehrfach erläutert, besteht die zentrale Zielsetzung transnationaler Strategien in der gleichzeitigen Ausnutzung von nationalen Unterschieden, Skaleneffekten und Verbundvorteilen. Unterschiedliche natürliche, rechtliche, wirtschaftliche, politische oder kulturelle Bedingungen in einzelnen Gastländern werden nicht als unternehmungspolitische Restriktionen aufgefasst, sondern bewusst zur Erzielung von Wettbewerbsvorteilen genutzt. Dies bedeutet jedoch, dass sich die Entwicklung bestimmter Anliegen oder die Tätigkeit sozio-politischer Interessengruppen in einem Land nicht nur auf die in diesem Land tätige Tochtergesellschaft, sondern aufgrund der vielfältigen Interdependenzen zwischen den einzelnen Unternehmungseinheiten auch auf Tochtergesellschaften in anderen Ländern oder die Muttergesellschaft auswirken können (vgl. James 1990, S. 80; Berg 2003a, S. 297 ff.). Multinationale Unternehmungen mit einer transnationalen Führungsphilosophie weisen deshalb gegenüber sozio-politischen Anliegen und Interessengruppen eine besonders hohe Sensibilität auf, die wiederum ein transnationales Public Affairs-Management erfordert. Dieses ist durch folgende *Merkmale* gekennzeichnet:

- Dezentrale Koordination des Public Affairs-Management.
- Entwicklung einer differenzierten Unternehmungsethik.

8.2.2.2 Merkmale des transnationalen Public Affairs-Management

8.2.2.2.1 Dezentrale Koordination

Globalisierung sozio-politischer Anliegen

Wie in Kapitel 8.2.1 dargestellt, sind Multinationale Unternehmungen nicht mehr nur mit nationalen, sondern zunehmend mit global agierenden Interessengruppen konfrontiert, die nicht nur das Verhalten der einzelnen Tochtergesellschaften in den jeweiligen Gastländern, sondern auch das *Verhalten Multinationaler Unternehmungen insgesamt* beobachten und zum Ansatzpunkt von Beeinflussungsversuchen machen. Darüber hinaus führt die Globalisierung der Wirtschaft dazu, dass viele sozio-politische Anliegen nicht mehr auf einzelne Länder beschränkt bleiben, sondern eine *weltweite Bedeutung* erhalten (vgl. Kap. 1.2.1).

Diese analog zur Globalisierung von Unternehmungen stattfindende *Globalisierung sozio-politischer Anliegen und Interessengruppen* führt dazu, dass Konflikte häufig nicht mehr in dem Land ausgetragen werden, in dem sie ihre Ursache haben, sondern in einem Land, in dem die Interessengruppen ihre jeweiligen Anliegen am besten durchsetzen können (vgl. Abb. 8-9). Die mit einer solchen *regionalen Konfliktverlagerung* verbundenen Gefahren für Multinationale Unternehmungen lassen sich anschaulich am Beispiel der Chemiekatastrophe im indischen Bhopal im Jahre 1984 illustrieren.

Abb. 8-9

Regionale Konfliktverlagerung durch global agierende sozio-politische Interessengruppen

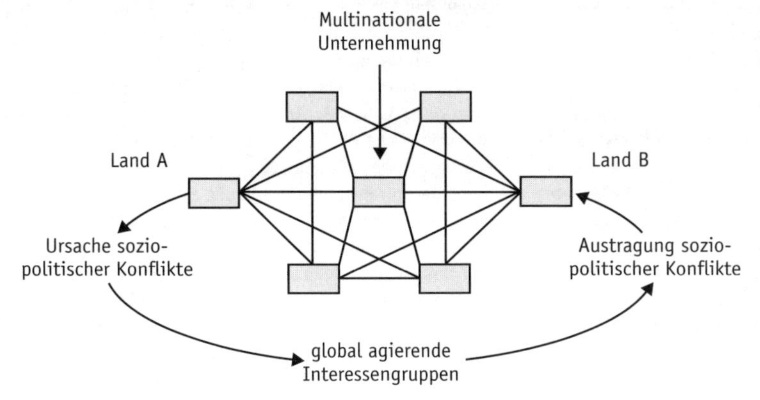

Beispiel

Am 2. und 3. Dezember 1984 ereignete sich in der indischen Tochtergesellschaft der amerikanischen Chemieunternehmung Union Carbide in Bhopal, der Hauptstadt des Bundesstaats Madhya Pradesh, ein Unfall, durch den nach offiziellen Angaben 2.800 Menschen starben und 200.000 Menschen verletzt wurden. Da das Haftungskapital der Union Carbide (India) Ltd. sehr gering war, wandten sich die Opfer dieser Chemiekatastrophe mit ihrer Schadensersatzklage nicht gegen die indische Tochtergesellschaft, sondern gegen die amerikanische Muttergesellschaft von Union Carbide. Begründet wurde dies damit, dass die indische Tochtergesellschaft unterkapitalisiert sei und keine eigenständigen Entscheidungen z. B. zur Verbesserung der Sicherheit hätte treffen können. In Anlehnung an die horizontale Durchgriffshaftung aus dem Bereich der Produkthaftpflicht wurde damit der Rückgriff auf das weitaus größere Haftungskapital der Muttergesellschaft gefordert, die nach der Argumentation der indischen Kläger die eigentliche Verursacherin der Katastrophe gewesen sei.
Seitdem haben die Opfer der Katastrophe immer wieder versucht, Union Carbide und Dow Chemicals, die 1999 die Unternehmung akquiriert hat, in den USA auf Schadensersatz zu verklagen. Da sich die Schadensersatzansprüche der Geschädigten vor amerikanischen Gerichten Anfang 1985 auf rund 100 Mrd. US-$ beliefen, hätte eine Eröffnung des Verfahrens vor amerikanischen Gerichten und eine Verurteilung von Union Carbide unweigerlich zum Konkurs der Unternehmung geführt.
Das mit der Klage befasste amerikanische Gericht lehnte es jedoch ab, ein Verfahren gegen die Muttergesellschaft zu eröffnen. Begründet wurde dies mit Praktikabilitätsgründen wie Sprachproblemen, hohen Reisekosten für die Kläger sowie unzumutbaren Kosten für die amerikanischen Steuerzahler. Die grundsätzliche Möglichkeit der Haftung der amerikanischen Muttergesellschaft für die indische Tochtergesellschaft wurde dagegen nicht abgelehnt.
Seit 1984 sind insgesamt 140 Zivilklagen für Entschädigungszahlungen zugunsten von Opfern und Überlebenden eingegangen, die in ihrer Mehrheit noch nicht abgeschlossen sind. Letztmalig haben am 15. November 1999 sieben Einzelpersonen, darunter drei Überlebende des Unglücks, und fünf Organisationen beim Bundesdistriktgericht in New York eine Sammelklage gegen Union Carbide und deren ehemaligen Vorstandsvorsitzenden, Warren Anderson, eingereicht. Der Unternehmung und den verantwortlichen Angestellten werden schwerwiegende Verletzungen des internationalen Rechts und der Menschenrechte vorgeworfen. Am 28. August 2000 wies der zuständige Richter die Klage gegen Anderson mit der Begründung ab, dass es aufgrund des 1985 verabschiedeten »Bhopal Act« allein der indischen Regierung zustehe, rechtliche Schritte gegen Union Carbide und deren Vertreter einzuleiten. Gegen diesen Entscheid wurde Einspruch erhoben.
Sollte sich die Forderung nach einer globalen Unternehmungshaftung *(global corporate liability)* zukünftig durchsetzen, wäre damit eine Verlagerung gerichtlicher Zuständigkeiten an jene Gerichtsorte verbunden, an denen sich das bestehende Rechtssystem für die durch die Aktivitäten Multinationaler Unternehmungen Geschädigten am vorteilhaftesten erweist. Eine lokale Haftungsbegrenzung wäre dann nur möglich, wenn die jeweilige Muttergesellschaft – unter Umkehr der Beweislast – das alleinige Verschulden der Tochtergesellschaft eindeutig nachweisen könnte (vgl. Engelhard 1990; Chouhan et al. 1994; Greenpeace 2001).
Auch wenn die Kodifizierung einer *globalen Unternehmungshaftung* gegenwärtig unwahrscheinlich erscheint, lassen sich nationale Konflikte mit sozio-politischen Interessengruppen häufig nicht mehr durch eine entsprechende Konstruktion der Rechtsform, eine geeignete Gestaltung der Finanzströme oder ähnliche Instrumente auf das Engagement in dem entsprechenden Land beschränken, sondern diese wirken sich aufgrund der zahlreichen *Interdependenzen* vielfach auch auf Aktivitäten in anderen Ländern aus.
Angesichts dieser Gefahr ist ein zentralisiertes und weltweit standardisiertes Public Affairs-Management nicht in der Lage, national unterschiedliche gesellschaftliche Anliegen frühzeitig zu erkennen und Beziehungen zu den maßgeblichen sozio-politischen Interessengruppen aufzubauen und zu pflegen. Die Verantwortung für das Public Affairs-Management muss deshalb i. S. des in Kap. 5.2 dargestellten Netzwerkansatzes an diejenigen Unternehmungseinheiten delegiert werden, die diese Aufgabe bei einer entsprechenden Auswahl und Weiterbildung aufgrund ihrer räumlichen Nähe und persönlichen Beziehungen am besten ausüben können (vgl. Carroll/Buchholtz 2014). Diese Dezentralisierung des Public Affairs-Management muss jedoch durch geeignete *personelle Koordinationsinstrumente* wie länderübergreifende Arbeitsgruppen und Public Affairs-Teams ergänzt werden. Aufgrund der starken *Wertbehaftetheit sozio-politischer Anliegen* kommt darüber hinaus der Entwicklung einer differenzierten Unternehmungsethik eine zentrale Bedeutung zu.

8.2.2.2.2 Differenzierte Unternehmungsethik

Übernahme gesellschaftlicher Verantwortung

Bereits in Kapitel 8.1.2.2.1 wurde auf die große Bedeutung hingewiesen, die der Unternehmungsethik bei der Auseinandersetzung mit sozio-politischen Anliegen und Interessengruppen zukommt. Dem Konzept der Unternehmungsethik liegt die Annahme zugrunde, dass die Steuerungskapazität von Markt und Recht vor dem Hintergrund der Globalisierung der Wirtschaft immer weniger ausreicht, um sämtliche moralischen Ansprüche der Interessengruppen einer Unternehmung zur Geltung kommen zu lassen. Die Lösung moralischer Konflikte setzt deshalb sowohl die situationsgerechte Anwendung legitimer Rechtsregeln als auch die eigenständige Ergänzung des Rechts durch Selbstverpflichtung, d. h. die *subsidiäre Verantwortungsübernahme für die moralischen Konfliktfelder unternehmerischen Handelns* voraus (vgl. Steinmann/Löhr 1995, S. 80 f.; Holtbrügge 2004b).

Während das Konzept der Unternehmungsethik angesichts der mangelnden Universalität menschlicher Werte bereits im nationalen Kontext auf große praktische Schwierigkeiten stößt, sind Multinationale Unternehmungen darüber hinaus mit zahlreichen zusätzlichen Problemen konfrontiert (vgl. Staffelbach 1998; Steinmann/Scherer 1998). Diese lassen sich anschaulich an folgendem Beispiel illustrieren.

Beispiel

In Pakistan, Indien, Bangladesh und vielen anderen Entwicklungsländern ist Kinderarbeit gesetzlich erlaubt oder nur in einem geringen Maße eingeschränkt. Vor allem in der Textil- und Bekleidungsindustrie ist die Beschäftigung von Kindern üblich, die häufig kaum älter als 10 Jahre sind und für einen sehr geringen Lohn anstrengende und vielfach sogar gesundheitsgefährdende Arbeiten verrichten. Eine Studie der ILO (2013) geht davon aus, dass weltweit 168 Mio. Kinder im Alter zwischen 5 und 14 Jahren Kinderarbeit verrichten, davon 85 Mio. in gesundheitsgefährdenden Bereichen. In Afrika liegt der Anteil arbeitender Kinder in dieser Altersgruppe bei 21 %, in Asien bei 9 % und in Lateinamerika sowie den arabischen Ländern bei 9 %.

Ausländische Unternehmungen, die in diesen Ländern Güter produzieren oder beschaffen, sind mit der Entscheidung konfrontiert, die nach inländischen Gesetzen zulässige Kinderarbeit zu tolerieren oder sowohl bei Zulieferern als auch in eigenen Betrieben auf die Einhaltung von in den westlichen Industrieländern geltenden Normen zu drängen. Dabei ergibt sich jedoch das Problem, dass vor allem arme, kinderreiche Familien ihr Überleben ohne das durch deren Kinder erwirtschaftete zusätzliche Einkommen vielfach nicht sichern können. Darüber hinaus würde der Verzicht auf Kinderarbeit einen Anstieg der Lohnkosten bewirken, der vor allem bei kostenorientierten Investitionen eine Tätigkeit in dem betreffenden Land unprofitabel werden lassen könnte. Da die Abschaffung der Kinderarbeit in diesen Ländern zudem vielfach kein relevantes sozio-politisches Anliegen darstellt bzw. von keiner maßgeblichen Interessengruppe gefordert wird, liegt die Tolerierung und Anpassung an die jeweiligen nationalen Bedingungen nahe.

Die Globalisierung sozio-politischer Anliegen und Interessengruppen sowie die Möglichkeit der regionalen Konfliktverlagerung führen jedoch dazu, dass bei der Beurteilung unternehmerischen Handelns nicht nur die Gesetze und moralischen Vorstellungen des jeweiligen Gastlandes, sondern auch die des Stammlandes oder anderer Gastländer herangezogen werden. Insbesondere von Interessengruppen in den westlichen Industrieländern wird Kinderarbeit deshalb unabhängig von der jeweiligen nationalen Gesetzgebung moralisch verurteilt und häufig zum Boykott der Produkte von Unternehmungen aufgerufen, die Kinderarbeit praktizieren oder bei ihren Zulieferern tolerieren. Vor allem die asiatischen Schwellenländer werten entsprechende Verurteilungen dagegen häufig als moralische Bevormundung, die den in diesen Ländern herrschenden kulturellen Werten und Normen sowie den ökonomischen Bedingungen nicht gerecht wird. Multinationale Unternehmungen sehen sich damit vielfach widersprechenden Ansprüchen ausgesetzt, deren gleichzeitige Berücksichtigung nicht möglich ist (vgl. Liebel/Overwien/Recknagel 1998; Lübke 1999; Berg/Holtbrügge 2001, S. 112 ff.; ILO 2012).

Drei Ebenen der Universalität ethischer Prinzipien

Angesichts dieser *Pluralität und Inkommensurabilität menschlicher Werte und Normen*, auf die bereits bei der Darstellung der postmodernen Theorie des Internationalen Management hingewiesen wurde (vgl. Kap. 3.2.5), erscheint es sinnvoll, zwischen drei *Ebenen der Universalität ethischer Prinzipien* zu unterscheiden (vgl. Abb. 8-10):

Universelle Prinzipien

Die erste Ebene bilden *universelle Prinzipien*, wie sie z. B. in der im Jahre 1948 von der UNO verabschiedeten Allgemeinen Deklaration der Menschenrechte oder der Europäischen Menschenrechtskonvention verankert sind. Hierzu zählen u. a. das Recht auf Leben und körperliche Unversehrtheit, das Recht auf Freiheit und Gleichheit oder das Recht auf Selbstbestimmung (vgl. Galtung 2006). Universelle Prinzipien sind immer und überall gültig, d. h. eine Unternehmung, die auch nur in einem Land gegen diese Prinzipien verstößt, handelt nach ethischen Grundsätzen unmoralisch.

Situationsabhängige Prinzipien

Auf der zweiten Ebene befinden sich *situationsabhängige Prinzipien*, die nur vor dem Hintergrund der jeweiligen spezifischen Bedingungen beurteilt werden können. Ein Beispiel dafür ist das oben skizzierte Problem der Kinderarbeit. Während diese in den westlichen Industrieländern gegen ethische Grundsätze verstößt, fällt deren Beurteilung in Entwicklungsländern weitaus schwieriger aus. Dazu müssten im konkreten Fall das Alter und der Entwicklungsgrad der Kinder, deren Bildungs- und Beschäftigungsperspektiven, die Art und Schwere der Arbeit, die ökonomischen Verhältnisse der Familie, die Möglichkeiten einer freien Entscheidung der betroffenen Kinder und weitere Aspekte berücksichtigt werden. Darüber hinaus ist zu prüfen, ob die betroffene Unternehmung nicht dazu beitragen könnte, die Situation der Kinder in dem jeweiligen Land z. B. durch die Förderung von Bildungseinrichtungen, Stipendien oder ähnliche Maßnahmen grundsätzlich und nachhaltig zu verbessern und damit die Notwendigkeit der Kinderarbeit zu verringern (vgl. Kolk/van Tulder 2002). Als Beurteilungsmaßstab bietet sich dabei das Konzept der nachhaltigen Entwicklung (*sustainable development*) an. Als normativer Handlungsrahmen hält dies Multinationale Unternehmungen dazu an, Ungleichheiten und Ungerechtigkeiten in und

Abb. 8-10

Ebenen der Universalität ethischer Prinzipien

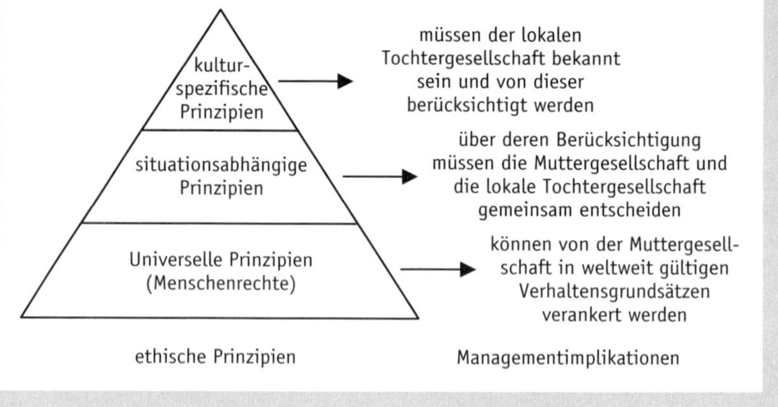

zwischen Ländern zu beseitigen, einen aktiven Beitrag zur Erhaltung der für das menschliche Leben notwendigen Umweltbedingungen zu leisten und kulturelle Identitäten zu bewahren (vgl. Graf 2002; Sachs 2015).

Kulturspezifische Prinzipien

Die dritte Ebene bilden *kulturspezifische Prinzipien*, d. h. Werte, die in bestimmten Kulturen ethisch vertretbar sind, in anderen Kulturen dagegen als unethisch beurteilt werden, ohne dass damit eine allgemeine Wertung verbunden wäre. Ein Beispiel dafür ist der Verzicht auf den Genuss von Rindfleisch in Indien und von Schweinefleisch in islamisch geprägten Staaten.

Implikationen für das Public Affairs-Management

Je nach Universalitätsgrad ethischer Prinzipien ergeben sich unterschiedliche *Implikationen für das Public Affairs-Management*:

Universelle Prinzipien lassen sich in unternehmerischen Verhaltenskodizes festschreiben, die weltweit verbindliche Richtlinien für die Entscheidungen und das Handeln der Mitarbeiter in den regional verstreuten Unternehmungseinheiten darstellen. Abweichungen von diesen universellen Prinzipien sind unter keinen Umständen tolerierbar.

Situationsabhängige Prinzipien können dagegen nicht *ex ante* durch die Vorgabe verbindlicher Verhaltensgrundsätze berücksichtigt, sondern nur gemeinsam von der Muttergesellschaft und der betroffenen Tochtergesellschaft vor dem Hintergrund des spezifischen Kontextes beurteilt werden, um sich nicht dem Vorwurf einer bewussten oder unbewussten *Moralarbitrage* auszusetzen. Darunter wird die Verlagerung von ethisch oder ökologisch bedenklichen Aktivitäten in solche Länder verstanden, in denen die gesetzlichen und gesellschaftlichen Regeln hierzu weniger restriktiv sind (*pollution havens*) (vgl. Cole/Elliot 2005). Darüber hinaus lässt sich die ethische Vereinbarkeit unternehmungspolitischer Entscheidungen nur durch einen fortwährenden Dialog mit allen relevanten Interessengruppen prüfen und sicherstellen.

Kulturspezifische Prinzipien müssen schließlich der jeweiligen Tochtergesellschaft und deren Mitarbeitern bekannt sein und von diesen berücksichtigt werden. Dies erfordert vor allem von den unter fremden kulturellen Bedingungen tätigen Stammhausdelegierten eine hohe Sensibilität und Empathie. Für das Public Affairs-Management ergibt sich daraus die zentrale Aufgabe, diesen die grundsätzliche Wertbehaftetheit unternehmerischer Entscheidungen gerade in einem internationalen Kontext permanent deutlich zu machen (vgl. Holtbrügge 1996a, S. 286; Steinmann/Scherer 1997, S. 82).

Implementierung von Verhaltensgrundsätzen

Logsdon/Wood (2005) schlagen darüber hinaus eine differenzierte Vorgehensweise bei der Entwicklung, Implementierung und Kontrolle von Verhaltensgrundsätzen in Multinationalen Unternehmungen vor, die eine *Kombination von Elementen des multinationalen und globalen Public Affairs-Management* darstellt und die den unterschiedlichen Ebenen der Universalität ethischer Prinzipien gerecht wird (vgl. Abb. 8-11). Danach werden in einem ersten Schritt für die gesamte Unternehmung gültige universelle Prinzipien formuliert. Diese Orientierung an globalen Prinzipien ist notwendig, um einen ethischen Relativismus zu vermeiden. Anschließend werden diese in den einzelnen Tochtergesellschaften implementiert und an die jeweiligen nationalen Bedingungen adaptiert. Ohne diese lokale Implementierung würde sich die Unternehmung dem Vorwurf des ethischen Imperialismus aussetzen. In einem dritten Schritt erfolgen die Analyse der umgesetzten Verhaltensgrundsätze und die

Abb. 8-11

Entwicklung, Implementierung und Kontrolle von Verhaltensgrundsätzen in Multinationalen Unternehmungen

	multinational	**global**
Prinzipien – begrenzte Zahl von grundlegenden universellen Prinzipien	*ethischer Relativismus*	Verhaltenskodex
Konsistente Normen – akzeptable lokale Varianten	lokale Implementierung	*ethischer Imperialismus*
Inkompatible Normen – Normen, die nicht oder nicht ausreichend auf Prinzipien zurückgeführt werden können oder mit diesen in Konflikt stehen	Analyse und Experimente	organisationales Lernen

(Quelle: leicht modifiziert nach Logsdon/Wood 2005, S. 57)

Erprobung von Maßnahmen, mit denen ein Ausgleich zwischen konfliktären globalen Prinzipien und lokalen Praktiken hergestellt werden kann. Den vierten Schritt bildet ein unternehmungsweiter Rückkopplungsprozess im Rahmen des organisationalen Lernens.

8.2.3 Kritische Gesamtbeurteilung

Empirische Evidenz

Eine empirische Untersuchung von Berg (2003a) belegt, dass Multinationale Unternehmungen nicht nur als ökonomische Akteure beurteilt, sondern in einem hohen Maße auch im Hinblick auf ihr politisches, soziales und ökologisches Verhalten wahrgenommen werden. Länderübergreifenden Konflikten mit sozio-politischen Interessengruppen kommt dabei eine zunehmende Bedeutung zu. Vor allem die untersuchten Muttergesellschaften in Deutschland sowie deren Tochtergesellschaften in den USA gehen davon aus, in Zukunft ihre Aktivitäten im Bereich des Public Affairs-Management verstärkt weltweit abstimmen zu müssen.

Dieser Befund wird auch durch eine empirische Untersuchung von Kreikebaum/Behnam/Gilbert (2001) in 82 deutschen und 41 US-amerikanischen Unternehmungen gestützt. Danach führt eine Zentralisierung der Entscheidungsfindung vor allem in deutschen Unternehmungen häufig zu ethischen Konflikten mit Interessengruppen in den Gastländern. Als wichtigstes Instrument zu deren Handhabung wird neben der gezielten Aus- und Weiterbildung der betroffenen Mitarbeiter die Einführung einer Netzwerkorganisation angesehen, die zu einer effizienten weltweiten Kommunikation über alle Aspekte des Public Affairs-Management beiträgt. Die Einführung von Ethikkommissionen oder -abteilungen wird dagegen als wenig geeignet bezeichnet.

Auch eine Studie europäischer Automobilzulieferunternehmungen in Mexiko von Muller (2006) kommt zu dem Ergebnis, dass sich Tochtergesellschaften mit einem hohen Autonomieniveau durch ein proaktiveres Public Affairs-Management auszeichnen. Die Gründe dafür sind jedoch zumeist nicht Ansprüche nationaler Interessengruppen oder das Bestreben, sich möglichst weit an die jeweiligen nationalen Bedingungen anzupassen. Vielmehr resultiert die Berücksichtigung sozio-politischer Anliegen und Interessengruppen häufig aus den von der Muttergesellschaft formulierten allgemeinen Prinzipien des Public Affairs-Management, die jedoch an die Gastlandbedingungen angepasst werden.

Das Erfordernis einer integrierten Abstimmung zwischen Mutter- und Tochtergesellschaften im Rahmen der länderübergreifenden Corporate Social Responsibility belegt auch die Studie unter 269 ausländischen Tochtergesellschaften in 27 Ländern von Surroca/Tribó/Zahra (2012). Danach neigen Multinationale Unternehmungen dazu, sozial unverantwortliche Praktiken in ihre ausländischen Tochtergesellschaften zu transferieren, wenn sie im Heimatland einen großen Druck zivilgesellschaftlicher Akteure wahrnehmen. Dieses Verhalten ist besonders stark ausgeprägt, wenn die Tochtergesellschaft hohe Output-Interdependenzen mit der Muttergesellschaft aufweist, die Muttergesellschaft finanzielle Schwierigkeiten hat, einem hohen Wettbewerbsdruck ausgesetzt ist und eine hohe Technologieintensität aufweist. Um eine derartige *Moralarbitrage* zu vermeiden, sind deshalb die systematische Analyse von sozio-politischen Interessengruppen und die von diesen vertretenen Anliegen in allen Gastländern und die Entwicklung einer Strategie des Public Affairs-Management erforderlich, die nicht an kurzfristigen Aktivitäten einzelner Stakeholder in bestimmten Ländern, sondern am Prinzip der weltweiten Unternehmungsverantwortung orientiert ist.

8.3 Weiterführende Literatur

Über Bedeutung und mögliche Strategien des Public Affairs-Management informieren ausführlich Berg (2003a) und Lawrence/Weber (2014). Einen komprimierten Überblick über unterschiedliche konzeptionelle Ansätze des Public Affairs-Management in international tätigen Unternehmungen gibt der Aufsatz von Boddewyn (1988).

Den Beziehungen international tätiger Unternehmungen zu sozio-politischen Interessengruppen widmen sich die Monographien von Wartick/Wood (1998), Post/Preston/Sachs (2002) und van Tulder/van der Zwart (2006) sowie die Sammelbande von Moran (1992) und Grosse (2005). Speziell den Beziehungen zu NGOs sind der Sammelband von Doh/Teegen (2003) und die Monographien von Ungericht (2005) und Yaziji/Doh (2009) gewidmet.

Die allgemeinen Grundlagen des Stakeholder- und Issue-Management werden erläutert in Liebl (2000), Kuhn/Kinter/Kalt (2009) und Freeman et al. (2010). Eine spezifisch internationale Perspektive vermitteln Brewer (1992) und Ingenhoff (2004). Über die Praxis des Stakeholder-Management in deutschen Multinationalen Unternehmungen informieren die Beiträge von Holtbrügge/Berg (2004b; 2005), Holtbrügge/Berg/Puck (2007) und Holtbrügge/Puck (2009a; 2009b).

Einen Überblick über die Funktionsweise und Bedeutung der wichtigsten internationalen Wirtschaftsorganisationen vermitteln Pease (2014) und Archer (2015). Mögliche Strategien und Instrumente des Public Affairs-Management Multinationaler Unternehmungen gegenüber internationalen Organisationen diskutiert Krämer (1997).

Über die unterschiedlichen Aspekte der Korruption im internationalen Geschäftsverkehr informieren die Sammelbände von Pieth/Eigen (1999) und Fifka/Falke (2012) sowie die Publikationen von Transparency International (http://www.transparency.org/). Die ethischen Probleme des Internationalen Management werden ausführlich dargestellt in den Monographien von Donaldson (1989), Carroll/Gannon (1996), Scherer (2003) und Crane/Matten (2010) sowie den Sammelbänden von Brady (1996) und Kumar/Steinmann (1998). Zum Umgang mit ethischen Konflikten in international tätigen Unternehmungen vgl. die empirische Untersuchung von Kreikebaum/Behnam/Gilbert (2001).

Den spezifischen Aspekten von Corporate Social Responsibility im internationalen Kontext widmen sich und Crane/Matten/Spence (2014) und Idowu/Schmidpeter/Fifka (2015). Einen Überblick über empirische Studien zur Corporate Social Responsibility im internationalen Kontext vermitteln Egri/Ralston (2008) und zur Corporate Environmental Responsibility Holtbrügge/Dögl (2012). Eine detaillierte Analyse des Public Affairs-Management deutscher Multinationaler Unternehmungen in unterschiedlichen Gastländern vermitteln die Beiträge von Berg/Holtbrügge (2001; 2002) und Holtbrügge/Berg (2001; 2002).

8.4 Fallstudie: Umgang mit sozio-politischen Interessengruppen: Die weltweite Marktrücknahme des Medikaments Lipobay durch Bayer

Die weltweite Marktrücknahme des Medikaments Lipobay stellt nicht nur eine der einschneidendsten Maßnahmen in der jüngeren Unternehmungsgeschichte der Bayer AG dar, sondern weist auch auf schwer wiegende ethische Fragen hin. Insbesondere zeigt der Fall, welche Konflikte zwischen den Interessen von Aktionären und Konsumenten bestehen können und welchen komplexen Entscheidungssituationen und Informationspflichten Unternehmungen in Konfliktfällen ausgesetzt sind.

Im Folgenden wird zunächst die Bayer AG in einem kurzen Unternehmungsportrait vorgestellt. Anschließend werden die Wirkungsweise des Medikaments Lipobay und dessen Marktzulassung erläutert sowie die Untersuchungen, die letztlich zu dessen Marktrücknahme geführt haben, skizziert. Im Mittelpunkt der folgenden beiden

Abschnitte stehen die Reaktionen der zuständigen Gesundheitsbehörden sowie die wirtschaftlichen Auswirkungen für Bayer. Die Fallstudie schließt mit einem kurzen Fazit und Ausblick.

8.4.1 Unternehmungsporträt der Bayer AG

Die *Unternehmungsgeschichte* der Bayer AG reicht bis zum 1. August 1863 zurück, als der Kaufmann Friedrich Bayer und der Färbermeister Johann Friedrich Weskott in Wuppertal-Barmen den Farbstoffbetrieb Friedr. Bayer et Comp. gründeten. 1884 trat der Chemiker Carl Duisberg in die Unternehmung ein, unter dessen Leitung der Unternehmung zahlreiche wegweisende Entwicklungen gelangen und Bayer zur »Apotheke der Welt« wurde. Die wichtigste davon war die Synthetisierung des Wirkstoffs Acetylsalicylsäure in chemisch reiner und haltbarer Form im Jahre 1897 durch Dr. Felix Hoffmann. Das auf diesem Wirkstoff basierende Medikament Aspirin wurde im Jahre 1899 als Warenzeichen eingetragen. Im Jahre 1925 gingen die inzwischen in Leverkusen ansässigen Farbenfabriken vormals Friedr. Bayer & Co. in der I. G. Farbenindustrie AG auf. Nach dem Zweiten Weltkrieg wurde die I. G. Farben auf alliierten Befehl beschlagnahmt und später entflochten. 1951 wurden die Farbenfabriken Bayer AG neu gegründet und 1972 in Bayer AG umfirmiert.

Anfänge der Internationalisierung

Die *Internationalisierung* von Bayer begann bereits 1865, als sich die Unternehmung an einer Teerfabrik in den USA beteiligte und seitdem Zwischenprodukte nach Übersee liefert. 1876 wurde eine Produktionsstätte in Moskau eröffnet. 1883 nahm das Bayer-Werk Flers in Nordfrankreich seine Produktion auf. Das bedeutendste Ereignis in der jüngsten Internationalisierungsgeschichte war der 1986 erfolgte Rückerwerb der Rechte zur Verwendung des Warenzeichens Bayer für den Bereich der zur industriellen Weiterverarbeitung bestimmten Produkte in den USA, die die Unternehmung nach dem Zweiten Weltkrieg an den amerikanischen Pharma-Hersteller Sterling Drug, Inc. verloren hatte. Ende 2013 war Bayer mit 113.200 Mitarbeitern und einem Umsatz von 40,2 Mrd. € in fast allen Ländern der Welt tätig. Mit einem Anteil von 37,6 % entfällt der größte Teil des Umsatzes auf Europa, gefolgt von 24,1 % in Nordamerika, 21,5 % in Asien/Pazifik und 16,9 % in Lateinamerika, Afrika und dem Nahen Osten (vgl. Bayer 2014).

Unternehmungsstruktur

Im Jahre 2002 führte die Unternehmung eine der umfassendsten *Restrukturierungen* ihrer Geschichte durch (vgl. Metelmann/Neuwirth 2002, S. 139 ff.; Bayer 2003a). Unter dem Schlagwort »The New Bayer« wurden die bis dahin bestehenden 15 Geschäftsfelder zu den drei operativen Geschäftsbereichen Gesundheit (HealthCare), Pflanzenschutz (CropScience) und hochwertige Materialien (MaterialScience) zusammengefasst und unter das Dach einer für Gesamtstrategie und Portfoliomanagement zuständigen Management-Holding gestellt (vgl. Tab. 8-5). Ergänzt wurden die drei Teilkonzerne durch drei ebenfalls weitgehend selbstständige Servicegesellschaften. Im Jahre 2004 wurden zudem viele technologisch wenig anspruchsvolle Massenprodukte wie Kautschuk, Additive und Eisenoxidpigmente, die im Jahre 2003 wesentlich zu dem bislang einzigen negativen Betriebsergebnis in der Unternehmungsgeschichte beigetragen haben, in eine eigenständige Unternehmung Lanxess

Tab. 8-5

Umsatz- und Ergebnisentwicklung der Geschäftsbereiche der Bayer AG zwischen 2002 und 2013 (in Mio. €)

Geschäftsbereich	2002	2003	2004	2005	2006	2007	2008	2009	2010	2011	2012	2013
HealthCare												
▸ Umsatz	9.372	8.871	8.485	7.996	11.724	14.807	15.407	15.988	16.913	17.169	18.604	18.924
▸ operatives Ergebnis (EBIT)	586	365	859	923	1.313	1.564	2.181	2.640	1.861	3.191	2.205	3.260
CropScience												
▸ Umsatz	4.697	5.764	5.946	5.896	5.700	5.826	6.382	6.510	6.830	7.255	8.383	8.819
▸ operatives Ergebnis (EBIT)	–108	342	492	690	584	656	918	798	261	562	1.556	1.729
Material Science												
▸ Umsatz	k.A.	7.453	8.597	9.446	10.161	10.435	9.738	7.520	10.154	10.832	11.491	11.238
▸ operatives Ergebnis (EBIT)	k.A.	–397	641	1.250	992	1.042	537	266	780	633	581	435

(Quellen: Bayer 2004a, 2005a, 2009, 2012, 2014)

ausgegliedert, die im Januar 2005 an die Börse gebracht wurde. Den vorerst letzten Schritt der Reorganisation bildete die Übernahme von Schering im Jahre 2006.

Während sich viele andere Chemie- und Pharmaunternehmungen wie BASF, Novartis und Sanofi-Aventis bereits in den neunziger Jahren auf wenige Kernbereiche konzentrierten, erfolgte dieser Schritt bei Bayer damit erst nach der Jahrtausendwende. Notwendig wurde diese Restrukturierung nicht nur, als in konjunkturellen Krisenzeiten die Schwächen des hohen *Diversifikationsgrads* deutlich wurden, sondern weil mit der Marktrücknahme des Medikaments Lipobay einer der wichtigsten Umsatzträger verloren ging und die Unternehmung in eine schwere Krise geriet (vgl. Berg/Welge 2006).

Blockbuster

Bis zum Jahre 2000 kam dem Medikament Lipobay innerhalb des Arbeitsgebiets Gesundheit eine große Bedeutung zu. Von den vier Arzneimitteln, die im Jahre 2000 mehr als eine Mrd. DM Umsatz erzielten, trug Lipobay hinter den Präparaten Ciprobay und Adalat am drittstärksten zum Umsatz der Pharmasparte bei. Mit einem Zuwachs von 205 % im Jahre 1999 und 82 % im Jahre 2000 erzielte es die höchsten Wachstumsraten (vgl. Tab. 8-6). Im Jahre 2000 wurde das jährliche Umsatzpotenzial langfristig auf 2,5 Mrd. € beziffert. Schätzungen zufolge nahmen im Jahr 2000 weltweit sechs Mio. Menschen, davon eine halbe bis eine Mio. in Deutschland und 700.000 in den USA, dieses Medikament regelmäßig ein (vgl. Bayer 2001a, S. 4; Bayer 2001c; Kenneth B. Moll & Associates 2001, S. 8).

Tab. 8-6

Umsatzstärkste Bayer-Produkte im Arbeitsbereich Gesundheit zwischen 1999 und 2001 (in Mio. €)

Umsatzstärkste Produkte im Gesundheitsbereich	1999	2000	2001
Ciprobay	1.519	1.785	1.964
Adalat	1.021	1.155	975
Lipobay	345	636	–
Aspirin	580	632	723
Kogenate	377	491	250
Glucometer Elite	354	472	492

(Quellen: Bayer 2000; Bayer 2001e, Bayer 2002b)

8.4.2 Wirkungsweise des Medikaments Lipobay

Das Medikament Lipobay (vgl. Abb. 8-12) mit dem Wirkstoff Cerivastatin wurde Patienten verordnet, deren Blut einen zu hohen Cholesterinspiegel aufweist. Dieser kann durch Diabetes bzw. eine ungesunde Ernährung hervorgerufen werden oder angeboren sein. Ein zu hoher Cholesterinwert im Blut (mehr als 200 mg pro Deziliter Blut) gilt als ein Hauptrisiko-Faktor für Herzinfarkte, Schlaganfälle und Durchblutungsstörungen.

Abb. 8-12

Das Medikament Lipobay der Bayer AG

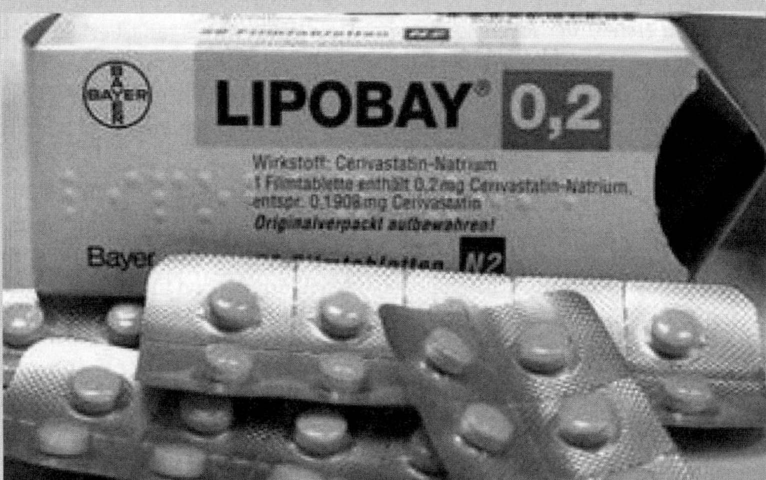

Cholesterin

Cholesterin besteht aus dem HDL-Cholesterin (*high density lipoprotein*) und dem LDL-Cholesterin (*low density lipoprotein*). Das HDL-Cholesterin hat positive Auswirkungen auf den Organismus, indem es überschüssiges Fett von den Zellen in die Leber transportiert und so eine Schutzwirkung ausübt. Das LDL-Cholesterin wirkt sich dagegen negativ auf den Organismus aus. Es führt zu einer Verengung der Herzkranzgefäße, indem es Fettpartikel aus der Leber aufnimmt, zu den Körperzellen transportiert und so für Ablagerungen in den Arterien verantwortlich ist.

Der Wirkstoff Cerivastatin, der in dem Medikament Lipobay enthalten ist, behindert im Organismus die Entstehung von LDL und fördert die Bildung von HDL. Auf diese Weise ist es möglich, den Cholesterinspiegel im Blut um bis zu 30 % zu senken.

In Einzelfällen, d. h. bei unter einem Promille der Patienten, denen das Medikament verabreicht wird, kann es zu einer Zerstörung des Muskelgewebes (Rhabdomyolyse) kommen. Bei der gleichzeitigen Einnahme von Medikamenten mit dem ebenfalls cholesterinsenkenden Wirkstoff Gemfibrozil, der z. B. in dem Medikament Gevilon enthalten ist, werden diese Nebenwirkungen von Lipobay verstärkt. In seltenen Fällen kann dieser Muskelgewebezerfall lebensbedrohlich oder sogar tödlich verlaufen, wenn die Muskelzerfallprodukte die Nierenkanälchen verstopfen. Dadurch wird die Nierenfunktion beeinträchtigt oder sogar ein Nierenversagen ausgelöst (vgl. Lau/Leachman/Lufschanowski 2001).

8.4.3 Zulassung von Lipobay in Europa

Lipobay wurde 1997 zunächst in Großbritannien, später auch in anderen Mitgliedstaaten der Europäischen Union (EU) zugelassen. Großbritannien kam dabei die Funktion des federführenden Landes (*Reference Member State*) zu, wo die Zulassung für die gesamte EU beantragt wurde. Abbildung 8-13 stellt unterschiedliche Zulassungsverfahren dar.

Zulassungsverfahren

Bei der Zulassung eines neuen Präparats innerhalb der EU nach diesem dezentralen Verfahren erstellt der *Reference Member State* einen Bewertungsbericht für das Medikament und leitet diesen an alle Concerned Member States weiter. Deren Beurteilung auf Basis des Bewertungsberichts fließt in die *Summary of Product Characteristics* ein, die für alle Mitgliedstaaten der EU die Anwendungsbedingungen des Präparats detailliert beschreibt (vgl. BfArM 2002).

Am 26. Mai 1997 teilte die zuständige Behörde in Deutschland, das Bundesinstitut für Arzneimittel und Medizinprodukte (BfArM), der zuständigen Behörde im Reference Member State Großbritannien Einwände gegen die Zulassung des Medikaments mit. Diese wurden durch die britischen Behörden überprüft und für nicht stichhaltig befunden. Das Medikament wurde daraufhin zugelassen und war seit 1997 in der EU erhältlich (vgl. BfArM 2001b; Kublitz 2002).

Dieses dezentrale Verfahren der Zulassung von Arzneimitteln wird vielfach kritisiert. So bemängelt etwa der Allgemeine Patientenverband (APV), dass das BfArM die Studien von Pharmaunternehmungen nur einer *formalen Prüfung* unterzieht. Nach Ansicht des APV können Universitäten, die diese Tests durchführen, zudem dazu geneigt sein, wohlwollende Studien durchzuführen, da sie von der finanziellen För-

Abb. 8-13

Zulassungsverfahren von Arzneimitteln

Zulassungsverfahren

nationales Zulassungsverfahren in Deutschland	europäisches Zulassungsverfahren	dezentrales Zulassungsverfahren
Zulassung bzw. Registrierung von Fertigarzneimitteln durch die zuständige Bundesbehörde gemäß § 21 Abs.1 bzw. § 38 Abs.1 AMG ▸ BfArM: Zulasungsbehörde für Humanarzneimittel ▸ Paul-Ehrlich-Institut: Zulassungsbehörde für Sera, Impfstoffe, Testallergene, Testsera und Testantigene sowie Blutzubereitungen ▸ Bundesinstitut für gesundheitlichen Verbraucherschutz und Veterinärmedizin: Zulassungsbehörde für Tierarzneimittel	▸ Zulassung eines Arzneimittels wird nicht von einer nationalen Zulassungsbehörde, sondern von der Europäischen Kommission in Brüssel erteilt ▸ Organisation durch die Europäische Arzneimittelagentur in London ▸ Prüfung der eingereichten Unterlagen durch das BfArM und andere Zulassungsbehörden der Mitgliedstaaten der Europäischen Union	▸ gegenseitiges Anerkennungsverfahren ▸ die bereits in einem anderen Mitgliedstaat der Europäischen Union erteilte Zulassung muss innerhalb von 90 Tagen von den Zulassungsbehörden anderer Mitgliedstaaten anerkannt werden, wenn nicht schwerwiegende Gründe entgegenstehen

(Quelle: erstellt in Anlehnung an das BfArM 2002)

derung durch Unternehmungen abhängig sind (vgl. auch Kirschner/Schwörer 2001, S. 22). Von daher fordert dieser, die Aufträge durch das BfArM erteilen und von den betroffenen Unternehmungen bezahlen zu lassen (vgl. Murphy 2001).

8.4.4 Berichte über unerwünschte Nebenwirkungen des Präparats

Spontanmeldungen

Ärzte, Apotheker und andere Angehörige von Arzneimittelberufen sowie die Patienten selbst sind nach der Zulassung von Medikamenten aufgefordert, Verdachtsfälle von arzneimittelbedingten Nebenwirkungen zu melden. Diese Meldungen werden *Spontanmeldungen* genannt. Die Pharmaindustrie ist nach § 29, Abs. 1 Arzneimittelgesetz und der EU-Richtlinie 75/319 verpflichtet, Nebenwirkungen sowie Wechselwirkungen mit anderen Mitteln und gegebenenfalls Fälle von Arzneimittelmissbrauch zu melden.

Die Arzneimittelkommissionen der Standesvertretungen geben aufgrund vertraglicher Vereinbarungen alle bei ihnen eingehenden Meldungen auch an die Behörden weiter. Gesetzlich verpflichtet zur Weitergabe von Spontanmeldungen an die Behörden sind nur die pharmazeutischen Unternehmungen. Neben der Weiterleitung der Meldungen müssen Verdachtsfälle durch Arzneimittelexperten der betroffenen Unternehmung auch wissenschaftlich beurteilt werden. Im Falle schwer wiegender Nebenwirkungen müssen Meldung und Bewertung dem BfArM und dem Paul-Ehrlich-Institut innerhalb von 15 Tagen vorliegen, damit dort Maßnahmen zur Vermeidung von Risiken ergriffen werden können. Diese Frist gilt nicht nur für Verdachtsfälle, die in Deutschland auftreten, sondern auch für Verdachtsmeldungen aus dem Ausland (vgl. § 15, Abs. 1 Arzneimittelgesetz; BfArM 2002).

Regelmäßige Berichte

Über diese Spontanmeldungen hinaus müssen pharmazeutische Unternehmungen nach der Zulassung von Medikamenten *regelmäßige Berichte* an die Zulassungsbehörden abgeben. In den ersten zwei Jahren nach der Zulassung müssen halbjährliche Berichte, in den folgenden drei Jahren jährliche und danach alle fünf Jahre Berichte von Arzneimittelsicherheitsexperten an das BfArM erstattet werden (vgl. § 15, Abs. 1 Arzneimittelgesetz). Weisen die eingegangenen Meldungen oder andere Informationen auf mögliche Arzneimittelrisiken hin, wird nach einem festgelegten Stufenplan gehandelt (vgl. BfArM 2002):

- In der Stufe I werden die betroffenen Pharmaunternehmungen zunächst aufgefordert, zu dem vermuteten Arzneimittelrisiko weitere Informationen zur Verfügung zu stellen. Sie werden im nationalen und internationalen Austausch ausgewertet.
- Erhärtet sich während des Informationsaustauschs oder aufgrund anderer Daten der Verdacht auf ein gesundheitliches Risiko, kann die Stufe II ausgerufen werden. Die betroffenen Pharmaunternehmungen werden aufgefordert, zu detaillierten Fragen Stellung zu nehmen oder müssen bei akuten Risiken per Bescheid angeordnete Maßnahmen umsetzen. Diese können bis zur Aussetzung bzw. zum Widerruf der Zulassung und zum Rückruf des Arzneimittels reichen.

Das BfArM hat seit der Zulassung von Cerivastatin im Jahr 1997 insgesamt acht periodische Berichte erhalten. In den ersten vier fanden sich zwar einzelne Berichte über unerwünschte Arzneimittelwirkungen an der Muskulatur, es gab aber keinerlei Anzeichen dafür, dass diese unter Cerivastatin häufiger sind als unter anderen Arzneimitteln aus der gleichen Stoffgruppe (Statine). Im zusammengefassten periodischen Bericht 5/6 deutete sich an, dass Rhabdomyolysen vermehrt dann auftreten, wenn Cerivastatin gleichzeitig mit Lipidsenkern aus der Fibrat-Gruppe (insbesondere Gemfibrozil) eingenommen wird. Obwohl das Problem dieser unerwünschten Arzneimittelwirkungen durch Komedikation zweier Lipidsenker zunächst nur in den USA zu bestehen schien, wurde Bayer dazu veranlasst, eine entsprechende *Änderung der Produktinformation* auch in der EU vorzunehmen (vgl. BfArM 2001b, S. 7).

Auf der Basis der Meldungen über unerwünschte Arzneimittelwirkungen aus dem In- und Ausland und nach Bewertung der periodischen Berichte von Bayer sah das

BfArM keinen Grund, die Zulassung von Lipobay zu widerrufen. Gemeinsam mit dem erstzulassenden Land Großbritannien und allen anderen Mitgliedstaaten der EU hielt es das BfArM für erforderlich und ausreichend, den Zulassungsstatus von Lipobay restriktiver zu gestalten, um auf diese Weise die Arzneimittelsicherheit zu gewährleisten.

Rote-Hand-Brief

Dieses Anfang 2001 gestartete Verfahren der Zulassungsänderung wurde aufgrund neuer Erkenntnisse im Juni in eine *dringende Zulassungsänderung (urgent safety restriction)* überführt. Diese wurde am 19. Juni 2001 eingeleitet, um die gleichzeitige Anwendung von Cerivastatin mit Gemfibrozil als Kontraindikation in die Produktinformationen aufzunehmen. Die Rechtsgrundlage hierfür stellt die Verordnung 541/95, Artikel 1 der EU dar. Nach dem Abschluss des *urgent safety restriction*-Verfahrens am 26. Juni 2001 wurde am 28. Juni 2001 eine einheitliche europäische Zulassungsänderung mit der Änderung der Produktinformation abgeschlossen und ein Rote-Hand-Brief versandt (vgl. BfArM 2001b, S. 7), in dem auf diesen Zusammenhang hingewiesen wird.

Alle Berichte über (in der Regel schwer wiegende) unerwünschte Wirkungen, die dem BfArM als Einzelfallberichte von Bayer zugegangen sind, wurden von diesem fachlich bewertet und dokumentiert. Parallel dazu wurden weitere Schritte zur weitergehenden Nutzen-Risiko-Bewertung, zum Informationsaustausch mit anderen Stellen im In- und Ausland und zur Beurteilung von periodischen Berichten unternommen.

Unerwünschte Wirkungen

Bis zum 10. August 2001 lagen in Deutschland insgesamt 234 Berichte über *unerwünschte Wirkungen* von Cerivastatin vor. Am häufigsten wurde über Nebenwirkungen am Muskel- und Skelett-System, an der Leber, am Verdauungstrakt sowie an der Haut berichtet. Von den 234 Berichten bezogen sich 91 Berichte auf Verdachtsfälle einer akuten Zerstörung der Skelettmuskulatur, der Rhabdomyolyse. Tabelle 8-7 gibt einen Überblick über den Zeitraum der Meldungen dieser Fälle. Diese Verdachtsfälle beziehen sich neben Lipobay auch auf zwei weitere Medikamente. In neun von 91 Berichten ist eine Kombinationsbehandlung mit Gemfibrozil dokumentiert. Die Kombinationsbehandlung mit diesem Lipidsenker hat in Deutschland offenbar keine

Tab. 8-7

Übersicht über Berichte auf Verdachtsfälle von einer akuten Zerstörung der Skelettmuskulatur (Rhabdomyolyse)

Jahr	Anzahl der gemeldeten Verdachtsfälle
1998	10
1999	10
2000	19
2001	52
Insgesamt	91

(Quelle: BfArM 2001b, S. 5)

besondere Bedeutung und wird verhältnismäßig selten angewendet (vgl. BfArM 2001b, S. 5).

Todesfälle

Von den 91 Fällen mit Verdacht auf Rhabdomyolyse seit 1998 verliefen 84 Verdachtsfälle nicht tödlich. 67 Betroffene wurden von der Muskelschädigung geheilt oder ihr Gesundheitszustand verbesserte sich. In 16 Fällen ist der weitere Verlauf der unerwünschten Wirkung unbekannt (vgl. Abb. 8-14).

Erste Todesfälle im Zusammenhang mit dem Medikament Lipobay wurden 1998 gemeldet. Von den 91 Fällen mit Verdacht auf Rhabdomyolyse endeten sieben Fälle tödlich. Davon hält das BfArM in drei Fällen einen Zusammenhang mit dem Medikament Lipobay für möglich. In vier weiteren Fällen ist eine direkte Verbindung nicht nachweisbar (vgl. BfArM 2001a).

Ende 2001 waren weltweit 1.114 Berichte über Verdachtsfälle einer Rhabdomyolyse bekannt. Hiervon stehen 52 Todesfälle im Zusammenhang mit der Einnahme von Lipobay. Besonders stark betroffen sind dabei die USA, wo das Medikament unter dem Namen Baycol vertrieben und 1997 durch die amerikanische Gesundheitsbehörde *Food and Drug Administration* (FDA) zugelassen wurde. Dort wurde ungefähr 1,5 % der mit Cerivastatin behandelten Patienten zusätzlich Gemfibrozil verabreicht. Von den 31 Todesfällen, die von der FDA berichtet werden, sind nach deren Angaben 12 (38,7 %) auf diese Kombinationstherapie zurückzuführen. Die relativ höhere Zahl von Todesfällen in den USA lässt sich auch darauf zurückführen, dass das Medikament dort mit einer täglichen Höchstdosis von 0,8 mg verabreicht werden durfte, während in Europa lediglich 0,4 mg zugelassen waren (vgl. BfArM 2001a, S. 8 ff.; Bayer 2001c).

Abb. 8-14

Verlauf der Verdachtsfälle von Rhabdomyolyse in Deutschland

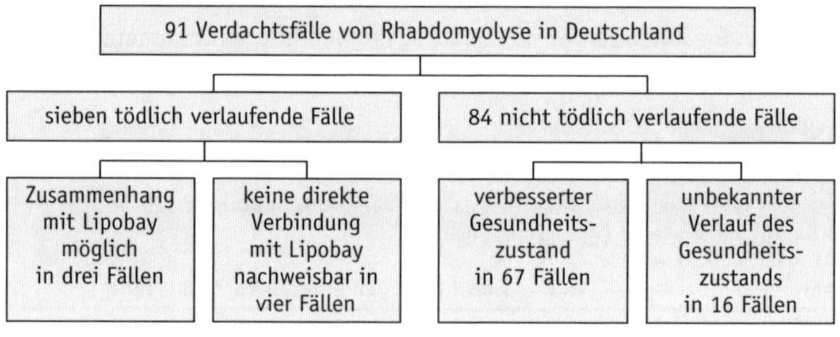

(Quellen: BfArM 2001a; 2001b, S. 4 ff.)

8.4.5 Die Rücknahme des Medikaments vom Markt

Nach einer Telefonkonferenz mit der amerikanischen Arzneimittelbehörde entschloss sich Bayer am 8. August 2001 dazu, Lipobay vom Markt zu nehmen (vgl. Albrecht 2001, S. 25; Ruess 2001, S. 39). Dieser Beschluss überraschte sowohl das BfArM als auch Ärzte, Apotheker und Patienten, die das Mittel einnahmen.

Information der Öffentlichkeit

Ärzte und Apotheker in Deutschland wurden am 8. und 9. August 2001 durch einen sog. Rote-Hand-Brief schriftlich informiert, dessen Inhalt mit den lokalen Gesundheitsbehörden abgestimmt wurde. Insgesamt wurden 130.000 Briefe versandt. Weiterhin wurde eine Patienten-Information im Internet veröffentlicht und eine Patienten-Hotline eingerichtet (vgl. Bayer 2001a, S. 5).

Verschiebung des Börsengangs in den USA

Mitte August 2001 verschob Bayer den geplanten Börsengang in den USA auf den 24. Januar 2002, nachdem in den USA und in Frankreich erste Schadensersatzklagen eingereicht wurden (vgl. o. V. 2001a; 2001c). Am 23. August nahm Bayer Lipobay auch in Japan – dem letzten Land, in dem das Medikament noch erhältlich war – vom Markt. Japan wurde zunächst von dem weltweiten Rückzug des Medikaments ausgeschlossen, da der Wirkstoff Gemfibrozil dort bislang nicht auf dem Markt war. Nachdem die japanische Gesundheitsbehörde aber mitgeteilt hatte, dass der Wirkstoff Gemfibrozil bald auch dort zugelassen werden soll, erfolgte auch hier die Rücknahme (vgl. Bayer 2001a, S. 6).

8.4.6 Reaktionen der zuständigen Gesundheitsbehörden

Nachdem Bayer die Rücknahme von Lipobay bekannt gegeben hatte, forderte die damalige Bundesministerin für Gesundheit, Ulla Schmidt, beim BfArM sofort einen Gesamtbericht an, um sich über den Sachstand zu informieren. Dieser Bericht des BfArM legt dar, dass in Übereinstimmung mit den anderen Mitgliedstaaten der EU kontinuierlich angemessene und ausreichende risikosenkende Maßnahmen ergriffen wurden.

Bis zum Zeitpunkt der Marktrücknahme bestand für das BfArM somit keine Veranlassung, über die unternommenen Aktivitäten hinaus tätig zu werden, weil entsprechende Informationen nicht vorlagen. Die Situation änderte sich aber, als das BfArM am 10. August 2001 auf Nachfrage bei Bayer eine Studie erhielt, die Bayer bereits am 15. Juni 2001 vorgelegen hatte. Nach § 29 Abs. 1 des Arzneimittelgesetzes muss der zuständigen Bundesoberbehörde von pharmazeutischen Unternehmungen jeder bekannt gewordene Verdachtsfall einer schwer wiegenden Nebenwirkung oder einer schwer wiegenden Wechselwirkung mit anderen Mitteln sowie ein gegenüber den Zulassungsunterlagen neuer Erkenntnisstand angezeigt werden. Diese Sachlage war nach Angaben des Bundesministeriums für Gesundheit (2001) gegeben. Deshalb hätte Bayer das BfArM unverzüglich über die neuen Erkenntnisse informieren müssen.

Für die Marktrücknahme von Medikamenten gilt zudem, dass eine Information der zuständigen Aufsichtsbehörde, also des BfArM und des Bundesaufsichtsamts für den Börsenhandel, mindestens zeitgleich hätte erfolgen müssen. Dadurch wären sowohl der Anzeigepflicht nach dem Arzneimittelgesetz als auch der Pflicht zur ad-hoc Publizität gemäß § 15 des Wertpapierhandelsgesetzes Rechnung getragen worden.

Ad-hoc-Meldung

Tatsächlich hat Bayer zunächst seine Aktionäre und erst dann Ärzte und Apotheker informiert. Begründet wurde dies damit, dass Unternehmungen nach § 15 des Wertpapierhandelsgesetzes verpflichtet sind, alle möglicherweise aktienkursrelevanten Neuigkeiten in einer ad-hoc Meldung mitzuteilen (vgl. Angelmar 2007). Ärzte und Apotheker, so die Auffassung von Bayer, durften nicht vorher informiert werden, da sie dadurch Insider-Informationen erhalten hätten (vgl. Bayer 2001a, S. 5).

Informationspolitik

Bayer argumentiert deshalb, dass der in der Öffentlichkeit vielfach erhobene *Vorwurf einer inakzeptablen Informationspolitik* nicht stichhaltig ist. Dementsprechend hat die Unternehmung in einem Schreiben an die Bundesministerin für Gesundheit die Kritik der unzureichenden Behörden-Information im Zusammenhang mit der Rücknahme von Lipobay zurückgewiesen. Bayer begründet dies damit, dass zur weiterführenden Bewertung des Nutzen-Risiko-Profils des Wirkstoffs Cerivastatin Studien in Auftrag gegeben worden seien, deren erste Ergebnisse im Februar 2001 vorgelegen hätten. Diese Informationen wurden der *Medicines Control Agency* (MCA) in London und dem BfArM im Rahmen von Sicherheitsanalysen (*Periodic Safety Update Report*) weitergeleitet (vgl. Bayer 2001a, S. 6). Dem BfArM lagen diese Informationen am 28. April 2001 vor.

Für ein nach dem europäischen Zulassungsverfahren zugelassenes Produkt ist nach europäischem Recht die Behörde im Referenzland für Zulassungsänderungen und damit auch für Verschreibungsinformationen zuständig. Diese Behörde hat auch eine koordinierende Funktion. Das Referenzland im Fall von Lipobay ist Großbritannien und die zuständige Behörde die MCA in London, der der Ergebnisbericht unmittelbar nach dessen Abschluss am 15. Juni 2001 zugesandt wurde.

Auf der Grundlage dieses Ergebnisberichts hat Bayer ein beschleunigtes europäisches Verfahren zur umgehenden Änderung der Verschreibungsinformationen vorgeschlagen und mit der MCA durchgeführt. In dieses Verfahren waren alle nationalen Behörden, d. h. auch das BfArM, einbezogen. Am 7. August 2001, dem Vorabend der Marktrücknahme, informierte Bayer die britische Gesundheitsbehörde MCA über die bevorstehende Rücknahme von Lipobay.

Entgegen der Auffassung von Bayer, »jederzeit verantwortungsvoll und im Interesse der Sicherheit und Gesundheit der Patienten gehandelt« zu haben (Bayer 2001a, S. 3), leitete die Staatsanwaltschaft Köln am 4. September 2001 gegen Mitarbeiter von Bayer ein Ermittlungsverfahren mit dem Verdacht ein, fahrlässig gegen das Arzneimittelgesetz verstoßen zu haben (vgl. o. V. 2001b). Bereits am 13. September 2001 nahm das BfArM jedoch seinen Vorwurf wieder zurück, Bayer habe Informationen über die Sicherheit von Lipobay zurückgehalten (vgl. Bayer 2001d). Das BfArM stellte fest, dass Bayer der zuständigen europäischen Zulassungsbehörde, der MCA in London, alle relevanten Informationen übermittelt hatte. Die MCA hat wiederum den Hinweis, dass Lipobay nicht mit Gemfibrozil eingenommen werden darf, an das BfArM in Bonn weitergeleitet. Das BfArM bemängelte lediglich, dass die Informationen nicht parallel an das BfArM geleitet wurden. Der Streit um den Informationsaustausch zu den Nebenwirkungen von Lipobay konnte damit aufgeklärt werden. Aus diesem Grund wurde auch kein Anhörungsverfahren gegen

Bayer eingeleitet (vgl. Bayer 2001a; http://online.wdr.de/online/wirtschaft/bayer/chronik.html).

8.4.7 Wirtschaftliche Auswirkungen für Bayer

Auswirkungen auf den Aktienkurs

Die wirtschaftlichen Auswirkungen der Rücknahme des Medikaments für Bayer waren erheblich. Unmittelbar nach der Ankündigung am 8. August 2001, Lipobay vom Markt zu nehmen, verlor die Bayer-Aktie 17 % ihres Wertes, einen Tag später noch einmal 6 % (vgl. Abb. 8-15). Innerhalb von wenigen Tagen ist dadurch der *Unternehmungswert* um rund 6 Mrd. € geschrumpft. Bis zum Ende des Jahres 2001 hat sich der Aktienkurs nicht wieder erholt.

Die langfristigen Folgen für Bayer sind noch nicht absehbar. Bis zum 20. April 2007 wurde die Unternehmung im Zuge der Auseinandersetzungen um Lipobay/Baycol bislang weltweit in ca. 14.700 Fällen verklagt (davon über 14.580 in den USA). Bis zu diesem Tag waren weltweit noch 12.307 Klagen anhängig (davon 1.175 in den USA, einschließlich mehrerer Sammelklagen). Bayer hat bislang weltweit 3.160 Fälle ohne Anerkennung einer Rechtspflicht verglichen, wofür insgesamt rund 1,162 Mrd. US-$, d. h. nahezu 370.000 US-$ pro Fall, gezahlt wurden. In den USA wurden bislang fünf Prozesse in erster Instanz ausgetragen, die alle zu Gunsten von Bayer entschieden wurden (vgl. Bayer 2007).

Schadensersatzklagen in USA

Die sehr große Zahl von *Schadensersatzklagen* in den USA ist vor allem auf die beiden Rechtsanwälte Michael Witti (München) und Kenneth B. Moll (Chicago) zurückzuführen, die nicht nur amerikanische, sondern auch deutsche und weitere nicht-

Abb. 8-15

Entwicklung des Kurses der Bayer-Aktie im August 2001 (Tagesschlusskurse Xetra)

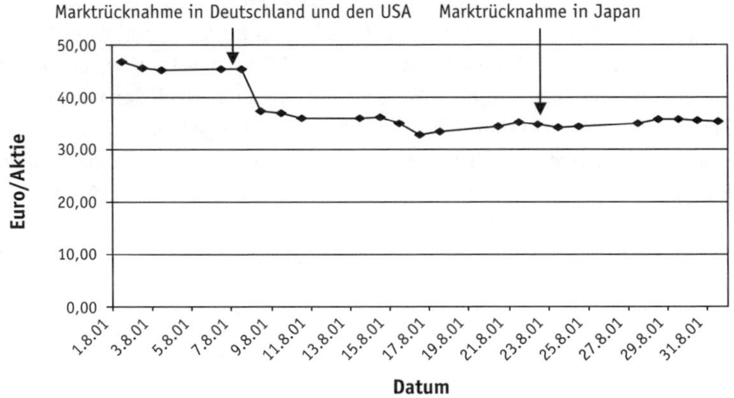

(Quelle: Information der Bayer AG)

amerikanische Kläger vor US-amerikanischen Gerichten gegen Bayer und deren Tochtergesellschaften vertreten (vgl. Kenneth B. Moll & Associates 2003). Hintergrund sind die in den USA weitaus höheren Schadensersatzzahlungen, die Klägern in Zivilprozessen zugesprochen werden. Ob diese Klagen zugelassen werden oder der Position von Bayer gefolgt wird, wonach »Streitigkeiten zwischen deutschen Staatsangehörigen und einer deutschen Unternehmung vor deutschen Gerichten unter Anwendung deutschen Rechts« auszutragen seien (Bayer 2002a), ist derzeit noch nicht in allen Fällen entschieden.

Gerichtsverfahren

In den bislang zwei Fällen in Texas und Mississippi, in denen es zu *gerichtlichen Auseinandersetzungen* gekommen ist, wurden die gegen Bayer erhobenen Schadensersatzansprüche abgewiesen. In beiden Fällen gelang den Klägern nach Ansicht des Gerichts der Beweis nicht, dass die bei ihnen aufgetretenen Krankheitssymptome auf die Einnahme des Medikaments zurückzuführen sind. Zwar wird ein zeitlicher Zusammenhang mit der Einnahme von Baycol anerkannt, ein kausaler Zusammenhang konnte von den Klägern allerdings nicht nachgewiesen werden (vgl. o.V. 2003a). »Das Urteil zeigt«, so der Bayer-Anwalt Philip Beck, »dass wir der Gesundheit der Patienten immer höchste Priorität eingeräumt haben« (zit. nach o.V. 2003b). Bayer versicherte weiter: »Das Unternehmen will auch weiterhin all diejenigen, die durch Lipobay/Baycol schwer wiegende Nebenwirkungen erlitten haben, auf faire Weise entschädigen, unabhängig davon, ob es derartige Ansprüche rechtlich mit guten Argumenten abwehren könnte. Gleichzeitig aber wird sich Bayer in allen Fällen, in denen nach intensiver Prüfung kein Zusammenhang zwischen Lipobay/Baycol und dem Patienten besteht, oder in denen sich kein Vergleich erzielen ließ, entschieden verteidigen.« Zudem »geht es nicht an«, so Beck, »dass wir Entschädigung anbieten, die abgelehnt wird, dass unsere Haltung dann vom Gericht bestätigt wird und wir anschließend doch zahlen« (zit. nach o.V. 2003b).

8.4.8 Fazit und Ausblick

Nach eigenem Bekunden ist Bayer »auch weiterhin bestrebt, freiwillig ohne Haftungseingeständnis diejenigen, die durch Lipobay/Baycol schwer wiegende Nebenwirkungen erlitten haben, auf faire Weise zu entschädigen. Nach den nun schon über drei Jahre andauernden gerichtlichen Auseinandersetzungen sind uns derzeit in den USA weniger als 50 weitere Fälle bekannt, in denen aus unserer Sicht ein Vergleich in Frage kommen könnte. Wir können jedoch nicht ausschließen, dass uns noch weitere Fälle von schweren Nebenwirkungen durch Lipobay/Baycol bekannt werden. Außerdem könnte es auch noch weitere Vergleiche außerhalb der USA geben« (Bayer 2005b, S. 22).

In den letzten Jahren ist Bayer zwei Mal rechtskräftig zu Entschädigungen verurteilt worden. Im Augsut 2012 wurde Bayer in Argentinien zu einer Zahlung umgerechnet von rund 160.000 € an einen Lipobay-Geschädigten verurteilt, der nach einmonatiger Einnahme des Medikaments irreversible Muskelschädigungen, Sehstörungen und Nierenschäden erlitten hatte. Das Verfahren hatte sich über insgesamt neun Jahre hingezogen (vgl. Lipcovich 2012). Im Januar 2013 wurde Bayer von einem

Gericht in Venedig zu einer Entschädigung von 350.000 € an einen damals 51-jährigen Arzt verurteilt, der sich sich das Präparat im Jahr 1999 selbst verschrieben und zwei Monate später eine lebensbedrohliche Rhabdomyolyse erlitten hatte (vgl. Amadori 2013).

Bilanzielle Rückstellungen

Zur Abdeckung von Entschädigungszahlungen hatte Bayer bereits im Geschäftsjahr 2003 eine *bilanzielle Vorsorge* von 300 Mio. € über den erwarteten Versicherungsschutz von ca. 1,2 Mrd. US-$ hinaus getroffen. Im Geschäftsjahr 2004 wurde unter Berücksichtigung der bisher geschlossenen und erwarteter Vergleiche sowie erwarteter Verteidigungskosten ein weiterer Aufwand von 47 Mio. € erfasst (vgl. Bayer 2005b, S. 22). »Ein Gutes«, so bemerkt Salz (2003, S. 61) ironisch, »hatte der Lipobay-Skandal – zumindest aus Sicht des Vorstands: Über eine Abwehrschlacht gegen einen möglichen Angreifer, der den nur noch mit etwa 10 Milliarden € bewerteten Bayer-Konzern übernehmen könnte, müssen sich die Manager keine Gedanken machen. Die Prozesse in den USA wirken wie eine Giftpille.«

Erschwerend für Bayer, die gegen die Unternehmung erhobenen Schadensersatzforderungen zu entkräften, könnte sich ein im Dezember 2004 im renommierten Journal of the American Medical Association veröffentlichter Artikel erweisen. Darin wird behauptet, dass die Unternehmung *Studien zurückgehalten* habe, die die unerwünschten Wirkungen von Lipobay belegen. »The asymmetry between the information available to the company and the information available to patients and physicians seems striking« (Psaty et al. 2004, S. 2628). Zwar hat Bayer diese Vorwürfe in einer Entgegnung zurückgewiesen (vgl. Piorkowski 2004), der Kurs der Bayer-Aktie gab nach Veröffentlichung dieses Artikels jedoch deutlich nach.

Aktionärsklage

Neben Schadensersatzklagen durch Lipobay-Geschädigte sah sich Bayer auch einer *Aktionärsklage* gegenüber, die im März 2003 vor dem Bundesgericht im Staat New York eingereicht wurde. Sie war gegen die Bayer AG sowie gegen die ehemaligen Vorstandsvorsitzen Manfred Schneider und Werner Wenning gerichtet. In der Klage wird der Unternehmung vorgeworfen, Vorschriften der amerikanischen Börsengesetzgebung verletzt zu haben. Insbesondere sollen Sachverhalte im Zusammenhang mit dem Medikament Lipobay/Baycol nicht bekannt gemacht bzw. falsch dargestellt worden sein, was wiederum dazu führte, dass der Kurs der *american depositary shares* von Bayer zum Nachteil der Aktionäre »künstlich aufgebläht« worden sei. Die Klage fordert Schadensersatz für Personen oder Unternehmungen, die zwischen Ende Mai 1999 und Ende Januar 2002 an der NASDAQ oder zwischen Ende Januar 2002 und Ende Februar 2003 an der New Yorker Börse *american depositary shares* von Bayer gekauft haben (vgl. Bayer 2003b). Nachdem die meisten Schadesersatzklagen zunächst abgewehrt wurden, erlaubte der Oberste Gerichtshof in Washington mutmaßlichen Geschädigten aus dem Bundesstaat West Virginia im Juni 2011, sich zu einer Sammelklage zusammenzuschließen (vgl. o. V. 2011). Dieses Verfahren ist derzeit noch anhängig.

Wie ernst Bayer die gegen sie in den USA eingereichten Klagen nimmt, zeigt der hohe Aufwand, den die Unternehmung zur *Vorbereitung auf die drohenden Gerichtsprozesse* getroffen hat. So wurden Gerichtssäle, in denen diese verhandelt werden sollen, detailgetreu nachgebaut, und die Verfahren mit Hilfe pensionierter Richter simuliert. Argumente und mögliche Zeugen wurden dabei auf ihre Überzeugungskraft und Glaubwürdigkeit geprüft. Die von mehreren Videokameras aufgezeichneten simulierten Prozesse dienten außerdem dazu, Verhandlungsstrategien zu testen. Ähnliche Maßnahmen wurden auch von den Vertretern der Kläger durchgeführt, um ihre Forderungen möglichst glaubhaft vor den Richtern und Geschworenen vertreten zu können. Dass dieser hohe Aufwand gerechtfertigt ist, belegt die Höhe der Schadensersatzforderungen gegenüber Bayer, die von Finanzanalysten von Merrill Lynch insgesamt auf bis zu 5 Mrd. US-$ geschätzt wurden (vgl. Lütgert/Nyrop 2002).

Einrichtung eines Corporate Sustainability Boards

Die Auseinandersetzungen um das Medikament Lipobay waren nicht zuletzt ein wesentlicher Grund dafür, dass Bayer seine Bemühungen um eine *nachhaltige und gesellschaftlich verantwortungsvolle Unternehmungsführung* in den letzten Jahren deutlich verstärkt hat. Institutionalisiert wurde diese Aufgabe im *Corporate Sustainability Board*. Es wird durch das für die Bereiche Innovation, Technologie und Umwelt zuständige Konzernvorstandsmitglied geleitet und entscheidet über Ziele, Strategien und wichtige Initiativen. Auf einer jährlichen Konferenz zum Thema Sustainable Development werden die wesentlichen Elemente der Umsetzung von Nachhaltigkeit bei Bayer zusammengeführt. Dazu zählen auch die »Leitlinien für Verantwortliches Handeln bei Umweltschutz und Sicherheit« im Sinne der weltweiten *Responsible Care*-Initiative, der Bayer seit 1994 angehört. Bayer ist zudem Gründungsmitglied des von UN-Generalsekretär Kofi Annan initiierten *Global Compact* und hat für seine in diesem Zusammenhang betriebenen Projekte zahlreiche renommierte Auszeichnungen erhalten (vgl. Bayer 2004b).

Aufgaben zu 8.4

1. *Beschreiben Sie das im Mittelpunkt des Falls stehende gesellschaftspolitische Anliegen.*
2. *Skizzieren Sie den Lebenszyklus, den dieses Anliegen durchlaufen hat.*
3. *Welche gesellschaftspolitischen Interessengruppen sind in den Fall involviert? Kennzeichnen Sie diese anhand ihrer Ziele, Macht und Risiken.*
4. *Beurteilen Sie die Gestaltungsinstrumente des Public Affairs Management, die Bayer im Umgang mit diesen gesellschaftspolitischen Interessengruppen eingesetzt hat. Wie hätten Sie sich an Stelle des Vorstands der Bayer AG in diesem Fall verhalten?*
5. *Stellen Sie die länderübergreifenden Aspekte des Public Affairs Management dar, die diesen Fall kennzeichnen. Welche besonderen Herausforderungen waren damit für Bayer verbunden?*
6. *Hat der Kapitalmarkt Ihrer Auffassung nach zu Recht negativ auf die Marktrücknahme von Lipobay und die gegen die Bayer AG erhobenen Vorwürfe reagiert, ihre Informationspflichten vernachlässigt zu haben?*
7. *Welche Maßnahmen würden Sie dem Vorstand der Bayer AG vorschlagen, um in Zukunft die Gefahr ähnlicher Fälle zu reduzieren? Welche Bedeutung messen Sie in diesem Zusammenhang der von Bayer vorgenommenen Einrichtung eines Corporate Sustainability Board bei?*

Literatur zu 8.4

Albrecht, H.: Mittel, die daneben wirken. Die Senkung des Cholesterinspiegels kann tödlich enden. Ein vermeidbares Risiko? In: Die Zeit, 46. Jg., 34, 16.8.2001, S. 25.

Amadori, G.: Medico reso inabile al 100 % da farmaco. Dopo 14 anni la Bayer gli dà 350mila euro. In: Il Gazzettino, 17.1.2013.

Angelmar, R.: The Rise and Fall of Baycol/Lipobay. In: Journal of Medical Marketing, Vol. 7, 1, 2007, S. 77–88.

Arzneimittelgesetz (Gesetz über den Verkehr mit Arzneimitteln). Fassung vom 11. Dezember 1998 (BGBl. I 1998 S. 3586; 1999 S. 1666; 2000 S. 1002, 1040, 1045; 2001 S. 2702).

Bayer: Geschäftsbericht 1999. Leverkusen 2000.

Bayer: Aktionärsbrief 2001. Sonderausgabe zum Vermarktungsstopp von Lipobay/Baycol. Leverkusen 2001 (a).

Bayer: Kompetenz und Verantwortung. Leverkusen 15.10.2001 (b).

Bayer: Sustainable Development Report 2001. Leverkusen 2001 (c)

Bayer: Arzneimittel-Institut nimmt Vorwurf gegen Bayer zurück, 2001 (d).

Bayer: Geschäftsbericht 2000. Leverkusen 2001 (e).

Bayer: Internationale Sammelklage: Bayer rechnet mit Zurückweisung durch US-Gerichte. Presse-Information, 13.1.2002 (a).

Bayer: Geschäftsbericht 2001. Leverkusen 2002 (b).

Bayer: Mit neuem Profil in die Zukunft. Leverkusen 2003 (a).

Bayer: Klage in New York gegen Bayer eingereicht. Pressemitteilung, 12.3. 2003 (b).

Bayer: Geschäftsbericht 2003. Leverkusen 2004 (a).

Bayer: Nachhaltigkeitsbericht 2004. Leverkusen 2004 (b).

Bayer: Science For A Better Life. Geschäftsbericht 2004. Leverkusen 2005 (a).

Bayer: Aktionärsbrief 2005. Bericht über das 1. Quartal sowie die 53. ordentliche Hauptversammlung der Bayer AG am 29. April 2005 in Köln. Leverkusen 2005 (b).

Bayer: Aktionärsbrief 1 Quartal 2007. Lagebericht: Entwicklung der Risikosituation. Leverkusen 2007, http://www.aktionaersbrief-q1-07.bayer.de/de/Risikosituation.aspx.

Bayer: Geschäftsbericht 2008. Leverkusen 2009.

Bayer: Geschäftsbericht 2011. Leverkusen 2012.

Bayer: Geschäftsbericht 2013. Leverkusen 2014

Berg, N./Welge, M. K.: Corporate Ethics in the Pharmaceutical Industry: The Lipobay/ Baycol Case of Bayer. In: Case Studies in Organizations: Ethical Perspectives and Practices, hrsg. v. S. May. Thousand Oaks-London-New Delhi London 2006, S. 239–251.

BfArM: Pressemitteilung, 5.9.2001 (a).

BfArM: Bericht an das Bundesministerium für Gesundheit über die Zulassung von Cerivastatin-haltigen Arzneimitteln (Lipobay, Zenas, Vazqol) und die nachfolgende Sicherheitsüberwachung. Endgültige Fassung. Bonn, 16.8.2001 (b).

BfArM: Informationen und Hinweise zur Zulassung. Bonn 2002.

Bundesministerium für Gesundheit: Pressemitteilung, 16.8.2001.

Kenneth B. Moll & Associates, Ltd: Beschwerdeschrift der Sammelklage an das Bezirksgericht der Vereinigten Staaten für den nördlichen Bezirk von Illinois, östliche Kammer, 2001, http://www.kbmoll.com/class/cl_bay_complaint_ger.htm (29.5.2003).

Kenneth B. Moll & Associates, Ltd: Baycol (Lipobay), 2003, http://www.kbmoll.com/class/c/_bay_ger.htm (12.2.2003).

Kirschner, K./Schwörer, P.: Lipobay ist kein Betriebsunfall. Die Informationspolitik der Pharmaindustrie schadet den Patienten. In: Die Zeit, 46. Jg., 34, 2001, S. 22.

Kublitz, D.: Der Fall Lipobay, 2002, http://www.verbraucher.org/index.php/aid/190 (29.5.2003).

Lau, T. K./Leachman, D. R./Lufschanowski, R.: Severe Rhabdomyolysis Associated with the Cerivastin-Gemfibrozil Combination Therapy. Report of a Case. In: Texas Heart Institute Journal, Vol. 28, 2001, S. 142–145.

Lipcovich, P.: Cuando la falta de información es tóxica. In: Pagina 12, 1.10.2012, http://www.pagina12.com.ar/diario/sociedad/3-204601-2012-10-01.html.

Lütgert, C./Nyrop, S.: Das Lipobay Desaster. Fernsehsendung des Norddeutschen Rundfunks, 14.5.2002.

Metelmann, K./Neuwirth, S.: Wachstum und Organisation im Bayer-Konzern. In: Wachstumsstrategien internationaler Unternehmungen. Internes vs. externes Unternehmenswachstum, hrsg. v. M. Glaum, U. Hommel u. D. Thomaschewski. Stuttgart 2002, S. 123–157.

Murphy, M.: Verbände fordern Verschärfung der Medikamentenzulassung. In: Financial Times Deutschland, 16.8.2001, S. 6.

o. V.: Lipobay: Risiken und Nebenwirkungen. In: Wirtschaftswoche, 53. Jg., 29.11.2001(a).

o. V.: Bayer: Die Staatsanwaltschaft ermittelt. In: Wirtschaftswoche, 53. Jg., 4.9.2001 (b).

o. V.: Bayer: Lipobay-Klage in Frankreich. In: Wirtschaftswoche, 53. Jg., 17.9.2001(c).

o. V.: Bayer gewinnt zweiten Lipobay-Prozess. In: Die Welt, 5.4.2003 (a).

o. V.: US-Jury sprach Bayer in 1. Lipobay-Prozess frei. In: news.at, 18.3.2003 (b), http://www.news.at/articles/0312/15/52955/us-jury-bayer-1-lipobay-prozess.

o. V.: Bayer muss mit Sammelklage wegen Lipobay in USA rechnen. In: aerzteblatt.de, 16.6.2011, http://www.aerzteblatt.de/nachrichten/46271/Bayer-muss-mit-Sammelklage-wegen-Lipobay-in-USA-rechnen.

Piorkowski, J. D.: Bayer's Response to »Potential for Conflict of Interest in the Evaluation of Suspected Adverse Drug Reactions. Use of Cerivastatin and Risk of Rhabdomyolysis«. In: Journal of the American Medical Association, Vol. 292, 21, 2004, S. 2655–2657.

Psaty, B. M./Furberg, C. D./Ray, W. A./Weiss, N. S.: Potential for Conflict of Interest in the Evaluation of Suspected Adverse Drug Reactions. Use of Cerivastatin and Risk of Rhabdomyolysis. In: Journal of the American Medical Association, Vol. 292, 21, 2004, S. 2622–2631.

Ruess, A.: Zerfetzte Strategie. Nach dem Lipobay-Fiasko bleibt dem designierten Chef Werner Wennig nur die Zerschlagung des Unternehmens. In: Wirtschaftswoche, 53. Jg., 34, 16.8.2001, S. 38–41.
Salz, J.: Dilettantisch gearbeitet. In: Wirtschaftswoche, 10, 27.2.2003, S. 60–61.
Wertpapierhandelsgesetz vom 26. Juli 1994 (BGBl. I S. 1749), in der Fassung der Bekanntmachung vom 17. September 1998 (BGBl. I S. 2709).

Literaturverzeichnis

Abele, E./Meyer, T./Näher, U./Strube, G./Sykes, R. (Hrsg.): Global Production. A Handbook for Strategy and Implementation. Berlin et al. 2008.

Achleitner, P. M.: Sozio-politische Strategien multinationaler Unternehmen. Bern/ Stuttgart 1985, zugl. Diss., St. Gallen 1985.

Adler, N. J./Ghadar, F.: International Strategy from the Perspective of People and Culture: The North American Context. In: Research in Global Business Management, hrsg. v. A. M. Rugman, Vol. 1, Greenwich et al. 1990 (a), S. 179–205.

Adler, N. J./Ghadar, F.: Strategic Human Resource Management: A Global Perspective. In: Human Resource Management: An International Comparison, hrsg. v. R. Pieper. Berlin/New York 1990 (b), S. 235–260.

Adler, N. J./Gundersen, A.: International Dimensions of Organizational Behavior. 5. Aufl., Mason, OH 2008.

Adžić, M.: Matrixstrukturen in Multinationalen Unternehmen: Anwendungsfelder, Informationsfluss und Erfolgsfaktoren. Wiesbaden 2006, zugl. Diss., Kiel 2006.

Aharoni, Y.: The Foreign Direct Investment Decision Process. Boston, MA 1966.

Aharoni, Y./Tihanyi, L./Connelly, B. L.: Managerial Decision-making in International Business. A Forty-five-year Retrospective. In: JWB, Vol. 46, 2011, S. 135–142.

Al-Eryani, M./Alam, P./Akhter, S.: Transfer Pricing Determinants of U. S. Multinationals. In: JIBS, Vol. 21, 3, 1990, S. 409–425.

Alon, I.: Franchising Globally. Innovation, Learning and Imitation. New York 2010.

Alon, I./McIntyre, J. (Hrsg.): Globalization of Chinese Enterprises. New York 2008.

Altvater, E./Mahnkopf, B.: Grenzen der Globalisierung. Ökonomie, Ökologie und Politik in der Weltgesellschaft. 5. Aufl., Münster 2002.

Ambos, B.: Internationales Forschungs- und Entwicklungsmanagement. Strategische Mandate, Koordination und Erfolg ausländischer Tochtergesellschaften. Wiesbaden 2002, zugl. Diss., Hamburg 2001.

Anderson, B. A.: Expatriate Selection. Good Management or Good Luck? In: IJHRM, Vol. 16, 4, 2005, S. 567–583.

Arashiro, Z.: Negotiating the Free Trade Area of the Americas. New York et al. 2011.

Archer, C.: International Organizations. 4. Aufl., London 2015.

Argenti, P. A.: Collaborating with Activists. How Starbucks works with NGOs. In: CMR, Vol. 47, 1, 2004, S. 91–116.

Arnold, U.: Global Sourcing: Strategiedimensionen und Strukturanalyse. In: Handbuch Industrielles Beschaffungsmanagement. Internationale Konzepte – Innovative Instrumente – Aktuelle Praxisbeispiele, hrsg. v. D. Hahn u. L. Kaufmann. 2. Aufl., Wiesbaden 2002, S. 201–220.

Arrow, K.: The Limits of Organization. New York 1974.

Athanassiou, N./Nigh, D.: The Impact of the Top Management Team's International Business Experience on the Firm's Internationalization: Social Networks at Work. In: MIR, Vol. 42, 2, 2002, S. 157–181.

Aulakh, P. S./Jiang, M. S./Pan, Y.: International Technology Licensing. Monopoly Rents, Transaction Costs and Exclusive Rights. In: JIBS, Vol. 41, 2010, S. 587–605.

Backhaus, K./Voeth, M. unter Mitarbeit v. V. Bertels u. A. Nikula: Internationales Marketing. 6. Aufl., Stuttgart 2010.
Bader, B./Berg, N.: An Empirical Investigation of Terrorism-induced Stress on Expatriate Attitudes and Performance. In: JIM, Vol. 9, 2, 2013, S. 163–175.
Bader, B./Schuster, T.: Expatriate Social Networks in Terrorism-Endangered Countries: An Empirical Analysis in Afghanistan, India, Pakistan, and Saudi Arabia. In: JIM, Vol. 10, 2015 (im Druck).
Baetge, J./Kirsch, H.-J./Thiele, S.: Konzernbilanzen. 10. Aufl., Düsseldorf 2013.
Bäurle, I.: Internationalisierung als Prozeßphänomen. Konzepte – Besonderheiten – Handhabung. Wiesbaden 1996, zugl. Diss., Eichstätt 1996.
Balasubramanyam, V. N./Balasubramanyam, A.: The Software Cluster in Bangalore. In: Regions, Globalization, and the Knowledge-Based Economy, hrsg. v. J. Dunning. Oxford 2000, S. 349–363.
Baldwin, R./Wyplosz, C.: The Economics of European Integration. 4. Aufl., New York 2012.
Bamberg, G./Coenenberg, A. G./Krapp, M.: Betriebswirtschaftliche Entscheidungslehre. 15. Aufl., München 2012.
Barber, B. R.: Jihad vs. McWorld. How Globalism and Tribalism are Re-Shaping the World. New York 1996.
Barkema, H. G./Bell, J. H./Pennings, J. M.: Foreign Entry, Cultural Barriers, and Learning. In: SMJ, Vol. 17, 1996, S. 151–166.
Barkema, H. G./Schijven, M.: Toward Unlocking The Full Potential of Acquisitions: The Role of Organizational Restructuring. In: AMJ, Vol. 51, 4, 2008, S. 696–722.
Barkema, H. G./Vermeulen, F.: International Expansion through Start-up or Acquisition: A Learning Perspective. In: AMJ, Vol. 41, 1, 1998, S. 7–26.
Barmeyer, C. I.: Interkulturelles Management und Lernstile. Studierende und Führungskräfte in Deutschland, Frankreich und Quebec. Frankfurt a. M./ New York 2000.
Barner-Rasmussen, W.: Determinants of the Feedback-Seeking Behaviour of Subsidiary Top Managers in Multinational Corporations. In: IBR, Vol. 12, 1, 2003, S. 41–60.
Barnet, R. J./Müller, R. E.: Die Krisenmacher. Die Multinationalen und die Verwandlung des Kapitalismus. Hamburg 1975.
Barney, J.: Gaining and Sustaining Competitive Advantage. New York 1997.
Bartlett, C. A.: Aufbau und Management der transnationalen Unternehmung: Die neue organisatorische Herausforderung. In: Globaler Wettbewerb, hrsg. v. M. E. Porter. Wiesbaden 1989, S. 425–464.
Bartlett, C. A./Beamish, P. W. (Hrsg.): Transnational Management. Text and Cases. 7. Aufl., Columbus, OH 2013.
Bartlett, C. A./Ghoshal, S.: Arbeitsteilung bei der Globalisierung. In: HM, 5. Jg., 1987, S. 49–59.
Bartlett, C. A./Ghoshal, S.: Internationale Unternehmensführung. Innovation, globale Effizienz, differenziertes Marketing. Frankfurt/New York 1990.
Bartlett, C. A./Ghoshal, S.: What Is a Global Manager? In: HBR, Vol. 70, 5, 1992, S. 124–132.

Bartlett, C. A./Ghoshal, S.: Managing Across Borders. The Transnational Solution. 2. Aufl., London 1998.
Baruch, Y./Altman, Y.: Expatriation and repatriation in MNCs. A taxonomy. In: HRM, Vol. 41, 2, 2002, S. 239–259.
BASF AG: Internationaler Personaleinsatz in der BASF-Gruppe. Ludwigshafen 1995.
Bauer, E.: Internationale Marketingforschung. Informationsgewinnung für das internationale Marketing. 4. Aufl., München/Wien 2009.
Bausch, A./Buske, A./Hagemeier, W.: Performance-Messung zur Steuerung von Unternehmen. Traditionelle und wertorientierte Performance-Maße. In: Internationale Rechnungslegung und Internationales Controlling. Herausforderungen – Handlungsfelder – Erfolgspotenziale. 2. Auflage, hrsg. v. W. Funk u. J. Rossmanith, Wiesbaden 2011, S. 355–386.
Bausch, A./Hunoldt, M./Matysiak, L.: Superior performance through value-based management. In: Handbook Utility Management, hrsg. v. A. Bausch u. B. Schwenker. Berlin-Heidelberg 2009, S. 15–36.
Baxter, J.: English for Intercultural Competence. In: Handbook of Intercultural Training. Vol. II: Issues in Training Methodology, hrsg. v. D. Landis u. R. W. Brislin. New York 1983, S. 290–324.
Beamish, P. W.: Multinational Joint Ventures in Developing Countries. London/New York 1988.
Beamish, P. W. (Hrsg.): Strategic Alliances. Cheltenham/Northampton, MA 1998.
Beamish, P. W.: Joint Venturing. Charlotte, NC 2008.
Beck, M./Rall, W.: Das betriebliche Informationssystem für unternehmerische Aktivitäten. In: Handbuch der Internationalen Unternehmenstätigkeit, hrsg. v. B. N. Kumar u. H. Haussmann. München 1992, S. 325–340.
Beck, U.: Was ist Globalisierung? Irrtümer des Globalismus – Antworten auf die Globalisierung. Frankfurt a. M. 2007.
Becker, M.: Controlling von Internationalisierungsprozessen. Wiesbaden 2005, zugl. Diss., Eichstätt 2005.
Beichelt, T.: Die Europäische Union nach der Osterweiterung. Wiesbaden 2004.
Belz, C./Mühlmeyer, C. (Hrsg.): Internationales Preismanagement. St. Gallen/Wien 2000.
Bender, D.: Internationaler Handel. In: Vahlens Kompendium der Wirtschaftstheorie und Wirtschaftspolitik. 9. Aufl., München 2007, Bd. 1, S. 475–560.
Bendlinger, S.: Auslandsentsendungen in der Praxis des internationalen Steuer- und Sozialversicherungsrechts. Wien 2011.
Bendt, A.: Wissenstransfer in multinationalen Unternehmen. Wiesbaden 2000, zugl. Diss., Eichstätt 1999.
Benson, G. S./Pérez-Nordtvedt, L./Datta, S. K.: Managerial Characteristics and Willingsness to Send Employees on Expatriate Assignments. In: HRM, Vol. 46, 6, 2009, S. 849–869.
Berens, W./Born, A./Hoffjan, A. (Hrsg.): Controlling international tätiger Unternehmen. Stuttgart 2000.
Berens, W./Brauner, H. U./Strauch, J./Knauer, T. (Hrsg.): Due Diligence bei Unternehmensakquisitionen. 7. Aufl., Stuttgart 2013.

Berg, H.: Internationale Wirtschaftspolitik. Göttingen 1976.

Berg, N.: Public Affairs Management. Ergebnisse einer empirischen Untersuchung in Multinationalen Unternehmungen. Wiesbaden 2003 (a), zugl. Diss., Dortmund 2002.

Berg, N.: Verhaltenskodizes für Multinationale Unternehmungen – Das Beispiel Global Compact. In: Management Multinationaler Unternehmungen, hrsg. v. D. Holtbrügge. Heidelberg et al. 2003 (b), S. 399–411.

Berg, N.: Globale Teams. Eine kritische Analyse des gegenwärtigen Forschungsstands. In: ZfP, 20. Jg., 3, 2006 (a), S. 215–232.

Berg, N.: »Gemeinsam sind wir stärker«. Ansätze einer ressourcenbasierten Fundierung globaler Teams. In: ZfM, 1. Jg., 3, 2006 (b), S. 204–233.

Berg, N./Holtbrügge, D.: Wettbewerbsfähigkeit von Nationen. Der »Diamant«-Ansatz von Porter. In: WiSt, 26. Jg., 4, 1997, S. 199–201.

Berg, N./Holtbrügge, D.: Public Affairs Management Activities of German Multinational Corporations in India. In: JBE, Vol. 30, 1, 2001, S. 105–119.

Berg, N./Holtbrügge, D.: Gute Geschäfte mit schlechtem Gewissen? Ökonomische, politische und ethische Aspekte der Tätigkeit deutscher Unternehmungen in der VR China. In: Zeitschrift für Wirtschafts- und Unternehmensethik, 3. Jg., 1, 2002, S. 35–54.

Berg, N./Holtbrügge, D.: Global Teams. A Network Approach. In: TPM, Vol. 16, 3/4, 2010, S. 187–211.

Berndt, R./Sander, M.: Betriebswirtschaftliche, rechtliche und politische Probleme der Internationalisierung durch Lizenzerteilung. In: Handbuch Internationales Management. Grundlagen – Instrumente – Perspektiven, hrsg. v. K. Macharzina u. M.-J. Oesterle. 2. Aufl., Wiesbaden 2002, S. 511–534.

Berning, S. C./Holtbrügge, D.: Chinese outward foreign direct investment – A challenge for traditional internationalization theories? In: JfB, 62. Jg., 3/4, 2012, 169–224.

von Bernstorff, C.: Incoterms® 2010 der Internationalen Handelskammer (ICC): Kommentierung für die Praxis inklusive offiziellem Regelwerk. 2. Aufl., Köln 2012.

Berument, H. M./Dincer, N. N.: Do Capital Flows Improve Macroeconomic Performance in Emerging Markets? The Turkish Experience. In: Emerging Markets Finance & Trade, Vol. 40, 4, 2004, S. 20-32.

Beyfuß, J./Eggert, J.: Auslandsinvestitionen der deutschen Wirtschaft und ihre Arbeitsplatzeffekte. Aktuelle Trends, Ergebnisse einer Unternehmensbefragung und die Bedeutung der staatlichen Förderung. Beiträge zur Wirtschafts- und Sozialpolitik des Instituts der deutschen Wirtschaft, Nr. 258. Köln 2000.

Bhagat, R. S./Steers, R. M. (Hrsg.): Cambridge Handbook of Culture, Organizations, and Work. Cambridge 2009.

Bhagat, R. S./Triandis, H. C./McDevitt, A. S.: Managing Global Organizations. A Cultural Perspective. Cheltenham 2012.

Bhagwati, J. N.: Verteidigung der Globalisierung. München 2008.

Bhaskar-Shrinivas, P./Harrison, D. A./Shaffer, M. A./Luk, D. M.: Input-Based and Time-Based Models of International Adjustment: Meta-Analytic Evidence and Theoretical Extensions. In: AMJ, Vol. 48, 2, 2005, S. 257–281.
Bieg, H./Krämer, G.: Instrumente zur Absicherung gegen Fremdwährungsrisiken. In: Außenhandel. Marketingstrategien und Managementkonzepte, hrsg. v. J. Zentes, D. Morschett u. H. Schramm-Klein. Wiesbaden 2004, S. 907–921.
Bieta, V./Kirchhoff, J./Milde, H./Siebe, W.: Risikomanagement und Spieltheorie. Wie Global Player mit Risiken umgehen müssen. Bonn 2002.
Birkinshaw; J.: How Multinational Subsidiary Mandates are Gained and Lost. In: JIBS, Vol. 27, 3, 1996, S. 467–495.
Birkinshaw, J.: Entrepreneurship in Multinational Corporations: The Characteristics of Subsidiary Initiatives. In: SMJ, Vol. 18, 1997, S. 207–229.
Birkinshaw, J.: Entrepreneurship in the Global Firm. London et al. 2000.
Birkinshaw, J./Braunerhjelm, P./Holm, U./Terjesen, S.: Why do some Multinational Corporations Relocate their Headquarters Overseas? In: SMJ, Vol. 27, 2006, S. 681–700.
Birkinshaw, J./Hood, N. (Hrsg.): Multinational Corporate Evolution and Subsidiary Development. Houndmills/Basingstoke 1998.
Birkinshaw, J./Morrison, A. J.: Configuration of Strategy and Structure in Subsidiaries of Multinational Corporations. In: JIBS, Vol. 26, 4, 1995, S. 729–753.
Birkinshaw, J./Ridderstråle, J.: Fighting the Corporate Immune System. A Process Study of Subsidiary Initiatives in Multinational Corporations. In: IBR, Vol. Vol. 8, 2, 1999, S. 149–180.
Black, J. S.: Coming Home: The Relationship of Expatriate Expectations with Repatriation Adjustment and Job Performance. In: HR, Vol. 45, 1992, S. 177–192.
Black, J. S./Gregersen, H. B.: The Other Half of the Picture: Antecedents of Spouse Cross-Cultural Adjustment. In: JIBS, 22, 1991, S. 461–467.
Black, J. S./Gregersen, H. B./Mendenhall, J. C.: Global Assignments. Successfully Expatriating and Repatriating International Managers. San Francisco 1992.
Black, J. S./Gregersen, H. B./Mendenhall, J. C./Stroh, L. K.: Globalizing People through International Assignments. New York 1999.
Black, J. S./Mendenhall, J. C.: Cross-Cultural Training Effectiveness: A Review and a Theoretical Framework for Future Research. In: AMR, Vol. 15, 1, 1990, S. 113–136.
Black, J. S./Mendenhall, M./Oddou, G.: Toward a Comprehensive Model of International Adjustment: An Integration of Multiple Theoretical Perspectives. In: AMR, Vol. 16, 2, 1991, 291–317.
Blancke, W.: Evolution und Strategische Allianzen. Der Einfluß von Strategischen Allianzen auf denWettbewerb. Bayreuth 1994, zugl. Diss., Bayreuth 1994.
Bleeke, J./Ernst, D.: Mit internationalen Allianzen auf die Siegerstraße. In: Rivalen als Partner. Strategische Allianzen und Akquisitionen im globalen Markt, hrsg. v. J. Bleeke u. D. Ernst. Frankfurt a. M./New York 1994, S. 34–53.
Bleicher, K.: Entwicklung der Managementkapazität. In: Internationales Personalmarketing. Konzepte-Erfahrungen-Perspektiven, hrsg. v. H. Strutz u. K. Wiedemann. Wiesbaden 1992, S. 3–21.

Bleicher, K./Hermann, R.: Joint-Venture-Management. Schriften des Instituts für Betriebswirtschaft an der Hochschule St. Gallen für Wirtschafts-, Rechts- und Sozialwissenschaften, Bd. 6, St. Gallen 1991.

Blomkvist, K./Drogendijk, R.: The Impact of Psychic Distance on Chinese Outward Foreign Direct Investments. In: MIR, Vol. 53, 5, 2013, S. 659–686.

BMF: Verwaltungsgrundsätze für die Einkunftsabgrenzung bei international verbundenen Unternehmen. BMF-Schreiben vom 23.2.1983; abgedruckt in: Der Betrieb, 36. Jg., 8, 1983, Beilage.

BMF: Pauschbeträge des Bundesfinanzministeriums für Verpflegungs- und Übernachtungskosten bei Auslandsreisen ab 1. Januar 2014. Berlin 2013.

Boddewyn, J. J.: Political Aspects of MNE Theory. In: JIBS, Vol. 19, 3, 1988, S. 341–363.

Boer, K./Turner, J. M.: Beyond Oil: Reappraising the Gulf States. In: McKinsey Quarterly, Special Edition, 2007, S. 7–17, http://www.mckinsey.it/storage/first/uploadfile/attach/-1/1/1/file/beoi07.pdf.

Börsig, C./Coenenberg, A. G. (Hrsg.): Controlling und Rechnungswesen im internationalen Wettbewerb. Stuttgart 1998.

Böttcher, R.: Global Network Management. Context-Decision-making-Coordination. Wiesbaden 1996, zugl. Diss., Dortmund 1995.

Boettcher, R./Welge, M. K.: Strategic Information Diagnosis in the Global Organization. In: MIR, Vol. 34, 1, 1994, S. 7–24.

Bolino, M. C. 2007. Expatriate Assignments and Intra-organizational Career Success: Implications for Individuals and Organizations. In: JIBS, Vol. 38, 5, 2007, S. 819–835.

Bolten, J.: Interkultureller Trainingsbedarf aus der Perspektive der Problemerfahrungen entsandter Führungskräfte. In: Interkulturelles Lernen/Interkulturelles Training, hrsg. v. K. Götz. 6. Aufl., München/Mering 2006, S. 57–76.

Bolten, J.: Interact 2.0. Interkulturelles Verhandlungstraining. Berlin 2002.

Bonache, J.: The Compensation of Expatriates: A Review and a Future Research Agenda. In: Handbook of Research in International Humen Resource Management, hrsg. v. G. Stahl u. I. Björkman. Cheltenham-Northampton 2006, S. 158–175.

Bonache, J./Fernández, Z.: Expatriate Compensation and its Link to the Subsidiary Strategic Role: A Theoretical Analysis. In: IJHRM, Vol. 8, 4, 1997, S. 457–475.

Bondy, K./Matten, D./Moon, J.: The Adoption of Voluntary Codes of Conduct in MNCs. A Three-Country Comparative Study. In: Business and Society Review, Vol. 109, 4, 2004, S. 449–477.

Bongjin, K./Prescott, J. E./Kim, S. M.: Differentiated Governance of Foreign Subsidiaries in Transnational Corporations. An Agency Theory Perspective. In: JIM, Vol. 11, 1, 2005, S. 43–66.

Bonsiep, W./Eckert, S./Rässler, S./Mayer, S.: Einflussfaktoren auf den Prozess der kulturellen Anpassung. Ergebnisse einer empirischen Untersuchung. In: Die Internationalisierung von kleinen und mittleren Unternehmungen, hrsg. v. D. Holtbrügge. Stuttgart 2003, S. 81–100.

Borg, M.: International Transfer of Managers in Multinational Corporations. Stockholm 1988.

Borg, M./Harzing, A.-W.: Karrierepfade und Effektivität internationaler Führungskräfte. In: Handbuch Internationales Führungskräfte-Management, hrsg. v. K. Macharzina u. J. Wolf. Stuttgart et al. 1996, S. 279–297.

Bosch: Geschäftsbericht 2013. Stuttgart 2014.

Boskin, M. J. (Hrsg.): NAFTA at 20. The North American Free Trade Agreement's Achievements and Challenges. Washington, DC 2014.

van den Bossche, P./Zdouc, W.: The Law and Policy of the World Trade Organization. Text, Cases and Materials. 3. Aufl., Oxford 2012.

Brady, F. N. (Hrsg.): Ethical Universals in International Business. Berlin et al. 1996.

Brand, U.: Nichtregierungsorganisationen, Staat und ökologische Krise. Konturen kritischer NRO-Forschung – Das Beispiel der biologischen Vielfalt. Münster 2000, zugl. Diss., Frankfurt a. M. 2000.

Brandt, S.: Marketinghandbuch Licensing. Brands und Lizenzthemen professionell vermarkten. Wiesbaden 2011.

Brannen, M. Y./Piekkari, R./Tietze, S. (Hrsg.): The Multifaceted Role of Language in International Business. Unpacking the Forms, Functions and Features of a Critical Challenge to MNC Theory and Performance. JIBS, Vol. 45, Special Issue 5.

Brannen, M. Y./Thomas, D. C.: Bicultural Individuals in Organizations. Implications and Opportunity. In: IJCCM, Vol. 10, 1, 2010, S. 5–16.

Bräutigam, P.: IT-Outsourcing und Cloud-Computing: Eine Darstellung aus rechtlicher, technischer, wirtschaftlicher und vertraglicher Sicht. 3. Aufl., Berlin 2013.

Braudel, F.: Sozialgeschichte des 15.–18. Jahrhunderts. Aufbruch zur Weltwirtschaft. München 1986.

Braun, W./Warner, M.: The »culture-free« versus »culture-specific« Management Debate. In: Managing Across Cultures: Issues and Perspectives, hrsg. v. M. Warner u. P. Joynt. 2. Aufl., Stamford, Conn. S. 13–25.

Brender, N./Markov, I.: Risk perception and risk management in cloud computing: Results from a case study of Swiss companies. In: International Journal of Information Management, Vol. 33, 5, 2013, S. 726–733.

Brewer, P.: Psychic Distance and Australian Export Market Selection. In: AJM, Vol. 32, 1, 2007, S. 73–94.

Brewer, T. L.: An Issue-Area Approach to the Analysis of MNE-Government Relations. In: JIBS, Vol. 23, 2, 1992, S. 295–309.

Brinkkötter, H.-O.: Grundfragen aus der Entsendungspraxis der BASF mit besonderer Berücksichtigung von Oberen Führungskräften. In: Internationales Personalmanagement, hrsg. v. A. Clermont u. W. Schmeisser. München 1997, S. 413–428.

Briscoe, D. R./Schuler, R. S./Tarique, I.: International Human Resource Management. Policies and Practices for Multinational Enterprises. 4. Aufl., London/New York 2011.

Broadbent, M./Butler, C.: Strategic Management of Information Technology in MNE's. In: Information Technology in Multinational Enterprises, hrsg. v. E. M. Roche u. M. J. Blaine. Cheltenham-Northampton, MA 2000, S. 155–184.

Brock, A. M./Shenkar, O./Shoham, A./Siscovick, I. C.: National Culture and Expatriate Deployment. In: JIBS, Vol. 39, 8, 2008, S. 1293–1309.

Brouthers, K. D.: The Influence of International Risk on Entry Mode Strategy in the Computer Software Industry. In: MIR, Vol. 35, 1, 1995, S. 7–28.

Brouthers, K. D.: Institutional, Cultural and Transaction Cost Influences on Entry Mode Choice and Performance. In: JIBS, Vol. 33, 2, 2002, S. 203–221.

Brouthers, K. D./Brouthers, L. E.: Acquisition or Greenfield Start-up? Institutional, Cultural and Transaction Cost Influences. In: SMJ, Vol. 21, 1, 2000, S. 88–97.

Brouthers, K. D./Brouthers, L. E.: Explaining the National Cultural Distance Paradox. In: JIBS, Vol. 32, 1, 2001, S. 177–189.

Brouthers, K. D./Brouthers, L. E./Wilkinson, T. J: Strategic Alliances: Chose your Partners. In: LRP, Vol. 28, 3, 1993, S. 18–25.

Brouthers, L. E./Brouthers, K. D./Werner, S.: Is Dunning's Eclectic Framework Descriptive or Normative? In: JIBS, Vol. 30, 4, 1999, S. 831–844.

Brown, R. J.: Dominant Stressors on Expatriate Couples During International Assignments. In: IJHRM, Vol. 19, 6, 2008, S. 1018–1034.

Brown, W. B.: Islands of Conscious Power: MNCs in the Theory of the Firm. In: MSU Business Topics, Vol. 24, 1976, S. 37–45.

Brüch, A./Thomas, A.: Beruflich in Südkorea. Interkulturelles Orientierungstraining für Manager, Fach- und Führungskräfte. Heidelberg 1995.

Bruhn, M.: Sponsoring. Sytematische Planung und integrativer Einsatz. 5. Aufl., Wiesbaden 2010.

Bryan, L./Fraser, J./Oppenheim, J./Rall, W.: Die neue Weltliga. Wie Unternehmen von grenzenlosen Märkten profitieren. Frankfurt a. M./New York 2000.

Buchholz, C./Karrass, A./Nachtwey, O./Schmidt, I. (Hrsg.): Unsere Welt ist keine Ware. Handbuch für Globalisierungskritiker. Köln 2002.

Buckley, P. J.: A Critical View of Theories of the Multinational Enterprise. London/Basingstoke 1985.

Buckley, P. J.: Direktinvestitionen, Auswirkungen von. In: HWInt, hrsg. v. K. Macharzina u. M. K. Welge. Stuttgart 1989, Sp. 289–307.

Buckley, P. J.: The Role of Management in International Business Theory: A Meta-Analysis and Integration of the Literature on International Business and International Management. In: MIR, Vol. 36, Special Issue, 1, 1996, S. 7–54.

Buckley, P. J. (Hrsg.): What is International Business? Houndmills/Basingstoke 2005.

Buckley, P. J./Artisien, P. F. R.: Die Multinationalen Unternehmen und der Arbeitsmarkt. Frankfurt a. M./New York 1986.

Buckley, P. J./Casson, M.: The Future of the Multinational Enterprise. London 1976.

Buckley, P. J./Casson, M. (Hrsg.): The Economic Theory of the Multinational Enterprise. London 1985.

Buckley, P. J./Casson, M.: The Internalisation Theory of the Multinational Enterprise: A Review of the Progress of a Research Agenda after 30 Years. In: JIBS, Vol. 40, 2009, 1563–1580.

Buckley, P. J./Casson, M. C./Gulamhussen, M. A.: Internationalisation – Real Options, Knowledge Management and the Uppsala Approach.

In: Critical Pe spectives on Internationalization, hrsg. v. V. Havila, M. Forsgren u. H. Håkansson. Oxford 2002, S. 229–262.
Budhwar, P. S./Bhatnagar, J. (Hrsg.): The Changing Face of People Management in India. London/New York 2009.
Budhwar, P./Mellahi, K. (Hrsg.): Managing Human Resources in the Middle East. London 2006.
Burns, J. O.: Transfer Pricing Decisions in U. S. Multinational Corporations. In: JIBS, Vol. 11, 3, 1980, S. 23–39.
Burr, W.: Motive und Voraussetzungen bei Lizenzkooperationen. In: Kooperationen, Allianzen und Netzwerke. Grundlagen – Ansätze – Perspektiven, hrsg. v. J. Zentes, B. Swoboda u. D. Morschett. 2. Aufl., Wiesbaden 2005, S. 557–576.
Busch, A.: Wirtschaftsmacht Brasilien. München 2011.
Busse, M./Königer, J./Nunnenkamp, P.: FDI Promotion through Bilateral Investment Treaties. More than a Bit? In: Review of World Economics, Vol. 146, 1, 2010, S. 147–177.
Calderón, O./Wannöffel, M.: Arbeitsmigration in Mexiko. Transnationale Erwerbsregulierung im nordamerikanischen Wirtschaftsraum? In: Arbeit, Organisation und Mobilität. Eine grenzüberschreitende Perspektive, hrsg. v. M. Maletzky, M. Seeliger u. M. Wannöffel. Frankfurt a. M. 2013, S. 229–252.
Caligiuri, P. M.: The Five Big Personality Characteristics as Predictors of Expatriates' Desire to Terminate the Assignment and Supervisor-Rated Performance. In: Personnel Psychology, Vol. 53, 1, 2000, S. 67–88.
Cappellen, T./Janssens, M.: Career Paths of Global Managers: Towards Future Research. In: JWB, Vol. 40, 2005, S. 348–360.
Carl, V.: Problemfelder des Internationalen Management. München 1989.
Carraher, S. M./Sullivan, S. E./Crocitto, M. M.: Mentoring across Global Boundaries: An Empirical Examination of Home- and Host-country Mentors on Expatriate Career Outcomes. In: JIBS, Vol. 39, 8, 2008, S. 1310–1326.
Carroll, A. B./Buchholtz, A. K.: Business and Society: Ethics, Sustainability, and Stakeholder Management. 9. Aufl., Stamford, CT 2014.
Carroll, S. J./Gannon, M. J.: Ethical Dimensions of International Business. Thousand Oaks et al. 1996.
Cascio, W.: Global Performance Management Systems. In: Handbook of Research in International Humen Resource Management, hrsg. v. G. Stahl u. I. Björkman. Cheltenham/Northampton, MA 2006, S. 176–196.
Casson, M.: Global Research Strategy and International Competitiveness. Oxford 1991.
Cavusgil, S. T./Knight, G./Riesenberger, J. R.: International Business. The New Realities. 3. Aufl., Upper Saddle River, NJ 2014.
Cerny, K. et al.: Making Local Knowledge Global. In: HBR, Vol. 74, 3, 1996, S. 22–38.
Chakravarthy, B. S./Perlmutter, H. V.: Strategic Planning for a Global Business. In: CJWB, Vol. 20, 1985, S. 3–10.
Chandler, A. D. Jr.: Strategy and Structure. Chapters in the History of the Industrial Enterprise. Cambridge, MA London 1962.

Chandler, A. D. Jr.: Die Entwicklung des zeitgenössischen globalen Wettbewerbs. In: Globaler Wettbewerb, hrsg. v. M. E. Porter. Wiesbaden 1989, S. 467–514.
Chang, S.-J./Chung, J./Moon, J. J.: When do Wholly Owned Subsidiaries Perform Better than Joint Ventures? In: SMJ, Vol. 34, 2012, S. 317–337.
Chaudhuri, S./Roy, K.: McDonald's Localization Strategy. Brand Unification, Menu Diversification? European Case Clearing House, Case Study 306-316-1. Cranfield 2006.
Chen, C. C./Choi, J./Chi, S. C. : Making Justice of Local-Expatriate Compensation Disparity: Mitigating by Local Referents, Ideological Explanations, and Interpersonal Sensitivity in China-Foreign Joint Ventures. In: AMJ, Vol. 45, 4, 2002, S. 807–817.
Chia, S.-Y.: Growth and Development of the IT Industry in Bangalore and Singapore. A Comparative Study. New Delhi 2001.
Chiang, F.: A Critical Examiniation of Hofstede's Thesis and its Implication to International Reward Management. In: IJHRM, Vol. 16, 9, 2005, S. 1545–1563.
Chiang, F./Birtch, T. A.: A Taxonomy of Reward Preference: Examining Country Differences. In: JIM, Col. 11, 2005, S. 357–375.
Child, J./Faulkner, D./Pitkethly, R.: The Management of International Acquisitions. Oxford 2001.
Cho, K. R./Padmanabhan, P.: Revisiting the Role of Cultural Distance in MNC's Foreign Ownership Mode Choice: The Moderating Effect of Experience Attributes. In: IBR, Vol. 14, 2005, S. 307–324.
Chouhan, T. R. et al.: Bhopal. The Inside Story. New York/Mapusa 1994.
Chowdhury, J.: Performance of International Joint Ventures and Wholly Owned Foreign Subsidiaries: A Comparative Perspective. In: MIR, Vol. 32, 2, 1992, S. 115–133.
Clackworthy, D. J.: A Road Map to Cultural Competence. In: Siemens Review, 2, 1994, S. 11–15.
Classen, A.: Interessenvertretung in der Europäischen Union. Zur Rechtmäßigkeit politischer Einflussnahme. Wiesbaden 2014.
Clegg, S./Grey, J.: Metaphors of Globalization. In: Postmodern Management and Organization, hrsg. v. D. Boje, R. Gephart u. T. Thatchenkery. Thousand Oaks, CA 1996, S. 293–307.
Cleugh, J.: Die Medici. Macht und Glanz einer europäischen Familie. München 2002.
Coase, R. H.: The Nature of the Firm. In: Economica, Vol. 4, 1937, S. 386–405.
Coenenberg, A. G./Fischer, T. M./Günther, T.: Kostenrechnung und Kostenanalyse. 8. Aufl., Stuttgart 2012.
Coenenberg, A. G./Haller, A./Schultze, W.: Jahresabschluss und Jahresabschlussanalyse. Betriebswirtschaftliche, handelsrechtliche, steuerrechtliche und internationale Grundsätze – HGB, IAS/IFRS, US-GAAP, DRS. 23. Aufl., Stuttgart 2014.
Coenenberg, A. G./Salfeld, R.: Wertorientierte Unternehmensführung. Vom Strategieentwurf zur Implementierung. 2. Aufl., Stuttgart 2007.
Cohen, W./Levinthal, D. A.: Absorptive Capacity: A New Perspective on Learning and Innovation. In: ASQ, Vol. 35, 1990, S. 128–152.

Cole, M. A./Elliott, R. J. R.: FDI and the Capital Intensity of »Dirty« Sectors. A Missing Piece of the Pollution Haven Puzzle. In: Review of Development Economics, Vol. 9, 2005, 4, S. 530-548.
Collings, D. G./Scullion, H.: Strategic Motivations for International Transfers: Why do MNCs use Expatriates? In: Global Staffing, hrsg. v. H. Scullion u. D. G. Collings. New York 2006, S. 39–56.
Collings, D. G./Scullion, H./Morley, M. J.: Changing Pattens of Global Staffing in the Multinational Enterprise: Challenges to the Convetional Expatriate Assignment and Emerging Alternatives. In: JWB, Vol. 42, 2, 2007, S. 198–213.
Collis, D.: A Resource-Based Analysis of Global Competition: The Case of Bearnings Industry. In: SMJ, Vol. 12, Special Issue, 1991, S. 49–68.
Contractor, F. J./Lorange, P. (Hrsg.): Cooperative Strategies in International Business. Joint Ventures and Technology Partnership between Firms. Lexington, MA/Toronto 1988 (a).
Contractor, F. J./Lorange, P.: Why Should Firms Cooperate? The Strategy and Economics Basis for Cooperative Ventures. In: Cooperative Strategies in International Business. Joint Ventures and Technology Partnership between Firms, hrsg. v. F. J. Contractor u. P. Lorange. Lexington, MA/Toronto 1988 (b), S. 3–30.
Contractor, F. J./Lorange, P. (Hrsg.): Cooperative Strategies and Alliances. Amsterdam et al. 2002 (a).
Contractor, F. J./Lorange, P.: The Growth of Alliances in the Knowledge-based Economy. In: IBR, Vol. 11, 4, 2002 (b), S. 485–502.
Cooke, F. L.: Human Resource Management in China. New Trends and Practice. London/New York 2011.
Cooperrider, D. L./Dutton, J. E. (Hrsg.): Organizational Dimensions of Global Change. No Limits to Cooperation. Thousand Oaks et al. 1999.
Copeland, A. P./Norell, S. K.: Spousal Adjustment on International Assignments. The Role of Social Support. In: IJIR, Vol. 26, 2002, S. 255–272.
Copelovitch, M. S.: The International Monetary Fund in the Global Economy. Banks, Bonds, and Bailouts. Cambridge 2010.
Cornelius, P. K./Blanke, J./Paua, F.: The Growth Competitiveness Index. Recent Economic Developments and the Prospects for a sustained Recovery. In: The Global Competitiveness Report 2002–2003, hrsg. v. P. K. Cornelius, M. E. Porter u. K. Schwab. Oxford et al. 2003, S. 3–21.
Corrigan, G./Crotti, R./Hanouz, M. D./Serin, C.: Assessing Progress toward Sustainable Competitiveness. In: The Global Competitiveness Report 2014–2015, hrsg. v. K. Schwab. Genf 2014, S. 53–77.
Corsten, H.: Global Sourcing – Ein Konzept zur Stärkung der Wettbewerbsfähigkeit von Unternehmungen. In: Die Unternehmung im internationalen Wettbewerb, hrsg. v. L. Schuster. Berlin 1994, S. 187–210.
Couvrat, J. F./Pless, N.: Das verborgene Gesicht der Weltwirtschaft. Das internationale Geschäft mit Drogen, Waffen und Geld. Münster 1993.
Cox, T. H./Lobel, S. A./McLeod, P. L.: Effects of Ethnic Group Cultural Differences on Cooperative and Competitive Behavior on Group Task Level. In: AMJ, Vol. 34, 1991, S. 827–847.

Crane, A./Matten, D.: Business Ethics. Managing Corporate Citizenship and Sustainability in the Age of Globalization. 3. Aufl., Oxford 2010.
Crane, A./Matten, D./Spence, L. J.: Corporate Social Responsibility. Readings and Cases in a Global Context. 2. Aufl., New York 2014.
Croucher, R./Cotton, E.: Global Unions, Global Business. Global Union Federations and International Business. 2. Aufl., Oxfordshire 2011.
Crystal, D.: English as a Global Language. 2. Aufl., Cambridge 2003.
Cuervo-Cazurra, A./Ramamurti, R.:Understanding Multinationals from Emerging Markets. Cambridge 2014.
Culpan, R.: Multinational Strategic Alliances. Binghampton et al. 1993.
Cushner, K./Brislin, R. W. (Hrsg.): Improving Intercultural Interactions: Modules for Cross-Cultural Training Programs, Vol. 2., Thousand Oaks et al. 1997.
Cyert, R. M./March, J. G.: A Behavioral Theory of the Firm. Englewood Cliffs, NJ 1963.
Czechowicz, I. J./Choi, F. D. S./Bavishi, V. B.: Assessing Foreign Subsidiary Performance. Systems & Practices of Leading Multinational Companies. New York 1982.
Czinkota, M. R./Ronkainen, I./Moffet, H. H.: International Business. 8. Aufl., Mason, OH 2010.
Czinkota, M. R./Knight, G./Liesch, P. W./Steen, J.: Terrorism and International Business. A Research Agenda. In: JIBS, Vol. 41, 2010, S. 826–843.
Daimler: Verhaltensrichtlinie. Stuttgart 2007, http://nachhaltigkeit.daimler.com/daimler/annual/2012/nb/German/pdf/C01_verhaltensrichtlinie_g.pdf.
Damus, R.: RGW – Wirtschaftliche Zusammenarbeit in Osteuropa. Opladen 1979.
Daniels, J. D./Pitts, R. A./Tretter, M. J.: Strategy and Structure of U. S. Multinationals: An Exploratory Study. In: AMJ, Vol. 27, 2, 1984, S. 292–307.
Daniels, J. D./Pitts, R. A./Tretter, M. J.: Organizing for Dual Strategies of Product Diversity and International Expansion. In: SMJ, Vol. 6, 1985, S. 223–237.
Datta, D. K./Herrmann, P./Rasheed, A. A.: Choice of Foreign Market Entry Modes: Critical Review and Future Directions. In: Advances in International Management, Vol. 14, 2002, S. 85–153.
Datta, D. K./Puia, G.: Cross-border Acquisitions: An Examination of the Influence of Relatedness and Cultural Fit on Shareholder Value Creation in US Acquiring Firms. In: MIR, Vol. 35, 4, 1995, S. 337–359.
Davenport, T. H.: big data @ work. Chancen erkennen, Risiken verstehen. München 2014.
David, R. J./Han, S.-K.: A Systematic Assessment of the Empirical Support for Transaction Cost Economies. In: SMJ, Vol. 25, 2004, S. 39–58.
Davies, I. A./Crane, A.: Ethical Decision Making in Fair Trade Companies. In: JBE, Vol. 45, 2003, S. 79–92.
Davison, S. F. C./Ward, K.: Leading International Teams. London et al. 1999.
Demirag, I. S.: The State of the Art in Assessing Foreign Currency Operations. In:Managerial Finance, Vol. 18, 1992, S. 21–40.
Denk, C./Feldbauer-Durstmüller, B. (Hrsg.) Internationale Rechnungslegung und Internationales Controlling. Wien 2012.

Deutsche Bundesbank: Die deutschen Direktinvestitionen im Ausland. In: Monatsberichte der Deutschen Bundesbank, 17. Jg., 12, 1965, S. 19–27.
Deutsche Bundesbank: Direktinvestitionen lt. Zahlungsbilanzstatistik. Für den Berichtszeitraum 2000 bis 2013. Frankfurt a. M. 2014.
Deutscher Bundestag: Schlussbericht der Enquete-Kommission »Globalisierung der Weltwirtschaft – Herausforderungen und Antworten«. Berlin 2002.
DGfP (Hrsg.): Der internationale Einsatz von Fach- und Führungskräften. 2. Aufl., Köln 1995.
Dickmann, M./Doherty, N./Mills, T./Brewster, C.: Why do they Go? Individual and Corporate Perspectives on the Factors Influencing the Decision to Accept an International Assignment. In: IJHRM, Vol. 19, 4, 2008, S. 731–751.
DIHK: Investitionen im Ausland. Ergebnisse einer DIHK-Umfrage bei den Industrie- und Handelskammern Frühjahr 2008. Berlin 2008.
Dikova, D./van Witteloostuijn, A.: Foreign Direct Investment Mode Choice: Entry and Establishment Modes in Transition Economies. In: JIBS, Vol. 38, 2007, S. 1013–1033.
Dögl, C./Holtbrügge, D.: Competitive Advantage of German Renewable Energy Firms in Russia. An Empirical Study based on Porter's Diamond. In: JEEMS, Vol. 15, 1, 2010, S. 34–58.
Dögl, C./Holtbrügge, D./Schuster, T.: Competitive Advantage of German Renewable Energy Firms in India and China. An Empirical Study based on Porter's Diamond. In: IJEM, Vol. 7, 2, 2012, S. 191–214.
Doh, J. P./Teegen, H. (Hrsg.): Globalization and NGOs: Transforming Business, Government, and Society. Westport, CT 2003.
Dollinger, P.: Die Hanse. 6. Aufl., Stuttgart 2012.
Domsch, M./Lichtenberger, B.: Vorbereitungsmaßnahmen für den Auslandseinsatz. Explorative Studie am Beispiel Brasilien und China. In: BFuP, 42. Jg., 5, 1990, S. 400–413.
Donaldson, T.: The Ethics of International Business. New York/Oxford 1989.
Donaldson, T.: When in Rome, Do ... What? International Business and Cultural Relativism. In: The Ethics of Business in a Global Economy, hrsg. v. P. M. Minus. Dordrecht 1993, S. 67–78.
Dorfman, P. W./Hanges, P. J./Brodbeck, F. C.: Leadership and Cultural Variation. The Identification of Culturally Endorsed Leadership Profiles. In: Culture, Leadership, and Organizations. The GLOBE Study of 62 Societies, hrsg. v. R. J. House, P. J. Hanges, M. Jarvidan, P. W. Dorfman u. V. Gupta. Thousand Oaks et al. 2004, S. 669–719.
Dow, D.: A Note on Psychological Distance and Export Market Selection. In: JIMark, Vol. 8, 1, 2000, S. 51–64.
Dow, D./Karunaratna, A.: Developing a Multidimensional Instrument to Measure Psychic Distance Stimuli. In: JIBS, Vol. 37, 5, 2006, S. 578–602.
Dowling, P. J.: International and Domestic Personnel/Human Resource Management: Similarities and Differences. In: Readings in Personnel and Human Resource Management, hrsg. v. R. S. Schuler, S. A. Youngblood u. V. L. Huber. 3. Aufl., St. Paul, Minn. 1988, S. 456–462.

Doz, Y. L.: Managing Manufacturing Rationalization within Multinational Companies. In: CJWB, Vol. 13, 3, 1978, S. 82–94.
Doz, Y. L.: Strategic Management in Multinational Companies. Oxford et al. 1986.
Doz, Y. L./Hamel, G.: Alliance Advantage. The Art of Creating Value through Partnering. Boston, MA 1998.
Doz, Y./Santos, J./Williamson, P.: From Global to Metanational. How Companies win in the Knowledge Economy. Boston, Mass. 2001.
Draper, P./Freytag, A.: Streitpunkt Investitionsschutz: Für und Wider des Investitionsschutzes im TTIP-Abkommen. In: ifo-Schnelldienst, 67. Jg., 12, 2014, S. 3–5.
Dreher, A./Gaston, N./Martens, P.: Measuring Globalisation: Gauging Its Consequences. Berlin et al. 2008.
Drogendijk, R./Blomkvist, K.: Drivers and Motives for Chinese Outward Foreign Direct Investments in Africa. In: JAB, Vol. 14, 2, 2013, S. 75–84.
Duarte, C. L./Garcia-Canal, E.: The Choice between Joint Ventures and Acquisitions in Foreign Direct Investment: The Role of Partial Acquisitions and Accrued Acquisitions. In: TIBR, Vol. 46, 1, 2004, S. 39–58.
DuBois, F. L./Toyne, B./Oliff, M. D.: International Manufacturing Strategies of U. S. Multinationals: A Conceptual Framework Based on a Four-Industry Study. In: JIBS, Vol. 24, 2, 1993, S. 307–333.
Dülfer, E.: Personalwesen in unterschiedlichen Kulturen. In: HWP, 2. Aufl., hrsg. v. E. Gaugler u. W. Weber. Stuttgart 1992, Sp. 1881–1893.
Dülfer, E.: Vom Handelsunternehmer zum globalen Unternehmungs-Netzwerk – Zur organisatorischen Entwicklung internationaler Unternehmenstätigkeit. In: Management Multinationaler Unternehmungen, hrsg. v. D. Holtbrügge. Heidelberg et al. 2003, S. 3–24.
Dülfer, E./Jöstingmeier, B.: Internationales Management in unterschiedlichen Kulturbereichen. 7. Aufl., München/Wien 2008.
Dürr, O. M.: Optimales Transferpreissystem im multinationalen Konzern: Einheitliche oder separate Transferpreise für Steuerzwecke und interne Koordination Broschiert. Baden-Baden 2011.
Dunning, J. H.: Explaining Changing Patterns of International Production. In Defence of the Eclectic Theory. In: Oxford Bulletin of Economics and Statistics, Vol. 41, 1979, S. 269–295.
Dunning, J. H.: Toward an Eclectic Theory of International Production: Some Empirical Tests. In: JIBS, Vol. 11, 1, 1980, S. 9–31.
Dunning, J. H.: Explaining the International Direct Investment Position of Countries: Towards a Dynamic or Developmental Approach. In: Weltwirtschaftliches Archiv, Bd. 117, 1981, S. 30–64.
Dunning, J. H.: The Eclectic Paradigm of International Production: A Restatement and Some Possible Extensions. In: JIBS, Vol. 19, 1, 1988, S. 1–31.
Dunning, J. H.: Internationalizing Porter's Diamond. In: MIR, Vol. 33, Special Issue, 2, 1993, S. 7–17.
Dunning, J. H.: Repraising the Eclectic Paradigm in an Age of Alliance Capitalism. In: JIBS, Vol. 26, 3, 1995, S. 461–491.

Dunning, J. H. (Hrsg): Governments, Globalization, and International Business. Oxford 1997 (a).
Dunning, J. H.: Alliance Capitalism and Global Business. London/New York 1997 (b).
Dunning, J. H.: The Eclectic (OLI) Paradigm of International Production: Past, Present and Future. In: International Journal of the Economics of Business, Vol. 8, 2, 2001, S. 173–190.
Dunning, J. H. (Hrsg.): Making Globalization Good. The Moral Challenges of Global Capitalism. Oxford 2003.
Dunning, J. H./Lundan, S. M.: Multinational Enterprise and the Global Economy. 2. Aufl., Cheltenham/Northampton, MA 2008.
Dussauge, P./Garrette, B./Mitchell, W.: Learning from Competing Partners. Outcomes and Duration of Scale and Link Alliances in Europe, North America and Asia. In: SMJ, Vol. 21, 2000, S. 99–126.
Dyer, J. H./Kale, P./Singh, H.: How to Make Strategic Alliances Work. In: SMR, Vol. 42, 4, 2001, S. 37–43.
Dyllick, T.: Management der Umweltbeziehungen. Öffentliche Auseinandersetzungen als Herausforderung. Wiesbaden 1989, zugl. Habil., St. Gallen 1988.
Earley, P. C./Gibson, C. B.: Multinational Work Teams. A New Perspective. Mahwah, NJ 2002.
Earley, P. C./Mosakowski, E.: Creating Hybrid Team Cultures. An Empirical Test of Transnational Team Functioning. In: AMJ, Vol. 43, 1, 2000, S. 26–49.
Ecker, B./van Triest, S./Williams, C.: Management Control and the Decentralization of R&D. In: JOM, Vol. 39, 4, 2013, S. 906–927.
Egelhoff, W. G.: Strategy and Structure in Multinational Corporations: An Information-Processing Approach. In: ASQ, Vol. 27, 3, 1982, S. 435–458.
Egelhoff, W. G.: Organizing the Multinational Enterprise. An Information-Processing Perspective. Cambridge, MA 1988 (a).
Egelhoff, W. G.: Strategy and Structure in Multinational Corporations: A Revision of the Stopford and Wells Model. In: SMJ, Vol. 9, 1988 (b), S. 1–14.
Egri, C. P./Ralston, D. A.: Corporate Responsibility: A Review of International Management Research from 1998 to 2007. In: JIM, Vol. 14, 4, S. 319–339.
Einecke, H.: Zwangslizenzen für Arzneimittel. Streit um teure Medikamente. In: Süddeutsche Zeitung, 17.3.2012.
Eisenhardt, K. M.: Agency Theory. An Assessment and Review. In: AMR, Vol. 14, 1, 1989, S. 57–74.
Emmerich-Fritsche, A.: Zur Verbindlichkeit der Menschenrechte für transnationale Unternehmen. In: Archiv des Völkerrechts, 45. Jg., 4, 2007, S. 541–565.
Engelen, A./Tholen, E.: Interkulturelles Management. Stuttgart 2014.
Engelhard, J.: Verhaltenskodices. In: HWInt, hrsg. v. K. Macharzina u. M. K. Welge. Stuttgart 1989, Sp. 2155–2168.
Engelhard, J.: »Global Corporate« Liability. Rechtliche Grenzen der globalen Rationalisierung der Unternehmenstätigkeit. In: Globales Management. Erfolgreiche Strategien für den Weltmarkt, hrsg. v. M. K. Welge. Stuttgart 1990, S. 203–220.

Engelhard, J.: Bewertung von Länderrisiken bei Auslandsinvestitionen: Möglichkeiten, Ansätze und Grenzen. In: Handbuch der Internationalen Unternehmenstätigkeit, hrsg. v. B. N. Kumar u. H. Haussmann. München 1992, S. 367–383.
Engelhard, J./Dähn, M.: Internationales Management. In: DBW, 54. Jg., 2, 1994, S. 247–266.
Enright, M. J./Subramanian, V.: An Organizing Framework for MNC Subsidiary Typologies. In: MIR, Vol. 47, 6, 2007, S. 895–924.
Enßlinger, B. C.: Born Globals – Begriff und Bedeutung. In: Internationalisierung kleiner und mittlerer Unternehmungen. Festschrift zum 60. Geburtstag von Helmut Haussmann, hrsg. v. D. Holtbrügge. Stuttgart 2003, S. 129–149.
Erl, T./Puttini, R./Mahmood, Z.: Cloud Computing: Concepts, Technology & Architecture. New York et al. 2013.
Estrin, S./Baghdasaryan, D./Meyer, K. E.: The Impcat of Institutional and Human Resource Distance on International Entry Strategies. In: JMS, Vol. 46, 7, 2009, S. 1171–1196.
Etzoldt, H.-R.: Der Käfer. Eine Dokumentation. 4. Aufl., Stuttgart 1987.
Evans, P./Lank, E./Farquhar, A.: Managing Human Resources in the International Firm: Lessons from Practice. In: Human Resource Management in the International Firm. Change, Globalization, Innovation, hrsg. v. P. Evans, Y. Doz u. A. Laurent. London 1989, S. 113–143.
Evans, P./Pucik, V./Barsoux, J.-L.: The Global Challenge. Frameworks for International Human Resource Management. Boston, MA et al. 2002.
Fahy, J.: A Resource-based Analysis of Sustainable Competitive Advantage in a Global Environment. In: IBR, Vol. 11, 1, 2002, S. 57–78.
Farole, T./Akinci, G. (Hrsg.): Special Economic Zones: Progress, Emerging Challenges, and Future Directions. Washington, DC 2011.
Fastoso, F./Whitelock, J.: Regionalization vs. Globalization in Advertising Research. Insights from five Decades of Academic Study. In: JIM, Vol. 16, 1, 2010, S. 32–42.
Faulkner, D. O./de Rond, M. (Hrsg.): Cooperative Strategy. Economic, Business, and Organizational Issues. Oxford 2000.
Faulstich, W.: Grundwissen Öffentlichkeitsarbeit. München 2000.
Faulstich, W. (Hrsg.): Grundwissen Medien. 5. Aufl., München 2004.
Fayerweather, J.: Internationale Unternehmungsführung. Ein Begriffssystem. Berlin 1975.
Fayerweather, J.: International Business Strategy and Administration. Cambridge, MA 1978.
Featherstone, M.: Consumer Culture & Postmodernism. London et al. 1991.
Feely, A. J./Harzing, A.-W.: Language Management in Multinational Companies. In: CCM, Vol. 10, 2, 2003, S. 37–52.
Fehling, C./Leymann, F./Retter, R./Schupeck, W./Arbitter, P.: Cloud Computing Patterns: Fundamentals to Design, Build, and Manage Cloud Applications. Berlin et al. 2014.
Feinstein, C. H.: An Economic History of South Africa. Conquest, Discrimination and Development. Cambridge 2010.

Feldenkirchen, W.: Die Firma Siemens im Russischen Reich vor 1914. In: »... das einzige Land in Europa, das eine große Zukunft vor sich hat.« Deutsche Unternehmen und Unternehmer im Russischen Reich im 19. und frühen 20. Jahrhundert, hrsg. v. D. Dahlmann u. C. Scheide. Göttingen 1998, S. 167–188.

Ferdows, K. (Hrsg.): Managing International Manufacturing. Amsterdam et al. 1989.

Ferdows, K.: Making the Most of Foreign Factories. In: HBR, Vol. 75, 2, 1997, S. 73–88.

Fernando, N./Loke, S. W./Rahayu, W.: Mobile cloud computing: A survey. In: Future Generation Computer Systems, Vol. 29, 1, 2013, S. 84–106.

Ferreiro Aparicio, J./Gomez, C. J./Rodriguez, C.: The Pattern of Inward FDI Geographical Distribution. Can Developing Countries Base their Development on those Flows? In: Financial Developments in National and International Markets, hrsg. v. P. Arestis, J. Ferreiro u. F. Serrano. Basingstoke et al. 2006, S. 149-164.

Festing, M.: Strategisches Internationales Personalmanagement. Eine transaktionskostentheoretisch fundierte Analyse. 2. Aufl., München/Mering 1999, zugl. Diss., Paderborn 1995.

Festing, M./Dowling, P. J./Weber, W./Engle, A. D.: Internationales Personalmanagement. 3. Aufl., Wiesbaden 2011.

Fiedler, F. E./Mitchell, T./Triandis, H. C.: The Cultural Assimilator: An Approach to Cross-Cultural Training. In: Journal of Applied Psychology, Vol. 55, 2, 1971, S. 95–102.

Fifka, M. S./Falke, A. (Hrsg.): Korruption als internationales Phänomen: Ursachen, Auswirkungen und Bekämpfung eines weltweiten Problems. Berlin 2012.

Fink, P.-C.: Globale Lieferketten. Irgendwo auf der Welt. In: Die Zeit, 6.10.2010.

Fisch, J. H.: Structure Follows Knowledge. Internationale Verteilung der Forschung und Entwicklung in multinationalen Unternehmen. Wiesbaden 2001, zugl. Diss., Hohenheim 2000.

Fisch, J. H.: Internationale Realoptionen. Aufbau von Auslandsgesellschaften bei Unsicherheit und Irreversibilität. Wiesbaden 2006, zugl. Habil., Hohenheim 2006.

Fladmoe-Lindquist, K./ Jacque, L. L.: Control Modes in International Service Operations. The Propensity to Franchise. In: MSc, Vol. 41, 7, 1995, S. 1238–1249.

Flaherty, T.: Die Koordination globaler Fertigungsprozesse. In: Globaler Wettbewerb, hrsg. v. M. E. Porter. Wiesbaden 1989, S. 95–125.

Foreman-Peck, J. (Hrsg.): Historical Foundations of Globalization. Cheltenham/ Northampton, MA 1998.

Forsgren, M.: Managing the Internationalization Process. The Swedish Case. London/New York 1989.

Forsgren, M: The concept of Learning in the Uppsala Internationalization Process Model: A Critical Review. In: IBR, Vol. 11, 3, 2002, S. 257–277.

Forsgren, M.: Theories of the Multinational Firm: A Multidimensional Creature in the Global Economy. Cheltenham/Northampton, MA 2008.

Fortune: Global 500 2014. http://fortune.com/global500/.

Fowler, S. M./Mumford, M. G.: Intercultural Sourcebook: Cross-Cultural Training Methods. Vol. 1. Yarmouth, ME, 1995.

Fowler, S. M./Mumford, M. G.: Intercultural Sourcebook: Cross-Cultural Training Methods. Vol. 2. Yarmouth, ME, 1999.
Fox, J.: Integration des Controlling in den Entscheidungsprozeß bei Auslandsinvestitionen. Berlin et al. 1999, zugl. Diss., Rostock 1999.
Francois, J./Manchin, M./Norberg, H./Pindyuk, O./Tomberger, P.: Reducing Trans-Atlantic Barriers to Trade and Investment. Centre for Economic Policy Research. Final Project Report. Prepared under implementing Framework Contract TRADE10/A2/A16. London 2013.
Frank, S.: Das globale Auto. In: Focus, 20, 2006, S. 178–179.
Franko, L. G.: The European Multinationals. London 1976.
Freeman, R. E.: Strategic Management. A Stakeholder Approach. Boston, MA 1984.
Freeman, R. E./Harrison, J. S./Wicks, A. C./Parmar, B. L./de Colle, S.: Stakeholder Theory: The State of the Art. Cambridge 2010.
Friebel, G./Heinz, M.: Media Slant Against Foreign Owners: Downsizing. Discussion Paper No. 6859, Forschungsinstitut zur Zukunft der Arbeit. Bonn 2012.
Friedman, M.: The Social Responsibility of Business is to Increase its Profits. In: The New York Times Magazine, 13.9.1970, S. 32–33 u. S. 122–126.
Freudenberg, T.: Aufbau und Management internationaler Forschungs- und Entwicklungssysteme. Zürich 1988, zugl. Diss., St. Gallen 1988.
Frynas, J. G./Mellahi, K./Pigman, G. A.: First Mover Advantage in International Business and Firm-specific Political Ressources. In: SMJ, Vol. 27, 2006, S. 321–345.
Fuentes, N. A. F./Alegria, T./Brannon, J. T./James, D. D./Lucker, G. W.: Local Sourcing and Indirect Employment: Multinational Enterprises in Northern Mexico. In: Multinationals and Employment. The Global Economy of the 1990s, hrsg. v. P. Bailey, A. Parisotto u. G. Renshaw. Genf 1993, S. 161–187.
Funk, W./Rossmanith, J.: Rechnungslegung und Controlling im Spannungsfeld der Globalisierung. Einflussgrößen und W'irkungsbereiche. In: Internationale Rechnungslegung und Internationales Controlling. Herausforderungen – Handlungsfelder – Erfolgspotenziale, hrsg. v. W. Funk u. J. Rossmanith. 2. Aufl., Wiesbaden 2011, S. 3–101.
Galtung, J.: Menschenrechte – anders gesehen. 3. Aufl., Frankfurt a. M. 2006.
Gaastra, F. S.: The Dutch East India Company. Expansion and Decline. Leiden 2003.
Gammelgaard, J./Dorrenbächer, C. (Hrsg.): The Global Brewery Industry. Markets, Strategies, and Rivalries. Cheltenham 2013.
Gao, H./Knight, J. G./Zhang, H./Mather, D.: Guilt by Association. Heuristic Risks for Foreign Brands during a Product-harm Crisis in China. In: Journal of Business Research, Vol. 66, 8, 2013, S. 1044–1051.
Gardini, G. L.: The Origins of Mercosur. Democracy and Regionalization in South America. New York et al. 2010.
Gareis, S. V./Varwick, J.: Die Vereinten Nationen. Aufgaben, Instrumente und Reformen. 5. Aufl., Stuttgart 2014.
Garg, R./Holtbrügge, D.: The Internationalization Strategy of Wipro in Europe. In: Strategic Management & Business Policy, v. A. Kazmi. 4. Aufl., New Delhi et al. 2015 (im Druck).

Gas, T.: Affirmative Action in der Republik Südafrika unter Berücksichtigung verfassungsvergleichender Bezüge. Baden-Baden 2002.

Gasparic-Fiember, C.: Ansiedlungs- und Eigentumsformen ausländischer Direktivinvestitionen. Eine empirische Untersuchung deutscher und österreichischer Unternehmen im ehemaligen Jugoslawien. München/Mering 2007, zugl. Diss., Erlangen-Nürnberg 2006.

Gassmann, O.: Internationales F&E-Management. Potentiale und Gestaltungskonzepte transnationaler F&E-Projekte. München/Wien 1997, zugl. Diss., St. Gallen 1996.

Gebhardt, G./Mansch, H. (Hrsg.): Wertorientierte Unternehmenssteuerung in Theorie und Praxis. Düsseldorf/Frankfurt a. M. 2005.

Gelbrich, K./Müller, S.: Handbuch Internationales Management. München-Wien 2011.

Gelhausen, E.: Aktuelle Entwicklungen in der Konzernrechnungslegung. In: Rechnungslegung und Prüfung, hrsg. v. J. Baetge. Düsseldorf 1996, S. 71–98.

Gereffi, G.: The Pharmaceutical Industry and Dependency in the Third World. Princeton, NJ 1983.

Geringer, J. M.: Joint Venture Partner Selection. Strategies for Developed Countries. New York et al. 1988.

Gertsen, M. C.: Intercultural Competence and Expatriates. In: IJHRM, Vol. 1, 3, 1990, S. 341–362.

Gertsen, M. C./Søderberg, A.-M.: Cultural Dimensions of International Mergers and Acquisitions. Berlin 1998.

Gertsen, M. C./Søderberg, A.-M.: Inpatriation in a globalising MNC: knowledge exchange and translation of corporate culture. In: EJIM, Vol. 6, 1, 2012, S. 29–44.

Gerybadze, A./Meyer-Krahmer, F./Reger, G.: Globales Management von Forschung und Innovation. Wiesbaden 1997.

Ghemawat, P.: Distance Still Matters. The Hard Reality of Global Expansion. In: HBR, Vol. 79, 5, 2001, S. 137–147.

Ghemawat, P.: Redefining Global Stratey: Crossing Borders in a World where Differences still Matter. Boston, MA 2007.

Ghemawat, P./Ghadar, F.: The Dubious Logic of Global Megamergers. In: HBR, Vol. 78, 3, 2000, S. 65–72.

Ghoshal, S.: Global Strategy: An Organizing Framework. In: SMJ, Vol. 8, 1987, S. 425–440.

Ghoshal, S.: Bad Management Theories are Destroying Good Management Practices. In: AMLE, Vol. 4, 1, 2005, S. 75–91.

Ghoshal, S./Bartlett, C. A.: The Multinational Corporation as an Interorganizational Network. In: AMR, Vol. 15, 4, 1990, S. 603–625.

Ghoshal, S./Nohria, N.: Internal Differentiation within Multinational Corporations. In: SMJ, Vol. 10, 1989, S. 323–337.

Ghoshal, S./Moran, P.: Bad for Practice: A Critique of the Transaction Cost Theory. In: AMR, Vol. 21, 1, 1996, S: 13–47.

Ghoshal, S./Nohria, N.: Horses for Courses: Organizational Forms for Multinational Corporations. In: SMR, Vol. 34, 2, 1993, S. 23–35.

Ghoshal, S./Westney, B. E. (Hrsg.): Organization Theory and the Multinational Corporation. 2. Aufl., New York 2005.
Gibson, C.: Do they do what they Believe they can? Group Efficacy and Group Effectiveness Across Tasks and Cultures. In: AMJ, Vol. 42, 2, 1999, S. 138–152.
Giddens, A.: Konsequenzen der Moderne. Frankfurt a. M. 1996.
Gilroy, B. M./Gries, T./Naudé, W. A. (Hrsg.): Multinational Enterprises, Foreign Direct Investment and Growth in Africa. South African Perspetives. Berlin et al. 2005.
Glaum, M.: Internationalisierung und Unternehmenserfolg. Wiesbaden 1996, zugl. Habil., Gießen 1995.
Glaum, M./Lindemann, J./Friedrich, N.: Erfolg von Mergers & Acquisitions: Ergebnisse empirischer Forschung. In: Handbuch M&A-Management. hrsg. v. B. W. Wirtz. Wiesbaden 2006, S. 287-314.
Global Reporting Initiative: G4 Sustainability Reporting Guidelines. Reporting Principles and Standard Disclosures. Amsterdam 2013.
Gomez, C./Sanchez, J. I.: Human Resource Control in MNCs: A Study of the Factors Influencing the Use of Formal and Informa Control Mechanisms. In: IJHRM, Vol. 16, 10, 2005, S. 1847–1861.
Gong, Y.: Subsidiary Staffing in Multinational Enterprises: Agency, Resources, and Performance. In: AMJ, Vol. 46, 6, 2003, S. 728–739.
Gong, Y.: Global Operations Strategy. Fundamentals and Practice. Berlin-Heidelberg 2013.
Govindarajan, V./Gupta, A. K.: Building an Effective Global Business Team. In: SMR, Vol. 43, 2, 2001, S. 63–71.
Govindarajan, V./Gupta, A. K.: Erfolgreiche Internationalisierungs-Strategien: Wettbewerbsvorteile erkennen und optimal nutzen. Weinheim 2002.
Graeff, P./Schröder, K./Wolf, S. (Hrsg.): Der Korruptionsfall Siemens. Analyse und praxisnahe Folgerungen des wissenschaftlichen Arbeitskreises von Transparency International Deutschland. Baden-Baden 2009.
Grässlin, J.: Das Daimler-Desaster. Vom Vorzeigekonzern zum Sanierungsfall? München 2005.
Graf, A.: Interkulturelle Kompetenzen im Human Resource Management. Empirische Analyse konzeptioneller Grundfragen und der betrieblichen Relevanz. Wiesbaden 2004 (a), zugl. Habil., Braunschweig 2004.
Graf, A.: Expatriate Selection: An Empirical Study Identifying Significant Skill Profiles. In: TIBR, Vol. 46, 6, 2004 (b), S. 667–685.
Graf, A./Harland, L. K.: Expatriate Selection: Evaluating the Discriminant, Convergent, and Predictive Validity of Five Measures of Interpersonal and Intercultural Competence. In: JLOS, Vol. 11, 2, 2005, S. 46–62.
Graf, H.-W.: Korruption. Die Entschlüsselung eines universellen Phänomens. Engelsbach et al. 2000.
Graf, I.: Die globale Verantwortung von multinationalen Unternehmungen im Lichte einer nachhaltigen Entwicklung. Hamburg 2002, zugl. Diss., Erlangen-Nürnberg 2001.

Graham, E. M.: Transatlantic Investment by Multinational Firms: A Rivalistic Phemomenon? In: Journal of Post Keynesian Economics, Vol. 1, 1978, 1, S. 82–99.

Graham, E. M.: Should there be Multilateral Rules on Foreign Direct Investment? In: Governments, Globalization, and International Business, hrsg. v. J. H. Dunning. Oxford et al. 1997, S. 481–505.

Grant, R. M.: The Resource-Based View of Competive Advantage: Implications for Strategy Formulation. In: CMR, Vol. 33, 3, 1991, S. 114–135.

Grant, R. M./Almeida, P./Song, J.: Knowledge and the Multinational Enterprise. In: International Business. Emerging Issues and Emerging Markets, hrsg. v. C. C. J. M. Millar, R. M. Grant u. C. J. Choi. Basingstoke/New York 2000, S. 102–129.

Greb, R./Hassan, A.: Die F&E-Produktivität von global verteilten F&E-Organisationen. In: DBW, 61. Jg., 4, 2001, S. 462–477.

Greenpeace (Hrsg.): Brent Spar und die Folgen. Analysen und Dokumente zu Verantwortung eines gesellschaftlichen Konflikts. Göttingen 1997.

Greenpeace: Bhopal – die andauernde Katastrophe 1982–2001. Hamburg, Pressemitteilung vom 3.12.2001.

Grefe, C./Greffrath, M./Schumann, H.: attac. Was wollen die Globalisierungskritiker? Berlin 2002.

Greider, W.: One World, Ready Or Not. The Manic Logic of Global Capitalism. New York 1997.

Groenewald, H./Leblanc, B. (Hrsg.): Personalwirtschaft auf Marktwirtschaftskurs. Transformationsprozesse im Joint Venture Škoda-Volkswagen. Neuwied 1996.

Grosche, P. M.: Konfiguration und Koordination von Wertschöpfungsaktivitäten in internationalen Unternehmen. Eine empirische Untersuchung in der Automobilindustrie. Wiesbaden 2012, zugl. Diss., Berlin 2011.

Grosse, R. E. (Hrsg.): International Business and Government Relations in the 21st Century. Cambridge 2005.

Großmann, H./Busse, M./Fuchs, D./Koopmann, G.: Sozialstandards in der Welthandelsordnung. Opladen 2002.

Grote, L.: Die Tucher. Bildnis einer Patrizierfamilie. München 1961.

Grube, R.: Bahn exklusiver Partner bei Milliardenprojekt in Katar. Auslandsengagement sichert Arbeitsplätze, 24.11.2009,http://www.deutschebahn.com/site/bahn/de/unternehmen/konzernprofil/im__blickpunkt/bahn__partner__in__katar__20091122.html.

Grünig, R./Morschett, D.: Developing International Strategies: Going and Being International for Medium-sized Companies. Berlin/Heidelberg 2012.

Gstöhl, S. (Hrsg.): Global Governance und die G8. Gipfelimpulse für Weltwirtschaft und Weltpolitik. Münster 2003.

Gudykunst, W. B.: Language and Ethnic Identity. Clevedon 1988.

Gudykunst, W. B./Hammer, M. R.: Basic Training Design: Approaches to Intercultural Training. In: Handbook of Intercultural Training. Vol. I: Issues in Theory and Design, hrsg. v. D. Landis u. R. W. Brislin. New York 1983, S. 118–154.

Gumbrell-McCormick, R./Hyman, R.: Trade Unions in Western Europe. Hard Times, Hard Choices. Oxford 2013.

Gundel, G.: Das Verrechnungspreissystem von VW. In: Verrechnungspreissysteme multinationaler Unternehmen, hrsg. v. A. Raupach u. D. Pohl. Herne/Berlin 1999, S. 356–390.

Gupta, A. K./Govindarajan, V.: Knowledge Flows and the Structure of Control within Multinational Corporations. In: AMR, Vol. 16, 4, 1991, S. 768–792.

Gupta, A. K./Govindarajan, V.: Organizing for Knowledge Flows within MNCs. In: IBR, Vol. 3, 4, 1994, S. 443–457.

Gupta, A. K./Govindarajan, V.: Knowledge Flows within Multinational Corporations. In: SMJ, Vol. 21, 2000, S. 473–496.

Gupta, A. K./Govindarajan, V./Malhotra, A.: Feedback-seeking Behavior within Multinational Corporations. In: SMJ, Vol. 20, 1999, S. 205–222.

Gupta, R./Banerjee, P./Gaur, J.: Exploring the Role of the Spouse in Expatriate Failure. A Grounded Theory-based Investigation of Expatriate' Spouse Adjustment Issues from India. In: IJHRM, Vol. 23, 17, 2012, S. 3559–3577.

Haas, H.-D./Neumair, S.-M./Schlesinger, D. M.: Geographie der internationalen Wirtschaft. Darmstadt 2009.

Habermas, J.: Theorie des kommunikativen Handelns. 2 Bde., Frankfurt a. M. 1981.

Habib, M./Zurawicki, L: Corruption and Foreign Direct Investment. In: JIBS, Vol. 33, 2, 2002, S. 291–307.

Häberle, S.: Risikomanagement im Außenhandel – Außenhandelsrisiken. In: Fallstudien zum internationalen Management, hrsg. v. J. Zentes u. B. Swoboda. 2. Aufl., Wiesbaden 2004 (a), S. 45–58.

Häberle, S.: Risikomanagement im Außenhandel: Ein Überblick. In: Außenhandel. Marketingstrategien und Managementkonzepte, hrsg. v. J. Zentes, D. Morschett u. H. Schramm-Klein. Wiesbaden 2004 (b), S. 883–906.

Häberlein, M.: Die Fugger. Geschichte einer Augsburger Familie (1367–1650). Stuttgart 2006.

Häberlein, M./Burkhardt, J.: Die Welser. Berlin 2002.

Hagström, P.: New Wine in Old Bottles: Information Technology Evolution in Firm Strategy and Structure. In: The Flexible Firm. Capability Management in Network Organizations, hrsg. v. J. Birkinshaw u. P. Hagström. Oxford 2000, S. 194–206.

Hahne, K.: Affirmative Action im neuen Südafrika. Ein Diskurs über die Verteilung von Ressourcen. München 2002.

Hake, B.: Länderrisiko-Analysen – Werkzeug des Controllers. In: Controller Magazin, 23. Jg., 4, 1997, S. 240–242.

Hamann, H.: Informationsversorgung in Transnationalen Unternehmungen. Konzeptionelle Grundlagen – Anforderungen – Technologien. Wiesbaden 2004, zugl. Diss., Dortmund 2003.

Hamel, G.: Competition for Competence and Inter-partner Learning within International Strategic Alliances. In: SMJ, Vol. 12, Summer Special Issue, 1991, S. 83–103.

Hamel, G./Prahalad, C. K.: Managing Strategic Responsibility in the MNC. In: SMJ, Vol. 4, 1983, S. 341–351.

Hamel, G./Prahalad, C. K.: Creating Global Strategic Capability. In: Strategies in Global Competition, hrsg. v. N. Hood u. J.-E. Vahlne. London 1988, S. 5–39.

Hammel-Kiesow, R.: Die Hanse. 5. Aufl., München 2014.
Hammerschmidt, J.: Inflationsrechnung im Unternehmen. Freiburg 1984.
Hanisch, D. A.: Managementtraining in China: Neue Erkenntnisse über Akzeptanz und Relevanz westlicher Managementtheorien und Trainingsmethoden (Beispiele aus dem Siemens Management Institute in Peking). Frankfurt a. M. 2003.
Hansen, H. R./Neumann, G.: Wirtschaftsinformatik I. Grundlagen betrieblicher Informationsverarbeitung. 8. Aufl., Stuttgart 2001.
Hanvanich, S./Miller, S. R./Richards, M./Cavusgil, S. T.: An Event Study of Partner and Location Cultural Differences in Joint Ventures. In: IBR, Vol. 12, 1, 2003, S. 1–16.
von Hauff, M./Claus, K.: Fair Trade. Ein Konzept nachhaltigen Handels. München 2012.
Harbinson, J. R./Pekar, P. Jr.: Cross-border Alliances in the Age of Collaboration. Los Angeles 1997.
Harrigan, K. R.: Managing for Joint Venture Success. Lexington, MA 1986.
Harrigan, K. R.: Strategic Alliances and Partner Asymmetries. In: MIR, Vol. 28, 1, 1988 (a), S. 53–72.
Harrigan, K. R.: Joint Ventures and Competitive Strategy. In: SMJ, Vol. 9, 1988 (b), S. 141–158.
Harris, H.: Think International Manager, Think Male: Why are Women not Selected for International Management Assignments? In: TIBR, Vol. 44, 2, 2002, S. 175–203.
Harris, H./Brewster, C.: The Coffee-Machine System: How International Selection Really Works. In: IJHRM, Vol. 10, 3, 1999, S. 488–500.
Harris, H./Brewster, C./Erten, C.: Auslandseinsatz, aber wie? In: Internationales Personalmanagement, hrsg. v. T. M. Kühlmann, W. Mayrhofer u. G. Stahl. München/Mering 2005, S. 272–291.
Hartl, K.: Expatriate Women Managers. Gender, Culture and Career. München-Mering 2003.
Harvey, M./Buckley, R.: Managing Inpatriates: Building a Global Core Competency. In: JWB, Vol. 32, 1, 1997, S. 35–52.
Harvey, M./Novicevic, M. M.: The Co-ordination of Strategic Initiatives within Global Organizations: The Role of Global Teams. In: IJHRM, Vol. 13, 4, 2002, S. 660–676.
Harvey, M./Speier, C./Novicevic, M. M.: The Role of Inpatriates in a Globalization Strategy and Challenges Associated with the Inpatriation Process. In: HRP, Vol. 21, 3, 1999, S. 38–50.
Harzing, A.-W.: The Persistent Myth of High Expatriate Failure Rates. In: IJHRM, Vol. 6, 2, 1995, S. 457–474.
Harzing, A.-W.: Managing the Multinationals. An International Study of Control Mechanisms. Cheltenham/Northampton, MA 1999.
Harzing, A.-W.: An Empirical Analysis and Extension of the Bartlett and Ghoshal Typology of Multinational Companies. In: JIBS, Vol. 31, 1, 2000, S. 101–120.
Harzing, A.-W.: Of Bears, Bumble-Bees and Spiders. The Role of Expatriates in Controlling Foreign Subsidiaires. In: JWB, Vol. 36, 4, 2001, S. 366–379.
Harzing, A.-W.: Acquisitions versus Greenfield Investments: International Strategy and Management of Entry Modes. In: SMJ, Vol. 23, 3, 2002, S. 211–227.

Harzing, A.-W./Feely, A. J.: The language barrier and its implications for HQ-subsidiary relationships. In: Cross Cultural Management: An International Journal, Vol. 15, 1, 2008, S. 49–61.

Harzing, A.-W./Noorderhaven, N.: Knowledge Flows in MNCs: An Empirical Test and Extension of Gupta and Govindarajan's Typology of Subsidiary Roles. In: IBR, Vol. 15, 2006, S. 195–214.

Harzing, A.-W./Pinnington, A. H. (Hrsg.): International Human Resource Management. 4. Aufl., Los Angeles, CA et al. 2014.

Haslberger, A./Brewster, C.: The Expatriate Family: An International Perspective. In: Journal of Managerial Psychology, Vol. 23, 3, 2008, S. 324–346.

Hauschildt, J./Vollstedt, M.: Unternehmenssprachen oder Company Language? Zur Einführung einer einheitlichen Sprache in global tätigen Unternehmen. In: ZfO, 71. Jg., 3, 2002, S. 173–183.

Haussmann, H.: Kulturelle Integrationsprobleme bei internationalen Mergers & Acquisitions. In: Handbuch Internationales Management. Grundlagen – Instrumente – Perspektiven, hrsg. v. K. Macharzina u. M.-J. Oesterle. 2. Aufl., Wiesbaden 2002, S. 909–921.

Haussmann, H.: Spezifische Erfolgsfaktoren von Hidden Champions im Internationalisierungsprozess. In: Management Multinationaler Unternehmungen, hrsg. v. D. Holtbrügge. Heidelberg et al. 2003, S. 105–120.

Haussmann, H./Holtbrügge, D./Rygl, D.: Internationalisierung mittelständischer Weltmarktführer in die BRIC-Staaten. In: Management der Internationalisierung, hrsg. v. S. Schmid. Wiesbaden 2009, S. 477–497.

Haussmann, H./Rygl, D./Holtbrügge, D.: Erfolgsfaktoren mittelständischer Weltmarktführer. In: Internationale Unternehmensführung. Entscheidungsfelder und politische Aspekte, hrsg. v. R. Moser. Wiesbaden 2009, S. 113–134.

Hecht-El Minshawi, B.: Wirtschaftswunder in der Wüste. Strategien für langfristigen Erfolg in den Golfstaaten. München 2007.

Hecker, S.: Kommunikation in ökologischen Unternehmungskrisen. Der Fall Shell und Brent Spar. Wiesbaden 1997.

Heckscher, E. F.: The Effect of Foreign Trade on the Distribution of Income. In: Economisk Tidskrift, Vol. 21, 1919, S. 497–512.

Hedlund, G.: The Hypermodern MNC – A Heterarchy? In: HRM, Vol. 25, 1, 1986, S. 9–35.

Hedlund, G.: Assumptions of Hierarchy and Heterarchy, with Applications to the Management of the Multinational Corporation. In: Organization Theory and the Multinational Corporation, hrsg. v. S. Ghoshal u. D. E. Westney. New York 1993 (a), S. 211–236.

Hedlund, G. (Hrsg.): Organization of Transnational Corporations. United Nations Library on Transnational Corporations, Vol. 6. London/New York 1993 (b).

Hedlund, G.: A Model of Knowledge Management and the N-Form Corporation. In: SMJ, Vol. 15, 1994, S. 73–90.

Hedlund, G./Nonaka, I.: Models of Knowledge Management in the West and Japan. In: Implementing Strategic Process, Change, Learning, and Cooperation, hrsg. v. P. Lorange, B. G. Chakravarthy, J. Roos u. H. Van de Ven. London 1993, S. 117–144.

Hedlund, G./Rolander, D.: Action in Heterachies – New Approaches to Managing the MNC. In: Managing the Global Firm, hrsg. v. C. A. Bartlett, Y. Doz u. G. Hedlund. London/New York 1990, S. 15–46.

Heenan, D. A./Perlmutter, H. V.: Multinational Organization Development. Reading, MA 1979.

Heimann, E.: Substantielle Vereinbarungen Europäischer Betriebsräte. Praxis und Recht. Frankfurt a. M. 2014.

Hein, C./Appel., H.: Der DaimlerChrysler Deal. Stuttgart 1998.

Heins, V.: Weltbürger und Lokalpatrioten. Eine Einführung in das Thema Nichtregierungsorganisationen. Opladen 2002.

Helmke, S./Risse, R.: Chancen-und Risikomanagement im Konzern Deutsche Post AG. In: Kostenrechnungspraxis, 43. Jg., 5, 1999, S. 277–283.

Hemphill, T. A.: Sovereign Wealth Funds: National Security Risks in a Global Free Trade Environment. In: TIBR, Vol. 51, 6, 2009, S. 551–566.

Henisz, W. J./Delios, A.: Uncertainty, Imitation, and Plant Location. Japanese Multinational Corporations, 1990–1996. In: ASQ, Vol. 46, 3, 2001, S. 443–475.

Henke, M.: Aktuelle Herausforderungen in der deutschen Brauwirtschaft. Wolfgang Lück zum 65. Geburtstag. Krefeld 2003.

Hennart, J.-F.: A Theory of Multinational Enterprise. Ann Arbor 1982.

Hennart, J.-F.: A Transaction Costs Theory of Equity Joint Ventures. In: SMJ, Vol. 9, 1988, S. 361–374.

Hennart, J.-F./Larimo, J.: The Impact of Culture on the Strategy of Multinational Enterprises: Does National Origin Affect Ownership Decisions? In: JIBS, Vol. 29, 3, 1998, S. 515–538.

Hennart, J.-F./Roehl, T./Zietlow, D. S.: ›Trojan Horse‹ or ›Workhorse‹? The Evolution of U. S.-Japanese Joint Ventures in the United States. In: SMJ, Vol. 20, 1999, S. 15–29.

Henzler, H. A.: Geleitwort. Unternehmen als Weltbürger: So lokal wie nötig, so global wie möglich. In: Globales Management. Erfolgreiche Strategien für den Weltmarkt, hrsg. v. M. K. Welge. Stuttgart 1990, S. V-VI.

Henzler, H./Rall, W.: Aufbruch in den Weltmarkt. In: Manager Magazin, 15. Jg., 9, 1985, S. 176–190, 10, S. 254–262, 11, S. 166–174.

Herbertz, F.: Einflußfaktoren bei internationalen Standortentscheidungsprozessen. Frankfurt a. M. et al. 2002, zugl. Diss., Stuttgart 2001.

Herriot, P./Pemberton, C.: Competitive Advantage through Diversity. Organizational Learning from Difference. London et al. 1995.

Heß, W./Mahnkopf, C.: Teure Manager, müde Erfinder, lahme Studenten. In: Wirtschaftsstandort Deutschland. Mythen, Fakten, Analysen, hrsg. v. H.-H. Holzamer. Landsberg a.L. 1996, S. 9–24.

Heuskel, D.: Wettbewerb jenseits von Industriegrenzen. Aufbruch zu neuen Wachstumsstrategien. Frankfurt a. M./New York 1999.

Hillenbrand, T.: Unternehmen im sozialen Netz. Die Facebook-Falle. In: Spiegel Online, 16.4.2010, http://www.spiegel.de/netzwelt/web/unternehmen-im-sozialen-netz-die-facebook-falle-a-688975.html.

Hilty, R. M./Liu, K.-C. (Hrsg.): Compulsory Licensing. Practical Experiences and Ways Forward. Berlin/Heidelberg 2015.

Hippler, T.: Why do They Ggo? Empirical Evidence of Employees' Motives for Seeking or Accepting Relocation. IJHRM, Vol. 20, 6, 2009, S. 1381–1401.

Hira, A./Ferrie, J.: Fair Trade. Three Key Challenges for Reaching the Mainstream. In: JBE, Vol. 63, 2006, S. 107–118.

Hirschbrunn, H.-W./Schlossberger, C.: Internationale Führungskräfte-Entwicklung bei der Daimler-Benz AG. In: Handbuch Internationales Führungskräfte-Management, hrsg. v. K. Macharzina u. J. Wolf. Stuttgart et al. 1996, S. 65–81.

Hoekman, B./Kostecki, M.: The Political Economy of the World Trading System. From GATT to WTO. Oxford 1995.

Höllmann, T. O.: Die Seidenstraße. 3. Aufl., München 2011.

Höschler, R./Elfgen, R.: Herausforderung Risikomanagement. Identifikation, Bewertung und Steuerung industrieller Risiken. Wiesbaden 2002.

Hoffjan, A.: Internationales Controlling. Stuttgart 2009.

Hoffjan, A./Karlowitsch, T./Rehbach, C.: Die Balanced Scorecard als Instrument der Erfolgsmessung in internationalen Joint Ventures. In: Controlling international tätiger Unternehmen. Stuttgart 2000, hrsg. v. W. Berens, A. Born u. A. Hoffjan. Stuttgart 2000, S. 227–258.

Hofstede, G.: Culture's Consequences: International Differences in Work-Related Values. Beverly Hills/London 1980.

Hofstede, G.: The Business of International Business is Culture. In: IBR, Vol. 3, 1, 1994, S. 1–14.

Hofstede, G.: Culture's Consequences. Comparing Values, Behaviors, Institutions, and Organizations Across Nations. 2. Aufl., Thousand Oaks et al. 2001.

Hofstede, G.: Lokales Denken, globales Handeln. Interkulturelle Zusammenarbeit und globales Management. 5. Aufl., München 2011.

Hofstede, G./Hofstede, G. J./Minkov, M.: Cultures and Organizations – Software of the Mind: Intercultural Cooperation and Its Importance for Survival. 3. Aufl., New York et al. 2010.

Hofstede, G./Bond, M. H.: The Confucius connection: From cultural roots to economic growth. In: OD, Vol. 16, 4, 1988, S. 5–21.

Hofstede, G./Spangenberg, J.: Internationale(n) Vergleiche, Technik der. In: HWInt, hrsg. v. K. Macharzina u. M. K. Welge. Stuttgart 1989, Sp. 948–963.

Holm, U./Pedersen, T. (Hrsg.): The Emergence and Impact of MNC Centres of Excellence: A Subsidiary Perspective. Houndmills, Basingstoke 2000.

Holtbrügge, D.: Joint Ventures in der UdSSR: Privatkapitalistische Inseln oder intersystemare Unternehmungskooperationen? In: Außenwirtschaft, 44. Jg., 3/4, 1989, S. 399–424.

Holtbrügge, D.: Erfolgspotentiale und Erfolgsvoraussetzungen von Joint Ventures in der UdSSR. In: Ost-West Joint Ventures, hrsg. v. J. Zentes. Stuttgart 1992, S. 137–158.

Holtbrügge, D.: Personalmanagement Multinationaler Unternehmungen in Osteuropa. Bedingungen – Gestaltung – Effizienz. Wiesbaden 1995, zugl. Diss., Dortmund 1995.

Holtbrügge, D.: Perspektiven internationaler Unternehmenstätigkeit in der Postmoderne. In: Strategische Führung internationaler Unternehmen. Paradoxien, Strategien und Erfahrungen, hrsg. v. J. Engelhard. Wiesbaden 1996 (a), S. 273–292.

Holtbrügge, D.: Erfolgsfaktoren ausländischer Direktinvestitionen in Rußland. Wirtschaftspartner Rußland. Rahmenbedingungen – Kooperationsstrategien – Erfahrungsberichte, hrsg. v. M. K. Welge u. D. Holtbrügge. Wiesbaden 1996 (b), S. 19–43.

Holtbrügge, D.: Betriebswirtschaftliche Implikationen der Monetarisierung der russischen Wirtschaft. In: Osteuropa-Wirtschaft, 44. Jg., 2, 1999 (a), S. 160–176.

Holtbrügge, D.: Kritische Anmerkungen zum Zeitwettbewerb. In: WiSt, 28. Jg., 1999 (b), S. 527–531.

Holtbrügge, D.: Entwicklung, Evolution oder Archäologie? Ansätze zu einer postmodernen Theorie des organisatorischen Wandels. In: Managementforschung 10. Organisatorischer Wandel und Transformation, hrsg. v. G. Schreyögg u. P. Conrad. Wiesbaden 2000, S. 99–142.

Holtbrügge, D.: Postmoderne Organisationstheorie und Organisationsgestaltung. Wiesbaden 2001(a), zugl. Habil., Dortmund 2000.

Holtbrügge, D.: Neue Organisationsformen. In: ZfO, 70. Jg., 6, 2001 (b), S. 338–345.

Holtbrügge, D.: Internationale Unternehmungskooperationen. In: Internationalisierung kleiner und mittlerer Unternehmungen. Festschrift zum 60. Geburtstag von Helmut Haussmann, hrsg. v. D. Holtbrügge. Stuttgart 2003 (a), S. 3–30.

Holtbrügge, D.: Personalmanagement in Multinationalen Unternehmungen. In: Management Multinationaler Unternehmungen, hrsg. v. D. Holtbrügge. Heidelberg et al. 2003 (b), S. 199–215.

Holtbrügge, D.: Internationale Unternehmen, Organisation der. In: Handwörterbuch Unternehmensführung und Organisation, hrsg. v. G. Schreyögg u. A. v. Werder. Stuttgart 2004 (a), Sp. 541–552.

Holtbrügge, D.: Multinationale Unternehmungen zwischen nationaler Verantwortung und globaler Effizienz. In: Globalisierung und Ethik, hrsg. v. H. Herrmann u. K.-I. Voigt. Berlin 2004 (b), S. 195–208.

Holtbrügge, D.: Management of International Strategic Cooperation: Situational Conditions, Performance Criteria and Success Factors. In: TIBR, Vol. 46, 3, 2004 (c), S. 255–274.

Holtbrügge, D.: Configuration and Co-ordination of Value Activities in German Multinational Corporations. In: EMJ, Vol. 23, 5, 2005 (a), S. 564–575.

Holtbrügge, D.: Management internationaler Strategischer Allianzen. In: Allianzen und Netzwerke in der realen und der virtuellen Ökonomie. 2. Aufl., hrsg. v. J. Zentes, B. Swoboda u. D. Morschett. Wiesbaden 2005 (b), S. 1181–1201.

Holtbrügge, D.: Die russische Automobilindustrie. Struktur und Perspektiven für in- und ausländische Unternehmungen. In: Osteuropa-Wirtschaft, 51. Jg., 2, 2006 (a), S. 140–159.

Holtbrügge, D.: Pfadabhängigkeit des Internationalisierungsprozesses? Ein empirischer Test der Lerntheorie der Internationalisierung von Johanson/

Vahlne in Unternehmungen der deutschen Automobilindustrie. In: ZfM, 1. Jg., 4, 2006 (b), S. 378–404.
Holtbrügge, D. (Hrsg.): Cultural Adjustment. Theoretical Concepts and Empirical Studies. München-Mering 2008.
Holtbrügge, D.: Konfiguration in internationalen Dienstleistungsunternehmungen. Ein Rahmenkonzept. In: Internationalisierung von Dienstleistungen mit 3K. Konfiguration-Koordination-Kundenintegration, hrsg. v. D. Holtbrügge, H. Holzmüller und F. von Wangenheim. Wiesbaden 2009, S. 3–27.
Holtbrügge, D.: Korruption und Unternehmungstätigkeit in Emerging Markets: China, Indien und Russland. In: Korruption als internationales Phänomen. Ursachen, Auswirkungen und Bekämpfung eines weltweiten Problems, hrsg. v. M. Fifka u.. A. Falke. Berlin 2012, S. 169–184.
Holtbrügge, D.: Personalmanagement. 5. Aufl., Berlin et al. 2013.
Holtbrügge, D./Baron, A.: Market Entry Strategies in Emerging Markets. An Institutional Study in the BRIC countries. In: TIBR, Vol. 55, 2013, 237–252.
Holtbrügge, D./Berg, N.: Public Affairs-Management in Multinationalen Unternehmungen. Ergebnisse einer empirischen Untersuchung deutscher Unternehmungen in Rußland. In: JEEMS, 6. Jg., 3, 2001, S. 376–399.
Holtbrügge, D./Berg, N.: Ausländische Unternehmungen in Russland als soziopolitische Akteure. Ergebnisse einer empirischen Untersuchung. In: Russlands Perspektive. Ein starker Staat als Garant von Stabilität und offener Gesellschaft?, hrsg. v. G. Gorzka u. P. W. Schulze. Bremen 2002, S. 233–256.
Holtbrügge, D./Berg, N.: Knowledge Management in Multinational Corporations. Results of an Empirical Study among German Firms. In: MIR, Vol. 44, Special Issue 3, 2004 (a), S. 129–145.
Holtbrügge, D./Berg, N.: How Multinational Corporations Deal With Their Sociopolitical Stakeholders. An Empirical Study in Asia, Europe, and the U. S. In: ABM, Vol. 3, 2004 (b), S. 299–313.
Holtbrügge, D./Berg, N.: Stakeholder Management in Asia, Europe and the U. S. A. Comparative Study in German MNCs. In: Multinationals and Asia. Organizational and Institutional Relationships, A. Giroud, A. Mohr u. D. Yang. London/New York 2005, S. 180–192.
Holtbrügge, D./Berg, N./Puck, J. F.: To Bribe or to Convince? Political Stakeholders and Political Activities in German Multinational Corporations. In: IBR, Vol. 16, 1, 2007, S. 47–67.
Holtbrügge, D./Boutler, T.: Auslandsinvestitionen in Rußland. In: Ökonomie – Kultur – Politik. Transformationsprozesse in Osteuropa. Festschrift für Hans-Hermann Höhmann, hrsg. v. C. Meier, H. Pleines u. H.-H. Schröder. Bremen 2003, S. 279–296.
Holtbrügge, D./Dögl, C.: How International is Corporate Environmental Responsibility? A Literature Review. In: JIM, Vol. 18, 2, 2012, S. 180–195.
Holtbrügge, D./Ehlert, J.: Länderindizes und Länderratings als Informationsgrundlage des internationalen Risikomanagements. In: Internationales Risikomanagement. Auslandserfolg durch grenzüberschreitende Netzwerke, hrsg. v. T. Kühlmann u. H.-D. Haas. München/Wien 2009, S. 83–134.

Holtbrügge, D./Engelhard, F.: Bikulturelle Führungskräfte. In: WiSt, 43. Jg., 10, 2014, 523–528.

Holtbrügge, D./Enßlinger, B.: Exportstrategien von Born Global Firms. In: Außenhandel. Marketingstrategien und Managementkonzepte, hrsg. v. J. Zentes, D. Morschett u. H. Schramm-Klein. Wiesbaden 2004, S. 369–388.

Holtbrügge, D./Exter, A./Kittler, M. G.: Management internationaler Unternehmungskooperationen. Das Beispiel Transrapid. In: Fallstudien zum Internationalen Management, hrsg. v. J. Zentes u. B. Swoboda. 2. Aufl., Wiesbaden 2004, S. 133–144.

Holtbrügge, D./Exter, A./Kittler, M. G.: Management internationaler Unternehmungskooperationen – Das Beispiel Transrapid. In: Fallstudien zum Internationalen Management, hrsg. v. J. Zentes, B. Swoboda u. D. Morschett. 3. Aufl., Wiesbaden 2008, S. 137–149.

Holtbrügge, D./Friedmann, C. B.: Geschäftserfolg in Indien. Strategien für den vielfältigsten Markt der Welt. Berlin et al. 2011.

Holtbrügge, D./Friedmann, C. B./Puck, J. F.: Recruitment and Retention in Foreign Firms in India. A Resource-based View. In: HRM, Vol. 49, 2010, S. 437–454.

Holtbrügge, D./Haussmann, H.: Lehre im internationalen Management – didaktische Anforderungen und Lösungsoptionen. In: Internationales Management. Forschung, Lehre, Praxis, hrsg. v. M.-J. Oesterle u. S. Schmid. Stuttgart 2009, S. 319–337.

Holtbrügge, D./Holzmüller, H./v. Wangenheim, F. (Hrsg.): Remote Services. Neue Formen der Internationalisierung von Dienstleistungen. Wiesbaden 2007.

Holtbrügge, D./Holzmüller, H./v. Wangenheim, F. (Hrsg.): Internationalisierung von Dienstleistungen mit 3K. Konfiguration-Koordination-Kundenintegration. Wiesbaden 2009.

Holtbrügge, D./Kittler, M. G.: Understanding Misunderstanding in Intra- and Intercultural Communication. In: Internationales Management im Umbruch. Globalisierungsbedingte Einwirkungen auf Theorie und Praxis Internationaler Unternehmensführung, hrsg. v. M.-J. Oesterle. Wiesbaden 2007, S. 341–370.

Holtbrügge, D./Kittler, M. G./Rygl, D.: Konfiguration und Koordination internationaler Dienstleistungsunternehmungen. In: Internationales Dienstleistungsmanagement, hrsg. v. M. A. Gardini u. D. Dahlhoff. Wiesbaden 2004, S. 159–179.

Holtbrügge, D./Kreppel, H.: Determinants of Outward Foreign Direct Investment from BRIC Countries. An Exploratory Study. In: IJEM, Vol. 7, 1, 2010, S. 4–30.

Holtbrügge, D./Kreppel, H.: Employer Attractiveness of Chinese, Indian and Russian Firms in Germany. Signaling Effects of HR Practices. In: CRR, Vol. 18, 4, 2015.

Holtbrügge, D./Mohr, A. T.: Cultural Determinants of Learning Style Preferences. In: AMLE, Vol. 9, 4, 2010, S. 622–637.

Holtbrügge, D./Mohr, A. T.: Subsidiary Interdependencies and International Human Resource Management Practices in German MNCs. A Resource-based View. In: MIR, Vol. 51, 1, 2011, S. 93–115.

Holtbrügge, D./Puck, J. F.: Mergers and Acquisitions in China. Rahmenbedingungen, Strategien, Erfolgsfaktoren. In: Prozessorientiertes M&A Management.

Strategien, Prozesse, Erfolgsfaktoren, hrsg. v. W. Seidenschwarz. München 2006, S. 183–210.
Holtbrügge, D./Puck, J. F.: Geschäftserfolg in China. Strategien für den größten Markt der Welt. 2. Aufl., Berlin et al. 2008.
Holtbrügge, D./Puck, J. F.: Stakeholder-Netzwerke als Instrument des strategischen Risikomanagements. Das Beispiel ausländischer Unternehmungen in Russland. In: Internationales Risikomanagement. Auslandserfolg durch grenzüberschreitende Netzwerke, hrsg. v. T. Kühlmann u. H.-D. Haas. München/Wien 2009 (a), S. 213–245.
Holtbrügge, D./Puck, J. F.: Stakeholder Networks of Foreign Investors in Russia: An Empirical Study among German Firms. In: JEEMS, Vol. 14, 4, 2009 (b), S. 369–394.
Holtbrügge, D./Puck, J. F./Berg, N.: Internationale Unternehmenstätigkeit in einem globalen Umfeld. In: Globalisierung aus unternehmensstrategischer Sicht, hrsg. v. C. Börsig u. A. v. Werder. Stuttgart 2009, S. 25–44.
Holtbrügge, D./Schillo, K.: Virtuelle Auslandsentsendungen. Konzeptionelle Grundlagen, Anwendungsbeispiele und Bewertung. In: Remote Services. Neue Formen der Internationalisierung von Dienstleistungen, hrsg. v. D. Holtbrügge, H. Holzmüller u. F. v. Wangenheim. Wiesbaden 2007, S. 27–37.
Holtbrügge, D./Schillo, K.: Intercultural Training Requirements for Virtual Assignments: Results of an Explorative Empirical Study. In: HRDI, Vol. 11, 3, 2008, S. 271–286.
Holtbrügge, D./Schillo, K.: Virtual Assignments: A Knowledge-based Perspective. In: EMJ, Vol. 29, 1, 2011, S. 1–10.
Holtbrügge, D./Schillo, K.: Remote Control of Foreign Subsidiaries. A Transaction Cost Analysis of Virtual Expatriation. In: EJIM, Vol. 7, 6, 2013, S. 623–645.
Holtbrügge, D./Schuster, T.: Erschließung und Bearbeitung von Auslandsmärkten. Fallstudie Rödl & Partner in China. In: Fallstudien zur Unternehmensführung, hrsg. v. O. Kruse u. V. Wittberg. Wiesbaden 2008, S. 273–293.
Holtbrügge, D./Wessely, B.: Initialkräfte und Erfolgsfaktoren von Born Global Firms. In: Internationales Management im Umbruch. Globalisierungsbedingte Einwirkungen auf Theorie und Praxis Internationaler Unternehmensführung, hrsg. v. M.-J. Oesterle. Wiesbaden 2007, S. 169–205.
Holtbrügge, D./Wessely, B.: Initiating Forces and Success Factors of Born Global Firms. In: EJIM, Vol. 3, 2, 2009, S. 232–260.
Holtbrügge, D./Wiedemann, K.: Länderübergreifende Konfiguration der Wertaktivitäten in der Luftfahrtindustrie. Eine komparative Studie der Fluggesellschaften Lufthansa und Ryanair. In: Internationalisierung von Dienstleistungen mit 3K. Konfiguration-Koordination-Kundenintegration, hrsg. v. D. Holtbrügge, H. Holzmüller und F. von Wangenheim. Wiesbaden 2009, S. 129–172.
Holthuis, J.: Grundüberlegungen für die Modellierung einer Data Warehouse-Datenbasis. In: Das Data Warehouse-Konzept. Architektur – Datenmodelle – Anwendungen, hrsg. v. H. Muksch u. W. Behme. 4. Aufl., Wiesbaden 2000, S. 149–188.
Holzmüller, H.: Konzeptionelle und methodische Probleme in der interkulturellen Management- und Marketingforschung. Stuttgart 1995.

Holzmüller, H./Berg, N.: Handhabung der kulturellen Heterogenität zur Erzielung von Wettbewerbsvorteilen in internationalen Unternehmen. In: Handbuch Internationales Management. Grundlagen – Instrumente – Perspektiven, hrsg. v. K. Macharzina u. M.-J. Oesterle. 2. Aufl., Wiesbaden 2002, S. 881–907.

Hong, Y./Morris, M. W./Chiu, C./Benet-Martínez, V.: Multicultural Minds. A Dynamic Constructivist Approach to Culture and Cognition. In: American Psychologist, Vol. 55, 2000, S. 709–720.

Hornung, K./Reichmann, T./Baumöl, U.: Informationsversorgungsstrategien für einen multinationalen Konzern. In: Controlling, 9. Jg., 1, 1997, S. 38–45.

Hornung, K./Reichmann, T./Diederichs, M.: Risikomanagement. In: Controlling, 11. Jg., 7, 1999, S. 317–325.

Horváth, P. (Hrsg.): Internationalisierung des Controlling. Stuttgart 1989.

House, R./Javidan, M./Hanges, P./Dorfman, P.: Understanding Cultures and Implicit Leadership Theories Across the Globe: An Introduction to Project GLOBE. In: JWB, Vol. 37, 2002, S. 3–10.

House, R. J./Hanges, P. J./Jarvidan, M./Dorfman, P. W./Gupta, V. (Hrsg.): Culture, Leadership, and Organizations. The GLOBE Study of 62 Societies. Thousand Oaks et al. 2004.

Hutchings, K./Michailova, S. (Hrsg.): Research Handbook on Women in International Management. Cheltenham/Northampton, MA 2014.

Hoy, F./Stanworth, J. (Hrsg.): Franchising. An International Perspective. London 2003.

Huang, T.-J./Chi, S.-C./Lawler, J. J.: The Relationship between Expatriates' Personality Traits and Their Adjustment to International Assignments. In: IJHRM, Vol. 16, 9, 2005, S. 1656–1670.

Hufbauer, G. C./Schott, J. J.: Western Hemisphere Economic Integration. Washington, DC, 1994.

Hufbauer, G. C./Schott, J. J.: NAFTA Revisited. Achievements and Challenges. Washington, DC 2005.

Hufbauer, G. C./Schott, J. J. unter Mitarbeit v. C. Cimino, M. Vieiro u. E. Wada: Local Content Requirements. A Global Problem. Washington, DC 2013.

Hulbert, J. M./Brandt, W. K.: Managing the Multinational Subsidiary. New York et al. 1980.

Hult, G. T. M./Ketchen, D. J./Griffith, D. A./Finnegan, C. A./Gonzalez-Padron, T./ Harmancioglu, N./Huang, Y./Talay, M. B./Cavusgil, S. T.: Data Equivalence in Cross-cultural International Business Research. Assessment and Guidelines. In: JIBS, Vol. 39, 6, 2008, S. 1027–1044.

Hungenberg, H.: Strategisches Management in Unternehmen. Ziele – Prozesse – Verfahren. 8. Aufl., Wiesbaden 2014.

Huntington, S. P.: The Clash of Civilizations? In: Foreign Affairs, Vol. 72, 1993, S. 22–49.

Huntington, S. P.: Kampf der Kulturen. Die Neugestaltung der Weltpolitik im 21. Jahrhundert. München/Wien 1996.

Hutzschenreuter, T./Voll, J.: Internationalisierungspfad und Unternehmenserfolg. Implikationen kultureller Distanz in der Internationalisierung. In: ZfbF, 59. Jg., 11, 2007, S. 814–846.

Hymer, S.: The International Operations of National Firms: A Study of Direct Investment. Diss., Boston, MA 1960.

Ibrahim, B.: Economic Co-Operation in the Arab Gulf: Issues in the Economies of the Arab Gulf Co-Operation Council States. London 2007.

Idowu, S. O./Schmidpeter, R./Fifka, M. S. (Hrsg.): Corporate Social Responsibility in Europe. United in Sustainable Diversity. Berlin et al. 2015.

Ietto-Gillies, G.: Transnational Corporations and International Production. Concepts, Theories and Effects. 2. Aufl., Cheltenham-Northampton, MA 2012.

ILO: ILOLEX. Database of International Labour Standards. Ratifications: by country or by conventions. www.ilo.org/ilolex/english/newratframeE.htm, 18.3.2003.

ILO: Dreigliedrige Grundsatzerklärung über Multinationale Unternehmungen und Sozialpolitik. 4. Aufl., Genf 2006.

ILO: Gefährliche Kinderarbeit. Leid und Lösung. Was wir wissen – was wir tun müssen. Coburg 2012.

ILO: Marking Progress Against Child Labour. Global Estimates and Trends 2000–2012. Genf 2013.

IMF: World Economic Outlook. Washington, DC 2000.

IMF: World Economic Outlook. Washington, DC 2009.

IMF: World Economic Outlook. Legacies, Clouds, Uncertainties. Washington, DC 2014.

Ingenhoff, D.: Corporate Issues Management in Multinationalen Unternehmen. Eine Empirische Studie zu Organisationalen Strukturen und Prozessen. Wiesbaden 2004, zugl. Diss., St. Gallen 2003.

Inglehart, R.: Modernisierung und Postmodernisierung. Kultureller, wirtschaftlicher und politischer Wandel in 43 Gesellschaften. Frankfurt a. M./New York 1998.

Inkpen, A. C.: An Examination of Knowledge Management in International Joint Ventures. In: Cooperative Strategies. North American Perspctives, hrsg. v. P. Beamish u. J. Killing. San Francisco 1997, S. 337–369.

Inkpen, A. C./Ramaswamy, K.: Global Startegy. Creating and Sustaining Advantage across Borders. Oxford 2006.

Iqbal, M. Z./Melcher, T. U./Elmallah, A. A.: International Accounting. A Global Perspective. Cincinnati, Ohio 1997.

Ivens, B. S.: Internationales Preismanagement. In: Handbuch Preispolitik. Strategien-Planung-Organisation-Umstzung, hrsg. v. H. Diller u. A. Herrmann. Wiesbaden 2003, S. 155–176.

Jäckel, M.: Medienwirkungen. Ein Studienbuch zur Einführung. 4. Aufl., Wiesbaden 2011.

Jaeger, A. M.: The Transfer of Organizational Culture Overseas: An Approach to Control in the Multinational Corporation. In: JIBS, Vol. 14, 3, 1983, S. 91–113.

Jaeger, A. M.: Steuerung, personale. In: HWInt, hrsg. v. K. Macharzina u. M. K.Welge. Stuttgart 1989, Sp. 2018–2022.

Jaeger, A. M.: Language, Culture and Management: An Exploration of their Inter-Relationship. In: Strategisches Euro-Management, hrsg. v. C. Scholz u. J. Zentes. Bd. 2, Stuttgart 1998, S. 91–109.

Järisch, B.: Die Vermessung der Informationsflut. Wie Datenmengen kontrollierbar gemacht werden können. https://www.digital-ist.de/experten-blog/die-vermessung-der-informationsflut.html, 2014.

Jagenlauf, M.: Interkulturelles Lernen durch Outdoor-Training. In: Interkulturelles Lernen/Interkulturelles Training, hrsg. v. K. Götz. 6. Aufl., München/Mering 2006, S. 137–152.

Jahrreiß, W.: Zur Theorie der Direktinvestitionen im Ausland. Versuch einer Bestandsaufnahme, Weiterführung und Integration partialanalytischer Forschungsansätze. Berlin 1984, zugl. Diss., Köln 1983.

Jaich, R.: Globalisierung und Partizipation. München/Mering 2001, zugl. Diss., Kassel 2000.

Jaju, A./Kwack, H./Zinkhan, G. M.: Learning Styles of Undergraduate Business Students: A Cross-Cultural Comparison between the US, India, and Korea. In: Marketing Education Review, Vol. 12, 2, 2002, S. 49–60.

James, B.: Reducing the Risks of Globalization. In: LRP, Vol. 23, 1, 1990, S. 80–88.

Jansen, S. A.: Mergers & Acquisitions. Unternehmensakquisitionen und -kooperationen. 5. Aufl., Wiesbaden 2008.

Janssens, M./Lambert, J./Steyaert, C.: Developing Language Strategies for International Companies: The Contribution of Translation Studies. In: JWB, Vol. 39, 2004, S. 414–430.

Jarillo, J. C./Martínez, J. I.: Different Roles for Subsidiaries: The Case of Multinational Corporations in Spain. In: SMJ, Vol. 11, 1990, S. 501–512.

Johanson, J./Vahlne, J.-E.: The Internationalization Process of the Firm – A Model of Knowledge Development and Increasing Foreign Market Commitments. In: JIBS, Vol. 8, 1, 1977, S. 23–32.

Johanson, J./Vahlne, J.-E.: The Mechanism of Internationalization. In: IMR, Vol. 7, 4, 1990, S. 11–24.

Johanson, J./Vahlne, J.-E.: Building a Model of Firm Internationalisation. In: Learning in the Internationalisation Process of Firms, hrsg. v. A. Blomstermo u. D. D. Sharma. Cheltenham/Northampton, MA 2003, S. 3–15.

Johanson, J./Vahlne, J.-E.: The Uppsala Internationalization Process Model Revisited: From Liability of Foreignness to Liability of Outsidership. In: JIBS, Vol. 40, 2009, S. 1411–1431.

Johnston, S./Menguc, B.: Subsidiary Size and the Level of Subsidiary Autonomy in Multinational Corporations: A Quadratic Model Investigation of Australian Subsidiaries. In: JIBS, Vol. 38, 5, 2007, S. 787–801.

Jones, G.: Transnational Corporations: A Historical Perspective. United Nations Library on Transnational Corporations, Vol. 2. London/New York 1993 (a).

Jones, G.: Introduction: Transnational Corporations – A Historical perspective. In: Transnational Corporations: A Historical Perspective. United Nations Library on Transnational Corporations, Vol. 2, hrsg. v. G. Jones. London/New York 1993 (b), S. 1–20.

Jones, G.: Merchants to Multinationals. British Trading Companies in the Nineteenth and Twentieth Centuries. Oxford 2002.

Jones, G.: The Evolution of International Business. An Introduction. London/New York 1996.

de Jonge, A.: Transnational Corporations and International Law. Accountability in the Global Business Environment. Cheltenham/Northampton, MA 2011.

Jorion, P.: Value at Risk: The New Benchmark for Managing Financial Risk. 3. Auf., New York et al. 2007.

Jung, R./Saramgo, J./Cassen, B./Ramolet, I.: Attac. Sand im Getriebe. Hamburg 2002.

Jungnickel, R./Keller, D.: Bedeutung unterschiedlicher Internationalisierungsformen für die deutsche Wirtschaft. In: Handbuch Internationales Management. Grundlagen – Instrumente – Perspektiven, hrsg. v. K. Macharzina u. M.-J. Oesterle. 2. Aufl., Wiesbaden 2002, S. 131–161.

Kale, P./Singh, H./Perlmutter, H.: Learning and Protection of Proprietary Assets in Strategic Alliances. Building Relational Capital. In: SMJ, Vol. 21, 2000, S. 217–237.

Kammel, A./Teichelmann, A.: Internationaler Personaleinsatz. Konzeptionelle und instrumentelle Grundlagen. München/Wien 1994.

Kampermann, M.-T.: Die Standortentscheidung des BMW-Konzerns für Leipzig. Suchprozess, Standortfaktoren und Entscheidungsgründe. Universität Dortmund, Fachgebiet Gewerbeplanung, Arbeitspapier No. 7, Dortmund 2003.

Kane, M. J./Ricks, D. A.: Is Transnational Data Flow Regulation a Problem. In: JIBS, Vol. 19, 3, 1988, S. 477–482.

Kaplan, R. S./Norton, D. P.: Balanced Scorecard. Stuttgart 1997.

Kaplan, R. S./Norton, D. P.: The Strategy-Focussed Organization. Boston, MA 2001.

Karush, G.: Designing and Managing Data Warehouses in a Global Environment. In: International Business and Information Technology. Interaction and Transformation in the Global Economy, hrsg. v. M. Samii u. G. Karush. New York et al. 2004, S. 111-136.

Kaufmann, L.: Internationales Beschaffungsmanagement. Gestaltung strategischer Gesamtsysteme und Management einzelner Transaktionen. Wiesbaden 2001, zugl. Habil., Gießen 2000.

Kaufmann, L./Panhans, D./Steinrücke, B./Horn, C./Koch, M./Kues, A./Paschke, C.: Investmentguide Indien. Erfolgsstrategien deutscher Unternehmen auf dem Subkontinent. Stuttgart 2006.

Kawai, N./Strange, R.: Perceived Organizational Support and Expatriate Performance. Understanding a Mediated Model. In: IJHRM, Vol. 25, 17, 2014, S. 1–25.

Keay, J.: The Honourable Company. A History of the English East India Company. London 1991.

Keegan, W. J./Schlegelmilch, B. B./Stöttinger, B.: Globales Marketing-Management. Eine europäische Perspektive. München/Wien 2002.

Kell, G.: The Global Comnpact. Selected Experiences and Reflections. In: JBE, Vol. 59, 2005, S. 69–79.

von Keller, E.: Management in fremden Kulturen. Ziele, Ergebnisse und methodische Probleme der kulturvergleichenden Managementforschung. Bern/Stuttgart 1982, zugl. Diss., St. Gallen 1980.
von Keller, E.: Kulturabhängigkeit der Führung. In: HWFü, hrsg. v. A. Kieser, G. Reber u. R. Wunderer. Stuttgart 1987, Sp. 1285–1294.
von Keller, E.: Comparative Management. In: HWInt, hrsg. v. K. Macharzina u. M. K. Welge. Stuttgart 1989, Sp. 231–241.
von Keller, E.: Kulturabhängigkeit der Führung. In: HWFü, 2. Aufl., hrsg. v. A. Kieser, G. Reber u. R. Wunderer. Stuttgart 1995, Sp. 1397–1406.
Kenter, M. E.: Die Steuerung ausländischer Tochtergesellschaften – Instrumente und Effizienz. Frankfurt a. M. 1985.
Kenwood, A. G./Lougheed, A. L.: The Growth of the International Economy 1820–1990. London/New York 1992.
Khanna, T./Palepu,K. G.: Winning in Emerging Markets. A Road Map for Strategy and Execution. Boston, Mass. 2010.
Kieninger, M.: Gestaltung internationaler Berichtssysteme. München 1993.
Kieser, A./Walgenbach, P.: Organisation. 6. Aufl., Stuttgart 2010.
Killing, J. P.: Strategies for Joint Ventures Success. New York 1983.
Kindleberger, C. P.: American Business Abroad: Six Lectures on Direct Investment. New Haven 1969.
Kinkel, S./Buhmann, M.: Problemlage und Zielstellung. Ein Vorgehensmodell zur strategiekonformen und dynamischen Standortbewertung. In: Erfolgsfaktor Standortplanung. In- und ausländische Standorte richtig bewerten. 2. Aufl., Berlin et al. 2009, S. 35–51.
Kirsch, R. J./Johnson, W.: The Impact of Fluctuating Exchange Rates on US Multinational Corporate Budgeting for, and Performance Evaluation of, Foreign Subsidiaries. In: IJA, Vol. 26, 1991, S. 149–173.
Kirton, J. J./Fratianni, M./Savona, P. (Hrsg.): Corporate, Public and Global Governance. The G8 Contribution. Aldershot 2007.
Kittler, M. G./Holtbrügge, D./Ungar, M.: Ist die kulturelle Anpassung von Entsandten eine Familienangelegenheit? – Eine empirische Untersuchung deutscher Fach- und Führungskräfte und deren Familien im Ausland. In: ZfP, 20. Jg., 2, 2006, S. 121–140.
Kitson, M./Michie, J.: Trade and Growth: A Historical Perspective. In: Managing the Global Economy, hrsg. v. J. Michie u. J. G. Smith. Oxford 1995, S. 3–36.
Klein, H. J.: Internationale Verbundproduktion. Integrierte Produktionssysteme internationaler Unternehmungen. Gießen 1993.
Klein, K.-G.: Die steuerrechtliche Verrechnungspreisgestaltung international tätiger Unternehmungen. Bergisch Gladbach/Köln 1988, zugl. Diss., Köln 1987.
Klein, N.: No Logo. Der Kampf der Global Players um Marktmacht. Ein Spiel mit vielen Verlierern und wenigen Gewinnern. München 2002.
Kleinfeld, Zimmer, Willems, (Hrsg.): Lobbying. Strukturen-Akteure-Strategien. Wiesbaden 2007.
Klinkhammer, J.: Korruption powered by Siemens. Alte, korruptionsaffine Wertorientierungen in den Führungsetagen des Geschäftsbereichs Power Generation.

In: Neue Werte in den Führungsetagen? Kontinuität und Wandel in der Wirtschaftselite, hrsg. v. M. Pohlmann u. G. Lämmlin. Karlsruhe 2011, S. 136–168.
Klüwer, H.: Lobbying in the European Union. Interest Groups, Lobbying Coalitions, and Policy Change. Oxford 2013.
Knickerbocker, F. T.: Oligopolistic Reaction und Multinational Enterprise. Boston, MA 1973.
Knorren, N./Weber, J.: Implementierung Shareholder Value. Weinheim 1997.
Kobayashi-Hillary, M.: Outsourcing to India. The Offshore Advantage. 2. Aufl., Berlin et al. 2005.
Kobrin, S. J.: Trends in Ownership of U. S. Manufacturing Subsidiaries in Developing Countries: An Interindustry Analysis. In: Cooperative Strategies in International Business, hrsg. v. F. I. Contractor u. P. Lorange. Lexington, MA 1988, S. 129–142.
Koch, E.: Internationale Wirtschaftsbeziehungen. 3. Aufl., München 2006.
Köhler, R./Hüttemann, H.: Marktauswahl im internationalen Marketing. In: HWInt, hrsg. v. K. Macharzina u. M. K. Welge. Stuttgart 1989, Sp. 1428–1441.
Köhne, F.: Absatzmotivierte Auslandsproduktion in der Automobilindustrie. Entwicklung einer Methode zur Wahl der Produktionsstrategie. In: Automobillogistik. Stand und Zukunftstrends, hrsg. v. I. Göpfert, D. Braun u. M. Schulz. 2. Aufl., Wiesbaden 2013, S. 241–260.
Kogut, B.: Designing Global Strategies: Profiting from Operational Flexibility. In: SMR, Vol. 27, 1, 1985, S. 27–38.
Kogut, B.: Joint Ventures: Theoretical and Empircal Perspectives. In: SMJ, Vol. 9, 1988 (a), S. 319–332.
Kogut, B.: A Study of the Life Cycle of Joint Ventures. In: MIR, Vol. 28, Special Issue, 1988 (b), S. 39–52.
Kogut, B.: Research Notes and Communications – A Note on Global Strategies. In: SMJ, Vol. 10, 1989, S. 383–389.
Kogut, B.: International Sequential Advantages and Network Flexibility. In: Managing the Global Firm, hrsg. v. C. A. Bartlett, Y. Doz u. G. Hedlund. London/New York 1990, S. 47–69.
Kogut, B./Singh, H.: The Effect of National Culture on the Choice of Entry Mode. In: JIBS, 1988, Vol. 19, 3, S. 411–432.
Kogut, B./Zander, U.: Knowledge of the Firm, Combinative Capabilities, and the Replication of Technology. In: OSc, Vol. 3, 3, 1992, S. 383–397.
Kogut, B./Zander, U.: Knowledge of the Firm and the Evolutionary Theory of the Multinational Corporation. In: JIBS, Vol. 24, 4, 1993, S. 625–646.
Kohls, L. R./Knight, J. M.: Developing Intercultural Awareness: A Cross-Cultural Training Handbook. Yarmouth, ME, 1994.
Kolb, D. A.: Experiential Learning. Experience as a Source of Learning and Development. Englewood Cliffs, NJ, 1984.
Kolk, A.: Trends in Sustainability Reporting by the Fortune Global 250. In: BSE, Vol. 12, 2003, S. 279–291.
Kolk, A./van Tulder, R.: The Effectiveness of Self-regulation. Corporate Codes of Conduct and Child Labour. In: EMJ, Vol. 20, 3, 2002, S. 260–271.

Kolk, A./van Tulder, R.: Setting new global rules? TNCs and Codes of Conduct. In: TC, Vol. 14, 3, 2005, S. 1–28.

Kollinger, I.: Der Auslandseinsatz weiblicher Führungskräfte. München/Mering 2005, zugl. Diss., Wien 2004.

Konopaske, R./Robie, C./Ivancevich, J. M.: A Preliminary Model of Spouse Influences on Managerial Global Assignment Willingsness. In: IJHRM, Vol. 16, 3, 2005, S. 405–426.

Konopaske, R./Robie, C./Ivancevich, J. M.: Managerial Willingness to Assume Traveling, Short-term and Long-term Global Assignments. In: MIR, Vol. 49, 3, 2009, S. 359–388.

Konradt, U.: Hypermediale Lernsysteme zum Training interkulturellen Managements. In: Interkulturelles Lernen/Interkulturelles Training, hrsg. v. K. Götz. 6. Aufl., München/Mering 2006, S. 77–98.

Konsynski, B. R./Karimi, J.: On the Design of Global Information Systems. In: Globalization, Technology, and Competition. The Fusion of Computers and Telecommunication in the 1990s, hrsg. v. S. P. Bradley, J. A. Hausman u. R. L. Nolan. Boston, MA 1996, S. 81–108.

Koopmann, G.: Perspektiven Russlands in der Welthandelsorganisation (WTO). HWWI Policy Paper 69. Hamburg 2012.

Kostova, T./Roth, K.: Social Capital in Multinational Corporations and a Micro-Macro Model of its Formation. In: AMR, Vol. 28, 2, 2003, S. 297–317

Kozul-Wright, R.: Transnational Corporations and the Nation State. In: Managing the Global Economy, hrsg. v. J. Michie u. J. G. Smith. Oxford 1995, S. 135–171.

KPMG International: The KPMG Survey of Corporate Responsibility Reporting 2013. Amsterdam 2013.

Krämer, K.: Strategisches Agieren mit internationalen Organisationen. Frankfurt a. M. et al. 1997, zugl. Diss., Eichstätt 1996.

Kraimer, M. L./Wayne, S. J./Jaworski, R. A.: Sources of Support and Expatriate Performance: The Mediating Role of Adjustment. In: Personnel Psychology, Vol. 54, 1, 2001, S. 71–99.

Krcmar, H.: Bedeutung und Ziele von Informationssystem-Architekturen. In: Wirtschaftsinformatik, 32. Jg., 5, 1990, S. 395–402.

Kreikebaum, H.: Internationale Planung. In: HWInt, hrsg. v. K. Macharzina u. M. K. Welge. Stuttgart 1989, Sp. 1650–1658.

Kreikebaum, H./Behnam, M./Gilbert, D. U.: Management ethischer Konflikte in international tätigen Unternehmungen. Wiesbaden 2001.

Kreikebaum, H./Gilbert, D. U./Reinhardt, G. O.: Organisationsmanagement internationaler Unternehmen. Grundlagen und neue Strukturen. 2. Aufl., Wiesbaden 2002.

Kreitz, A.: Optimale Organisation der Wertschöpfung internationaler Unternehmen. Modellhafte Abbildung und Vergleich organisatorischer Idealtypen. München/Mering 2008, zugl. Diss., Karlsruhe 2008.

Kreppel, H./Holtbrügge, D.: Determinants of the Perceived Attractiveness of Chinese Products by German Consumers. In: JGM, Vol. 25, 2, 2012, S. 79–99.

Kreppel, H./Holtbrügge, D.: Perceptions of Chinese and Indian Brand Personalities in Germany. In: Multinationals and Global Consumers. Tension, Potential and

Competition, hrsg. v. T. S. Chan u. G. Cui. Houndmills, Basingstoke-New York 2013, S. 225–254.
Kreppel, H./Puck, J. F./Holtbrügge, D.: Können Musikgeschmack und Reisepräferenzen die kulturelle Anpassung von Auslandsentsandten vorhersagen? Ergebnisse einer empirischen Untersuchung. In: ZfM, 3. Jg., 2, 2008, S. 173–194.
Kreuzaler, E.: Die Internationale Arbeitsorganisation: Strategien zur sozialpolitischen Flankierung der Globalisierung. In: Globalisierung und Sozialstandards, hrsg. v. A. G. Scherer, K.-H. Blickle, D. Dietzelbinger u. G. Hütter. München/Mering 2002, S. 45–57.
Kreutzer, R.: Global Marketing – Konzeption eines länderübergreifenden Marketing. Erfolgsbedingungen, Analysekonzepte, Gestaltungs- und Implementierungsansätze. Wiesbaden 1989, zugl. Diss., Mannheim 1987.
Kreutzer, R./Raffée, H.: Organisatorische Verankerung als Erfolgsbedingung eines Global-Marketing. In: Thexis, 3. Jg. 1986, S. 10–21.
Kriependorf, P.: Franchising, internationales. In: HWInt, hrsg. v. K. Macharzina u. M. K. Welge. Stuttgart 1989, Sp. 711–726.
Kröher, M. O. R./Preissner, A./Student, D.: Golf-Staaten. Die Retter aus dem Morgenland. In: Manager Magazin, 39. Jg., 7, 2009, http://www.manager-magazin.de/magazin/artikel/0,2828,632724,00.html.
Krug, S.: Korruption in verschiedenen Wirtschaftssystemen. Eine komparatorische Analyse. Wiesbaden 1997, zugl. Diss., Mannheim 1996.
Kühlmann, T. M.: Auslandseinsatz von Mitarbeitern. Göttingen et al. 2004.
Kühlmann, T. M.: Mitarbeiterführung in internationalen Unternehmen. Stuttgart 2008.
Kühlmann, T. M./Stahl, G. K.: Die Wiedereingliederung von Mitarbeitern nach einem Auslandseinsatz: Wissenschaftliche Grundlagen. In: Mitarbeiterentsendung ins Ausland. Auswahl, Vorbereitung, Betreuung und Wiedereingliederung, hrsg. v. T. M. Kühlmann. Göttingen 1995, S. 177–215.
Kuhn, M./Kinter, A./Kalt, G. (Hrsg.): Strategisches Issues Management. Vom erfolgreichen Umgang mit Krisen und Profilierungsthemen. Konzepte – Innovationen – Best Practices. Frankfurt a. M. 2009.
Kulchina, E.: Media Coverage and Location Choice. In: SMJ, Vol. 35, 4, 2014, S. 596–605.
Kulkarni, U./Power, D. J./Sharda, R. (Hrsg.): Decision Support for Global Enterprises. Berlin et al. 2007.
Kumar, B. N.: Personalpolitische Herausforderungen für im Ausland tätige Unternehmen. In: Exportnation Deutschland, hrsg. v. E. Dichtl u. O. Issing. 2. Aufl., München 1992, S. 305–336.
Kumar, B. N: Interkulturelles Management. In: Handbuch Unternehmungsführung. Konzepte – Instrumente – Schnittstellen, hrsg. v. H. Corsten u. M. Reiß. Wiesbaden 1995, S. 683–692.
Kumar, B. N./Haussmann, H. (Hrsg.): Handbuch der Internationalen Unternehmenstätigkeit. München 1992.
Kumar, B. N./Steinmann, H. (Hrsg.): Ethics in International Management. Berlin/New York 1998.

Kumar, B. N./Wagner, D. (Hrsg.): Handbuch Internationales Personalmanagement. München 1998.

Kupka, B./Cathro, V.: Desperate Housewives. Social and Professional Isolation of German Expatriated Spouses. In: IJHRM, Vol. 18, 6, 2007, S. 951–968.

Kutschker, M.: Die Wahl der Eigentumsstrategie der Auslandsniederlassung in kleinen und mittleren Unternehmen. In: Handbuch der Internationalen Unternehmenstätigkeit, hrsg. v. B. N. Kumar u. H. Haussmann. München 1992, S. 497–530.

Kutschker, M.: Internationalisierung der Wirtschaft. In: Perspektiven der internationalen Wirtschaft, hrsg. v. M. Kutschker. Wiesbaden 1999, S. 1–25.

Kutschker, M./Schmid, S.: Internationales Management. 7. Aufl., München/Wien 2011.

Kutter, K.: Harte Herausforderungen – weiche Erfolgsfaktoren europäischer Automobilproduktion. Die Ansiedlung des BMW-Werkes am Standort Leipzig. Vortrag auf dem 2. Automobilkongress für Unternehmen und Wissenschaft an der Ruhr-Universität Bochum »Zukunftspotentiale europäischer Automobilproduktion durch nachhaltige technische und soziale Innovationen«. Bochum 2005, http://www.ruhr-uni-bochum.de/autokongress2/beitraege/index.shtml.

Landis, D./Bennett, J. M./Bennett, M. J. (Hrsg.): Handbook of Intercultural Training. 3. Aufl., Thousand Oaks et al. 2004.

Langhammer, R. J.: Umwelt- und Sozialdumping. Argumente gegen freien Welthandel? In: Zeitschrift für Wirtschaftspolitik, 46. Jg., 1997, S. 178–188.

Laux, H./Gillenkirch, R. M./Schenk-Mathes, H.: Entscheidungstheorie. 8. Aufl., Berlin et al. 2012.

Lawrence, A. T./Weber, J.: Business and Society. Corporate Strategy, Public Policy, Ethics. 14. Aufl., New York et al. 2014.

Lawrence, R. Z.: Single World, Divided Nations? International Trade and OECD Labour Markets. Paris 1996.

Laws, B./Koziner, A./Waldenmaier, M.: Mitarbeiter ins Ausland entsenden Verträge gestalten und Vergütung optimieren. Wiesbaden 2008.

Lawson, P.: The East Indian Company. A History. London/New York 1993.

Lazarova, M./Caliguri, P.: Retaining Repatriates: The Role of Organizational Support Practices. In: JWB, Vol. 36, 4, 2001, S. 389–401.

Lazarova, M. B./Cerdin, J.-L.: Revisiting Repatriation Concerns: Organizational Support versus Career and Contextual Influences. In: JIBS, Vol. 38, 3, 2007, S. 404–429.

Lazarova, M. B./Tarique, I.: Knowledge Transfer upon Repatriation. In: JWB, Vol. 40, 2005, S. 361–373.

Lechner, C./Rigamonti, E./Dowling, M.: Benetton vs. Inditex and H&M. Another Falling Star? In: Fallstudien zum Internationalen Management. Grundlagen – Praxiserfahrungen – Perspektiven. 4. Aufl., hrsg. v. J. Zentes, B. Swoboda u. D. Morschett. Wiesbaden 2011, S. 103–131.

Lecraw, D. J./Morrison, A. J. (Hrsg.): Transnational Corporations and Business Strategy. United Nations Library on Transnational Corporations, Vol. 4. London/New York 1993.

Lee, G. K./Lieberman, M. B.: Acquisition vs. Internation Development as Modes of Market Entry. In: SMJ, Vol. 31, 2010, S. 140–158.

Lee, Y.: Home versus Host. Identifying with Either, Both, or Neither? The Relationship between Dual Cultural Identities and Intercultural Effectiveness. In: IJCCM, Vol. 10. Jg, 1, 2010, S. 55–76.

Lemmer, R.: lnternationale Insel. In: Wirtschaftswoche, 45, 5.11.2012, S. 80–84.

Lehner, F.: Wissensmanagement. Grundlagen, Methoden und technische Unterstützung. 5. Auf., München 2014.

Lenartowicz, T./Johnson, J. P./White, K. T.: The Neglect of Intracountry Cultural Variation in International Management Research. In: JWB, Vol. 56, 12, 2003, S. 999–1008.

Leontief, W.: Factor Proportions and the Structure of American Trade: Further Theoretical and Empirical Analysis. In: Review of Economics and Statistics, Vol. 38, 11, 1956, S. 368–407.

Lessard, D. R./Lorange, P.: Currency Changes and Management Control: Resolving the Centralization/Decentralization Dilemma. In: The Accounting Review, Vol. 52, 1977, S. 628–637.

Leung, K./Bhagat, R. S./Buchan, N. R./Erez, M./Gibson, C. B.: Culture and International Business. Recent Advances and their Implications for Future Research. In: JIBS, Vol. 36, 4, 2005, S. 357–378.

Leung, K./Lin, X./Lu, L.: Compensation Disparity between Locals and Expatriates in China. A Multilevel Analysis of the Influence of Norms. In: MIR, Vol. 54, 2014, S. 107–128.

Levinthal, D./Myatt, J.: Co-Evolution of Capabilities and Industry: The Evolution of Mutual Fund Processing. In: SMJ, Vol. 15, 1994, S. 45–62.

Levitt, T.: The Globalization of Markets. In: HBR, Vol. 61, 3, 1983, S. 92–102.

Lewis, A. Y./Volberda, H. W.: Prolegomena on Coevolution: A Framework for Research on Strategy and New Organizational Forms. In: OSc, Vol. 10, 5, 1999, S. 519–534.

Li, J.: Foreign Entry and Survival: Effects of Strategic Choices on Performance in International Markets. In: SMJ, Vol. 16, 1995, S. 333–351.

Li, J./Shenkar, O.: In Search of Complementary Assets. Co-operative Strategies and Knowledge Seeking by Prospective Chinese Partners. In: Management Issues in China.Vol. II: International Enterprises, hrsg. v. J. Child u. Y. Lu. London/New York 1996, S. 52–65.

Li, P.-Y./Meyer, K. E.: Contectualizing Experience Effects in International Business: A Study of Ownership Strategies. In: JWB, Vol. 44, 2009, S. 370–382.

Li, S./Tallman, S. B./Ferreira, M. P.: Developing the Eclectic Paradigm as a Model of Global Strategy: An Application to the Impact of the Sep. 11 Terrorist Attacks on MNE Performance Levels. In: JIM, Vol. 11, 2005, S. 479–496.

Lieberman, M. B./Montgomery, D. B.: First Mover Advantages. In: SMJ, Vol. 9, 1988, S. 41–58.

Liebl, F.: Der Schock des Neuen. Entstehung und Management von Issues und Trends. München 2000.

Liebel, M./Overwien, B./Recknagel, A. (Hrsg.): Arbeitende Kinder stärken. Plädoyers für einen subjektorientierten Umgang mit der Kinderarbeit. Frankfurt a. M. 1998.

Lin, P./Liu, Z./Zhang, Y.: Do Chinese Domestic Firms Benefit from FDI Inflow? Evidence of Horizontal and Vertical Spillovers. In: China Economic Review, Vol. 20, 4, 2009, S. 677–691.

Littrell, L. N./Salas, E./Hess, K. P./Paley, M./Riedel, S.: Expatriate Preparation: A Critical Analysis of 25 Years of Cross-Cultural Training Research. In: HRDR, Vol. 5, 3, 2006, S. 355–388.

Lobbycontrol: Mehr Transparenz und Schranken für den Lobbyismus. Köln 2011, https://www.lobbycontrol.de/wp-content/uploads/LobbyControl-Positonspapier.pdf.

Loewendahl, H.: A Framework for FDI Promotion. In: TC, Vol. 10, 1, 2001, S. 1–42.

Logsdon, J. M./Wood, D. J.: Global Business Citizenship and Voluntary Codes of Ethical Conduct. In: JBE, Vol. 59, 2005, S. 55–67.

Lohr, N.: Foreign Market Subsidiary Mandates. A Select and Temporary MNC Phenomenon? Wiesbaden 2014, zugl. Diss., Fribourg 2013.

Love, J. F.: McDonald's. Anatomie eines Welterfolges. 2. Aufl., München 1996.

Lube, M.-M.: Strategisches Controlling in international tätigen Konzernen. Aufgaben – Instrumente – Maßnahmen. Wiesbaden 1997, zugl. Diss., St. Gallen 1996.

Lucht, T./Amshoff, B.: Die Internationalisierung der Geschäftstätigkeit der ACONSITE AG. Kundenintegration, Konfiguration und Koordination bei einer international tätigen Unternehmensberatung. In: Management internationaler Dienstleistungen mit 3K. Konfiguration – Koordination – Kundenintegration, hrsg. v. D. Holtbrügge, H. H. Holznmüller u. F. v. Wangenheim. Wiesbaden 2009, S. 81–110.

Lucks, K./Meckl, R.: Internationale Mergers & Acquisitions. Der prozessorientierte Ansatz. Berlin et al. 2002.

Lübke, V.: Was tun deutsche Unternehmen gegen Kinderarbeit. Studie im Auftrag des Deutschen Komitees für UNICEF. Hannover 1999.

Luhmann, N.: Soziale Systeme. Grundriß einer allgemeinen Theorie. 5. Aufl., Frankfurt a. M. 1994.

Luo, Y.: Timing of Investment and International Expansion Performance in China. In: JIBS, Vol. 29, 2, 1998, S. 391–408.

Luo, Y.: A Coopetition Perspective of MNC-Host Government Relations. In: JIM, Vol. 10, 2004, S. 431–451.

Luostarinen, R.: Internationalization of the Firm. 3. Aufl., Helsinki 1989.

MacCormack, A. D./Newman, L. J./Rosenfield, D. B.: The New Dynamics of Global Manufacturing Site Location. In: SMR, Vol. 36, Summer, 1994, S. 69–80.

Macharzina, K.: Strategische Fehlentscheidungen in der internationalen Unternehmung als Folge von Informationspathologien. In: Diskontinuitätenmanagement. Strategische Bewältigung von Strukturbrüchen bei internationaler Unternehmenstätigkeit, hrsg. v. K. Macharzina. Berlin 1984, S. 77–140.

Macharzina, K.: Organisation der internationalen Unternehmensaktivität. In: Handbuch der Internationalen Unternehmenstätigkeit, hrsg. v. B. N. Kumar u. H. Haussmann. München 1992 (a), S. 591–607.
Macharzina, K.: Auslandseinsatz von Mitarbeitern. In: HWP, 2. Aufl., hrsg. v. E. Gaugler u. W. Weber. Stuttgart 1992 (b), Sp. 534–544.
Macharzina, K.: Internationales Management – Späte Rezeption und steile Entwicklung. In: Entwicklungen der Betriebswirtschaftslehre, hrsg. v. E. Gaugler und R. Köhler. Stuttgart 2002, S. 491–508.
Macharzina, K./Engelhard, J.: Internationales Management. In: DBW, 47. Jg., 3, 1987, S. 319–344.
Macharzina, K./Engelhard, J.: Paradigm Shift in International Business Research: From Partist and Eclectic Approaches to the GAINS Paradigm. In: MIR, Vol. 31, Special Issue, 1991, S. 23–43.
Macharzina, K./Oesterle, M.-J.: Internationalisierung und Organisation unter besonderer Berücksichtigung europäischer Entwicklungen. In: Strategisches Euro-Management, hrsg. v. C. Scholz u. J. Zentes. Bd. 1, Stuttgart 1995, S. 203–225.
Macharzina, K./Oesterle, M.-J. (Hrsg.): Handbuch Internationales Management. Grundlagen-Instrumente-Perspektiven. 2. Aufl. Wiesbaden 2002 (a).
Macharzina, K./Oesterle, M.-J.: Das Konzept der Internationalisierung im Spannungsfeld zwischen praktischer Relevanz und theoretischer Unschärfe. In: Handbuch Internationales Management. Grundlagen-Instrumente-Perspektiven, hrsg. V. K. Macharzina u. M.-J. Oesterle. 2. Aufl. Wiesbaden 2002 (b), S. 3–21.
Macharzina, K./Welge, M. K. (Hrsg.): Handwörterbuch Export und Internationale Unternehmung. Stuttgart 1989.
Macharzina, K./Wolf, J. (Hrsg.): Handbuch Internationales Führungskräfte-Management. Stuttgart et al. 1996 (a).
Macharzina, K./Wolf, J.: Internationales Führungskräfte-Management und strategische Unternehmensführung – Kritische Reflexionen über ein ungeklärtes Beziehungssystem. In: Handbuch Internationales Führungskräfte-Management, hrsg. v. K. Macharzina u. J. Wolf. Stuttgart et al. 1996 (b), S. 29–63.
Macroy, P. F./Appleton, A. E./Plummer, M. G. (Hrsg.): The World Trade Organization. 3 Bde., Berlin et al. 2005.
Maddison, A.: Chinese Economic Performance in the Long Run. Paris 1998.
Madeley, J.: Big Business, Poor Peoples. The Impact of Transnational Corporations on the World's Poor. London/New York 1999.
Madhok, A./Keyhani, M.: Acquisitions as Entrepreneurship. Asymmetries, Opportunities, and the Internationalization of Multinationals from Emerging Economies. In: GSJ, Vol. 2, 1, 2012, S. 26–40.
Mäkelä, L./Suutari, V.: Coping with Work-family Conflicts in the Global Career Context. In: TIBR, Vol. 53, 3, 2011, S. 365–375.
Maekelburger, B./Schwens, C./Kabst, R.: SME International Mode Choice Over Time. Forging a Link Between the Uppsala Model and Transaction Cost Economics. In: Entrepreneurship in the Global Firm, hrsg. v. A. Verbeke, A. T. Tavares-Lehmann, u. R. van Tulder. Bingley 2011, S. 21 – 49.

Magaziner, I. C./Reich, R. B.: International Strategies. In: Strategic Management of Multinational Corporations: The Essentials, hrsg. v. H. Vernon Wortzel u. L. H. Wortzel. New York 1985, S. 4–9.

Mahajan, V.: Afrika kommt! Der schwarze Kontinent: Jahrhundertchance für Investoren und Unternehmer. Kulmbach 2009.

Malnight, T. W.: The Transition from Decentralized to Network-Based MNC Structures: An Evolutionary Perspective. In: JIBS, Vol. 27, 1, 1996, S. 43–65.

Mantle, J.: Benetton. Vom Familienbetrieb zum Weltimperium. München 2000.

Mantow, W.: Die Ereignisse um Brent Spar in Deutschland. Ausgearbeitet im Auftrag der Deutsche Shell AG. Hamburg 1995.

Marschan, R./Welch, D./Welch, L.: Language: The Forgotten Factor in Multinational Management. In: EMJ, Vol. 15, 5, 1997, S. 591–598.

Marshall, K.: The World Bank: From Reconstruction to Development to Equity. London 2006.

Marshall, S. W./Roberts, M. S.: International Advertising Strategy. In: Handbook of International Advertising Research, hrsg. v. H. Cheng. Malden, MA/Oxford 2014, S. 251–270.

Martin, H.-P./Schumann, H.: Die Globalisierungsfalle. Der Angriff auf Demokratie und Wohlstand. Reinbek 1996.

Martin, J./Meyerson, D.: Organizational Culture and the Denial, Channeling and Acknowledgement of Ambiguity. In: Managing Ambiguity and Change, hrsg. v. L. R. Pondy, R. J. Boland u. H. Thomas. Chichester et al. 1988, S. 93–125.

Martin, M./Thomas, A.: Beruflich in Indonesien. Trainingsprogramm für Manager, Fach- und Führungskräfte. Göttingen 2002.

Martin, X./Swaminathan, A./Mitchell, W.: Organizational Evolution in the Interorganizational Environment: Incentives and Constraints on International Expansion Strategy. In: ASQ, Vol. 43, 1998, S. 566–601.

Martinez, J. I./Jarillo, J. C.: The Evolution of Research on Coordination Mechanisms in Multinational Corporations. In: JIBS, Vol. 20, 3, 1989, S. 489–514.

Martinez, J. I./Jarillo, J. C.: Coordination Demands of International Strategies. In: JIBS, Vol. 22, 3, 1991, S. 429–443.

Martius, W.: Fairplay Franchising. Spielregeln für partnerschaftlichen Erfolg. 2. Aufl., Wiesbaden 2010.

Marx, E.: Vorsicht Kulturschock. So wird Ihr beruflicher Auslandseinsatz zu einem Erfolg. Frankfurt a. M./New York 2000.

Mascarenhas, B.: The Coordination of Manufacturing Interdependence in Multinational Companies. In: JIBS, Vol. 15, 4, 1984, S. 91–106.

Mast, C.: Unternehmenskommunikation. 5. Aufl., Konstanz/München 2012.

Mathews, J. A.: Dragon Multinationals: New Players in the 21st Century Globalization. In: APJM, Vol. 23, 1, 2006, S. 5–27.

Mayerhofer, H./Hartmann, L. C./Michelitsch-Riedl, G./Kollinger, L.: Flexpatriate Assignments: A Neglected Issue in Global Staffing. In: IJHRM, Vol. 15. Jg., 2004, S. 1371–1389.

Mayrhofer, W.: Entgeltfindung bei Auslandseinsätzen – Konzepte und Problemlösungen. In: Handbuch Internationales Führungskräfte-Management, hrsg. v. K. Macharzina u. J. Wolf. Stuttgart et al. 1996 (a), S. 353–372.
Mayrhofer, W.: Mobilität und Steuerung in international tätigen Unternehmen. Stuttgart 1996 (b).
McAllister, D.: Affect- and Cognition-Based Trust as Foundations of Interpersonal Cooperation in Organizations. In: AMJ, VOl. 38, 1995, S. 24–59.
McCarthy, D. M. P.: International Business History. A Contextual and Case Approach. Westport et al. 1994.
McGrath, M. E./Hoole, R. W.: Manufacturing's New Economies of Scale. In: HBR, Vol. 70, 3, 1992, S. 94–102.
McKee, T. E./Mock, T. J./Ruud, T. F.: A Comparison of Norwegian and United States Accounting Students' Learning Style Preferences. In: Accounting Education, Vol. 1, 4, 1992, S. 321–341.
McSweeney, B.: Hofstede's Model of National Cultural Differences and Their Consequences: A Triumph of Faith – A Failure of Analysis. In: HR, Vol. 55, 1, 2002, S. 89–118.
Meckl, R.: Controlling im Internationalen Unternehmen. Erfolgsorientiertes Management internationaler Organisationsstrukturen. München 2000, zugl. Habil., Regensburg 1998.
Meckl, R.: Internationales Management. 3. Aufl., München 2014.
Meerkatt, B.: Inflation und Controlling. Inflationsgerechte Planung in multinationalen Unternehmen. Diss., Göttingen 1989.
Meffert, H.: Marketing im Spannungsfeld von weltweitem Wettbewerb und nationalen Bedürfnissen. In: ZfB, 56. Jg., 1986, S. 689–712.
Meffert, H.: Marketingstrategien, globale. In: HWInt, hrsg. v. K. Macharzina u. M. K. Welge. Stuttgart 1989, Sp. 1412–1427.
Meffert, H.: Implementierungsprobleme globaler Strategien. In: Globales Management. Erfolgreiche Strategien für den Weltmarkt, hrsg. v. M. K. Welge. Stuttgart 1990, S. 93–115.
Meffert, H./Burmann, C./Becker, C.: Internationales Marketing-Management. Ein marktorientierter Ansatz. 4. Aufl., Stuttgart et al. 2010.
Meffert, H./Burmann, C./Kirchgeorg, M.: Marketing: Grundlagen marktorientierter Unternehmensführung. Konzepte – Instrumente – Praxisbeispiele. Mit neuer Fallstudie VW Golf. 11. Aufl., Wiesbaden 2012.
Meffert, H./Pues, C.: Timingstrategien des internationalen Markteintritts. In: Handbuch Internationales Management. Grundlagen – Instrumente – Perspektiven, hrsg. v. K. Macharzina u. M.-J. Oesterle. 2. Aufl., Wiesbaden 2002, S. 403–416.
Meissner, H. G.: Außenhandelsmarketing. Stuttgart 1981.
Meissner, H. G.: Strategisches Internationales Marketing. 2. Aufl., München/Wien 1995.
Meissner, H. G./Gerber, S.: Die Auslandsinvestition als Entscheidungsproblem. In: BfuP, 32. Jg., 3, 1980, S. 217–228.

Melcher, H.: Hartwährungsplanung in Hochinflationsländern. In: Internationalisierung des Controlling, hrsg. v. P. Horváth. Stuttgart 1989, S. 391–401.

Melewar, T. C./Pickton, D./Gupta, S./Chigovanyika, T.: MNE Executive Insights into International Advertising Programme Standardisation. In: Journal of Marketing Communications, Vol. 15, 5, 2009, S. 345–365.

Mellahi, K./Frynas, J. G./Finlay, P.: Global Strategic Management. Oxford 2005.

Mendenhall, M./Dunbar, E./Oddou, G. R.: Expatriate Selection, Training and Career Pathing. A Review and Critique. In: HRM, Vol. 26, 3, 1987, S. 331–345.

Mendenhall, M. E./Osland, J./Bird, A./Oddou, G. R./Maznevski, M. L./Stevens, M./Stahl, G. K. (Hrsg.): Global Leadership. Research, Practice, and Development, 2. Aufl., London/New York 2013.

Mendenhall, M. E./Stahl, G. K./Ehnert, I./Oddou, G./Osland, J. S./Kühlmann, T. M.: Evaluation Studies of Cross-Cultural Training Programs. A Review of the Literature from 1988 to 2000. In: Handbook of Intercultural Training, hrsg. v. D. Landis, J. M. Bennett u. J. M. Bennett. 3. Aufl., Thousand Oaks et al. 2004, S. 129–143.

Mennen, H./Schellert, U./Wolf, T.: Mitarbeiterentsendung. Geschäftsabwicklungsmodelle – Entsendungsvereinbarungen – Steuerliche und rechtliche Grundlagen. Stuttgart 2013.

Menzel, U.: Die neue Weltwirtschaft. Entstofflichung und Entgrenzung im Zeichen der Postmoderne. In: Peripherie, 15. Jg., 59/60, 1995, S. 30–44.

Mertens, P./Meier, M.: Integrierte Informationsverarbeitung 2: Planungs- und Kontrollsysteme in der Industrie. 10. Aufl., Wiesbaden 2008.

Meyer, M.: Die Beurteilung von Länderrisiken der internationalen Unternehmung. Berlin 1987.

Mezias, J. M.: Identifying Liabilities of Foreignness and Strategies to Minimize their Effects: The Case of Labor Lawsuit Judgements in the United States. In: SMJ, Vol. 23, 2002, S. 229–244.

Mezias, J. M./Scandura, T. A.: A Needs-Driven Approach to Expatriate Adjustment and Career Development: A Multiple Mentoring Perspective. In: JIBS, Vol. 36, 2005, S. 519–538.

Middelmann, K.: Wertmanagement in einem internationalen Konzern. In: Controlling international tätiger Unternehmen. Stuttgart 2000, hrsg. v. W. Berens, A. Born u. A. Hoffjan. Stuttgart 2000, S. 321–342.

Miller, D./Friesen, P. H.: Organization: A Quantum View. Englewood Cliffs 1984.

Miller, E. L./Beechler, S./Bhatt, B./Nath, R.: The Relationship between the Global Strategic Planning Process and the Human Resource Management Function. In: Transnational Corporations and Human Resources. United Nations Library on Transnational Corporations, Vol. 16, hrsg. v. P. Enderwick. London/New York 1994, S. 353–370.

Miller, T./Kim, A. B.: Defining Economic Freedom. In: 2014 Index of Economic Freedom. Promoting Economic Opportunity and Prosperity, hrsg. v. T. Miller, A. B. Kim u. K. R. Holmes. Washington/New York 2014, S. 79–86.

Millington, A. I./Bayliss, B. T.: The Process of Internationalisation. UK Companies in the EC. In: MIR, Vol. 30, 2, 1990, S. 151–161.

Mintzberg, H.: Structure in Fives: Designing Effective Organizations. Englewood Cliffs 1983.

Mintzberg, H.: Mintzberg on Management. Inside our Strange World of Organizations. New York 1989.

Moeller, M./Harvey, M./Griffith, D./Richey, G.: The Impact of Country-of-Origin on the Acceptance of Foreign Subsidiaries in Host Countries. An Examination of the ›Liability-of-Foreignness‹. In: IBR, 22, 1, 2013, S. 89–99.

Moeller, M./Harvey, M./Williams, W.: Socialization of Inpatriate Managers to the Headquarters of Global Organizations. A Social Learning Perspective. In: HRDR, Vol. 9, 2010, S. 169–193.

Möllering, G.: Kartelle, Konsortien, Kooperationen und die Entstehung neuer Märkte. In: ZfbF, 62. Jg., 11, 2010, S. 770–796.

Moniz-Bandeira, L. A.: Wachstumsmarkt Brasilien: Der deutsche Wirtschafts- und Handelsbeitrag in Geschichte und Gegenwart. 2. Aufl., Wiesbaden 2013.

Moore, K./Lewis, D.: Birth of the Multinational. 2000 Years of Ancient Business History – From Ashur to Augustus. Copenhagen 1999.

Moore, K./Lewis, D.: Foundations of Corporate Empire. Is History Repeating Itself? London et al. 2000.

Moore, K./Lewis, D.: The Origins of Globalization. London 2009.

Moran, T. H. (Hrsg.): Governments and Transnational Corporations. United Nations Library on Transnational Corporations, Vol. 7. London/New York 1992.

Moran, T. H./Montgomery, E. M./Blomström, M. (Hrsg.): Does Foreign Direct Investment Promote Development? Washington, DC 2005.

Morisset, J.: Foreign Direct Investment in Africa. Policies also Matter. In: TC, Vol. 9, 2, 2000, S. 107–125.

Morschett, D./Schramm-Klein, H./Swoboda, B.: Decades of Research on Market Entry Modes. What do We Really Know about External Antecedents of Entry Mode Choice? In: JIM, Vol. 16, 2010, S. 60–77.

Morschett, D./Schramm-Klein, H./Zentes, J.: Strategic International Management. Text and Cases. Wiesbaden 2009.

Mudambi, R./Swift, T.: Leveraging Knowledge and Competencies across Space. The next Frontier in International Business. In: JIM, Vol. 17, 3, 2011, S. 186–189.

Müller, S.: Die Psyche des Managers als Determinante des Exporterfolges. Eine kulturvergleichende Studie zur Auslandsorientierung von Managern aus 6 Ländern. Stuttgart 1991.

Müller, S./Gelbrich, K.: Interkulturelle Kompetenz als neuartige Anforderung an Entsandte: Status quo und Perspektiven der Forschung. In: ZfbF, 53. Jg., 5, 2001, S. 246–272.

Müller, S./Kornmeier, M.: Internationale Wettbewerbsfähigkeit. Irrungen und Wirrungen der Standort-Diskussion. München 2000.

Müller, S./Kornmeier, M.: Streitfall Globalisierung. München/Wien 2001 (a).

Müller, S./Kornmeier, M.: Strategisches Internationales Management. München 2001 (b).

Müller, S./Kornmeier, M.: Motive und Unternehmensziele als Einflußfaktoren der einzelwirtschaftlichen Internationalisierung. In: Handbuch Internationales

Management. Grundlagen – Instrumente – Perspektiven, hrsg. v. K. Macharzina u. M.-J. Oesterle. 2. Aufl., Wiesbaden 2002, S. 99–130.

Müller-Stewens, G./Hillig, A.: Motive zur Bildung Strategischer Allianzen. In: Wegweiser für Strategische Allianzen, hrsg. v. C. Bronder u. R. Pritzel. Frankfurt a. M. et al. 1992, S. 65–101.

Müller-Stewens, G./Lechner, C.: Unternehmensindividuelle und gastlandbezogene Einflußfaktoren der Markteintrittsform. In: Handbuch Internationales Management. Grundlagen – Instrumente – Perspektiven, hrsg. v. K. Macharzina u. M.-J. Oesterle. 2. Aufl., Wiesbaden 2002, S. 381–402.

Muksch, H./Behme, W. (Hrsg.): Das Data Warehouse-Konzept. Architektur – Datenmodelle – Anwendungen. 4. Aufl., Wiesbaden 2000.

Muller, A.: Global Versus Local CSR Strategies. In: EMJ, Vol. 24, 2–3, 2006, S. 189–198.

Nachum, L./Zaheer, S.: The Persistance of Distance? The Impact of Technology on MNE Motivations for Foreign Investment. In: SMJ, Vol. 26, 2005, S. 747–767.

Naim, M.: Das Schwarzbuch des globalisierten Verbrechens. Drogen, Waffen, Menschenhandel, Geldwäsche, Markenpiraterie. München/Zürich 2005.

Nair, A./Ahlstrom, D./Filer, L.: Localized Advantage in a Global Economy: The Case of Bangalore. In: TIBR, Vol. 49, 5, 2007, S. 591–618.

Naisbitt, J.: Global Paradox. Warum in einer Welt der Riesen die Kleinen überleben werden. Düsseldorf et al. 1994.

Nasif, E. G./Al-Daeaj, H./Ebrahimi, B./Thibodeaux, M. S.: Methodological Problems in Cross-Cultural Research: An Updated Review. In: MIR, Vol. 31, 1, 1991, S. 79–91.

Nass, M.: Türöffner und Welterklärer. In: Die Zeit, 12, 14.3.2013, S. 26–27.

Naujoks, H.: Konzernmanagement durch Kontextsteuerung – die Relevanz eines gesellschaftstheoretischen Steuerungskonzepts für betriebswirtschaftliche Anwendungen. In: Managementforschung 4, hrsg. v. G. Schreyögg u. P. Conrad. Berlin/New York 1994, S. 105–141.

Naumann, K. K.: Wirtschaftsboom am Zuckerhut. Strategien für langfristigen Erfolg in Brasilien. München 2008

zur Nedden, C.: Internationalisierung und Organisation. Konzepte für die international tätige Unternehmung mit Differenzierungsstrategie. Wiesbaden 1994, zugl. Diss., Köln 1994.

Negandhi, A. R.: Cross-Cultural Management Studies: Too many Conclusions, not Enough Conceptualization. In: MIR, Vol. 14, 6, 1974, S. 59–72.

Negandhi, A./Welge, M. K.: Beyond Theory Z: Global Rationalization Strategies of American, German and Japanese Multinational Companies. Greenwich 1984.

Neyer, J.: Spiel ohne Grenzen. Weltwirtschaftliche Strukturveränderungen und das Ende des sozial kompetenten Staates. Marburg 1996.

Nicklas, M.: Unternehmenswertorientiertes Controlling im internationalen Industrieunternehmen. Gießen 1998.

Nobel, R./Birkinshaw, J.: Innovation in Multinational Corporations: Control and Communication Patterns in International R&D Operations. In: SMJ, Vol. 19, 1998, S. 479–496.

Nohria, N./Eccles, R. G. (Hrsg.): Networks and Organizations. Structure, Form, and Action. Boston, MA 1992.
Nohria, N./Ghoshal, S.: Differentiated Fit and Shared Values. Alternatives for Managing Headquarters-Subsidiary Relations. In: SMJ, Vol. 15, 1994, S. 491–502.
Nonaka, I.: Managing Globalization as a Self-Renewing Process: Experiences of Japanese MNCs. In: Managing the Global Firm, hrsg. v. C. A. Bartlett, Y. Doz u. G. Hedlund. London/New York 1990, S. 69–94.
Nonaka, I./Takeuchi, H.: Die Organisation des Wissens. Wie japanische Unternehmen eine brachliegende Ressource nutzbar machen. Frankfurt a. M./New York 1997.
Nti, K. O./Kumar, R.: Differential Learning in Alliances. In: Cooperative Strategy. Economic, Business, and Organizational Issues, hrsg. v. D. O. Faulkner u. M. De Rond. Oxford 2000, S. 119–134.
Nunnenkamp, P./Gundlach, E./Agarwal, J. P.: Globalisation of Products and Markets. Tübingen 1994.
Oberg, K.: Cultural Shock: Adjustment to New Cultural Environments. In: Practical Anthropology, Vol. 7, 1960, S. 177–182.
OECD: Towards a New Global Age. Challenges and Opportunities. Paris 1997 (a).
OECD: Convention on Combating Bribery of Foreign Public Officials in International Business Transactions, 23.5.1997, C(97)123/FINAL. Paris 1997 (b).
OECD: Codes of Corporate Conduct: Expanded Review of their Contents. Working Papers on International Investment Nr. 2001/6, Directorate for Financial, Fiscal and Enterprise Affairs, Paris 2001, http://www.oecd.org/daf/inv/investment-policy/WP-2001_6.pdf.
OECD: OECD-Verrechnungspreisleitlinien für multinationale Unternehmen und Steuerverwaltungen 2010. Paris 2011.
OECD: OECD Guidelines for Multinational Enterprises. Paris 2011.
OECD: OECD Factbook 2014. Economic, Environmental, and Social Statistics. Paris 2014.
Oechsler, W. A.: Personalmanagement in internationalen Unternehmungen. In: Handbuch Unternehmungsführung. Konzepte – Instrumente – Schnittstellen, hrsg. v. H. Corsten u. M. Reiß. Wiesbaden 1995, S. 673–682.
von der Oelsnitz, D.: Eintrittstiming und Eintrittserfolg: Eine kritische Analyse der empirischen Methodik. In: Die Unternehmung, 54. Jg., 3, 2000, S. 199–213.
Oesterle, M.-J./Schmid, S. (Hrsg.): Internationales Management. Forschung, Lehre, Praxis. Stuttgart 2009.
Ohlin, B.: Interregional and International Trade. Cambridge, MA 1933.
Ohmae, K.: Macht der Triade. Wiesbaden 1985.
Ohmae, K.: Managing in a Borderless World. In: HBR, Vol. 67, 3, 1989, S. 152–161.
Ohmae, K.: The Borderless World. Power and Strategy in the Interlinked Economy. New York 1990.
Ohmae, K.: The End of the Nation State. The Rise of Regional Economies. New York 1995.
Ohr, A./Holtbrügge, D./Schillo, K./Wagner, M.: Remote Services in Softwareunternehmungen. Das Beispiel SAP. In: Remote Services. Neue Formen der

Internationalisierung von Dienstleistungen, hrsg. v. D. Holtbrügge, H. Holzmüller u. F. v. Wangenheim. Wiesbaden 2007, S. 141–167.

O'Neill, J.: Die Märkte von morgen. Das Potenzial der BRICs und anderer Wachstumsregionen. München 2012.

Oppenländer, K. H.: Einflußfaktoren der internationalen Standortwahl. In: Handbuch Internationales Management. Grundlagen – Instrumente – Perspektiven, hrsg. v. K. Macharzina u. M.-J. Oesterle. 2. Aufl., Wiesbaden 2001, S. 361–379.

Ossadnik, W./Steins, J.: Dynamisierte Balanced Scorecard für international agierende Unternehmen. In: Internationale Rechnungslegung und Internationales Controlling. Herausforderungen – Handlungsfelder – Erfolgspotenziale, 2. Auflage, hrsg. v. W. Funk u. J. Rossmanith, Wiesbaden 2011, S. 387–412.

Ost-Ausschuss der Deutschen Wirtschaft: Übersichten über die laufenden Sanktionsmaßnahmen der EU, der USA, Kanadas und Russlands (Stand 15.09.2014). Berlin 2014, http://www.ost-ausschuss.de/sites/default/files/pm_pdf/Sanktionsliste_Stand_15_09_2014.pdf.

Osterhammel, J./Petersson, N.: Geschichte der Globalisierung. Dimensionen, Prozesse, Epochen. 4. Aufl., München 2007.

Osterloh, M.: Kulturalismus versus Universalismus: Reflektionen zu einem Grundlagenproblem des interkulturellen Managements. In: Internationales Management. Beiträge zur Zusammenarbeit, hrsg. v. B. Schiemenz u. H.-J. Wurl. Wiesbaden 1994, S. 95-116.

Oviatt, B. M./ McDougall, P. P.: Toward a Theory of International New Ventures. In: JIBS, Vol. 25, 1, 1994, S. 45–64.

Paik, Y./Chow, I. H.-S./Vance, C. M.: Interaction Effects of Globalization and Institutional Forces on International HRM practice. Illuminating the Convergence-divergence Debate. In: TIBR, Vol. 53, 5, 2011, S. 647–659.

Pak, Y. S./Park, Y.-R.: Global Ownership Strategy of Japanese Multinrational Enterprises: A Test of Internalization Theory. In: MIR, Vol. 44, 1, 2004, S. 3–21.

Papp, D. S.: Contemporary International Relations. Frameworks for Understanding. 5. Aufl., New York/London 1997.

Pappu, R./Quester, P. G./Cooksey, R. W.: Country Image and Consumer-based Brand Equity. Relationships and Implications for International Marketing. In: JIBS, Vol. 38, 2007, S. 726–745.

Parkhe, A.: Strategic Alliance Structuring: A Game Theoretic and Transaction Cost Examination of Interfirm Cooperation. In: AMJ, Vol. 36, 4, 1993, S. 794–829.

Pater, S.: Zum Beispiel McDonald's. Göttingen 1994.

Pati, B./Kak, S. (Hrsg.): Enslaved Innocence. Child Labour in South Asia. Delhi 2012.

Paul, T.: Globales Management von Wertschöpfungsfunktionen. Wiesbaden 1998, zugl. Diss., Dortmund 1997.

Pausenberger, E.: Konzerninterner Leistungsaustausch und Transferpreispolitik in internationalen Unternehmungen. In: Handbuch der Internationalen Unternehmenstätigkeit, hrsg. v. B. N. Kumar u. H. Haussmann. München 1992, S. 769–786.

Pausenberger, E.: Alternative Internationalisierungsstrategien. In: Internationalisierung von Unternehmungen. Strategien und Probleme ihrer Umsetzung, hrsg. v. E. Pausenberger. Stuttgart 1994, S. 1–30.

Pausenberger, E.: Controlling internationaler Unternehmungen. In: Strategische Führung internationaler Unternehmen. Paradoxien, Strategien und Erfahrungen, hrsg. v. J. Engelhard. Wiesbaden 1996, S. 179–198.
Pausenberger, E.: Ansätze zur situationsgerechten Erfolgsbeurteilung von Auslandsgesellschaften. In: Handbuch Internationales Management. Grundlagen – Instrumente – Perspektiven, hrsg. v. K. Macharzina u. M.-J. Oesterle. 2. Aufl., Wiesbaden 2002, S. 1163–1175.
Pausenberger, E./Glaum, M.: Informations- und Kommunikationsprobleme in internationalen Konzernen. In: BFuP, 45. Jg., 6, 1993, S. 602–627.
Pausenberger, E./Noelle, G. F.: Entsendung von Führungskräften in ausländische Niederlassungen. In: ZfbF, 29. Jg., 1977, S. 346–366.
Pausenberger, E./Roth, A.: Störfaktoren im internationalen Controlling. In: ZfbF, 49. Jg., 6, 1997, S. 580–596.
Pease, K.-K. S.: International Organizations. 5. Aufl., Harlow 2014.
Pedersen, T./Shaver, J. M.: Internationalization Revisited. The »Big Step« Hypothesis. Copenhagen Business School, Department of International Economics and Management. Working Paper 5, Kopenhagen 2000.
Pedersen, T./Venzin, M./Devinney, T. M./Tihanyi, L. (Hrsg.): Orchestration of the Global Network Organization. Advances in International Management, Vol. 27, Bingley 2014.
Pellens, B./Fülbier, R. U./Gassen, J./Sellhorn, T.: Internationale Rechnungslegung. IFRS 1 bis 13, IAS 1 bis 41, IFRIC-Interpretationen, Standardentwürfe. Mit Beispielen, Aufgaben und Fallstudie. 9. Aufl., Stuttgart 2014.
Pendergast, W./Geringer, J. M.: Head in the Clouds or Feet on the Ground? CEO Perspectives and the International Business Research Agenda. In: TIBR, Vol. 54, 2, 2012, S. 225–233.
Peng, M. W.: The Resource-based View and International Business. In: JOM, Vol. 27, 6, 2001, S. 803–829.
Perlitz, M.: Internationalisierungsphasen des Controlling. In: Lexikon des Controlling, hrsg. v. C. Schulte. München 1996, S. 369–372.
Perlitz, M.: Spektrum kooperativer Internationalisierungsformen. In: Handbuch Internationales Management. Grundlagen – Instrumente – Perspektiven, hrsg. v. K. Macharzina u. M.-J. Oesterle. 2. Aufl., Wiesbaden 2002, S. 533–549.
Perlitz, M./Dreger, C./Schrank, R.: Die Übertragbarkeit des Transnationalen Unternehmensmodells auf die pharmazeutische Industrie. Ergebnisse einer Befragung von Führungskräften. In: ZfO, 65. Jg., 5, 1996, S. 275–281.
Perlitz, M./Schrank, R.: Internationales Management. 6. Aufl., Konstanz/München 2013.
Perlmutter, H.: L'Entreprise Internationale – Trois Conceptions. In: Revue Economique et Sociale, Vol. 23, 2, 1965, S. 151–165.
Perlmutter, H.: The Tortuous Evolution of the Multinational Corporation. In: CJWB, Vol. 4, 1, 1969, S. 9–18.
Perlmutter, H. V./Heenan, D. A.: Cooperate to Compete Globally. In: HBR, Vol. 64, 2, 1986, S. 136–152.
Phillipson, R.: Linguistic Imperialism. Oxford 1992.

Picot, G. (Hrsg.): Handbuch Mergers und Acquisition. Planung – Durchführung – Integration. 5 Aufl., Stuttgart 2012.
von Pidoll, U.: VW Käfer. Ein Auto schreibt Geschichte. Hamburg 1994.
Piekkari, R./Welch, D./Welch, L.: Language in International Business. The Multilingual Reality of Global Business Expansion. Cheltenham 2015.
Pieth, M./Eigen, P. (Hrsg.): Korruption im internationalen Geschäftsverkehr. Bestandsaufnahme – Bekämpfung – Prävention. Neuwied 1999.
Pike, K. L.: On the Emics and Etics of Pike and Harris. In: Emics and Etics. The Insider/Outsider Debate, hrsg. v. T. N. Headland u. M. Harris. Newbury Park et al. 1990, S. 29–47.
Pinzler, P./Piper, R.: Scheinheilige Protektionisten. In: Die Zeit, 50, 6.12.1996, S. 25.
Piontek, J.: Global Sourcing. München/Wien 1997.
Platzer, H.-W./Müller, T.: Die globalen und europäischen Gewerkschaftsverbände: Handbuch und Analysen zur transnationalen Gewerkschaftspolitik. Berlin 2009.
Plourde, Y./Parker, S. C./Schaan, J.-L.: Expatriation and its Effect on Headquarters' Attention in the Multinational Enterprise. In: SMJ, Vol. 35, 2014, S. 938–947.
Pohle, K.: Gegenstand und Inhalt des Controllings bei internationaler Geschäftstätigkeit. In: Handbuch Internationales Management. Grundlagen – Instrumente – Perspektiven, hrsg. v. K. Macharzina u. M.-J. Oesterle. 2. Aufl., Wiesbaden 2002, S. 1085–1097.
Polanyi, M.: The Tacit Dimension. Garden City, New York 1967.
Polo, M.: Von Venedig nach China. Die größte Reise des 13. Jahrhunderts. Stuttgart 1983.
Porter, M. E. (Hrsg.): Globaler Wettbewerb. Wiesbaden 1989 (a).
Porter, M. E.: Der Wettbewerb auf globalen Märkten: Ein Rahmenkonzept. In: Globaler Wettbewerb, hrsg. v. M. E. Porter. Wiesbaden 1989 (b), S. 17–68.
Porter, M. E.: Nationale Wettbewerbsvorteile. Erfolgreich konkurrieren auf dem Weltmarkt. München 1991.
Porter, M. E.: Wettbewerbsstrategie (Competitive Strategy). Methoden zur Analyse von Branchen und Konkurrenten. 10. Aufl., Wiesbaden 1999.
Porter, M. E./Fuller, M. B.: Koalitionen und globale Strategien. In: Globaler Wettbewerb, hrsg. v. M. E. Porter. Wiesbaden 1989, S. 363–399.
Posner, M. V.: Technical Change and International Trade. In: Oxford Economic Papers, Vol. 13, 3, 1961, S. 323–341.
Post, J. E./Preston, L. E./Sachs, S.: Redefining the Corporation. Stakeholder Management and Organizational Wealth. Stanford, CA. 2002.
Posth, M.: Internationale Personalentwicklung bei Volkswagen. In: BFuP, 42. Jg., 5, 1990, S. 369–378.
Posth, M.: Erfahrungen von Volkswagen beim Einstieg, Aufbau und Führung von Gemeinschaftsunternehmen in der Volksrepublik China. In: Handbuch der internationalen Unternehmenstätigkeit, hrsg. v. B. N. Kumar u. H. Haussmann. München 1992, S. 1013–1030.
Posth, M.: Joint-Venture-Management bei Volkswagen. In: Handbuch Unternehmungsführung. Konzepte-Instrumente-Schnittstellen, hrsg. v. H. Corsten u. M. Reiß. Wiesbaden 1995, S. 733–742.

Posth, M./Bergmann, G.: Managementprobleme internationaler Equity-Joint-Ventures. In: Handbuch Internationales Management. Grundlagen – Instrumente – Perspektiven, hrsg. v. K. Macharzina u. M.-J. Oesterle. Wiesbaden 1997, S. 535–552.
Pothukuchi, V./Damanpour, F./Choi, J./Chen, C. C./Park, S. H.: National and Organizational Culture Differences and International Joint Venture Performance. In: JIBS, Vol., 33, 2, 2002, S. 243–265.
Powell, W. W.: Neither Market nor Hierarchy: Network Forms of Organization. In: Research in Organizational Behavior, Vol. 12, hrsg. v. B. M. Staw u. L. L. Cummings. Greenwich, Conn. 1990, S. 295–336.
Präkelt, K.: Was Nestlé vom Orang-Utan lernte. In: tageszeitung, 20.6.2012, http://www.taz.de/!95734/.
Prahalad, C. K.: Der Reichtum der Dritten Welt. Armut bekämpfen, Wohlstand fördern, Würde bewahren. Wien 2006.
Prahalad, C. K./Doz, Y. L.: The Multinational Mission. Balancing Local Demands and Global Vision. New York 1987.
Prahalad, C. K./Hamel, G.: The Core Competence of the Corporation. In: HBR, Vol. 68, 3, 1990, S. 79–91.
Prahalad, C. K./Hamel, G.: Strategy as a Field of Study: Why Search for a New Paradigm? In: SMJ, Vol. 15, Special Issue, 1994, S. 5–16.
Preusse, H. G.: The New American Regionalism. Cheltenham/Northampton, MA 2004.
PricewaterhouseCoopers. Managing a Virtual World. Key Trends 2000/2001. London 2000.
Priem, R. L./Butler, J. E.: Is the Resource-based »View« a Useful Perspective for Strategic Management Research? In: AMR, Vol. 26, 2001, S. 22–40.
Pucik, V.: Globalization and Human Resource Management. In: Globalizing Management. Creating and Leading the Competitive Organization, hrsg. v. V. Pucik, N. M. Tichy u. C. K. Barnett. New York et al. 1992, S. 61–81.
Puck, J. F.: Training für multikulturelle Teams: Grundlagen, Entwicklung, Evaluation. 2. Aufl., München-Mering 2009, zugl. Diss., Erlangen-Nürnberg 2007.
Puck, J. F./Holtbrügge, D./Mohr, A. T.: Beyond Entry Mode Choice: Explaining the Conversion of Joint Ventures into Wholly-owned Subsidiaries in the PRC. In: JIBS, Vol. 40, 3, 2009, S. 388–404.
Puck, J. F./Holtbrügge, D./Rausch, E.-M.: Antecendents and Consequences of Expatriate Adjustment: A Review of Concepts and Empirical Studies. In: Cultural Adjustment. Theoretical Concepts and Empirical Studies, hrsg. v. D. Holtbrügge. München/Mering 2008, S. 9–32.
Puck, J. F./Kittler, M./Wright, C.: Does it Really Work? Re-assessing the Impact of Pre-departure Cross-cultural Training on Expatriate Adjustment. In: IJHRM, Vol. 19, 12, 2008, S. 2182–2197.
Puck, J. F./Mohr, A. T./Holtbrügge, D.: Cultural Convergence through Web-Based Management Techniques? The Case of Corporate Web Site Recruiting. In: JIM, Vol. 12, 2006, S. 181–195.

Pugh, D. S./Clark, T. A. T./Mallory, G. R.: Struktur und strukturelle Änderungen in europäischen Unternehmen des produzierenden Gewerbes: Eine vergleichende Studie. In: Strategisches Euro-Management, hrsg. v. C. Scholz u. J. Zentes. Bd. 1, Stuttgart 1995, S. 227–245.

Punnett, B. J./Withane, S.: Hofstede's Value Survey Module: To Embrace or Abandon? In: Advances in International Comparative Management, hrsg. v. S. B. Prasad, Vol. 5, 1990, S. 69–89.

Radebaugh, L. H./Gray, S. J./Black, E. L.: International Accounting and Multinational Enterprises. 6. Aufl., New York et al. 2006.

Rahr, A.: Russland gibt Gas: Die Rückkehr einer Weltmacht. München 2008.

Rall, W.: Globalisierung von Industrien und ihre Konsequenzen für die Wirtschaftspolitik. In: Probleme der Stabilitätspolitik. Festgabe zum 60. Geburtstag von N. Kloten, hrsg. v. H. Kuhn. Göttingen 1986, S. 152–174.

Rall, W.: Internationale Strategische Allianzen: Wege zum Erfolg. In: Internationalisierung von Unternehmungen. Strategien und Probleme ihrer Umsetzung, hrsg. v. E. Pausenberger. Stuttgart 1994, S. 31–46.

Ralston, D. A.: The crossvergence perspective: reflections and projections. In: JIBS, Vol. 39, 2008, S. 27–40.

Ramamurti, R./Singh, J. V. (Hrsg.): Emerging Multinationals in Emerging Markets. Cambridge 2009.

Ramos, M. A./Ashby, N. J.: Heterogeneous Firm Response to Organized Crime. Evidence from FDI in Mexico. In: JIM, Vol. 19, 2, 2013, S. 176–194.

Rank, O. N.: Rollentypologien für Tochtergesellschaften. Ansätze und strategische Implikationen für das Internationale Management. Stuttgart 2000.

Rank, O. N.: Formale und informelle Organisationsstrukturen. Eine Netzwerkanalyse des strategischen Planungs- und Entscheidungsprozesses multinationaler Unternehmen. Wiesbaden 2003, zugl. Diss., Mannheim 2003.

Rasche, A./Gilbert, D. U.: Institutionalizing Global Governance. The Role of theUnited Nations Global Compact. In: Business Ethics: A European Review, Vol. 21, 1, 2012, S. 100–114.

Raupach A./Pohl, D. (Hrsg.): Verrechnungspreissysteme multinationaler Unternehmen. Herne/Berlin 1999.

Razafimahefa, I. F./Hamori, S.: International Competitiveness in Africa. Policy Implications in the Sub-Sagaran Region. Berlin et al. 2007.

Reich, R.: Die neue Weltwirtschaft. Das Ende der nationalen Ökonomie. Frankfurt a. M./Berlin 1993.

Reichmann, T.: Controlling mit Kennzahlen. Die systemgestützte Controlling-Konzeption mit Analyse- und Reportinginstrumenten. 8. Aufl., München 2011.

Renz, M./Wilmanns, J.: Internationale Verrechnungspreise. Handbuch für Praktiker. Weinheim 2013.

Reuber, R. A./Fischer, E.: The Influence of the Management Team's International Experience on the Internationalization Behavior of SMEs. In: JIBS, Vol. 28. Jg., 4, 1997, S. 807–825.

Ricardo, D.: On the Principles of Political Economy and Taxation. London 1817.

Richter, K./Hartig, P.: Aufbau globaler Netzwerke als Erfolgsfaktor in der Automobilindustrie. In: Die Automobilindustrie auf dem Weg zur globalen Netzwerkkompetenz. Effiziente und flexible Supply Chains erfolgreich gestalten, hrsg. v. F. J. Garcia Sanz, K. Semmler u. J. Walther. Berlin et al. 2007, S. 251–264.

Ricks, D. A.: International Business Research: Past, Present, And Future. In: JIBS, Vol. 16, 2, 1985, S. 1–4.

Ribhegge, H.: Europäische Wirtschafts- und Sozialpolitik. Berlin et al. 2011.

Riedl, C.: Organisatorischer Wandel durch Globalisierung. Optionen für multinationale Unternehmen. Berlin et al. 1999.

Rieg, S.: Wertorientierte Steuerung von Tochtergesellschaften im mittelständischen Konzern. In: Controller Magazin, 27. Jg., 2, 2002, S. 158–163.

Rieke, S.: Verrechnungspreise im Spannungsfeld zwischen Konzernsteuerung und internationalem Steuerrecht. Wiesbaden 2015, zugl. Diss., Osnabrück 2013.

Rieker, J./Wirth, B.: »I'm a Bavarian«. In: Manager Magazin, Vol. 26, 4, 1996, S. 244–252.

Ringlstetter, M.: Aufgaben eines Humanressourcen-Management in internationalen Unternehmen. In: Die Unternehmung im internationalen Wettbewerb, hrsg. v. L. Schuster. Berlin 1994, S. 233–252.

Ringlstetter, M./Skrobarczyk, P.: Die Entwicklung internationaler Strategien. Ein integrierter Bezugsrahmen. In: ZfB, 64. Jg., 3, 1994, S. 333–357.

Riusala, K./Suutari, V.: International Knowledge Transfers through Expatriates. In: TIBR, Vol. 46, 6, 2004, S. 743–770.

Rivoli, P./Salorio, E.: Foreign Direct Investment and Investment under Uncertainty. In: JIBS, Vol. 27, 2, 1996, S. 335–357.

Robinson, R. D.: The International Transfer of Technology: Theory, Issues and Practice. Cambridge 1988.

Robson, M. J./Pararoidamis, N./Ginoglu, D.: Top Management Staffing in International Strategic Alliance: A Conceptual Explanation of Decision Perspective and Objective Formation. In: IBR, Vol. 12, 2003, S. 173–191.

Roche, E. M./Blaine, M. J. (Hrsg.): Information Technology in Multinational Enterprises. Cheltenham/Northampton, MA 2000.

Rodgers, G./Lee, E./Swepston, L./van Daele, J.: The International Labour Organization and the Quest for Social Justice 1919–2009. Genf 2009.

Römer, M.: Strategisches IT-Management in internationalen Unternehmungen. Wiesbaden 1997, zugl. Diss., Freiburg 1997.

von Roessel, R.: Führungskräfte-Transfer in internationalen Unternehmungen. Köln 1988.

Rose, K./Sauernheimer, K.: Theorie der Außenwirtschaft. 14. Aufl., München 2006.

Rosenberg, T.: Intraorganisationale Netzwerke multinationaler Unternehmen: Eine empirische Untersuchung aus der Perspektive von in Deutschland ansässigen Auslandsgesellschaften. Wiesbaden 2014, zugl. Diss., Kiel 2013.

Roth, K./Kostova, T.: The Use of the Multinational Corporation as a Research Context. In: JOM, Vol. 29, 6, 2003, S. 883–902.

Roth, K./O'Donnell, S.: Foreign Subsidiary Compensation Strategy: An Agency Theory Perspective. In: AMJ, Vol. 39, 3, 1996, S. 678–703.

Rottig, D.: A Marriage Metaphor Model for Sociocultural Integration in International Mergers and Acquisitions. In: TIBR, Vol. 55, 4, 2013, S. 439–451.

Roxin, J.: Internationale Wettbewerbsanalyse und Wettbewerbsstrategie. Wiesbaden 1992, zugl. Diss., Hohenheim 1992.

Rugman, A. M.: The Regional Multinationals. MNEs and »Global« Strategic Management. Oxford 2005.

Rugman, A. M./Brain, C.: Multinational Enterprises are Regional, Not Global. In: MBR, Vol. 11, 1, 2003, S. 3–12.

Rugman, A. M./Brewer, T. L. (Hrsg.): Oxford Handbook of International Business. Oxford 2002.

Rugman, A. M./van den Broeck, J./Verbeke, A. (Hrsg.): Research in Global Strategic Management, Vol. 5: Beyond The Diamond. Greenwich, Conn. 1995.

Rugman, A. M./Collinson, S.: International Business. 6. Aufl., Harlow et al. 2012.

Rygl, D.: Länderübergreifende Innovations- und Wissensnetzwerke. Eine empirische Studie in der pharmazeutischen Industrie. München/Mering 2008, zugl. Diss., Erlangen-Nürnberg 2008.

Rygl, D./Kittler, M. G./Friedmann, C. B.: Fighting HIV/AIDS. The Role of the Pharmaceutical Industry and Sustainability of its Actions in Sub-Saharian Africa. In: Controversies in International Corporate Responsibilities, hrsg. v. J. Hooker, J. F. Hulpke u. P. Madsen. Charlottesville, VA 2007, S. 189–205.

Rygl, D./Wiedemann, K./Schillo, K./Kell, C.: Einflüsse der beruflichen Rolle auf die kulturelle Anpassung deutscher Entsandter in Mittel- und Osteuropa. In: Cultural Adjustment. Theoretical Concepts and Empirical Studies, hrsg. v. D. Holtbrügge. München/Mering 2008, S. 105–125.

Sachs, R./Kamphausen, R. E.: Leitfaden Außenwirtschaft, 6. Aufl., Wiesbaden 1996.

Sachs, J. D.: The Age of Sustainable Development. New York 2015.

Saitz, B./Braun, F. (Hrsg.): Das Kontroll- und Transparenzgesetz. Herausforderungen und Chancen für das Risikomanagement. Wiesbaden 1999.

Sambharya, R. B.: Foreign Experience of Top Management Teams and International Diversification Strategies of U. S. Multinational Corporations. In: SMJ, Vol. 17, 1996, S. 739–746.

Sambharya, R. B./Kumaraswamy, A./Banerjee, S.: Information Technologies and the Future of the Multinational Enterprise. In: JIM, Vol. 11, 2005, S. 143–161.

Samiee, S.: Transnational Data Flow Constraints: A new Challenge for Multinational Corporations. In: JIBS, Vol. 15, 1, 1984, S. 141–150.

Santangelo, G. D./Meyer, K. E.: Extending the Internationalization Process Model. Increases and Decreases of MNE Commitment in Emerging Economies. In: JIBS, Vol. 42, 2011, S. 894–909.

Santoro, M. A.: Profits and Principles. Global Capitalism and Human Rights in China. Ithaca/NY 2000.

Scheffler, W.: Internationale betriebswirtschaftliche Steuerlehre. 3. Aufl., München 2009.

Schein, E. H.: Coming to a New Awareness of Organizational Culture. In: SMR, Vol. 25, 2, 1984, S. 3–16.

Scherer, A. G.: Multinationale Unternehmen und Globalisierung. Zur Neuorientierung der Theorie der Multinationalen Unternehmung. Heidelberg 2003, zugl. Habil., Erlangen-Nürnberg 2000.

Scherer, A. G./Blickle, K.-H./Dietzelbinger, D./Hütter, G. (Hrsg.): Globalisierung und Sozialstandards. München/Mering 2002.

Scherer, A. G./Palazzo, G.: The New Political Role of Business in a Globalized World: A Review of a New Perspective on CSR and its Implications for the Firm, Governance, and Democracy. In: JMS, Vol. 48, 4, 2011, S. 899–931.

Scherler, P.: Management der Krisenkommunikation. Theorie und Praxis zum Fall Brent Spar (Greenpeace gegen Royal Dutch/Shell). Basel/Frankfurt a. M. 1996, zugl. Diss., St. Gallen 1996.

Scherm, E.: Individualisierung im internationalen Personalmanagement: Notwendigkeit, Möglichkeiten, Grenzen. In: Individualisierung als Paradigma. Festschrift für Hans Jürgen Drumm, hrsg. v. C. Scholz. Stuttgart et al. 1997, S. 55–80.

Scherm, E.: Internationales Personalmanagement. 2. Aufl., München/Wien 1999.

Schilke, O./Reimann, M./Thomas, J. S.: When does International Marketing Standardization Matter to Firm Performance? In: JIMark, Vol. 17, 4, 2009, S. 24–46.

Schindler, C.: Unternehmensbewertung im Rahmen von Cross-Border-Akquisitionen. In: Handbuch Internationalisierung. Globalisierung – Herausforderung für die Unternehmensführung, hrsg. v. U. Krystek u. E. Zur. 2. Aufl., Berlin et al. 2002, S. 171–182.

Schmid, S.: Multikulturalität in der internationalen Unternehmung. Konzepte-Reflexionen-Implikationen. Wiesbaden 1996, zugl. Diss., Eichstätt 1996.

Schmid, S.: Strategien der Internationalisierung: Fallstudien und Fallbeispiele. 3. Aufl., München/Wien 2013.

Schmid, S./Kotulla, T.: 50 Years of Research on International Standardization and Adaptation. From a Systematic Literature Analysis to a Theoretical Framework. In: IBR, Vol. 20, 5, 2011, S. 491–507.

Schmid, S./Kotulla, T.: To Standardize or to Adapt? A Comprehensive Review and Assessment of the Literature. In: Markteintrittsstrategien. Dynamik und Komplexität, hrsg. v. J. Zentes. Wiesbaden 2012, S. 52–93.

Schmidt, L./Sigloch, J./Henselmann, K.: Internationale Steuerlehre. Steuerplanung bei grenzüberschreitenden Transaktionen. Wiesbaden 2005.

Schmidt, S./Schünemann, W. J.: Europäische Union. Eine Einführung. 2. Aufl., Stuttgart 2013.

Schneider, D. J.G.: Distributionspolitik und Vertriebswege bei internationaler Unternehmenstätigkeit. In: Handbuch der Internationalen Unternehmenstätigkeit, hrsg. v. B. N. Kumar u. H. Haussmann. München 1992, S. 735–755.

Schneider, D. J.G./Müller, R. U.: Datenbankgestützte Marktselektion. Eine methodische Basis für Internationalisierungsentscheidungen. Stuttgart 1989.

Schneider, S. C./Barsoux, J.-L.: Managing Across Cultures. 2. Aufl., London et al. 2003.

Schneider, U.: Globalisierung und Regionalisierung als Herausforderung für das Führungskräfte-Management. In: Handbuch Internationales Führungskräfte-

Management, hrsg. v. K. Macharzina u. J. Wolf. Stuttgart et al. 1996 (a), S. 127–144.
Schneider, U.: Globalisierung als Paradoxie. In: Paradoxes Management. Widersprüche im Management – Management der Widersprüche, hrsg. v. A. Gutschelhofer u. J. Scheff. Wien 1996 (b), S. 365–406.
Schönert, O.: Frühaufklärung im internationalen Strategiekontext. Betriebliche Einsatzpotentiale von Informations- und Kommunikationstechnologien. Wiesbaden 1997, zugl. Diss., Marburg 1996.
Scholl, R. F.: Internationalisierungsstrategien. In: HWInt, hrsg. v. K. Macharzina u. M. K. Welge. Stuttgart 1989, Sp. 983–1002.
Scholz, C.: Strategisches Management. Ein integrativer Ansatz. Berlin/New York 1987.
Scholz, C.: Personalmanagement. Informationsorientierte und verhaltenstheoretische Grundlagen. 6. Aufl., München 2014.
Scholz, C./Böhm, H. (Hrsg.): Human Resource Management in Europe. Comparative Analysis and Contextual Understanding. London/New York 2008.
Schopf, E.: Kulturelle Einflüsse auf das Internationale Controlling. In: Internationale Rechnungslegung und Internationales Controlling, hrsg. v. C. Denk u. B. Feldbauer-Durstmüller. Wien 2012, S. 473–500.
Schramm, H. J./Steininger, A./Olejnik, D.: Müssen wir uns Sorgen machen? Zu den rechtlichen Grundlagen von Wirtschaftssanktionen gegenüber Russland und möglichen russischen Reaktionen. Wissenschaftliche Beiträge des Ostinstituts Wismar, 2014.
Schreyögg, G.: Die Bedeutung der Unternehmenskultur für die Integration multinationaler Unternehmen. In: Integration in der internationalen Unternehmung, hrsg. v. M. Kutschker. Wiesbaden 1998, S. 27–49.
Schreyögg, G.: Organisation. Grundlagen moderner Organisationsgestaltung. 5. Aufl., Wiesbaden 2008.
Schröder, A.: Die Betreuung von Mitarbeitern während des Auslandseinsatzes: Wissenschaftliche Grundlagen. In: Mitarbeiterentsendung ins Ausland. Auswahl, Vorbereitung, Betreuung und Wiedereingliederung, hrsg. v. T. M. Kühlmann. Göttingen 1995, S. 143–160.
Schuchardt, C. A.: Multikulturelle Kompetenz – Nicht nur lernen *über*, sondern *von* und *in* fremden Kulturen. In: Fraktal, fuzzy, oder darf es ein wenig virtueller sein? Personalarbeit an der Schwelle zum neuen Jahrtausend, hrsg. v. J. Freimuth u. A. Meyer. München/Mering 1998, S. 203–221.
Schüler, R. V.: Globale Führungskräfteplanung. In: Personalwirtschaft, 30. Jg., 10, 2003, S. 10–13.
Schütze, R. A.: Schiedsgericht und Schiedsverfahren. 5. Aufl., München 2012.
Schuler, R. S.: Internationales Personalmanagement. Eine europäische Perspektive. In: Strategisches Euro-Management, hrsg. v. C. Scholz u. J. Zentes. Bd. 1, Stuttgart 1995, S. 259–274.
Schuler, R./Jackson, S.: HR Issues and Activities in Mergers and Acquisitions. In: EMJ, Vol. 19, 3, 2001, S. 239–253.

Schulte, A.: Das Phänomen der Rückverlagerung. Internationale Standortentscheidungen kleiner und mittlerer Unternehmen. Wiesbaden 2003, zugl. Diss., Dortmund 2003.

Schultze, W./Hirsch, C.: Unternehmenswertsteigerung durch wertorientiertes Controlling. Goodwill-Bilanzierung in der Unternehmenssteuerung. München 2005.

Schurig, A.: Centers of Excellence. Darstellung und Ergebnisse eines internationalen Forschungsprojektes. Frankfurt a. M. et al. 2002, zugl. Diss., Eichstätt 2001.

Schuster, T./Holtbrügge, D.: Market Entry of Multinational Companies in Markets at the Bottom of the Pyramid: A Learning Perspective. In: IBR, Vol. 21, 5, 2012, S. 817–830.

Schuster, T./Holtbrügge, D.: Benefits of Cross-sector Partnerships in Markets at the Base of the Pyramid. In: BSE, Vol. 23, 3, 2014 (a), 188–203.

Schuster, T./Holtbrügge, D.: Resource dependency, innovative strategies and firm performance in BOP-markets. In: JPIM, Vol. 31, S1, 2014 (b), 43–59.

Schuster, T./Holtbrügge, D./Heidenreich, S.: Konfiguration und Koordination von Unternehmungen in der Softwarebranche. Das Beispiel SAP. In: Internationalisierung von Dienstleistungen mit 3K. Konfiguration – Koordination – Kundenintegration, hrsg. v. D. Holtbrügge, H. Holzmüller und F. von Wangenheim. Wiesbaden 2009, S. 173–202.

Schwarze, J.: Einführung in die Wirtschaftsinformatik. Herne 2000.

Schwarzer, B.: Prozeßorientiertes Informationsmanagement in multinationalen Unternehmen. Eine empirische Untersuchung. Wiesbaden 1994, zugl. Diss., Hohenheim 1993.

Selmer, J.: Language Ability and Adjustment: Western Expatriates in China. In: TIBR, Vol. 48, 3, 2004, S. 347–368.

Selmer, J./Leung, A. S. M.: International Adjustment of Female vs Male Business Expatriates. In: IJHRM, Vol. 14, 7, 2003, S. 1117–1131.

Seth, A./Song, K. P./Pettit, R.: Synergy, Managerialism or Hubris? An Empirical Examination of Motives for Foreign Acquisitions of U. S. Firms. In: JIBS, Vol. 31, 3, 2000, S. 387–405.

Sethi, A./Guisinger, S.: Liability of Foreignness to Competitive Advantage. How Multinational Enterprises Cope with the International Business Environment. In: JIM, Vol. 8, 3, 2002, S. 223–240.

Sethi, S. P.: Globalization and Self-Regulation. The Crucial Role that Corporate Codes of Conduct Play in Global Business. New York 2011.

Seufert, A.: Entwicklungsstand, Potentiale und zukünftige Herausforderungen von Big Data – Ergebnisse einer empirischen Studie. In: HMD Praxis der Wirtschaftsinformatik, 51. Jg., 4, 2014, S. 412–423.

Sharma, P.: Country of Origin Effects in Developed and Emerging Markets. Exploring the Contrasting Roles of Materialism and Value Consciousness. In: JIBS, Vol. 42, 2011, S. 285–306.

Shan, W./Song, J.: Foreign Direct Investment and the Sourcing of Technological Advantage: Evidence from the Biotechnology Industry. In: JIBS, Vol. 28, 2, 1997, S. 267–284.

Shane, S.: The Effect of National Culture on the Choice between Licensing and Direct Foreign Investment. In: SMJ, Vol. 15, 1994, S. 627–642.
Siebold, D. I.: Die Ordnung des internationalen Handels. GATT – WTO – GATS. In: Rechtsfragen der Weltwirtschaft, hrsg. v. K. A. Schachtschneider. Berlin 2002, S. 47–122.
Sieper, H.: Am Kap der guten Geschäfte. Strategien für langfristigen Erfolg in Südafrika. München 2010.
Simon, H.: Hidden Champions. Aufbruch nach Globalia. Die Erfolgsstrategien unbekannter Weltmarktführer. Frankfurt a. M. 2012.
Simonin, B. L.: Ambiguity and the Process of Knowledge Transfer in Strategic Alliances. In: SMJ, Vol. 20, 1999, S. 595–623.
Simons, T./Pelled, L. H./Smith, K. A.: Making Use of Difference: Diversity, Debate, and Decision Comprehensiveness in Top Management Teams. In: AMJ, Vol. 42, 1999, S. 662–673.
Singh, D. P./Sharma, M. K.: Unfolding the Indian Cultural Mosaic. A Cross-cultural Study of four Regional Cultures. In: International Journal of Indian Culture and Business Management, Vol. 2, 3, 2009, S. 247–267.
Singh, J.: Asymmetry of Knowledge Spillovers between MNCs and Host Country Firms. In: JIBS, Vol. 38, 5, 2007, S. 764–786.
Skivington, J. E./Daft, R. L.: A Study of Organizational ›Framework‹ and ›Process‹ Modalities for the Implementation of Business-Level Strategic Decisions. In: JMS, Vol. 28, 1991, S. 45–68.
Slangen, A. H. J.: National Culture and Initial Foreign Acquisition Performance. The Moderating Effect of Integration. In: JWB, Vol. 41, 2006, S. 161–170.
Slangen, A./Hennart, J.-F.: Greenfield or Acquisition Entry: A Review oft he Empirical Foreign Establishment Mode Literature. In: JIM, Vol. 13, 2007, S. 403–429.
Slangen, A./Hennart, J.-F.: Do Multinationals Really Prefer to Enter Culturally Distant Countries through Greenfields rather than through Acquisitions? The Role of Parent Experience and Subsidiary Autonomy. In: JIBS, Vol. 39, 2008, S. 471–490.
Smith, A.: Inquiry into the Nature and Causes of the Wealth of Nations. London 1776.
Smolenski, F.: Controlling in internationalen Unternehmen. Bremen-Hamburg 2008.
Søndergaard, M.: Hofstede's Consequences: A Study of Reviews, Citations and Replications. In: OS, Vol. 15, 3, 1994, S. 447–456.
Specker, T./Engelhard, J.: Internationalisierungsprozesse von Transnational Non-Governmental Organizations (TNGOs). In: Internationalisierung von Dienstleistungen. Forum Dienstleistungsmanagement, hrsg. v. M. Bruhn u. B. Stauss. Wiesbaden 2005, S. 459–481.
Speer, H.: Bestandteile und Formen der Auslandsvergütung. In: Handbuch Internationales Personalmanagement, hrsg. v. B. N. Kumar u. D. Wagner. München 1998, S. 175–195.

Staehle, W. H.: Redundanz, Slack und lose Kopplung in Organisationen – Eine Verschwendung von Ressourcen? In: Managementforschung 1, hrsg. v. W. H. Staehle u. J. Sydow. Berlin/New York 1991, S. 313–345.
Staehle, W. H.: Management. Eine verhaltenswissenschaftliche Perspektive. 8. Aufl., überarbeitet von P. Conrad u. J. Sydow. München 1999.
Staffelbach, B.: Ethik im internationalen Management. In: Strategisches Euro-Management, hrsg. v. C. Scholz u. J. Zentes. Bd. 2, Stuttgart 1998, S. 111–129.
Stahl, G. K./Björkman, I./Morris, S.: Handbook of Research in International Human Resource Management. 2. Aufl., Cheltenham/Northampton, MA 2013.
Stahl, G./Langeloh, C./Kühlmann, T.: Geschäftlich in den USA. Ein interkulturelles Trainingshandbuch. Wien/Frankfurt 1999.
Stahl, G./Miller, E. L./Tung, R. L.: Toward the Boundaryless Career: A Closer Look at the Expatriate Concept and the Perceived Implications of an International Assignment. In: JWB, Vol. 37, 2002, S. 216–227.
Statistisches Bundesamt: Außenhandel. Rangfolge der Handelspartner im Außenhandel der Bundesrepublik Deutschland. Wiesbaden 2014, https://www.destatis.de/DE/ZahlenFakten/GesamtwirtschaftUmwelt/Aussenhandel/Handelspartner/Tabellen/RangfolgeHandelspartner.pdf?__blob=publicationFile.
Steen, J. T./Liesch, P. W.: A Note on Penrosean Growth, Resource Bundles and the Uppsala Model of Internationalisation. In: MIR, Vol. 47, 2, 2007, S. 193–206.
Stehn, J.: Ausländische Direktinvestitionen in Industrieländern. Theoretische Erklärungsansätze und empirische Evidenz. Tübingen 1992.
Steinke, L.: Bedienungsanleitung für den Shitstorm. Wie gute Kommunikation die Wut der Masse bricht. Wiesbaden 2014.
Steinmann, H./Löhr, A.: Unternehmungsethik. In: Handbuch Unternehmungsführung. Konzepte-Instrumente-Schnittstellen, hrsg. v. H. Corsten u. M. Reiß. Wiesbaden 1995, S. 79–89.
Steinmann, H./Scherer, A. G.: Intercultural Management between Universalism and Relativism – Fundamental Problems in International Business Ethics and the Contribution of Recent German Philosophical Approaches. In: Europe in the Global Competition. Problems – Markets – Strategies, hrsg. v. S. Urban. Wiesbaden 1997, S. 77–143.
Steinmann, H./Scherer, A. G. (Hrsg.): Zwischen Universalismus und Relativismus. Philosophische Grundlagen des Interkulturellen Managements. Frankfurt a. M. 1998.
Stephan, J.: The Technological Role of Inward Foreign Direct Investment in Central East Europe. New York 2013.
Stevens, C. E./Dykes, B. J.: The Home Country Cultural Determinants of Forms' Foreign Market Entry Timing Strategies. In: LRP, Vol. 46, 2013, S. 387–410.
Stevens, M. J./Oddou, G./Furuya, N./Bird, A./Mendenhall, M.: HR Factors Afffecting Repatriate Job Satsifaction for Japanese Managers. In: IJHRM, Vol. 17, 5, 2006, S. 831–841.
Stewart, J. M.: Empowering Multinational Subsidiaries. In: LRP, Vol. 28, 4, 1995, S. 63–73.

Stierle, J.:Korruptionscontrolling in öffentlichen und privaten Unternehmen. München/Mering 2006, zugl. Diss., Wuppertal 2005.
Stiglitz, J.: Die Schatten der Globalisierung. Berlin 2002.
Stocker, K.: Management internationaler Finanz- und Währungsrisiken. Mit Übungen und Lösungen. 3. Aufl., Wiesbaden 2013.
Stöttinger, B./Schlegelmilch, B. B.: Explaining Export Development through Psychic Distance. Enlightening or Elusive? In: IMR, Vol. 15, 5, 1998, S. 357–372.
Stoffels, H./Bernskötter, P.: Die Goliath-Falle. Die neuen Spielregeln für die Krisenkommunikation im Social Web. Wiesbaden 2012.
Stopford, J. M./Wells, L. T.: Managing the Multinational Enterprise. New York 1972.
Storti, C.: The Art of Coming Home. Yarmouth, ME 2003.
Strange, S.: The Retreat of the State. The Diffusion of Power in the World Economy. Cambridge 1996.
Stroh, L. K./Black, J. S./Mendenhall, M. E./Gregersen, H. B.: International Assignments. An Integration of Strategy, Research, and Practice. Mahwah, NJ/ London 2005.
Stroh, L. K./Varma, A./Valy-Durbin, S.: Why are Women Left at Home. Are they Unwilling to Go on International Assignments? In: JWB, Vol. 35, 3, 2000, S. 241-255.
Sturm, R./Pehle, H. (Hrsg.): Die neue Europäische Union. Die Osterweiterung und ihre Folgen. Leverkusen. 2006.
Surroca, J./Tribó, J. A./Zahra, S. A.: Stakeholder Pressure on MNEs and the Transfer of Socially Irresponsible Practices to Subsidiaries. In: AMJ, Vol. 57, 5, 2012, S. 549–572.
Suutari, V./Brewster, C.: Making their own Way: International Experience through Self-initiated Foreign Assignments. In: JWB, Vol. 35, 4, 2000, S. 417–436.
Suutari, V./Brewster, C.: Repatriation: Empirical Evidence from a Longitudinal Study of Careers and Expectations among Finnish Expatriates. In: IJHRM, Vol. 14, 7, 2003, S. 1132–1151.
Swoboda, B.: Dynamische Prozesse der Internationalisierung. Managementtheoretische und empirische Perspektiven des unternehmerischen Wandels. Wiesbaden 2002, zugl. Habil., Saarbrücken 2000.
Swoboda, B./Schwarz, S.: Internationale Marktauswahl: Konzepte und Methoden. In: Außenhandel. Marketingstrategien und Managementkonzepte, hrsg. v. J. Zentes, D. Morschett u. H. Schramm-Klein. Wiesbaden 2004, S. 255–280.
Sydow, J.: Strategie und Organisation international tätiger Unternehmungen – Managementprozesse in Netzwerkstrukturen. In: Management aus soziologischer Sicht. Unternehmungsführung, Industrie- und Organisationssoziologie, hrsg. v. H.-D. Ganter u. G. Schienstock. Wiesbaden 1993, S. 47–82.
Sydow, J.: Strategische Netzwerke. Evolution und Organisation. Wiesbaden 1994, zugl. Habil., Berlin 1991/92.
Sydow, J./Schreyögg, G./Koch, J.: Organizational Path Dependence: Opening the Black Box. In: AMR, Vol. 34, 4, 2009, S. 689–709.
Taggart, J. H.: Autonomy and Procedural Justice: A Framework for Evaluating Subsidiary Strategy. In: JIBS, Vol. 28, 1, 1997, S. 51–75.

Takeuchi, R./Lepak, D. P./Marinova, S./Yun, S.: Nonlinear Influences of Stressors on General Adjustment: The Case of Japanese Expatriates and their Spouses. In: JIBS, Vol. 38, 6, 2007, S. 928–943.

Takeuchi, R./Shaym J. P./Li, J.: When Does Decision Autonomy Increase Expatriate Managers' Adjustment? An Empirical Test. In: AMJ, Vol. 51, 1, 2008, S. 45–60.

Tallman, S.: Strategic Management Models and Resource-Based Strategies among MNEs in a Host Market. In: SMJ, Vol. 12, Special Issue, 1991, S. 69–82.

Tan, D.: Foreign Market Entry Strategies and Post-entry growth. Acquisitions vs. Greenfield Investments. In: JIBS, Vol. 40, 2009, S. 1046–1063.

Tan, Q./Sousa, C. M.P.: International Marketing Standardization. A Meta-Analytic Estimation of Its Antecedents and Consequences. In: MIR, Vol. 53, 2013, S. 711–739.

Tan, S. J.: Risks Assessment in International Market Entry. A Multi-dimensional Approach. In: International Journal of Management, Vol. 13, 3, 1996, S. 370–379.

Tatoglu, E./Bayraktar, E./Sahadev, S./Demirbag, M./Glaister, K. W.: Determinants of Voluntary Environmental Management Practices by MNE Subsidiaries. In: JWB, Vol. 49, 2014, S. 536–548.

Taylor, S./Beechler, S./Napier, N.: Toward an Integrative Model of Strategic International Human Resource Management. In: AMR, Vol. 21, 4, 1996, S. 959–985.

Taylor, S./Napier, N. K./Mayrhofer, W. (Hrsg.): Women in Global Business. Special Issue des IJHRM, Vol. 13, 5, 2002.

Teece, D. J.: Transaction Costs Economics and Multinational Enterprise: An Assessment. In: Journal of Economic Behavior and Organization, Vol. 7, 1, 1986, S. 21–42.

Teece, D. J.: Reflections on the Hymer Thesis and the Multinational Enterprise. In: IBR, Vol. 15, 2, 2006, S. 124–139.

Teubner, G.: Die vielköpfige Hydra: Netzwerke als kollektive Akteure höherer Ordnung. In: Emergenz: Die Entstehung von Ordnung, Organisation und Bedeutung, hrsg. v. W. Krohn u. G. Küppers. Frankfurt a. M. 1992, S. 189–216.

Theodosiou, M./Katsikeas, C. S.: Factors Influencing the Degree of International Pricing Strategy Standardization of Multinational Corporations. In: JIMark, Vol. 9, 3, 2001, S. 1–18.

Thomas, A./Bendixen, M.: The Management Implications of Ethnicity in South Africa. In: JIBS, Vol. 31, 3, 2000, S. 507–519.

Thomas, A.: Psychologie interkulturellen Lernens und Handelns. In: Kulturvergleichende Psychologie. Eine Einführung, hrsg. v. A. Thomas. Göttingen 1993, S. 377-424.

Thomas, A. (Hrsg.): Psychologie interkulturellen Handelns. Göttingen et al. 1996.

Thomas, A./Schenk, E.: Beruflich in China. Trainingsprogramm für Manager, Fach- und Führungskräfte. Göttingen 2001.

Thompson, J. D.: Organizations in Action. New York et al. 1967.

Thorelli, H. B.: The Multinational Corporation as a Change Agent. In: Southern Journal of Business. Vol. 1, 2, 1966, S. 1–9.

Thorelli, H. B.: Networks: Between Markets and Hierarchies. In: SMJ, Vol. 7, 1986, S. 37–51.

Thurow, L.: Die Zukunft des Kapitalismus. Düsseldorf 1996.

Tihanyi, L./Griffith, D. A./Russell, C. J.: The Effect of Cultural Distance on Entry Mode Choice, International Diversification, and MNE Performance: A Meta-Analysis. In: JIBS, Vol. 36, 2005, S. 270–283.

Toh, S. M./Denisi, A. S.: Host Country National Reactions to Expatriate Pay Policies: A Model and Implications. In: AMR, Vol. 28, 4, 2003, S. 606–621.

Tordo, S./Warner,M./Manzano,O./Anouti, Y.: Local Content Policies in the Oil and Gas Sector. Washington, DC 2013.

Toyne, B./Nigh, D. (Hrsg.): International Business. An Emerging Vision. Columbia, SC 1997.

Transparency International: Corruption Perceptions Index 2014. Berlin 2014.

Traum, D.: Europäische Betriebsräte. Eine empirische und theoretische Analyse aus der Perspektive der Systemtheorie. München/Mering 2005, zugl. Diss., Wuppertal 2005.

Trautmann, G./Bals, L./Hartmann, E.: Global Sourcing in Integrated Network Structures: The Case of Hybrid Purchasing Organizations. In: JIM, Vol. 15, 2009, S. 194–208.

Triandis, H. C.: Culture-Specific Assimilators. In: Intercultural Sourcebook: Cross-Cultural Training Methods, hrsg. v. S. M. Fowler u. M. G. Mumford. Vol. 1. Yarmouth, ME 1995, S. 179–186.

Trompenaars, F.: Handbuch Globales Managen. Wie man kulturelle Unterschiede im Geschäftsleben versteht. Düsseldorf 1993.

Tsang, E. W.K.: Resistance to restructuring in Sino-Foreign Joint Ventures. Toward a Preliminary Model. In: Journal of Organizational Change Management, Vol. 16, 2, 2003, S. 205–222.

Tsang, E. W. K./Yip, P. S. L.: Economic Distance and the Survival of Foreign Direct Investments. In: AMJ, Vol. 50, 5, 2007, S. 1156–1168.

Tsui, A. S./Egan, T. D./Xin, K. R.: Diversity in Organisations. Lessons from Demography Research, hrsg. v. M. M. Chemers, S. Oskamp u. M. A. Costanzo. Thousand Oaks et al. 1995, S. 191–219.

Tümpen, M.: Strategische Frühwarnsysteme für politische Auslandsrisiken. Wiesbaden 1987.

van Tulder, R./Kolk, A.: Multinationality and Corporate Ethics: Code of Conduct in the Sporting Goods Industry. In: JIBS, Vol. 32, 2, 2001, S. 267–283.

van Tulder, R./van der Zwart, A.: International Business-Society Management. Linking Corporate Responsibility and Globalization. London/New York 2006.

Tung, R. L.: The New Expatriates. Managing Human Resources Abroad. Cambridge, MA 1988.

Tung, R. L.: The Cross-cultural Research Imperative. The Need to Balance Cross-national and Intra-national Diversity. In: JIBS, Vol. 39, 1, 2008, S. 41–46.

Uhlig, H.: Die Seidenstraße. Antike Weltkultur zwischen China und Rom. Bergisch Gladbach 1993.

UNCTAD: World Investment Report 2009. Transnational Corporations, Agricultural Production and Development. New York/Genf 2009.

UNCTAD: World Investment Report 2014. Investing in the SDGs: An Action Plan. New York/Genf 2014.
Union of International Associations: Yearbook of International Organizations. 16. Online Edition 2015.
UNDP: Human Development Report 2014. Sustaining Human Progress: Reducing Vulnerabilities and Building Resilience. New York 2014.
Ungericht, B.: Zwischen Konflikt und Kooperation. Neue zivilgesellschaftliche Akteure und multi-stakeholder Dialog als betriebswirtschaftliche Herausforderungen. München/Mering 2005.
Unser, G.: Die UNO. Aufgaben, Strukturen, Politik. 7. Auf., München 2004.
Uphues, P.: Hartwährungsberichterstattung von Gesellschaften in Hochinflationsländern. In: Internationalisierung des Controlling, hrsg. v. P. Horváth. Stuttgart 1989, S. 375–389.
Vaara, E.: Constructions of Cultural Differences in Post-Merger Change Processes. A Sensemaking Perspective on Finnish-Swedish Cases. In: Management, Vol. 3, 3, 2000, S. 81–110.
Vanhaverbeke, W./Noorderhaven, N. G.: Competition between Alliance Blocks. The Case of the RISC Microprocessor Technology. In: OS, Vol. 22, 1, 2001, S. 1–30.
Varma, A./Budhwar, P. S. (Hrsg.): Managing Human Resources in Asia-Pacific. 2. Aufl., London/New York 2013.
Varsakelis, N. C.: The Impact of Patent Protection, Economy Openness and National Culture on R&D Investment: A Cross-country Empirical Investigation. In: RP, Vol. 30, 7, 2001, S. 1059–1068.
Veiga, J./Lubatkin, M./Calori, R./Very, P.: Measuring Organizational Culture Clashes: A Two-nation Post-hoc Analysis of a Cultural Compatibility Index. In: HR, Vol. 54, 4, 2000, S. 539–557.
Verbeke, A.: International Business Strategy. 2. Auf., Cambridge 2013.
Verhülsdonk: Internationale Verrechnungspreise und ihre Dokumentation. Ein Wegweiser für international tätige Unternehmen Düsseldorf 2009.
Vermeulen, F./Barkema, H. G.: Learning through Acquisitions. In: AMJ, Vol. 44, 3, 2001, S. 457–476.
Vernon, R.: International Investment and International Trade in the Product Cycle. In: Quarterly Journal of Economics, Vol. 80, 1966, S. 190–207.
Vernon, R.: Souvereignty at Bay. The Multinational Spread of U. S. Enterprises. New York/London 1971.
Vernon, R.: Storm over the Multinationals. Cambridge, MA 1977.
Vernon, R.: The Product Cycle Hypothesis in a New International Environment. In: Oxford Bulletin of Economics and Statistics, Vol. 41, 1979, S. 255–267.
Vernon, R.: Sovereignty at Bay: Ten Years After. In: IO, Vol. 35, 3, 1981, S. 517–529.
Vernon, R.: Sovereignty at Bay: Twenty Years After. In: Millenium Journal of International Studies, Vol. 20, 2, 1991, S. 191–195.
Versteegen, G. (Hrsg.): Management-Technologien. Konvergenz von Knowledge-, Dokumenten-, Workflow- und Contentmanagement Berlin 2002.

Visser, J.: Unions and Unionism around the World. In: International Handbook of Trade Unions, hrsg. v. J. T. Addison u. C. Schnabel. Cheltenham/Northampton, MA 2003, S. 366–413.
Vlasic, B./Stertz, B. A.: Taken for a Ride. How Daimler-Benz Drove off with Chrysler. Chichester et al. 2000.
Vögele, A./Borstell, T./Engler, G.: Verrechnungspreise. Betriebswirtschaft, Steuerrecht. 4. Aufl., München 2014.
Vogt, A. O.: Korruption im Wirtschaftsleben. Eine betriebswirtschaftliche Schaden-Nutzen-Analyse. Wiesbaden 1997, zugl. Diss., Mannheim 1996.
Vorfelder, J.: Brent Spar oder die Zukunft der Meere. München 1995.
Voß, S./Gutenschwager, K.: Informationsmanagement. Berlin 2001.
Vrontis, D./Thrassou, A./Lamprianou, I.: International Marketing Adaptation versus Standardisation of Multinational Companies. In: IMR, Vol. 26, 4/5, 2009, S. 477–500.
Wacker, W. H.: Steuerliche Probleme bei der Entsendung von Führungskräften ins Ausland. In: Handbuch Internationales Führungskräfte-Management, hrsg. v. K. Macharzina u. J. Wolf. Stuttgart et al. 1996, S. 421–439.
Wagenhofer, A.: Internationale Rechnungslegungsstandards – IAS/IFRS: Grundlagen und Grundsätze – Bilanzierung, Bewertung und Angaben – Umstellung und Analyse. 6. Aufl., München 2009.
Wagener, H.-J./Eger, T.: Europäische Integration. Wirtschaft und Recht, Geschichte und Politik. 3. Aufl., München 2014.
Wagner, H.-P./Wobbe, R.: Steuerung dezentraler Einheiten über Shareholder Value: Wertorientiertes Controlling im Hüls-Konzern. In: Organisation und Steuerung dezentraler Unternehmenseinheiten. Konzepte – Instrumente – Erfahrungsberichte, hrsg. v. A. Roth u. W. Behme. Wiesbaden 1997, S. 169–190.
Wald, A.: Netzwerkstrukturen und -effekte in Organisationen. Eine Netzwerkanalyse in internationalen Unternehmen. Wiesbaden 2003, zugl. Diss., Mannheim 2002.
Wallace, C. D.: Foreign Direct Investment in the Third World. U. S. Corporations and Government Policy. In: Foreign Direct Investment in the 1990s. A New Climate in the Third World, hrsg. v. C. D. Wallace. MA London et al. 1990, S. 148–172.
Waller, D.: Die Stunde des Strategen. Jürgen Schrempp und der DaimlerChrysler-Deal. München 2000.
Wang, J./Schaan, J.-L.: How Much Distance do we Need? Revisiting the »National Cultural Distance Paradox«. In: MIR, Vol. 48, 3, 2008, S. 263–277.
Warnecke, H.-J.: Die Fraktale Fabrik. Revolution der Unternehmenskultur. Reinbek 1996.
Warner, M.: (Hrsg.): Human Resource Management in China Revisited. London/New York 2005.
Wartick, S. L./Wood, D. J.: International Business & Society. Malden/Oxford, MA 1998.
Watanabe, S.: Multinational Enterprises, Employment and Technology Adaptions. In: ILR, Vol. 120, 6, 1981, S. 693–710.

Watson, W./Kumar, K./Michaelsen, L.: Cultural Diversity's Impact on Interaction Process and Performance. Comparing Homogeneous and Diverse Task Groups. In: AMJ, Vol. 36, 3, 1993, S. 590–602.

Weber, J.: Controlling im international tätigen Unternehmen. Effizienzsteigerung durch Transaktionskostenorientierung. München 1991.

Weber, W./Festing, M.: Wiedereingliederung entsandter Führungskräfte – Idealtypische Modellvorstellungen und realtypische Handhabungsformen. In: Handbuch Internationales Führungskräfte-Management, hrsg. v. K. Macharzina u. J. Wolf. Stuttgart et al. 1996, S. 455–479.

Weber-Fahr, M.: Lohnentwicklung auf Arbeitsmärkten mit Multinationalen Unternehmen. Personal- und industrieökonomische Analysen zur Bedeutung von Firmenwissen in Globalisierungsprozessen. München/Mering 1996, zugl. Diss., Trier 1995.

Weihermüller, M.: Die Lizenzvergabe im internationalen Markt. Entscheidungsgrundlagen und Gestaltungsbereiche. München 1982.

Weihrich, H./Koontz, H.: Management. A Global Perspective. 10. Aufl., New York et al. 1993.

Weiss, C. A.: Die Wahl internationaler Markteintrittsstrategien. Eine transaktionskostenorientierte Analyse. Wiesbaden 1996, zugl. Diss., Berlin 1995.

Weißenberger, B. E.: Controller und IFRS. Konsequenzen der IFRS-Finanzberichterstattung für die Controlleraufgaben. In: Internationale Rechnungslegung und Internationales Controlling. Herausforderungen – Handlungsfelder – Erfolgspotenziale, hrsg. v. W. Funk u. J. Rossmanith. 2. Aufl., Wiesbaden 2011, S. 539–567.

von Weizsäcker, E. U.: Erdpolitik. Ökologische Realpolitik an der Schwelle zum Jahrhundert der Umwelt. 5. Aufl., Darmstadt 1997.

Welch, D. E./Welch, L. S.: Commitment for Hire? The Viability of Corporate Culture as a MNC Control Mechanism. In: IBR, Vol. 15, 2006, S. 14–28.

Welch, D. E./Worm, V./Fenwick, M.: Are Virtual International Assignments Feasible? In: MIR, Vol. 43, Special Issue Nr. 1, 2003, S. 95–144.

Welch, L. S./Benito, G. R. G./Petersen, B.: Foreign Operation Methods. Theory, Analysis, Strategy. Cheltenham/Northampton, MA 2007.

Welge, M. K.: Management in deutschen multinationalen Unternehmungen. Stuttgart 1980.

Welge, M. K.: Ansätze zu einer Theorie der internationalen Desinvestition. In: Internationale Unternehmensführung, hrsg. v. W. H. Wacker, H. Haussmann u. B. N. Kumar. Berlin 1981, S. 143–156.

Welge, M. K.: Das Konzept der globalen Rationalisierung. In: Internationalisierung der Unternehmung als Problem der Betriebswirtschaftslehre, hrsg. v. W. Lück u. V. Trommsdorff. Berlin 1982 (a), S. 171–189.

Welge, M. K.: Planning in German Multinational Corporations. In: ISMO, Vol. 12, 1, 1982 (b), S. 6–37.

Welge, M. K.: Unternehmungsführung. Band 1: Planung. Stuttgart 1985.

Welge, M. K.: Unternehmungsführung. Band 2: Organisation. Stuttgart 1987.

Welge, M. K.: Desinvestitionen, internationale. In: HWInt, hrsg. v. K. Macharzina u. M. K. Welge. Stuttgart 1989 (a), Sp. 276–289.

Welge, M. K.: Koordinations- und Steuerungsinstrumente. In: HWInt, hrsg. v. K. Macharzina u. M. K. Welge. Stuttgart 1989 (b), Sp. 1182–1191.

Welge, M. K.: Organisationsstrukturen, differenzierte und integrierte. In: HWInt, hrsg. v. K. Macharzina u. M. K. Welge. Stuttgart 1989 (c), Sp. 1590–1602.

Welge, M. K.: Multinationale Unternehmungen, Planung in. In: HWPlan, hrsg. v. N. Szyperski u. U. Winand. Stuttgart 1989(d), Sp. 1206–1220.

Welge, M. K. (Hrsg.): Globales Management. Erfolgreiche Strategien für den Weltmarkt. Stuttgart 1990 (a).

Welge, M. K.: Globales Management. In: Globales Management. Erfolgreiche Strategien für den Weltmarkt, hrsg. v. M. K. Welge. Stuttgart 1990 (b), S. 1–16.

Welge, M. K.: Strukturen für weltweit tätige Unternehmungen. In: Handbuch Unternehmungsführung. Konzepte – Instrumente – Schnittstellen, hrsg. v. H. Corsten u. M. Reiß. Wiesbaden 1995 (a), S. 661–671.

Welge, M. K.: Strategische Allianzen. In: HWM, 2. Aufl., hrsg. v. R. Köhler, B. Tietz u. J. Zentes. Stuttgart 1995 (b), Sp. 2397–2410.

Welge, M. K./Al-Laham, A.: Erscheinungsformen und betriebswirtschaftliche Relevanz von Strategischen Allianzen. In: Handbuch Internationales Management. Grundlagen – Instrumente – Perspektiven, hrsg. v. K. Macharzina u. M.-J. Oesterle. 2. Aufl., Wiesbaden 2002, S. 625–650.

Welge, M. K./Al-Laham, A.: Strategisches Management. Grundlagen – Prozess – Implementierung. 6. Aufl., Wiesbaden 2012.

Welge, M. K. (Hrsg.)/Böttcher, R./Paul, T.: Das Management globaler Geschäfte. Grundlagen – Analyse – Handlungsempfehlungen. München/Wien 1998.

Welge, M. K./Borghoff, T.: The Contribution of Information and Communication Technologies (ICT) to the Globalisation Process of Firms. In: Management der Internationalsierung, hrsg. v. S. Schmidt, Wiesbaden 2009, S. 203–231.

Welge, M. K./Holtbrügge, D.: Effects of Foreign Direct Investment on Employment in the Former »Centrally Planned Economies« of Central and Eastern Europe. In: Multinationals and Employment. The Global Economy of the 1990s, hrsg. v. P. Bailey, A. Parisotto u. G. Renshaw. Genf 1993, S. 215–236.

Welge, M. K./Holtbrügge, D. (Hrsg.): Wirtschaftspartner Rußland. Rahmenbedingungen – Kooperationsstrategien – Erfahrungsberichte. Wiesbaden 1996.

Welge, M. K./Holtbrügge, D.: Germany. In: Governments, Globalization, and International Business, hrsg. v. J. H. Dunning. Oxford 1997 (a), S. 335–358.

Welge, M. K./Holtbrügge, D.: Theoretische Erklärungsansätze globaler Unternehmungstätigkeit. In: wisu, 26. Jg., 11, 1997 (b), S. 1054–1061.

Welge, M. K./Holtbrügge, D.: Individualisierung der Organisation. In: Individualisierung als Paradigma. Festschrift für Hans Jürgen Drumm, hrsg. v. C. Scholz. Stuttgart et al. 1997 (c), S. 161–178.

Welge, M. K./Holtbrügge, D.: International Management under Postmodern Conditions. In: MIR, Vol. 39, 4, 1999 (a), S. 305–322.

Welge, M. K./Holtbrügge, D.: Individualisierung der Erfolgsbeurteilung in Multinationalen Unternehmungen. In: Controlling, 11. Jg., 12, 1999 (b), S. 569–573.

Welge, M. K./Holtbrügge, D.: Motive für die Auslandstätigkeit. In: Internationalisierung im Mittelstand. Chancen – Risiken – Erfolgsfaktoren, hrsg. v. d. Gerhard und Lore Kienbaum Stiftung, J. Gutmann u. R. Kabst. Wiesbaden 2000 (a), S. 315–325.

Welge, M. K./Holtbrügge, D.: Wissensmanagement in Multinationalen Unternehmungen. Ergebnisse einer empirischen Untersuchung. In: Zfbf, 52. Jg., 12, 2000 (b), S. 762–777.

Welge, M. K./Kenter, M. E.: Impact of Planning on Control Effectiveness and Company Performance. In: MIR, Vol. 28, 2, 1988, S. 4–15.

Wellhausen, R. L.: The Shield of Nationality. When Governments Break Contracts with Foreign Firms. Cambridge 2015.

Werner, S.: Recent Developments in International Management Research: A Review of 20 Top Management Journals. In: JOM, Vol. 28, 3, 2002, S. 277–305.

Wernerfelt, B.: A Resource-based View of the Firm. In: SMJ, Vol. 5, 1984, S. 171–180.

White, R. E./Poynter, T. A.: Strategies for Foreign-Owned Subsidiaries in Canada. In: Business Quarterly, 2, 1984, S. 59–69.

White, R. E./Poynter, T. A.: Organizing for World-Wide Advantage. In: Managing the Global Firm, hrsg. v. C. A. Bartlett, Y. Doz u. G. Hedlund. London/New York 1990, S. 95–113.

Wilkins, M.: The Emergence of Multinational Enterprise. American Business Abroad from the Colognial Era to 1914. 2. Aufl., Cambridge/London 1976.

Willets, P.: Political Globalization and the Impact of NGOs upon Transnational Companies. In: Companies in a World of Conflict, hrsg. v. J. Mitchell. London 1998, S. 195–226.

Williams, K. Y./O'Reilly, C. A.: Demography and Diversity in Organizations: A Review of 40 Years of Research. In: Research in Organizational Behavior, Vol. 20, hrsg. v. L. L. Cummings u. B. M. Staw. Greenwich, Conn. 1998, S. 77–140.

Williams, O. F. (Hrsg.): Global Codes of Conduct. An Idea whose Time Has Come. Notre Dame, Ill. 2001.

Williamson, O. E.: Markets and Hierarchies: Analysis and Antitrust Implications. New York/London 1975.

Williamson, O. E.: Die ökonomischen Institutionen des Kapitalismus. Unternehmen, Märkte, Kooperationen. Tübingen 1990.

Willke, H.: Controlling als Kontextsteuerung. Zum Problem dezentralen Entscheidens in vernetzten Organisationen. In: Supercontrolling. Vernetzt denken, zielgerichtet entscheiden, hrsg. v. R. Eschenbach. Wien 1989, S. 63–96.

Wilson, D./Purushothaman, R.: Dreaming with BRICS: The Path to 2050. In: Emerging Economies and the Transformation of International Business, hrsg. v. S. C. Jain. Cheltenham/Northampton 2006, S. 3–45.

Windsor, D.: Impact of the Geopolitical Distribution of Corruption and Crime on the Global Corporation. In: Handbook on the Geopolitics of Business, hrsg. v. J. M.S. Munoz. Cheltenham/Northampton, MA 2013, S. 151–162.

Wirth, E.: Mitarbeiter im Auslandseinsatz. Planung und Gestaltung. Wiesbaden 1992.

Wirth, E.: Vergütung von Expatriates. In: Handbuch Internationales Führungskräfte-Management, hrsg. v. K. Macharzina u. J. Wolf. Stuttgart et al. 1996, S. 373–389.

de Wit, B./Meyer, R.: Strategy Synthesis. Resolving Strategy Paradoxes to Create Competitive Advantage. Text and Readings. 3. Aufl., London 2010.
Wobring, M.: Die Globalisierung der Telekommunikation im 19. Jahrhundert. Pläne, Projekte und Kapazitätsausbauten zwischen Wirtschaft und Politik. Frankfurt a. M. 2005, zugl. Diss., Göttingen 2004.
Wörner, H.: Strategien, Methoden und Techniken der internationalen Marktauswahl. In: Handbuch Internationales Management. Grundlagen – Instrumente – Perspektiven, hrsg. v. K. Macharzina u. M.-J. Oesterle. Wiesbaden 1997, S. 195–207.
Wolf, J.: Internationales Personalmanagement. Kontext – Koordination – Erfolg. Wiesbaden 1994, zugl. Diss., Hohenheim 1993.
Wolf, J.: Strategie und Struktur 1955–1995. Ein Kapitel der Geschichte deutscher nationaler und internationaler Unternehmen. Wiesbaden 2000, zugl. Habil., Hohenheim 1999.
Wolf, J.: Die Internationalisierung der Unternehmenstätigkeit aus der Perspektive der Pfadabhängigkeitstheorie. In: Management der Internationalisierung, hrsg. v. S. Schmid. Wiesbaden 2009, S. 25–49.
Wolf, K. D.: Die UNO. Geschichte, Aufgaben, Perspektiven. 2. Aufl., München 2010.
Wong-MingJi, D./Mir, A. H.: How International is International Management? Provincialism, Parochialism, and the Problematic of Global Diversity. In: Managing the Organizational Melting Pot. Dilemmas of Workplace Diversity, hrsg. v. P. Prasad, A. J. Mills, M. Elmes u. A. Prasad. Thousand Oaks, CA 1997, S. 340–366.
The World Bank: GDP Ranking 2013. Washington 2014, http://databank.worldbank.org/data/download/GDP.pdf.
Wrigley, C. (Hrsg.): The First World War and the International Economy. Cheltenham/Northampton, MA 2000.
Wright, M./Filatotchev, I./Hoskisson, R. E./Peng, M. W.: Strategy Research in Emerging Economies. Challenging the Conventional Wisdom. In: JMS, Vol. 42, 1, 2005, S. 1–33.
WTO: International Trade Statistics 2014. Genf 2014.
Wunder, T.: Transnationale Strategien. Anwendungsorientierte Realisierung mit Balanced Scorecards. Wiesbaden 2004, zugl. Diss., Oestrich-Winkel 2003.
Wunderer, R.: Internationalisierung als strategische Herausforderung für das Personalmanagement. Darstellung ausgewählter Probleme. In: Internationalisierung als Herausforderung für das Personalmanagement, hrsg. v. A. G. Coenenberg, J. Funk u. M. Djarrahzadeh. Stuttgart 1993, S. 1–25.
Yang, D.: Intellectual Property and Doing Business in China. London 2003.
Yaziji, M./Doh, J.: NGOs and Corporations: Conflict and Collaboration. Business, Value Creation, and Society. Cambridge 2009.
Yeheskel, O./Zeira, Y./Shenkar, O./Newburry, W.: Parent Company Dissimilarity and Equity International Joint Venture Effectiveness. In: JIM, Vol. 7, 2, 2001, S. 81–104.
Yip, G. S.: Total Global Strategy II. Upper Saddle River, NJ, 2003.
Yoshino, M. Y.: Japan's Multinational Enterprises. Cambridge, MA 1976.

Yoosefi, T./Thomas, A.: Beruflich in Russland. Trainingsprogramm für Manager, Fach- und Führungskräfte. Göttingen 2003.

You, K./Katayama, S.: Intellectual Property Rights Protection and Imitation: An Empirical Examination of Japanese FDI in China. In: PER, Vol. 10, 4, 2005, S. 591–604.

Yüksel, A. S.: GATT/WTO-Welthandelssystem unter besonderer Berücksichtigung der Außenwirtschaftsbeziehung der Europäischen Union. Frankfurt a. M. 1996.

Zachert, H.-L.: Die Internationalisierung der Kriminalität als globales Standortproblem. In: Handbuch Internationalisierung. Globalisierung – Herausforderung für die Unternehmensführung, hrsg. v. U. Krystek u. E. Zur. 2. Aufl., Berlin et al. 2002, S. 841–857.

Zaheer, S.: Overcoming the Liability of Foreignness. In: AMJ, Vol. 38, 2, 1995, S. 341–363.

Zahra, S. A./Ireland, R. D./Hitt, M. A: International Expansion by New Venture Firms. International Diversity, Mode of Market Entry, Technological Learning, and Performance. In: AMJ, Vol. 43, 5, 2000, S. 925–951.

Zakaria, F.: Der Aufstieg der Anderen. Das postamerikanische Zeitalter. München 2009.

Zentes, J. (Hrsg.): Markteintrittsstrategien. Dynamik und Komplexität. Wiesbaden 2012.

Zentes, J./Swoboda, B.: Grundbegriffe des Internationalen Managements. Stuttgart 1997.

Zentes, J./Swoboda, B./Morschett, D.: Internationales Wertschöpfungsmanagement. München 2004.

Zentes, J./Swoboda, B./Morschett, D. (Hrsg.): Fallstudien zum Internationalen Management. Grundlagen – Praxiserfahrungen – Perspektiven. 4. Aufl., Wiesbaden 2011.

Zentes, J./Swoboda, B./Schramm-Klein, H.: Internationales Marketing. 3. Aufl., München 2013.

Zerfaß, A.: Unternehmensführung und Öffentlichkeitsarbeit. Grundlegung einer Theorie der Unternehmenskommunikation und Public Relations. 3. Aufl., Wiesbaden 2010.

Zhang, T.: Utilization of Foreign Capital and Economic Growth in China. In: The Chinese Economy, Vol. 37, 1, 2004, S. 62-84.

Zhao, H./Luo, Y./Suh, T.: Transaction Cost Determinants and Ownership-Based Entry Mode Choice: A Meta-Analytical Review. In: JIBS, Vol. 35, 2004, S. 524–544.

Ziegler, U.: Die Hanse. Aufstieg, Blütezeit und Niedergang der ersten europäischen Wirtschaftsgemeinschaft. Bern et al. 1996.

Ziener, M.: Controlling im multinationalen Unternehmen. Landsberg a.L. 1985.

Zünd, A.: Kontrolle und Revision in der multinationalen Unternehmung. Bern/Stuttgart 1973.

Zünd, A.: Controlling und Revision der internationalen Unternehmungstätigkeit. In: Handbuch der Internationalen Unternehmenstätigkeit, hrsg. v. B. N. Kumar u. H. Haussmann. München 1992, S. 913–930.

Firmenverzeichnis

Stichwortverzeichnis